JN442206

AN INTRODUCTION

ORGANOMETALLICS AND CATALYSIS

MANFRED BOCHMANN

유기금속과 촉매반응

김영조
김주창
최문근 옮김

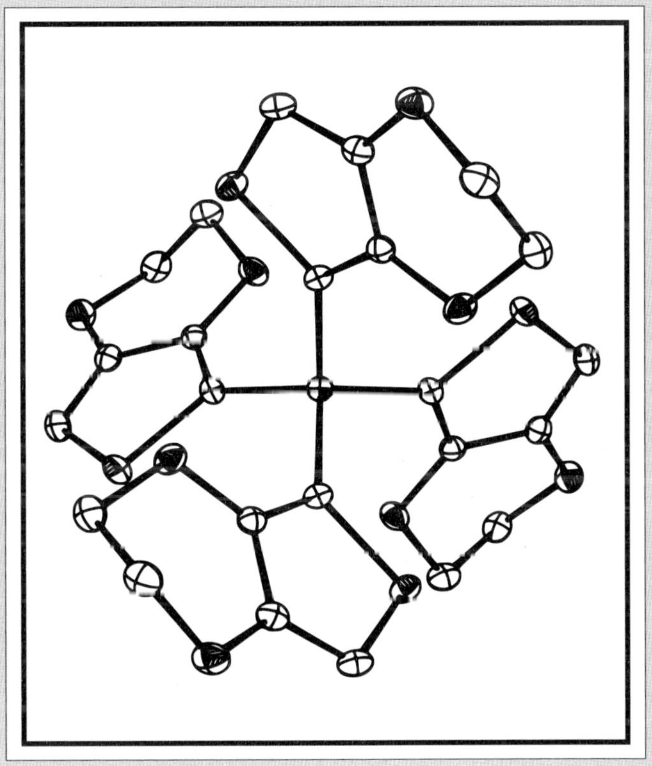

자유아카데미

저자 서문

유기 금속 화학은 금속 원소와 준금속 원소들의 반응성과 구조를 연구하는 전통적인 무기 화학과 금속학, 탄소를 중심으로 하는 유기 화학의 두 가지 화학 영역에 걸쳐져 있다. 유기 금속 화학 반응은 탄소에 탄소나 다른 원소를 선택적으로 결합하거나 제거할 수 있어 유용할 뿐만 아니라 기존의 유기 화학의 경향성에서 볼 수 없는 놀랍고도 새로운 관점의 연구 결과를 통해 화학 결합의 다양성에 대한 통찰력을 얻을 수 있다. s와 p 구역 원소의 유기 금속 화합물은 우수한 반응성을 가진 극성의 금속-탄소 결합을 가지고 있을 뿐만 아니라, 전이 금속의 d 오비탈 전자를 이용함으로써 촉매에 사용될 수 있는 낮은 에너지 반응 경로를 제공한다. 현대 화학 산업의 제품들 중 대부분이 제조 단계에서 촉매 반응 단계를 거치며, 금속-탄소 결합이 필수적이다. 촉매 작용은 대규모 산업 공정뿐만 아니라 실험실 규모에서의 정밀 화학 및 의약품의 기본적인 화학 반응으로 이용된다. 이 책에서는 유기 금속 화학에서 화합물의 종류와 반응의 주요 유형을 소개하고 합성 가능성과 촉매 반응 메커니즘을 이해하기 위한 기초를 제공하는 것을 목표로 한다.

이 책은 1994년에 발행된 Oxford Chemistry Primers의 전이 금속 배위 착물의 σ-결합(Organometallics 1)과 π-결합(Organometallics 2)을 기반으로 쓰였다. 이 책은 풍부한 삽화와 예시가 들어 있는 강의노트 형식으로 유기 금속 화학을 소개하며, 이를 통해 학생은 지나치게 많은 세부적인 항목들에 휘둘리지 않고 핵심 개념들을 짚어가며 탐구할 수 있도록 쓰였다. 이러한 접근 방식은 학생들에게 인기가 있었지만 중요한 부분에서 많이 부족하였다. 많은 분야의 정보가 유기 금속 화학으로 넘어왔음에도 불구하고 중요한 s와 p 구역 원소에서의 화학이 부족하였고, 또한 일부 촉매 반응에 대한 간단한 설명 외에는 더 많은 정보를 제공하지 못한 면이 있었다.

이러한 문제점을 극복하고자 이 책은 크게 세 부분으로 다루고 있다. (1) 주족 원소의 유기 금속 화학, (2) 전이 원소로 이루어진 착물 (3) 촉매 메커니즘과 응용, 촉매 공정으로 이루어져 있다. Oxford Chemistry Primers의 기본적인 철학은 일반적인 학생들이 유기 금속 화학에서의 개념과 사고 방법을 파악하고 배워왔던 학문에의 적용을 유도하는 것이다. 이 책은 학부 및 석사 수준의 상의 과정의 기초를 제공하고 유연한 강의가 가능할 정도로 충분히 넓은 범위를 다루고 있다. 또한, 이 책은 주기율표의 구조와 전기 음성도, 루이스 산도, 분자 오비탈(MO) 이론 등의 무기 화학 입문 과정을 이수하였다고 가정하여 쓰였다. 박사학위를 시작하는 대학원생 역시 이 책에서 유용한 점을 새롭게 찾을 수 있다.

더 자세한 정보를 제공하며 유기 금속 화학과 균일 촉매에 대해 더 총괄적인(더 많은 분량을 수록한) 교과서가 많이 있다. 이 중 일부는 부록 4의 추가 읽기(Further Reading)에서 찾아볼 수 있다. 이 책에서 우리는 근본적으로 주요한 요점들을 잘 보여 줄 수 있도록 선별하였으며 이를 위해, 주요 도전 과제에 "무엇을 포함할 것인가?"가 아니라 "무엇을 제외시킬 것인가?"를 먼저 생각하였다. 이 책이 학생의 가방에 쉽게 넣을 수 있을 정도로 가벼우며 쉽게 참조할 수 있기를 기대한다.

주족 원소 부분은 s와 p 구역의 원소의 유기 금속 화합물에 대한 논의부터 시작하여 주기율표의 원소를 다룬다. 이 책에서는 간결함을 위해 비록 금속이지만 전자가 풍부하고 비금속 원소들과 더 많은 공통점이 있는 15족, 16족의 원소들을 제외하고, 합성, 촉매와 같은 산업적인 유용성을 가진 원소들에 중점을 두었다. 전이 금속에 대한 단원은 주요 리간드의 유형과 촉매 회로의 이해와 관련된 반응에 대한 논의가 선행되어야만 한다. 이 단원은 리간드의 종류에 따라 전개하였으며, 카보닐(CO)과 같은 광범위한 역할을 가진 단원이 먼저 등장한다.

추가 정보를 제공하지만 주제와는 약간 떨어지기 때문에 처음에 읽을 때에는 배제할 수 있는 내용은 음영처리되어 있으며, 보다 전문적인 이해를 서술하고 있다. 여백의 메모는 '북마크'로 표시되며 세부 정보도 추가된다. 각 장의 주요 테이크-홈 메시지는 '핵심' 상자에 독자가 마음속으로 단원의 내용을 검토하고 간략하게 요약한 다음 자료를 흡수하고 구축하도록 돕는 것을 목표로 하며, 연습문제를 통해 자신감을 쌓을 수 있도록 하였다. 부록은 일반적인 약어 및 용매의 성질과 같은 일반적인 정보를 제공한다. 마지막으로, 추가 읽기(Further Reading)에는 포괄적인 내용, 리뷰 기사 및 참고문헌이 제공된다. 포괄적인 문헌 인용은 이 책의 수준과 간결성을 유지하고자 하는 목적에 적합하지 않아 부록에 따로 제공하였다.

M. Bochmann
Norwich, 2014

역자 서문

유기 금속 화학은 페로센(ferrocene)이 합성되고 구조 분석이 완성되면서 급속히 발전한 학문 분야로, 근래에는 촉매 반응을 이해하고 촉매 효율성을 증진시키는 데 필요한 근본 지식을 제공하는 중요한 역할을 하고 있다. 또한 유기 금속 화학은 촉매 반응의 이해뿐만 아니라 새로운 화학 결합 형태의 이해 및 구조 분석의 발전을 통해 불가능하였다고 생각한 다양한 반응을 실현시키는 역할을 하였다. 최근에는 유기 금속 화학이 전이 금속과 유기 리간드가 이루는 다양한 다공성 물질을 개발하고 이해하는 영역까지 확장되어 재료 분야에 주요한 영향을 주고 있다. 따라서 유기 금속 화학은 무기 화학이나 유기 화학을 공부하는 사람뿐만 아니라 신소재 분야에서 연구하는 연구자들도 필수적으로 이해하여야 하는 학문 분야로 인식되고 있다.

이 책이 일반적인 유기 금속 화학 교재와 다른 점은 주족 원소 유기 금속 화학 분야를 1부에 소개하여 유기 화학 분야에서 많이 응용되는 영역을 기본적으로 이해하고, 2부에서는 복잡한 d 전자의 역할이 광범위하게 적용되어 새로운 결합 형태와 반응성을 이해하기 위한 기본적인 논의를 출발점으로 하여 전이 금속 유기 금속 화학으로 다루었다. 3부에서는 이러한 근본적인 결합 특성과 반응성을 이해한 후 실제적인 촉매 메커니즘과 응용, 촉매 공정을 다루어 유기 금속 화학의 기본적인 지식과 실제적인 응용에 적용할 수 있는 총괄적인 내용을 포함하고 있다.

여러 종류의 유기 금속 화학 분야의 책이 발간되었지만, Bochmann의 유기 금속 화학은 풍부한 구조와 화학 반응식을 삽화로 구성하여 이해하기가 쉬울 뿐 아니라 내용을 간결하게 실어 요약이 수월한 특징이 있다. 또한 전이 금속 유기 금속 화학뿐만 아니라 주족 원소의 유기 금속 화학을 다루어 유기 화학을 전공하는 학생도 한 권의 교재로 유기 금속 화학을 총괄적으로 이해할 수 있으리라 생각된다.

이 책의 번역에 관심을 가지고 출판이 이루어지기까지 많은 애정을 가지고 노력해 준 자유아카데미 관계자와 도움을 준 대학원생들에게 감사의 말을 전한다. 혹시 번역 내용이 잘못 표현되었거나 오자 등이 발견된다면 번역진들이 수정 · 보완하여야 할 사항이며, 독자들의 제안을 부탁드린다. 출간 후에라도 수정 사항이 있을 경우에는 자유아카데미 홈페이지(www.freeaca.com) 자료실에 제공할 예정이다.

끝으로, 이 책을 통하여 많은 사람들이 새로운 영역의 유기 금속 화학에 친밀함과 흥미를 가지는 기회가 되기를 바란다.

2018년 1월 30일

역자 대표 최 문 근

일반 정보

아래에 제시된 축약어는 이 책뿐만 아니라 유기 금속 화합물 및 촉매에 관한 과학 문헌에 흔히 쓰이는 것이다.

반응물과 화합물을 분리하고 다루는 것은 용매의 적절한 사용에 의존하게 된다. 이를 위해 도움을 될 수 있도록, **부록 1**에는 유기 금속 분야와 친밀하지 않은 독자들에게 좋은 참고 자료가 될 일반적인 용매의 목록과 그 특성이 서술되어 있다.

유기 금속 화학에서 자주 쓰이는 축약어:

화학식	이름	체계명	축약어
CH_3	methyl	methyl	Me
CH_3CH_2	ethyl	ethyl	Et
Me_2CH	isopropyl	1-methylethyl	Pr^i
$CH_3CH_2CH_2$	*n*-propyl	*n*-propyl	Pr^n
Me_2CHCH_2	isobutyl	2-methylpropyl	Bu^i
$MeCH_2CH(Me)$	*sec*-butyl	2-butyl	Bu^s
Me_3CH	*tert*-butyl	1,1-dimethylethyl	Bu^t
$H_2C{=}CH{-}CH_2$	allyl	2-propenyl	
$H_2C{=}C(Me){-}CH_2$	methallyl	2-methyl-2-propenyl	
C_5H_5	cyclopentadienyl	1-cyclopenta-2,4-dienyl	Cp
C_5Me_5	pentamethyl-Cp	pentamethylcyclopentadienyl	Cp*
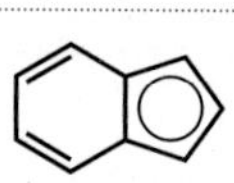	indenyl	1-indenyl	Ind
C_6H_5	phenyl	phenyl	Ph
$C_6H_5CH_2$	benzyl	benzyl	Bn, $PhCH_2$
2-MeC_6H_4	*ortho*-tolyl	2-methylphenyl	*o*-tol
2,4,6-$Me_3C_6H_2$	mesityl	2,4,6-trimethylphenyl	mes
2,6-$Pr^i_2C_6H_3$	isityl	2,6-di(isopropyl) phenyl	Dipp
2,4,6-$Pr^i_3C_6H_2$		2,4,6-tri(isopropyl)phenyl	Tripp
C_6H_{11}	cyclohexyl	cyclohexyl	Cy
$H_2C{=}CH{-}$	vinyl	1-ethenyl	
CH_3COO^-	acetate	ethanoate	OAc

CF_3COO^-	trifluoroacetate	trifluoroethanoate	OAc^F, tfa
$CF_3SO_3^-$	triflate	trifluoromethane sulfonate	OTf
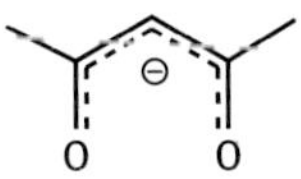	acetylacetonate	2,4-pentanedionato	acac
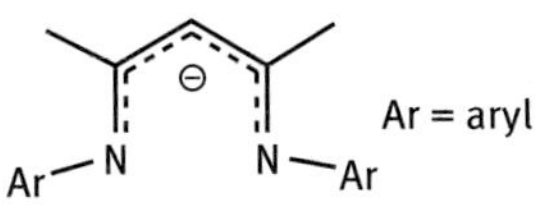	*N*-aryl-beta-diketiminato	2,4-pentanediiminato	nacnac
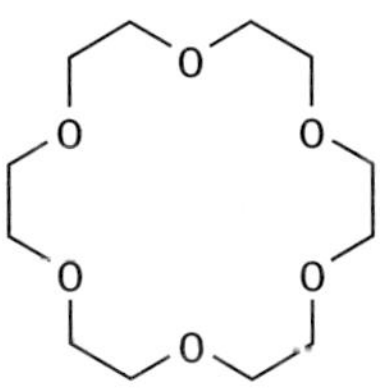	18-crown-6	1,4,7,10,13,16-hexaoxacyclo-octadecane	18-c-6
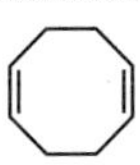	cyclooctadiene	*cis*-1,5-cyclooctadiene	COD
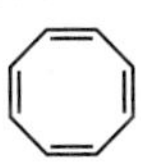	cyclooctatetraene	1,3,5,7-cyclooctatetraene	COT
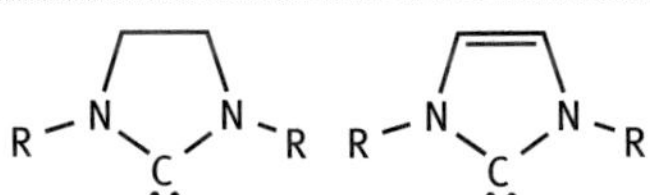	N-heterocyclic carbene		NHC
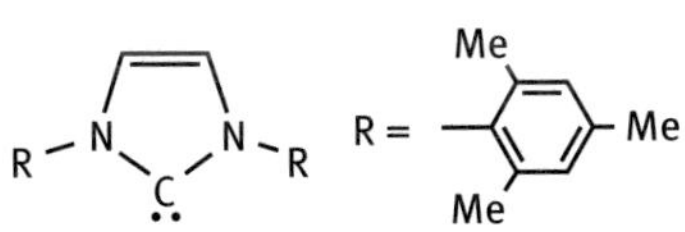		1,3- dimesityl imidazolylidene	IMes
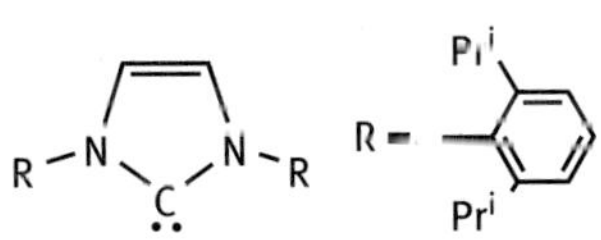		bis(di-isopropylphenyl) imidazolylidene	IPr
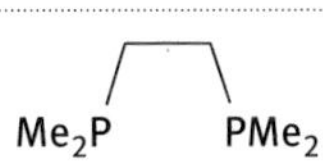		1,2-bis(dimethylphosphino)ethane	dmpe
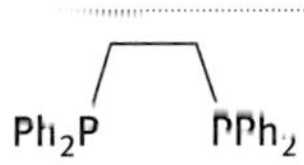		1,2-bis(diphenylphosphino)ethane	dppe
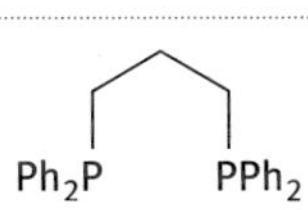		1,3-bis(diphenylphosphino)-propane	dppp
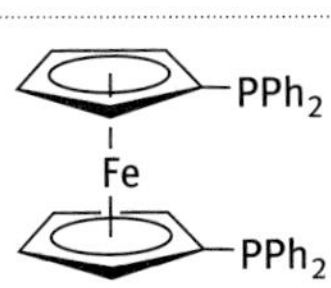		1,1′-bis(diphenylphosphino)-ferrocene	Dppf

리간드 명명법

착화합물 속에 포함된 리간드의 종류 또는 그 리간드의 결합 방식은 다양한 기호와 용어로 표시될 수 있으며, 아래는 이 책에 쓰이는 것을 나타낸 것이다.

σ-리간드 σ-결합	두 원자의 결합 축을 따라 유도된 결합으로, 서로를 향한 오비탈이 겹쳐짐으로써 이루어지는 결합이다: 2-전자-2-중심 결합	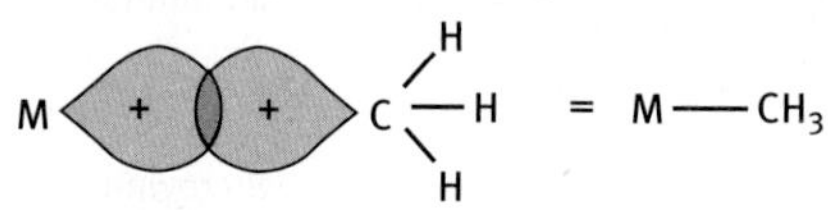
π-결합	금속과 불포화 화합물(예. 알켄 등)의 π 전자계 간의 상호 작용을 통해 이루어지는 결합이다.	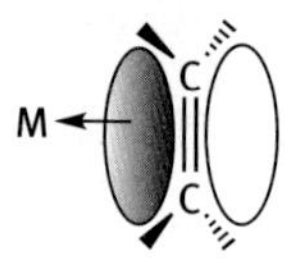
η^n 합토수	그리스어인 'eta'는 π 결합을 하는 리간드를 말하는데, 이때 n은 금속에 결합하고 있는 탄소 원자의 π 전자계 원자의 개수를 나타낸다. η(합토수)는 금속에 결합되어 있는 탄소 원자의 개수를 나타낸다. η^2, η^3, η^4는 각각 **dihapto, trihapto, tetrahapto**로 부른다.	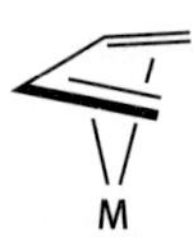 η^4-diene 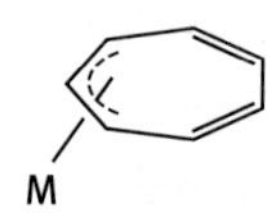 η^3-allylic bonding (η^3-cycloheptatrienyl)
μ_m	그리스어인 'mu(뮤)'는 리간드가 여러 개의 금속 원자와 다리 결합하고 있는 상태를 의미하고, 여기서 m은 다리 결합되어 있는 원자의 개수를 의미한다.	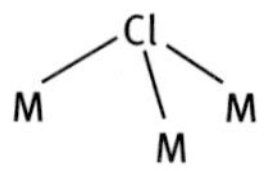 μ_3-chloride 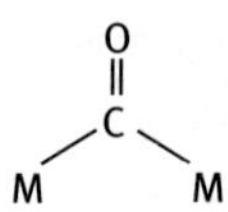 μ_2-carbonyl 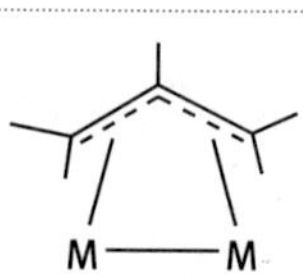 μ_2,η^3-allyl
κ	그리스어인 'kappa'는 전형적인 리간드(예. N 또는 O 주개)의 배위 결합 상태를 의미한다.	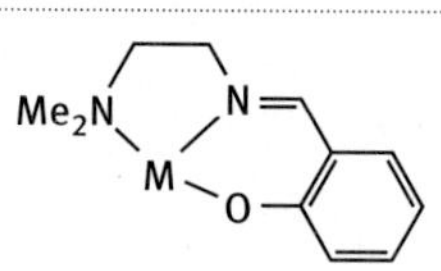 κ^3-*N,N,O* complex
X	**음이온 리간드**를 나타내는 대표적인 기호이다(예. 할로젠화물, 알콕사이드).	
L	**중성 주개 리간드**를 나타내는 대표적인 기호이다(예. 피리딘, 포스핀 등).	
R	**탄화수소 리간드**를 나타내는 대표적인 기호이다(예. 메틸기, 페닐기, 혹은 탄화수소가 유기 분자에 치환되어 있는 경우 등).	

차 례

2부 전이 금속의 유기 금속 화합물

3부 유기 금속 전이 금속 착물을 이용한 균일 촉매 작용

1부 주족 **원소**의 **유기 금속** 화합물

유기 금속 화학은 M이 금속 혹은 반금속 원소인 M–C 결합들에 관한 구조와 화합물의 반응을 설명한다.

유기 금속 화합물들은 C–C 결합과 C–X 결합들이 (X=탄소가 아닌 원소) 자주 만들어지거나 깨지는데 관여하며 합성 방법론의 뗄 수 없는 부분이 되었다. 화학 산업에서 만들어지는 대부분의 생성물들은 적어도 하나의 촉매 변환을 포함한다. 유기 금속 화합물들은 또한 놀라울 정도로 다양한 범위의 구조를 설명하며 화학 결합의 본질에 아주 흥미로운 통찰력을 제공한다. 1부에서는 주기율표(방사성 원소를 제외한)의 1, 2족과 12~14족 M–C 화합물에 초점을 맞춘다.

1	2		12	13	14	15	16	17	18
Li 1.0	**Be** 1.6			**B** 2.0	**C** 2.6	**N** 3.0	**O** 3.4	**F** 4.0	**Ne**
Na 0.9	**Mg** 1.3			**Al** 1.6	**Si** 1.9	**P** 2.2	**S** 2.6	**Cl** 3.2	**Ar**
K 0.9	**Ca** 1.0	d-구역 원소, 란타넘족	**Zn** 1.7	**Ga** 1.8	**Ge** 2.0	**As** 2.2	**Se** 2.6	**Br** 3.0	**Kr**
Rb 0.8	**Sr** 1.0		**Cd** 1.7	**In** 1.8	**Sn** 2.0	**Sb** 2.1	**Te** 2.1	**I** 2.7	**Xe**
Cs 0.8	**Ba** 0.9		**Hg** 2.0	**Tl** 2.0	**Pb** 2.3	**Bi** 2.0			

이온 M–C 결합 ⟷ 공유 M–C 결합

원소 기호 밑의 숫자들은 M–C 결합의 극성 정도를 나타내는 **Pauling 전기 음성도** (Pauling electronegativity)를 의미한다.

1.1 일반적 결합 특성

밑에서 설명하는 대부분의 주족 유기 금속 화합물들은 오비탈의 M–C 축을 따라 겹쳐 만들어진 **금속–탄소 시그마 결합**(metal–carbon σ–bond)을 포함한다. 불포화 유기 화합물의 π–전자계와 금속의 상호 작용 가능성 또한 존재한다. 만약 불포화 유기 화합물이 음전하를 가져간다면 이 π 결합들은 대부분의 경우 주족 화학에서는 약하지만, 양으로 전하된 금속 중심과 π–전자 구름 사이의 극성 결합에서는 강해질 수 있다.

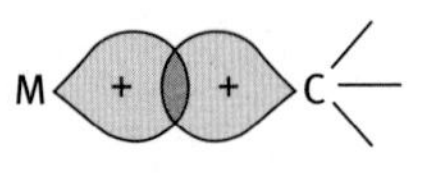

M–C σ-결합

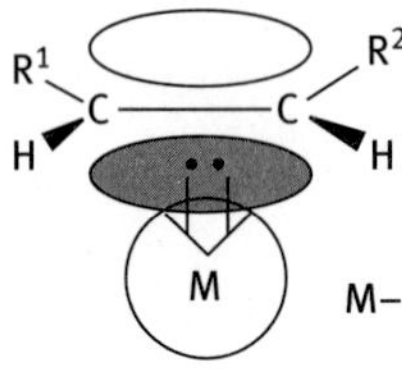

M–C π-상호 작용

극성

유기 금속 종들의 반응을 지배하는 한 중요한 면은 $M^{\delta+}$–$C^{\delta-}$ 결합의 극성이고, 이는 탄소와 금속의 전기 음성도 차이에서 기인한다. **결합 극성**(bond polarity)은 주기율표 왼쪽에서 오른쪽으로 가면서 감소한다. 결합 극성은 또한 족에서 아래로 내려갈수록 증가한다. 다시 말하자면, 가벼운 원소에서 무거운 원소로 갈수록 M–C 결합 극성은 증가하며, 동시에 M–C 결합 세기는 감소한다.

M–C 결합은 다음의 두 공명 형태를 통해 설명할 수 있다.

$$\overset{\oplus}{M}\quad \overset{\ominus}{CR_3} \longleftrightarrow M\text{—}CR_3$$

알킬 음이온과 가장 전기 양성을 띠는 1족 원소의 알칼리 금속 양이온의 결합들은 알칼리 할로젠화물보다 더 많은 공유 결합성을 갖고 있지만 이온성이 가장 강하다. 금속 알킬 화합물의 반응 정도를 통해 극성도를 쉽게 알 수 있다. 1족, 2족 금속 알킬 화합물의 알킬은 가수 분해와 산화에 매우 민감한 반면에 13족의 알킬은 가수 분해와 산화에 덜 민감하고 14족 화합물들은 비교적 반응성이 적다.

전기 음성도(EN)

전기 음성도(electronegativity, EN)는 한 원자가 결합의 전자 구름을 자기 쪽으로 얼마나 잡아당기는지를 나타내는 척도이다. 이것은 간단한 M–H 나 M–Cl 결합들에 쉽게 적용되는 직접적인 개념이지만 탄소 같은 원소의 전기 음성도는 일정하지 않다. 이는 결합에 관여하는 s–오비탈 정도에 따라 다른데 왜냐하면 s–오비탈은 p–오비탈보다 유효 핵전하에 더 강하게 영향을 받기 때문이다. sp^3 혼성화 탄소의 전형적인 전기 음성도는 2.5~2.6이며 반면에 sp^2 혼성화 탄소는 2.7이라는 더 높은 전기 음성도를 가지며 –C≡CR 같은 sp 탄소 원자는 염소와 비슷한 전기 음성도를 갖는다. 한편, 이 성질을 바탕으로 탄화수소의 산도는 C–H 수소의 산도에 따라 증가한다($C_2H_6 < C_2H_4 \ll HC{\equiv}CH$). 반면에 주어진 금속과의 결합 세기도 sp^3–C < sp^2–C < sp–C의 순서로 증가한다.

비슷하게, 논란이 되는 탄소 원자에 결합된 다른 원자의 성질도 중요하다. '**족 전기 음성도**(group electronegativity)'라고 언급되는 개념이다. 즉 CH_3 치환기는 강하게 전자를 끄는 F가 3개 있는 CF_3보다 상당히 전기 음성도가 낮기 때문에 CF_3의 전기 음성도는 산소의 전기 음성도와 비슷하다. 뒤쪽에 붕소 화합물 절에서 언급하겠지만(1.4.1절), 위와 유사하게 펜타플루오로페닐(–C_6F_5)은 페닐(–C_6H_5)보다 훨씬 더 전기 음성도가 크다(전자 끌기).

주족 금속 알킬의 **반응성**(reactivity)은 M–C 결합의 이온성이 감소할수록, 중심 금속의 Lewis 산도가 감소할수록 감소한다. 그 예로는, 알킬기를 불포화 유기 기질로 이동하거나, 금속 할로겐화물로 이동하는 것이 있다. 반응성

$$\text{Li–R} > \text{RMgX(X = halide)} > \text{MgR}_2 > \text{AIR}_3 > \text{ZnMe}_2 \approx \text{SnMe}_4.$$

몇몇 알킬들의 M–C 결합은 굉장히 강력하거나(BMe_3에서처럼), 화합물들의 불충분한 Lewis 산도(예, $SiMe_4$)는 효과적인 알킬 이동 시약이 될 수 있다. M–C 결합 세기

열역학적 안정도에 관해서는, 대부분의 가벼운 원소의 유기 금속 화합물들은 알킬아민과 비교될 수 있다(예를 들면 NMe_3: 생성열 $\Delta H_f = -24$ kJ mol^{-1}; 평균 N–C 결합 해리 엔탈피 $D = 314$ kJ mol^{-1}). 무거운 원소들의 알킬 화합물은 흡열성이 있다. 표 1.1에는 대표적인 열역학적 데이터가 나와 있다.

첫 알킬 리간드의 반응이 그 다음의 것보다 훨씬 쉬운 반면에, 평균 결합 해리 에너지는 반응성에 대한 윤곽을 나타내는 정도이다.

구조 유형. 주족 금속 알킬 화합물은 A–H와 같은 많은 구조 유형들을 형성한다.

다리 연결이 없는 구조:

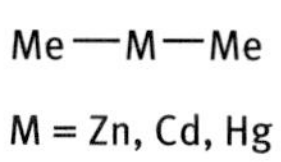

A

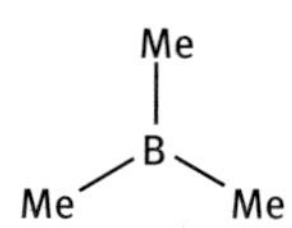

B

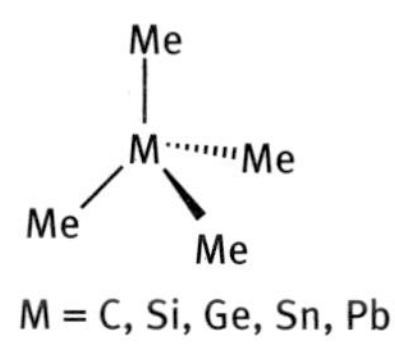

C

다리 연결 알킬이 있는 구조:

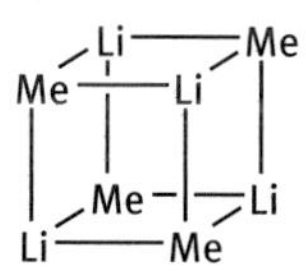

D

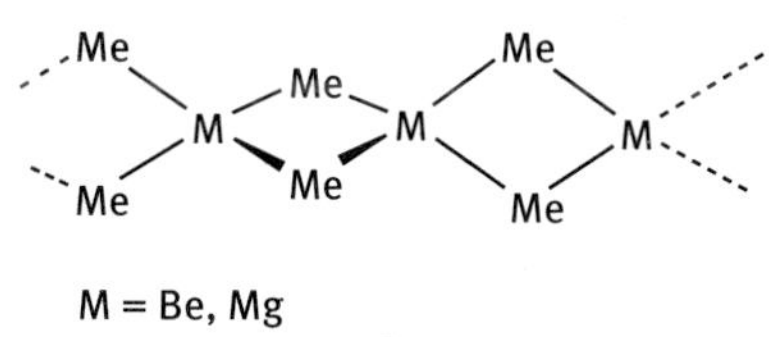

E

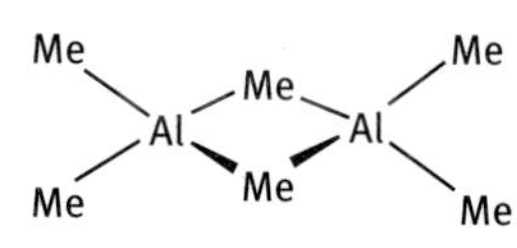

F

π-리간드가 있는 구조:

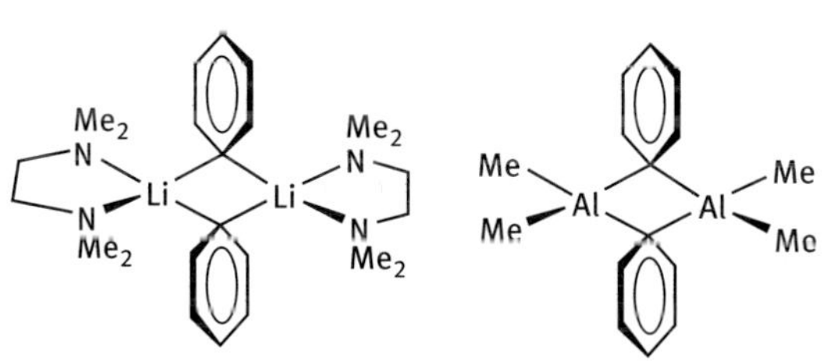

G

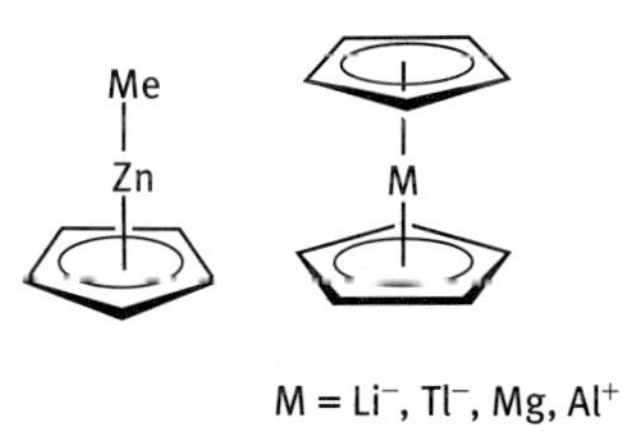

H

구조들은 금속의 사용 가능한 최외각 오비탈과 중심 금속의 Lewis 산도에 따라 결정된다.

Zn, Cd, Hg(**A**)의 다이알킬은 약한 Lewis 산이다. 예를 들어, 아연은 원칙적으로 두 개의 주개 리간드를 받아서 사면체 구조를 이룰 수 있음에도 불구하고, 메틸 리간드의 전자 주개 특성이 다리 연결 메틸 리간드 응집체를 형성할 만한 Lewis 산이 되기에는 불충분하다.

표 1.1 기체 상태에서의 주족 원소 메틸 화합물의 열역학적 데이터($kJ\ mol^{-1}$)[a]

족	12			13			14	
M	MMe_2 ΔH_f	D	M	MMe_3 ΔH_f	D	M	MMe_4 ΔH_f	D
			B	−123	365	C	−167	358
			Al	−81	274	Si	−245	311
Zn	+50	177	Ga	−42	247	Ge	−71	249
Cd	+106	139	In	173	160	Sn	−19	217
Hg	+94	121	Tl	–	–	Pb	+136	152

[a] M. E. O'Neill, K. Wade, *Comprehensive Organometallic Chemistry*, **1982**, *1*, 5.

그러므로 화합물들은 직선형이고, 단량체로 존재한다. 트라이메틸붕소(**B**)는 빈 p-오비탈을 가지고 있고, 원칙적으로 전자쌍 하나와 결합할 수 있다. 다시 말하면, 그것은 Lewis 산이지만, 그 산성이 약해서 메틸기가 **양의 유발 효과**(+I effect)를 초래한다. 붕소는 매우 작다; 입체적 반발이 이합체화 반응을 막아서 그 화합물은 단량체 기체로 존재한다. 14족 원소(C)의 테트라메틸 화합물은 중심 원소가 **팔전자**(electron octet)로 둘러싸인 **전자가 꽉 찬**(electron-precise) 화합물이다. 이 화합물들은 Lewis 산이 아니며(Si와 Si와 매우 흡사한 물질은 원칙적으로 음이온과 결합함에도 불구하고, 5, 6 배위 결합을 하는 것으로 추정된다), 그것들은 상대적으로 반응성이 적고, 휘발성이 있는 단량체이다.

다른 한편으로는, 비어 있는 최외각 껍질 오비탈의 숫자가 최외각 전자의 수를 넘으면, 입체적인 요인은 중요하지 않고, CH_3^- 음이온 전자쌍이 두 개 이상의 중심 금속 사이에 공유된다. 이러한 현상은 $[LiMe]_4$ (**D**)와 같은 전자가 부족한 구조를 형성하게 이끌며, 세 개의 Li 이온이 한 개의 메틸 음이온에 결합하기 위해 경쟁하고 **2-전자-4-중심**(2-electron-4-centre, 2e4c) 결합을 형성한다. 비슷하게도 Be과 Mg은 Zn보다 더 극성이며 더 강한 Lewis 산이고, 다리 연결 메틸 리간드(**E**)를 활용한 **2-전자-3-중심**(2-electron-3-centre, 2e3c) 결합을 형성하면서 사면체 기하학적 구조를 가지는 다이메틸 화합물을 형성한다. 그 결과, 이러한 화합물들은 비휘발성 중합체 물질이다. 같은 종류의 결합은 트라이메틸 알루미늄에서 찾아볼 수 있다. 알루미늄은 붕소보다 크고, 보다 전기 양성이며, 강한 Lewis 산이다. 이러한 요인들은 이합체(**F**)를 형성하는 데 도움을 준다. 붕소 유사체와는 다르게, 알루미늄 화합물은 고체 상태나 탄화수소 용액 상태에서 이합체로 존재한다. 반면, 기체 상태에서는 단량체와 평면 삼각형 $AlMe_3$가 평형을 이루고 있다.

2e3c, 2e4c 결합

만약 바이닐 금속과 아릴 금속처럼 sp^2-혼성화된 탄소 원자의 음이온이 존재한다면, 이 불포화된 반쪽 탄화수소는 **G**처럼 다리 연결 위치를 받아들인다. 리튬의 예를 들면, 테트라메틸에틸렌다이아민 리간드가 배위되면 사면체 기하학 구조의 배위 결합을 가진 리튬 이온이 생긴다(혼성화된 sp^3). 아릴 알킬 혼합-리간드 알루미늄에서는 다리 연결 위치에 항상 아릴기가 있다. 이온 공명 구조인 $[R_2Al(\mu\text{-}C_6H_5)]_2$에서 아릴의 π 전자 밀도의 참여가 팔전자 배열을 만족할지라도, 아릴 다리 연결은 **2e3c** 결합의 발전된 예이다. 결합 상호 작용은 다음 도표에 나타나 있다.

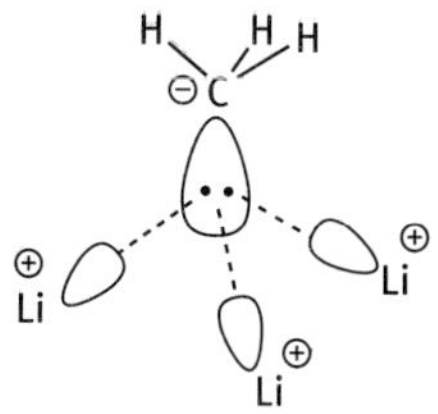

LiMe에서의 2-전자-4-중심 결합 상호 작용

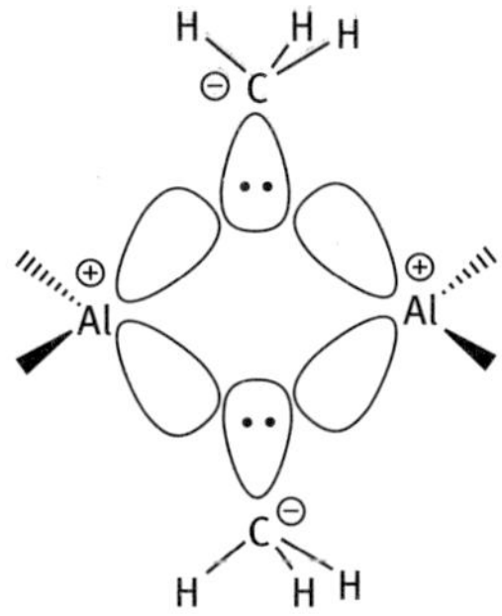

Al_2Me_6에서의 2-전자-3-중심 결합

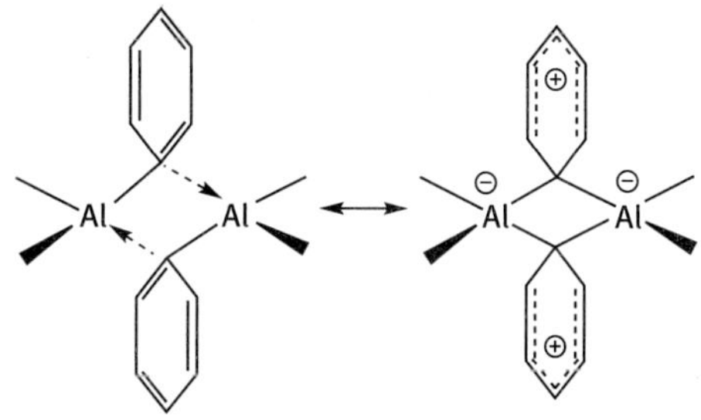

다리 놓는 아릴에서의 결합. 이온 공명 구조에서 금속은 팔전자 배치를 만족한다.

헤테로 원자를 포함하는 다른 이합체 화합물에서는, 헤테로 원자가 다리 놓는 자리를 차지한다. 이러한 원자들이 적어도 하나의 전자쌍을 포함하기 때문에, 이러한 결합은 전자가 부족하면서 여러 개의 중심을 갖는 결합이 아닌, n-주개 상호 작용 때문에 중심 금속이 팔전자 배치를 만족하여 전자가 잘 맞는 구조를 가지게 되며, 그 예는 다음과 같다.

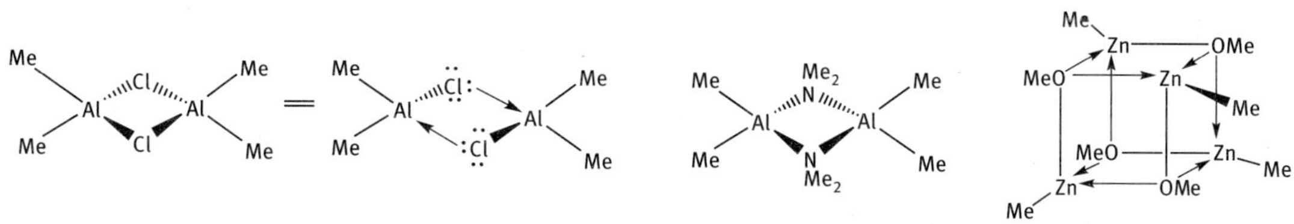

사이클로펜타다이엔일 음이온($C_5H_5^-$, 축약 표현 Cp^-)과 같이 불포화 방향족 음이온으로 **π-결합**(π-bonding)을 포함하는 H형의 **샌드위치 착물**(sandwich complexes)이 합성된다.

샌드위치 착물은 중심 금속이 π 전자가 비편재화되어 있는 2개의 고리 리간드와 결합되어 있는 화합물이다. Cp 음이온은 6개의 π 전자까지 줄 수 있다; 이는 **6π Hückel 방향족 계**(6π Hückel aromatic system)이며, 벤젠과 전자 개수가 같다. $ZnCp_2$에서는 단 하나의 Cp가 π 결합(η^5)되어 있는 것과 같이 높은 전자 포화 상태를 이루는 반면, 2번째 고리는 금속과 단 하나의 탄소와 결합(η^1)한다.

대조적으로, 다이알킬수은에서 π 배위 결합에 대한 낮은 경향성은 $HgCp_2$에서 2개의 Cp 고리 모두 시그마 결합(η^1)을 한다는 것을 의미한다. 그러나 이러한 결합은 **유동적**(fluxional)이고, 금속이 π-측면으로 빠르게 이동하고, 그 결과 평균적으로 모든 탄소들이 금속과 결합한 상태가 된다. π-결합하는 리간드를 포함하는 주족 화합물 중 몇몇의 예는 다음과 같다.

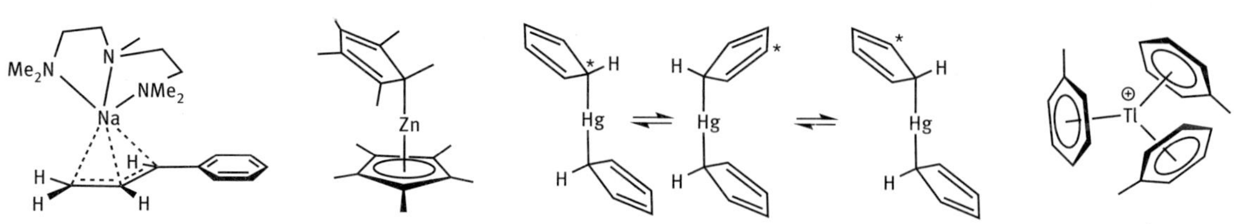

Na(1-phenyl-η^3-allyl) $Zn(\eta^1,\eta^5\text{-}C_5Me_5)_2$ $Hg(\eta^1\text{-}C_5H_5)_2$ Tl(η^6-toluene)$_3$ cation

이온 유기 금속 화학(ionic organometallics). 전자-끌개 치환체를 가지고 있어서 혹은 음전하가 광범위하게 비편재화 되어 있어서 유기체 음이온이 특별히 안정한 경우, 용액 내에서 이온들 사이의 중요한 직접적인 결합 상호 작용이 있거나 없을 수도 있기에 탄소 음이온을 가진 금속 양이온의 상호 작용은 용매 분자를 가진 금속 양이온보다 훨씬 약할 수 있다. 예를 들어, NaC_2H에서 아세틸라이드(acetylide) 음이온은 할로젠과 유사하고, NaCp는 6π-방향족 화합물인 사이클로펜타다이엔일 음이온을 포함한다. 반면에, $KCPh_3$에서 CPh_3^- 음이온은 3개의 페닐 치환체에 대하여 광범위하게 비편재화되어 있는 음전하에 의해 안정화된다.

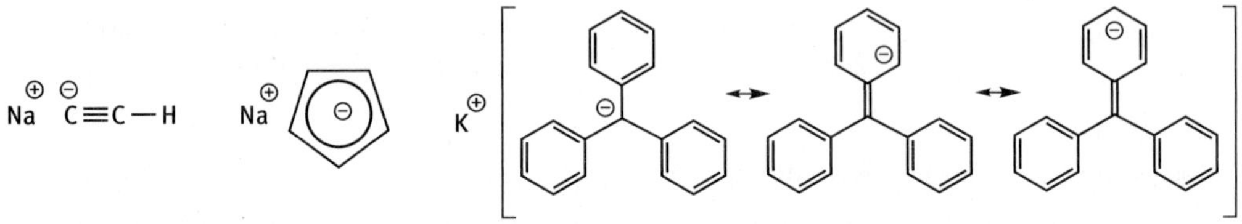

알칼리 금속의 큰 환원력은 라디칼 음이온(보통 강렬한 색을 띰)이나 음이온 방향족계의 염을 생성하기 위해 혹은 아렌이나 폴리엔의 전자 이동을 위해 사용된다. 그러한 화합물들은 비양성자성 극성 용매인 THF(tetrahydrofuran)과 같은 용매에서 잘 생성되며, 편리한 환원제로서 이용된다. 비록 몇몇 경우에 결정성 염이 관찰되어도, 음이온에 직접적인 결합 없이 알칼리 금속은 용매화된다. 피리딘과 같은 헤테로 고리 분자는 알칼리 금속과 반응하여 보라색의 피리딘 라디칼 음이온을 생성한다.(벤젠이나 톨루엔과는 이러한 전자 이동이 발생하지 않는다.) 알칼리 금속은 사이클로옥타테트라엔(비평면 구조, 8π 전자를 가진 비방향족 올레핀)을 $C_8H_8^{2-}$로 환원시켜 평면 구조이면서 10π-방향족 계가 된다(그리고 Hückel의 $(4n+2)\pi$ 법칙을 만족한다). 짙은 보라색을 띠는 라디칼 음이온으로의 벤조페논 환원 반응은 다이에틸 에터나 THF와 같은 비양성자성 극성 용매의 산소 제거와 정제를 위한 훌륭한 건조제로 사용된다.

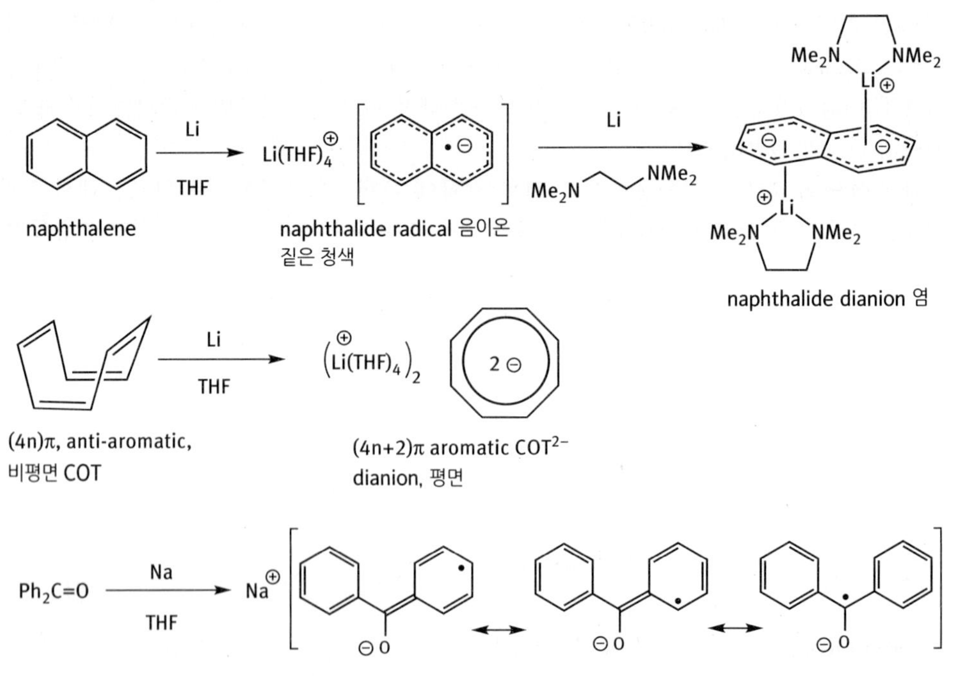

자료 1.1 리튬 이온 삽입

리튬 이온은 흑연 전극에서 전하 수송체로서 매우 중요한 역할을 한다. Li^+ 이온 삽입의 예 중 하나는 코래뉼렌 테트라음이온(corannulene tetraanion)이며, 다섯 개의 Li^+ 이온의 삽입은 샌드위치 구조를 형성한다. 그 샌드위치는 매우 안정하며 THF 용액에서도 그 구조를 유지한다. 심지어 용액에 크라운 에터를 첨가하여도 삽입된 Li^+ 이온은 그 구조를 유지한다.

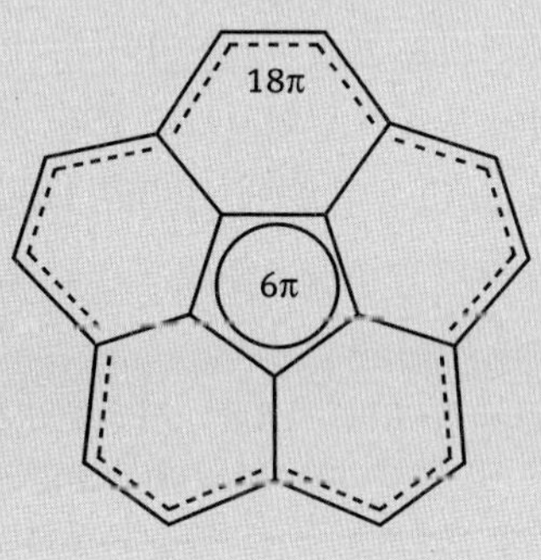

[corannulene]$^{4-}$ anion

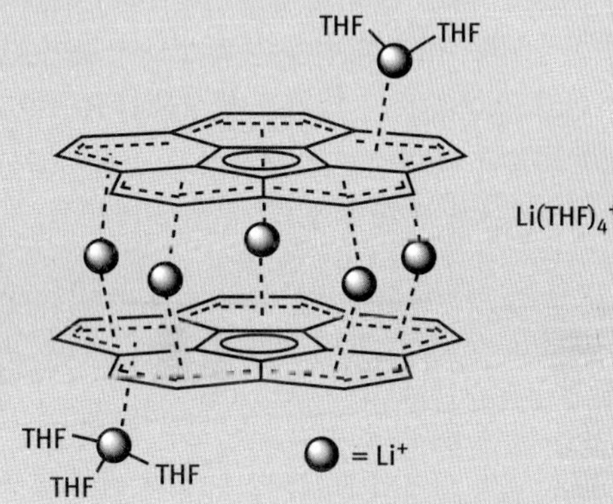

핵심

주족 원소의 유기 금속 화합물은 주로 C−C, C−원소, C−금속 결합을 형성시키는 데 사용된다. 주족 M−C 결합의 극성은 이온(알칼리 금속) 결합과 근본적인 공유 결합(B, Sn)의 범위 안에 들어간다. 이것은 반응성, 알킬화 반응의 세기, 공기에 대한 안정성을 결정한다. 극성 M−C 결합은 물과 빠르게 반응하며 화합물들은 자연 발화될 수 있다.

연습문제

1. 다음의 M−C 결합들을 극성이 증가하는 순으로 나열하시오.
   $ZnMe_2$, LiMe, $MgMe_2$, BMe_3, $SiMe_4$.
2. 문제 1에 있는 화합물들의 구조를 그리고 중심 금속의 전자수를 결정하시오. 어떠한 화합물이 팔전자를 만족하는가?
3. 왜 $C_5H_5^-$(Cp^-)와 벤젠이 같은 전자수를 가지는가?

Li 3
6.941

리튬은 알칼리 금속 중 가장 단단하며 공기 중에서 느리게 반응한다. LiR 합성을 위해 두드려 평평한 판으로 만들 수 있고 가위로 잘라 작은 조각으로 만들 수 있다. N_2와 반응하기 때문에 아르곤에서 반응시켜야 한다.

1.2 알칼리 금속 유기 금속: 리튬

1.2.1 합성

리튬 알킬 화합물은 할로젠화 알킬과 리튬 금속의 반응을 통해 만들어진다. 이러한 반응은 다이에틸 에터와 같이 리튬 이온을 안정화시킬 수 있는 용매를 사용해야 진행된다.

$$\text{R–Br} + 2\,\text{Li} \xrightarrow[20\ ^\circ\text{C}]{\text{Et}_2\text{O}} \text{LiR} + \text{LiBr}$$

위 반응은 리튬 금속 결정의 모서리 부분에서 R-Br 결합이 리튬 원자에 산화성 첨가를 통해 진행된다. 이러한 반응은 R=Me와 같이 간단한 알킬기를 가질 때 잘 일어나지만 때때로 라디칼 중간체 $R^{\bullet}$의 짝지음 생성물인 R-R이 형성되어 수율이 떨어지기도 한다. 리튬 알킬 화합물들은 상업적으로 구매가 가능하며, 특히 LiMe(Et_2O 용액 속에), $LiBu^n$, $LiBu^t$(헥세인 용액)은 쉽게 구할 수 있다.

리튬 알킬 화합물은 물과 쉽게 반응하기 때문에(LiR + H_2O → RH + LiOH) 사용하기 전에 LiR의 농도를 확인해야 한다. 농도는 이중 적정을 통해 쉽게 확인할 수 있다: LiR의 부분 시료를 덜어 증류수로 수화 반응시킨 후 적당한 지시약(예: 브로모티몰 블루)을 이용하여 적정한다. 다른 일부의 LiR은 물을 넣기 전에 질소 분위기에서 과량의 1,2-다이브로모에테인을 넣어준다: LiR + BrC_2H_4Br → LiBr + RBr + C_2H_4. 남은 LiOH는 다이브로모에테인이 첨가되기 전 수화 반응을 통해 만들어진 것이다. 따라서 두 시료의 적정값의 차이는 LiR의 농도와 같다.

리튬 알킬은 탈수소된 알케인의 염으로 볼 수 있다. 알케인은 매우 약한 산이기 때문에, LiR의 알킬 음이온은 **가장 강한 염기로 이용된다**.

$$\text{LiMe} < \text{LiBu}^n < \text{LiBu}^t$$

따라서 다양한 리튬 시약들은 CH_4, *n*-뷰테인, $HCMe_3$보다 더 산성인(더 극성이 큰) C-H 결합을 가지고 있는 탄화수소와의 반응을 통해 생성될 수 있다.

$$\text{LiR} + \text{R'–H} \xrightarrow{\text{hexane}} \text{LiR'} + \text{RH}$$

이와 같이 C-H 산도는 염이 없는 조건에서 새로운 리튬 화합물을 합성하기 위해 연구되었다. 예를 들면, $LiBu^n$은 톨루엔과 반응하여 $PhCH_2Li$와 뷰테인을 생성한다. 메틸기가 치환된 헤테로 방향족(heteroaromatic) 화합물은 더 빠르게 반응한다. 예를 들면, 2-루티딘(2-lutidine, 2-메틸피리딘(2-methylpyridine))은 진한 오렌지색의 $LiCH_2py$을 형성한다.

리튬 알킬은 **금속-할로젠 교환(metal-halogen exchange)**을 통해 만들 수 있다. 아이오도아렌(iodoarene)은 반응성이 좋은 반면 브로모아렌(bromoarene)은 천천히 반응하고 클로로아렌(chloroarene)은 반응성이 없다. 용매의 선택 또한 중요하다. 평형 반응에서 성공적으로 합성하기 위해서 하나의 생성물을 제거하여 평형을 한쪽 방향으로 이동시키는 것은 유용한 전략이다. 페닐리튬(phenyllithium) 합성의 경우 벤젠을 용매로 사용하여 합성하는데, 이때 PhLi는 벤젠에 녹지 않고 침전된다.

유기 용매에서 유기 화합물의 C–H pK_a 값(굵은 표시는 연관된 H를 나타낸다.)

화합물	pK_a	화합물	pK_a
Me_3C–**H**	47	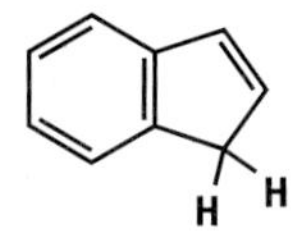	18.5
Me–C**H_3**	42		
C**H_4**	40		
C_6H_5–**H**	39	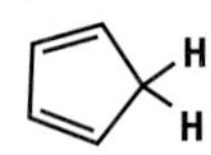	15
C_6H_5–C**H_3**	37	CH_3COO**H**	4.7
H_2C=CH–C**H_3**	36.5	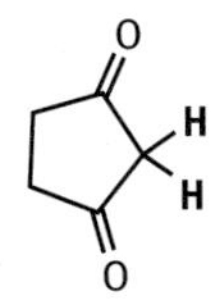	4.5
Ph_3C–**H**	32		
HC≡C–**H**	24		

$$LiR + R'–X \rightleftharpoons LiR' + R–X$$

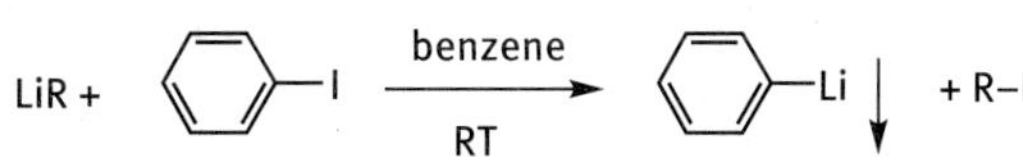

금속-할로젠 교환은 작용기를 가지고 있는 아릴 리튬 시약의 선택적 합성에 효과적인 방법이 될 수 있으며, 리튬 알릴과 리튬 바이닐을 정량적 수율 그리고 잘 조절된 온도에서 합성할 수 있다.

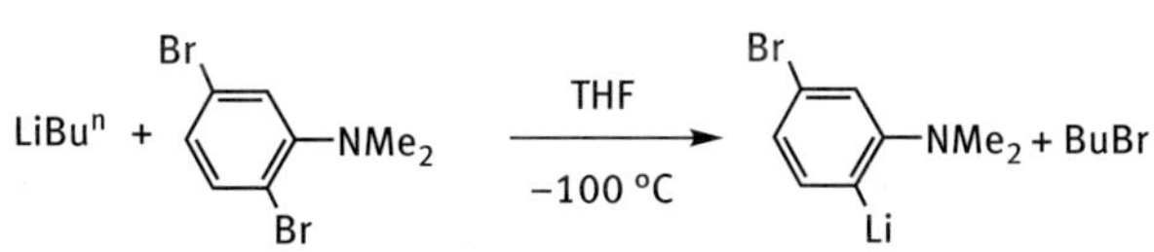

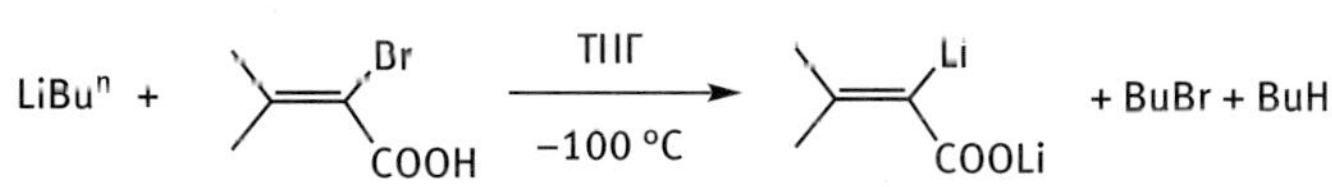

금속 교환 반응(transmetallation)을 통한 리튬 알킬 화합물의 합성은 덜 전자 양성인 금속(예를 들면 Hg, Sn, Zn)과 금속 교환 과정을 거쳐 진행된다. 이러한 반응은 일반적이지는 않지만 염이 없는 조건에서 리튬 화합물을 합성할 수 있다.

$$R–M + Li \longrightarrow R–Li + M$$

$$R–M + BuLi \longrightarrow R–Li + BuM$$

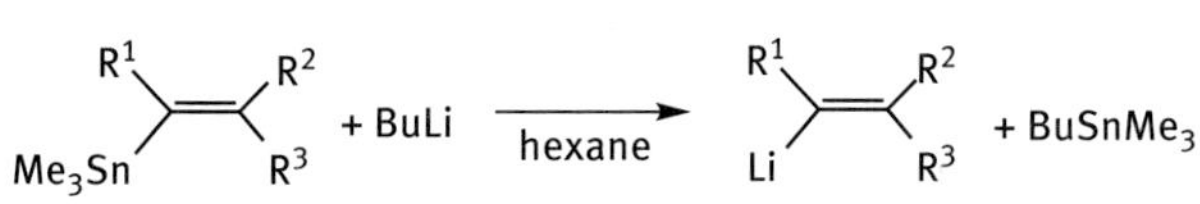

1.2.2 리튬 알킬 화합물의 구조

리튬 알킬 화합물은 다중-중심 결합을 통해 서로 붙들려 응집체를 형성한다. $Li^{\delta+}\cdots C^{\delta-}$ 상호 작용의 높은 극성에도 불구하고 응집체는 전체적으로 낮은 극성을 나타내며, 비극성 용매에 녹는다. 예를 들어 LiMe은 Et_2O 혹은 THF 용매에서 일그러진 입방 구조를 가지는 사핵체를 형성한다. $LiBu^n$과 LiCy는 헥세인 용액에서 육핵체를 형성한다(Cy=cyclohexyl). LiMe의 입방 구조는 네 개의 메틸기가 모서리에 위치한 Li_4 사면체 구조로 나타낼 수 있다. 그러나 Li 이온들 간에는 결합을 형성하지 않는다.

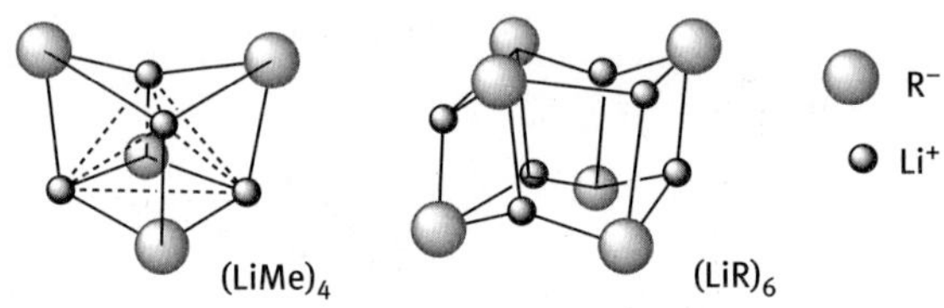

응집체의 응집 정도는 용매와 구조체의 결합 상수에 의해 결정된다. THF와 같이 더 강하게 배위하는 용매는 뭉치 화합물을 더 작은 단위로 쪼갤 수 있다.

$Me_2NCH_2CH_2NMe_2$(TMEDA) 혹은 $Me_2NCH_2CH_2N(Me)CH_2CH_2NMe_2$(PMDETA)와 같이 수소가 없는 아민 킬레이트 화합물을 넣으면 이합체 혹은 단량체 화합물을 형성하며 일반적으로 응집체보다 더 큰 반응성을 보인다. 이것은 왜 리튬 화합물을 이용한 금속화 반응에서 용매 혹은 혼합 용매의 선택이 매우 중요한지를 설명한다. 예를 들면 $(LiBu^n)_6$에 TMEDA를 첨가하면 이합체를 형성한다.

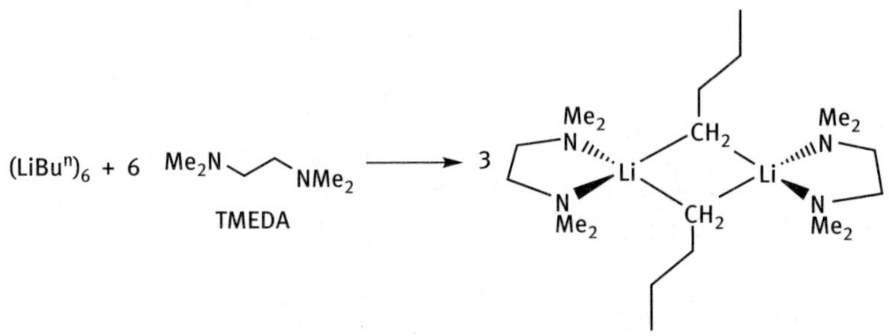

입체 장애가 매우 큰 리튬 알킬 화합물은 $[Li(THF)_4]^+[R-Li-R]^-\{R=C(SiMe_3)_3\}$와 같이 이온쌍이 포함된 **다이알킬리튬 음이온(dialkyllithiate anion)**의 구조로 발견된다.

일반적으로 사용된 리튬 알킬의 응집 정도

화합물	용매 또는 첨가 생성물	회합 정도
LiMe	Et_2O, THF, crystal	4
LiPh(PMDETA)	*N,N,N*-chelate adduct	1
Li(n^3-allyl)(PMDETA)	*N,N,N*-chelate adduct	1

화합물	용매 또는 첨가 생성물	회합 정도
Li(η^3-allyl)(TMEDA)	*N*,*N*-chelate adduct	∞, polymeric chain
LiPh(Et_2O)	Base adduct	4
LiPh	Et_2O + THF	2
$LiBu^n$	Hexane, crystal	6
$LiBu^n$	THF	2, 4
$LiBu^t$	hexane, crystal	4
$LiBu^t$	Et_2O, THF	1, 2
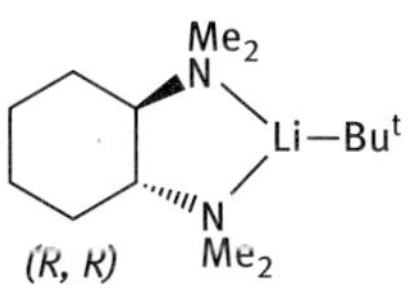	crystal	1

1.2.3 리튬 알킬의 반응성

강염기로서 리튬 알킬 화합물은 C–H **결합의 탈수소화 반응**(deprotonation of C–H bond)에 널리 사용된다.

TMEDA와 같은 킬레이트 주개 리간드의 첨가는 반응성을 증가시켜 준다. 예를 들어 벤젠은 *n*-뷰테인에 비해 5배 더 산성임에도 불구하고 벤젠의 $LiBu^n$을 통한 금속화는 TMEDA를 첨가하였을 때만 유용한 속도로 일어난다. $LiBu^s$/TMEDA는 훨씬 더 효과적이다. $LiBu^n$과 $KOBu^t$의 혼합물(Lochmann–Schlosser base)은 용액 안에서 더 강력한 KBu^n을 만들며 금속-벤젠 화합물을 TMEDA 없이도 생성한다; 부산물인 $LiOBu^t$는 쉽게 제거된다.

LiR/$KOBu^t$ 초강염기

톨루엔의 메틸기는 $LiBu^n$/TMEDA를 사용하여 탈수소화 반응을 시킬 수 있고, *o*–, *m*–자일렌은 두 메틸기를 모두 탈수소화시킬 수 있지만, 고리 금속화 반응은 일어나지 않는다.

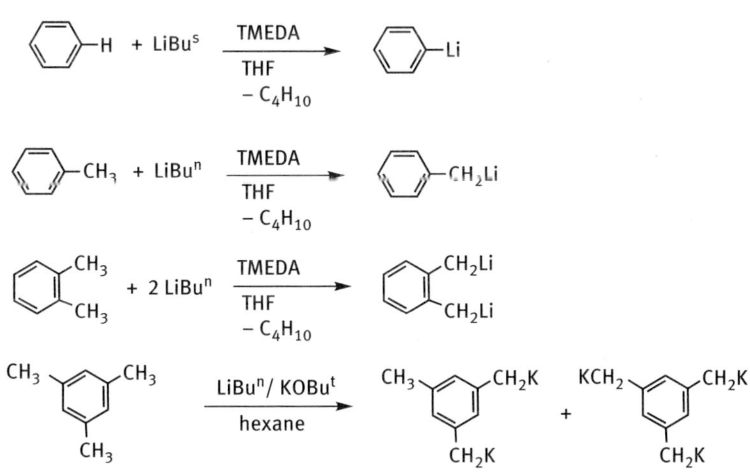

2.4.5절과 자료 2.8.1 참조

반면 페로센($FeCp_2$)는 $LiBu^n$/TMEDA에 의해 쉽게 이중금속화(dimetallation)되어 페로세노포스핀(ferrocenophosphine)을 합성하는 데 사용된다.

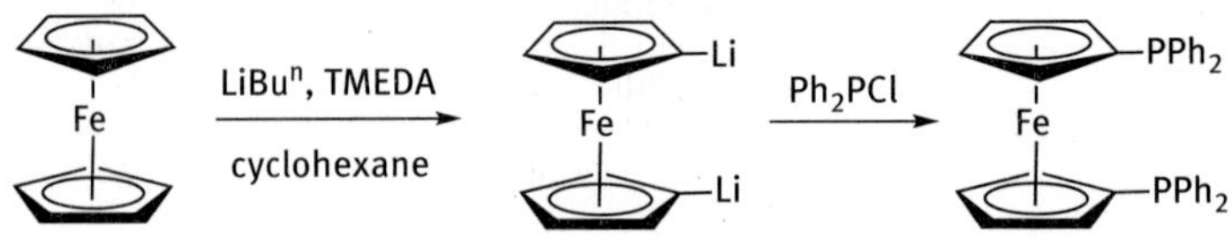

리튬 알킬은 염이 없는 조건에서 H-X (X= N, O, P 등)의 탈수소화 반응에 자주 이용된다. 이러한 포스핀화 방법은 R_2PCl + Na를 통한 합성보다 선호된다.

$$LiBu^n + HNPr^i_2 \xrightarrow[-\text{ butane}]{} LiNPr^i_2$$

$$LiBu^n + HPPh_2 \xrightarrow[-\text{ butane}]{} LiPPh_2$$

LiR이 배위 가능한 작용기는 종종 오쏘-리튬화된 화합물을 생성하기 위한 위치 선택적 금속화의 조절 방법으로 이용되며, 이러한 효과는 **오쏘-지향 효과**(*ortho*-directing effect)라고 알려져 있다. 만약 오쏘 위치에 있는 C-H 결합의 산도를 증가시키는 작용기와 강한 배위 능력을 가지는 서로 다른 작용기 두 개가 동시에 존재한다면, 선택성은 리튬 알킬의 응집화된 상태와 Lewis 산도에 의해 결정된다. 두 경우 모두 고리 금속화된 화합물을 생성할 수 있다.

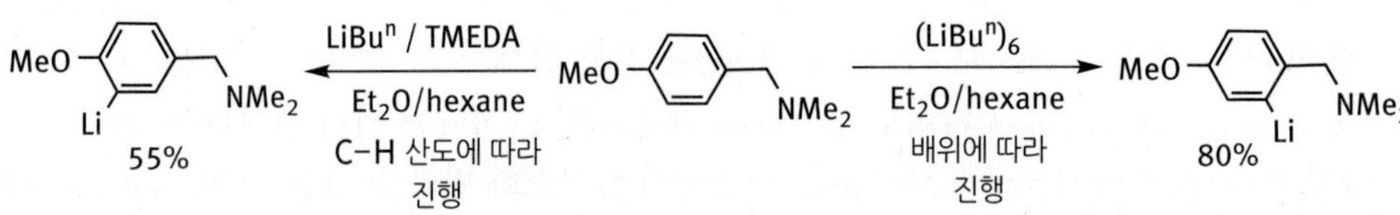

용매는 쉽게 리튬 알킬에 의해서 공격 받는다; 예를 들어 $LiBu^n$의 반감기는 THF 용액에서 약 10분이다. LiR 헥세인 용액에 THF를 첨가하면 극심한 발열 반응을 한다. THF는 먼저 오쏘 위치가 리튬화되고 분해 반응을 통해 엔올산 리튬을 생성한다.

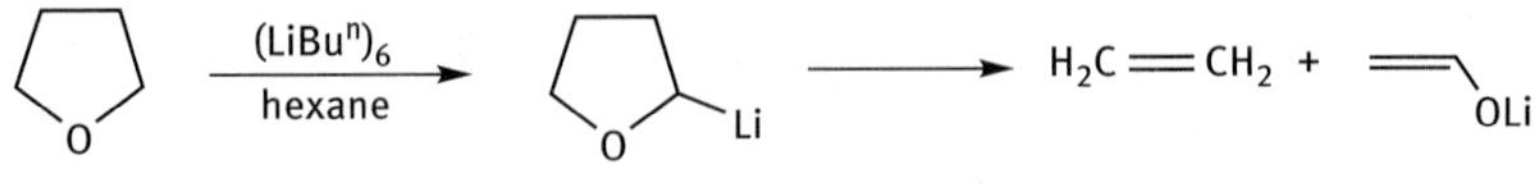

TMEDA 아민의 다이메틸아미노(dimethylamino) 치환기도 낮은 반응 온도에서 금속화될 수 있다.

리튬의 킬레이트 질소 염기와 배위 경향은 카이랄 아민 스파르테인(sparteine)의 경우와 같이 **입체 선택성을 가지는 리튬 화합물**(stereo-differentiating lithium reagents)을 형성시키는 데 사용될 수 있다.

카이랄 알킬화

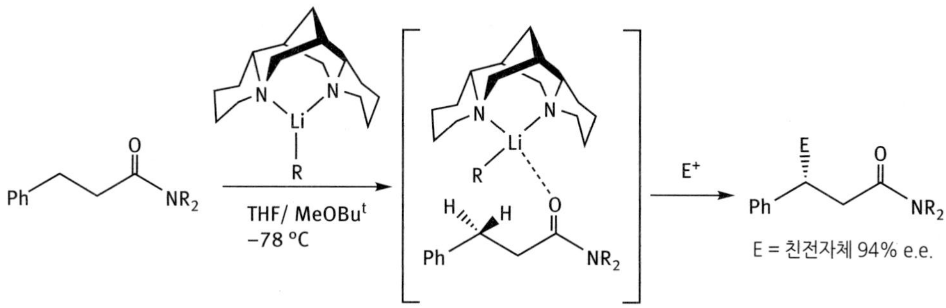

배위 화합물 중간체

리튬 알킬은 **다중 결합에 첨가 반응**(**addition to multiple bond**)을 한다. 나이트릴기는 이민 중간체의 수화 반응을 거쳐 케톤으로 전환되며, 카복실산 아마이드는 알데하이드로 전환된다.

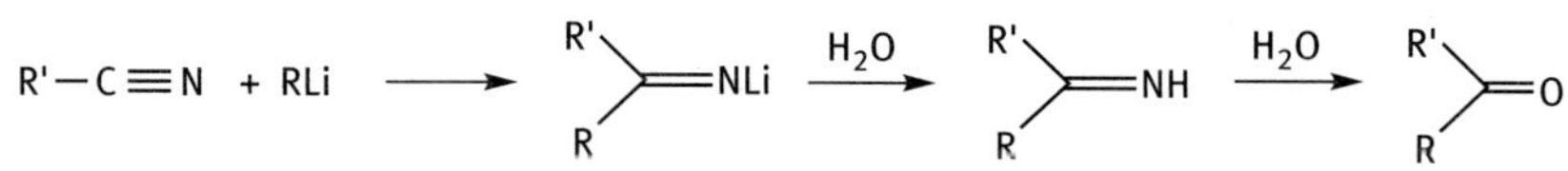

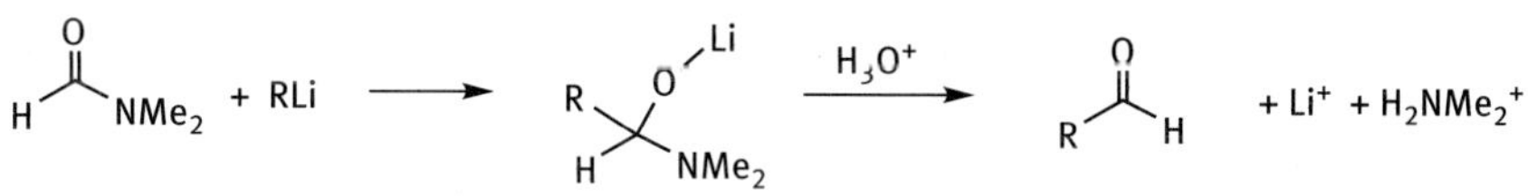

콘쥬게이션된 다이엔에 첨가할 경우 **η^3-알릴**(**η^3-allyl**) 리튬을 생성하며, 이러한 화합물은 아이소프렌(isoprene)을 이용한 합성고무의 합성과 같은 **음이온 중합**(**anionic polymerization**)의 중간체로 사용된다. 이러한 중합은 다른 유기 금속 화학종과 함께 유용하게 작용할 수 있다. 폴리아이소프렌의 다양한 입체 이성질체가 가능하며(1,4-시스, 1,4-트랜스, 1,2-, 이들의 혼합물) 그들의 다양성은 개시제와 용매의 성질에 민감하게 영향을 받는다. 1,4-시스 중합체는 천연고무의 성질과 가장 유사하다.

이와 유사하게 리튬, 소듐 알킬은 스타이렌(styrene)의 음이온 중합을 개시한다. 중간체는 *sec*-알킬 리튬 화학종이며 음전하는 페닐 고리에 비편재화된다. 중합은 결국 스타이렌 C=C 결합에 반복적인 2,1-첨가 반응 과정을 통해 이루어지며, 각각의 반응은 새로운 *sec*-알킬 리튬의 전파 화학종을 생성한다. 따라서 사슬 성장은 빠르고 고르며, 이러한 중합체의 분자량은 단량체/RLi의 비율을 통해 간단히 조절될 수 있다.

음이온 중합을 통해 분자량이 조절된 폴리스타이렌은 젤투과 크로마토그래피의 표준 물질로 사용된다.

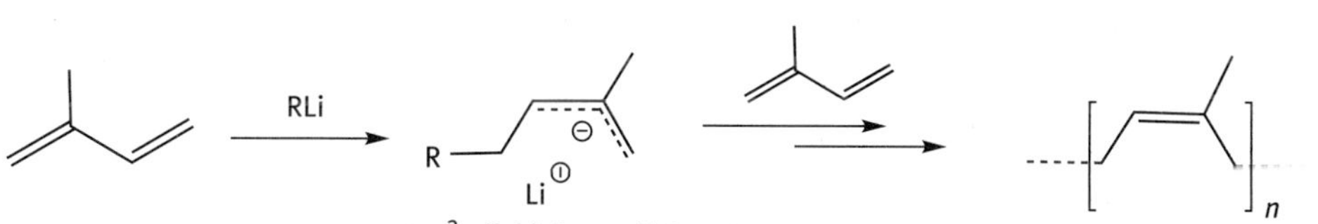
η^3 allyl intermediate

cis-1,4-polyisoprene
합성고무

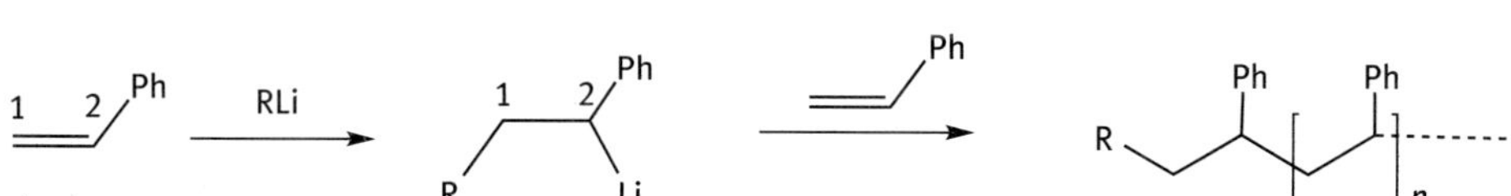
styrene

polystyrene

'산염' 착물

강염기로서 리튬 알킬은 '산염' 착물('ate' complex)을 형성하기 위해 Lewis 산 화합물에 넣는다. 다음의 금속화 음이온을 포함하는 화합물의 예를 나타낸 것이다.

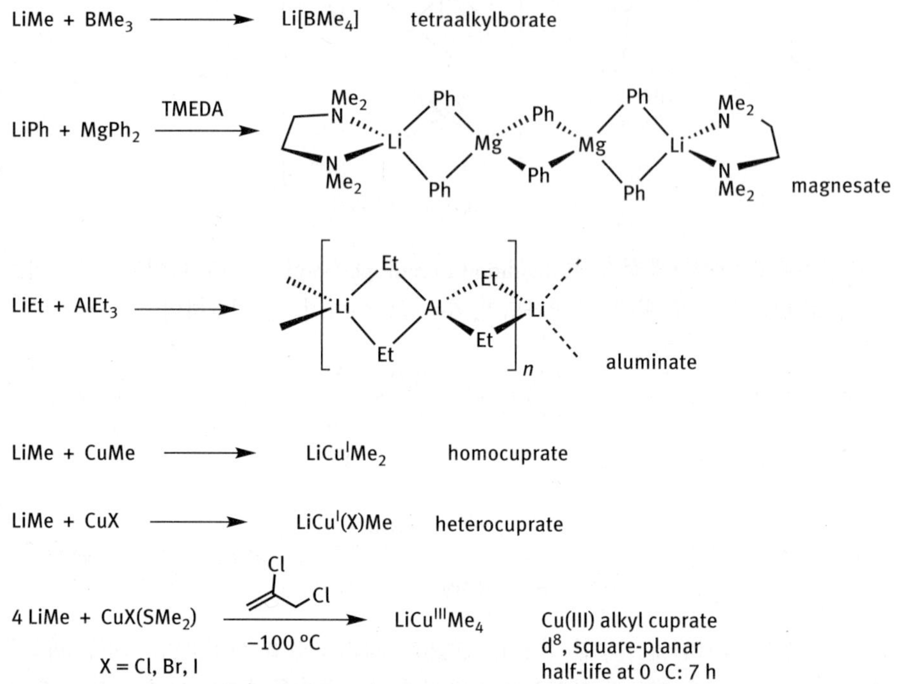

cuprate 시약

cuprates는 $[R-Cu-R]^-$을 기반으로 하며 이온쌍이 직접 닿아 있거나 혹은 용매로부터 독립된 이온쌍을 형성한다. 그러한 Cu-C 결합은 공유 결합성이 크다.

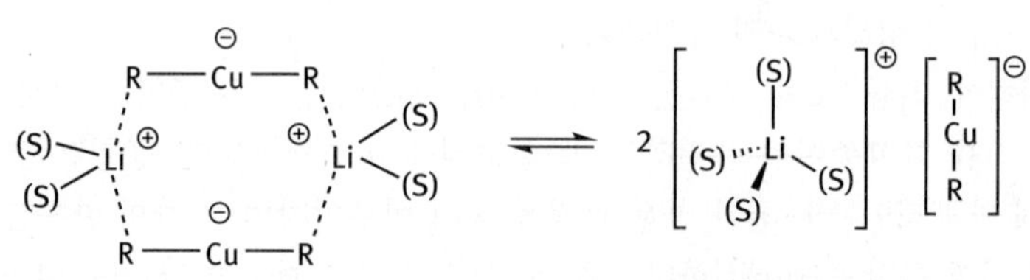

(S) = 전자 주개 용매

결정 구조의 예를 아래 도표에 나타내었다; 아래 화합물들은 에터에 용해되며 빠른 상호 전환과 용액 평형을 나타낸다. 리튬 유기 구리는 콘쥬게이션된 엔온(enone)의 선택적 알킬 1,4-첨가 반응, C-C 다중 결합의 첨가 반응과 치환 반응에 사용된다.

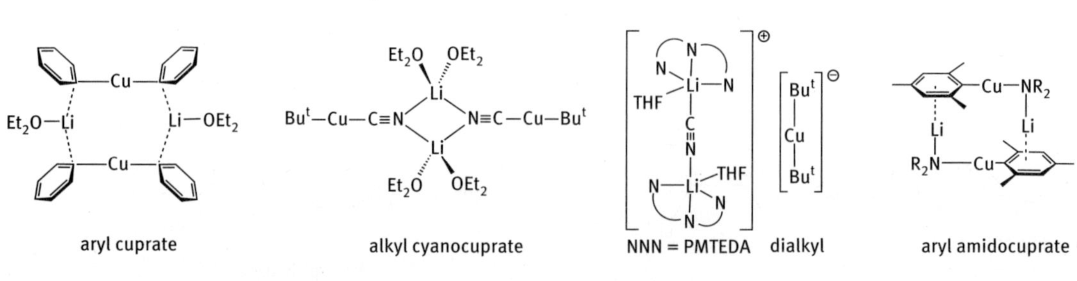

aryl cuprate　　alkyl cyanocuprate　　NNN = PMTEDA　dialkyl　　aryl amidocuprate

1.2.4 무거운 알칼리 금속을 포함하는 유기 금속 화합물: Na–Cs

아래에 알칼리 금속을 이온 반경이 커지는 순으로 나열하였다.

Li^+	Na^+	K^+	Rb^+	Cs^+
0.69	0.97	1.33	1.47	1.67 Å

11 Na 22.990

금속 알킬 화합물의 이온성도 위의 표와 같다. MeLi 용액을 $MOBu^t$(M = Na, K)에 넣으면 NaMe, KMe를 각각 생성한다. 고체 KMe는 이온 격자를 형성하는데 이때 CH_3^- 음이온은 여섯 개의 K^+ 이온으로 둘러싸인다. 고체 NaMe는 LiMe와 KMe 사이의 중간체이다. 포타슘 알킬은 분리하기가 어려우며 일반적으로 LiR + $KOBu^t$ 반응을 통해 용액 상에서 생성시켜 사용한다. 이러한 반응은 아래 알릴 위치의 C=C 결합과 같이 C–H 결합이 활성화된 자리의 금속화에 적합하다.

19 K 39.098

37 Rb 85.468

55 Cs 132.905

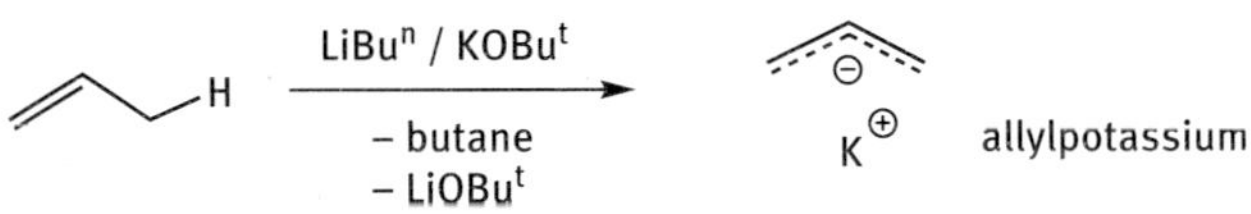

합성의 관점에서 가장 중요한 Na와 K 유기 금속 화합물은 사이클로펜타다이에나이드(cyclopentadienide) 음이온이다. 이것은 금속, 금속 수소화물, 리튬 알킬로부터 만들 수 있다. NaCp와 KCp는 CpH로 크래킹 과정없이 다이사이클로펜타다이엔을 금속과 함께 반응시켜 편리하고 정량적으로 만들 수 있다.

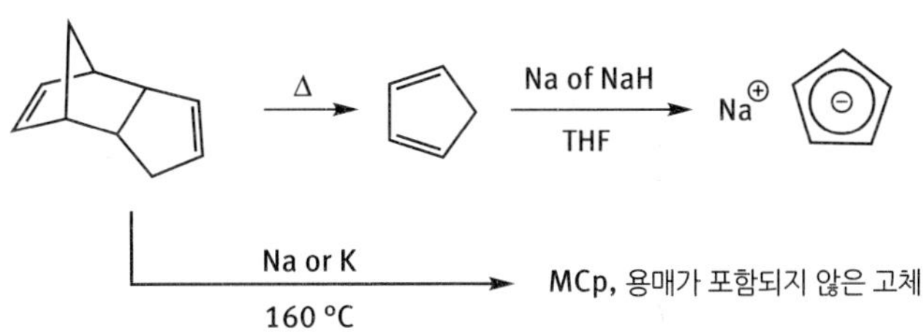

이러한 사이클로펜타다이에나이드 음이온 화합물은 THF와 같은 비양성자성 주개 용매에 잘 녹는다. 그것들은 고체 상태에서 Cp^- 음이온과 M^+ 양이온의 쌓임을 통해 선형 혹은 지그재그 구조를 형성하며 그 구조는 M^+ 양이온의 이온 반지름과 주개 분자(에터, 피리딘)의 존재 유무에 따라 결정된다. 알칼리 양이온은 구형이고 Cp 리간드의 방향에 영향을 주지 않아 결정 구조는 정전기적 인력과 채움 힘(packing force)에 의해 결정된다. PPh_4^+와 같은 큰 양이온의 경우 $[LiCp_2]^-$ 형태의 샌드위치 화합물이 얻어진다.

알칼리 금속 사이클로다이에나이드는 전이 금속 화합물의 중요한 부분인 '메탈로센(metallocene)'을 합성하는 데 매우 중요한 역할을 한다. MCp 착물, 2.8장 참조

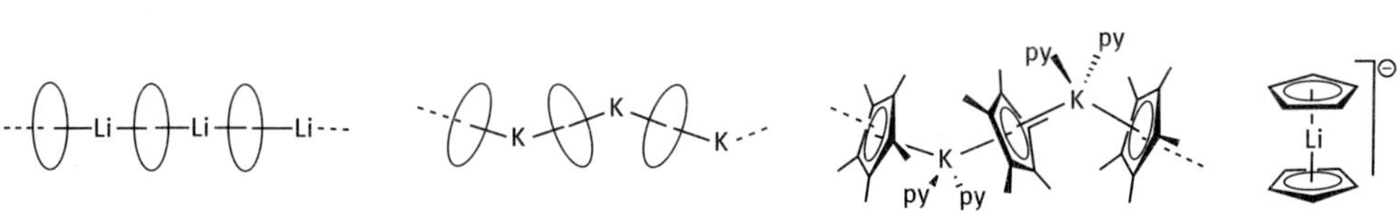

$KCp^*(pyridine)_2$

알칼리 금속 이온은 공유 결합을 하는 전자가 없기 때문에 물에 잘 녹으며, 극성 에터 용매와 매우 큰 친화성을 갖는다. 알칼리 금속 이온은 일반적인 탄화수소 π-리간드와 잘 배위하지 않는 경향을 나타낼 것으로 기대된다. 이것은 일부 사실이지만, 거대한 알칼리 금속 양이온은 방향족 π-계와 빈번히 결합한다. 특히 방향족 화합물이 상대-음이온이거나 THF와 같이 강한 용매에서 그러한 경향을 보인다.

그 예로 이온 결합 화합물인 $[K(toluene)_2(FeCp_2)_2]^+[Mg(NR_2)_3]^-$의 구조에서 살펴보면 톨루엔에 배위되는 것을 마그네스테이트(magnestate) 음이온을 만드는 아미도(amido) 다리를 형성하는 것보다 선호한다.

벤질 포타슘과 벤질 루비듐 화합물의 구조는 평면 벤질 음이온에 알칼리 금속 양이온이 η^3-와 η^6-타입으로 π-상호 작용하는 것을 관찰할 수 있다. 양이온-아렌 상호 작용의 가장 큰 차이는 테트라페닐붕소산 염 화합물 $MBPh_4$에서 관찰된다: Na^+ 염이 물에 잘 녹는 반면 포타슘 염은 녹지 않는다. 이러한 성질은 침전에 의해 **K^+ 무게법 정량(gravimetric determination)**을 할 수 있게 한다. 그러한 화합물은 사슬 구조를 가지며 Rb^+, Cs^+ BPh_4^- 염에서도 관찰된다.

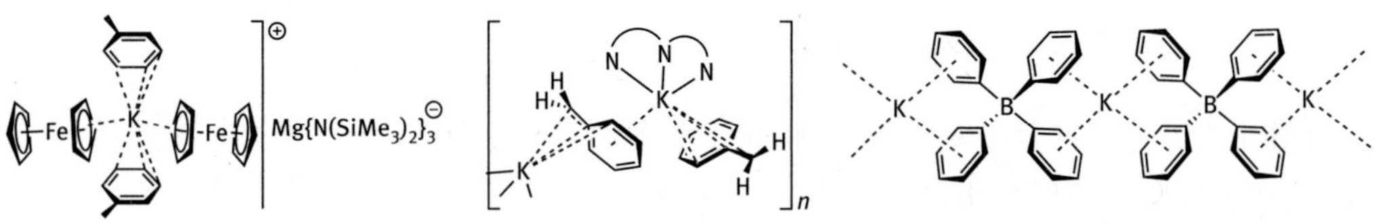

$[KCH_2Ph(PMDETA)]_n$ $[KBPh_4]_n$

핵심

알칼리 금속은 매우 극성인 M−C 결합을 형성하여 유기 금속 화합물인 M−R을 형성한다. Li에서 Cs로 갈수록 이들의 이온성이 커진다.

리튬 알킬 LiR은 매우 강한 염기로 염기성은 $R=Me<Bu^n<Bu^t$로 갈수록 커진다. 이 화합물은 C−H 결합을 금속화시킨다.

리튬 알킬과 알릴은 2e3c 혹은 2e4c 결합을 통해 응집체를 형성한다; 그것들은 다른 금속 알킬에 첨가되어 혼합-금속 화합물을 생성한다. 용매 배위는 응집체를 무너뜨리고 리튬 알킬의 반응성을 증가시키는 중요한 역할을 한다.

연습문제

1. 어떻게 리튬 시약이 리튬 금속으로부터 만들어지는지를 보이시오. 어떠한 용매가 사용되어야 하는가? 화학 반응식을 제시하시오.
2. BuLi이 아이오도벤젠과 반응하는가? 그렇다면 어떻게 하는가? 화학 반응식을 적고 자세한 메커니즘을 제시하시오.
3. 뷰틸리튬은 헥세인 용매에서 육합체 형태인 $[RLi]_6$로 존재하지만 테트라메틸에틸렌다이아민(tetramethylethylenediamine) ($Me_2N-CH_2CH_2-NMe_2$, TMEDA)이 첨가되면 이합체가 된다. 그 화합물의 구조를 밝히시오. 그 구조는 팔전자 배치를 만족하는가?
4. 수소화 소듐이 사이클로펜타다이엔과 어떻게 반응하는지 설명하시오. 구조와 반응식을 기술하시오. 생성물의 금속-탄소 결합은 이온성인가 공유성인가? 어떤 용매가 사용되어야 하는가? 그 이유를 서술하시오.

자료 1.2.4 혼합-금속 화합물과 초강염기

리튬 알킬은 알킬과 알릴을 포함하는 다른 금속 화합물에 첨가물을 형성하는 것이 오랜 시간에 걸쳐 알려져 왔다. 만약 그러한 다중금속 혼합물이 아마이드 리간드를 가지고 있다면 응집체를 형성하며 그러한 응집체는 '**초강염기**(superbase)'라고 불린다. 이러한 화합물은 특히 금속 알킬 혹은 금속 아마이드가 끊지 못하는 C-H 결합을 효율적으로 탈수소화시킨다. Li, Na, K 알킬과 마그네슘 혹은 아연 그리고 테트라메틸피페리딘(tetramethylpiperidine) (TMP-H), KTMP, MgR_2, 킬레이트화 아민의 혼합물은 일- 이-금속화 아렌, 헤테로아렌, 전이 금속 샌드위치 화합물, 심지어 에틸렌과도 위치 선택적으로 잘 반응하며, 예를 아래에 나타내었다.

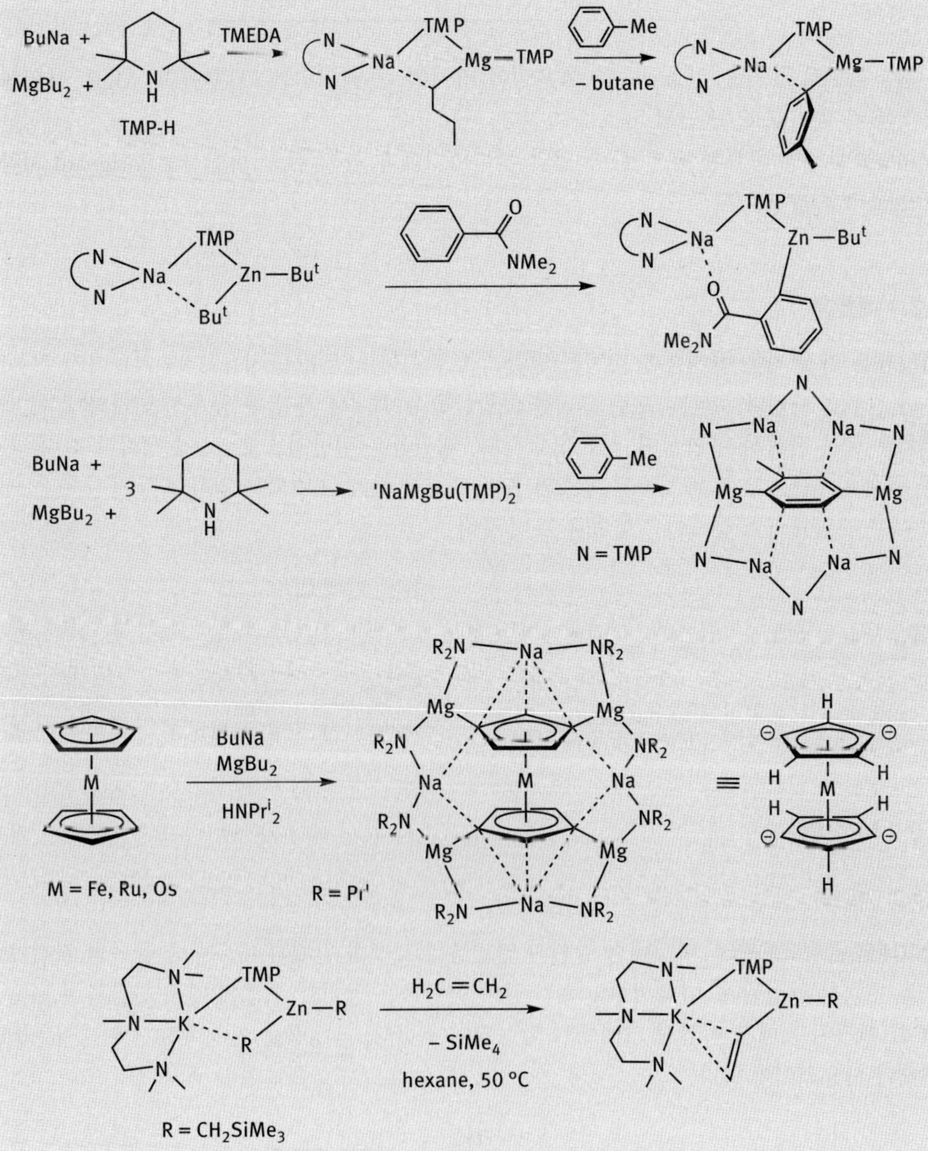

1.3 알칼리 토금속 유기 금속 화합물

알칼리 토금속은 [비활성 기체]s^2 전자 배치를 가지며 2개의 σ-결합을 형성하여 MX_2 화합물을 생성할 수 있다. 산화수는 +II이다(예외는 매우 드물다). 알칼리 토금속 원소는 알칼리 금속과 알칼리 금속 M-C 결합 혹은 공유 결합보다 더 큰 전기 음성도를 가진다. 따라서 원자가 오비탈의 숫자는 원자가 전자의 수보다 크며, 알칼리 토금속은 **Lewis 산(Lewis acid)**으로 두 개 혹은 그 이상의 중성 리간드와 배위할 수 있다. Lewis 산도는 알칼리 토금속의 큰 반응성을 나타낸다. 육-배위를 하는 M^{2+} 이온을 아래의 표에 이온 반경이 커지는 순으로 나열하였다.

Be^{2+}	Mg^{2+}	Ca^{2+}	Sr^{2+}	Ba^{2+}
0.45	0.72	1.00	1.18	1.35 Å

결과적으로 무거운 원소일수록 이온성이 커지며 큰 배위수를 가진다(Be, Mg은 사면체 구조를 가지며, Ca은 팔면체 구조를 가진다).

이 족의 가장 중요한 유기 금속 화합물은 마그네슘 유기 금속 화합물인 **Grignard 시약 (Grignard reagent)**이다.

Be 4 9.012

1.3.1 베릴륨

베릴륨은 가장 작은 반지름을 가지는 알칼리 토금속이며(공유 반지름 0.93 Å), 가장 큰 이온화 전위를 가진다. 결과적으로 그러한 화합물들은 족에서 가장 큰 공유성을 나타낸다. 베릴륨은 매우 유독하여 합성에 용의하지 않다. 베릴륨은 일반적으로 sp^3-혼성화를 한다; 가장 큰 배위수는 4이다. 베릴륨은 붕소와 **2e3c** 결합을 통해 조립되는 경향성을 가진다. 아래의 예는 베릴륨의 특징적인 결합들을 보여 준다.

결합당 전자 부족: 결합당 적합한 전자:

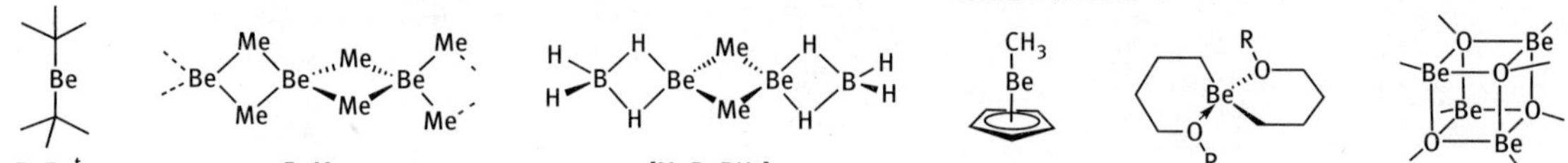

$BeBu^t_2$ $BeMe_2$ $[MeBeBH_4]_2$ MeBeCp $Be(C_4H_8OR)_2$ $[BeMe(OMe)]_4$

Mg 12 24.305

1.3.2 마그네슘

1.3.2.1 합성

직접 Grignard 합성

마그네슘 금속으로부터. 마그네슘 알킬과 알릴은 할로젠화 알킬과 마그네슘 금속의 직접 반응을 통해서 합성된다. 따라서 Mg 유기 금속 화합물은 공기와 수분에 매우 민감하며, 수분이 잘 제거된 용매와 비활성 기체에서 합성되어야 한다. 생성물을 안정화하기 위해서 에터 용매가 사용되어야 한다.

$$R-X + Mg \xrightarrow{Et_2O} RMgX(Et_2O)_n$$

RMgX 시약이 유기 화합물의 C=O 결합과 잘 반응한다는 사실의 발견(Victor Grignard, 1900)은 마그네슘 시약을 C-C 결합을 생성하기 위해 널리 이용하도록 하였다.

자료 1.3.2 Grignard 시약

Grignard 시약의 합성은 불균일 반응을 통해 합성된다. 마그네슘은 일반적으로 잘게 빻아서 넣으며, 반응은 금속 표면에서 진행된다. 금속 표면으로부터 전자가 이동하여 알킬 라디칼이 생성되는 반응은 아래와 같다.

$$R-X+e^- \rightarrow RX^{\bullet -} \rightarrow R^{\bullet}+X^-$$

가장 대표적인 부반응은 R-R을 생성하는 알킬 라디칼의 **Wurtz 짝지음 반응(Wurtz coupling)**이다. Grignard 시약의 생성은 종종 금속 표면의 '활성화' 과정을 필요로 한다. 활성화는 Mg 조각(turning)과 아이오딘 결정을 넣고 보라색 아이오딘 기체가 보일 때까지 가열하거나 Mg에 1,2-다이브로모벤젠(1,2-dibromobenzene)을 넣어 $MgBr_2$ + 에틸렌을 생성시킨다. Lewis 산($MgBr_2$ 혹은 MgI_2)은 Mg과 R-X의 반응을 촉진한다. Lewis 산 촉매가 없을 경우 Grignard 시약의 생성은 오랜 지연 시간이 요구될 것이다. 이와 유사하게 LiCl을 반응 혼합물에 넣으면 Grignard 시약의 생성이 촉진된다.

$MgBr_2$, LiCl, 아민 첨가물의 역할

Grignard 시약은 주개 분자와 착물을 생성하기 때문에 그 반응성은 용매에 의존한다. 예를 들어 NEt_3를 첨가하면 아민 첨가 생성물을 생성하며 이 첨가 생성물은 아민 자체의 화학종보다 훨씬 빠르다.

Mg 금속 조각을 대체하는 방법은 Mg 가루를 이용하는 것이다, Mg 가루는 무수 $MgCl_2$를 포타슘과 함께 THF나 diglyme을 용매로 환류하거나(Rieke 마그네슘), 나프탈렌을 전자 이동 물질로 사용하여 THF 용매에 담긴 리튬 금속으로 $MgCl_2$를 환원시켜 만든다.

다양한 알킬, 알켄일, 아릴, 헤테로아릴 Grignard 시약은 Et_2O나 THF를 용매로 사용하여 만들어 바로 사용한다. 종종 유기 금속 마그네슘 시약은 재배열 반응을 통해서 형성된다. 그 예를 아래에 나타내었다.

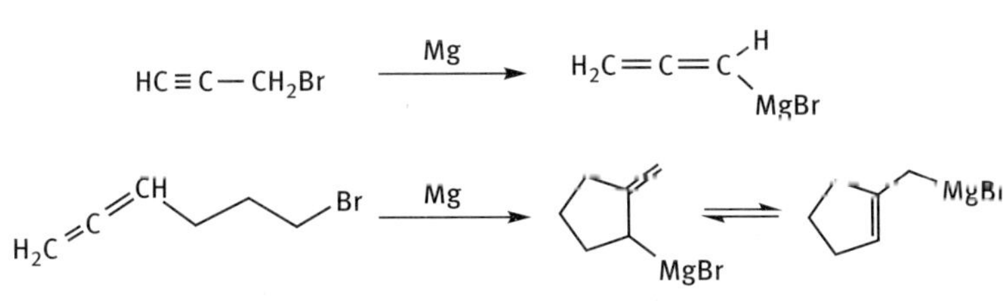

비록 종종 낮은 수율로 생성되기는 하지만 다이-Grignard 시약도 가능하다. 만약 $n \geq 3$이면 $BrMg(CH_2)_nMgBr$ 형태의 화합물은 일반적으로 사용 가능하다. $CH_2(MgBr)_2$는 잘 조절된 조건에서 합성이 가능하며 금속 메틸렌 착물을 만들기 위해 사용된다. 다이-, 트라이-Grignard는 활성화된 마그네슘으로 마그네슘 안트라센을 이용하여 합성할 수 있다.

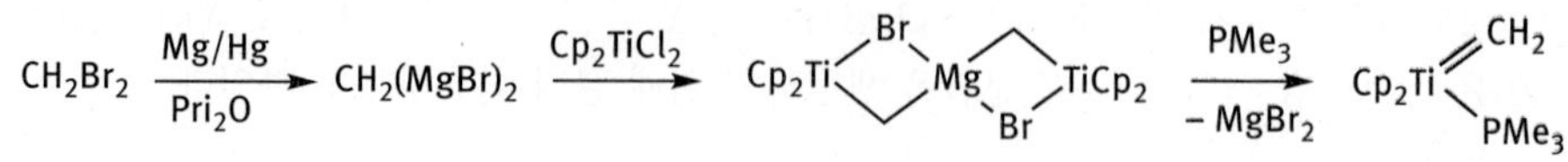

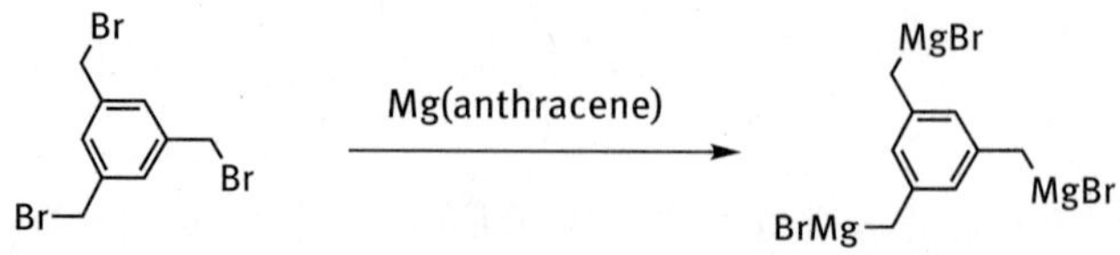

금속-할로젠 상호 교환 이용. 마그네슘 시약은 **금속 교환 반응**(transmetallation)을 통해 만들어질 수 있다.

$$\text{RMgX} + \text{R'X} \longrightarrow \text{R'MgX} + \text{RX}$$

Mg-sp^3-C 결합은 좀 더 안정한 알켄일, 아릴, 헤테로아릴 리간드로 치환될 수 있다. 이것은 Grignard 시약을 훨씬 낮은 온도에서 만드는 효과적인 방법으로 사용되며, Mg 금속과의 직접 반응이 불가능할 때 사용할 수 있다. 따라서 금속 교환 반응은 일반적인 Grignard 합성 조건에서 매우 불안정한 Mg 시약을 합성할 수 있게 해준다. 이 반응은 LiCl을 첨가하였을 때 더 잘 진행될 수 있다. 예를 들어 혼합 금속 물질인 $\text{Pr}^i\text{MgBr} \cdot \text{LiCl}$을 O- 혹은 N-주개 리간드가 있는 조건에서 첨가하였을 때 반응성이 큰 $[\text{Pr}^i_2\text{MgCl}]^-$의 평형 농도를 증가시켜 주고 Pr^iMgBr만 사용하였을 때보다 훨씬 효과적으로 반응한다. 낮은 온도에서 다양한 작용기는 보호기의 도입 없이 반응하지 않는다. 그러한 반응은 전자가 풍부한 아렌 화합물(Grignard와 천천히 반응하며)에도 유용하게 사용된다. 예는 다음과 같다.

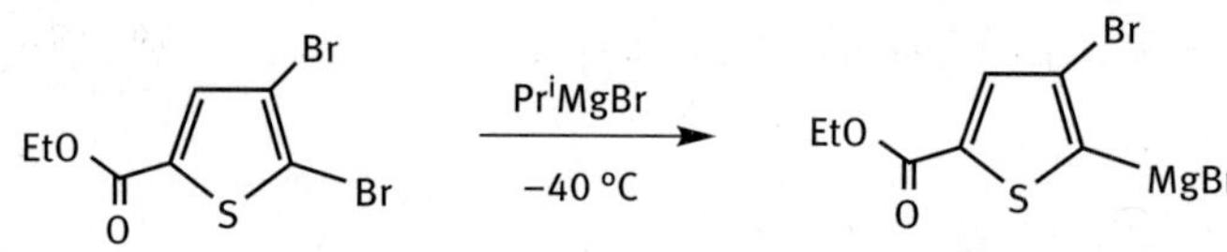

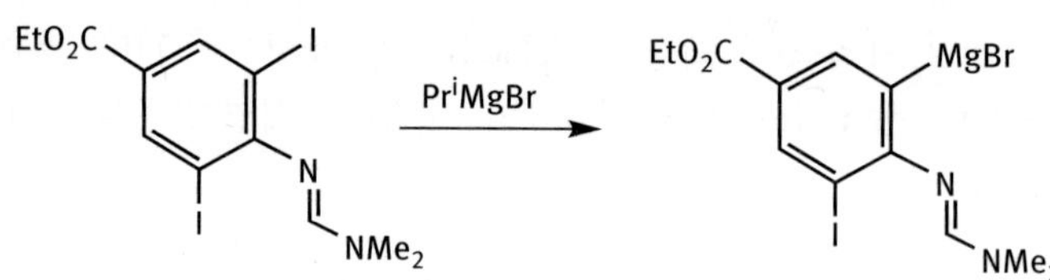

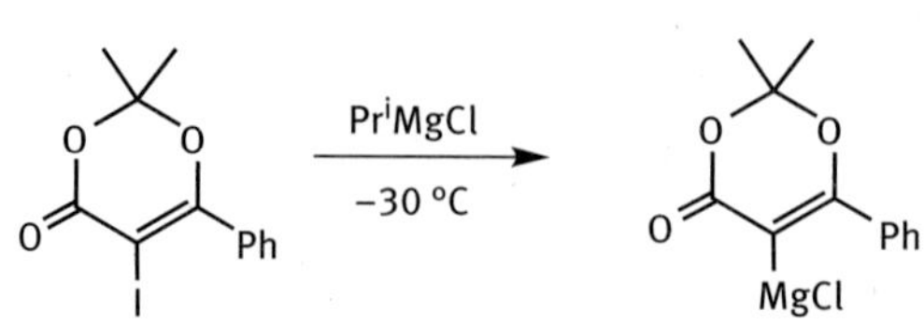

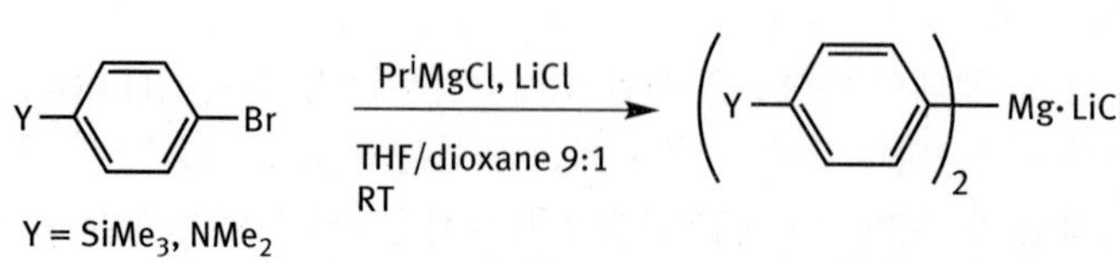

C–H 금속화. Grignard 시약은 충분히 산성인 C–H 결합($pK_a \leq 25$)을 가지는 R–H 화합물을 금속화시킬 수 있다. 이것은 알카인일마그네슘 화합물과 사이클로펜타다이엔일, 인데일(indenyl) 유도체와 이들과 관련된 화합물들을 만드는 방법이다. 이러한 반응은 일반적으로 강하게 배위하는 용매 조건에서 일어난다. 사이클로펜타다이엔일 마그네슘 화합물은 Cp 고리와 η^5-결합을 형성한다.

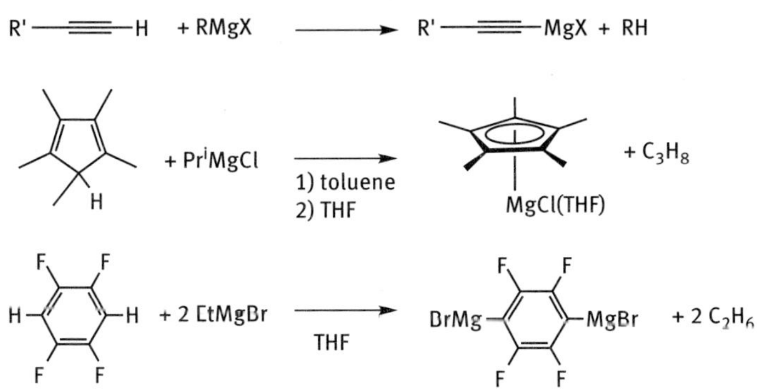

마그네슘 다이알킬 화합물

Grignard 시약은 다이알킬 MgR_2를 포함하는 용액 평형을 이룬다(**Schlenk 평형**(**Schlenk equilibrium**)).

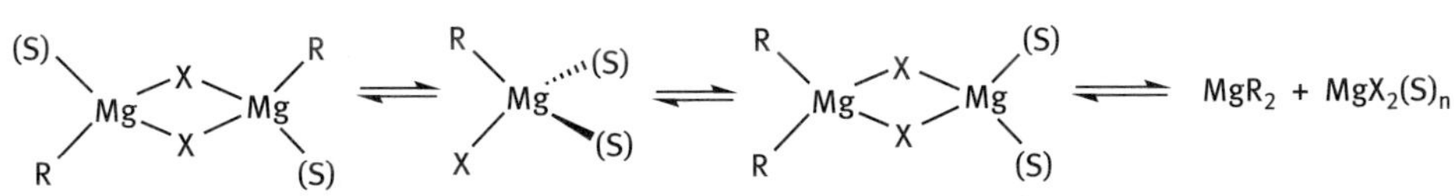

Schlenk 평형과 연관된 리간드 상호 교환의 속도는 X = Cl > Br > I로 갈수록 감소하며, 입체 장애가 큰 R 기는 *n*-알킬보다 반응 속도를 감소시킨다. 이러한 평형의 존재는 ^1H, ^{13}C, ^{25}Mg NMR 연구를 통해 입증이 되었다. 평형 상수 *K*는 용매에 의해 달라지며, Et_2O 용매 조건에서는 할로젠화 알킬 RMgX만 존재하는 반면, 더 강한 배위 능력을 가지고 있는 THF 용매에서는 MgR_2의 농도는 통계 값인 25%(K=4)에 근접한다.

Schlenk 평형

$$K = \frac{[RMgX]^2}{[MgR_2][MgX_2]}$$

RMgX	용매(25 °C)	*K*
MeMgBr	Et_2O	320
	THF	ca. 3.5–4
EtMgBr	Et_2O	480–484
	THF	5.09
EtMgI	Et_2O	>630

착물화(1,4-다이옥세인의 경우 녹지 않는 배위 중합체를 생성한다)를 통한 Schlenk 평형의 이동은 다이할로젠화물 MgX_2를 제거함으로써 마그네슘 다이알킬 화합물의 생성을 가능하게 한다. $MgBu_2$는 구매가 가능하며 $MgBu^n{}_2$와 $MgBu^s{}_2$의 통계적 혼합물이다. 다이-Grignard 시약은 고리 구조를 가진다.

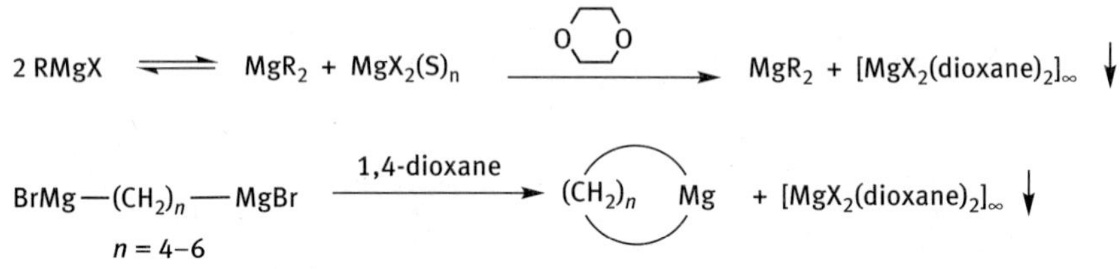

강한 배위를 하는 용매(예를 들어 HMPA, $O=P(NMe_2)_3$]), 아자-크라운 에터, PMDETA와 같은 여러 자리 리간드의 첨가는 MgR_2의 **자가-이온화**(self-ionization) 방향으로 평형을 이동시킨다.

$$2\,MgR_2 + n\,L \rightleftharpoons [R-Mg(L)_n]^+\,MgR_3^-$$

마그네슘(0)은 뷰타다이엔이나 안트라센과 같이 전자-받개인 불포화 물질을 환원시켜 Mg(II) 시약을 생성한다.

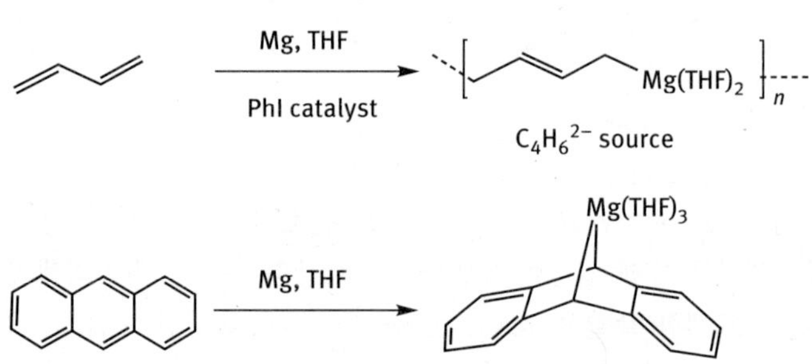

마그네슘 안트라센과 전이 금속 할로젠화물($TiCl_4$, $CrCl_3$, $FeCl_2$) 혼합물은 Mg 금속과 고압의 H_2가 MgH_2를 형성하는 반응을 촉진한다. 이 반응은 가역적으로 일어나며 가열하면 H_2가 빠져 나올 수 있다. MgH_2는 큰 수소 비중을 가지며(7.6 wt %) 수소 저장 물질로 큰 관심을 모으고 있다.

수소마그네슘 첨가 반응

전이 금속 촉매(예를들어 $ZrCl_4$, Cp_2TiCl_2)의 존재에서 MgH_2는 1-알켄과 반응하여 마그네슘 다이알킬 화합물을 C=C **수소마그네슘 첨가 반응**(hydromagnesation) 생성물로 내놓는다. 이러한 반응은 전이 금속 수소화물의 형성과 관련이 있으며 뒤이은 알켄 삽입과 Mg을 생성하는 금속 교환 반응을 통해 이루어질 것으로 예상된다. Mg-C 결합을 C=C에 첨가하면 **탄소마그네슘 첨가 반응**(carbomagnesation)이 일어난다.

탄소마그네슘 첨가 반응

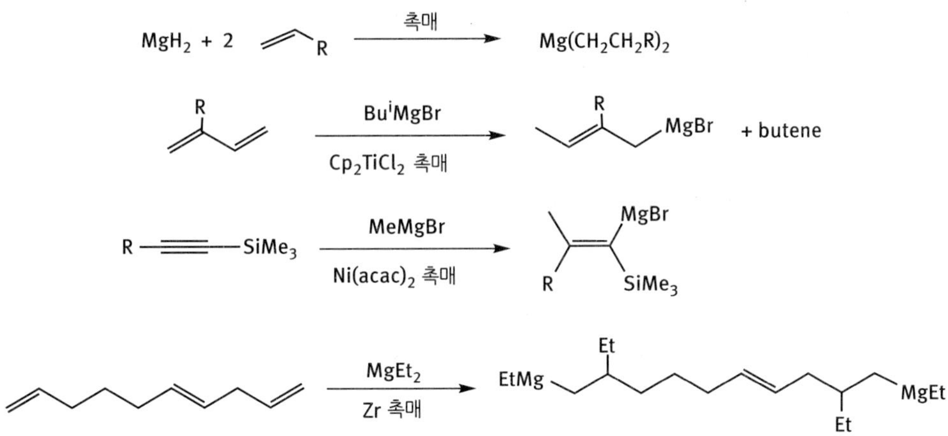

사이클로펜타다이엔과 $MgBu_2$ 혹은 Mg 금속과의 반응은 $CpTiCl_3$ 촉매 조건에서 $MgCp_2$(마그네소센(**magnesocene**))를 온화한 조건에서 생성한다. 이 화합물은 CpMgBr의 진공 승화를 통해서도 얻을 수 있다. $MgCp_2$는 Cp가 평행하게 위치해 메탈로센 구조를 가진다. Cp^-와 Mg^{2+}는 이온 결합성으로 다이메틸 설폭시이드(dimethyl sulfoxide, DMSO)의 첨가를 통해 이온화되어 Cp 음이온이 결합되지 않은 형태의 $[Mg(DMSO)_6]^{2+}(Cp^-)_2$를 생성한다. 덜 강하게 배위하는 THF를 첨가할 경우 하나의 Cp 리간드의 5-합토수 결합을 단일-합토수 결합으로 대체한 형태의 구조를 가진다.

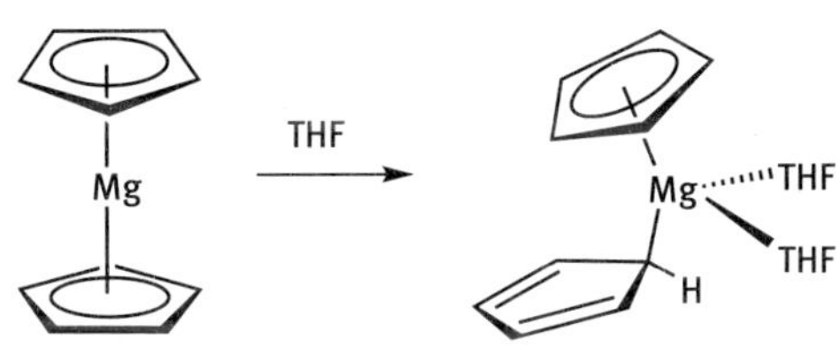

1.3.2.2 마그네슘 시약의 구조

Grignard 시약의 구조는 알킬, 알릴 리간드, 할로젠화물의 입체 요소와 배위 용매의 존재 유무에 따라 달라진다. 입체 장애가 큰 화합물의 경우 Mg은 2배위 혹은 3배위를 하는 반면, 대부분의 화합물은 일그러진 사면체 구조를 형성하며, 다른 구조들도 가능하다. 예외적으로 이온성인 $LiCPh_3$(TMEDA)와 $BrMgCPh_3(OEt_2)_2$는 공유 결합성 Mg-CPh_3 σ-결합을 가지고 있다. 알릴-Mg 화합물은 η^1-결합의 알릴 리간드를 가지는 반면, CpMg 화합물들은 일반적으로 η^5-결합을 한다.

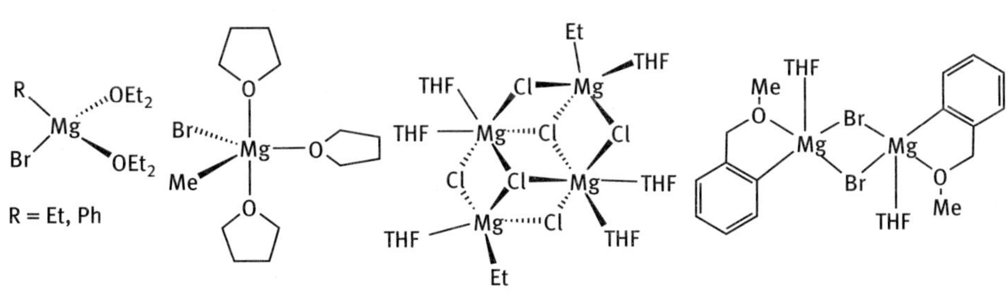

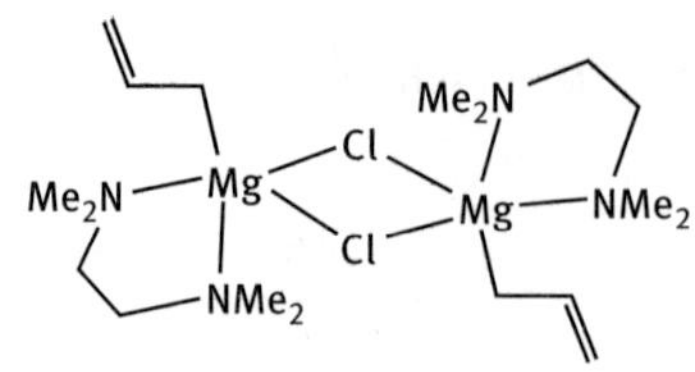

(η1-allyl)MgCl(TMEDA)

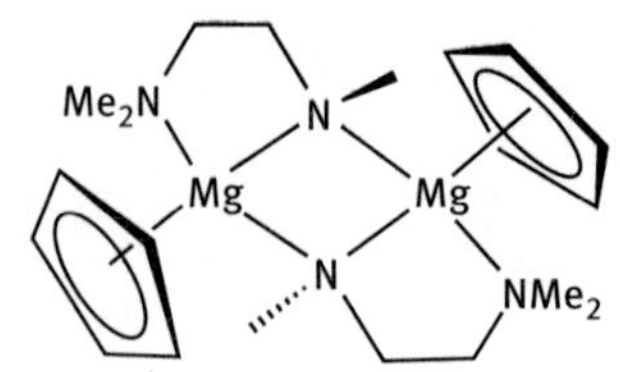

다이알킬-, 다이알릴마그네슘 화합물은 리튬 시약에서 발견된 구조와 유사한 **전자-부족 다중-중심 결합**(electron-deficient multi-centre bonding)을 보여 준다. $[MgMe_2]_n$은 2e3c 결합을 하며 중합체 구조를 가진다. $MgBu^t_2$는 이합체를 형성하는 반면 매우 큰 $C(SiMe_3)_3$ 리간드는 단분자(monomeric) 구조의 2-배위 화합물을 형성한다(Mg–C 2.116(2) Å). 중합체 구조는 주개 리간드나 큰 크기의 리간드를 넣으면 무너진다. 예를 들어 $[MgMe_2]_n$과 입체적으로 큰 다이케티민(diketimine)의 반응은 단분자 형태의 3-배위 화합물인 MeMg(다이케티미네이트)를 형성한다. 다이페닐마그네슘(diphenylmagnesium)은 C_6H_5 리간드와 μ,η^1,η^1-결합을 하는 배위 중합체이다. 반면 오쏘-치환된 아릴 고리 화합물은 이합체를 형성한다.

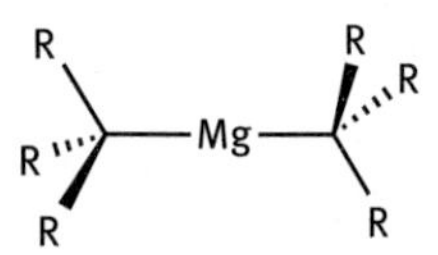

$Mg(CR_3)_2$, R = $SiMe_3$

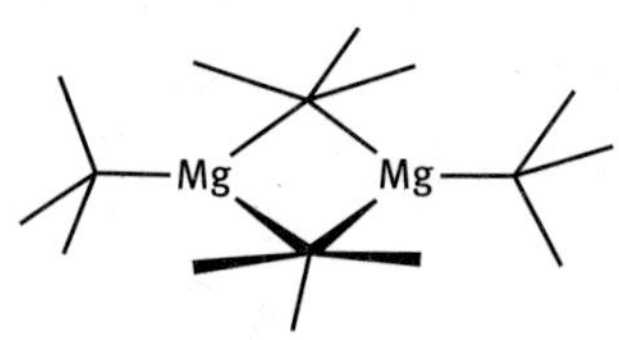

$[Mg(Bu^t)_2]_2$

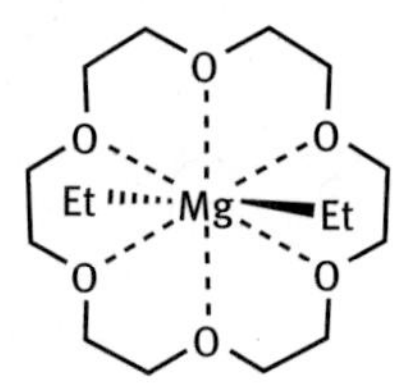

$MgEt_2$(18-crown-6)

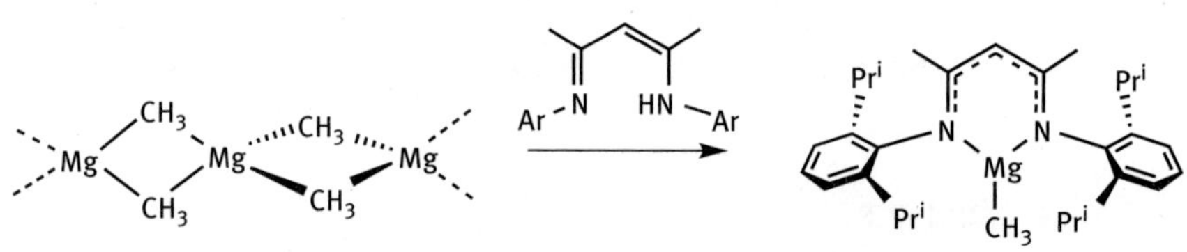

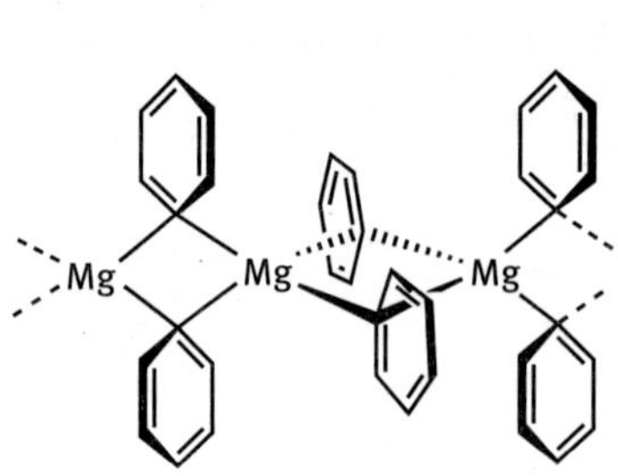

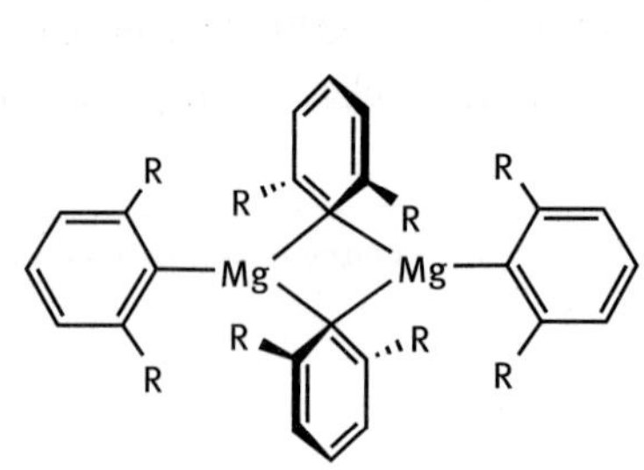

1.3.2.3 마그네슘 시약의 반응

Grignard 시약은 일반적으로 알킬 혹은 아릴 치환체를 다른 원소로 이동시켜 유기 물질을 도입하는 데 사용된다. 이러한 반응은 많은 주족 혹은 전이 금속 유기 금속 화합물의 일반적인 합성 방법이다. 다음에 예를 나타내었다.

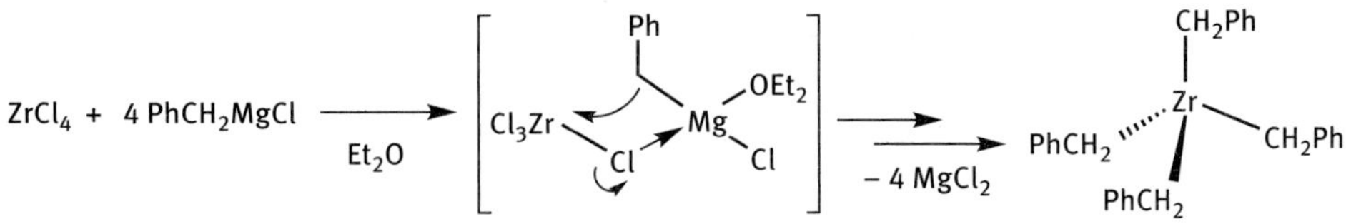

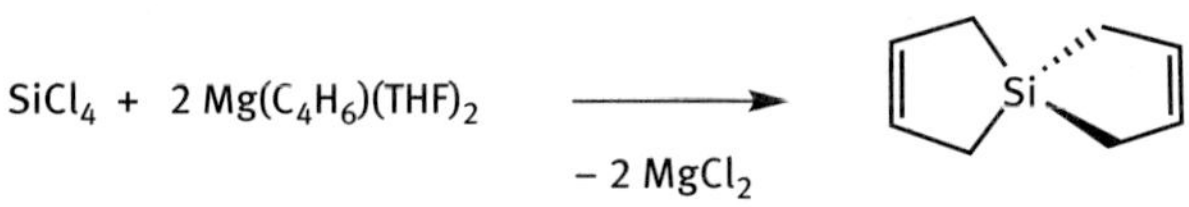

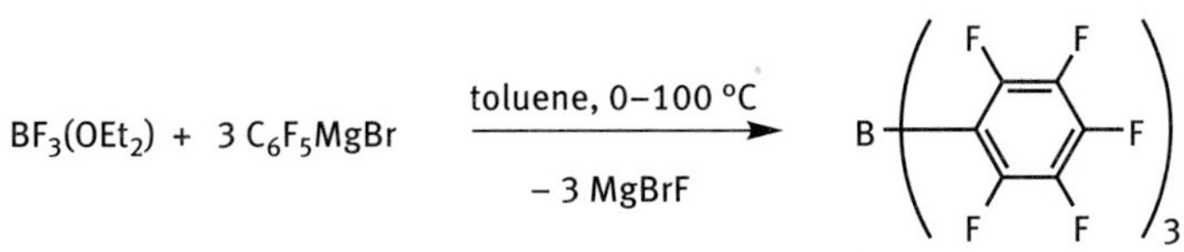

가장 일반적인 C-C 결합의 형성 응용은 유기 카보닐 화합물의 반응이다. 마그네슘 중심의 Lewis 산도는 반응성을 결정한다. 반응물이 배위는 결합의 극성을 증가시키고 하이드로카보닐 리간드 R의 이동을 가능하게 한다.

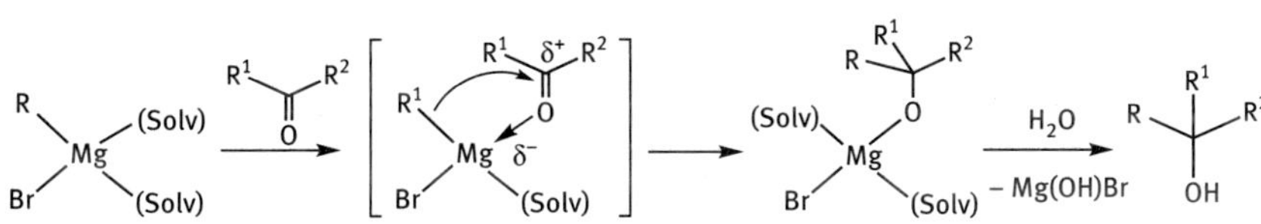

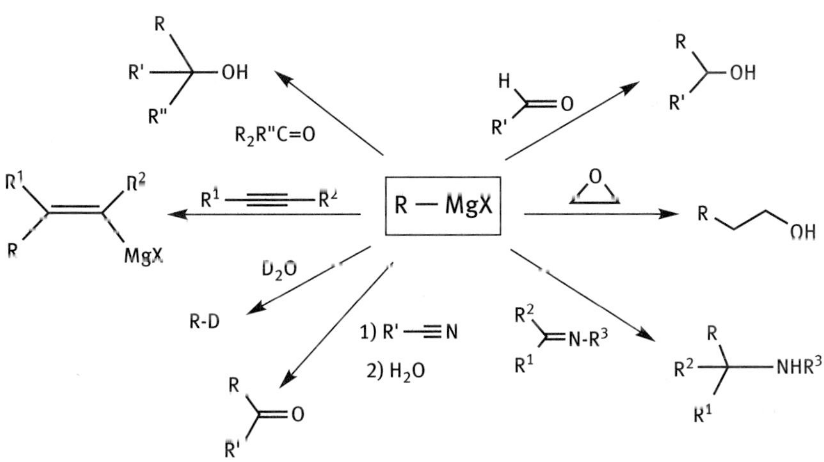

1.3.3 칼슘, 스트론튬, 바륨

20 Ca 40.078

원자량이 큰 알칼리 토금속 유기 화합물은 합성과 조작이 어려우며 선택성이 적다. 그리고 합성에 잘 응용되지 않는다.

Sr 38 87.62

Ba 56 137.327

그러한 화합물의 더 큰 이온 반경은 Mg 화합물보다 더 적은 공유성을 의미하며 사면체 구조보다 더 많은 용매 분자를 배위하여 팔면체 구조를 형성하려는 경향을 보인다.

큰 다이알킬 $Ca(CR_3)_2$ ($R=SiMe_3$)은 Mg와 Zn 화합물과는 달리 굽은 구조를 나타내며 에터와 반응한다. 칼슘 다이벤질은 트라이페닐메테인의 탈양성자화 반응을 통해 이온 쌍 구조를 가지는 화합물을 생성한다. 큰 염기성을 때문에 칼슘 다이벤질은 스타이렌의 음이온 중합의 억제제 역할을 한다.

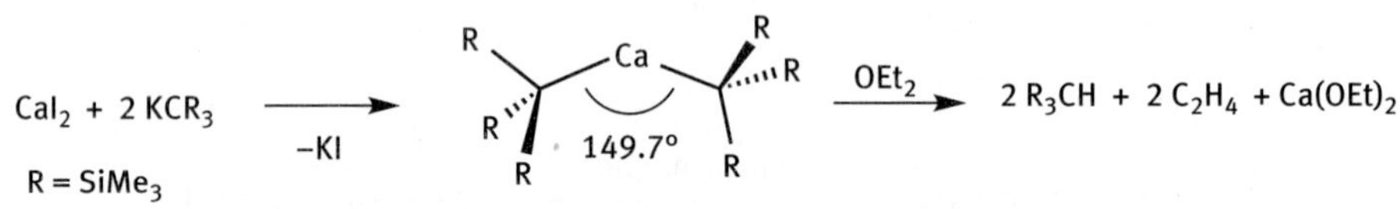

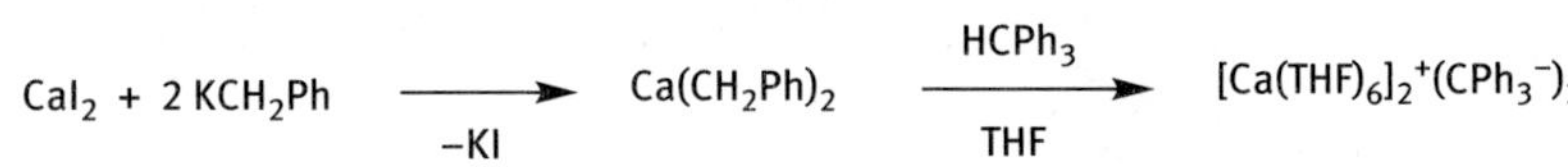

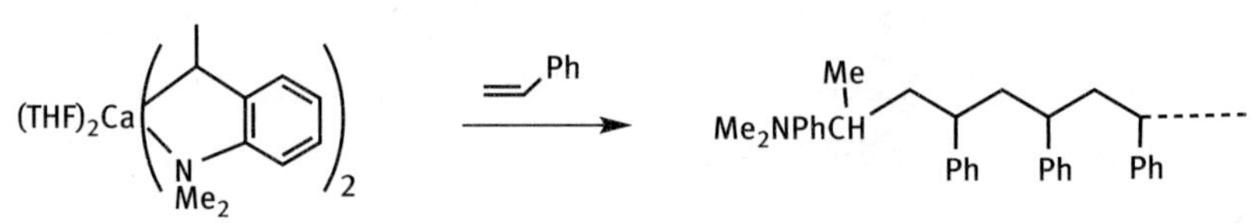

많은 **사이클로펜타다이엔일 화합물**(cyclopentadienyl compoud)이 알려져 있다. 불포화 C_5H_5 고리를 가지는 MCp_2는 녹지 않는 배위 중합체이다. 훨씬 강한 전자 주개기일뿐 아니라 더 큰 C_5Me_5 (Cp*)는 샌드위치 구조를 가지는 화합물을 형성한다. $MgCp_2$와는 다르게 이러한 구조는 굽은 형태이다. 이러한 화합물은 반응성이 큰 중간체인 $M(NH_2)_2$를 반응 용액 안에서 생성하기 위해 금속과 NH_3를 이용하여 합성한다. $BaCp^*_2$은 휘발성이 있으며 승화를 통해 정제한다. MCp^*_2와 MI_2의 역불균등화 반응(comproportionation)은 단일-Cp 화합물을 생성한다.

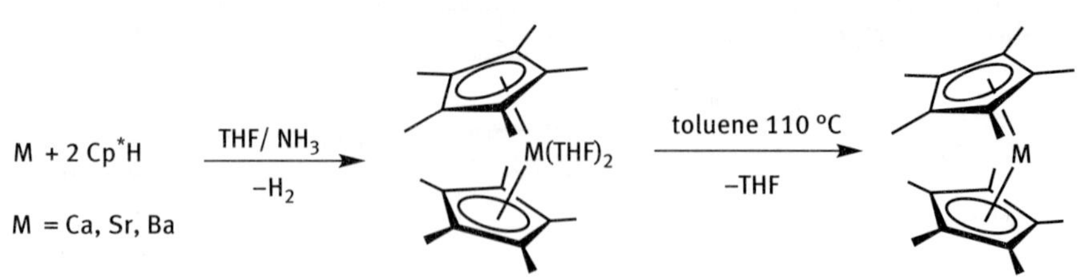

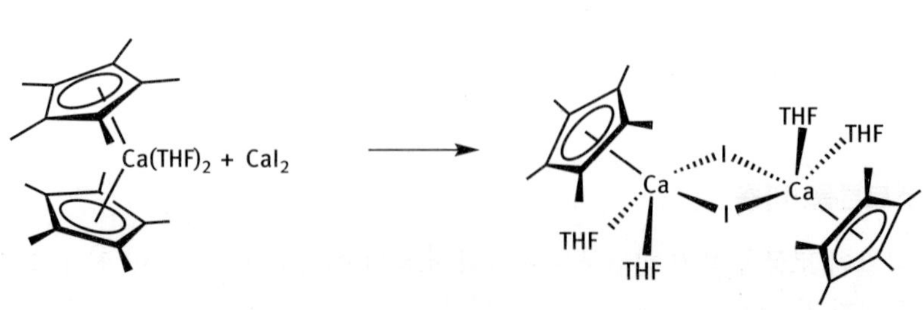

자료 1.3.3 일반적이지 않은 Ca(I) 화합물

Ca(I) 화합물은 매우 드물며 그중 하나로 활성화된 칼슘과 브로모트라이페닐벤젠(bromotriphenylbenzene)의 반응을 통해서 합성된 $\{Ca(THF)_3\}_2C_6H_3Ph_3$가 발견되었다. 자연 발화되는 착물 $\{Ca(THF)_3\}_2C_6H_3Ph_3$는 트라이페닐렌(triphenylene) 이음이온 평면 구조의 HOMO-LUMO 간격이 작아서 매우 강한 색을 띠며, 삼중 바닥 상태를 가진다. 그 화합물은 1,3,5-트라이메틸헥사하이드로-1,3,5-트라이아진(1,3,5-trimethylhexahydro-1,3,5-triazine)을 금속화시켜 Ca(II) 벤질 착물을 생성한다.

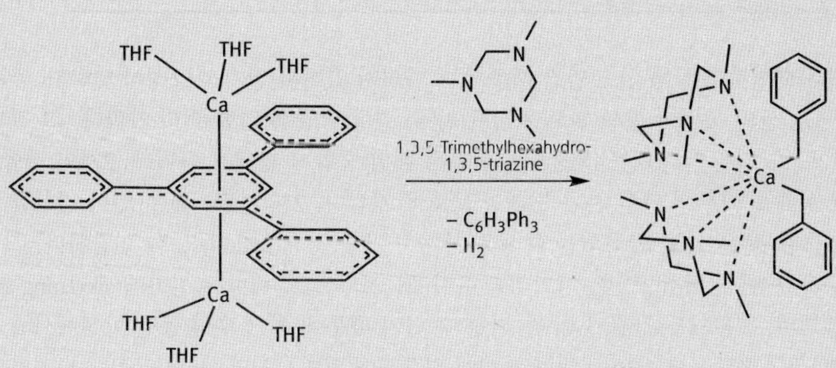

핵심

알칼리 토금속 유기 금속 화합물은 알칼리 금속보다 다소 낮은 극성의 M-C 결합을 가진다. 마그네슘 시약은 C-C 결합 형성에 유용한 응용성이 있어 널리 사용되는 알킬화제이다. Lewis 산도와 용매 배위는 반응성을 결정하는 중요한 요소이다. 리간드 상호 교환 평형과 전자-부족 결합은 알칼리 토금속 화학의 중요한 특징이다.

연습문제

1. $PhCH_2Cl$과 Mg가 어떻게 반응하여 Grignard 시약을 생성하는지 보이시오. 어떠한 용매가 사용되며 그 이유는 무엇인가?
2. Grignard 시약 형성을 위해서 어떠한 산화수의 Mg이 사용되는가? 이 반응의 종류는 무엇인가?
3. Schlenk 평형의 메커니즘을 그리시오.
4. 마그네슘 다이알킬 시약을 준비하기 위해서 어떻게 Schlenk 평형이 사용되는가?
5. $[MgPh_2]_n$에 어떠한 종류의 결합이 존재하는가?
6. CpMgBr의 예상 구조는 무엇이며 왜 그렇게 판단하는가?

1.4 아연, 카드뮴, 수은

12족 원소들이 주기율표상에서 전이 금속 구역의 가장 끝에 있지만, 화학적 특성은 2족 원소들과 매우 유사하다. 그러므로 여기에서 12족 원소들에 대한 내용을 다루기로 한다. 12족 원소들의 이온 반지름은 알칼리 토금속들과 비슷하다.

Coord. No.	Mg^{2+}	Zn^{2+}	Cd^{2+}	Hg^{2+}
2				0.69
4	0.57	0.60	0.78	0.96
6	0.72	0.74	0.95	1.02

그러나 핵전하량은 꽉 찬 d 껍질 때문에 더 가려져 있어서 전기적 양성이 덜하고, 금속 중심은 Lewis 산의 특성이 훨씬 덜하며 금속-탄소 결합이 공유 결합에 더 가깝다. 그 결과 알킬기가 두 개 결합된 형태는 $[MgMe_2]_n$와 같은 배위 중합체 형태가 아니라, 2개의 결합으로 일직선 형태를 이루어 단일 분자 형태인 MR_2에 가깝다. 2개 알킬기와 아연이 결합한 형태의 분자 대부분은 자연 발화되는 특성을 가지며 가수 분해(hydrolysis)에 민감하다. 그럼에도 불구하고, 아연 화합물들은 마그네슘 유사체들보다 덜 강력한 알킬화제(alkylating agent)로 사용되며, 작용기들에 훨씬 더 잘 견딜 수 있기 때문에 최근 수년 동안 합성에서의 응용과 유기 금속 화학에서 아연에 대한 관심이 집중되어 왔다. Cd과 Hg의 알킬 유도체가 공기와 수분에 안정하기 때문에 높은 독성, 생물학적, 환경적인 측면에서 중요하다.

1.4.1 아연 화합물

30 Zn 65.39

아연 알킬 유도체는 1848년 E. Frankland에 의해 처음으로 만들어졌고, 유기 금속 화학의 진정한 출발점으로 여겨진다. Frankland는 아이오딘화 메틸, 에틸이 아연과 반응하여 RZnI가 된다는 사실과, 계속 열을 가하면 휘발성이 있는 ZnR_2와 아이오딘화 아연(zinc iodide)으로 분해된다는 것을 발견하였다.

$$Zn + R\text{–}I \longrightarrow [R\text{–}ZnI]_n \xrightarrow{\Delta} ZnR_2 + ZnI_2$$

$$R = Me, Et$$

ZnR_2. 아연 다이알킬(zinc dialkyls) 화합물들은 여러 가지 경로(예를 들어, 아연 금속과 할로젠화 알킬로부터, 혹은 염화 아연($ZnCl_2$)으로부터)를 통해 만들어진다. 용매가 없는 ZnR_2를 합성하는 데 가장 좋은 경로 중 하나는 $Zn(OAc)_2$와 용매가 없는 상태에서 AlR_3와의 반응이다. 휘발성의 아연 알킬 화합물들은 증류법에 의해 쉽게 분리된다.

$$ZnX_2 + 2\ R\text{–}Li \longrightarrow ZnR_2 + 2\ LiX \quad (X = Cl, Br)$$

$$3\ Zn(OAc)_2 + 2\ AlMe_3 \longrightarrow 2\ ZnMe_2 + 2\ Al(OAc)_3$$

ZnR_2(R=Me, Et, Pr^i, Bu^t, 등)의 알킬기들은 공기와 접촉하는 동시에 연소되는 무색의 휘발성 액체들이다. 반면, 공간 입체 장애가 많은 $Zn\{C(SiMe_3)_3\}_2$는 THF와 물이 혼합되어 환

류하는 동안에도 안정하고, 심지어 분해되는 현상 없이 증기 증류(steam-distilled)가 가능하다. — 입체 효과에 의한 안정화의 강력한 증거이다.

$ZnMe_2$와 입체 효과가 적은 다른 다이알킬 형태의 화합물들은 다이메틸 에터 혹은 킬레이트 아민계의 물질들과 3개 혹은 4개가 결합되어 첨가 생성물을 형성한다. 이와 유사하게, 아연 다이알킬 화합물들은 리튬(Li) 알킬 화합물과 반응하여 삼알킬 혹은 사알킬아연 음이온 염을 형성한다.

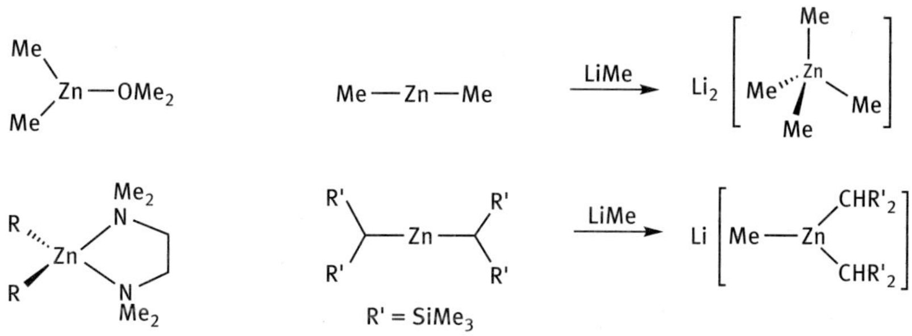

자료 1.4.1 아연 알킬 정제

$ZnMe_2$와 $ZnEt_2$의 많은 아민 부가물들은 불안정하고 화합물 형성이 가역적으로 일어난다. 이러한 사실은 ZnR_2의 정제에 이용된다. 비휘발성의 다이아민 화합물이 형성되면, 요구되는 순수함의 수준까지 재결정하고 열을 가하면 순수한 $ZnMe_2$가 방출된다. 고순도의 $ZnMe_2$는 전자 제품의 생산에서 ZnSe와 같은 II-IV 반도체의 기체상 축적을 위해 사용된다.

할로젠이 없는 $ZnPh_2$는 $HgPh_2$의 금속 교환 반응에 의해 합성할 수 있다. 결정에서 그것은 비대칭적인 **2e3c**-다리 형태의 이합체를 형성한다. 염이 없는 아릴(aryl)로의 또 다른 경로는 붕소 아릴과의 교환 반응이다. 이는 분리가 가능한 방향족 탄화수소 부산물을 형성하는 강한 Lewis 산인 $Zn(C_6F_5)_2$로의 높은 수율을 가지는 경로이다(이러한 상호 작용이 25 kJ mol^{-1} 정도로 약할지라도).

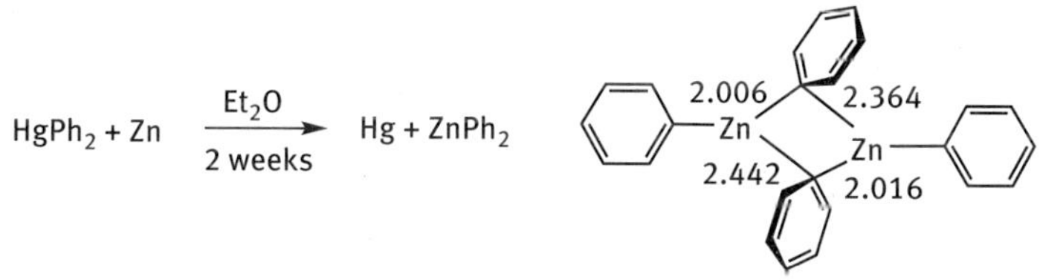

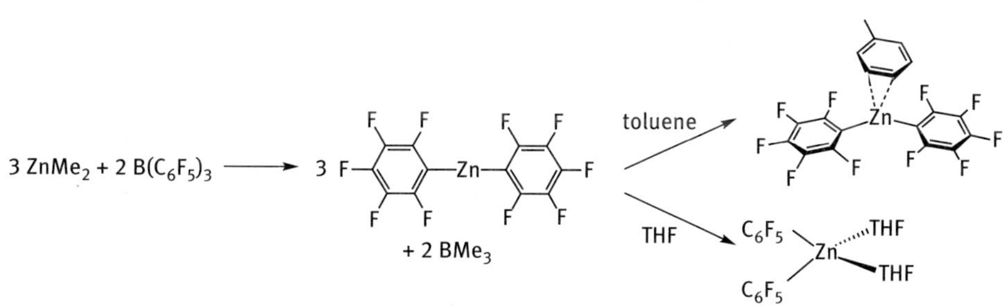

양이온 중합을 위해 R_2AlX를 참조하라.

평면 삼각형의 구조를 갖는 **트라이아릴아연**(triarylzincate) 음이온 $[Zn(C_6F_5)_3]^-$은 전자 이동에 매우 안정하여 탄소 양이온을 견뎌내고 결정 형태의 CPh_3^+ 염을 형성할 수 있다. $Zn(C_6F_5)_2$과 활성화된 염화 알킬 RCl(예를 들어, *t*-BuCl 혹은 염화 큐밀(cumyl chloride) $PhCMe_2Cl$)의 혼합물은 탄소 양이온(R^+)의 평형 농도를 만들고, 아이소뷰텐에서 뷰틸 고무로의 양이온 중합을 가능하게 한다. 약하게 결합되어 있는 음이온(예를 들어, $B(C_6F_5)_4^-$)이 존재할 때, Et_2O에서 ZnR_2의 양성자 이전 반응(protolysis)에 의해 아연 알킬 양이온이 만들어질 수 있고, 정사면체 구조를 가진다.

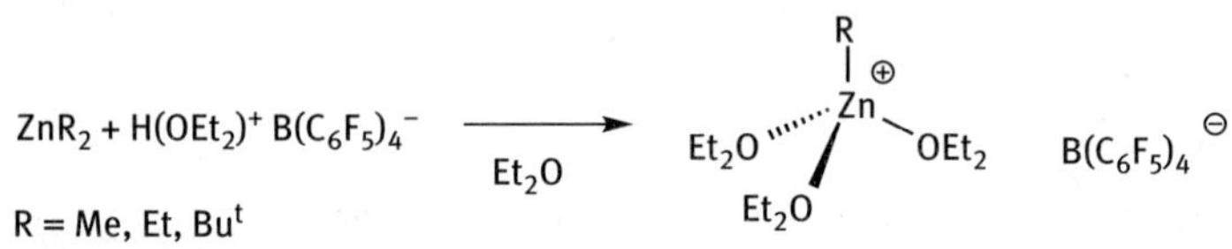

사이클로펜타다이엔일 화합물. $ZnCp_2$는 배위 고분자이다. 또한 MeZnCp는 고체에서는 배위 고분자이지만, 기체 상태에서는 Cp가 아연에 η^5-형태로 결합된 단위체로 존재한다. Cp보다 크기가 큰 Cp*를 함유한 $ZnCp^*_2$는 단위체이면서 유동적이다. 따라서 리간드와의 배위 결합이 NMR 시간 단위로 빠르게 변하기 때문에 ^{1}H NMR 스펙트럼에서 Cp*의 5개의 메틸기의 양성자는 하나의 봉우리로 나타난다.

$ZnCp^*_2$와 $ZnEt_2$의 반응, 또는 KCp*, $ZnCl_2$, KH와의 반응은 잘 알려지지 않은 Zn–Zn 결합을 가진 **Zn(I) 화합물**(**Zn(I) compound**)의 첫 번째 사례이다: Cp*Zn–ZnCp*.

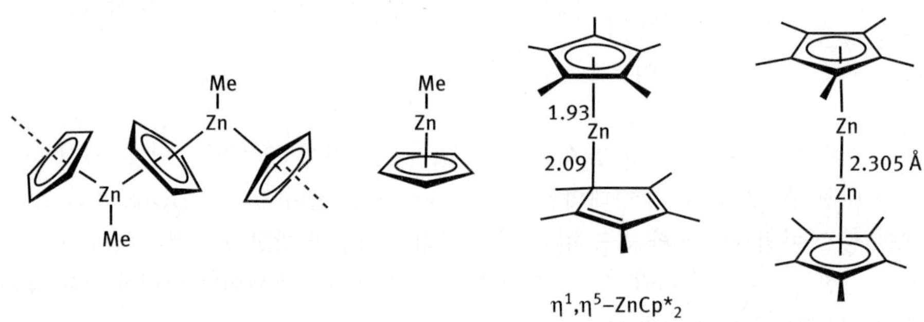

η^1,η^5–$ZnCp^*_2$

RZnX. 할로젠화 알킬아연의 중심 금속은 Lewis 산의 성질을 더 많이 지니며, Zn이 정사면체 구조를 가지는 중합체를 형성한다. Frankland의 $[EtZnI]_\infty$는 Zn_3I_3가 연결된 육각 고리 의자 형태의 층(layer)을 형성하는 반면, $[EtZnCl]_\infty$에서는 이러한 고리들이 보트 형태를 이룬다. 알콕사이드 $[RZn(OR')]_4$는 정육면체 형태를 형성한다.

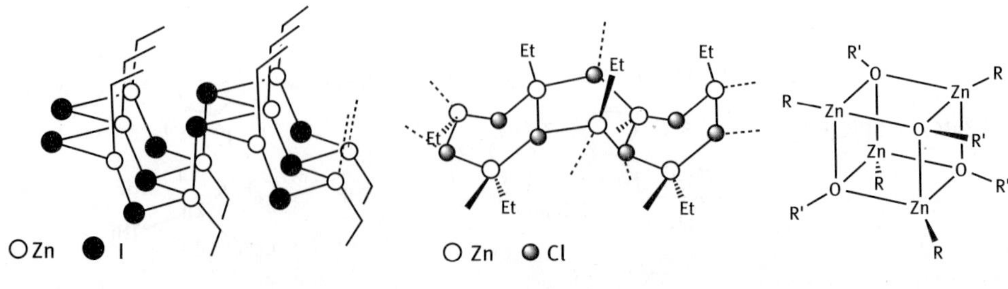

일반적으로 리간드와 혼합 연결된 아연 할로젠은 Grignard 시약의 금속 교환에 의해 간편하게 합성할 수 있다. 금속이 연결된 생성물의 구조는 아마도 그림에 표시된 것보다 훨씬 더 복잡할 것이다. 왜냐하면 Li/Mg/Zn 시약들이 단일 혹은 두 금속 시약보다 훨씬 더 반응성이 크기 때문이다.

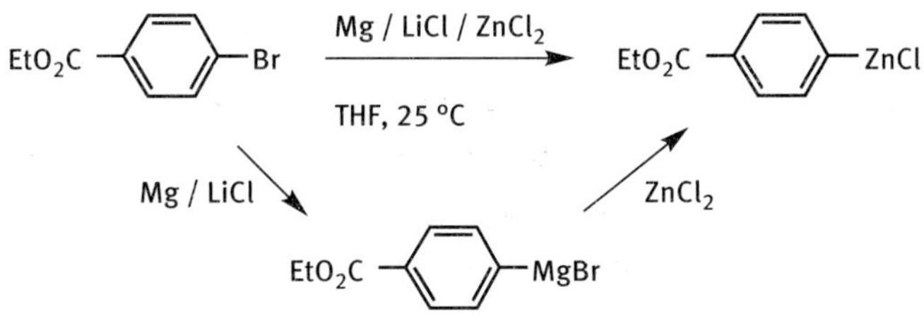

아연은 여러 작용기에 잘 견디고, 마그네슘보다 열적으로 더 안정하기 때문에, 탄소-탄소 결합 반응에 편리한 재료이다. 예를 들어, 아연 아미도 할로젠 시약을 사용하면 특별한 보호 없이도 알데하이드 작용기를 수반하는 금속 헤테로 고리를 선택적으로 합성할 수 있다. 그 결과 아연 아릴은 팔라듐 촉매의 교차 짝지음 반응에 사용된다.

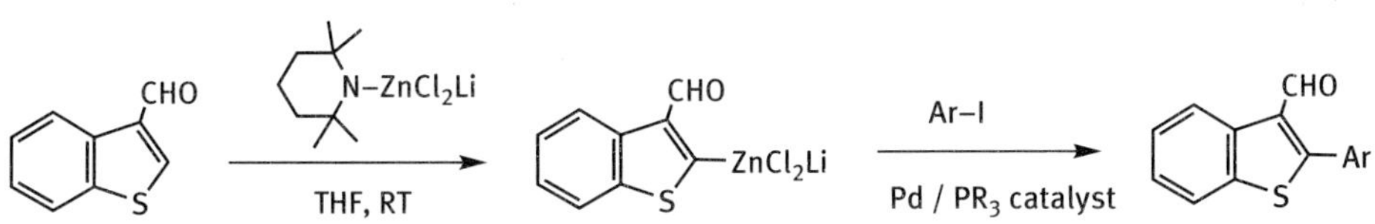

가장 잘 알려진 아연 알킬 작용기는 α-할로 메틸 에스터로 만들어진 **Reformatsky 시약(Reformatsky reagent)**이다. 이 시약은 활성화된 알켄만큼 카보닐 화합물과 잘 반응한다. Reformatsky

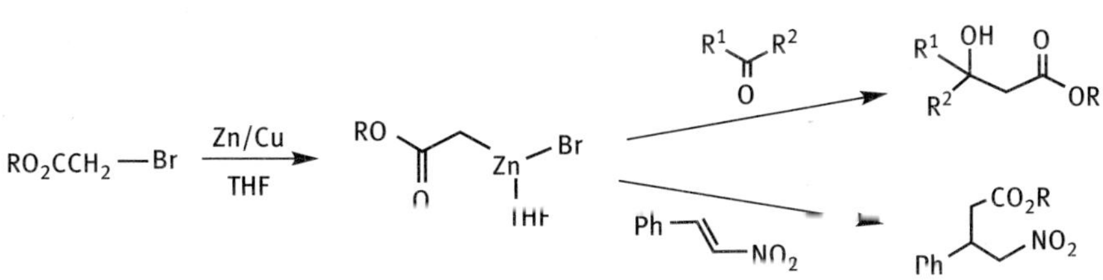

α-할로메틸아연 시약은 사이클로프로페인화(cyclopropanation)(**Simmons-Smith 반응(Simmons-Smith reaction)**) 반응에서 CH_2를 이동시키는 데 이용된다. 이런 종류의 시약들을 **아연 카벤형**(zinc carbenoids)이라고 명명한다. 전통적으로 이러한 시약들은 CH_2I_2와 구리로 활성화된 아연이 반응하여 $IZnCH_2I$를 생성함으로써 만들어지는 반면, (X)$ZnCH_2I$(X=CF_3CO_2, TFA)를 사용하면 장점들이 많다. X가 카이랄 성질을 가지는 알콕사이드인 R*O이면, 반응은 거울상 이성질체가 선택적으로 합성되도록 진행된다. 수많은 크라운 에터의 결정 구조, 바이피리딘으로 안정화된 아이오도메틸 시약의 결정 구조가 얻어져 이를 뒷받침한다. Simmons-Smith

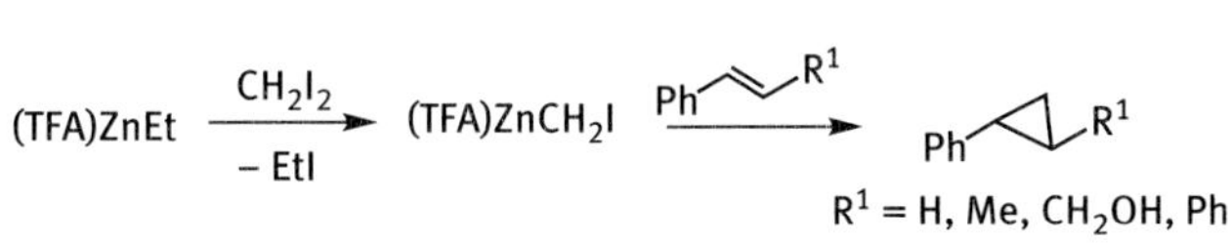

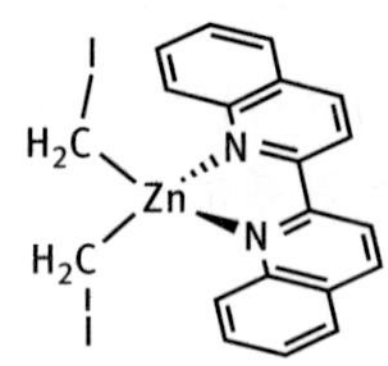
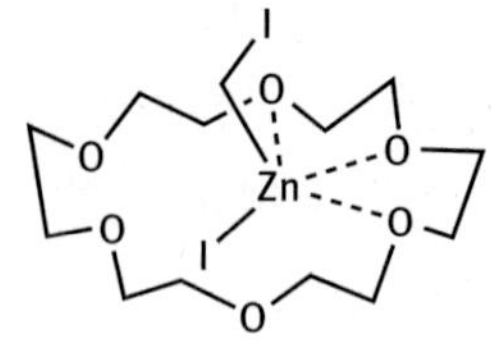

카벤 착물. 질소가 포함된 카벤 헤테로 고리(NHCs)는 강한 σ 주개 리간드이고, 전자가 풍부한 인화 수소(포스핀)가 있을 때, 촉매 반응에 널리 사용된다. 많은 아연-NHC 화합물이 알려져 있다. 그 중 일부는 L-락타이드와 같은 고리형 에스터의 고리 열림 중합을 위한 촉매로 연구가 되고 있다. 강한 전자 주개가 있기 때문에, $ZnCp_2^*$(NHC)에서 Cp* 리간드는 η^1으로 결합한다.

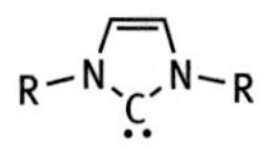
NHC ligand
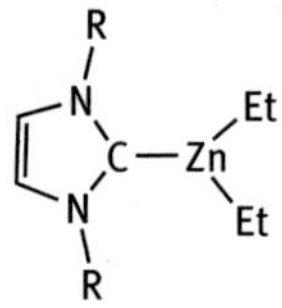
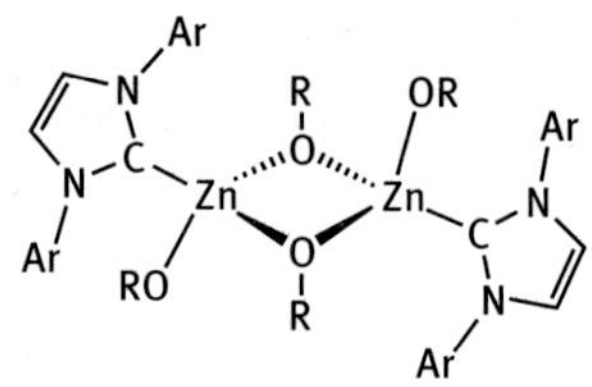
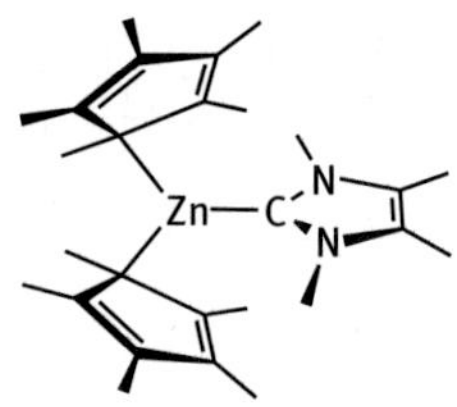

Cd 48
112.411

1.4.2 카드뮴 화합물

ZnR_2와 같이 카드뮴 다이알킬 CdR_2는 CdX_2와 역불균등화 반응을 하여 RCdX를 생성하는 직선형의 단위체이다. 카드뮴의 알킬 작용기는 수은 화합물과 비교해보면, 열적으로 그리고 광화학적으로 불안정하고 훨씬 더 독성이 강하다. 그래서 그것들은 일반적으로 합성 응용에는 중요하지 않다.

$CdMe_2$와 S, Se, Te(H_2S, H_2Se, 또는 Pr^i_2Te)의 반응은 CdS, CdSe, CdTe와 같은 **II-VI 반도체**(**II-VI semiconductors**)의 축적을 위한 전자 산업 분야에서 이용된다. 결정화된 고체 상태 필름은 300~400°C의 기체 상태로부터 금속-유기물 간의 화학 증착(MOCVD)에 의해 성장된다. 수은으로 덮인 CdTe는 야간 감시 장비에 적외선 감지기로 사용된다.

$$CdMe_2 + H_2Se \xrightarrow{300\text{–}400\ ^\circ C} CdSe + 2\ CH_4$$

MOCVD[a]에 의한 II–VI 반도체의 성장

II–VI 혼합물	반응물	성장 온도(°C)
CdS	$CdMe_2$, H_2S	300–400
CdSe	$CdMe_2$, H_2Se	300–400
CdTe	$CdMe_2$, Pr^i_2Te	350–400
CdHgTe	$CdMe_2$, Pr^i_2Te, Hg	350–400

[a] C. J. Carmalt, S. Basharat, *Comprehensive Organometallic Chemistry III*, vol. 12, p. 23.

1.4.3 수은 화합물

Hg 80 200.59

수은에 대한 유기 금속 화학은 대부분 산화수 +2 상태를 광범위하게 포함한다. 수은과 탄소의 전기 음성도는 매우 비슷하다. 수은-탄소 결합은 매우 공유 결합에 가깝기 때문에, 열역학적으로 강한 결합이 아니지만, 공기와 수분에 반응성이 높지 않다. 또한, 할로젠화 알킬이나 카보닐 화합물과 같은 전형적인 친전자체와 반응하지 않으며, 광범위한 작용기에 내구성이 있다. 이러한 이유로 수은 반응물은 많은 합성 과정에서 계속해서 사용되고 있다.

1.4.3.1 합성

알킬 수은과 아릴 수은은 붕소나 주석 시약으로부터의 금속 교환 반응, 리튬과 마그네슘의 알킬화 반응에 의해 합성된다. 또 다른 경로는 수은 카복실산 화합물의 열로 인한 탈카복실 반응이다.

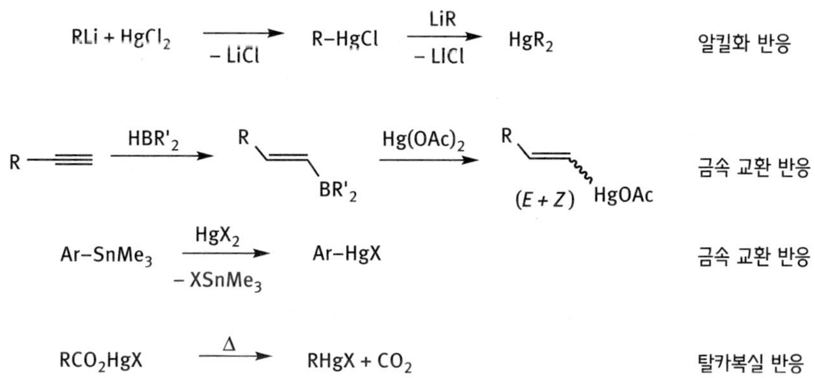

알켄은 하나 혹은 다수의 수은과 반응을 한다.

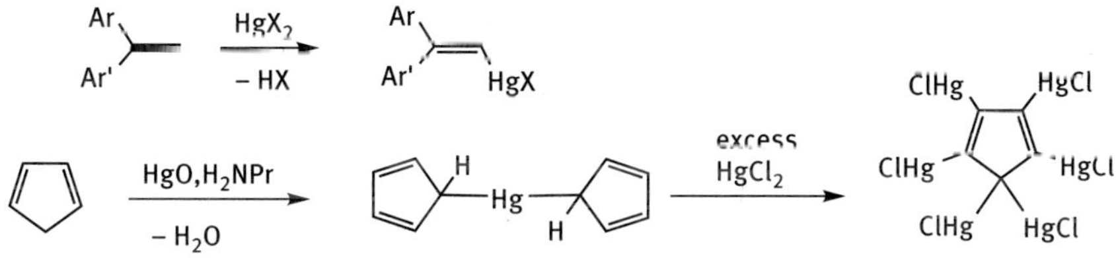

알켄의 이중 기능화(di-functionalization)를 위한 강력한 방법으로 **용매 수은 첨가 반응(solvomercuration)**이 있다.

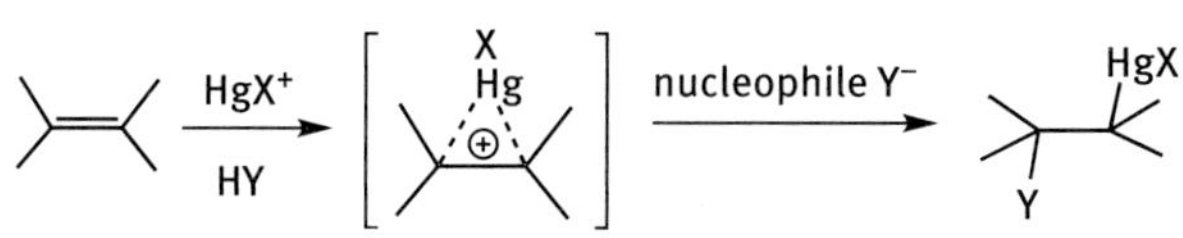

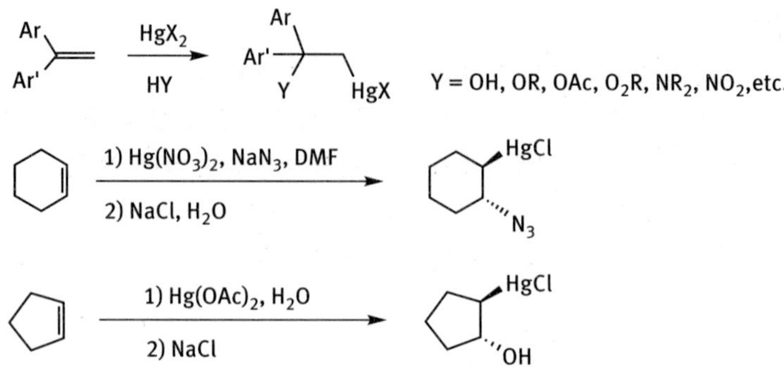

수은 염은 친전자체이고 **친전자성 치환 반응**(electrophilic substitution)에 의해 방향족 분자에 결합한다. 대표적인 예는 벤젠과 $Hg(OAc)_2$로부터 PhHgOAc가 만들어지는 반응이다. 더 친전자체인 $Hg(O_2CF_3)_2$(주로 CF_3COOH를 용매로 사용한다)는 수백, 수천 배 더 빠르게 반응한다. 반응은 우선 아렌-수은(II) 착물을 형성하고, 이후 약염기 음이온에 의한 탈수소화 반응이 일어난다.

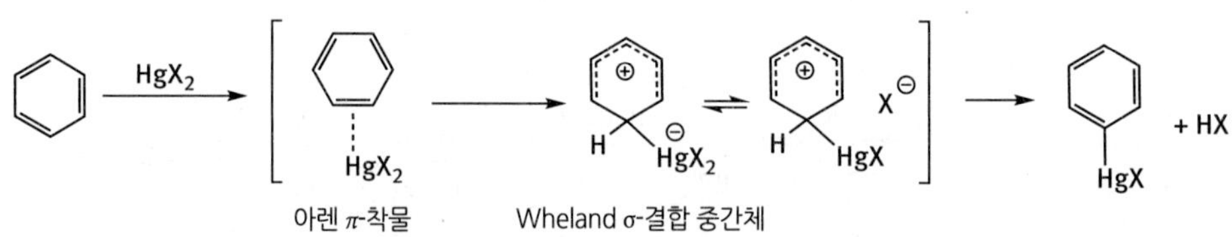

이 반응은 통상 위치 선택적인 반응이고, 5각, 6각 고리와 같이 큰 숫자의 방향족 화합물에 금속이 결합되는 경우에 적용된다. 수은은 다른 금속과 교체될 수 있고, 반응 방법 또한 다른 경로에 의해 합성하기 어려운 Grignard 시약 합성에도 적용할 수 있다. 수은화 반응은 친전자 공격 위치와 수은 이온에 배위 결합할 수 있는 전자 주개 치환체에 가까울수록 잘 일어난다.

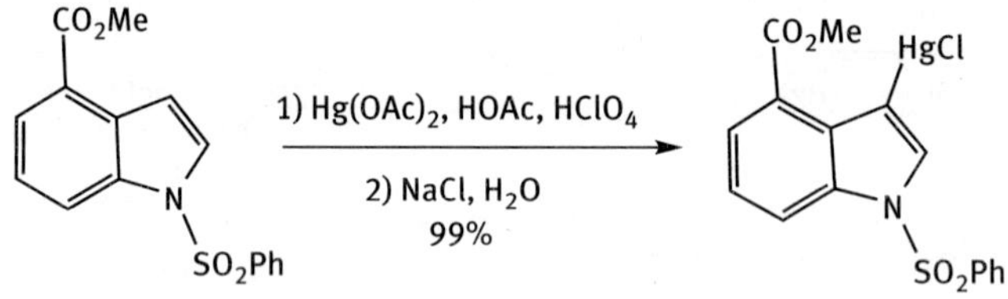

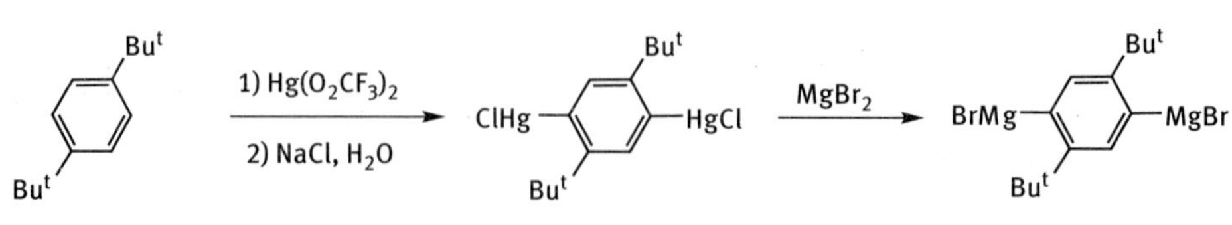

금속 교환 반응

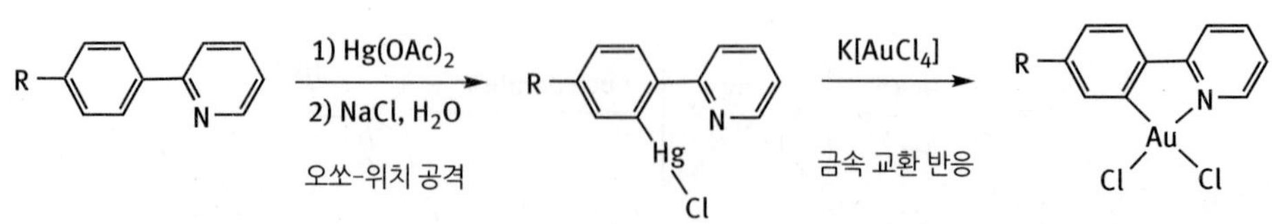

수은화 반응의 합성 역량으로는 $FeCp_2$ 페로센과 같은 메탈로센 착물의 금속화 반응을 예로 들 수 있다.

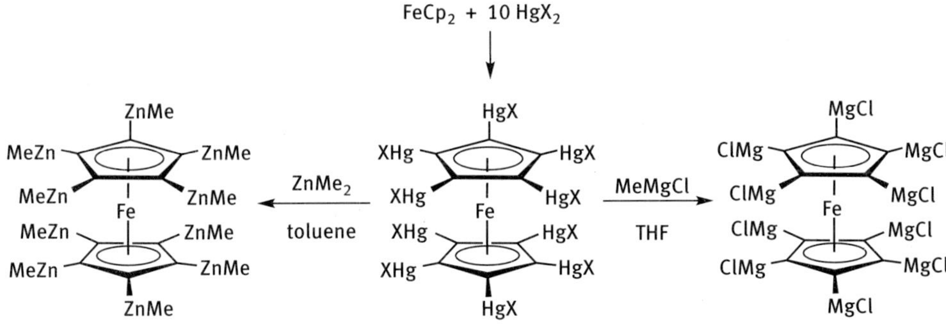

만약 음이온이 H^+를 추출할 만큼 친핵성을 띠지 않는다면, 수은-아렌 π 화합물이 분리될 수 있다. 아렌 교환 반응은 가역적이고, $Hg(GaCl_4)_2$ 착물은 나프탈렌과 C_6D_6 사이에서 친전자성 중수소 교환에 촉매 역할을 하게 된다.

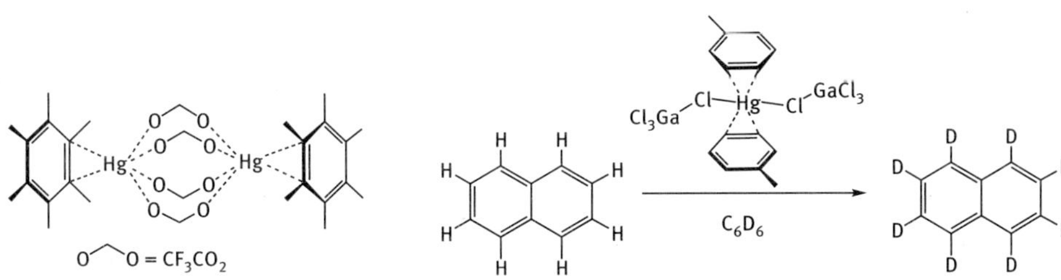

1.4.3.2 구조적 측면

HgR_2와 RHgX는 일반적으로 직선형 분자를 형성한다. 결정 구조상에서 확연히 거리가 더 길지만 R-Hg-X 축에 수직인 전자 주개 리간드와 2차적인 상호 작용을 통해 T-자형 구조를 만든다. 하지만, 아연(II)과 달리 수은(II) 화합물은 2,2′-바이피리딜과 같은 강한 킬레이트 리간드와 결합할지라도 직선형 분자 구조를 유지한다. 양이온 착물은 이러한 2차적인 상호 작용을 통해 배위 결합수가 증가하거나 비대칭 킬레이트를 형성하는 경향이 있다. $(MeHg)_2O$와 강산이 반응하면 피라미드 구조의 $[(MeHg)_3O]^+$ 양이온(X=BF_4, ClO_4, NO_3)의 염을 생성한다.

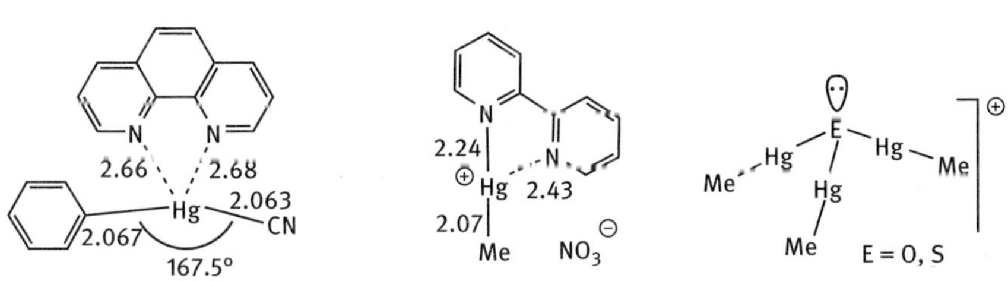

$HgCp_2$에서의 사이클로펜타다이엔일 리간드는 아연 화합물과는 다르게 η^1으로 결합되어 있다. 이 화합물은 모든 고리 위치에 대해 수은의 굴촉성(haptotropic) 이동 때문에 **유동적(fluxional)**이다. 이러한 변화는 NMR 시간 단위만큼이나 빨라서 실온에서 착물의 ^1H NMR 상에서 단일 공명을 보인다.

유동성: 굴촉성 이동

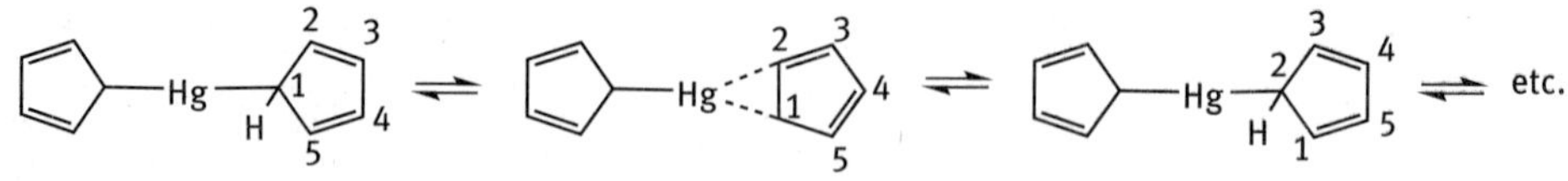

다른 종류의 Hg(II) 착물들은 중성의 주개 혹은 받개 리간드와 함께 형성된다. 질소가 포함된 헤테로 고리 카벤 리간드 혹은 CO 리간드 모두 직선형의 $[HgL_2]^{2+}$ 형태를 형성한다. CO 착물은 매우 약하게 결합되어 있는 $Sb_2F_{11}^-$ 음이온 염으로서만 분리해낼 수 있다. 금속-CO 간의 역결합은 없기 때문에, CO의 신축 진동수(stretching frequency)는 기본 CO보다 확실히 높은 진동수에서 나타난다(2279.5 vs. 2143 cm^{-1}).

CO 결합에 대한 내용은 2.3.1절을 참고하라.

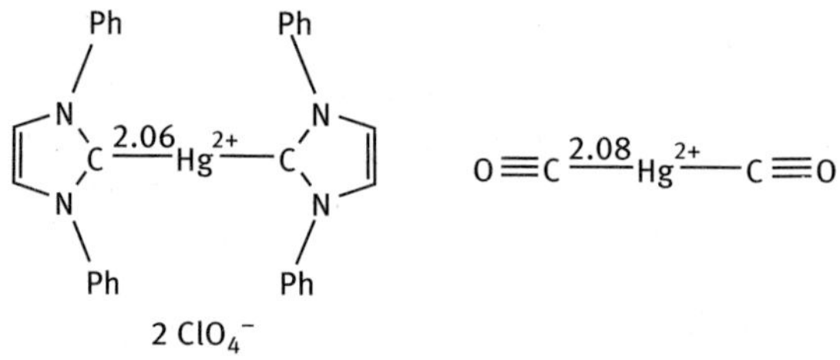

자료 1.4.3 생체 내에서의 유기수은 화합물

Hg-C 결합은 공유 결합이고 물에 의한 공격을 받지 않는다. 이는 수은 알킬이 신체 조건에서 생존할 수 있다는 것을 의미한다.

미생물은 메틸코발아민 유도체인 바이타민-B_{12}로부터 메틸기를 이동시킴으로써 물에서 수은 이온(Hg^{2+})을 메틸화한다. 그 결과 $MeHg^+$ 이온은 반응이 가능한 O, N, 특히 S 화합물과 착물을 형성하고 먹이 사슬 안으로 들어올 수 있다. 그것은 먹이 사슬의 상위 단계에 있는 동물이나 인간의 뇌 같은 단백질에 결합한다. 물론 허용할 수 있는 적당량의 수은 수준이 평소에는 유지된다고 가정하자. 그러나 전형적으로 먹이 사슬에 편입할 수 있는 산업 폐수의 증가 같은 전형적인 이유로, 수은에 대한 노출이 증가하는 곳에서(카드뮴과 탈륨과 같은 다른 중금속 또한 마찬가지로) 건강에 대한 영향은 마비, 심하면 죽음까지 이르게 한다. 조개류와 물고기와 같은 바다 생물체들은 생물체 내에 $MeHg^+$ 화합물을 축적할 수 있는 능력이 있다. 1950년대 일본에서는 해산물 섭취가 대재앙의 건강 문제(미나마타병)를 일으켰다. 이러한 이유로 산업 과정에서의 수은 사용(염소-알칼리 금속의 전기 분해와 같은)이 급격하게 감소하였다. 그러나 세계의 덜 발전된 곳에서 규제되지 않은 채금 활동에 수은이 이용되는데, 그곳에서는 수은 합금과 수은의 증발에 의해 금 입자를 추출하고 얻을 수 있다. 매년 수천 톤의 수은이 이러한 방식으로 환경에 방출된다. **다이메틸수은(dimethylmercury)은 친유성이며 라텍스 장갑을 뚫고 빠르게 피부로 침투할 수 있다. 그러므로 단순한 연구실 장갑의 사용은 보호가 아니고 잘못된 안전 감각을 키울 뿐이다.** 단지 다이메틸수은 몇 방울이 피부에 닿는다면, 적어도 한 연구원의 사망으로 기록될 수 있다. 대부분의 수은 유기 금속은 비휘발성이고 쉽게 섭취되지 않을지라도, 수은 화합물을 다루는 데에는 사려 깊은 주의와 안전 조치가 요구된다.

핵심

Zn, Cd, Hg의 유기 금속 화합물들이 알칼리 토금속 화합물과 유사한 특성을 보일지라도 M−C 결합은 훨씬 덜 극성을 띠고, 덜 Lewis 산의 특성을 지니며, 덜 응집되는 경향을 보인다. 아연과 수은은 합성 시약으로서 중요한 역할을 한다. 카드뮴 알킬은 주로 II−VI 반도체의 전구체로서 중요하다. 수은 염은 특히 아렌의 C−H 결합의 친전자성 금속화 반응에 유용하다. Hg−C 결합은 높은 공유 결합의 성격을 지니고, 물과 공기, 많은 작용기에 내구성이 있고, 유기 합성에서 많이 응용된다.

연습문제

1. $ZnMe_2$와 $[ZnMe_4]^{2-}$를 합성하는 경로를 보이고 화학식의 균형을 맞추시오.
2. 왜 $ZnEt_2$는 단위체이고 EtZnCl은 중합체인가?
3. 벤젠과 아세트산 수은(II)의 수은화 반응의 중간 생성물과 메커니즘을 그리시오.
4. $Zn(C_5Me_5)_2$의 구조는 무엇인가? 그리고 왜 실온에서 ^{1}H NMR은 단일선으로만 나타나는가?
5. 'Reformatsky 시약'은 무엇인가?
6. 다이-Grignard 시약을 준비하는 데 있어 수은 화합물이 어떻게 유용하게 사용될 수 있는가?
7. '용매 수은 첨가 반응'은 무엇인가? 반응 도식과 중간 생성물을 그리시오.

1.5 붕소족의 유기 금속 화합물

13족 원소인 B, Al, Ga, In, Tl의 유기 금속 화학은 활용과 응용 면에서 붕소와 알루미늄이 큰 비중을 차지한다. 붕소는 비금속이고 작은 원자 반지름을 지닌다; 간단한 이온을 형성하지 않고, 그로 인해 탄소와 결합하게 되면 높은 공유 결합성을 지닌다. 13족에서 붕소보다 원자 번호가 더 큰 원소들은 금속이고, 더 극성을 띠는 M-C 결합을 한다. 주기율표에서 아래로 내려갈수록 전기 음성도가 작아지므로, +3가 산화수의 안정성도 낮아진다. 그 결과 붕소와 알루미늄의 거의 모든 유기 금속 화합물이 3가인 반면, In과 Tl의 경우에는 산화수가 +1이 된다.

+3가에서 13족 원소들의 이온 반지름은 알칼리 토금속보다 더 작다. 붕소와 알루미늄은 각각의 결합 특성상 차이에 의해 반지름이 크게 변한다.

배위수	B	Al	Ga	In	Tl
4	0.11	0.39	0.47	0.62	0.75
6	0.27	0.54	0.62	0.8	0.89
공유 반지름	0.84	1.21	1.22	1.42	1.45

M-C 결합의 안정성은 주기율표에서 아래로 내려갈수록 감소하는데, 이는 트라이메틸의 결합 해리 에너지 $\bar{D}(M-CH_3)(kJ\ mol^{-1})$에 의해 증명된다.

B	Al	Ga	In	Tl
369.6	281.4	256.2	218.4	151.2

[a] J. J. Eisch, *Comprehensive Organometallic Chemistry*, 1982, *1*, 618.

B 5 10.811

1.5.1 붕소 화합물

붕소는 RBX_2, R_2BX, BR_3(R=알킬, 알켄일, 혹은 아릴, X=H, OH, OR′, SR′, NR'_2 혹은 할로젠) 형태의 유기 금속 화합물을 형성한다. +3가의 붕소는 Lewis 산으로 작용하여, 음이온들과 결합해서 RBX_3^-, BR_4^-와 같은 붕산염을 만들 수 있다.

탄소-탄소 결합 에너지가 347-356 kJ mol^{-1}이고, BMe_3에서는 362 ± 11 kJ mol^{-1}, $MeBF_2$에서는 약 400 kJ mol^{-1}인 것으로 미루어 보아, 붕소-탄소의 시그마 결합은 탄소-탄소 결합과 비슷하거나 조금 더 강한 것을 알 수 있다.

1.5.1.1 합성 방법

금속 교환:

$$BF_3(OEt_2) + 3\ RMgX \longrightarrow BR_3 + 3\ MgFX + Et_2O$$

$$B(OMe)_3 + RMgX \longrightarrow RB(OMe)_2 + MgX(OMe)$$

$$2\ B(OEt)_3 + Al_2R_6 \longrightarrow 2\ BR_3 + 2\ Al(OEt)_3$$

$$BBr_3 + PhHgBr \longrightarrow PhBBr_2 + HgBr_2$$

BF_3에 Et_2O이 결합된 화합물은 가수 분해 반응에 민감한 BBr_3나 훨씬 덜 Lewis 산의 성질을 띠는 알킨붕산염 $B(OR)_3$보다 편리한 출발 물질이다. 알킬기가 결합된 다양한 MR_n 형태의 반응 물질의 반응성은 Na, K > Li > Mg > Zn > Sn, Pb, Hg 순으로 감소한다. 리튬이 첨가되면 아래와 같이 **테트라알킬 붕산염(tetraalkylborates)**의 형태로 반응이 진행된다.

$$BX_3 + 3\ LiR \xrightarrow[-\,3\ LiX]{} BR_3 \xrightarrow{LiR} Li^+[BR_4]^-$$

알킬기가 결합된 아연, 주석, 수은 화합물의 사용은 RBX_2, R_2BX 형태의 불완전한 알킬 붕소의 선택적인 합성을 가능하게 한다. 이러한 화합물은 **리간드 재분포 반응(ligand redistribution)**에 의해 만들어질 수 있다. 리간드 재분포 반응

$$BX_3 + 2\ BR_3 \longrightarrow 3\ R_2BX$$

R_2BCl의 환원 반응은 붕소-붕소(B-B) 결합을 가진 붕소(II) 화합물을 생성한다. N과 O 치환체들을 도입하면 더 안정하고, 두 개의 붕소를 포함한 붕소화 반응물로서 사용할 수 있다. B–B 결합

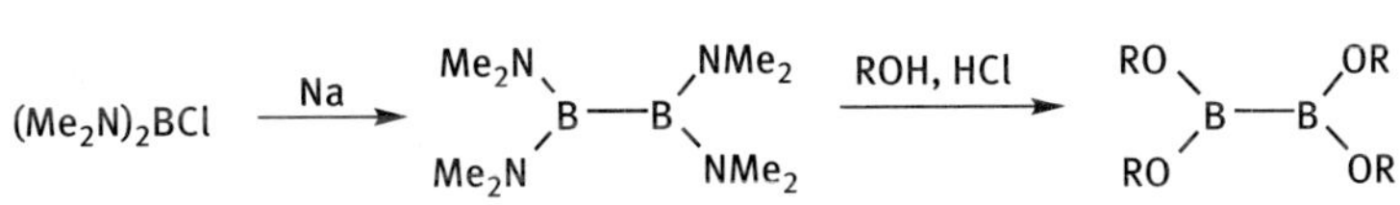

수소붕소 첨가 반응:

다이에틸 에터나 THF 용액에서의 붕소는 알켄과 반응하여 1개, 2개, 3개의 삽입 반응을 거쳐 BR_nH_{3-n} 생성물을 형성한다. 이 반응은 온화하게 배위 결합할 수 있는 용매가 필요하다. 싸이오에터 착물 $BH_3(SMe_2)$은 자주 사용된다. SMe_2은 불안정한 리간드이지만, BH_3를 다루기 쉽게 해준다. 카테콜 붕소 화합물은 공기와 수분에 매우 안정하다는 장점이 있다.

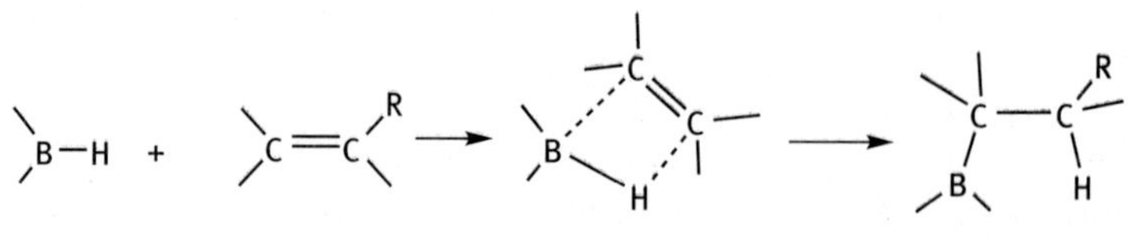

anti-Markovnikov product

stereoselective addition

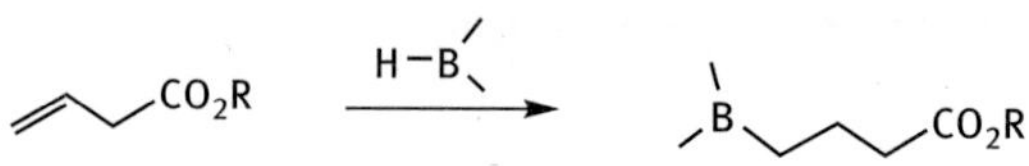

functional group tolerance

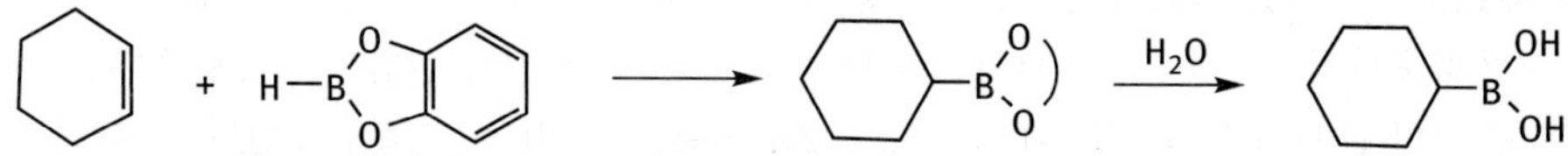

catecholborane alkylboronic acid

크기가 큰 알킬 수소화 붕소 화합물은 위치 선택성을 크게 증대시킨다. 9-붕소바이사이클로노네인(9-borabicyclononane, 9-BBN)과 t-헥실붕소와 다이시암일보레인(disiamylborane)이 일반적으로 많이 사용된다.

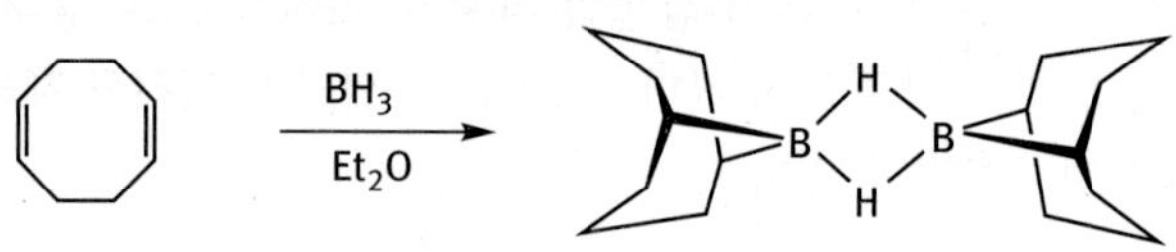

9-BBN

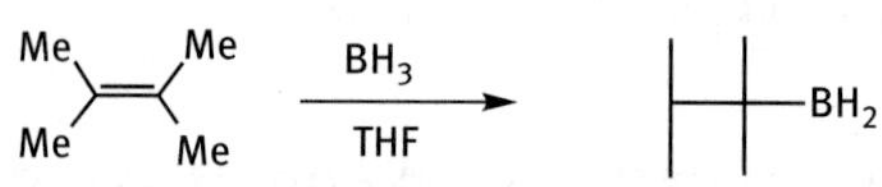

"thexylborane"

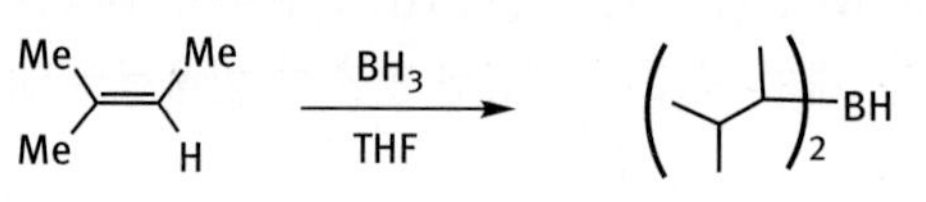

'disiamylborane', Sia_2BH

팔라듐 촉매에서 붕소를 이용한 짝지음 반응은 3.6장을 참고하라.

유기 붕소 화합물 BR_3는 물에 꽤 안정하다. 카테콜붕소 화합물은 가수 분해 반응을 통해 붕소산이 되며, 다루기에 용이하고 공기와 수분에 안정하기 때문에 팔라듐 촉매가 존재할 때 탄소-탄소 결합을 위한 반응물로 많이 사용된다.

유기 붕소 화합물을 합성하는 다른 방법으로 할로젠붕소 첨가 반응(haloboration)과 이중 붕소 첨가 반응(diboration)이 있다. 이러한 방법들은 차후의 재배열에 의해 일어나고, 일반적이지 않다.

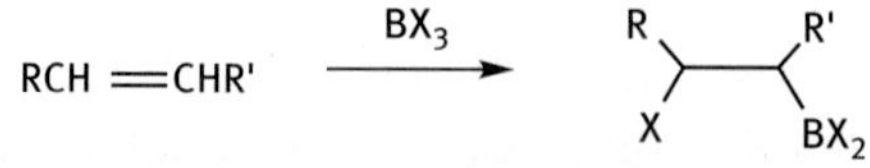

haloboration

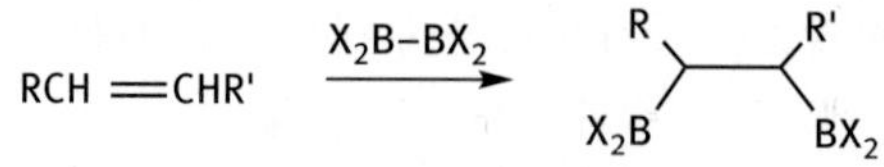

diboration

1.5.1.2 붕소 화합물의 반응성

수소붕소 첨가 반응은 ***anti*-Markovnikov** 위치 선택성 반응 화학으로 작용기가 도입된 분자에서 출발한다. 9-BBN과 같이 크기가 큰 붕소 화합물은 더 위치 선택적이다. 이 방법은 1번 위치가 치환된 다양한 유기 화합물을 만드는 데 사용된다.

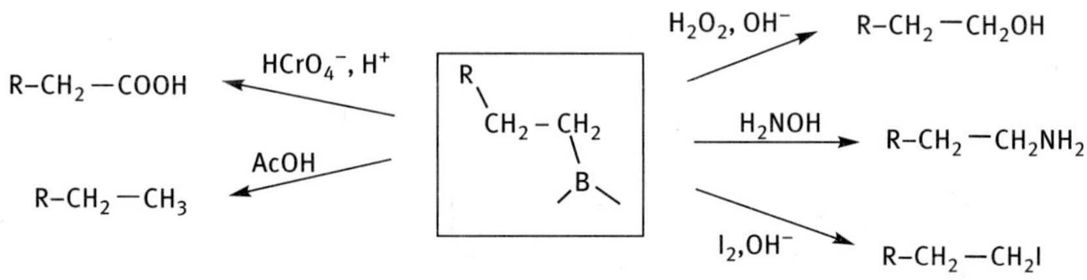

2차 알킬 붕소 화합물은 피리디늄 클로로크로뮴산 염에 의해 산화되어 케톤을 생성하며, *n*-알킬은 알데하이드를 생성한다. BR_3에 CO를 반응시키면 3개의 알킬기가 탄소로 이동하여 다음과 같이 3차 알코올을 생성한다.

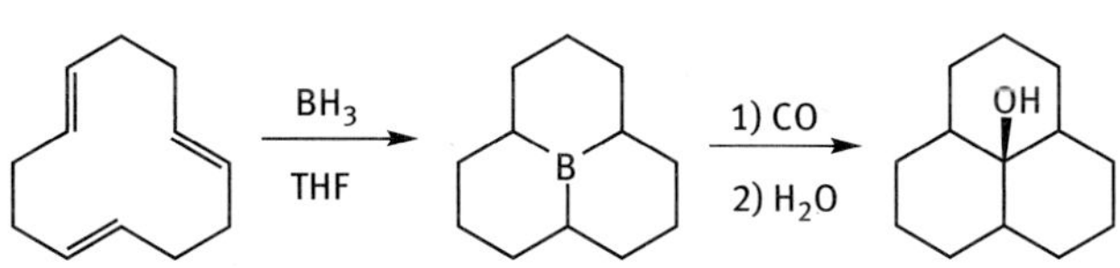

붕산염의 산화는 탄소-탄소 결합을 형성하는 데에도 이용되며, 다이알카인(dialkyne)과 엔아인(enyne), 다이엔(diene)의 형성이 대표적인 예이다.

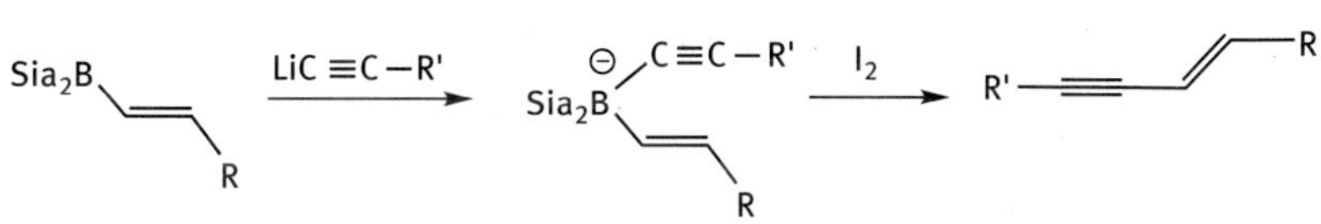

Lewis 산의 성질을 매우 많이 띠는 퍼플루오로펜일 보레인(perfluoropenyl borane), $B(C_6F_5)_3$는 수많은 유기 합성 응용 분야에 효과적인 촉매로 쓰이는데, 그 예는 다음과 같다.

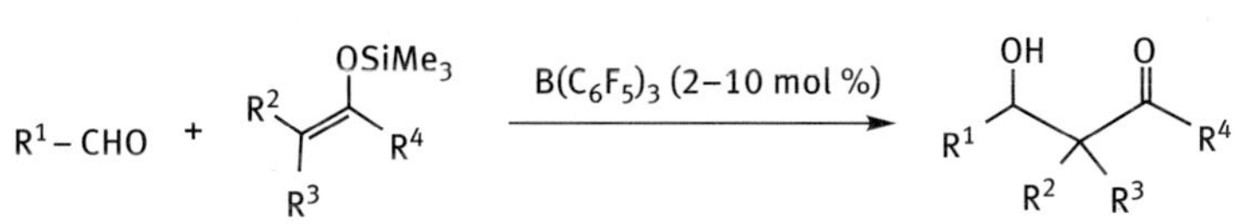

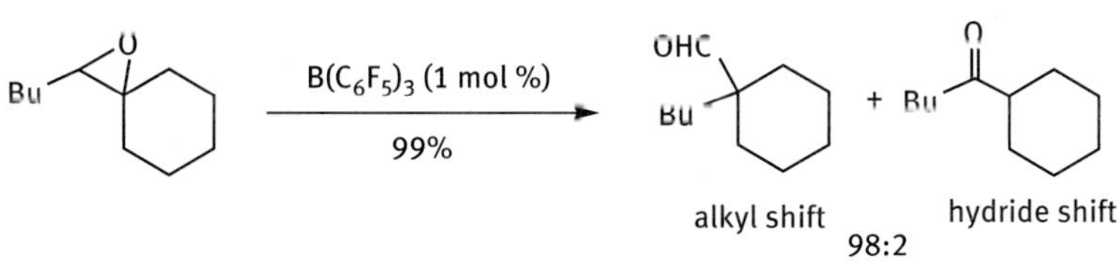

친전자 성질을 띠는 $(C_6F_5)_2BH$, $(C_6F_5)BH_2$와 더 편리한 SMe_2 화합물은 강력한 수소붕소 첨가 반응물이다. 이 화합물들은 $BH_3(SMe_2)$와 $B(C_6F_5)_3$를 적절한 비율로 혼합함으로써 얻을 수 있다. $(C_6F_5)_2BH$가 결합된 메탈로센은 다음과 같다.

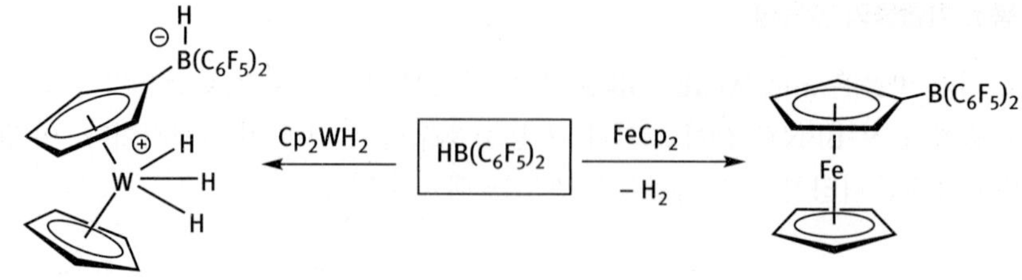

1.5.1.3 구조와 결합

중성을 띠는 유기 붕소 화합물은 최외각 전자가 6개를 만족하는 평면 구조이면서 단위체이다. BMe_3는 기체이고, 더 간단한 분자인 BR_3는 공기와 접촉하면 특유의 녹색 불꽃이 일어나며 불이 붙는 액체이다. 아릴, 할로젠, 알콕사이드 치환체를 도입하면 비어 있는 붕소의 p-오비탈과 도입된 원자의 비공유 전자쌍 사이의 **π-상호 작용**(π-interaction)으로 인해 **Lewis 산도**(Lewis acidity)가 감소한다. 이러한 B-E 결합 사이의 π-상호 작용은 붕소의 p-오비탈과 다른 원자의 비공유 전자쌍의 에너지 준위가 유사하기 때문에 일어나고, Cl < S < O < F < N 순으로 상호 작용이 증가한다. B-N 결합은 C=C 결합과 전자적 성질이 유사하여 다음과 같이 회전하지 않는다.

B–E π-결합

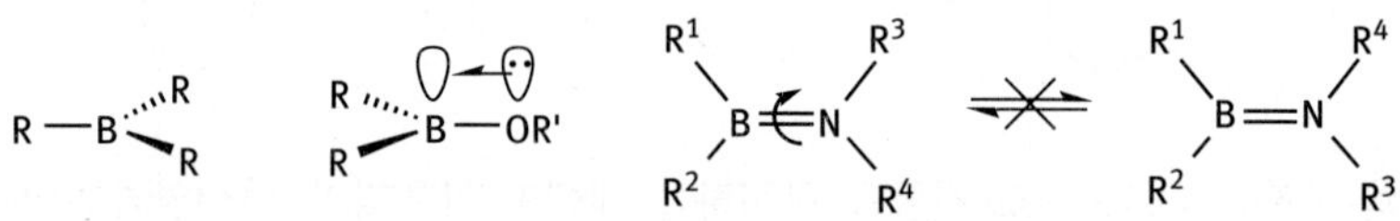

R_2B-H는 **2e3c** 결합으로 H가 다리 연결된 이합체를 형성한다. R_2BX 또한 이합체이지만, 할로젠 원소가 비공유 전자쌍 하나를 주기 때문에, 중심의 붕소 원자는 최외각에 8개의 전자가 채워진다. 예를 들어 다음과 같은 화합물은 전자가 꽉 차 있다.

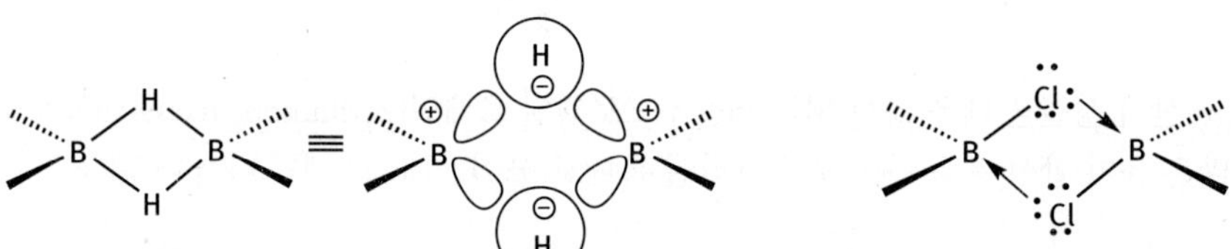

붕소 화합물에 음전하를 띠고 있는 친핵체인 Y^-를 첨가하면 $[BR_3Y]^-$ 형태의 붕산염이 생성된다. BH_3, BR_3에 NaH, KH를 첨가하면 각각 환원제로 자주 사용되는 BH_4^-, HBR_3^-와 같은 **수소화 붕산염**(hydroborate)이 생성된다. 붕산염은 **정사면체**(tetrahedral) 구조이고, 팔전자 규칙을 따르고, 전자수가 알케인과 같다. $NaBPh_4$는 물에 잘 녹고, K^+와 더 무거운 알칼리 금속 양이온들을 분석하는 시약으로 사용할 수 있으며, 이들은 모두 잘 녹지 않는 BPh_4^- 염을 형성한다.

$$4\,NaH + B(OMe)_3 \xrightarrow{250\text{–}270\ ^\circ C} Na[BH_4] + 4\,NaOMe$$

$$LiH + BEt_3 \xrightarrow[Et_2O]{} Li[HBEt_3]$$

$$BR_3 + BH_4^- \longrightarrow [R_3B\text{-}H\text{-}BH_3]^-$$

$$NaBF_4 + 4\,PhMgBr \xrightarrow[Et_2O]{} Na[BPh_4] + 4\,MgBrF$$

유기 붕소 할로젠 화합물에 전자 주개 리간드를 첨가하면 보로늄 이온이 생성되고, 이는 팔전자 규칙을 만족하면서 정사면체 구조를 가진다. $BCp^*{}_2^+$ 양이온 또한 팔전자 규칙을 만족한다. 구조는 $BeCp^*{}_2$, $ZnCp^*{}_2$와 유사하다.

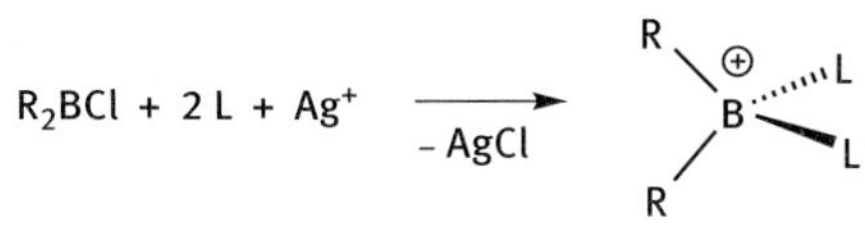

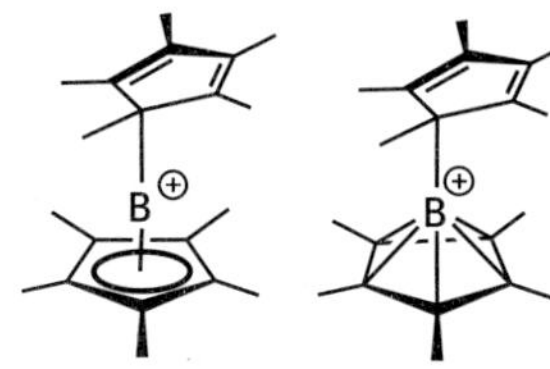

η^1, η^5-$Cp^*{}_2B^+$의 π 착물과 탄소붕소 클러스터 도식

붕산염 BR_4^-

자료 1.5.1.1 입체 요인의 중요성: 전이 상태의 안정화

붕소는 매우 작은 원자 반지름을 가지고 있어서 치환체의 입체적인 요인에 의한 영향을 많이 받는다. 이로 인해 특별한 결합을 보이기도 한다. 예를 들어, $B_2Cl_2Bu^t{}_2$와 $LiPPr^i{}_2$의 반응은 예상처럼 나비모양 구조를 이루지 않고, B_2P_2 평면 고리에 안정한 라디칼이 2개가 있는 결정체를 이룬다. 계산 분석 결과 이 구조는 두 고리 형태(bicyclic)의 B_2P_2 이성질체의 반전을 위한 전이 상태임을 알 수 있었다.

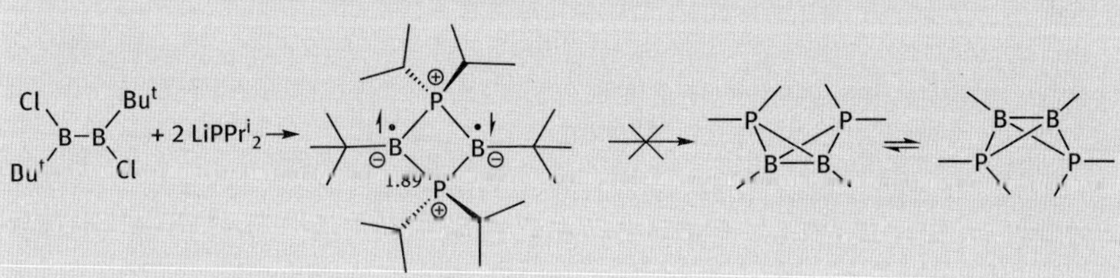

R_2B^+ 양이온

C와 B^-의 전자 개수가 같기 때문에, B와 C가 상호 교환될 수 있는 화합물이 많이 존재한다. 예를 들어 벤젠과 사이클로펜타다이엔일과 같은 물질에 붕소가 포함된 화합물이 존재한다. 붕소의 혼합은 더 높은 전하를 가진다.

카보레인(carborane)은 매우 특이한 화합물이다. 폴리보레인(polyborane)에서 전자가 부족한 결합은 클러스터 형태를 이루고, B-H 부분의 일부는 C-R로 대체된다. 카보레인과 그 구조적 다양성의 범위는 이 책의 범위를 넘어선다. 그러나 $C_2B_9H_{11}{}^{2-}$는 결합 특성이 사이클로펜타다이엔일 음이온과 유사하고, 전이 금속 화합물을 형성하기 때문에 언급하도록 한다.

Cp⁻ 유사물

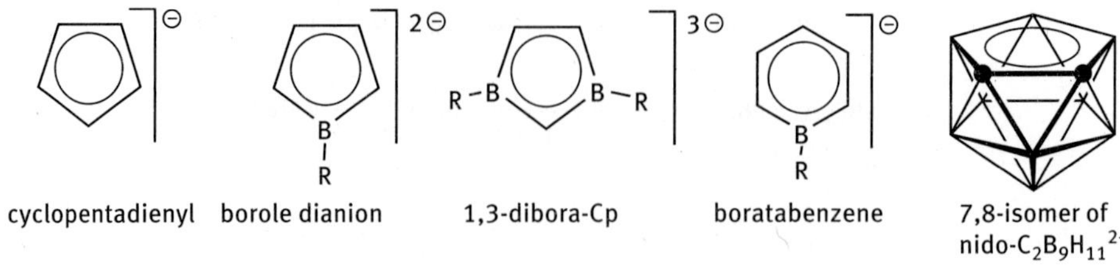

자료 1.5.1.2 붕소의 비정상적인 결합

Bu^tBF_2가 환원되면 4개의 붕소 원자가 오직 8개의 전자들에 의해 서로 결합되어 매우 전자가 부족한 B(I) 클러스터인 $B_4Bu^t_4$가 생성된다. N이 포함된 헤테로 고리 분자 형태의 카벤(NHCs)과 같은 강한 주개 리간드가 있으면, 클러스터 형태는 생성되지 않고, HB=BH 결합 형태의 화합물이 생성된다. 그러나 더 강력한 카벤 주개가 있으면 이러한 이합체가 형성되지 않고, 아민과 같이 비공유 전자쌍을 가지고 있으며 수소화 반응이 일어날 수 있는 보릴렌(borylene)(HB:) 형태의 화합물이 생성된다.

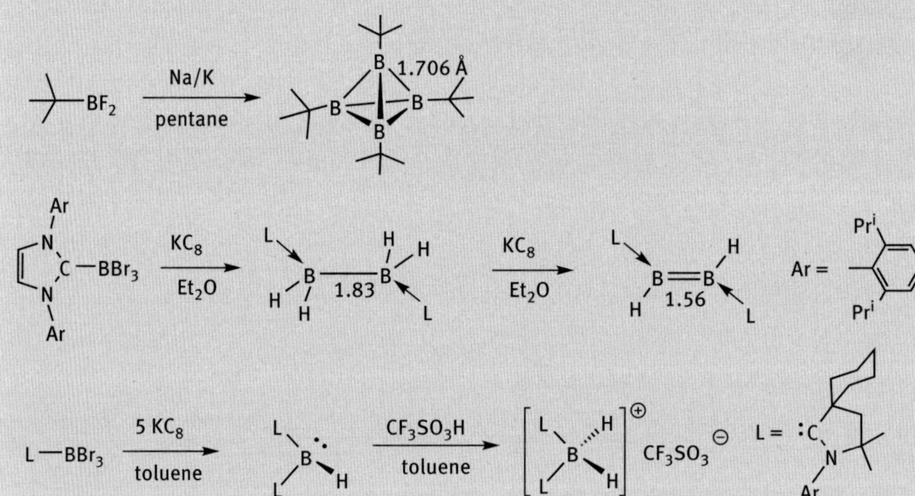

자료 1.5.1.3 Lewis 산도의 결정

Lewis 산도

알킬, 아릴, 할로젠 붕소 화합물과 유사한 알루미늄 화합물은 전형적인 Lewis 산으로 알려져 있다. 그러나 Brønsted 산의 pK_a가 정확하게 측정되는 반면, Lewis 산도의 측정은 간단하지 않다. 평형 상수가 Lewis 산도의 함수와 일차함수의 관계에 있다는 가정을 바탕으로 화합물의 NMR 화학적 이동 값을 측정하여 Lewis 산도를 결정하는 방법이 개발되었다.

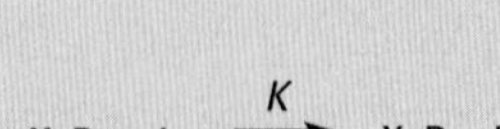

일반적으로 잘 일치하고, 가장 널리 쓰이는 방법으로는 Child 방법이 있는데, 이 방법에서는 크로톤알데하이드(crotonaldehyde)의 멀리 떨어진 수소의 ^{1}H NMR 공명을 측정한다.

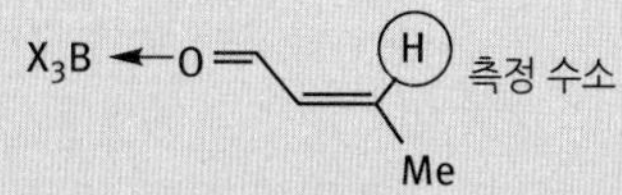

이 방법을 사용하여 트라이아릴붕소 화합물과 강력한 전자 끌기 치환체인 $B(C_6F_5)_3$를 반응시키면 붕소와 알루미늄의 할로젠화물을 잘 비교할 수 있는 기준을 세울 수 있다.

MX_3	BBr_3	BCl_3	$AlCl_3$	$B(C_6F_5)_3$	BF_3	$AlEt_3$
상대적 산도	1.00	0.93	0.82	0.77	0.77	0.44

붕소 화합물에서 치환체 효과: C_6F_5 vs. C_6H_5

BPh_3에서 C_6H_5 치환체를 C_6F_5로 교체하면 Lewis 산도가 증가할 뿐만 아니라 특히 가수분해와 같은 화학적 공격으로부터의 안정성이 커진다. $[B(C_6F_5)_4]^-$ 음이온은 심지어 훨씬 더 안정하다. — 이 물질은 극성이 작은 용매에도 녹고, 화학적으로 매우 안정하며, 매우 높은 산화 전위를 가진다. 그 결과 NBu_4^+ 염은 전기 화학에서 지지 전해질로 사용된다. 이러한 특성은 $B(C_6F_5)_3$과 $[B(C_6F_5)_4]^-$ 염을 중요한 **촉매**(catalyst)와 **촉매 활성 인자**(catalyst activator)로 바꾸어 준다. 이러한 분자들이 4족 원소 다이알킬 메탈로센과 반응하여 **올레핀의 중합**(polymerization of olefin)을 위한 엄청난 활성 촉매로 만들어진다. C_6F_5 치환기는 음이온을 메탈로센 착물보다 훨씬 크게 만들며, 큰 분자에 전체적으로 음전하를 분배하여 음이온이 **매우 약한 배위 결합**(extremely weakly coordinating)을 하게 한다. — BF_4^-와 SbF_6^-와 같이 배위 결합을 하지 않는 전형적인 분자들보다도 덜 친핵적인 특성을 갖는다. C_6H_5 화합물은 응용되기에 너무 불안정하고 비효과적이다. 훨씬 더 큰 C_6F_5 붕산염 음이온은 이러한 효과를 강화시키고 수많은 '매우 약한' 배위 결합 음이온을 만드는데, 대표적인 예가 Z 작용기가 다리 놓인 형태인 이핵 붕산염인 $[(C_6F_5)_3B\text{-}Z\text{-}B(C_6F_5)_3]^-$(Z=OH, CN, NH_2, imidazolyl)이다.

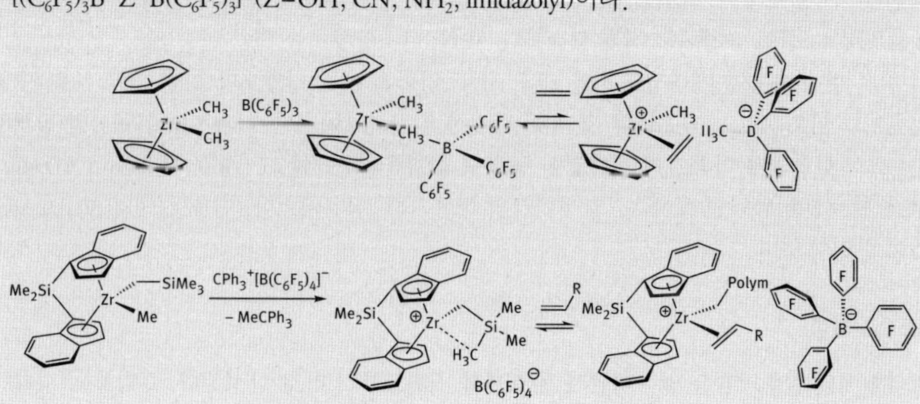

자료 1.5.1.4 '좌절된 Lewis 쌍' 개념

좌절된 Lewis 쌍

$B(C_6F_5)_3$는 정렬된 프로펠러 모양의 C_6F_5가 포함된 평면 삼각형 구조이다. 이 화합물은 굉장히 입체 장애가 큰 Lewis 산으로, Lewis 염기와 함께 첨가 생성물을 형성하는 것을 선호하지만, 너무 큰 입체 장애로 몇몇 염기들은 그렇게 행동하지 못한다. 이것을 **'좌절된 Lewis 쌍**(frustrated Lewis pair, FLP)' 효과라고 한다. 그러나 그러한 산, 염기는 **H_2의 불균일 분해**(heterolytic cleavage of H_2)에서 매우 효과적으로 결합한다. 에틸렌에서도 효과적이다.

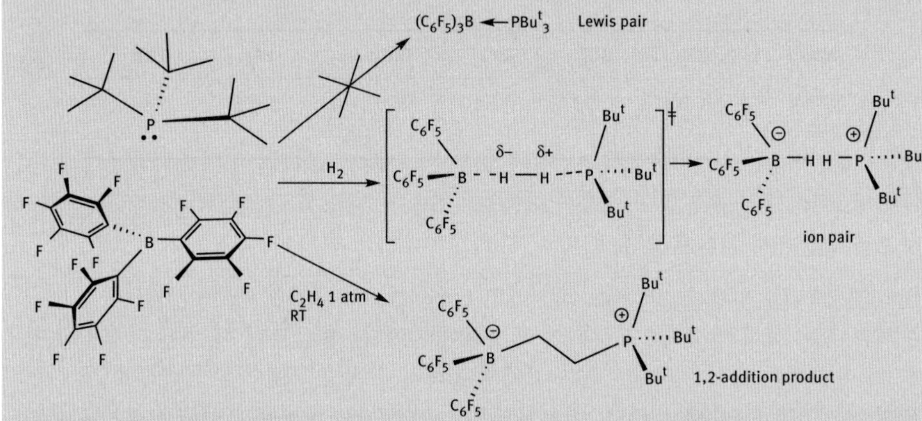

이러한 FLP 시스템은 금속이 없이도 이민, 아닐린, 헤테로 고리의 수소화 첨가 반응을 촉진시킨다. 다음과 같은 몇몇 경우에서 기질 자체가 염기로서 행동한다.

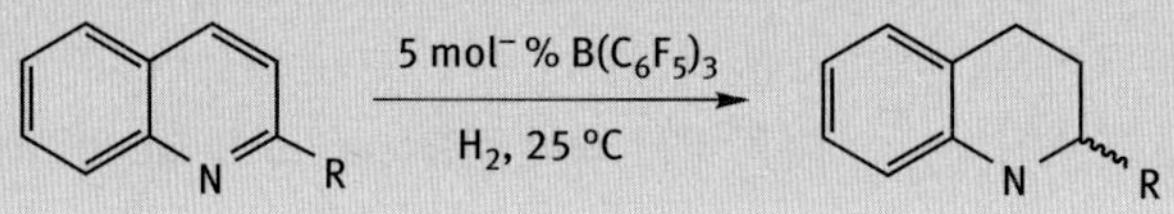

Al 13 26.982

1.5.2 알루미늄

계면활성제 알코올의 생산(Ziegler 알코올)과 올레핀 중합체의 활성 인자 등에 사용되는 알루미늄 알킬은 산업 공정에서 매우 중요하다. 또한, 탄소알루미늄 첨가 반응(carboalumination)과 같은 합성 응용 분야에서도 사용된다. Al-C 결합은 B-C 결합보다 훨씬 더 극성을 띤다. 알루미늄 알킬 AlR_3는 BR_3보다 훨씬 더 강력한 알킬화제이지만, Li과 Mg보다는 덜 강력하다. 붕소 화합물과 마찬가지로 다양한 종류의 화합물이 존재한다: AlR_3, R_2AlX, '1.5(sesqui) 당량' 할로젠화 알킬인 $Al_2R_3X_3$. 알루미늄의 산화수는 거의 +3이다. 매우 일부의 Al(II), Al(I)만이 알려져 있다.

sesqui=1.5
예) $AlCl_{1.5}Et_{1.5}$

1.5.2.1 합성

트라이메틸 알루미늄은 알루미늄과 할로젠화 메틸로부터 바로 합성된다. 화합물의 형태는 실온에서 액체로 이합체이며, 기체 상태에서는 단위체인 $AlMe_3$로 분해된다.

$$4\,Al + 6\,MeX \longrightarrow 2\,Al_2Me_3X_3 \xrightarrow[-\,NaX]{Na} Al_2Me_6$$

더 긴 알킬 사슬들을 가진 알루미늄 알킬은 알켄의 **수소알루미늄 첨가 반응**(hydroalumination)이 일어나는 Ziegler **공정**(Ziegler process)을 통해 생성된다. 알루미늄 알킬이 있을 때에는 금속성 알루미늄이 수소와 반응하는데, 이때 생성된 Al-H 종은 올레핀에 첨가되고 이와 같은 실험을 근거로 반응을 도출해냈다. 알루미늄의 반응도는 적은 양의 타이타늄과 합금될 때 더 높아진다.

수소알루미늄 첨가 반응

$$2\,Al + 3\,H_2 + 4\,AlEt_3 \xrightarrow[80\text{–}160\,^\circ C]{100\text{–}200\ bar} 6\,Et_2AlH$$

$$6\,Et_2AlH + 6\,C_2H_4 \xrightarrow[80\text{–}110\,^\circ C]{1\text{–}10\ bar} 6\,Et_3Al$$

$$2\,Al + 3\,H_2 + 6\,C_2H_4 \longrightarrow 2\,Et_3Al$$

비슷하게 Al, H_2, 아이소뷰텐이 주어졌을 때 반응 조건에 따라 수소화 다이아이소뷰틸 알루미늄 Bu^i_2AlH('DIBAH'), 트라이아이소뷰틸 알루미늄 $AlBu^i_3$('TIBA')로 생성될 수 있다. 두 개의 결과 모두 평형을 이룬다. $AlBu^i_3$는 적은 양의 Bu^i_2AlH를 가지고 있다. TIBA는 1-알켄 화합물을 촉매로 하는 활성화 실험에 쓰인다.

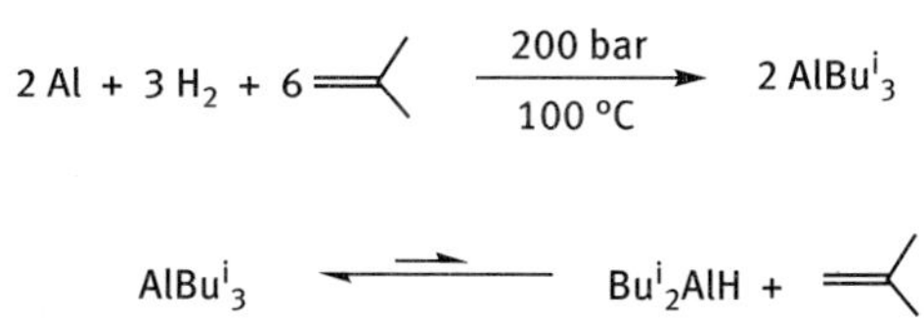

수소화알루미늄 첨가 반응의 가역성은 알루미늄 알킬을 **상호 전환**(interconvert)하는 데 쓰일 수 있다.

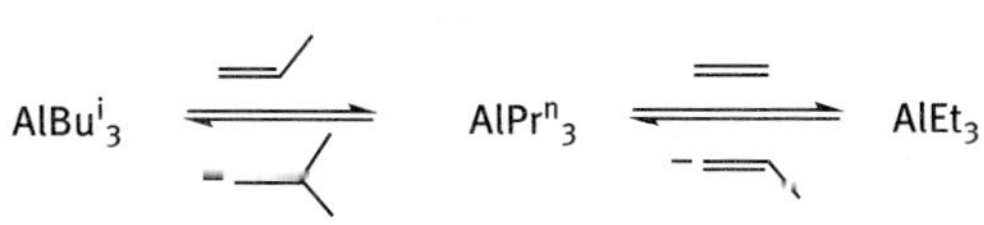

알루미늄 알킬은 Grignard의 리튬 시약을 사용한 할로젠화물의 알킬화를 통해서도 만들어질 수 있다. 이 경우에는 에터 첨가 생성물이 형성된다. 리튬 시약이 과도하게 사용될 경우 **'산염' 착물**('ate' complex)이 생성된다.

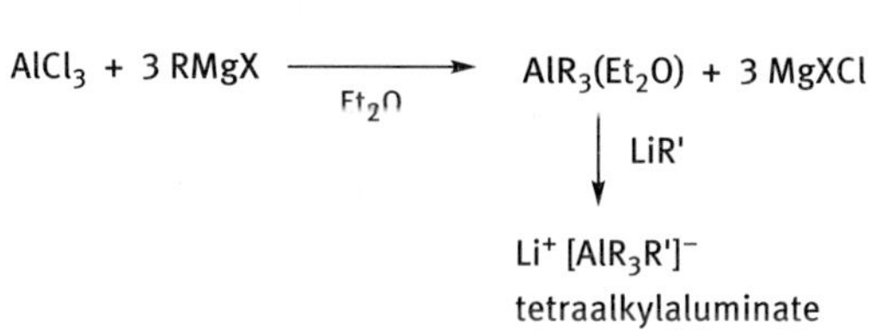

알루미늄염 $[AlR_4]^-$

AlR_3와 알루미늄 할로젠화물의 **균등화 반응**(comproportionation)은 알킬 할로젠화물을 생성하고 이는 후에 알킬화되어 혼합 리간드 알루미늄 알킬을 생성한다. 이럴 경우 리간드 알킬 혼합물의 재분배를 억제하기 위해 열이 가해지지 않도록 해야 한다.

$$AlX_3 + 2\,AlR_3 \xrightarrow[Et_2O]{} 3\,R_2AlX \xrightarrow{LiR'} 3\,R_2AlR'$$

편하면서 염이 생기지 않고 알루미늄 아릴을 얻을 수 있는 방법으로는 수소화붕소를 사용한 **리간드 교환(ligand exchange)**이 있다. 이 반응은 다음과 같은 단계식 치환을 통해 이루어진다. 하지만 BMe_3(트라이메틸 붕소)가 혼합물로부터 쉽게 제거되는 기체이기 때문에 알루미늄 생성 물질의 양적 평형 상태가 이동할 수 있다. 톨루엔과 같은 비극성 용매를 사용하면 $Al(C_6F_5)_3$(불안정한 η^1-톨루엔 첨가물로서)와 같은 강한 Lewis 산성 알루미늄 혼합물이 조제되고 이 혼합물은 Grignard 반응을 사용할 경우 에터 용액을 포함한 강한 첨가 생성물이 만들어진다.

$$AlMe_3 + BAr_3 \rightleftharpoons AlAr_3 + BMe_3\uparrow$$

1.5.2.2 구조와 성질

BMe_3와 달리 알루미늄은 네 번째 메틸 리간드와 상호 작용할 수 있을 정도로 크기 때문에 트라이메틸알루미늄은 액체와 고체 상태에서 이합체의 형태를 띠고 있다. 이는 1.1절에서 다룬 **2e3c** 결합 패턴의 전형적인 예이다. 트라이알킬 AlR_3은 탄화수소 용액에서 이합체의 형태를 띠고 $AlBu^i_3$, $AlBu^t_3$, $Al(CH_2Ph)_3$은 단위체의 형태를 가진다.

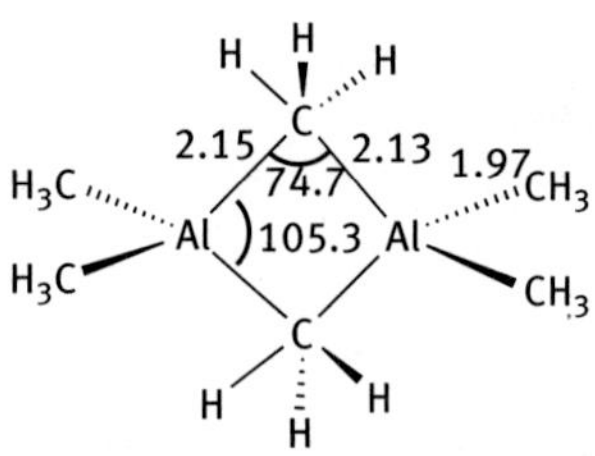

Al_2Me_6의 고체 상태 구조

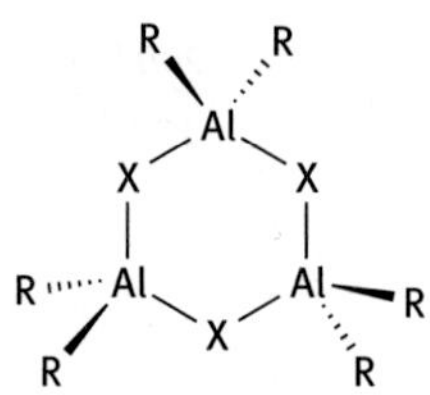

X = H, OMe, NHMe; R = Me, Et, Bu^i
X = Cl; R = Et, Bu^i

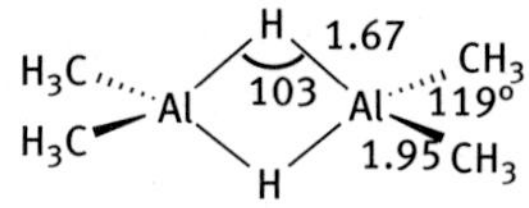

$[Me_2AlH]_2$의 기체 상태 전자 회절 구조

헤테로 원자를 가지고 있는 화합물은 전자가 꽉 찬 올리고머 $[R_2AlX]_n$이고, 여기서 n은 R과 X의 입체 소요량에 따라 다르다. 예를 들면 R = Et일 경우 X = OMe, NH_2, NHMe일 때에 n=3이 되지만 X = OBu^t 또는 NMe_2일 때에는 n = 2의 값이 나온다. Me_2AlF는 4분자체이다.

$AlBu^t_3$와 부피가 큰 아릴옥사이드 $Bu^t_2Al(OC_6H_3Bu^t_2)$와 $MeAl(OC_6H_3Bu^t_2)_2$ 또한 단위체이다. 후자의 경우 올레핀 중합 반응 촉매 작용 시 불순물을 제거하는 용도로 사용되었다. $AlPh_3$은 페닐 리간드와 **2e3c** 결합을 연결하는 이합체인 반면, 더 부피가 큰 아릴은 평면의 단량체이다. $Al(mesityl)_3$(mesityl = 2,4,6-$Me_3C_6H_2$)은 THF와 작용해 가변성이 있는 첨가물을 형성한다. 반면에 $Al(C_6F_5)_3$은 더 강한 Lewis 산으로 THF와 작용해 η^2 첨가물과 사이클로헥센의 혼합물보다 약한 부가물을 형성하고 F^-와의 반응을 통해 플루오린이 매우 약하게 다리 놓인 이합체 음이온 $[(C_6F_5)_3Al(\mu\text{-}F)Al(C_6F_5)_3]^-$이 만들어진다.

저중합체 알루미늄 알킬 회합의 연관성은 용매와 온도에 따라 변한다. Al_2Me_6은 고체와 액체 상태에서는 이합체의 상태를 가지며, 기체 상태에서는 이합체와 단위체가 섞인 구조를 가진다. Me_2AlH은 용액 상태에서는 삼량체이며 기체 상태에서는 이합체의 구조를 가진다.

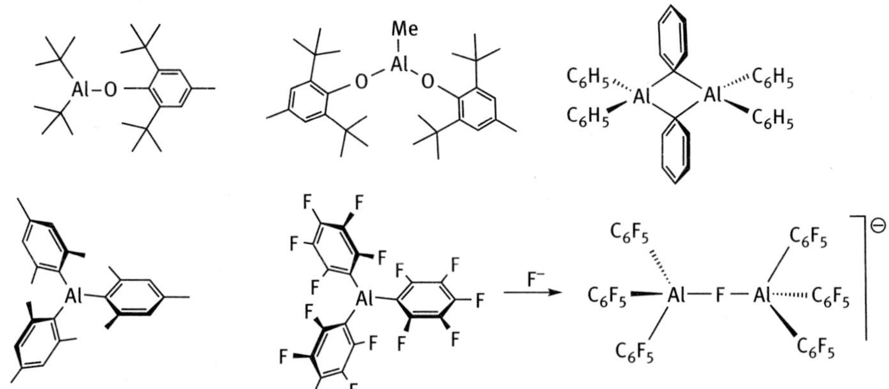

평면 Al
프로펠러 구조

유동성

이 모든 과정들은 **알루미늄 착물에서 리간드 교환이 일어날 수 있음**을 보여 준다. 알루미늄 알킬의 유동적인 변화는 실온에서 측정한 Al_2Me_6의 ^1H NMR 스펙트럼에서 단 하나의 공명만 보이는 이유를 설명해준다. 말단 메틸과 다리 메틸 사이의 교환 속도는 용액이 -70°C까지 차가워지지 않는 이상 NMR 시간 척도상 매우 빠르다.

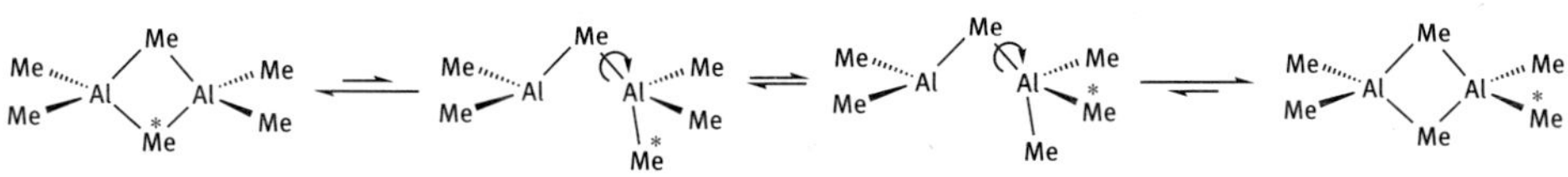

알루미늄의 **사이클로펜타다이엔일 착물**(cyclopentadienyl complex)은 η^1부터 η^5까지 금속 중심의 전자 부족 특성에 따라 다양한 결합 유형을 보인다. Me_2AlCp는 이웃하는 알루미늄 원자들과 함께 η^1-유형과 상호 작용하여 지그재그형 사슬을 형성하는 동안 $MeAl(\eta^2\text{-}Cp)_2$는 단량체의 형태를 띠고 아이소사이안화 첨가물 $(\eta^1\text{-}Cp)_3Al(C{\equiv}NBu^t)$ 또한 단량체의 형태를 가진다. $MeAl(\eta^2\text{-}Cp)_2$와 $B(C_6F_5)_3$의 반응은 아이소뷰텐 양이온 중합 반응의 촉매인 알루미노세늄(aluminocenium) 양이온을 생성한다. Cp* 반응은 다음과 같은 구조적 특성을 가지고 있다.

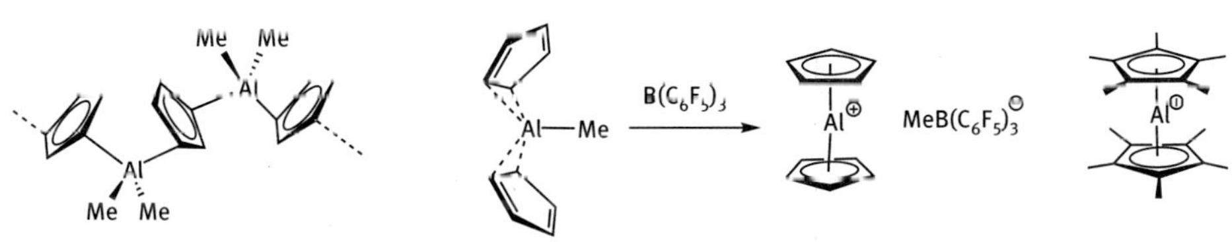

자료 1.5.2.1 ^{27}Al NMR 부광학

^{27}Al의 핵이 사중극(I=5/2)을 띠는 순간이 있고 이는 더 폭이 넓은 신호로 이어진다. ^{27}Al NMR 분광학은 진단 정보를 알려주는데, 특히 핵이 고도의 대칭적 환경에 있을 때 더 효과적이다. 예를 들어 $MeAlCp_2$가 $AlCp_2^+$로 전환할 때 $\delta(^{27}Al)$ 72.7(반높이 너비 250 Hz)의 폭 넓은 신호는 폭이 더 날카로운 δ-126.4 (반높이 너비 30 Hz)로 대체된다 [기준 표준: $Al(acac)_3$].

양이온 알루미늄 알킬. $[AlMe_2]^+$ 양이온은 $ZnMe_2$와 전자 개수가 같지만, 훨씬 더 Lewis 산성이고 정사면체 첨가 생성물 형성을 더 선호한다.

양이온 알루미늄 알킬이 강한 친전자체를 가지고 효과적인 촉매 활성제라고 알려져 있기 때문에 이들을 합성하는 다양한 공식이 시도되었다. 리간드가 없는 $[AlMe_2]^+$는 일시적인 종으로 공준되었었고, 심지어 $[B(C_6F_5)_4]^-$와 같은 극도의 비친핵성 음이온을 공격하기도 한다. O-와 N-주개에 의한 안정화로 인해 몇 개의 양이온 알킬의 분리가 가능해졌고 이 결합은 보통 사면체의 형태를 가지지만 더 높은 배위수도 가능하다. $[Et_2Al^+ \cdots CB_{11}H_6Br_6^-]$ 이온쌍에서 알루미늄 양이온은 카보레인(carborane) 음이온의 두 개의 브로민 원자와 결합해 모양이 크게 변형된 사면체 기하학 구조를 가진다. 이 화합물은 벤젠의 탄소 양이온 알킬화를 시작하기에 충분히 친전자적이다. 강한 Brønsted 산과 함께 $AlMe_3$의 양성자 이전 반응을 통해 더 안정적인 화합물 $[Me_2Al(OEt_2)_2]^+$를 만들 수 있고 지르코늄 알킬을 활성화해 올레핀 중합용 촉매를 생성할 수 있다.

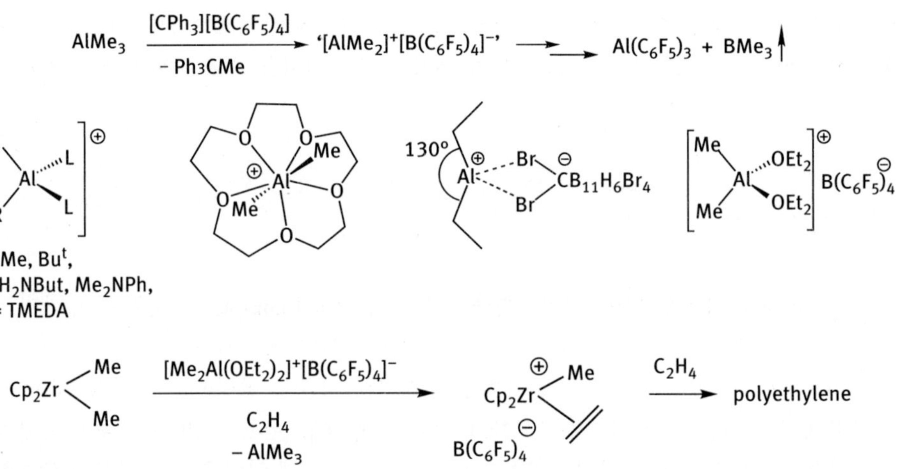

자료 1.5.2.2 유기 알루미늄 양이온의 저배위 결합

유기 알루미늄 양이온의 저배위 결합은 구조적으로 장애가 큰 리간드가 사용될 때에 가능하고, 이는 낮은 배위수와 특이한 결합 패턴을 가진 화합물이 합성될 때 나타나는 전형적인 방법이다. 아래의 도식에 나타나는 $[Al(aryl)_2]^+$ 양이온은 거의 선형이다. 이는 1-옥텐의 올리고머화를 일으킨다. 이와 같은 이온의 합성과 안정성은 비배위 퍼플루오로페닐보레이트(perfluorophenylborate)의 사용 여부에 따라 다르게 나타난다.

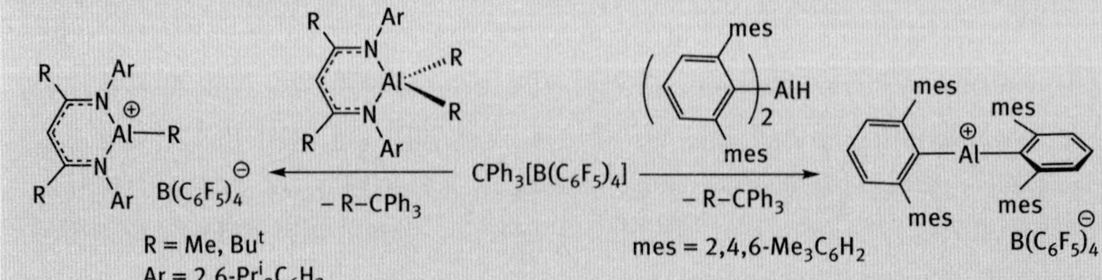

1.5.2.3 반응성

알루미늄 알킬은 물과 다른 양성자성 시약에 빨리 반응한다. Al–O와 Al–C 결합은 큰 에너지 차이(ca. 350 vs. 255 kJ mol^{-1})를 보이기 때문에 이런 반응들은 발열성이 크고 위험할 수 있어, 적절한 안전하에 비활성 기체를 사용해 실험해야 한다. 공기와 산소 사이의 반응에서도 마찬가지이다. 대부분의 알루미늄 알킬과 알킬 수소화물은 자연 발화하는 경우가 빈번하다. 예상대로 입체적으로 장애가 큰 알킬은 더 적은 반응성을 나타내고 한 개의 알킬 리간드가 하나의 헤테로 원자로 대체되는 R_2AlX(X=OR, O_2CR, NR_2, Cl 등)와 같은 화합물에서도 마찬가지이다. 이러한 반응 패턴은 극성 $M^{\delta+}–C^{\delta-}$ 결합에서도 예측되고 가장 처음 알루미늄-알킬 결합의 반응 속도가 두 번째나 세 번째 결합에서보다 더 빠르게 나타난다.

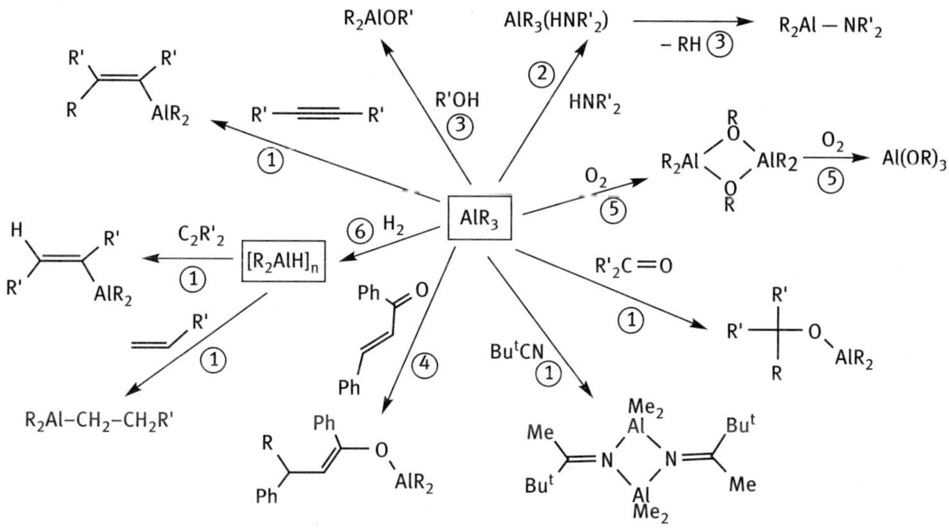

① 1,2-insertion; ② adduct formation; ③ protolysis; ④ 1,4-insertion; ⑤ oxidation; ⑥ hydrogenolysis

위의 반응들 중에서 두 가지가 주목할 만하고 산업 이용에 가능성을 보였다. 하나는 Al–C 결합에 올레핀을 주입한 **Aufbau 반응(Aufbau reaction, K. Ziegler)**, 다른 하나는 산소와의 반응이다. 압력을 가함과 동시에 Al–C 결합에 반복적으로 에틸렌을 주입해 올리고머를 생성한다. 니켈 촉매가 있는 곳에 에틸렌을 처리함으로써 중요한 산업 시재료인 1-알켄 올리고머가 방출된다. 그렇지 않으면 알루미늄 알킬은 건조한 산소에 노출되어 Al–C 결합에 주입되고 알킬은 알루미늄 알콕사이드로 전환된다. 순차적으로 가수 분해는 계면활성제나 세분(washing powder)에 요구되는 범위인 4~30개의 탄소 원자와 함께 **Ziegler 알코올(Ziegler alcohol)**이라 불리는 일차 알코올을 발생시킨다. 또 선형 알코올만이 생분해성이기 때문에 이때 생성된 알코올은 일차적이고 가지가 없어야 한다는 점이 중요하다.

Aufbau 반응

한때(1950~60년대에)는 말단 알켄 수화로 만들어진 계면활성제 알코올이 사용되었다. 하지만 이 알코올은 2차적 부산물(Markovnikov)이었기 때문에 느린 부패 속도가 폐수의 축적과 끊임없는 환경 문제를 일으켰다.

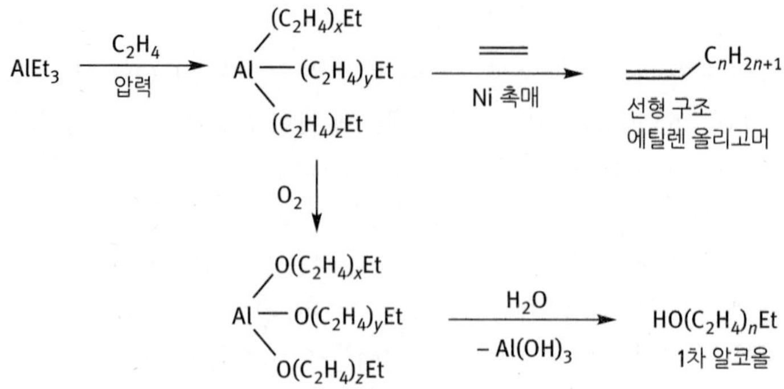

큰 규모의 산업 과정에서 사용되는 다른 반응은 $AlEt_3$이나 $AlEt_2Cl$에 의한 전이 금속 염화물의 알킬화(alkylation)이다. $TiCl_4$를 $AlEt_3$와 함께 처리하면 에틸렌과 프로펜의 중합 작용에 매우 효과적인 촉매의 기본이 된다(**Ziegler–Natta 중합 반응**(**Ziegler–Natta polymerization**, 3.5.1절 참고). 주요 반응은 에틸에 의해 대체된 표면 염화 리간드가 중합 과정에 필요한 Ti-alkyl 결합물을 생성하는 과정이다.

Ziegler – Natta 중합 반응

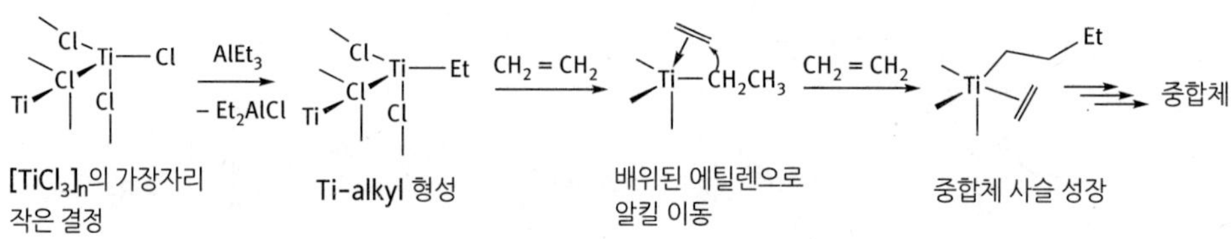

세계 폴리올레핀 상품(2010년 기준 매년 1억 5천만 톤 생산)의 많은 비율이 Ziegler–Natta 과정에 의해 만들어지고 이 과정은 상당한 양의 $AlEt_3$ 합성을 필요로 한다.

알루미늄 알킬의 가수 분해는 **알루미녹세인**(**aluminoxane**)을 생성한다. 가장 단순한 형태는 옥소(-O-)-다리 놓인 $R_2Al–O–AlR_2$라는 화합물이다. 가수 분해가 더 진행될수록 한 개의 알루미늄당 하나의 알킬 결합을 가지는 더 복잡한 구조의 화합물이 만들어진다. $AlMe_3$과 **메틸알루미녹세인**(**methylaluminoxane, MAO**)의 가수 분해 생성물은 올레핀 중합 촉매의 한 종류로서 산업 분야에서 촉매 활성제로 널리 쓰인다. 이는 알려지지 않은 구조의 비정질 유리 물질이고 $AlMe_3$를 다소 포함하고 있다. 이 반응은 다음과 같은 식으로 나타난다.

$$n\,AlMe_3 + n\,H_2O \longrightarrow \left[\overset{\displaystyle Me}{\overset{|}{Al}} - O \right]_n + 2n\,CH_4$$

하지만 생성물은 메틸이 풍부하며 전형적인 $[Al(CH_3)_{(1.4-1.5)}O_{(0.7-0.8)}]_n$($n \approx 6-30$)의 조성을가지고 있다. 주요 구성 성분은 대략 $Al_{30}Me_{42}O_{21} \approx (MeAlO)_{21}(AlMe_3)_7$을 가지고 있다고 생각된다.

알루미늄 알킬과 알킬 할로젠화물의 Lewis 산도는 아이소알켄과 바이닐 에터의 양이온 중합 반응과 같은 다른 중합 메커니즘의 기준이 된다. AlR_3 또는 R_2AlX (R=Me, Et; X = Cl, Br, I)와 Bu^tX 또는 $PhCMe_2Cl$와 같은 벤질형 할로젠화물의 혼합물은 *tert*-탄소 양이온의

자료 1.5.2.3 MAO의 구조와 기능

촉매 공식의 일부분으로 MAO는 몇몇 기능을 가지고 있다. (a) **알킬화제**(alkylating agent)로서 전촉매와 금속 염화물을 금속 메틸 착물로 전환하는 역할을 한다 (b) **Lewis 산**으로서 할로젠화물이나 알킬 리간드를 추출해 전촉매를 활성화시키고 빈 결합 공간을 만들어낸다. (c) **불순물 포착제**(impurity scavenger)로서 촉매가 오염되는 일을 줄인다. MAO가 전이 금속 성분을 통해 충분한 촉매 생산성을 달성하기 위해서는 많은 양이 필요한데 총 촉매 필요량의 50% 이상이 필요하다. 효율성을 높이기 위해 이 구조에 대해 설명하기 위한 많은 시도가 이루어졌다.

현재 MAO는 사슬, 고리 그리고 케이지 형태가 섞인 구조로 생각된다. 메틸알루미녹세인 자체는 아직까지는 성분들을 분리하고 결정하는 정도에 도달하지는 않았다. 하지만 알킬 알루미늄 아마이드 결합과 더 명확한 산물을 생성하는 더 많은 알루미늄 알킬 가수 분해는 예상되는 구조의 모델로 사용된다. 클러스터는 4-와 6- 원자 고리를 기반으로 형성된다. 아래에 보이는 예시들은 고체 구조을 알 때의 화합물들이다. MAO에는 더 크고 많은 구조와 골재가 있을 수 있다. 하지만 구조적 원리는 많은 규산 염과 알루미나 규산 염 광물에서 찾을 수 있다.

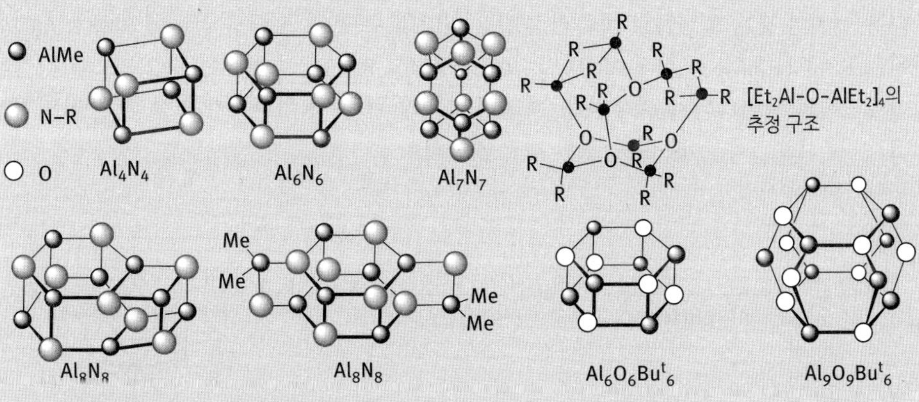

계산에 의하면 $(MeAlO)_8(AlMe_3)_2$ 클러스터는 메탈로센 촉매의 활성화에 나타나는 몇 개의 MAO 구조에 대한 활동적인 모델을 보여 주지만 현실적으로 MAO 골재는 더 복잡한 형태를 띤다.

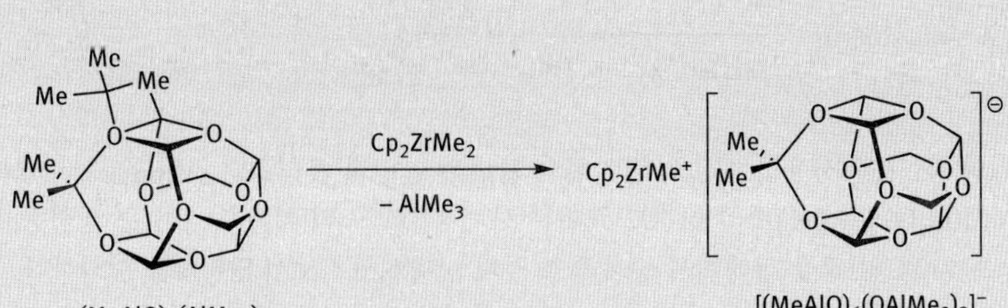

아이소뷰텐-아이소프렌 공중합체('IIR 뷰틸 고무')는 기체를 통과시키지 않고 주로 자동차 타이어의 안쪽 튜브로 사용된다.

평형 농도를 발생시켜 산업적으로 아이소뷰텐의 중요한 중합 반응을 일으킨다. 연쇄 종결 반응을 억제하기 위해서는 매우 낮은 온도에서 이 반응이 가장 잘 진행된다.

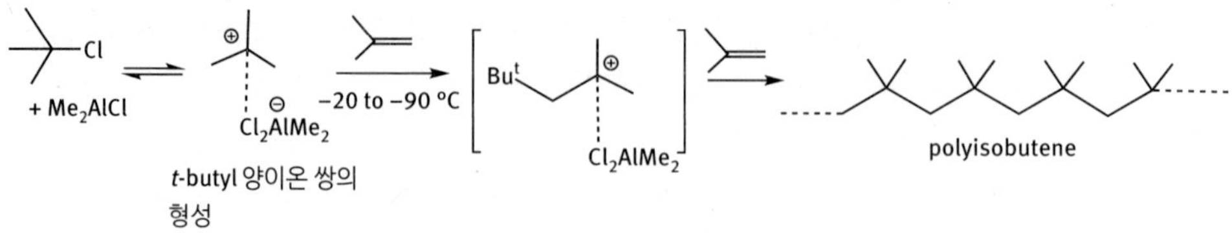

1.5.2.4 저산화 상태에서의 알루미늄 화합물

알루미늄은 높은 전기 양성을 띠는 원소로, 저산화 상태에서 쉽게 화합물을 형성하지 않는다. Al(I,II)의 할로젠화물은 대기 조건에서 Al(III) + Al(0)로 불균형 상태가 되는 고온군이지만 화학 반응을 살피기 위해 톨루엔/트라이에틸아민이나 다이에틸 에터 용액으로 충분히 안정화시킬 수 있다. 또한 구조적으로 매우 방해받는 리간드를 통해 불균형 상태를 막을 수 있다. 다시 말해서 Al(III)에 대한 산화 작용이 열역학적으로 유리하더라도 화합물은 물리 운동적으로 안정화된다. Al(I) 화합물 Al-R은 전자쌍을 가지고 있어 2-전자 주개로 움직일 수 있다.

다음 예시와 같은 그림들로 화학적 경향을 나타낼 수 있다. 포타슘 금속에 의한 R_2AlCl의 환원은 $R = CH(SiMe_3)_2$일 때 Al(II) 알킬이 생성되고 $R = Bu^i$일 때에는 수소붕소와 비슷한 정이십면체의 클러스터가 생성된다. 적절히 부피가 큰 아릴 치환기가 있을 경우 안정적인 Al(II) 아릴 브로민화물, $[RAlBr]_2$ 또한 접근 가능하다.

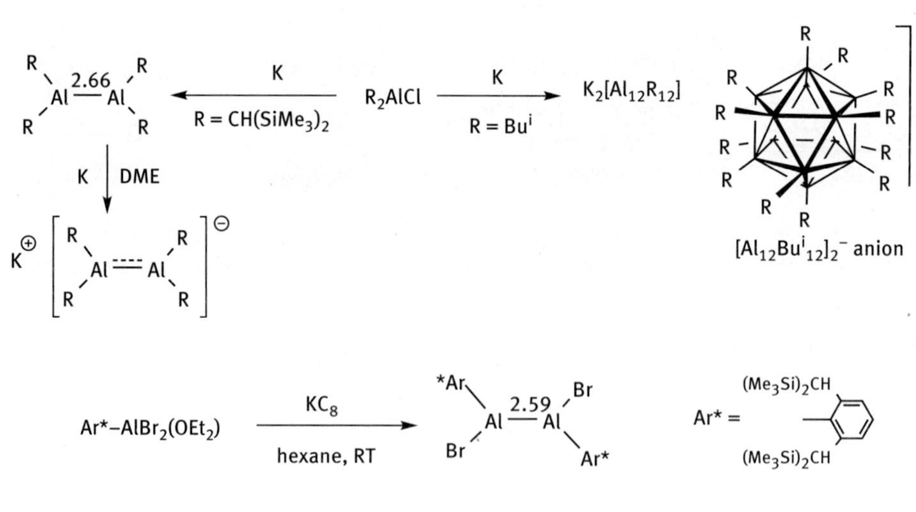

$LiBu^t$와 Na/K를 사용한 AlCl의 알킬화와 환원은 팔면체 클러스터 $[Al_6Bu^t_6]^-$를 생성하는 반면 $AlCl(Et_2O)$와 $MgCp^*_2$의 리간드 교환은 사면체 클러스터 $Al_4(\eta^5\text{-}Cp^*)_4$를 생성한다. 이 화합물은 140°C의 진공 상태에서 승화하고 기체 상태에서 **Cp*Al 단위체**를 형성한다. 콘쥬게이션된 다이엔과의 반응은 Al(III) 생성물을 형성하는 경향을 나타낸다. 단위체 Cp*Al은 화공법을 통해 발생할 수 있고 $Fe(CO)_4$와 같은 금속 착물로 포착된다.

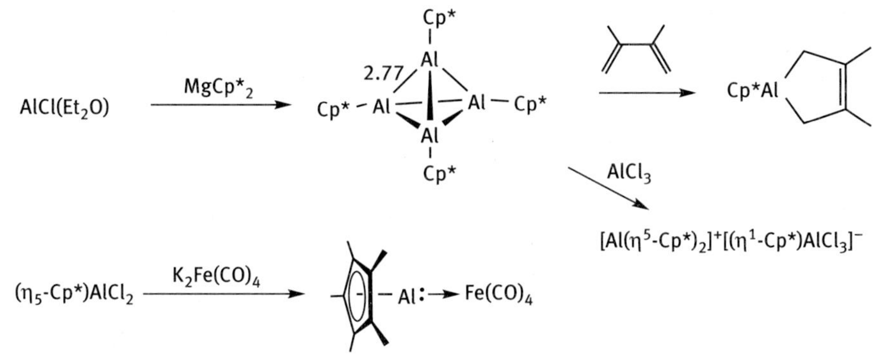

$[Al_7R_6]^-$, $[Al_{12}R_6]^-$, $[Al_{69}R_{18}]^{3-}$, $[Al_{77}R_{20}]^{2-}$ [$R=N(SiMe_3)_2$]와 같은 나노 크기의 **뭉치(cluster)** 들이 반응 조건과 덩치가 큰 리간드에 따라 특징지어진다. 그들이 구조는 알루미늄 금속 결정 격자의 흰 파편처럼 간주된다. 알루미늄과 음이온으로 이루어져 있어서, 덩어리들은 굉장히 민감하고 공기와 접촉하면 자발적으로 연소한다. 덩치가 큰 다이케티미네이트(diketiminates, 'nacnac' 리간드)는 Al(I)를 안정화시킬 수 있다. 그 화합물은 산화력이 있어 아세틸렌에 첨가되면, 주개-받개 착물을 형성한다.

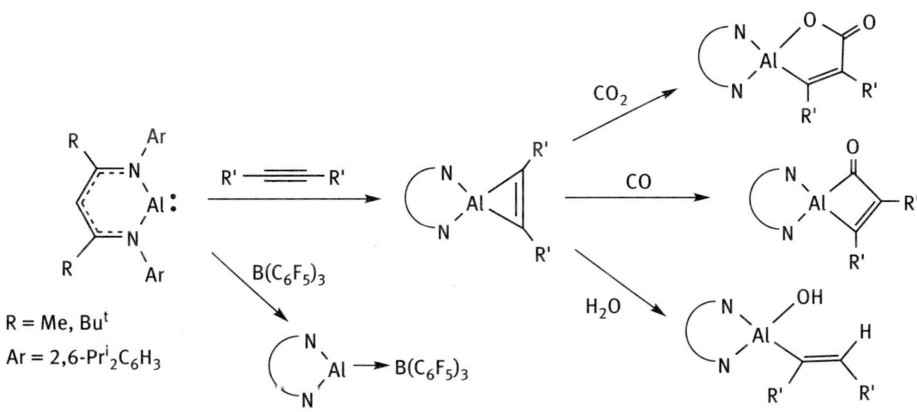

1.5.3 갈륨, 인듐, 탈륨

갈륨 알킬은 Al 화합물에 비해 덜 극성이고 널 반응성이 있다. 알루미늄 알킬과는 다르게 갈륨 알킬은 선기 장치(**금속-유기 화학적 증착 장치**(**metal organic chemical vapour deposition, MOCVD**) 안의 GaAs, InP와 같은 III-V 반도체 물질의 증착(vapour phase deposition)되는 환경에서의 $GaMe_3$와 $InMe_3$의 활용을 제외하고, 제한된 합성과 산업적 과정에 응용할 수 있다. GaAs는 적색광 다이오드에 사용된다. 유기 인듐 화합물은 유기 합성 프로토콜(protocol)의 한 부분으로 관심이 높아지고 있다. 탈륨 트라이알킬은 환원에 불안정하다. 족에서 아래로 내려갈수록 +1과 +2 산화 상태의 안정도는 증가한다.

1.5.3.1 3가 산화 상태에서의 화합물

트라이메틸 금속은 Li 혹은 Mg 시약에 할로젠의 알킬화 반응을 시켰을 때 얻어낼 수 있다. $TlMe_3$ 역시 Tl(I)를 MeI와 같은 산화제를 써서 만들어 낼 수 있다. 아이오도메테인은 TlMe를 Me_2TlI로 산화시킨다. R_2Ga(알카인일) 같은 혼합-리간드 화합물은 염 방법이나 R_2GaH 수소화물과 말단 아세틸렌으로 얻을 수 있다.

$$MCl_3 + 3\,LiR \xrightarrow{\text{hexane}} MMe_3 + 3\,LiCl$$

$$TlI + 2\,LiMe + MeI \longrightarrow TlMe_3 + 2\,LiI$$

$$TlMe + MeI \longrightarrow Me_2TlI$$

$$TlX_3 + 2\,MeMgX \longrightarrow Me_2TlX + 2\,MgX_2$$

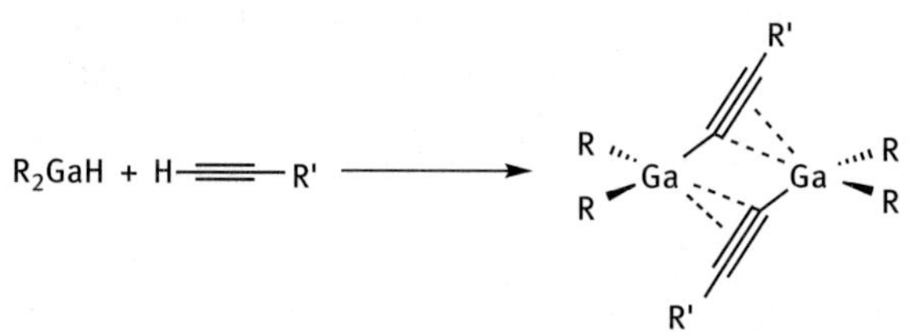

Al_2Me_6과 달리, $GaMe_3$, $InMe_3$ 그리고 $TlMe_3$는 **2e3c** 결합으로 이합체를 형성하지 않으며, 용액 상태와 기체 상태일 때 단량체이다. 결정 역시 **평면 삼각형(trigonal-planar)**의 분자로 존재하지만, 주변 분자의 메틸기와 약하게 연결되어 있다. Tl-C 결합은 비교적 약하다; $TlMe_3$는 빛에 민감하고 분해되며, 90°C로 가열하면 폭발성이 있다. Ga, In, Tl 트라이메틸 모두 $HgMe_2$보다 공기와 습기에 상당히 민감하다.

갈륨과 인듐 다이알킬 할로젠화물과 유사할로젠 화합물 Me_2MX는 보다 높은 배위 결합수를 가짐에도 불구하고, 다리 연결 X의 구조를 형성한다. 예를 들면, Me_2InCl은 In⋯Cl⋯In 결합을 통해 삼각쌍뿔의 구조를 가진다. 반대로 Me_2TlI는 **직선(linear)**의 $[Me-Tl-Me]^+$ 양이온의 이온성 격자를 형성한다. 등전자를 가진 $HgMe_2$의 기하학적 구조와 같다.

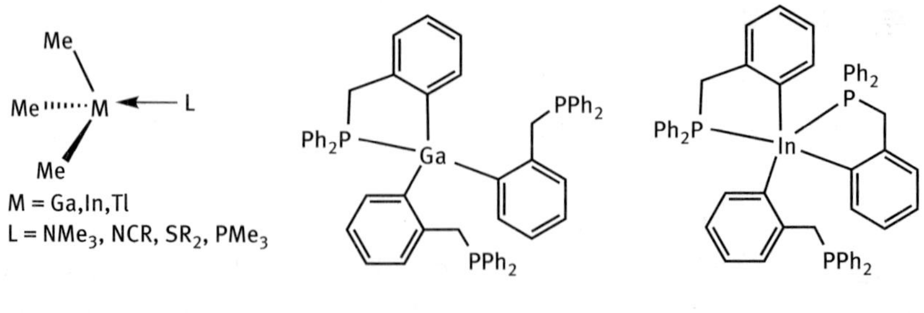

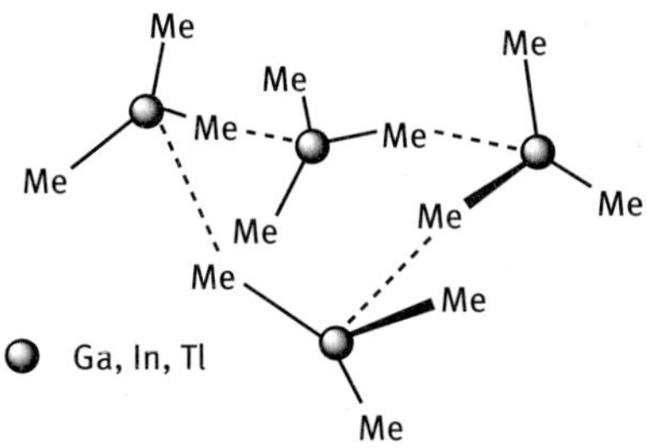

고체 상태의 Me_3M

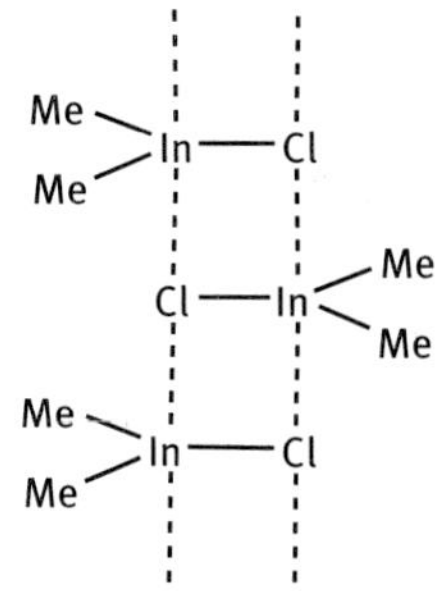

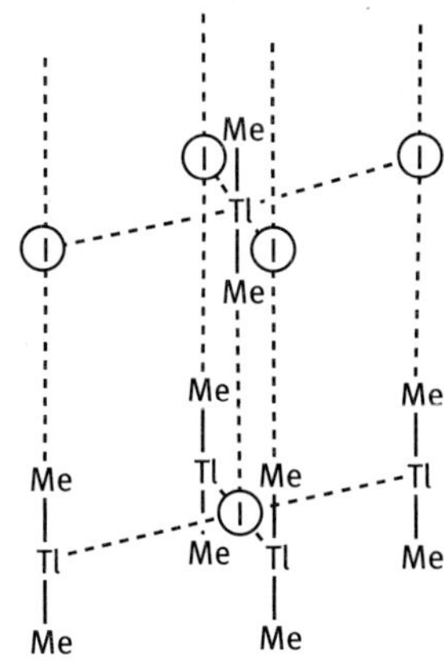
고체 상태의 Me_2TlI

더 무거운 원소들은 알루미늄보다 포스핀이나 싸이오에터와 같은 무른 주개(soft donor)와 함께 더 강한 첨가 생성물을 형성한다. 탈륨(III) 알킬에 LiR이나 다른 친핵체를 첨가하면 정사면체 음이온인 $[TlR_nX_{4-n}]^-$ (R=Me, Ph, C_6F_5; X−Cl, Br, I, NCS 등등)을 형성한다. 갈륨 화합물들은 정사면체 구조인 반면, 인듐은 크기가 크기 때문에 배위수가 증가하는 경향이 있어 배위 결합수가 5인 착물이 형성된다.

알루미늄 알킬은 발화성이 있고 가수 분해되면서 많은 열을 방출하는 반면, $GaMe_3$의 가수 분해는 훨씬 잘 통제될 수 있어 $[Me_2Ga(OH)_2]^-$ 뿐만 아니라, 정사면체 구조의 양이온인 $[Me_2Ga(OH_2)_2]^+$ 또한 용액 상태에서 분광학적으로 관찰할 수 있다. 탈륨 알킬 수산화물 R_2TlOH는 수용액상에서 강한 염기로 작용한다.

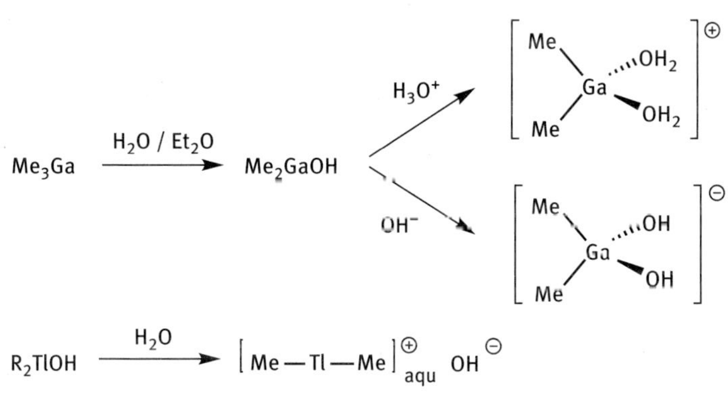

과량의 수소화 알킬갈륨과 알카인과의 반응은 C≡C 삼중 결합에 Ga-H 결합을 첨가시키는 것이 아니라 아다만테인 바구니(adamantane cage) 구조의 카바-갈레인('carba-gallane')을 형성한다. 이는 붕소의 결합과 같이 클러스터를 형성하는 R_2AlH의 반응과는 다르다.

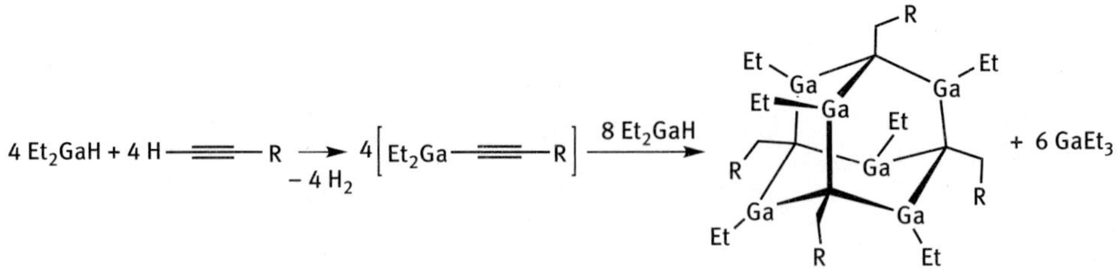

사이클로펜타다이엔일 화합물. $GaCp_3$ 그리고 $InCp_3$는 LiCp 또는 NaCp를 통한 염 치환 반응을 통해 할로겐 화합물로부터 만들어진다.

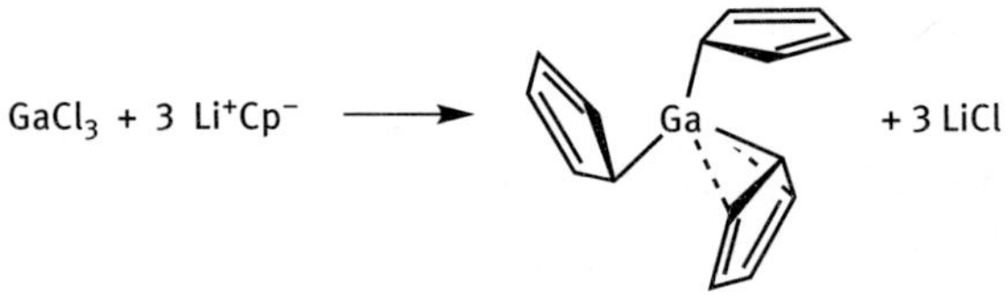

평면 삼각형 구조를 가지는 그 분자들은 η^1-Cp 결합을 가지며, 고체 상태에서 π-상호 작용을 하려는 경향성을 가진다. 고체상에서 $CpGaMe_2$는 $CpAlMe_2$ 구조와 유사하게 Cp 다리 놓인 중합체 사슬 구조를 가진다.

1.5.3.2 낮은 산화수 상태의 Ga, In, Tl 화합물

사이클로펜타다이엔일 화합물. Ga(I), In(I) 그리고 Tl(I)의 사이클로펜타다이엔일 착물은 합성적으로 M(III)Cp 유도체보다 더욱 중요하다. TlCp는 염기가 존재할 때 탈륨(I) 염 또는 CpH 그리고 노란색 베이직 고체인 TlOH와 사이클로펜타다이엔과 쉽게 반응할 수 있다. 결정체가 지그재그 사슬 구조인 배위 중합체이지만, 진공 상태에서 가열함으로써, 단량체로 분해할 수 있고 승화를 통해 정제될 수 있다.

대부분의 Cp^- 염과 달리, TlCp는 물과 공기 중에서 안정하다. 이러한 안정성은 Cp 리간드를 할로젠 전이 금속에 전달하는 데 있어 편리한 시약이 되게 하며, 특히 반응 이후 부산물인 Tl(I) 할로젠화물은 물에 녹지 않기 때문에 쉽게 제거된다. TlCp는 스스로 할로젠 리간드에 강하게 결합하는 후전이 금속(귀금속 족)으로부터 할로젠 치환에 유용한 시약이다.

InCp는 동일한 중합체 구조이고, 128°의 Cp-In-Cp 결합각을 하고 있으며, In ··· In 병렬 사슬 사이의 긴 거리(~4.0 Å)를 가지고 있다. TlCp와 달리 공기에 매우 민감하다. 기체 상태에서 InCp는 η^5-결합을 한 Cp 단위체이다. Cp의 치환이 증가함에 따라 회합 정도는 줄어든다. 예를 들어, $In(C_5H_4Me)$는 용액상에서 단위체-이합체가 평형 상태로 존재한다.

펜타메틸-Cp를 함유한 금속 착물인 GaCp* 그리고 InCp*는 $[MCp^*]_6$와 같은 약한 팔면체 집합체를 형성하고 M ··· M의 상호 작용 거리는 약 4 Å인 반면, TlCp* 무한 중합체이다. TlCp에 $MgCp_2$의 첨가는 $[TlCp_2]^-$ 음이온 염을 생성하며, 굽은 샌드위치 구조를 가진다.

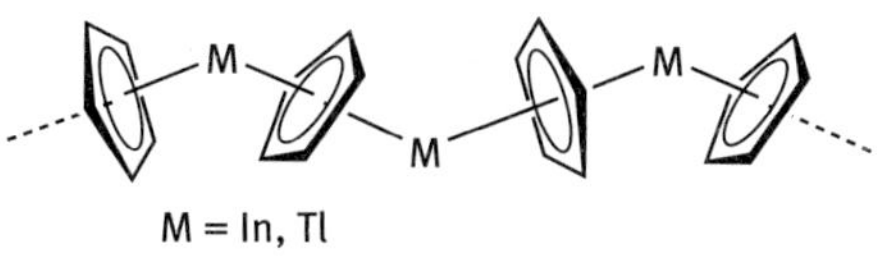

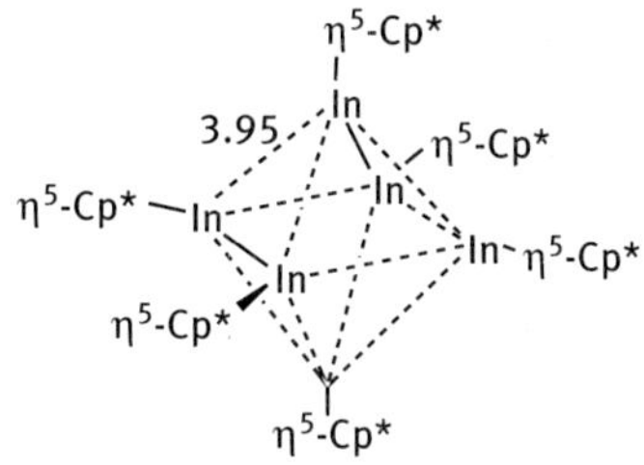

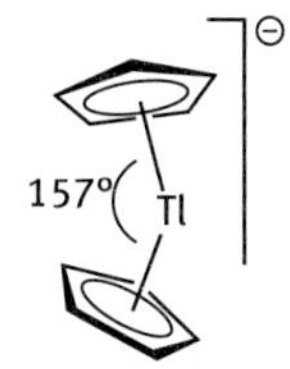

Ga(I)와 In(I)Cp 착물은 2개의 전자를 줄 수 있는 Lewis 산으로서, 한 쌍의 전자를 가지고 있으며, 전이 금속이다. GaCp* 리간드를 가진 착물은 알칼리 토금속 및 란타넘 화합물을 포함한 주기율표의 다양한 금속들로 알려져 있다.

몇 가지 예시는 다음과 같다.

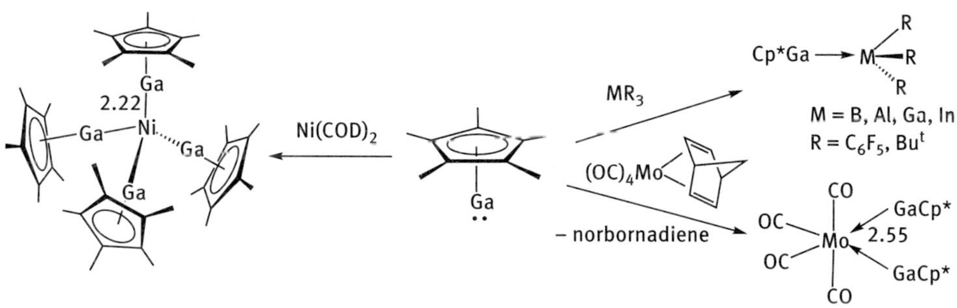

Cp*M의 양성자 이전 반응은 **역샌드위치**(inverse sandwich) 구조를 가지는 이중 금속 양이온을 형성한다.

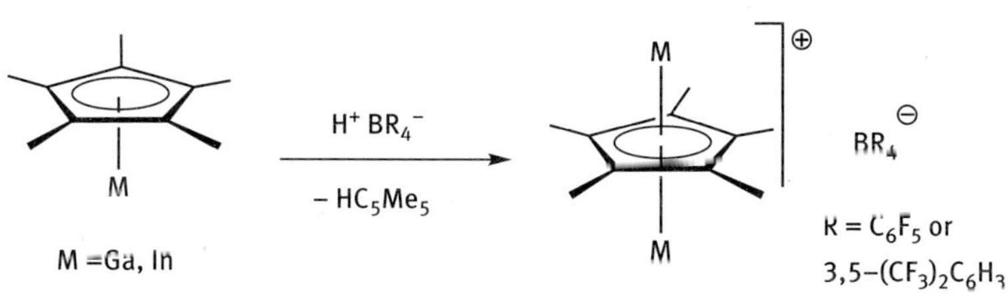

구조는 n개의 꼭짓점과 n+1개의 결합 전자를 가진 클로소(closo) 뭉치로 여겨질 수 있다. 각 M은 고립 전자쌍을 가진다.

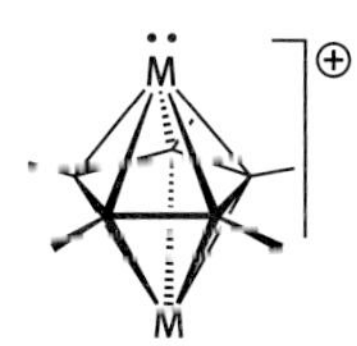

아렌(arene) 착물. $Ga^{I}[Ga^{III}X_4]$와 같은 염들은 방향족 용매에 상당히 잘 녹으며, 하나 또는 여러 개의 아렌이 η^6-배위된 M(I)인 Ga^{I}, In^{I} 그리고 Tl^{I}은 분리될 수 있다. 아렌 결합은 주개-받개 상호 작용에 의존하지 않지만 정전기적으로 크게 작용한다. 계산은 금속 이온에는 전자 기하학적 선호도(electronic geometric preferences)가 없고, 샌드위치 구조가 넓은 범위 내에서 변형될 수 있음을 보여 준다. 배위된 아렌의 수는 입체적 사항과 상대-음이온의 배위력에 의존하게 된다. 착물의 안정성은 $C_6H_6 < C_6H_5Me < C_6H_3Me_3 < C_6Me_6$ 순서대로 아렌의 메틸 치환기가 증가할수록 높아지고 전자가 풍부한 아렌의 배위는 더 강력하고 덜 전자 주개인 것으로 대체한다. 아렌 착물의 안정성은 $Ga^{I} > In^{I} > Tl^{I}$ 순으로 줄어든다.

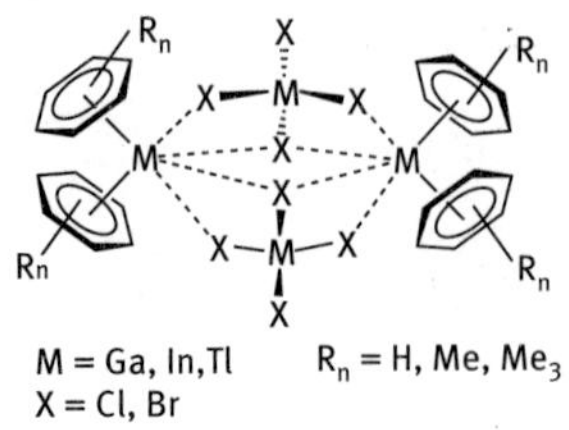

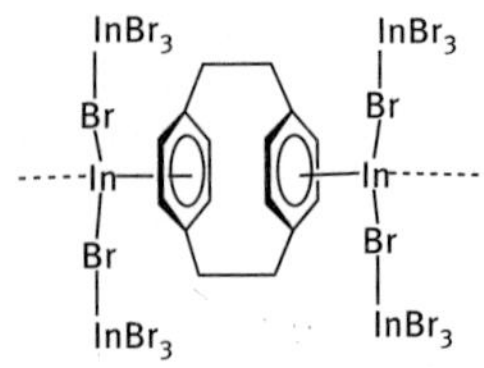

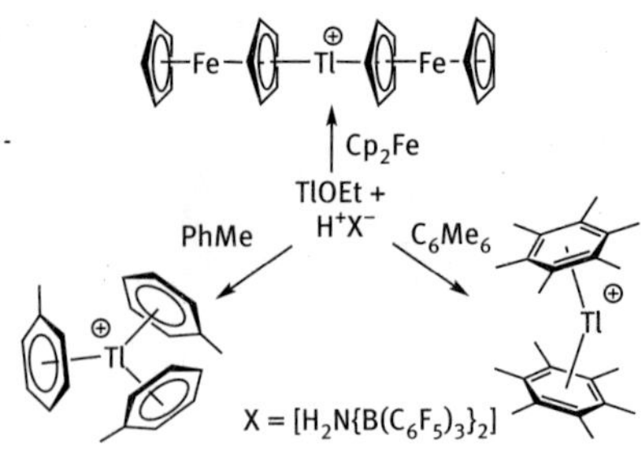

자료 1.5.3.1 낮은 배위수의 금속 알킬과 금속 아릴

산화수가 2인 13족 원소들은 M(I) + M(III)의 불균등화 반응과 관련하여 열역학적으로 불안정하고, MX_2 구성을 가지는 고전적인 할로젠화물은 혼합-산화수(mixed-valence)의 $M^I[M^{III}X_4]$을 생성한다. 그러나 $Ga_2Br_4(dioxane)_2$와 $In_2Br_4(tmeda)_2$와 같이 비교적 안정한 M(II) 출발 물질이 이용가능하며, 많은 알킬과 알릴 M_2R_4를 만드는 데 사용된다(여기서 R은 매우 벌크한 리간드이며, 이러한 화합물은 반응 속도론적으로 안정화된다). 많은 낮은 원자가 Ga, In, Tl 알킬은 가장 간단한 예이며, 이러한 화합물은 다양한 수의 π-결합과 **부분 결합 차수(fractional bond orders)**와 같이 독특한 결합 패턴을 가진다. 예를 들어, M_2R_4에서 전자 하나를 환원시켜 생성된 $[M_2R_4]^-$은 M-M 결합을 짧게 하고 결합 차수를 1.5까지 증가시킨다.

TlCl과 벌크한 LiR 혹은 NaR의 반응은 불균등화 반응을 통해 Tl^0 + $Tl^{II}{}_2R_4$를 생성한다. 이것은 리간드의 입체 요구가 금속 산화수 상태를 가리키는 것처럼 보이는 많은 경우 중 하나이다. 낮은 산화수 상태의 벌크한 R 기를 가진 Ga, In, Tl 착물은 현저한 구조의 다양성을 보여 준다.

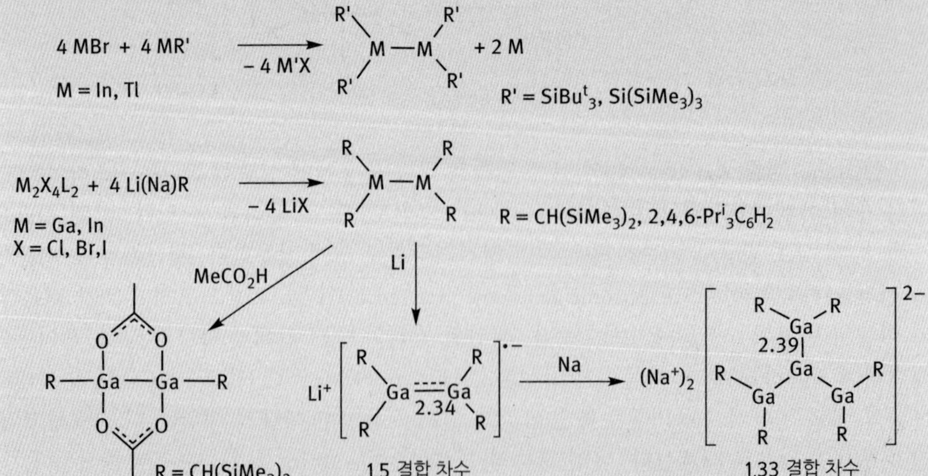

극도로 입체 장애를 받는 인듐(I)과 탈륨(I) 화합물 2,6-$(Tripp)_2C_6H_3$ 리간드 (Tripp=2,4,6-tri-isopropylphenyl)들도 고체 상태에서 단량체로 존재하며, **배위수 1(coordination number 1)**인 금속의 예외적인 경우이다. 그들은 2전자 주개처럼 행동하고 Lewis 산 부산물을 형성하며 전이 금속 착물이다.

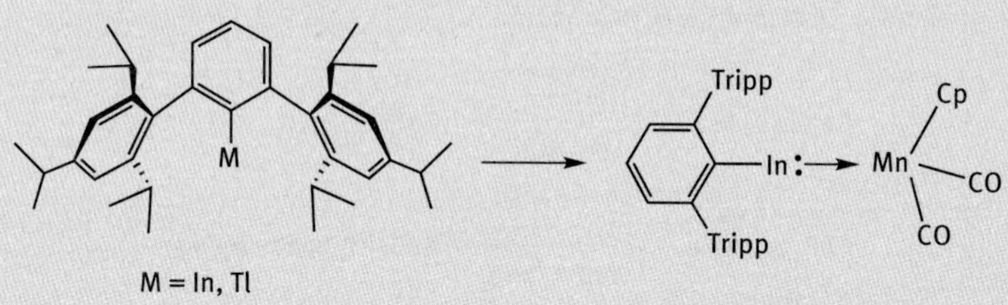

Ga 알킬, 아릴, 실릴(silyl) 유도체의 환원은 사면체 구조의 GA_4R_4부터 $Ga_{22}(SiBu^t_3)_8$ 그리고 $[Ga_{26}\{Si(SiMe_3)_3\}_8]^{2-}$부터 $[Ga_{84}\{N(SiMe_3)_2\}_{20}]^{3-}$까지 다양한 **혼합 원자가 덩어리(mixed-valence cluster)**를 만드는 방법이다. 이것은 벌크 금속 격자의 부분들로 이해할 수 있다.

벌크한 리간드가 달린 낮은 원자가의 갈륨 화합물은 이론상 가능하지 않는 도전 양상을 보여 준다. 예를 들면 $GaCl_3$와 '슈퍼 실릴'인 $NaSiBu^t_3$와의 반응은 부분 Ga-Ga π 결합을 가진 검푸른 결정인 라디칼 $Ga_2R_3^{\bullet}$을 만든다. 소듐 금속을 환원 반응에 첨가하면 진한 빨간색을 띠는 $[GA_2R_3]^{\bullet-}$ 라디칼 음이온이 되고 1전자 산화를 겪으면 진한 파란색을 띠며 5개 전자가 비편재화된 고리형 $Ga_3R_4^{\bullet}$가 생성된다.

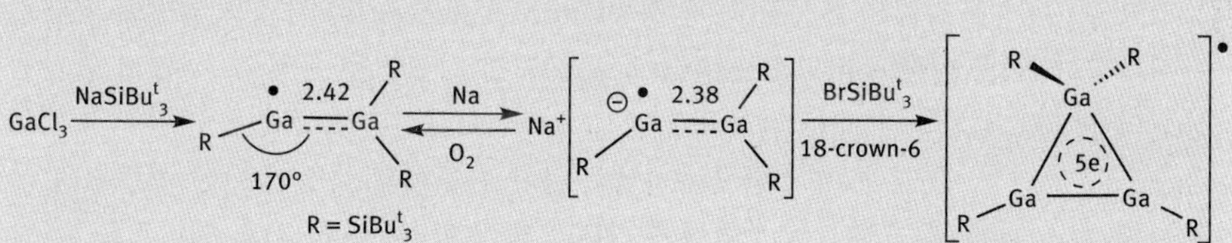

벌크한 아릴 화합물 $RGaCl_2$에 소듐 금속을 더해서 환원시키면 2.32 Å의 아주 짧은 Ga-Ga 결합을 가지는 이음이온(dianion) $[RGa-GaR]^{2-}[R-2,6-(Tripp)_2C_6H_3]$을 만든다. 예로부터 이 화합물의 결합에 대한 해석은 논란이 많다. 아마도 강한 Ga=Ga 기여의 공명 구조가 가장 올바른 해석일 것이다.

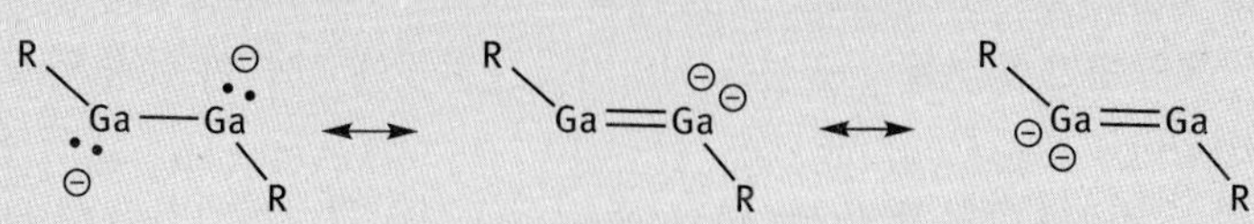

III-V 반도체

자료 1.5.3.2 반도체 선구 물질인 금속 알킬

휘발성이 있는 13족 알킬은 기체 상태에서 결정질 반도체(III-V) 박막 증착에 사용된다. 이러한 과정을 금속-유기 화학 증착(**MOCVD**, metal-organic chemical vapour deposition)이라고 부른다. 이러한 공정에서 선구 물질 증기는 일반적으로 PH_3, AsH_3 또는 $SbMe_3$과 같은 메틸 화합물(MMe_3)이다.

$$GaMe_3 + AsH_3 \xrightarrow[400\text{–}800\,°C]{} GaAs + 3\,CH_4$$

$$GaR_3 + SbMe_3 \xrightarrow[500\text{–}600\,°C]{} GaSb + \text{hydrocarbons}$$

R = Me, Et

베타 수소 제거를 통한 금속 에틸 분해:

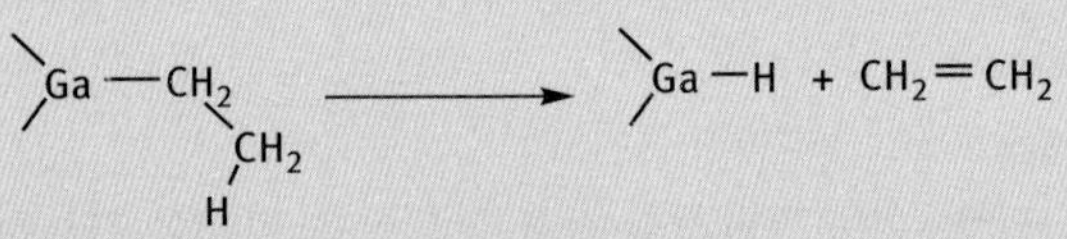

반응물은 시약의 분해를 개시하기 위해 충분히 높은 온도로 가열된 기판의 표면을 지나 통과되고, III-V 생성물은 지지체 물질(support material) 표면상에 증착된다. 분해 반응은 M-C 결합의 균일 분해(homolysis)와 메틸과 수소 라디칼을 포함한다.

지지체 물질은 다른 반도체의 단결정 박막의 노출된 표면일 수 있으며, 규소(III-V) 그리고 (II-II) 물질들은 유사한 격자 정수(lattice parameter)를 가지는 입방체 형태로 결정화하며, **적층 성장(epitaxial growth)**으로 알려진 가공법을 통하여, 새롭게 증착된 물질의 단결정 격자의 방향을 일정하게 할 수 있다. 따라서 다른 물질은 다양한 두께로 층층으로 조립될 수 있다. 이러한 경우, 서로 다른 반도체의 복잡한 다중 샌드위치 구조는 전자 장치에 넣는 형태로 조립될 수 있다. 물질(III-V)들은 전기 에너지를 빛(발광다이오드, LED)으로 전환한다. GaN(파란색), GaP와 GaAs(붉은색), InGaN(초록색), InGaP/AlGaInP(붉은 **레이저 포인터**) 같은 방식으로 12족을 사용하여, 알킬, $ZnMe_2$, $CdMe_2$와 H_2S, H_2Se 또는 Pr^i_2Te와 같은 칼코젠화 선구 물질들은 **II-VI** 반도체를 만든다(1.4장 참조).

반도체의 성능은 ppm 이하 수준의 불순물의 영향을 크게 받음으로 시재료로부터 C, O, N의 결합은 ppm 이하 수준으로 최소화해야 하며, 초고순도 금속 알킬이 필요하다. 금속 알킬은 비휘발성 포스핀 또는 N-염기를 가진 결정체 첨가 생성물의 형성을 통해 정제할 수 있다. 첨가 생성물의 형성은 가역적이기 때문에, 순수한 금속 알킬은 가열함으로써 생성된다.

금속 트라이메틸의 아민 첨가 생성물은 종종 안정성을 향상시키기 위해 사용되는데, 첨가 생성물이 덜 휘발성인 경우에도 사용된다. $R_2Ga(C_3H_6NMe_2)$와 같은 내부 킬레이트는 같은 목적으로 만들어졌다.

한 분자 내에 13족과 15족 원소로 구성된 화합물은 정밀하게 제어된 화학량론과 더 큰 안정성(낮은 비용 변동성)을 가지고 많은 연구가 되어 왔다. 몇몇 M/E 배합의 단일 소스 전구체로 사용되었으며, ME 물질(E=N, P, As, Sb)들은 아래 그림에서 볼 수 있다. 이와 동일한 전구체는 나노 입자 및 나노 와이어를 제조하기 위한 높은 끓는점을 갖는 용매에서 용액의 열분해에 사용될 수 있다.

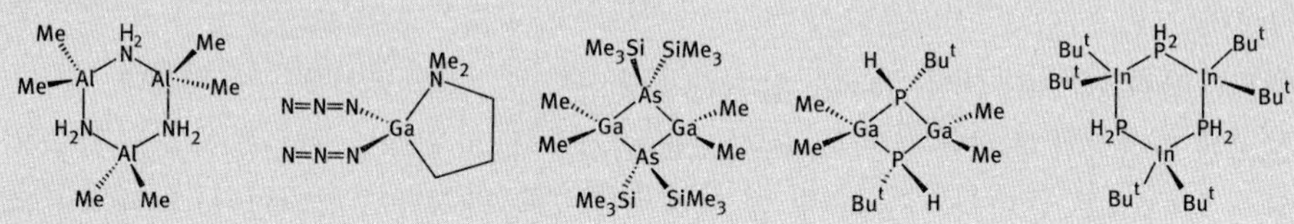

핵심

13족 원소들은 비금속이면서 족(group) 내에서 가장 작은 원소인 붕소와 무거운 원소들의 극적인 차이를 갖는 특징이 있다. 붕소 화합물은 강한 B−C 공유 결합을 만들고 중요한 합성 시약이다. 3가를 띠는 13족 화합물은 Lewis 산이며 널리 합성 촉매로 사용된다. 알루미늄 알킬은 수십억 달러의 산업 과정에 중요한 큰 규모의 응용 분야를 가진다.

Al, Ga, In 알킬은 반도체 제조에 사용된다. 낮은 산화 상태의 안정성은 족 아래로 갈수록 증가한다. 1가의 유기 금속 MR은 고립 전자쌍을 가지며, Lewis 염기로 작용한다.

연습문제

1. (a) Al_2Me_6, (b) $Al_2Cl_2Me_4$의 구조와 다리를 형성하는 데 어떤 오비탈이 상호 작용하는지 논의하시오. 이 경우 Al 하나당 전자는 몇 개인가?
2. 9-BBN의 1-헥센으로의 수소붕소 첨가 반응의 생성물과 메커니즘을 보이시오.
3. $B(C_6F_5)_3$과 $AlMe_3$가 어떻게 반응하는가? 중간체와 생성물의 구조를 보이시오.
4. AsH_3와 $GaMe_3$의 전체 반응 과정을 보이시오.
5. 'Aufbau' 반응은 무엇인가? 그리고 어떻게 작용하는지 보이시오.
6. 실온에서 $Ph(Cl)B{-}NMe_2$의 ^1H NMR 스펙트럼에서 왜 두 개의 메틸기 신호가 보이는가?

1.6 탄소족 원소의 유기 금속 화합물

14족 원소들은 4개의 원자가 전자를 가지고 팔전자를 구성하기 위해 일반적으로 4개의 공유 결합을 한다. 그러므로 이들은 **전자가 꽉 차 있다**(electron-precise). 원소들의 전기 음성도는 족 아래로 갈수록 약간 줄어들지만, 탄소의 전기 음성도에 상당히 가깝다. $M^{\delta+}-C^{\delta-}$ 결합의 편극화는 13족보다 훨씬 덜하게 나타난다. M–C 결합의 안정성은 족 아래로 갈수록 줄어들며, 생성열이 그렇듯이 Pb(IV) 알킬은 흡열 반응이다. 동시에 +II 산화 상태의 안정성은 증가한다.

테트라알킬은 Lewis 산이 아니며, 알킬화제에 약할 뿐, 물과 공기에는 안정하다.

할로젠 리간드가 존재할 경우 Lewis 산도는 증가한다. Si 원소로부터 족 아래로 갈수록 배위수가 5와 6으로 증가가 가능하며, 족 아래로 갈수록 반지름도 증가한다. 그래서 이러한 경향성을 통해, 배위권 확장을 통해 리간드를 교환한다.

배위수	C	Si	Ge	Sn	Pb
4	0.15	0.26	0.39	0.55	0.65
6	0.16	0.4	0.53	0.69	0.78
공유 반지름	0.86	1.11	1.20	1.39	1.46

Si 14
28.086

1.6.1 규소 화합물

1.6.1.1 합성 방법

규소 알킬은 활성화된 규소 원소와 구리의 산화를 통해 산업적으로 생산된다.

$$\mathrm{MeCl + Si/Cu \xrightarrow[300\ ^\circ C]{} Me_{\mathit{n}}SiCl_{4-\mathit{n}}}$$

그 반응은 Si 원자 표면에 Me–Cl의 산화성 첨가(oxidative addition)를 통해서 일어난다.

생성된 메틸 규소 염화물의 혼합물은 증류에 의해 분리된다. Me_2SiCl_2는 1년에 백만 톤 규모로 생산된다.

보다 특별한 알킬- 그리고 아릴실레인(arylsilanes)은 염 상호 교환(salt metathesis)을 통해 만들어질 수 있다. 특정 알킬 규소 할로젠화물은 할로젠과 Si–Si 결합의 산화 분해로 쉽게 만들 수 있다.

$$\mathrm{R_{4-\mathit{n}}SiCl_{\mathit{n}} + \mathit{n}\ R'MgCl \xrightarrow[Et_2O]{} R_{4-\mathit{n}}SiR'_{\mathit{n}} + \mathit{n}\ MgCl_2}$$

$$\mathrm{R_3Si{-}SiR_3 + X_2 \longrightarrow 2\ R_3SiX \quad X = Br, I}$$

1.6.1.2 반응성

알킬실레인 SiR_4는 낮은 받개 오비탈이 부족한데, 이는 물과 결합할 수 없기 때문에 가수 분해와 화학적 공격에 저항력이 있다는 뜻이다($AlMe_3$는 예외로).

Me_3Si 족은 *t*-뷰틸 치환기와 크기가 비슷하기 때문에 화합물에서 입체 장애 효과를 제공하는 데 쓰이고, 또한 더 큰 안정성 때문에 유기 금속 복합체의 리간드 치환기로 자주 쓰인다.

알킬 규소 할로젠화물은 친핵체 공격에 노출되기 쉽다. 염기성 조건에서의 가수 분해는 실란올(silanol) R_3SiOH를 생성하고, 산 조건에서는 응축되어 알킬 **실록세인(siloxanes)**(실릴 에터)을 생성한다.

원소 규소(silicon)와 실리콘 고분자(silicone)의 철자 차이를 주의하라.

R_2SiCl_2의 가수 분해는 규소 다이올이 되고 쉽게 **실리콘 고분자(polysiloxane 또는 silicone)**로 알려진 중합체 $[-R_2Si-O-]_x$로 쉽게 응축된다.

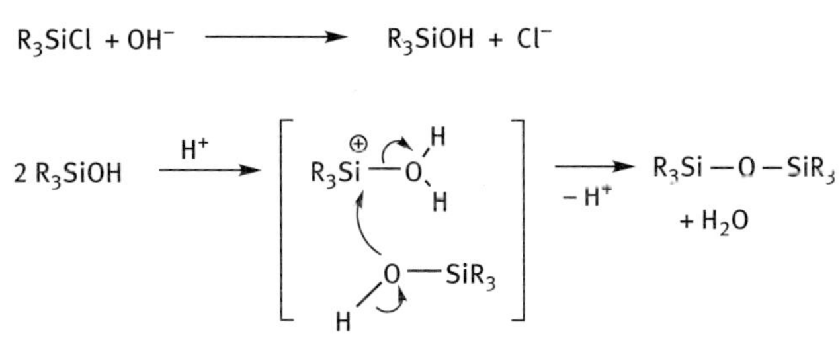

Bu^tMe_2SiCl은 유기 합성에서 보호기 선구 물질로 자주 사용된다. 실릴기가 가수 분해로 제거되면 실란올 Bu^tSiMe_2OH가 되는데 이는 염화 싸이오닐(thionyl chloride)과의 반응으로 다시 반응물로 전환될 수 있다.

$$Bu^tSiMe_2OH + Cl_2S{=}O \longrightarrow Bu^tSiMe_2Cl + HCl + SO_2$$

$Bu^t{}_2Si_2(OH)_2$는 꽤 안정하지만, R기들이 너무 크지 않다면 $R_2Si(OH)_2$는 쉽게 응축된다. Ph_2SiCl_2가 가수 분해되어 $Ph_2Si(OH)_2$가 되면 무색의 결정이 되고 열이 가해지면 고리 구조 혹은 중합체로 변한다. 규소는 케톤의 Si=O 결합과 같은 결합을 **만들지 않는다**.

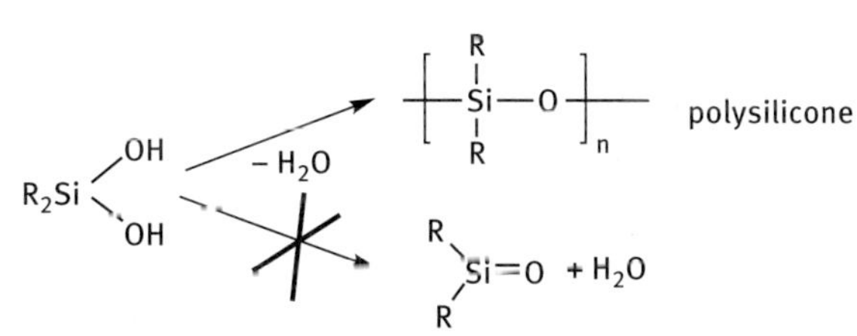

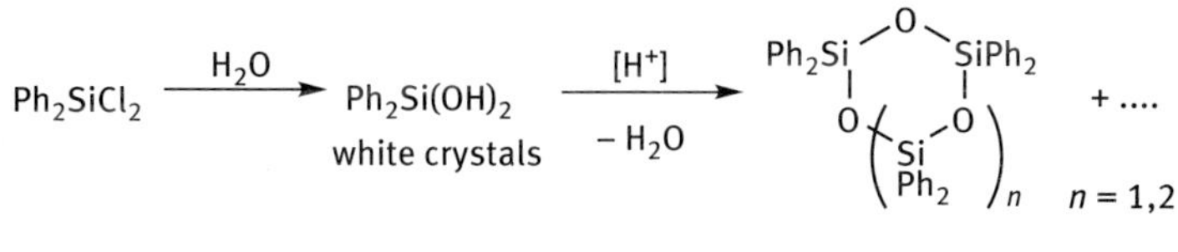

자료 1.6.1.2 실리콘 고분자

실리콘 고분자(silicone polymer)는 형태가 변하기 쉬우며, 높은 분자량임에도 부드럽고 유연한 상태로 존재한다. 실리콘 고분자는 방수이며 자외선과 발광과 풍화에 저항적이며 무독성이다. 유기 실리콘 고분자의 이러한 화학적 비활성 성질을 이용하여 규소는 의학적인 용도(성형수술, **실리콘 이식**(silicone implant))로 사용된다.

가교된 실리콘 고분자는 과산화 벤조일과 가열함으로써 얻을 수 있고 수소규소화 반응을 통해 탄성 중합체(**실리콘 고무**(silicone rubber))로 만들 수 있다. 실리콘 고분자는 절연재, 개스킷, 배관 그리고 심장 판박 이식 같은 의학적 용도로 쓰인다.

규소는 또한 기름, 윤활유 그리고 거품 지연제(발효 과정, 하수 처리)에도 사용된다.

페닐기를 갖고 있는 **실리콘 수지**(silicone resin)는 $PhSiCl_3$와 $PhSiMeCl_2$의 동반 가수 분해로 만들어지고 이는 전자 장비와 기계류에 쓰이는 절연재로 쓰인다.

말단 아세트산기가 붙은 실리콘 올리고머가 축합되면 실리콘 고무가 된다. 이 화합물들은 가수 분해를 일으키는 불안정한 트라이아세테이트 $RSi(OAc)_3$를 포함하는데 이는 더 이상 바뀌지 않는 가교 모양의 중합체 네트워크를 제공한다(**화장실 밀봉제**).

$Me_2Si(OH)_2$가 축합되면 사슬과 고리 구조를 갖는 실리콘 고분자가 된다. H^+ 촉매가 존재할 때 Si-O-Si 결합은 **가역**(reversible)이기 때문에 고리 또는 올리고머의 실록세인에 촉매량의 강산을 넣어주면 높은 분자량의 실리콘 고분자를 얻을 수 있다. 이 방법은 클로로실레인의 가수 분해에 자주 사용되는데, 염산이 생성되지 않기 때문이다. 실리콘 고분자의 분자량은 사슬 말단 종결족을 첨가함으로써 조절할 수 있다. 예시로 $(Me_3Si)_2O$를 첨가하면 $-SiMe_3$ 작용기가 고분자 말단에 붙으며 분자량은 감소하고 고분자 내의 $SiMe_3$의 비중은 증가한다.

실리콘 고분자

낮은 분자량의 실리콘 고분자는 열 전달액으로 널리 이용되는 **실리콘 오일**(silicone oil)을 만든다. 몇 단계들은 심지어 낮은 온도에서도 낮은 점성을 가진다. Si-O 결합의 매우 높은 열역학적 안정성으로 인해 이 화합물들은 열적으로 매우 안정하며 높은 발화점을 가진다. 그렇기 때문에 이 물질은 파라핀 오일과는 달리 가열시 불을 잡기에 어렵다.

$RSiCl_3$가 조절된 가수 분해를 하면 **실세스퀴옥세인**(silsesquioxanes) $R_8Si_8O_{12}$라 불리는 새장 화합물이 생긴다. OH 작용기가 달려 있는 불완전 응축 화합물들 또한 존재한다. 이 OH 작용기들은 전이 금속 착물을 합치기 위해 사용되며 연구되고 있다. 실리카-지지형 촉매들 중 M-O-Si 상호 작용하는 모델들을 예로 들 수 있다.

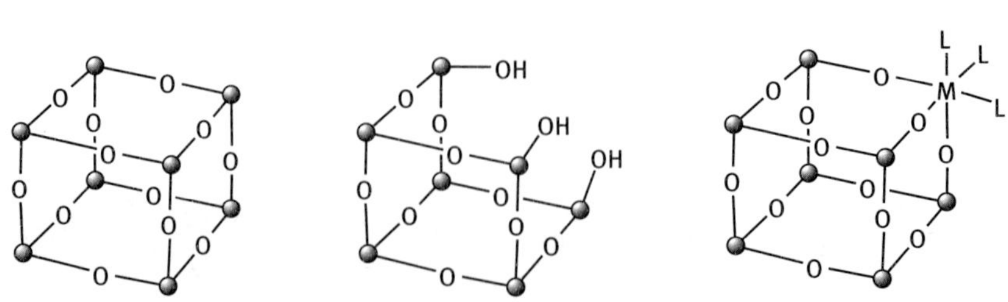

R-Si

실릴 염화물과 암모니아의 반응은 실라제인(silazanes) $H_{3-n}N(SiMe_3)_n$을 만든다. 헥사메틸다이실라제인(hexamethyldisilazane)의 탈양성자화는 금속 아마이드인 $MN(SiMe_3)_2$(M=Li, Na, K)가 되는데 합성에서 입체 장애가 있는 비친핵성 염기로서 자주 사용된다. 왜냐하면 M-N 결합이 쉽게 양성자 이전 반응이 일어나며 수많은 금속 착물들을 만드는 시작 물질이기 때문이다.

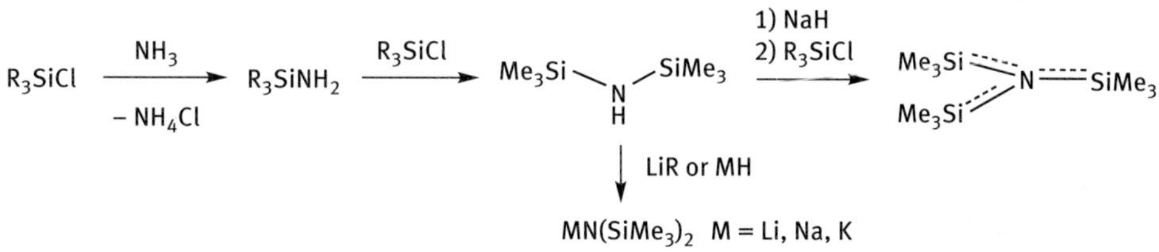

R_2SiCl_2의 아미노 분해는 사이클로실라제인(cyclosilazanes)을 생성한다.

Si-O, Si-N 결합. 산소나 질소에 결합된 규소는 헤테로 원자에 있는 비공유 전자쌍과 약한 **π-상호 작용**(π-interaction)을 형성한다. 이 작용은 헤테로 원자의 염기도를 낮추고 Si-O-Si 혹은 Si-N-Si의 각도를 증가시킨다. 예를 들면 $(Me_3Si)_2O$의 각도는 148°이고 이는 사면체 각도인 109° 보다 상당히 크다. Si-O-Si의 일부분은 **매우 낮은 반전 에너지 장벽**(very low barrier of inverse)이 있으며 선형 Si-O-Si 배열(α=180°)은 바닥 상태보다 아주 약간 높기 때문이다. 이 유연성은 실리콘 고무의 역학적 성질에 반영된다.

Si-E π-결합

같은 이유로, $HN(SiMe_3)_2$와 $N(SiMe_3)_3$는 피라미드형인 $HNBu^t_2$과 NEt^t_3와 같은 알킬 아민과 다르게 **평면형**(planar)이다. 따라서 비스(실릴) 아민과 아마이드는 **약한 친핵체**(poor nucleophile)이다. Si-O의 π-상호 작용은 또한 왜 실란올이 강산인지를 보여 주는 근거이기도 하다. R_3SiO^- 음이온은 더 잘 비편재화되어 있다.

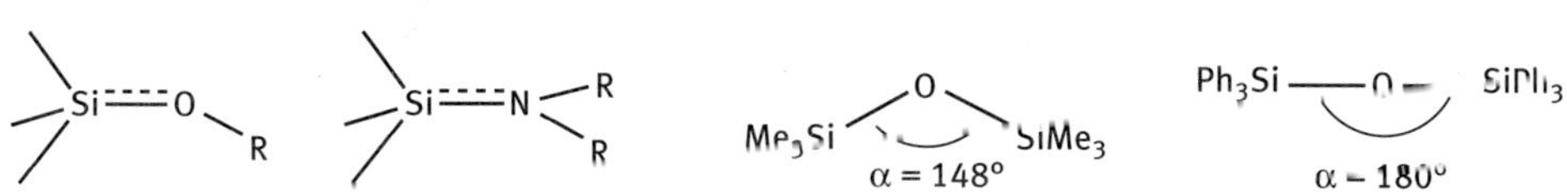

실레인. 클로로실레인과 $LiAlH_4$의 환원 반응은 다음과 같은 규소 수소화물을 만든다.

$$2\,R_2SiCl_2 + LiAlH_4 \longrightarrow 2\,R_2SiH_2 + LiAlCl_4 \quad (R = \text{alkyl, Ph})$$

트라이오르가노실레인(triorganosilane) R_3SiH는 알켄의 **수소규소 첨가 반응**(hydrosilylation)에 사용되는데, 백금 촉매가 중재한다.

C=O 작용기의 수소규소 첨가 반응은 열역학적으로 선호되는데 왜냐하면 약한 Si-H를 강한 Si-O로 대치하기 때문이다. 반응은 Lewis 산에 의해 빨라진다.

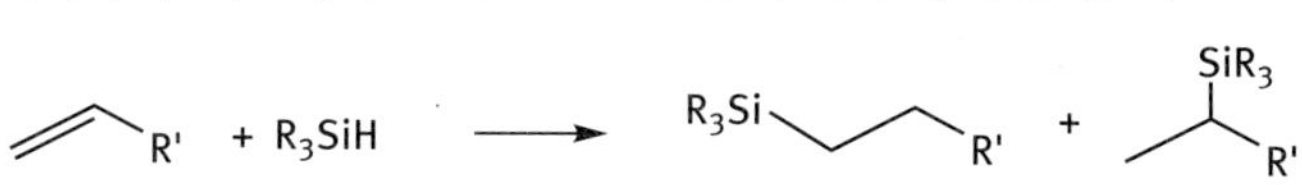

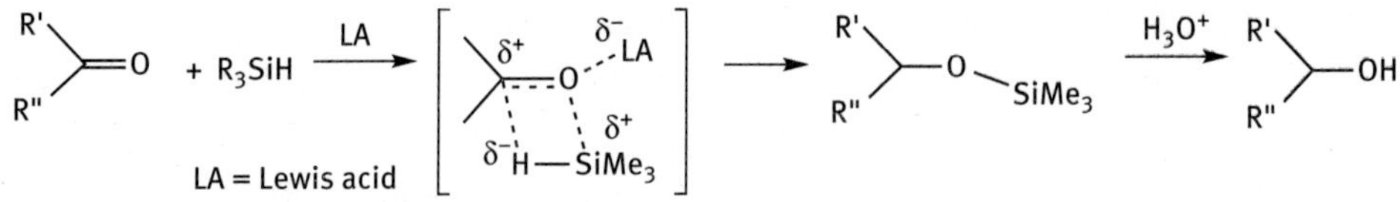

사이클로펜타다이엔일 화합물. NaCp와 Me_3SiCl의 반응으로부터 생성되는 Me_3SiCp의 Cp는 Si과 η^1-결합 형태를 보인다. 이러한 Cp의 η^1-결합 형태는 모든 Cp-Si(IV) 화합물에서 관찰된다.

다중 탈양성자화 반응-실릴화 연쇄는 비스실릴과 트리스실릴 Cp 유도체를 만든다. 1,1-비스(실릴)-Cp 이성질체 형성이 더 잘 일어난다.

그러나 실릴 치환기의 π계 이동은 쉽게 일어나고(1,2-**메탈로트로픽 전이**(1,2-metallotropic shift)), 1,1-비스(실릴)-Cp는 1,3-치환 생성물이 된다. $SiMe_3$ 치환기는 강한 양의 유발 효과를 내고, 전자 주개 경향을 강화시킨다. 또한 Cp 리간드의 크기를 효과적으로 키우는 역할도 한다.

사이클로펜타다이엔은 Diels-Alder 이합화 반응이 빠르게 일어나지만, 실릴-Cp 화합물에서의 이합화 반응은 느리다.

한 개에서 네 개까지의 $SiMe_3$ 치환기를 가진 사이클로펜타다이엔은 입체 장애를 가지는 Cp 리간드이기 때문에 전이 금속 화학에서 자주 사용된다. 특히 $SiMe_3$ 치환기를 가진 Cp 리간드와 Lewis 산인 전이 금속 염화물과의 반응은 진공에서 쉽게 제거될 수 있는 휘발성 물질인 Me_3SiCl를 부산물로 제공하는 장점을 가진 염을 사용하지 않고 편리하게 Cp를 금속에 도입할 수 있는 방법이다.

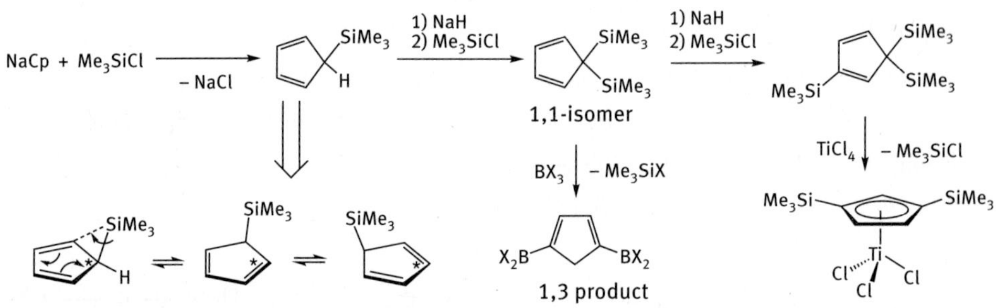

1.6.1.3 낮은 원자가 Si 화합물

Si(II) 실릴 음이온인 R_3Si^- 산화수가 +II일 때 규소를 포함한다. 이 반응물들은 알킬 규소 할로젠화물와 소듐 아말감의 환원 반응으로 얻을 수 있으며 금속-Si 결합을 만드는 데 사용한다. Li과 Mg 실릴 착물은 $Hg(SiMe_3)_2$ 금속 교환 반응로부터 만들어질 수 있다.

실릴 음이온들은 **피라미드**(pyramidal) 모양을 가지며 **높은 반전 에너지 장벽**(high barrier of inversion)을 가지고 있다.

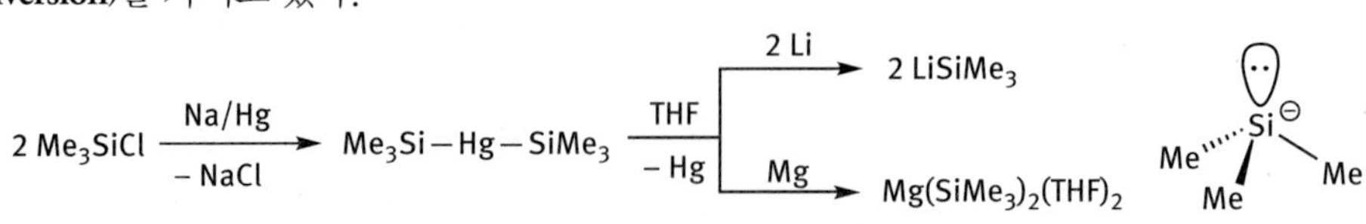

알켄, 알카인, 탄소 양이온, 라디칼, 카벤과 같은 탄소화학과 비슷한 여러 화합물들이나 중간 생성물의 규소 유사체들에 대해 많은 흥미가 있어 왔다.

C, N, O와 같은 2주기 원소가 p_z 오비탈들의 강한 π-상호 작용을 통해 쉽게 다중 결합을 형성하는 반면에 s와 p 오비탈들 사이의 더 높은 에너지 차이와 무거운 원소들의 크기가 더 커질수록 파이 결합이 약해진다. Si=Si와 Si=C 이중 결합은 따라서 특별한 상황에서만 형성되며, 주위 환경으로부터의 분리에 필요한 반응 속도론적 안정도를 만들어내기 위해 덩치가 큰 치환기들을 사용해야 한다.

입체적으로 보호받지 않는 실릴렌(silylenes) R_2Si, 실렌(silenes) $R_2Si{=}CH_2$, 실라인(silynes) $RSi{\equiv}CH$(R=H, Me) 그리고 실라벤젠(silabenzene) C_5SiH_6 같은 종류들은 오로지 매우 낮은 온도에서 기질 분리(matrix isolation) 기술들을 이용하거나 분광학적으로 특징지어져야 형성될 수 있다. 이들은 따라 만들어진 생성물을 통해 알 수 있는데, 이합체 혹은 올리고머 또는 실릴렌과 같이 적당한 시약에 분리 가능한 생성물을 보면 알 수 있다. 예를 들면 실릴렌은 분리 가능한 전이 금속 실릴렌 착물인 $L_nM{=}SiR_2$를 생성할 수 있다.

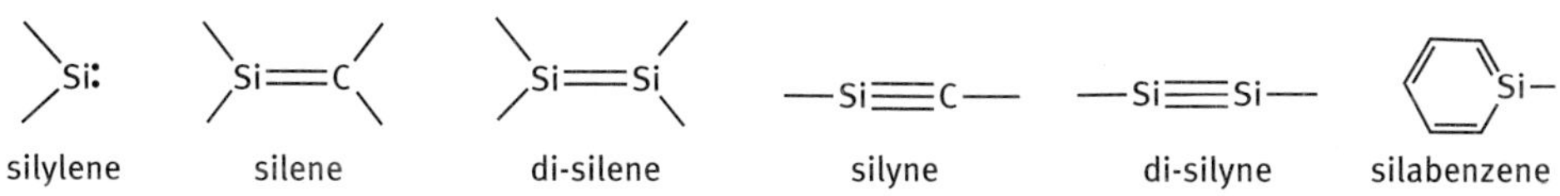

$[R_2Si]_n$. 클로로실레인 $Cl(SiMe_2)_6Cl$과 소듐-포타슘 합금의 환원 반응은 올리고실레인을 생성한다. 사이클로실레인에 염소 처리를 하면 Si-Cl로 변하고 Si-H 유도체가 나온다.

Ti 또는 Zr 촉매가 있는 상태에서 실레인을 탈수소 짝지음 반응(dehydrocouping)을 하게 되면 중합 실레인이 생성된다.

다이알킬사이클로실레인의 환원은 색이 있는 라디칼 음이온을 생성한다. 예시로, 진한 파란색의 $[(SiMe_2)_5]^{\bullet-}$ 혹은 노란색의 $[(SiMe_3)_6]^{\bullet-}$이 있다.

$$Me_3SiCH_2Cl + Cl(SiMe_2)_6Cl \xrightarrow[\text{toluene}]{\text{Na/K}} Me(SiMe_2)_nMe \quad n = 10, 16, 22$$

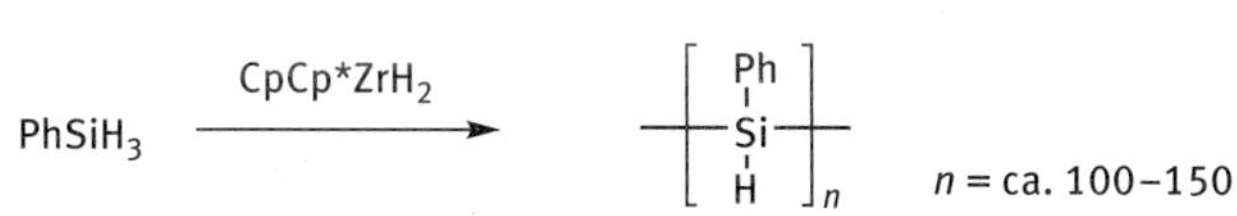

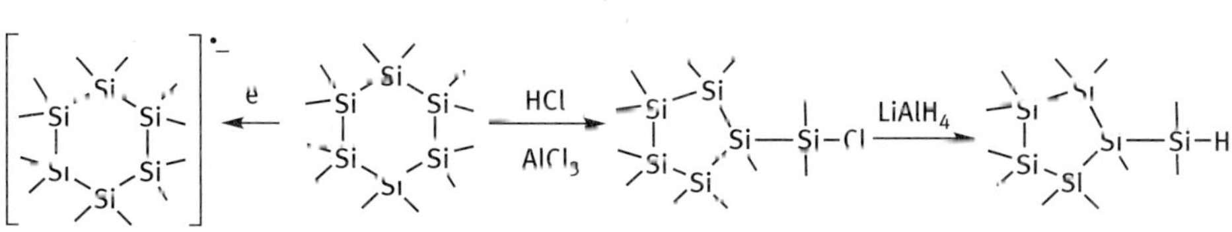

광반응으로 입체 장애가 있는 트라이실레인 Si_3R_6은 다이실렌(disilenes)과 실릴렌(silylene)을 생성한다. 후자는 이합체화되어 더 많은 다이실렌을 생성한다. 반응은 꽤 일반적이며 알킬과 아릴 화합물을 만든다.

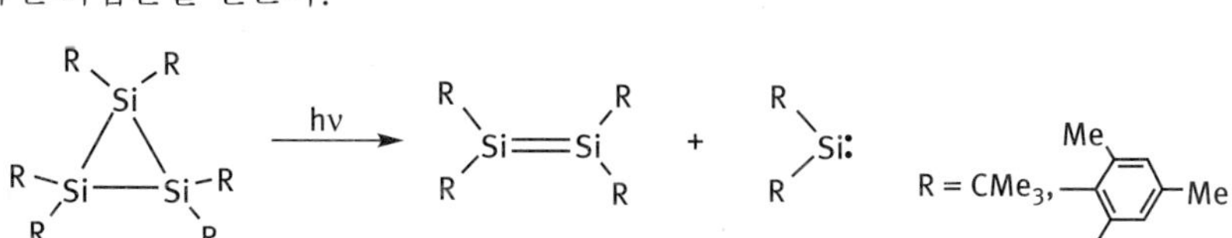

실렌의 첫 번째 예는 아실실레인의 광화학적 재배열에 의해 준비된다. 또한 입체 방해는 안정성에 중요 요소이다. Si=C 결합은 Si-C에 비하여 짧다(1.76 대 1.9 Å).

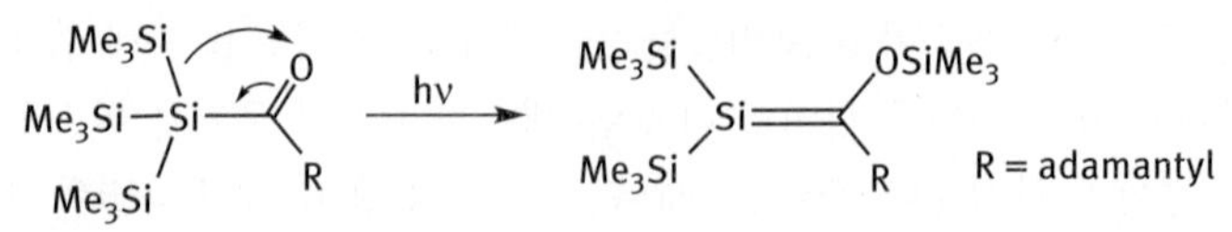

$(\eta^1\text{-}Cp^*)_2SiCl_2$를 포타슘나프탈라이드로 환원시키면 실리코센(silicocene) $Si(\eta^5\text{-}Cp^*)_2$가 만들어진다. 단량체인 Si(II) 화합물은 공기에 매우 민감하기 때문에 열역학적으로 안정한 Si(IV)로 쉽게 산화된다. 이러한 리간드는 금속 착물에 2-전자 주개처럼 행동하며, 친산소성 성질이 높아서 CO_2로부터 O를 제거할 수 있다.

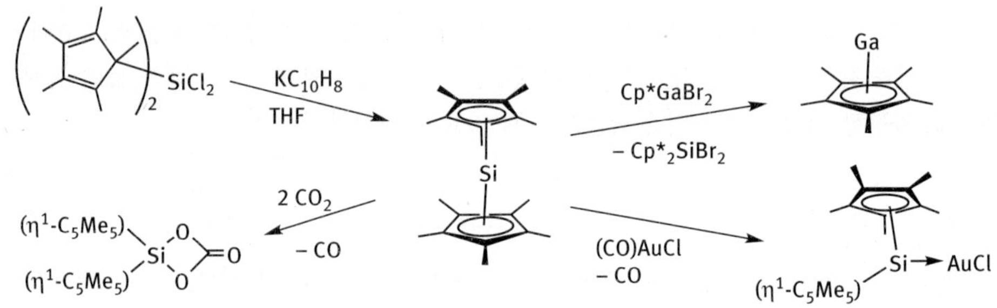

많은 다양한 유형의 실릴렌들은 격리되어 왔으며 구조적으로 특징화되어 있다. Si(IV) 화합물을 만들기 위해서는 모두 산화성 반응이 필요하다. 실릴렌은 전이 금속 착물에서 2-전자 주개처럼 행동하며 말단 $(L_nM{=}SiR_2)$이나 $LnM(\mu\text{-}SiR_2)_2ML_n$ 형의 다리 걸친 착물을 만들 수 있다.

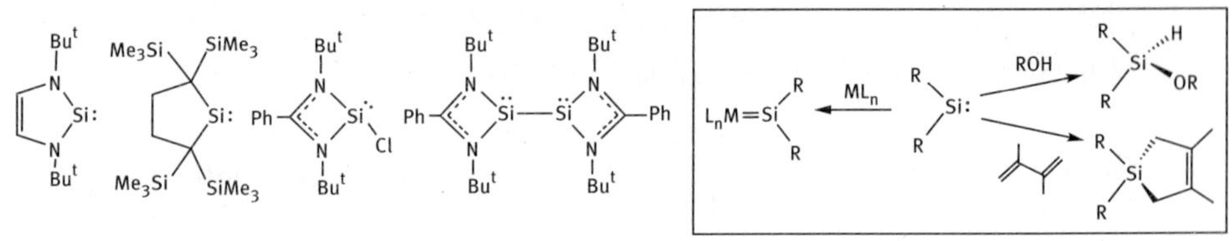

[RSi]$_n$. 알킬 규소 할로젠화물 $RSiX_3$와 강한 환원제(예, Na/나프탈렌 혹은 Na/K 합금)는 Si-Si가 결합된 뭉치 Si_nR_n을 만든다(n=4~8). 치환기 R이 클수록 작은 뭉치를 좋아하는 경향성이 있다. Si_4R_4는 탄화수소인 테트라헤드레인(tetrahedrane) C_4H_4와 유사하다.

실릴 라디칼(silyl radical)과 **실릴 양이온(silyl cation)**. $R_3Si\text{-}H$ 혹은 $Hg(SiR_3)_2$에 광반응을 걸면 실릴 라디칼 $R_3Si^{\bullet}$가 생긴다. 이들은 평면 삼각형인 탄소 라디칼 $R_3C^{\bullet}$와 다르게 **피라미드**(pyramidal) 구조이다.

실릴 양이온인 R_3Si^+는 탄소 양이온 유사체로서 많은 관심을 끌어왔다. 그러나 그들은 형성하기 어렵고 너무 강한 Lewis 산이다. 자주 쓰이는 방법은 모노-실레인을 아렌 용매에 음이온과 반응하지 않는 CPh_3^+ 염과 같이 반응시키는 방법이 있다.

$$3\ Ar_2(Me)Si\text{–}H + 2\ CPh_3^+ \rightarrow 2\ Ph_3CH + Me_3SiH + 2\ Ar_3Si^+$$

실릴 양이온은 톨루엔과 같은 용매와 부가물을 만든다. 매우 약하게 결합한 음이온들과도 상호 작용한다. 그리고 **피라미드** 구조를 (다른 탄소 양이온과 다르게) 이룬다. 평면 삼각 구조는 오직 매우 입체적으로 장애가 있는 $[Si(C_6H_2Me_3\text{-}2,4,6)_3]^+$ 같이 아릴 치환기가 있을 때 생긴다. 할로젠화-와 수소화- 다리 걸친 양이온 또한 알려져 있다. 매우 강한 친전자체로 사용되는 $[Et_3Si]^+[B(C_6F_5)_4]^-$은 $[Et_3Si\text{-}H\text{-}SiEt_3]^+$ 이온을 포함한다.

자료 1.6.1.3 ^{29}Si NMR 분광법

^{29}Si 핵은 $\frac{1}{2}$스핀을 가지고 있다. 화학적 이동의 범위는 1000 ppm 정도로 넓고, 이것으로 ^{29}Si 핵 주변의 전자 환경이 어떠한지 알 수 있다. 아래의 표는 Si(II) 화합물의 다양한 주개 상호 작용 정도를 나타낸다. SiR_3^+ 실릴륨 양이온의 화학적 이동은 그 이온의 평면성을 가늠해 줄 수 있다. 대부분은 $[SiR_3]^+X^-$와 같은 형태이며 Si 양이온은 4배위이고 적은 양성 이동을 보인다.

화합물	$\delta^{29}Si$	용매	화합물	$\delta^{29}Si$	용매
Me_3SiOTf	43.7	CD_2Cl_2	$Et_3Si+[CB_{11}H_6Br_6]^-$	111.8	solid state
$Mes_3Si+[CB_{11}H_6Br_6]^-$	226.7	solid state	$MeR^*{}_2Si–Si+Bu^t{}_2$ $[B(C_6F_5)_4]^-$	303.0	CD_2Cl_2
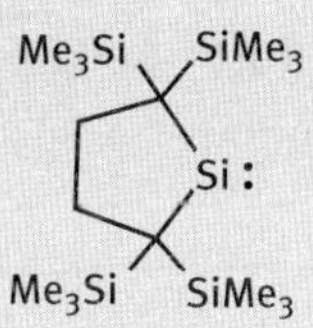	+567.4	C_6D_6	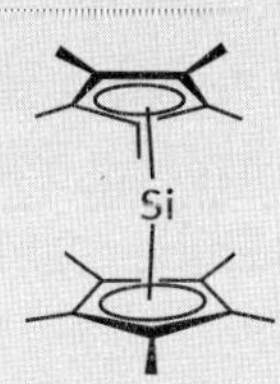	−423	solid state

$R^* = SiMeBu^t{}_2$

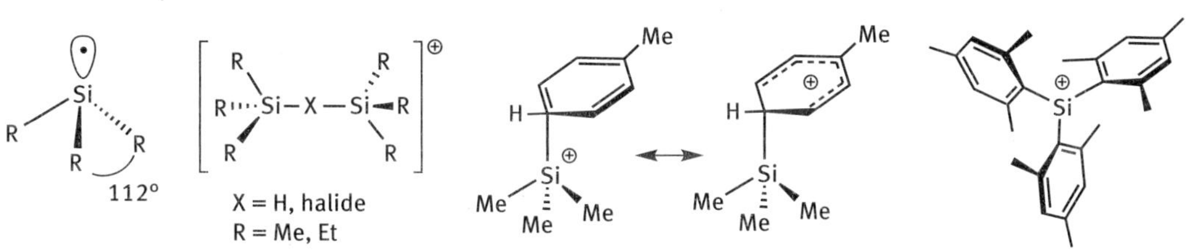

1.6.2 저마늄

Ge(IV) 유기 금속 화합물들은 규소의 유기 금속 화합물과 매우 유사한 화학적 특성을 가진다. 낮은 산화 상태에서 보이는 안정성이 두 시스템에서의 주요한 차이점이다. 즉, $Ge^{II}Cl_2$는 안정한 출발 물질이지만, $SiCl_2$는 고온 활성종이다. 그래서 R_2Ge과 같은 다이알킬 저마늄 화합물이 가능하다. 결정에서는 $R_2Ge=GeR_2$처럼 이합체이지만 $Ge(CH(SiMe_3)_2)_2$는 안정하고 용액에서 단량체이다. 저마노신(germanocene)은 $Ge(\eta^5-C_5R_5)_2$(R=H, Me)는 $GeCl_2$로부터 만들 수 있다. 저마노신은 기울어진 샌드위치 구조이고 $Si(\eta^5-Cp^*)_2$보다 덜 산화된다.

Ge 32 72.61

1.6.3 주석 화합물

주석 유기 금속 화합물은 원칙적으로 Si 화합물 구조와 비슷하다. 그러나 중요한 다른 점은 주석이 (1) **원자 반지름이 더 크고**, (2) 그 결과 **Sn과 원소 사이의 결합이 약하고**, (3) **5-6 배위수**(coordination number 5-6)로 결합하려는 경향성을 가지고 있고, (4) **+II 산화 상태가 더욱**

Sn 50 118.71

자료 1.6.3 주석(IV) 시약의 독성

응용

몇몇 알킬주석 화합물들은 독성이 있다, 예를 들면 트라이메틸, 트라이에틸 유도체들은 포유류에 독성이 있다. 반면에 다이-*n*-옥틸 주석 화합물들은 독성이 없고 음식 첨가물로 사용해왔다. 알킬기의 개수가 줄어들수록, 사슬의 길이가 길어질수록 독성은 감소한다. 트라이-*n*-뷰틸 주석 화합물은 균류, 조개류, 갑각류, 넓게는 목재의 보존과 해양선박의 해양시스템으로부터 외피를 지키는 항오손페인트에 사용된다. 또한 주석 다이알킬은 PVC 플라스틱을 안정화시키는 데 사용된다. 주석 알킬 할로젠화물은 산업적인 규모로 생산된다. 환경에 트라이-*n*-뷰틸 주석 화합물의 방출은 문제가 되어 왔고 그래서 대체물이 개발 중이다.

안정하다. Sn-C 결합은 공유 결합성이 커서 주석 알킬은 공기와 물에 대해 안정하다. 가수 분해에 저항성을 가지고 결합된 주석과 탄소 결합의 약함은 C-C 결합을 형성하는 유기 합성에 널리 이용되고 있다. 주석 알킬 유도체는 주로 기분 나쁜 냄새와 피부를 오염시킬 수 있기 때문에 그에 걸맞은 예방책이 필요하다.

1.6.3.1 주석 화합물의 합성

주석 알킬과 아릴은 다음 방법들을 통해 $SnCl_4$로부터 만들어진다. (1) 표준 **알킬화** 방법, (2) 주석 금속에서 직접적으로 **산화성 첨가**(oxidative addition), (3) SnR_3^- 음이온의 알킬화, (4) 주석 아마이드의 **양성자 이전 반응**(protolysis)으로 만들 수 있다. 알킬 주석 할로젠화물은 SnR_4와 SnX_4의 (5) **균등화 작용**(comproportionation)으로 만들 수 있다. 이 알킬 교환 반응들은 Sn(IV)의 Lewis 산도와 5배위 중간체를 만들려고 하는 성질에 의해 촉진된다.

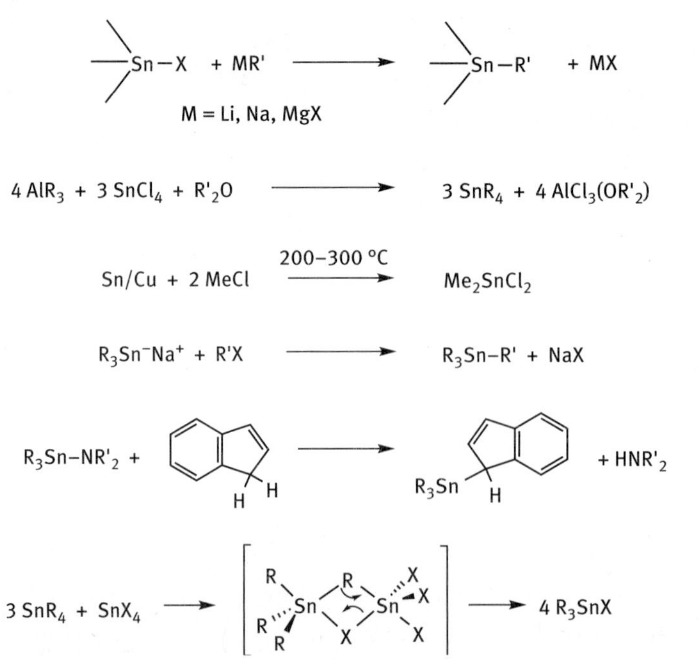

알킬화 반응

알킬화 반응

산화성 첨가

산화성 첨가

양성자 이전 반응

균등화 작용

Sn-C 결합을 만드는 다른 방법으로는 알켄의 **주석수소 첨가 반응(hydrostannation)**이 있다. Sn-C 결합은 약하고 균일 분해 반응이 일어나기 쉽다. 비교적 안정한 트라이알킬주석 라디칼은 UV-방사 혹은 AIBN과 같이 라디칼 원천으로 생성될 수 있다. 이 방법은 작용기들이 달려 있는 알킬을 준비할 때 사용된다. 알카인의 주석수소 첨가 반응은 바이닐 주석 화합물을 만드는 데 주로 *E*,*Z*-이성질체 혼합물이다. 이러한 라디칼 반응에서 OH와 같은 작용기들은 사용할 수 없다.

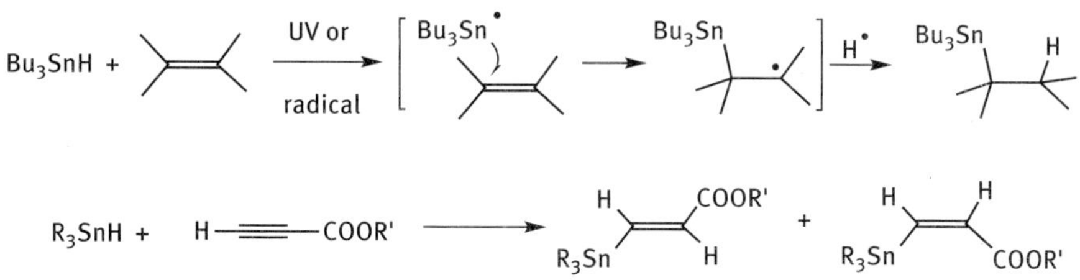

Sn(IV) 사이클로펜타다이엔일 화합물은 R_3SnCl과 Na^+Cp^-로부터, 혹은 사이클로펜타다이엔과 $R_3Sn-NEt_2$와 같은 주석 아마이드로부터 만들 수 있다. Sn(IV) 화합물에서 Cp 고리는 η^1-결합이다. $SiMe_3$ 유사체처럼 Cp-Sn 화합물은 **유동적(fluxional)**이다. 그리고 SnR_3의 1,2-메탈로트로픽 전이는 사이클로펜타다이엔일 수소 원자를 NMR 시간 단위에서 똑같이 만들고 그 결과 단일 공명이 된다. $CpSnR_3$ 화합물들은 Si 유사체들보다 Cp 이동제로서 더 반응성이 좋다. 그리고 전이 금속 Cp 착물을 만든다.

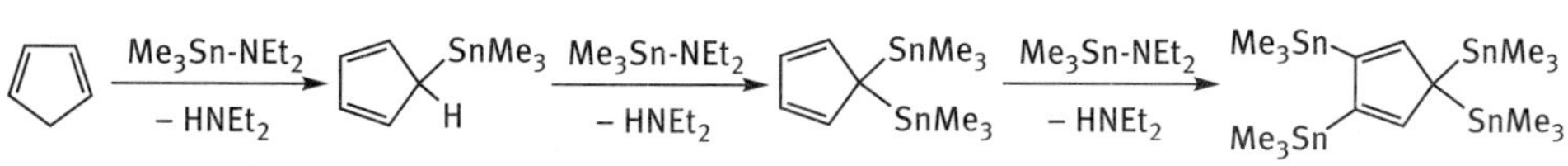

1.6.3.2 주석(IV) 화합물들의 구조

정사면체 구조를 가지는 테트라알킬주석과 테트라아릴주석 SnR_4는 사면체이고 안정한 전자 배치를 가지고 있으며 Lewis 산이 아니고 비극성 용매에 잘 녹는다. $R_{4-n}SnX_n$ 할로젠물이나 산화물과 같은 전자를 끌어당기는 치환체 X를 포함한 주석 유기 금속들은 스스로 혹은 R, L 리간드의 입체적 요구에 의존하는 주개 리간드 L에 의해서 5, 6 배위 첨가 생성물을 만들려는 경향이 있다. 그것들은 이러한 관점에서 단량체로 있으려는 경향이 있고 더 휘발성이 있는 Si 유사체와 상당히 다르다. 이러한 차이점은 반응 마무리(workup) 과정의 결과이다. 작은 알킬기를 가진 트라이-알킬 주석 플루오린화물은 **배위 고분자(coordination polymer)**이다. 그것들은 알킬기의 크기에 따라 지그재그로 혹은 직선 구조로 붙는다. 또한 잘 녹지 않아서 유기 반응 혼합물에서 손쉬운 제거가 가능하다. 그것들은 NaX와 THF의 환류를 통해 잘 녹으며 재활용이 가능한 R_3SnX(X=Cl, Br)로 전환될 수 있다. 부피가 큰 리간드들은 플루오린을 포함하는 단량체 화합물을 만든다. Me_3Si 에터가 휘발성인 반면, Me_3Sn 카복실산염은 연합된 구조를 이룬다.

강하고 약한 Sn–O 상호 작용을 가진 카복실산 결합은 비대칭적이다. 주석 화합물의 여러 가지 분류의 구조적 다양성을 아래에 나타내었다.

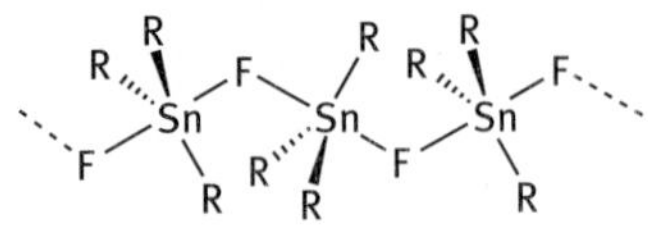

$[Me_3SnF]_x$: 지그재그

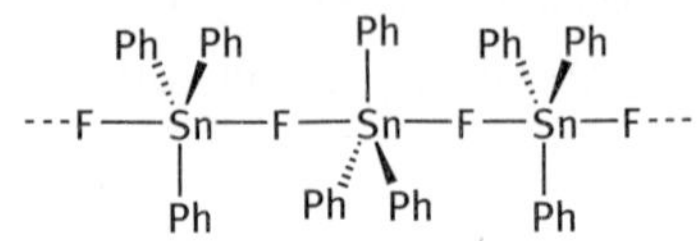

$[Ph_3SnF_x$: 직선 중합체

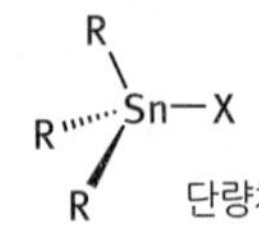

단량체
R = Ph, X = Cl
R = Cy, X = F

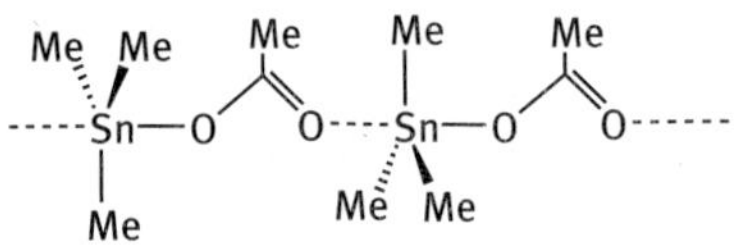

$[Me_3Sn(OAc)]_x$

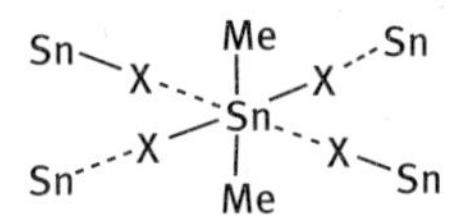

$[Me_2SnF_2]_x$: 판상 구조

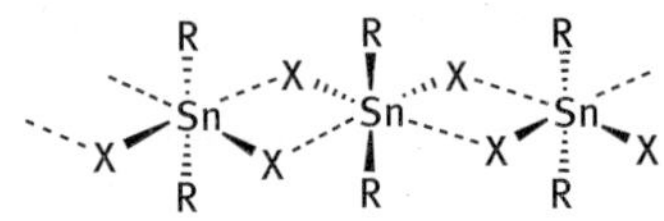

$[R_2SnX_2]_x$: 뚜껑을 덮은 사면체, 일그러진 팔면체

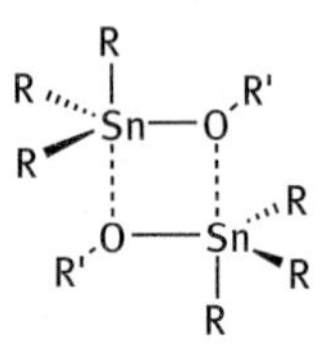

수산화 알킬 주석,
알콕시화 알킬 주석(R′=H, Me)

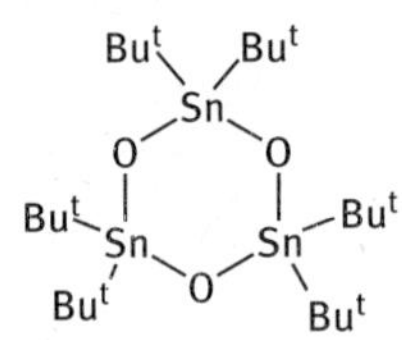

산화 알킬 주석

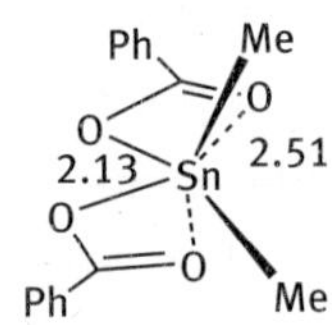

다이카복실화 알킬 주석,
두 개의 뚜껑 덮은 사면체

5,6 배위 주개 첨가 생성물:

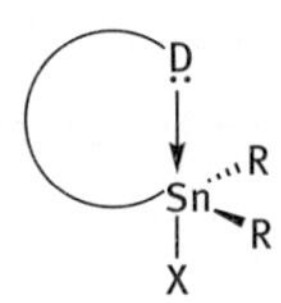

D가 X로 전환(X=할로젠)

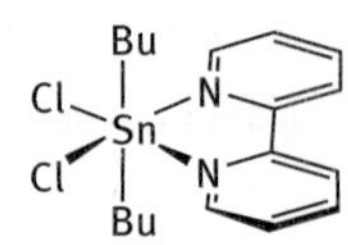

1.6.3.3 주석 화합물의 반응성

유기 금속 주석 시약들 $R_{4-n}SnX_n$은 대표적인 금속 할로젠화물의 반응 범위를 보여 준다: 리간드 치환, 환원, 가수 분해, 배위 착물 형성. 리간드 교환 반응은 5, 6 배위 중간체의 준비된 형성으로 촉진된다. 주석과 규소의 특징적인 차이점은 (1) 강한 친핵체이며 열적으로 안정한 주석 음이온 $[R_3Sn]^-(Sn^{II})$으로 환원되는 것 (2) $R_3Sn^{\bullet}$ 라디칼을 형성하려는 경향성이다(다음의 일반적인 반응식 참조).

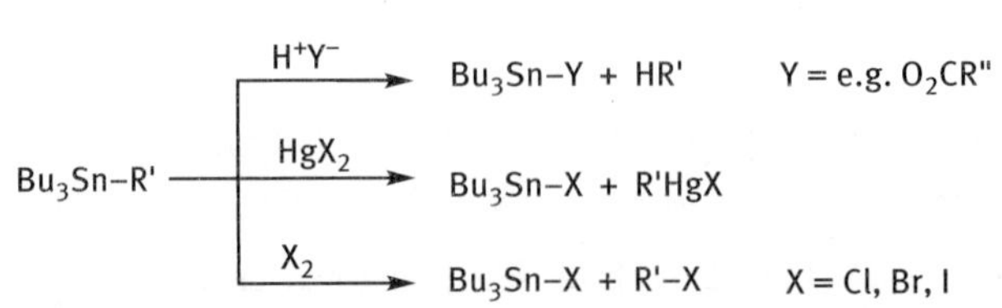

주석 화합물의 주된 분류들은 아래 그림처럼 서로 연결되어 있다.

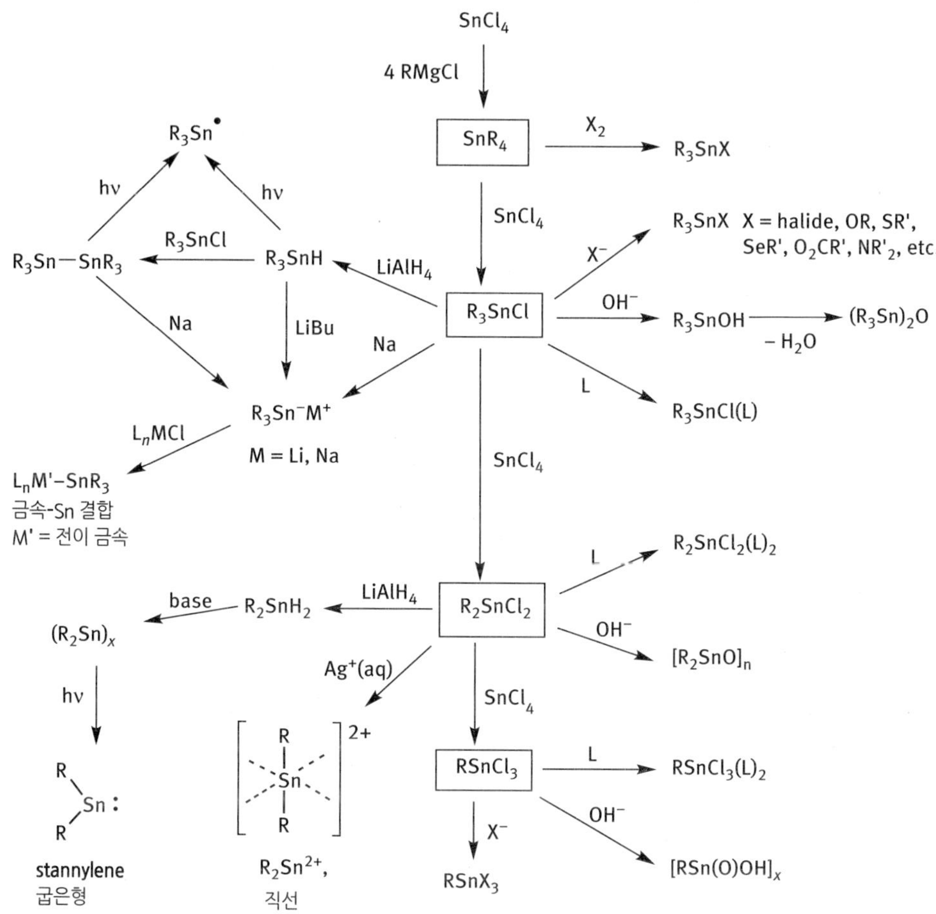

Sn−C 결합은 H^+, 금속 이온, 할로젠과 같은 친전자체로 제거할 수 있다. sp^2-혼성 탄소와 결합하는 것이 sp^3-탄소보다 더 안정하게 반응한다. sp^2-탄소를 공격하는 것이 양이온 중간체의 전하를 비편재화시키기 때문이다. 반응성의 순서는 Ph > $PhCH_2$ > CH_2-CH > Me > 높은 알킬 순이다.

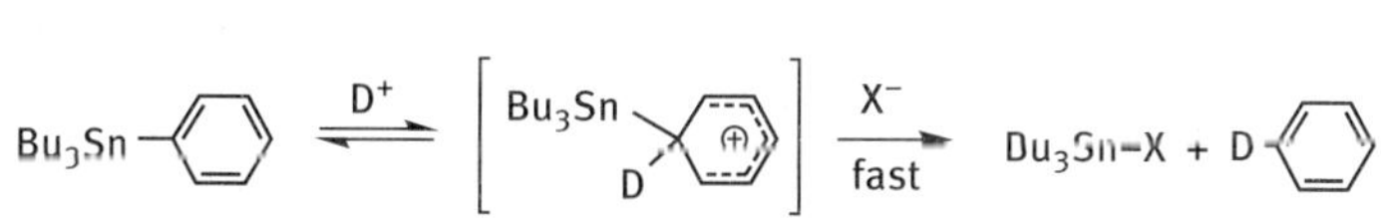

알릴주석(allyltin) 화합물은 알킬보다 반응성이 더 크다. 예를 들면 $Sn(CH_2CH=CH_2)_4$가 카복실산과 반응해서 4개 알릴기가 다 치환된다. LiMe는 염이 생기지 않는 과정에 쓰이는 좋은 알릴 리튬 시약이다.

$$Sn(CH_2CH{=}CH_2)_4 + 4\ LiR \rightarrow SnR_4 + 4\ LiCH_2CH{=}CH_2$$

Sn−H+C=C

주석수소 첨가 반응. C-C 다중 결합으로의 Sn-H 첨가 반응은 알카인에서 잘 일어난다. R_3SnH는 R_3SnCl과 Et_3SiH로부터 만들어진다. 주석수소 첨가 반응은 $ZrCl_4$ 혹은 $B(C_6F_5)_3$와 같은 Lewis 산 촉매가 같이 사용되며, 바이닐 주석 이성질체 혼합물이 쉽게 얻어진다.

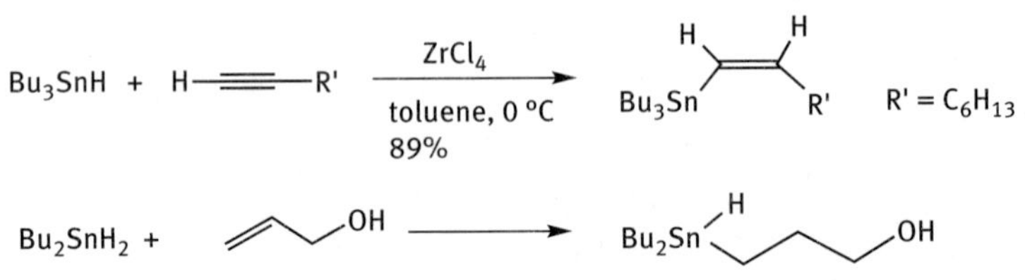

Sn−M+C≡C

주석 금속화 반응. 이 방법은 주석뿐만 아니라 다른 금속 원소와 C≡C의 첨가를 촉진시킨다. 반응은 팔라듐 착물이 촉매로 사용되고, Sn-Pd-Si 중간체가 생성된다고 추정된다.

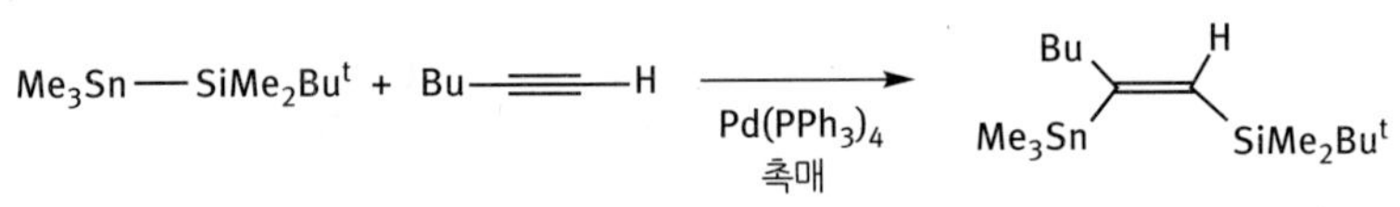

탄소주석 첨가 반응. 주석과 탄소 치환기를 삼중 결합에 동시에 첨가하는 것은 유기 합성에 널리 사용되는 방법이다. 이 반응은 니켈이나 팔라듐 착물이 촉매로 사용되고, 종합적으로 쓸만한 기능화된 바이닐 주석류를 얻을 수 있다. 예를 들면 다음과 같다.

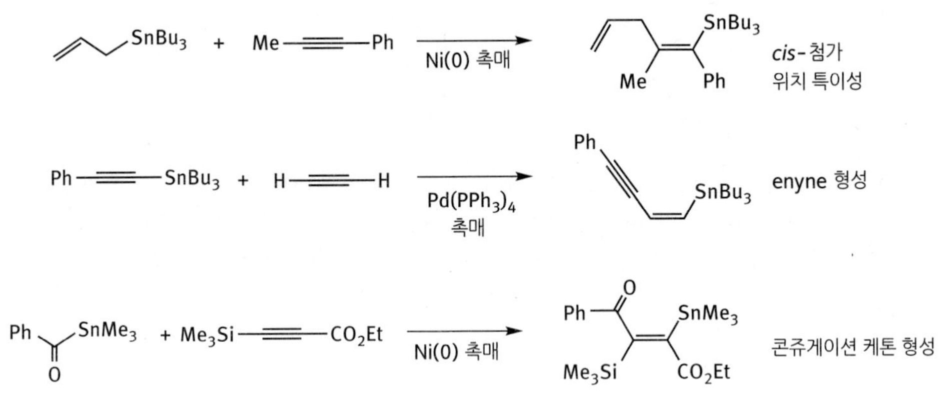

양이온 착물. Me_3SnCl를 $Na[BPh_4]$와 같이 넣고 가수 분해시키면, 물 두 분자가 배위된 삼각 쌍뿔형 구조를 갖는 $[SnMe_3]^+$ 스타닐리움 이온을 만든다. Me_2SnCl_2를 가수 분해시킬 경우에는 수화된 선형인 $[SnMe_2]^{2+}$ 이온이 만들어지는데, 만들어진 $[SnMe_2]^{2+}$ 이온은 $[TlMe_2]^+$ 및 $HgMe_2$와 등전자이다. $[SnMe_3]^+$는 여러 가지 5배위 주개 첨가 생성물을 형성한다. 예를 들면, 2,2′-바이피리딜이 있다. 탄소를 제외한 다른 14족 원소들과 같이 주석은 s와 p 사이에 큰 경계가 있고 sp^2-평면 구조를 형성하기 어렵다. 평면의 기하학적 구조는 높은 입체 장애를 강요함에도 불구하고 $[Sn(mes)_3]^+$는 평면 삼각 구조를 형성한다.(Si 유사체들도 참조)

SnR_3^+

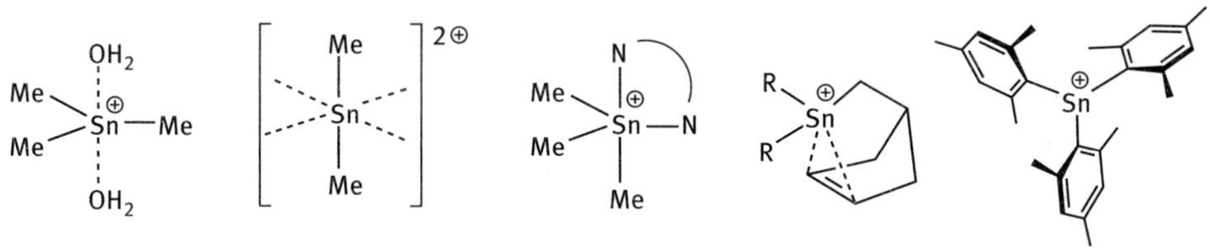

1.6.3.4 +III, +II 산화 상태의 주석: Sn–Sn 결합, 주석 라디칼, 스타닐렌

주석은 Sn–Sn 결합으로 많은 화합물을 형성한다. 트라이알킬 주석 할라이드를 환원시키면 다이스탄네인(distannanes) $R_3Sn–SnR_3$가 만들어진다. 주석 수소화물과 주석 아마이드의 축합 반응은 주석–주석 단일 결합을 가지는 생성물을 만든다. 다이스탄네인의 광분해는 스탄일 라디칼 $R_3Sn^•$을 만들고, 과량의 알칼리 금속을 이용하여 다이스탄네인을 환원시키면 **스탄일 음이온**(**stannyl anion**)이 생성된다. 탄소 라디칼은 낮은 반전 장벽을 가지면 평면 구조를 가지지만, 스탄일 음이온과 같이 스탄일 라디칼은 피라미드 구조이다. Sn(III)

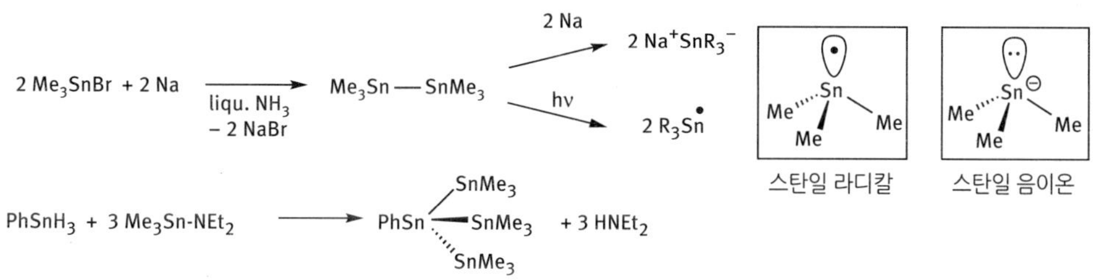

다이알킬 주석 다이할라이드를 환원시키면 폴리-스타닐렌인 **사이클로스탄네인**(**cyclostannanes**) $(R_2Sn)_x(x = 3–9)$이 만들어지는데, 사이클로스탄네인은 사이클로알케인과 비슷한 구조를 가진다. 다른 방법으로는 피리딘과 같은 유기 염기 촉매가 존재할 때 R_2SnH_2의 H_2-제거 반응이 있다.

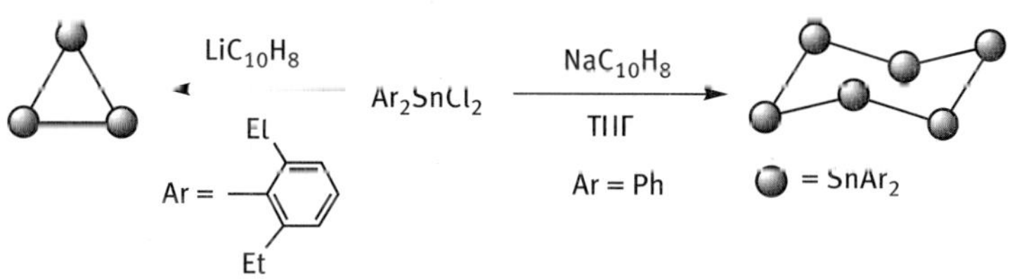

사이클로스탄네인의 광분해는 카벤의 주석 유사체인 **스타닐렌**(**stannylene**)을 만들며, $SnCl_2$와 같은 주석(II) 시작 물질은 손쉽게 사용가능하고 안정하기 때문에 스타닐렌 역시 $SnCl_2$의 알킬화 반응으로 얻을 수 있다. 스타닐렌은 Lewis 염기와 같이 첨가 생성물을 만들 수 있고, 전이 금속에 2-전자 주개처럼 행동한다.

높은 입체 장애를 가진 스타닐렌은 이름뿐인 **Sn=Sn** 이중 결합을 가진 **다이-스타닐렌**(**distannylene**)으로 평형을 이루고 있다. 그러나 알켄과는 달리 다이-스타닐렌은 **평면이 아니고** Sn–Sn 결합 길이가 꽤 길다. 약한 π-결합이 제안되었었다.

자료 1.6.3.1 주석(II)과 고립 전자쌍

스타닐렌은 고립 전자쌍을 가지고 구조가 입체 화학적 고립 전자쌍의 쿨롱 반발에 의한 것인지 때때로 논쟁이 되었다. 그러나 고립 전자쌍은 구형 대칭의 s-오비탈에 있다. 반면에 Sn-C 결합이 있는 화합물은 강한 p-오비탈 성질을 가지고 있다. p-오비탈은 서로 90°를 이루기 때문에 R_2Sn의 굽은 구조, $R_2Sn(L)$의 첨가 생성물의 구조, R_3Sn^- 주석 음이온의 구조는 입체 화학적 고립 전자쌍의 가정 없이도 설명 가능하다. 이것은 $[SnCl_2]_x$와 $[SnCl_3]^-$ 음이온을 포함한 Sn(II)의 피라미드 구조에 적용된다.

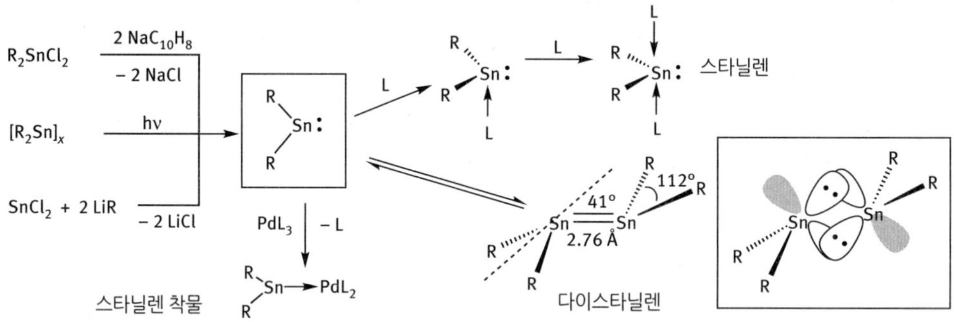

Sn(II) 사이클로펜타다이엔일 화합물은 Si(II) 유사체보다 더 안정하고 접근하기 좋다. Cp 고리는 치환기에 따라 동일 평면상에 있거나 혹은 기울어져 있다. 계산 결과들은 동일 평면상에 있거나 기울어진 샌드위치 구조 사이에 아주 적은 에너지 차이와 아주 적은 퍼텐셜 에너지 형성을 나타낸다.

자료 1.6.3.2 ^{119}Sn NMR 분광법

^{119}Sn 핵은 $\frac{1}{2}$스핀을 가지는 가장 흔한 주석 동위 원소이다. 5200 ppm에 달하는 화학적 이동을 보인다. Sn(II) 화합물은 Sn(IV)보다 많이 가려져 있고 넓은 이동을 보인다. 화학적 이동뿐만 아니라 Sn-H와 Sn-C 짝지음 상수로부터 구조적인 정보를 추론할 수 있다. 예를 들면, SnR_3^+ 양이온의 평면성의 정도를 측정한 것이다.(기준 표준: $SnMe_4$, δ=0 ppm)

화합물	$\delta^{119}Sn$	화합물	$\delta^{119}Sn$	비고
$MeSnCl_3$	+20	$Bu_2Sn(OBu^t)_2$	−34	monomer, 4-coord.
Me_2SnCl_2	+141	$[Bu_2Sn(OMe)_2]_2$	−165	dimer, 5-coord.
Me_3SnCl	+164	$[(mes)_3Sn]^+[B(C_6F_5)_4]^-$	+806	Sn(IV) cation, 3-coord.
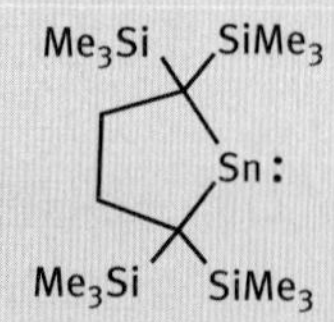	+2323	$[(C_5Me_5)Sn]^+BF_4^-$	−2247	Sn(II) cation

단일-Cp 화합물은 SnX_2와 Cp_2Sn의 리간드의 재분포를 통해 만들 수 있다. $Sn(\eta^5\text{-}Cp^*)_2$의 양성자 첨가는 MCp* (M=Al, Ga, In)와 등전자, 동일 구조인 $[Sn\ Cp^*]^+$ 양이온을 만든다.

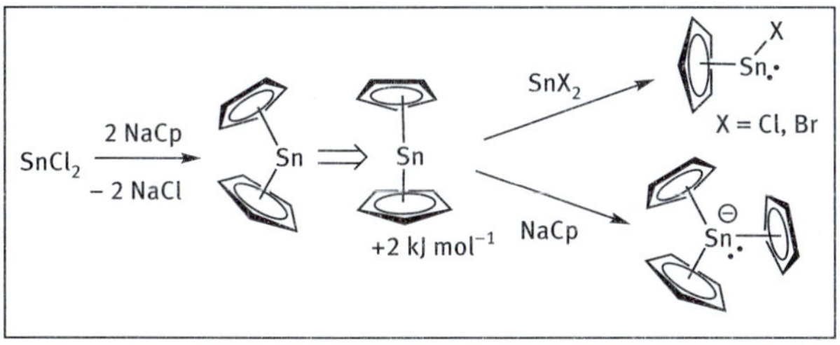

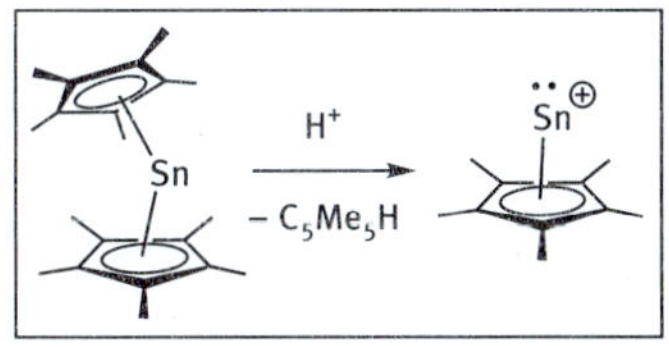

1.6.4 납 화합물

Pb 82 207.2

납의 유기 금속 화학은 주석의 일반적인 패턴을 따른다. 하지만 몇 가지 다른 점이 있다.

(1) 납은 **더 큰 반지름**을 가지고, 더 높은 배위수를 가지려 한다.

(2) 더 **낮은 산화 상태**에서, Pb(II)는 다른 무기 화합물에 대해 우세하나. $Ph(OAc)_4$는 산화제이다.

(3) 납-원소 결합은 Sn-E 결합보다 약하다.

비슷하게도 Pb-Pb 결합은 비교적 약하다. 그 결과 주석의 중요한 특징인 금속-금속 결합 화합물은 불안정하고 **열적으로 덜 안정하다**. R_3PbH 수화물이 존재함에도 불구하고 열적으로 불안정하다. (예를 들면, Me_3PbH는 −40°C보다 높으면 분해된다.) $[R_3Pb]^-$ 음이온은 모든 $[R_3M]^-$ (M=Si > Ge > Sn > Pb) 음이온에서 가장 낮은 H^+ 친화도를 가진다.

유기 금속 납 화합물의 주요한 응용은 휘발유 엔진의 너무 이른 점화를 방지하는 연료 첨가제로서, 사면체 납에 사용된다. $PbEt_4$는 반응 속도론적으로 안정하지만 흡열 반응이다. Pb-C 결합은 열을 가해주면 균일 분해 반응으로 분해된다. 그리고 에틸 라디칼의 원천이 된다. $PbEt_4$ 사용

납은 무거운 금속이면서 독성이 있으므로 현재는 $PbEt_4$를 사용하지 않는다. Si와 Sn을 비교해 볼 때 납 화합물은 유기 합성에 제한된 응용에만 사용할 수 있다는 것을 알았다.

합성. 주석 화합물과는 다르게 납 대트리 알킬은 금속(IV) 선구 물질로부터 희귀하게 만들어진다. 하지만 Pb(0) 산화성 첨가, $Pb(II)Cl_2$의 불균등화 반응에서 접근하기 쉽다.

$$6\ PbCl_2 + 12\ MeMgBr \xrightarrow{Et_2O} 6\ \text{'}PbMe_2\text{'} + 12\ MgClBr$$

$$\downarrow$$

$$3\ PbMe_4 + 3\ Pb \quad \text{불균등화 반응}$$

$$Pb(OAc)_4 + 4\ RMgX \xrightarrow{Et_2O} PbR_4 + 4\ MgX(OAc)$$

$$Pb + 4\ MeI \xrightarrow{Et_2O} Me_2PbI_2 \quad \text{직접법}$$

구조. 납(IV) 할로젠화 알킬은 쉽게 할로젠이나 카복실산 음이온에 배위되어서 8배위 착물 음이온을 형성한다. $[Me_3Pb(O_2CR)]_n$은 주석 유사체와 비슷하게 5배위 납, 사슬 중합체이다.

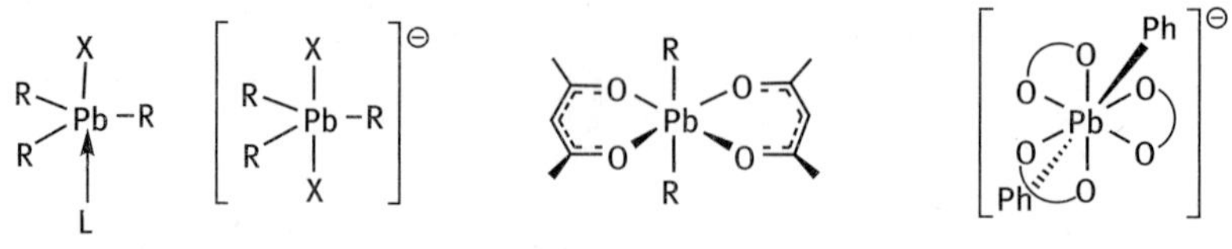

CN 5; X = halide　　CN 6; $PbR_2(acac)_2$　　CN 8; $[PbPh_2(OAc)_3]^-$

납(II)은 여러 가지 사이클로펜타다이엔일 유도체를 형성한다. $Pb(\eta^5\text{-}Cp)_2$는 기체 상태에서 단량체이며 굽은형의 샌드위치 구조를 가지지만 고체 상태에서는 여러 가지 중합체 결정을 형성한다. $[Pb_2Cp_5]^-$ 음이온은 이들의 중합체의 조각으로 여겨진다. $[CpPbCl]_x$와 $[Cp_2Pb(BF_3)]_x$는 금속이 Lewis 산과 Lewis 염기처럼 주개와 받개로 행동하며 잘 녹지 않는 중합체를 형성한다. $[PbCp]^+$ 양이온도 고립 전자쌍을 가지지만 Lewis 산처럼 행동하고 주개 리간드와 착물을 형성한다.

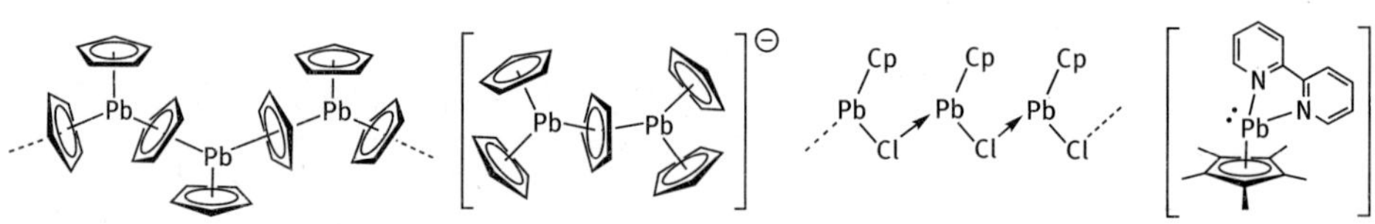

핵심

규칙에 따르면 14족 원소들은 꽉 찬 전자 상태를 만들려하지만, 몇 가지 예외가 있다. M−C 결합은 높은 공유 결합성을 가진다. 결합 세기는 족에서 아래로 내려갈수록 감소하며, 알킬화 시약으로써 행동하는 능력은 증가한다. 규소 알킬은 큰 규모의 산업적 응용에 기초가 된다. Si−O 결합의 높은 안정성은 높은 온도의 욕조처럼 절연재나 의학적 이식에 사용되는 실리콘 고분자를 만든다. 주석 알킬은 광범위하게 C−C 결합 형성에 사용된다. 낮은 산화 상태에서의 안정성은 족에서 아래로 내려갈수록 증가한다.

연습문제

1. Me_3SiCl의 두 가지 합성 방법에 대해 서술하시오.
2. Me_3SiCp가 −10°C에서 ^1H NMR 스펙트럼이 1:2:2:9의 비율로 4가지의 피크가 나왔다. 130°C에서는 스펙트럼이 간단해져서 5:9의 비율로 2가지 피크가 나왔다. 이렇게 관찰된 이유를 설명하시오.
3. Ph_3SnBr이 Na와 1:1로 반응해서 **A**가 나왔다. **A**는 2배의 Na와 반응해서 **B**를 만들었다. 이때 화학 반응식과 생성물을 보이시오.
4. Al_2Me_6는 물, 산소와 잘 반응하지만 $SiMe_4$와 $SnMe_4$와는 그렇지 않다. 이유를 서술하시오.
5. 스타닐렌(R_2Sn)이 Lewis 산과 Lewis 염기로 행동할 수 있는 이유를 서술하시오.
6. 실리콘 고분자는 무엇인가? 구조와 응용을 서술하시오.
7. $PbEt_4$의 산업적 응용 방법 중 하나는 $PbCl_2$를 $LiAlEt_4$와 알킬화하는 것이다. 네 가지 Et 리간드 중 오직 세 가지 Et 리간드만이 교환되고 생성물 중 하나는 $LiAlEtCl_3$이다. 이 과정의 알맞은 도식을 제시하시오.

2부 전이 금속의 유기 금속 화합물

1부에서 살펴보았듯이 주족 원소는 s-구역(알칼리 금속과 알칼리 토금속 원소)과 p-구역(붕소족으로부터 비활성 기체)으로 나뉜다. 분류한 방법에서 알 수 있듯이 주족 원소는 화학 결합에 s-오비탈과 p-오비탈을 이용한다. 이들 두 구역 사이에 **전이 금속**이 있다. 주기율표를 왼쪽에서 오른쪽으로 가로질러 4주기(주양자수가 4)로부터 d-오비탈이 채워지기 시작한다. 3d, 4d 및 5d 껍질이 채워져 만들어진 원소를 각각 첫 주기, 둘째 주기 및 셋째 주기 전이 금속이라 하며 각 족의 원소들은 동일한 d-전자수를 갖는 한 벌 세 원소(triad)를 이룬다. 아래 표에서 볼 수 있듯이 족 번호는 각각의 원소가 영가인 산화 상태에서 갖는 d-전자수와 같다.

다섯 개의 d-오비탈은 *x*, *y* 및 *z*에 있거나 이들 축 사이에 있어, d_{xy}, d_{xz}, d_{yz}, $d_{x^2-y^2}$ 및 d_{z^2} 오비탈은 결합을 형성할 때 여러 방향으로 알맞은 대칭성을 유지할 수 있다. 4족 원소를 시작으로 전이 금속과 주족 원소 사이의 화학적 성질 차이는 아주 커지며 '전이 금속'이라는 용어는 일반적으로 4~10족 원소에 적용된다. 이들 원소는 유기 금속 화학에서 다양한 산화 상태에 따른 풍부한 화학, 흔치 않은 결합 및 반응성과 같은 특이성을 보이는데, 이것은 산업 공정에서 촉매로서 중요하게 이용되는 이유이다.

전이 금속 구역의 구조

스칸듐(Sc)을 시작으로 **3d 오비탈의 에너지 준위는 4s 준위 아래로 내려간다**. 따라서 스칸듐과 그 이후 원소들의 화학은 **d-준위를 채워 이루어진다**.

족	3	4	5	6	7	8	9	10	11	12
N	d^3	d^4	d^5	d^6	d^7	d^8	d^9	d^{10}	$d^{10}s^1$	$d^{10}s^2$
4	Sc	Ti	V	Cr	Mn	Fe	Co	Ni	Cu	Zn
5	Y	Zr	Nb	Mo	Tc	Ru	Rh	Pd	Ag	Cd
6	La	Hf	Ta	W	Re	Os	Ir	Pt	Au	Hg
7	Ac									

f^1	f^2	f^3	f^4	f^5	f^6	f^7	f^8	f^9	f^{10}	f^{11}	f^{12}	f^{13}	f^{14}
Ce	Pr	Nd	Pm	Sm	Eu	Gd	Tb	Dy	Ho	Er	Tm	Yb	Lu
Th	Pa	U	Np	Pu	Am	Cm	Bk	Cf	Es	Fm	Md	No	Lr

자료 2.0 전자 배치와 d-전자셈

전이 금속 원자의 전자 배치는 종종[비활성 기체]$nd^x(n+1)s^y$ (예를 들어 타이타늄의 경우 [Ar]$3d^24s^2$)와 같이 나타낸다. 위에서 언급하였듯이 스칸듐부터 전이 원소의 d 준위는 s 준위 아래로 가라앉게 된다. 또한 금속 이온에서는 d 오비탈이 항상 s 오비탈의 아래에 있다. 따라서 화합물에서 전이 금속의 **유효 전자 배치는 d^4, d^5, d^6, ⋯ d^{10}과 같이 표시된다.**

전자 배치: d^xs^y가 아니라 d^{x+y}

원소의 d-전자수는 족 번호와 동일하다.

앞 페이지의 표에 전이 금속 한 벌 세 원소(산화 상태 0에서)의 전자 배치가 나와 있으며 전자셈을 이해하거나 전이 금속 착물의 자기적 성질을 이해하는 데 중요하다.

7족까지는 d-전자수가 해당 원소가 가질 수 있는 최고 산화 상태이다.

3족 원소(Sc, Y, La)는 주로 M^{3+} 이온으로 존재하며 이들 원소의 화학은 알루미늄의 화학과 다르지 않다. 이들은 '**희토류**(rare earth)' 금속이라 부른다.

란타넘족

란타넘 원소에 뒤이어 14개 원소들이 일곱 개의 4f 오비탈을 채우며 나타난다. 세륨(Ce)으로부터 루테튬(Lu)에 이르는 원소를 '**란타넘족 원소**(lanthanides)'라고 한다. 이들 원소에서 f 오비탈은 화학 결합에 중요하게 관여하지 않고 주로 M^{3+} 이온에 기초한 화합물을 형성하며 화학적 성질 또한 일반적으로 비슷하다. 이들은 몇 가지 중요한 자기적 성질을 갖는, 친전자성 유기 금속 화합물을 형성한다.

악티늄족

유사한 방법으로 악티늄(Ac) 원소 뒤에 나오는 원소들은 '**악티늄족 원소**(actinides)'라고 한다. 이들 중에서 오로지 토륨과 우라늄만이 중요한 유기 금속 화학을 가진다.

란타넘족 수축

란타넘과 그 뒤의 전이 원소 사이에 14개의 원소가 들어가 있으므로 하프늄은 핵전하가 증가하게 되고 원자 및 이온 반지름은 상당히 축소되어 있어 이를 '**란타넘족 수축**(**lanthanide contraction**)'이라고 한다. 이는 구조와 결합에 중요한 결과를 초래한다. 따라서 6주기 전이 금속의 반지름은 5주기 전이 금속의 반지름과 비교하여 더 작은 경향이 있으며 금속-탄소 간 결합은 더 세게 된다.

주화 금속

11족 원소(Cu, Ag, Au)는 **주화 금속**(**coinage metals**)으로 다른 전이 금속처럼 최대 산화 상태로 행동한다. 반면에 M^+ 이온은 완전히 채워진 d-껍질의 d^{10} 전자 배치를 갖고 있어 주족 원소의 특징을 갖고 있다. 마지막으로 12족 원소는 주족 원소로 취급한다. 따라서 이들은 1부에서 다루었다.

일반적 경향성: 전기 음성도와 결합 세기

다음 표는 전이 금속의 Pauling 전기 음성도(EN)를 보여 주고 있다. C와 H의 전기 음성도는 각각 2.5와 2.2이다.

Ti	V	Cr	Mn	Fe	Co	Ni	Cu
1.5	1.6	1.6	1.5	1.8	1.9	1.9	1.9
Zr	**Nb**	**Mo**	**Tc**	**Ru**	**Rh**	**Pd**	**Ag**
1.4	1.6	1.8	1.9	2.2	2.2	2.2	1.9
Hf	**Ta**	**W**	**Re**	**Os**	**Ir**	**Pt**	**Au**
1.3	1.5	1.7	1.9	2.2	2.2	2.2	2.4

⇓ 높은 산화 상태의 안정성 증가

⇓ M-C 결합 세기 증가

더 극성 M-C σ-결합 ⟺ 더 공유성 M-C σ-결합

금속은 탄소나 수소에 비하여 더욱 전기 양성이고 M-X 결합에서 금속 M은 양으로 편극되어 있다. 그러나 8~11족의 5주기와 6주기 원소인 루테늄에서 금에 이르는 원소는 통틀어 **귀금속(noble metal)**이라 하고, 이들은 높은 전기 음성도 그리고 탄소와 공유 결합하는 성질과 특성을 갖고 있다. Au-C σ-결합이 그 예로 무극성이고 공기와 습도에 안정하다.

전이 금속 구역에서 금속-탄소 간 결합 세기는 한 벌 세 가지 원소의 경우 첫 주기에서 셋째 주기로 내려갈수록 증가한다. 이는 주족 원소에서 설명한 결합 에너지 경향과 반대이고 M-C 간 결합에 d-오비탈이 관여함을 나타낸다. 셋째 주기 전이 금속은 열역학적으로 가장 안정한 착물을 형성하는 경향이 있고 반응성은 더 작으며 둘째 주기 전이 금속에 비하여 촉매로서 적게 관여한다(몇 가지 예외는 있음).

2.1 리간드 형태

$M \leftarrow :L$
$\overset{\oplus}{M}—X^{\ominus}$

주족 원소의 유기 금속 화학이 주로 금속-탄소 간 σ 결합인 반면, 전이 금속은 금속과 π-전자계를 통한 상호 작용과 같이 훨씬 다양한 리간드와 결합할 수 있다. 일반적으로 리간드는 다음과 같이 두 가지 형태로 분류한다.

(1) **L-형 리간드(L-type ligand)**는 전자쌍을 금속에 준다.
(2) **X-형 리간드(X-type ligand)**는 M-X σ-결합을 형성한다(여기서 X는 전기 음성의 원소이다). 이들 결합은 극성이거나 공유 결합성이고 음전하가 X 원자 위에 있는 공명 구조로 나타낼 수 있다.

$$M \leftarrow :L \quad \overset{\delta^+}{M}—\overset{\delta^-}{X} \longleftrightarrow \overset{\oplus}{M}\ \overset{\ominus}{X}$$

보다 더 복잡한 형태의 상호 작용, 즉 한 리간드가 **LX**와 **L_2X**처럼 L- 및 X- 특성을 갖고 상호 작용하여 형성되는 착물도 있다. 리간드 유형은 아래 표에 보여 주고 있다.

리간드는 금속 중심에 전자를 기여하며 그러한 착물의 안정도와 반응성은 착물의 전체 전자수의 영향을 크게 받는다.

금속 중심당 전체 전자수 = *d*-전자수 + 리간드의 전자수 합 – 전체 전하

전체 전자수를 결정하는 방법과 주어진 리간드가 제공하는 전자수를 결정하는 방법은 다양하다. 여기서는 각각의 리간드를 중성 리간드로 생각하는 '중성 리간드' 방법을 사용하겠다. 이는 **오로지 전자셈을 하는 동안** 금속을 영가로 취급하므로 이 단계에서 산화 상태를 걱정할 필요가 없다.

리간드 형태	형태	예
1-전자 리간드: *X*-형	σ-리간드:	–H, alkyls: $-CH_3$, $-CH_2R$, –CH=CHR (vinyl, alkenyl), –C≡CR (alkynyl), $-SiR_3$ silyl 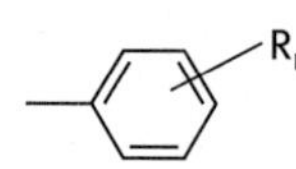 aryl terminal halides, alkoxides, amides: –Cl, –Br, –I, –OR, $-NR_2$
	σ-주개	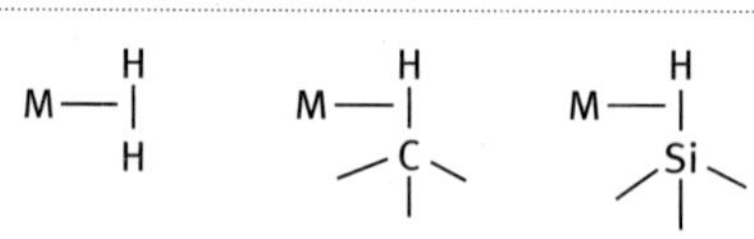 dihydrogen, alkane and silane complexes
2-전자 리간드: *L*-형	n-주개, π-받개 리간드:	C≡O, C≡NR isonitriles, PR_3 phosphines 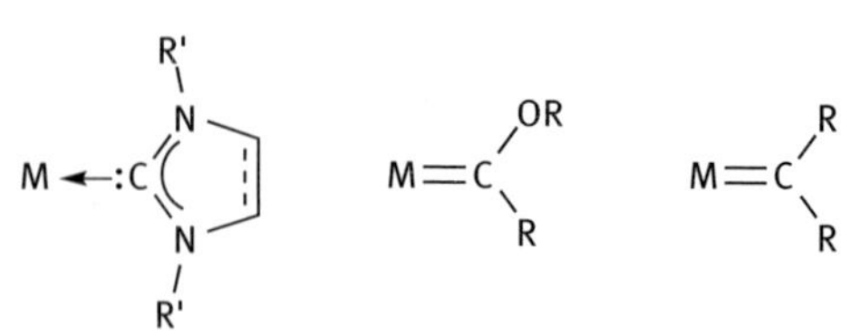 carbenes, alkylidenes
	π-주개 / 받개 리간드:	$CH_2=CH_2$ ethylene, 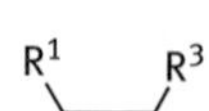 R^2 R^4 alkenes

리간드 형태	형태	예
3-전자 리간드: *LX*-형		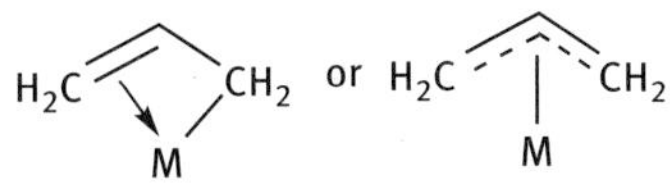 η³-allyl, η³-enyl 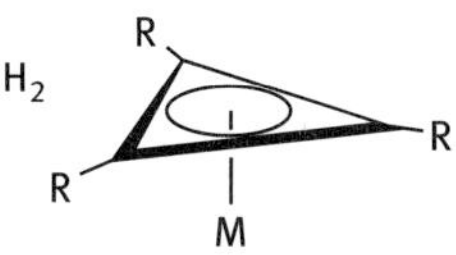 cyclopropenyl 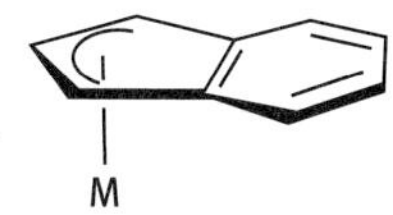 η³-indenyl 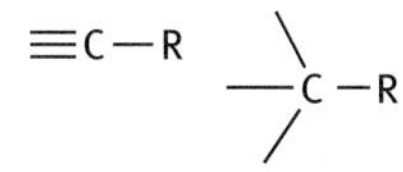 terminal and bridging carbyne (alkylidyne) 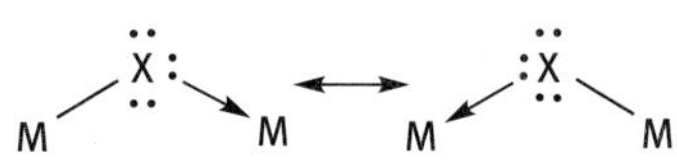 bridging halide, alkoxide, amide 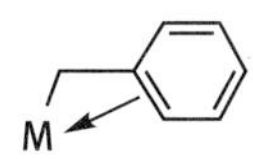 η³-benzyl 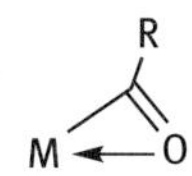 η³-acyl 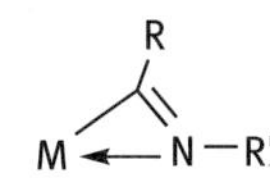 η³-iminoacyl
4-전자 리간드: L_2와 LX_2-형		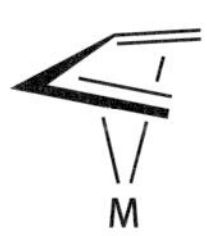 η⁴-diene, conjugated 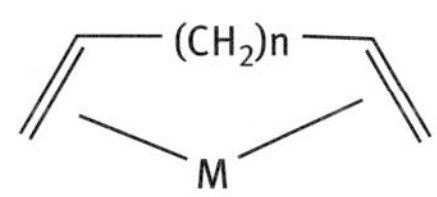 η², η²-diene, nonconjugated 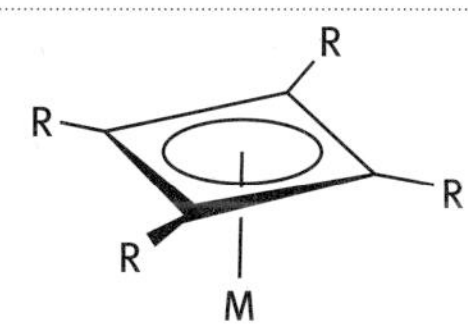 η⁴-cyclobutadienyl 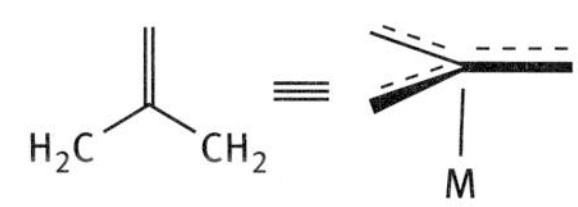 η⁴-trimethylenemethane 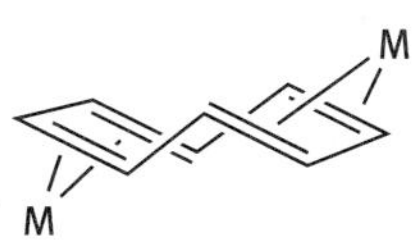 η⁴, η⁴-cyclooctadiene 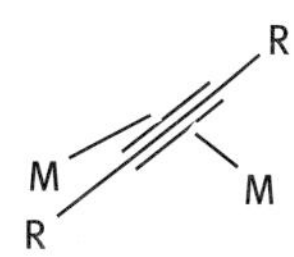 bridging alkyne
5-전자 리간드: L_2X-형		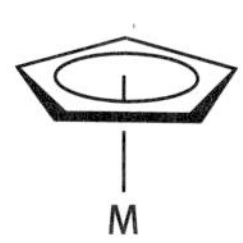 η⁵-cyclopentadienyl 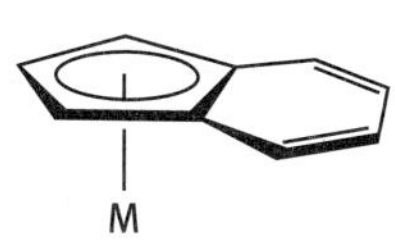 η⁵-indenyl 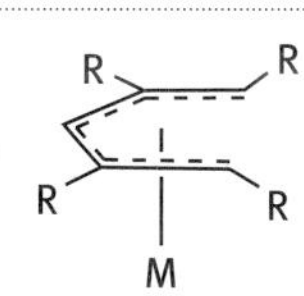 η⁵-pentadienyl 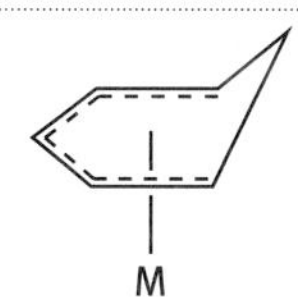 η⁵-cyclohexadienyl 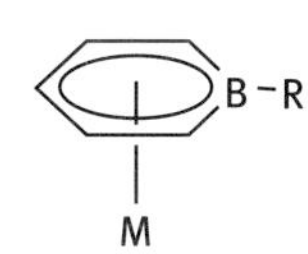 boratabenzene complex
6-전자 리간드		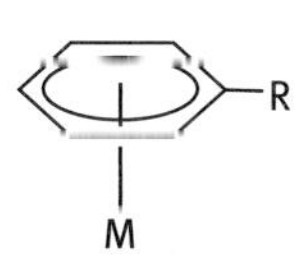 η⁶-arene 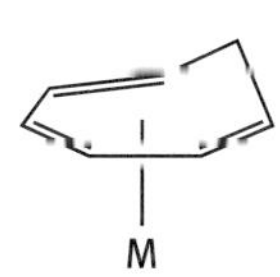 η⁶-cycloheptatriene 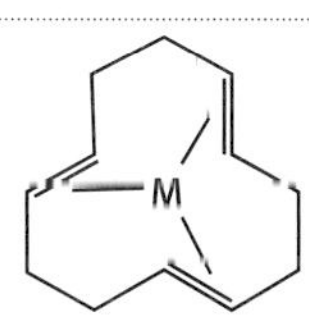 η⁶-cyclododecatriene
7-전자 리간드		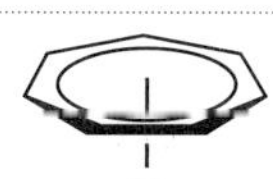 η⁷-cycloheptatrienyl
8-전자 리간드		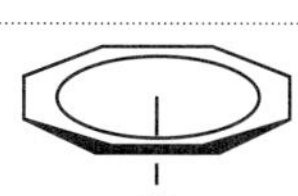 η⁸-cyclooctatetraenyl

2.2 유기 금속 착물의 일반적 유형

앞에서 분류한 리간드는 란타넘족, 악티늄족뿐만 아니라 전이 금속과 다양한 형태의 착물을 형성한다. 이들 착물의 구조, 열에 대한 안정성 및 반응성은 한편으로는 금속 중심의 전자적 특성, 다른 한편으로는 리간드의 입체적 요구 조건에 크게 의존한다. 한 가지 형태의 리간드만 갖고 있는 착물은 동종리간드(homoleptic) 착물이라고 한다. 오로지 두 가지 형태의 원자로 이루어진 화합물은 이성분(binary) 화합물이라고 한다.

리간드는 하나, 둘, 셋 또는 더 많은 배위 자리를 차지할 수 있으며 이들은 각각 한자리-, 두자리-, 세자리- 또는 여러자리-리간드라고 부른다. 한 개 이상의 원자가 동일한 금속에 결합할 수 있는 리간드는 한자리 리간드에 비하여 훨씬 더 안정한 착물을 형성한다('킬레이트 효과').

가장 흔한 배위수는 6(팔면체 또는 삼각프리즘)이며, 7-, 8-, 및 9-배위 착물도 존재한다. 입체 및 전자 효과에 의하여 다른 형태나 더 낮은 배위수를 갖는 착물이 형성되기도 한다. 금속 중심이 d^8 전자 배치를 갖는 경우 착물의 구조는 거의 모두 **사각 평면형**이다. 이는 강한 주개 리간드인 경우에 둘째 주기 및 셋째 주기 전이 금속에 대하여 특히 잘 적용된다. 입체적 인자가 중요한 경우 착물의 구조는 사면체인데 이는 입체 반발을 최소화하여야 하기 때문이다. 양으로 하전된 금속 착물은 중성인 경우에 비하여 더욱 Lewis 산성이며 배위수는 흔히 더 높다.

한자리 리간드로 이루어진 대표적인 착물의 형태는 표 2.2.1에서 보여 주고 있는 것처럼 할로젠, 알킬, CO 및 포스핀 착물이다.

배위수 5와 6은 각각 두 가지 다른 기하 구조가 가능하다. CN 5의 경우 삼각쌍뿔(tbp)과 사각뿔(sp) 구조가 리간드의 뒤섞임 경로에 의하여 일반적으로 분리되며, 이들 간의 에너지 차이는 그리 크지 않다. π-주개와 전기 음성 리간드는 tbp를 선호하고($NbCl_2Me_3$에서 처럼), 반면에 σ 착물인 $TaMe_5$는 기체상에서 사각뿔 구조이다. CN 6의 경우 d^0-d^2 전자 배치는 강한 σ-주개(메틸 리간드)가 존재할 경우 팔면체보다는 삼각프리즘 구조를 선호한다. 그러나 π-받개 리간드가 있는 경우에서처럼 대부분의 다른 착물에서는 팔면체 구조가 더욱 안정하다.

입체 장애의 중요성. 배위수 3인 착물은 흔치 않다. 표 2.2.1의 예에서 볼 수 있듯이 낮은 배위수를 갖는 착물을 분리하기 위해서는 입체 장애가 큰 리간드를 사용해야 한다. 이는 반응 속도론적 가리움을 보이게 된다. 예를 들어 $TiMe_4$는 열에 불안정하나 입체 장애가 큰 $Ti(CH_2SiMe_3)_4$는 실온에서 안정하다.

배위수나 금속의 산화 상태는 종종 리간드의 입체 장애의 영향을 받는다. 예를 들어 $CrCl_3$를 알킬화하면 R = $CH(SiMe_3)_2$인 경우 Cr(III)인 CrR_3가 생성물로 만들어지나 R = CH_2SiMe_3인 경우 Cr(IV) 착물이 만들어진다.

입체 효과는 특히 전촉매로 작용하는 금속에 대하여 종종 배위수를 조절하기 위하여 이용된다. 배위 및 전자적으로 포화된 18 VE 포스핀 착물인 PdL_4를 형성하는 Pd(0) 착물에서, L을 해리하거나(PdL_3 또는 PdL_2를 만들기 위하여) 또는 2-배위 $Pd(PBu^t_2Ph)_2$에서처럼 높은 배위수 착물을 방지하기 위하여 부피가 큰 포스핀을 사용하는 것이 유용하다. 3-배위 d^8 금속 착물은 사각형 구조에서 한자리가 비어 있는 T-자형 구조를 유지한다.

표 2.2.1 유기 금속 전이 금속 착물에 대한 일반적인 기하 구조

MX_n, ML_n	***n* = 2**	***n* = 3**	***n* = 4**	***n* = 4**
기하 구조	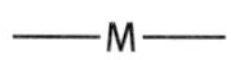	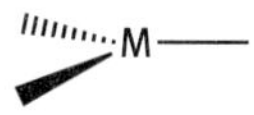	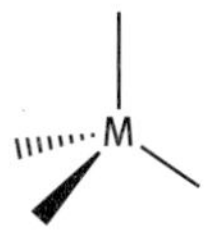	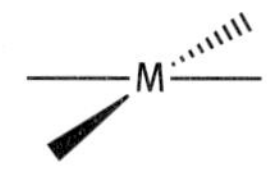
	linear	trigonal-planar	tetrahedral	square-planar (sqp)
할로젠	$HgCl_2$		$TiCl_4$, $[CoCl_4]^{2-}$	$[PdCl_4]^{2-}$
금속 알킬	$R_3C{-}Mn{-}CR_3$ R =$SiMe_3$	$Cr(CHR_2)_3$ R =$SiMe_3$	$TiMe_4$ $Ti(CH_2SiMe_3)_4$	$[Pt(C{\equiv}CR)_4]^{2-}$
금속 카보닐	$[Au(CO)_2]^+$ d^{10}, 14 VE	$[Cu(CO)_3]^+$ d^{10}, 16 VE	$Ni(CO)_4$ d^{10}, 18 VE	$[Rh(CO)_4]^+$ d^8, 16 VE
포스핀 착물	$Pd(PBu^t{}_2Ph)_2$, $(R_3P)AuCl$	$Ni(PEt_3)_3$	$Ni(PMe_3)_4$, $NiCl_2(PPh_3)_2$	$[Rh(PMe_3)_4]^+$, $NiCl_2(PMe_3)_2$
MX_n, ML_n	***n* = 5**	***n* = 5**	***n* = 6**	***n* = 6**
	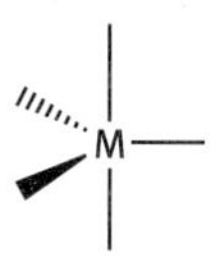			
	trigonal-bipyramidal (tbp)	square-pyramidal	octahedral	trigonal-prismatic
할로젠	$MoCl_5$		$[TiCl_6]^{2-}$, WCl_6	
알킬	$NbCl_2Me_3$	$TaMe_5$	$[RhMe_6]^{3-}$	$[ZrMe_6]^{2-}$, WMe_6
카보닐	$Fe(CO)_5$ d^8,18 VE		$Cr(CO)_6$ d^6,18 VE	
포스핀 착물	$Fe(PMe_3)(Me_2PCH_2{-}$ $CH_2PMe_2)_2$ $Rh(H)(CO)(PPh_3)_3$	$R_2C{=}RuCl_2(PR_3)_2$	$[Fe(Me_2PCH_2{-}$ $CH_2PMe_2)_3]^{2+}$ $WCl_3(PMe_2Ph)_3$	

입체 장애는 또한 특정한 반응 경로를 막거나 또는 완전히 다른 반응성을 보이도록 하는 데 이용할 수 있다. 예를 들면 비스(이미노)피리딘의 철 착물은 N 위에 작은 페닐 치환체가 있으면 산화-환원 반응 연구에 오랫동안 사용되어 온 비스(리간드) 착물인 $[Fe(NNN)_2]^{2+}$가 만들어진다. 그러나 입체 장애가 큰 이민-치환체는 금속당 오직 한 개의 리간드만 허용하며 이 착물은 매우 반응성이 큰 에틸렌의 중합 반응에서 촉매가 된다

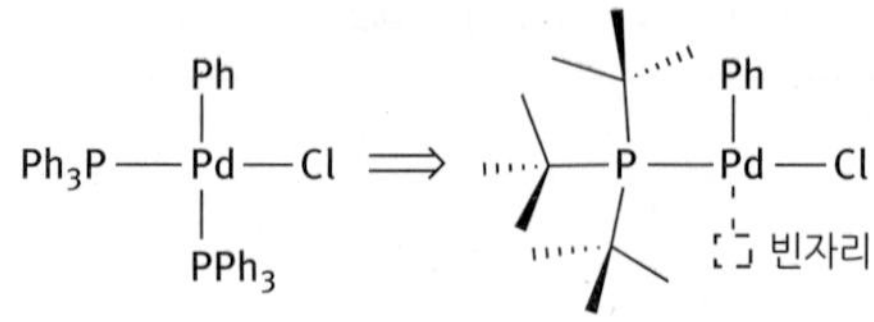

약한 활성　　　　강한 활성

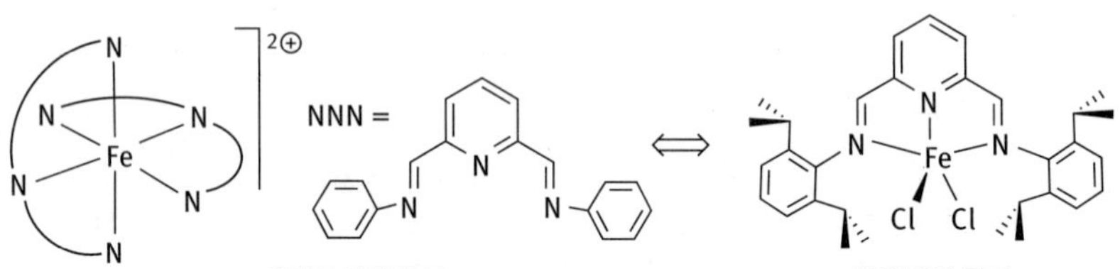

촉매로서 비활성　　　　매우 강한 활성

π-리간드. 유기 금속 착물은 흔히 금속과 π-전자계를 통하여 결합할 수 있는 중성, 음이온성 또는 형식적으로 양이온성의 열린 또는 닫힌 불포화 리간드를 포함하고 있다. 이들 착물의 구조는 둘 또는 세 개 배위 자리가 π-리간드에 의해 채워진 팔면체로부터 유도할 수 있다. 음전하를 갖고 있는 리간드는 LX(3-전자 주개) 또는 L_2X(5-전자 주개) 유형으로 분류된다. 이들 중에서 가장 중요한 것은 사이클로펜타다이엔일 음이온 $C_5H_5^-$(Cp^-)이고 L_2X 부류에 속한다.

금속이 평면 고리형 π-리간드 사이에 갇혀 있는 착물을 **샌드위치 착물**(sandwich complexes)이라 하고, 반면에 한 개의 평면 고리형 π-리간드뿐만 아니라 하나 또는 여러 개의 한자리 리간드를 포함하고 있는 착물을 **반쪽-샌드위치 착물**(half-sandwich complexes) 또는 '피아노 의자(piano stool)' 구조 착물이라고 한다. 일련의 체계적인 열린 그리고 닫힌 π 계가 있다.

열린 π-리간드:

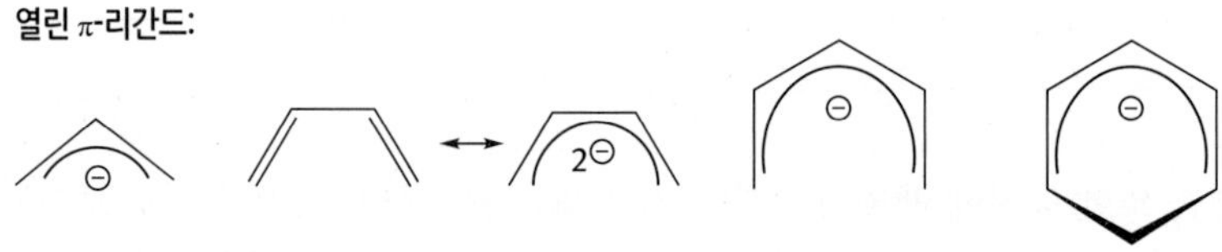

η^3-allyl　η^4-diene, enediyl　η^5-pentadienyl　η^5-cyclohexadienyl

닫힌 π-리간드:

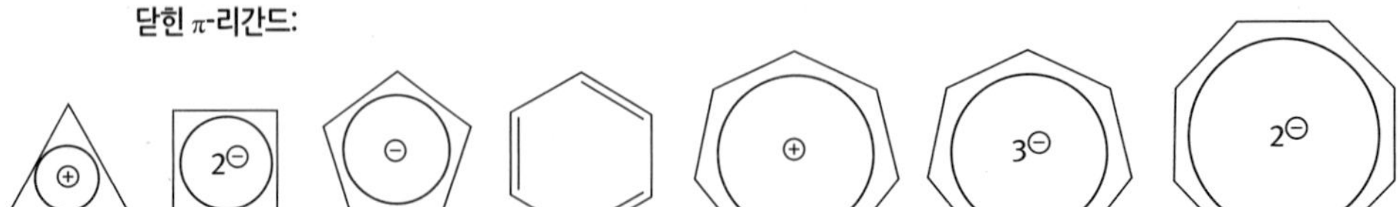

2π　6π　6π　6π　6π　10π　10π

금속 중심의 전자셈과 고리 리간드에 의하여 제공되는 π-전자수에 따라 다양한 리간드 조합으로 이루어진 등전자 샌드위치 및 반쪽-샌드위치 착물이 있다. U^{4+}와 Th^{4+}와 같이 큰 이온은 큰 고리 10π Hückel 방향계인 $C_8H_8^{2-}$와 샌드위치 착물을 형성할 수 있다.

샌드위치 착물:

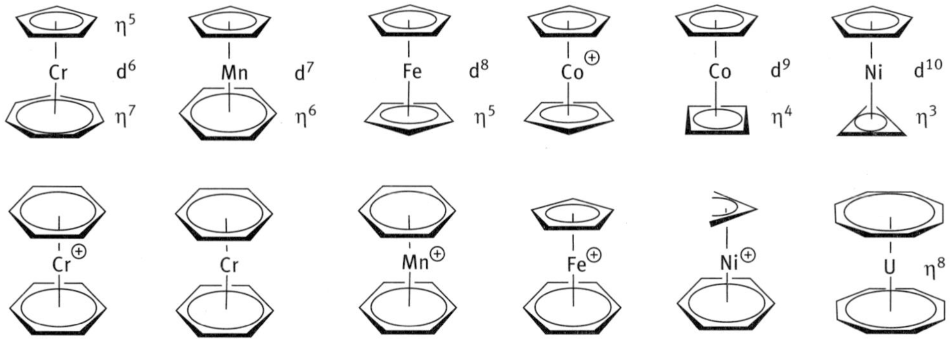

Cp 리간드는 필요에 따라 치환될 수 있다. 매우 치환성(labile)인 화학종의 입체 안정화를 시키기 위하여 Cp 고리 위에 부피가 큰 치환체가 종종 사용된다. 가장 중요한 부피가 큰 Cp 리간드는 펜타메틸-Cp, $C_5Me_5^-$(약어로 Cp*)이다. 다섯 개의 메틸 치환체를 도입하여 리간드의 유효 지름과 두께를 두 배로 증가시킬 수 있다. 각각의 Me 치환체는 산화-환원 전위를 증가시켜서 MCp^*_2 착물은 MCp_2보다도 환원시키기가 더 쉽다.

주로 사용되는 Cp 리간드:

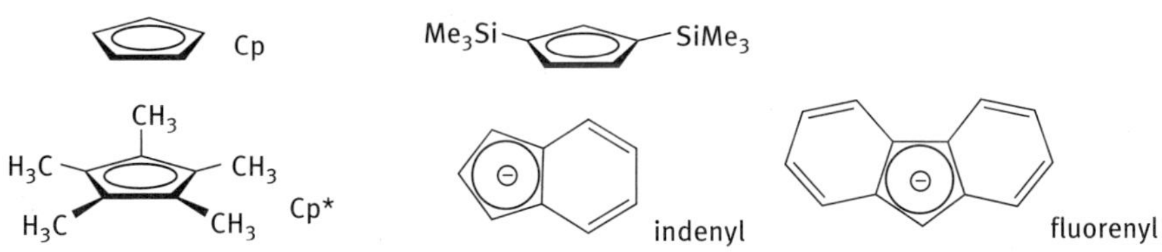

특히 널리 쓰이는 샌드위치 착물은 두 개의 Cp 고리(MCp_2, 메탈로센)를 갖고 있으며, 부수적으로 리간드를 갖고 있는 $Cp_2M(X)(Y)$ 형태이다. 이들을 수용하려면 두 개의 Cp 고리는 기울어져 경계 오비탈의 에너지에 영향을 주어야 한다. 다양한 리간드 Cp_2ML_2, Cp_2MXL 및 Cp_2MX_2로 이루어진 착물이 존재하며 합성 및 촉매로서의 응용 분야에서 수많은 용도로 사용된다.

연결체를 통하여 두 개의 Cp 리간드를 이으면 Cp 회전을 방지하고 배위 자리 틈새를 조절할 수 있어 반응성을 증가시킬 수 있다.

메탈로센 착물 유형:

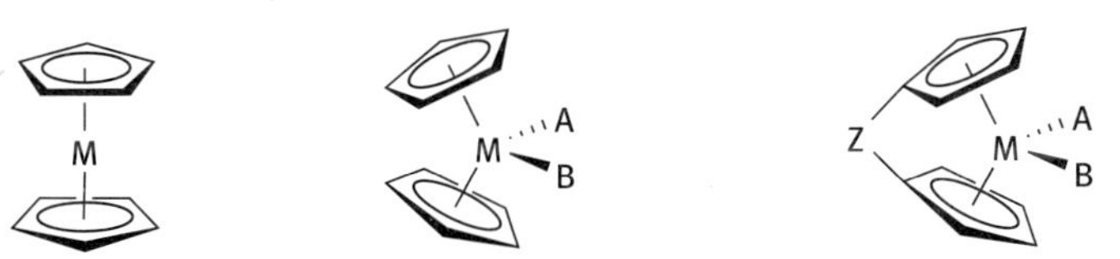

bent metallocene
A, B = X- or L-type ligand

ansa-metallocene
ansa (Latin) = handle
Z = bridging group

2.3장에서 설명하겠지만 샌드위치 착물은 전자셈이 18일 때 가장 안정하다. 이 '요술수(magic number)'는 일련의 계열 중 하나이며 [Cr(benzene)]으로 Cr(benzene)$_2$와 같은 샌드위치를 모자 씌워 소위 삼중층 착물인 Cr$_2$(benzene)$_3$가 만들어지며 전자셈은 **18에서 30 원자가 전자**(18 to 30 valence electron, VE)로 확장된다. 다른 삼중층 착물도 역시 존재하며 34 VE에 이른다.

18-전자 규칙의 확장: 2.5.2절을 보라.

고차 메타로센:
삼중층 착물

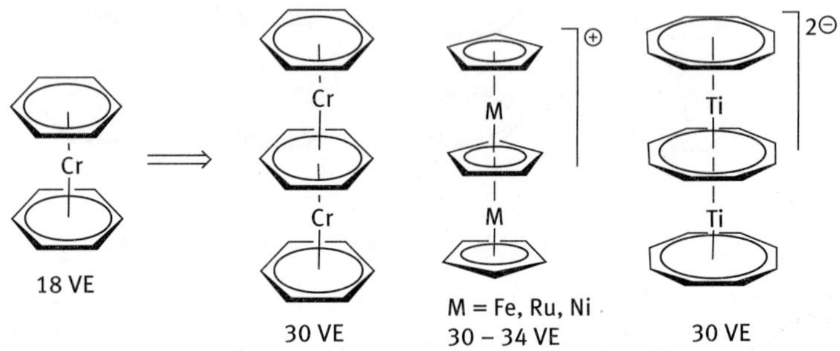

반쪽-샌드위치 착물. CO, 포스핀, 할로젠화 이온, 수소화 이온 등과 같은 주개 또는 음이온 리간드를 포함하고 있는 전이 금속 토막은 π-주개 리간드와 함께 반쪽-샌드위치 착물을 만든다. 배위하게 되면 반응성이 증가하므로 반쪽-샌드위치 착물은 확장된 π-계를 갖고 있는 가장 많은, 그리고 가장 다양한 착물 군을 구성하고 있다. 아래 그림은 η^3-알릴로부터 방향족 고리계에 이르는 π-리간드로 이루어진 중성 및 하전된 반쪽-샌드위치 착물의 대표적인 예를 보여 주고 있다.

열린 리간드 반쪽-샌드위치 착물

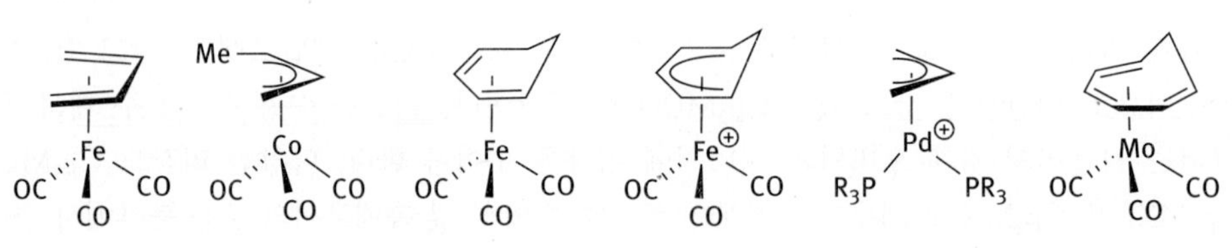

반쪽-샌드위치 착물의 대표적인 예:

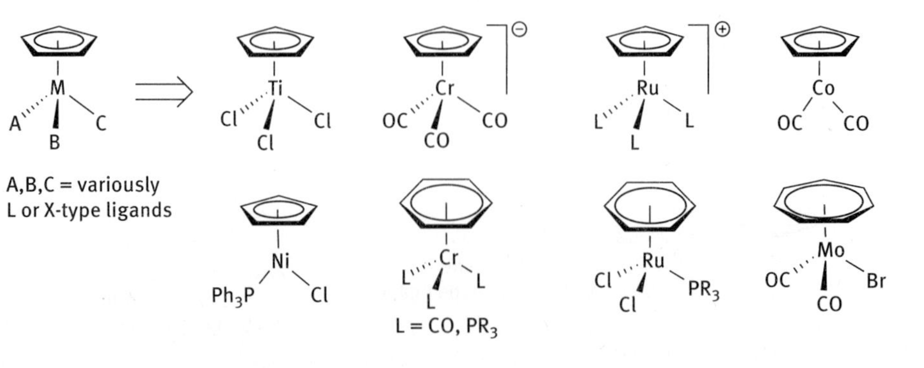

2.3 전자셈과 16/18-전자 규칙

2.3.1 합성

1부에서 보여 주었듯이 주족 원소 화합물에 대하여 팔전자 규칙은 특별한 안정성을 나타낸다. 이용 가능한 s- 및 p-오비탈은 완전히 채워져 있고 네 개의 2-전자-2-중심 결합을 형성하며 이들은 함께 팔전자를 형성한다. 전이 금속에 대해서도 유사한 **18-전자 규칙 (18-electron rule)**이 있으며 이 또한 d-전자, 리간드, 양전하 또는 음전하 수의 합이 '요술수'인 18 원자가 전자(VE)에 이를 때 특별한 안정성이 있음을 예측하게 한다. 이는 종종 16/18-전자 규칙이라고도 하는데 일부 금속에서 잘 알려진 전자적인 이유로 전자셈이 16이 되는 것을 선호하기 때문이다.

18-전자 규칙은 경험 법칙으로 간주되며 유용하게 이용된다. 이 규칙은 주개와 받개 상호 작용으로 금속과 강하게 결합하고 센 리간드 장으로 작용하는 CO 같은 리간드를 포함하는 착물에서 가장 잘 맞는다. 18 전자셈에 연관된 특별한 안정성에 대한 일반적인 설명은 한 개의 s-, 세 개의 p- 그리고 다섯 개의 d-오비탈을 채우는 데 18개의 전자가 필요하다는 것이며, 결과적으로 비활성 기체 전자 배치에 이른다는 것이다. 보다 더 최근의 이론적 연구는 리간드 결합에서 p-오비탈의 참여에 대하여 의문을 던지고 있으며, 대신에 금속-리간드 σ*-오비탈에 전자가 존재하게 된다고 제시하고 있다. 그러나 그 결과는 동일하다.

전자셈법은 두 가지 약속을 따를 수 있다. 2.1장의 리간드 목록에서 우리는 각각의 리간드를 중성으로 간주하였다. 따라서 메틸이나 염화 이온을 중성 라디칼로 취급하여 금속에 한 개의 전자를 주는 것으로 간주하였다. 이 방법에서는 산화 상태를 부여할 필요가 없다.

또 다른 방법은 안정한 음이온을 형성하는 모든 리간드를 음으로 하전된 것으로 취급하고 금속에 대하여 해당하는 산화 상태를 적용함으로써 전하를 보상하는 방법이다. 이 방법이 결과를 변화시키지는 않으나 산화 상태를 정하는 것이 항상 간단하지만은 않아서 전자셈을 위한 목적으로는 착물의 전자 구조를 걱정하지 않는 것이 보다 더 간편하다.

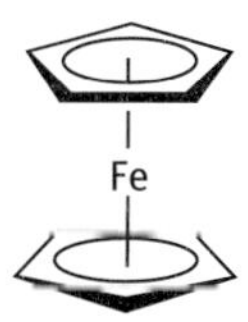

Ferrocene =
bis(η^5-cyclopentadienyl)iron

공유 전자셈	
C_5H_5	$5e^-$
Fe(0)	d^8
C_5H_5	$5e^-$
	18 VE

이온 전자셈	
$C_5H_5^-$	$6e^-$
Fe^{2+}	d^6
$C_5H_5^-$	$6e^-$
	18 VE

금속-금속 결합(metal-metal bond)을 갖는 화합물에서는 한 금속으로부터 다른 금속으로 주어지는 전자를 고려한다. 예를 들어 망가니즈 카보닐은 $(OC)_5Mn-Mn(CO)_5$ 구조를 갖고 있다. d^7의 d-전자 배치와 각각의 CO 리간드로부터 주어진 두 개 전자로부터 $Mn(CO)_5$ 조각은 $d^7 + 5 \times 2 = 17$ 전자이다. 추가 전자는 두 번째 망가니즈 원자에서 가져와 각각의 금속 중심이 18 VE를 형성하게 된다.

금속-금속 결합

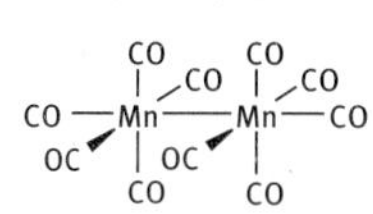

1.1장에서 다루었듯이 다리 놓는 할로젠화 이온(또는 적어도 하나의 고립 전자쌍을 갖고 있는 헤테로 원자)은 전체 세 개의 전자를 기여한다(X = 할로젠화 이온, OR, SR, NR_2 등, L = 일반적인 중성 주개 리간드).

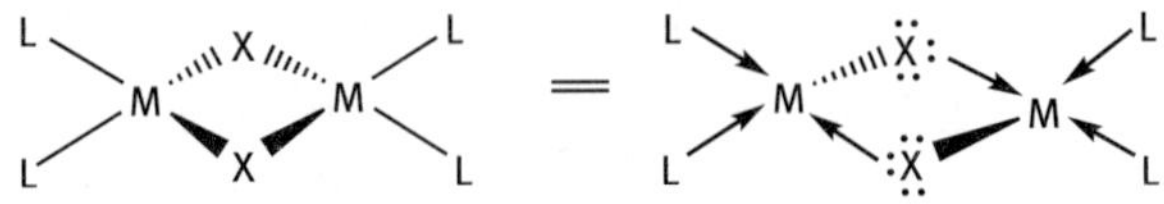

d^8, 사각 평면형: 16 VE

금속 중심이 d^8 전자 배치를 갖는 착물은 대부분 **전자셈이** 16인 **사각 평면형**(square planar) 기하 구조를 갖는다. 이런 현상은 특히 둘째 주기 및 셋째 주기 Rh(I), Ir(I), Pd(II), Pt(II) 및 Au(III) 같은 전이 금속이 사이안화 이온, CN^-와 같은 센 장 리간드나 강한 주개 리간드인 PR_3와 이루는 착물에서 잘 일치한다. 그 이유는 원자 번호가 증가함에 따른 d-껍질의 안정성 증가에 기인하며, 따라서 점유된 d_{z^2} 오비탈은 더 이상 리간드 결합에 참여하지 않는다. 몇몇 예는 아래와 같다.

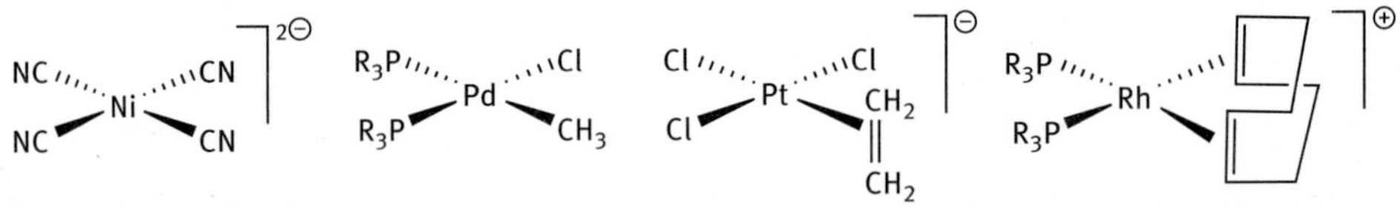

사각 평면형 기하 구조는 **전자적인** 이유 때문에 선호되는 반면 **입체적인** 이유에 의하여 가장 우세한 기하 구조는 사면체임에 유의하라. 따라서 Ni^{II}-Pt^{II}의 착물은 대부분 사각 평면형인 반면 Ni^0-Pt^0 착물(d^{10})은 사면체이다.

2.3.2 전자셈과 산화 상태

산화 상태를 부여할 때 CO, 에틸렌, 포스핀 또는 벤젠과 같은 자유 분자는 중성으로 존재하는 것으로 간주하는 반면에, 전형적으로 염에 존재하고 금속보다 더 전기 음성인 Cl^-또는 사이클로펜타다이엔일 음이온 $C_5H_5^-$(Cp^-)는 음으로 하전된 리간드로 취급한다. 간혹 양으로 하전된 것으로 간주되는 리간드도 있는데 선형으로 결합하는 NO^+가 그 예이며 2-전자 리간드로서 CO와 등전자 관계이다. 금속의 산화 상태는 음전하를 상쇄시키기 위하여 필요한 전하로 주어지며, 착물의 전체 음전하 또는 양전하 또한 계산에 넣는다. 산화 상태는 금속 중심의 d-전자수를 결정할 때 유용하다. 예를 들어 어떠한 이온이 d^6(Fe^{II}, Co^{III}), d^8(Rh^I, Pt^{II}), 또는 d^{10}(Ni^0)임을 알면 이들은 각각 팔면체, 사각 평면형 또는 사면체 기하 구조임을 암시한다. 다음 예들은 이 같은 원리를 나타내며 또한 유기 금속 화합물의 다른 구조 형태를 보여 준다. **그러나 산화 상태는 형식적인 것이고 물리적 성질이 아니며 측정할 수 없음을 항상 기억해야 한다.**

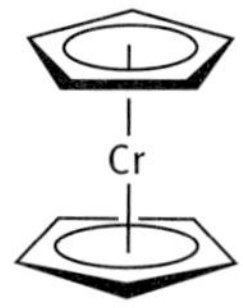

샌드위치 착물
크로모센

전자셈: Cr d^6
Cp: $2 \times 5 = 10\ e^-$
16 VE

산화수:
Cr당 2 Cp^- 음이온,
착물의 알짜 전하는 0:Cr(II)

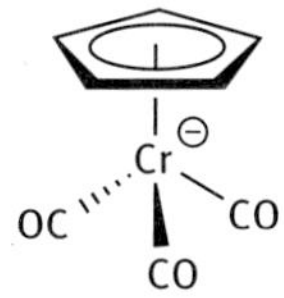

반쪽 샌드위치 착물
('Piano stool complex')

전자셈: Cr d^6
Cp: 5 e^-
3 CO: $3 \times 2 = 6\ e^-$
Charge 1 e^-
18 VE

산화수: 1 Cp^-
착물의 알짜 전하는 -1:Cr(0)

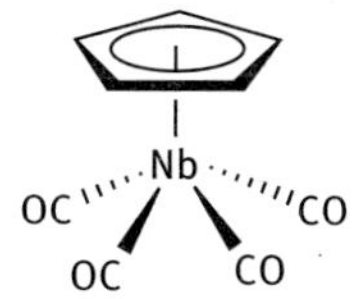

반쪽 샌드위치 착물
(7-coordinate)

전자셈: Nb d^5
Cp: 5 e^-
4 CO: $4 \times 2 = 8\ e^-$
18 VE

산화수: 1 Cp^-
착물의 알짜 전하는 0:Nb(I)

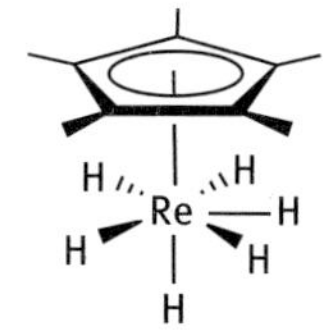

반쪽 샌드위치 착물
(9-coordinate)

전자셈: Re d^7
Cp: 5 e^-
6 H: $6 \times 1 = 6\ e^-$
18 VE

산화수: Cp^-, $6H^-$
착물의 알짜 전하는 0:Re(VII)

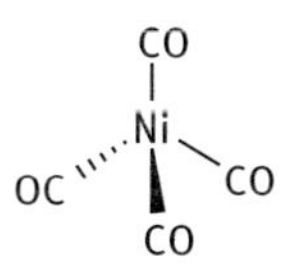

테트라카보닐 니켈
사면체
전자셈: Ni d^{10}
4 CO = + $4 \times 2 = 8\ e^-$
18 VE

산화수:
중성 리간드,
착물의 알짜 전하는 0: Ni(0)

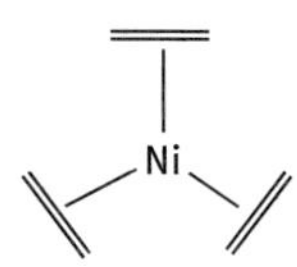

트리스(에틸렌)니켈
삼각평면형
전자셈: Ni d^{10}
3 C_2H_4: $3 \times 2 = 6\ e^-$
16 VE

산화수:
중성 리간드,
착물의 알짜 전하는 0: Ni(0)

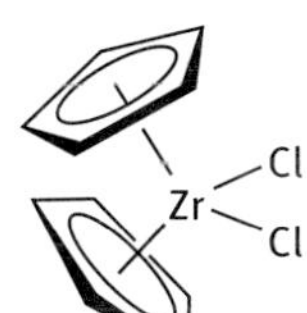

굽은형 메탈로센
전자셈:

Zr d^4
2 Cl: 2 e^-
Cp: $2 \times 5 = 10\ e^-$
16 VE

산화수: 2 Cp^- 음이온,
2 Cl^- 음이온
착물의 알짜 전하는 0: Zr(IV)

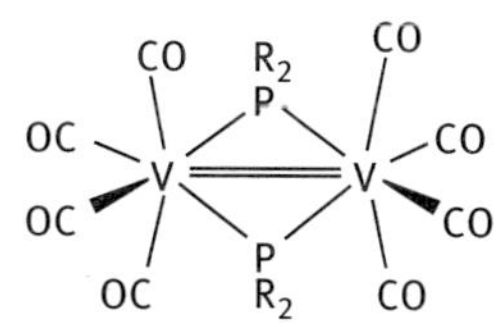

전자셈: V d^5
공유 전자
V=V 결합: $2e^-$

4 CO = $4 \times 2 = 8\ e^-$

다리 결합: PR_2: 3 e^-
18 VE

산화수: 2 PR_2^-
착물의 알짜 전하는 0:V(I)

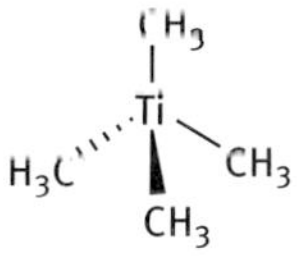

테트라메틸타이타늄
사면체

전자셈: Ti d^4
4 CH_3 라디칼 = 4 e^-
8 VE

산화수:
4 알킬 음이온 CH_3^-
착물의 알짜 전하는 0: Ti(IV)

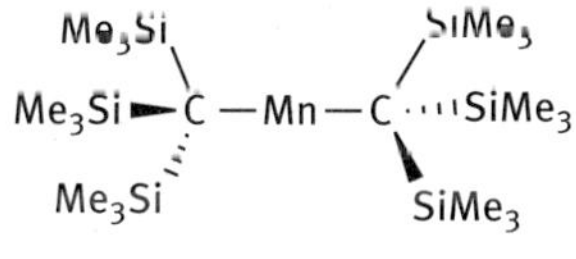

다이알킬 망가니즈, 입체 장애가 매우 심한
단일체, 선형
전자셈: Mn d^7

2 알킬 라디칼 = 2 e^-
9 VE

산화수:
2 알킬 음이온
착물의 알짜 전하는 0: Mn(II)

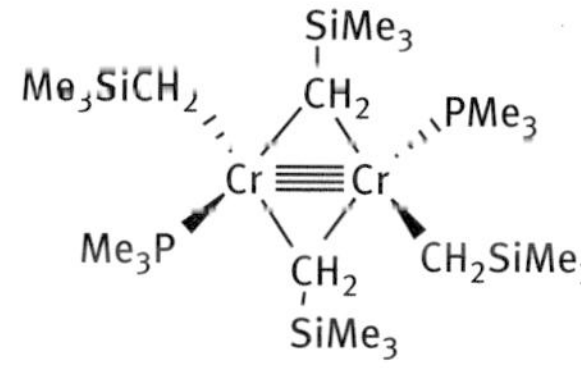

금속 금속 결합된 이합체 Cr d^6
Cr-Cr 결합의 공유 전자수: 4 e^-
다리 결합 알킬의 공유 전자수: $2 \times 0.5 = 1\ e^-$
말단 알킬: 1 e^-
Cr당 1 포스핀: 2 e^-
14 VE

산화수: PMe_3는 중성 리간드,
Cr당 2 알킬 음이온,
착물의 알짜 전하는 0: Cr(II)

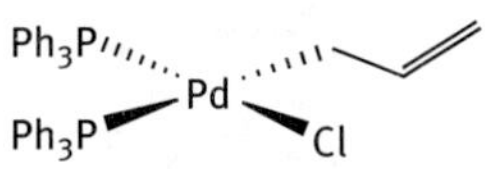

사각평면,
σ-알릴 착물
전자 개수: Pd d^{10}
2 PPh3 = 2 x 2 = 4 e^-
σ-allyl = 1 e^-
Cl 1 e^-
16 e^-

산화 상태:
PPh_3 중성
2 음이온 리간드,
전체 전하 없음: Pd(II),
전형적인 d^8 배열 구조

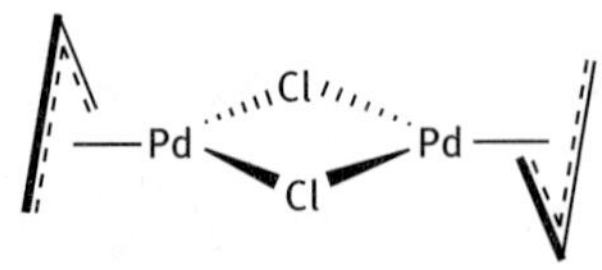

π-알릴 착물
사각평면 이합체
전자 개수: Pd d^{10}
η^3-allyl = 3 e^-
σ-bonded Cl = 1 e^-
n-donor Cl = 2 e^-
16 e^-

산화 상태:
Pd당 1개의 알릴 음이온,
Pd당 1개의 Cl
전체 전하 없음: Pd(II),
전형적인 d^8 배열 구조

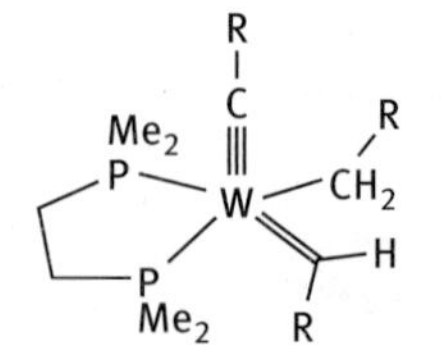

알킬을 갖는 착물, carbene과
carbyne 리간드
전자 개수: W d^6
carbyne = 3 e^-
carbene = 2 e^-
alkyl = 1 e^-
2 phosphines = 4 e^-
16 e^-

산화 상태:
carbene이 중성일 경우,
carbyne + alkyl W(IV);
모든 탄소 리간드가 음이온일 경우, W(VI).

대부분의 경우 산화 상태를 논란의 여지없이 분명히 정할 수 있으나 논란의 여지가 있는 경우도 있다. 예를 들면 1,3-뷰타다이엔은 중성의 π-주개 리간드이다. 그러나 금속으로부터 π* 오비탈로 전자 밀도를 받을 수 있다(역결합). 지르코늄과 같은 앞주기 전이 금속은 에너지가 높은 d-오비탈을 갖고 있어 역결합에 의한 전자 밀도 주기가 아주 커 뷰타다이엔은 금속과 두 개의 σ-결합을 이루는 뷰텐다이일(butenediyl) -2가 음이온 $C_4H_6^{2-}$의 특성을 갖게 된다. 따라서 지르코노센 뷰타다이엔 착물은 Zr^{II} 또는 Zr^{IV}로 표현할 수 있다. 결합 길이 분포는 Zr^{IV} 공명 형태가 주된 기여를 하고 있음을 보여 주고 있다.

이러한 모호함은 이상한 것이 아니다. Zr 다이엔의 경우에 결합 길이 분포가 지표가 될 수 있으나 다른 경우는 분명하지 않다. 사이클로헵타트라이엔일(cycloheptatrienyl) 리간드의 혼성 샌드위치 화합물인 $(\eta^5\text{-Cp})Mo(\eta^7\text{-}C_7H_7)$을 예로 들어 보자. 여기서 Cp는 Cp^-로 7-원자 고리는 $C_7H_7^+$(잘 알려진 트로필륨 양이온)로 취급한다. 둘 다 우리에게 친숙한 평면형 6π Hückel 방향족 계로 벤젠과 등전자이다. 이처럼 취급하면 금속은 산화 상태가 0인 상태로 남는다. 반면에 분광학적 연구나 이론적 계산 연구는 7-원자 고리가 상당한 음전하를 유지하고 있어 10π Hückel 방향족 계인 $C_7H_7^{3-}$로 표현하는 것이 더 낫다고 제시하고 있어 금속의 산화 상태를 +IV로 남겨두고 있다. 실제 상황은 이들 두 양 극단의 중간 어느 곳이다.

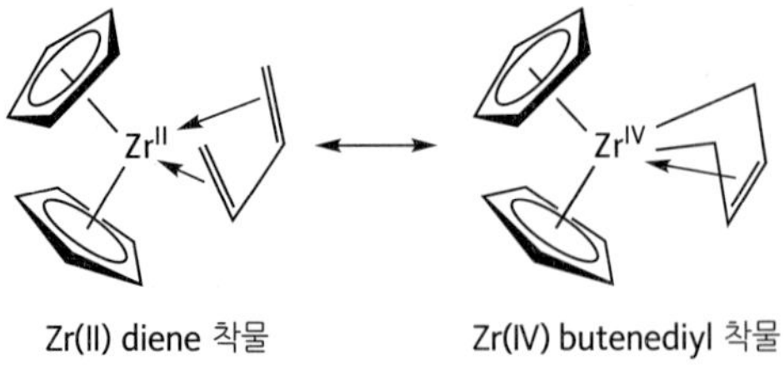

Zr(II) diene 착물 Zr(IV) butenediyl 착물

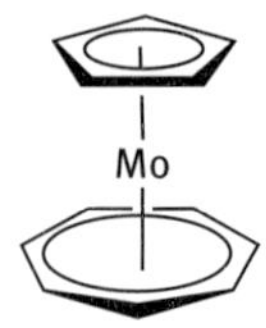

$C_5H_5^-$ 6π ⟺ $C_5H_5^-$ 6π
Mo(0) d^6 ⟺ Mo(IV) d^2
$C_7H_7^+$ 6π ⟺ $C_7H_7^{3-}$ 10π

다행히 대부분의 경우 금속의 산화 상태는 비교적 쉽게 정할 수 있다. 그러나 산화 상태는 형식적이어서 반응성 예측을 위한 항상 좋은 지침은 아니다. 금속 중심이 주어진 반응을 일으킬 것인가 여부는 존재하고 있는 모든 리간드에 의하여 조정되고, 형식적으로 유

사한 착물도 크게 다른 반응성을 나타낼 수 있다. 예를 들면 수많은 열에 안정한 Ni(0) 포스핀 $Ni(PR_3)_4$ 착물이 있다. 그러나 $Ni(PMe_3)_4$가 아주 발화성이 크고 쉽게 산화되는 반면, $Ni\{P(OPh)_3\}_4$는 공기와 습도에 안정하다. 둘 다 d^{10} 전자 배치를 갖고 있으나 아주 센 주개인 PMe_3 리간드는 d-오비탈을 훨씬 더 높은 에너지 준위로 밀어 올려 산화에 의하여 얻는 에너지는 훨씬 더 크다.

핵심

리간드는 금속 중심에 주는 전자수에 따라 분류한다. 전자셈 하는 목적으로만 생각한다면 모든 리간드를 중성으로, 금속 중심은 영가로 간주하는 것이 편리하다. 단핵 착물은 전자수 18이 되려는 경향이 많다. 입체 장애 때문에 감소되기도 한다.

센 π-받개 리간드 (CO, NO)로 이루어진 착물은 일반적으로 18-전자 규칙을 따른다. d^8 전자 배치를 갖고 있는 금속은 16-전자 사각 평면형 착물을 형성한다.

금속의 산화 상태를 결정하려면, 자유 분자로 존재하는 리간드는 중성으로 취급하고 전형적인 음이온 리간드는 Cl^-, O^{2-}처럼 음으로 간주한다. 그러면 산화 상태는 균형 맞춘 전하와 같게 된다.

연습문제

1. 다음의 예를 드시오.
   (i) 메탈로센 착물
   (ii) 반쪽-샌드위치 착물
   (iii) 아렌 착물
2. 다음 리간드가 금속 중심에 주는 전자수를 쓰시오.
   (i) 수소화 이온
   (ii) 다리 놓은 염화 이온
   (iii) CO
   (iv) 포스핀 PR_3
   (v) 에틸렌
   (vi) 1,3-뷰타다이엔
   (vii) 사이클로헵타트라이엔
   (viii) 사이클로펜타다이엔일
3. 다음 착물에서 금속 중심의 전자수는 얼마인가?
   (i) Cp_2Co
   (ii) $[Cp_2Co]^+$
   (iii) Cp_2Ni
   (iv) $CpMn(CO)_3$
   (v) $Fe(CO)(1,3\text{-butadiene})_2$
   (vi) $Co(NO)(CO)_3$
   (vii) $CpNi(\eta_3\text{-allyl})$
   (viii) $Ni(C_2H_4)_2(PPh_3)$
4. 문제 3에서 금속의 형식 산화 상태는 얼마인가?

2.4 리간드 성질과 금속-리간드 결합

앞 장에서 전이 금속에 결합하는 많은 리간드와 핵심 화합물 부류의 기초가 되는 리간드를 소개하였다. 일산화 탄소, 알켄, 알카인처럼 이들 중 일부는 주족 원소와 안정한 화합물을 만들지 않는다. 이 절에서는 전이 금속에 대한 리간드 결합의 기본 관점에 대하여 설명할 것이다.

특정한 리간드 유형이 압도함에 따라 유기 금속 화합물은 다른 리간드 부류로 세분화할 수 있으며, 이들 리간드 부류에 대한 자세한 화학은 다음 장에서 다룰 것이다.

대부분의 금속 착물은 한 가지 유형 이상의 리간드를 포함하고 있다. 이들 중 일부는 '구경꾼(spectator)' 역할을 하며, 다른 리간드는 화학 반응에 핵심 역할을 한다. 따라서 특정한 화학 반응에서 어떤 리간드가 반응에 참여하고 어떤 리간드가 구경꾼 또는 보호기 역할을 하는가를 아는 것 또한 매우 중요하다. 리간드의 전자 효과 및 입체 효과에 대한 지식이 이런 문제 해결에 도움이 된다.

2.4.1 일산화 탄소

C≡O

전이 금속 유기 금속 화학에서 가장 흔한 리간드 중의 하나는 일산화 탄소, C≡O이다. 일산화 탄소는 d-구역 원소에 대한 리간드 결합의 핵심을 보여 준다.

일산화 탄소는 아주 약한 염기이다. 일산화 탄소에 양성자가 첨가된 폼일 양이온 HCO^+는 매우 불안정하며 이를 만들기 위해서는 초강산 조건이 필요하다. BH_3와 같은 Lewis 산과 CO의 첨가 생성물도 있으며 치환성이 매우 크다. 이런 점에서 일산화 탄소는 고전적 배위 화학 개념의 주개 리간드인 NH_3나 피리딘과 아주 대조적이다. 이들은 둘 다 Lewis 산인 Ni^{2+} 같은 금속 중심뿐만 아니라 BH_3와도 쉽게 결합한다. 반면에 NH_3는 Ni^0와 분리 가능한 착물을 형성하지 않는다. 이에 반하여 CO는 Ni^0와 분리 가능한 착물을 형성한다. 이유는 무엇일까?

CO 결합

C≡O 분자는 C-중심에 한 개의 고립 전자쌍(HOMO), C와 O의 p_z 오비탈로부터 만들어진 한 개의 σ-결합, 두 개의 서로 직교하는 π-결합으로 C-O 삼중 결합을 이룬다. HOMO는 약한 C-O 반결합성이다. 또한 두 개의 C-O 반결합성 π^* 오비탈이 있으며, 이는 전이 금속의 채워진 3d 준위(또는 4d, 5d)로부터 전자 밀도를 받을 수 있을 정도로 에너지 준위가 높은 오비탈이다. CO의 반응성에 영향을 미치는 것이 이들 세 가지 σ, π, π^* 오비탈의 조합이며, NH_3와 같은 간단한 리간드는 이들을 모두 갖추고 있지 않다. 간소화한 MO 도표는 이들 결합 양식을 보여 주고 있다.

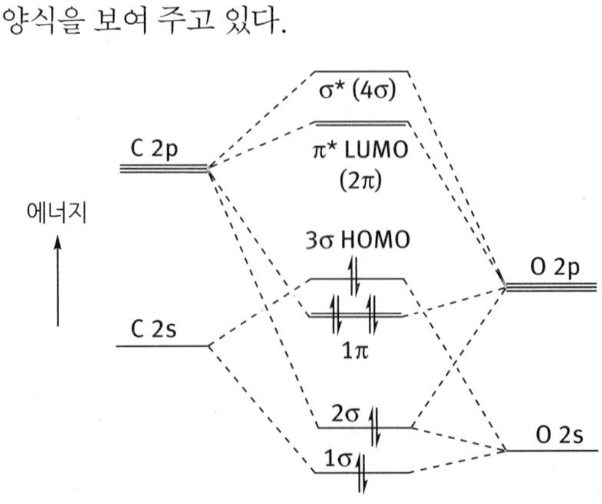

CO는 전이 금속과 세 가지 방식, 즉 σ-주개, π-주개, π-받개 방식으로 상호 작용할 수 있다. 이 중에서 σ-주개와 π-받개로서의 기여가 가장 중요하다. 특히 전자가 풍부한 금속 중심에 CO가 결합할 수 있는 것은 CO의 π-받개 능력 때문이다. π-주개 상호 작용은 약하다(무시해도 된다).

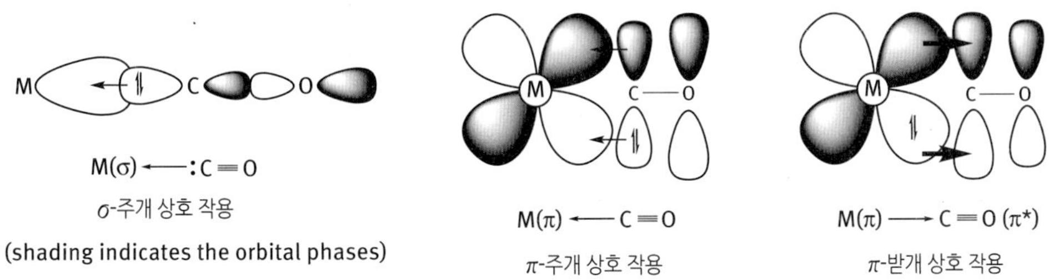

이들 상호 작용은 M-C 사이의 결합을 강화한다. 금속에 3σ에 있는 고립 전자쌍을 줌으로써 C-O 결합이 강화되나, 금속으로부터 CO π* 오비탈로의 역공여(back-donation)로 인하여 그 효과는 상쇄되고도 남으므로 결과적으로 C-O 결합은 약화된다. 전체적으로 금속-CO 간 상호 작용은 두 가지 형태의 공명 구조로 나타낼 수 있으며, 이 경우 C-O 사이의 결합 차수가 3보다 작은 형태의 기여도가 크다.

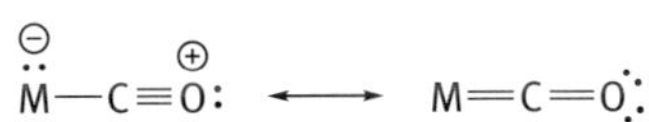

CO 착물에서 결합 상호 작용을 관찰하는 데 가장 민감한 방법은 **적외선 분광법**(infrared spectroscopy)이다. CO 신축 진동은 큰 쌍극자 모멘트의 변화를 수반하므로 적외선 스펙트럼에서 강한 띠를 보인다. 이는 카보닐 착물의 전자적 특성에 대한 정보를 제공한다.

IR 띠의 수는 구조 결정에 이용할 수 있다. 부록 2를 보라.

기체상 CO의 신축 진동수는 ν_{CO} = 2143 cm^{-1}이다. 양성자 첨가($HC{\equiv}O^+$ 생성)에 의한 고립 전자쌍의 반결합성 감소는 진동수를 2184 cm^{-1}로 증가시키고, BH_3와 같은 주족 원소의 Lewis 산에 배위되면 OC–BH_3가 만들어지며 이때 ν_{CO} = 2164 cm^{-1}이다. 그러나 대부분의 착물에서 C-O 신축 진동수는 이들 값보다 훨씬 작아서 2100~1900 cm^{-1}이나 역결합의 정도에 따라 1700 cm^{-1} 아래로 떨어질 수도 있다.

역결합

	ν_{CO}	증가 ↓	감소 ↑		ν_{CO}
$Ni(CO)_4$	2060			$[Mn(CO)_6]^+$	2098
$[Co(CO)_4]^-$	1890			$Cr(CO)_6$	2000
$[Fe(CO)_4]^{2-}$	1790			$[V(CO)_6]^-$	1860

다리 놓은 CO

CO는 일반적으로 말단 리간드로 작용하나 두 개 또는 세 개 금속 원자를 다리 놓을 수 있다. 다리 놓는 경우에 역결합은 증가하고 ν_{CO} 값은 크게 감소한다.

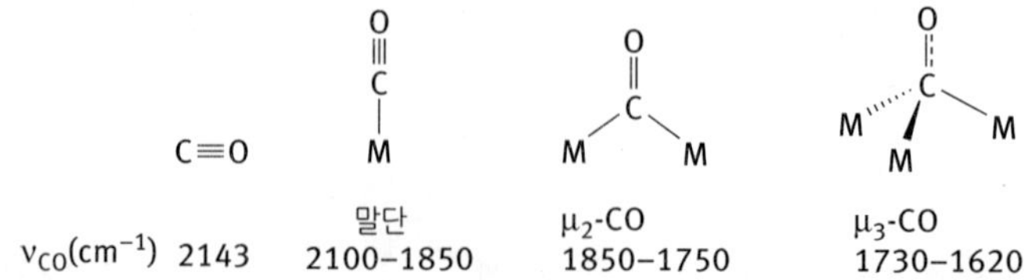

이-금속, 폴리-금속 및 금속 카보닐 뭉치 화합물에서 CO는 다양한 비대칭으로 다리 놓인 형태로 나타난다. 금속 카보닐 착물은 그 자신이 리간드로 작용할 수 있은데, 이는 알칼리 양이온이나 3, 4족 화합물처럼 전기적 양성 금속이므로 매우 친산소성을 갖게 되므로 카보닐 리간드의 O와 결합하여 '아이소카보닐(isocarbonyl)' 결합을 형성한다. 이런 상호 작용은 다리 놓은 CO의 C–O 신축 진동수를 낮춘다.

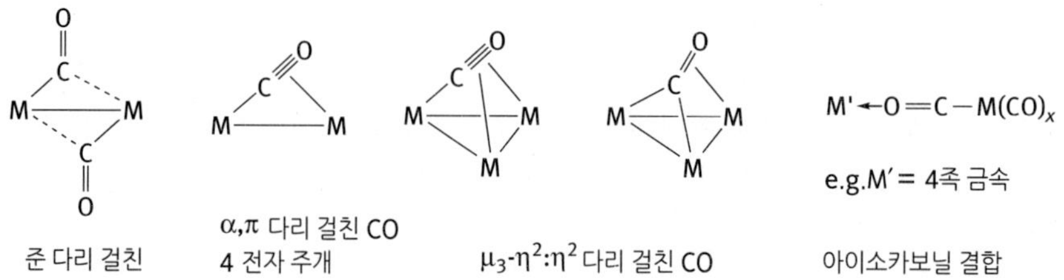

CN^-, NO^+, CS, N_2, CNR

사이안화 이온 $C≡N^-$, 아이소사이안화물 C≡N–R, 싸이오카보닐 CS, 이질소 N_2와 같이 CO와 등전자인 많은 유사한 화합물이 있다. 나이트로실 양이온 NO^+는 CO보다 더 센 π-받개 리간드이다. 중성인 산화 질소 $NO^•$는 라디칼이고 3-전자 주개이다.

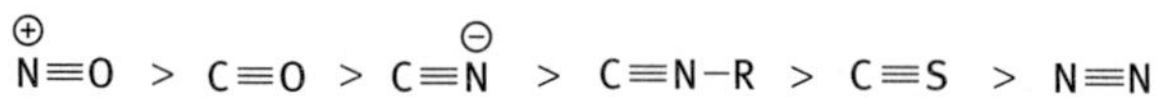

등전자 n-주개 / π-받개 리간드의 π-받개 능력이 감소하는 순

N_2는 무극성이고 좋은 π-받개가 아니라서 치환성 착물을 만드는 반면, 사이안화 이온과 CO는 센 주개-받개 상호 작용으로 인하여 금속-함유 효소에서 볼 수 있듯이 안정한 착물을 형성하고, 흡입할 경우 독성이 심한 원인이 된다. CO는 헤모글로빈에서 O_2를 치환하고, 사이안화 이온은 전자 이동 사슬에서 중요한 효소인 사이토크롬 c 산화 효소의 철 자리에 결합한다. 아이소사이안화물 역시 유독성이다.

2.4.2 알켄과 알카인 리간드

알켄-금속 결합

전이 금속에 대한 **알켄**(= **올레핀**)의 결합 양식은 전자 주개로 작용하는 것이 알켄의 π-분자 오비탈이라는 점을 제외하고는 CO에 대하여 설명했던 것과 유사하다. 에틸렌의 배위는 π-착물의 가장 간단한 예이다. π-주개는 약한 반면 금속-리간드 결합은 역결합에 의하여 강화된다. 이와 같은 알켄 결합의 시너지 표현은 **Dewar-Chatt-Duncanson 모형**(Dewar 1951, Chatt & Duncanson, 1953)으로 알려져 있다.

자료 2.4.1 CO 반응성

자유 CO는 친핵성 공격에 민감하지 않다. 그러나 금속에 결합되면 OH^- 또는 CH_3^-와 같은 친핵체와 CO의 반응은 흔히 관찰되며, 많은 촉매 반응 과정의 기반이 된다. 반응은 이 경우에 CO의 π^* 오비탈인 기질의 LUMO를 친핵체의 고립 전자쌍이 공격함으로 일어난다. 그러나 앞 절에서 보았듯이 LUMO는 역결합에 의하여 부분적으로 채워져 있어, 친핵성 반응을 더욱 어렵게 만들 것이다. 이 반대의 경우는 가능하다. 이것을 어떻게 설명할 수 있을까?

친핵성 음이온 또는 리간드가 존재하지 않는 조건의 초강산 매질에서 CO는 Pt^{2+} 및 Ir^{3+}와 같은 금속 이온에 배위하여 자유 CO에 비하여 훨씬 높은, 즉 비정상적으로 높은 ν_{CO} 진동수를 보이는 카보닐을 만든다. 예를 들면 $[Pt(CO)_4]^{2+}[Sb_2F_{11}^-]_2$는 ν_{CO} = 2261 cm^{-1}을 보인다. 이러한 착물은 역결합이 없는 특징이 있고 '**비고전적**(non-classical)' CO 착물로 표현한다. 결과적으로 이들은 친핵성 공격에 매우 민감하다.

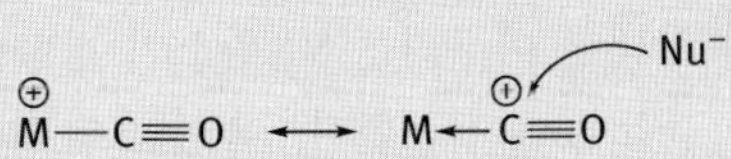

같은 상황이 들뜬 '정상' CO 착물에서 일어난다. 착물에서 결합은 멈춰있지 않고, 진동 들뜬 M-C 결합이 신축하듯이 진동에 의하여 늘어나므로 C-O 편극이 증가하는 동안 역결합은 감소하며, 친핵체로 하여금 배위된 C 원자 위에 전자 결핍 및 양전하 쌓임의 이점을 취할 수 있는 경로를 제공한다. 이러한 편극은 자유 CO에서는 불가능하고 따라서 친핵성 공격은 없다.

진동 들뜬 착물에서 리간드 편극의 증가는 아주 일반적이다. 그렇지 않으면 착물에서 배위와 리간드 진동이 C-C 결합의 편극을 일으킬 때마다 알켄 또는 알카인과 같은 다른 반응성이 없는 리간드가 친핵성 공격에 아주 민감하게 된다.

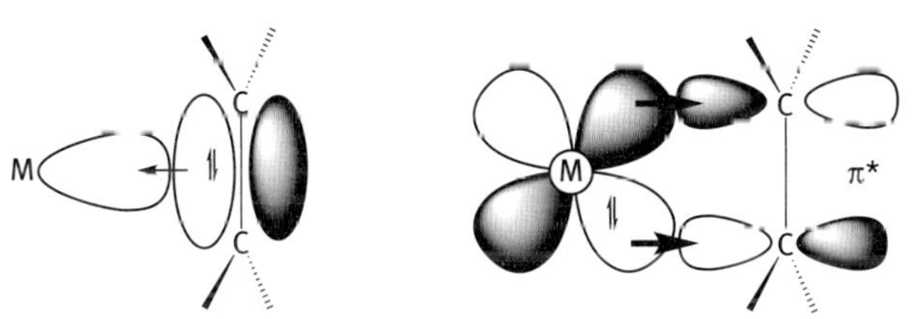

π-donation π-acceptor interaction

금속과 다른 리간드에 따라 변화가 있으나 알켄은 CO 보다 약한 π-받개이다. CO와 마찬가지로 역결합은 금속-알켄 결합을 강화하고 C-C 길이가 길어지는데서 볼 수 있듯이 C-C 결합을 약화시킨다. 극단적인 경우에는 배위하고 있는 알켄의 C-C 결합은 단일 결합의 C-C 값에 이를 수 있다.

원리상 C=C 결합 세기에 대한 역결합의 영향은 IR 분광법으로 측정할 수 있다. 자유 에틸렌은 $\nu_{C=C}$ = 1623 cm^{-1}이다. 금속 착물에서 이 띠는 일반적으로 1490~1580 cm^{-1}에서 나타나나, 이 진동수 영역에서 다른 리간드 진동과 겹치므로 띠에 대한 배정이 어려워 이 방법은 진단값으로 의미가 적다.

알켄의 π-받개 능력은 한편으로는 금속과 금속의 산화 상태, 그리고 다른 한편으로는 알켄의 치환체에 달려 있다. 앞전이 금속은 에너지가 높은 d-오비탈을 가지고 있어 만약에 채워진다면 아주 센 전자 역공여를 할 수 있다. 8~10족 금속 이온 (Fe^{2+}, Ni^{2+}, Pt^{2+} 등)은 알켄 착물을 만들지 않을 뿐 아니라 전자 역공여가 가능하다는 증거도 거의 없다. 반면에 같은 금속 (d^8-d^{10})의 영가 화합물은 전자 역공여가 아주 중요하다. 이와 같은 화합물에서 알켄은 역공여를 극대화하는 배향을 취하고 있다. 이것이 Zeise 염에서 C_2H_4 리간드가 분자면에 수직인 이유이며, 그렇게 함으로써 입체 반발을 최소화한다. 반면에 $Pt(C_2H_4)_3$와 같이 영가 화합물 또는 아래 그림에 있는 $Fe(CO)_4(C_2H_4)$ 착물에서 에틸렌은 π^* 오비탈 겹침을 최적화할 수 있도록 분자 평면 내에 있다.

CN과 같이 전자 끄는 치환체는 알켄의 π-받개 세기를 증가시키고 아래 그림에서 니켈에 대하여 보여 주듯이 C-C 결합 길이를 늘어나게 한다. 전자 역공여 과정은 올레핀 탄소의 혼성화를 sp^2에서 sp^3로 변화시킨다. 이는 C 주위의 결합각 변화로부터 나타나며 역공여에 의하여 120°에서 사면체 탄소의 특징적인 각도로 감소한다. Pt^{II} 착물에서 알켄 치환체는 금속으로부터 대략 15° Pt^0 착물에서는 ~35° 굽어 멀어져 있다. 몇몇 오스뮴 카보닐의 에틸렌 첨가 생성물에서는 최대 산화 상태를 이루려는 5d 원소의 경향성이 극단적인 역공여를 유도하여 C-C 결합 길이가 단일 결합 값에 접근한다. 그 예는 아래와 같다.

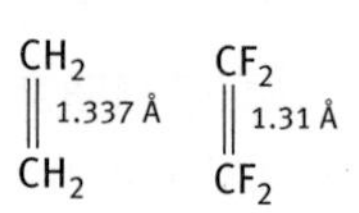

결합하지 않은 알켄

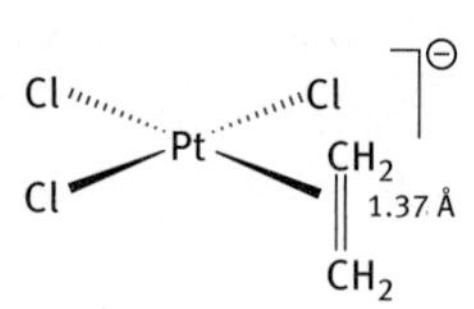

Zeise 염, Pt(II), d^8
매우 약한 역공여

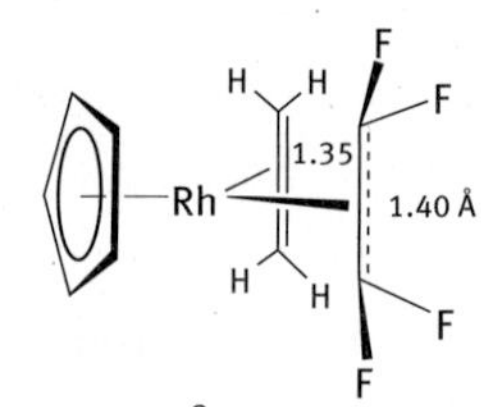

Rh(I), d^8
역공여 결합 $C_2F_4 > C_2H_4$

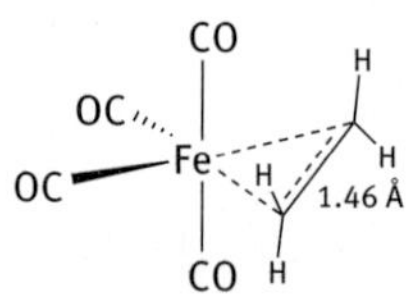

철로부터 강한 역공여 결합:
Fe(0) of Fe(II)?

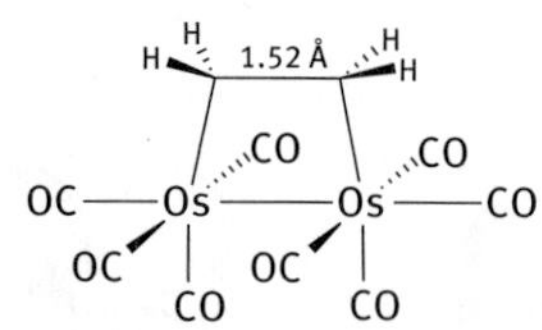

Os_2 착물:
알켄 결합보다는 $C_2H_4^{2-}$ 형태 결합성

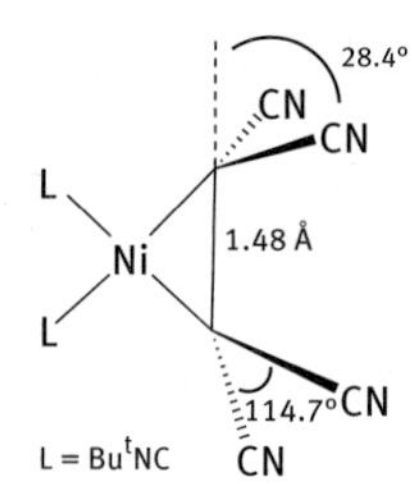

알카인-금속 결합

알카인(=아세틸렌)은 비슷한 방식으로 금속에 결합하나 알켄보다 더 센 π-받개이다. 이는 C-C-R 결합각이 180°에서 140°로 감소하는 것으로 분명히 나타난다. 여기서도 역시 전자 역공여는 금속의 산화 상태에 의존한다. 알카인은 두 개의 직교하는 π-계를 가지므로 두 개 금속 중심을 다리 놓을 수 있으며 광범위한 역결합으로 인하여 C-C 결합 차수가 1.5 또는 그 보다 작은 값인 다이메탈라-테트라헤드레인(dimetalla-tetrahedranes)으로 표현할 수 있는 화합물을 형성한다.

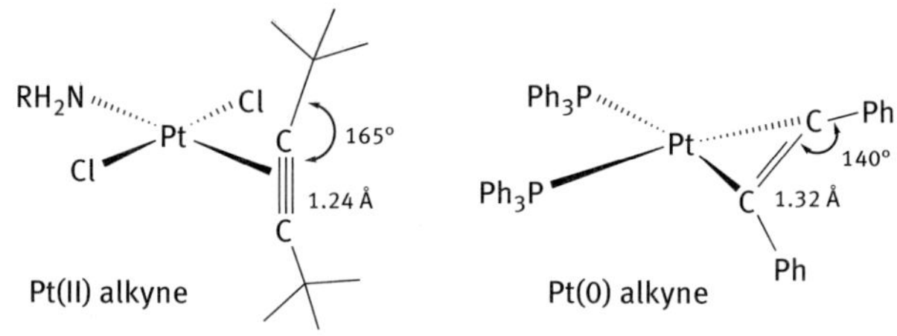

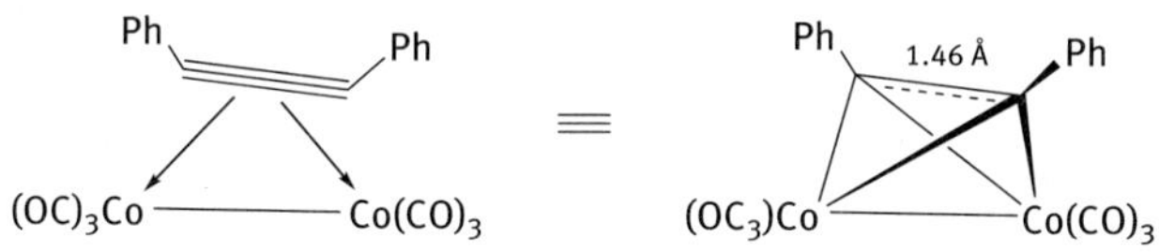

자료 2.4.2 ^{13}C NMR 분광법

단결정 X-선 회절법을 제외하고 알켄과 알카인의 결합 유형을 판단할 구조적 정보를 얻을 수 있는 가장 중요한 도구는 ^{13}C NMR 분광법이다. 역결합은 높은 장으로 화학적 이동 변화를 유발한다. C-H 스핀-스핀 짝지음 상수 $^1J_{CH}$ 또한 변화시킨다. 이는 C-H 결합의 s-성격에 비례하여 변하며 배위하면 특징적인 변화가 나타난다. 불행히도 ^{13}C 핵에 대한 제한된 감도 때문에 J_{CH} 값은 잘 알려져 있지 않다.

화합물	δ^{13}C (alkene/alkyne C)	Δδ (bound – free)	$^1J_{C-H}$[Hz]
Free C_2H_4	122.8		156
Free Me–C≡C–Me	73.9		–
$(Ph_3P)_2Pt(C_2H_4)$	39.6	–83.2	146.5
$(Ph_3P)_2Pt(C_2Me_2)$	112.8	38.9	
$(Me_3SiCp)_2NbH(C_2H_4)$	10.3, 14.7	–112.5, –108.1	

2.4.3 π-주개 리간드

무기 착물 및 유기 금속 착물에서는 종종 한 개 또는 여러 개의 고립 전자쌍을 갖고 있는 헤테로 원자가 배위되어 있다. 이들의 예로는 M-NR$_2$(아미도), M=NR(이미도), M-OR(알콕소) 및 M=O(옥소)가 있다. 이들은 주로 음이온성의 σ-주개 리간드로 작용하나 금속이 에너지적으로 이용 가능한 비어 있는 d-오비탈을 가지고 있는 경우 고립 전자쌍은 π-주개로 작용하고 금속 중심의 유효 전자셈을 증가시킨다. 이런 현상은 앞전이 금속과 란타넘족의 알콕사이드, 아마이드, 이미드에서 두드러지며, 이런 이유로 이미도 리간드는 종종 선형 4-전자 리간드로 간주한다. Si-N과 Si-O 화합물에 대하여 1.6.1.2절에서 설명하였듯이 전자-결핍 금속 중심에 대한 π-공여는 O나 N 리간드의 염기도를 감소시키고 평면 삼각형 -NR$_2$ 기하 구조를 이루게 한다. 유사하게, 전자가 풍부하지 않은 금속에 배위되어 있는 다리 놓인 옥사이드 리간드의 전형적인 M-O-M 선형 구조는 π-공여에 기인한다.

M≒Ē-

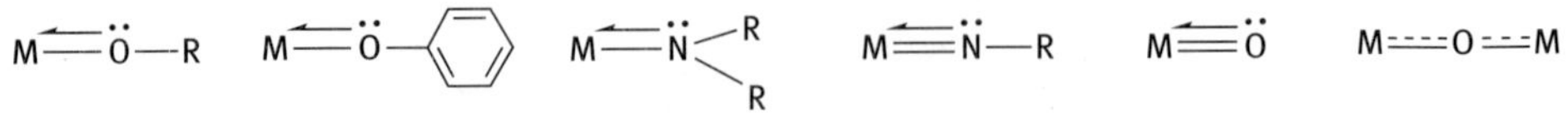

2.4.4 포스핀, 카벤: 전자 파라미터와 입체 파라미터

주개/받개 리간드는 금속 중심의 전자적 그리고 입체적 특성을 조절하는 데 중요한 역할을 한다. 따라서 이들은 촉매 작용에서 아주 중요하다. 단연코 가장 중요한 리간드의 하나는 포스핀이다.

포스핀은 전이 금속에 고립 전자쌍을 주어 우선 결합한다. 그러나 아민과는 달리 포스핀은 금속으로부터 전자 밀도를 받을 수 있는 능력이 있다. P는 셋째 주기 원소로 비어 있는 d-오비탈을 가지고 있으며 P-C 반결합성 σ* 오비탈이 받개로 작용한다. σ* 준위의 전자 밀도 증가에 따라 예상되는 P-C 결합의 늘어남은 P의 고립 전자쌍 밀도 감소 효과와 반대로 작용한다.

포스핀의 치환체는 하나씩 하나씩 독립적으로 다양하게 변화시킬 수 있으며, 이렇게 하여 수많은 포스핀 $PR^1R^2R^3$, $R^{1,2,3}$ = 알킬, 아릴, 알콕사이드, 아릴옥사이드, 아마이드, 할로젠 등을 얻을 수 있다. 알킬 치환체는 양의 유발 효과를 나타내며(+I), 이는 고립쌍 에너지를 증가시키고 결과적으로 금속 중심의 d-오비탈 에너지를 증가시킨다. 그 결과 금속 중심의 반응성은 증가하고 쉽게 산화된다. 전자 끄는 R 기는 반대 효과를 가지고 있다. *tert*-뷰틸이나 *ortho*-톨릴(tolyl)과 같이 부피가 큰 치환체는 입체 장애를 보이고 반응 속도론적으로 금속을 가린다. 이는 반응 속도를 느리게 하나 선택성은 높여 주며 부반응과 분해 반응을 막아준다. 또한 부피가 큰 치환체는 금속에 결합할 수 있는 포스핀의 최대수를 제한하고 촉매 활성 화학종을 만드는 데 있어서의 전제 조건인 배위 불포화도를 증가시킨다. 따라서 포스핀을 분석하려면 전자 효과와 입체 영향 두 가지 파라미터를 알아야 한다.

Tolman 전자 파라미터. 금속 카보닐 착물의 진동수 ν_{CO}는 역결합 변화에 아주 민감하며 이 역결합은 착물에 있는 다른 리간드에 영향을 받으므로 CO 신축 진동수를 측정하는 것은 포스핀의 전자 효과를 정량화하는 도구로 사용할 수 있다(Tolman, 1973). 입체 상호 작용이 중요하지 않아 한 개가 치환된 니켈 카보닐 착물 $L-Ni(CO)_3$는 이상적이다. 사면체 착물 $LM(CO)_3$는 두 개의 IR-활성 띠 A_1과 E를 가지고 있다(부록 2). 여기서 A_1 방식은 높은 진동수 영역에서 나타나고 띠의 분해가 잘 되므로 정확히 결정할 수 있다. 전자 주는 능력이 가장 센 포스핀은 역결합을 가장 크게 하고, 계열 내에서 가장 낮은 ν_{CO} 값을 보인다.

L in $L-Ni(CO)_3$	ν_{CO} [cm^{-1}]	L in $L-Ni(CO)_3$	ν_{CO} [cm^{-1}]
PBu^t_3	2056.1	$PMePh_2$	2067.0
PCy_3	2056.4	PPh_3	2068.9
PPr^i_3	2059.2	$P(OMe)_3$	2079.5
PEt_3	2061.7	$P(OPh)_3$	2085.0
PMe_3	2064.1	PCl_2Ph	2092.1
PMe_2Ph	2065.3	PCl_3	2097.0
$P(o\text{-}C_6H_4Me)_3$	2066.6	PF_3	2110.8

전자 파라미터 ν

치환체 R^1, R^2, R^3는 진동수 이동에 증가값 χ 만큼씩 기여하며, 이 값은 $R = Bu^t$에 대하여 $\chi = 0.0\ cm^{-1}$(가장 센 +I, 표준), $R = CF_3$에 대하여 $\chi = 19.6\ cm^{-1}$이다. 치환체에 의한 진동수 이동은 아래 식을 이용하여 구할 수 있다.

$$\nu = 2056.1 + \sum_{i=1}^{3} \chi_i$$

이 방법은 측정된 적이 없는 새로운 포스핀 리간드에 대한 전자 파라미터를 예측하는 것을 가능하게 해준다.

리간드의 π-받개 세기는 **π-산도**(**π-acidity**)라고도 하며 아래 순서와 같이 증가한다.

$$PBu^t_3 < PMe_3 < P(OMe)_3 < P(OAr)_3 < PCl_3 < CO \approx PF_3$$

보다 일반적인 순서는 다음과 같다.

$$NH_3 < N{\equiv}CR < PR_3 < P(OR)_3 < PCl_3 < CO < NO$$

또 다른 척도가 IR 표지로서 몰리브데넘 카보닐 착물을 이용하여 개발되었다. 이는 한 자리 포스핀 $[L\text{-}Mo(CO)_5]$ 뿐만 아니라 두자리 포스핀 $[(L\text{-}L)Mo(CO)_4]$의 평가도 가능하다. 리간드 경향성은 이전 표에서 보여 준 니켈 척도와 동일하다.

입체 파라미터 Θ

입체 파라미터 Θ. 인(phosphorus)위의 부피가 큰 치환체는 강력한 입체적 영향을 미치고 반응성과 배위수를 조절한다. Tolman은 금속 중심에 대한 착물의 원뿔각(cone angle)을 측정하여 포스핀 리간드의 입체적 요구 조건을 정의하였으며, 전형적인 Ni-P 길이인 2.28 Å을 바닥선으로 하고 리간드의 van der Waals 지름을 감싸는 탄젠트를 그리는 방법을 이용하고 있다. 이 때의 각도 θ(포스핀 종류에 따라 크게 변화하지 않는 C-P-C 각도보다는)는 금속 중심에 의하여 느끼게 되는 주어진 리간드의 특별한 요구 조건을 반영한다.

입체 파라미터는 전자 효과 증가와는 무관하다. PBu^t_3와 같은 리간드는 금속을 감싸고 배위 껍질의 구의 거의 반을 품고 있다. $P(o\text{-}tolyl)_3$와 같은 돌출한 리간드는 평균적으로 더 넓은 공간을 차지하고 P-C 결합 주위로 회전이 가능하기 때문에 다양한 형태 이성질체가 가능하다. 다른 치환체 R^1, R^2, R^3에 대하여 Θ는 개별 각도의 합이다.

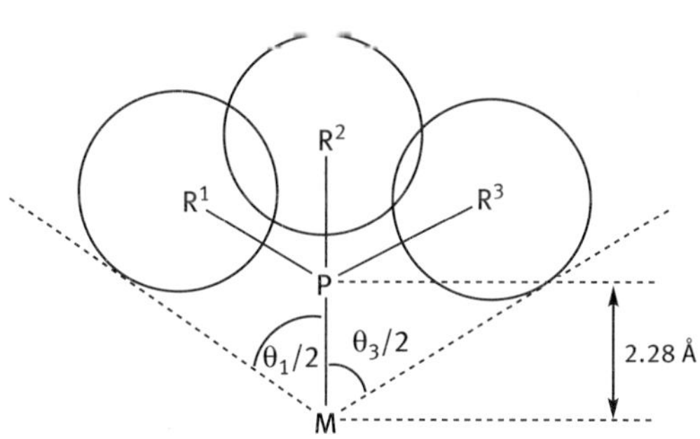

$$\Theta = 2/3 \sum_{i=1}^{3} \theta_i/2$$

L	θ [°]	L	θ [°]
PH_3	87	$PMePh_2$	136
PF_3	104	PPh_3	145
$P(OMe)_3$	107	PPr^i_3	160
PMe_3	118	PCy_3, PBu^t_2Ph	170
PMe_2Ph	122	PBu^t_3	182
$P(OPh)_3$	128	P(*o*-tolyl)$_3$	194
PR_3, R = Et, Pr^n, Bu^n	132	$P(mes)_3$	212

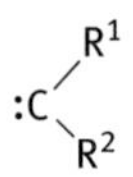

카벤. 카벤 CR_2는 굽은 R–C–R 기하 구조와 sp^2 혼성화된 C를 갖고 있는 2-전자 주개이다. 카벤은 평면 내의 sp^2-오비탈(σ라고 함)과 이에 수직인 p_π 오비탈을 갖고 있다. 원론적으로 카벤은 단일항 또는 삼중항 바닥 상태를 이룰 수 있다. 위의 두 오비탈에서 에너지 간격이 크면 단일항 상태가 우세하다. 이것은 p_π 오비탈이 헤테로 원소 치환체(예를 들어 X 그리고/또는 Y = N 또는 O)의 고립쌍과 상호 작용하는 경우이다. 주변 온도에 안정하고 분리 가능한 분자로 존재하는 카벤은 헤테로 원자로 안정화된 형태이다. 다른 카벤은 금속 배위 구에서 발생시켜야 한다.

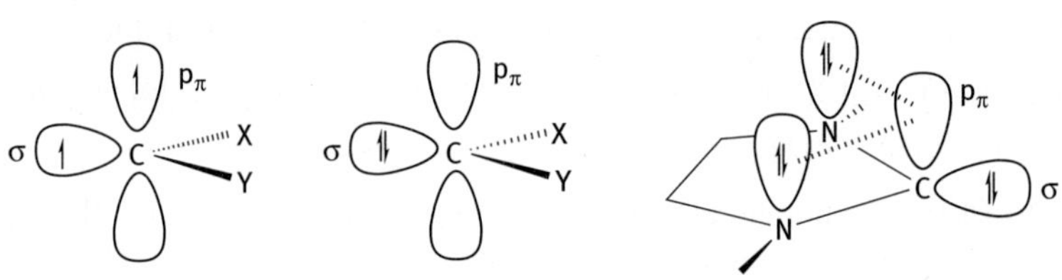

삼중항 카벤 — 단일항 카벤 π-받개 — N-헤테로 고리 카벤에서 오비탈 상호 작용

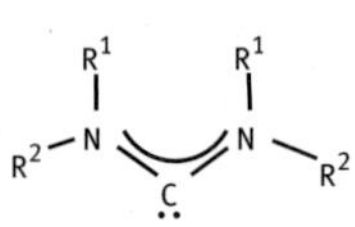
ADC

질소-치환된 카벤은 유기 금속 화학과 촉매 반응에서 그 중요함이 계속 증가해 왔다. 이들은 대부분 이미다졸 골격에 기초를 두고 있으며 일반적으로 '**N-헤테로 고리 카벤(N-heterocyclic carbenes) 또는 NHCs**'라 부른다. 이들은 한편으로는 N 원자의 π-주개 상호 작용에 의하여 안정화되고 다른 한편으로는 질소 위의 부피가 큰 치환체에 의하여 안정화 된다. **비고리 다이아미노 카벤(acyclic diamino carbenes, ADCs)**이라고 알려진 열린 비고리 N-안정화된 카벤 $C(NR^1R^2)_2$도 존재한다. 이들은 주로 금속 배위 구 안에서 금속 아이소사이안화 착물에 아민을 첨가하여 발생시킨다. N-헤테로 고리 카벤은 트라이알킬포스핀보다 더 강하게 전자를 주며 좋은 π-받개가 아니다. 염기도는 고리의 포화도에 따라 증가한다. 일반적으로 5-원자 고리에 기초를 둔 경우가 훨씬 널리 응용되고 있으나 6-원자 및 7-원자 고리 NHCs 또한 존재한다. 대표적인 예는 다음과 같다.

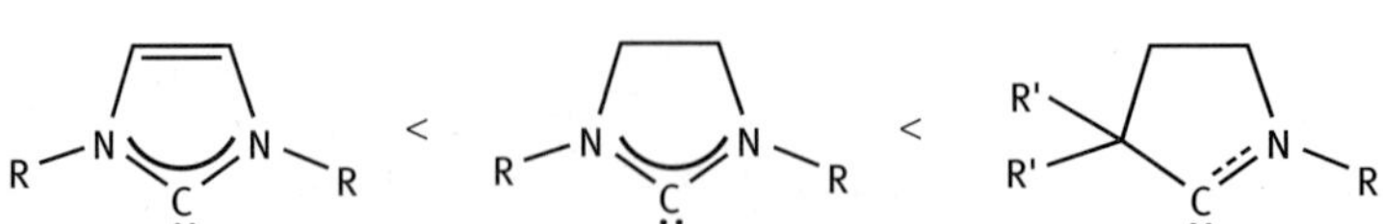

주개 세기가 증가하는 순의 NHCs

보다 최근에는 아주 강한 주개 성질을 가진 '비정상' 카벤이 분리되었다. 이들을 정준 용어(canonical terms)로 설명하려면 몇 가지 공명 구조가 필요하며, 이 화합물은 내부 쯔비터이온(internal zwitterions) 또는 '메소 이온(mesoionic)' 구조로 이해하는 것이 최선이다. 카벤-C는 바이닐 음이온 성격을 가지고 있으며, 이 리간드의 강한 주개 특성을 설명해 준다. 비정상 카벤은 '정상' NHCs의 재배열을 통하여 가끔 형성된다.

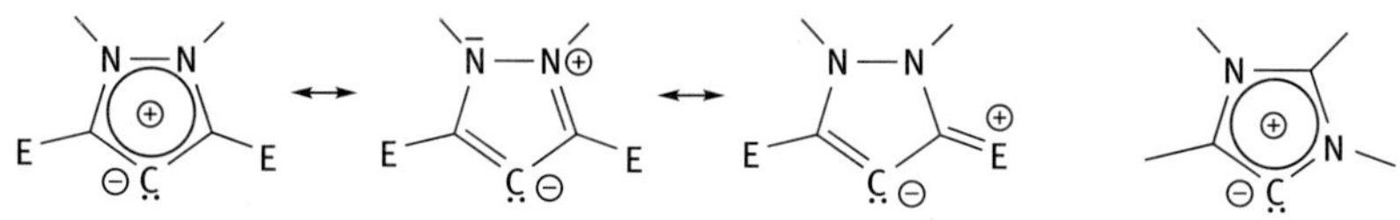

E = OR, NR_2 　　'비정상' 카벤

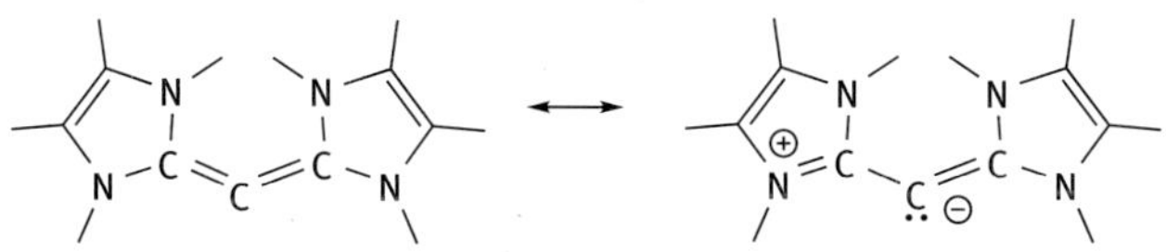

굽은 알렌형 카벤

NHC 리간드의 전자적 특성은 Tolman 방법으로 평가할 수 있다. 아래 자료는 NHC 리간드가 PBu^t_3 보다 더 큰 주개 세기를 나타냄을 보여 주고 있다.

L in L–Ni(CO)$_3$	약어	ν_{CO} [cm^{-1}] (in CH_2Cl_2)	%V_{bur}
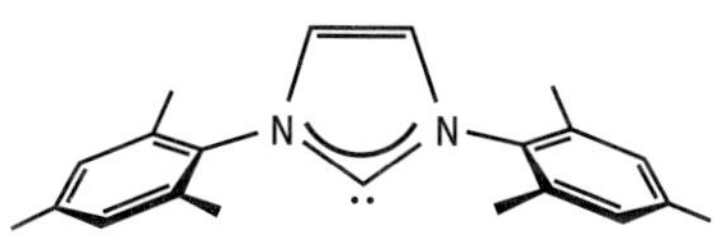	IMes	2050.7	34.0
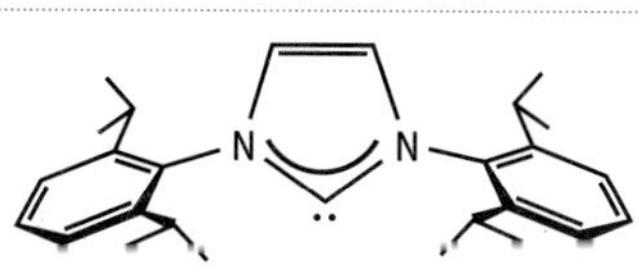	IPr	2051.5	38.1
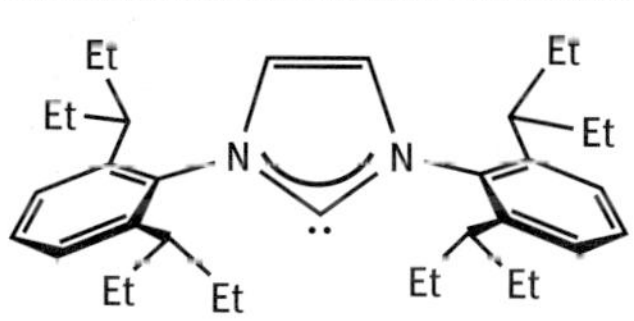	IPent	2049.3	39.4

비록 Tolman 전자 파라미터(TEP)는 N-헤테로 고리 카벤이 중심 금속에 주로 σ-주개로 작용하는 것으로 제시하고 있으나 결합 상황에 따라 카벤은 π-받개로도 작용할 수 있다.

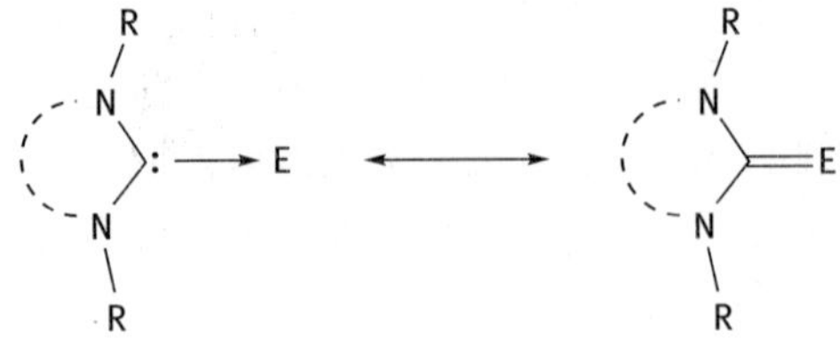

E = 금속, PPh 또는 Se

전자 파라미터
E_L: E(obs) = 1.11(ΣE_L) − 0.43(V)
E_L(NHC) = +0.29
E_L(py) = +0.25

$Ni(CO)_3$ 착물을 생성하는 방법보다 더 쉬운 방법에 의하여 NHC 리간드의 주개 및 받개 세기를 평가하기 위한 다양한 시도가 이루어졌다. 한 가지 방법은 리간드 성질에 대한 정보를 제공하기 위하여 전기 화학적 방법을 이용하는 것이다. Fe(II) 반쪽-샌드위치 착물 $[CpFe(CO)(carbene)(L)]^+$의 산화-환원 전위는 이미다졸-형 카벤 리간드가 대부분의 포스핀보다 더 센 주개이나 약간의 π-받개 능력도 있음을 보여 준다. Lever의 전기 화학 파라미터 E_L은 관측된 전지 전위 E_{obs}에 대한 각각의 리간드 기여도를 측정하는 것으로, NHCs와 피리딘에 대하여 거의 같다.

또 다른 방법은 쉽게 합성할 수 있는 셀레늄화 카벤의 ^{77}Se NMR 공명을 이용하여 NHC 유도체의 NMR 화학적 이동을 비교하는 것이다. 매우 넓은 ^{77}Se 화학적 이동 범위를 고려하면 이것은 아주 민감한 방법이다. 이 방법은 π-받개 세기와 상관관계가 있는 듯하나, 해당하는 NHC 착물의 ν_{CO} Tolman 파라미터와는 연관성이 크지 않은 듯하다.

카벤	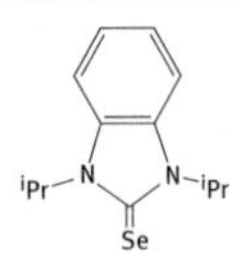	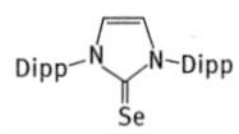	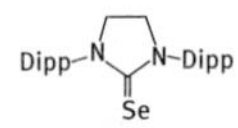	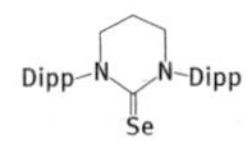	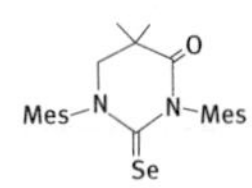	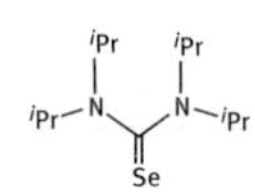	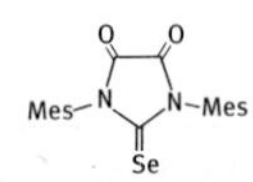
δ ^{77}Se	67	87	181	271	472	593	856
Tolman [cm^{-1}]	2054	2051.5	2052	2044	2050		2068

묻힌 부피%

NHC 리간드의 입체 영향을 결정하는 것은 더 어렵다. 그 이유는 이들 리간드가 대략 원형이 아니기 때문이다. — 이들은 고리면에 수직인 방향보다 고리면 내에서 더 확장되어 있다. 이것은 NHCs에 대하여 특히 중요한데 그 이유는 대부분의 경우 안정화를 이루기 위하여 사이클로헥실, 2,4,6-$Me_3C_6H_2$나 2,6-$Pr^i_2C_6H_3$와 같은 큰 R 기가 이용되기 때문이다. 이들 리간드의 입체적 영향은 리간드에 의하여 점유된 금속 중심 주위 구의 백분율, 즉 '**묻힌 부피 퍼센트**(**percent of buried volume**)' $\%V_{bur}$을 계산하여 추정한다. 이 계산은 결정 구조로부터 가져온 리간드 파라미터를 기초로 하고 있고, 당연히 추정한 금속-리간드 결합 길이(일반적으로 2.0 또는 2.28 Å)에 달려 있다. 구의 반지름은 3.5 Å으로 놓는다. 이 방법은 당연히 관심 있는 금속이 무엇인가에 달려 있고 큰 M-C 길이를 갖는 큰 금속에 대하여 약간 낮은 값을 보인다. 대부분의 부피가 큰 리간드는 구 부피의 30~40%를 덮고 있으며, 원뿔각 모형과 비교하여 뚜렷한 변화를 덜 보인다. 그러나 리간드의 입체 요구 조건을 평가하는 두 가지 방법 모두가 비슷한 경향성을 보인다. 예를 들어 매우 큰 원뿔각을 가진 포스핀은 가장 큰 $\%V_{bur}$ 값 [$P(mes)_3$, $\%V_{bur}$ = 53.1]을 나타낸다.

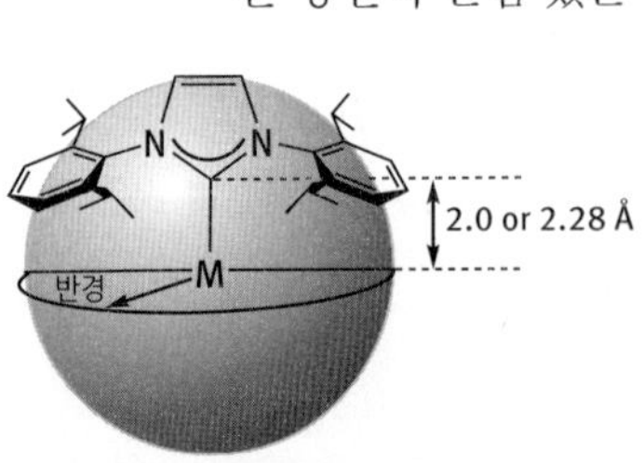

2.4.5 흔한 공통-리간드

유기 금속 착물과 촉매의 안정도 및 반응성은 공통 리간드에 달려 있으며, 이들은 대부분 P, N 또는 O-주개이다. 포스핀이 특히 널리 사용된다. 한자리 리간드의 특성은 앞 절에서 다루었다. 물과 같은 극성인 용매 또는 플루오린화 탄소만큼 비극성인 용매에서의 용해도를 얻기 위해서 유기 치환체의 변형이 이용된다. 두 가지 기술 모두 반응 혼합물로부터 포스핀-안정화된 균일계 촉매 분리를 쉽게 하는 데 이용한다. 폴리스타이렌과 같은 고분자에 포스핀 치환체를 붙이면 반응 후에 간단히 걸러서 제거할 수 있는 불균일화된 포스핀과 촉매가 생성된다.

수용성: 플루오린화 탄소에 용해도 증가: 고분자 지지체:

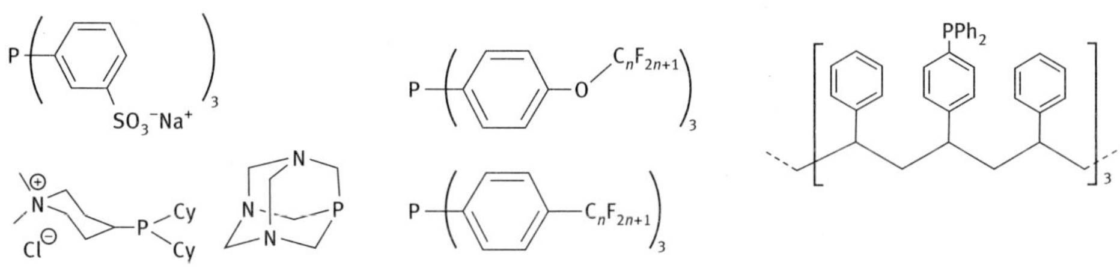

P 원자의 주개 능력을 변화시키는 것을 떠나서, 두 개 또는 더 많은 P 주개를 다리로 연결하는 것은 새로운 가능성을 열어 준다. 두자리와 여러 자리 리간드는 킬레이트 효과에 의하여 여분의 안정성을 준다. 두자리 리간드의 생성 상수는 한자리 리간드와 비교하여 현저히 크다. 게다가 골격의 길이와 강직도는 다이포스핀의 결합 자리 각도를 변화시키고 킬레이트 고리의 형태와 유동성은 반응성에 크게 영향을 미친다. 몇 가지 잘 알려진 킬레이트 포스핀의 예와 이들이 만드는 킬레이트 고리의 크기를 아래 도표에 보여 주었다. C–C 짝지음 반응과 같은 촉매로서의 응용에 대하여(3.6장 참조), 알맞은 킬레이트 크기의 선택에 따라 활성이 나쁜 또는 활성이 큰 계로 갈릴 수 있다. 종종 '너무 크거나 너무 작지 않아야 하는 상황'(Goldilocks)에 처하기도 한다. 킬레이트 고리에서 너무 크거나 너무 작은 강직도와 유동성은 똑같이 불리하다. 크기는 알맞아야 한다.

두자리 포스핀

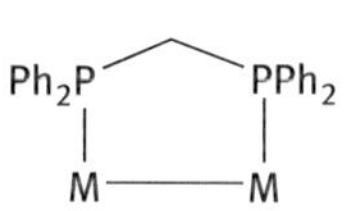

다이페닐포스피노메테인
dppm
작은 바이트 각도:
두 금속 간 다리 결합 선호

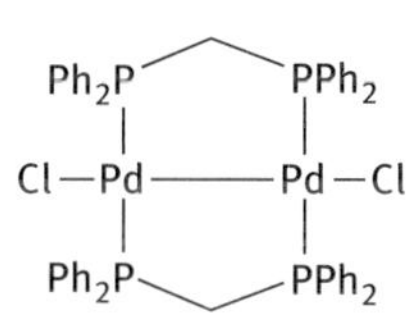

'A-frame' 착물

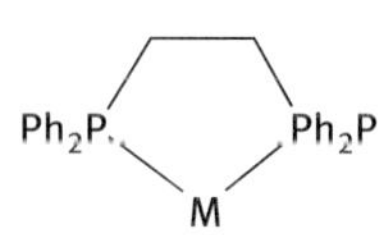

dppe
5각 고리,
경직됨, 안정함

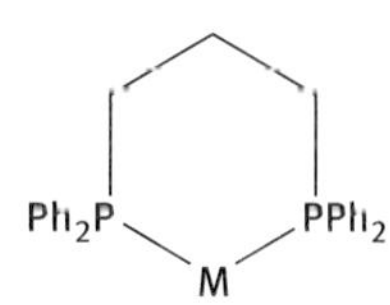

dppp
6각 고리,
다소 안정함

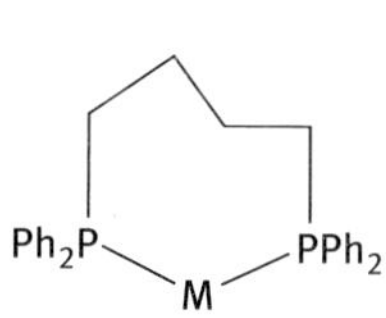

dppb
유연한 7각 고리

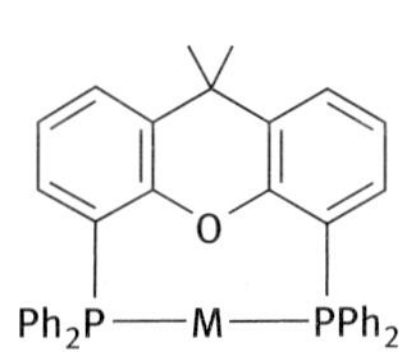

Xantphos
경직됨, 트랜스

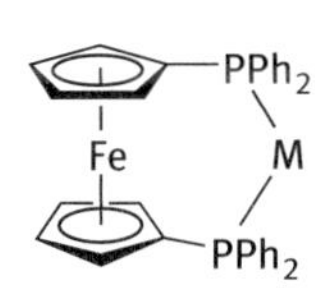

다이포스피노페로센
dppf

비대칭 수소 첨가 반응에서 리간드 효과, 3.3.1.3절을 보라.

더 나아가 킬레이트 포스핀에 있는 다리는 더욱 개발할 수 있는 전망이 있다. 특히 다리는 촉매 활성 중심에서 비대칭성 유도를 위하여 카이랄하게 만들 수 있다.

인은 질소에 비하여 훨씬 높은 반전 에너지 장벽을 갖고 있다(PH_3: 155 kJ mol^{-1}, NH_3: 25 kJ mol^{-1}), 이는 P가 카이랄 중심인 포스핀을 만들 수 있음을 의미한다. 이는 비대칭 촉매 응용으로써 카이랄 P 리간드를 만들어내는 최초의 시도였다. 보다 흔하고 쉽게 만드는 방법은 카이랄성을 갖는 포스핀을 치환체 또는 골격에 들어가 있게 하는 것이다. 이런 형태의 리간드는 카이랄 촉매 반응에서 광범위하게 이용되고, 특히 비대칭 수소 첨가 반응에서는 95%가 넘는 거울상 이성질체 순도를 나타내기도 한다. 몇몇 예는 아래와 같다.

카이랄 포스핀

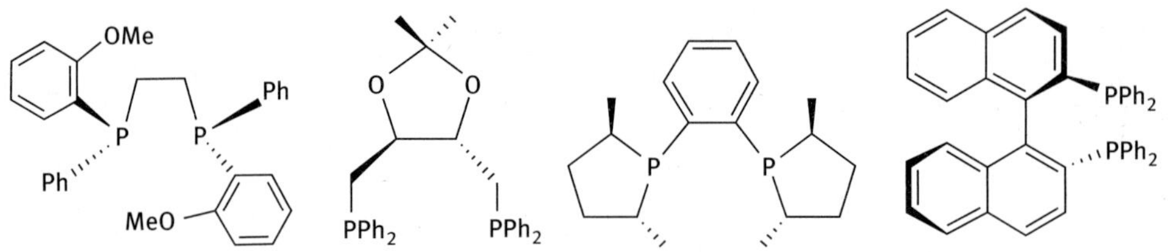

DIPAMP DIOP DuPhos BINAP

질소 리간드. 중성 및 음이온 두자리 및 세자리 질소 리간드는 입체 장애와 안정화를 주기 위하여 일반적으로 사용된다. 다이아자다이엔(diazadiene)은 전기 양성인 금속에 결합할 때 좋은 π-받개일 뿐만 아니라 뛰어난 N-주개이며, 정직하지 않은 리간드(non-innocent ligand)로 작용하고 전자 하나를 취하여 라디칼 음이온을 생성한다. 아세틸아세토네이토(acetylacetonato) 음이온(acac, 펜테인다이오네이토(pentanedionato))은 배위 화학에서 오랫동안 뚜렷한 역할을 해왔다. 이미도(imido) 유도체인 nacnac는 질소 원자에 부피가 큰 치환체를 도입한 이점을 가지고 있다. 피라졸보레이트(pyrazolylborates)는 두자리- 및 세자리 리간드로 작용할 수 있다.

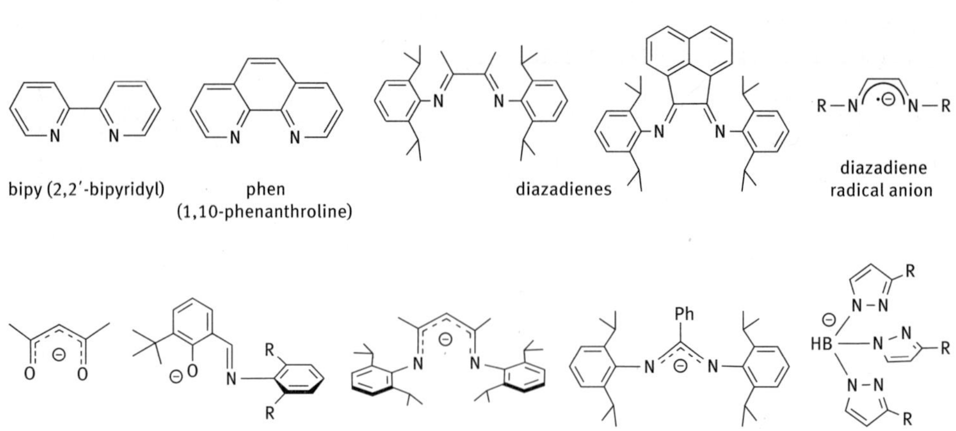

bipy (2,2′-bipyridyl) phen (1,10-phenanthroline) diazadienes diazadiene radical anion

acac anion iminophenolate nacnac anion benzamidinate $HB(pz^R)^{3-}$

특별한 안정성은 사각 평면형 배위 환경을 안정화시키는 세자리 리간드에 의하여 만들어진다. 이는 중성 또는 음이온성 킬레이트이다. 이들이 보여 주는 단단한 결합 때문에 '**집게 리간드**(pincer ligands)'라고 한다.

집게 리간드

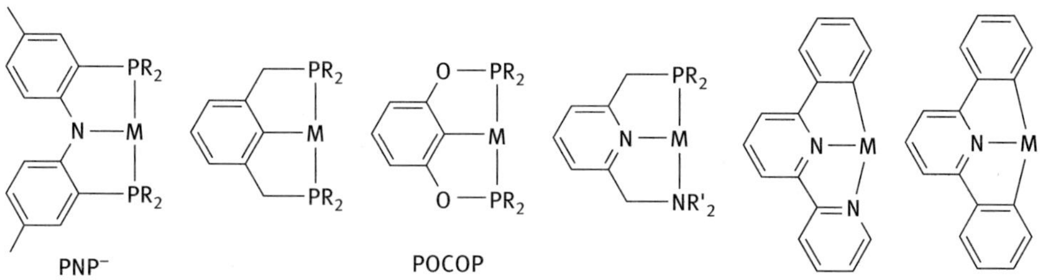

PNP⁻ POCOP N^N^C C^N^C

여러 자리 그리고 집게 카벤 리간드:

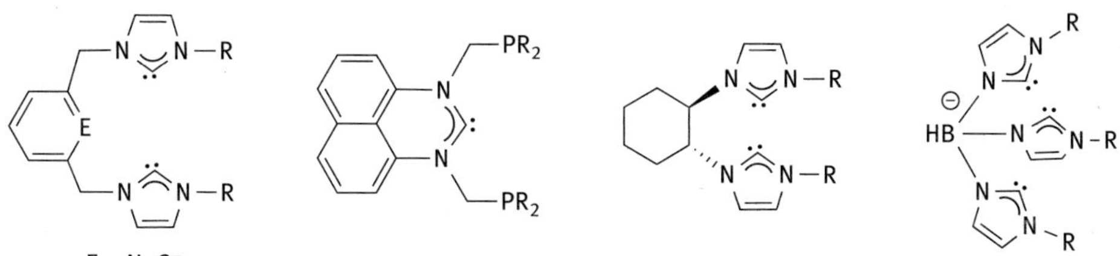

E = N, C⁻

핵심

CO, 알켄, 알카인과 같은 불포화 탄소 화합물은 금속과 두 가지 경로로 상호 작용한다. 하나는 σ-주개 상호 작용으로, π-결합으로부터의 전자 밀도는 비어 있는 금속 오비탈과 함께 나누고 π-받개 상호 작용은 금속에서 리간드로 전자 밀도를 나눈다. 이것이 **공여(donation)**와 **역공여(back-donation 또는 역결합)**이다. 후자가 금속-리간드 결합에서 주된 기여자이다.

리간드의 전자적 및 입체적 특성은 금속 중심의 반응성을 결정한다. 이 효과는 정량화할 수 있다. 이들 척도에서 가장 중요한 것은 포스핀 리간드의 Tolman 입체 및 전자 파라미터이다.

역공여는 종종 리간드의 배향을 조절하고 π-리간드의 결합 차수를 변화시킨다.

연습문제

1. 다음을 π-받개 세기가 증가하는 순서로 나열하시오.
   NO^+, $P(OMe)_3$, N≡CR, PBu^t_3, PCl_3, PPh_3, CO, NH_3
2. Ni–PR_3 착물을 이용하여 계산한 Tolman 원뿔각이 자유 포스핀 PR_3의 원뿔각이 아닌 이유는 무엇인가?
3. 알카인과 이미도 리간드가 4-전자 주개로 작용한다고 말할 수 있는 이유는 무엇인가? 이 설명을 정당화할 수 있는 구조적 지표는 무엇인가?
4. 배우 센 친전자성 금속 양이온에 배위된 CO의 신축 진동수는 자유 CO의 것보다 더 높다. 이유를 설명하시오.

2.5 L-형 π-받개 리간드: 금속 카보닐 착물

M–C≡O

전이 금속 카보닐 착물은 아주 다양하면서도 중요한 화합물의 한 부류이고 우리가 논의하고 있는 거의 모든 금속의 다양한 산화 상태 영역에 대하여 존재한다. 금속 카보닐은 구조와 결합의 가장 중요한 관점을 설명해 줄 뿐만 아니라, 이들은 대부분의 촉매 반응에 깔려 있는 리간드 반응성의 핵심 단계와 기본 경로에 대한 전형적인 예를 보여 준다. 따라서 이들 반응 단계는 이곳에서 다루고 뒤에서 다시 언급할 것이다.

$Ni(CO)_4$, $Fe(CO)_5$의 발견

금속 카보닐은 최초의 유기 금속 화합물에 속한다. 과학자이면서 기업가인 Ludwig Mond는 1888년 니켈 테트라카보닐 $Ni(CO)_4$를 발견하였고, 그는 이 화합물이 이전에 알고 있던 것과 다른 금속 화합물이라는 것을 알아차렸다. 특이하게도 이 화합물은 염이 아니었고 휘발성 액체이면서 열에 의하여 분해되어 금속 니켈을 남겨 놓았다. 이러한 성질은 곧바로 철을 포함하지 않은 순수한 니켈의 생산 공정으로 방향을 돌리게 하였고(Mond 공정), 오늘날까지도 가동 중이다. 철 카보닐 $Fe(CO)_5$은 일 년 뒤 Mond와 M. Berthelot에 의하여 독자적으로 발견되었다. 금속 카보닐 화학은 산업화와 촉매 공정에 밀접하게 연관되어 있다.

2.5.1 금속 카보닐 합성

주의: 휘발성 CO 착물은 유독하다. $Ni(CO)_4$는 EU 분류 3에 해당하는 발암 물질이다.

금속으로부터 합성. 철과 니켈의 간단한 카보닐은 CO와 금속 가루를 반응하여 얻을 수 있다. 둘 다 액체이고 공기와 접촉하면 불이 붙는다. 화학량론은 18-전자 규칙을 따라 정해진다.

$$Ni + 4\,CO \xrightarrow{1\text{ bar, }25\,^\circ C} Ni(CO)_4$$

무색 액체, 분해 >35 °C
bp. 42 °C

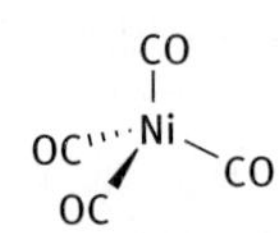

$$Fe + 5\,CO \xrightarrow[\text{CO 압력}]{100\,^\circ C} Fe(CO)_5$$

옅은 갈색 액체 bp. 103 °C

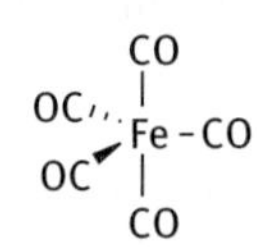

금속 염의 환원에 의한 합성. 이것이 가장 일반적으로 적용할 수 있는 방법이다.

$$TiCl_4(DME) + 6\,KC_{10}H_8 \xrightarrow[\text{15-crown-5}]{\text{1 bar CO}} [K(15\text{-c-}5)^+]_2[Ti(CO)_6]^{2-} + 4\,KCl + 6\,C_{10}H_8$$

18 VE

$$VCl_3 + 4\,Na \xrightarrow[\text{diglyme, 150 °C; } -3\,NaCl]{\text{CO (200 bar)}} Na[V(CO)_6]^- \xrightarrow[-H_2]{H_3PO_4} V(CO)_6$$

$Na[V(CO)_6]^-$: 18 VE; $V(CO)_6$: 17 VE

$$CrCl_3 + Al \xrightarrow[AlCl_3,\ C_6H_6]{\text{CO (300 bar)}} Cr(CO)_6 + AlCl_3$$

18 VE

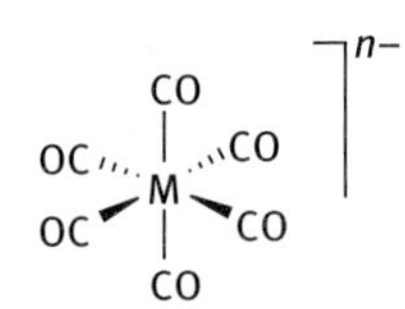

M	n
Ti	2
V	1, 0
Cr	0

$[V(CO)_6]^-$는 18 VE 화학종이다. 양성자 첨가 반응을 하면 $HV(CO)_6$가 얻어질 것으로 예상되나, 7-배위되어 있는 생성물은 불안정하고 H_2가 제거되어 17 VE $V(CO)_6$ 라디칼을 형성한다. 이는 입체적으로 너무 밀집하여 이합체 과정을 거쳐 높은 배위수를 갖는 이합체를 형성한다. 이와는 대조적으로 단핵 17 VE Mn과 Co의 카보닐인 $Mn(CO)_5$와 $Co(CO)_4$는 배위상 불포화되어 있고 (CN이 6보다 적음) 18-전자를 갖는 금속-금속 결합으로 이루어진 이합체를 형성할 수 있다. 반면에 금속 중심이 팔면체 배위로 포화된 $Mn_2(CO)_{10}$은 비교적 반응성이 작고 $Co_2(CO)_8$은 풍부한 유기 화학을 갖고 있으며(Pauson-Khand 반응, 자료 2.6.3), 중요한 전촉매이다(3.4장 카보닐화 참조).

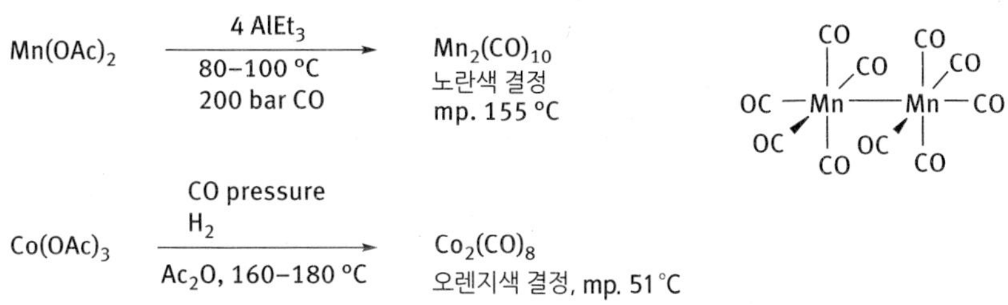

금속 카보닐의 결합: 2.4.2절을 보라.

$Co_2(CO)_8$은 고체 상태에서 CO-다리 결합된 이합체 $[(CO)_3Co(\mu\text{-}CO)]_2$로 존재하나 용액에서는 CO 다리 없는 D_{4h} 또는 D_{3d} 대칭을 갖는 적어도 두 개의 다른 이성질체를 형성한다. 이는 CO 해리에 대하여 열에 불안정하고 쉽게 검은색 뭉치 화합물인 $Co_4(CO)_{12}$를 만든다. 비록 18-전자 규칙은 다리 놓인 형태의 $Co_2(CO)_8$에서 금속-금속 결합의 존재를 제시하고 있으나, μ-CO를 통한 전자 비편재화가 대신 일어난다.

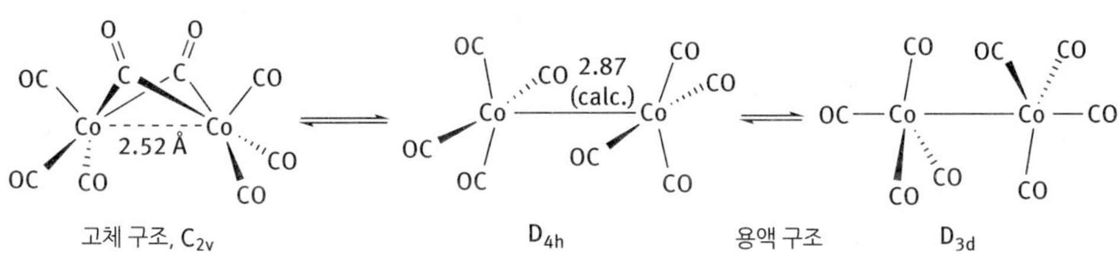

둘째 주기 및 셋째 주기 전이 금속은 아주 다양한 다핵 금속 카보닐을 만든다. $RhCl_3$가 CO와 온화한 조건(에탄올 용매와 환원제)에서 반응하여 16 VE 카보닐 할로젠화물 $[RhCl(CO)_2]_2$을 만드는 반면에, $RhCl_3$의 카보닐화를 격렬한 반응 조건에서 하면 뭉치 화합물 $Rh_4(CO)_{12}$를 만든다. $Co_2(CO)_8$의 Rh 유사체 역시 알려져 있으나 CO 압력에서만 안정하다. Rh, Ir, Pd 및 Pt 카보닐에 대하여 관찰되는 뭉치 화합물 생성에 대한 경향성은 첫 주기 같은 족 금속에 비하여 둘째 주기 및 셋째 주기 전이 금속에서 더 센 M-M 결합을 반영하고 있다.

$$RhCl_3 \xrightarrow[\text{높은 온도}]{\text{CO 압력}} Rh_4(CO)_{12} \quad \text{tetrahedral cluster}$$

금속 카보닐 착물은 생물학과 의약 분야에서 중요한 역할을 한다(자료 2.5.1).

더 많은 핵을 가진 금속 카보닐과 금속 카보닐 뭉치 화합물. $Fe(CO)_5$가 발견되고 나서 곧바로 이 화합물을 빛에 노출하면 더 낮은 CO/Fe 비율을 가진 화합물을 생성한다는 것이 알려졌다. 이것이 금속 카보닐의 일반적인 반응성 경향이다.

금속 카보닐 뭉치 화합물

자료
2.5.1 생물학과 의약 분야에서의 금속 카보닐 착물

철 같은 금속이 CO와 안정한 착물을 형성할 수 있다는 것을 발견한 것은 예상치 못한 일이었다. —자연계에서는 이 같은 일이 벌어지는 것을 볼 수 없었다. 결국 공기가 존재하는 수용액 조건에서 철은 O와 N 리간드를 더 선호하는 Fe^{2+}와 Fe^{3+}로 산화된다. 그러나 이제 CO 착물이 의약 분야뿐만 아니라 생화학 과정에서 중요하다는 것은 명백하다.

CORMs. CO 기체를 많이 흡입하면 헤모글로빈과 아주 잘 결합하므로 유독하다. 그러나 CO는 인체 내에서 헴이 빌리버딘(beliverdin)으로 산화성 분해하는 동안에 끊임없이 만들어진다. 체내에서 CO는 소염작용, 혈관확장 및 항증식 작용의 효과가 있다. CO는 세포의 죽음을 감소시키고 산소 결핍 효과로부터 조직을 보호하며 장기 이식뿐만 아니라 심혈관 질환, 염증성 질환의 치료에 중요한 역할을 한다.

핵심은 CO가 통제된 방식으로 방출된다는 것이다. CO 기체의 응용이 아주 해로운 반면에, 생리적 조건에서 충분한 안정성을 갖는 금속 카보닐 착물은 통제된 방식으로 CO를 방출할 수 있다. 물에 대한 용해도는 알맞은 공통-리간드를 이용하고 전하를 갖고 있는 착물을 만들어 해결하였다. 이런 화합물은 'CO-방출 분자(CO-releasing molecules)' 또는 **CORMs**으로 알려져 있다. Fe, Ru, Mn, Mo 및 Re 카보닐 착물이 개발되었다. 몇 가지 예가 아래 그림에 나와 있다. 루테늄 글라이시네이토(ruthenium glycinato) 착물 (1)은 첫 번째 예 중 하나이다. 망가니즈 카보닐 (2)은 독성이 낮고 히스티딘과 같은 N-주개와 반응하여 CO를 방출한다. 전구체 착물 (3)에 가시광선을 쪼이면 대장암 세포에 대한 광-유발 세포 독성에 필요한 CO를 방출한다. 화합물 (4)와 (5)는 세포에 들어간 뒤에야 활성이 되는 안정한 화합물이며, 여기서 에스터 분해 효소는 에스터 작용기를 끊고 치환성인 CO 방출 착물을 생성한다.

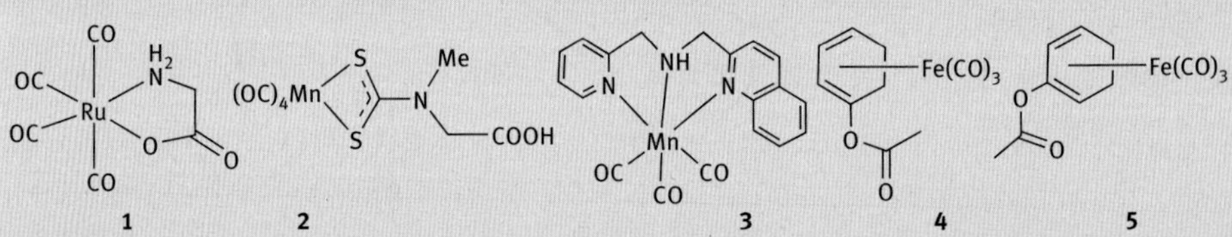

금속-CO 효소: [FeFe]-수소화 효소. 많은 미생물이 수소 분자의 산화-환원 촉매 반응에 철 카보닐, 즉 [FeFe]-수소화 효소를 이용한다. 이 효소는 Fe_2S_2 단위에 시스테인 S으로 연결된 입방 Fe_4S_4 뭉치(소위 H-뭉치)를 가지고 있으며, 하나의 다이싸이올레이트뿐만 아니라 CO와 CN 리간드를 모두 가지고 있다. 이들 이핵-철 수소화 효소의 H^+를 수소로 환원하는 데 대한 뛰어난 환원 촉매 능력은 연료 전지 분야에서 온화한 조건에서 H_2를 발생시키는 데 대한 경로를 알려줄 수도 있다. 또 다른 부류는 단핵-철 수소화 효소이다.

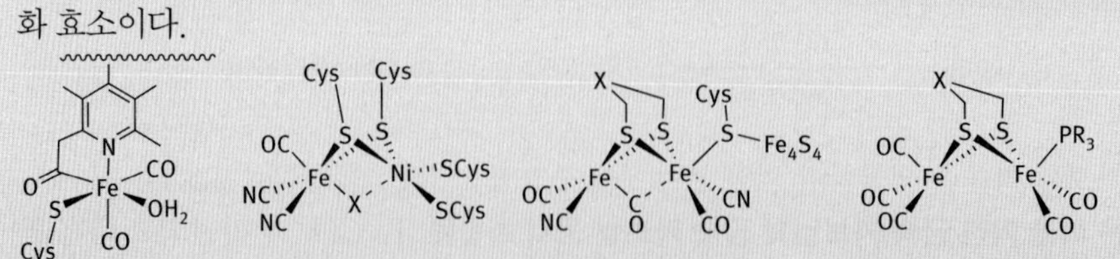

[Fe]-hydrogenase에서 제안된 Fe 자리 [NiFe]-hydrogenase [FeFe]⁻에서 활성화 자리 hydrogenase. X = CH_2, NH, or O hydrogenase 모델의 예

즉 CO 리간드는 열 또는 빛을 쪼일 때 해리될 수 있고, 광분해에 의한 CO 해리는 리간드 치환에 대해 온화하고 많이 사용되는 방법이다. $Fe(CO)_5$는 두 가지 생성물 $Fe_2(CO)_9$(비휘발성과 불용성), $Fe_3(CO)_{12}$(녹색 결정, 용해성)을 형성한다. 유사하게 $Co_2(CO)_8$(오렌지 갈색 결정)을 가열하면 CO를 잃어 $Co_4(CO)_{12}$ 뭉치 화합물을 만든다.

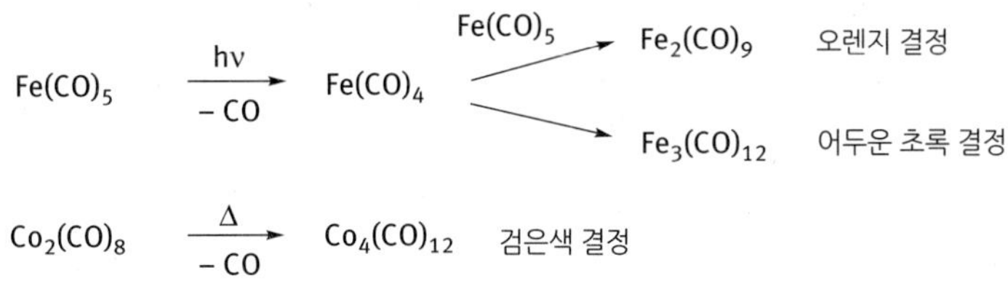

일반적인 조건에서 안정한 둘째 주기 및 셋째 주기의 유일한 금속 카보닐은 금속-금속 간 결합을 갖고 있는 뭉치 화합물이다. 가장 간단한 대표적인 화합물을 아래 그림에 보여주고 있다. Fe와 Co 뭉치 화합물이 다리 놓인 CO를 가지고 있는 반면에 원자 반지름이 더 큰 무거운 원소는 일반적으로 CO 다리를 선호하지 않는다(확실하게 배제하지는 않는다).

혼합-금속과 혼합-리간드 화학종을 포함한 수많은 다핵 뭉치 화합물이 만들어졌다. 많은 것들이 금속 결정 격자의 조각으로 이해할 수 있다. 더 세부적인 논의는 이 교재의 범주를 벗어난다. 일부 뭉치 화합물은 C 또는 CR 토막을 포함하고 있다. 이는 Fischer-Tropsch 공정에서 CO를 탄화수소로 환원하는 것과 같은 맥락이다(자료 2.5.7 참조).

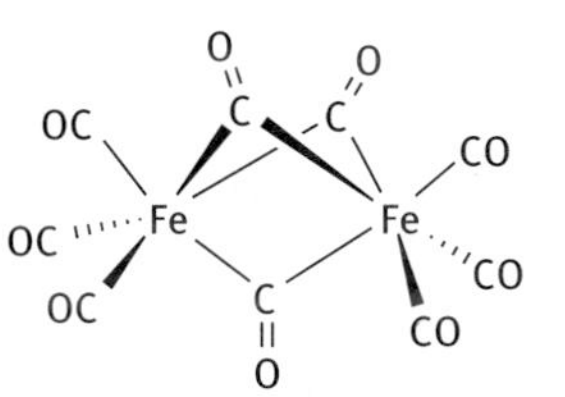

$Fe_2(CO)_9$

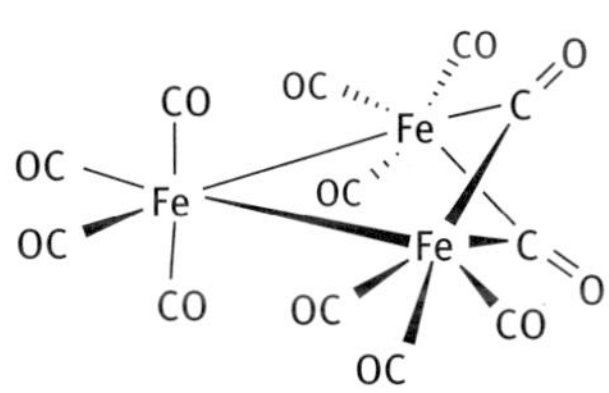

$Fe_3(CO)_{12}$

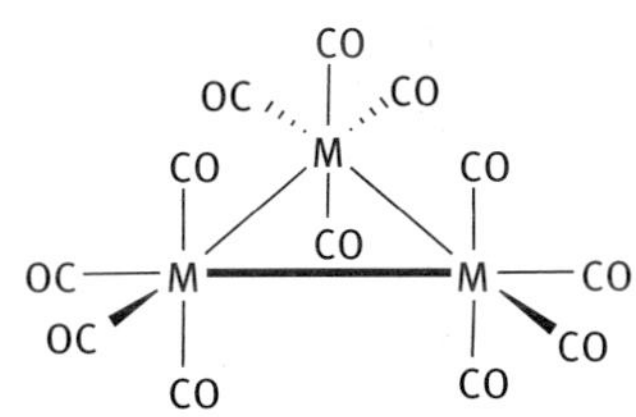

$M_3(CO)_{12}$ (M = Ru, Os)

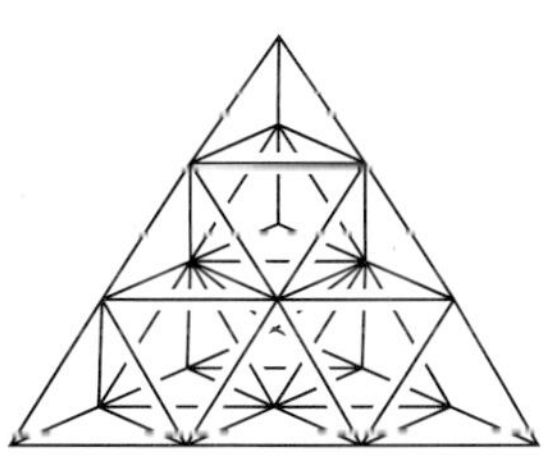

$[PBu_4]_2[Os_{20}(CO)_{40}]$ (242 VE)

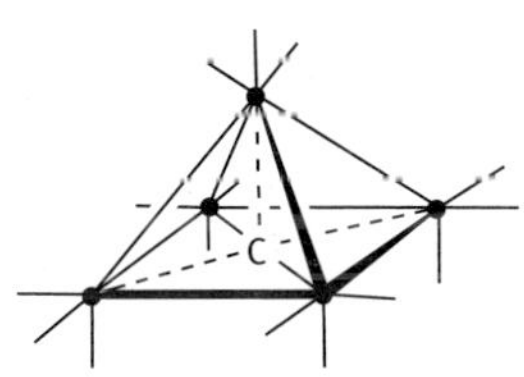

$M_5C(CO)_{15}$ M = Ru, Os
carbido cluster

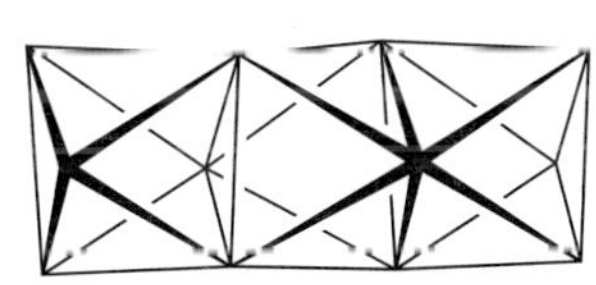

$[PPh_4]_2[Ir_{12}(CO)_{26}]$

2.5.2 이핵 및 뭉치 착물에서의 결합

이핵 금속 카보닐(그리고 비카보닐)에서 결합 개념과 18-전자 규칙과의 상관 관계는 논쟁의 대상이었다. 가장 잘 알려진 예는 $Fe_2(CO)_9$이다. 이 분자는 두 개의 $Fe(CO)_3$ 토막을 가지고 있고, 세 개의 CO 리간드에 의하여 다리 놓여 있으며, 각각의 CO는 형식상 한 개의 전자를 각각의 금속 중심에 주고 있어 전자셈에 의하면 Fe는 17 VE를 이루게 된다. 18 VE를 이루고, 바닥 상태에서 $Fe_2(CO)_9$의 반자기성을 설명하려면 관례상 금속-금속 결합을 가정하여야 한다. 그러나 구조적, 이론적 연구에 의하면 Fe-Fe 벡터 상에서 전자 밀도가 없다는 것이 잘 알려져 있고 실제로 관련된 오비탈은 반결합성이다.

유사한 예로, Cr-Cr 삼중 결합(다른 형태의 화합물에서 선례가 있음)을 통하여 Cr 하나당 18-전자를 만족시킨 $[Cp_2Cr(\mu\text{-}CO)_2]_2$와 같이 반-다리(semi-bridged) 착물을 직관적으로 제시할 수 있으나, **M-M 결합이 존재하지 않고** 전자 비편재화가 다리 놓인 카보닐 리간드를 통하여 일어난다는 설득력 있는 이론적 주장이 있다.

M-M 결합이 M-M 결합이 아닌 것은 언제인가?

이핵 유기 금속 착물에서 금속-금속 결합을 가정하는 것은 이해하기 쉬우며 착물의 구조와 반자기성을 설명하는 유용한 방법이며 다면체 기하 구조를 보기 쉽게 해준다. 그러나 종종 물리적인 실상은 다르다. **결정학으로 결정한 M-M 거리조차 M-M 결합의 존재를 부여하거나 입증하는 데 좋은 지침이 될 수 없다.**

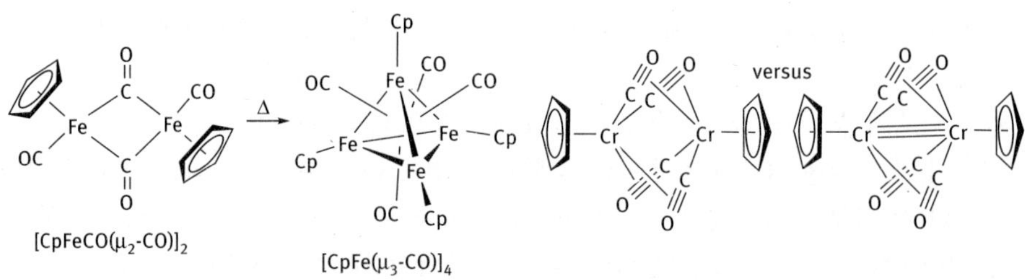

금속 뭉치의 형성은 전자 결핍의 한 표현이다. 뭉치 화합물에서는 단순한 **2e2c** 결합 형식으로 오비탈을 채우기에는 오비탈의 수가 전자수에 비하여 더 많다. 따라서 금속 뭉치 화합물에서의 상황은 전자 결핍 결합이 잘 정립되어 있는 보레인이나 카보레인의 경우와 유사하다.

보레인 뭉치처럼 모서리를 구축 단위(building blocks)가 차지하는 것으로 금속 뭉치를 생각하는 것이 유용하며, 각각은 뭉치 결합에 일정한 수의 전자를 기여한다. 주족 구축 단위 E-R당 전자수 z는 E의 원자가 전자수에 치환체 R에 의한 값을 더하고 E-R 결합에 참여한 전자를 뺀 값으로 주어진다. 붕소는 세 개의 원자가 전자를 갖고 있고 이 중 하나가 한 개의 H와의 결합에 참여하며, 뭉치 결합에 대하여 B-H 단위당 두 개의 전자를 남기게 된다.

전이 금속에 대하여 이러한 계산 방법은 d-전자를 설명하는 데까지 확장할 수 있다. 뭉치 결합에 대하여 구축 단위당 전자수 z는 다음과 같다.

$$z = d + yL - 12$$

여기서 d = 원자가 껍질 d-전자수, y = 결합한 리간드 수, L = 각각의 리간드가 기여한 전자수이다.

따라서 $Fe(CO)_3$ 조각(d^8)은 $z = 8 + 3 \times 2 - 12 = 2$ 전자를 기여하고, $Co(CO)_3$ 조각은 $9 + 6 - 12 = 3$ 전자를 기여한다(표 2.5.2.1). 이들 전자는 뭉치를 향한 오비탈을 차지한다. 전자수 z가 동일한 두 조각은 원리상 서로 교환 가능하며, 하나를 다른 하나로 치환하더라도 뭉치나 착물의 전자수는 변화하지 않는다. 첫째 주기, 둘째 주기 및 셋째 주기 금속 사이의 전체 전자수 차이를 무시하면 이들 조각은 **등전자성**(isoelectronic)이다.

표 2.5.2.1 금속-리간드 조각과 뭉치 결합에 대한 전자 기여

조각	z	조각	z	조각 구조
$Mn(CO)_3$	$7 + (3 \times 2) - 12 =$ **1**	$(\eta\text{-}C_5H_5)Fe$	$8 + 5 - 12 =$ **1**	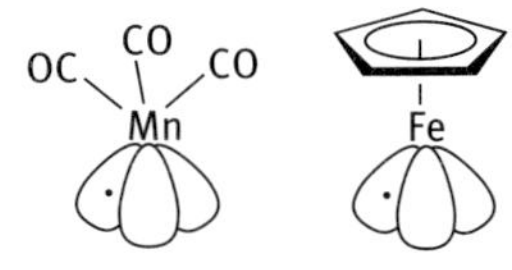
$Fe(CO)_3$	$8 + (3 \times 2) - 12 =$ **2**	$(\eta\text{-}C_5H_5)Co$	$9 + 5 - 12 =$ **2**	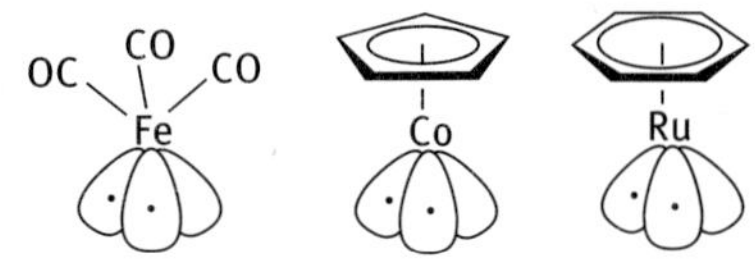
$Co(CO)_3$	$9 + (3 \times 2) - 12 =$ **3**	$(\eta\text{-}C_5H_5)Ni$	$10 + 5 - 12 =$ **3**	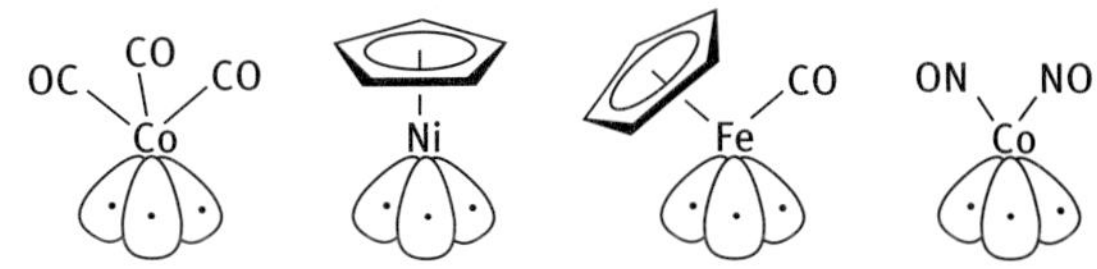

올리고핵(oligonuclear) 금속 카보닐의 구조로 돌아가 보면, 전자-결핍 결합은 **전하 비편재화에 대하여 알맞은 대칭과 이용 가능한 에너지를 가진 π-오비탈이 존재하는 경우**에 기대할 수 있다. $Fe_2(CO)_9$의 구조는 두 개의 $Fe(CO)_3$로 나누어 생각할 수 있는데, 각각은 비편재화된 결합에 대하여 두 개의 전자로 이루어져 있으며, 이들은 세 개의 다리 놓인 CO 리간드와 상호 작용한다. 두 개의 반만 채워진 오비탈은 CO 리간드 중 두 개와 케톤형 2e2c 결합을 형성할 수 있다. 그 다음 셋째 CO의 고립쌍은 비어 있는 두 개의 Fe 오비탈과 상호 작용할 수 있으며, 전체적으로 Fe–Fe 직접 결합이 없는 비편재화된 CO-다리 놓인 구조를 만든다.

CO 다리 형성은 가역적이다. 시스/트랜스 이성질화

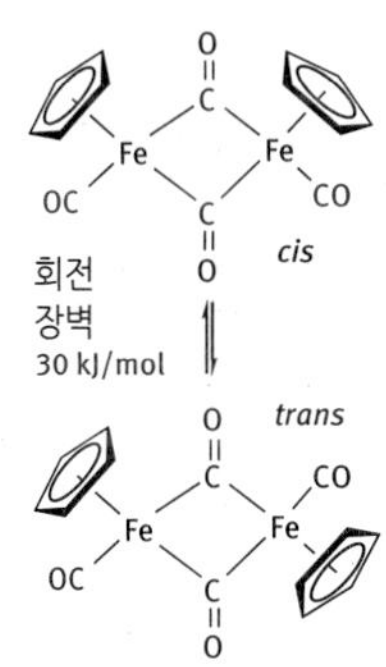

$[CpFe(CO)(\mu\text{-}CO)]_2$에서 결합은 유사하고, 차이는 $Fe_2(CO)_9$에서보다 각각의 Fe 조각이 기여하는 전자가 하나가 더 많기 때문에 나타나고, 동일한 전자 배치를 이루기 위하여 다리 놓인 CO 리간드 수는 두 개로 감소한다. Fe의 여분의 전자 밀도는 평면 Fe_2C_2 중심부에서 π-결합에 기여한다. $(\mu\text{-}CO)_n$ 결합은 여러 가지 공명 구조로 설명할 수 있으며 모든 다리 놓은 CO 리간드는 동등하다.

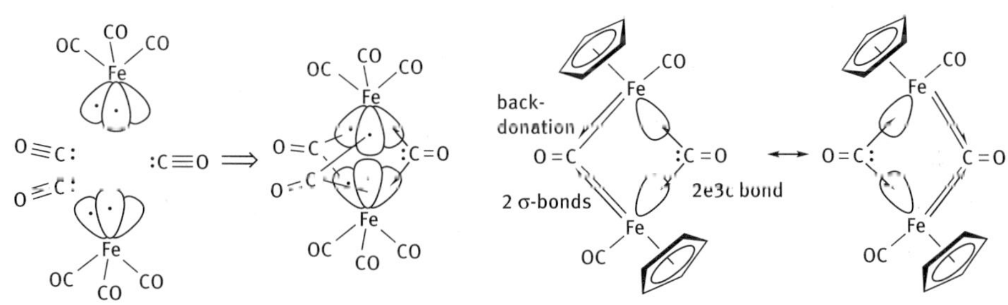

일반적으로 **다리 놓인 위치에 CO와 같이 센 π-받개 리간드가 존재하면, M–M 결합 생성에 비하여 π-비편재화를 더 선호한다**. M–M 결합에 대한 가정은 분자의 모양을 유도하고 자기적 성질을 설명하는 데 유용하나, 각각의 경우에 대하여 물리적 실상을 점검하여야 할 필요

가 있다. 따라서 $Fe_3(CO)_{12}$의 CO-다리 놓인 모서리나 Ni(I) 이합체 $[CpNi(\mu\text{-}CO)]_2$에서 금속-금속 결합은 없다. $Mn_2(CO)_{12}$와 $Cp(CO)_3Cr\text{-}Cr(CO)_3$에는 M-M 결합이 존재하며 둘 다 금속 중심은 배위적으로 포화되어 있고 다리 놓인 CO가 없다. 반면에 $[CpCr(\mu\text{-}CO)_2]_2$에서 가정하였던 Cr≡Cr 삼중 결합은 없으며 대신에 비편재화된 전자 결핍 결합이 있다.

한편 아주 센 π-받개 리간드는 종종 M-M 반결합성 오비탈로부터 전자 밀도를 끌어 M-M 결합이 가능하게 한다. 광전자 분광 연구에 의하면 이것이 한 쌍의 등전자 화합물 $[CpNi(\mu\text{-}CO)]_2$와 $[CpCo(\mu\text{-}NO)]_2$에서 기체상 구조가 서로 다른 이유이다. 전자는 M-M 결합이 없는 비편재화된 평면 구조를 갖고 있고, 후자는 M-M 결합을 갖고 있는 평면 구조가 아닌 분자이다. 평면 구조와 접힌 구조는 쉽게 상호 전환될 수 있다. 결정 상태에서 $[CpNi(\mu\text{-}CO)]_2$는 접혀 있으나 이의 C_5H_4Me 유사체는 완전한 평면이다.

반면에 $[CpCo(\mu\text{-}NO)]_2$는 고체 상태에서 평면(Co-Co 2.37 Å)이나 용액 및 기체상에서는 굽은 모양이다.

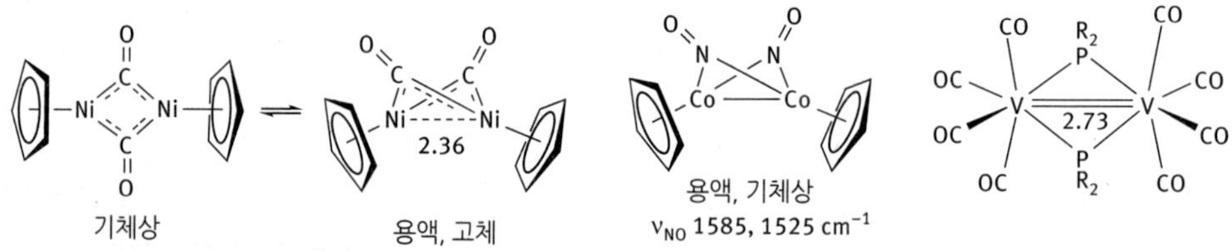

뭉치는 일반적으로 도시된 것과 같이 그려지지만, 전자 밀도 측정에 의하면 CO에 의해 가교되는 결합이 있는 곳에는 직접 M-M 결합이 존재하지 않는다는 것을 보여 준다.

π-받개 리간드가 없으면 M-M 결합이 우세하다. 예를 들어 인-다리 놓인 착물 $(CO)_4M(\mu\text{-}PEt_2)_2M(CO)_4$는 M-M 결합 차수가 2(M = V), 1(M = Cr) 및 0(M = Mn)인 이핵 화합물이며, M 하나당 18 VE를 갖고 있다.

동등 오비탈엽(isolobality) 접근법은 $M_4(CO)_{12}$와 같이 다핵 뭉치를 이해하는 것을 간소화해 주며, 이때 하나 또는 여러 개의 꼭짓점은 예를 들어 CR 부분으로 치환할 수 있다. 모든 구조는 사면체이고 테트라헤드레인(tetrahedrane, C_4H_4) 또는 P_4 분자와 같은 구조적 원리를 따른다.

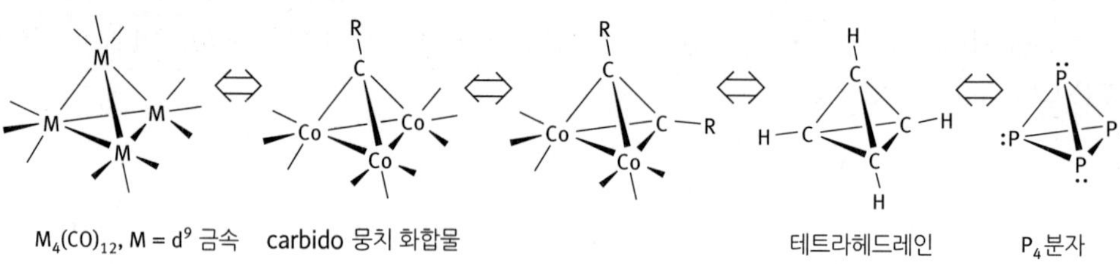

18 VE
↓
30/34 VE

18-전자 규칙의 확장. 특히 안정한 전자 배치는 '요술수'라고 부르며 구조가 복잡해짐에 따라 평면 6π(Hückel 방향족성)에서 18-전자 및 그 이상의 '3D 방향족성'으로 진행한다. 이것은 아렌의 샌드위치 착물을 예로 들어 가장 잘 설명할 수 있다. 벤젠에 (벤젠)Cr 조각을 더하면 6에서 18 VE로 바뀐다. 유사하게 이 같은 쌓음을 계속하면 그 다음의 '요술수'는 30이며 삼중층(triple-decker) 구조를 나타낸다. $[Cr_2(C_6H_6)_3$에서 중심 벤젠 리간드의 6π-전자는 두 개의 Cr 원자 사이에 공유되어 있음을 유의하라. 이 같은 비편재화는 각각의 중심 금속에 의하여 요구되는 전자를 만족시킨다. 형식상 각 Cr 원자는 15개 전자를 가지고 있으나 중심 고리를 통과해야 하는 Cr-Cr 결합은 없다.]

단순한 샌드위치 구조에 비하여 삼중층 구조에서 최적의 전자수와 약간 더 많은 전자수를 갖는 경우 사이의 에너지 차이는 작으며, 34개 전자를 갖는 삼중층 구조도 있다. 이러한 뭉치 화합물에서 여분의 네 개 전자는 M–M 거리를 늘어나게 하고 뭉치 결합을 강화하기보다는 약화시킨다. 밝혀진 바에 의하면 대부분의 앞에서 다룬 이핵 화합물 및 많은 다른 화합물은 30~34 VE 족에 속한다.

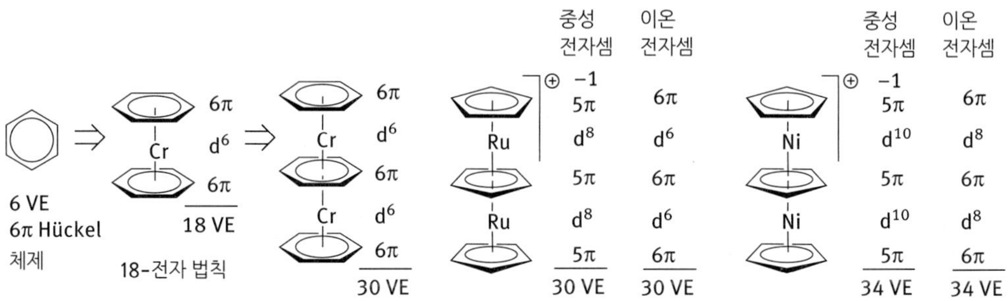

금속 뭉치에 대한 이와 같은 형식론의 관계는 또 다른 형태의 삼중층 착물인 보롤(borole) 착물 $(CO)_3Mn(\mu,\eta^5\text{-}C_4H_4BR)Mn(CO)_3$를 조사해보면 더욱 분명해진다. 보롤($C_4H_4BR$)은 4π 고리이며 6π 방향족 계가 되려면 두 개의 전자가 더 필요하다. 이는 두 개의 $Mn(CO)_3$ 1-전자 주개 토막으로부터 공급된다. 이는 메탈라카보레인(metallacarborane) 뭉치에 대한 설명과 동일하다. 분명히 뭉치를 표현하는 데 금속-금속 결합이 요구되지 않는다. 다른 이핵 화합물은 유사하게 30 또는 34 VE를 갖는 비편재화된 뭉치로 생각할 수 있다. 대부분의 금속 카보닐 이합체는 $Fe_2(CO)_9$을 포함하여 34 VE 범주에 속한다.

똑같은 방법을 수소-다리 놓인 이핵 화합물에도 적용할 수 있다. 여기서도 역시 뭉치형 전자 결핍 결합은 M–M 결합을 가정할 필요가 없도록 한다.

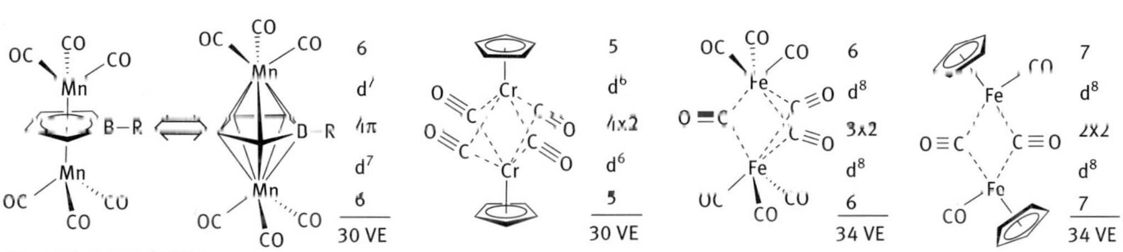

샌드위치와 뭉치 화합물

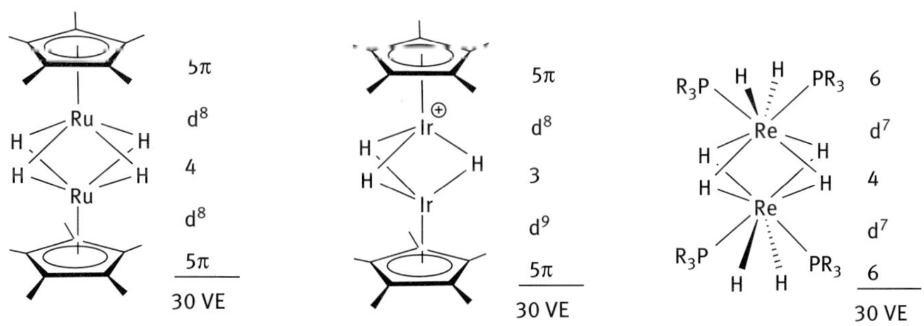

핵심

CO는 낮은 산화 상태에서 금속에 결합한다. 이들 착물의 안정성은 강한 역결합 기여 때문이다.

단핵 CO 착물과 그들의 유도체는 18-전자 규칙을 따르는 경향이 있다.

CO가 해리되어 이핵 금속 카보닐 그리고/또는 금속 카보닐 뭉치 화합물이 만들어진다. 뭉치가 만들어지는 경향성은 첫 주기에서 셋째 주기 금속으로 갈수록 증가한다.

CO 다리 놓인 리간드를 가지고 있는 이핵 카보닐은 M−M 결합 없는 뭉치-형 전자 결핍 결합을 나타낸다. 이들은 30/34 VE 화합물 부류에 속한다.

다리 놓인 CO 없는 이핵 금속 카보닐은 M−M으로 결합되어 있다.

연습문제

1. 고체 상태 $Co_2(CO)_8$=$[(OC)_3Co(\mu-CO)]_2$에서 CO−CO 결합이 없음을 설명하시오. 이 화합물은 30/34 VE 규칙을 따르는가?
2. $[CpFe(CO)_2]_2(\mu-CO)(\mu-CH_2)$에서 결합을 설명하시오.
3. $(Cp^*Re)_2(\mu-CO)_3$에서 전자셈과 결합을 이야기해 보시오.
4. 다음 조각이 뭉치 결합에 기여하는 전자는 몇 개인가?

   $Fe(CO)_3$, $Mn(CO)_3$, $\mu-CO$, $\mu-C_4H_4BR$, $\mu-C_6H_6$, $\mu-CR$, $\mu-CH_2$

2.5.3 금속 카보닐의 반응 메커니즘

금속 카보닐은 다른 리간드 부류에서도 일어나는 여러 가지 핵심적인 반응 양상을 보이는데, 이들은 대부분의 촉매 반응 회로의 근본이 되며 다음과 같다. **리간드 해리 반응; 리간드 치환 반응; 산화성 첨가; 환원성 제거; 분자내- 및 분자간 친핵성 공격**:

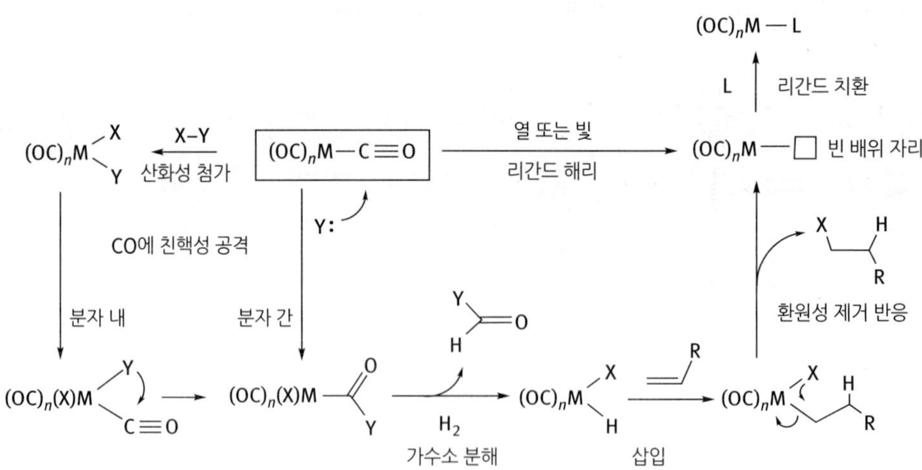

2.5.3.1 리간드 치환 반응: 원리와 메커니즘

대부분의 화학량론적 반응과 촉매 반응은 리간드 치환 단계로 시작하여 기질이 금속 중심에 결합하게 된다. 서로 다른 반응 메커니즘은 반응 속도론적 거동에 기초하여 구별할 수 있으며 일반적으로 **해리성**(dissociative)과 **회합성**(associative) 경로로 나눈다.

어떤 반응 경로를 따를 것인가는 특히 관심 있는 착물의 전자셈에 달려 있으며 반응 속도에 큰 영향을 미칠 수 있다. 예를 들어 사각 평면형 16 VE 화합물인 $Rh(acac)(C_2H_4)_2$와 이 화합물의 친척뻘 되는 18 VE $CpRh(C_2H_4)_2$는 각각 회합 및 해리 경로에 의하여 과량의 에틸렌과 교환 반응을 한다. 그러나 $Rh(acac)(C_2H_4)_2$는 10^{14} 배만큼 더 빠르게 반응한다.

해리 치환. 출발 착물로부터의 리간드 해리가 속도 결정 단계이다. 반응 속도는 진입 리간드의 농도에 의존하지 않는다. 활성화 엔트로피 $\Delta S^{\ddagger}$는 작으며 양의 값이다.

$$L_nM-X \xrightarrow[k_1]{} \underset{\text{배위상 불포화된 중간체}}{L_nM} + X \xrightarrow[k_2]{Y} L_nM-Y \qquad k_1 >> k_2 \qquad \text{반응 속도} = -\frac{d[L_nMX]}{dt} = k_1[L_nMX]$$

대부분의 반응이 용액에서 이루어지며, 용매는 약하게 배위하는 리간드로 작용하고 X 자리를 차지하므로 **실제로 배위상 불포화인 중간체는 존재하지 않음**을 염두에 두는 것이 중요하다. 용매의 농도는 정의에 의하여 1이므로 반응 속도식에 들어가지 않는다. 그러나 중간체에 용매가 배위되면 전이 상태를 안정화시켜 반응 속도에 크게 영향을 미칠 수 있다.

해리에 의한 리간드 치환은 18 VE 착물에서 일어난다. 이 반응은 입체 특이성(모두 다 그렇지는 않으나)을 보인다. 배위상 불포화된 중간체는 출발 착물의 기하 구조를 유지하며, Mn(I) 카보닐에서 시스-치환의 한 예이다.

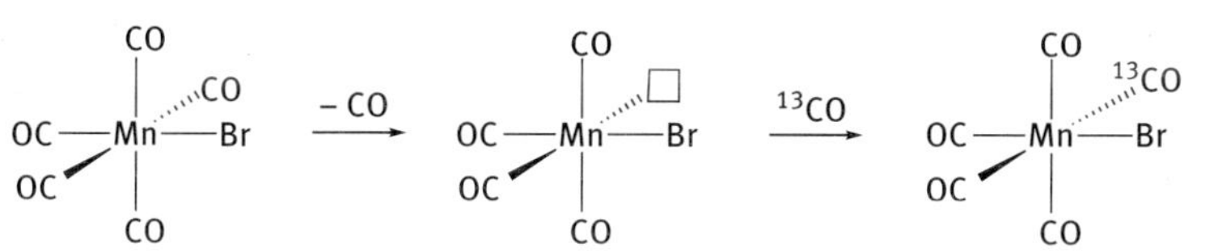

회합 치환. 여기서는 진입 리간드가 출발 금속 착물에 결합하여 배위수가 증가한다. 이어 리간드 해리가 두 번째 단계에서 뒤따른다. 또 하나의 리간드가 결합하면서 병진운동과 회전운동에 대한 자유도가 감소하므로 활성화 엔트로피 $\Delta S^{\ddagger}$는 크고 음의 값이다.

$$L_nM-X \xrightarrow[k_1]{Y} L_nM\begin{matrix}X\\Y\end{matrix} \xrightarrow[k_2]{} L_nM-Y + X \qquad k_1 << k_2 \qquad \text{2차 반응 속도식: 반응 속도} = k_1[L_nMX][Y]$$

회합에 의한 리간드 교환은 금속 착물이 충분히 낮은 배위수를 가져 또 다른 리간드가 배위구로 진입하는 것을 허락할 수 있어야 한다. 따라서 이 메커니즘은 전형적으로 16 VE 사각 평면형 d^8 금속 착물에서 잘 발견된다.

반응이 배위 가능한 용매에서 이루어지면 용매-보조 회합 치환을 따르며, Y와 반응하기 전에 용매-회합 평형이 관여한다.

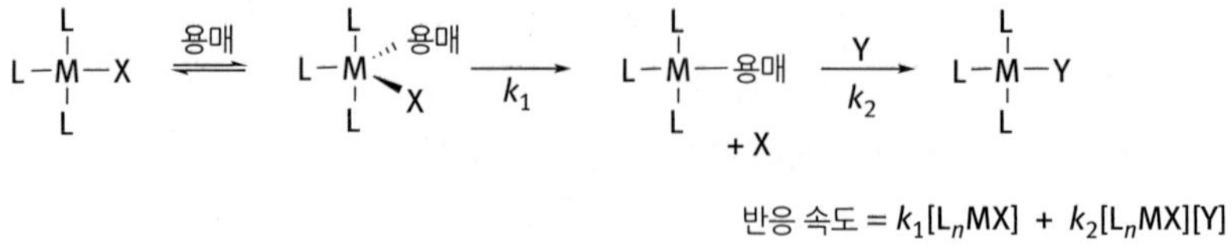

예를 들어 이런 유형의 속도 법칙은 PPh_3 또는 PBu_3에 의한 $M(CO)_3$ (M = Cr, Mo, W)의 치환에서 관찰되며, 이 경우 회합과 용매-보조 반응 경로는 서로 경쟁하여 동일한 생성물을 만든다.

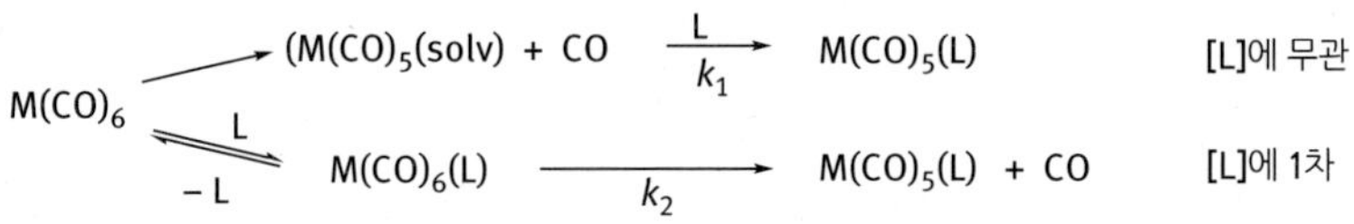

회합 치환 속도는 분명히 진입하는 친핵체 Y와 금속 M의 성질에 달려 있을 것이다. 그러나 사각 평면형 착물에서 주어진 금속 M과 리간드 Y에 대하여, 이탈기 X에 대한 트랜스 위치의 리간드에 따라 속도는 큰 변화가 있을 수 있다. 이것은 **트랜스 효과(trans effect)**라고 알려진 속도론적 현상이다. 특히 백금(II) 착물은 센 트랜스 효과를 보이고 상세히 연구가 되어 있다.

트랜스 효과: 반응 속도론

가장 센 트랜스 효과는 수소화 이온, 알킬과 같은 센 주개 리간드와 CN^-, CO, 포스핀 같은 센 π-받개 리간드에서 관찰된다. 이에 대한 한 가지 이유는 센 주개 리간드가 트랜스 위치의 결합을 치환이 잘 일어나도록 하기 때문(즉 사각 평면형 바닥 상태를 치환성으로)이고, 반면에 π-받개 효과는 5-배위 전이 상태를 안정화시키는 결과로 생각된다. 두 가지 모두 치환 속도에 여러 자릿수만큼 영향을 준다.

트랜스 효과는 대략 아래 순서(광화학적 계열의 센 장으로부터 약한 장 리간드로)에 따라 감소한다.

$$H^- > CH_3^- \geq CN^- \approx CO > PR_3 > Cl > NH_3 > OH^- > NO_3^- \approx H_2O$$

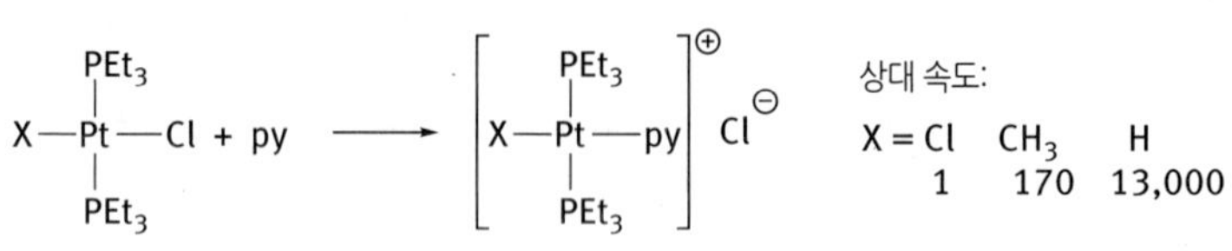

이와는 대조적으로 사각 평면형 착물의 시스-이성질체는 속도(시스-효과라는 말이 있으나 아주 작고 속도에 대한 영향은 2~3배 정도)에 X의 영향이 거의 보이지 않는다.

트랜스 효과 대 트랜스 영향

트랜스 효과는 전이 상태의 구조에 관련되어 있고 속도론적 현상이다. 이는 **트랜스 영향(trans influence)**과 구별하여 사용하고 있다. 트랜스 영향은 한 결합과 트랜스 위치에 있는 리간드에 의하여 미치는 영향 때문에 바닥 상태에서 금속-리간드 결합이 늘어나는 것을 말한다. 트랜스 영향은 종종 결정학적으로 결정한 M-L 결합 길이 변화를 설명하는 데 사용된다.

17-전자 착물. 전자셈이 18 보다 적은 금속 착물의 치환 반응 속도는 18 VE 유사체와 비교하여 여러 자릿수만큼 빠르다. 빛을 쪼여 17 VE 라디칼 중간체를 발생시킴으로써 치환을 급격히 가속화할 수 있다. $Mn_2(CO)_{10}$를 광분해하면 PPh_3와 빠르게 반응하는 $Mn(CO)_5^{\bullet}$가 발생한다. 17 VE 화학종은 L과 반응하여 결합 차수 1/2을 갖는 M–L 결합 19 VE 첨가 생성물을 만든다. 예를 들어 $[V(CO)_6]^-$ (18 VE)는 격렬한 반응 조건에서조차 PPh_3와 반응하지 않으나 $V(CO)_6^{\bullet}$ 17 VE 라디칼은 –70℃에서도 빠르게 반응한다. 이와 같은 치환은 회합 메커니즘을 따른다.

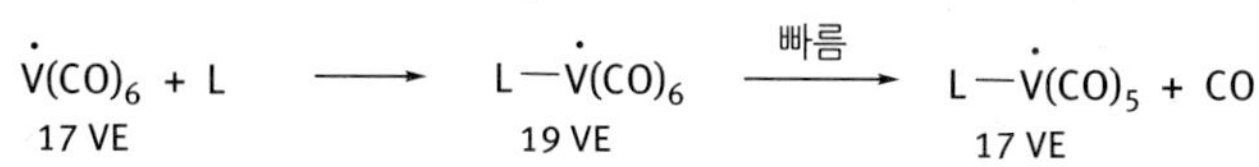

산화-환원 촉매 반응

같은 원리가 산화-환원 촉매 치환 반응에서도 적용된다. 18 VE 착물의 적은 분율은 빠른 치환 반응이 일어나는 17 VE 화학종으로 산화되므로, 오직 촉매로 작용할 만큼의 적은 농도의 17 VE 화학종이 요구된다.

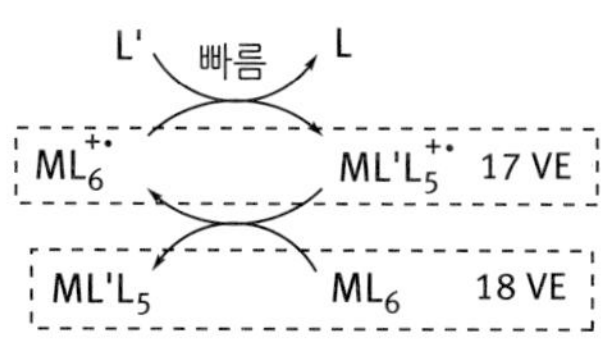

회합 치환과 배위 고리수 감소(slippage). 사이클로펜타다이엔일 리간드의 합토수(hapticity)가 η^5에서 η^3로 변화하는 것이 종종 18 VE 착물에서 리간드 회합과 치환을 용이하게 하는 배위 자리 발생 경로이다. 이 같은 현상은 주로 인데닐(indenyl) 리간드를 갖고 있는 전자가 풍부한 18 VE 착물에서 관찰된다. 예를 들어 인데닐 착물$(Ind)Co(CO)_2$는 $CpCo(CO)_2$에 비하여 10^8배 더 빨리 반응한다.

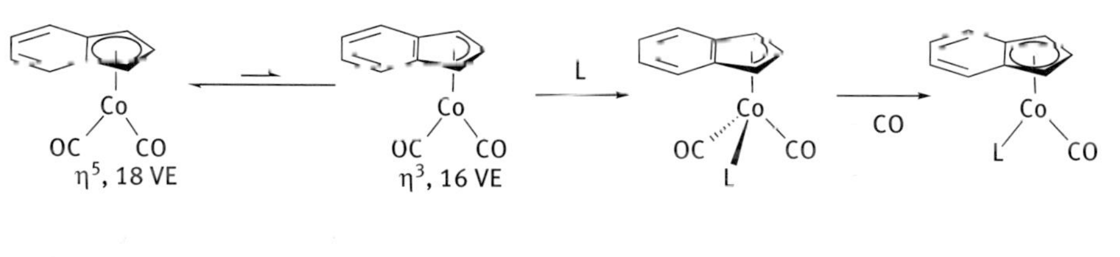

교환 메커니즘. 많은 경우에 치환 반응의 속도 결정 단계에서 진입 리간드와 이탈 리간드 모두가 결합에 기여한다. 이런 경우는 특히 관심 있는 착물이 양이온성일 때 그러하며, 치환은 이온 회합에 의하여 진행된다. 반응 좌표에 따른 전이 상태의 위치에 따라, 즉 L과 L′의 결합 상호 작용의 세기에 따라 **회합 교환(associative interchange)**과 **해리 교환(dissociative interchange)**, I_A와 I_D 사이에서 차별화한다. 예를 들면, 메탈로센 보레이트 이온쌍 촉매(3.7.2절)를 이용한 올레핀 중합 반응은 I_A 메커니즘을 따른다.

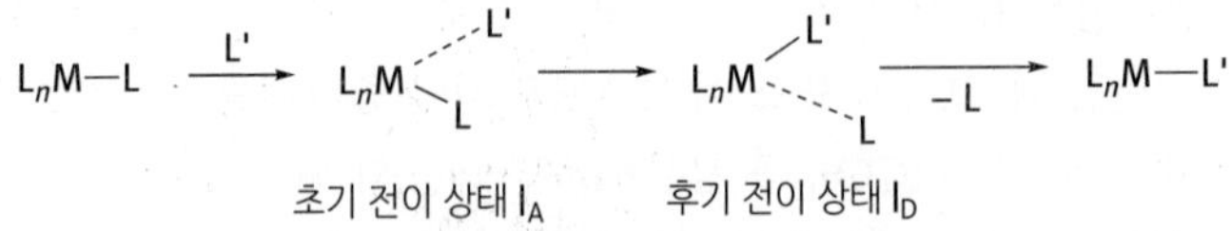

2.5.3.2 CO 리간드 치환: 개요 및 방법

금속 카보닐의 치환 반응은 다양한 화합물 부류에 이르는 편리한 길을 제공하며, 금속 카보닐 자신이 좋은 출발 물질이 된다.

광화학 치환 반응은 실온 또는 더 낮은 온도에서 진행할 수 있으며 모노- 및 비스-알켄처럼 열에 민감한 생성물을 분리 가능하게 해준다. 어미 에틸렌 착물 $Fe(C_2H_4)(CO)_4$와 $Fe(C_2H_4)_2(CO)_3$는 열에 불안정하다. 뷰타다이엔으로 반응을 하면 $(OC)_4Fe(\eta^2$-뷰타다이엔)을 통하여 단계적으로 진행된다. 아세틸렌과의 반응은 C-C 짝지음을 포함하고 있으며 종종 CO가 함께 포함될 수 있다. 알카인과 사이클로펜타다이엔으로 치환하면 각각 사이클로펜타다이엔일과 사이클로뷰타다이엔일 반쪽-샌드위치 착물이 생성된다.

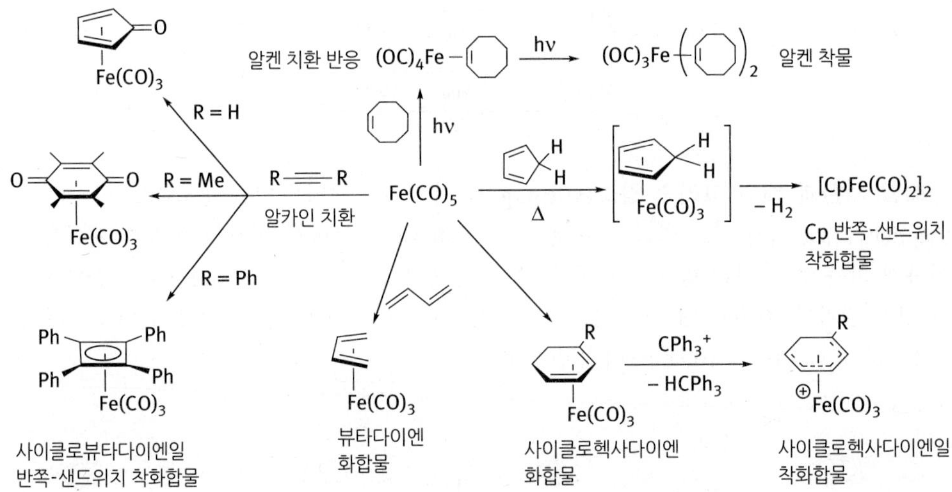

다이엔 치환 반응

$Fe(CO)_5$는 열에 안정하고 유독성이므로 출발 물질로서 휘발성이 적은 $Fe_2(CO)_9$을 이용하는 것이 더 바람직하다. 이 화합물은 해리되어 $Fe(CO)_5$와 반응성이 큰 $Fe(CO)_4$ 토막이 된다. 비슷한 방법으로 $Ru_3(CO)_{12}$도 $Ru(CO)_4$를 얻는 데 이용한다.

CO 치환을 용이하게 하는 또 다른 방법은 아민옥사이드를 이용하여 선택적으로 CO를 CO_2로 산화하는 방법이다.

$$M(CO)_n + Me_3N\text{-}O \xrightarrow{L} M(CO)_{n-1}(L) + CO_2 + Me_3N$$

M^0(M = Cr, Mo, W) 및 M^I(M = Mn, Re)와 같이 d^6 전자 배치를 갖고 있는 금속은 속도론적으로 난치환성으로 알려져 있고 치환이 일어나기 위해서는 강렬한 조건이 요구된다. 이와 같은 낮은 반응성을 극복하는 한 가지 방법은 THF 또는 MeCN(아세토나이트릴)과 같은 용매가 배위된(그러나 치환이 쉬운) 착물을 발생시키는 것이다. 예를 들어 MeCN 속에서 $W(CO)_6$을 환류하면 $W(CO)_3(MeCN)_3$가 만들어진다. 아세토나이트릴 리간드는 첨가 생성물을 분리하기에 충분할 정도로 강하게 결합하나 아렌에 의하여 쉽게 치환이 일어날 정도로 치환성이다. d^6 금속 카보닐의 몇몇 반응을 아래 도표에 요약하여 놓았다.

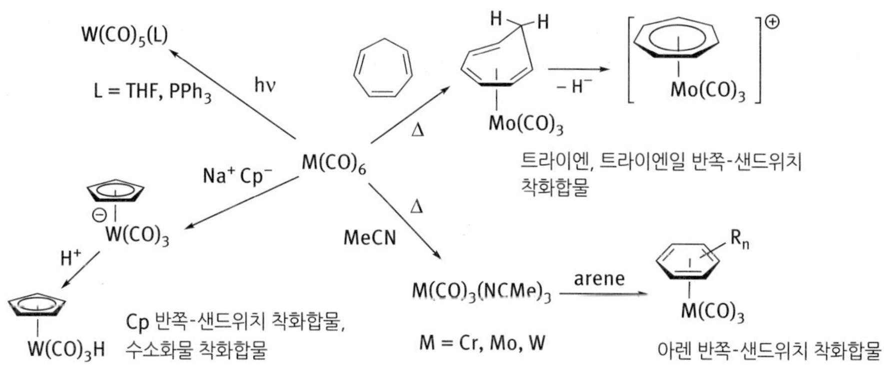

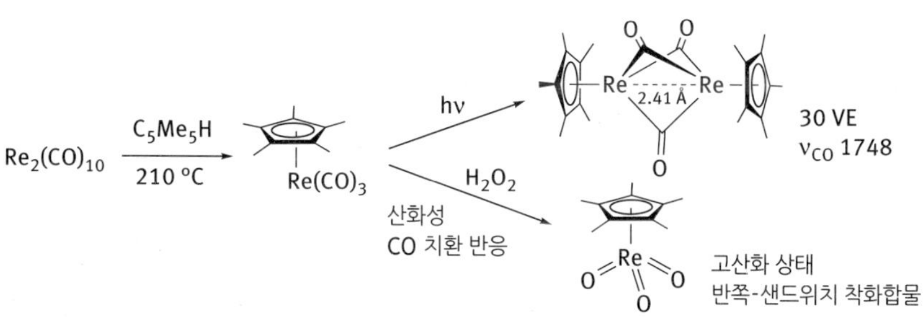

대조적으로 $Co_2(CO)_8$의 치환 반응은 아주 쉽다. 한 가지 이유는 화합물이 d^9 전자 배치를 가지고 있어 배위상 포화되어 있지 않으며, 또 다른 이유는 앞에서 살펴본 $V(CO)_6^{\bullet}$에서처럼 짝수 개의 전자를 갖고 있는 화합물 또는 중간체에 비하여 CO 치환 반응이 훨씬 빠르게 일어나는 17 VE $Co(CO)_4^{\bullet}$ 라디칼을 생성하며 쉽게 해리하기 때문이다.

CO 리간드로 치환하는 데에 대한 용이함은 치환된 정도가 증가함에 따라 감소하여 마지막 하나 또는 두 개의 CO 리간드를 제거하는 것은 아주 어렵다. 대부분의 리간드가 CO보다 너 좋은 수개 리간드이므로 치환 반응은 금속 중심에 전자 밀도를 증가시키고 따라서 역결합을 강화시켜 각각의 CO 치환 단계에서 남아있는 CO 리간드에 대하여 M−C 결합 세기는 증가한다(ν_{CO} 진동수 감소에서 볼 수 있듯이). 이는 친핵성 공격에 대한 CO 리간드의 반응성을 감소시킨다.

CO 치환 반응 속도는 아래와 같다.

$$M(CO)_n > (L)M(CO)_{n-1} > (L)_2M(CO)_{n-2} > (L)_3M(CO)_{n-3} > \text{etc.}$$

2.5.3.3 CO에 대한 친핵성 공격

배위된 CO 리간드에 대한 친핵성 공격은 촉매 반응이나 화학량론적 반응에서 흔한 단계이다. 약한 역결합과 강한 편극이 있으면 양이온성 카보닐 착물에서 CO 리간드는 반응성이 아주 크고 물과 같은 약한 친핵체에 의해서조차 공격을 받을 수 있다. 반면에 중성인 착물은 센 친핵체(OH^-, 아민 같은)가 필요하다. 전자가 풍부한 금속 카보닐($\nu_{CO} \leq 2000\ cm^{-1}$)은 반응성이 더 적다. 친핵성 공격 속도는 포스핀과 같은 보다 더 전자가 풍부한 리간드에 의하여 치환됨에 따라 감소한다.

수소화 이온에 의한 친핵성 공격은 몇몇 경우에(M = Cr, Mo, Fe) 분리 가능한 폼일(formyl) 착물을 만든다. 리튬 알킬은 Me^+에 의한 연이은 알킬화 단계에 의하여 안정화될 수 있는 O-안정화된 카벤을 만든다. 이것이 카벤 착물을 만드는 길이다(Fischer 카벤 2.12장).

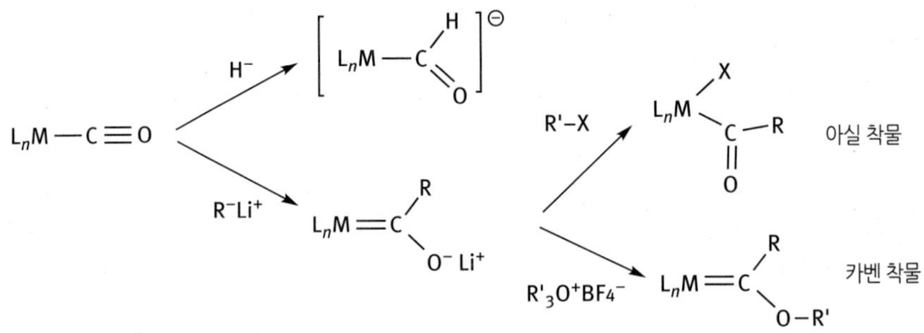

알콕사이드 또는 아마이드에 의한 공격은 알콕시카보닐과 카바모일(아미노카보닐) 화합물을 만든다.

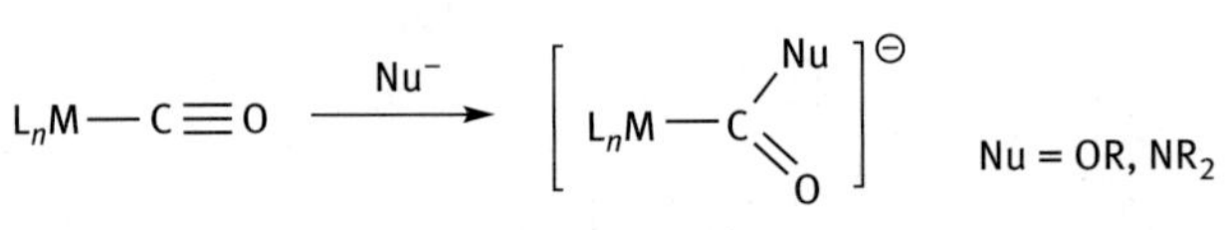

CO에 대한 분자내 친핵성 공격은 알켄의 촉매 작용기화 반응에서 가장 중요한 단계이다. M-H 결합에 대한 알켄 삽입에 의하여 알킬이 생성되고 이는 시스 위치에 있는 CO로 이동한다. 그 다음 M-아실 결합은 다양한 시약에 의하여 쪼개져서 수소 폼일 첨가 반응 또는 카보닐화 생성물(3.4.2절)을 만든다.

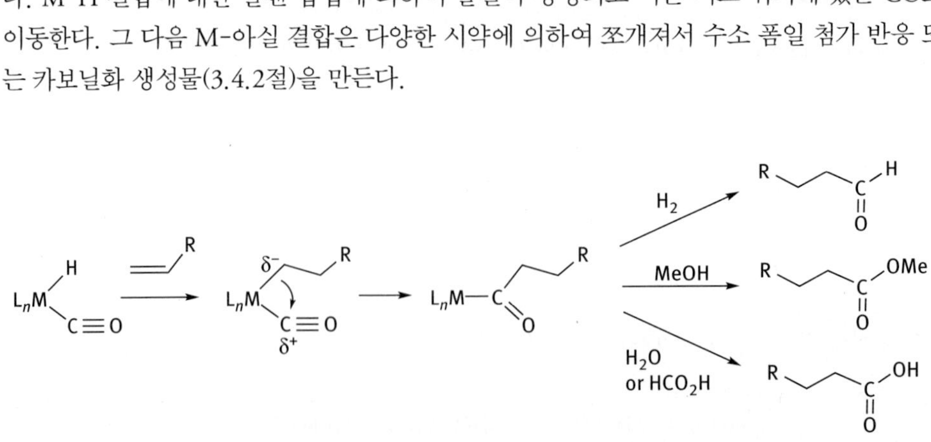

자료 2.5.3 수소 생산을 위한 CO 위에서의 친핵성 공격

특히 중요한 것은 금속 카보닐에 대한 OH^-의 공격이다. 이 반응은 소위 **수성-가스 이동 반응(WGS, water-gas shift reaction)**이라 불리는 반응의 불균일계 금속 촉매(통상 Cr-지지 철, 루테늄 또는 Cu/ZnO) 표면에서 일어나는 과정을 따라 하고 있다. 이것은 CO와 스팀으로부터 수소를 생산하는 큰 기술적 공정이다. 일반적으로 **수증기 개질(steam reforming)**과 짝을 이루며, 이 또한 탄화수소(주로 메테인)를 CO와 수소로 전환하는 거대한 불균일계 촉매 반응 공정이다. 이들 공정은 암모니아 공정 및 다른 산업 규모의 수소 첨가 반응에서 요구되는 수소를 생산한다.

이 반응 회로는 H_2 생산이 CO_2의 발생과 불가분의 관계에 있음을 보여 준다(수력이나, 핵발전 또는 풍력에 의한 전기 분해에 의하여 생산하지 않는 한). 연료로 H_2를 이용하는 것은 결국 온실 기체 방출을 줄이지 못한다.

연료로서 H_2는 얼마나 '깨끗'한가?

수증기 개질:

$$CH_4 + H_2O \xrightleftharpoons[]{\text{Ni 촉매, 700–1100 °C}} CO + 3\,H_2$$

수성-가스 이동:

$$CO + H_2O \xrightleftharpoons[]{\text{Fe or Ru 촉매, 200–350 °C}} CO_2 + H_2$$

Overall process:

$$CH_4 + 2\,H_2O \longrightarrow CO_2 + 4\,H_2$$

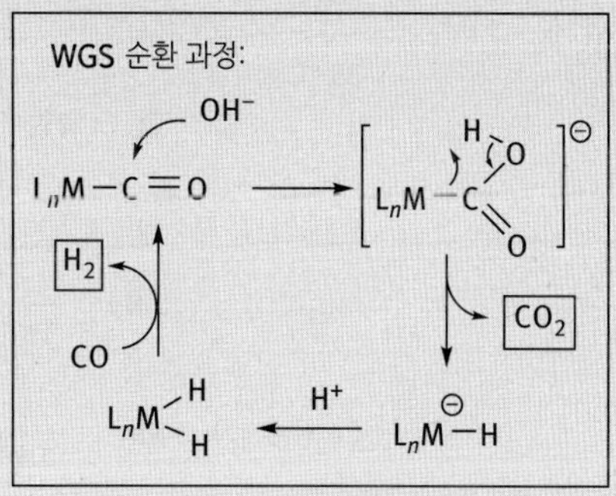

2.5.4 금속 카보닐 음이온

환원 반응 결과가 18-전자 배치가 된다면, 어떤 경우에는 CO 압력에서 알칼리 금속과 같은 아주 강력한 환원제로 금속염을 환원하면 음이온성 카보닐 착물이 발생된다. 유사하게 미리 형성된 금속 카보닐 착물은 음이온성 생성물로 환원될 수 있다. 두 개의 전자가 가해지는 것은 한 개의 CO 리간드를 잃는 것을 수반한다. 금속 카보닐 수소화물은 탈양성자화가 되어 음이온성 화합물을 만들 수 있다.

$\overset{\ominus}{M}\equiv C{=}O$

합성법 개요:

불균등화 반응에 의한 합성:

$$3\,Mn_2(CO)_{10} \xrightarrow[\text{120 °C}]{\text{pyridine}} 2\,[Mn(py)_6]^{2+}\,[Mn(CO)_5^-]_2$$

CO에 대한 친핵성 공격에 의한 합성:

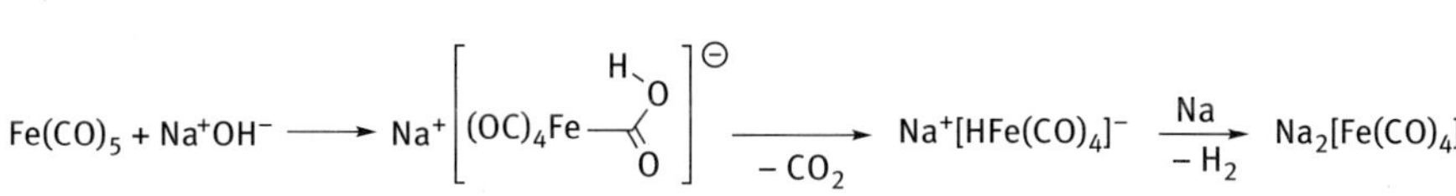

(CO와 $H_2O \rightarrow H_2 + CO_2$로부터 H_2를 생산하는 데에 대한 수성-가스 이동 반응은 자료 2.5.3을 보라.)

PPN⁺와 같이 부피가 큰 양이온은 큰 착물 음이온의 분리를 용이하게 해준다.

환원에 의한 합성:

$$ZrCl_4(THF)_2 + 6\ KC_{10}H_8 \xrightarrow[\text{15-crown-5},\ -4\ KCl]{THF} [K(15\text{-crown-5})]_2[Zr(CO)_6]$$

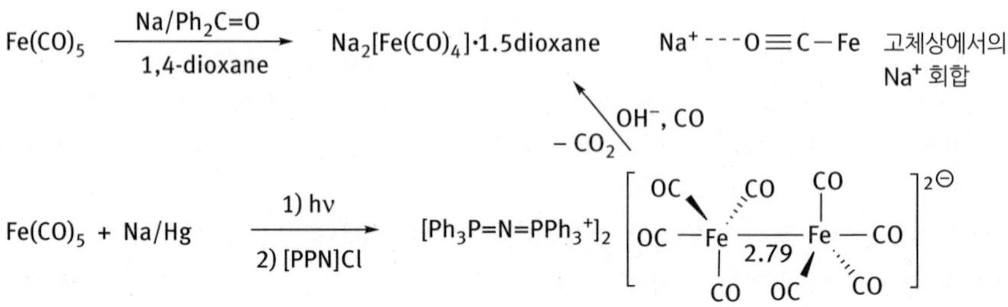

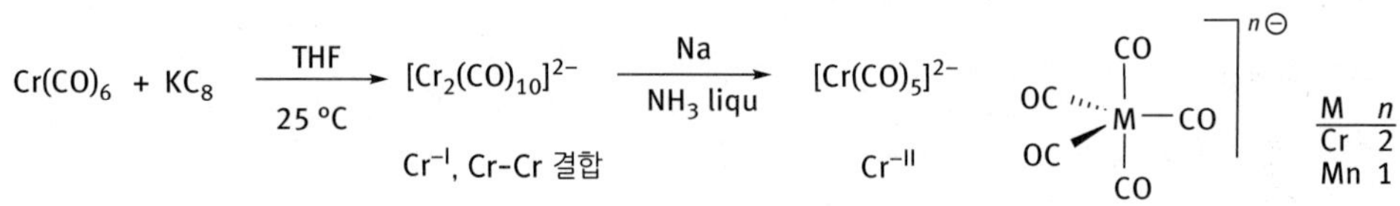

환원성 금속-금속 결합 제거 반응:

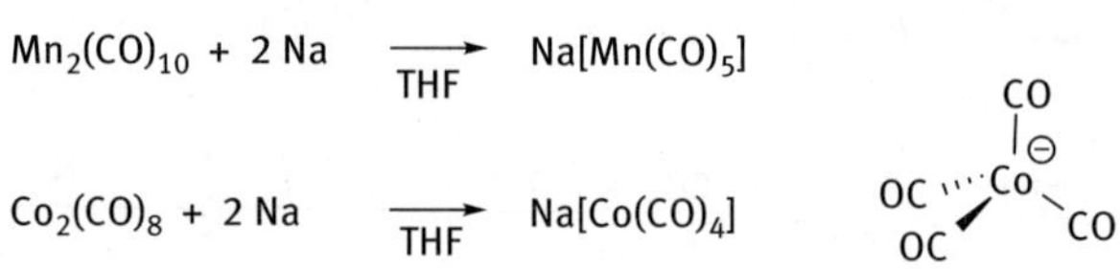

카보닐 음이온의 산화에 의한 합성:

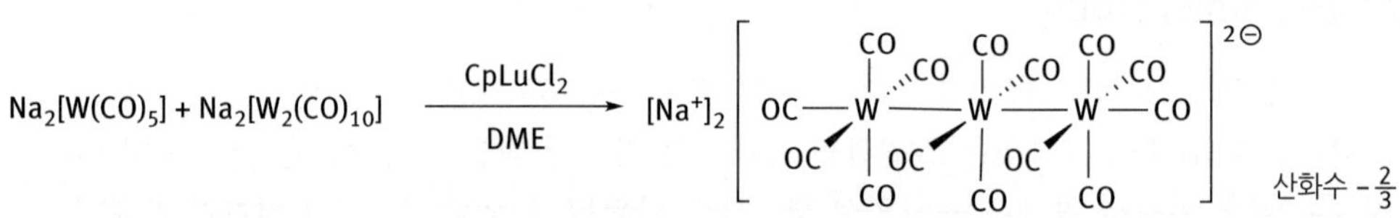

$[M(CO)_6]^{2-}$ (M = Ti, Zr, Hf)는 4족 금속의 유일한 이성분 카보닐 착물이다. 5족 착물의 유사체 $[Nb(CO)_6]^-$와 $[Ta(CO)_6]^-$도 유사한 방법으로 만든다. 열에 안정하나 이들과 다른 음이온성 카보닐 착물은 산화에 아주 민감하다.

$Y[N(SiMe_3)_2]_3$와 포타슘 금속(Y^{III}를 Y^{II}로 환원하기 위하여) 혼합물을 CO로 처리하면 란타넘족 원소의 CO 착물의 특수한 경우가 얻어진다. 이 반응은 $[(R_2N)_3Y(CO)_2]^{2-}$ 음이온을 발생시키며, CO^{1-} 라디칼 음이온을 포함하고 있다. 이 반응은 CO 짝지음을 동반한다.

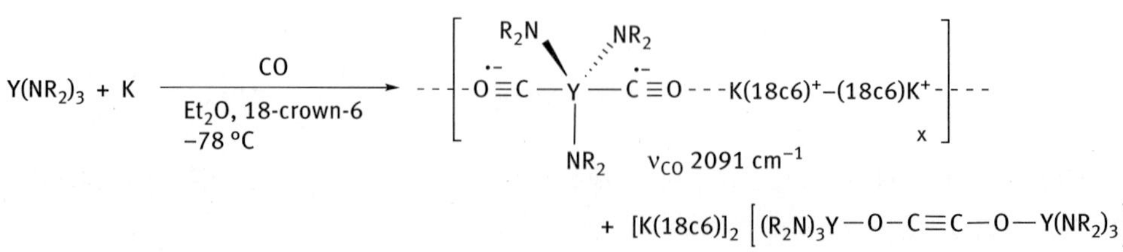

반응. 카보닐 메탈산 음이온은 알킬과 아실 할로젠화물에 산화성 첨가로 M-알킬 결합을 만들며 착물의 음전하로 인하여 Grignard-같은 반응성을 가지고 있다. 철 카보닐 염 $Na_2Fe(CO)_4$(**Collman 시약**)는 광범위한 합성 응용성을 가지고 있다.

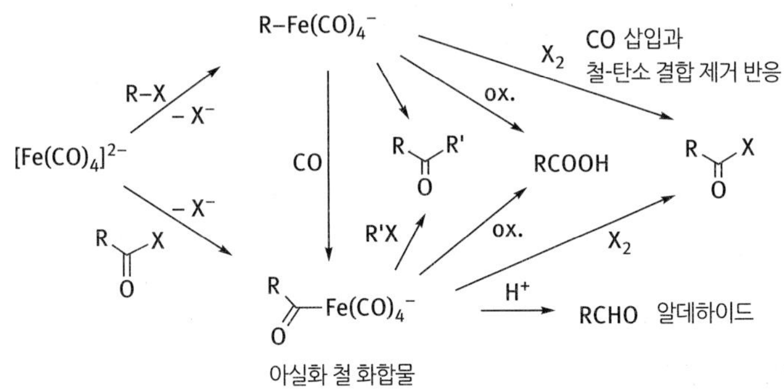

초-환원된 금속 카보닐 음이온. 금속 카보닐을 소듐 아말감과 같은 흔히 알려진 환원제로 THF에서 환원하면 일가- 또는 이가-음이온 단계에서 멈추는 반면, 보다 더 격렬한 환원 조건(전형적으로 용매화된 전자에 의한 환원: 액체 암모니아 속의 Na, 리튬-나프탈렌, 알칼리 금속과 크라운 에터, 헥사메틸포스포아마이드 속의 소듐)에서는 금속 중심의 형식 산화 상태가 -IV 정도에 이를 정도로 낮은, 크게 환원된 카보닐 금속산을 발생시킨다. 이에 해당하는 예로는 3가-음이온인 $[M(CO)_5]^{3-}$ (M = V, Nb, Ta), $[M(CO)_4]^{3-}$ (M = Mn, Re)와 4가-음이온인 $[M(CO)_4]^{4-}$ (M = Cr, Mo, W)가 있다.

$$Na[V(CO)_6] + 3\,Na \xrightarrow{NH_3\ liq.} Na_3[V(CO)_5] + 0.5\,Na_2C_2O_2$$

$$Na[Mn(CO)_5] + 3\,Na \xrightarrow{HMPA} Na_3[Mn(CO)_4] + 0.5\,Na_2C_2O_2$$

$$K[Co(CO)_4] + 3\,K \xrightarrow{NH_3\ liq.} K_3[Co(CO)_3] + 0.5\,K_2C_2O_2$$

이 반응 과정에서 방출된 CO는 짝지은 생성물, 아세틸렌다이올레이트 $^{-}OC{\equiv}CO^{-}$로 환원된다

당연히 금속 카보닐 음이온은 아주 센 염기이고 금속 중심은 전자가 매우 풍부하다. 결과적으로 이들 화합물은 유난히 낮은 ν_{CO} 진동수가 보여 주듯이 광범위한 역결합을 보이는데, 진동수는 가장 환원된 화학종(표 2.5.4.1)에 대하여 1462 cm^{-1} 정도로 낮다.

이와 같은 광범위한 금속으로부터의 전자 밀도 받아들임은 **산화 상태가 순수하게 형식적으로 부여됨**을 상기시킨다—CO 리간드는 크게 음으로 편극되어, 금속 중심, 즉 d-오비탈 에너지의 전자 밀도는 음의 산화 상태인 -III 또는 -IV가 의미하고 있는 것보다 훨씬 적게 증가한다.

표 2.5.4.1 금속 카보닐 음이온의 IR 진동수

카보닐 음이온	ν_{CO} [cm^{-1}]	초-환원된 음이온	ν_{CO} [cm^{-1}]
$[V(CO)_6]^-$	1860	$[V(CO)_5]^{3-}$	1807(w), 1630(s), 1580(s)
$[Cr(CO)_5]^{2-}$	1750	$[Cr(CO)_4]^{4-}$	1462(s)
$[Mn(CO)_5]^-$	1893, 1860	$[Mn(CO)_4]^{3-}$	1790(w), 1600(s)
$[Fe(CO)_4]^{2-}$	1790		
$[Co(CO)_4]^-$	1890 ($AsPh_4^+$)	$[Co(CO)_3]^{3-}$	1740, 1610(vs)

$\overset{\oplus}{M}-C\equiv O$

2.5.5 금속 카보닐 양이온

금속 중심에 양전하가 있으면 d-껍질을 축소시키고 역결합의 경향성을 감소시킨다. 이는 M-CO 결합을 약화시키고 할로젠 또는 물과 같은 보다 더 친핵성인 리간드에 의한 CO 치환을 쉽게 한다. 따라서 양이온성 금속 카보닐 착물은 낮은 친핵성의 음이온과 쌍을 이룰 때에만 형성된다.

제법:

Lewis 산 첨가 후 탈할로젠화 반응에 의한 합성:

$$Mn(CO)_5Cl + AlCl_3 \xrightarrow[300\ bar\ CO]{100\ °C} [Mn(CO)_6]^+AlCl_4^-$$

산화에 의한 합성:

$$Mn_2(CO)_{10} + 2\ HF + 2\ BF_3 \xrightarrow[RT]{0.6\ bar\ CO} 2\ [Mn(CO)_6]^+BF_4^- + H_2$$

$$Co_2(CO)_8 + 2\ (CF_3)_3B\text{-}CO + 2\ HF \xrightarrow[HF_{anhydr.}]{CO} 2\ [Co(CO_5]^+[FB(CF_3)_3]^- + H_2$$

특히 성공적인 전략은 HF/SbF_5와 같은 초강산 매질에서 반응시키는 것이며, 이 반응에서 극히 비-친핵성 음이온인 SbF_6^-와 $Sb_2F_{11}^-$가 발생한다. 예를 들어

$$Fe(CO)_5 + XeF_2 + CO + 4SbF_5 \xrightarrow[HF/SbF_5,\ 2d]{50\ °C,\ 1\ bar} [Fe(CO)_6]^{2+}[Sb_2F_{11}^-]_2 + Xe$$

$$2\ IrF_6 + 15\ CO + 12\ SbF_5 \xrightarrow[SbF_5,\ 50\ °C]{1\ bar\ CO} 2\ [Ir(CO)_6][Sb_2F_{11}]_3 + 3\ COF_2$$

이와 같은 반응 조건에서 선형의 다이카보닐 양이온 $[Au(CO)_2]^+$, $[Hg(CO)_2]^{2+}$뿐만 아니라 산화 상태 +II와 +III인 매우 친전자성의 금속 카보닐 착물을 분리할 수 있으며, 이것이 분리 가능한 유일한 주족 카보닐이다(표 2.5.5.1).

표 2.5.5.1 단핵 금속 카보닐 양이온의 IR 진동수

d^6	v_{CO} [cm^{-1}]	d^8	v_{CO} [cm^{-1}]	d^{10}	v_{CO} [cm^{-1}]
$[Fe(CO)_6]^{2+}$	2215	$[Pd(CO)_4]^{2+}$	2259	$[Au(CO)_2]^{+}$	2235
$[Ru(CO)_6]^{2+}$	2214	$[Pt(CO)_4]^{2+}$	2261	$[Hg(CO)_2]^{2+}$	2280
$[Os(CO)_6]^{2+}$	2209				
$[Ir(CO)_6]^{3+}$	2268				

이러한 소위 '비고전적' 금속 카보닐은 흥미로운 결합 개념을 나타낸다. 이 양이온에서 역결합 기여가 거의 없음은 매우 긴 M-C 거리(약 2.0 Å)를 보아 분명하다. 그러나 이 결과만으로는 자유 CO의 진동수에 비하여 매우 높은 IR 진동수를 설명할 수 없다. 이론적 계산에 의하면 CO의 C-말단에 양의 점전하가 위치하면 편극이 증가하고 C≡O 결합에 대한 Coulomb 기여도를 증가시킨다. 역으로 O-말단에 점전하가 위치하면 케톤형 공명 구조를 선호하고 CO 진동수를 낮춘다(아이소카보닐 결합과 유사하게).

유사한 역결합의 감소와 편극의 증가가 진동 들뜬 금속 카보닐에서 일어나, 들뜬 상태에서 CO π* 오비탈의 점유가 훨씬 감소된다고 주장되어 왔다. 자료 2.4.1에서 설명하였듯이 이 같은 현상은 친핵체가 배위된 CO 리간드를 공격할 수 있게 하는 반면에 역결합은 이 같은 상호 작용을 불리하게 한다. 이는 촉매 반응 과정에서의 CO 활성화를 설명하는 데 도움을 준다.

2.5.6 금속 카보닐 할로젠화물

금속 카보닐 착물과 할로젠 X_2를 반응하면 산화성 첨가가 일어나며 M-X 결합이 생성된다. 이는 카보닐 착물에 작용기를 도입하는 쉬운 방법이다.

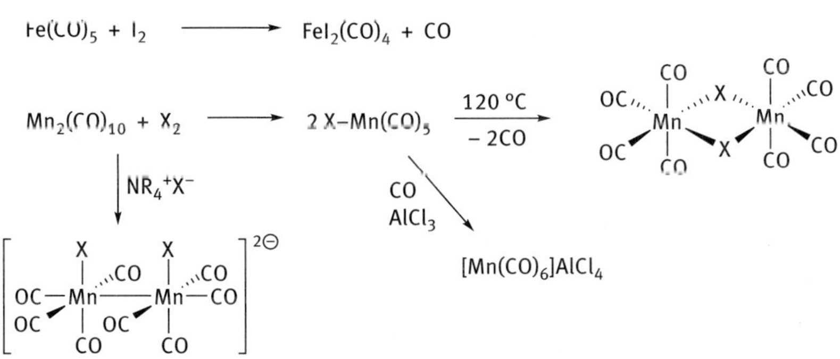

금속 할로젠화물로부터. 이 방법은 귀금속의 CO 착물 생성의 경우에만 중요하다. 이들 원소의 할로젠화물은 쉽게 환원되어 낮은 산화 상태 착물을 만든다. $Pt(CO)_2Cl_2$는 전에 만

들어진 적이 없는 최초의 금속 카보닐이었다(P. Schützenberger, 1868). $Ni(CO)_4$와 닮은 Pt(0) 카보닐인 $Pt(CO)_4$는 낮은 온도의 아르곤 매질에서만 안정하다. 이 화합물은 분해되어 다핵 백금 카보닐 뭉치를 형성한다. 팔라듐은 분명히 Pd(I)으로 환원된다. 유사한 방법으로 $[Rh^{I}Cl(CO)_2]_2$는 $RhCl_3$와 CO 또는 에탄올을 환원제로 사용하여 만들 수 있으며, 아주 중요한 전촉매이다. PPh_3로 치환하면 트랜스-$RhCl(CO)(PPh_3)_2$를 생성하며, 이는 수소 폼일 첨가 반응에서 중요한 전촉매이다.

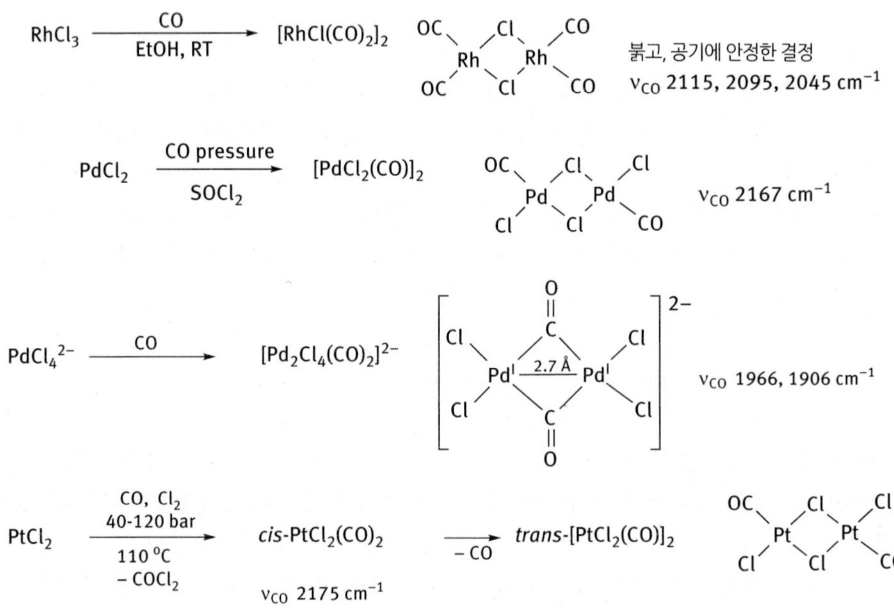

2.5.7 금속 카보닐 수소화물

2.5.7.1 합성

금속 카보닐 음이온의 양성자 첨가 반응은 금속 카보닐 수소화물 $H_xM(CO)_y$을 생성한다. 고전적 예는 다음과 같다.

$$Co(CO)_4^- + H^+ \longrightarrow HCo(CO)_4$$

$$HFe(CO)_4^- + H^+ \longrightarrow H_2Fe(CO)_4$$

첫 주기 전이 금속 카보닐의 단량체 수소화물은 낮은 온도에서 CO 분위기에서 안정한 휘발성 액체이나 CO가 없으면 H_2가 나온다. 같은 족 무거운 금속의 수소화물은 훨씬 더 안정하다. $HCo(CO)_4$는 최초로 발견한 금속 수소화물이다. 이 화합물은 코발트 촉매를 이용한 올레핀 수소 폼일 첨가 반응 회로를 구성하는 화합물이다(3.4.1절 참조).

중성 금속 카보닐 착물에 양성자를 첨가하려면 강산이 필요하다. 포스핀과 같이 전자 주개 성질이 더 센 리간드를 치환하면 CO 리간드의 양성자 첨가 반응에 대한 민감성은 증가한다. 예를 들어 $CpCo(CO)_2$, $CpCo(PMe_3)_2$는 암모늄 염으로부터 탈양성자할 수 있는 센 유기 금속 염기이다.

$$Fe(CO)_3(PPh_3)_2 + H_2SO_4 \longrightarrow [HFe(CO)_3(PPh_3)_2]^+[HSO_4]^-$$

$$CpCo(PMe_3)_2 + NH_4PF_6 \longrightarrow [CpCo(PMe_3)_2H]^+PF_6^- + NH_3$$

$[Mn(CO)_4]^{3-}$와 같이 크게 환원되어 있는 금속 카보닐에 조심스럽게 양성자를 첨가하면 이수소화 음이온을 분리할 수 있다.

$$Na_3[Mn(CO)_4] \xrightarrow[\text{HMPA}]{\text{EtOH, AsPh}_4\text{Cl}} [AsPh_4]^+[H_2Mn(CO)_4]$$

음이온성 뭉치 화합물은 양성자 첨가되어 H 원자가 뭉치 금속 골격에 갇혀 있는 생성물을 만들며, 이와 같은 '**층간 수소(interstitial hydrogen)**'는 H 원자가 금속 격자를 통하여 쉽게 이동할 수 있음에 대한 증거이다. $[HCo_6(CO)_{15}]^-$에서 수소화 이온은 Co_6 팔면체의 중심에 있다.

수소화물을 만드는 일반적인 방법은 금속 카보닐 할로젠화물의 환원과 카보닐에 H^-를 첨가하는 방법이다. $[M_2(\mu\text{-}H)(CO)_{10}]^-$ (M = Cr, Mo, W) 음이온은 M–M 결합 또는 다리 놓인 CO 없는 굽은 M–H–M 다리 계의 예이며, 수소는 3-중심-2-전자 결합의 한 부분이다.

여기서 보여 주는 반쪽 화살표 표시법은 M–H σ-결합이 두 번째 금속 중심에 대하여 주개로 작용함을 나타낸다.

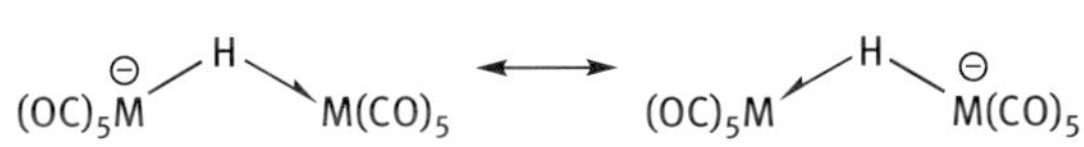

결합 엔탈피가 450 kJ mol^{-1}인 H_2에서의 H–H 결합은 C–C 결합보다 훨씬 세고, 가장 강한 결합 중의 하나이며 H_2 분자는 극성이 없다. 그럼에도 불구하고 금속은 H_2와 반응할 수 있으며 H–H 결합을 끊고 M–H 결합을 생성할 수 있다. 이 같은 수소의 활성화는 많은 촉매 반응의 기초가 된다. H는 대부분의 금속보다 더 전기 음성도가 크므로 수소 리간드는 형식상 음이온으로 간주하고 H_2를 금속에 첨가하는 것은 금속 중심의 형식 산화 상태가 두 단위 증가하는 산화성 첨가 과정이다.

$HCo(CO)_4$는 처음 발견된 금속 수소화물로서(W. Hieber, 1930s) 열에 안정하고 녹는점에서 분해한다(약 −26 °C). 이 화합물은 수소 폼일 첨가 반응의 첫 번째 촉매 중 하나이다. 유사한 Rh 착물은 특히 포스핀 리간드에 의하여 안정화된 경우 훨씬 더 반응성이 크다. 트랜스-$Rh(CO)(PPh_3)_3$를 수소 첨가 반응하면 유사한 카보닐 수소화물이 만들어지는데, 이 화합물은 분리 가능하고 알켄의 수소 폼일 첨가 반응에 대하여 활성이 큰 촉매이다. 이런 반응 조건에서 Ir 유사체와는 달리 Rh은 Rh(III) 수소화물을 형성하지 않는다. 높은 끓는 온도의 알코올에서 $RuCl_3$를 PPh_3와 함께 가열하면 수소화 카보닐 착물이 발생한다. 이 경우에 용매는 부분적으로 탈수소화되어 CO의 근원으로 작용한다. $RuH(Cl)(CO)(PPh_3)_3$는 잠재적인 수소 첨가 반응 촉매이다.

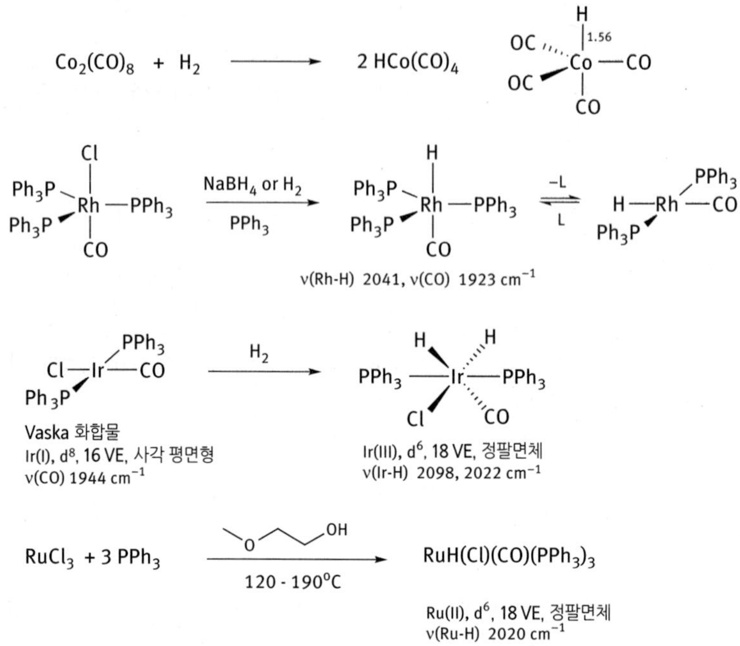

금속 카보닐 수소화물의 산도. '수소화물(hydride)'이라는 용어는 H 리간드에 음전하가 쌓여 있음을 의미하고 있으나, 금속 카보닐 수소화물에서 CO 리간드는 전자를 세게 당기는 성질을 갖고 있어 M-H 결합을 편극시키고 부분 양전하가 H 원자 위에 놓이게 한다. 따라서 극성 용매에서 금속 카보닐 수소화물은 **산성(acidic)**이다.

수소화 이온의 산도: $HCo(CO)_4$ 대 $HCo(PR_3)_4$

포스핀 또는 Cp 리간드에 의하여 CO가 치환됨에 따라 산도는 감소한다. 예를 들면, $HCo(CO)_4$는 수용액에서 묽은 HCl에 비교할만한 산도를 가지나, $HCo(PMe_3)_4$는 아주 센 환원성 수소화물이다(또한 매우 민감한). M-H 결합의 안정도가 증가함에 따라 산도는 또한 첫 주기 < 둘째 주기 < 셋째 주기 금속 계열에서 위와 같은 순서로 감소한다.

몇 가지 예시가 될 만한 pK_a 값을 표 2.5.7.1에 수록하였다. 이수소화물은 두 개의 pK_a를 갖고 있다. 예를 들어 $H_2Fe(CO)_4$에 대하여 첫 번째 양성자를 제거하면 pK_{a2} 값이 10 자릿수만큼 감소하는 반면, 양이온성 이수소화물인 $[L_nMH_2]^+$의 산도는 중성인 L_nMH에 비하여 10^{20}배만큼 클 수 있다.

M-H 신축 진동수는 ν_{CO} 영역에 근접해 있다. 그러나 이들 진동은 적외선 스펙트럼에서 아주 약한 반응을 보여 검출하기가 어렵다.

2.5.7.2 반응

금속 수소화물은 방응성이 크고 많은 유기 화학적 변형과 촉매 반응 회로에 연관되어 있다. 말단 M-H 결합은 가장 반응성이 크다. 반응성은 H >> μ_2-H > μ_3-H > 층간 H 순서로 감소한다. 이들이 불포화된 기질과 반응하면 금속-알킬, -바이닐, -알릴 결합을 만들고, 수소첨가 반응과 환원 반응에서 핵심적인 역할을 한다.

표 2.5.7.1 금속 카보닐 수소화물에 대한 분광학적 및 산도 데이터

착물	ν(M–H) [cm^{-1}]	δ ^{1}H NMR/ppm[a]	pK_a (H_2O)	비교할 산도
$HCo(CO)_4$	1934	−10.7	1	HCl
$HCo(CO)_3(PPh_3)$		−12.1	7	H_2S
$HMn(CO)_4$	1783	−7.5	7.1	H_2S
$H_2Fe(CO)_4$		−11.1	4.4	acetic acid
$[HFe(CO)_4]^-$		−8.7 (THF)	14	water
$[HTa(CO)_5]^{2-}$		−2.2		
$CpW(CO)_3H$	1854	−7.5	9.0	boric acid
$CpW(CO)_2(PMe_3)H$		−7.9 (*cis*), −8.0 (*trans*)	19.1[b]	*t*-butanol
$[CpW(CO)_2(PMe_3)H_2]^+$		−2.48 (CD_2Cl_2)	−1.9[b]	$MeSO_3H$

[a]수소 리간드의 ^{1}H NMR 화학적 이동 역시 포함하였다. 금속 수소화물의 화학적 이동은 매우 넓은 영역인 −50에서 + 20 ppm에서 나타나고 수소화의 특성으로 간주하지는 않아야 한다. 음의 값 '수소화' 이동은 인접한 금속 토막에 편재화된 상자기성 전류 때문이다.

[b]pK_a(MeCN) = pK_a(H_2O) + 7.5를 이용하여 아세토나이트릴에서 결정한 값으로부터 다시 계산한 값. S.S. Kristjáhnsdóttir, J.R. Norton: *Transition Metal Hydrides*. Wiley-VCH, 1991.

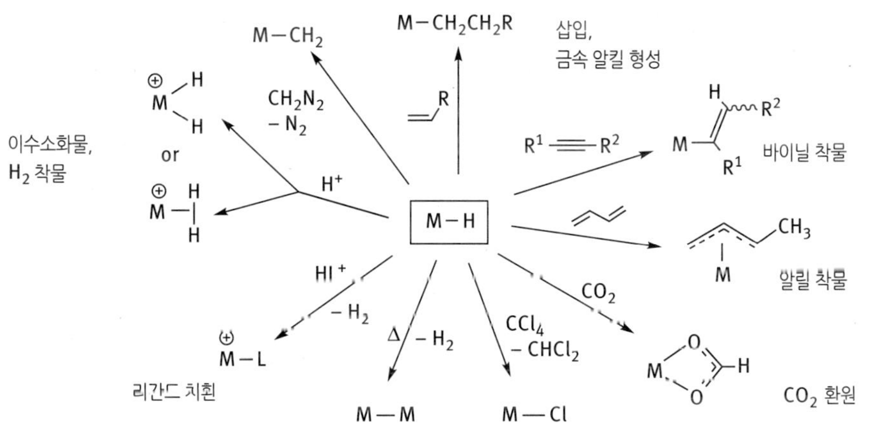

M-C σ-결합에 CO를 삽입하면 금속 아실 생성물이 만들어지는 것이 일반적이다. 대조적으로 M-H 결합에 대한 CO 삽입은 **흡열 과정(endothermic)**이며, $\Delta H \approx +20$ kJ mol^{-1}이고 따라서 일어나지 않는다. 그러나 폼일 착물은 배위된 CO에 대한 분자 내 H^- 공격과 같은 다른 방법으로 가능하다.

불균일 M−CO 화학: 표면 카바이드, 메타인, 메틸렌

자료 2.5.7 CO 환원: Fischer−Tropsch 공정

금속 카보닐 뭉치 화합물은 불균일계 촉매의 표면에서 일어나는 연구되어야 할 기본 과정을 제공해 준다. 예를 들어 CO 다리의 가역적 형성은 촉매 표면에서 CO의 유동성에 책임이 있다. 뭉치 화합물에 대한 연구는 유동성 과정을 상세히 관찰하고 선호되는 경로를 확인하며 수소화물 표면에서의 CO 반응을 확인하는 것을 가능하게 해준다.

금속 카보닐 화학종의 표면이 핵심 역할을 하는 철, 코발트 또는 루테늄에 의한 불균일 촉매 반응의 한 가지 예는 포화 탄화수소에 대한 CO와 H_2의 반응(**Fischer-Tropsch 반응**(Fischer-Tropsch reaction, FT))이다. 촉매는 실리카와 같은 높은 표면적의 산화물로 지지된다. 반응은 압력하 통상 150~300 ℃에서 이루어진다. 이 과정은 표면에서의 CO 분열과 표면에 결합된 CH 및 CH_2 화학종으로의 환원을 포함하며, 표면에 결합된 CH 및 CH_2 화학종은 이동 및 결합에 의하여 통계적 분포에 따른 탄화수소가 만들어진다. 또한 생성물은 알코올, 에터, 에스터('산소화된') 같은 불완전하게 산소가 제거된 화합물을 포함한다. **합성 가스**(synthesis gas)라 부르는 CO/H_2 혼합물은 석탄을 포함한 어떠한 탄화수소 원료로부터도 이용 가능하다. FT 반응은 석탄으로부터 액체 연료와 화학적 공급 원료의 생산을 가능케 하고 원유 생산이 되지 않는 나라에서 중요하다. 금속 카보닐 뭉치 화합물은 CO 수소 첨가 반응의 핵심 단계를 모니터할 수 있게 해준다.

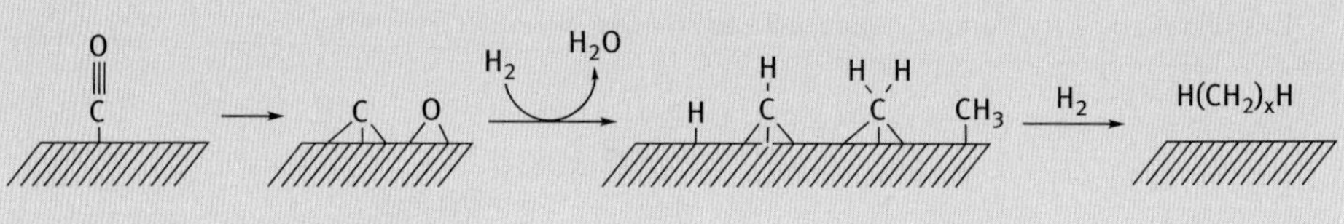

그러나 금속 수소화물을 이용한 CO 환원은 후속 반응 단계에서 전체 에너지 균형이 긍정적인 경우에 가능하며, CO의 환원 짝지음 반응에 의하여 에놀레이트 착물이 만들어지는 것이 한 예이다.

2.5.8 연관된 π-받개 리간드

2.5.8.1 CS, CSe 및 CTe

C≡E

CO의 무거운 동족체는 자유 상태로 존재하지 않으나 금속 배위구 내에서 합성할 수 있으며, 주로 이론적, 결합적 관점에서 흥미를 끈다. 이들은 CO보다 더 나은 π-받개일 뿐만 아니라 더 센 σ-주개이고 C 위의 고립 전자쌍은 분명히 C−E 반결합 성격(E = S, Se, Te)을 가지고 있다. CS 착물은 포스핀으로 CS_2 착물을 환원하여 얻을 수 있고, 예를 들면 $CpMn(CO)_2(\eta^2-CS_2)$의 환원에 의한 $CpMn(CO)_2(CS)$의 생성이 있다. $CpMn(CS)_3$ 또한 알려져 있다. 말단 C−S 진동은 다른 리간드 진동과 겹치고 따라서 ν_{CO}에 비하여 진단이 쉽지

않은 1400~1150 cm^{-1} 영역에서 일어나며 IR 스펙트럼의 지문 영역에 있다. CSe와 CTe는 다음과 같은 친핵성 치환에 의하여 만들 수 있다.

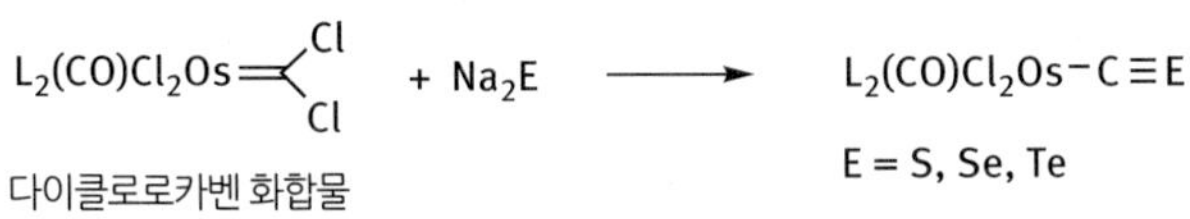

2.5.8.2 아이소사이아나이드 착물

아이소사이아나이드(아이소나이트릴) C≡N-R은 CO와 비교하여 더 염기성이고 더 센 σ-주개이지만 훨씬 약한 π-받개이다. 따라서 이들은 CO와는 안정한 착물을 형성하지 않는, 높은 산화 상태의 금속과 착물을 형성할 수 있고, 이때 역결합은 d^0 금속의 경우처럼 중요하지 않거나 불가능하다. 몇몇 예는 다음과 같다. C≡N–R

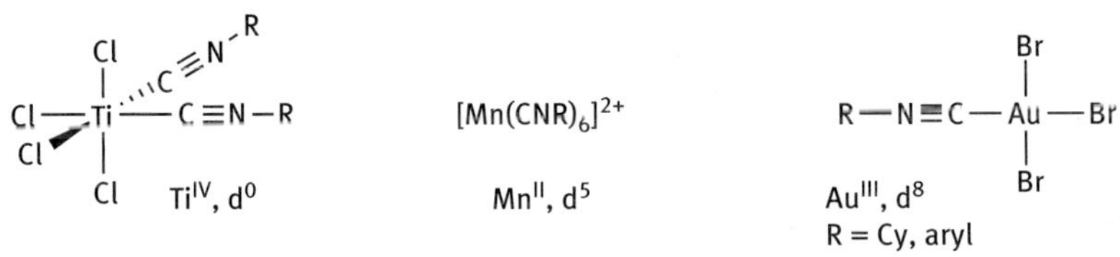

CO와는 달리 아이소사이아나이드는 쉽게 바꿀 수 있는 치환체 R을 가지고 있다. 일반적으로 Bu^t, Cy 또는 2,6-$Me_2C_6H_3$와 같이 부피가 큰 치환체를 사용하면 분리 가능한 착물이 만들어진다.

아이소사이아나이드 리간드는 금속 중심의 전자적 요구 조건에 따라 말단 혹은 다리, 굽은형 또는 선형일 수 있다.

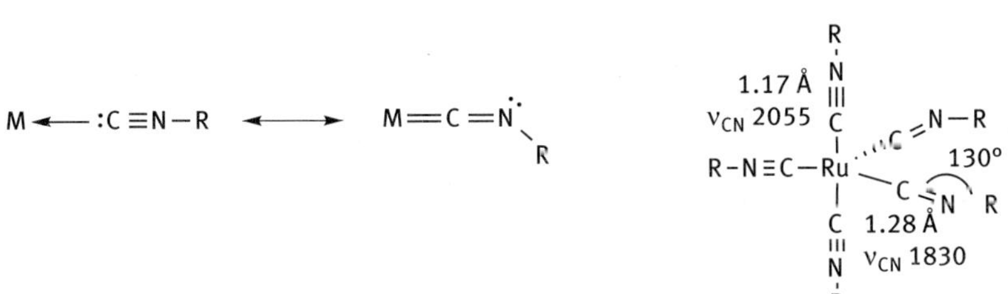

아이소사이아나이드 착물은 리간드 치환 반응에 의해 만들 수 있다.

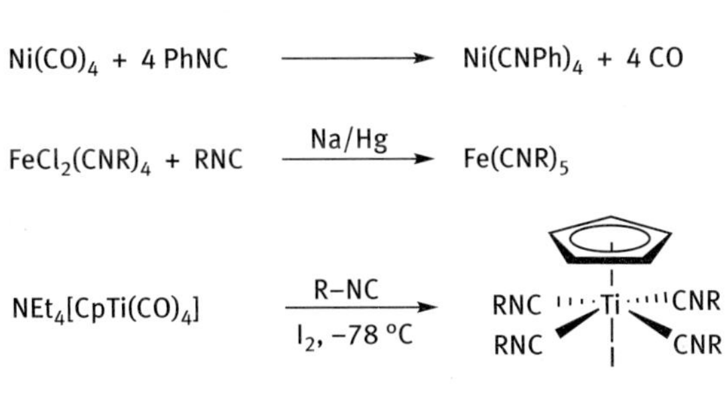

CO와는 달리 아이소사이아나이드는 금속-알킬 결합에 여러 차례 삽입될 수 있다.

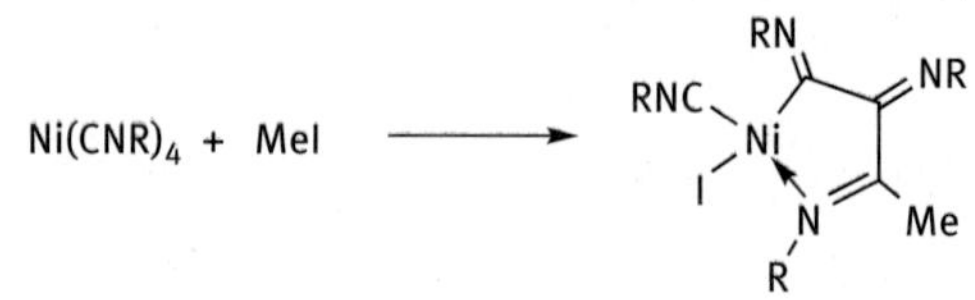

친핵체에 의한 아이소사이아나이드 착물의 반응은 비고리, N-안정화된 카벤 착물에 이르는 방법으로 널리 사용된다.

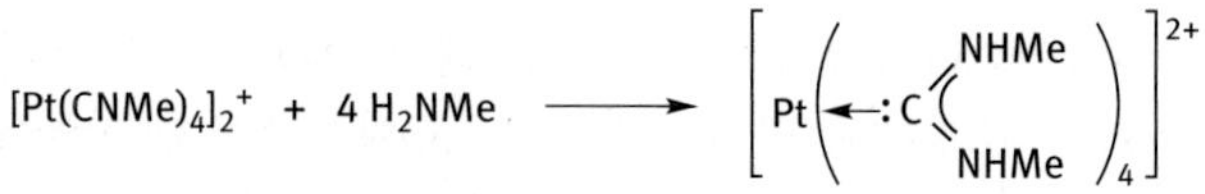

몇몇 아이소사이아나이드 착물은 아주 안정하고 수용성 용매에 잘 녹는다. 예를 들어 방사성 테크네튬의 아이소사이아나이드 착물 $[Tc(CNR)_6]^{2+}$은 핵의약 분야에서 라디오파 이미징제로 사용되고 특정한 장기에 축적되도록 특이성 있게 만들 수 있다(심장 또는 간의 이미징).

2.5.8.3 나이트로실 착물

NO

일산화 일질소는 라디칼 $NO^{\bullet}$이고 따라서 CO보다 전자가 하나 더 많다. 결과적으로 이 화합물은 1-전자 및 3-전자 주개로 작용할 수 있다. N 위에 있는 고립 전자쌍으로 인하여 1-전자 배위 구조는 굽은 구조를 나타낸다.

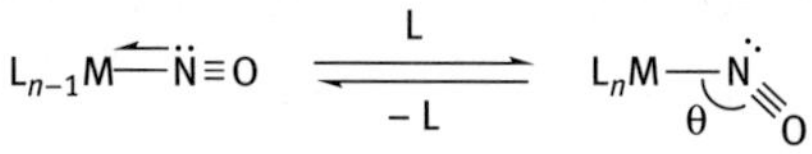

직선형: θ ca. 160–180°　　굽은형: θ ca. 120–140°

3-전자 주개로서 두 개의 NO 리간드는 세 개의 CO를 치환할 수 있다. 따라서 사면체 착물 $ML_{4-n}L'_n$: $Cr(NO)_4$, $Mn(NO)_3(CO)$, $Fe(CO)_2(NO)_2$, $Co(NO)(CO)_3$, $Ni(CO)_4$와 같은 일련의 완성된 등전자 금속 카보닐과 나이트로실이 있다.

NO에서 짝짓지 않은 전자는 π^* 오비탈에 머문다. 산화하면 안정한 나이트로소늄 양이온 NO^+이 만들어지고 CO와 등전자이며, 안정하고 시중에서 구할 수 있는 염 $NO^+BF_4^-$를 형성한다. NO^+는 센 π-받개이다. 결합 특성은 N–O IR 진동수에서 나타난다.

NO^+: 2e
NO: 1e 또는 3e
NO^-: 4e

Free NO	$1876\ cm^{-1}$
$NO^+\ BF_4^-$	$2387\ cm^{-1}$
L_nM–NO	$1950–1500\ cm^{-1}$ (terminal NO)
	$1650–1300\ cm^{-1}$ (bridging NO)

금속 착물에서 IR 진동수는 크게 변화하나, NO 결합 기하 구조에 대한 믿을 만한 표지로 사용할 수는 없다.

$[Fe(CO)_3(NO)]^-$ 음이온에서 NO 리간드는 1630 cm^{-1}의 낮은 신축 진동수를 가지고 있고 4-전자 주개 NO^- 음이온으로 간주할 수 있다. 따라서 금속 중심은 Fe(0), 18 VE이다.

NO 착물은 NO 기체로 착물을 처리하여 만들거나 NO^+ 염으로 반응하여 만든다. NO 착물의 화학은 일반적으로 금속 카보닐에 대하여 설명한 것을 따르고 비슷한 구조가 얻어진다. 소위 나이트로프러시드(nitroprusside) 이온 $[Fe(CN)_5(NO)]^{2-}$은 S^{2-}, HS^- 또는 SO_3^{2-}와 같은 환원성 기질의 점적 정성 분석에서 분석 시약으로 사용되며, 이때 독특한 색깔의 생성물이 만들어진다. 많은 수의 NO^+ 또한 착물 금속 음이온과 염을 형성하는데, NO^+는 $[NO]_2FeCl_4$와 같이 금속에 결합되어 있지 않다.

핵심

CO 착물은 리간드 치환 메커니즘 원칙을 나타낸다.

팔면체 금속 카보닐의 CO 치환은 음이온 리간드에 대하여 시스 형태의 입체 선택적으로 진행된다.

사각 평면형 d^8 착물에서 리간드 교환은 두드러진 트랜스 효과를 보인다.

홀수 전자 금속 카보닐은 짝수 선사 화합물에 비하여 리간드 교환 반응의 속도가 여러 자릿수만큼 더 빠르다.

역결합은 $[M(CO)_n]^- > M(CO)_n >> [M(CO)_n]^+$와 같은 순서로 증가한다.

금속 카보닐 수소화물은 산성이다. M–H 결합은 쉽게 알켄, 알카인 및 다이엔에 의한 삽입된다.

반면에 M–C 결합에 대한 CO 이중 삽입은 흡열 과정이므로 일어나지 않으며, 아이소사이아나이드 이중 삽입은 쉽다.

아이소사이아나이드는 CO에 비하여 센 주개이고 약한 받개이다. RNC 착물에서 안정도는 역결합에 의존하지 않는다. 받개 세기는 $NO^+ > CO > RNC$ 순서로 감소한다.

연습문제

1. 금속 카보닐 알킬 $R{-}M(CO)_x$는 CO를 삽입하여 대응하는 아실 착물을 만든다. 대조적으로 금속 카보닐 수소화물 $HM(CO)_x$를 CO로 처리하면 폼일 착물 $(CO)_xM{-}CHO$가 만들어지지 않는다. 이 현상을 논리적으로 설명하시오.
2. ^{13}CO 분위기에서 $ClRe(CO)_5$에 빛을 쪼이면 ^{13}C를 포함하는 생성물이 만들어진다. 이 반응의 입체 화학을 보이시오.
3. $Mn_2(CO)_{10}$에 대한 아래 반응에 대하여 생성물을 확인하고 화학 반응식을 쓰시오.
   (i) 과량의 피리딘을 처리하면 생성물 **A**가 만들어진다.
   (ii) 1 Br_2와 반응하면 **B**가 만들어진다.
   (iii) 소듐 아말감과 반응하여 **C**를 얻는다.
   (iv) **C**를 MeI와 반응하면 **D**와 무기 염이 만들어진다. **D**를 CO에 노출하면 생성물 **E**가 만들어지며, IR 스펙트럼에서 C–O 신축 진동 방식은 2115, 2011, 2003 및 1664 cm^{-1}에서 보인다.

   생성물 **A**~**E**를 확인하고 반응 경로를 그리시오.

4. 셋째 주기 M^{II} 금속의 카보닐 $PtCl_2(CO)_2$의 $\nu_{CO} = 2175\ cm^{-1}$이고, 또 다른 셋째 주기 M^{II} 카보닐 $Cp_2W(CO)_2$의 $\nu_{CO} = 1872$와 $1955\ cm^{-1}$이다. 이들의 차이가 나타내는 바를 M−CO 결합으로 설명하시오.
5. $Ni(CO)_4$의 리간드 수가 적음에도 불구하고 CO 치환 반응 속도가 $Ni(CO)_4$에서보다 $Co_2(CO)_8$에서 훨씬 빠른 이유는 무엇인가?
6. 수성 가스 이동 반응은 무엇이고 촉매 반응은 어떻게 이루어지는가?

2.6 L-형 π-받개 리간드: 알켄, 다이엔, 알카인

불포화 탄화수소는 그들의 π-전자계를 통하여 받개로 작용할 수 있다. 2.3.2절에서 논의하였듯이 이들은 금속으로부터 리간드로의 역결합에도 참여할 수 있다. 이들의 π-받개 세기는 불포화도에 따라 알켄 < 콘쥬게이션된 다이엔 < 알카인 순서로 증가한다.

알켄이나 알카인과 같이 배위되어 있지 않을 때 비극성인 분자일지라도 금속 중심에 배위하면 편극된다. 이 경우에 친핵성 공격 및 작용기화가 쉬워진다. 리간드로서의 역할은 차치하고 C=C와 C≡C 화합물은 대부분의 촉매 변환 반응과 산업 공정에서 기초가 되고 있다.

비록 그 구조는 한 세기가 지난 후에 확인되었으나, 최초의 유기 금속 π-착물은 1827년에 보고된 **Zeise 염**(Zeise's salt), $K[PtCl_3(\eta^2-C_2H_4)]$이었다. 이 화합물은 처음에는 $K_2Pt^{IV}Cl_6$를 에탄올 용매에서 가열하여 얻었으며, 이때 에탄올은 환원제로 작용하고 탈수되어 에틸렌의 출처로서 작용하였다. 고수율로 얻으려면 $K_2Pt^{II}Cl_4$를 $SnCl_2$ 촉매가 존재할 때 에틸렌과 반응시켜 얻을 수 있다. 구조는 전형적인 d^8 금속에 대한 **사각 평면형**으로 에틸렌 리간드에 대한 적은 역결합과 자유 에틸렌에 비하여 약간의 C-C 결합 길이 늘어남을 보인다. 역결합의 정도는 금속의 성질과 산화 상태에 크게 의존한다. Pt(II)에 대하여 (Zeise 염처럼) 역결합은 중요하지 않고 알켄 리간드는 입체 상호 작용을 최소화하기 위하여 배위 평면에 수직으로 배향되어 있다. 이 화합물은 분자 내 배향을 하고 있는 Pt(0) 화합물 $(Ph_3P)_2Pt(\eta^2-C_2H_4)$와 비교할 만하다. $(Ph_3P)_2Pt(\eta^2-C_2H_4)$의 경우 C-C 결합 길이는 상당히 늘어나 있으며, 그 이유는 분자 내 배향이 채워진 d-오비탈과의 겹침을 최대화하기 때문이다.

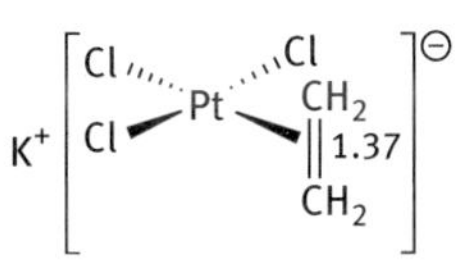

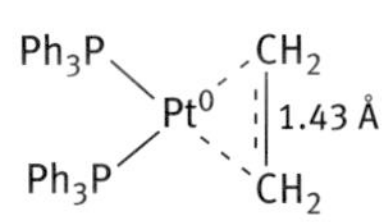

역결합 때문에, 알켄 착물의 안정도는 금속 HOMO 준위와 알켄 π*-오비탈(ΔE_π) 사이의 에너지 차이와 연관되어 있고, ΔE_π 증가에 따라 증가한다. 일반적으로 알켄 π*-준위의 에너지는 π-준위와 비교하여 치환체 효과에 더 민감하다. ΔE_π 경향성은 다양한 알켄에 의한 NiL_4에서의 리간드 치환 평형에서 나타난다.

$$NiL_4 + \text{alkene} \xrightleftharpoons{K_1} L_3Ni(\text{alkene}) + L \qquad L = P(OPh)_3$$

-C≡C-

표 2.6.1 π-π* 에너지 분리와 Ni(0) 알켄 착물에 대한 회합 상수

알켄	$E(\pi^*)$	ΔE_π [eV][a]	K_1
CH_2=CH-CN	−4.48	−3.1	4.0×10^4
CH_2=CH_2	−3.24	−4.4	4.0×10^2
CH_2=CHMe	−2.63	−5.4	5.3×10^{-1}

[a] Based on $E_{HOMO}(NiL_3) = -7.6$ eV.

전자 공여와 역결합은 C 원자의 혼성화를 sp^2에서 sp^3로 변화시킨다. 이런 결과로 인하여 고리형 올레핀에서는 혼성화의 변화를 통하여 고리의 장력이 완화되며, 따라서 장력이 아주 큰 사이클로올레핀은 비-고리 올레핀과 비교하여 더 센 주개이다.

알켄 착물의 기하 구조와 마찬가지로 역결합 상호 작용의 극대화(필수불가결한 입체 요인은 제쳐두고)에 의하여 결정되며, 이들의 반응성도 마찬가지이다. 예를 들어 Ni(cdt) (cdt = *trans*, *trans*, *trans*-1,5,10-cyclododecatriene)에서 고리 리간드는 비틀려 있고, 세 개의 C=C 결합이 최적의 평면 내 배향을 취하는 것은 불가능하다. 일반적으로 여러 자리 리간드는 떼어내는 것이 어려우나 이 착물은 아주 치환성이어서 cdt 리간드는 에틸렌에 의해서조차 떨어져 나간다. Ni(cdt)에서 리간드 치환의 쉬움으로 인하여 이 화합물을 '**노출된 니켈**(naked nickel)'이라 표현하기도 한다.

MO 계산에 의하면 $Ni(C_2H_4)_3$에서 에틸렌 리간드가 수직으로 배향하는 것은 평면 내 배향에 비하여 100 kJ mol^{-1} 만큼 덜 선호됨을 보여 준다.

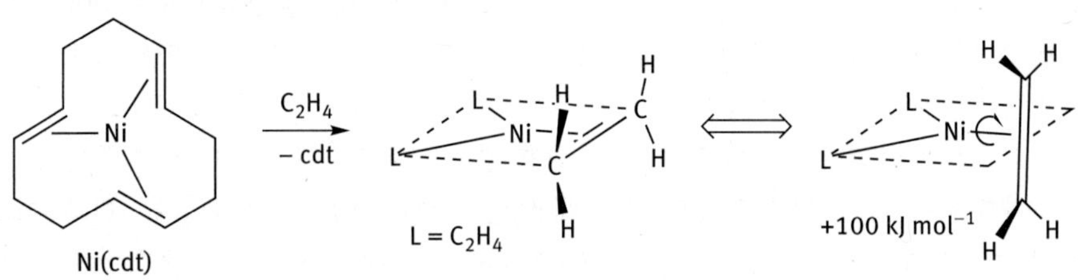

알켄 유동성(fluxionality). 알켄과 알카인에서 주개-받개 결합의 한 가지 양상은 **리간드 회전에 대한 장벽**이 존재한다는 점이다. 알켄 리간드는 M-C 결합에 대하여 회전한다. C=C 축에 대한 회전에 이르는 교환은 오직 해리-재회합 과정을 통해서만 가능하다. 이 과정과 관여하는 에너지 장벽은 온도-변환 NMR 분광법에 의하여 측정할 수 있다.

알켄 회전에 대한 성질은 비대칭 착물 $[Os(C_2H_4)(NO)(CO)(PPh_3)_2]^+$에서 에틸렌 C 원자의 ^{13}C NMR 공명을 기록하여 밝힐 수 있다. 낮은 온도에서는 두 개의 ^{31}P 핵에 짝지음한 두 개의 C_2H_4 ^{13}C NMR 신호 C_A와 C_B를 보인다. 온도를 올리면 C-P 짝지음은 유지되면서 두 개의 공명은 합쳐져 하나가 된다. 이는 M-C 결합에 대한 회전과 일치한다.

알켄 회전에 의하여 1과 1′은 교환할 수 있으나 1과 2는 교환할 수 없다.

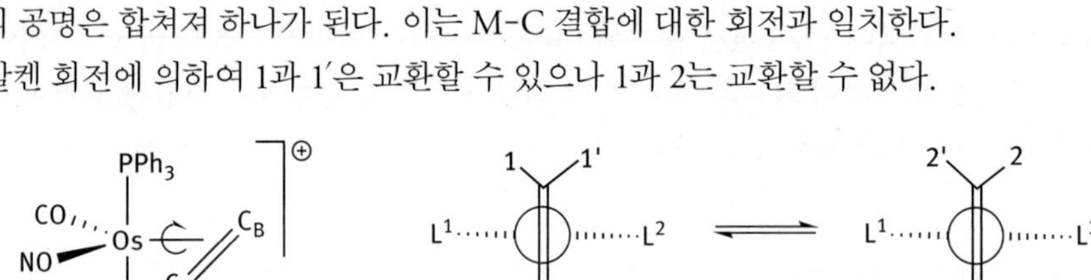

d-전자 배치에 따라 알켄 착물은 다양한 기하 구조로 존재한다. d^6 금속 중심은 팔면체 구조를 선호할 것이고 반면에 d^8 화합물은 사각 평면형 또는 삼각 쌍뿔, 그리고 d^{10} 알켄 착물은 삼각 평면 구조를 갖는 것을 아주 선호한다. 알카인 리간드는 비슷한 기하 구조를 보인다.

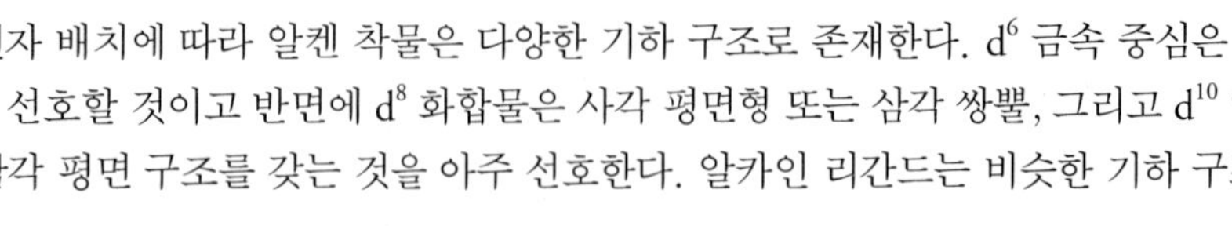

팔면체 d^6 | 삼각 쌍뿔 d^8 | 사각 평면 d^8 | 삼각 평면 d^{10}

표 2.6.2 d-전자 배치의 함수로서 알켄 착물의 회전 에너지 장벽

착물 형태	기하 구조	d-전자 배치	회전 에너지 장벽 [kJ mol^{-1}]
L_2M(alkene)	trigonal	d^{10}	76–105
L_4M(alkene)	tbp	d^8	42–63
L_5M(alkene)	octahedral	d^6	29–42

회전 장벽은 바닥 상태 구조를 교란하는 데 요구되는 에너지에 대한 정보를 제공한다. 이 장벽은 최대 역결합을 통하여 전자 안정화가 이루어지는 곳에서 가장 높다. 이런 경우는 몇몇 리간드가 알켄과 전자 밀도에 대하여 서로 경쟁할 때 일 듯하고, 장벽은 배위수가 증가함에 따라 낮아질 것이다. 또한 가장 선호되는 형태와 가장 선호되지 않는 형태 사이의 차이는 삼각 평면에서 가장 클 것이고 팔면체에서 가장 적을 것이라는 것은 분명하다. 이런 사실은 관찰된 회전 에너지 장벽의 영역으로부터 알 수 있다(표 2.6.2).

2.6.1 알켄 착물

알켄 착물은 열 또는 광화학적 리간드 치환에 의하여 금속 카보닐 또는 금속 포스핀과 같은 낮은 산화 상태 착물로부터 얻거나 금속염의 환원에 의하여 얻는다. 알켄 리간드는 CO 또는 포스핀보다 훨씬 약하게 결합하고 따라서 알켄 착물은 합성 목적 또는 촉매로 이용하기 위한 출발 물질로 이용된다.

2.6.1.1 알켄 착물의 합성

치환이 쉬운 주개 리간드를 갖고 있는 출발 물질을 가지고 있으면 알켄 착물은 리간드 치환에 의하여 만들 수 있다. 금속 카보닐 착물은 열 또는 광분해 반응이 필요하다. $Cp_2Zr(PMe_3)_2$에서 PMe_3를 치환하거나 리간드 L과 알켄이 존재할 때 Cp_2ZrCl_2를 BuMgBr과 반응하면 Cp_2Zr(L)(알켄) 생성물이 만들어진다.

하나가 치환된 알켄 CH_2=CHR을 사용하면 두 개의 회전 이성질체가 얻어진다. 실온에서 그들의 상호 교환이 느리다는 사실은 역결합 세기의 척도이다. 알켄 회전이 90°라는 것은 역결합 안정화를 잃는다는 것을 의미하기 때문에 리간드 회전에 대한 큰 전자 장벽이 있다. $Cp_2Zr(C_2H_4)$(py)의 결정 구조는 채워진 d-오비탈을 갖고 있는 Zr^{II}로부터의 역결합에 따라 상당한 C-C 결합 늘어남을 보이고, 결합은 메탈라사이클로프로페인 공명 형태로 나타낼 수 있다.

L 치환에 의한 합성:

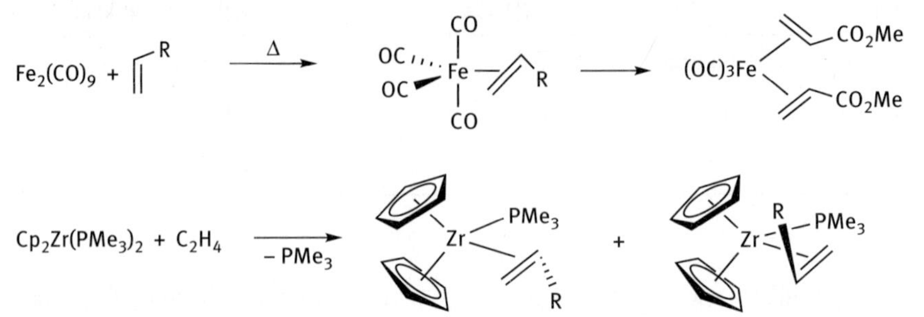

환원이 있는 경우와 환원이 없는 경우 할로젠 치환에 의한 합성:

일반적으로 알켄 착물을 얻는 가장 쉬운 방법은 알켄이 존재할 때 다른 안정화시키는 리간드와 함께 또는 없는 조건에서 금속염을 환원시키는 방법이다. 산화 상태가 +1과 +2(Rh^I, Pt^{II}, d^8)의 귀금속 알켄 착물은 공기와 습도에 안정하고, 따라서 좋은 출발 물질이 된다. 예를 들어 Zeise 염인 Pt(II)의 알켄 착물 합성은 물속에서 할 수 있으며, 백금 염을 알켄과 수용액에서 처리하고 침전물을 모아 얻는다. 10족 금속의 d-준위는 4족 또는 5족 금속의 d-준위에 비하여 에너지가 훨씬 낮으므로 역결합 정도와 C-C 결합 늘어남은 더 적다. 아래 도표에 나와 있는 알켄 착물은 리간드 치환에 의하여 만들 수 있다.

낮은 온도, 에틸렌 조건에서 알칼리 금속으로 메탈로센 MCp_2 (M = Fe, Co)을 환원하면 아주 반응성이 큰 $Li_2[Fe(C_2H_4)_4]$와 $K[Co(C_2H_4)_4]$이 만들어지며, 이들은 카보닐 음이온 $[M(CO)_4]^{n-}$의 유사체이다. 금속의 산화 상태는 형식상 각각 -II와 -I이다. 철 착물은 알킬 Grignard 시약에 의한 염화 아릴의 교차-짝지음 반응에서 촉매로 작용한다.

1,5-사이클로옥타다이엔 (COD) 리간드는 **킬레이트 효과(chelate effect)** (두 개의 리간드가 서로 묶여 있다고 생각할 수 있음)를 통하여 안정화되어 있으나, 쉽게 떨어져 나갈 수 있을 만큼 충분히 치환성이다. 따라서 COD 착물은 리간드 치환과 산화성 첨가에서 가치 있는 출발 물질이다. 특히 $Ni(COD)_2$는 높은 수율로 쉽게 만들 수 있어, 출발 물질과 전촉매로 가치가 있다. 같은 족 금속인 Co와 Rh의 에틸렌 착물에서 치환성과 산화에 대한 민감성 차이는 둘째 주기와 셋째 주기 귀금속의 더 큰 친화도와 더 큰 알켄-금속 공유 결합성을 나타낸다.

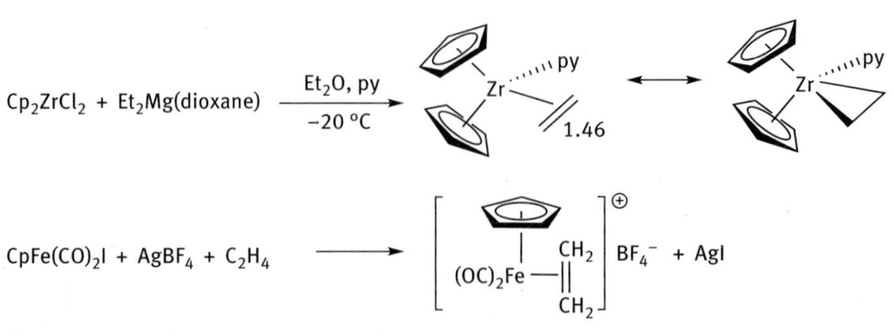

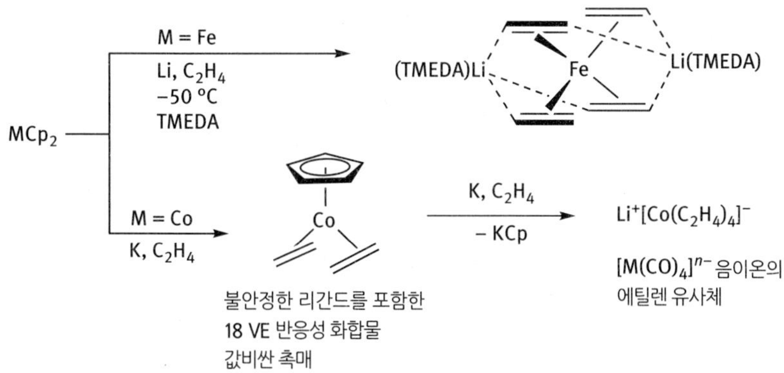
M = Fe
Li, C_2H_4
−50 °C
TMEDA
(TMEDA)Li
Fe
Li(TMEDA)
MCp_2
M = Co
K, C_2H_4
Co
K, C_2H_4
− KCp
$Li^+[Co(C_2H_4)_4]^-$
$[M(CO)_4]^{n-}$ 음이온의
에틸렌 유사체
불안정한 리간드를 포함한
18 VE 반응성 화합물
값비싼 촉매

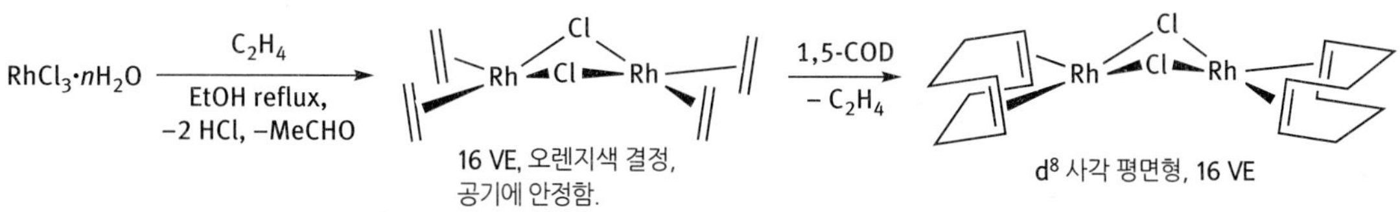
$RhCl_3 \cdot nH_2O$
C_2H_4
EtOH reflux,
−2 HCl, −MeCHO
Rh
Cl
Rh
1,5-COD
− C_2H_4
16 VE, 오렌지색 결정,
공기에 안정함.
d^8 사각 평면형, 16 VE

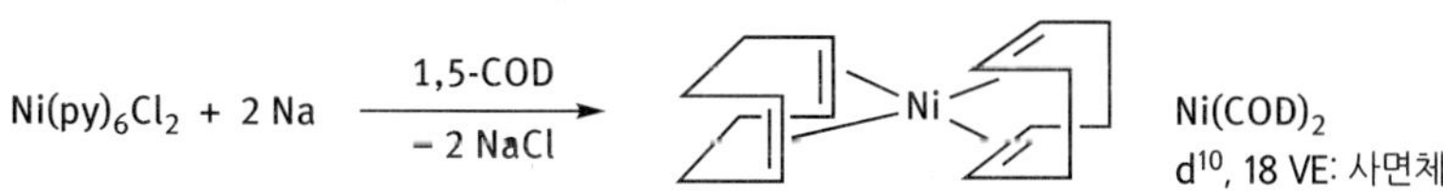
$Ni(py)_6Cl_2$ + 2 Na
1,5-COD
− 2 NaCl
Ni
$Ni(COD)_2$
d^{10}, 18 VE: 사면체

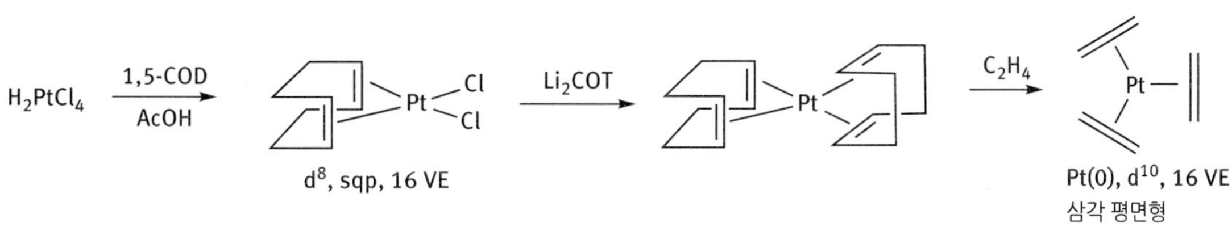
H_2PtCl_4
1,5-COD
AcOH
Pt
Cl
Cl
Li_2COT
Pt
C_2H_4
Pt
d^8, sqp, 16 VE
Pt(0), d^{10}, 16 VE
삼각 평면형

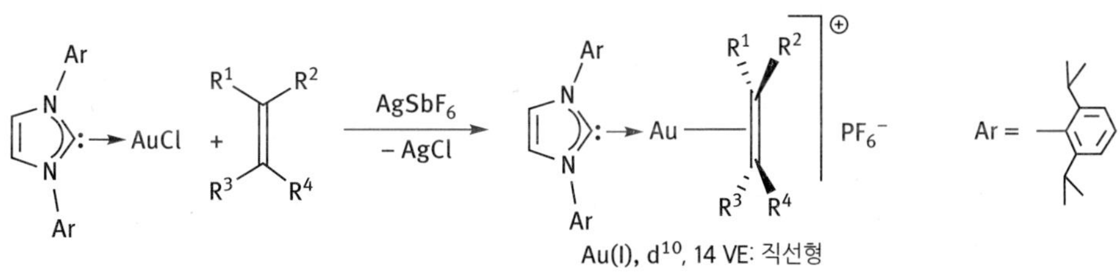
Ar
N
N
Ar
AuCl
+
R^1 R^2
R^3 R^4
$AgSbF_6$
− AgCl
Au
PF_6^-
Ar =
Au(I), d^{10}, 14 VE: 직선형

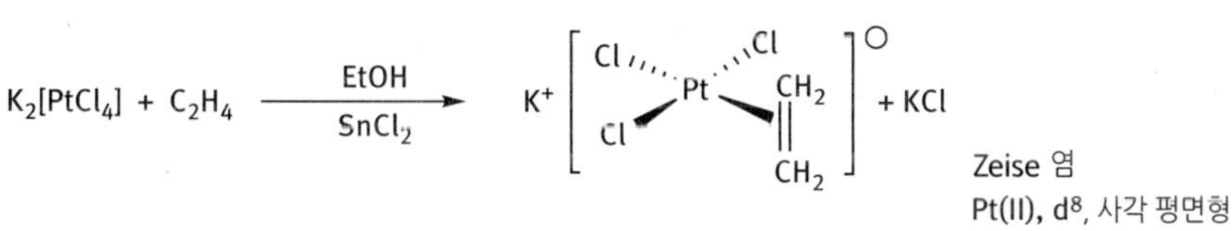
$K_2[PtCl_4]$ + C_2H_4
EtOH
$SnCl_2$
K^+
Cl
Pt
CH_2
CH_2
+ KCl
Zeise 염
Pt(II), d^8, 사각 평면형

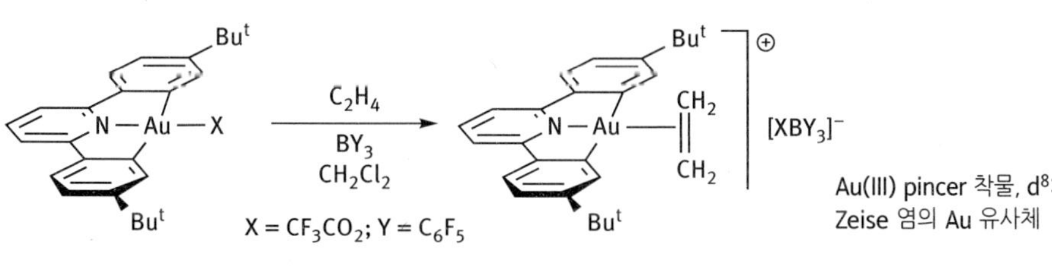
Bu^t
N — Au — X
C_2H_4
BY_3
CH_2Cl_2
X = CF_3CO_2; Y = C_6F_5
N — Au
CH_2
CH_2
$[XBY_3]^-$
Au(III) pincer 착물, d^8:
Zeise 염의 Au 유사체

또 다른 유용한 올레핀 리간드는 벤질리덴아세톤(dba = 1,5-다이페닐-1,4-펜타다이엔-3-온)인데, COD가 불가능한 곳에서 안정한 착물을 가능하게 해주는 좋은 π-받개이다. 이 리간드는 대부분 Pd-촉매 합성에서 영가 팔라듐의 원천으로 이용된다. dba 리간드는 다른 주개 리간드에 의하여 쉽게 치환되어 촉매 활성인 Pd(0) 포스핀 착물을 생성한다.

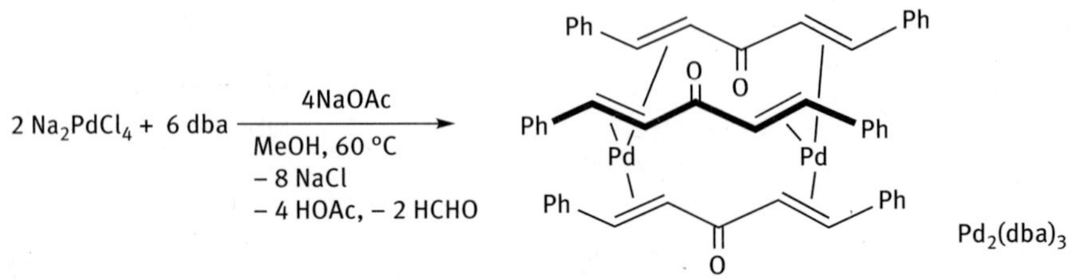

작용기를 가진 올레핀 착물 또한 접근이 가능한데, 예를 들어 바이닐알코올의 Pt 착물이 그 예이며 Pt-촉매에 의하여 에틸렌을 알데하이드로 산화하는 관점에서 연관이 있다 (Wacker 공정, 3.5장).

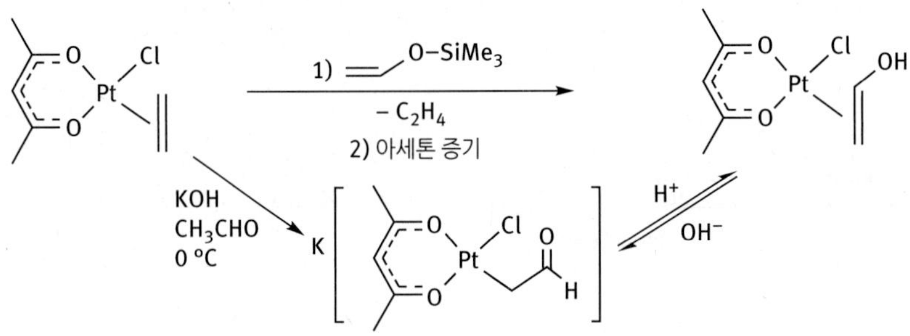

사이클로프로펜과 같이 장력이 걸려 있는 올레핀도 착물을 형성할 수 있고 실제로 좋은 주개와 받개이다. 그러나 고리의 장력 때문에 후속 반응이 일어난다. 한 가지 예는 니켈-촉매에 의한 1,1-다이메틸사이클로프로펜의 이합체화 반응이다. 사이클로프로펜 착물 중간체에 대한 모형이 구조적으로 밝혀졌고 예상한 것처럼 C-C 결합의 늘어남을 보인다.

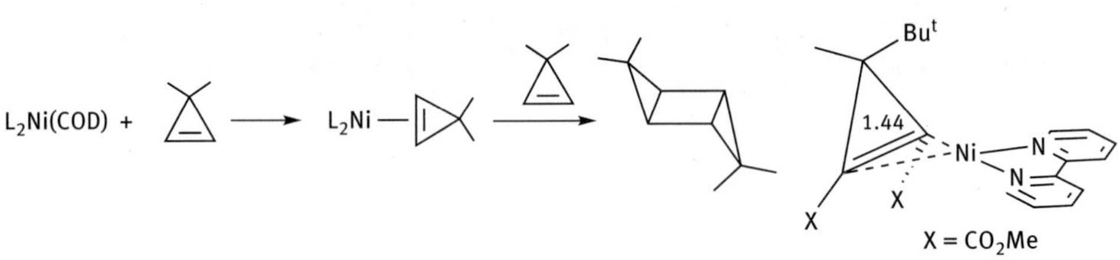

알켄 리간드의 특수한 경우 중 하나는 버크민스터풀러렌 (또는 간단히 풀러렌, 건축가 Buckminster Fuller의 이름을 따서)이다. 이 화합물은 축구공 모양의 5-원자와 6-원자 고리를 기본으로 하고 있는 탄소의 둥근 구이다. 이런 분자 중 가장 간단한 것은 C_{60}이다. 흑연과는 달리 6-원자 고리는 방향족 특성이 거의 없다. 풀러렌은 좋은 전자 받개이고 올레핀처럼 C=C 결합을 통하여 전이 금속에 결합한다. 금속은 가장 전자가 풍부한 C-C 결합에 배위한다. 배위하게 되면 C-C 결합은 상당히 늘어난다. 한 개의 C_{60} 분자는 PtL_2 단위 여섯 개까지 결합할 수 있다. 유사한 착물을 더 큰 유사체인 C_{70}으로부터 얻을 수 있다. 풀러렌은 비어 있는 구이므로 고온 합성 반응 과정에서 금속 이온을 감쌀 수 있으며 내면체성 복합체(endohedral complex)인 $M^{n+}@C_{60}$를 형성한다. $[Li^+@C_{60}]PF_6$의 이리듐과 백금 첨가 생성물이 분리되었으며 착물에서 정전기적 효과로 인하여 Li^+ 이온은 전이 금속 중심에 끌리고, ^7Li NMR의 화학적 이동이 변하도록 한다. $IrCl(CO)(PPh_3)_2$가 배위함에 따라 ν_{CO} 진동수는 1944 cm^{-1}에서 2025 cm^{-1}로 증가함에서 볼 수 있듯이 $Li^+@C_{60}$는 C_{60}에 비하여 더 센 π-받개이다.

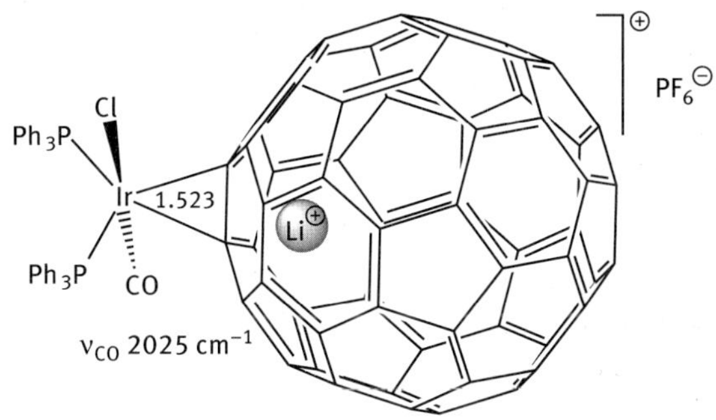

팔라듐에 대한 풀러렌의 센 배위는 C_{60}와 $Pd_2(dba)_3$를 여러 비율로 섞어 $C_{60}Pd_n$(n = 1,2,3,4,5) 복합 물질을 만드는 데 이용하여 왔다. 이들은 ppm 수준에서도 탄화수소 증기를 세게 흡착하는 물질로 알려져 있다.

2.6.1.2 알켄 착물의 반응

금속 알켄 착물은 여러 가지 핵심적인 반응을 한다.

- 리간드 치환
- 친핵체와의 반응
- 친전자체와의 반응
- C-H 활성화 반응

이들 반응은 흔히 작용기를 분자에 도입할 때 이용하며 가장 중요한 촉매 반응 회로의 일부이다.

리간드 치환. 이 반응은 많은 알켄이 치환성이고 자리차지(placeholders)로 작용하고 있어 배위상 불포화된 화학종을 발생시킨다는 사실을 이용하고 있다. 이들 반응에서 알켄은 그 자신이 더 이상의 반응에 관여하지 않는다. 예를 들어 이는 금속 포스핀 착물 생성에 이용되거나 또는 산화성 첨가를 가능하게 하는 데 이용된다. 포스핀 치환 반응은 단계적으로 일어난다. 고체 상태에서 니켈과 팔라듐(흔히 촉매로 이용되는 전촉매의 예처럼)의 포스핀 착물은 일반적으로 ML_4 조성을 가지나, 용액에서는 16 VE ML_3 화학종이 우세하다(다음 도표의 $Ni(PEt_3)_4$의 예에서 보여 주고 있듯이). 이들 배위상 불포화된 화학종은 친전자체의 산화성 첨가에서 18 VE 화합물에 비하여 훨씬 빠른 반응을 할 수 있다.

배위된 알켄은 작용기를 가질 수 있다. 유기 합성에서 전형적으로 사용된 금속(Ni, Pd)의 착물은 O 작용기가 아닌 C=C에 결합하는 것을 볼 수 있다.

16 VE 화학종의 형성은 색 변화로 알 수 있다: L = PEt_3, NiL_4는 무색, NiL_3는 붉은색 계통

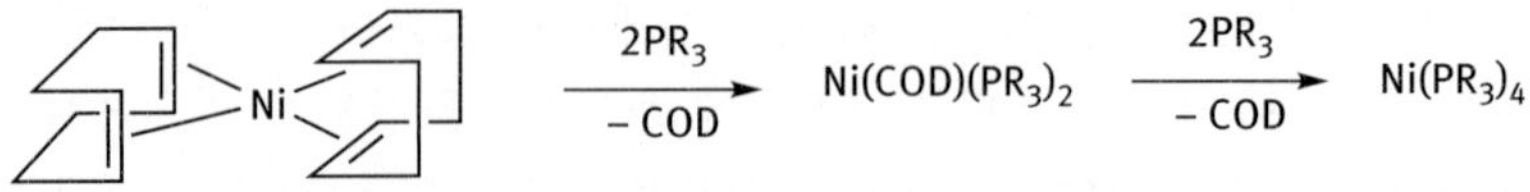

$$\underset{\text{solid}}{Ni(PEt_3)_4} \rightleftharpoons \underset{\text{solution}}{Ni(PEt_3)_3} + PEt_3$$

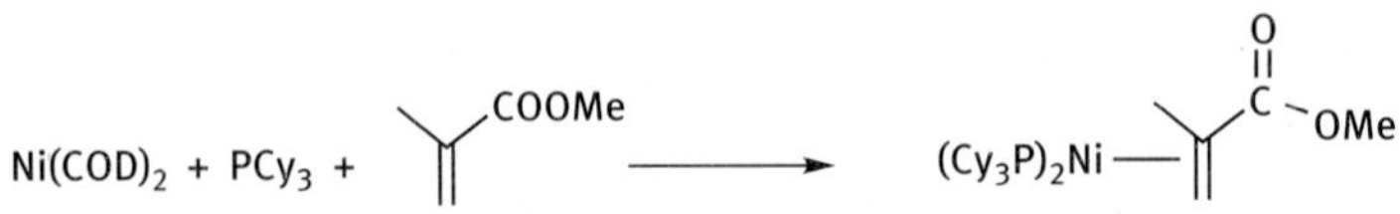

메타아크릴레이트 화합물: C=C가 아닌 C=O 결합

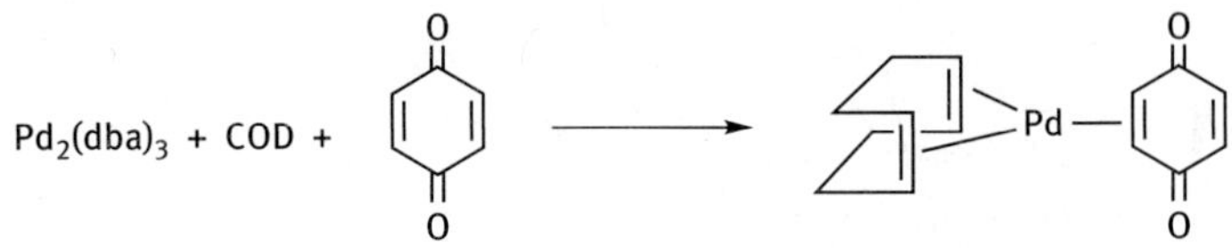

퀴논 화합물

친핵체와의 반응. 금속-올레핀 결합의 가장 중요한 결과는 이 같은 배위가 낮은 극성의 C=C 기질을 친핵성 공격에 민감하게 만든다는 것이다.

일산화 탄소(2.4.1절) 대하여 논의하였듯이 역결합은 친핵체와 반응하는 데 필요한 π^* 오비탈에 전자가 머물게 하고 따라서 친핵성 공격을 어렵게 만들 것이다. 이 경우는 정반대의 경우이다. 금속-알켄 결합의 활성화 효과에 대한 이유는 분자가 고정되어 있지 않다는 것이다. 착물에서 모든 리간드는 평형 위치에서 진동한다. 알켄에서 M-알켄 벡터에 대하여 수직인 진동은 전하의 재분포를 일으키고 결합의 극성을 유도한다. 극단적으로 나타내면 올레핀 C 원자 중의 하나는 탄소 양이온 성격이 축적된 것으로 표현할 수 있다.

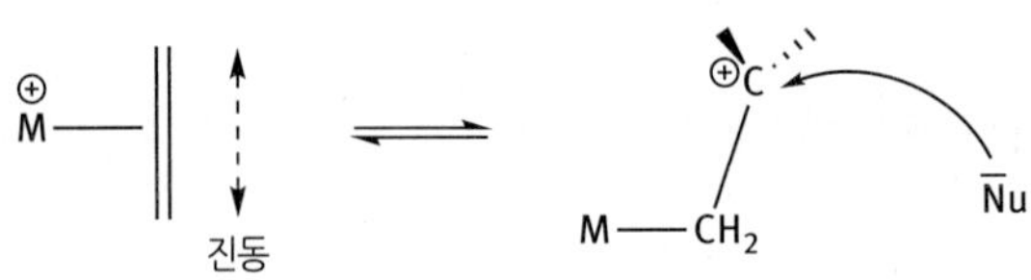

이와 같은 극성 공명 형태는 관찰되는 반응성 증진을 쉽게 성명할 수 있다. 위의 예에서 알켄의 경우에 그러나 다른 리간드에서는 일반적으로, 반응성은 **결합 극성의 증진(enhancement of bond polarity)**과 짝지어져 있다.

이것은 친핵성 공격이 **분자 간(intermolecular)** 형식으로 일어나는가 또는 **분자 내(intramolecular)** 형식으로 일어나는가에 관한 경우로 친핵체가 금속 중심에 반응 전에 결합하였는지 아닌지에 관한 경우이다. 두 가지 경로가 모두 가능하나 이들 둘을 구별하는 것은 쉽지 않다.

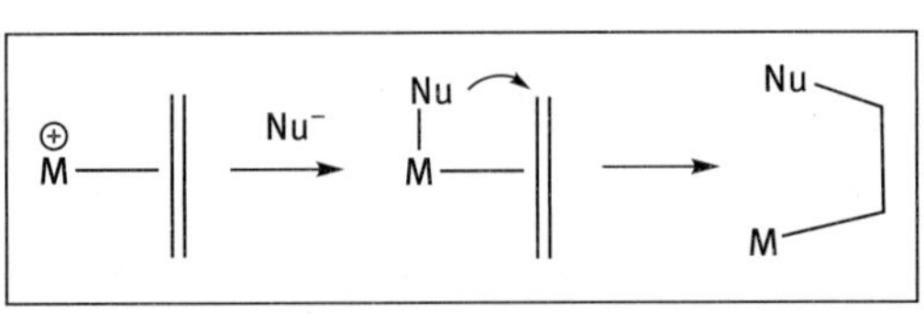

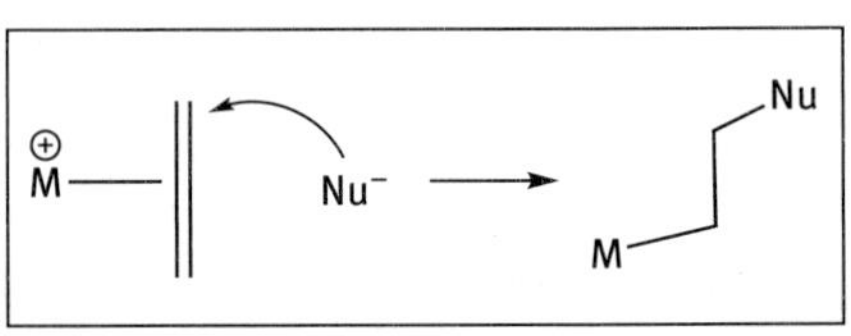

배위되어 있는 알켄이 금속에 비대칭적으로 결합되어 있는 경우는 바닥 상태에서 조차도 수없이 많다. 하나의 M-C 결합은 다른 결합보다 확연히 길다. 이런 현상은 두 개의 C 원자

에 대한 ^{13}C NMR 신호를 급격히 변화시키므로 비대칭 알켄 결합은 분광학적으로 검출할 수 있다.

반응성과 C=C 결합 극성 사이의 연관성은 구조가 확인된 예로 설명할 수 있다. $Cp_2Zr(C_2H_4)(PMe_3)$와 같은 Zr(II) 착물은 아주 큰 역결합을 보인다(2.6.1절). 비록 하나의 C-말단은 P 바로 옆에 있고 다른 하나는 그렇지 않으나 Zr-C 결합 길이는 둘 다 비슷하고, C-C 결합의 극성은 작으며, 착물은 비교적 안정하고 분리가능하다. 반면에 $[Cp_2Zr(X)(L)]^+$ 양이온과 같은 d^0 화합물은 이와 같은 방식으로 분자 자신을 안정화시킬 수 없다. 어떤 배위되어 있는 알켄은 매우 반응성이 크며, 이들 양이온성 메탈로센 화합물이 올레핀의 촉매 중합 반응에서 활성 화학종이라는 것은 우연이 아니다. 그러나 매달린 알켄일 치환체를 갖고 있는 양이온성 지르코늄 알콕사이드는 분리할 수 있다. 이들은 아주 비대칭인 C=C 결합 배위 구조를 보이고, 이는 금속-결합된 C_1의 매우 큰 낮은 장 이동과 C_2의 가리움으로 나타나며, 이는 부분적 탄소 양이온 성격(비교를 위하여 C_2H_4의 ^{13}C NMR 공명은 δ 122.8 ppm 이다)을 암시한다. 따라서 C_2는 친핵성 공격에 아주 민감하다.

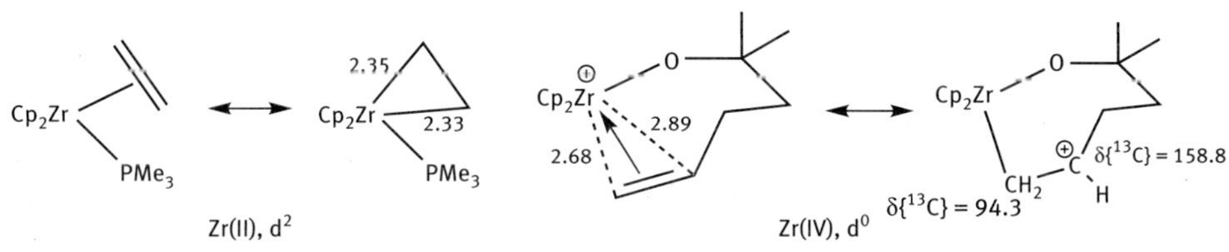

1,1-이중 치환된 알켄에서, 비대칭 결합은 $-CR_2$ 말단의 알킬 치환체 R이 C 위의 양전하를 안정화시키기 때문에 특히 두드러진다. 이런 이유로 아이소뷰텐 $CH_2=CMe_2$은 탄소 양이온성 메커니즘을 통하여 쉽게 중합되며, 전파하는 화학종은 $-CH_2-C^{(+)}Me_2$이다.

화학량론적 반응에서 미리-형성된(pre-formed) 알켄 착물을 사용할 수 있는데, 카이랄 금속 보조물(chiral-at-metal auxiliary) $[CpFe(CO)(PPh_3)]^+$가 그 예이다. 결과물인 알킬 철은 18 VE 화합물이고 공기 중에서 안정하다.

친핵성 공격은 입체 특이성으로 진행될 수 있다. 팔라듐-매개에 의한 시스-와 트랜스-1,2-다이바이닐사이클로헥세인의 산화성 고리화 반응이 한 가지 예이다.

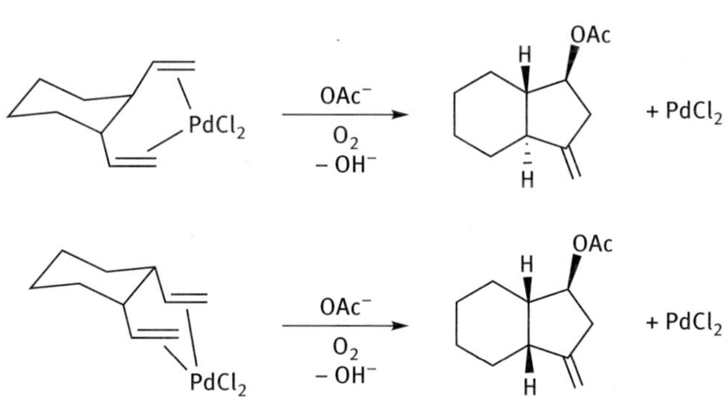

세부적인 연구에 의하면 친핵체는 두 가지 부류로 나눌 수 있다.

(1) 비교적 약한 장 리간드에 의하여 금속의 트랜스 위치를 외부(분자 간)에서 공격: OH^-, H_2O, 카복실산 이온 RCO_2^-, 알콕사이드 RO^-, 아민

(2) 금속에 미리-배위 그리고 센 σ-주개에 의하여 분자 내 시스-공격: 수소화 이온 H^-, 알킬 및 아릴 리간드

팔라듐 올레핀 착물은 염기로 처리하면 쉽게 팔라듐 η^3-알릴 생성물로 변환된다. 그 다음 이들 알릴 착물은 1- 또는 3-위치에서 친핵성 공격에 민감해진다. 이것이 치환되지 않은 알켄을 알릴 위치에 치환체를 포함한 유도체로 변환하는 널리 사용되는 표준 반응이다.

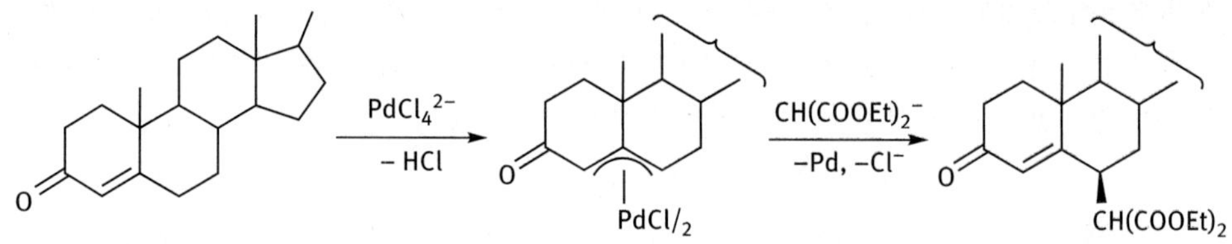

친전자체에 의한 반응. 알켄 착물은 양성자 첨가 또는 수소화 이온에 의한 떼기(abstraction) 조건에서 CPh_3^+와 반응할 수 있다. 이들은 또한 산화성 첨가에 알맞은 낮은 산화 상태를 갖는 금속 착물로서의 원천으로 작용할 수 있다. 이 같은 산화제는 알켄이나 알카인과 같은 유기 친전자체를 포함할 수 있다.

이런 원리는 $Cp_2Ti(C_2H_4)$에 H_2O를 조심스럽게 첨가하여 옥소-다리 놓인 Ti-Et 생성물(H_2O를 과량 사용하면 Ti-C 결합이 끊어질 수 있다)이 만들어진다. 트리틸(CPh_3^+) 염으로 프로펜 (또는 더 높은)과 같은 알켄 착물을 처리함으로써 H^-의 친전자성 떼기 반응은 η^3-알릴 착물을 생성한다.

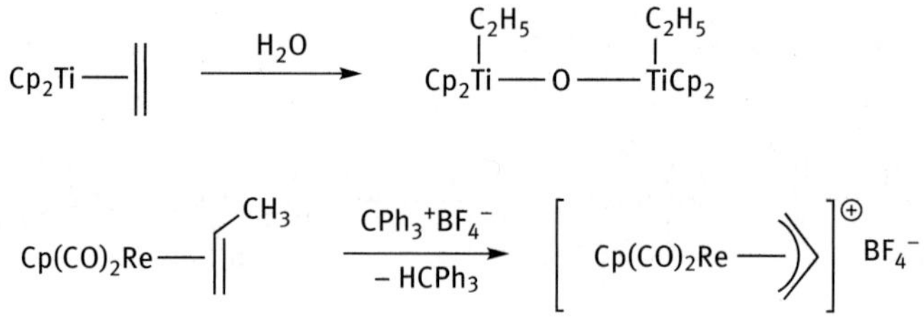

보다 더 흔히, 알켄 착물은 산화성 첨가에 의하여 반응하는 용해 가능한 M(0) 화학종의 원천으로 작용한다. 예를 들어 $Ni(COD)_2$ 또는 $Pd_2(dba)_3$는 브로민화 알릴과 반응하여 금속(II) 알릴 착물을 생성한다.

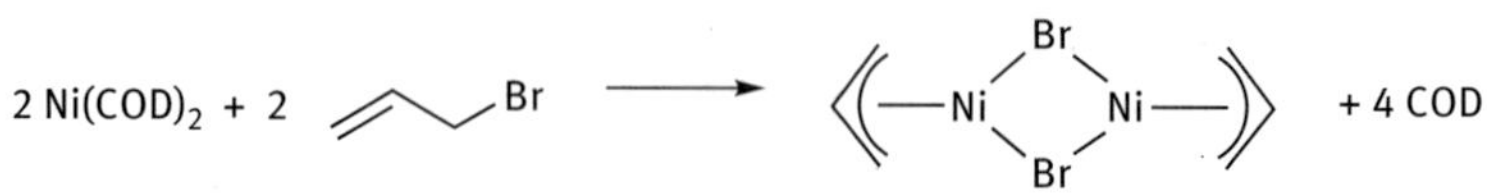

Ti(II) 및 Zr(II) (d^2)와 같은 앞전이 금속의 전자가 풍부한 알켄 착물은 유기 친전자체와 첨가 화합물을 형성한다. 이런 금속은 최대 산화 상태를 이루려는 강한 경향성 때문에 알켄조차도 산화제로 작용할 수 있다. 이런 반응은 C-C 결합 형성을 통하여 메탈라사이클로

펜테인 유도체를 만들며, 금속은 산화 상태 IV를 이룬다. $Cp^*{}_2Ti(C_2H_4)$와 알카인, 나이트릴, CO_2 등과 같은 유기 친전자체 사이의 반응은 합성에서 다용도로 쓰이는 반응이다. $Cp^*(= C_5Me_5)$ 고리는 주로 부피가 큰 보호 리간드로 작용하고 분리를 쉽게 해준다. 두 개 에틸렌 리간드의 짝지음은 가역적이고 과량의 에틸렌이 존재하지 않으면 단일-알켄 착물이 재생성된다. 이수소에 노출시키면 온화한 조건에서 두 개의 Ti-C 결합은 수소 첨가 분해가 일어나 $Cp^*{}_2TiH_2$를 형성하며 부생성물로 에테인이 만들어진다.

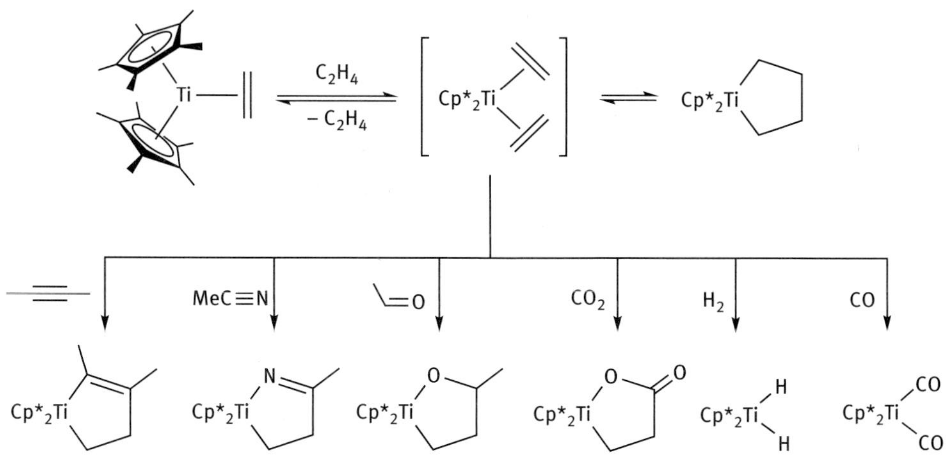

C-H 활성화 반응. 친전자성이 아주 큰 금속 중심은 C-H 결합이 끊어지는 상황에서 알켄과 반응한다. 일부에서는 선행하는 알켄 착물이 검출되지 않기도 한다. 고전적 예의 하나는 란타넘족 착물과 알켄의 반응이다.

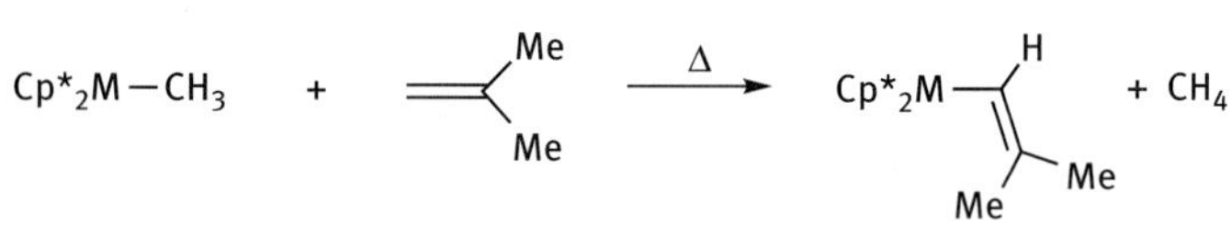

올레핀 착물과 C-H 활성화 생성물 사이의 에너지 차이가 작으면 두 가지 형태의 화합물이 평형을 이룬다.

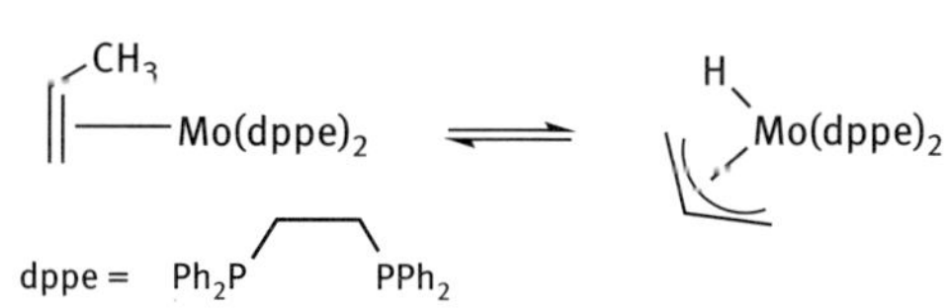

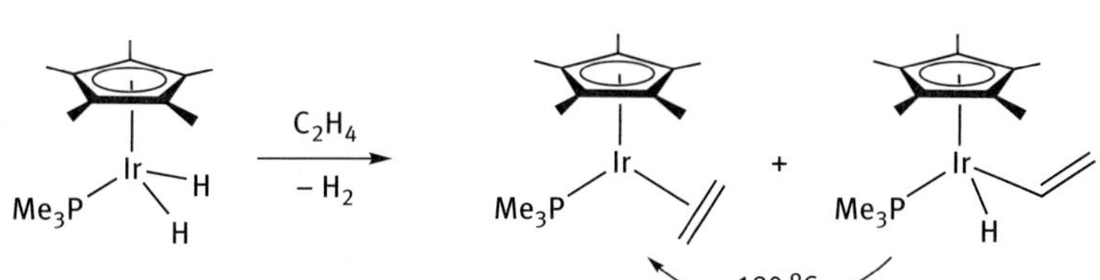

2.6.2 다이엔 착물

2.6.2.1 콘쥬게이션된 다이엔 착물의 합성

콘쥬게이션된 다이엔은 4-전자 주개이고 콘쥬게이션되지 않은 알켄에 비하여 더 좋은 π-받개이다. 이들은 화학량론적 반응 또는 촉매 반응에서 반응성이 아주 큰 시약이거나 중간체이다.

합성법은 알켄 합성에서 이용한 것과 유사하다. 광분해와 환원 방법은 가장 흔하게 이용된다. 한 가지 방법은 금속 원자 합성법인데 금속 원자를 진공에서 기화하고 과량의 리간드와 함께 차가운 (−196 ℃) 표면에 응축시켜 다른 방법으로는 만들 수 없는 다양한 다이엔 착물을 생산하였다.

광분해에 의한 방법:

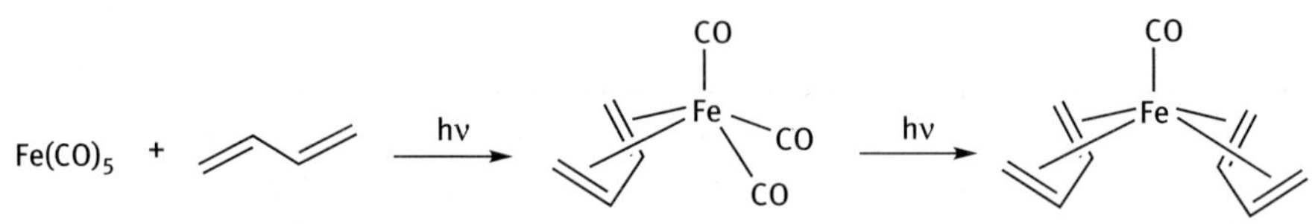

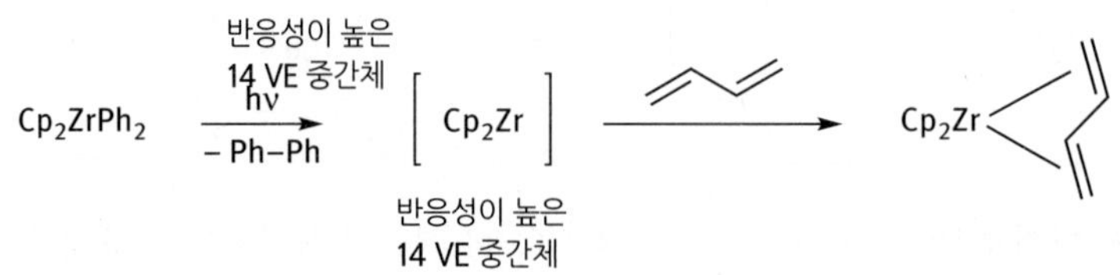

환원에 의한 방법:

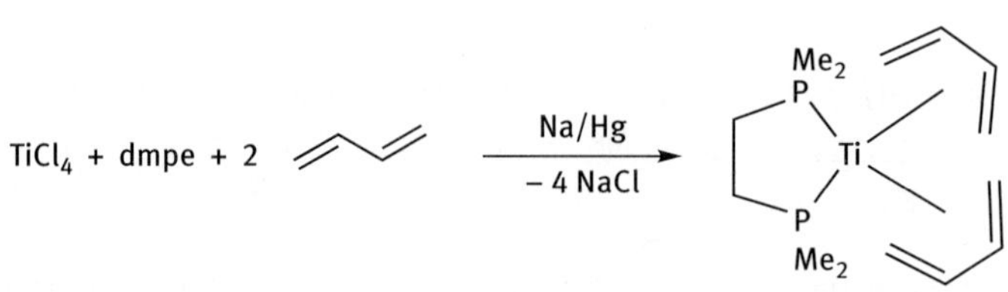

알킬화에 의한 방법:

마그네슘 뷰타다이엔(2-butene-1,4-diylmagnesium)은 다이엔 착물을 생성시키기 위한 알킬화제로 작용한다.

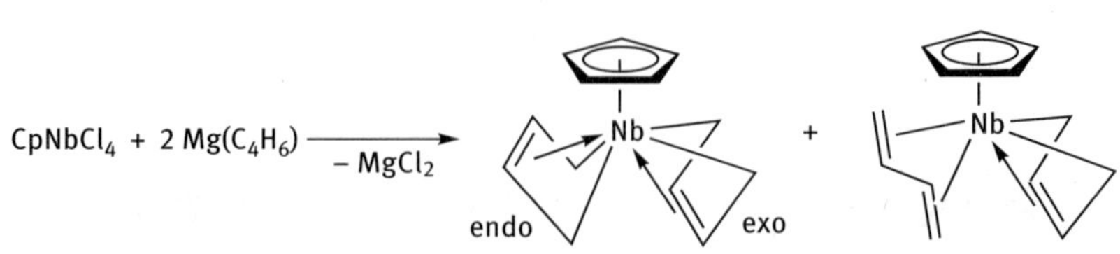

2.6.2.2 콘쥬게이션된 다이엔 착물의 결합

다이엔은 모노-엔에 비하여 에너지가 낮게 놓인 π* 오비탈을 갖고 있고 따라서 더 센 π-받개이다. 이것이 타이타늄의 비스(다이엔) 착물-형식상 Ti(0)-을 만들 수 있게 해주는 이유이다. 반면에 유사한 테트라에틸렌 착물은 알려져 있지 않다. 몇몇을 제외하고는 배위된 다이엔은 s-시스 형태를 선호한다. 고전적인 예는 $(\eta^4\text{-}C_4H_6)Fe(CO)_3$인데 이 화합물은 반쪽-샌드위치 또는 '피아노 의자' 구조를 가지고 있다.

자유 뷰타다이엔과 착물에서의 뷰타다이엔에서 C-C 결합 길이 분포는 결합 상황에 대한 정보를 준다. 뷰타다이엔에서는 짧고-길고-짧은 양상을 보이는 반면, Fe 착물에서는 모든 결합 길이가 거의 같다.

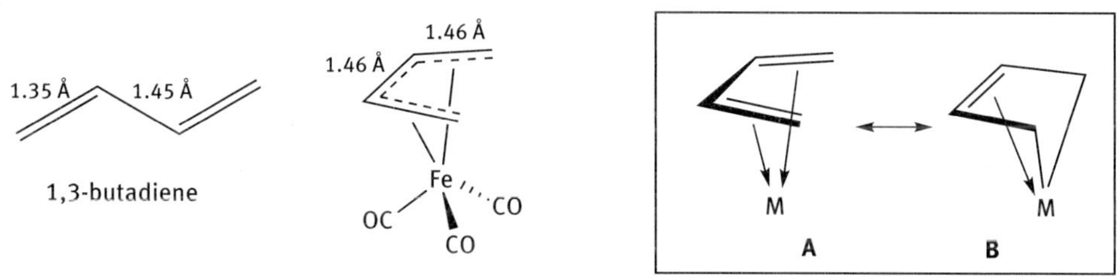

지르코늄과 나이오븀 착물에 대한 뷰타다이엔의 s-트랜스 배위는 흔하지 않다.

$Cp_2Zr(s\text{-트랜스-}C_4H_6)$에 빛을 쪼이면 Zr(IV) 메탈라사이클로펜텐 중간체를 거쳐 s-시스 형태로 전환된다. 평형이 이루어지는 동안 금속의 산화 상태 변화가 있음은 2,3-다이메틸 유도체의 결정 구조로부터 분명하다. 반면에 뷰타다이엔 착물에서는 C_1-C_2와 C_3-C_4 결합이 C_2-C_3에 비하여 더 짧고 메탈라사이클로펜텐에서는 이와 반대이다. C=C π-공여에 의한 '**접힌 봉투(folded envelope)**' 형태는 이런 유형 화합물의 특징이다.

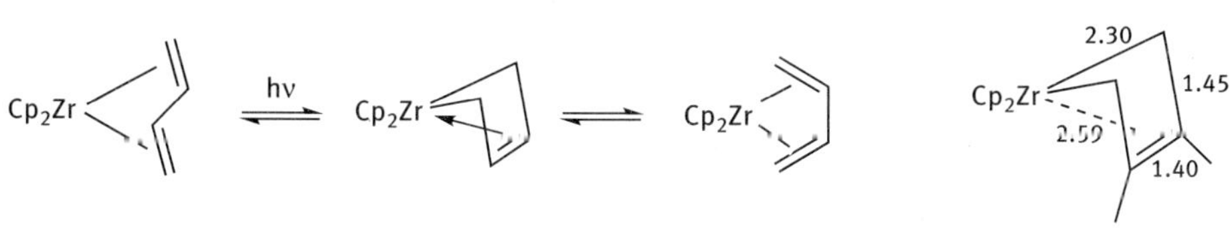

착물에서 결합은 두 개의 공명 구조로 나타낼 수 있다. 콘쥬게이션된 다이엔의 MO 도표는 정성적으로 π-오비탈 에너지 순서가 다음 그림과 같음을 보여 준다. ψ_1과 ψ_2는 채워져 있고 ψ_3는 LUMO이다. 위에 있는 구조 B는 뷰타다이엔의 LUMO에 금속 d-전자가 머무는 데 해당한다.

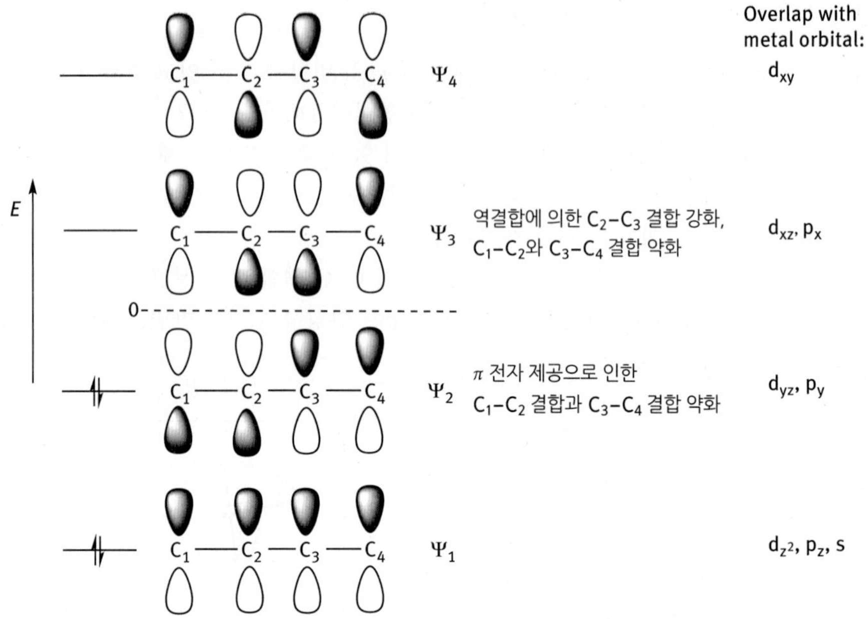

$(C_4H_6)Fe(CO)_3$ 착물의 경우 이 같은 시너지 작용은 다이엔의 C-C 결합 길이를 거의 같게 만든다. 앞전이 금속(4족과 5족) 착물에서는 역결합이 더욱 두드러지게 나타나며, 예를 들어 Cp_2Zr(diene) 구조에서 C_1-C_2와 C_3-C_4의 결합 차수는 ~1로 감소하는 반면 C_2-C_3는 이중 결합 성격이 되고 금속 중심에 배위하는 현상을 보이게 된다.

다이엔과 이들의 등가인 메탈라사이클로펜텐은 s-트랜스 형태와 더불어 기준이 되는 리간드에 대하여 상대적인 두 가지 배향, *supine(exo)*와 *prone(endo)*을 취할 수 있다.

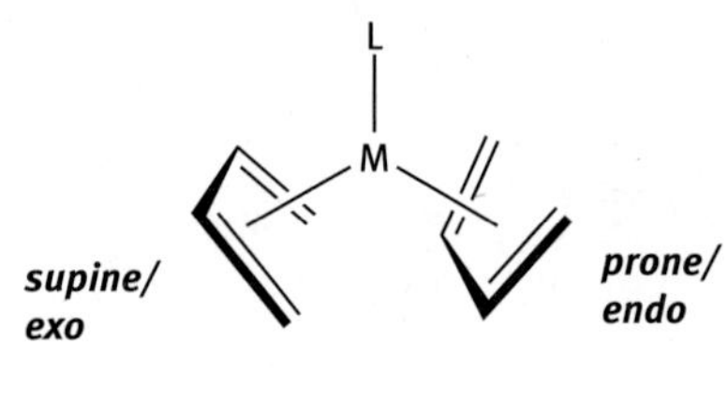

오로지 한자리만이 배위에 이용 가능한 경우, 뷰타다이엔은 η^2-형태로 결합할 수도 있다. $L_2Pd(\eta^2$-뷰타다이엔) 착물에서 금속은 1,2-와 3,4-결합 사이에서 변동한다.

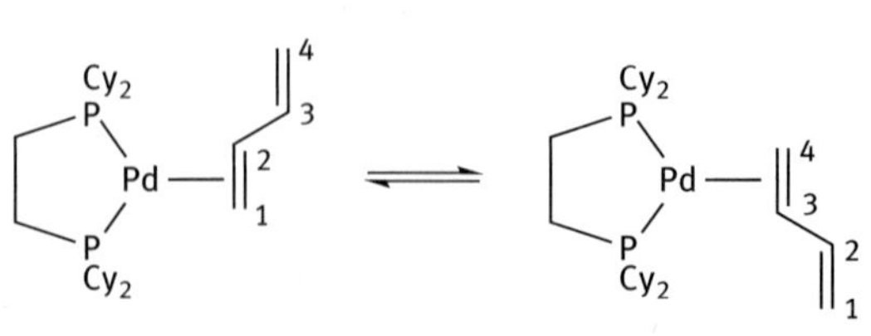

뷰타다이엔의 Pd(II)와 Pd(0)의 균등화 반응은 두 개 금속을 다리 놓으며 s-트랜스 뷰타다이엔 리간드를 포함하고 있는 이핵 Pd(I) 화합물을 만든다. 그와 같은 이핵 Pd(I) 화합물

은 일반적으로 Pd-Pd 결합이 2.5~2.8 Å인 결합 길이를 가지고 있으나 아래 도표에서 보여주고 있는 이가 양이온 화합물은 금속-금속 결합(van der Waals 반지름 합: 3.26 Å)으로 설명하기 어려운 Pd-Pd 거리를 포함하고 있다. 이 주제는 자료 2.6.2.2에서 더 자세히 다룰 것이다.

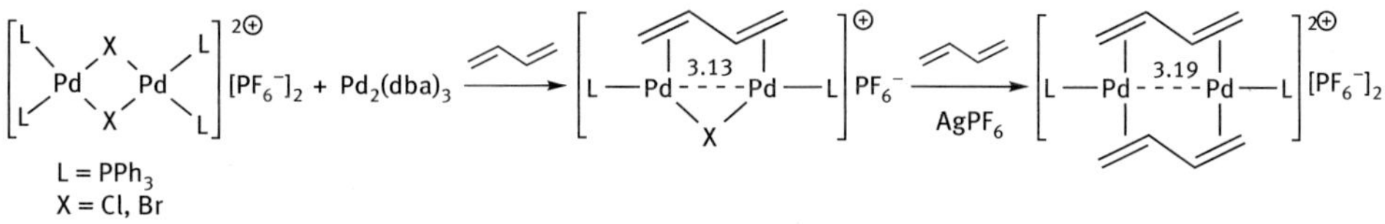

2.6.2.3 콘쥬게이션된 다이엔 착물의 반응

전형적인 반응은 다음과 같다.

- 친전자체와의 반응
- 친핵체와의 반응
- 고리화 첨가 반응

친핵성 공격에 대한 규칙은 자료 2.6.2.3을 보아라.

친전자체와의 반응. 올레핀 착물의 양성자 첨가 반응은 양이온성 금속 엔일(enyl) 생성물은 만든다. 이 반응은 알렌(allene)을 포함한 다이엔에서 볼 수 있으며, 예를 들면 다음과 같다.

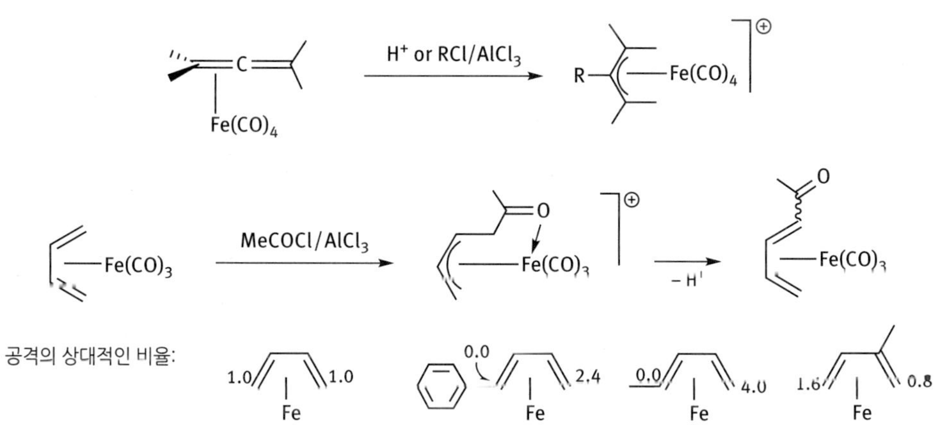

철 카보닐의 사이클로헥사다이엔 착물과 친전자체의 반응은 양이온성 사이클로헥사다이엔일 유도체를 발생시키는 방법으로 유용하다. 이 반응은 친전자성/친핵성 합성 순서의 한 부분으로서 위치 및 입체 선택적으로 진행할 수 있다.

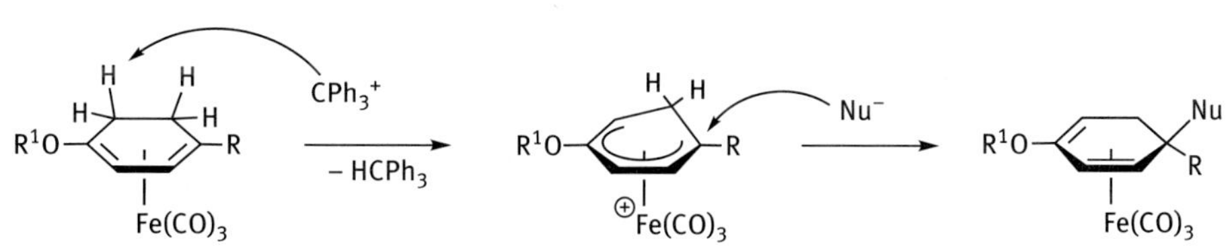

η5-사이클로헥사다이엔일

자료 2.6.2.2 **분자 와이어와 분자 스위치**

콘쥬게이션된 다이엔 착물의 합성은 폴리엔으로 확장할 수 있다. 아래 그림에 테트라엔의 예를 보여 주고 있다. 폴리엔 골격(polyene scaffolds) ('분자 와이어')으로 지지되어 있는 확장된 폴리금속 1D 구조를 얻을 수 있다. 결정 구조에 의하면 용매 없는 착물에서는 알릴성 η^3-배위 구조 그리고 용매가 배위된 구조에서는 알켄 결합이 있음을 알 수 있으며, 이 경우 Pd에 대한 산화 상태의 부여는 확실하지 않다.

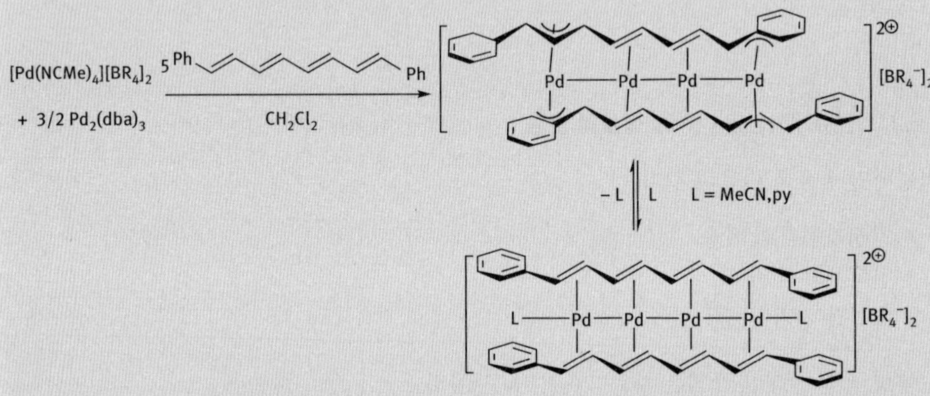

이 시스템은 산화-환원 분자 스위치로 전환할 수 있다. 금속의 배열은 C=C 결합을 따라서 가역적으로 움직이고 산화와 환원에 따라 M-M 결합은 끊어지거나 재생성되며, 금속의 산화 상태는 +0.5에서 +I을 오간다.

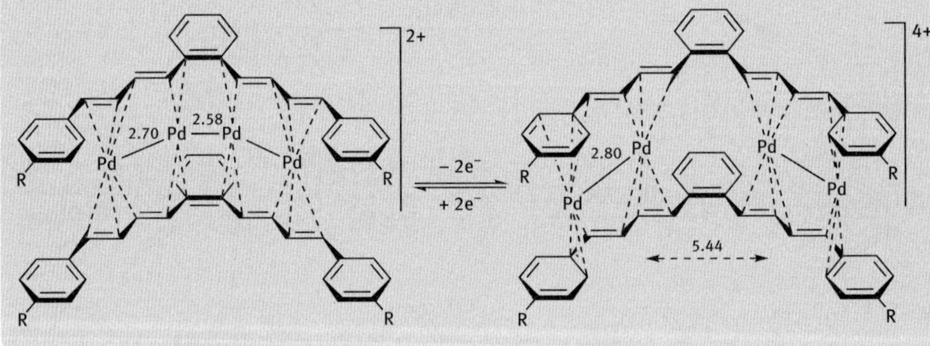

친핵성 공격에 의한 다이엔 이합체화 반응은 자료 2.7.1을 보라: 텔로머화 반응

친핵체와의 반응. 배위된 다이엔 리간드에 대한 친핵성 공격은 C-X 결합과 C-C 결합을 만드는 데 대한 다목적 방법이다. 반응 경로는 외부로부터의 공격을 포함할 수도 있고 또는 금속 중심에 대한 배위에 따라 진행할 수도 있다.

포스핀에 의한 공격:

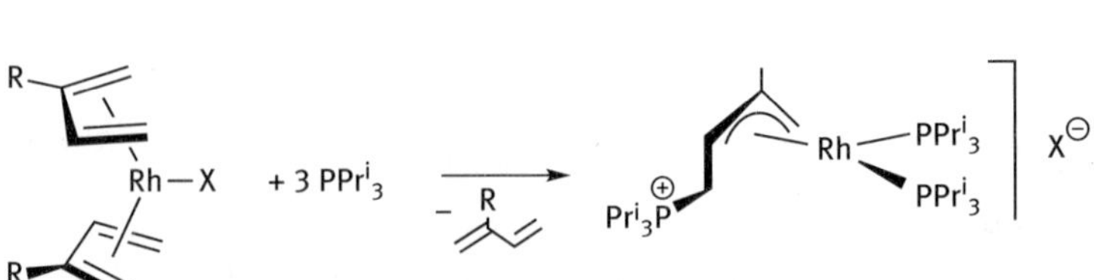

할로젠에 의한 공격: 이 반응은 오로지 치환체 R이 작은 경우 다이엔에 대한 Br^-의 공격으로 나타나며, 그렇지 않은 경우 음이온으로 Br^-를 갖는 이온쌍이 만들어진다.

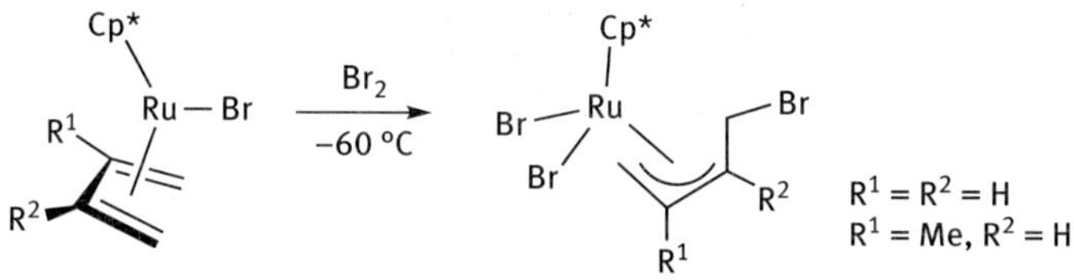

배위된 사이클로헥사다이엔에 대한 친핵성 공격은 입체 선택성 이중 치환으로 이어진다. 형성된 팔라듐 금속은 Pd^{2+}로 다시 산화되어 촉매 반응 회로를 마무리한다.

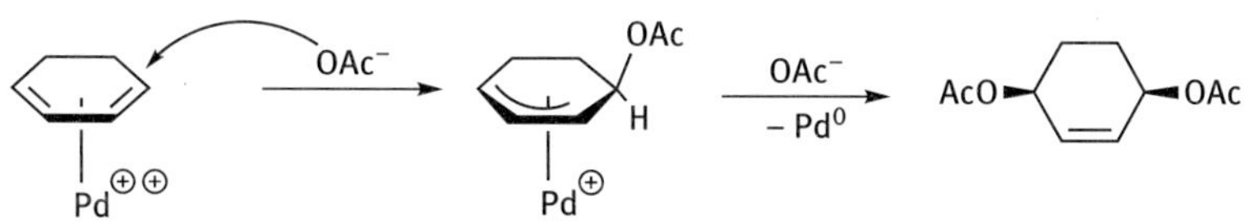

η4-사이클로헥사다이엔 η3-사이클로헥센일

입체 선택성은 친핵성 공격 방향의 결과이다. 알코올과 카복실산을 이용한 사이클로헥사다이엔의 Pd-매개 산화성 이중-작용기화 반응에서 알콕사이드는 외부의 친핵체로 작용하는 반면, 카복실산 이온은 Pd에 배위되고 반대편에서 공격한다. 결과적으로 트랜스-이중 치환된 이성질체가 > 98%의 입체 선택성을 가지고 생성된다.

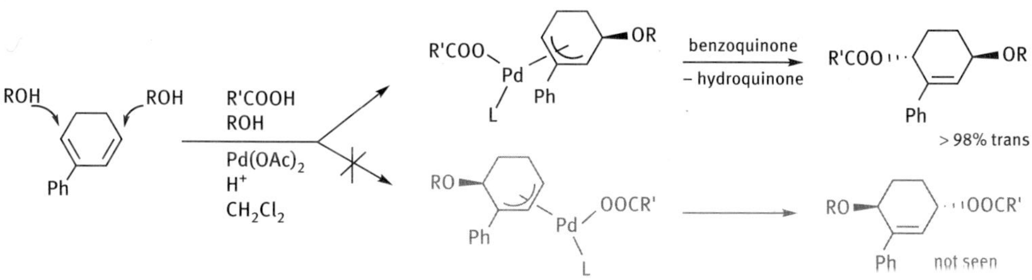

C-C 짝지음과 함께 공격. Ru(0)의 다이엔 착물은 C-C 짝지음과 함께 활성화된 아크릴산 에스터와 반응한다. 이 방법은 많은 수의 카복실산-작용기화된 다이엔을 만든다. 공격은 H-이동 단계를 뒤따라 일어난다.

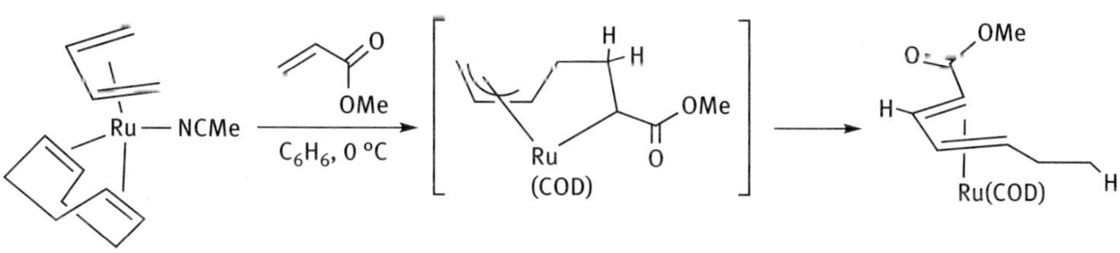

지금까지 살펴본 예들은 1,3-다이엔을 포함하고 있었다. 1,2-다이엔(알렌) 또한 반응성은 비슷하다. 알렌도 C-C 결합을 형성하면서 배위된 알켄 및 1,3-다이엔과 반응할 수 있다.

이 반응은 팔라듐-촉매 반응을 통한 고리화 반응으로 이용되어 왔다. 예는 다음과 같다.

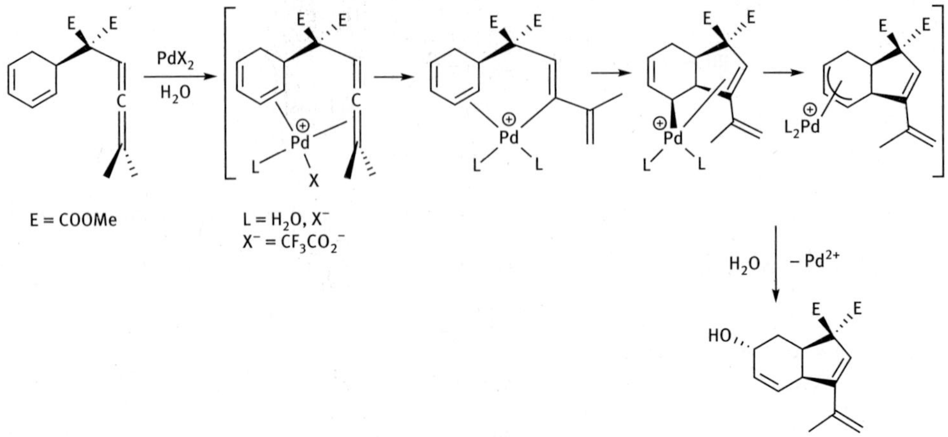

고리화 첨가 반응. 다이엔과 다이엔 착물은 [4+2] 고리화 첨가 반응을 할 수 있으며 예는 다음과 같다.

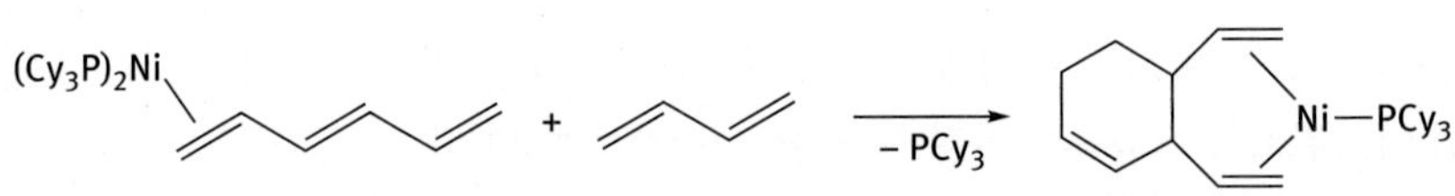

보호기로서 다이엔 배위. $Fe(CO)_3$와 같은 금속 토막에 콘쥬게이션된 다이엔의 배위는 알켄이나 알카인 분자의 다른 부분의 변형을 수행하는 동안 다이엔을 보호하는 데 이용할 수 있다. 아래 그림에 나와 있는 알카인일트라이엔의 Fe 착물이 한 예이다.

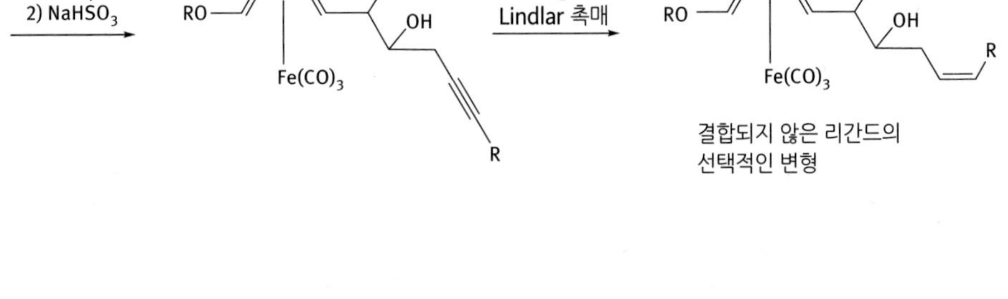

자료 2.6.2.3 π-리간드에 대한 친핵성 공격: Davies-Green-Mingos 규칙

여러 다른 수의 불포화된 배위되어 있는 탄소 원자를 갖는 열린 또는 고리계 π-리간드 그리고 전하를 가지고 있는 또는 가지고 있지 않은 리간드는 친핵체와 다른 속도로 반응한다. 종종 동일한 착물에서 그런 리간드가 여러 개 존재한다. 그렇다면 무엇이 친핵성 공격의 선택성을 유도하는가?

화학적 거동은 세 가지 간단한 규칙으로 요약할 수 있다(S. G. Davies, M. L. H. Green, D. M. P. Mingos, 1978).

1. **홀수개보다 짝수개 먼저.** 만약에 한 착물이 π-계 리간드를 가지고 있는데 하나는 짝수개의 C 원자를, 다른 하나는 홀수개의 C 원자를 가지고 있으면, 짝수개의 리간드가 공격을 받는다.
2. **닫힌계보다 열린계 먼저.** 비고리 π-계가 고리계에 우선하여 공격을 받는다.
3. **짝수면 말단에서, 홀수면 말단 또는 내부에서.** 짝수 합토수 리간드는 말단 탄소에서 공격을 받는다. 홀수 합토수 리간드는 만약에 금속의 전자가 풍부하면 말단 탄소가 공격을 받고, 또는 이 탄소가 부분 양전하(전기 양성 금속)를 가지고 있으면 내부 탄소가 공격을 받게 된다.

   반응성 경향은 '**짝수** >> **홀수**'이다.

짝수 합토수		홀수 합토수	
열린	닫힌	열린	닫힌

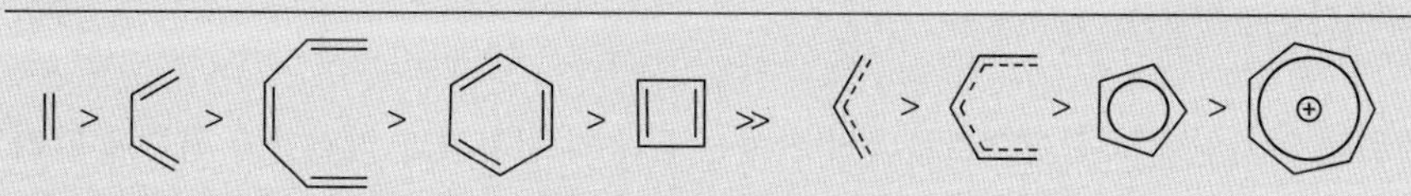

따라서 η^3-, η^4- 및 η^5-리간드를 갖고 있는 착물에서 친핵체와 반응하는 것은 η^4-다이엔이 될 것이다(짝수 및 열린 > 홀수 및 열린 > 짝수 닫힌 > 홀수 닫힌).

짝수 열린 > 홀수 열린

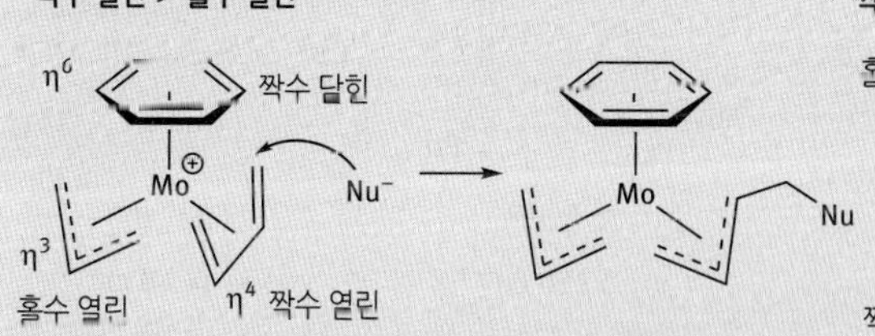

짝수 닫힌 > 홀수 닫힌

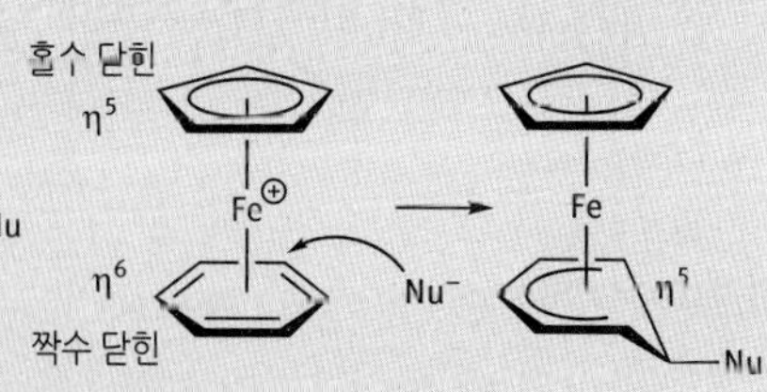

짝수 닫힌 > 홀수 열린

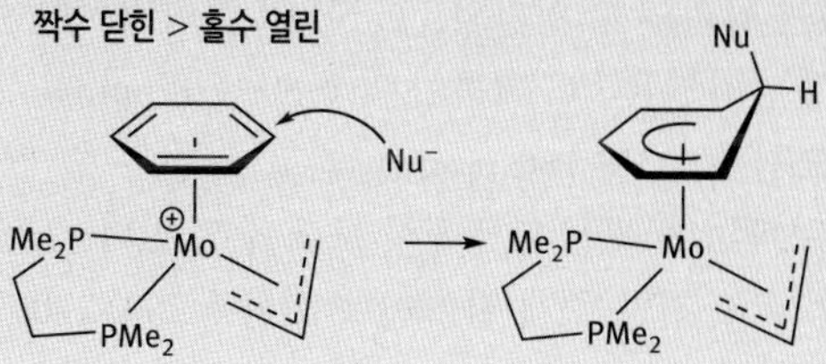

홀수 열린 > 홀수 닫힌

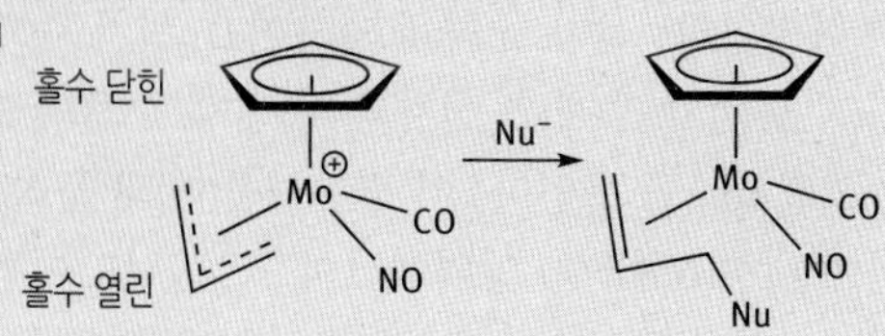

2.6.3 알카인 착물

오늘날 대부분의 화학 산업은 석유화학에서 유래된, 주로 원유를 크래킹하여 얻은 올레핀과 아렌 같은 생성물에 기초하고 있다. 원유가 널리 이용되기 전에 화학 산업은 석탄과 석탄의 가스화 생성물, CO 및 아세틸렌에 기초를 두고 있었고, 따라서 아세틸렌의 변형에 기초를 둔 원자재 화합물의 포괄적인 화학이었다. 고체 탄소 원천(석탄, 코크스)을 생석회와 높은 온도(2000~2100 ℃)에서 가열하면 칼슘 카바이드가 만들어지며, 이것은 아세틸렌으로 가수 분해된다.

$$CaO + 3\,C \rightarrow CaC_2 + CO$$

$$CaC_2 + H_2O \rightarrow C_2H_2 + CaO$$

아세틸렌 그 자신은 약한 산이다(pK_a 25). 알카인의 C≡C 삼중 결합은 알켄의 C=C 결합보다 훨씬 반응성이 크다.

아세틸렌은 두 개의 직교하는 π-계를 가지고 있고 **2-전자 및 4-전자 주개** 두 가지 방식으로 작용할 수 있다. 이것은 오직 하나의 금속 중심에 배위되는 경우에도 있을 수 있다. 알켄처럼 금속에 대한 알카인의 결합은 π-공여와 π-받기로 구성되어 있다. 역공여가 이루어지면 C 원자의 혼성화에 변화가 생기며 sp에서 보다 sp^2 쪽으로 바뀐다. 이는 C-C-R 각도가 180°에서 140~160°로 바뀌는 것으로 알 수 있다.

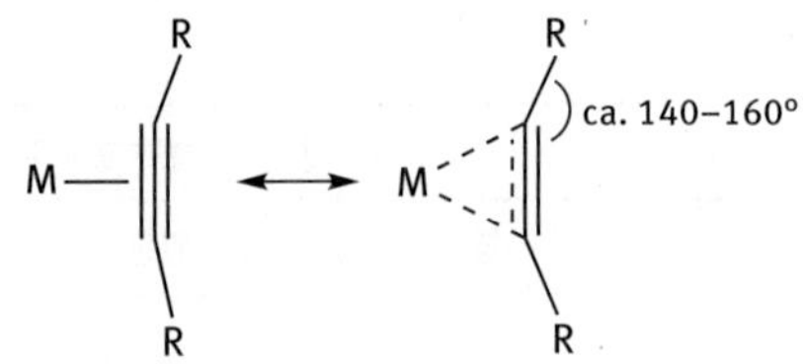

배위된 알카인에서 선형으로부터의 편차는 금속의 전자셈과 역결합의 경향에 달려 있고, Zr(II) ≈ Pt(0) > Pt(II) 순서이다. 아래 그림의 예에서 보여 주고 있듯이 역결합의 정도와 IR C-C 신축 진동수 사이에는 상관관계가 있다.

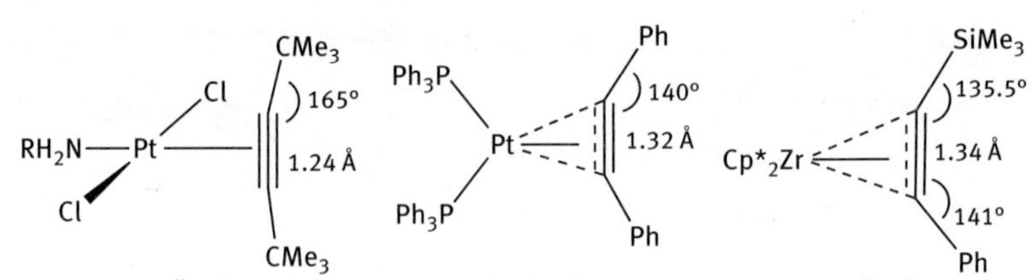

자유 알카인	Pt^{II}, d^8	Pt^0, d^{10}	Zr^{II}, d^2
ν_{CC} 2190–2260 cm^{-1}	ν_{CC} 2028 cm^{-1}	ν_{CC} 1750 cm^{-1}	ν_{CC} 1618 cm^{-1}

알카인 리간드가 2-전자 또는 4-전자 주개로 작용할 것인지, 또는 하나 이상의 알카인이 결합되어 있을 때 그 사이 값으로 작용하는지는 알카인 C 원자의 ^{13}C NMR 화학적 이동에서 나타난다. 실험 규칙에 의하면 2-전자 주개 알카인은 ^{13}C 이동이 약 δ 80~120 ppm을 보이고 3-전자 주개(2-전자와 4-전자 주개의 조합)는 170~180 ppm, 그리고 4-전자 주개는 > 200 ppm을 보인다. 이 경향성을 아래 몰리브데넘에 대한 도표에서 보여 주고 있다. 2-전자에 대한 δ 80~90 영역에서의 ^{13}C NMR 이동과 4-전자 주개 알카인에 대한 δ 260~270 영역에서의 화학적 이동은 다른 금속에서도 발견되었다.

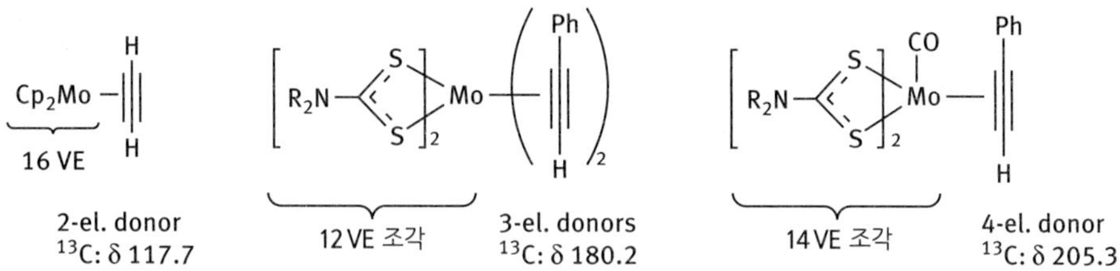

역공여와 4-전자 주개로서의 거동은 M-알카인 결합에 대한 회전 장벽으로 나타날 것으로 예상된다. 단핵 착물에서 2-전자 알카인의 $\Delta G^{\ddagger}_{rot} \approx 40$ kJ mol^{-1}인 반면 4-전자 알카인의 $\Delta G^{\ddagger}_{rot} \approx 50\text{~}70$ kJ mol^{-1}이다.

알카인과 알켄 리간드의 결합 세기는 NMR 분광법으로 측정할 수 있도록 평형이 이루어진 경우에 추정할 수 있다.

예를 들어 −60 °C, 다이클로로메테인에서 $[(IPr)Au(NCAr^F)]^+SbF_6^-$에 약하게 배위되어 있는 나이트릴 N≡CAr^F [Ar^F = 3,5-$(CF_3)_2C_6H_3$]에 대한 알카인 또는 알켄 치환은 아래 표에 보는 바와 같이 회합에 관한 평형 상수 K_{eq}를 나타내며, 유사한 다른 리간드와는 큰 차이를 보인다. 예를 들어 3-헥사인은 PhC≡CMe보다 90배만큼 더 세게 결합한다.

IPr =

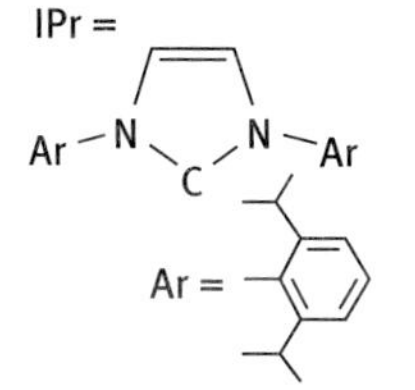

상대적인 C=C와 C≡C 결합 세기

$$\left[\text{IPr—Au—NCAr}^F\right]^{\oplus} \text{SbF}_6^- + \text{L} \underset{\text{CH}_2\text{Cl}_2,\ -60\ °\text{C}}{\overset{K_{eq}}{\rightleftharpoons}} \left[\text{IPr—Au—L}\right]^{\oplus} \text{SbF}_6^- + \text{NCAr}^F$$

L	EtC≡CEt	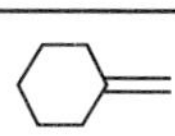	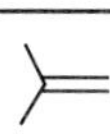	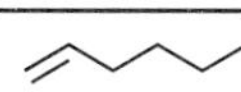	MeC≡CMe	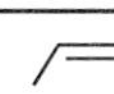	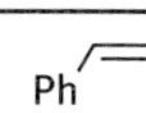	PhC≡CH
K_{eq}	780±62	90±7	67±4	25±1	24±1	6.8±0.3	1.7±0.4	0.21

금속 뭉치에서 형식상 다리 놓인 알카인으로 간주할 수 있는 C-C 결합 길이는 C-C 단일 결합의 값으로 환원되고, 그런 화합물은 두 개의 금속과 두 개의 C 원자를 포함하고 있는 뭉치로 설명하는 편이 더 쉽다. 알카인 금속 카보닐 뭉치의 다양한 자리에서 두 개 또는 그 이상의 금속이 다리 놓는 형태로 발견된다. 뭉치에 결합된 아세틸라이드 RC≡C$^-$는 3-전자 또는 5-전자 주개(이온성 선사셈에 의하면 4 또는 6 전자)로 작용할 수 있다.

다리 결합 알카인

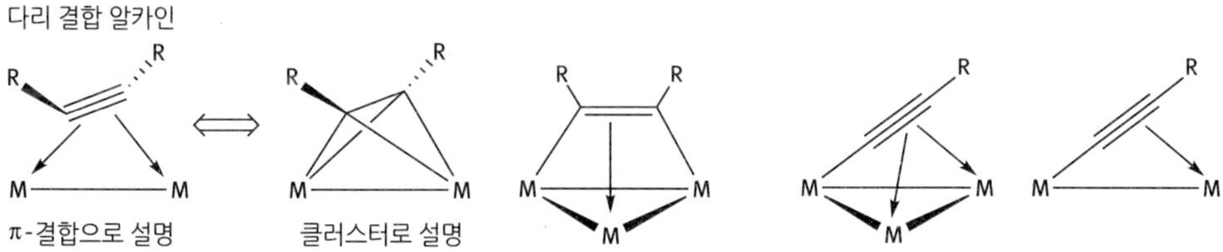

2.6.3.1 알카인 착물의 합성

알카인은 알켄보다 세게 결합하므로 대부분의 알카인 착물은 리간드 치환에 의하여 만들고, 종종 알켄 착물을 초기 물질로 이용한다.

일반적이지는 않으나, 합성할 때 편리한 방법은 백금 알카인 착물을 포스핀 착물로부터 포스핀을 포스핀옥사이드로의 산화에 의하여 합성하는 방법이다.

$Pt(C_3H_4)_3$와는 달리 백금(0) 비스(알카인) 착물은 사면체이다. 여기서 알카인은 4-전자 주개로 작용한다.

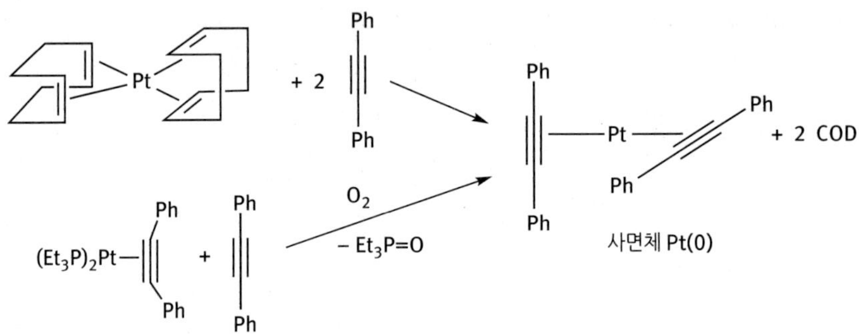

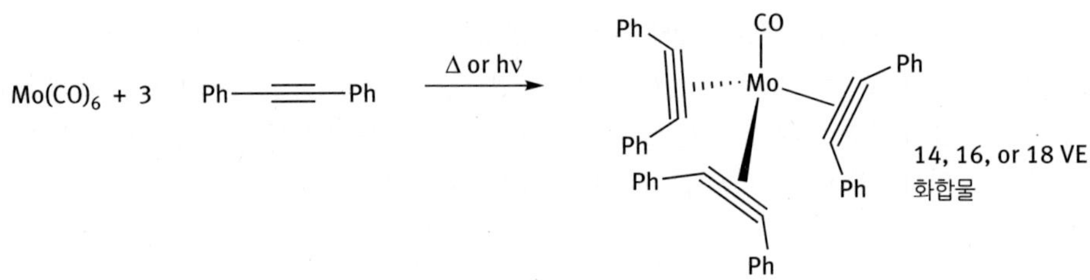

환원에 의한 합성: 알카인 착물은 CO 리간드의 환원성 짝지음에 의해서도 만들어짐에 유의하라.

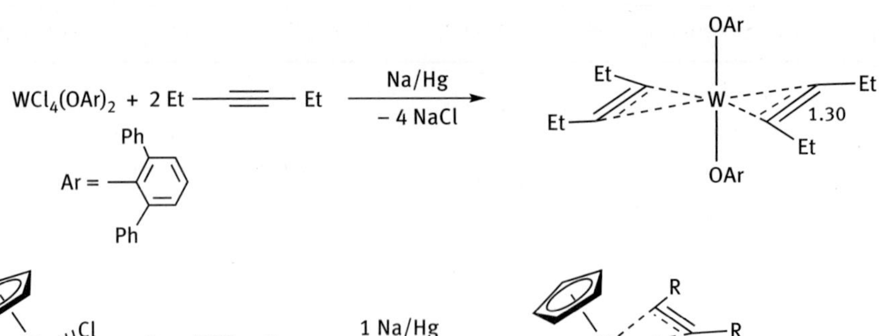

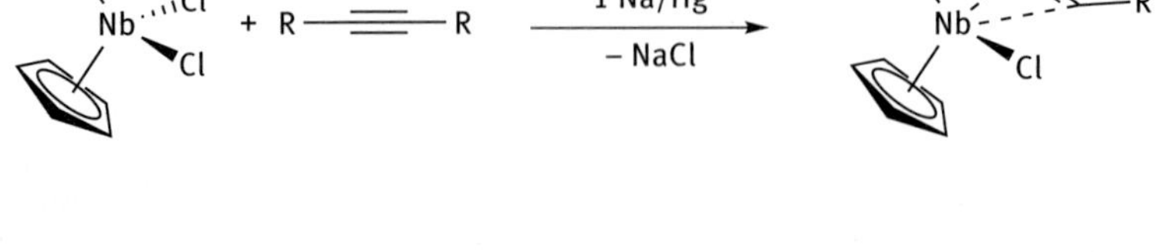

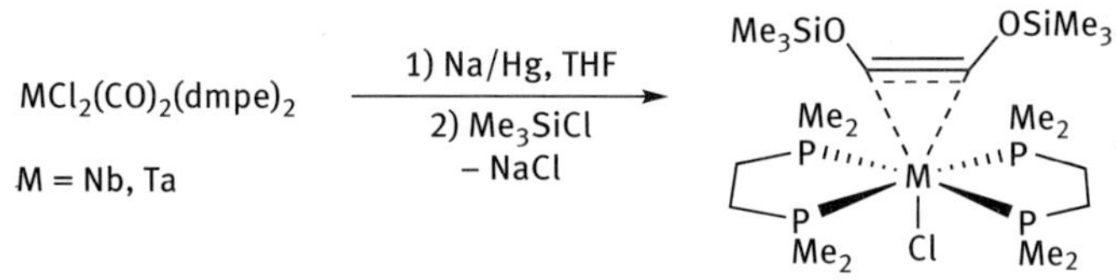

벤자인 착물. 벤젠에서 이웃하는 두 개의 H 원자를 떼어내면 벤자인 C_6H_4가 만들어진다. 자유 상태에서 이 분자는 안정하지 않다. 그러나 금속의 배위구에서 벤자인 착물을 생성시킬 수 있다. 여기에서는 관습에 따라 벤자인 착물을 C-C 삼중 결합으로 나타내겠으나 역결합의 결과 C_6H_4 고리는 모든 고리 탄소에 대한 C-C 결합 길이와 매우 유사함을 보이고 벤젠 그 자체와 거의 동일하다. 배위함으로써 C_6H_4 고리는 본질적으로 장력으로부터 자유로워진다.

벤자인 착물은 예를 들어 광화학 반응에 의한 C-H 활성화 또는 환원 과정에 의하여 생성될 수 있으며 포스핀 또는 나이드릴, 알켄 또는 알카인에 의하여 포획되어 [2+2] 고리화첨가 생성물을 만든다.

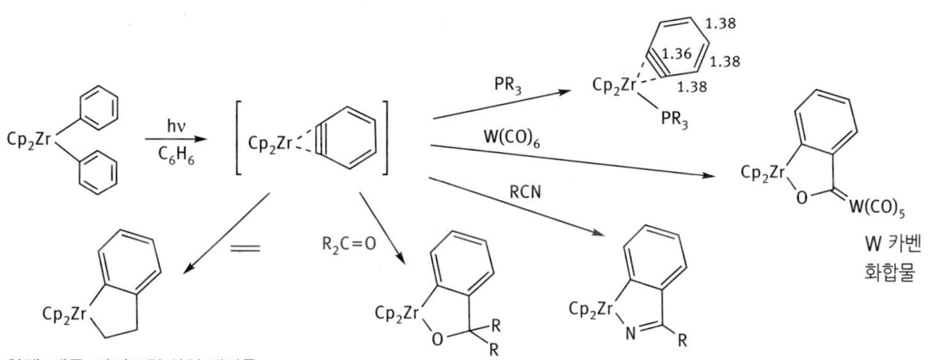

알켄, 케톤, 나이트릴 삽입 생성물

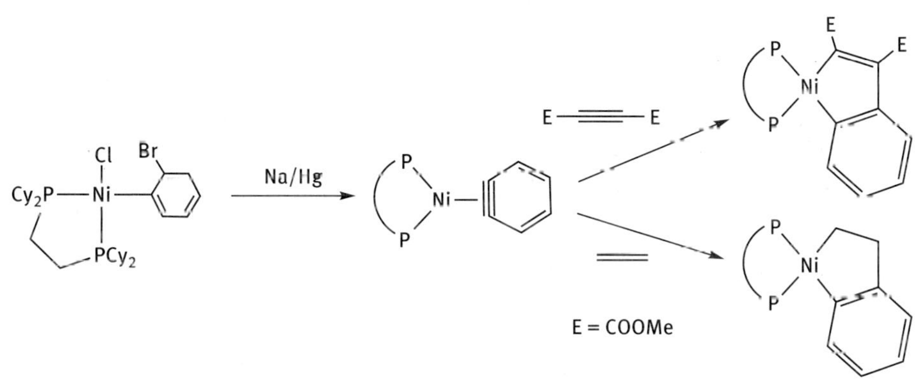

2.6.3.2 알카인 착물의 반응성

알카인은 많은 삽입 반응을 한다. M–H 결합과 반응하면 **시스-삽입**(*cis*-insertion)을 통하여 바이닐 착물을 만든다. 반면에 연이은 M–C 결합에 대한 알카인의 삽입은 아렌 또는 헤테로아렌 합성으로 유도하는 선형 또는 고리 생성물을 만든다.

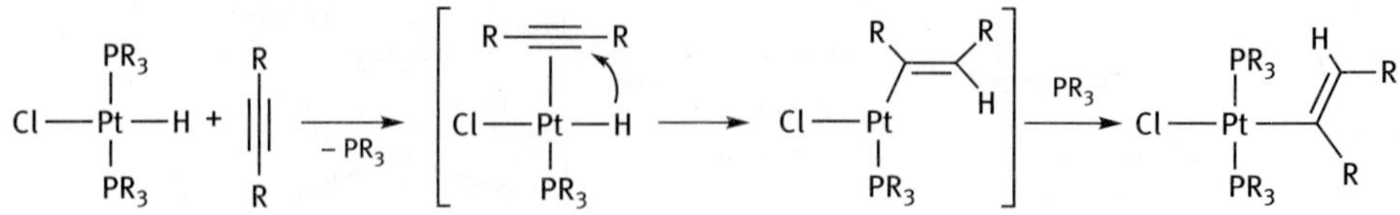

알카인 짝지음 반응: 삽입, 고리화 첨가 반응

알카인은 M-Cl을 포함한 금속-X 결합에 한번 또는 여러 번 삽입 반응을 할 수 있다. 많은 전이 금속은 단일 치환된 아세틸렌뿐만 아니라 C_2H_2도 중합할 수 있다. $Ti(OR)_4/AlEt_3$ 혼합물(Ziegler 형 촉매)은 폴리아세틸렌을 만드는 데 사용되어 왔다. 폴리아세틸렌은 도핑하면 전기를 통하는 폴리콘쥬게이션된 고분자이다. 팔라듐 염은 페닐아세틸렌을 중합할 수 있다. 이중 치환된 아세틸렌은 보다 더 안정하나 반응할 수 있으며 금속 **바이닐, 사이클로뷰타다이엔일, 메탈라사이클로펜타다이엔일 및 아렌 착물**을 만든다. 가장 중요한 반응 경로를 아래 도표에 요약하였다.

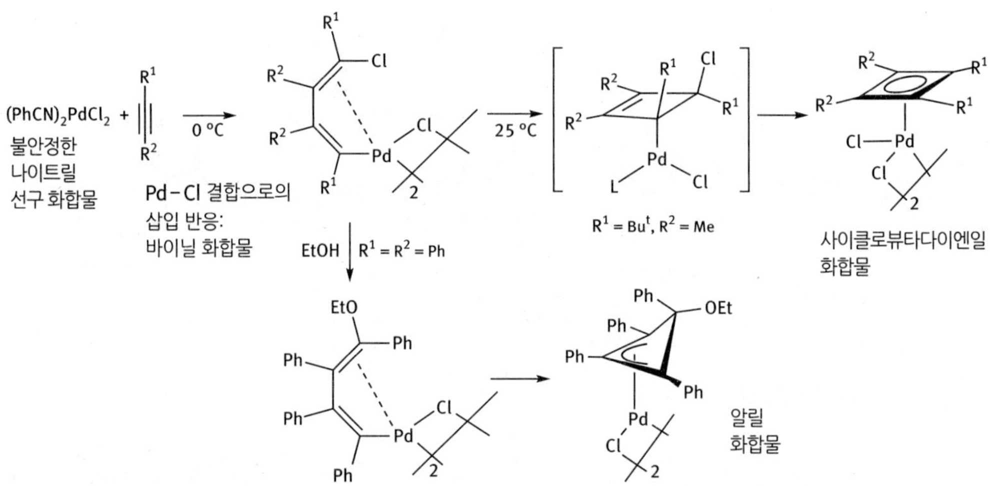

반쪽-샌드위치 착물 $CpML_2$(M = Co, Rh) 뿐만 아니라 Ni, Pd, Nb 및 Ta 할로젠화물과 같은 많은 금속 착물은 알카인의 **고리삼합체화 반응(cyclotrimerization)**을 통한 아렌 유도체 생성에 촉매로 작용한다. 반응은 메탈라사이클로펜타다이엔과 메탈라사이클로헵타트라이엔을 통하여 단계별로 진행된다. 이것은 많은 치환체를 가진 아렌 C_6R_6를 얻는 편리한 방법이다.

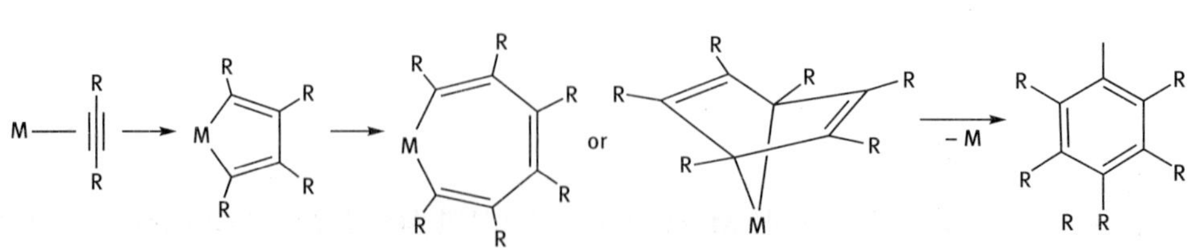

어떤 경우에는 R에 따라 이들 중간체를 분리할 수도 있다.

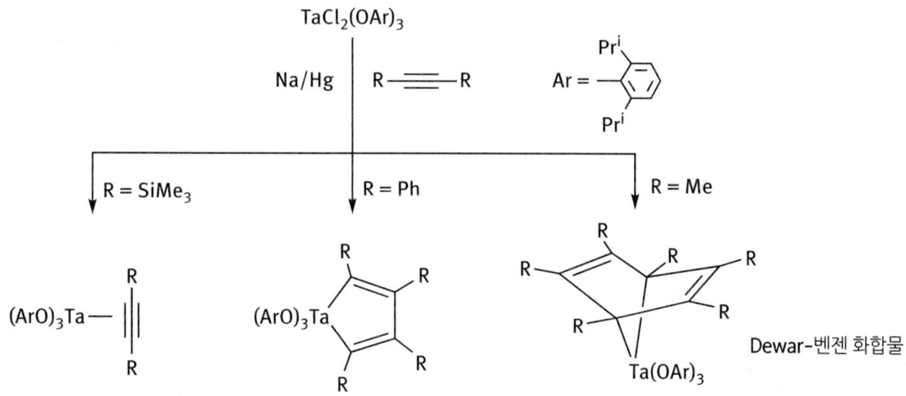

많은 낮은 원자가 금속 착물에 두 개의 아세틸렌을 산화성 첨가하여 메탈라사이클로펜타다이엔을 만든다. 많이 사용되는 한 가지 예는 알카인을 Cp_2ZrCl_2와 두 당량의 $LiBu^n$으로 환원하는 것이다. 만들어지는 금속 함유 고리 화합물은 사이클로펜텐온과 헤테로 고리의 합성에 이용되어 왔다.

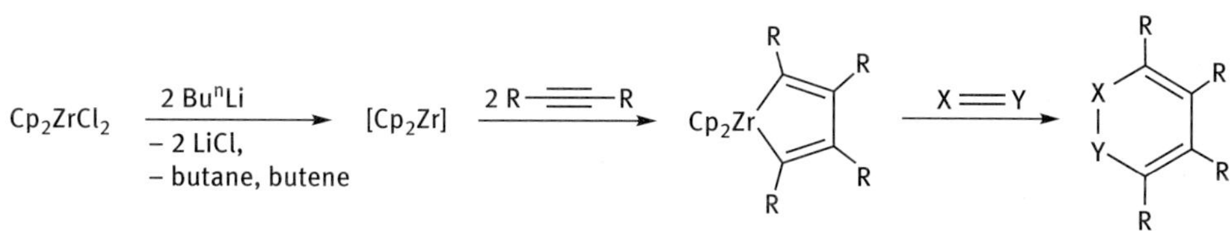

다이아세틸렌 R-C≡C-C≡C-R을 사용하여 Cp_2MCl_2를 같은 방법으로 환원하면 5-고리 생성물이 만들어진다. 그러나 2-와 3-위치에 있는 탄소 원자는 치환체를 가지고 있지 않기 때문에 만들어지는 구조는 **메탈라큐물렌**(metallacumulene)이다. MC_4 고리는 평면이고 원리상 비스-C≡C 첨가 생성물로 나타낼 수 있으나 결합 길이 분포를 보면 고리의 장력을 완화하기 위하여 광범위한 비편재화가 일어나고 있음을 나타낸다. 특히 금속과 모든 네 개 탄소 원자 사이에는 거의 동일한 결합 상호 작용이 있다. 큐뮬렌에서 각각의 C 원자는 고리에 수직인 p-오비탈에 전자를 가지고 있다. 더불어 C_2와 C_3는 고리면 내에서 π-오비탈을 함께 나누며, 금속에 대하여 수개로 작용한다. 이론적 계산에 의하면, 이 같은 메탈라큐물렌 기하 구조는 평범하게 결합한 $M(C{\equiv}CR)_2$ 이성질체보다 더 안정하다.

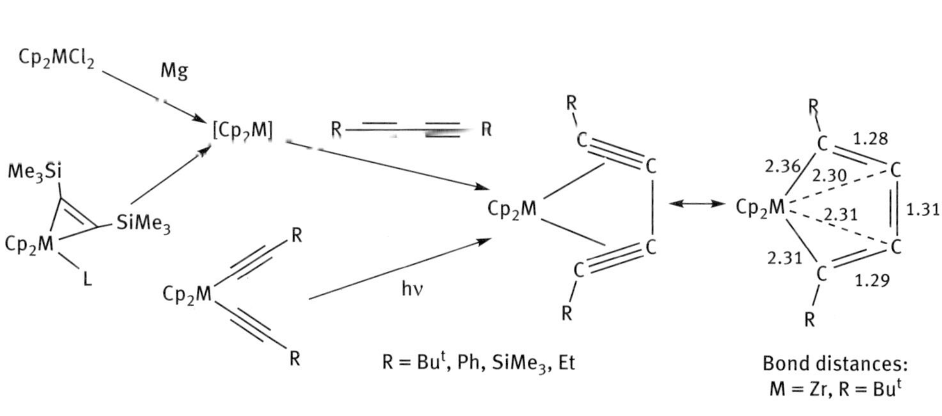

메탈라사이클로펜타트라이엔은 아래 몇 가지 반응에서 볼 수 있듯이 다이-알카인 착물과 평형을 이룬다.

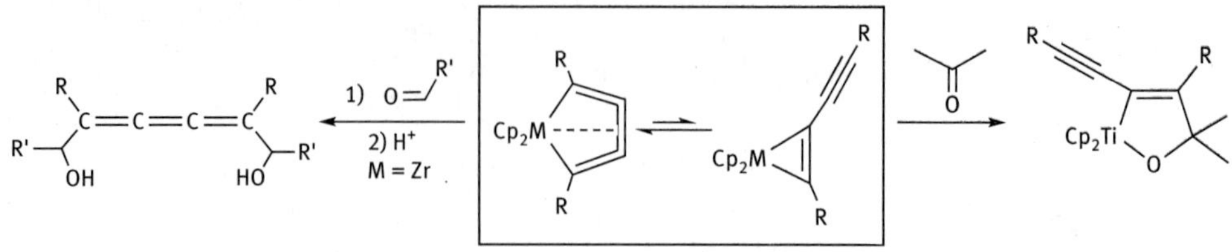

CpCo-촉매를 통한 고리화 반응은 엔아인(enyne) 축합과 알카인 삼합체화(trimerizations)를 포함하고 있다. 이 반응은 치환성 리간드 L을 가진 [CpCo] 토막을 원천으로 하여 가능하다. 예를 들어 CpCo(COD)에서 1,5-COD 리간드는 쉽게 치환되고, CO 리간드의 광화학적 해리가 요구되는 $CpCo(CO)_2$를 사용할 때의 반응보다 훨씬 더 부드럽게 일어난다.

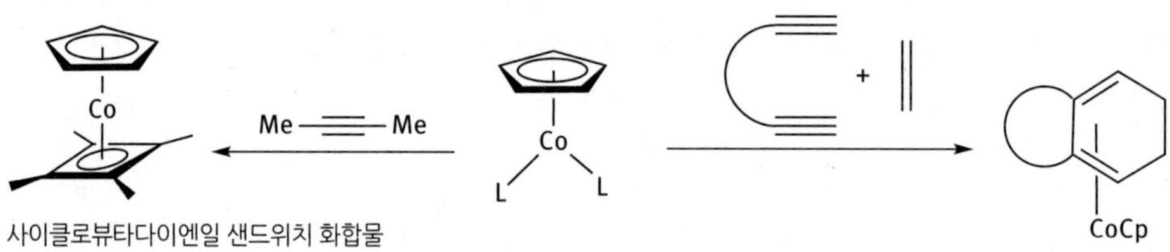

사이클로뷰타다이엔일 샌드위치 화합물

알카인은 알렌으로 이성질화할 수 있다. 유사하게, 알카인 착물은 바이닐리덴 또는 알렌 착물로 재배열할 수 있다.

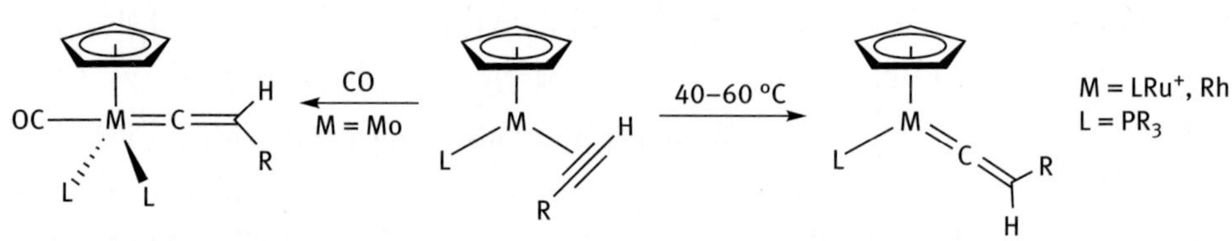

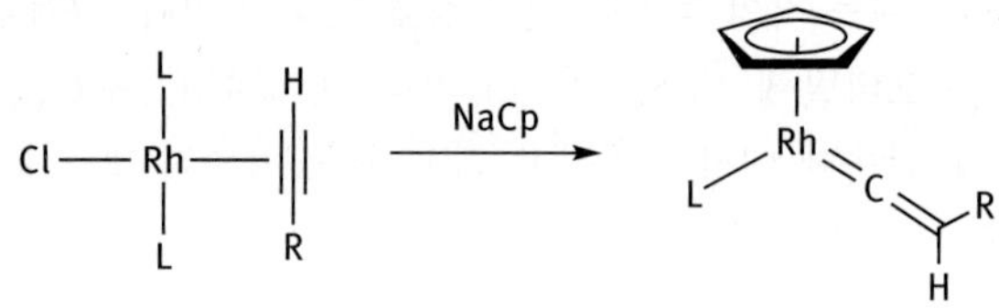

항암 활성을 가진 Co 알카인 착물

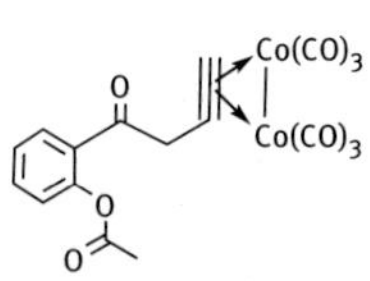

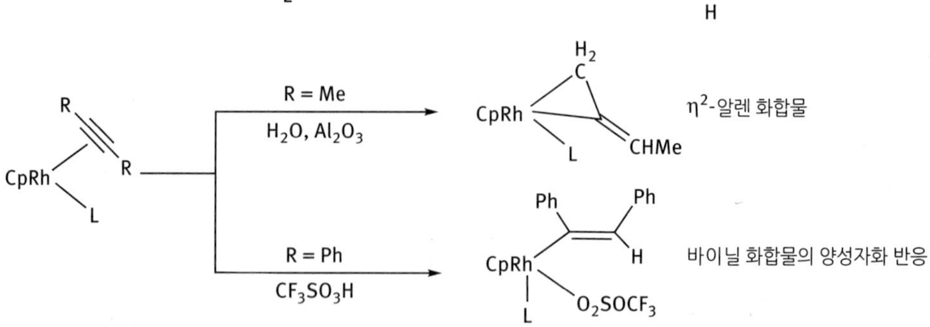

금속 알카인 반응의 합성에의 응용성은 자료 2.6.3에 나타내었다.

자료 2.6.3 **유기 합성 방법론에서의 알카인 착물**

14-VE CpCo 토막은 알카인의 삼합체화에 대한 가장 효율적인 촉매이고 나이트릴과 함께 공-삼합체화(co-trimerization)하여 피리딘 유도체를 생성한다. CpCo는 $CpCo(CO)_2$ 또는 보다 더 편리하게 전구체로 CpCo(1,5-COD)로부터 광화학적 CO 해리에 의하여 생성될 수 있다.

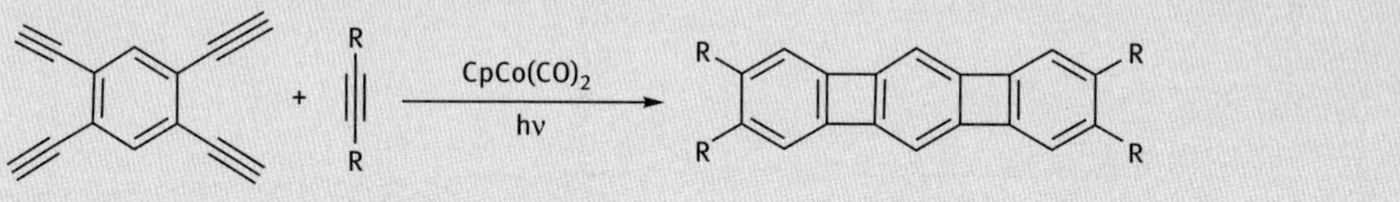

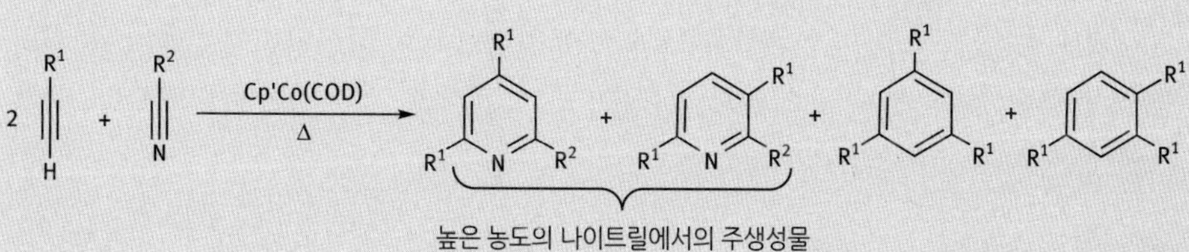

메탈라사이클로펜타다이엔 중간체는 Ru-촉매를 통한 알카인 이합체의 하이드로카복실화(hydrocarboxylation) 반응에 관련되어 있다.

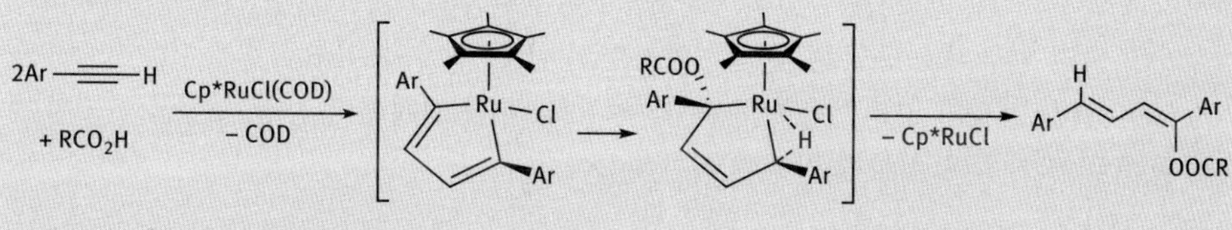

친전자성 금속 중심은 알카인에 배위하고 헤테로 원자 또는 다른 탄소족(carbon moieties)에 의하여 친핵성 공격할 수 있다. 이 반응은 분자 간- 및 분자 내 변환에 대하여 광범위하게 활용되었다. 몇 가지 대표적인 예가 아래 도표에 나와 있다.

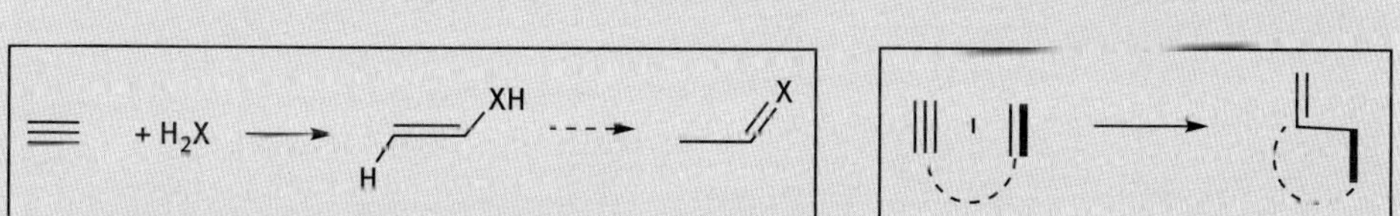

반응 원리는 예외 없이 C≡C에 대한 M^+의 배위가 반응성이 큰 바이닐 양이온을 유발하며, 이는 탄소 양이온성 새배열의 출발이다. 원리상 이 반응은 단순히 H^+에 의하여 시작될 수 있으나 금속은 반응 과정과 결과에 상당한 영향력을 가지고 있다. 대부분의 경우에 메커니즘은 실험적으로 지지된 제안이라기보다는 타당해 보이는 그럴싸한 것이다.

백금과 금 화합물은 특히 널리 사용되며, 이들은 단순한 할로젠화물($PtCl_2$, AuCl, $AuCl_3$) 또는 증강된 용해도를 위하여 주개 리간드(포스핀, 알켄, NHCs)로 이루어진 착물의 형태이다. 이들은 둘 다 알카인의 삼중 결합에 배위하는 금속 양이온 M^+의 원천으로 작용한다. 이런 착물은 금속의 β-위치에 있는 C 원자에 양전하가 위치한 공명 형태로 나타낼 수 있으며, 이는 곧 바이닐 양이온의 형성으로 친핵성 공격에 아주 민감하다. 이는 C≡C 삼중 결합을 가로질러 HX의 첨가를 가능하게 한다. 예를 들어 알카인의 수화에 의한 케톤의 생성, 그리고 일차 아민의 첨가에 의하여 이민이 만들어진다.

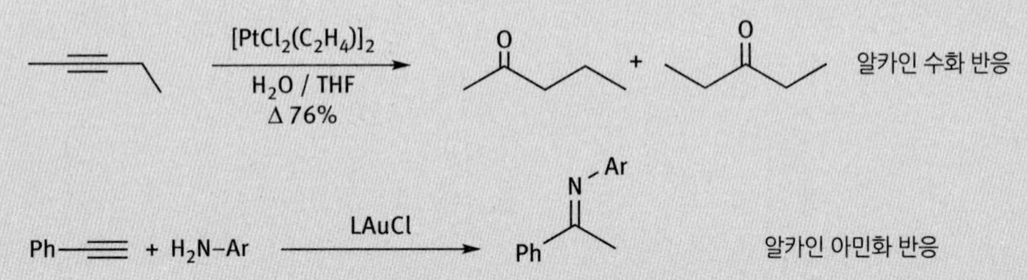

연결체에 의하여 아미노 또는 OH 작용기에 결합되어 있는 알카인에 같은 반응 원리를 적용할 수 있다. 분자 내 고리화 반응은 다양한 헤테로 고리 화합물을 만든다. 예는 아래와 같다.

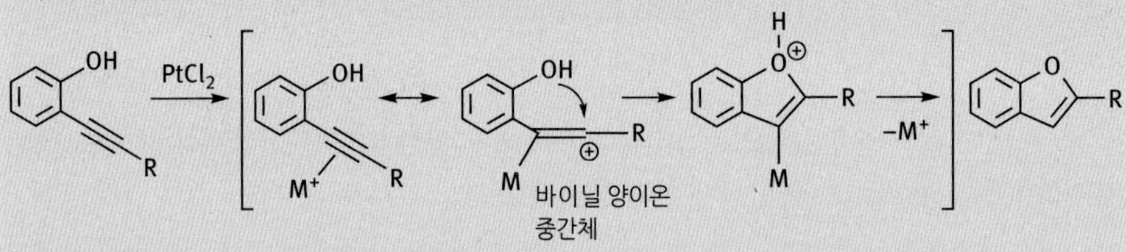

아주 널리 연구된 반응군은 알켄과 알카인의 반응 '엔아인(enyne)' 반응이다. 이 반응은 C-C 결합 형성과 고리화를 낳는다. 많은 수의 골격 재개편이 친전자성 금속 중심에서 알켄일-알카인 활성화에 의하여 이루어졌다.

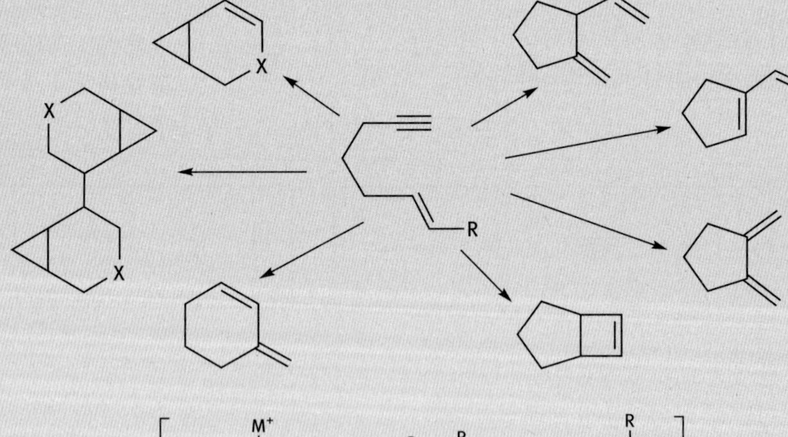

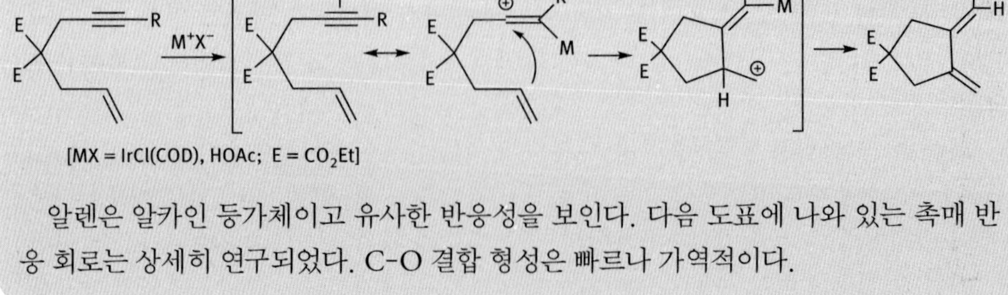

알렌은 알카인 등가체이고 유사한 반응성을 보인다. 다음 도표에 나와 있는 촉매 반응 회로는 상세히 연구되었다. C-O 결합 형성은 빠르나 가역적이다.

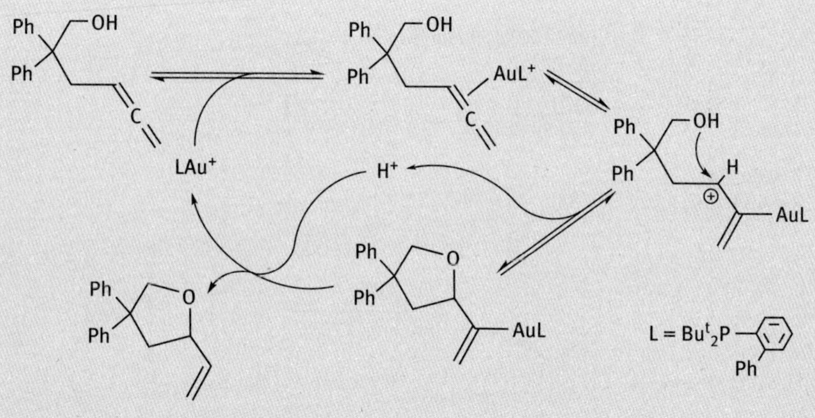

Pauson-Khand 반응

알켄과 함께 알카인의 짝지음에 의한 고리 생성물 형성은 [2+2+1] 고리화 첨가 반응에서 CO를 포함하는 데까지 확장할 수 있다.

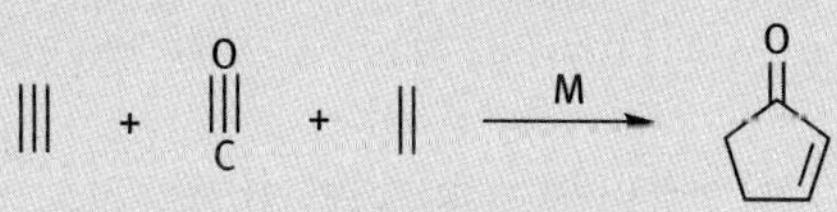

원리상 메커니즘은 다음과 같은 중요한 단계를 포함한다.

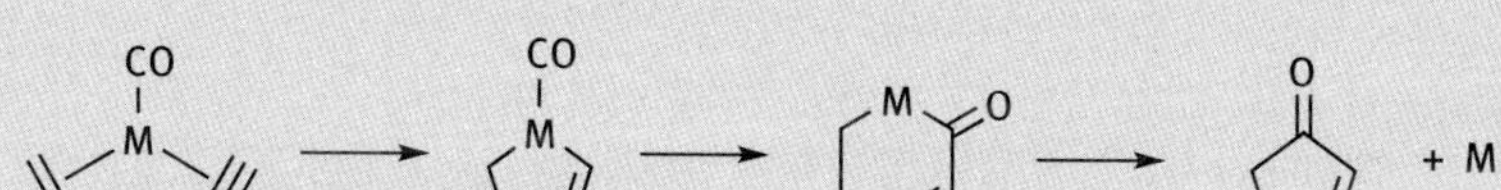

이 반응은 처음 $Co_2(CO)_6(PhC_2H)$를 노르보르나다이엔(norbornadiene)과의 반응을 시도하는 도중에 발견되었다. 코발트 카보닐의 알카인 착물은 안정한 사면체 $Co_2(CR)_2(CO)_6$ 뭉치를 형성한다. 이 반응은 강렬한 반응 조건을 요구한다. 높은 수율의 CO 삽입 생성물을 확보하기 위해서는 CO 압력이 필요하다. 반면에 고농도의 CO 역시 CO가 기질이 결합하는 데 요구되는 금속의 반응성 배위 자리를 막기 때문에 반응을 지연시킨다. 그럼에도 불구하고 금속 카보닐을 화학량론적 또는 촉매량을 사용하는 수많은 변형이 개발되었다. 광범위한 금속(Ti, Mo, W, Fe, Ru, Co, Rh, Ir, Pd)이 사용되었다.

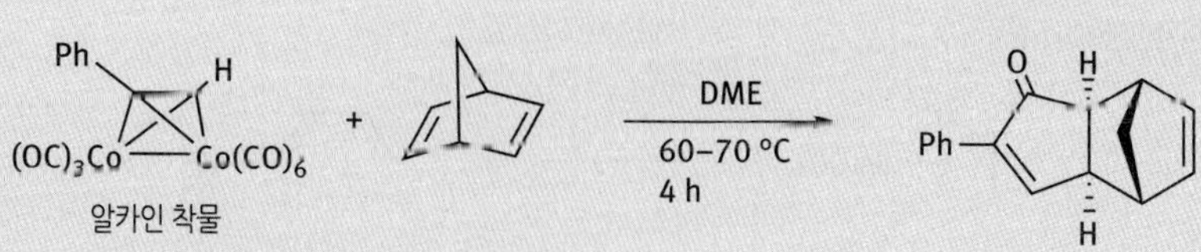

알카인 착물

같은 반응을 촉매로서 (η^5-인데닐)$Co(CO)_2$를 이용하여 해낼 수 있다(93% 수율). 분자 내 촉매 반응 형태가 개발되었고, 이 반응은 비대칭 합성에서 입체 화학을 조절하는 데 성공적으로 적용되었다.

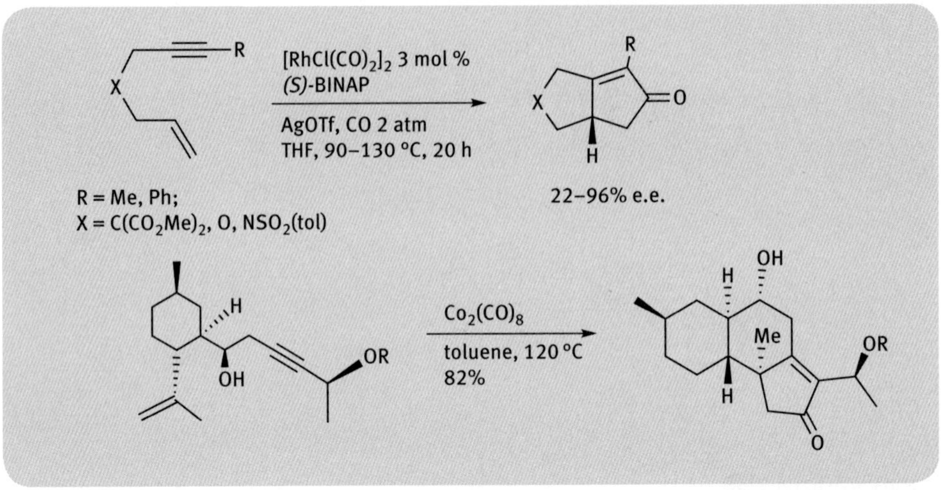

핵심

알켄, 콘쥬게이션된 다이엔 그리고 알카인은 금속에 π-주개로 결합한다. 알카인은 2-전자 및 4-전자 주개로 작용할 수 있다.

알켄 착물은 치환되기 쉬운 경향이 있고, 종종 편리한 출발 물질 또는 반응성 전촉매이다. 알켄 착물은 수많은 촉매 반응 회로의 출발점이다.

역결합은 C=C 및 C≡C 결합에서 가장 중요한 부분이다. 주어진 한 벌의 치환체에서 π-받개 능력은 알켄 < 다이엔 ≤ 알카인의 순서로 증가한다.

배위는 C–C 결합 극성을 유발하고 친핵성 공격을 쉽게 한다.

Davies–Green–Mingos 규칙은 열린형 및 고리형 알켄과 알켄일 계의 상대적인 반응성을 잘 정리하고 있다.

알켄과 알카인 모두 합성에서 유용한 [2+2] 고리화 첨가 반응을 할 수 있다. Pauson Khand 반응은 광범위한 합성 응용성이 있는 알켄, 알카인 및 CO의 [2+2+1] 고리화 첨가 반응이다.

연습문제

1. 촉매량만큼의 $SnCl_2$를 첨가하면 $K_2[PtCl_4]$와 에틸렌으로부터 Zeise 염인 $K[PtCl_3(C_2H_4)]$의 합성이 촉진된다. 그 이유를 설명하시오.
2. 다음 화합물을 알켄 또는 알카인 리간드의 회전 에너지 장벽이 증가하는 순서대로 나열하시오. (i) $(Ph_3P)_2Ni(C_2H_4)$, (ii) $Fe(C_2H_4)(CO)_4$, (iii) $[PtCl_3(C_2H_4)]^-$, (iv) $Cp_2Zr(C_2H_4)(PMe_3)$, (v) $Ni(1,5\text{-}COD)_2$, (vi) $(Ph_3P)_2Ni(C_2Ph_2)$. 순서에 대한 이유를 설명하시오.
3. 다음 변환에서 반응에 대한 순서와 중간체를 보이시오.

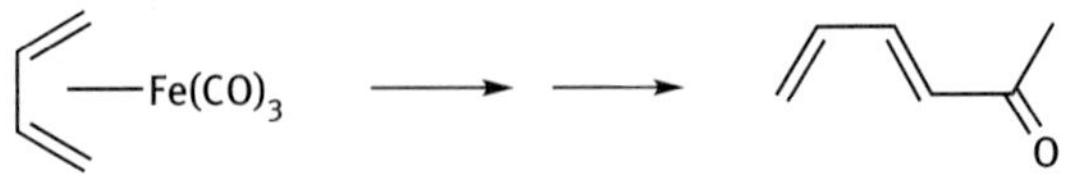

4. $Pt(C_2Ph_2)_2$에서 결합을 설명하시오. 어느 전자셈이 착물을 가장 잘 표현하는가? 왜 평면이 아닌가?
5. 내부의 알카인과 나이트릴로부터 Co(I)–촉매 반응에 의한 피리딘 생성에서 반응 단계와 중간체를 그리시오.

2.7 LX- 및 L_2X-형 π-리간드: 알릴 및 엔일 착물

알릴 리간드(2-프로펜일, $CH_2CH=CH_2$)는 음전하를 가진 콘쥬게이션된 비고리 π-주개 리간드 계열의 가장 간단한 형태이다. 따라서 LX 형태로 분류된다. 알릴 리간드는 금속-C σ-결합을 갖고 있는 Grignard 시약 $CH_2=CH-CH_2MgX$에서와 같이 η^1-배위 방식을 취하거나 η^3-알릴 화합물을 형성한다. π-결합된 알릴은 전자셈 목적에 의하면 3-전자 주개로 간주한다. 결합은 여러 가지 공명 구조로 나타낸다. 세 개의 모든 C 원자가 금속과 상호 작용하므로 반쪽-샌드위치 구조가 나타나며, 이 경우 알릴 리간드는 금속-중심 벡터에 대하여 수직에 가깝다. 알릴 리간드는 다양한 치환된 형태로 이용 가능하다. 보통 syn, anti 위치와 meso 위치를 서로 구별한다.

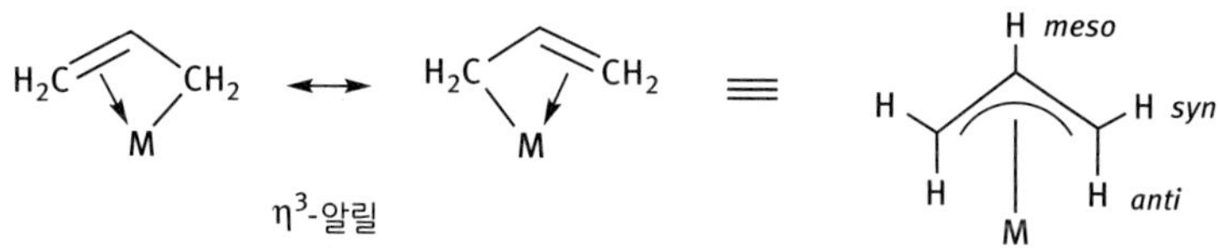

벤질 리간드(CH_2Ph)는 금속 중심이 배위상으로 그리고 전자상으로 불포화되어 있는 경우 페닐 고리가 2-전자 π-주개로 작용하면서 알릴형 구조를 취한다.

다이엔일 또한 샌드위치형 π-구조를 형성하고 L_2X 리간드로 작용한다.

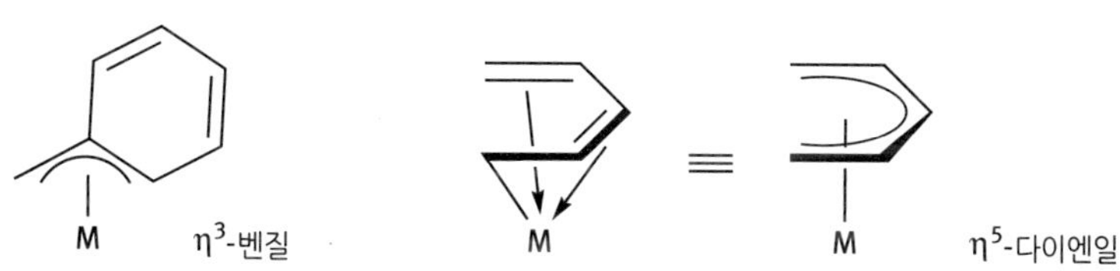

2.7.1 금속 알릴 착물

2.7.1.1 합성

금속에 결합된 치환된 알켄은 종종 탈양성자화되어 알릴 착물을 만든다. 고전적인 예는 $[(\eta^3\text{-allyl})PdCl]_2$이다. 유사한 착물을 다이엔 또는 다이엔 착물의 양성자 첨가 반응에 의하여 만들 수 있다. 세 개 탄소 원자는 Pd와 등거리이고 알릴 리간드는 사각 평면형 착물에서 두 개 배위 자리를 차지하고 있는 것으로 생각할 수 있다.

알켄과 다이엔 착물로부터 합성:

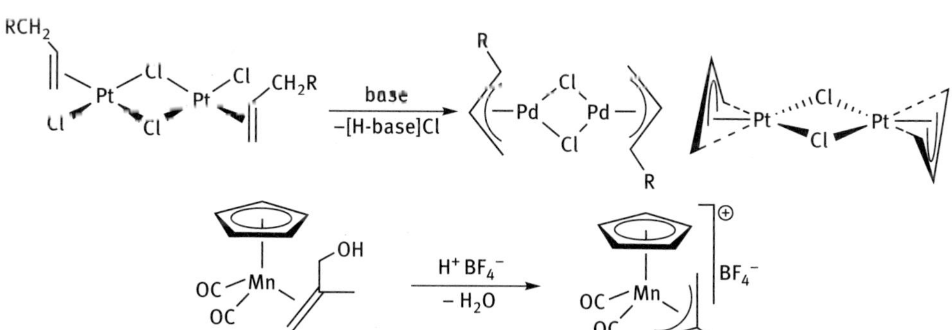

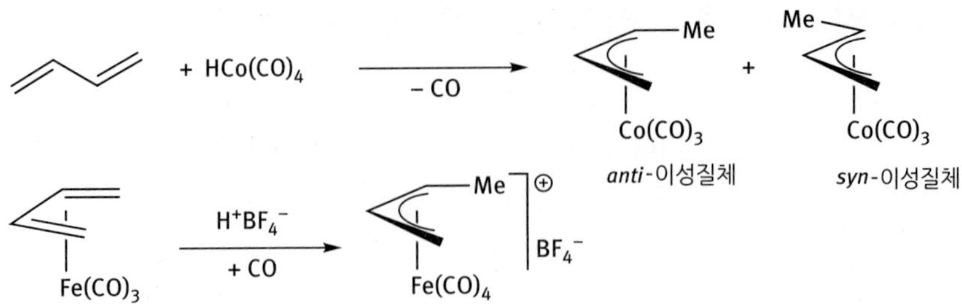
+ HCo(CO)4
− CO
Me
Me
Co(CO)3
Co(CO)3
anti-이성질체
syn-이성질체
Fe(CO)3
H+BF4−
+ CO
Me
BF4−
Fe(CO)4

알릴 이동에 의한 합성:

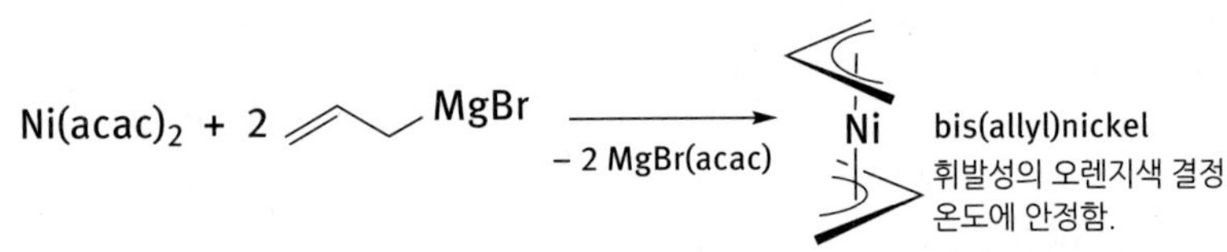
Ni(acac)2 + 2
MgBr
− 2 MgBr(acac)
Ni
bis(allyl)nickel
휘발성의 오렌지색 결정
온도에 안정함.

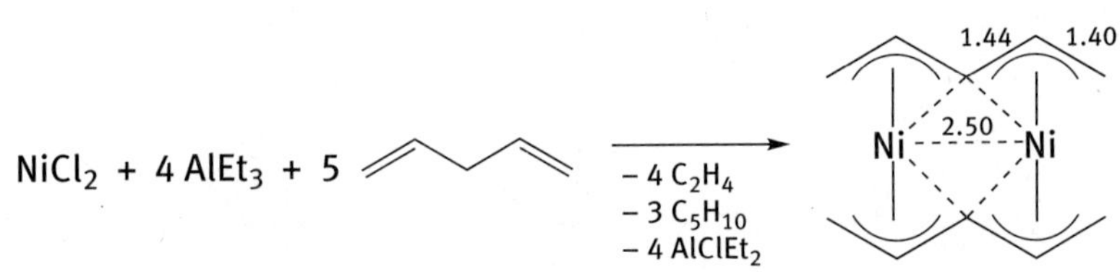
NiCl2 + 4 AlEt3 + 5
− 4 C2H4
− 3 C5H10
− 4 AlClEt2
1.44
1.40
2.50
Ni
Ni

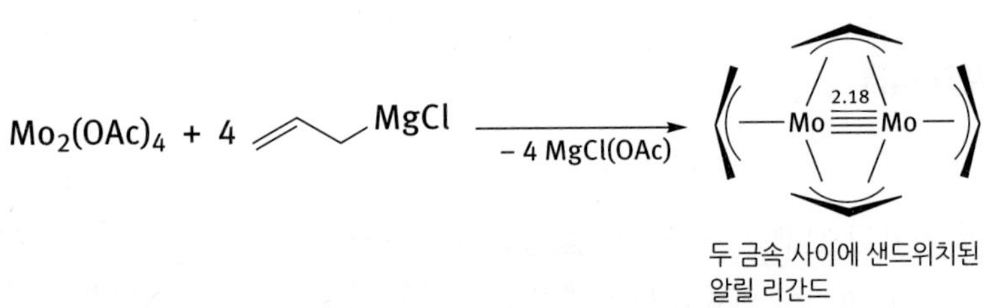
Mo2(OAc)4 + 4
MgCl
− 4 MgCl(OAc)
2.18
Mo
Mo
두 금속 사이에 샌드위치된
알릴 리간드

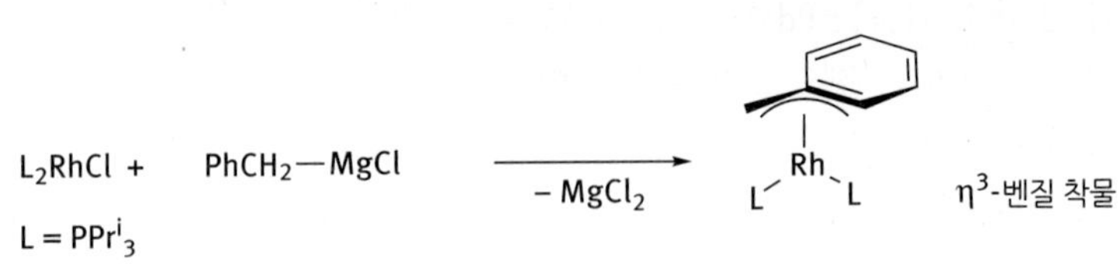
L2RhCl +
PhCH2—MgCl
L = PPri3
− MgCl2
Rh
L
L
η3-벤질 착물

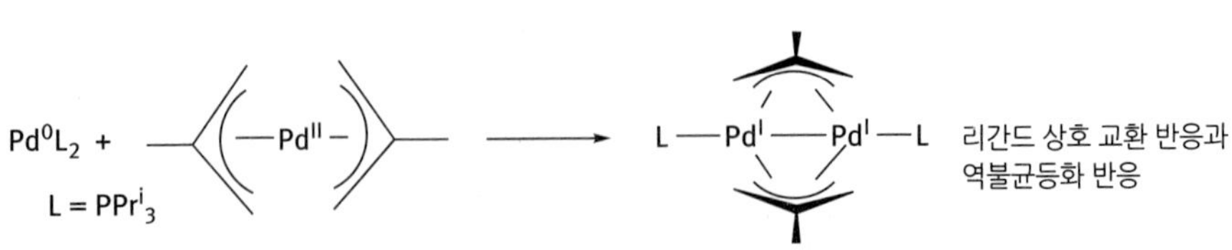
Pd0L2 +
L = PPri3
PdII
L
PdI
PdI
L
리간드 상호 교환 반응과
역불균등화 반응

알릴 할로젠화물의 산화성 첨가에 의한 합성:

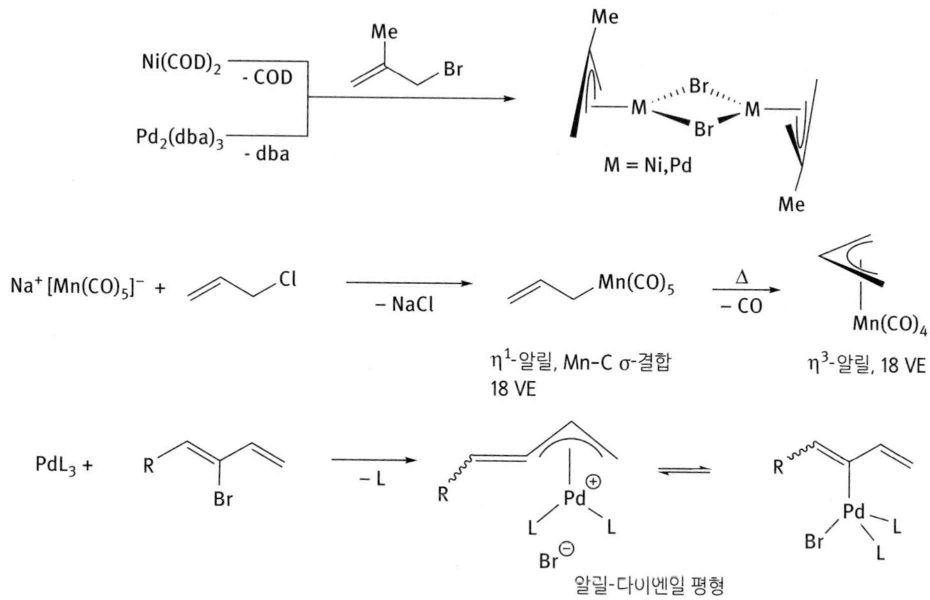

산화성 C-C 짝지음에 의한 합성: 니켈 알릴 화학의 특히 흥미롭고 중요한 관점은 다이엔이 Ni(0)에 산화성 첨가되어 C-C 짝지은 생성물을 만드는 것이다. 이 원리는 선택적으로 작용기화한 유기 분자를 만드는 데 이용하였다 .

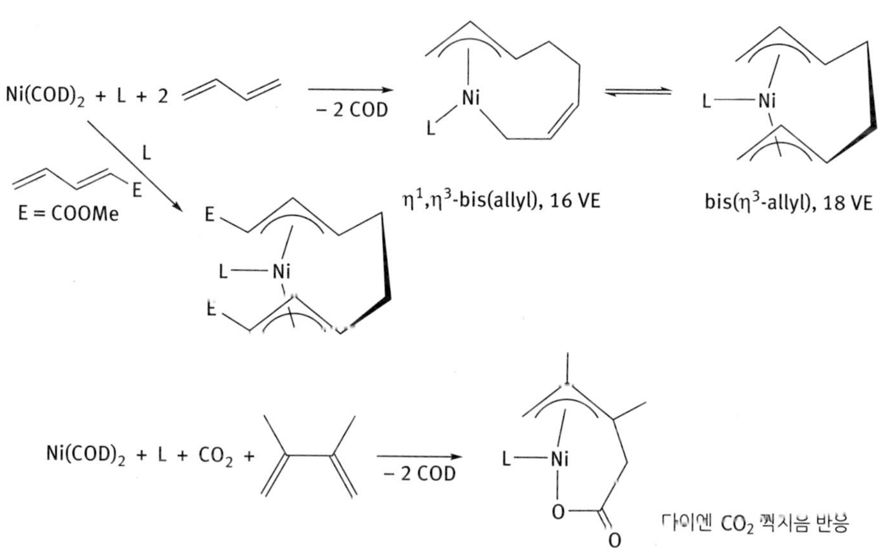

2.7.1.2 성질

알릴 리간드는 전형적으로 π-형식으로 결합한다. 염소-다리 놓인 이합체([(methallyl)PdCl]$_2$에서 알릴 리간드는 평면 Pd_2Cl_2 성분을 샌드위치화한다. 알릴의 평면과 Pd_2Cl_2 중심부 사이의 이면각은 111.6°(90°가 아닌)이다. 메틸 치환체는 금속 쪽으로 약간 향해 있다. 이 화합물 또는 다른 착물에서 알릴 리간드는 두 개 배위 자리를 효과적으로 차지하고 있다.

Ni(allyl)$_2$는 분리된 최초의 동종 리간드성 금속 알릴이다. 이 착물은 샌드위치 구조이다. 16 VE 착물은 공기에 아주 민감하고 휘발성이 커서 낮은 압력에서 다이에틸 에터와 함께 증류한다. 이 착물은 헥사다이엔의 환원성 제거와 함께 실온보다 낮은 온도에서 열분해되어 금속 니켈을 만들며 이는 Ni(0)의 원천으로 사용될 수 있다. 다른 첫 주기 금속 알릴 [Cr(allyl)$_3$, Co(allyl)$_3$]는 온도에 훨씬 더 민감하다. 이와는 대조적으로 Rh(allyl)$_3$는 실온 및 그 이상의 온도에서 안정하고 공기 또는 습도에 의하여 공격받지 않는다. 이 화합물 역시 휘발성이다. 이 같은 안정도의 증가는 알켄 착물에 대하여 그대로 반영되며, 둘째 주기 및 셋째 주기 금속의 화합물은 공기와 습도에 대하여 첫 주기 유사체보다 훨씬 더 안정하다.

CpNi(η^3-allyl)과 같이 낮은 산화 상태와 18 VE 전자셈을 갖고 있는 첫 주기 금속 알릴 착물은 더욱 안정하다.

알릴 리간드는 반응성과 입체 선택성에 영향을 미치는 여러 가지 유동성 과정을 보인다. 첫째, π-알릴은 알릴-금속 벡터에 대하여 회전하기 때문에 비스(알릴) 착물은 syn-과 anti-이성질체의 혼합물로 존재한다. 둘째, η^3-와 η^1-구조는 상호 전환할 수 있다. 이 과정은 syn-과 anti-수소를 상호 교환한다. 만약에 주개 리간드 L이 있으면 η^3-와 η^1-알릴의 혼합물이 다양한 농도비에서 존재할 수 있으며, 다이엔 삽입과 올리고머화와 같은 연이은 반응의 입체 화학적 생성물에 영향을 줄 수 있다.

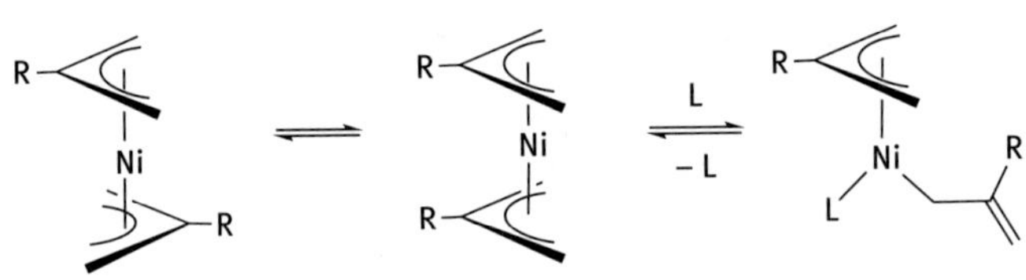

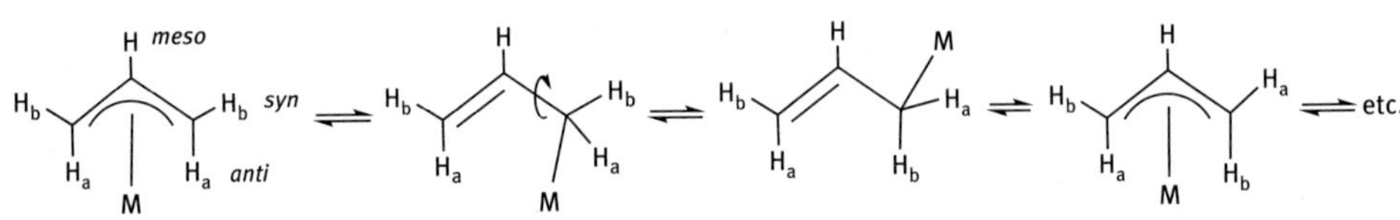

반면에 η^3-에서 η^1-알릴로의 변환 없이 알릴 리간드의 회전은 syn-과 anti-수소 원자를 상호 교환할 수 없다. 만약에 회전이 NMR 시간 척도에서 충분히 느리면 두 가지 이성질체와 알릴 H 원자에 대한 두 벌의 공명을 관찰할 수 있고, 이는 온도를 올림에 따라 합쳐져 두 자리의 교환 양상을 따르게 된다.

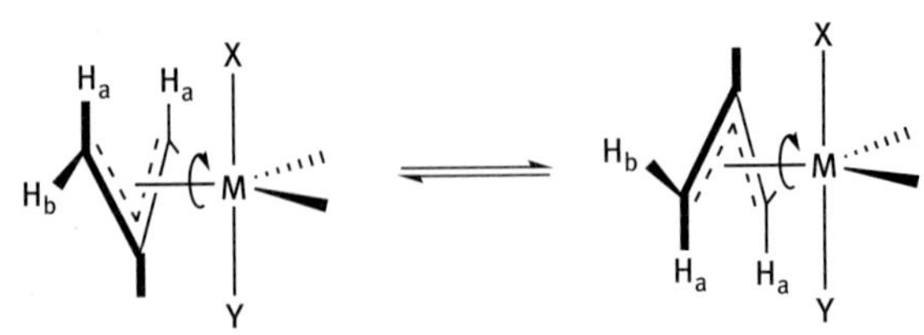

2.7.1.3 알릴 착물의 반응성

포스핀에 의한 반응. Ni(allyl)$_2$와 같은 16 VE 착물에 대하여 포스핀 주개 리간드를 가하면 착물의 안정성이 증가하고 18 VE 첨가 생성물인 Ni(η^3-allyl)$_2$(PR$_3$)를 만든다. 알릴 리간드는 동일 평면에 있다. 주개 리간드를 더욱 가하면 낮은 배위수의 금속 화합물과 C-C 짝지음 생성물을 만들며 환원성 제거가 일어날 수 있다. 예를 들면 다음과 같다.

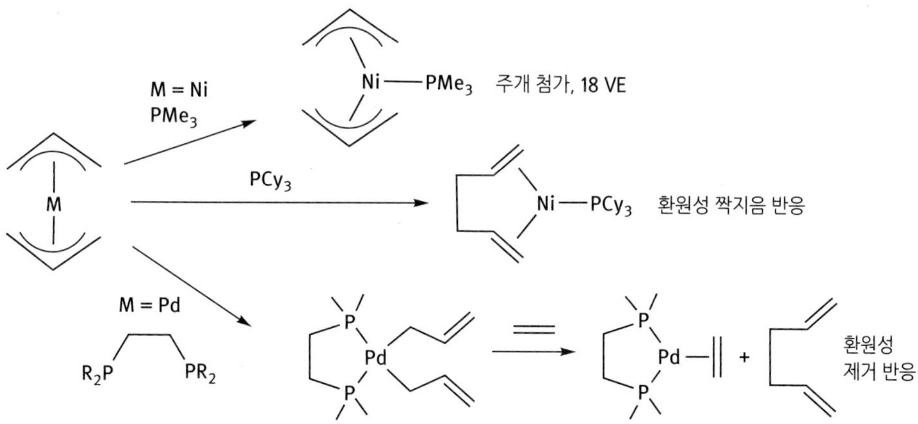

친핵체와의 반응. 알릴 착물은 친전자체 및 친핵체 모두와 반응할 수 있다. 친핵성 공격은 흔히 작용기를 도입하기 위하여 사용되거나 또는 C-C 결합을 형성하기 위하여 사용된다. 원리상 두 개의 공격 자리, 즉 1과 3 위치 또는 중앙의 C_2 원자가 있다. 공격 자리는 알릴 리간드 위의 전하 분포에 달려 있다. 알릴 착물이 합성에 적용되는 곳에서는 대부분 금속 중심이 팔라듐 알릴처럼 전자가 풍부하고 친핵성 공격은 한쪽 또는 말단의 양쪽에서 일어난다. 위치 선택성 반응에 대한 화학은 치환 양상에 달려 있다. 그러나 알릴이 전자-끄는 기를 가지고 있는 경우 또는 금속이 전기 양성적이고 말단이 상당한 부분 음전하를 가지고 있는 경우 친핵체는 중간 C 원자를 공격할 것이다.

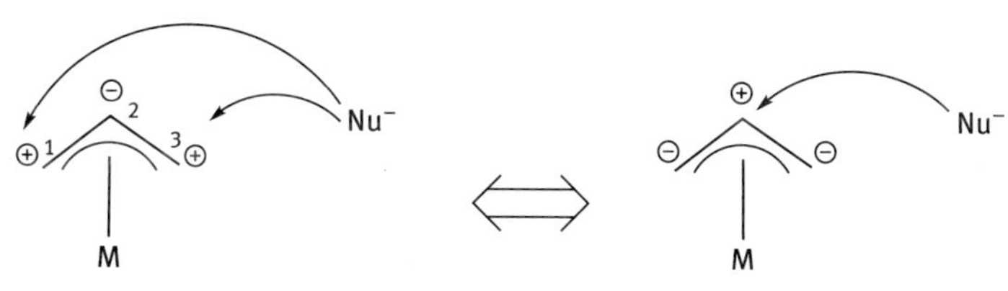

친핵성 공격의 입체 화학은 반응이 리간드에 대하여 분자 간 공격에 의하여 일어나는지 또는 금속에 배위 후에 분자 내 환원성 제거에 의하여 일어날지에 달려 있다. 만약에 Pd 원자가 카이랄 중심이면 먼저 배열이 **반전**과 그 다음 배열의 **보존**이 일어날 것이다.

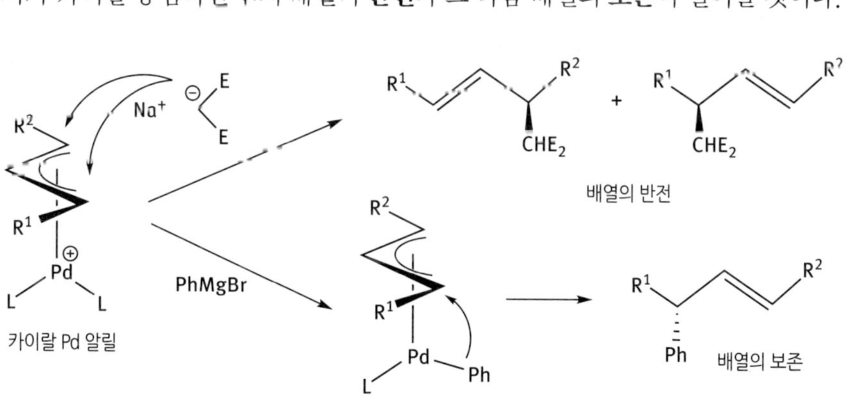

예를 들어 이런 원리는 알렌과 다이엔의 선택적 합성에 이용되었다. 다른 예가 2.6.2.3절에 나와 있다(다이엔 반응).

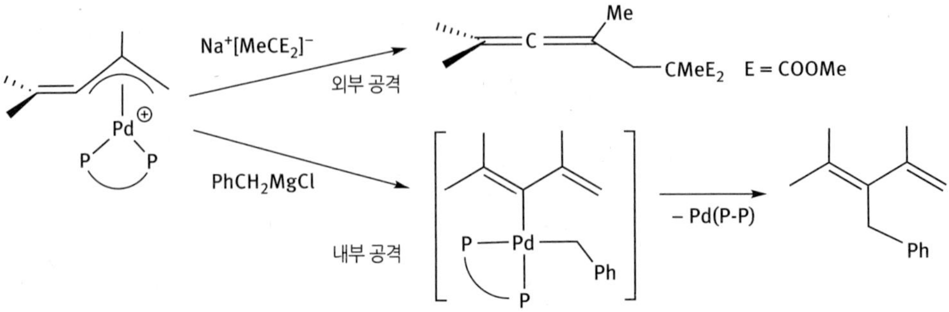

중앙의 C에 대한 공격은 Mo와 W의 양이온성 알릴 착물에서 발견된다.

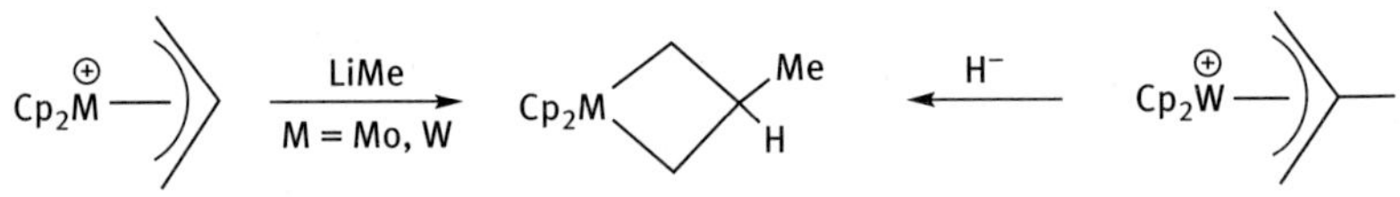

친핵체에 의한 니켈과 팔라듐 알릴의 반응은 대부분 말단 공격을 야기하고, 2-클로로 치환체를 갖고 있는 팔라듐 알릴은 중성 리간드 L의 σ-주개 세기에 따라 C_2 위치 선택성을 나타낼 수 있다. 위치 선택성은 말단과 중앙 C 원자 사이의 ^{13}C NMR 화학적 이동 차이와 연관되어 있다. 큰 차이는 중앙의 C 위에 더 많은 양전하를 의미하고 C_2-공격을 선호한다.

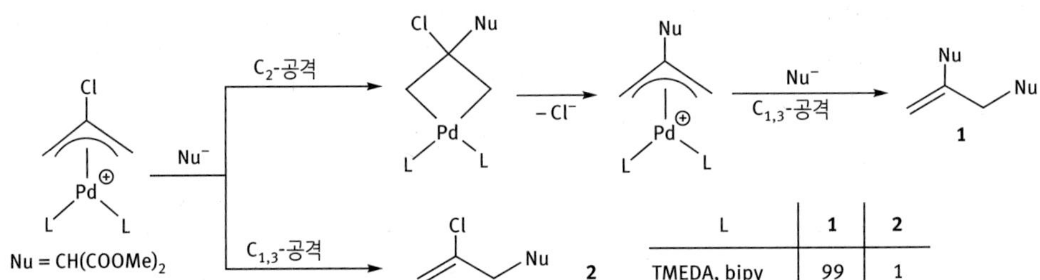

L	1	2
TMEDA, bipy	99	1
PPh_3, COD	2	98

친전자체와의 반응. 알릴 착물은 CO_2 또는 알데하이드 같은 친전자체를 삽입할 수 있다. CPh_3^+와의 반응은 수소 떼기로 진행되어 양이온성 다이엔 착물을 생성한다. 친핵체와의 연이은 반응은 그 이상의 치환체를 도입하는 방법이며, 이 과정에서 π-알릴 착물의 재생성이 수반된다.

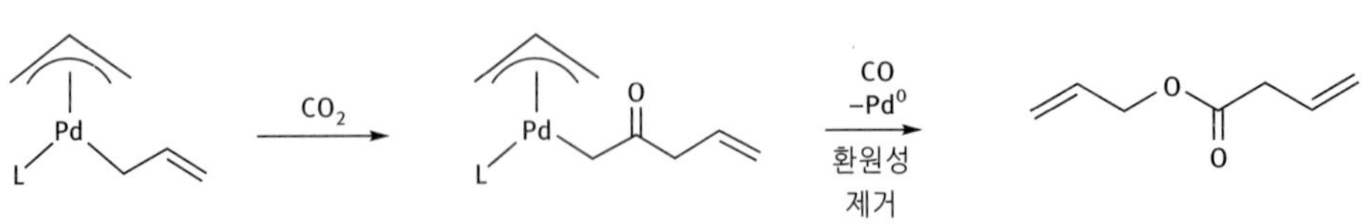

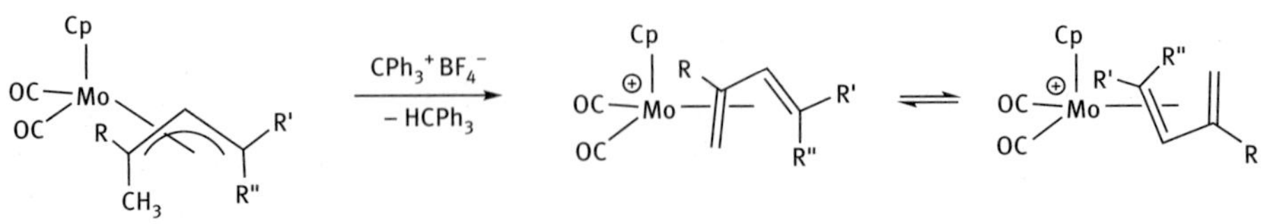

자료 2.7.1 금속 알릴 촉매

금속 알릴 착물은 올리고머화, 중합화, 콘쥬게이션된 다이엔의 작용기화에서 활성 화학종이다. 가장 중요한 다이엔 기질은 1,3-뷰타다이엔과 아이소프렌(2-메틸-1,3-뷰타다이엔)이며, 터펜(terpenes)과 천연고무의 쌓음 단위이다. 다이엔 올리고머화에 대하여 가장 연구가 많이 된 촉매는 니켈과 팔라듐 착물이다.

뷰타다이엔의 이합체화는 바이닐사이클로헥센(VCH)을 포함한 여러 가지의 C_8 생성물을 만들며, 이 화합물은 탈수소화를 거쳐 스타이렌이 될 수 있다. 이합체화는 포스핀-안정화된 니켈(0) 착물에 의한 촉매 반응으로 이루어진다.

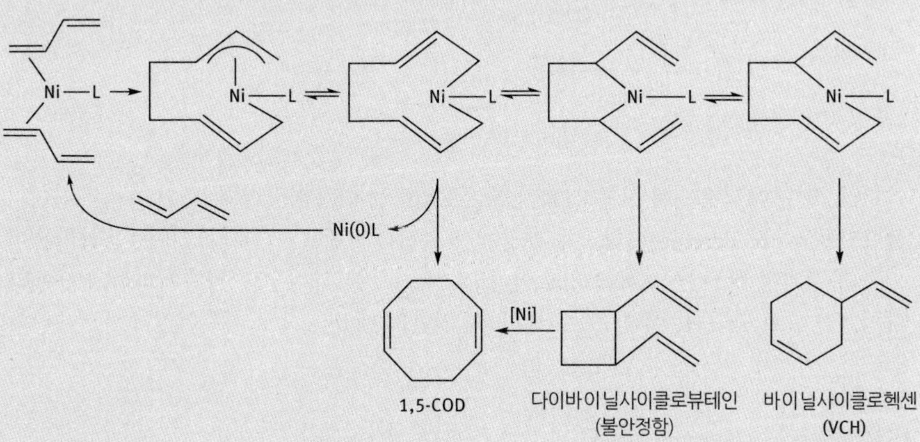

포스핀 리간드가 없는 경우, 니켈은 또 다른 뷰타다이엔과 배위할 수 있으며, 뷰타다이엔 사이클로삼합체화 생성물을 만든다.

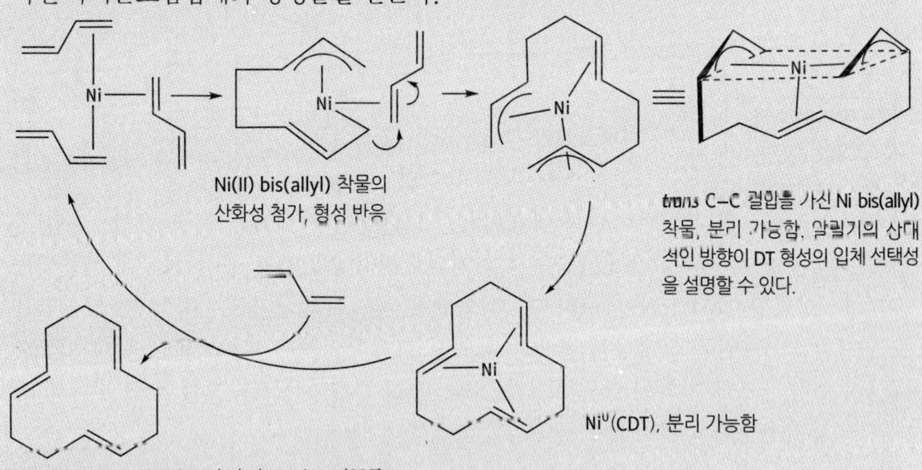

유사한 π-알릴 중간체는 1,4-시스, 1,4-트랜스, 1,2- 및 3,4-위치 선택성을 가지며 다이엔이 고분자로 중합하는 데 관련되어 있다. 콘쥬게이션된 다이엔(뷰타다이엔, 아이소프렌, 1,3-펜타다이엔 등등)의 중합은 특히 Ti, V, Cr(II), Fe(II) 및 Nd와 같은 낮은 산화 상태의 금속에서 촉매 반응에 의해 이루어진다. 대부분의 경우 전파하는 화학종의 성질은 확실히 알려져 있지 않으나, 생성되는 고분자의 입체 화학으로부터 유추할 수 있다.

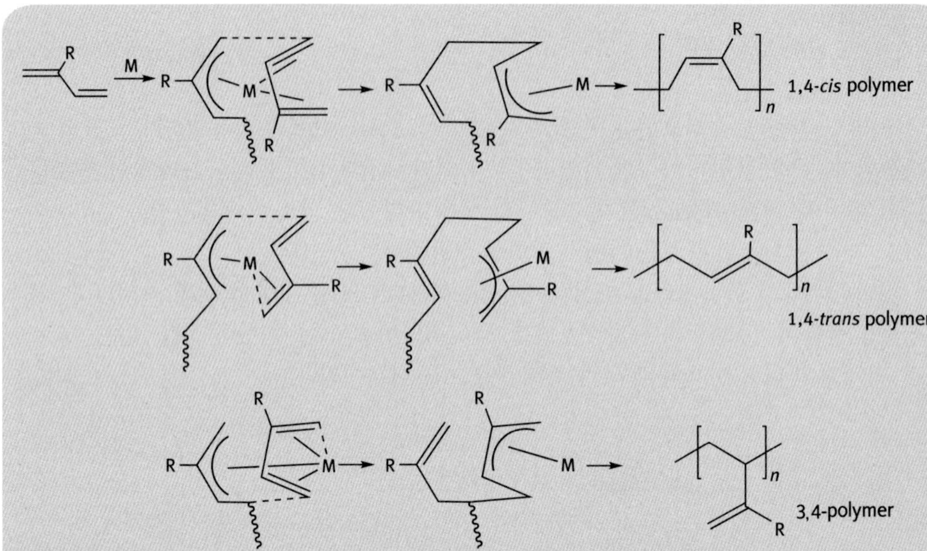

C=C 결합과 작용기를 모두 선택적으로 도입하는 다목적 방법은 소위 뷰타다이엔의 **텔로머화(telomerization)**이다. 이 과정에서 뷰타다이엔은 이합체화되어 C_8 화학종이 되는데 여기서 H-X는 분자를 가로질러 첨가된다. 이 과정은 1-작용기화된 2,7-옥타다이엔을 주로 만든다. 이 반응은 팔라듐에 의한 촉매 반응으로 이루어진다.

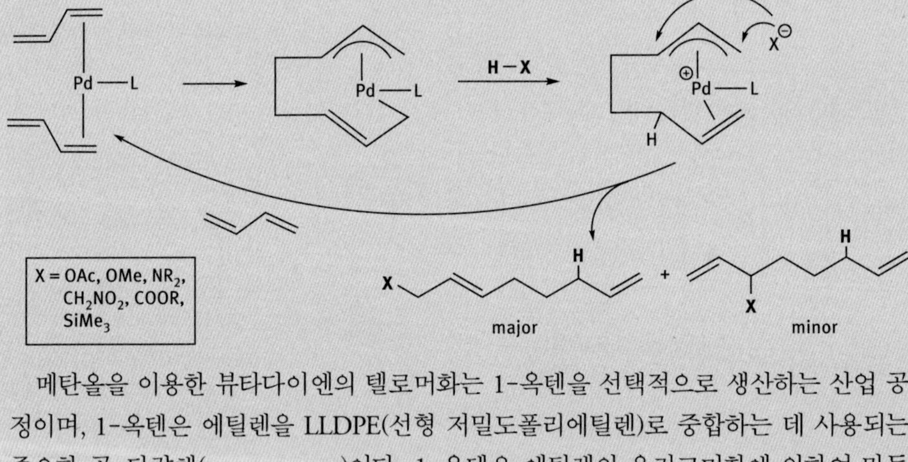

메탄올을 이용한 뷰타다이엔의 텔로머화는 1-옥텐을 선택적으로 생산하는 산업 공정이며, 1-옥텐은 에틸렌을 LLDPE(선형 저밀도폴리에틸렌)로 중합하는 데 사용되는 중요한 공-단량체(co-monomer)이다. 1-옥텐은 에틸렌의 올리고머화에 의하여 만들 수 있으나, 이 방법은 선택성의 한계가 있으며, 뷰타다이엔의 텔로머화는 실행 가능한 대안이 된다. OMe-치환된 아릴 포스핀 또는 P-N 킬레이트 리간드를 가진 팔라듐 촉매는 특히 유용하다고 밝혀졌다.

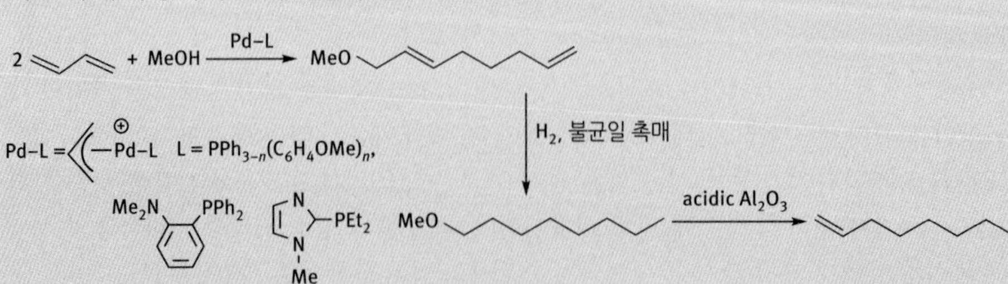

2.7.2 금속 다이엔일 및 트라이엔일 착물

다이엔일과 트라이엔일은 계열이 η^3-알릴로부터 η^5- 및 η^7-결합된 형식상 음이온성의 π-리간드로 확장된다. 이들은 열린 비편재화된 구조를 형성하거나 이들 π-계의 말단이 포화되어 있는 연결체로 다리 놓일 수 있다. 닫힌 $(4n + 2)\pi$ Hückel 방향계 (사이클로펜타다이엔일, 아렌)는 2.8장과 2.9장에서 다룬다.

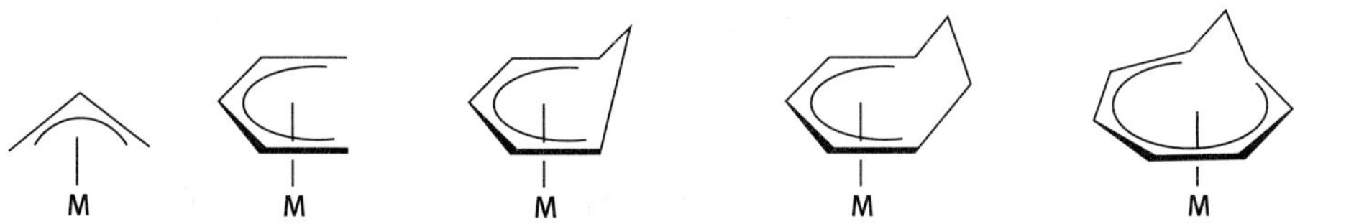

η^3-알릴 η^5-펜타다이엔일 η^5-사이클로헥사다이엔일 η^5-사이클로헵타다이엔일 η^7-사이클로옥타트라이엔일

2.7.2.1 합성

다이엔일 착물에 이르는 고전적 방법은 다이엔 착물로부터의 수소화 이온 떼기이다. 만들어지는 양이온성 다이엔일 화학종은 친핵성 공격하기에 쉽다. 치환 양상에 따라 이 방법은 다이엔 작용기화에 대한 위치 선택성이 아주 높은 방법이다.

친전자성 공격에 의한 합성:

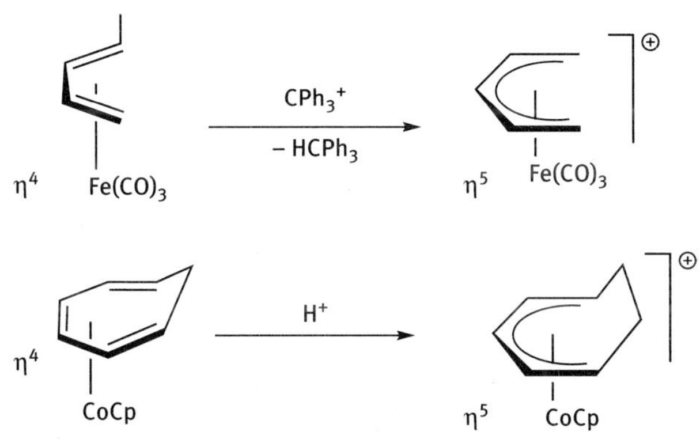

친핵성 공격에 의한 합성:

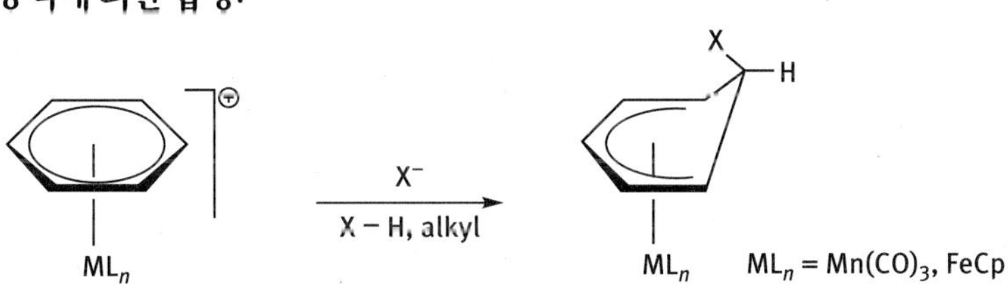

염 상호 교환에 의한 합성:

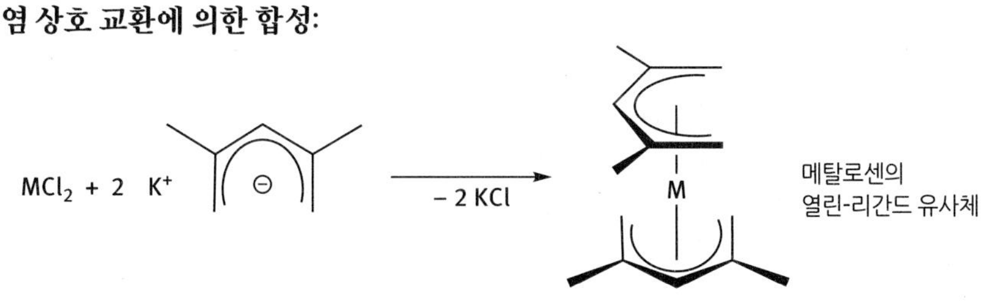

이성질화에 의한 합성:

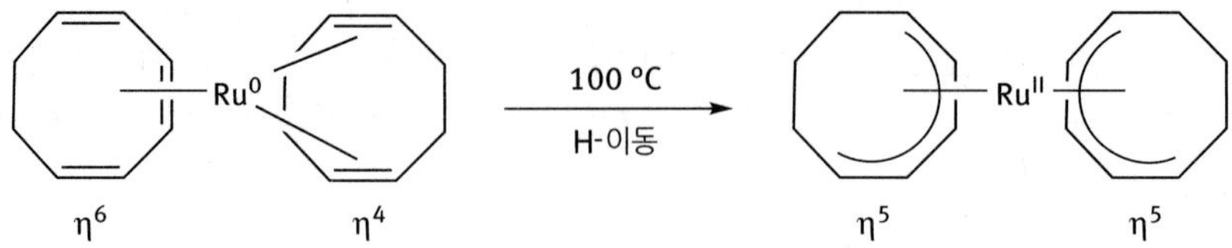

2.7.2.2 반응성

특히 Fe와 Mn 카보닐의 다이엔일 착물은 입체 선택성 합성에서 중요한 응용성을 가지고 있다. 합성 전략은 선택적 작용기화를 도입하기 위하여 $[\eta^4] \rightarrow [\eta^5]^+ \rightarrow [\eta^4]$ 또는 $[\eta^6]^+ \rightarrow [\eta^5]$의 연속된 변환($Fe(CO)_3$와 FeCp 화합물에 대하여 각각)을 이용하는 것이다.

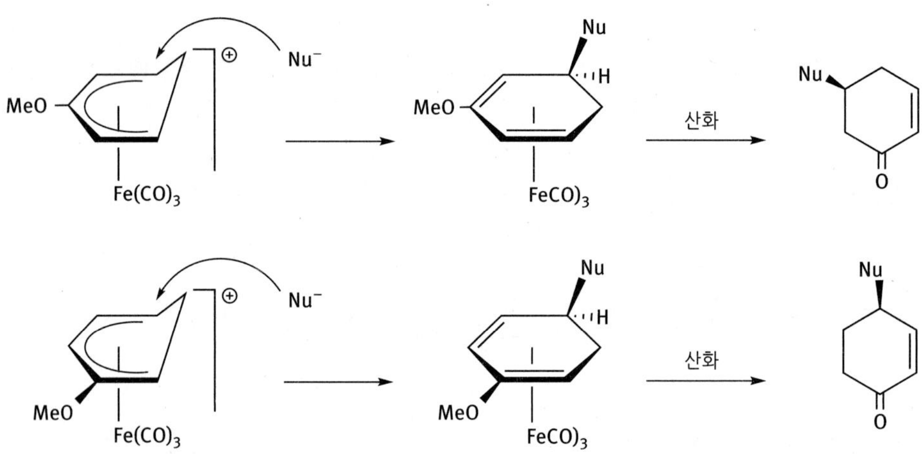

자료 2.7.2 유기 합성에서의 금속 다이엔일 착물

연이은 친핵성 첨가와 양성자 첨가 반응 단계를 이용하면 사이클로옥타테트라엔 착물을 입체 선택적으로 두 개-작용기화한 다이엔을 만들 수 있다.

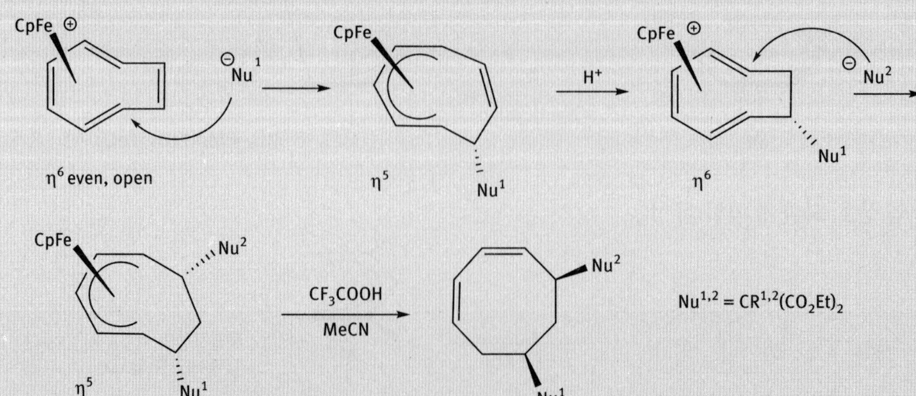

유사한 반응 순서가 항인플루엔자 약품의 핵심 성분 요소인 오셀타미비르(oseltamivir)를 합성하는 데 이용되었다.

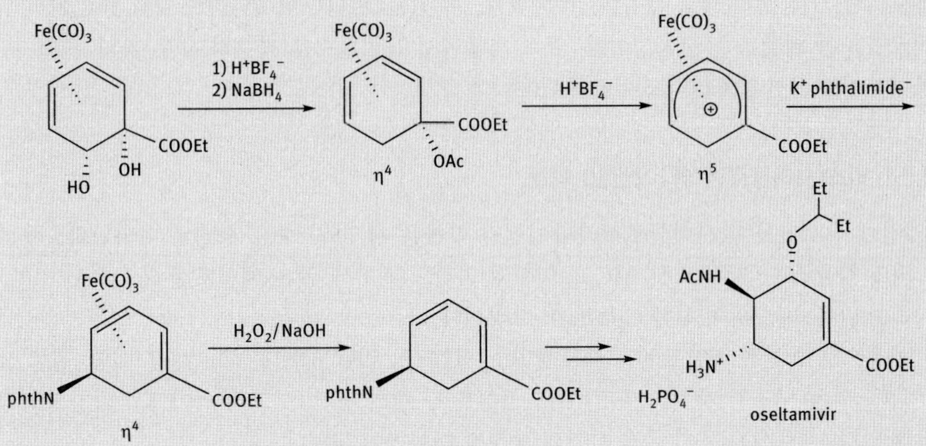

핵심

알릴과 다이엔일은 대부분의 경우 각각 3과 5 전자를 공여하는 π-리간드로 금속에 배위한다. 이들 리간드는 일가음이온으로 간주되며, LX와 L_2X 리간드 부류이다.

알릴은 종종 촉매 반응 회로의 한 부분으로 알켄과 콘쥬게이션된 다이엔으로부터 만들어진다(이중 결합 이성질화, 다이엔 올리고머화, 중합, 합성 중간체).

이들은 대부분 1-과 3-자리에서 친핵성 공격에 민감하다(Davies-Green-Mingos 규칙 참조).

알릴과 다이엔일의 형성은 불포화된 기질의 위치 선택성- 및 입체 선택성 작용기화를 가능하도록 한다.

π-알릴 착물이 포함된 중요한 촉매 응용성은 다음과 같다.

(i) 촉매성 뷰타다이엔 이합체화 및 삼합체화

(ii) HX 첨가에 의한 뷰타다이엔 이합체화: 텔로머화

(iii) 뷰타다이엔과 아이소프렌의 탄성 고분자에로의 중합

연습문제

1. 염기와 $[\eta^2-C_3H_6]PdCl_2]_2$의 반응 생성물은 무엇인가?
2. 니켈(0) 착물은 1,3-뷰타다이엔이 4-바이닐사이클로헥센(VCH)이 되는 이합체화 반응에서 촉매로 작용하며, 4-바이닐사이클로헥센(VCH)은 스타이렌으로 산화될 수 있다. 모든 중간체를 그리고 VCH 형성에 대한 각 반응 단계를 설명하시오.
3. 친핵체 HNu:가 존재할 때 $PdCl_2$에 의한 아래 변환에서 반응 단계 및 중간체를 그리시오.

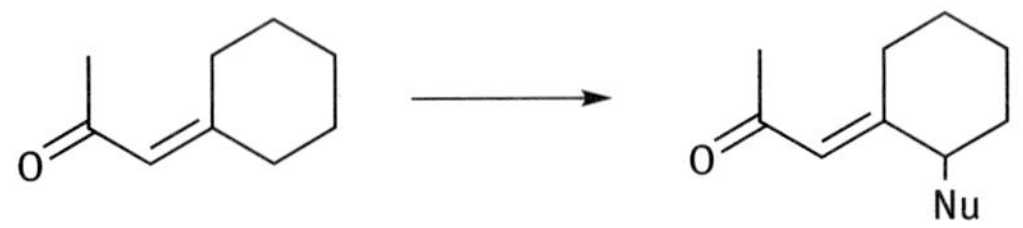

2.8 L_2X-형 π-받개 리간드: 메탈로센 착물

하나 또는 그 이상의 사이클로펜타다이엔일 리간드를 가지고 있는 착물은 가장 중요하고 다용도의 유기 금속 화합물 부류 중 하나이다. 사이클로펜타다이에나이드 음이온 $C_5H_5^-$, 약어로 Cp^-는 벤젠과 등전자성이다. 금속 착물에서 음이온으로 작용하고 두 쌍의 π-전자를 공여하며 따라서 L_2X 리간드로 분류된다.

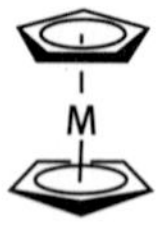

1973에 노벨상 수상
E.O. Fischer,
G. Wilkinson:
샌드위치 착물의 발견

2.8.1 비스(사이클로펜타다이엔일) 착물

2.2장에서 보았듯이 사이클로펜타다이엔일 착물은 세 가지 주요 형태로 나타난다. 즉 비스-Cp 착물 또는 '메탈로센' MCp_2, 여분의 리간드와 함께 굽은 메탈로센 $Cp_2M(A)(B)(C)$, 그리고 반쪽-샌드위치 착물 $CpML_z$이 그것이다.

처음으로 발견된 메탈로센은 페로센 $Fe(\eta^5\text{-}C_5H_5)_2 = FeCp_2$이다. 페로센은 '이중-원뿔' 또는 '샌드위치' 구조를 가지고 있고, 금속 중심은 두 개의 평면 C_5 고리 사이에서 대칭으로 붙잡혀 있다. 페로센은 유기 금속 화학의 상징적 아이콘이 되었다.

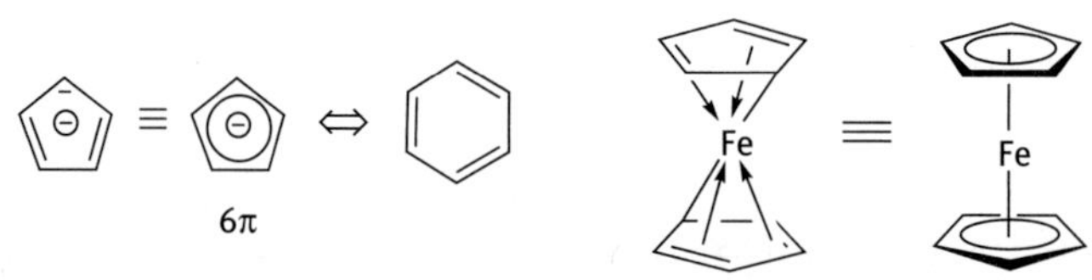

페로센이라는 이름은 이 화합물이 화학적으로 벤젠이나 3-차원 아렌 분자와 같이 행동한다는 것에 비추어 만들어졌다. 예를 들어 페로센의 Friedel-Crafts 아실화 반응은 벤젠의 아실화 반응보다도 더 쉽다.

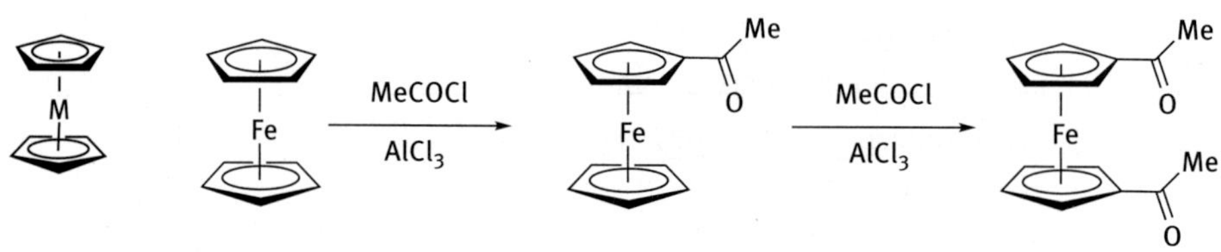

Cp 고리가 여러 개의 치환체를 가질 수 있다는 사실이 메탈로센의 성공에 크게 기여하였다.

예는 2.2장을 보라.

샌드위치-형 결합이 일반적인 구조적 원리라는 것이 곧 알려지게 되었다. 많은 다른 금속에 대하여 비스-Cp 착물을 만들 수 있을 뿐만 아니라 Cp와 벤젠 사이의 등전자성 관계 또한 다른 화합물 계를 생각하고 합성하는 데 이용되었으며, 중성 Cp^- 유사체로서 '벤젠 착물'이 그 예이다. $Cr(benzene)_2$이 최고의 예이다. 샌드위치 착물은 고리 크기가 3~9에서 존재한다.

사이클로펜타다이에나이드 음이온은 사이클로펜타다이엔 C_5H_6의 탈양성자화에 의해 만들어진다. 사이클로펜타다이엔은 보통 조건에서는 Diels-Alder 반응에 따른 이합체로 존재하고 열분해에 의해 생성될 수 있다. 이 화합물은 C-H 산성인 화합물($pK_a = 16$)이다. 따라서 알칼리 금속이나 알칼리 금속 수소화물에 의하여 수소를 발생하면서 해당하는 금속-Cp

화합물을 형성한다. 알칼리 화합물은 무색의 염(미량의 산화된 불순물로 인하여 핑크색)이다. 치환된 사이클로펜타다이엔은 단량체가 더욱 안정하다.

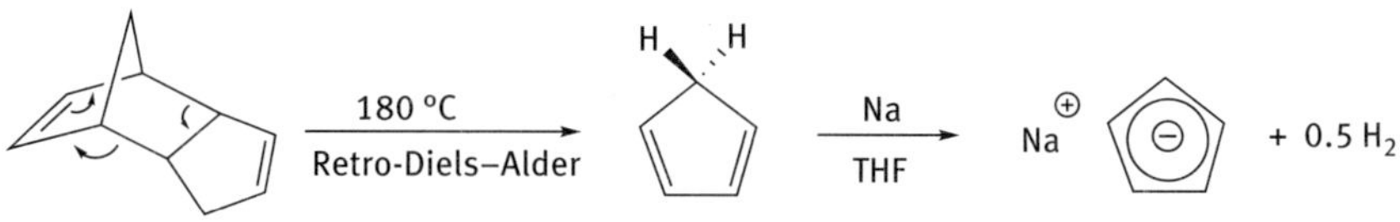

귀금속 할로젠화물과의 반응처럼 몇몇 합성에서의 응용을 위하여 탈륨 유도체 TlCp를 이용하는 것이 편리하며, TlCp는 공기와 습기에 안정한 장점이 있다(탈륨 화합물은 매우 유독하지만). 이 화합물은 승화에 의하여 정제할 수 있다.

TlCp에 대해서는 1.5.3.2절을 보라.

구조적 형태. 전형적인 메탈로센 $[MCp_2]^{n+}$은 중성 또는 양이온성일 수 있다. 첫 주기 메탈로센 중에서 페로센과 $[CoCp_2]^+$ 만이 반자기성이고 다른 것들은 1~5개의 짝짓지 않은 전자를 가지고 있다.

실험식이 MCp_2인 모든 착물이 메탈로센 구조를 갖는 것은 아니다.

예를 들어 $[CpRh(\eta^4\text{-}C_5H_5)]_2$는 $RhCp_2^{\bullet}$ 라디칼(18 VE)의 이합체이다. 지르코늄[$r(Zr^{4+})$ = 0.91 Å, 전이 금속 중에서 가장 큼], 우라늄[$r(U^{4+})$ = 1.17 Å]과 같이 몇몇 큰 금속은 두 개의 Cp 리간드보다 π-배위가 가능하다. 그에 반해 금속 중심이 훨씬 작은 $TiCp_4$[$r(Ti^{4+})$ = 0.74 Å]는 두 개의 η^5-와 두 개의 η^1-결합된 Cp 리간드이다.

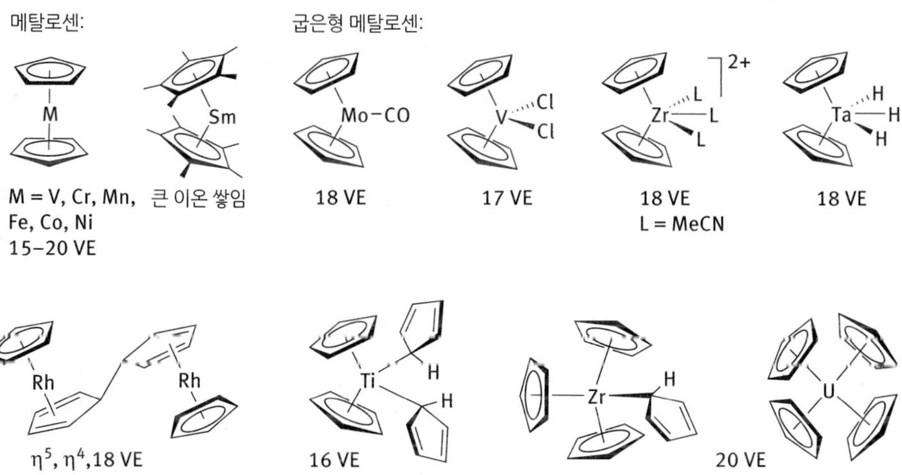

리간드 형태. 치환된 Cp 고리를 도입하는 것은 금속 착물의 전자적 그리고 입체적 성질을 바꾸는 쉽고 편리한 방법을 제공한다. 펜타메틸-Cp 리간드 C_5Me_5(약어로 Cp*)는 다섯 개의 CH_3 치환체가 C_5H_5에 비하여 지름과 두께를 거의 두 배로 만들기 때문에 입체 장애를 크게 증가시킨다. 결과적으로 $M^+\cdots Cp^-$ 상호 작용은 강한 이온성 성분을 가지고 있고 치환되지 않은 화합물인 경우에는 이합체 또는 고분자성 $[MCp_2]_x$ 구조(Mn^{II}, 란타넘족)를 형성하며, Cp* 유사체는 단량체 또는 분자성이다. 메틸 치환체의 양의 유발 효과로 인하여 Cp*는 Cp에 비하여 훨씬 더 센 전자 주개이다. 펜타할로-Cp 리간드 C_5X_5(X = Cl, Br, I)는

C_5Ph_5가 그러하듯이 반대 효과를 가지고 있다. $C_5(CN)_5^-$ 리간드는 아주 약한 염기성이어서 $[Ni(DMF)_6]^{2+}[C_5(CN)_5^-]_2$에서와 같이 염에서 음이온으로 작용한다. 그러나 할로-치환된 Cp 유도체의 착물은 작용기화한 Cp 유도체의 제조에 유용하다.

Cp 골격(방향족 C_6 고리 첨가)의 벤조-고리화 반응은 착물의 안정성을 증가시키는 경향이 있다. 예를 들어 $(\eta^5\text{-indenyl})_2TiMe_2$는 Cp_2TiMe_2에 비하여 열에 훨씬 더 안정하다. 반면에 2.5.3.1절에서 지적하였듯이 $\eta^5 \rightarrow \eta^3$를 허락하는 인데닐 리간드가 전자가 풍부한 금속에 결합된 경우, 인데닐 착물은 이에 대응하는 Cp에 비하여 훨씬 더 반응성이 큼을 입증할 수 있다. 카이랄 치환체는 Cp 착물에서 입체 선택성을 유발하는 데 자주 사용된다.

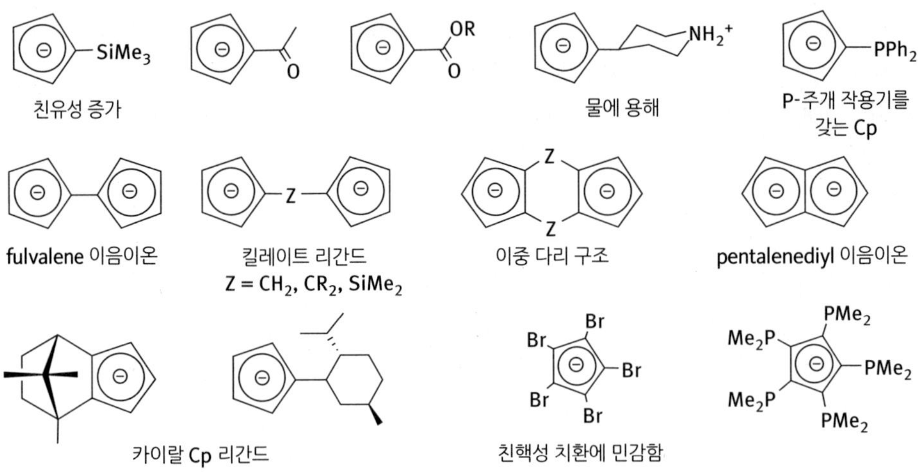

헤테로 고리를 기반으로 하는 수많은 Cp 유사체가 있으며 특히 눈에 띄는 것은 카보레인과 붕소를 포함하고 있는 고리이다. B-N 결합을 가지고 있는 화합물들은 C_5 어미 화합물에 대응하며, CH 대신에 한 개 또는 그 이상의 BR 단위를 가지고 있는 고리는 전자-결핍이다. $[C_2B_9H_{11}]^{2-}$ 계는 Cp^-와 아주 유사한 경계 오비탈을 가지고 있고 메탈로센과 유사한 착물 계열이 존재한다.

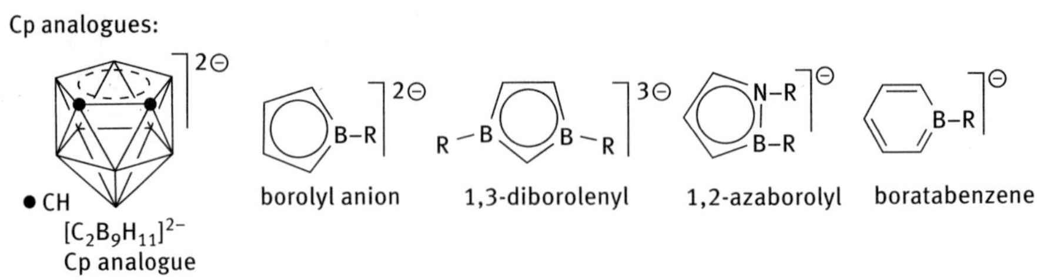

입체 효과. 포스핀과 카벤에서 다루었듯이 입체 파라미터는 금속 착물에 대한 **입체 영향**(steric influence)을 기술하기 위하여 사이클로펜타다이엔일 리간드에 부여할 수 있다. Cp 리간드는 여러 가지 수의 치환체를 가질 수 있고 각각의 치환체는 입체 반발을 최소화하기 위하여 한 가지 이상의 형태를 취하므로 한 가지 수로 전체 효과를 요약하는 것은 어렵다. 일반적으로 결정 구조에 기반하여 두 가지 각도를 측정(또는 계산)하는데, 금속에 대한 각도 $\Theta = 2/5\ \Sigma\theta_i$ (i = 1-5)와 치환체의 부피를 나타내는 각도 $\Omega = 2/5\ \Sigma\omega_i$ (i = 1-3)이다.

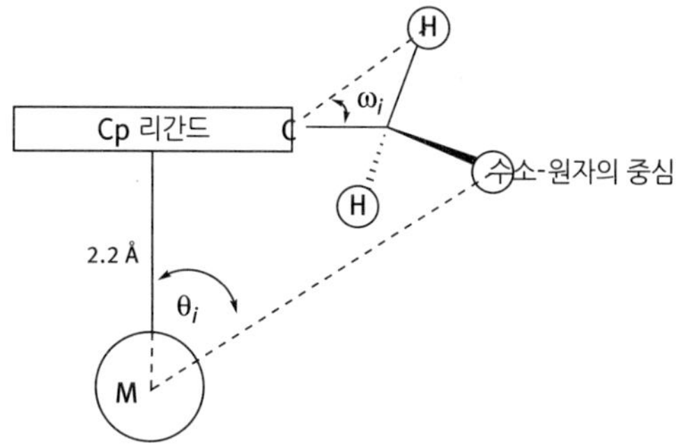

이와 같은 방법에 의하면 입체적 요구가 증가하는 데 따라 Cp 리간드 순서를 얻을 수 있다. 이에 대한 가장 좋은 척도는 해당하는 페로센의 회전 에너지 장벽이다. 두 값이 서로 가까운 곳에서 배열은 변할 수 있다(표 2.8.1).

전자 효과. Cp 치환체의 전자 효과는 Cp 리간드 면의 이면각과 같은 형태 변화가 치환체-의존적이고 반드시 선형관계를 보이지 않기 때문에 평가하기가 더욱 어렵다. 일반적으로 가장 좋은 방법은 $(Cp^R)_2Zr(CO)_2$ 착물의 대칭 및 반대칭 신축 진동수의 평균 ν_{CO}를 측정하는 것이다. 이 값은 +I 효과를 갖는 치환체 수가 증가함에 따라 감소한다. 각각의 CH_3 치환체는 ν_{CO} 값을 평균 3.2 cm^{-1} 감소시킨다. 이렇게 측정하면 치환체의 전자 공여 능력은 다음과 같이 감소한다.

$$\mathbf{Bu^t > Pr^i \approx Et \approx Me > SiMe_3 > H}$$

Hammett 파라미터 σ_{meta}와 좋은 연관성이 있으며, 유발 효과와 일치한다.

Cp 착물의 유동성(fluxionality)과 고리 내림(ring slippage). Cp 착물은 네 가지 유형의 유동성을 보인다.

표 2.8.1 Cp 리간드의 입체(°)와 전자적(ν_{CO} 평균) 파라미터[a]

Ligand:	C_5H_5	C_5H_4Me	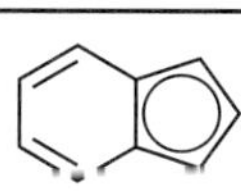	C_5H_4–$SiMe_3$	 Bu^t, Bu^t	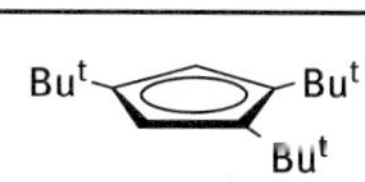 Bu^t, Bu^t, Bu^t	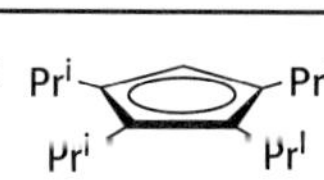 Pr^i, Pr^i, Pr^i, Pr^i	C_5Me_5
θ [°]	88.2	95.1	102.6	104.3	116.2	132.0	146.4	167.4
Ω [°]	0	49.0	0	95.6	100.7	99.8	85.9	88.6
ν_{CO} av	1932	1926.5	1942	1929.0	1913.0			1899.5

[a]Steric parameters are derived from $(Cp^R)Zr(\eta^7\text{-}C_7H_7)$, ν_{CO} values [cm^{-1}] from $(Cp^R)_2Zr(CO)_2$

(i) Cp 고리 회전
(ii) η^1-Cp 리간드에서 σ-결합 이동
(iii) η^1/η^5 합토수 상호 교환
(iv) η^5/η^3 고리 내림

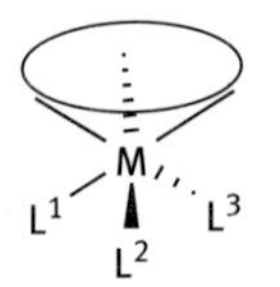

팔면체 착물에서 Cp에 의한 배위 자리 차지

펜타합토(η^5) 배위된 Cp 리간드는 팔면체 착물에서 세 개 배위 자리를 차지하고 있는 것으로 간주할 수 있다. 결정 구조에서 그러한 리간드는 다른 리간드에 대하여 선호하는 형태를 취할 수 있지만, 용액에서 Cp 리간드는 정지되어 있지 않고 M-Cp(중심) 벡터 주위를 빠르게 회전한다. 극소수의 몇 가지 예외 말고는 C_5H_5 고리의 회전 장벽은 ~2 kJ mol^{-1} 정도로 매우 작아서 아주 낮은 온도로 내리더라도 모든 Cp-수소 원자가 NMR 스펙트럼 상에서 동등하다. 페로센에서 회전 장벽은 에테인 회전 장벽의 1/3에 불과하다.

$Hg(\eta^1\text{-}Cp)_2$의 경우에 η^1-Cp 결합과 σ-결합 이동이 연구되었는데, 이 경우 다섯 개 Cp 모든 탄소 사이에서 M-C σ-결합이 빠르게 상호 교환한다(1.4.3.2절). 전이 금속에 대하여 이런 상황은 $(\eta^5\text{-}Cp)Fe(CO)_2(\eta^1\text{-}Cp)$의 예에서 나타난다. 여기서 η^1-Cp 리간드는 일련의 시그마 결합 이동(1,2-와 1,3-이동 모두 가능)을 겪어서, 실온 및 그 이상의 온도에서 다섯 개 모든 C-H 부분은 NMR 시간 척도상에서 모두 동일하다. 30 °C에서 이 착물의 ^{1}H NMR 스펙트럼은 두 개의 선명한 단일선으로 구성되어 있으며, 이들 중 하나는 온도를 내림에 따라 폭이 넓어져서 예상되는 1 : 2 : 2 신호 형태를 보인다. η^5-Cp 리간드의 신호는 영향을 받지 않고 단일선으로 선명하게 남아 있다.

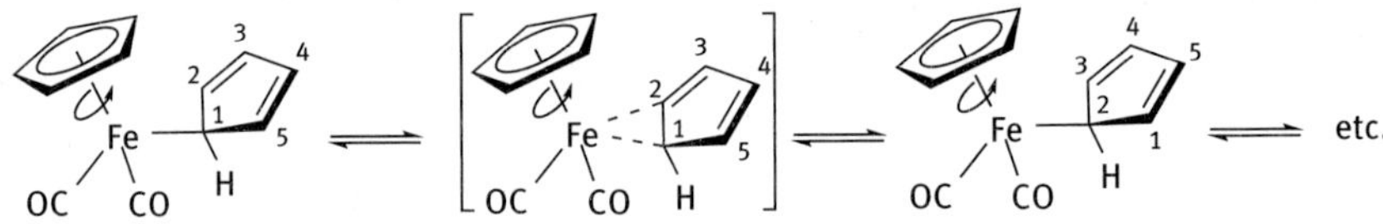

두 번째 형태의 유동성은 $TiCp_4$에서 볼 수 있다. 18-전자 규칙과 Ti(IV)의 작은 크기는 네 개의 η^5-Cp 리간드를 받아들일 수 없음을 암시한다. 60 °C에서 화합물은 한 개의 ^{1}H NMR 신호를 보인다. 온도를 내리면 폭이 넓어지고 두 개의 단일선으로 나뉜다. 이 경우에 두 개의 Cp 리간드는 η^1-이고 다른 두 개는 η^5-결합으로 되어 있으며, 네 개 모두 상호 교환 과정에 참여한다. 따라서 여기서는 세 가지 유동 과정, 즉 η^5-Cp 회전, η^1/η^5 합토수 상호 교환, η^1-Cp 리간드에서 시그마 결합 이동이 작동한다.

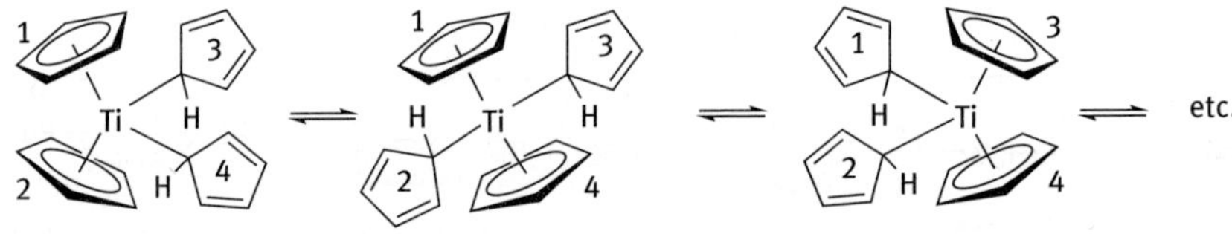

η^5/η^3-고리 내림은 Cp 리간드와 다른 리간드 사이에서 배위 자리에 대한 경쟁의 결과이다. 고전적인 한 가지 경우는 $Cp_2W(CO)$가 CO를 흡수하여 $Cp_2W(CO)_2$를 만드는 것이다. 이것은 분명히 20 VE 화학종이다. 그러나 하나의 Cp 고리에서 CO 배위는 $\eta^5 \rightarrow \eta^3$ 고리 내림과 연관되어 있어, 18 전자셈이 유지된다.

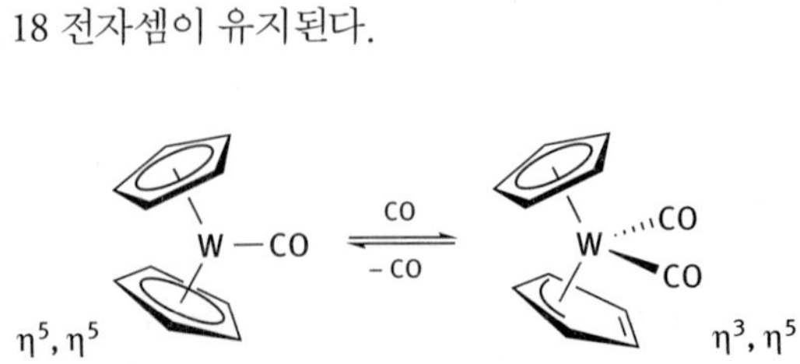

그와 같은 고리 내림은 Cp에 대하여 흔치 않으나, 인데닐 리간드에서는 이런 과정이 육원자 고리 방향성을 달성함에 의하여 용이하게 된다. 리간드 치환 반응 속도에 대한 η^5/η^3-인데닐 고리 내림의 중요성은 2.5.3.1절에서 논의하였다. 특히 Co와 Rh의 인데닐 착물이 중요하다. 예를 들어 $CpRh(C_2H_4)_2$에서 CO에 의한 에틸렌 치환은 아주 어려우나 $(Ind)Rh(C_2H_4)_2$는 즉각 반응한다.

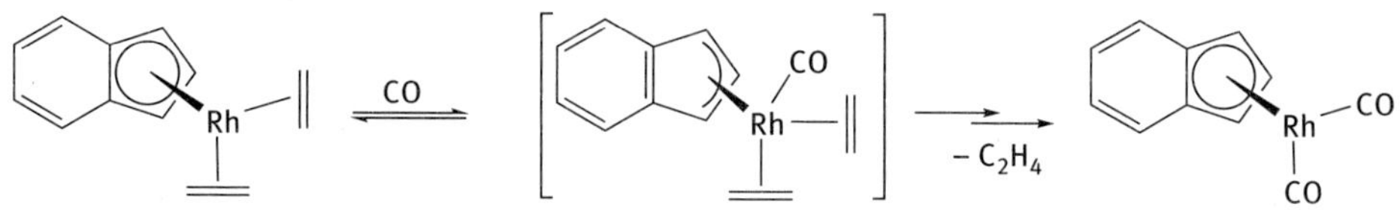

2.8.1.1 메탈로센 착물의 합성

메탈로센을 만드는 가장 일반적인 방법은 금속 염과 알칼리 금속 사이클로펜타다이에나이드를 반응시키는 것이다.

$$MCl_2 + 2\,Na^+Cp^- \xrightarrow[Et_2O \text{ or } THF]{} MCp_2 + 2\,NaCl$$

M = V, Cr, Mn, Fe, Co, Ni

$$Ni(acac)_2 + 2\,CpMgBr \xrightarrow[Et_2O]{} NiCp_2 + 2\,MgBr(acac)$$

페로센과 같이 안정한 메탈로센에 대해서는, Cp^- 음이온의 필요한 (작은) 농도를 DMSO 용매에서 사이클로펜타다이엔과 Et_2NH 또는 KOH 같은 염기로부터 발생시키는 것이 가능하며 확실히 편리한 방법이다.

$$FeCl_2{\cdot}6H_2O + C_5H_6 + 2\,Et_2NH \longrightarrow FeCp_2 + 2\,Et_2NH_2^+Cl^-$$

펜타렌-다이일(pentalene-diyl) 음이온은 Cp 고리의 두 모서리를 공유하고 있다. 이 이온은 다리를 놓을 수 있을 뿐만 아니라 샌드위치로 작용할 수도 있다.

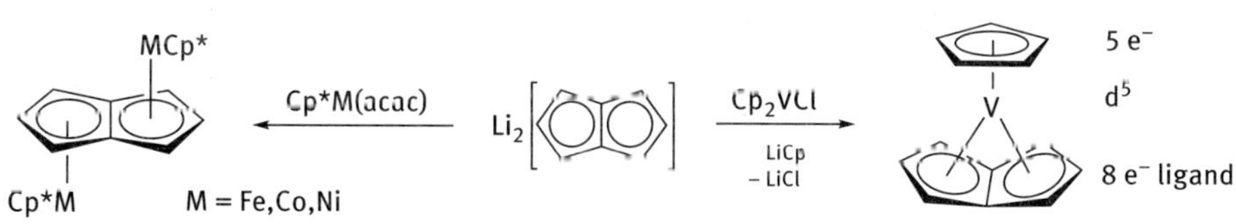

2.8.1.2 MCp_2 착물에서의 구조와 결합

Cp 리간드는 상대적으로 낮게 놓인 e_2 준위 덕분에 π-주개와 받개로 작용한다.

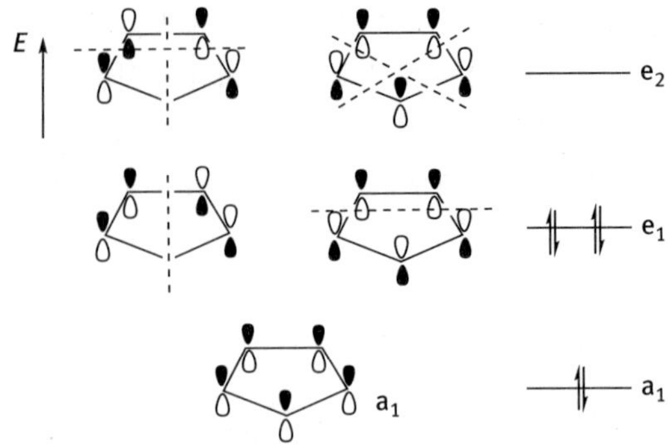

자기성

샌드위치-형 메탈로센 MCp_2의 MO 도표에서 Cp와 d-오비탈의 조합은 착물의 **자기성**(magnetism)을 결정하는 다음과 같은 분리 양상을 보인다. 망가노센의 자기 모멘트는 Cp의 치환 형태에 크게 의존한다. 18 VE 화합물인 $FeCp_2$와 $CoCp_2^+$는 반자기성이다(표 2.8.1.2).

메탈로센의 전자셈은 15 (VCp_2)에서 20 ($NiCp_2$)까지 증가하며, 니켈 화합물은 18-전자 규칙을 초과한다. 그럼에도 불구하고 진짜 메탈로센 구조를 가진다(η^5-/η^3-Cp에 반하여). 그러나 더해진 전자는 Ni-Cp 결합을 약화시킨다. 두 개 Cp 평면 사이의 거리는 원자 반지름의 경향성에 반하여 Fe < Co < Ni 순서로 증가한다.

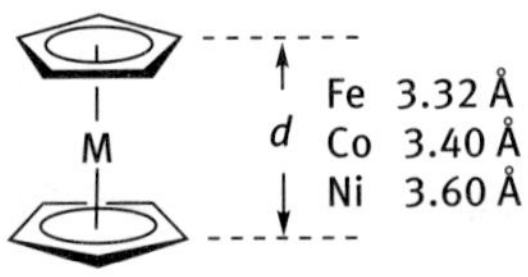

간단한 메탈로센 MCp_2 계열에서 빠진 것은 $TiCp_2$, **타이타노센**(titanocene)이다. 이것은 매우 불안정한 14 VE 화학종이기 때문일 것이다. 대신에, Cp 리간드의 C-H 결합 끊어짐이 일어나 Ti(III) 풀발렌 수소화물(fulvalene hydride) 착물을 만든다. 입체적으로 안정화된 $Ti(\eta^5\text{-}C_5Me_5)_2$는 존재하나, 이것조차 C-H 활성화된 'tuck-in(집어 넣은)' 이성질체와 평형을 이루며 존재한다. 부피가 큰 치환체의 도입은 분리 가능하고 안정한 타이타노센을 만들기 위하여 필요하다. 선형 타이타노센(d^2)은 상자기성이다. $Ti(\eta^5\text{-}C_5Me_4Ph)_2$는 자기 모멘트 값이 μ_{eff} = 2.7 B.M.이며, 2 전자에 대한 스핀만의 값인 2.83 B.M.에 가깝다.

표 2.8.1.2 메탈로센의 전자 배치와 자기적 성질

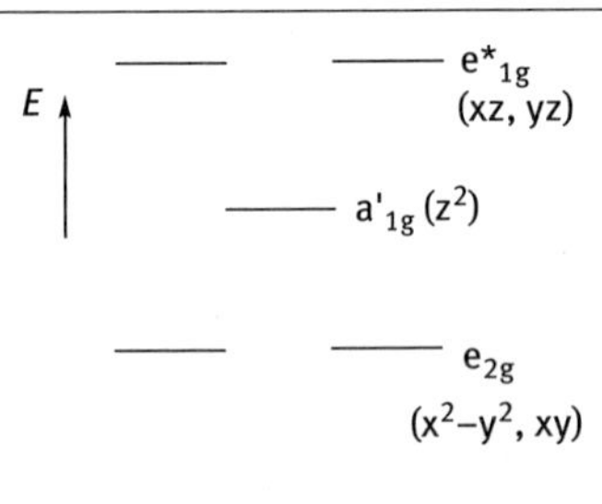

Partial qualitative MO diagram for MCp_2		d-level occupancy	VE count	Unpaired electrons	μ_{eff}, spin-only value	Found [Bohr magnetons]
	Cp_2V	$(e_{2g})^2(a'_{1g})^1$	15	3	3.87	3.84
	Cp_2Cr	$(e_{2g})^3(a'_{1g})^1$	16	2	2.83	3.20
	Cp_2Fe^+	$(e_{2g})^3(a'_{1g})^2$	17	1	1.73	2.34
	Cp_2Mn	$(e_{2g})^2(a'_{1g})^2(e^*_{1g})^2$	17	5	5.92	5.81
	Cp_2Co	$(e_{2g})^4(a'_{1g})^2(e^*_{1g})^1$	19	1	1.73	1.76
	Cp_2Ni	$(e_{2g})^4(a'_{1g})^2(e^*_{1g})^2$	20	2	2.83	2.86

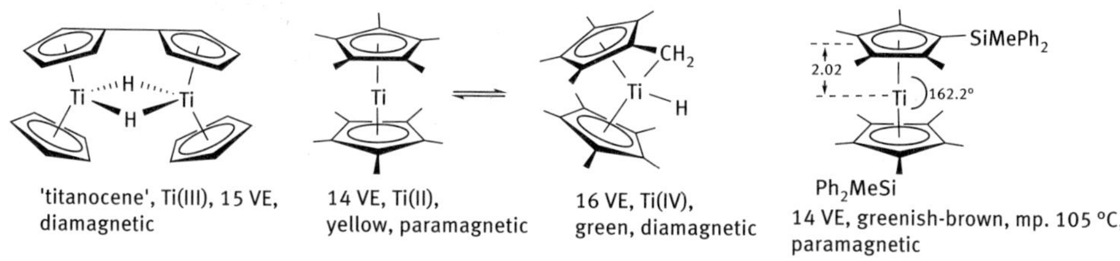

망가니즈(II)는 반만 채워진 d-껍질을 가지고 있어 고스핀 상태에서 이온성이고 리간드 장 안정화는 없음을 암시하고 있다. 결과적으로 고체 상태에서 **망가노센(manganocene) $MnCp_2$**는 Zn^{2+}의 화합물에서와 같이 더욱 이온성 Cp 화합물을 연상시키는 Cp^- 음이온으로 다리 놓인 고분자 구조를 가지고 있다. 이 화합물의 이온성을 조금 더 살펴보면, $MnCp_2$는 주개 리간드와 19-21 VE 모노-와 비스- 첨가 생성물 $Cp_2Mn(THF)_2$와 $Cp_2Mn(PMe_3)$를 형성한다. $MnCp_2$는 두 가지 상으로 존재하며, 158 °C에서 호박색의 낮은 온도 고분자형이 분홍색의 단량체 메탈로센 구조로 전환된다.

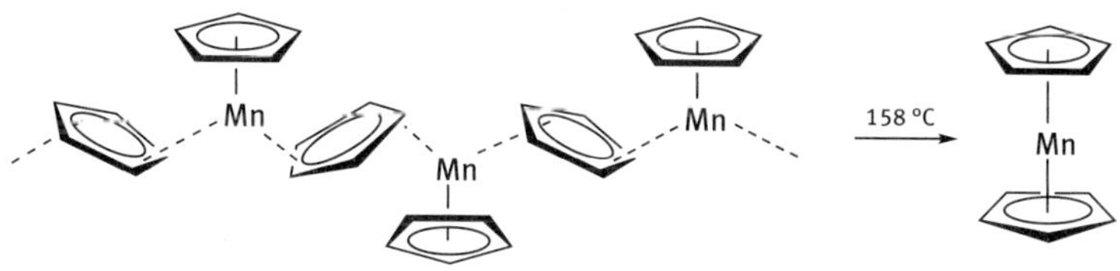

$Mn(C_5H_4Me)_2$에서 고스핀(HS)과 저스핀(LS) 상태는 에너지가 거의 같아서 온도 또는 용매의 작은 변화도 자기성에 영향을 미칠 수 있다. HS/LS 교차는 Mn-Cp 결합의 공유 결합성 정도에 큰 변화를 가져온다. 고스핀 d^5 형태는 큰 Cp(중심)-Mn-Cp(중심) 거리(4.1 Å)를 갖는 이온성인 반면 저스핀 형태는 페로센과 비교할 정도의 Mn-Cp 거리를 갖는 공유 결합성이다.

$Na[MnCp^*_2]$는 강력한 일전자 환원제이다 ($E1/2 = -2.17$ V vs SCE)

$MnCp^*$는 예상되는 샌드위치 구조를 갖는 17 VE 단량체 착물이다. Cp^*의 센 장의 세기로 인하여 화합물은 저스핀($S = 1/2$, $\mu_{eff} = 2.18$ B.M.)이다. 이 화합물은 $[MnCp^*_2]^+$로 산화 및 18 VE 음이온 $[MnCp^*_2]^-$로 환원될 수 있다.

Cu(II)의 메탈로센은 존재하지 않으나 Cu(I) (d^{10})은 Cp 리간드가 η^2-결합된 형태이고 '미끄러진-샌드위치(slipped-sandwich)' 구조를 갖고 있는 비스-Cp 착물을 형성한다. 여기서 논의한 다른 비스-Cp 착물들과는 달리 $[CuCp_2]^-$ 염은 열에 불안정하고 0 °C 이상의 용액에서 분해한다.

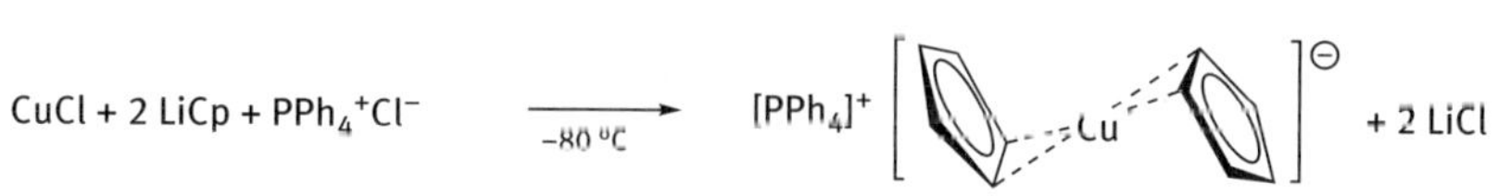

둘째 주기 및 셋째 주기 앞전이 원소인 Nb, Mo 및 W은 타이타노센처럼 C-H 활성화를 보이고 다양한 η^1, η^5-C_5H_4 리간드 다리 놓인 이성질체 메탈로센 수소화물 구조를 만든다. 몇 가지 대표적인 예가 아래 그림에 나와 있다. $ReCp_2$ (17 VE)는 불안정하나 $ReCp^*_2$는 분리할 수 있다. 오직 Ru와 Os만이 페로센에 유사한 간단한 메탈로센을 형성한다.

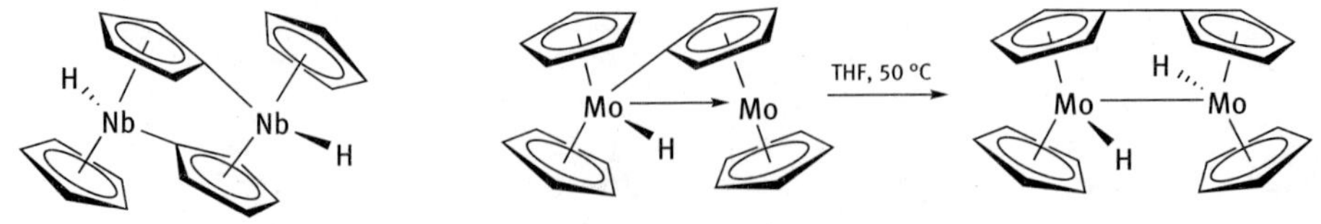

2.8.1.3 MCp_2 착물의 반응

메탈로센 MCp_2(즉, 추가 L 또는 X-형 리간드를 갖고 있는 착물은 배제)는 주로 다음과 같은 네 가지 유형의 반응성을 보인다.

(i) 전자 결핍 메탈로센은 리간드를 더해서 더 많은 전자셈을 얻으려 한다. 이런 반응성 유형은 4족 메탈로센에 대하여 아래 그림에 나타냈다.
(ii) 전자가 풍부한 메탈로센은 산화-환원 반응에 활성이 있고 1-전자 산화와 환원에 가역성을 보인다.
(iii) 페로센과 같은 18 VE 메탈로센의 반응성은 메탈로센 구조 자체에는 영향을 주지 않고 Cp 리간드의 변형에 의하여 주도되고 있다.
(iv) 전자가 풍부한 메탈로센은 18 VE 배치를 이루기 위하여 리간드 교환 반응 경향성을 보인다.

(i) **앞전이 금속 메탈로센.** 반응성은 14 VE 화학종인 $M(C_5Me_5)_2$ (M = Ti, Zr)의 예에서 볼 수 있으며, 이들은 알켄, 알카인, H_2, CO, 심지어 N_2와도 배위하여 16~18 VE 전자셈과 IV 산화 상태를 이룬다.

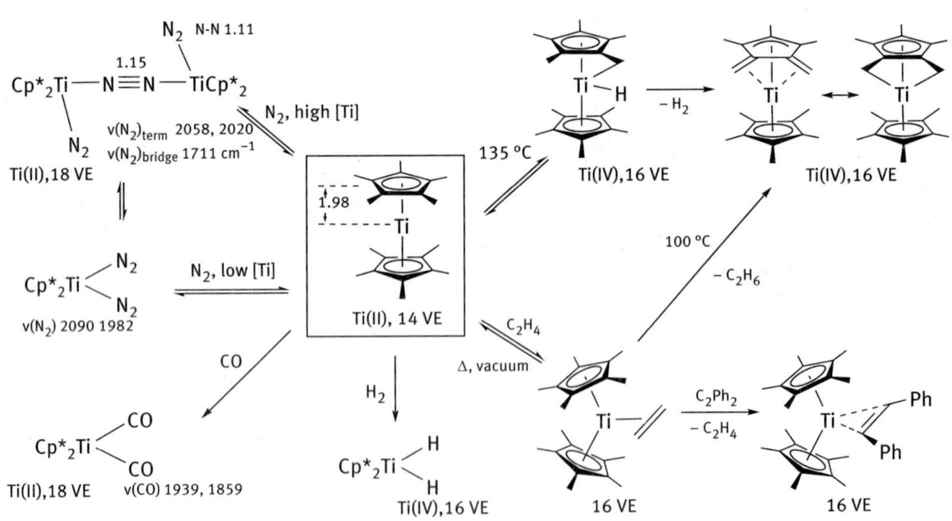

5족 및 6족. 바나도센(vanadocene) VCp_2 (15 VE)은 CO를 첨가하여 $Cp_2V(CO)$를 만든다. 크로모센 $CrCp_2$ (16 VE)은 메탈로센 구조를 유지하려는 강한 경향성을 갖고 있고 낮은 온도에서 CO 첨가물을 형성한다. CO 압력에서 두 가지 모두 리간드 치환 반응과 함께

$CpV(CO)_4$와 $[CrCp_2]^+[CpCr(CO)_3]^-$를 각각 만든다. $CrCp_2$는 아이오딘 또는 아이오딘화 알릴에 의하여 산화되어 $[CrCp_2]^+I^-$을 만드는 반면, CCl_4와 가열하면 Cp 리간드의 부분적 치환과 함께 산화성 짝지음이 일어나 $[CrCp_2]^+[CrCpCl_3]^-$를 만든다.

(ii) **산화-환원 반응**. 가장 널리 이용된 메탈로센은 **페로센(ferrocene, Fc)**이며 가장 특징적인 반응은 오렌지색 페로센 (Fe^{II}, d^6, 18 VE)을 어두운 파란색 페로세늄 양이온으로 산화하는 반응이다 (Fe^{III}, d^5, 17 VE), $E_{1/2} = +0.34$ V (에탄올, 25 °C) 및 +0.31 V (MeCN) vs. SCE (SCE = 표준 칼로멜 전극).

$$FeCp_2 \underset{+e^-}{\overset{-e^-}{\rightleftharpoons}} [FeCp_2]^+$$

Fc/Fc^+ 짝은 종종 전기 화학적 표준으로 사용한다. Cp 고리 위의 각 메틸 치환체는 전위를 0.048 V 만큼 더 음의 값으로 이동시킨다.

페로센의 산화는 $FeCl_3$를 포함한 많은 시약에 의하여 일어난다. 아이오딘과의 반응은 평형을 이룬다.

$$FeCp_2 \xrightarrow{2\,FeCl_3} [FeCp_2]^+FeCl_4^- + FeCl_2$$

$$FeCp_2 \overset{1.5\,I_2}{\rightleftharpoons} [FeCp_2]^+I_3^- \quad K = 175 \text{ (benzene, 25 °C)}$$

페로센은 테트라사이아노에틸렌(TCNE)과 같은 전자가 부족한 알켄과 전하 이동 첨가물을 만든다. 더욱 쉽게 산화되는 $FeCp^*_2$는 전자 이동하에 TCNQ(7,7,8,8-테트라사이아노-*p*-퀴노다이메테인)와 같은 전자 받개와 반응하여 전도성 염 $[Fe^{III}Cp^*_2]^+[TCNQ]^-$를 만든다.

코발토센(cobaltocene). $CoCp_2$는 19 VE 화학종이다. 이 화합물은 비활성 기체 분위기에서 안정하나 공기에 민감하다. 이는 좋은 1-전자 환원제 ($E_{1/2} = -0.87$ V vs. SCE)이고 검은-퍼플색 $CoCp_2$는 산화되어 페로센과 등전자성인 노란색 $[CoCp_2]^+$가 된다. 코발토센은 물이 존재할 때 O_2와 반응하여 수산화물 $[CoCp_2]^+OH^-$를 만든다. 코발티시늄 양이온은 강한 알칼리 수용액과 강산에서도 매우 안정하고, 큰 알칼리 양이온처럼 행동한다. 이는 더 이상 산화되지 않는다. 예를 들어 $[Co(C_5H_4Me)_2]^+$를 진한 질산으로 처리하면 메틸 치환체가 산화되어 $[Co(C_5H_4COOH)_2]^+$를 만드나 메탈로센 핵심부는 변함이 없다.

$$CoCp_2 \xrightarrow[H_2O]{O_2} [CoCp_2]^+OH^-$$

니켈로센(nickelocene, 20 VE)은 두 단계로 산화된다. $[NiCp_2]^{2+}$은 18 VE 화학종이지만 생성시키기 어렵고 안정하지 않다(Ni^{IV}).

$$NiCp_2 \overset{+0.1\text{ V}}{\rightleftharpoons} [NiCp_2]^+ \overset{+0.74\text{ V}}{\rightleftharpoons} [NiCp_2]^{2+}$$

(iii) Cp **고리에서의 치환 반응.** 앞에서 지적하였듯이 페로센은 방향족 화합물처럼 행동하며, 표준 유기 합성법은 합성, 재료과학, 의약 분야에서의 수많은 응용성을 위한 유도체를 만드는 데 적용되었다. 페로센은 벤젠보다 전자가 더욱 풍부하고 예를 들어 Friedel-Crafts 아실화 반응은 10^6배 빨리 진행된다. Cp 고리는 리튬 첨가를 할 수 있으며, $CpFe(C_5H_4Li)$는

친전자체와의 반응에서 잘 알려진 리튬 아릴처럼 행동한다. 다음 도표는 다양한 반응 패턴의 개요를 보여 준다.

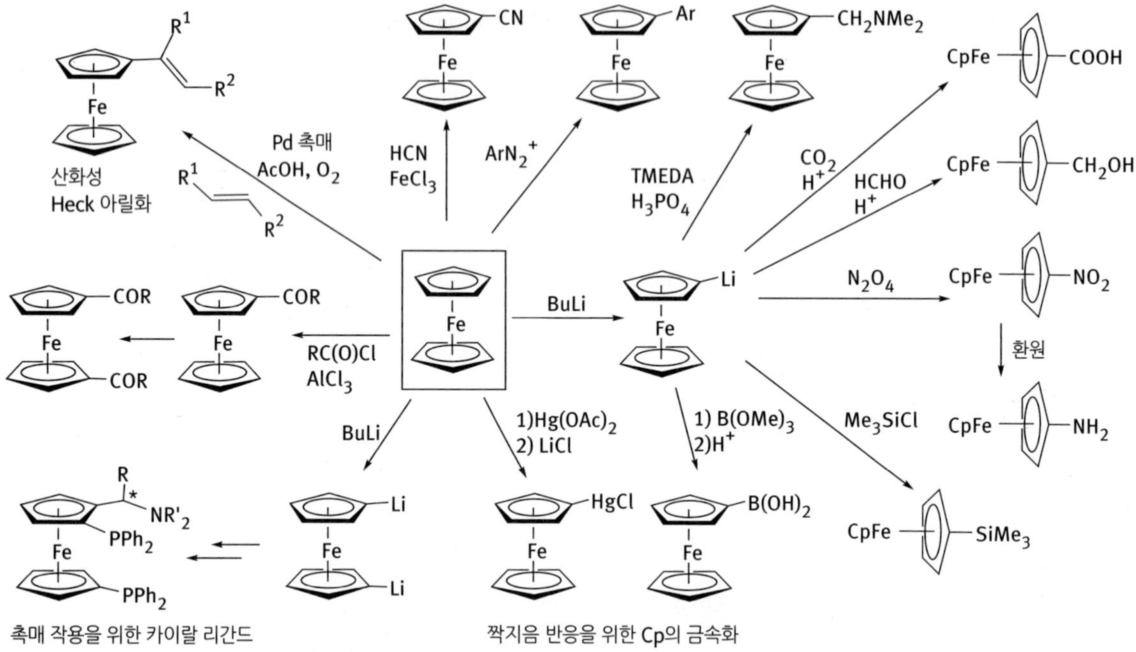

$FeCp_2$와 $RuCp_2$에서 Cp 리간드의 금속화 반응은 10개 모든 H 원자가 완전히 치환되면서 진행되는 것이 알려져 있다. 이 반응은 $Hg(OAc)_2$ 또는 $Hg(O_2CCF_3)_2$를 이용한 친전자성 수은화 반응으로 할 수 있다. 수은은 차례차례 Li, Mg, Zn 또는 할로젠화 이온으로 치환할 수 있다.

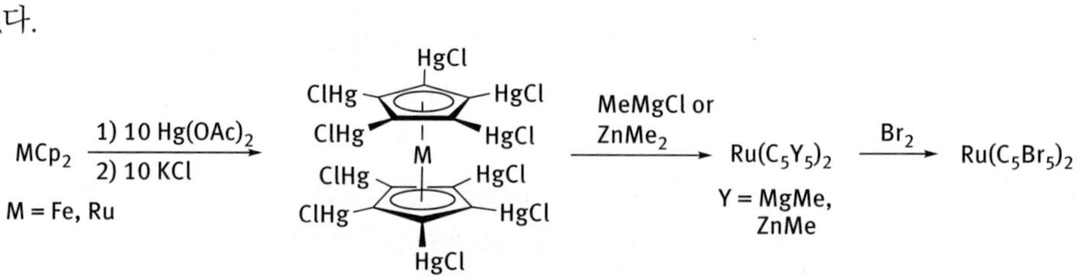

페로세닐 단위는 Cp 고리에 결합된 탄소 양이온을 안정화하며, 예를 들어 $[Fe-CPh_2]^+$는 분리가능하다. 이는 고리에 대하여 α-위치 치환을 쉽게 한다.

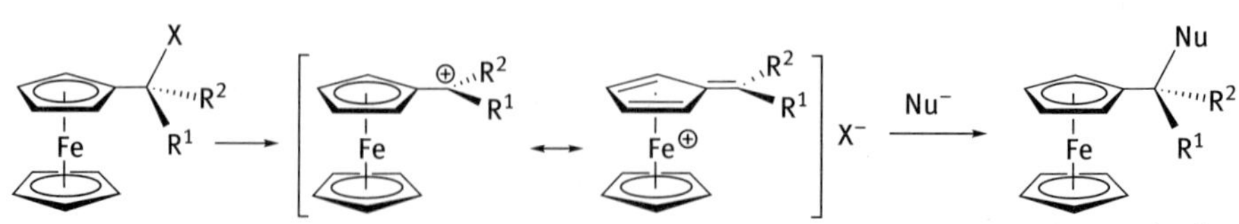

아렌에 의하여 페로센에서 한 개 Cp를 교환하는 일반적인 방법은 $FeCp_2$를 아렌, $AlCl_3$ 및 알루미늄 가루 혼합물로 처리하여 해당하는 양이온성 혼합된-리간드 샌드위치 착물을 만드는 것이다.

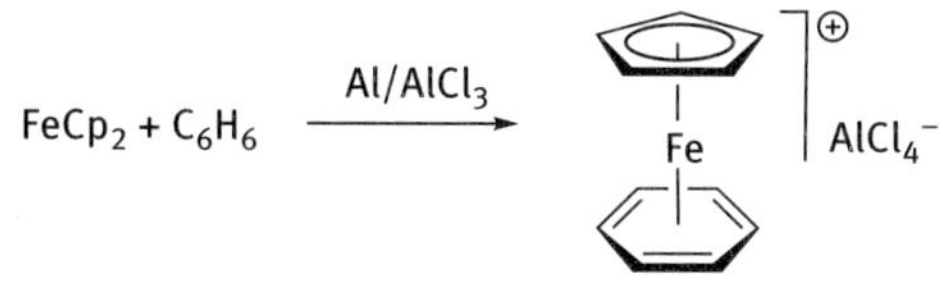

(iv) 니켈로센의 반응. 20 VE 화학종의 반응성은 에너지적으로 유리한 18전자셈을 취하려는 것에 의해 나타난다. 이는 리간드 치환에 의하여 이루어지며, Cp 고리들 중의 하나가 3-전자 주개에 의하여 치환 반응, 그리고 Ni(0) 착물을 이용한 균등화 반응에 의하여 이루어진다. $NiCp_2$를 과량의 포스핀 또는 1,5-COD로 처리하면 환원이 일어나고 Ni(0) 화합물이 만들어진다.

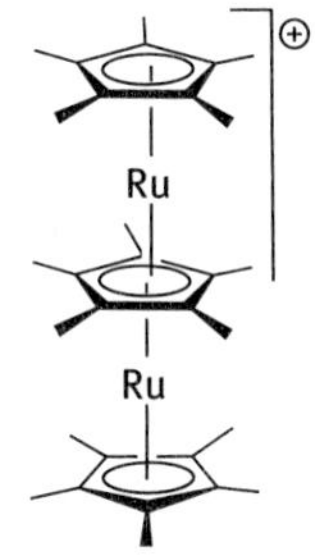

30 VE

2.5.2절을 보라.

흥미로운 반응은 $NiCp_2$를 HBF_4, 즉 배위하지 않는 음이온을 포함하고 있는 산으로 양성자 첨가 반응할 때 관찰된다. Cp에 H^+를 첨가하면 C_5H_6가 만들어지며, 이는 해리되어 반응성의 $[CpNi]^+$ 토막을 남긴다. 이것은 니켈로센과 더 반응하여 분리된 최초의 삼층 착물인 쌓인 착물 $[Ni_2Cp_3]^+$을 만든다. 유사한 삼층 착물은 다른 금속에서도 알려져 있으며, 예를 들어 $[Cp^*Ru(NCMe)_3]^+$를 $RuCp^*_2$로 쌓음 반응하면 $[Ru_2Cp^*_3]^+$를 생성한다. 이것은 18 VE의 이핵 동등체이고 안정한 결합을 갖고 있는 30 VE 다중 쌓임이다. 대조적으로 $[Ni_2Cp_3]^+$는 34 VE이며 첨가된 전자는 뭉치 결합을 약화시키고 Ni-Ni 거리를 늘린다.

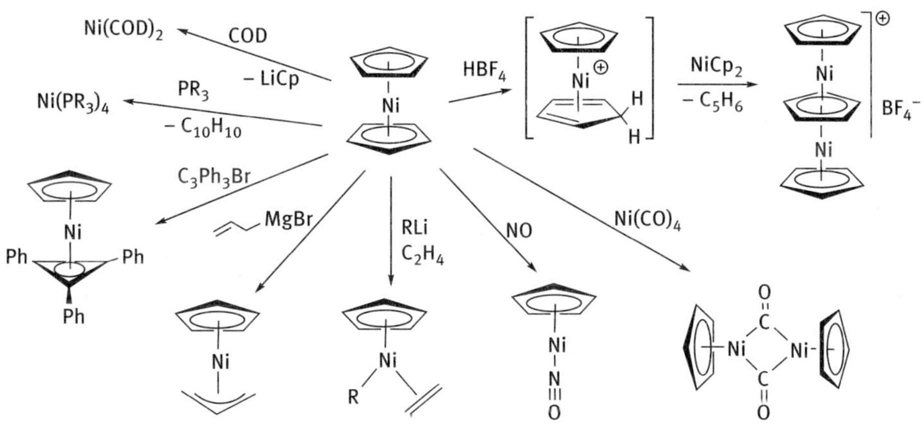

자료 2.8.1 의약 및 촉매에서의 페로센

혈액 글루코스 센서. 전세계적으로 3억5천만 명이 당뇨병으로 고생한다. 매일 혈당 수준을 신속하고 쉽게 측정하는 것이 필요하다. 글루코스 산화 효소(GOD)는 매우 민감하며 특이성이 있으나, 전기 화학적 방법에 의한 산화 과정의 결정은 효소가 전극 표면에서 직접 반응하지 않으므로 어려움이 있다. 이런 어려움은 페로센을 산화-환원 촉매로 사용함으로써 극복할 수 있으며 페로센은 글루코스를 D-글루코노락톤으로 정량적 산화를 매개한다. 이때 나오는 전류는 글루코스 농도에 비례한다. 산화-환원 전위와 반응 속도는 알맞은 Cp 고리 치환을 통하여 최적화할 수 있다. 1982년 이 센서 장치가 발견된 이래 30년간 약 2천5백만 개의 진단장치가 팔린 것으로 추정된다. 이 장치는 몇 가지 연결된 산화-환원 회로로 되어 있다.

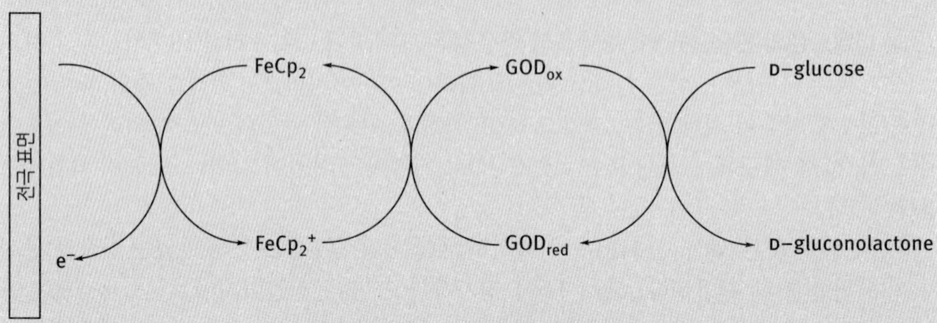

항암제. 잘 알려진 의약품들이 많은 질병에 대하여 내성을 보이는 문제점을 보임에 따라 유기 금속 성분을 포함하고 있는 의약품들에 대한 시험이 계속 증가하고 있다. 특히 페로센 유도체는 많은 구조적 형태의 개발과 함께 개량하거나 항암 효과를 증강시키기 위하여 자주 사용되었다. 한 가지 접근법을 예로 들면 타목시펜(tamoxifen)에서 영감을 얻은 하이드록시페로시펜 (A)이다. 타목시펜은 유방암에 사용하는 표준 치료법이나 종양은 내성이 생길 수 있다. 그런 경우에는 페로센 유도체 A가 효과적이고 호르몬에 무관한 유방암 세포의 성장을 방해한다. B 형태의 화합물은 간암에 활성이 있다. 페로세닐 에터 C는 전립선암에 대하여 시험중이고, 많은 물질 중에서 D 유형은 암세포에서 카이네이스 활성 (단백질 인산화) 이상을 표적으로 작용한다.

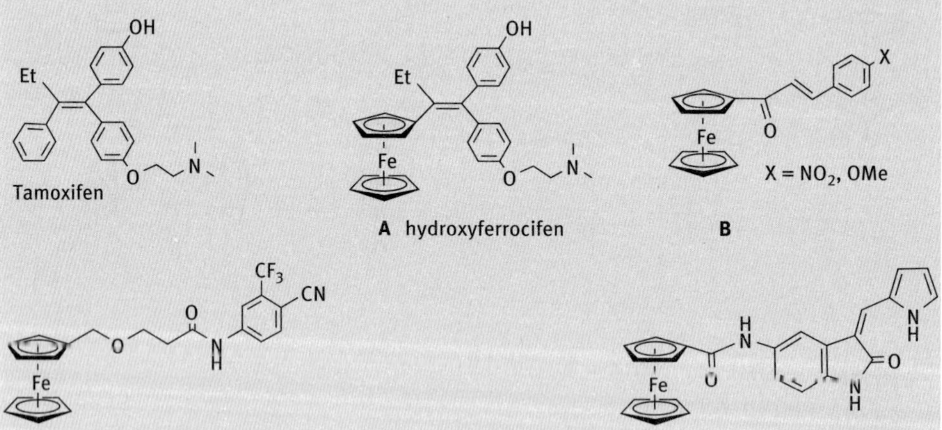

Tamoxifen

A hydroxyferrocifen

B

C ferrocene bicalutamide

D

말라리아와 결핵. 암을 제외하고 말라리아와 결핵은 전 세계적으로 죽음의 주된 원인으로 위협적으로 증가하고 있다. 다중-약품에 내성을 가진 박테리아성 균주는 전통적으로 사용하여 온 치료법을 어렵게 한다. 페로센 유도체 E는 클로로퀸-내성인 말라리아균에 활성이 있다. 화합물 형태 F와 G는 다중-약품 내성을 가진 결핵 균주에 효과가 있는 것으로 알려져 있다.

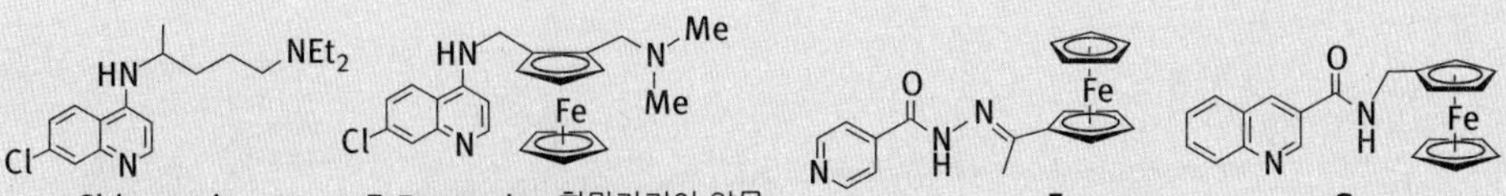

Chloroquine　**E** Ferroquine 항말라리아 약물　**F**　**G**

비대칭 촉매를 위한 페로센-유래 리간드. 페로센에서 두 개 고리 모두 독자적으로 치환할 수 있으므로, Cp 고리당 한 개 또는 그 이상의 카이랄 치환체는 카이랄 보조체가 된다. 한 개 고리에 두 개의 치환체를 도입하면 평면 카이랄성을 갖는 리간드를 만드는 것을 가능하게 한다. 이런 형태의 리간드는 이리듐 촉매를 이용한 이민의 비대칭 수소화 첨가에 이용되는데, 제초제 중간체 생산을 위한 대규모 산업 공정이다.

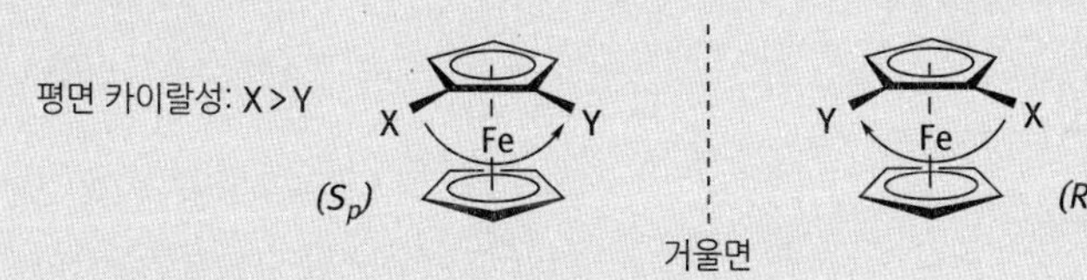

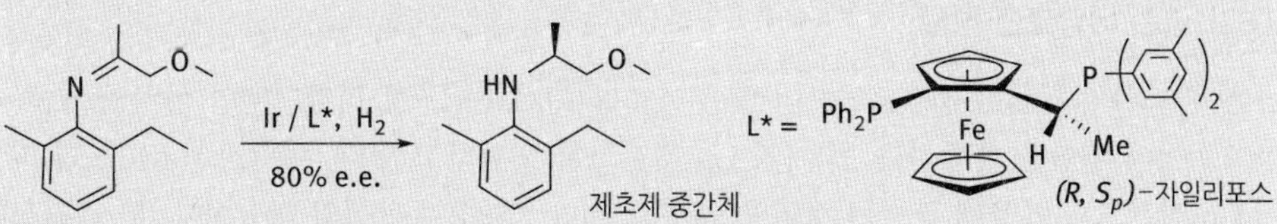

페로세닐 골격을 가진 두자리 카이랄 포스핀의 수많은 변형이 있다. 아래 그림에 있는 예는 많은 수의 페로센형 리간드를 나타내고 다른 것들과 마찬가지로 구입가능한 것이다.

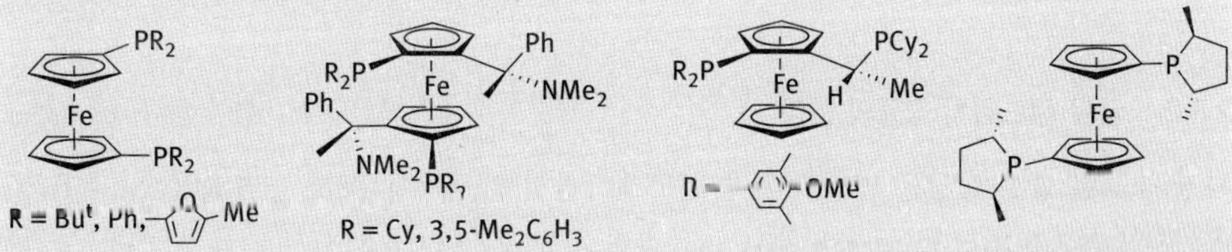

화학센서(chemosensors)로서의 페로센 착물. 금속 착물은 페로센 유도체만큼은 아니나 금속 이온, 음이온 또는 생분자를 포함한 다양한 다른 기질을 위한 선택적 센서로 널리 개발되었다. 감지 반응은 다양한 통로로 모을 수 있다. UV/vis 분광법, 형광 또는 전기 화학적 반응, 즉 Fc/Fc^+ 산화-환원 전위의 이동 등이 그것이다. 예를 들어 크라운-에터형 페로센 **H**는 다른 알칼리 금속이 존재할 때 Li^+ 이온에 선택적이고, **I**는 Cd^{2+}이 존재할 때 Zn^{2+}에 대하여 선택적 전기 화학적 및 UV/vis 반응을 보이는 반면, 붕산 유도체 **J**는 탄수화물뿐만 아니라 HF에 대한 센서이다. 착물 **K**는 카이랄 이차 알코올의 거울상 선택적 검출에 대한 비색 센서이고 **L**은 트라이뉴클레오타이드를 검출하며, 둘 다 해당하는 기질에 수소 결합에 의하여 검출하게 된다.

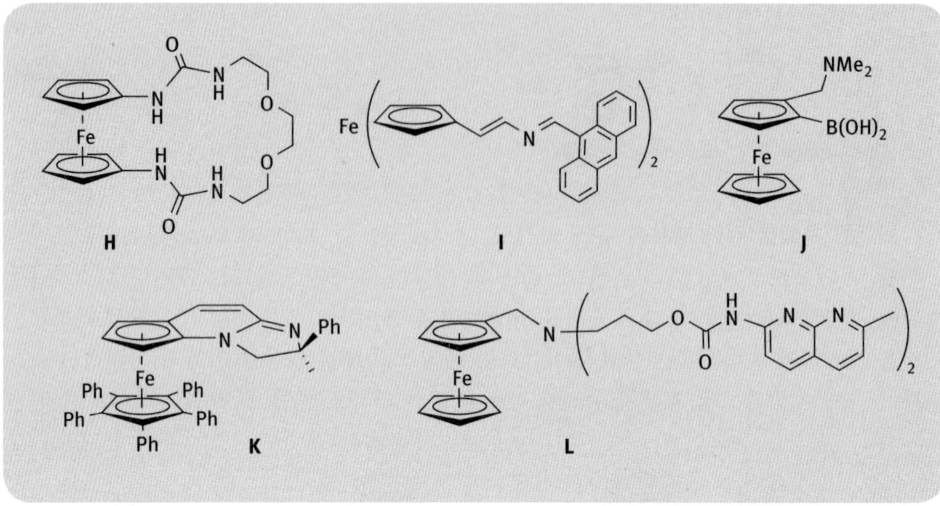

2.8.2 굽은 메탈로센 착물

굽은 샌드위치 착물은 하나 또는 더 많은 X-그리고/또는 L-형 리간드뿐만 아니라 보호 리간드로서의 역할을 충족하는 두 개의 Cp 리간드를 포함하고 있다. 메탈로센 MCp_2의 화학이 Cp 리간드의 반응에 관련된 것인 반면, 여기서는 X와 L이 관심의 대상이다. X-리간드는 전형적으로 M-할로젠, M-H, M-O, M-N 및 M-C 단일 결합 또는 다중 결합을 형성하는 반면, L-형 리간드는 CO, 포스핀, 알켄, 또는 알카인이 될 수 있다. 굽은 메탈로센은 메탈로센-형 4족 올레핀 중합 촉매의 중요한 영역을 포함한다(3.7.2절). 이것은 란타넘족과 악티늄족이 두드러지게 나타내는 착물 형태이기도 하다.

2.8.2.1 굽은 샌드위치 착물의 합성

4족 Cp_2MX_2

가장 중요한 합성 방법은 앞전이 금속 할로젠화물의 반응인데, 예를 들면 MX_4(M = Ti, Zr, Hf, V)를 NaCp 또는 LiCp 유도체와 1:2 몰비로 반응하여 Cp_2MX_2 착물을 만든다. 무거운 5족 금속 할로젠화물의 유사한 반응은 M(V) 착물 Cp_2MX_3 (M = Nb, Ta)를 만들 것으로 예상된다. 이들은 존재하나 쉽게 입체적으로 덜 밀집된 Cp_2MX_2로 환원된다. 이들 d^1 화합물은 상자기성이다. $CpSiMe_3$와 $CpSnR_3$ (R = Me, Bu^n)는 Lewis 산성의 금속 할로젠화물과 부드럽게 반응하여 모노- 또는 비스-Cp 착물을 만드는 온화한 Cp 이동제이다. $(Cp^R)_2NbCl_2$ 착물 또한 $NbCl_4(THF)_2$와 $LiCp^R$로부터 얻을 수 있다.

란타넘족 할로젠화물은 Cp_2LnX와 $LnCp_3$ 형의 화합물을 형성하며, 화학량론에 의존한다. Cp_2LnX 착물은 할로젠-다리 놓인 이합체이다. 치환되지 않은 Cp 리간드를 갖는 $LnCp_3$는 Cp-다리 놓은 구조를 가진 고분자성이다. 그러나 화합물은 가열에 의하여 중합 해체되고 승화에 의하여 정제할 수 있다. 유사한 Cp* 화합물은 단핵성이다.

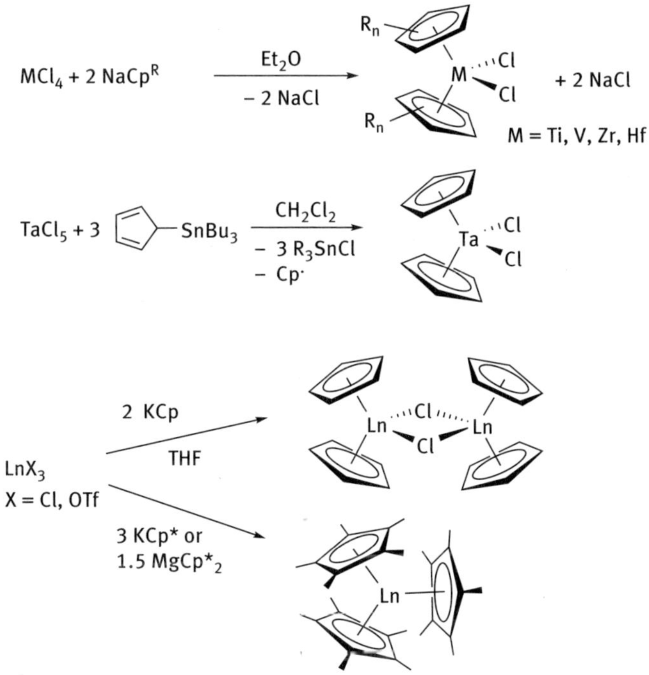

란타넘족 화합물 Cp_2Ln, Cp_2LnX, Cp_3Ln

란타넘족 원소인 사마륨, 이터븀과 유로퓸은 비교적 안정한 +II 산화 상태가 알려져 있다. 이들은 금속으로부터 메탈로센 Cp_2Ln을 만든다. 배위하는 용매는 Cp_2LnL_2 첨가물을 형성한다. 이들 화합물은 열에 매우 안정하나 산화에 매우 민감하다.

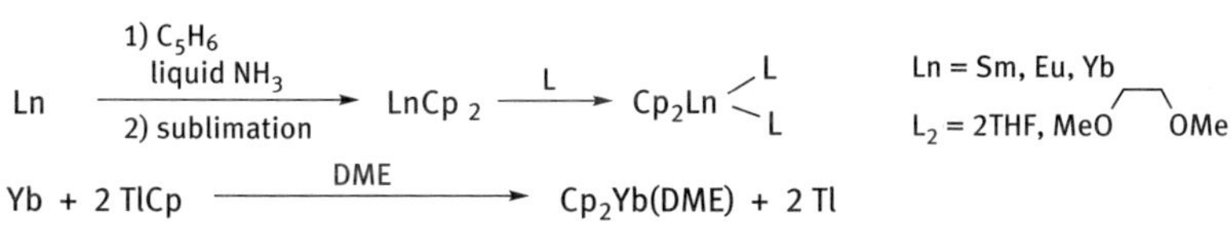

$NaBH_4$가 존재할 때 $ReCl_5$와 NaCp를 반응시키면 최초의 유기 금속인, 금속 수소화 착물을 얻을 수 있다. 이것은 Cp_2MH_2 (M = Mo, W)와 Cp_2MH_3(M = Nb, Ta)의 합성에 대하여 일반적인 방법이다.

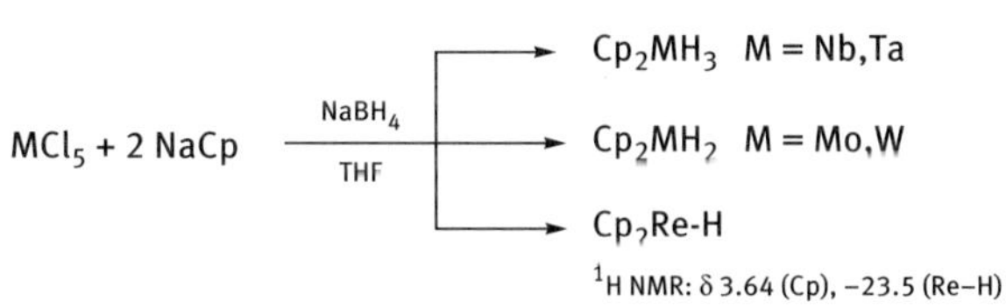

특히 중요한 굽은 샌드위치 착물의 부류는 Ti, Zr 및 Hf 화합물인데 여기서 Cp 리간드는 링커로 연결되어 있으며, 이를 소위 *ansa*-메탈로센(라틴어 *ansa* = 손잡이)이라고 한다. 치환된 Cp 리간드를 가지고 있는 착물은 *rac* 또는 *meso* 입체 이성질체를 형성할 수 있다. 전자는 **1-알켄의 입체 선택적 중합**(**stereoselective polymerization of 1-alkenes**)에서 중요한 전촉매 5, 6족

(precatalyst)인 반면, 후자는 입체 선택성 없이 낮은 활성을 보인다. 예를 들어 C_2-대칭성의 *rac*-Z(Ind)$_2$ZrCl$_2$는 알맞은 촉매 활성제와 섞을 때 등방성(isotactic) 폴리프로펜 고분자(Z = 링커: 예 Me_2Si, C_2H_4, Me_2C)를 만든다. 리간드 변형은 C_s 대칭(예. 프로펜의 교대-특이성 중합)을 갖는 착물과 보다 열린 Cp-아미도 착물을 포함한다. 촉매로서의 응용성에 대해서는 3.7.2절을 보라.

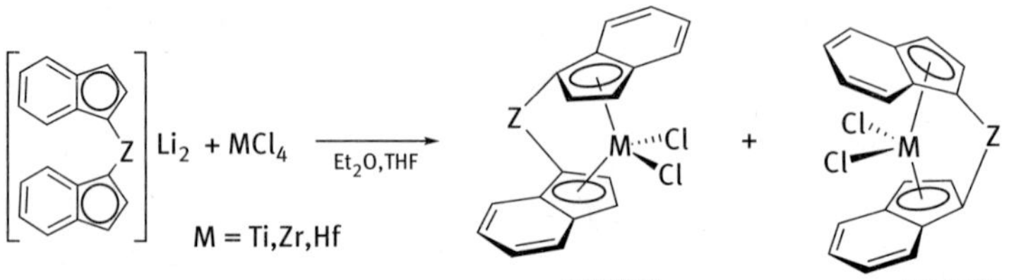

rac-이성질체 *meso*-이성질체

ansa-메탈로센

Z = $SiMe_2$, CMe_2, CH_2CH_2, etc.

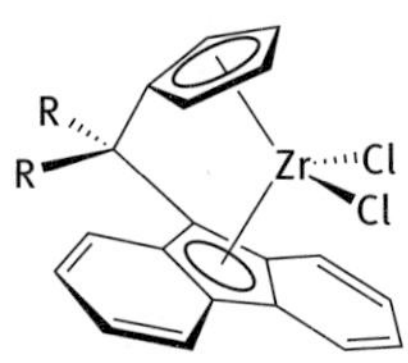

C_s-대칭 전촉매

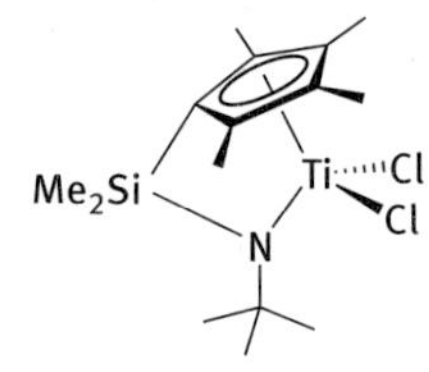

Cp-아미도 "구속된 기하 구조" 착물

2.8.2.2 굽은 메탈로센 착물의 구조

18-전자 규칙 때문에 굽은 비스-Cp 착물은 d-전자수가 적은 금속에 한정되어 있다. 착물의 영역은 다음과 같은 특징적인 형태로 나타낼 수 있다.

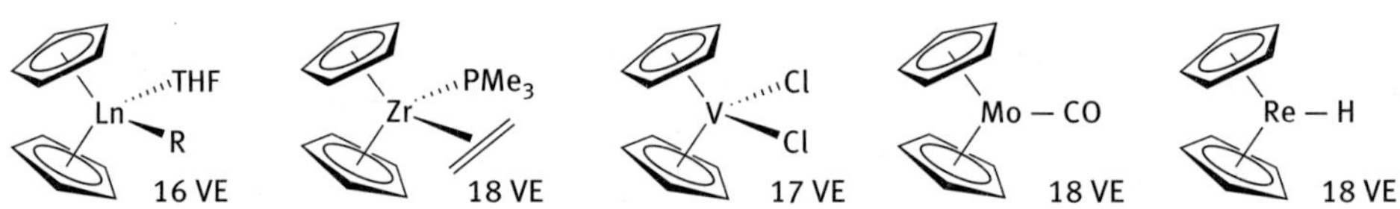

Ln = Group 3, lanthanides
R = alkyl

굽은 메탈로센의 화학적 반응성에 영향을 미치는 오비탈은 Cp-M-Cp 각을 양분하는 '적도 평면(equatorial plane)'을 향해 있다. Cp_2MX_2 (M = Ti, Zr, Hf)와 같은 화합물 또한 이 평면 내에 LUMO를 가지고 있고, 원리상 π-주개(따라서 d_π로 표시함)를 받아들일 수 있는 능력이 있다. 또한 d_σ로 나타낸 두 개의 M-X σ-결합을 만드는 데 참여하는 두 개의 오비탈이 있다. 따라서 굽은 메탈로센 토막 Cp_2M은 이 같은 세 개의 이용 가능한 오비탈을 가지고 있고, 이들은 다양한 수의 전자로 채워질 수 있다. 금속의 전자셈에 따라 세 개 리간드까지 결합할 수 있다. 세 개 오비탈 모두 비어 있으면, 세 개의 주개 리간드가 결합할 수 있다. 이들 적도 방향 오비탈 중 하나가 두 개의 전자를 가지고 있으면, 염기로 작용할 것이다. 따라서 3족 메탈로센에서 7족 메탈로센으로 가면서 화학적 성질에 규칙적 변화가 있다. 결합된 리간드 수는 입체 상호 작용과 금속 중심의 크기에 의하여 제한된다. 예를 들어 Zr은 $[Cp_2Zr(NCMe)_3]^{2+}$를 형성하는 반면, 더 작은 타이타늄은 $[Cp_2Ti(NCMe)_2]^{2+}$에서처럼 오직 두 개의 나이트릴 리간드만 결합할 수 있다.

d_π, d_σ 경계 오비탈

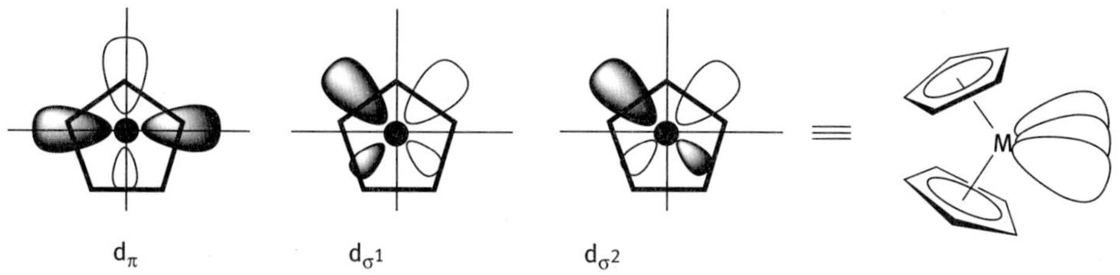

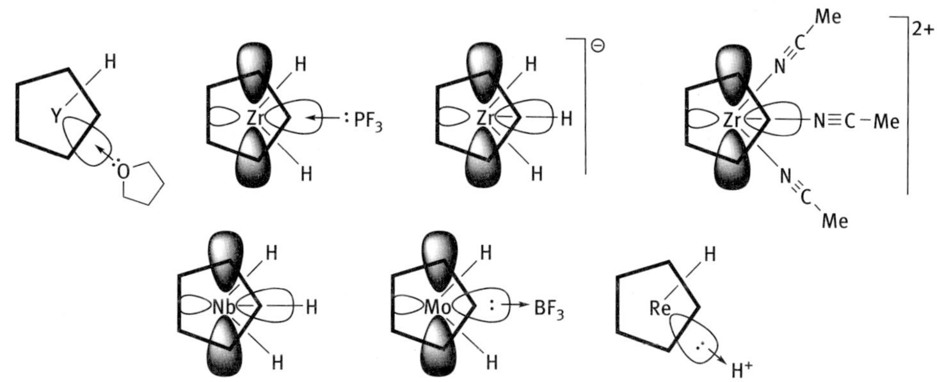

이 같은 경계 오비탈의 에너지는 두 개 Cp 리간드 평면 사이의 각도를 조정하여 변화될 수 있다. 이런 효과는 Cp 리간드가 링커 Z로 연결되어 있는 *ansa*-메탈로센에서 중요하다. 여기에서 금속의 배위 기하 구조는 C_5 고리가 이루는 면에 의하여 형성된 이면각 γ, 중심-M-중심 각 β, 그리고 Cp 리간드의 van der Waals 표면과 금속 사이에서 형성되는 각 α로 설명할 수 있다. 여기서 α는 금속의 **배위 틈 조리개(coordination gap aperture**, CGA)라고 일컫는다.

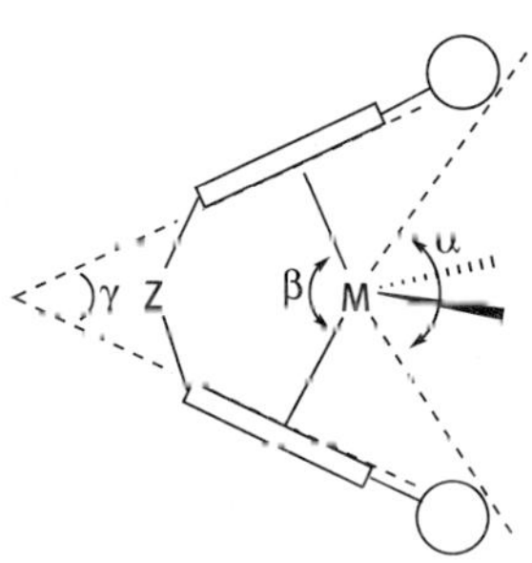

배위 틈, α,
그리고 *ansa*-메탈로센의 특성각

Z = CH_2처럼 짧은 단원자 링커의 경우, 경계 오비탈의 에너지는 올라가고 금속은 보다 더 Lewis 산성이 된다. 반대로 긴 링커는 α를 감소시키고, 입체 작용과 멀어져 금속은 결과적으로 전자가 더욱 풍부하게 된다. 물론, 꽤 크게 미치는 유발 효과(+I)는 반대 효과를 나타낼 것이다. 전자 주는 치환체의 영향과 고리 경사각의 영향은 $L_2Zr(CO)_2$ 착물의 평균 ν_{CO} 진동수[cm^{-1}]를 보아 알 수 있다(표 2.8.2). 억제 링커 Z 도입에 의한 Lewis 산도의 증가는 1-알켄 중합에서 유사한 연결되지 않은 메탈로센 착물과 비교하여 *ansa*-메탈로센 촉매의 활성도가 극적으로 증가함을 설명한다.

표 2.8.2 Cp 리간드의 입체적, 전자적 성질

L =	Cp	Cp*	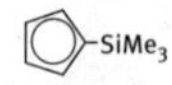	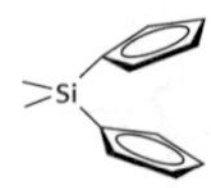	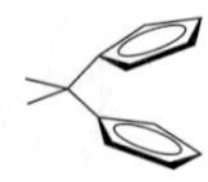	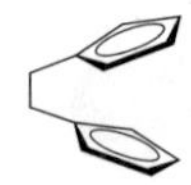	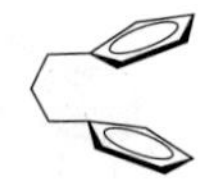
γ =	53.5	43.7		60.1	71.4	56.4	50.2
ν =	1932.0	1899.5	1929.0	1939.5	1935.0	1931.0	1928.5

2.8.2.3 굽은 메탈로센 착물의 반응성

할로젠화물 상호 교환. 합성에서의 효용성과 촉매로서의 응용성 측면에서 볼 때 가장 중요한 반응은 알킬에 의한 할로젠 리간드의 교환이다.

$$Cp_2MCl_2 + 2\ RLi \xrightarrow{Et_2O} Cp_2MR_2 + 2\ LiCl$$

R = Me, CH_2SiMe_3, aryl, alkynyl, etc.

$$Cp_2MCl_2 + AlMe_3 \xrightarrow{Et_2O} Cp_2M(Me)(Cl) + Me_2AlCl$$

유사하게 할로젠화 이온을 수소화 이온으로의 교환은 새로운 반응성에 대한 길을 열어준다. 앞전이 금속의 M-Cl, M-H, M-C 결합은 가수 분해하여 다리 놓은 또는 말단 산화물을 만드는 경향이 있다. 메탈로센 할로젠화물의 환원은 알켄 또는 포스핀의 배위를 가능하게 한다. 이염화 타이타노센에 대한 반응 양상을 아래 도표에 나타내었다.

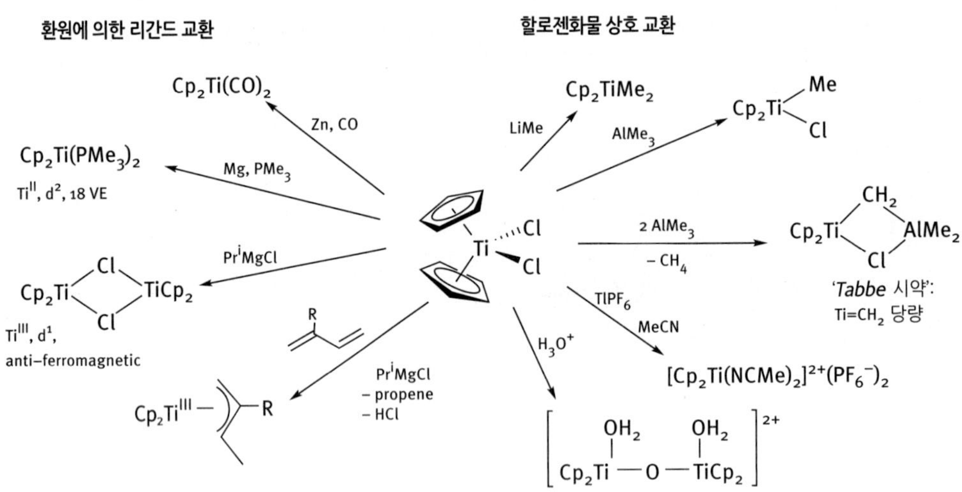

H^+, CPh_3^+ 또는 $FeCp_2^+$의 배위하지 않는 음이온 염에 의한 Cp_2MR_2로부터의 한 개 알킬 리간드 떼기는 매우 반응성이 큰 전자 결핍된(14 VE) 양이온성 4족 금속 알킬을 만들 수 있도록 해준다. 전자 부족의 영향은 반응 형태와 이들 화합물이 취하고 있는 구조에서 알 수 있다. R = 벤질인 경우에는 전자 결핍이 페닐 고리의 π-상호 작용에 의하여 해소된다. 금속과 β-위치의 C-H 결합 사이에서 **아고스틱 상호 작용**(agostic interactions)에 의한 안정화는 전자 결핍을 감소시키는 또 다른 방법이다.

양이온성 메탈로센 알킬은 유사한 중성 화합물보다 훨씬 더 반응성이 크고 **C-H 결합을 활성화**할 수 있다. 이들 또한 쉽게 알켄이나 알카인을 삽입한다.

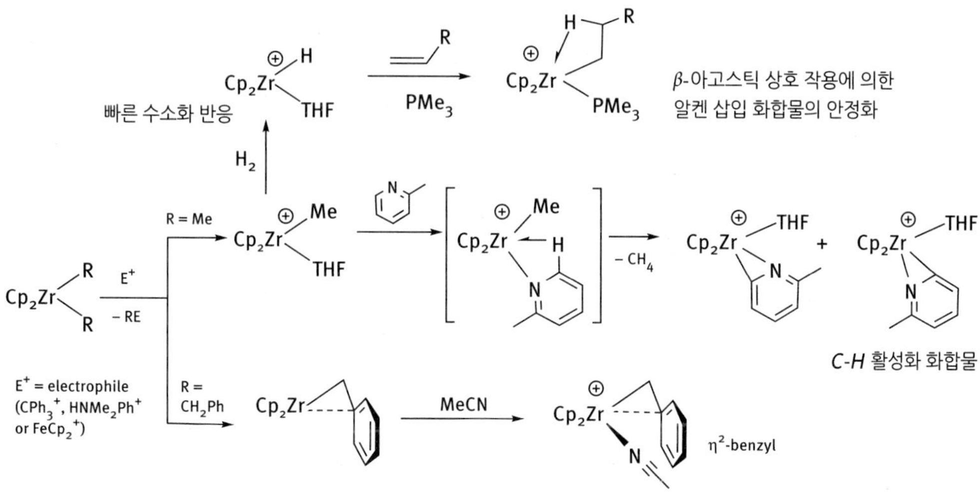

헤테로 원자(O, N)와 이중 결합을 하고 있는 4족 금속 착물은 흔하지 않으나, 메틸 아미도 착물 $Cp_2ZrMe(NHR)$로부터 열에 의한 메테인 제거에 의하여 생성될 수 있다. 중간체 $Cp_2Zr = NR$은 THF 배위 또는 알카인에 의한 포획에 의하여 안정화시킬 수 있으며 금속 함유 고리 화합물을 만들게 된다.

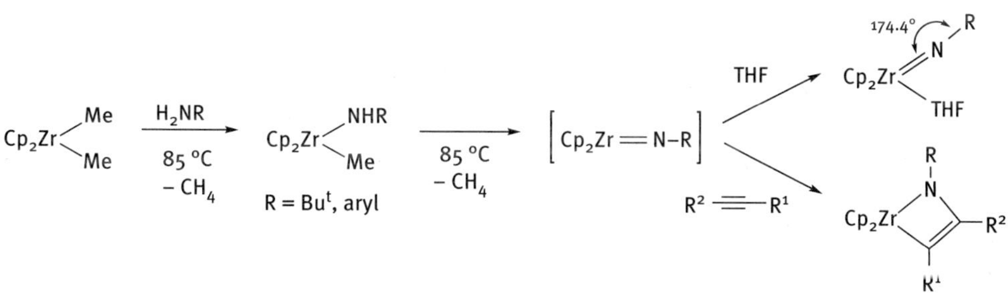

4족과는 대조적으로, 5족 금속은 종종 M = E 이중 결합을 선호한다. 이런 성질의 화합물은 탄탈럼 이미드와 메틸렌 착물의 쉬운 생성에서 볼 수 있듯이 종종 α-H 제거 과정에 의하여 자발적으로 형성된다. α-H 제거는 가역적이고 전촉매 착물은 주개 리간드 첨가에 의하여 포획될 수 있다.

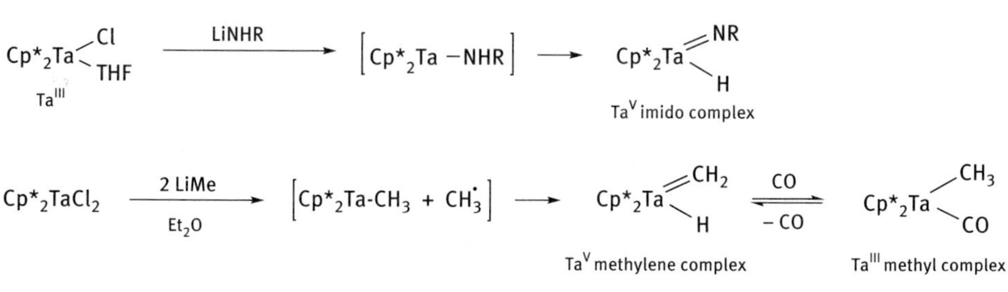

U(IV)과 같이 매우 큰 금속 중심은 전이 금속에서 볼 수 있는 것보다 배위수를 증가시킬 수 있고 오각 쌍뿔(pentagonal bipyrimidal) 착물을 만든다.

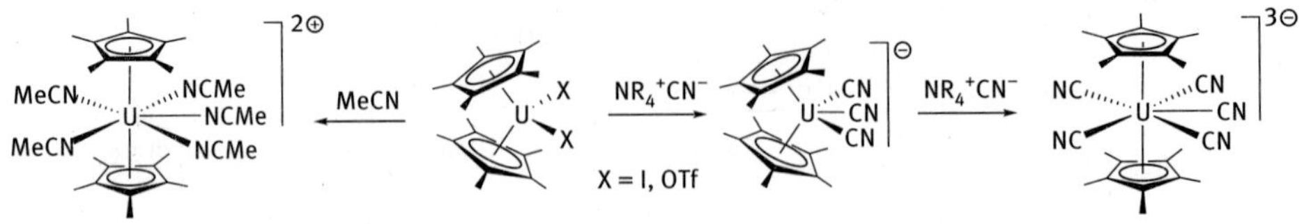

수소지르코늄 첨가 반응

메탈로센 수소화물. 지르코노센 클로로수소화물 $Cp_2Zr(H)Cl$은 Schwartz 시약으로 알려져 있으며 합성에 널리 사용된다. 이 화합물은 알켄과 알카인에 수소지르코늄 첨가 반응(hydrozirconates)을 일으킨다. 내부 알켄의 경우 C = C 삽입은 이성질화 단계가 뒤따라 일어나서 일차 알킬 지르코노센이 만들어진다. 이 방법은 **anti-Markovnikov** 위치 선택성 반응 화학으로 작용기를 도입하는 데 아주 유용하다.

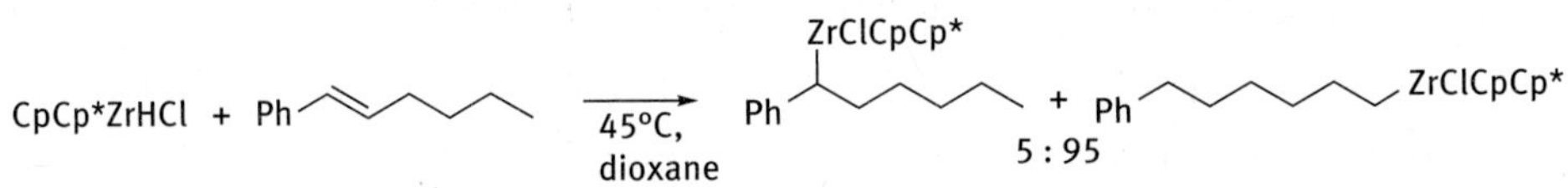

지르코노센 이수소화물은 해당하는 다이메틸 착물의 수소 첨가 분해에 의하여 접근이 가능하다. 이들은 Cp 리간드가 아주 부피가 크지 않는 한 이합체 $[Cp^R{}_2Zr(H)(\mu\text{-}H)]_2$이다. 수소화 이온이 배위된 양이온 $[(Cp^R{}_2Zr)_2(H)(\mu\text{-}H)_2]^+$은 배위하지 않는 음이온의 $CPh_3{}^+$ 염에 의하여 H^-가 떨어질 때 형성된다. 이들은 유동성이고 아이소뷰텐을 뷰틸 고무로 중합할 때 잠재적인 개시제이다.

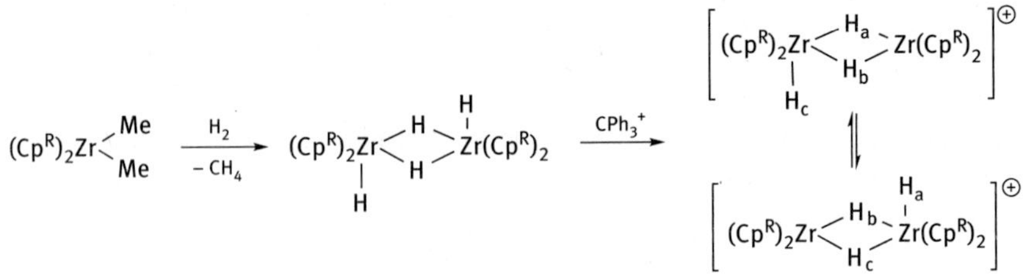

메탈로센 수소화물은 종종 H_2가 제거되면서 반응한다. 이것은 CO와 알켄 착물에서 편리하고 깨끗한 방법이 될 수 있다. π-받개 리간드의 5족 및 6족 금속 첨가물은 강한 역공여 특성이 있으며 예를 들어 Nb(III)의 에틸렌 착물은 아주 안정하고 더 이상의 에틸렌 삽입 반응에는 적절하지 않다. 따라서 그러한 화합물은 중합 촉매로서 활성이 없다.

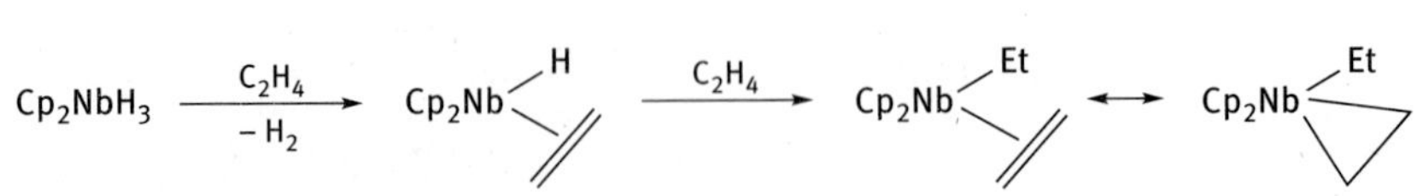

환원에 의한 리간드 교환. Cp_2TiCl_2를 Al, Zn 또는 Pr^iMgCl을 이용하여 환원하면 진한 녹색 Ti(III) 염화물 $[Cp_2Ti(\mu\text{-}Cl)]_2$가 만들어진다. 금속 중심은 d^1 전자 배치를 가지고 있고 반강자기성으로 짝지어 있다. Cp* 유사체는 단분자성이고 쉽게 알킬 또는 수소화 이온에 의하여 할로젠 리간드는 교환된다. Ti(III) 착물은 산화에 매우 민감하다.

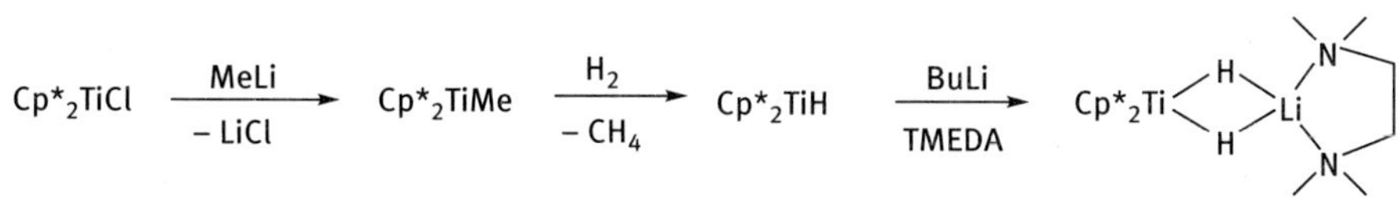

알켄 또는 알카인이 존재할 때 메탈로센 이염화물의 환원 반응과 뒤를 이은 산화성 첨가는 금속 함유 고리 화합물을 만든다. 이것은 C–C 결합 형성을 위한 유용한 방법이다.

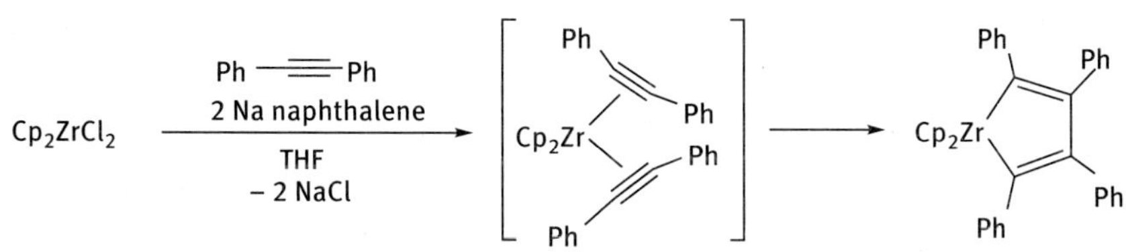

β-H 원자를 갖고 있는 알킬마그네슘 시약으로 Cp_2ZrCl_2를 환원하면 열에 안정한 지르코노센 알킬이 만들어진다. β-H 제거와 환원성 제거 단계는 Zr(II) 알켄 착물을 만든다. 이것은 Zr을 매개로 한 유기 합성 변환법이다. Zr(II) 화학종은 항상 분리되지 않고 반응 중에 생성된다. 이 반응 순서는 결국 알켄의 탄소마그네슘화로 이어진다.

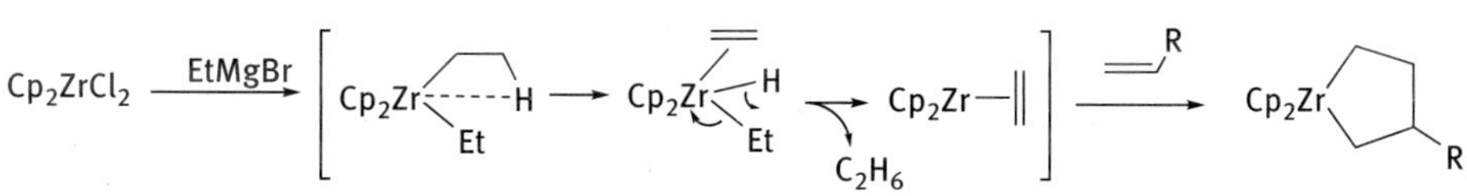

보다 더 전자가 풍부한 금속 메탈로센 할로젠화물의 환원은 N_2 착물을 포함한 주개 리간드와 첨가 생성물을 생성시키는 편리한 방법이다.

> **지표 2.8.2.1 친전자성 메탈로센의 구조적 관점: 사각 평면과 삼각 쌍뿔 C**
>
> 친전자성 금속 중심은 **평면 탄소**(planar carbon) 원자와 같은 흔치 않은 배위 기하 구조를 안정화시킬 수 있다. 이런 현상은 sp^2-혼성화된 C 원자가 같은 평면에서 네 개의 치환체와 결합을 형성할 때 만들어지며, '**anti-van't Hoff-LeBel 화합물**'이라고 한다. 이는 여섯 개 전자가 네 개 결합을 만들기 때문에 **2e3c** 결합이 필요하다. 일반적인 조건에서는 이런 결합 상황이 아주 불편하나, C 위에 치환체로서 전자 결핍 금속 중심은 필요한 비편재화를 제공하여 그러한 배열이 바닥 상태가 되도록 한다. 이런 상황은 Cp_2Zr 토막을 사용하여 실현되었다.

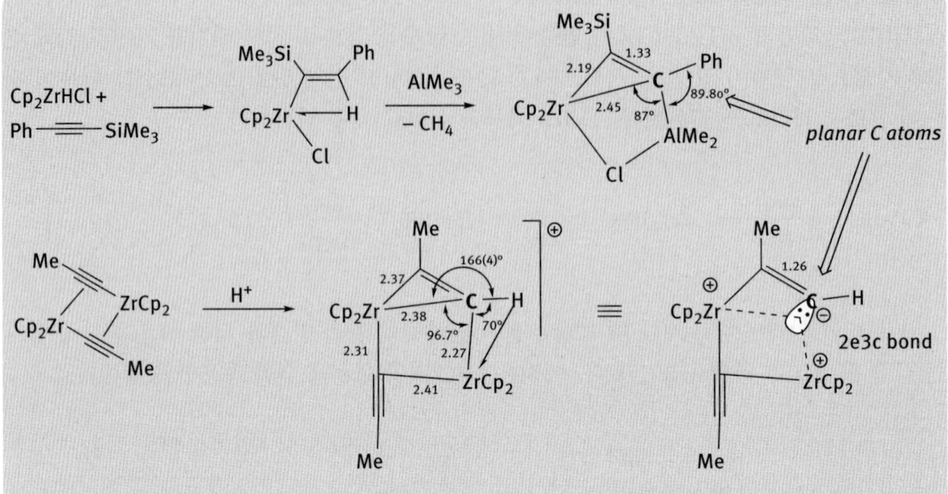

친전자성 메탈로센 양이온은 또한 **삼각 쌍뿔 탄소(trigonal-bipyramidal carbon)**를 안정화시킨다. 많은 착물 L_2MMe_2 (M = Ti, Zr, Hf; L = Cp 또는 음이온성 Cp-성 아닌 리간드)는 배위하는 음이온이 없는 조건에서 센 친전자체와 반응하여 양이온 $[L_2MMe]^+$를 만들며, 이는 L_2MMe_2의 메틸 리간드에 첨가하여 메틸 다리를 형성한다. 이는 원리상 Al_2Me_6(1.5.2.2절)에서의 전자 결핍 μ-메틸 결합을 연상시키며, 이들 화합물은 선형 M-C-M 배열을 가지고 있다.

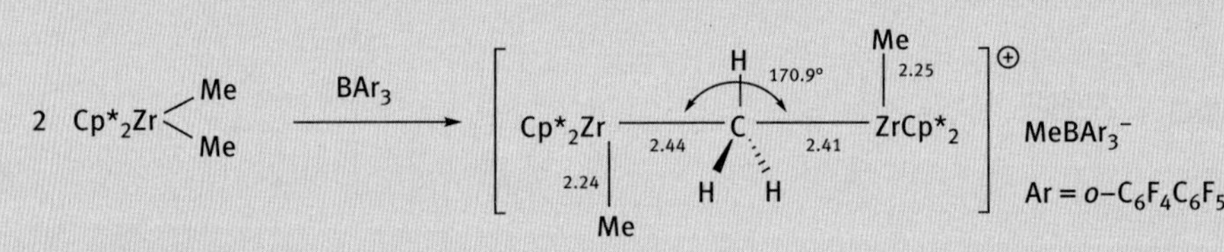

유기 합성에서 지르코노센의 응용

Schwartz 시약을 이용한 알켄과 알카인의 수소지르코늄 첨가 반응은 많은 응용성을 알아냈다. Zr-C 결합은 다양한 작용기를 도입하는 데 사용할 수 있었다. 수소지르코늄 첨가 반응에 이어 CO 또는 아이소사이아나이드의 삽입이 뒤따를 수 있다. 이 반응은 금속 교환 반응에 이어 짝지을 수 있으며, 예를 들어 아연 시약으로 변환 후 유기 카보닐 화합물과 쉽게 짝지을 수 있다.

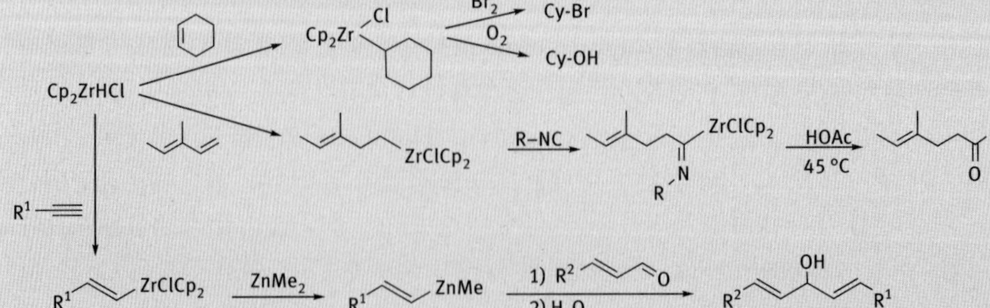

앞 절에서 설명하였듯이 지르코노센을 매개로한 알켄의 **탄소금속 첨가**(**carbometallation**)는 Cp_2ZrCl_2를 Cp_2Zr(알켄) 토막으로의 환원을 포함한다. 이는 더 이상의 알켄과 반응하여 금속 교환이 이루어지면서 Al 또는 Mg 시약에 의하여 깨지는 메탈라사이클로펜테인 중간체를 만든다. 카이랄 지르코노센을 이용하면 이 반응은 비대칭 합성에 이용할 수 있다. 알카인도 유사하게 AlR_3로 탄소금속 첨가하여 반응성이 있는 바이닐 알루미늄 시약을 만든다.

E. Negishi: C–C 짝지음 방법에 대한 기여로 2010년 노벨상 수상

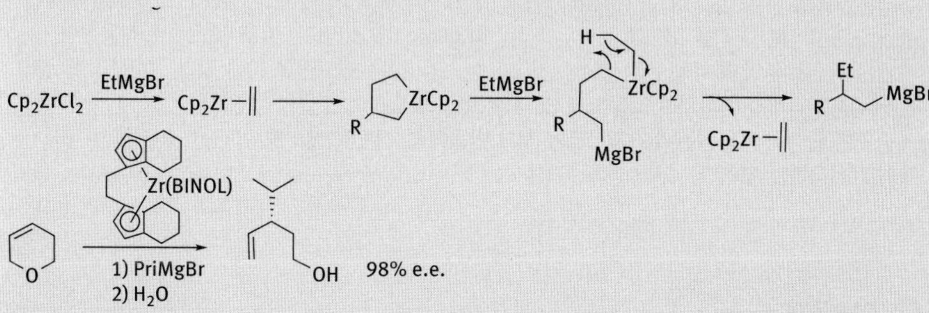

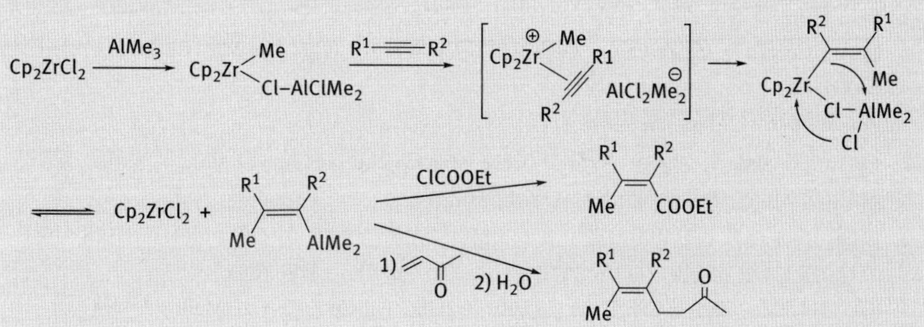

자료 2.8.2.2 메탈로센 물질: 단분자 자성체(single molecule magnets, SMMs)

4f 이온의 고스핀과 자화의 느린 이완은 란타넘족 화합물을 잠재적인 고밀도 자기 데이터 저장을 위한 매력적인 분자 목표물로 만든다. 리간드 환경은 전자 구조와 이온 사이의 자기적 상호 작용 정도를 조절한다. 단이온 자성체(single-ion magnets) 또한 알려져 있다. 몇 가지 예는 다음과 같다.

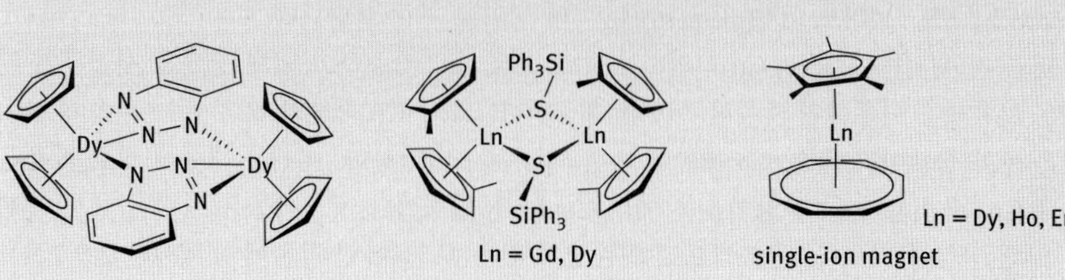

핵심

금속이 두 개의 Cp 리간드에 의하여 샌드위치되어 있는 착물을 메탈로센이라고 한다.

5~10족 전이 금속은 조성이 MCp_2이고 15~20 VE를 가진 메탈로센을 형성한다. 가장 중요한 메탈로센은 페로센 $FeCp_2$(Fc)이다. 이 화합물은 전기 화학적으로 활성이고 Fc/Fc^+ 산화-환원 짝은 전자 이동 촉매로서 전기 화학적 표준으로 사용된다.

페로센은 의약과 센서에서 중요한 응용성을 가지고 있다.

메탈로센은 30~34 VE인 삼층 구조 $[CpMCpMCp]^+$를 형성할 수 있다.

굽은 메탈로센은 Cp_2MX_n과 Cp_2ML_y 형태이며 대부분 $n = y = 2$이다. X와 L 리간드는 치환될 수 있으며 다양한 화학을 보이게 된다. 그러한 착물에서 Cp 리간드는 주로 보호기로 작용한다.

굽은 메탈로센의 화학적 반응성에 책임이 있는 오비탈은 적도면을 향해 있다. 이들의 에너지는 배위틈조리개를 변화시켜 조절하고 Cp 치환 형태에 의하여 조절할 수 있다.

중요한 합성적 응용성은 수소지르코늄 첨가 반응에서, 알켄과 알카인의 C-C 짝지음 반응에서 촉매로 사용하는 것이다.

연습문제

1. 다음 화합물의 산화 상태, 원자가 전자 수, 자기성을 계산하시오.
   Cp_2V, Cp^*_2TiH, $Cp_2Zr(CO)_2$, Cp_2NbCl_2, $[Cp_2WH_3]^+$, $(C_5H_4Me)_2Mn$, Cp_2Ru, $[Cp_2Ni]^+$, Cp_2Co.
   어느 것이 18-전자 규칙을 따르는가?
2. Cp_2TiCl_2와 $AlMe_3$의 반응을 설명하고 Tebbe 시약 $Cp_2Ti(\mu\text{-}CH_2)(\mu\text{-}Cl)AlMe_2$의 형성을 설명하시오. 이 시약은 어떻게 케톤 $R_2C{=}O$와 반응하는가?
3. 다음 반응에 대한 화학 반응식을 쓰고 생성물의 구조를 보인 후 이 같은 반응성을 설명하시오.
   (i) $Cp_2TiCl_2 + 2CpMgBr$; (ii) $Cp^*_2ZrH_2 + HCl$; (iii) $Cp_2WH_2 + HBF_4(OEt_2)$;
   (iv) $(C_5H_4SiMe_3)_2ZrH_2 + CPh_3^+$; (v) $Cp_2HfCl_2 + 2LiEt$; (vi) $Cp_2ZrCl_2 + 2EtMgBr$ + 1-헥센;
   (vii) $[Cp_2ZrMe(THF)]^+$ + 1) H_2, 2) 1-헥센
4. 반응 3(i)의 생성물에서 관찰되는 유동성 과정을 설명하시오.
5. *ansa*-메탈로센은 무엇이고 이런 형태의 화합물이 갖는 특징과 응용성은 무엇인지 설명하시오.

2.8.3 모노-사이클로펜타다이엔일(반쪽-샌드위치) 착물

다른 X-형태 및 L-형태의 리간드와 더불어 한 개의 Cp 리간드를 포함하고 있는 착물은 다양하고 중요한 화합물의 군을 이룬다. 모노-Cp 착물의 구조는 '**반쪽-샌드위치(half sandwich)**' 또는 '**피아노 의자(piano stool)**' 기하 구조로 자주 설명한다.

몇 가지 예외는 있으나, Cp 리간드는 주로 보호기로 작용하고 입체 장애를 제공하며 알맞은 치환체를 이용하면 카이랄 정보를 제공한다. 모노-Cp 착물의 많은 예는 금속 중심이 높은 산화 상태이고 금속-Cp 결합에 대한 역공여는 미미하다. 이러한 경우에 상호 작용은 주로 Cp^- 음이온과 금속 양이온 사이의 Coulomb 인력이다. Cp 착물은 이런 점에서 아렌 및 알켄 착물과 다르다. 구조적으로 연관성이 있는 모노-아렌 착물에 대해서는 2.9.2절을 보라.

단핵 모노-Cp 착물과 별개로 많은 이중 핵 및 다중 핵 착물이 존재한다. $[CpFe(CO)_2]_2$ 와 같은 착물의 결합 특성은 2.5.2절에서 논의하였다.

2.8.3.1 모노-Cp 착물의 합성

모노-Cp 착물의 합성법은 여러 가지가 있다.

(i) Cp^-에 의한 할로젠 교환 반응
(ii) 환원성 카보닐화 반응
(iii) CpH 또는 Cp^-와 금속 카보닐의 반응
(iv) 메탈로센의 리간드 교환 반응
(v) Cp 금속 카보닐의 산화

할로젠 교환 반응. $TiCl_4$와 NaCp를 1:1 몰비로 에터 용액에서 반응시키게 되면, $CpTiCl_3$가 얻어지는 것이 아니라 굽은 메탈로센 착물인 Cp_2TiCl_2와 반응하지 않은 $TiCl_4$를 얻게 된다. $CpTiCl_3$를 합성하기 위해서는 NaCp 대신에 선택성 Cp 이동제인 $CpSiMe_3$와 포화 탄화수소 용매를 사용하여야 한다. 또한, SMe_2가 배위된 금속 착물의 사용은 MCl_4의 루이스 산도를 떨어뜨려, 모노 Cp 생성물을 만드는 데 바람직하다. 이 방법은 수율을 떨어뜨리는 알칼리 할로젠화물의 생성을 막아주며, 진공에서 쉽게 제거되는 Me_3SiCl을 부산물로 만든다.

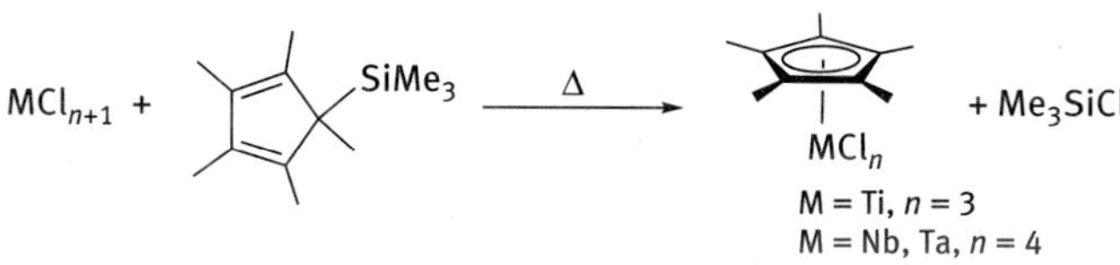

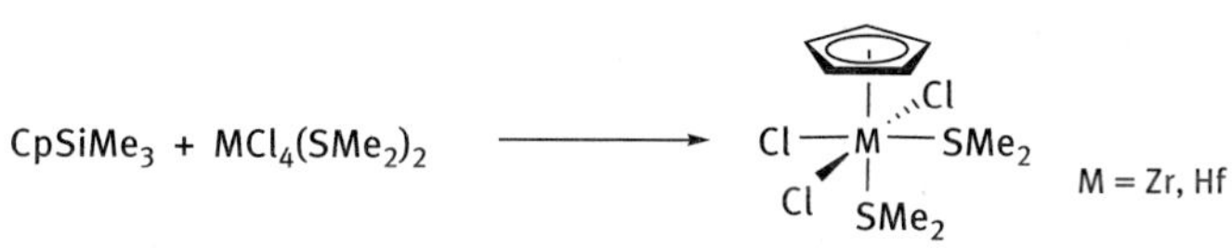

이들 모노-Cp 할로젠화물은 전자 결핍(12~16 VE)이나, CO 또는 포스핀을 포함하고 있는 착물은 18-전자 규칙을 따른다. 아주 안정한 $CpMn(CO)_3$는 **사이만트렌**(cymantrene)이라는 속명으로 알려져 있다. C_5H_4Me 유사체는 한때 안티-녹킹 첨가제로 사용되었다. $CpCo(PMe_3)_2$는 전자가 풍부하고 무기 염처럼 행동하며, 염기 성질이 없는 CO 유사체인 $CpCo(CO)_2$와는 달리 $CpCo(PMe_3)_2$는 MeI와 같은 친전자체가 산화성 첨가한다.

Ni(I) 착물인 $NiCl(PPr^i_3)_2$와 LiCp를 반응시키면 두 개의 금속 중심을 Cp 리간드가 다리 놓은 예가 만들어진다. 부피가 크고 염기성인 PPr^i_3 리간드는 니켈이 산화 상태 +I에서 안정화되는 것을 요구한다. CpCuL 형태의 Cu(I)의 Cp 착물은 염기로 작용하는 $[CuOBu^t]_4$로부터 간편하게 얻을 수 있다. $[CuCp_2]^-$ 음이온에서와는 달리 $CpCu(PR_3)$에서 Cp 리간드는 η^5-결합되어 있는 18 VE 구조이다.

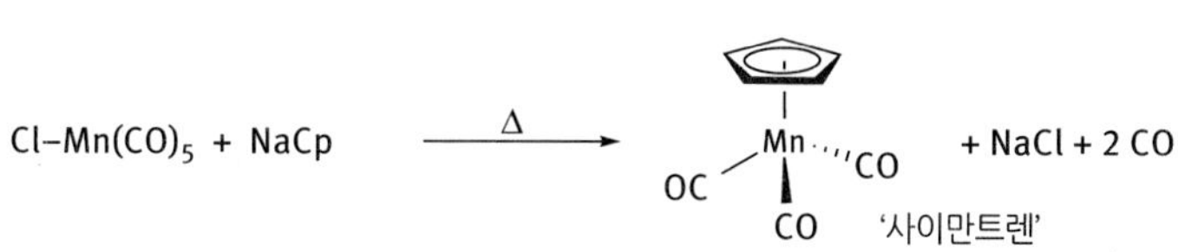

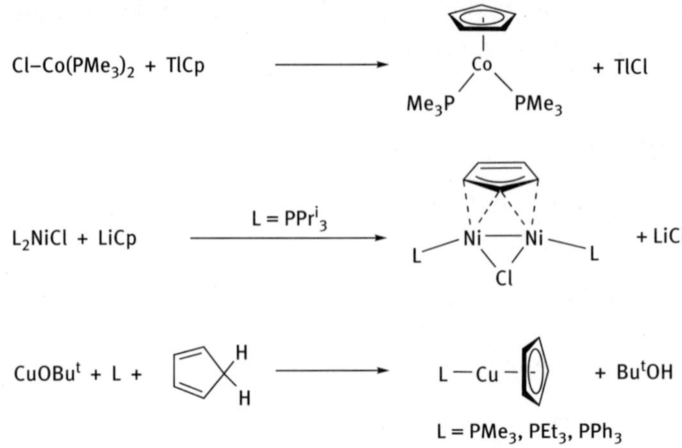

환원성 카보닐화 반응. VCl_3로부터 $CpV(CO)_4$를 얻는 길은 여러 가지가 있으나 높은 CO 압력을 필요로 한다. CO가 존재할 때 바나도센의 환원은 온화한 반응 조건에서 부드럽게 진행된다.

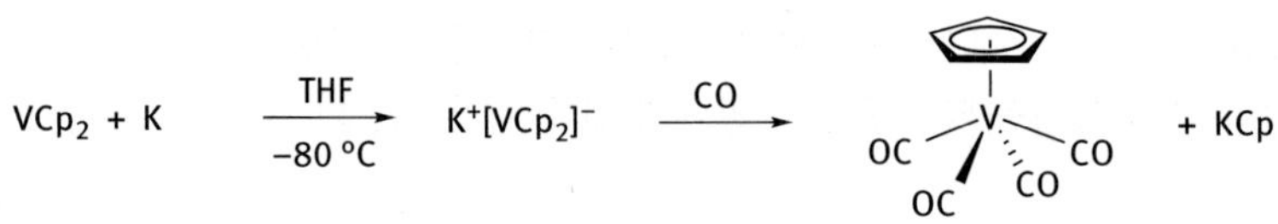

금속 카보닐로부터 합성. Cp 음이온은 CO 리간드를 밀어내고 착음이온 $[CpM(CO)_n]^-$을 만든다. 이는 양성자 첨가 또는 친전자체와 반응하여 여러 가지 계승 생성물(successor products)을 만들 수 있다. CpH를 $Fe(CO)_5$와 함께 150 °C에서 가열(또는 이것의 Diels-Alder 이합체)하면 $[CpFe(CO)_2]_2$가 만들어지며 이는 종종 Fp_2라는 약어로 사용된다.

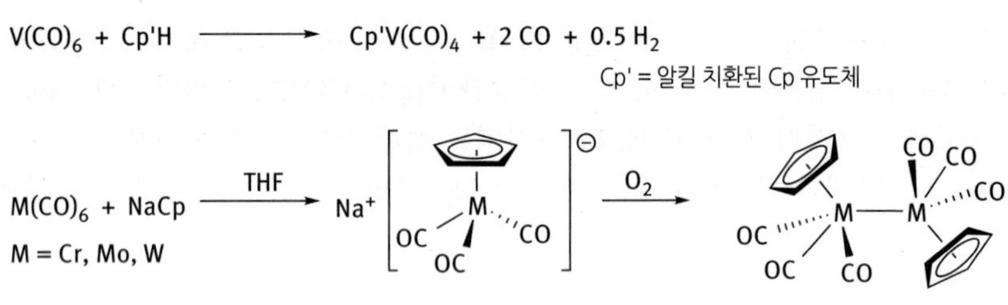

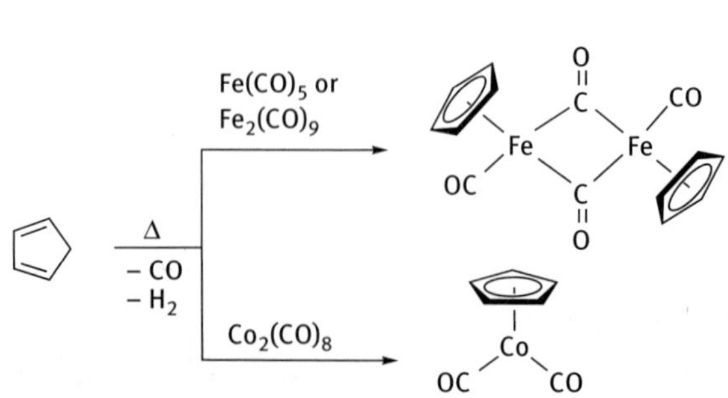

메탈로센의 리간드 교환에 의한 합성. 니켈로센은 20 VE 화학종이므로 다양한 리간드 교환 반응이 일어나서 18 VE 생성물을 만든다. $[CpNi(\mu\text{-}CO)]_2$ (Ni^I, d^9)의 구조와 결합은 2.5.2절에서 다루었다. $LiCp^R$과 $NiBr_2(PPh_3)_2$의 반응으로부터 $Cp^RNi(X)(L)$ 형태의 화합물 또한 만들 수 있다. 두 가지 Ni 생성물 모두 유용한 초기 물질이다.

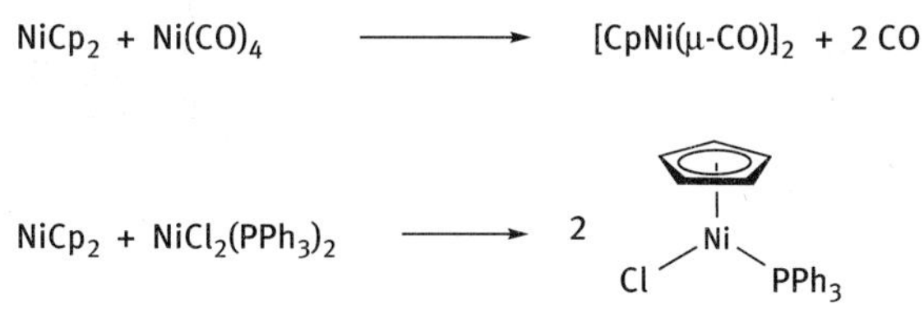

금속 카보닐의 산화에 의해:

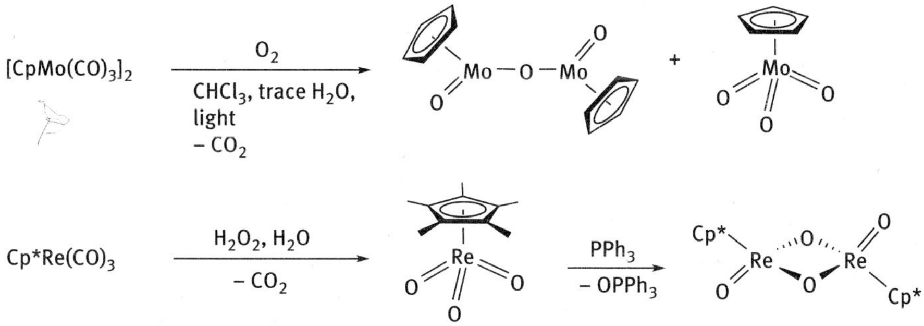

2.8.3.2 모노-Cp 착물의 반응성

할로젠 치환. 모노-Cp 착물의 반응성은 굽은 메탈로센에 대하여 나타낸 원리를 따른다. 할로젠 리간드를 갖는 착물은 수많은 새로운 화합물 부류를 위한 초기 물질로 유용하다. Lewis 산성의 앞전이 금속에서는 적어도 한 개의 염소 리간드를 Me_3Si 시약을 이용한 반응으로 간편하게 제거할 수 있다. 부산물인 휘발성 Me_3SiCl는 진공으로 제거된다. 아래 그림에서 보여 주고 있는 CpTi 포스핀이미도와 아릴옥소 예는 활성이 매우 큰 에틸렌 중합 촉매의 선촉매이고 산업 공정에서 사용된다. E = N 또는 O 위의 고립쌍은 금속 중심에 대하여 일부 π-공여를 하며, 이 결과 E 주위의 결합각은 180°에 가깝다.

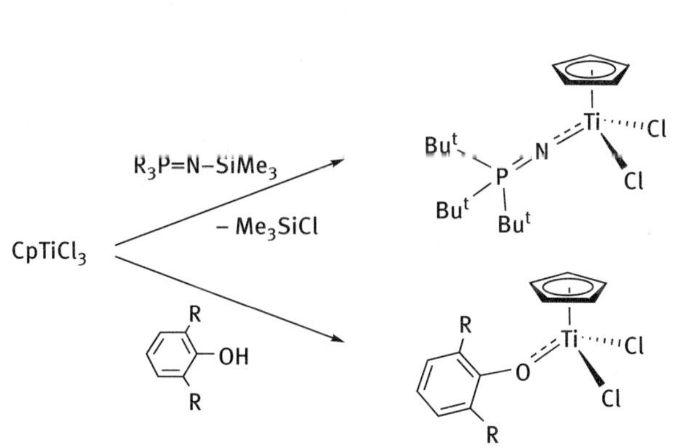

모노-Cp 할로젠화물 및 산화물은 수소 이동제와 반응하여 수소화 착물을 만든다. 한편 염소 떼기 반응은 비어 있는 배위 자리를 남기고 적절한 주개 리간드 환경에서 H_2와 결합할 수 있다. 아래 그림에 있는 철 이수소 착물은 분자 수소를 H^+로 전기 화학적 산화 시에 성능이 아주 좋은 촉매이며, 이 반응은 에너지원으로 H_2를 이용한다는 맥락에서 중요하다.

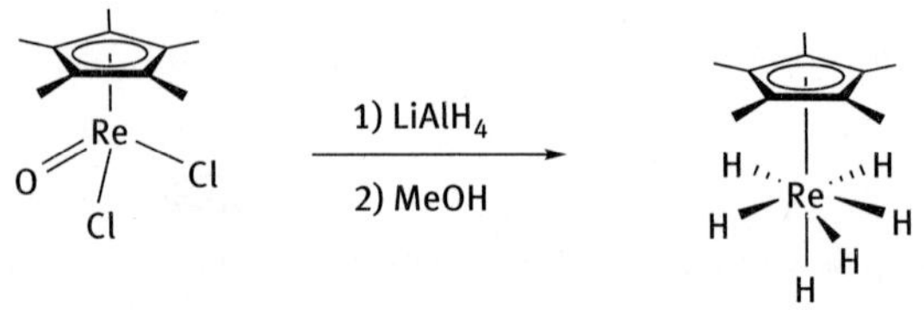

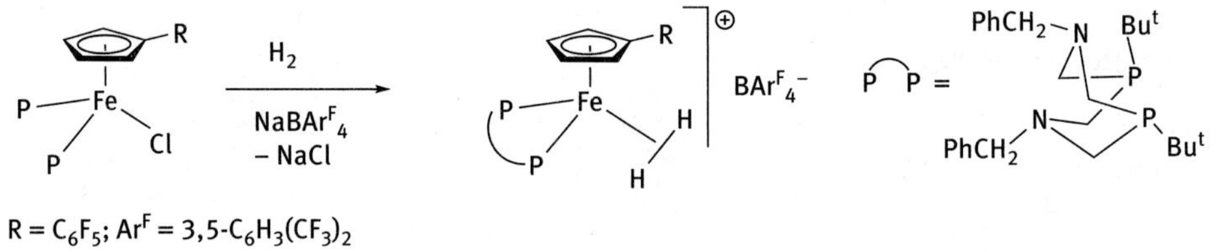

환원. 부피가 큰 Cp의 유도체 Cp‴$ZrCl_3$ (Cp‴ = 1,2,4-$Bu^t{}_3C_5H_2$)를 포타슘 금속으로 환원하면 Zr(III) 반쪽-샌드위치 착물의 예가 얻어진다. Cp*$MoCl_4$(L) 형태의 착물을 N_2 분위기에서 소듐 아말감으로 환원하면 금속 중심이 N_2와 결합할 수 있게 할 수 있고, 배위된 이질소의 연이은 환원에 의하여 다이아제나이도 음이온 ($N{=}N^{2-}$)을 얻을 수 있다.

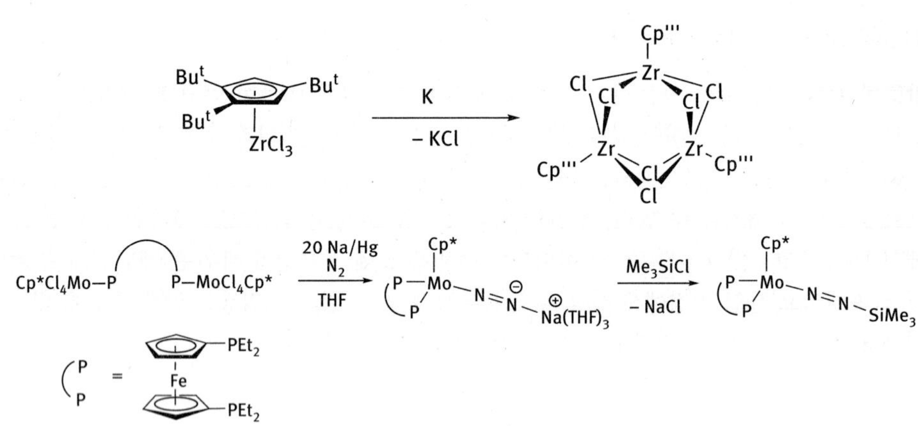

소듐 아말감을 이용한 환원은 $[CpCr(CO)_3]_2$ 및 $[CpFe(CO)_2]_2$와 같은 이핵 금속 메탈 카보닐의 화학으로 쉽게 들어가는 방법이다. 환원하면 18 VE 단핵 Cp 금속 카보닐 음이온이 발생되며, 양성자가 첨가되거나 알킬 할로젠화물에 의하여 알킬화되어 수소화물 또는 금속 알킬 유도체를 만든다. 이핵 착물은 또한 다이할로젠에 의하여 친전자성으로 쪼개진다. CpFe(CO)(PPh_3)R은 금속 중심에 네 개의 치환체가 배위된 것으로 간주할 수 있으며, 따라서 카이랄성이다. 반전이 느리기 때문에 거울상 이성질체는 분리할 수 있으며 비대칭 합성에 이용된다. 철 화합물에 대한 전형적인 반응 유형은 다음 그림에 개요를 기술하였다.

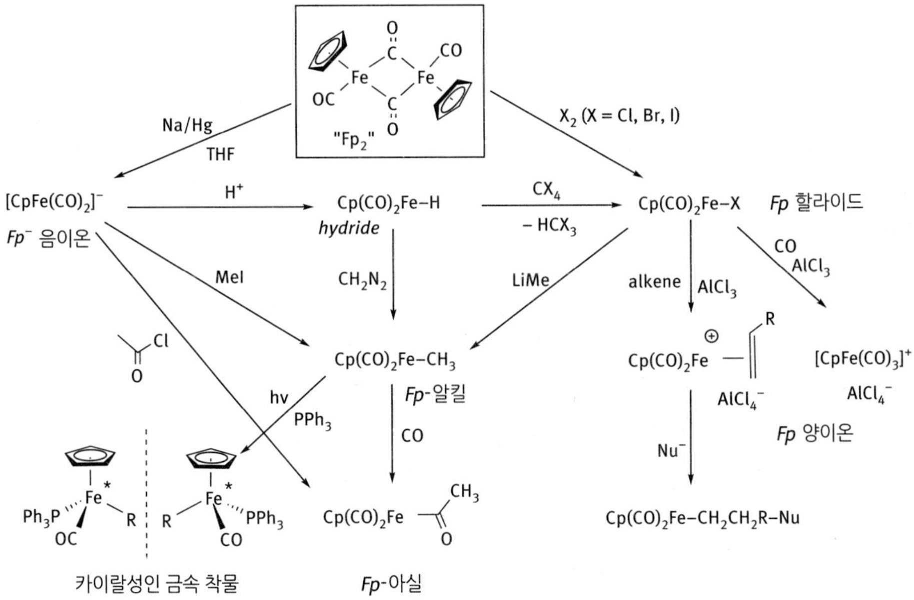

산화-환원 반응. 알칼리 금속과 Cp에서 할로젠 리간드를 치환하는 데 자주 이용되는 탈륨 Cp 착물은 제외하고, 사이클로펜타다이엔일 착물은 산화-환원 이동에 의하여 만들 수 있다. 예를 들어 $CpCuPPh_3$는 금속성 란타넘족 원소와 반응하여 구리 금속과 란타넘족 Cp 착물을 만든다. 이것은 혼합-리간드 란타넘족 모노-Cp 화합물에 이르는 깔끔한 고수율의 합성 방법이다.

$$2\,CpCuL + Yb \xrightarrow[20\,^{\circ}C]{THF,\ YbI_2} Cp_2Yb + 2\,Cu + 2\,L \qquad L = PPh_3$$

$$3\,CpCuL + Ln \xrightarrow[20\,^{\circ}C]{THF,\ LnI_3} Cp_3Ln + 3\,Cu + 3\,L \qquad Ln = Pr,\ Er$$

$$CpCuL + SmI_2(THF)_2 \xrightarrow[20\,^{\circ}C]{THF} CpSmI_2(THF)_2 + Cu + L$$

자료 2.8.3 입체 선택성 합성에서 반쪽-샌드위치 착물

모노-Cp 착물은 촉매와 입체 선택성 시약으로 널리 사용된다. 두 가지 접근법이 있다. 두 번째 카이랄 리간드와 조합하여 보호기로서 Cp 리간드를 사용하거나 또는 카이랄성과 입체 유도성 치환기를 갖는 Cp 리간드로 변형하는 것이 그것이다. 첫 번째 접근법은 카이랄 CpTi 알릴 착물에 대하여 다음 식에 보여 주고 있으며, C–C 결합은 보다 더 많이 치환된 C 원자에서 만들어지고 두 개의 카이랄 중심이 매우 높은 부분 입체 선택성을 가지고 발생한다.

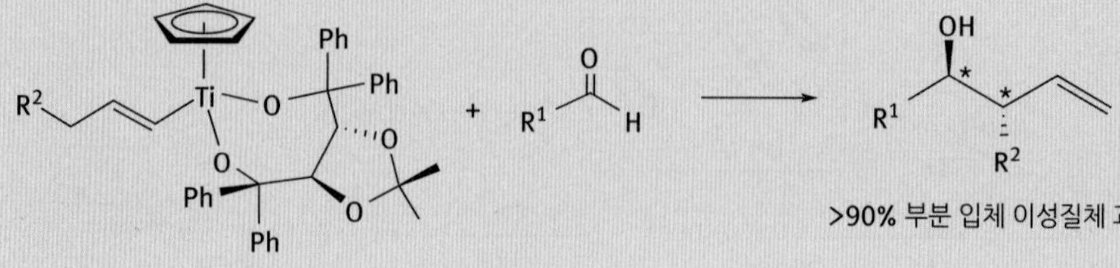

두 번째 접근법은 변형된 Cp 리간드를 갖고 있는 Rh 촉매에서 이용된다. 여기서 Cp 리간드 위의 치환체 위치는 C-N 기질의 배향과 진입하는 알켄의 방향을 조절하는 데 이용된다. 거울상 이성질체 초과율은 > 90%이다. 반응은 산화성 고리 금속화 반응을 통하여 진행되어 C-N 결합된 Rh(III) 중간체를 만들고, 연이어 알켄 삽입과 환원성 제거를 통하여 고리 생성물이 만들어지며 Rh(I)이 재생성된다.

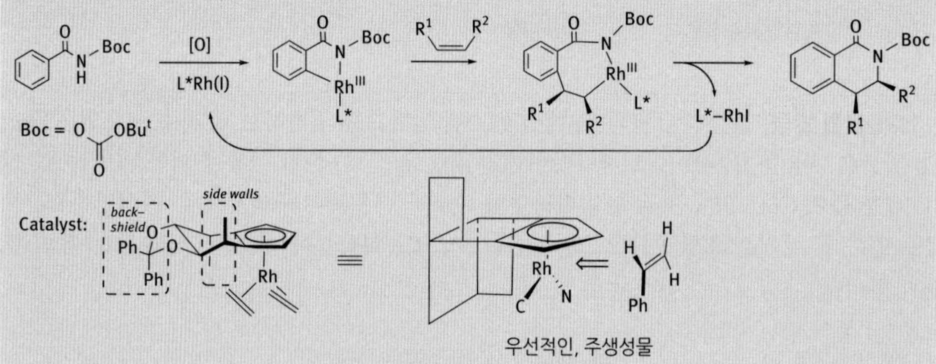

알카인의 수소 첨가 반응으로 알켄을 만드는 반응은 일반적으로 H_2를 시스-형식으로 전달함으로써 진행되고, 알켄이 Z-배열이 되도록 한다. 대조적으로 몇몇 Cp* 루테늄(II) 착물은 *E*-(트랜스)-알켄의 생성에 촉매로 작용하는 것으로 알려져 있다. 비록 이들 모두가 약하게 결합된 리간드 또는 용매 분자(MeOH, CH_2CL_2)에 의하여 안정화된 $[Cp^*Ru(H_2)]^+$ 양이온을 발생시키나, 많은 전촉매가 사용될 수 있다. 다양한 작용기가 허용된다.

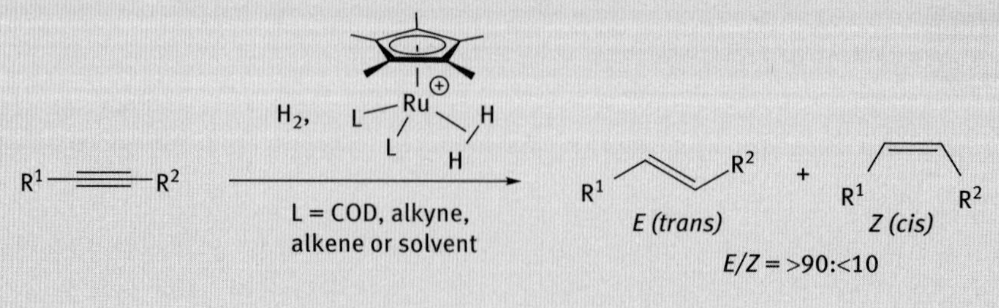

핵심

반쪽-샌드위치 착물은 한 개의 방향족 π-리간드와 이에 더하여 X-와 L-형 리간드 조합을 포함하고 있다.

CO 리간드를 포함하고 있는 단핵 반쪽-샌드위치 착물은 18-전자 규칙을 따른다.

다리 놓인 CO 리간드를 갖고 있는 이핵 모노-Cp 착물은 30/34 원자가 전자를 가진 이합체이다.

가장 흔하고 유용한 것은 할로젠화물 $CpMX_n$이며, 다른 음이온성 리간드에 의하여 X의 치환이 이루어지고 M-C, M-O 또는 M-N 결합을 가진 착물을 만든다.

전자가 풍부한 금속의 착물 $CpML_n$ (L = 포스핀, 알켄)은 널리 촉매로, 그리고 반응성 CpM 토막에 대한 전구체로 사용된다.

CpM 착물의 응용성은 중합, C-C 짝지음 및 수소 첨가 반응에 대한 촉매 분야에서 발견된다.

연습문제

1. 다음으로부터 출발하여 모노-Cp 착물의 합성에 대한 합성 방법과 반응식을 쓰시오.
   (i) $TiCl_4$; (ii) $Mo(CO)_6$; (iii) $Fe(CO)_5$; (iv) $[RhCl(C_2H_4)_2]_2$.
2. 다음에 이르는 합성법을 고안하고 구조와 결합에 대하여 설명하시오.
   (i) $[CpNi(CO)]_2$; (ii) CpNi(NO); (iii) $[CpNi(PPh_2)]_2$; (iv) $[CpNi(PPh_3)_2]BF_4$; (v) $[CpNi(PEt_3)]_2$.
3. $(\eta^5\text{-indenyl})Rh(C_2H_4)_2$에서 CO에 의한 에틸렌 리간드의 치환 속도가 $(\eta^5\text{-}C_5H_5)Rh(C_2H_4)_2$에 비하여 여러 자릿수만큼 빠른 이유를 설명하시오.

2.9 아렌 착물

2.9.1 비스(아렌) 샌드위치 착물

아렌은 구조적으로 2.8장에서 설명한 사이클로펜타다이엔일 착물과 밀접하게 닮은 π-착물을 형성할 수 있으며, 닮은 이유는 $C_5H_5^-$와 C_6H_6가 등전자성 6π Hückel 방향족 계이기 때문이다. Cp^-처럼 아렌 고리는 세 개 배위 자리를 차지하는 것으로 생각할 수 있어, 비스(아렌)금속 착물은 팔면체로 간주할 수 있다.

아렌 착물에서 C–C 결합은 자유 아렌에 비하여 약간 늘어나 있고, 역결합 기여를 나타낸다. 아렌은 전하가 없으므로 Cp 착물에서는 중요한 현상이었던 결합에 대한 정전기적인 기여는 없고, 따라서 아렌 착물은 일반적으로 더욱 치환성이다. 이것은 금속-아렌 결합 에너지에서 나타난다. $D(Fe\text{–}C_5H_5)$는 260 kJ mol^{-1}인 반면, $D(Cr\text{–}C_6H_6)$는 170 kJ mol^{-1}밖에 안 된다.

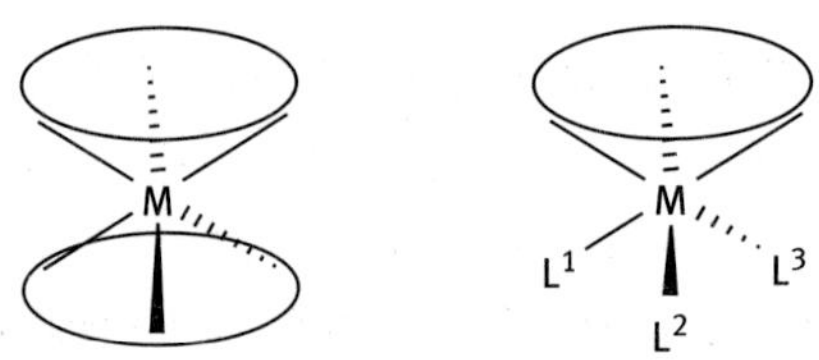

비스(아렌)과 아렌 반쪽 샌드위치 착물의 기본 구조

2.9.1.1 합성과 구조

아렌 착물의 고전적 예는 비스(벤젠) 크로뮴이며, 페로센과 등전자성이고 동등 구조인 18 VE 아렌 착물이다. 이 화합물은 1950년대 E. O. Fischer에 의하여 처음 만들어졌으며, 벤젠 속에서 $Al/AlCl_3$를 이용한 $CrCl_3$의 환원(Fischer–Hafner 합성)으로 Cr(0) 샌드위치 착물을 얻었다.

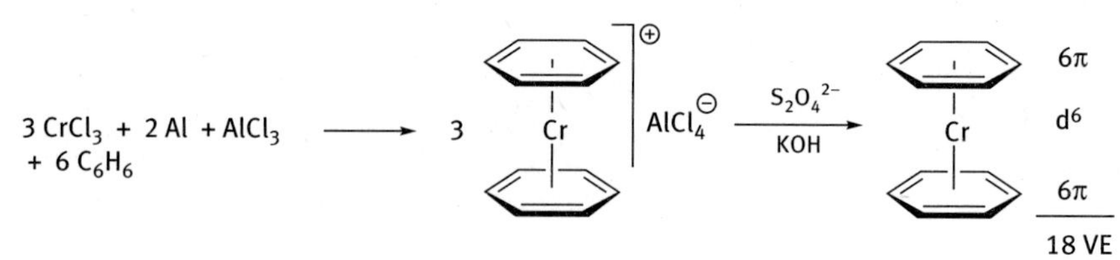

아렌 착물을 만드는 또 다른 방법은 금속 원자 증기를 아렌과 함께 차가운 온도(−196 °C) 및 고진공에서 응축 반응기의 벽에 공-응축(co-condense)하는 것이다. 이 방법에 의하여 일련의 치환된 비스(아렌) 착물을, 특히 아렌 = 1,3,5-$R_3C_6H_3$ (R = Pr^i, Bu^t)과 분리할 수 있었다.

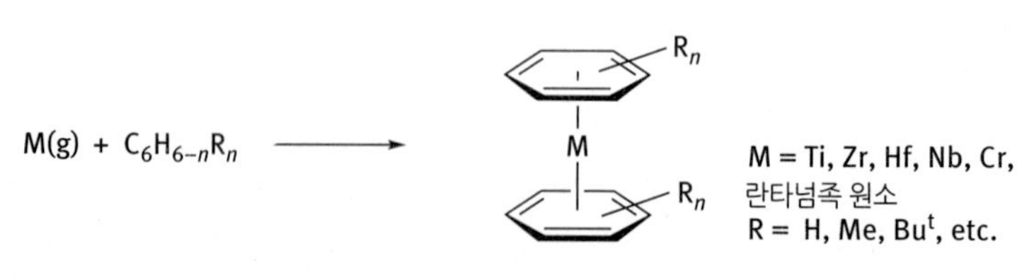

아렌 착물의 안정도는 치환 정도에 따라 증가한다. 특히 헥사메틸벤젠은 16~21 원자가 전자를 갖는 비스(아렌) 착물을 형성한다. 18 VE 전자셈을 넘을 듯한 화합물은 아렌 고리당 여섯 개의 전자보다 적은 전자가 참여하는 결합 형식을 기본으로 한다. 예를 들어 $Ru(C_6Me_6)_2$는 한 개의 η^6-와 한 개의 η^4-결합된 아렌 고리를 가지고 있어 결과적으로 전자셈은 18을 유지하게 된다. 축퇴되어 있는 결합 상황에서 늘 그러하듯이 이 화합물은 유동적이다.

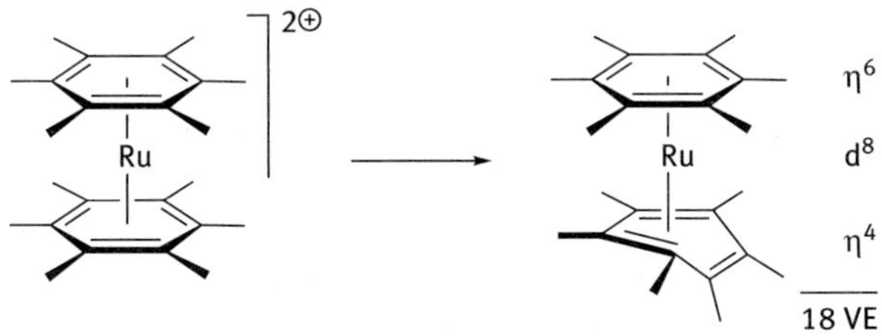

많은 비스(아렌) 착물은 18-전자 규칙에서 벗어나고 상자기성이다. 몇 가지 예가 표 2.9.1에 수록되어 있다.

아렌 착물은 리간드 교환에 의하여 Cp 착물로부터 만들 수 있다. 아렌 고리는 두 개의 금속을 다리 놓아 **삼층 구조(triple-decker structures)**를 만들 수 있다. 결합은 전자 결핍성이다. 예를 들어 $Cr_2(mesitylene)_3$에서 Cr 원자당 전자셈은 오직 15이다. 그러나 다리 놓은 아렌 고리는 비편재화된 결합에 의하여 M_2C_6 핵심부가 함께 붙잡혀 있다.

표 2.9.1 첫 주기 비스(아렌) 착물의 개요

착물	전자셈	비공유 전자	비고
$Ti(C_6H_6)_2$	16	0	
$[V(C_6H_3Me_3)_2]^+$	16	0	
$[Ti(C_6H_5Ph)_2]^-$	17	1	
$V(C_6H_6)_2$	17	1	
$[V(C_6H_6)_2]^-$	18	0	
$Cr(C_6H_6)_2$	18	0	
$[Fe(C_6Me_6)_2]^{2+}$	18	0	주황색, 매우 안정함
$[Fe(C_6Me_6)_2]^+$	19	1	진보라색
$[Co(C_6Me_6)_2]^{2+}$	19	1	
$Fe(C_6Me_6)_2$	20	0	η^6 또는 η^4
$[Co(C_6Me_6)_2]^+$	20	2	노란색, η^6, η^6
$[Ni(C_6Me_6)_2]^{2+}$	20	2	적갈색

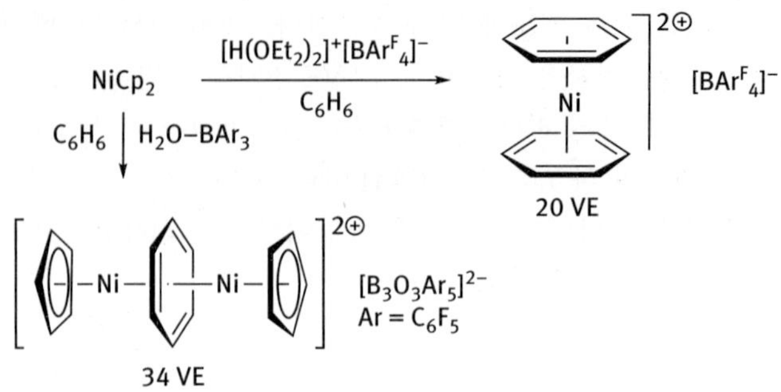

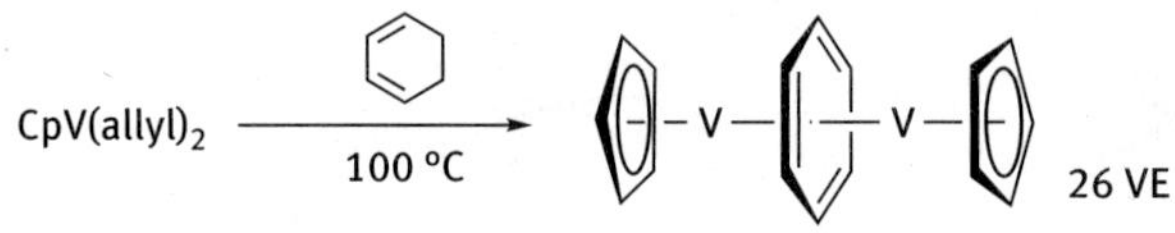

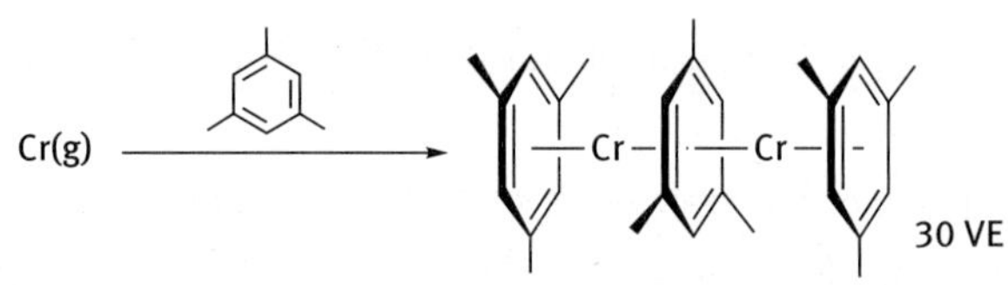

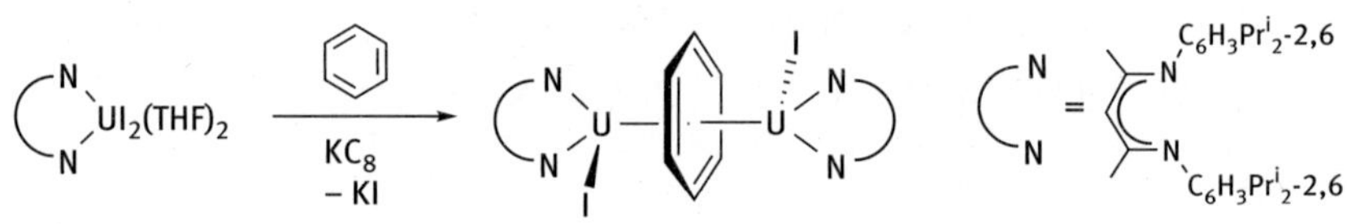

2.9.1.2 비스(아렌) 착물의 반응성

아렌 착물은 아래와 같은 반응을 한다.

(i) 금속에서, 산화와 환원에 의하여
(ii) 리간드 치환에 의하여
(iii) 아렌 리간드에서, 금속화 반응과 친핵성 공격에 의하여

금속과 리간드 치환 반응의 전형적인 예는 Nb(η^6-toluene)$_2$의 산화-환원 반응이다. 저원자가 아렌 착물은 쉽게 산화된다. 예를 들어 Ti($C_6H_3Pr^i_3$)$_2$는 1-전자 산화제 $FeCp_2^+$에 의하여 산화되어 희귀한 Ti(I) 착물인 [Ti($C_6H_3Pr^i_3$)$_2$]$^+$를 만들며, 이 착물은 한 개의 짝짓지 않은 전자를 가지고 있는 15 VE 상자기성 화학종이다. Cr(benzene)$_2$와 Cr(CO)$_6$ 간 반응은 리간드 교환으로 아렌 반쪽-샌드위치 화합물을 만든다.

산화:

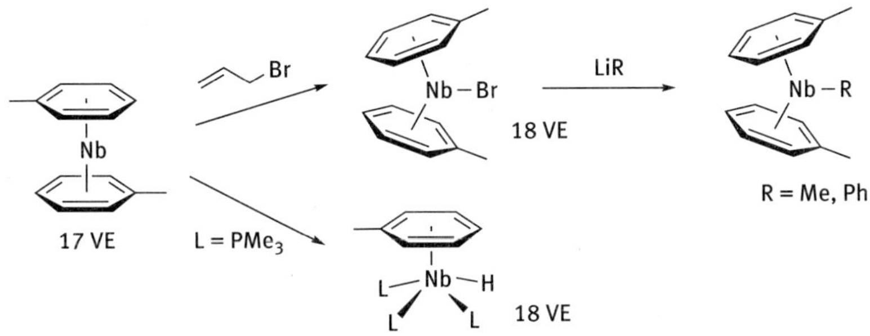

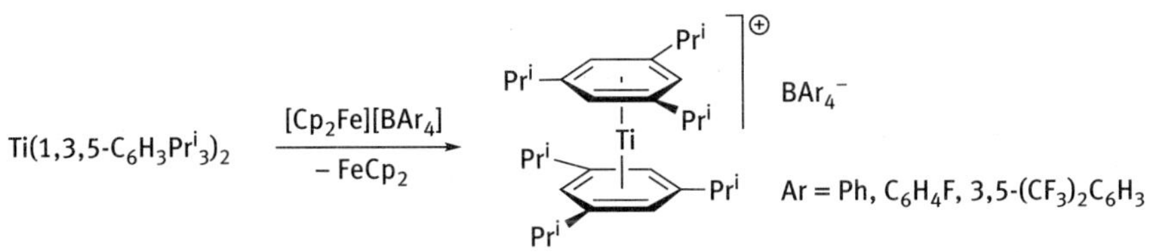

리간드 교환:

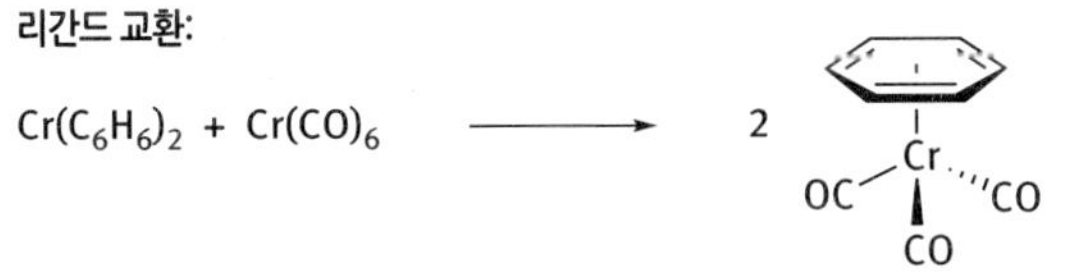

아렌 리간드에 대한 공격:

리간드 교환:

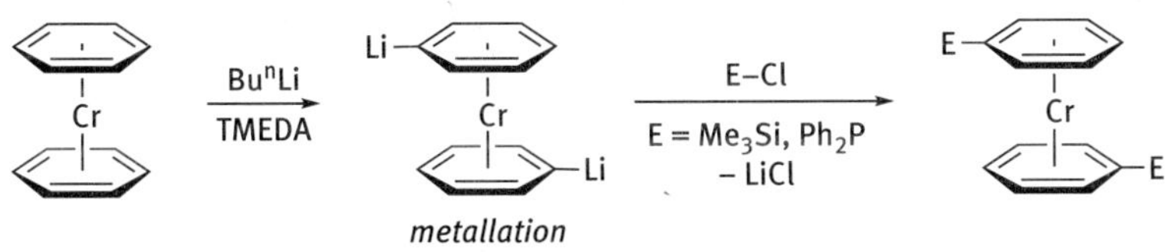

친핵성 공격:

2.9.2 아렌 반쪽-샌드위치 착물

단연 가장 많고 가장 중요한 아렌 착물은 Cp 착물과 유사한 '피아노 의자' 기하 구조를 가진 반쪽-샌드위치 화합물이다. 이들은 (아렌)금속 할로젠화물처럼 X-형 리간드와 함께 존재하고 (아렌)금속 카보닐 착물처럼 L-형 리간드와 함께 존재한다.

2.9.2.1 모노-아렌 착물의 합성과 구조

할로젠 착물. 앞전이 금속 할로젠화물은 아렌과 π-착물을 형성하기에 충분한 Lewis 산도를 가진다. C_6Me_6와 같이 전자가 풍부한 아렌은 특별히 안정한 첨가 생성물을 형성한다.

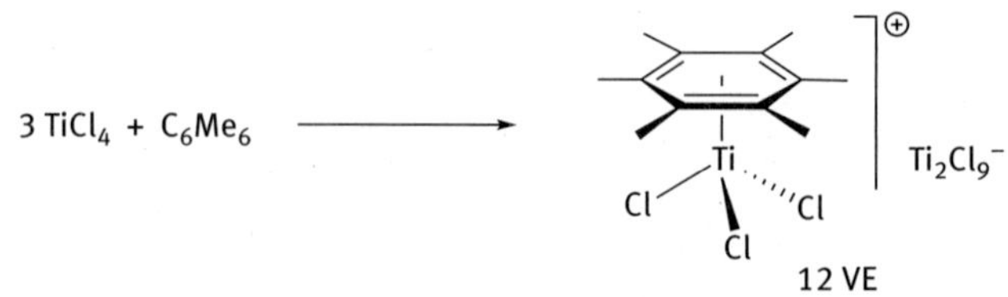

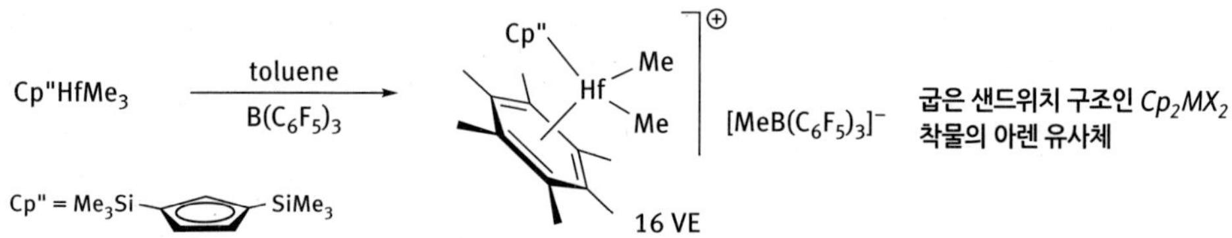

저원자가 앞전이 금속 할로젠화물의 아렌 착물 또한 알려져 있으며, 종종 AlX_3 (X = Cl, Br)에 의하여 안정화되고 금속 (IV, V) 할로젠화물을 아렌 용매 속에서 Al/AlX_3 혼합물로 환원하여 발생시킨다.

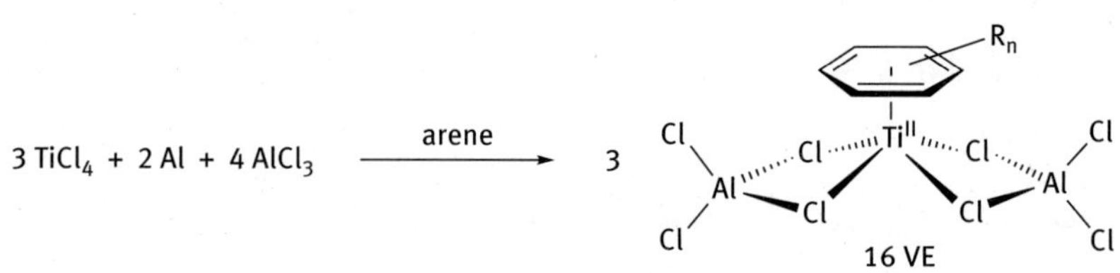

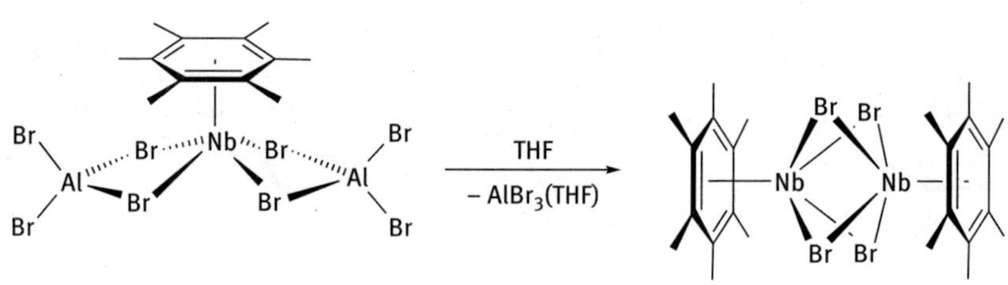

대조적으로 귀금속의 아렌 착물은 환원제로 작용하는 다이엔의 탈수소화에 의하여 만들 수 있으며, Ru(III)를 Ru(II)로 환원시키는 것이 그 예이다. 이 같은 반응으로 중요하고 다양한 부류의 (arene)$RuCl_2$(L) 착물을 만드는 것을 가능하게 한다.

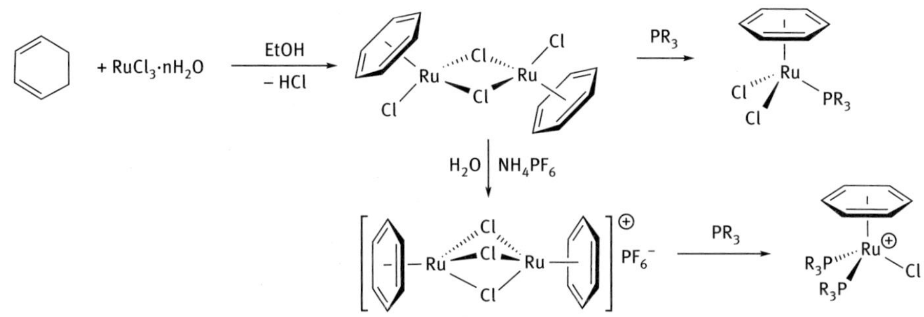

혼합 리간드 아렌 착물. 다이엔 착물은 수소 떼기 반응에 의하여 아렌 화합물로 변환될 수 있다. 아렌은 아세토나이트릴과 같은 치환되기 쉬운 리간드를 치환할 수 있다. CpNi(allyl)의 양이온성 아렌 유사체는 염소 치환에 의하여 $[(allyl)NiCl]_2$로부터 만들 수 있다. 다른 전자가 풍부한 많은 니켈 아렌 착물(아래를 보라)과는 달리 아렌은 여기서 η^6-결합되어 18 VE 생성물을 만든다.

자료 2.9.2 암 치료를 위한 모노-아렌 착물

특히 루테늄의 아렌 착물과 같은 많은 반쪽-샌드위치 착물은 유망한 항종양 활성을 보인다. 리간드는 부분적으로 생리 조건하에서 용해도를 보증할 수 있는 측면에서 선택되고, 일부는 이들이 이미 알려진 항종양 의약품과 연관이 있으므로 선택된다.

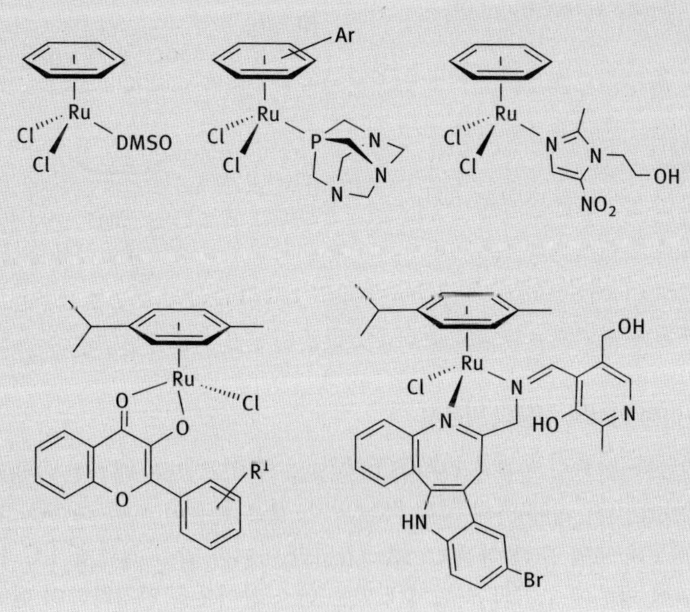

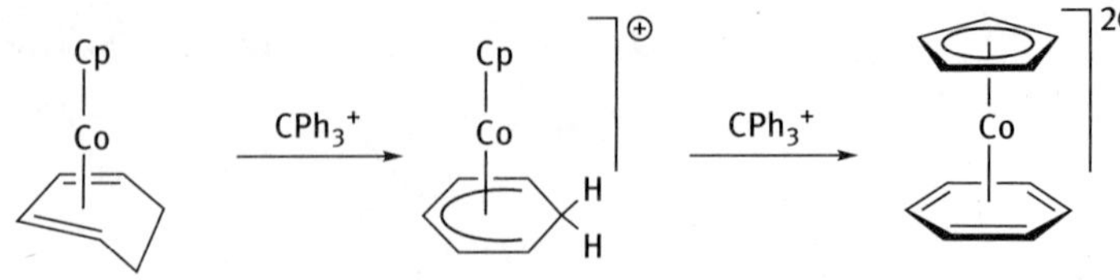

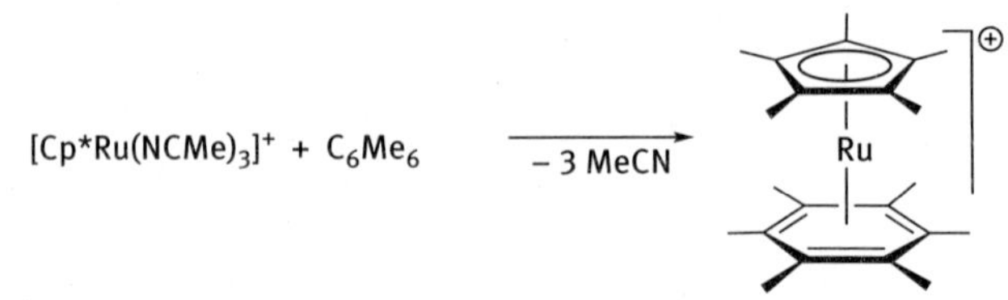

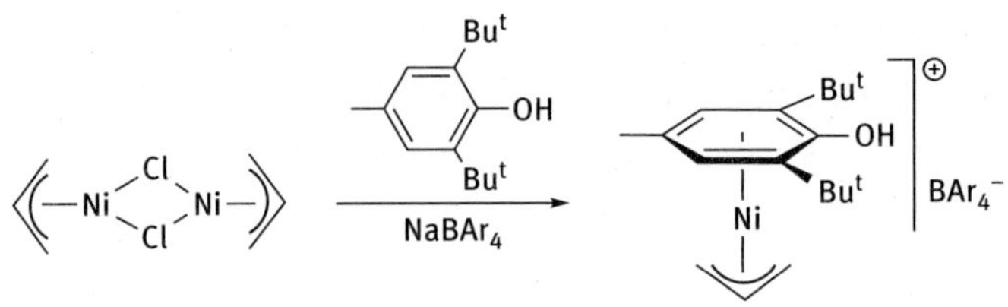

아렌 금속 카보닐. 아렌 금속 카보닐은 합성 목적을 위하여 특히 유용한 화합물 군을 이룬다. 전자 끄는 $M(CO)_n$ 토막에 대한 배위는 아렌 리간드를 활성화한다. 흔한 합성 접근법은 리간드 치환과 $AlCl_3$를 이용하여 금속 카보닐 할로젠화물로부터 할로젠 떼기이다.

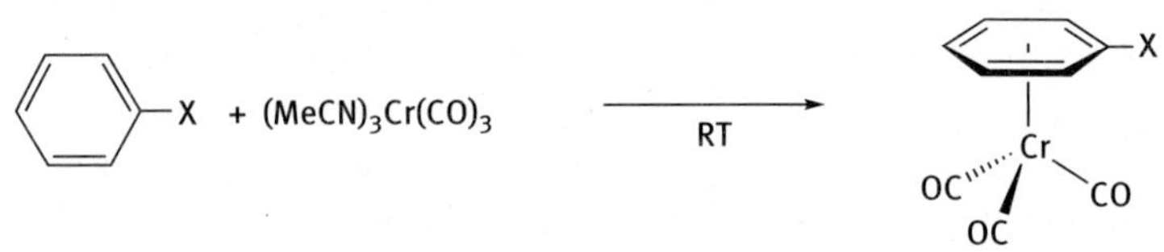

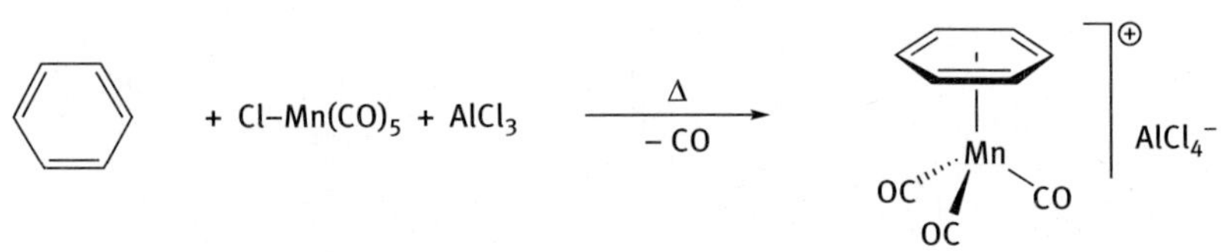

2.9.2.2 모노-아렌 카보닐 착물의 반응성

pK_a: PhCOOH 5.68
$(PhCOOH)–Cr(CO)_3$ 4.77
p-$O_2N–C_6H_4–COOH$ 4.48

아렌 크로뮴 트라이카보닐 착물은 다양한 반응성을 가지고 있다. 배위된 아렌은 친핵성 공격에 더욱 예민해진다. 이에 반해 자유 아렌은 이 같은 반응이 오직 격렬한 조건하에서만 일어난다. $Cr(CO)_3$ 토막 또한 아렌 C–H 결합뿐만 아니라 알킬 치환체의 C–H 산도를 증가시키고 배위에 의하여 고리의 α-위치에 있는 탄소 양이온을 안정화하여 벤질 친핵성 치환과 가용매 분해 반응을 촉진시킨다 (Y = 이탈기). 벤조산의 pK_a 값과 비교하여 판단해 보면, PhCOOH의 페닐 고리가 $Cr(CO)_3$에 배위할 때 나이트로기를 도입할 때만큼의 전자적 영향을 미친다.

$Cr(CO)_3$ 배위의 영향:

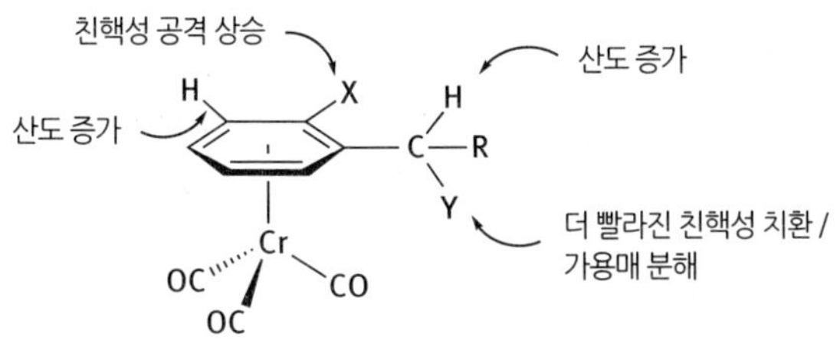

이런 성질은 다양한 방법으로 연구되었다. 예를 들어 다른 방법으로는 화학적으로 매우 난치환성인 염화 아렌조차도 $Cr(CO)_3$에 배위되면 친핵성 치환이 일어나고 알킬 치환체의 도입은 100% 위치 선택성을 보인다.

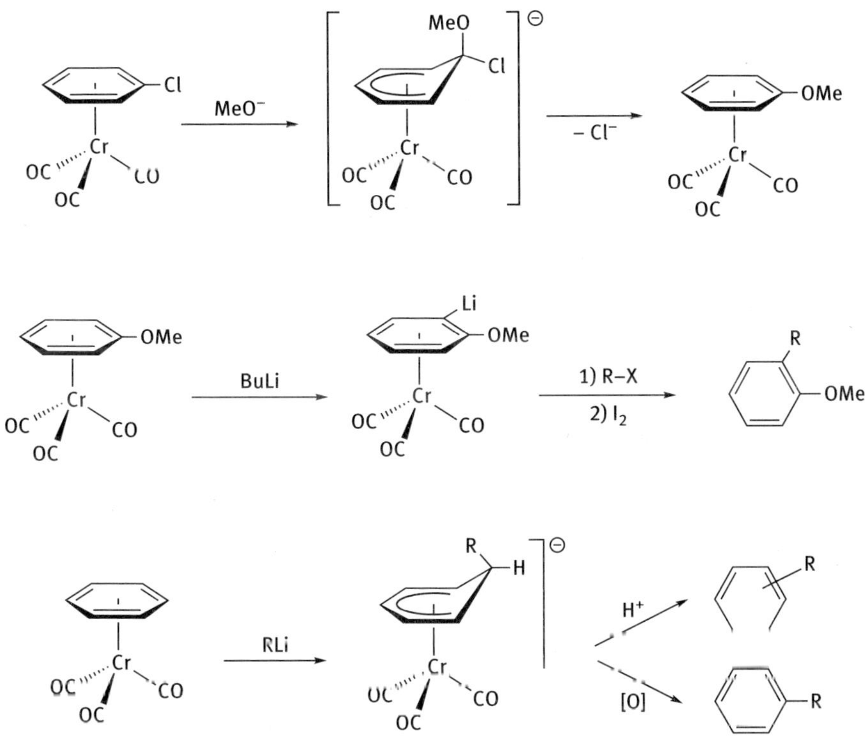

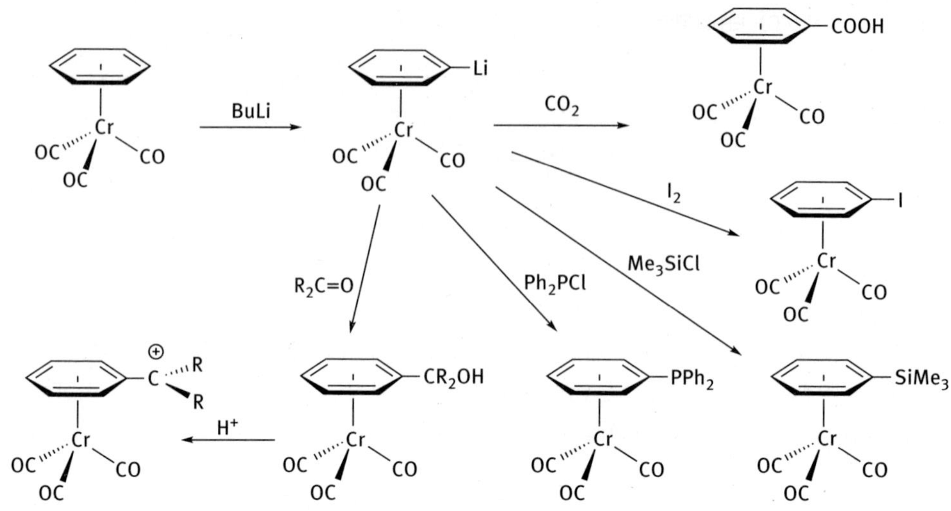

stabilized carbocation

고리 위에서(평면 카이랄 계) 그리고 벤질 위치에서의 카이랄 치환체처럼 다중 금속 치환 또한 가능하다. 몇 가지 예는 다음과 같다.

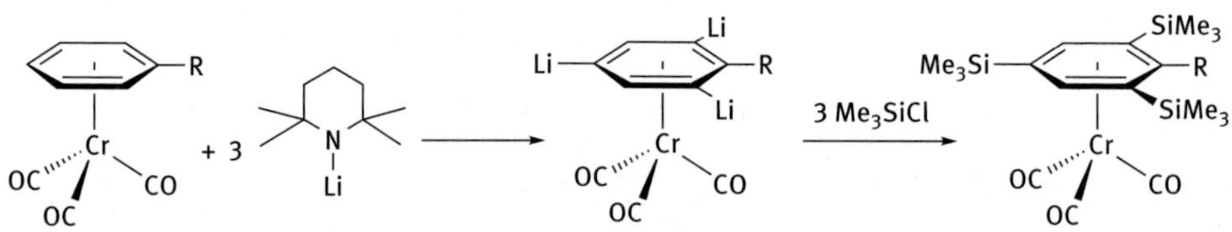

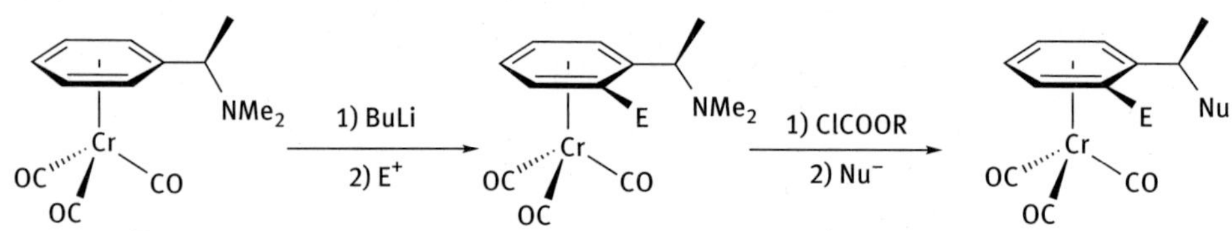

양이온성 CpM^+ 토막에 대한 아렌 배위는 $Cr(CO)_3$의 경우와 마찬가지로 활성화 효과를 갖고 클로로아렌 조차도 친핵성 공격을 용이하게 한다. C_6Me_6의 경우 활성화된 알릴 할로젠화물과 염기(KOH)를 조합하면 다중 C-C 결합 형성이 가능하다.

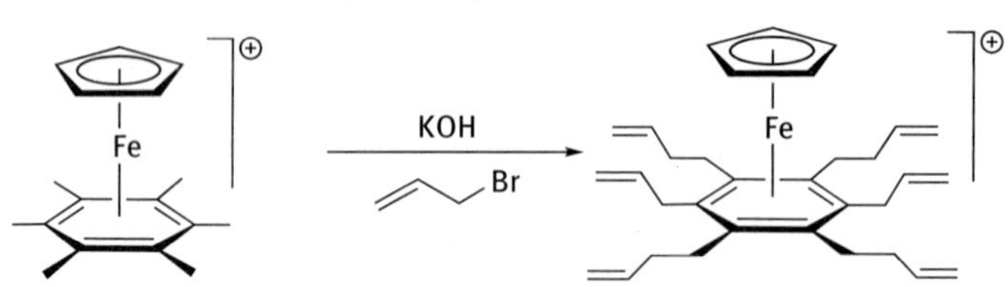

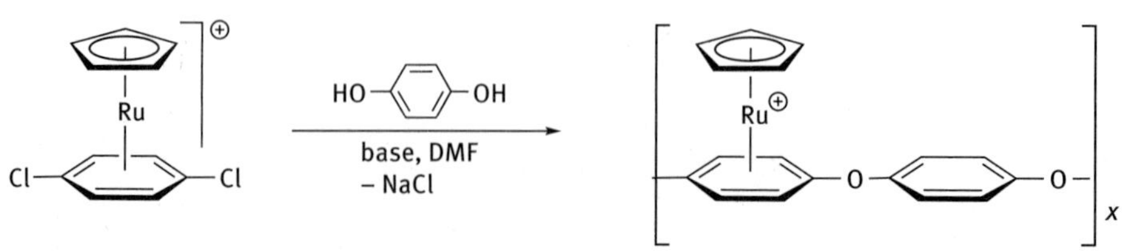

2.9.3 흔하지 않은 배위 형식을 갖는 아렌 착물

아렌 착물에 대하여 가장 흔한 것은 η^6-배위 형식이지만, 다른 형태도 취할 수 있다. $Ru(C_6Me_6)_2$의 유동성 η^4-결합 형식은 앞에서 논의하였다(2.9.1.1절). η^2-벤젠 리간드의 한 가지 예는 속도론적으로 난치환성인 $[Os(C_6H_6)(NH_3)_5]^{2+}$ 착물이다. 여기서 벤젠의 배위되어 있지 않은 결합은 선택적으로 수소 첨가할 수 있는 반면 배위된 C=C 결합은 보호되어 있고, 결과적으로 사이클로헥센 착물이 얻어진다. 알켄 리간드는 Os(II) (d^6)가 속도론적으로 치환성인 Os(III)로 산화된 후에 떨어져 나가서 단계별 회로 과정이 완성된다.

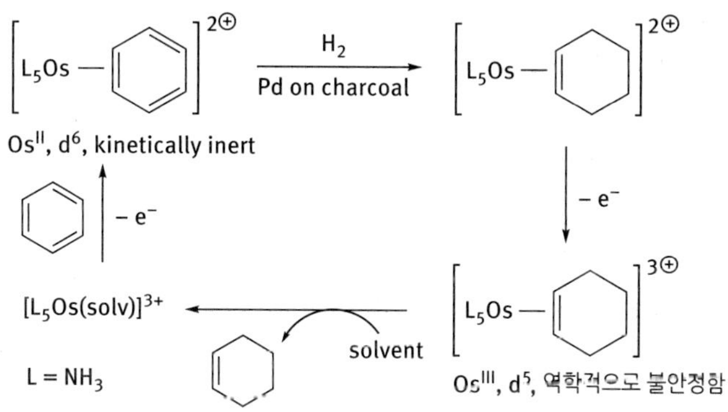

다른 η^2-벤젠 착물도 알려져 있으며, 부피가 크고 센 주개 포스핀에 의하여 지지된 니켈(0)이 그 예로서 수소 첨가 반응에 의하여 Ni(I) 수소화물이 만들어진다. 다리 놓인 $\eta^2:\eta^2$ 아렌 또한 관찰된다. 이같이 전자가 풍부한 착물에서 벤젠 리간드는 전자 받개인 C_6F_6에 의하여 치환될 수 있으며, 서서히 C-F 결합에 산화성 첨가가 진행된다. 이 반응은 C-X 아렌 결합의 산화성 첨가에서 중간체로서 η^2-아렌 착물을 제시하고 있다.

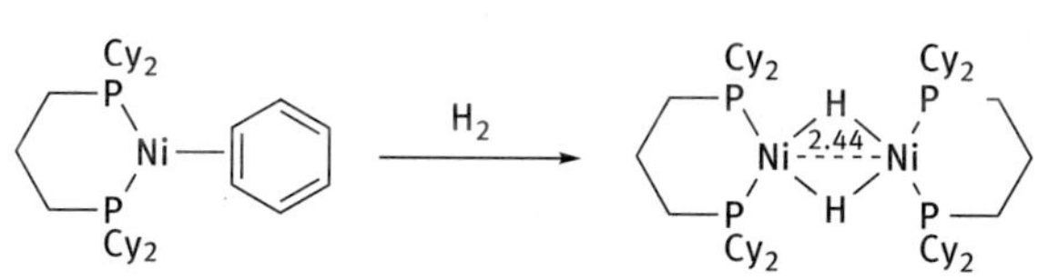

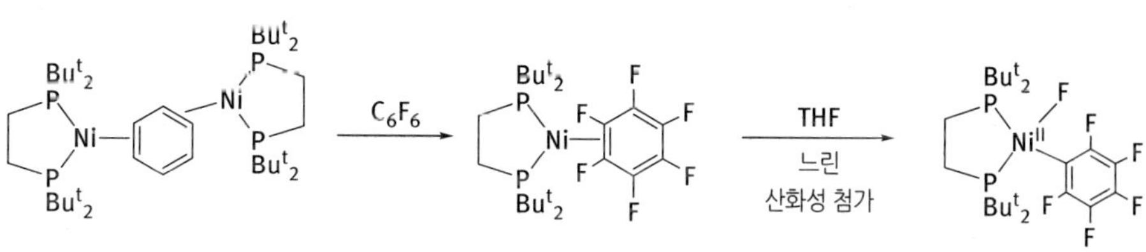

관련하여 아렌-다리 놓인 비스-포스핀 코발트 화합물에서 아렌은 $\eta^3:\eta^3$-배위되어 있는 반면, 열에 불안정한 음이온 $[(C_6H_6)Cr(CO)_3]^{2-}$은 벤젠이 η^4-결합되어 있고, 금속 중심의 전자 요구 조건을 반영하고 있다.

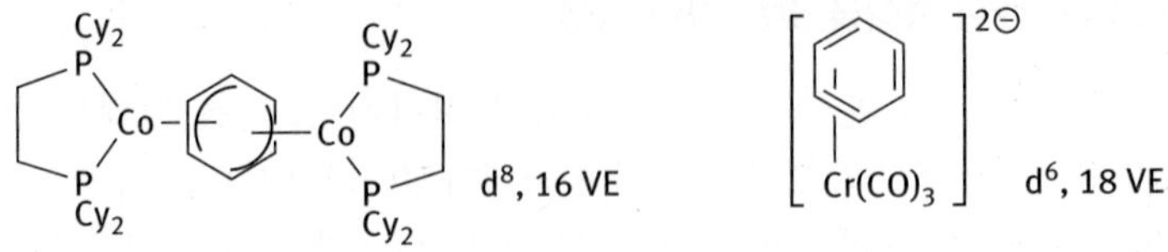

수용액에서 아렌에 결합할 수 있는 Ag^+ 염의 능력은 일찍이 알려져 왔다. 보다 최근에는 그러한 착물의 여러 예가 분리되었고 구조가 알려졌으며, 세 개의 벤젠 분자가 에틸렌처럼 결합하고 있는 것을 확인하였다. 금(I) 아렌 착물은 바이페닐 치환체와 같은 센 주개 포스핀의 지지를 필요로 하며, 바이페닐의 C=C 결합과의 길고 약한 상호 작용과 더불어 η^2-아렌과의 짧은 결합이 있다. 그러한 금 착물은 유기 변환 과정에 대하여 친전자성 촉매로 작용한다. 같은 리간드는 아렌 η^2와 μ_2, Pd(0) 및 Pd(I)에 대한 $\eta^3:\eta^3$-배위를 지지한다. 이들 착물은 Suzuki-Miyaura C-C 교차 짝지음 반응에서 전촉매로 유용하다.

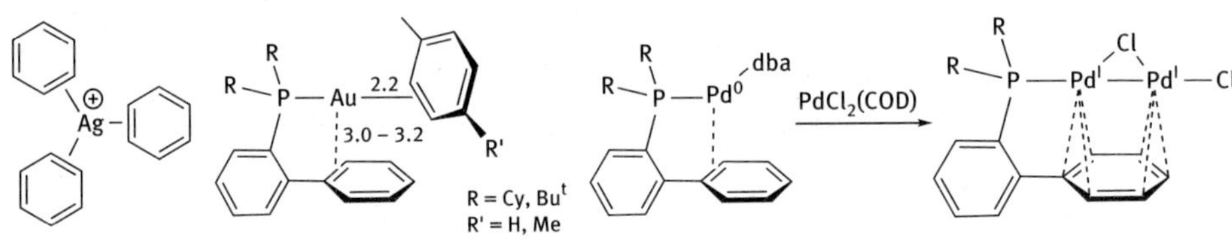

2.9.4 더 큰 아렌 리간드: 7-, 8-, 9-원자 고리

아렌 고리 크기를 확장하면 6과 10 π-전자를 갖는 평면 Hückel-방향족 π-계에 이른다.

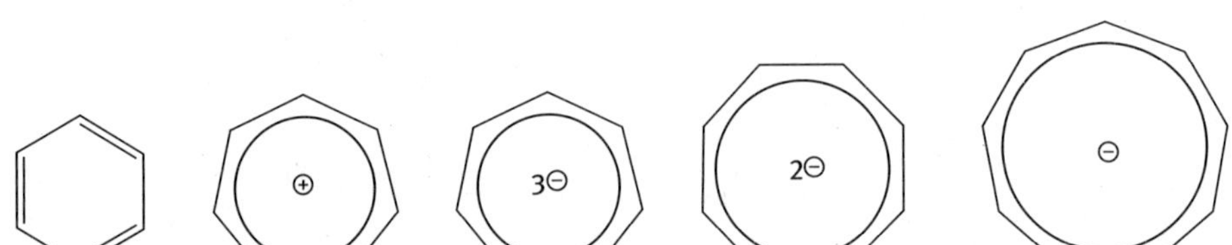

6π 6π 10π 10π 10π

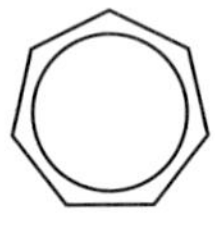

2.9.4.1 π-C_7H_7 착물

사이클로헵타트라이엔일 고리는 배위되어 있는 중심 금속의 성질에 따라 6π 트로필리움 양이온 $C_7H_7^+$ 또는 10π 삼음이온 $C_7H_7^{3-}$로 간주할 수 있다. 전구체는 $(\eta^6\text{-}C_7H_8)M(CO)_3$ (M = Cr, Mo, W)와 같은 사이클로헵타트라이엔 착물이며, 쉽게 수소 떼기 반응이 진행되어 $[(\eta^7\text{-}C_7H_7)M(CO)_3]^+$이 만들어진다. 그러한 양이온성 착물은 친핵성 공격에 민감하며, 고리에서 외부로부터 또는 금속 중심에서 일어난다. 이 같은 반응 경로는 $Nu^- = MeO^-$와 Br^-에 대하여 다음 반응 도표에 나와 있다.

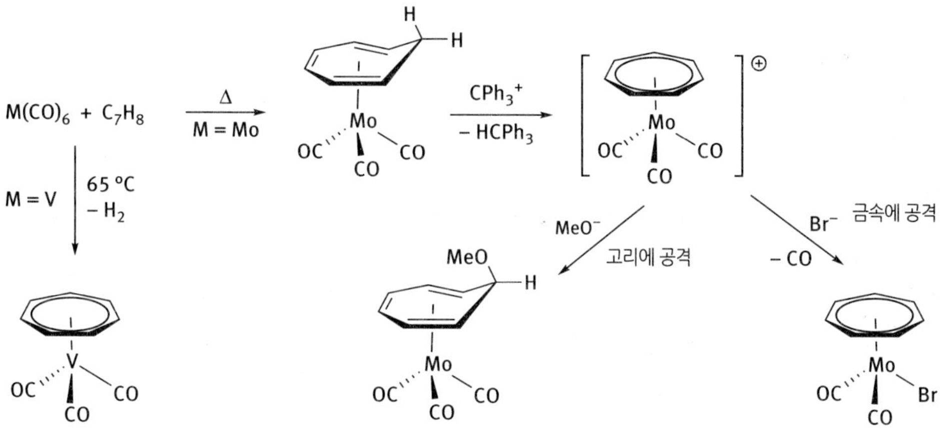

사이클로헵타트라이엔 존재하에서 $CpMCl_4$ (M = V, Nb, Ta)의 환원은 샌드위치 착물 $CpM(C_7H_7)$을 만들며, $C_7H_7^{3-}$ 음이온을 갖는 M(IV) 화합물로 간주하는 것이 보다 더 타당하다.

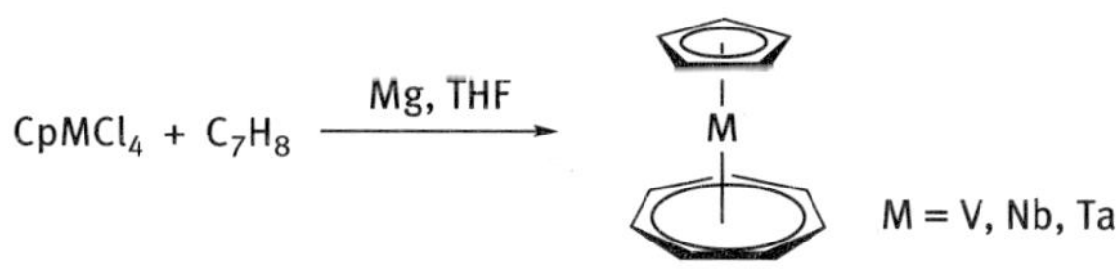

어떤 경우에는 금속 중심의 전자 요구가 다른 리간드에 의하여 만족되므로, $[(\eta^3-C_7H_7)Fe(CO)_3]^-$ 또는 $(\eta^5-C_7H_7)Re(CO)_3$에서와 같이 C_7 고리의 몇 개 C 원자와만 상호 작용할 수 있다. η^6,η^6 샌드위치 착물 $Mo(C_7H_8)_2$는 열에 의한 H-이동으로 재배열하여 $Mo(\eta^7-C_7H_7)(\eta^5-C_7H_9)$을 만든다.

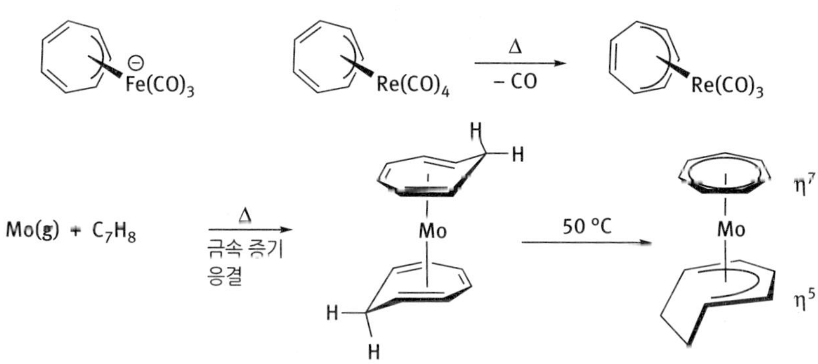

2.9.4.2 π-C_8H_8 착물

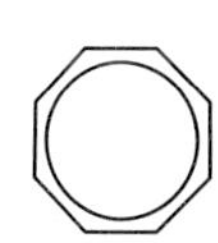

사이클로옥타테트라엔 (COT)은 금속에 반-평면 반방향족성 중성 테트라엔 또는 평면 10π COT^{2-} 음이온으로서 금속에 결합할 수 있다. COT의 한 개 또는 두 개의 C = C 결합이 금속 중심에 배위되어 있는 수많은 화합물이 있다. C_8 고리의 큰 크기는 리간드가 두 개 금속을 가로질러 다리를 놓을 수 있고 이핵 화합물을 만들 수 있다는 것을 의미한다.

란타넘족과 악티늄족 같은 큰 이온은 COT 샌드위치 착물을 만들 수 있다. 가장 잘 알려진 COT 착물은 '**우라노센**(unanocene)' $U(\eta^8\text{-}C_8H_8)_2$이며, 구조적으로 메탈로센과 유사하며 리간드 결합에 대한 f-오비탈의 기여 가능성 때문에 이론적 관심을 끌었다. 란타넘족 금속의 COT 착물이 매우 높은 이온성을 보이고 가수 분해에 매우 민감한데 반하여 $U(\eta^8\text{-}C_8H_8)_2$은 물에 안정하고 공유 결합성이다. 악티늄족-리간드 결합에서 5f 오비탈뿐만 아니라 6d 오비탈의 참여가 제안되었다. **악티니도센**(actinidocenes) $M(\eta^8\text{-}C_8H_8)_2$은 18-전자 규칙을 넘기고, 전자수는 20 (M = Th)에서 25 (M = Am)에 이른다. 토륨과 플루토늄 착물은 반자기성인 반면, 우라노센과 다른 것들은 상자기성이다. 아래 도표는 합성 방법, COT 결합 형식 및 COT 착물의 형태에 대한 개요이다.

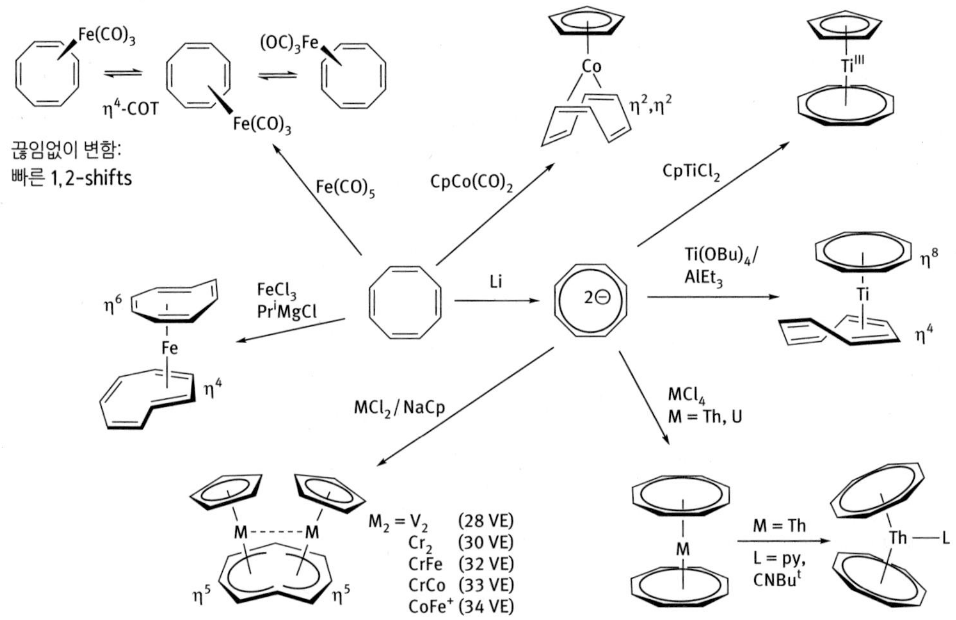

이핵 화합물 $(CpM)_2(\mu\text{-}C_8H_8)$은 '트위노센(twinnocenes)'으로 알려져 있으며, 18-전자 규칙에 근거하여 M-M 다중 결합이 제안되었다. 그러나 자기적 거동에 대한 연구는 오직 전자 결핍인 28과 30 VE 화학종만이 단일 금속-금속 σ-결합을 가지고 있음을 보였다. 짝짓지 않은 스핀은 금속 중심에 편재화되어 있다. 단일항과 삼중항 상태는 에너지가 유사하여 자기적 거동의 비이상성을 보인다.

란타넘족의 COT 착물은 **단분자 자성체**(single-molecule magnets, SMMs)로서 널리 연구되었다. Cp*Er(COT)의 SMM 거동에 대해서는 2.8.2.3절에서 언급하였다. 다른 예는 다음 그림(용해도 증가를 위한 $SiMe_3$ 치환체)에 보여 준 바와 같이 모노- 그리고 이핵 디스프로슘(dysprosium) COT 착물이다. DFT 계산은 금속-COT 간 강한 공유 결합을 예상한다. 이온은 COT 다리를 가로질러 자기적 상호 작용을 보인다.

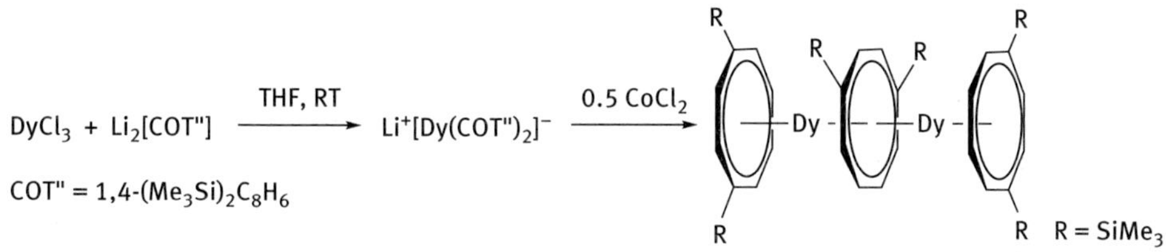

2.9.4.3 π-C_9H_9 착물

방향족 평면 고리수를 더 늘리면 사이클로노나테트라엔일 음이온 $C_9H_9^-$이 된다. 이것은 대부분의 이온과 샌드위치-형 착물을 만들기에는 너무 크며, $K[C_9H_9]$과 $Cp''ZrCl_3$의 반응에서 볼 수 있듯이 인데닐(indenyl)로 변하는 경향이 있다. C_9 고리의 큰 정도는 Pd(I) 화합물 $[Pd_4(\eta^8\text{-}C_8H_8)(\eta^9\text{-}C_9H_9)]^+[BAr^F_4]^-$에서 볼 수 있듯이 네 개 팔라듐 원자가 포함된 고무보트 샌드위치가 만들어진다는 사실로부터 예측할 수 있다.

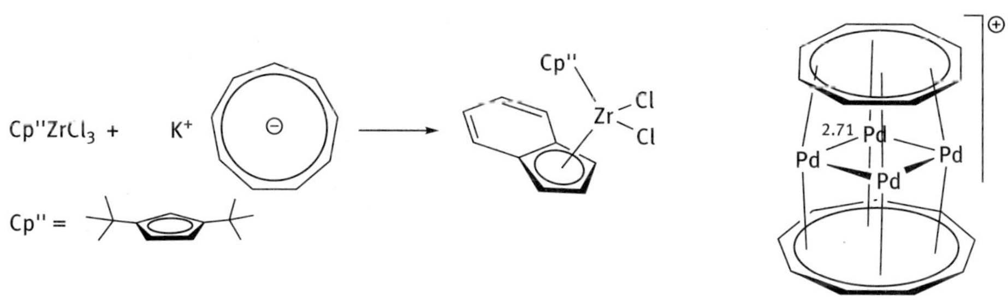

2.9.4.4 헤테로 고리의 π-착물

한 개의 고립쌍을 갖는 헤테로 원자를 포함한 방향족 계는 일반적으로 2-전자 n-주개로 작용하나 π-착물도 형성할 수 있다. 이들은 아렌보다 전자가 풍부하므로 금속 중심의 산화-환원 거동을 변화시키는 데 사용할 수 있다. 싸이오펜(thiophene)의 착물은 석탄 유래물의 촉매 수소 첨가 탈황 반응의 맥락에서 연구되었다. 환원 조건에서 $[CpFe(CO)_2]_2$와 P_4의 반응은 P_5^- 음이온을 갖고 있는 페로센 유사체를 만들며, 이는 Cp^-와 등구조, 등전자이다. B-N 단위로 결합시킨 헤테로 고리는 아렌과 등전자이고 이와 유사한 화학을 보인다. B-N 결합은 이중 결합 성격을 가지고 있으나 C=C 결합에 비하여 더 극성이다. 몇 가지 대표적인 예가 아래 그림에 나와 있다.

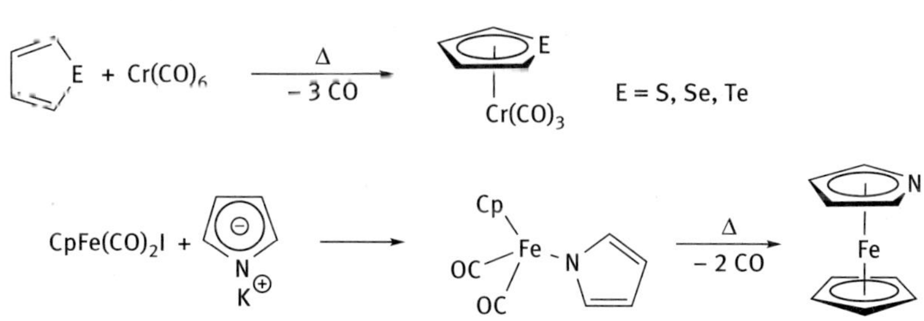

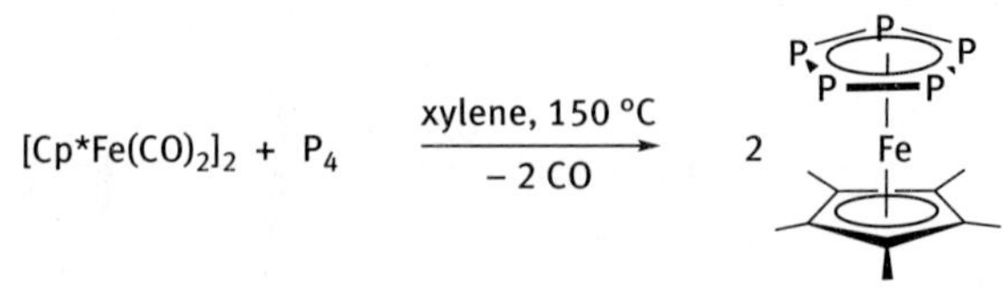

피리딘(pyridine)은 N 원자를 통하여 κ^1-배위를 강력 선호한다. 그럼에도 불구하고 Cr(η^6-pyridine)$_2$의 합성은 가능하나, 용매가 존재할 때 쉽게 분해될 정도로 불안정하다. 혼합된 샌드위치 Cr(pyridine)(benzene)은 훨씬 더 안정하다.

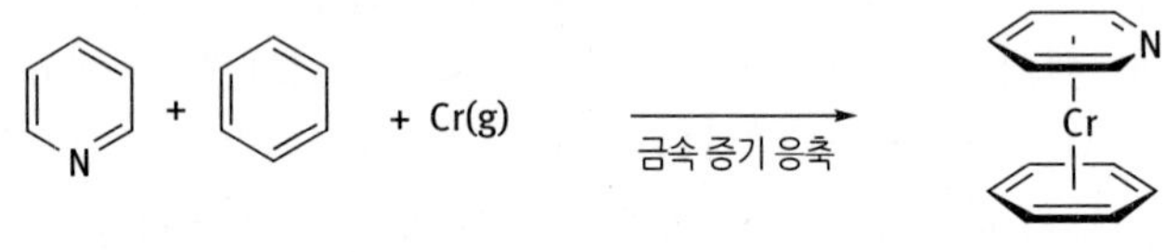

피리딘과 같은 헤테로 아렌의 π-착물은 같은 종류의 아렌 착물에 비하여 합성에서의 유명세를 얻지 못한 반면, 포화된 N-헤테로 고리를 기반으로 하는 의약품의 합성에 대한 비대칭 수소 첨가 반응에서 중요하다. 5각형 고리 헤테로 아렌은 쉽게 유도할 수 있다. 예를 들어 속도론적으로 난치환성 착물 $[(\eta^2\text{-}C_5H_4NMe)Os(NH_3)_5]^{2+}$의 배위되지 않은 C=C 결합은 친전자체에 의하여 쉽게 공격을 받는다.

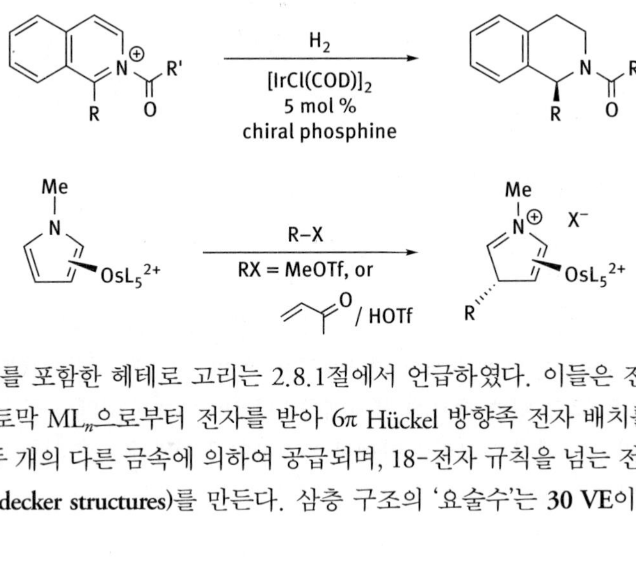

C 대신에 B를 포함한 헤테로 고리는 2.8.1절에서 언급하였다. 이들은 전자 결핍성이고 금속-리간드 토막 ML_n으로부터 전자를 받아 6π Hückel 방향족 전자 배치를 이룬다. 이들 전자는 종종 두 개의 다른 금속에 의하여 공급되며, 18-전자 규칙을 넘는 전자수를 가진 **다층 구조(multi-decker structures)**를 만든다. 삼층 구조의 '요술수'는 **30 VE**이고 사층 구조는 42 VE이다.

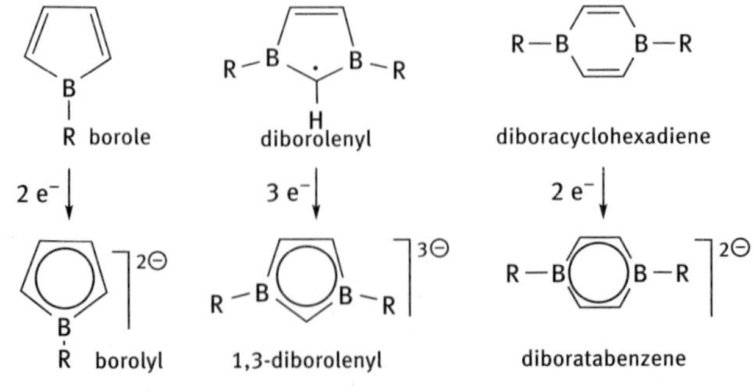

1,3-다이보롤렌(1,3-diborolene)의 반응에서는 세 개의 전자가 한 개의 CpNi 토막에 의하여 또는 CpFe + CpCo 조합에 의하여 제공되며 2.5.2절에서 설명한 규칙을 따른다. 이 같은 합성 원칙은 확장 가능하고, 다리 놓인 1,3-B_2C_3를 기반으로 하는 5층 구조와 6층 구조 착물이 합성되었다.

ML_n에 의한 전자 주기:
$Mn(CO)_3$=CpFe 1 e^-
$Fe(CO)_3$=CpCo 2 e^-
$Co(CO)_3$ = CpNi 3 e^-

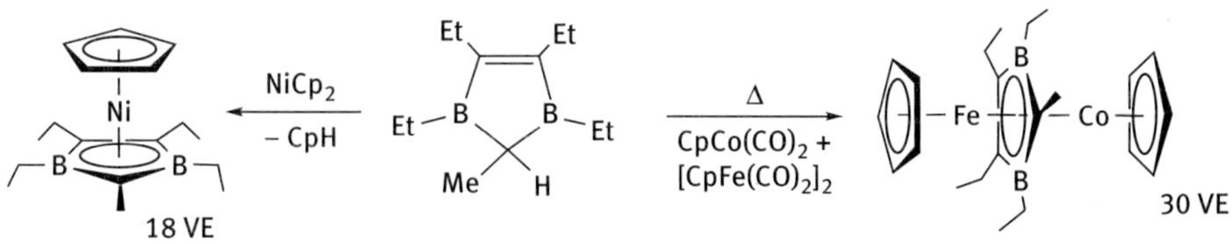

핵심

아렌은 샌드위치 착물 $M(arene)_2$과 반쪽-샌드위치 화합물 $(arene)ML_n$을 만든다.

금속-아렌 결합은 공유 결합이나 금속-Cp 착물의 Coulomb 기여가 부족하다.

대부분의 단핵 아렌 샌드위치 착물은 18-전자 규칙을 따른다.

$M(arene)_2$ 착물에 M(arene)이 더 쌓이면 삼층 구조와 사층 구조가 만들어지며, 18 VE는 30과 42 VE으로 각각 확장된다.

반쪽-샌드위치 착물 $(arene)Cr(CO)_3$와 등전자성 양이온인 $[(arene)FeCp]^+$는 위치 및 입체 선택적 합성에서 시약으로서 중요하다. 아렌이 $Cr(CO)_3$에 배위하면 C–H 산도, 친핵성 치환에 대한 용이함 및 고리 금속화는 증가한다.

Ru의 모노-아렌 착물은 유망한 항암제이다.

$C_7H_7^+$, $C_7H_7^{3-}$ 및 $C_8H_8^{2-}$(COT)는 큰 평면 방향족 계이고 유사한 착물을 형성한다. $M(COT)_2$ 샌드위치 화합물은 큰 M = Th, U, 란타넘족 원소와 함께 만들어진다.

헤테로 고리는 유사한 구조적 형태의 착물을 형성한다.

연습문제

1. 다음에 대하여 구조를 그리고 산화 상태와 전자수를 결정하시오.
   (i) $[Cr(C_6H_6)_2]^+$
   (ii) $Cr(C_6H_3Me_3)_2$
   (iii) $Cr_2(C_6H_3Me_3)_3$
   (iv) $(C_7H_7)Mo(CO)_2Br$
   (v) $U(C_8H_8)_2$
2. $(arene)Cr(CO)_3$ 합성 전략을 이용하여 염화 벤젠으로부터 2-벤질아니솔 $MeOC_6H_4$-2-CH_2Ph의 합성법을 고안하시오.
3. CpTi(COT)에서는 COT 리간드가 평면이나 CpCo(COT)에서는 평면이 아닌 이유는 무엇인가?

2.10 시그마 착물

고립쌍과 π-전자는 제외하고, 친전자도와 역결합의 조화가 잘 이루어지면 금속 중심은 H-H와 H-X 분자에 σ-결합으로 배위할 수 있다. 가장 중요한 σ-리간드는 H_2이다. 금속의 수소화물과 분자 수소 착물은 엄밀히 말하여 유기 금속이 아니나, 이들이 유기 금속 반응과 촉매 반응에서 중요한 역할을 하므로 여기에 포함하였다.

2.10.1 H_2 착물

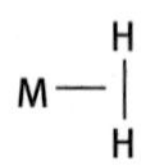

σ-결합의 전자 밀도는 **2e3c** 결합과 매우 유사한 방식으로 금속과 공유한다. *n*d 준위(*n* = 3~5)의 에너지는 H-H와 H-X 결합의 σ* 오비탈과 비슷하거나 더 높기 때문에 H-H와 H-X 결합이 길어지게 하는 역결합이 어느 정도 있다.

H-X의 배위는 붙잡힌 반응으로 간주할 수 있다. 대부분의 경우에 이 같은 현상은 전이 상태로서의 M(HX) 첨가 생성물로, 금속 중심에 H-X가 산화성 첨가하는 과정의 한 부분이다. 그러나 몇몇 금속 중심이 전자가 풍부하지 않은 경우에는 산화성 첨가 단계가 느리다. 이런 경우는 양이온성 착물에서 나타난다. 그러한 경우 H-X 첨가 생성물은 바닥 상태이고 분리 가능할 수도 있다.

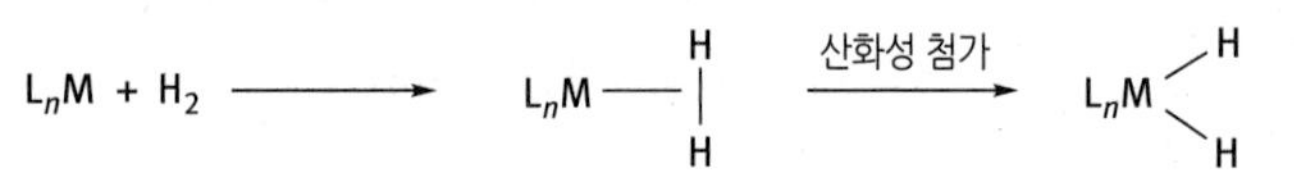

이수소 착물 금속 이수소 착물

H_2 착물 형성의 처음 발견은 배위상 그리고 전자적으로 불포화된 착물 $W(CO)_3(PCy_3)_2$를 H_2에 노출시켜서 이루어졌다. 이 화합물에서 부피가 큰 두 개의 PCy_3 리간드는 비어 있는 배위 자리와 함께 형식상 16 VE 화학종을 만든다. 그러나 세밀히 구조를 살펴보면 전자 결핍은 사이클로헥실 치환체 중의 하나에 있는 C-H 결합과 금속 사이의 상호 작용에 의하여 완화됨을 알 수 있다. 이 상호 작용은 아주 약하여 H_2에 의하여 쉽게 치환된다. 반면에 전자 끄는 성질을 갖고 있는 세 개의 CO 리간드는 금속으로 하여금 전자가 너무 많아 H_2에 의한 너무 빠른 산화성 첨가 및 H-H 결합 분해가 일어나지 않도록 하여, 중간체 분리를 가능하게 한다. 산화성 첨가는 느리게 일어난다.

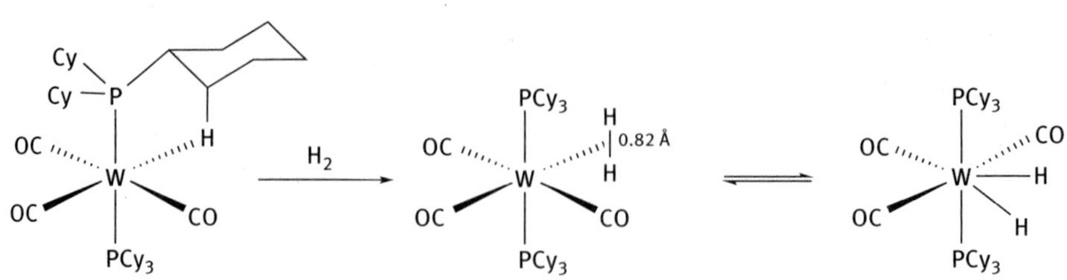

ν_{HH} = 2690 cm^{-1}

표 2.10.1 H_2 착물의 산도

착물	pK_a
H_2 (in THF)	>49
$Ru(H_2)(H)_2(PPh_3)_3$	36
$[Cp^*Ru(CO)_2(H_2)]^+$	−2
$[Os(H_2)(CO)(dppp)_2]^{2+}$	−5.7

배위하면 H−H 거리는 자유 H_2의 0.74 Å에서 H_2 착물에서의 값인 0.8~1.0 Å으로 늘어난다. 또한 '늘어난 수소(elongated hydrogen)'를 갖고 있는 착물도 있으며, 이 경우 H−H 거리는 1.36 Å에 이른다. 다른 착물의 결합 엔탈피가 2~3배 더 큰데 반하여 고전적 착물인 $W(H_2)(CO)_3(PCy_3)_2$에서 H_2 결합 엔탈피는 39.4 kJ mol^{-1}(열량계에 의한 값)밖에 안 된다. 그럼에도 불구하고 H_2는 쉽게 치환될 수 있는 약하게 결합된 리간드이다.

H_2 리간드를 한 개 또는 그 이상 갖고 있는 많은 폴리수소화(polyhydride) 착물이 있다. H_2 착물이 만들어질지 아닐지는 전자 공여 또는 다른 리간드의 전자 받기 및 금속에 달려 있다. 높은 산화 상태의 안정성은 같은 족 세 개 한 벌의 전이 금속에서 아래로 갈수록 증가하므로, H_2 착물보다는 폴리수소화 착물을 형성하는 경향이 있다. 예를 들어 $RuH_4(PPh_3)_3$는 실제로 $Ru^{II}(H_2)(H)_2(PPh_3)_3$인 반면, Os 유사체는 사수소화 Os^{IV}이다.

X-선 회절법은 종종 수소 리간드 위치를 찾는데 어려움이 있으며 중성자 회절에 알맞은 단결정을 얻는 것도 어렵기 때문에 $M(H_2)$와 $M(H)_2$를 구변하는 최선의 방법은 NMR 분광법을 이용하여 부분적으로 표지한 HD 착물의 J_{HD} 짝지음 상수를 측정하는 것이다. 배위하면 H−D 결합은 약화되고 결과적으로 짝지음 상수를 자유 HD의 43 Hz에서 35 Hz 또는 그 이하로 낮춘다. 원리상 진동 분광법에 의하여 H−H 진동 역시 검출할 수 있으나 종종 너무 약하다.

H_2가 금속 중심에 배위하면 배위한 수소의 산도는 특히 양이온성 착물에서 **획기적으로 증가**하고, 그 세기는 트라이플릭산(triflic acid, CF_3SO_3H) (표 2.10.1)에 이른다. 산도의 이 같은 증가는 H_2 활성화, H−H 결합의 불균일 분해, M−C 결합 수소 첨가 분해와 같은 σ-결합 상호 교환 반응에서 주된 역할을 한다.

금속 카보닐 수소화물의 산도, 2.5.7절을 보라.

2.10.2 알케인과 실레인 착물

알케인 착물. $W(CO)_3(PCy_3)_2$의 구조가 보여 주듯이 금속 중심은 원리상 포화된 탄화수소의 C−H 결합과 주개-받개 형태로 결합할 수 있다. 똑같은 결합 상호 작용이 알케인의 금속 착물에서도 존재할 것이라 예상할 수 있다. 예를 들어 그러한 화학종은 알켄 착물의 수소 첨가 반응과 수소화금속 알킬로부터 알케인의 환원성 제거가 발생되어야 한다. 대부분의 경우 그러한 착물은 너무 불안정하여 검출할 수 없다.

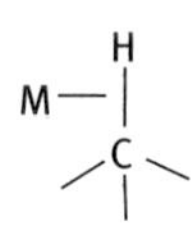

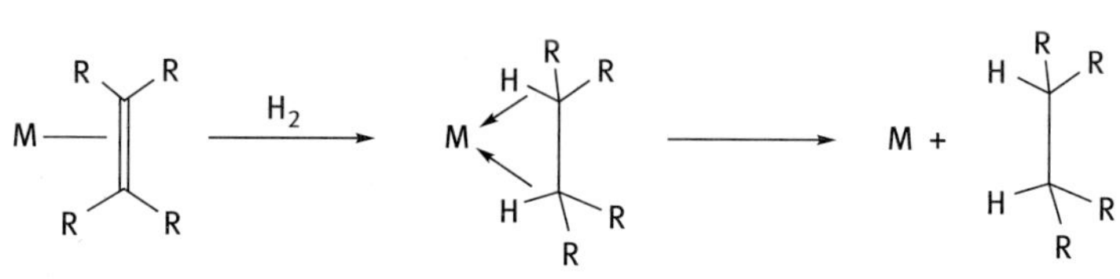

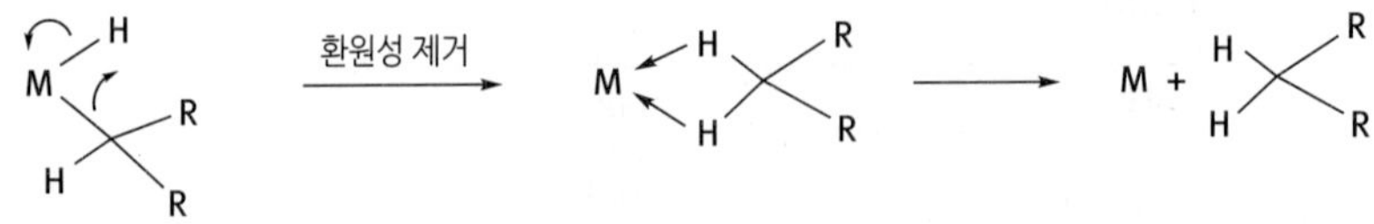

금속 착물이 알케인에 결합하는 능력은 오랫동안 연구되어 왔다. 저온 매질에서 금속 카보닐의 순간 광분해 반응이 한 가지 예이며, 16 VE 화학종인 $W(CO)_5$는 헥세인과 결합하고 해리 에너지는 11 kcal mol^{-1}이다. 이러한 착물은 너무 치환성이어서 분리할 수 없다.

알케인 착물은 몇 가지 금속 알킬에서 H/D 교환 과정의 중간체로 생각했었다.

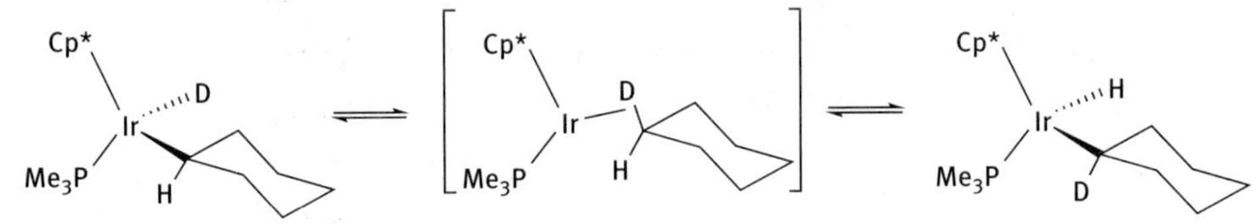

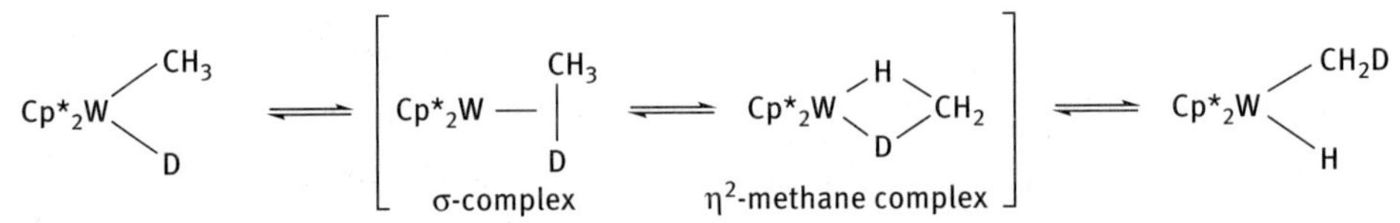

집게 착물 (PNP)Rh-CH_3의 양성자 이전 반응(protolysis)은 NMR 분광법으로 확인하기에 충분히 안정하고 수명이 긴 양이온성 Rh(I) 메테인 착물을 만든다. 컴퓨터 계산에 의하여 예측한 구조는 한 개의 Rh-H 결합은 Rh···C 상호 작용을 가지고 있으면서 다른 것보다 훨씬 짧다. 이 화합물은 매우 유동적이다.

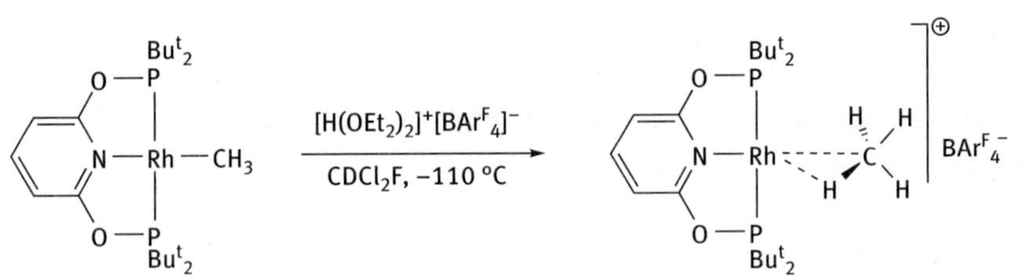

단결정 X-선 회절법에 의한 알케인 착물의 분석은 결정성 로듐 노보나다이엔(norbornadiene) 착물을 고체 상태에서 기체-고체 반응을 통한 수소 첨가 반응에 의하여 가능하게 되었다.

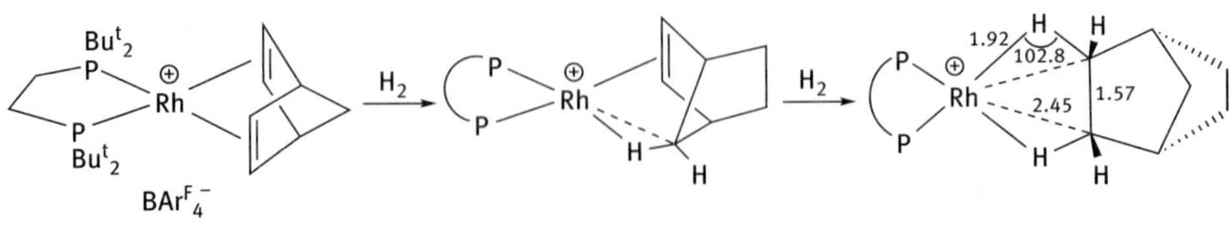

Si-H 착물. 실레인은 H_2와 유사한 특성을 가지고 있고, 알켄과 알카인의 수소규소 첨가 반응은 수소 첨가 반응과 매우 유사한 경로를 따른다. 따라서 실레인 R_3Si-H는 H_2 및 알케인 착물과 닮은 Si-H σ-착물을 형성해야 할 것이다. 그러한 화합물은 실제로 검출되었다. 이들은 알케인 착물보다 치환성이 적고, 많은 수의 귀금속 화합물에 대하여 구조가 밝혀졌다. η^1-형 결합뿐 아니라 η^2-Si-H 결합을 가진 착물도 알려져 있다. 보레인 B-H 결합을 갖는 σ-착물 또한 존재한다.

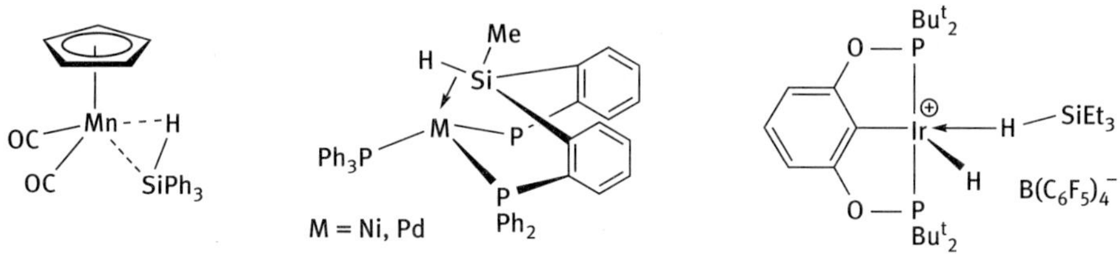

***σ*-결합 상호 교환 반응**. C-H 결합은 σ-결합 상호 교환 반응(metathesis)이라 부르는 과정을 통하여 산화성 첨가 없이 금속-알킬 결합과 반응할 수 있다. 이 과정은 금속 중심이 충분히 친전자성이고 높은 산화 상태이면 일어난다.

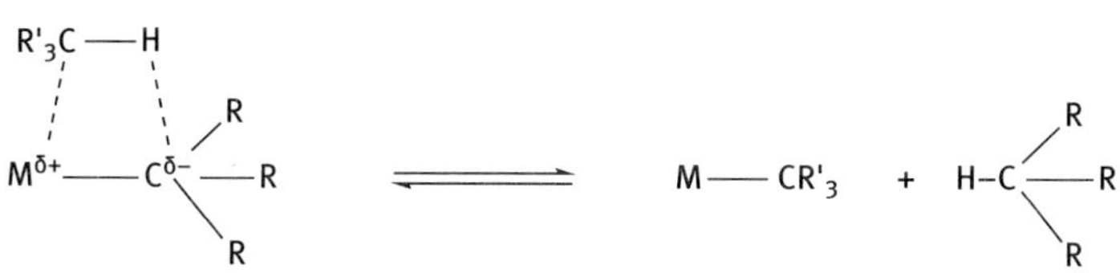

이 과정은 3족과 란타넘족 착물에 대하여 관찰되며 새로운 알킬 또는 알킬화된 생성물이 만들어지게 한다. 아주 반응성이 낮은 메테인 조차도 알킬화 시약으로 사용할 수 있다.

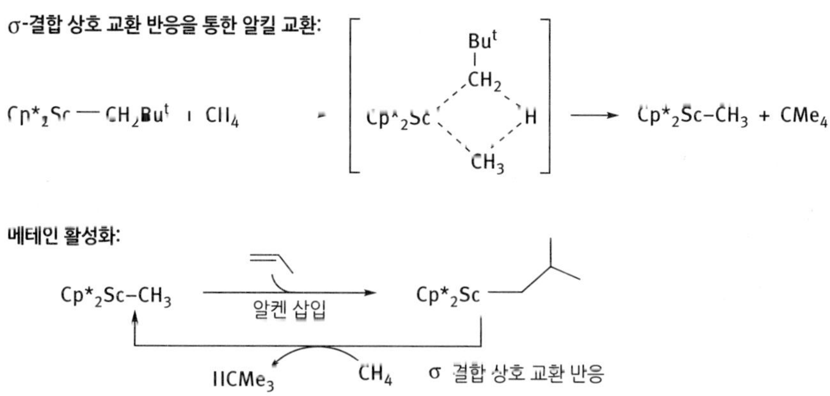

σ-결합 상호 교환 반응은 올레핀 중합체의 분자량을 조절하는 데 산업적으로 중요하며, Ziegler-형 올레핀 중합에서 반응기에 수소를 조심스럽게 첨가하여 M-C 결합을 수소 첨가 분해를 일으킴으로써 중합체의 분자량을 조절하게 된다.

자료 2.10.2 알케인 탈수소화와 작용기화

알케인 착물은 포화된 탄화수소가 전이 금속에 의하여 C-H 결합이 활성화되기 이전에 관여해야 한다. 이 반응은 금속 알킬 수소화물을 생성하고, 이 화합물은 β-H 제거를 통하여 알켄과 금속 이수소화물이 된다. MH_2 화학종이 환원성 제거를 통하여 쉽게 H_2를 제거하면, 이 반응은 알케인의 촉매 변환을 통한 알켄 + H_2 결과를 낳게 된다. 이 반응의 변형으로는 H_2 희생 받개(sacrificial H_2 acceptor)이며, 당연히 원자-효율성은 낮다. 아주 센 주개인 다이알킬포스피노 치환체를 가진 집게 리간드의 낮은 배위수의(low-valent) 귀금속 착물은 '받개 없는(acceptor-less)' 알케인의 탈수소화 촉매로 매우 효과적임이 입증되었다.

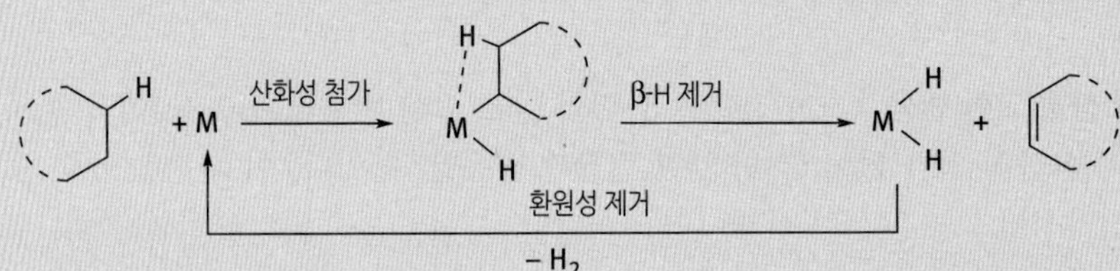

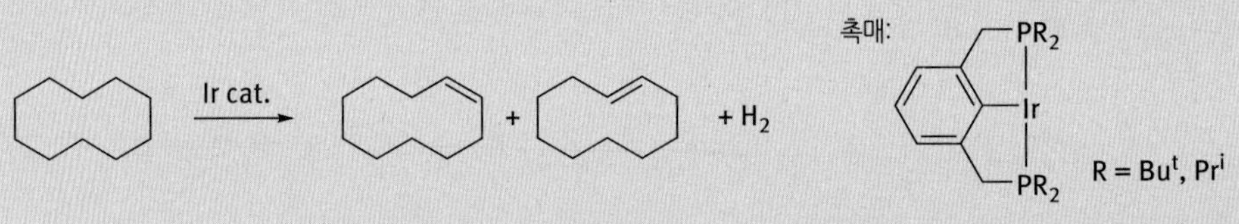

에테인을 에틸렌으로의 화학량론적 변환에서 반응 단계를 추적하는 것이 가능하였다. 이 같이 특별한 경우에 타이타늄(IV) 카바인(carbyne) 착물은 C-H 결합이 분해되는 동안 분자내 H-받개로 작용한다. 또한 여기서 세자리 집게 리간드는 관여하는 화학종을 분리할 수 있게 하는 데 유용함이 입증되었다.

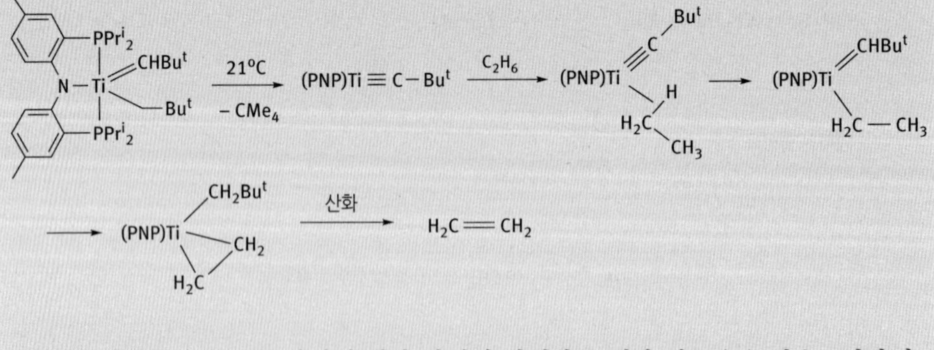

C-H 결합으로의 금속 삽입에 의한 알케인 활성화는 일차 알코올을 탈수소화하여 알데하이드를 만드는 반응으로 확장할 수 있다. 전통적인 산화 방법과는 대조적으로 여기서의 부산물은 H_2O가 아니고 H_2이다. 이 반응은 착물을 오로지 부산물인 H_2로 둘러싸는 데 이용할 수 있다.

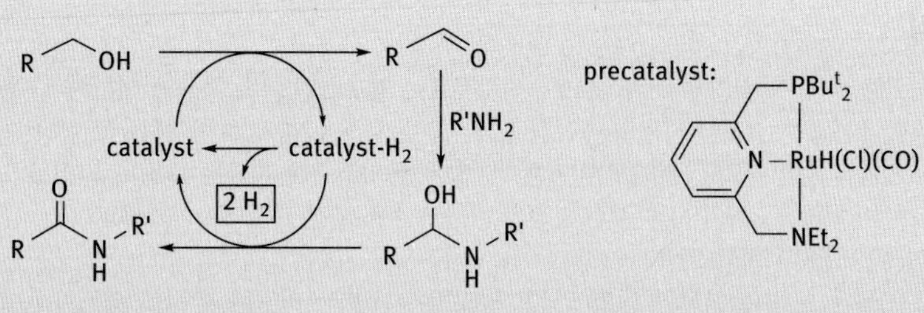

금속 알킬 생성물을 만들기 위한 알케인 활성화는 환원성 제거와 짝지어 **알케인을 작용기화**(functionalized alkanes)할 수 있다. 예를 들어 아래 그림의 Rh-촉매를 이용한 보릴화(borylation) 회로에서 보여 주고 있듯이 이 반응 순서는 붕소 치환체 도입을 가능하게 한다.

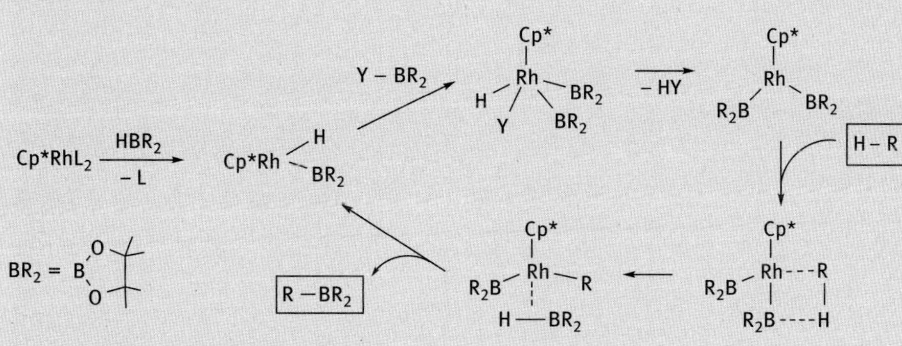

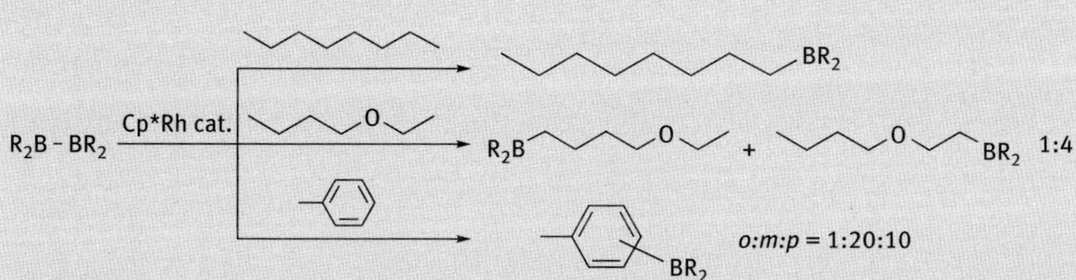

수소 폼일 첨가 반응 조건에서 또는 일반적인 카보닐화 반응 조건에서 알케인 C-H 활성화를 CO 삽입과 결합하면 작용기화된 알케인이 만들어진다. 이 반응은 비록 금속 촉매 반응이라 할지라도, 전환수(turnover numbers)가 아주 작다.

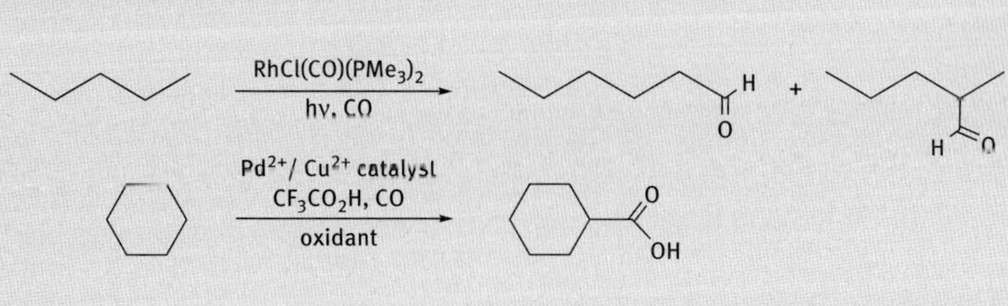

핵심

포화된 화합물의 H−X 결합은 배위적으로, 전자적으로 불포화된 금속 중심에 대하여 σ−주개 리간드로 작용할 수 있다. 그러한 착물의 안정성은 X = H > Si > C 순서로 현저히 감소한다.

이수소 착물은 대부분의 금속에서 발견된다. 많은 폴리수소화 착물은 수소화 리간드와 더불어 H_2 리간드를 포함한다. 이런 착물은 수소 첨가 반응과 수소 발생 촉매에서 중요하다.

많은 실레인 착물이 합성되었다.

알케인 착물은 오직 예외적인 상황에서만 분리할 수 있다. 이들은 환원성 제거와 탄화수소의 C−H 활성화에서 중간체이다.

알케인 착물 중간체에 대한 증거는 H/D 교환에 의하여 얻을 수 있다.

2.11 M−C σ-결합을 가진 착물

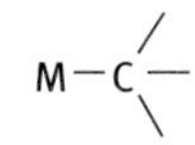

금속-촉매 과정은 금속-탄소 결합의 만들어짐과 끊어짐을 포함한다. 이것은 또한 많은 유기 합성 응용에 대하여 유기 금속 시약이 관여하는 화학량론적 변환에서의 주된 원리이다. 알케인, 알켄, 알카인 또는 아렌이 생성되고, 수소가 첨가되고, 중합되고 또는 작용기화될 때마다 금속 알킬 중간체가 관여한다. 화학 산업에서 만들어지는 대다수의 생성물은 공정의 특정한 단계에서 촉매 반응이 관여한다.

계획적으로 합성된 첫 번째 금속 알킬은 1848년 이래 Edward Frankland에 의하여 만들어진 아연 알킬 $ZnEt_2$와 EtZnI이었다. 이 후 곧 규소, 주석, 납, 수은, 알루미늄을 포함한 다른 주족 알킬이 알려졌다. 하지만, 주족 알킬이 처음 알려진 후 60년이 지나서야 전이 금속 알킬 착물의 첫 번째 예인 $[Et_2AuBr]_2$와 $PtMe_3I$이 보고되었다(W. J. Pope, 1907). 팔면체 배위된 Pt(IV)로 이루어진 후자의 사합체 구조는 수십년 후에 발견되었다.

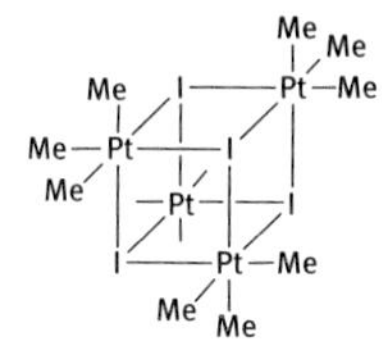

첫 번째 전이 금속 알킬 (Pope, 1907). 사합체 구조는 50년이 지난 후에야 알려졌다.

이 화합물들은 가장 중요하고 가장 널리 응용할 수 있는 합성 방법, 즉 저온 질소 분위기, 다이에틸 에터 용매에서 Grignard 시약에 의한 전이 금속 할로젠화물의 알킬화에 의하여 만들어졌다. 금 다이에틸 화합물은 얻을 수 있으나 많은 환원 생성물과 함께 낮은 수율로 얻어진다.

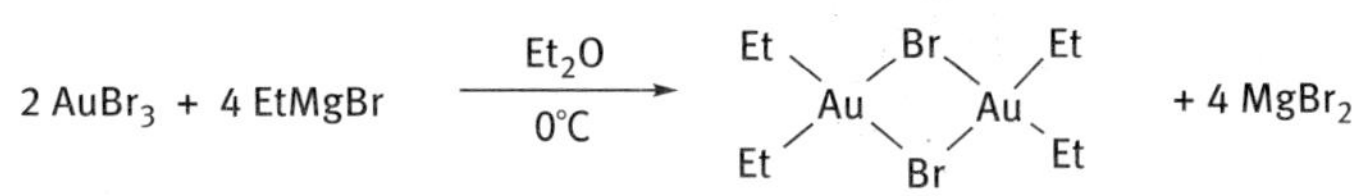

2.11.1 금속 알킬의 에너지론과 안정성 측면

서론에서 언급한 Pt와 Au의 예 외에 다른 전이 금속 알킬 착물은 수십 년 동안 만들 수 없었다. 이것은 열역학적 이유 때문이 아니고 반응 속도론적 이유 때문인 것으로 알려졌다. β-위치에 H 원자가 있는 전이 금속 알킬은 β-H 떼기와 알켄 제거에 의한 쉬운 분해 경로를 가지고 있다. 주족 원소와는 달리 채워지지 않은 d-오비탈을 가진 전이 금속에 대하여 이 같은 **β-H 제거**(β-H elimination) 과정은 아주 쉽다.

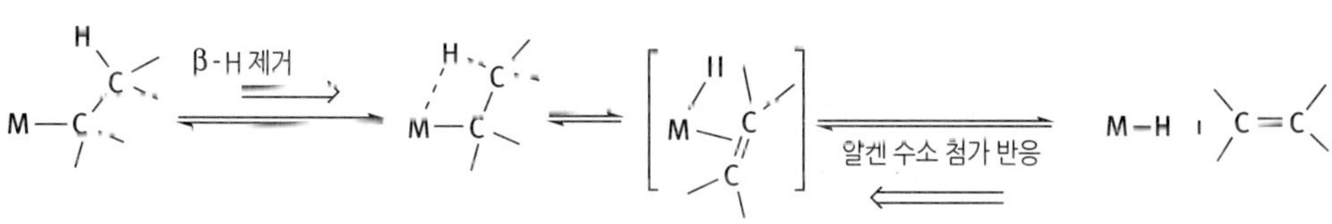

미시적 가역성의 원리

β-H 제거가 관여하는 반응 단계는 평형 상태이다. 역과정은 금속 수소화물에 의한 알켄의 수소 첨가이다.

따라서 분리 가능한 전이 금속 알킬의 제법에 대한 중요한 설계 원리는 β-H 없는 알킬 리간드를 사용하는 것이다. 다른 방법으로, 안정한 금속 알킬은 모든 배위 자리가 Cp 및 CO와 같은 리간드로 단단히 결합되어 차지하고 있으며 18의 전자셈이 이루어질 때 만들어질 수 있다.

표 2.11.1 M–C 결합 해리 에너지[a]

금속 알킬	D [kJ mol^{-1}]	금속 알킬	D [kJ mol^{-1}]
$Ti(CH_2CMe_3)_4$	198	$Cp^*{}_2TiMe_2$	281±8
$Zr(CH_2CMe_3)_4$	249	$Cp^*{}_2ZrMe_2$	284±2
$Hf(CH_2CMe_3)_4$	266	$Cp^*{}_2HfMe_2$	306±7
$TaMe_5$	261±5	Cp_2MoMe_2	166±8
WMe_6	160±6	Cp_2WMe_2	221±3
$(OC)_5Mn–CH_3$	187±4	$(OC)_5Mn–Cl$	294±10
$(OC)_5Mn–Ph$	207±11	$(OC)_5Mn–Br$	242±6
$(OC)_5Mn–C(O)CH_3$	160±10	$(OC)_5Mn–I$	195±6
$(OC)_5Re–CH_3$	220±11		
cis-$(Et_3P)_2Pt(Cl)–CH_3$	251±30	$CH_3–I$	238±1
trans-$(Et_3P)_2Pt(Cl)–C_2H_5$	206	$CH_3C(O)–I$	209±3

[a] From: J. A. M. Simões, J. L. Beauchamp, *Chem. Rev.* **1990**. *90*, 629.

주족 금속 알킬의 결합 해리 에너지는 1.1장을 보라.

전이 금속–탄소 결합의 결합 해리 에너지 D (표 2.11.1)는 주족 금속의 해리 에너지와 비교 할만하다. 그러나 주족 원소와는 대조적으로 **결합 세기는 같은 족에서 아래로 갈수록 증가한다**.

데이터가 보여 주듯이 M–C 결합 세기는 아이오딘화 알킬 또는 아이오딘화 아실에서 탄소-아이오딘 결합에 비교할만하다. 금속–메틸 결합은 더 큰 알킬의 경우와 비교하여 더 세고, 일부 메틸 착물의 불안정성은 열역학적이 아니고 속도론적임을 확인해 준다. 결합 세기는 M–C(sp^2) > M–C(sp^3) > M–C(O)R 순서로 감소한다.

주개 리간드 존재하에서 금속 알킬의 다른 분해 경로가 작용할 수 있다. 예를 들어 팔라듐 포스핀 착물의 에틸 착물은 분리 가능하다. $PbEt_4$와는 달리, 포스핀 리간드의 배위는 β-H 제거에 의한 분해, M–Et 결합의 균일 분해에 의한 분해를 불리하게 하고 에틸 라디칼의 형성 또한 에너지론적으로 쉽지 않다. Pd의 다이알킬 (그리고 다른 전자가 풍부한 금속)은 다른 과정, 즉 두 개 알킬 리간드의 환원성 C–C 짝지음으로 C 원자수가 두 배가 되는 탄화수소를 발생시키고 영가 Pd 포스핀 착물이 만들어지는 과정으로 분해할 수 있다. 이 과정은 **환원성 제거**(reductive elimination)라고 한다. 이것은 Pd–촉매 C–C 짝지음 반응에서 종결 단계이다. 이 반응이 진행되기 위해서는 두 개의 알킬 리간드는 이웃하는 배위 자리를 차지해야 한다. 즉 그들은 서로 **시스 위치**(cis position)에 있어야 한다. 이 과정은 상당한 크기의 활성화 장벽을 가지고 있어 일반적으로 가열이 요구된다. β-H 제거와는 달리 이 반응은 비가역적이다.

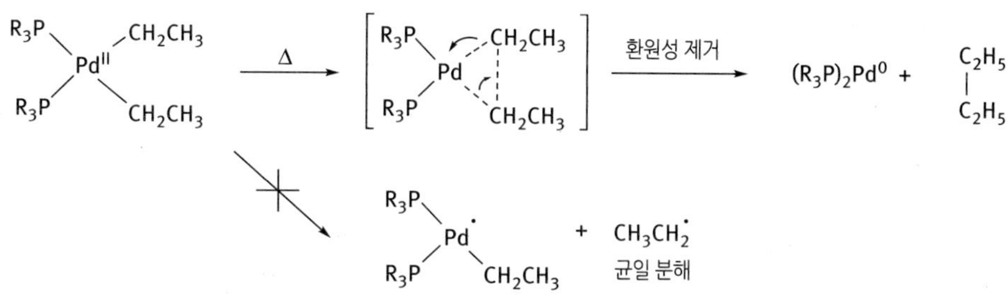

결합 해리 에너지는 18 전자셈을 이루지 않을지라도 안정한 금속 알킬을 예측하게 해주며, TiR_4와 같은 금속 알킬의 안정성은 다른 인자의 중요함을 나타낸다. $PbEt_4$는 에너지 흡수성 화합물이지만 분리할 수 있고 실온에서 안정하다. $TiEt_4$는 발열성이지만 앞 절에서 설명한 것처럼 쉬운 β-제거 때문에 만들 수 없다. 그러나 이 과정이 $TiMe_4$에 대해서는 작용할 수 없음에도 불구하고 이 메틸 화합물은 열에 불안정하고 > −50 °C에서 분해한다. 그 이유는 이처럼 낮은 전자셈에서 − $TiMe_4$는 8VE 화합물 − 금속 중심은 α-위치에 있는 C-H 결합과 반응할 수 있고 α-H 분해 경로가 시작된다. 이는 TiR_4와 같은 전자 결핍 화합물은 안정화를 위하여 대체 전략을 이용함을 의미한다.

2.11.2 M−C σ-결합된 리간드의 형태와 결합 형식

2.11.2.1 M−R 리간드 형태

안정한 전이 금속 알킬의 합성은 두 가지 전략에 의하여 이룰 수 있다.

1. 주개 리간드로 배위 자리 차단

이 전략의 좋은 예는 $CpFe(CO)_2$-R (R = Me, Et 등)와 같은 18 VE 알킬이며, 이들은 공기와 습도에 안정하고 관크로마토그래피로 분리할 수 있다. 이 반응에서 $CpFe(CO)_2$ 토막은 약어로 Fp로 사용하며 유기 합성 응용 분야에서 널리 이용된다. 2,2′-바이피리딜(bipy) 그리고 한자리- 또는 여러 자리 포스핀과 같은 킬레이트 리간드는 위에서 사용한 것과 같은 목적으로 쓰일 수 있다. 예를 들어 사면체인 $TiMe_4$는 열에 매우 불안정하나 팔면체 첨가물인 $TiMe_4$(dmpe) (12 VE)는 18-전자 규칙에 훨씬 미치지 못하지만 실온에서 안정하다(dmpe = 1,2 비스(다이메틸포스피노)에테인, $Me_2PC_2H_4PMe_2$). 수많은 16에서 18 전자셈을 가진 금속 알킬 착물이 있다. 알킬 음이온은 그 자체로 안정화시키는 주개 리간드로 작용할 수 있다. 예를 들어 $RhMe_3$는 알려져 있지 않으나, $[RhMe_6]^{3-}$의 염은 분리할 수 있다.

2. β-H 제거에 대하여 안정한 알킬 리간드 사용

β-H 제거로부터의 안정성은 β-H 원자가 없는 조건에서, 입체 장애를 크게 하거나 β-H 제거 단계의 에너지를 불리하게 만들어서 이룰 수 있다. 자주 사용하는 리간드는 다음과 같다.

β-H 제거에 안정한 알킬:

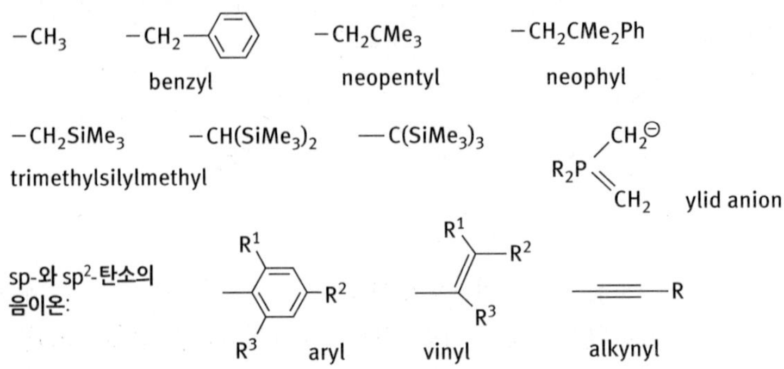

일반적으로, 금속-탄소 결합 세기는 C의 s-성질이 증가함에 따라 증가한다.

$$\begin{array}{ccccc} M—CR_3 & < & M—aryl,\quad M—vinyl & < & M—C{\equiv}C\text{-}R \\ sp^3\text{-}C & < & sp^2\text{-}C & < & sp\text{-}C \end{array}$$

결합 세기와 C의 전자 끌기 특성 증가 ⟹

아릴과 바이닐은 β-H 원자를 가질 수 있으나, 이 경우에 β-H 떼기는 에너지론적으로 크게 불리하다. 같은 현상은 1-노보닐(norbonyl)과 같은 교두보 알킬에 대해서도 사실이다. 이 알킬은 여섯 개의 β-H 원자를 가지고 있으나, β-H 떼기는 일어나지 않는데 그 이유는 이로 인하여 장력이 크게 걸리는 교두보 알켄이 만들어지기 때문이다.

Bredt 규칙: 교두보 탄소에 이중 결합은 불리하다.

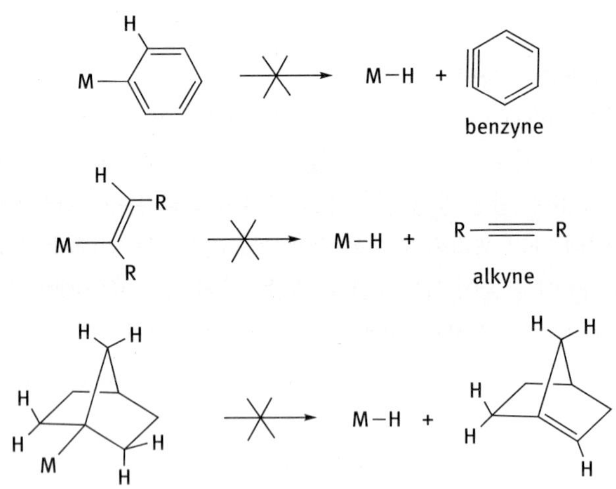

2.11.2.2 M−R 결합 형식

다음의 금속-알킬 결합 형식은 흔히 만나게 된다. 말단과 다리 놓은 알킬과 아릴 착물은 금속 중심 또는 중심들의 전자 요구에 따라 형성된다. 전자 결핍 금속은 M-C σ-결합과 더불어 금속에 대하여 α-, β-, 또는 γ-위치에서 C-H 결합과 상호 작용하여 결합을 형성한다.

그러한 결합 형식은 **'아고스틱' 결합**(**agostic bonding**)이라고 한다. 이 결합 형식은 구조에 반쪽-화살표로 나타낸다.

"아고스틱'이라는 용어는 Homer가 사용한 단어에서 유래하였다. 움켜쥐다. 붙잡다의 의미임.

벤질 리간드는 전자 결핍 금속 중심에 π-전자 밀도의 일부를 주어 η^2- 또는 η^3-벤질 화합물을 만드는 페닐 치환체를 포함한다. η^2-벤질에서 M-C-C 각도는 사면체의 109.5°에 비하여 뾰족하고 대략 90°이다. 이런 화합물에서 벤질 리간드는 단단히 붙잡혀 있으며, 착물의 대칭성에 따라 두 개의 CH_2 양성자는 동등하지 않을 수 있고(부분 입체 이성질성) ^{1}H NMR 스펙트럼에서 AB 스핀 패턴을 보인다.

말단:

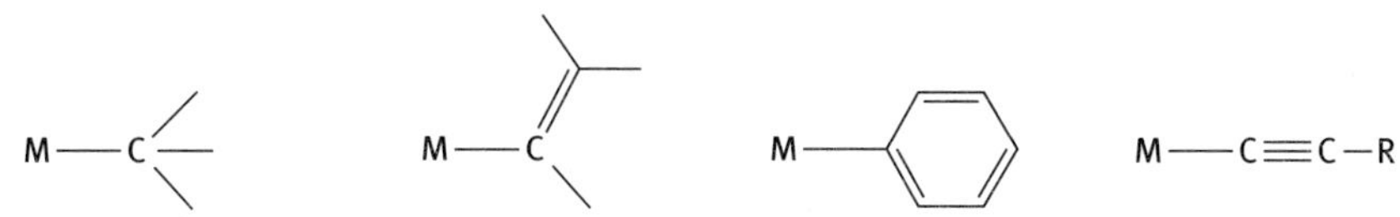

알킬과 전자 결핍 금속의 결합:

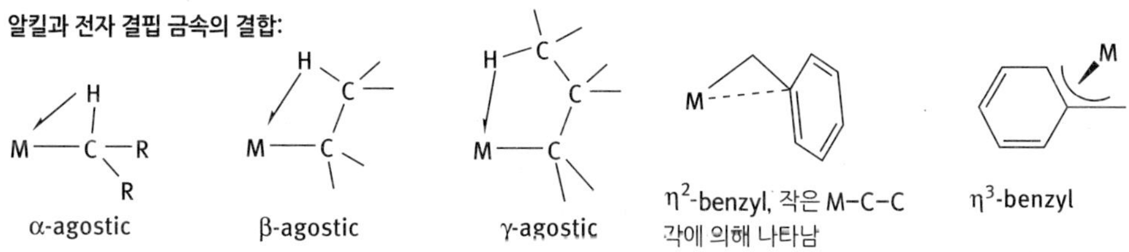

아고스틱 결합을 갖고 있는 착물의 몇 가지 예:

α-agostic bonding:

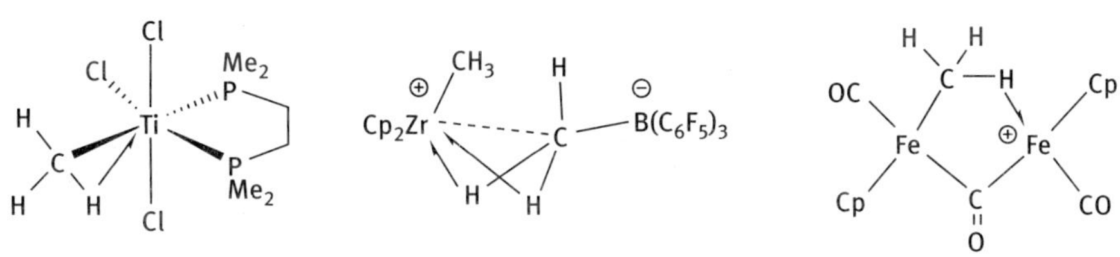

β-agostic bonding:

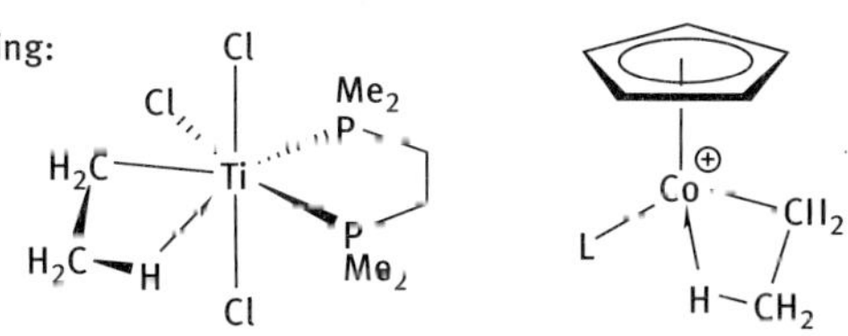

다리 놓인: sp^3-와 sp^2-혼성화된 C 원자가 두 개 금속 사이의 다리 놓은 위치에 놓일 경우, sp^2-C에 대한 선호도가 훨씬 높다. 같은 경향성은 주족 금속에 대하여 설명하였다. 다리 놓은 알킬은 전자가 부족한 금속을 만나는 경향이 있으므로 다리는 종종 다양한 아고스틱 상호 작용에 의하여 지지된다.

높은 친전자계에서 다리:

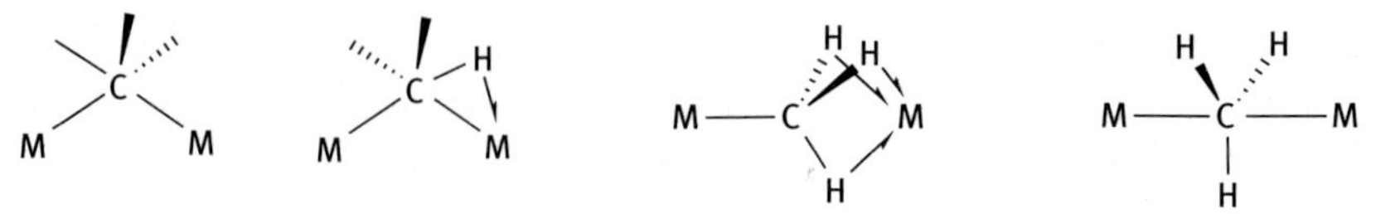

단일 및 다중 아고스틱 M–H–C 상호 작용에 의한 메틸 다리

μ-CH_3 화합물 내에서 삼각 쌍뿔의 형태로 5-배위 결합을 하고 있는 C

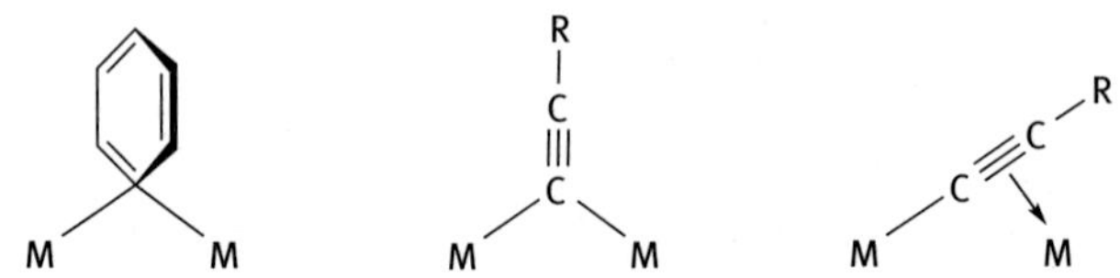

대칭 및 비대칭적으로 다리 결합을 한 알카인일

금속 함유 고리 화합물(metallacycle): 금속 알킬은 또한 다양한 금속 함유 고리를 형성한다. 5-원자 고리는 특히 안정하다. 헤테로 원자 주개에 의하여 지지된 금속 함유 고리가 흔하다. 헤테로 원자 또한 고리 금속화된 페닐 피리딘 또는 아미노-치환된 벤질 화합물이 만들어지게 하는 C–H 활성화 위치를 유도한다.

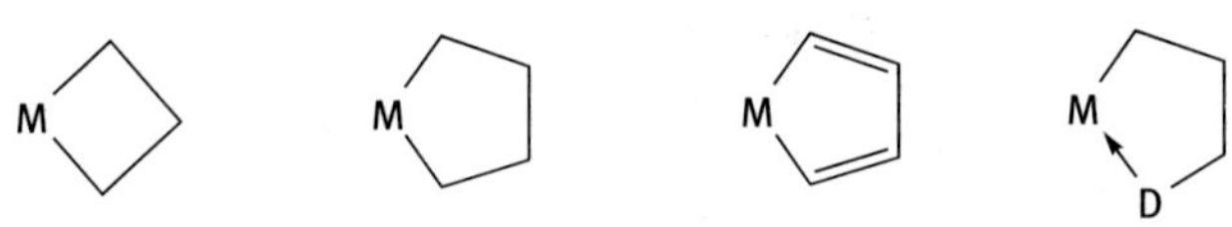

주개에 의한 안정화된 알킬

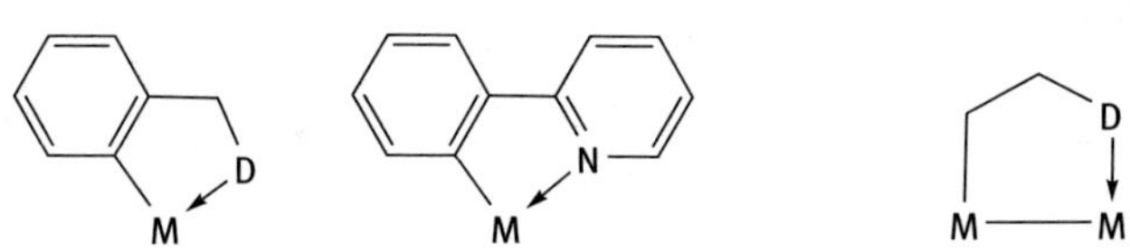

금속 포함 고리화된 착물들

2.11.2.3 입체 장애의 중요함

특별히 주개 리간드가 추가로 없는 착물에서, 금속 알킬의 안정성은 알킬 리간드의 입체 장애에 따라 증가한다. 따라서 $Ti(CH_2SiMe_3)_4$는 $TiMe_4$에 비하여 열에 월등히 더 안정하다. 오쏘-치환된 아릴뿐 아니라 부피가 큰 알킬은 배위수가 적으면서 열에 안정한 착물을 발생시키는 데 널리 이용되어 왔다. C_6F_5와 같은 전자 끄는 기를 갖는 아릴 리간드는 할로젠 음이온과 그 전자적 특성이 유사하다. 부피가 큰 치환기를 두 개 가진 아릴 2,6-$R_2C_6H_3$에 의하여 제공되는 입체 가리움의 정도는 주로 오쏘-치환체에 의하여 조절되고 R = Me < Pr^i < Bu^t ≈ Ph < $C_6H_2R'_3$-2,4,6 순서로 증가한다. 부피가 큰 아릴의 효과는 다음 그림에 있는 혼성-리간드 망가니즈(II) 알킬에서 볼 수 있다. 금속은 아홉 개의 β-H를 갖는 Bu^t 리간드를 가지고 있으나 매우 부피가 큰 아릴의 입체 장애는 β-H 떼기를 방지하고 화합물은 160 °C까지 안정하다. 작은 리간드로 이루어진 망가니즈(II) 알킬은 공기에 매우 민감하고 배위 중

합체 $[Mn(\mu\text{-}CH_2R)_2]_x$를 형성하며, 이 화합물은 마그네슘 다이알킬 구조를 닮은 알킬-다리 놓인 사슬 구조이다.

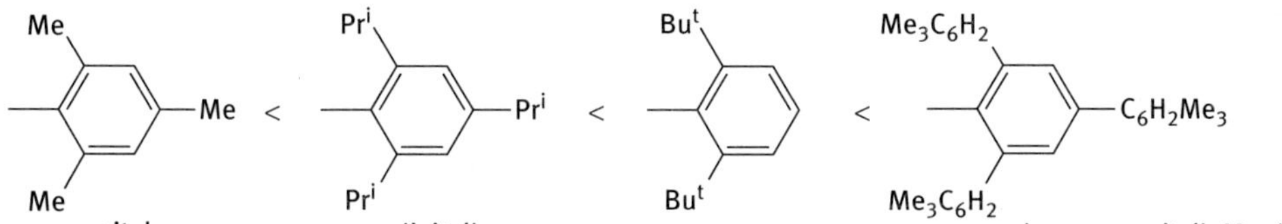

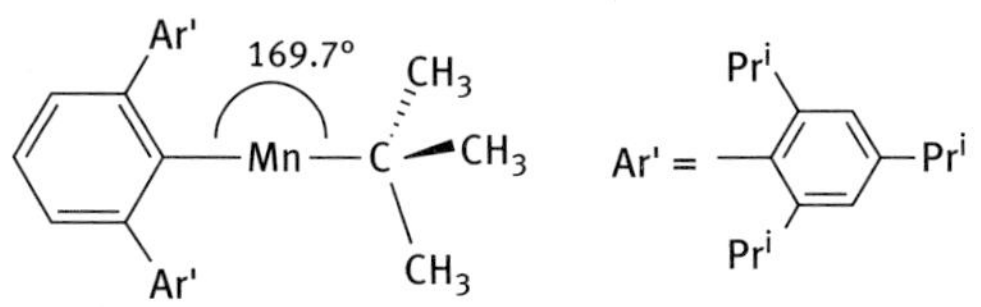

단량체에서 입체적으로 장애가 있는 망가니즈(II) 다이알킬, 9 VE

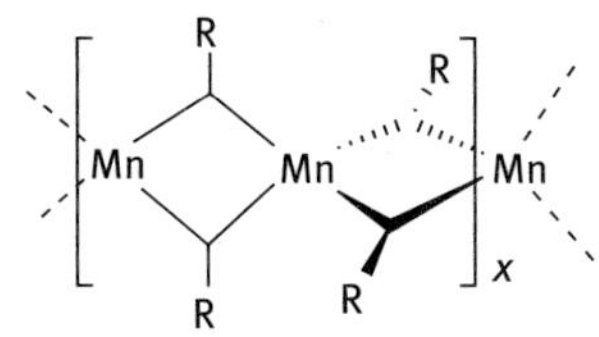

망가니즈(II) 다이알킬 중합체, e.g. $R=Bu^t$; 2e3c bonding

입체 장애는 금속 중심이 가질 수 있는 산화 상태에 영향을 미친다. 예를 들어 $Ti(CH_2SiMe_3)_4$ (Ti(IV), 반자기성)은 만들 수 있다. 그러나 부피가 더 큰 리간드와는 삼각평면 $Ti\{CH(SiMe_3)_2\}_3$와 같은 상자기성 Ti(III) 화합물이 만들어진다.

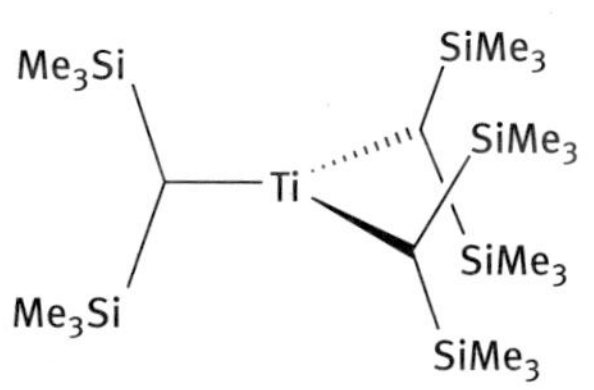

Ti^{III}, d^1, 7 VE

TiR_4를 이루기에는 부피가 큰 알킬 리간드

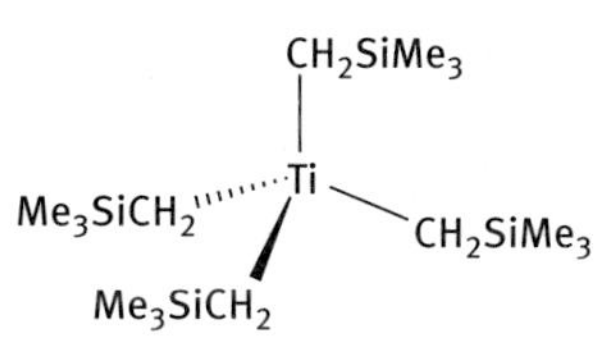

Ti^{IV}, d^0, 8 VE, tetrahedral;

작은 리간드를 위한 기하학적 구조와 산화수를 우선시함

금속 이온의 크기, 알킬 리간드, 그리고 다른 주개 리간드 사이의 상호 작용은 한편으로는 MMe_4 (M = Ti, Zr)의 포스핀 첨가물로, 다른 한편으로는 Cr(II) 다이알킬로 잘 설명할 수 있다. 지르코늄은 전이 금속 중에서 가장 크기 때문에 배위수가 8에 이르는 알킬 착물을 형성할 수 있다. Cr(II)에서는 입체 요구 조건이 없는 포스핀 리간드를 사용하면 금속-금속 결합된 화합물 형성이 가능하다. 반면에 입체 장애가 증가하는 킬레이트 리간드는 다양한 자기적 상태와 반응성을 갖는 6-배위 및 4-배위 단핵 화합물을 선호한다.

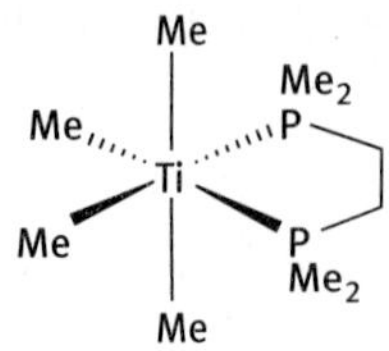

Ti(IV), r = 0.61 Å, 12 VE

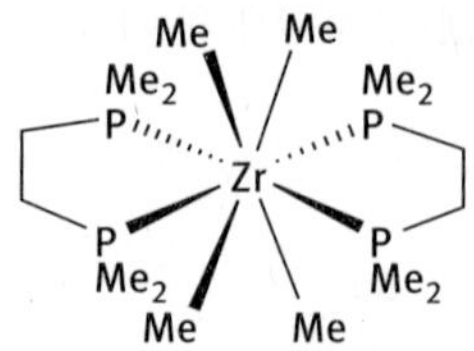

Zr(IV), r = 0.72 Å, 16 VE

포스핀-없는 Cr(II, III) 알킬은 2.11.3절을 보라.

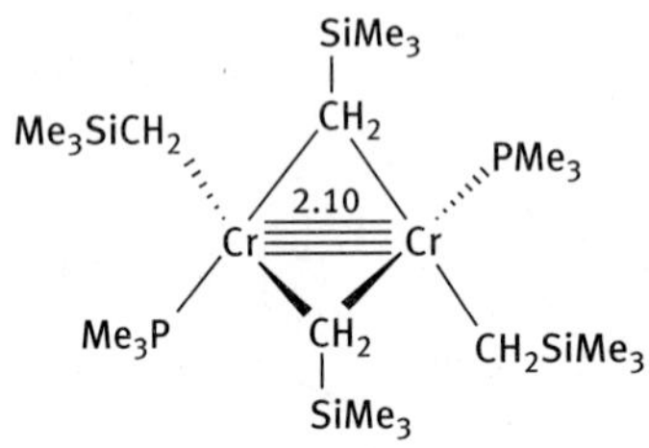

Cr(II), d^4, 14 VE,
삐뚤어진 사각 평면,
Cr-Cr 사중 결합,
반자성

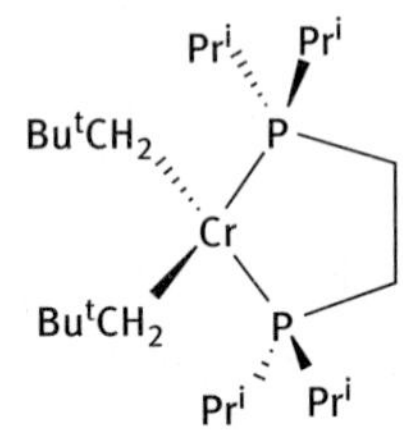

Cr(II), 삐뚤어진 사각 평면,
12 VE, d^4, **high-spin**, μ_{eff} = 4.9 B.M.

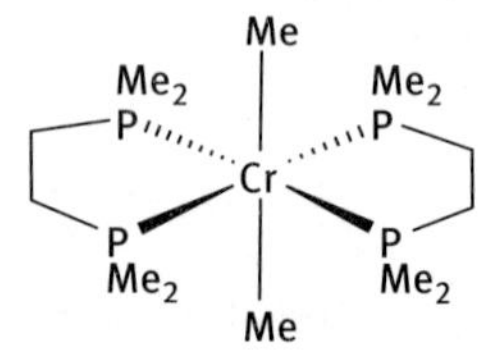

Cr(II), octahedral, 16 VE,
d^4, **low-spin**, μ_{eff} = 2.7 B.M.

2.11.3 금속 알킬의 합성

2.11.3.1 동종 리간드 금속 알킬의 합성

'동종 리간드 착물'
= 오로지 한 가지 형태의 리간드를 포함하는 착물

'이성분'
= 두 가지 다른 원소로 이루어진 화합물

가장 널리 적용되는 합성법은 **동종 리간드**(homoleptic) 금속 알킬과 여분의 주개 리간드로 안정화된 착물 모두에 대하여 주족 금속 알킬을 이용한 전이 금속 할로젠화물의 알킬화이다.

$$TiCl_4 + 2\,Mg(CH_2SiMe_3)_2 \xrightarrow[-78\ ^\circ C\ \text{to RT}]{Et_2O} Ti(CH_2SiMe_3)_4 + 2\,MgCl_2$$

8 VE, 노란색, 반자성

benzylMgCl을 이용하여 MCl_4 (M = Zr, Hf)를 알킬화하면 테트라-알킬 $M(CH_2Ph)_4$이 만들어진다. $Sn(CH_2Ph)_4$와 같은 주족 알킬은 정사면체 구조를 가지고 있는 반면에, Zr과 Hf 착물은 정사면체 각도인 109.5°보다 훨씬 뾰족한 85~101° 범위에서 다양한 M-C-C 각도를 보인다. 이것은 벤질 리간드 페닐 고리의 *ipso*-C 원자와의 π-상호 작용을 나타내는 것이며 착물의 전자 결핍을 완화하는 데 도움을 준다(공식적으로 8 VE).

$$MCl_4 + 4\,PhCH_2MgCl \xrightarrow[-78\ ^\circ C\ \text{to RT}]{Et_2O}$$

M = Zr, Hf

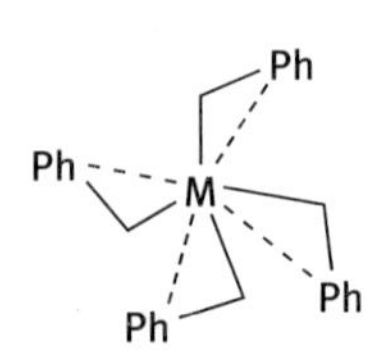

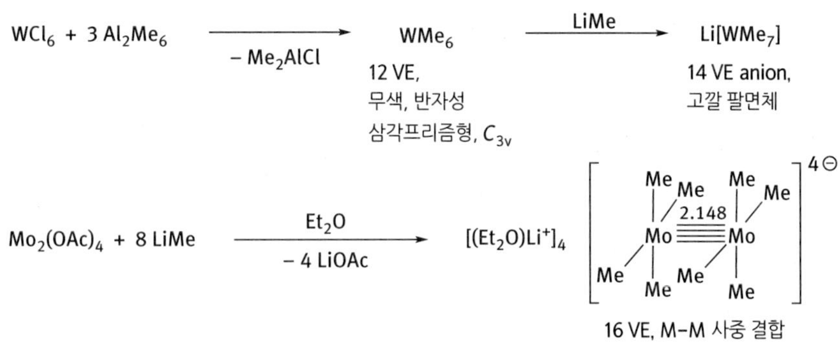

이 방법은 또한 금속 함유 고리 화합물의 합성에 적합하다.

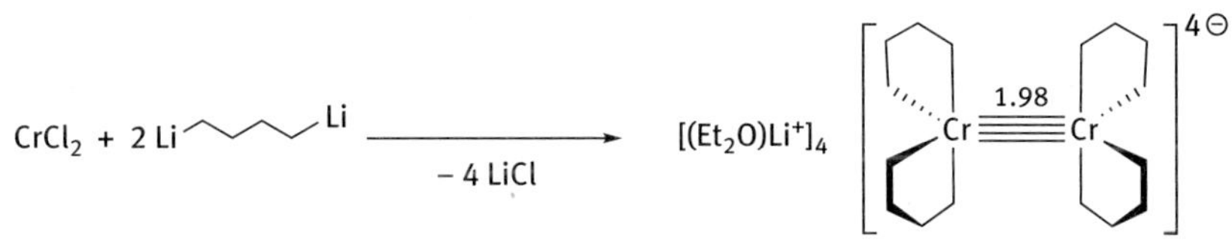

주족 금속 알킬화 시약의 **알킬화 세기**(alkylation strength)는 금속의 전기 음성도가 증가함에 따라 감소한다. LiR > RMgX > AlR_3 > $R_2AlCl \approx ZnR_2$. 약한 알킬화 시약은 금속 알킬 할로젠화물을 만든다.

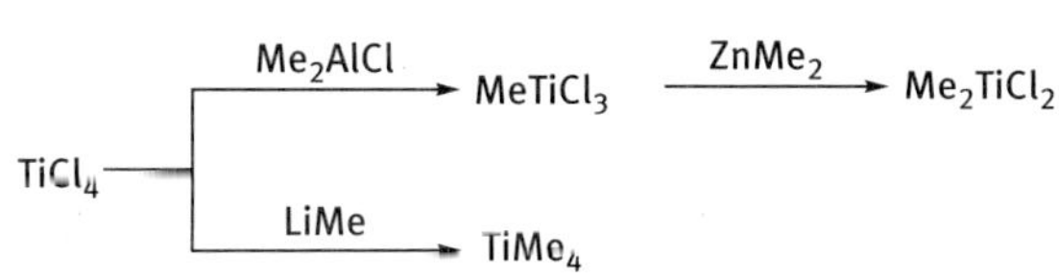

반면에 혼성-리간드 알킬 할로젠화물은 균등화 반응(comproportionation)으로 만드는 것이 최선이다.

$$TiCl_4 + 4\ PhCH_2MgCl \longrightarrow Ti(CH_2Ph)_4$$

$$3\ Ti(CH_2Ph)_4 + TiBr_4 \longrightarrow 4\ TiBr(CH_2Ph)_3$$

알킬화 반응은 산화 상태를 바꿀 수 있다. 예를 들어 $CrCl_3$를 알킬화하면 R의 크기에 따라서 Cr 트라이알킬이 만들어지며 이는 쉽게 산화되어 Cr(IV) 생성물이 된다. Cr(IV)는 작은 이온 (r = 0.55 Å)으로, 아이소프로필과 *tert*-뷰틸 유도체조차도 β-H 제거에 대하여 안정하다. CrR_4 착물 또한 가수 분해에 안정하다. 대조적으로 페닐이나 배위하는 용매인 THF 같은 작은 리간드는 용매가 배위된 $CrPh_3(THF)_3$를 만든다. $CrCl_3(THF)_3$를 $LiCH_2SiMe_3$와 반응하면 환원을 통하여 사합체 $[CrR_2]_4$ 형성에 이르며, 이 화합물은 알킬 다리에 의하여 사각 평면형 Cr(II) 중심이 서로 붙잡혀 있다. 이 화합물(d^4)은 금속 중심의 반강자성 짝지음을 통한 온도 의존성 상자기성을 보인다.

이온 반지름:
Cr(II) 0.73 (저스핀), 0.80 (고스핀)
Cr(III) 0.62 Å
Cr(IV) 0.55 Å

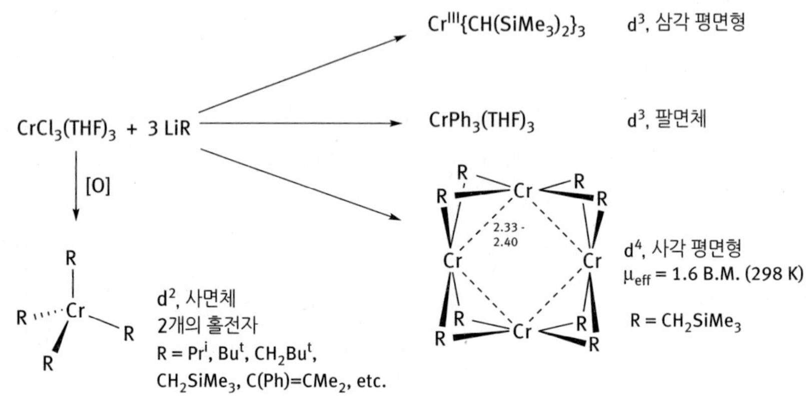

입체 장애가 매우 큰 리간드는 배위수가 아주 작은 착물을 얻는 데 이용할 수 있으며, 일반적으로 반응성이 크다. 이러한 화합물은 흥미로운 결합 형식을 나타낼 수 있다. 예를 들어 아주 부피가 큰 아릴은 금속-금속 결합된 이합체를 만드는 것이 가능하였으며, 이 경우 금속 중심당 다섯 개의 전자가 M-M 다중 결합에 관여한다.

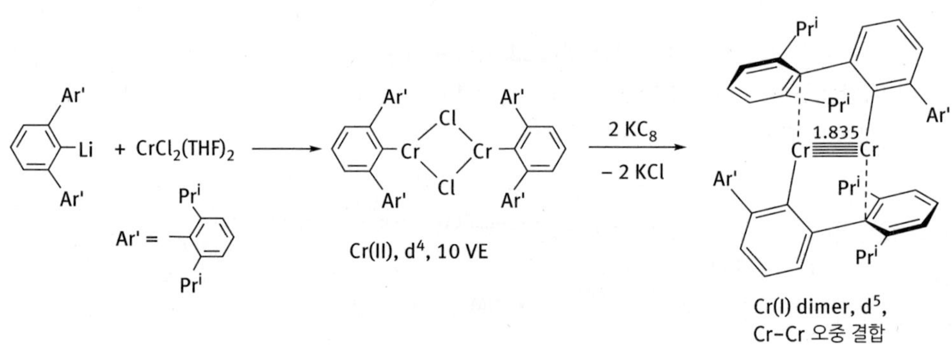

제거 반응에 저항력 있는 교두보 알킬을 이용하면 금속의 산화 상태는 리간드의 입체적 요구에 의하여 따르게 된다. 알킬은 센 σ-주개이므로 이들은 높은 산화 상태를 안정화시킨다. Co의 경우 산화 상태는 Co(V) 까지도 가능하다.

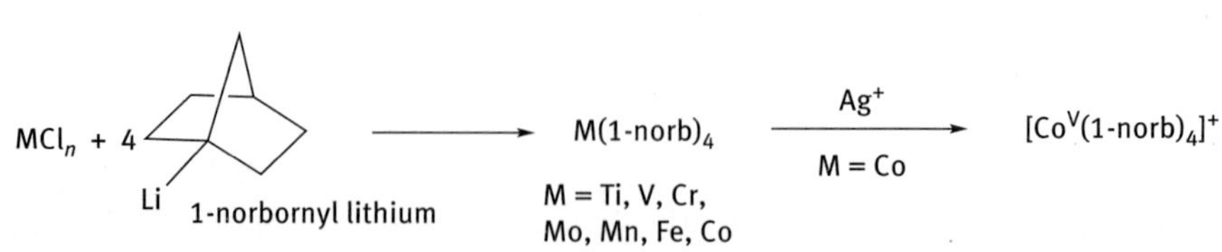

자료
2.11.3.1 동종 리간드 금속 메틸 착물의 구조

WMe_6와 $ReMe_6$처럼 여섯 개의 메틸 리간드를 갖는 동종 리간드 착물은 처음에는 팔면체라고 생각하였다. 그러나 MO 계산에 의하면 오로지 σ-주개 리간드만 갖는 경우에는 **삼각프리즘형**(trigonal-prismatic)이어야 하고 실제로 이 모양이 발견되었다. 이 구조는 단순히 구 위에서의 점전하 모형과 모순되고 입체 상호 작용, 리간드장 이론 또는 전통적인 VSEPR(원자가 껍질 전자쌍 반발) 이론으로 설명할 수 없다.

팔면체와 삼각프리즘 기하 구조는 하나의 삼각면이 다른 삼각면에 대하여 각도 θ (**Bailar twist**)만큼 회전에 의하여 상호 변환할 수 있으므로, 팔면체는 한 가지 극단($\theta = 60°$)이 되고 삼각프리즘은 다른 극단($\theta = 0°$)이 된다.

대부분의 경우에 착물들은 이와 같은 이상 구조로부터 벗어난다. $[ZrMe_6]^{2-}$와 같은 음으로 하전된 음이온은 아마도 전하의 반발 영향 때문에 D_{3h} 대칭성에 근접하며, 중성 화합물에서는 WMe_6처럼 대칭성을 C_{3v}로 내려서 약간의 안정화를 이룰 수 있다.

유사하게 펜타메틸 MMe_5 (M = Ta, Mo)는 삼각 쌍뿔보다는 사각뿔 구조이다. 이들 σ-주개 착물에서 일반적인 원리는 리간드 간 각도가 180°인 것을 피하는 것처럼 보인다.

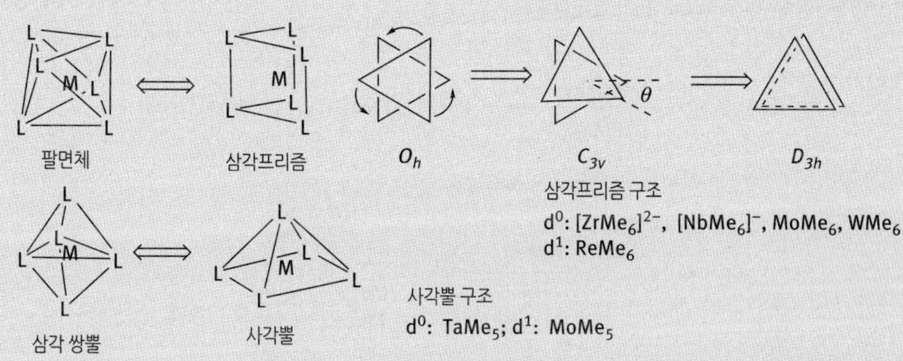

대조적으로 **π-결합 능력이 있는 리간드는 팔면체 또는 tbp 구조를 안정화한다**. 이런 이유로 알콕사이드와 아마이드도 그러하듯이 MoF_6와 WCl_6와 같은 할로젠화물뿐만 아니라 $W(CO)_6$는 팔면체이다. σ-주개이나 전자셈이 많은 착물은 팔면체에 가깝다. $[RhMe_6]^{3-}$ (d^6, 18 VE, $\theta = 45°$)이 그 예이다.

2.11.3.2 이종 리간드 금속 알킬 착물의 합성

여분의 L형 또는 LX-형 리간드에 의하여 안정화된 금속 알킬 착물 또한 해당하는 금속 할로젠화물로부터 흔히 만든다. 그러나 전자셈 18이 이루어지면 β-H 제거의 위험은 덜하다. 동종 리간드 금속 알킬 착물은 대부분 산화에 민감하거나/또는 M–C 결합이 가수 분해에 민감한 반면, $CpFe(CO)_2(R)$ 같은 알킬 화합물과 연관된 금속 카보닐 알킬은 공기와 습도에 안정하다. 16 VE 화학종과 앞전이 금속의 Cp-안정화된 금속 알킬은 보다 더 공기와 양성자성 시약에 민감하다. 그럼에도 이들은 동종 리간드 알킬보다는 열에 더 안정하다.

이종 리간드 착물: 한 가지 형태 이상의 리간드를 포함한 착물

염 상호 교환 반응이 관여하지 않으며 M–C σ-결합을 발생시키는 다른 방법들이 많이 있다.

금속 할로젠화물의 알킬화에 의하여:

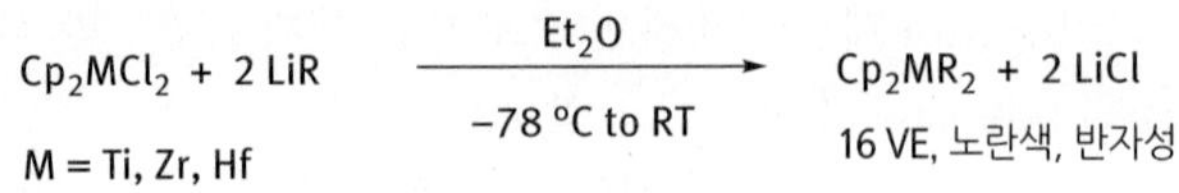

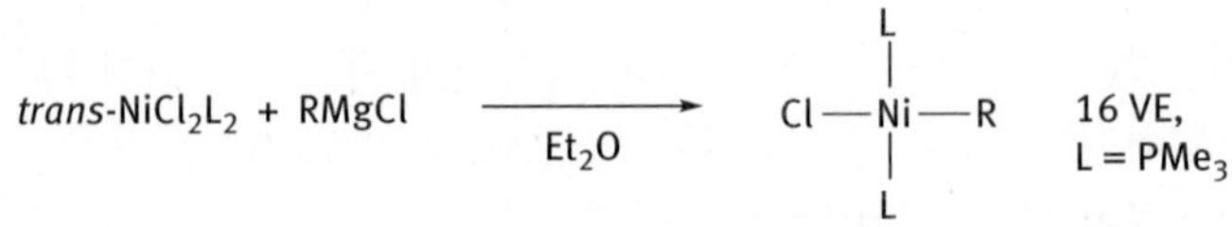

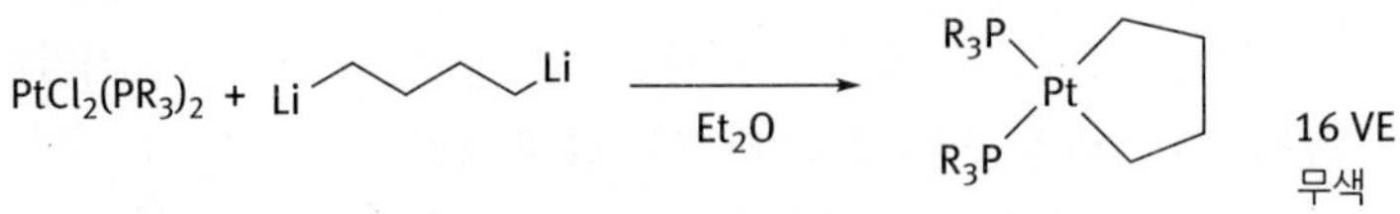

알킬화 반응은 산화 상태 변화를 수반할 수 있다. 이에 대한 원동력은 입체적 요구 또는 18 VE 전자 배치를 얻는 것인 듯하다.

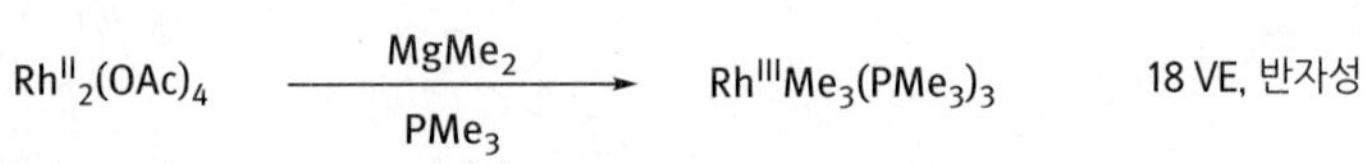

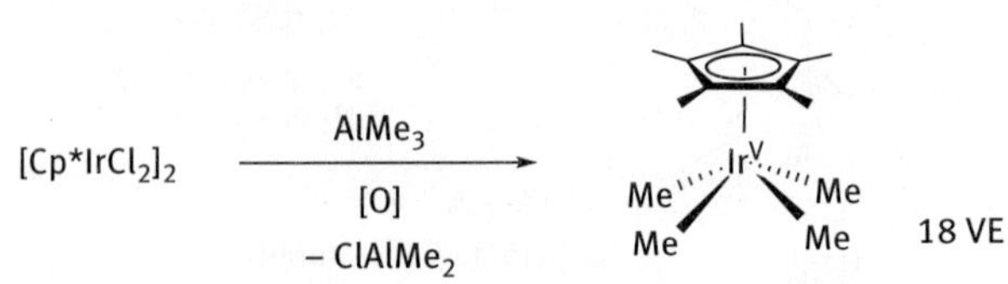

포스핀 또는 사이클로펜타다이엔일 리간드에 의하여 안정화된 금속 알킬이 일반적이나, **π-주개 리간드(π-donor ligand)**에 의하여 안정화된 착물의 예도 많으며, 비어 있는 금속 오비탈과 π-주개 형식(2.4.3절)으로 상호 작용하는 고립쌍을 가지고 있는 헤테로 원자 리간드가 그 예이다. 이들 착물은 높은 산화 상태의 금속을 갖고 있다. 비록 기여도를 분명히 하기는 어려우나 π-공여는 금속 중심에 전자셈을 증가시킨다. 이 결과는 M–E 결합 길이를 짧게 하며, 반면에 금속 알콕시화물과 아릴옥시화물에서 M–O–C 각도는 벌어져 180°에 가까워진다.

다음 도표에서 보여 주는 지르코늄 벤질 또한 전자 결핍 벤질 착물에 대하여 전형적인 벤질 리간드의 η^2-배위를 보여 준다.

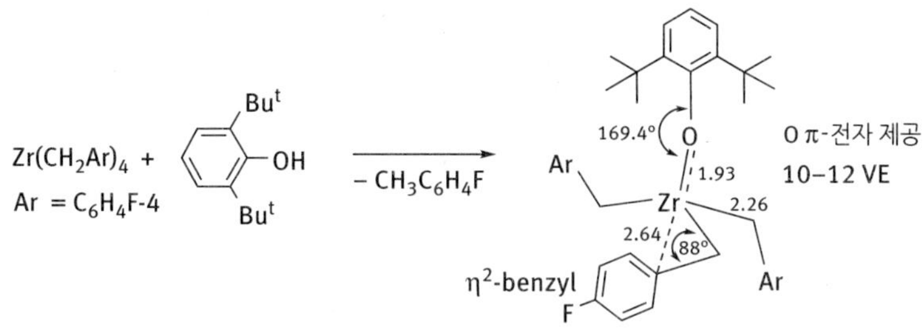

옥소와 이미도 리간드를 갖는 금속 알킬은 많은 촉매 반응에서 널리 이용된다. 이들 -2가 음이온 리간드는 M=E 이중 결합을 형성하고 형식상 두 개 전자를 기여하나, π-공여를 통하여 4-전자 리간드로서 작용할 수 있다. M=O와 M=N 결합을 갖는 착물은 5~7족 한 벌 세 원소에서 흔하고, 특히 둘째 주기와 셋째 주기 원소에 대하여 그러하다.

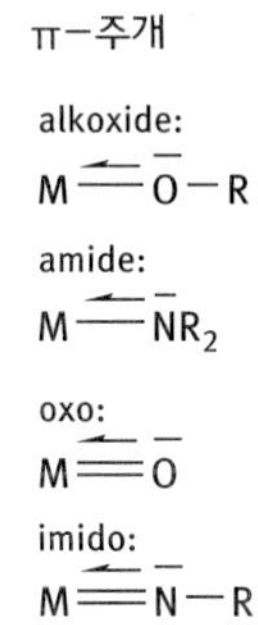

고전적인 예는 $MeReO_3$이며, 산화 반응과 O-이동 반응에 대한 촉매이다. 옥소 리간드는 π-전자 공여를 제공한다. 그러나 피리딘과 같은 더 센 주개로 치환될 수 있고, 이들 착물은 Lewis 산과 같이 행동한다.

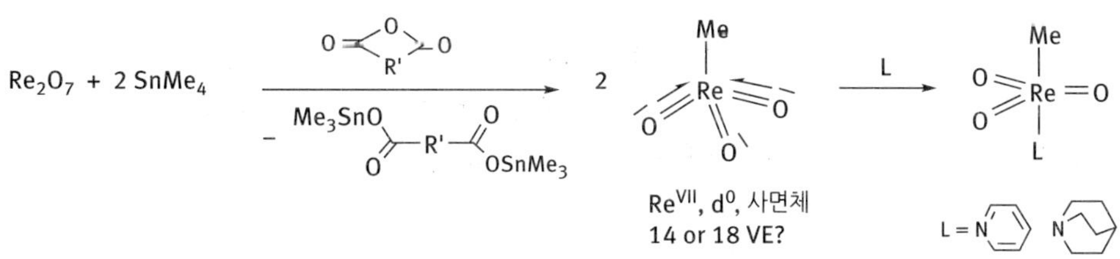

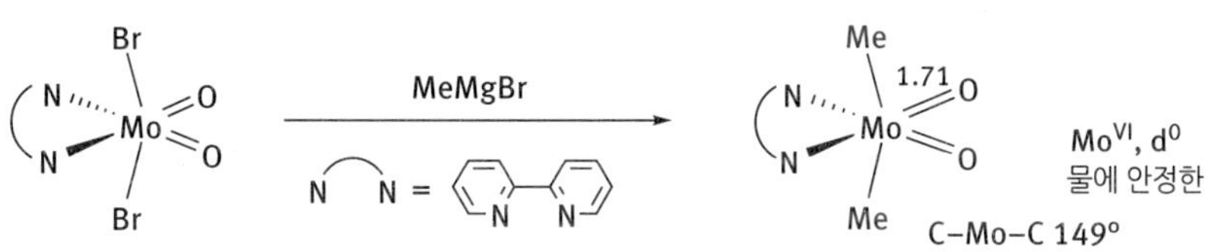

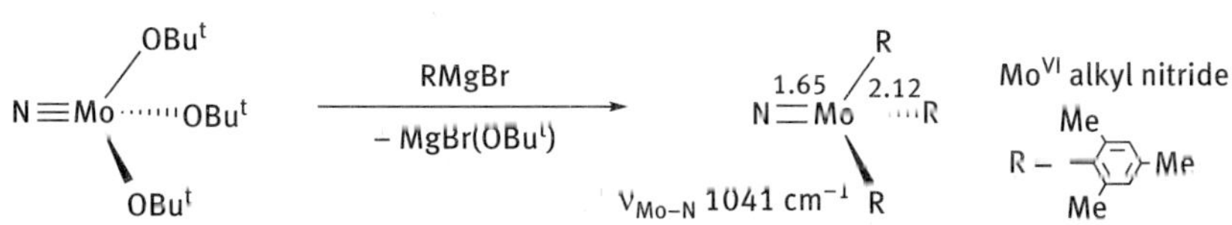

산화성 첨가. 낮은 배위수의 전이 금속 착물에 친전자성 H-X와 R-X의 첨가는 많은 촉매 반응 회로에서 가장 중요한 반응이다. R과 X는 둘 다 형식상 음이온으로 간주되므로, 다시 말해서 이들은 금속 중심보다 전기 음성도가 더 큰 원자로 구성되어 있으므로, 이 과정은 금속에 대한 두 단위 산화에 해당한다. 이 반응은 전자 주는 리간드에 의하여 용이하게 일어나며, 이때 높은 에너지 상태의 채워진 d-오비탈을 갖는 금속 중심이 만들어지는 것을 돕는다. M^I (M = Co, Rh, Ir)과 M^0 (M = Ni, Pd, Pt) 금속 중심의 포스핀 또는 카벤 착물은 반응 동반자이다. 다수의 기질과 산화성 첨가를 하는 착물의 고전적 예는 **Vaska 착물(Vaska's complex)** $IrCl(CO)(PPh_3)_2$이다.

산화성 첨가는 종종 배위 기하 구조의 변화를 수반한다. 사면체 M^0 화합물(M = 10족 금속)은 사각 평면형 M^{II} (d^8)이 되고, 사각 평면형 M^I (M = 9족 금속)은 팔면체 M^{III} (d^6)가 된다.

$$\underset{\text{Vaska 착물}}{Ir^{I}Cl(CO)L_2 + R\text{–}X} \longrightarrow \underset{\text{몇몇의 입체 이성질체 가능}}{Ir^{III}R(Cl)(X)L_2} \quad L = \text{phosphine}$$

Ni(0)의 트라이알킬포스핀 착물과 같이 전자가 매우 풍부한 금속 중심은 염화 아렌의 C–Cl처럼 화학적으로 반응성이 없는 결합과도 매우 온화한 조건하에서 산화성으로 첨가하여 M–아릴을 만든다.

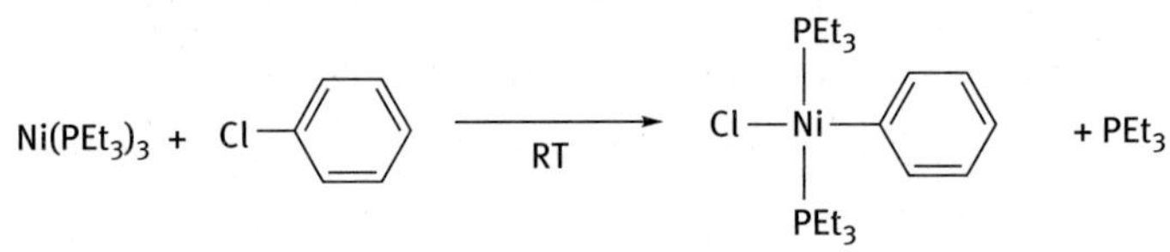

Ni, Pd 및 Pt 착물에 대한 산화성 첨가는 일반적으로 M(II)–C 결합 형성을 만든다. 실제로 널리 사용되는 Pd–촉매에 의한 C–C 교차 짝지음 반응은 전적으로 이 반응의 성공 여부에 달려 있다. 그러나 할로젠 이온과 용매의 성질에 따라, 때로 1–전자 경로는 2–전자 산화성 첨가와 경쟁할 수 있다. 금속의 중간 산화 상태인 Ni(I)을 만들면서 라디칼이 생성될 수 있다.

C–C 짝지음: 3.6장

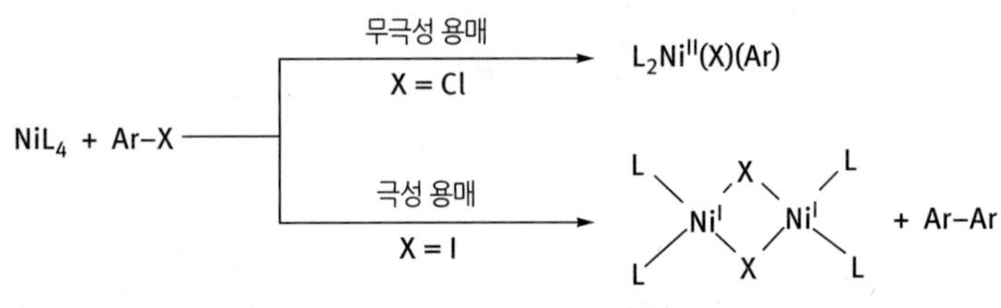

Cr(II)에 대한 알킬 할로젠화물의 산화성 첨가는 용매화된 Cr(III) 모노–알킬을 만든다. 이들 팔면체 착물은 속도론적으로 난치환성(d^3 전자 배치)이고 산이나 물에 의하여 공격 받지 않는다.

$$Cr(ClO_4)_2 + PhCH_2Cl \xrightarrow{HClO_4,\ H_2O} [PhCH_2\text{–}Cr(OH_2)_5]^{2+}[ClO_4^-]_2$$

트라이알킬 포스핀은 금속 중심을 매우 염기성으로 만들 수 있고, 산화성 첨가를 돕는다. 그러나 만약에 할로젠 리간드가 배위구에 받아들여질 수 없으면, $CpCo(PMe_3)_2$와 MeI의 반응에서처럼 이온성 생성물이 만들어질 수 있으며, 이는 아민의 4차화 반응과 같은 방식으로 진행된다. 반응성 없는, 전자가 부족한 CO와 유사체인 $CpCo(CO)_2$는 PMe_3로 활성화시킨 후 MeI를 산화적으로 첨가하여 아실 착물을 만든다.

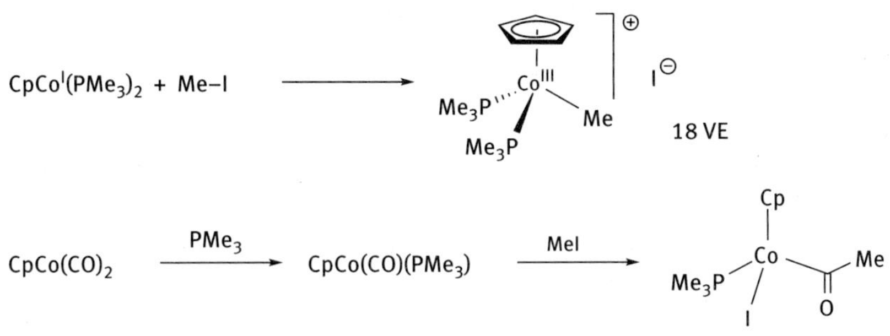

금속 카보닐 할로젠화물과 유기 할로젠화물의 반응은 금속 알킬 또는 아실을 만들며 또한 금속에 대한 산화성 첨가에 이르게 한다. 이들은 18 VE 착물에서 M-C 결합 형성의 고전적 표준 방법이다. 생성물이 강하게 결합된 CO와 Cp 리간드로 배위상 포화되어 있으므로, β-H 제거에 의한 속도론적 불안정성은 문제가 아니며, 에틸 또는 뷰틸 유도체는 쉽게 만들어진다.

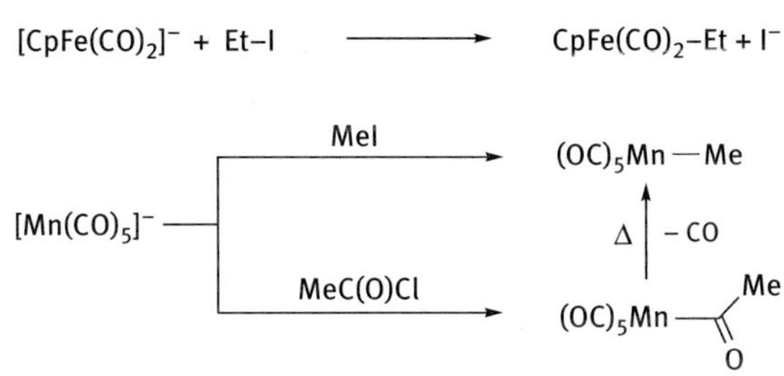

높은 d-준위를 갖는 앞전이 금속은 최고의 산화 상태를 가진 금속과 착물을 형성하는 강한 경향성을 보인다. 예를 들어, 더 이상의 주개 리간드가 없는 조건에서 알켄 및 알카인과 Zr(II) 착물의 반응은 산화성 C-C 짝지음과 Zr(IV) 금속 함유 고리 형성을 이끈다.

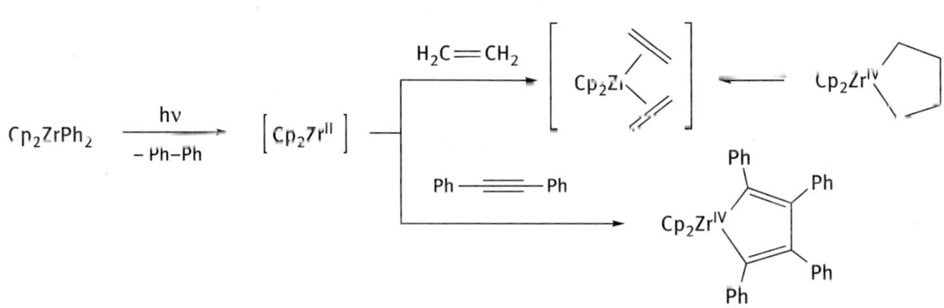

특별한 산화성 첨가는 낮은 배위수의 금속에 대한 **C-H 결합 첨가(addition of C-H bonds)**이다. 이 반응은 탄화수소의 작용기화를 가능하게 하고 유기 할로젠화물의 필요 없이 새로운 C-C 결합이 형성되게 한다. 이런 종류의 C-H 결합 활성화는 5-원자 킬레이트 금속 함유 고리 형성을 허락하는 근접해 있는 주개 원자에 의하여 촉진된다. 이 반응은 sp^2-CH 결합과 함께 주도적으로 진행한다. 몇 가지 예를 다음 그림에 보여 주고 있다. Rh(III)

금속 함유 고리는 알카인과 촉매 경로를 거쳐 더욱 반응하여 다양하게 치환된 다이하이드로피리딘이 만들어지고, 이는 피리딘으로 산화될 수 있다.

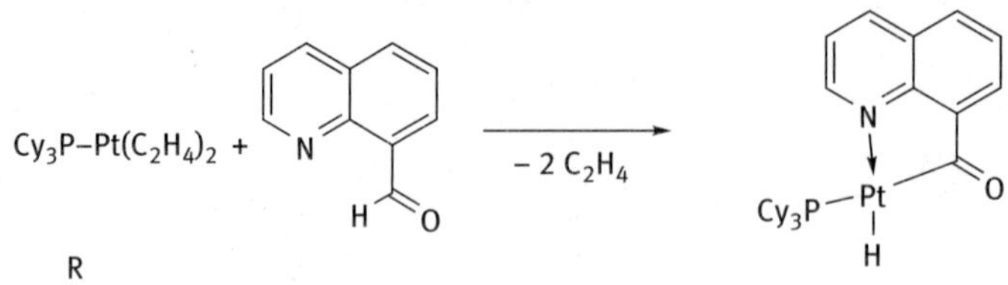

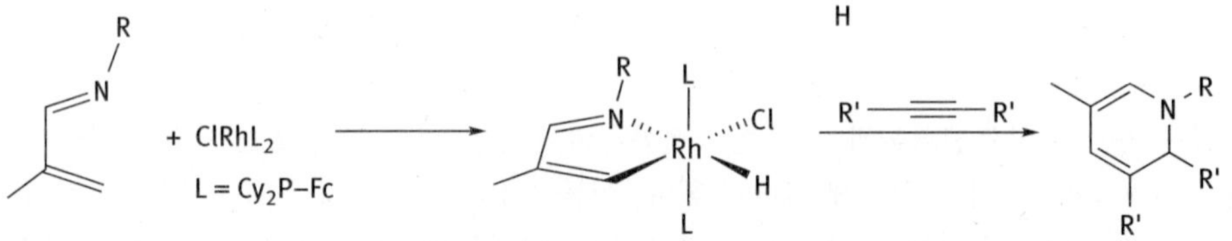

알케인 착물은 2.10.2절을 보라.

대부분의 그러한 산화성 첨가는 sp^2-C-H 결합을 수반하나, 전자가 풍부한 낮은 배위수의 금속 중심은 포화된 탄화수소를 산화성으로 첨가할 수 있음을 보여 주고 있다. 이들 반응은 CH_4와 반응하는 Ir(I)에 대하여 처음 발표되었으나, 다른 많은 16 VE 금속 화학종들이 센 주개와 함께 유사한 반응성을 나타낸다.

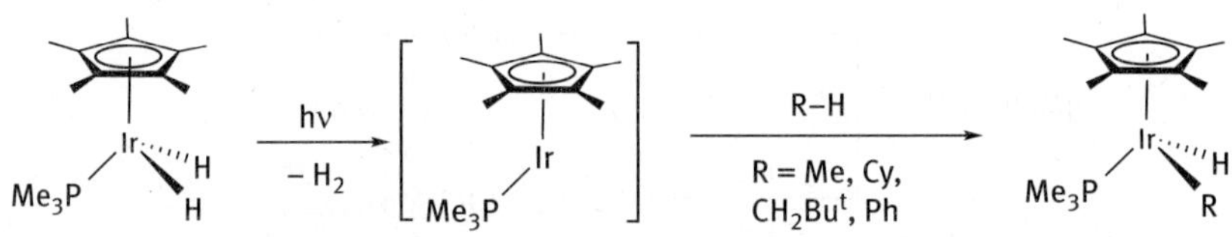

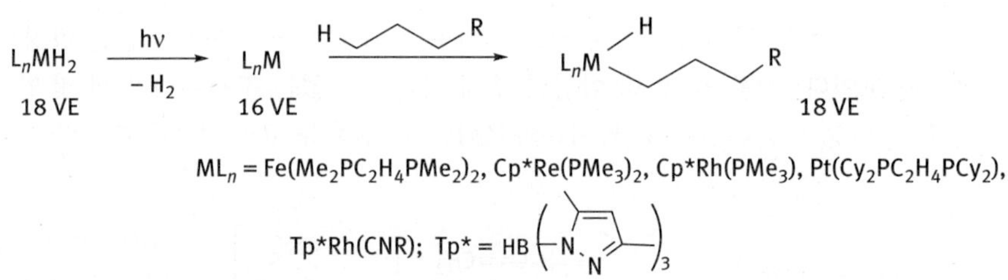

방향족 C-H 결합은 지방족 C-H 결합보다 쉽게 금속에 산화성 첨가된다. 이것은 sp^3-C-H 결합(약 385-425 kJ/mol)이 sp^2-C-H 결합 (460 kJ/mol) 보다 약함에도 불구하고 사실이다. 로듐 알킬 수소화물은 여기에 보여 준 Cp* 이리듐 예에서보다 훨씬 더 쉽게 환원성 제거되고, 따라서 이들은 아렌과 반응하는 Cp*Rh(L) 토막의 손쉬운 원천으로 사용될 수 있다. 아렌 C-H 활성화 역시 가역적이나 더 큰 활성화 에너지가 요구된다. 만들어진 Rh 하이드라이도 페닐 착물을 C_6D_6에서 가열하면 H/D 교환이 일어난다.

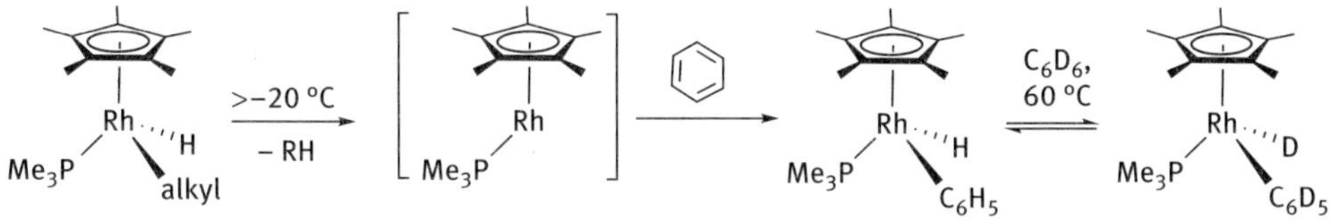

가역적 C–H 첨가/제거를 통한
H/D 교환 반응

벤젠과 *n*-프로페인 사이의 경쟁 실험에서 비록 두 가지 탄화수소에 대한 C-H 활성화의 통계적인 가능성은 거의 같으나, $Rh(H)(Pr^n)$과 Rh(H)(Ph)의 화학종 혼합물이 1:4 비율로 형성된다.

친전자성 공격에 의한 금속 포함 고리화. 앞 그림에서 보여 준 반응은 C-H 결합이 산화성 첨가하여 금속 수소화 착물이 만들어지는 것을 포함하고 있다. 그러나 유사한 착물은 sp^2-C-H 결합 위에서 친전자성 중심 금속의 공격에 이어 탈양성자화에 의하여 만드는 것이 더 일반적이다. 이 같은 방법에서는 금속이 친전자체로 작용할 수 있을 정도로 충분히 높은 산화 상태에 있고, 산화 상태는 이 과정에서 변하지 않는다.

유사한 과정은 1.4.3.1절에서 Hg^{2+}와 아렌으로부터 아릴 수은 화합물을 만드는 반응에서 설명하였다. 전이 금속 친전자체의 공격은 N 또는 P와 같은 주개 원자 **지향기(directing group)**에 의하여 촉진되며, 금속에 배위하여 연이은 느린 C-H 활성화 반응이 여러 가능한 위치 중에서 하나만 위치 선택적으로 일어나도록 한다. 이 반응의 결과물은 치환체에 대한 오쏘 위치에 M-C 결합을 갖는 금속 함유 고리의 형성이며, 이를 **오쏘-금속화(*ortho*-metallation)** 또는 **금속 포함 고리화(cyclometallation)**라고 한다. 이것은 앞으로 나오는 수많은 작용기화 반응과 C-C 짝지음 반응에 대한 원동력이고, 모든 금속 함유 고리 형성은 오쏘-금속화 순서에 의한다.

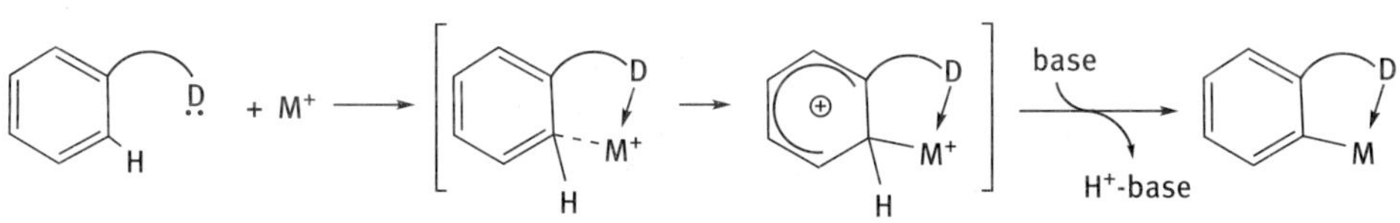

오쏘-금속화는 팔라듐(II) 화합물에서 흔하고 합성에서 많은 연구가 이루어졌다. 일찍이 알려진 한 가지 예는 아조벤젠의 오쏘-팔라듐화이다. 포스핀 리간드 역시 페닐 고리와 오쏘-메틸 치환체 양쪽에서 오쏘-금속화하는 경향이 있다.

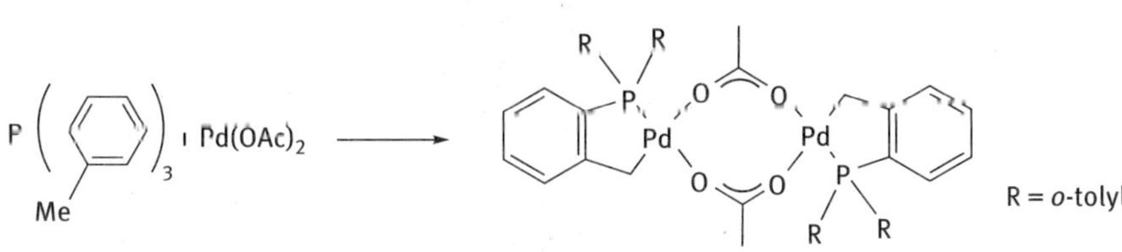

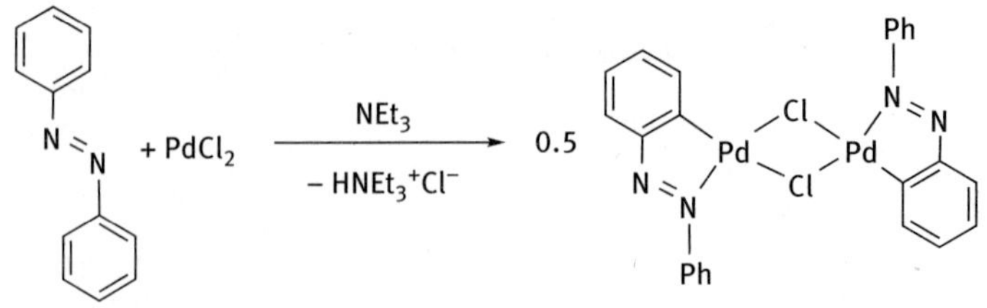

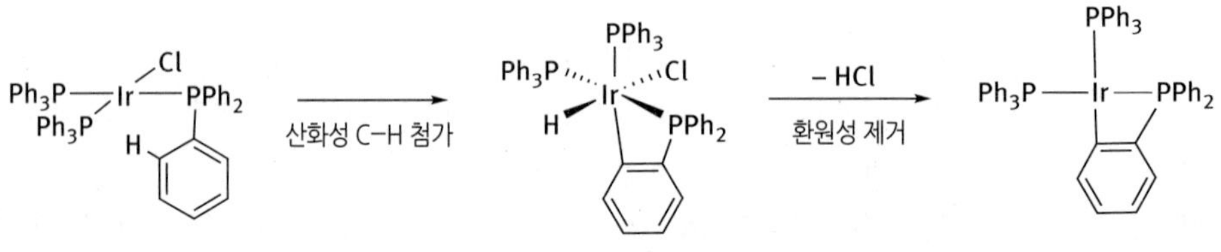

오쏘-금속화 단계에 이어 C-M 결합 삽입이 일어나서 새로운 C-C 결합이 오쏘-위치에 형성될 수 있다.

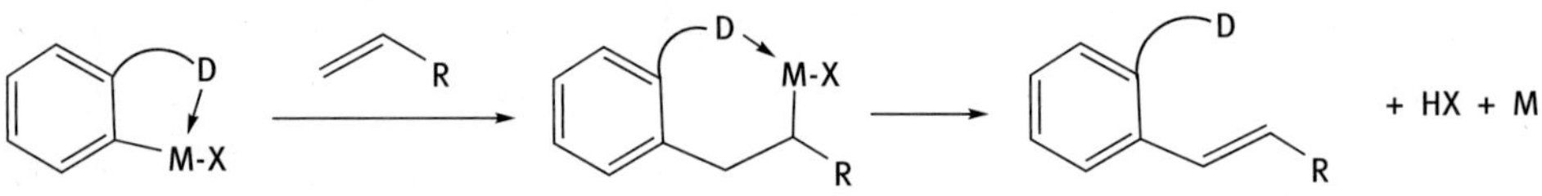

고리 금속화된 착물 역시 센서와 유기 발광 다이오드(OLEDS)로서 광범위한 응용성을 갖고 있다.

자료 2.11.3.2 오쏘-금속화/알켄 삽입의 합성에서의 예는 다음과 같은 Ru-촉매를 이용한 변환이다.

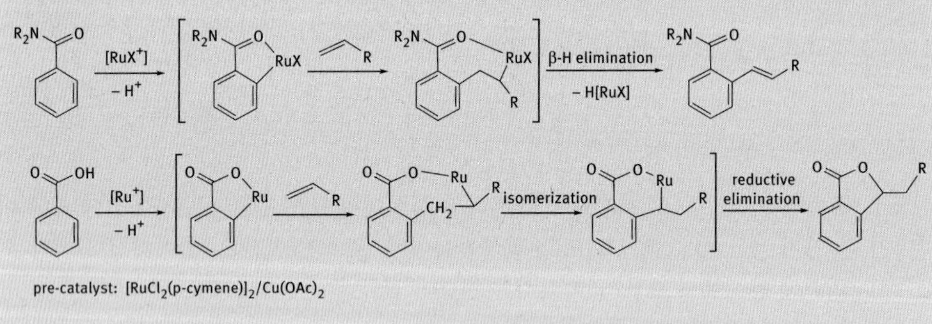

발광 소자와 센서에 대한 금속 포함 고리화된 아릴 착물

금속 포함 고리화된 리간드를 가진 전자가 풍부한 셋째 주기 전이 금속 착물은 종종 강한 광발광을 보인다. 센 σ-주개는 d-오비탈 에너지 준위를 밀어올리기 위하여 요구되고, 광- 또는 전기-들뜸에 의하여 이런 착물들은 리간드 환경에 따라 여러 색 범위의 빛을 방출한다. 이들 착물은 혼입제로서 전기 활성 중합체의 필름에 포함되어 평면 스크린 디스플레이의 발광 다이오드를 만들게 해주며, 중합체의 한 가지 방출을 가시광선에 걸친 천연색 디스플레이로 조절할 수 있게 해 준다. 또한 백색광 원천으로서, 세포 구조의 생-이미징(bio-imiging)에서 발광 표지로서, 또는 화학감지체로서의 다양한 응용성이 있다. 발광 화학 감지체의 몇 가지 예는 아래 그림에 나와 있다. 이들은 적절한 기질에 결합될 때 방출 파장을 바꾸거나 발광은 소광된다. 이들 응용에서 가장 중요한 것은 리간드의 설계이다.

센장, 즉 센 결합 상호 작용이 **금속 포함 고리화된**(cyclometallated) 방향족 리간드를 사용하여 만들어지며, 고리 금속화된 방향족 리간드는 주로 페닐피리딘 킬레이트에 기반한 낮게 놓인 π-계이다. 방출되는 색은 전자 주는 치환체 또는 전자 끄는 치환체에 달려 있다. 착물의 구조 또한 양자 수득률과 나노 초에서 마이크로 초 영역에 속하는 (형광에서 인광) 들뜬 상태의 수명에 영향을 미친다. 이리듐^{III} (d^6)과 백금^{II} (d^8)은 특히 많이 연구되었다. OLED 평면 스크린 디스플레이는 보기 위하여 배경-조명이 필요하지 않으므로, 액정 디스플레이보다 평면으로 만들 수 있고 에너지가 덜 든다.

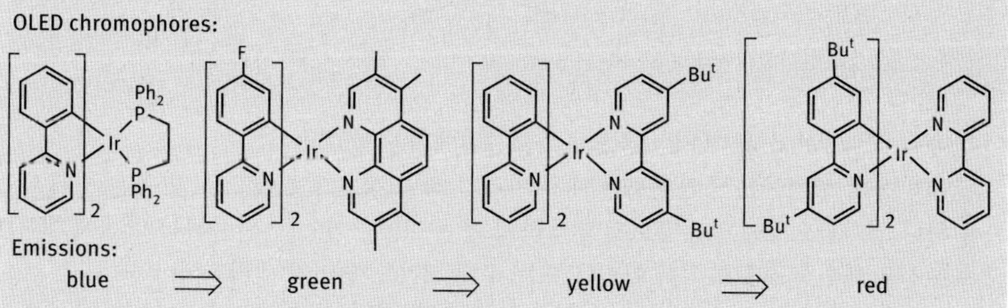

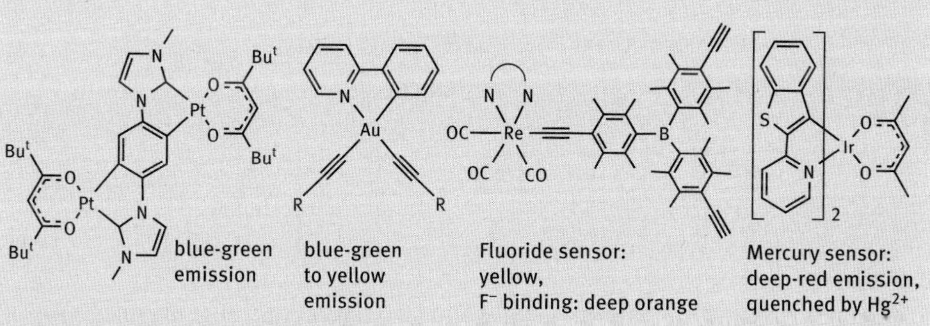

고리 금속화된 이리듐(III) 착물 또한 생체 세포의 이미징을 위한 형광으로 사용되었다. DMSO 착물인 $[(C^\wedge N)_2Ir(DMSO)_2]^+$은 발광하지 않으나, 세포에서 이 화합물은 핵막에서 히스티딘을 포함한 단백질과 결합하여 강력한 반광물을 만든다. 이 화합물은 핵에서 빠르게 누적된다.

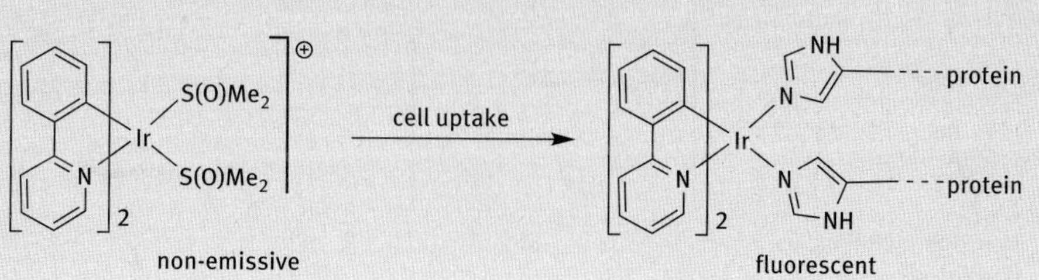

Schwartz 시약 Cp_2ZrHCl을 이용한 알켄 반응은 2.8.2.3절 참조

M–H 삽입 반응에 의한 M–C 결합. 알켄과 알카인은 쉽게 M–H 결합에 삽입하여 각각 금속 알킬 또는 금속 바이닐을 만든다. 알켄이 M–H 결합에 삽입하는 것은 수소 첨가 반응, 수소 폼일 첨가 반응, 카보닐화 반응, 중합 반응과 같은 많은 촉매 반응에서 가장 중요한 단계이다.

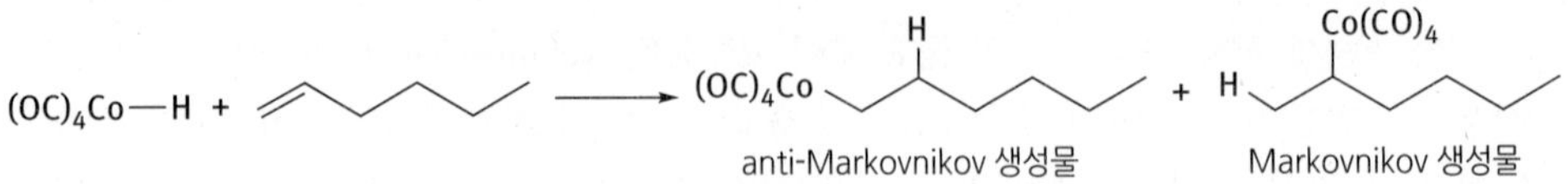

기계적으로, 알켄 삽입은 배위된 리간드에 대한 분자내 친핵성 공격으로 구성되어 있다. 즉 반응은 불포화된 기질에 대한 H^-의 이동이다. 이 과정이 진행되려면 수소와 알켄은 서로 시스-위치에 있어야 하므로, 올레핀 C 원자, H, M은 한 평면에 배열되어 있다.

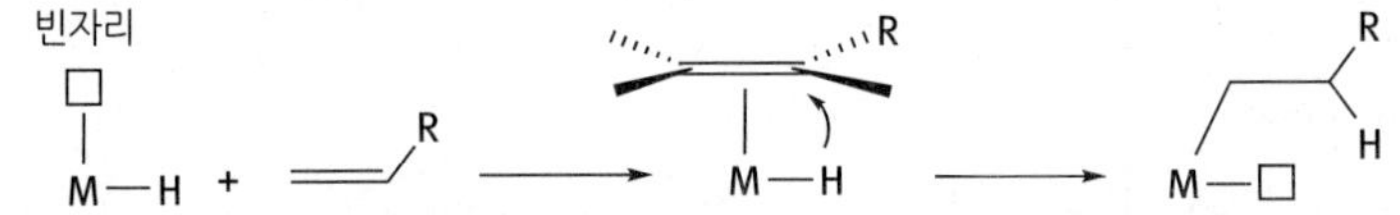

이 반응의 역과정은 β-H 제거 반응으로 2.11.1절에서 다루었다.

삽입 반응의 생성물은 중간체보다 배위 자리가 하나 적은 알킬이므로, 반응은 주개 리간드를 하나 첨가함으로써 정반응으로 진행하게 할 수 있다. 역으로, 반응하는 알켄에 대하여 금속 중심은 배위상 불포화되어 있거나 또는 주개 리간드가 먼저 해리되어야 한다.

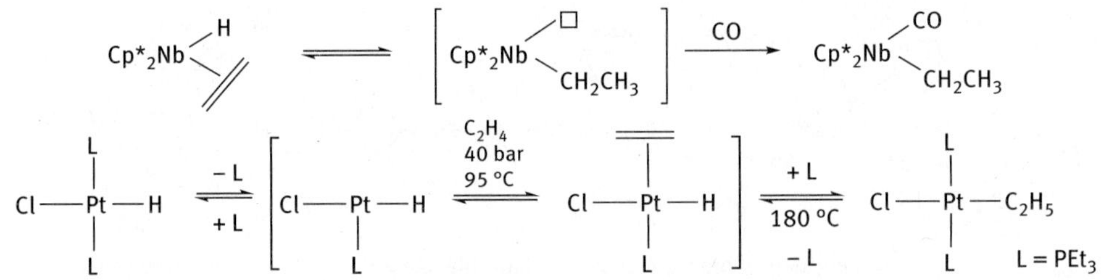

알카인 특히 다이메틸아세틸렌 다이카복실산 이온(DMAD)과 같은 활성화된 알카인은 M–H 결합에 삽입한다. (Ind)$RuHL_2$ 같은 18 VE 출발 물질에서는 L의 해리 또는 인데닐 고리 미끄러짐이 일어나 아세틸렌이 결합하는 데 필요한 배위 자리를 만들어낸다. Cp 유사체는 반응성이 훨씬 작다. 삽입은 알카인 치환체의 성질에 따라 위치 선택적으로 일어난다.

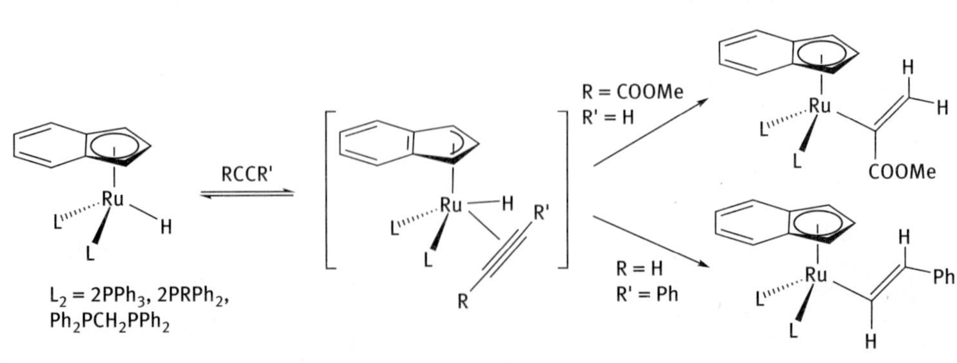

같은 과정이 금속 알켄과 알카인 착물의 양성자 첨가에서 나타난다.

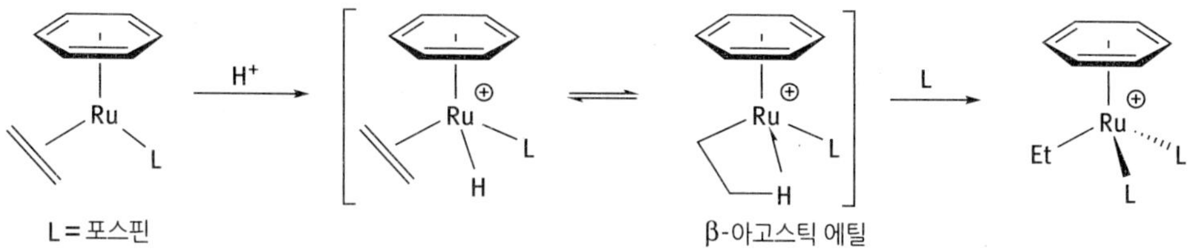

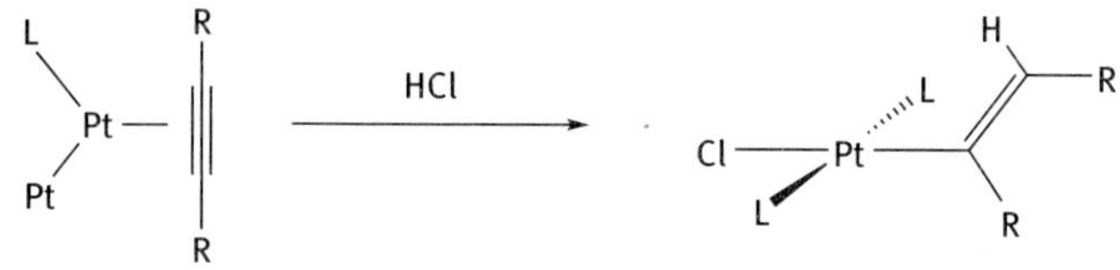

수소화 이온으로부터 M−C 결합을 발생시키는 또 다른 방법은 카벤의 삽입이다. 예를 들어 다이아조메테인은 산성의 금속 카보닐 수소화물과 반응하여 해당하는 메틸 착물을 만든다.

$$CpMo(CO)_3H + CH_2N_2 \longrightarrow CpMo(CO)_3CH_3 + N_2$$

친핵성 공격에 의한 M−C 결합. CO, 아이소사이아나이드, 알켄, 알카인 같이 불포화된 극성 리간드는 쉽게 친핵성 공격을 받아 M−C σ-결합된 착물을 만든다. 금속 수소화물의 삽입 반응처럼 이런 유형의 반응은 촉매 과정에서 자주 발견된다.

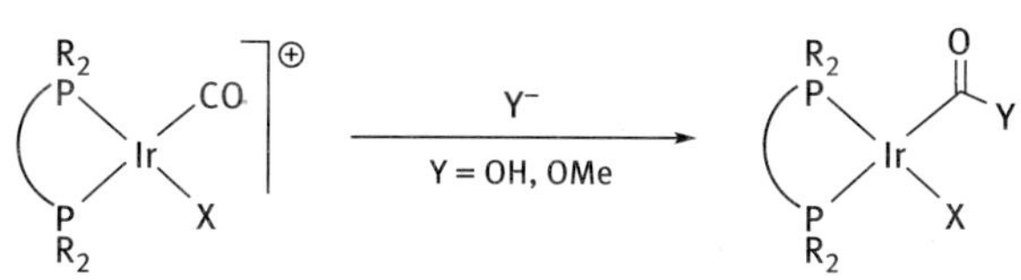

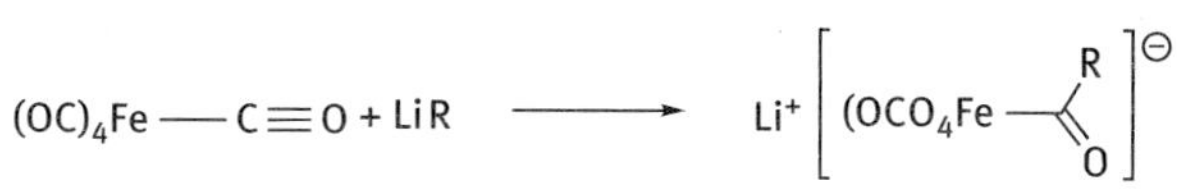

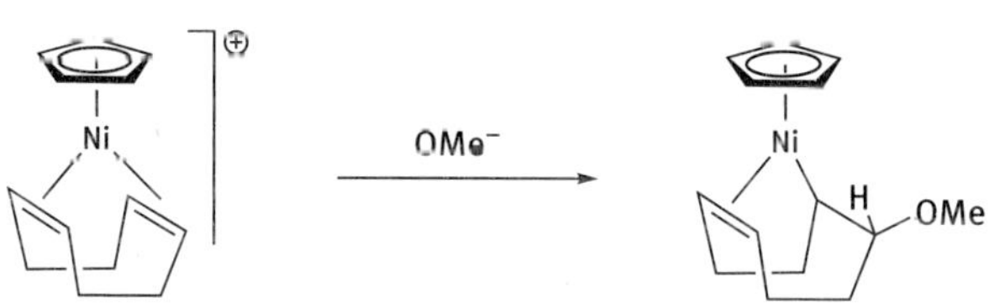

영가 금속도 알킬 음이온의 친핵성 첨가 조건에서 리튬 알킬과 반응할 수 있다. 예를 들어 $Ni(COD)_2$는 에틸렌이 있을 때 LiMe를 첨가하여 반응성이 아주 큰 $[Me-Ni^0-(C_2H_4)_2]^-$ 음이온을 만든다.

Ni(0)이므로, d^{10} 착물, $[R_2NiL_2]^{2-}$ 음이온은 사면체, 반면에 $[MeNi(C_2H_4)_2]^-$는 평면

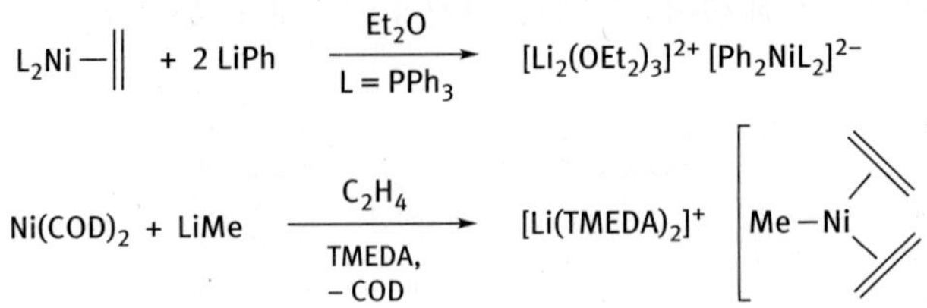

2.11.3.3 알카인일 착물

pK_a(DMSO):
PhC≡C–H 28.8
C_2H_4 44
C_6H_6 43
$PhCH_3$ 41
CH_4 ~60

말단 알카인은 알케인, 알켄 및 아렌보다 훨씬 더 산성이다. 그 결과 알카인일 음이온은 훨씬 더 안정하고 사이아나이드와 다르지 않은 방법으로 많은 금속 착물에 배위한다. 이들은 좋은 π-받개이고 대부분의 금속과 안정한 착물을 형성하며, 이들 착물은 동종 리간드성 알카인일 착물을 포함하며 여기서 해당하는 알킬은 알려져 있지 않거나 또는 만들기가 어렵다. 증가된 산도는 알카인일 착물을 알카인과 금속 염으로부터 상대적으로 약한 염기를 가하여 만들 수 있음을 의미한다.

알카인일 리간드는 수직인 두 개의 π-계를 포함하고 있으므로, σ-주개뿐만 아니라 π-주개로도 작용할 수 있고 종종 알카인일-다리 놓인 큰 응집체를 형성한다. 금속 알카인일 착물 또한 많은 다른 금속, 종종 동전 금속, 이온에 대하여 π-리간드로 작용하여 흥미로운 발광 성질을 갖는 헤테로 금속성의 알카인일 뭉치 화합물을 만든다. 예를 들어 여기서 보여주고 있는 Pt_2Cu_4 뭉치 화합물은 근적외선 영역에서 발광을 나타낸다. 다른 다핵 알카인일 뭉치 화합물 Au_xAg_y의 발광은 청색에서 적색으로 조율할 수 있다.

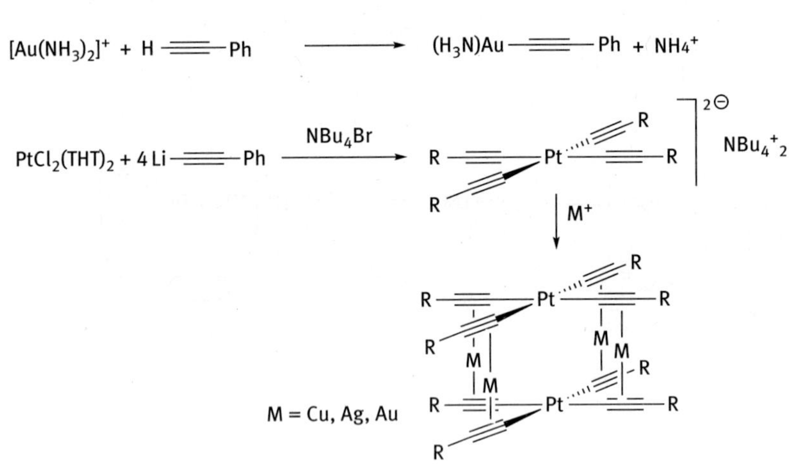

Sonogashira 짝지음

금속 알카인일 착물은 팔라듐-촉매에 의한 방향족 할로젠화물과 말단 알카인의 짝지음에 연관되어 있다(**Sonogashira 짝지음**).

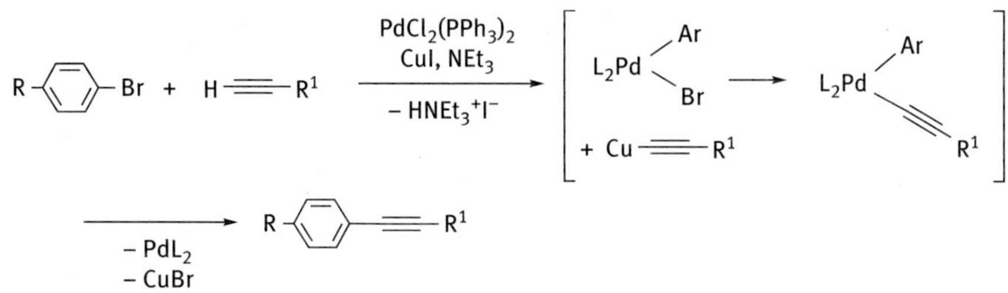

이금속성 폴리(알카인일) 착물 $L_nM-(C\equiv C)_x-ML_n$은 '분자 선(molecular wires)'을 형성한다. 이들은 산화-환원 반응을 통하여 혼합 원자가 화합물을 만든다. 이 형태 화합물의 구조는 나노 전자 기술과 분자 논리 소자에서 스위치로서 흥미가 있다. 예는 다음과 같다.

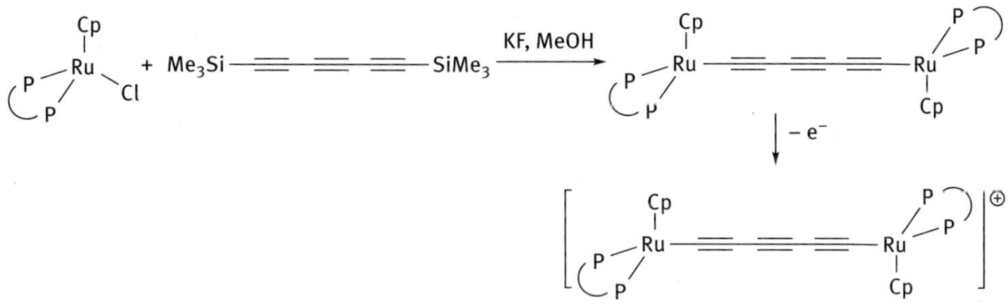

2.11.4 금속 알킬의 반응성

금속-알킬 결합의 형성과 끊어짐은 대부분의 촉매 반응에서 필수적인 부분이다. 이들의 응용에 대해서는 3부에서 다룰 예정이다. 여기서는 금속 알킬 착물의 전형적인 반응 유형을 다룰 것이다. 반응은 크게 두 가지 형태로 나눌 수 있다.

(i) M−C 결합의 반응, 여기서 다른 L-형 또는 X-형 리간드는 보조와 보호 역할을 함
(ii) 보조 리간드의 반응, M−C 결합은 변하지 않고 그대로 남겨둠

결합이 극성이 $M^{\delta+}-C^{\delta-}$ 이처럼 주어지면 이들은 **친전자성 공격**(electrophilic attack)에 민감한 경향이 있다. 친전자체는 H^+의 경우와 같이 **외부**(external)이거나 또는 **내부**(internal)일 수 있으며, 내부인 경우 친전자체는 시스 위치에서 M−C 결합에 배위된 받개 오비탈을 가진 불포화된 리간드일 수 있다. 이같은 배열은 이동성 삽입으로 이어진다.

H^+ 공격에 대한 민감도는 금속의 성질과 산화 상태 그리고 금속과 탄소의 전기 음성도 차이에 달려 있다. 따라서 앞선이 금속 알킬은 가수 분해에 예민하며, 반면에 백금 또는 금의 알킬은 통상 물에 안정하다. 특히 3~5족의 전자 결핍 금속 알킬은 자주 σ-결합 상호 교환 반응이 일어나며, H_2와의 반응이 그 예이다(2.10.2절 참조).

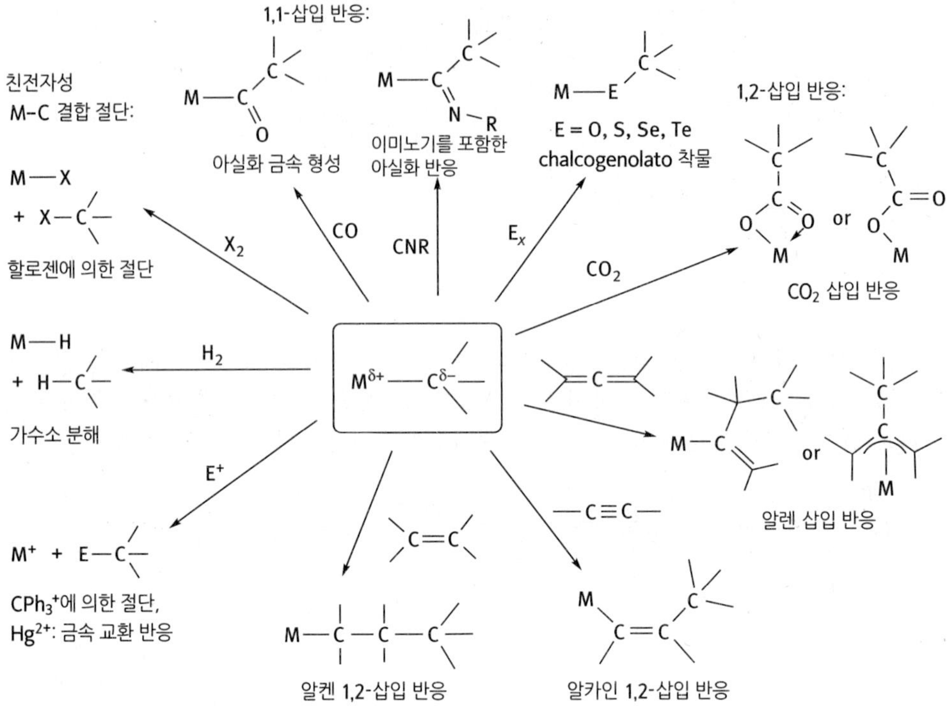

2.11.4.1 M–C 결합 가양성자 분해 반응

가장 흔한 물 같은, H^+ 원천(source)과 18보다 적은 전자수를 갖는 앞전이 금속 알킬 착물과의 반응은 쉽게 진행된다. 예를 들어 $Cp_2Ti(Me)Cl$을 가수 분해하면 옥소-다리 놓인 이핵 착물이 된다. 산소 고립쌍과 비어 있는 Ti 오비탈과의 π-결합 때문에 Ti-O-Ti 다리는 선형이다. 또한 반응성이 큰, 전자가 풍부한 첫 주기 금속 알킬은 가수 분해하는 경향이 있다.

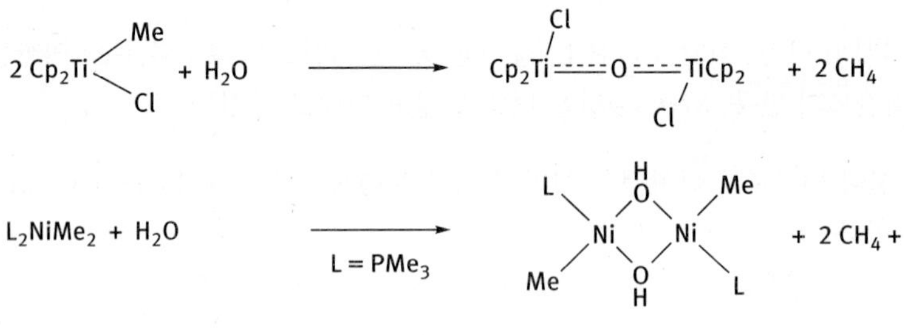

전자 결핍 금속 알킬과 페놀의 반응은 단계적으로 온화한 방식으로 모노- 그리고 비스-아릴옥사이드로 진행된다(아릴이 부피가 충분히 커서 중합체성 아릴옥사이드-다리 놓인 배위 중합체 형성을 막는다면). 암모늄 염은 안정화된 Brønsted 산이고 양이온성 금속 알킬을 만든다. 이 반응은 특히 4족 메탈로센 다이알킬에서 이용된다. $[B(C_6F_5)_4]^-$에서처럼 만약에 음이온이 아주 약하게 배위하면, 올레핀 중합에서 매우 활성 촉매인 양이온성 메탈로센 착물이 얻어진다. $[HNMe_2Ph]^+$ 염의 경우에는 아닐린 부산물이 금속 중심에 약하게 배위하고 올레핀 기질에 의하여 치환될 수 있다.

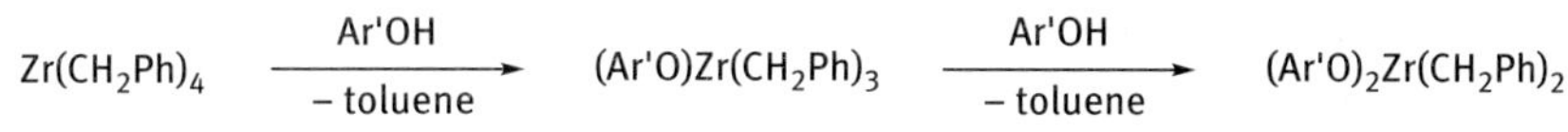

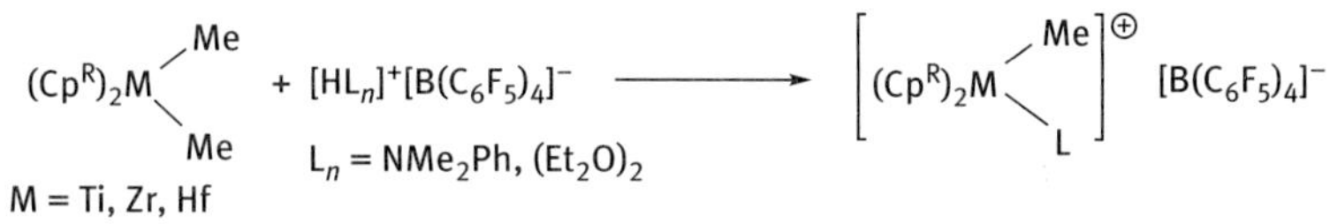

2.11.4.2 할로젠에 의한 분해

할로젠(X_2)은 금속-탄소 결합을 끊어서 알킬 할로젠화물을 얻는 데 자주 이용된다. 브로민과 아이오딘이 흔히 사용된다. 비양성자성 용매에서 이 반응의 메커니즘은 Br^+에 의한 친전자성 공격이 관여하고, $CpFe(CO)_2R$ (R = CD_2CH_2Ph)의 브로민화 반응은 두 가지 가능한 브로민화 알킬 생성물을 같은 비율로 발생하는 고리형 탄소 양이온 중간체를 통하여 진행됨이 알려졌다.

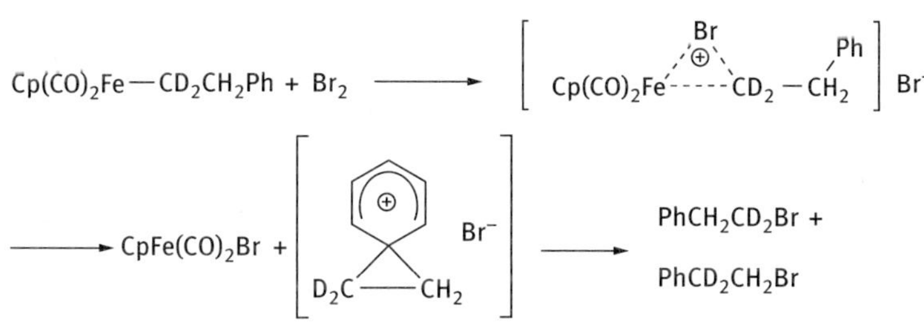

2.11.4.3 칼코젠 삽입

전기 양성인 금속의 M-C 결합은 산소, 황, 셀레늄 및 텔루륨과 삽입 반응하여 해당하는 금속 칼코제놀레이토(chalcogenolato) 착물 L_nM-ER을 만든다. 반응 속도는 O > S > Se > Te 순서로 감소한다. M-C 결합에 대한 O_2 삽입은 과산화물 M-O-O R을 통하여 진행되는 듯하다.

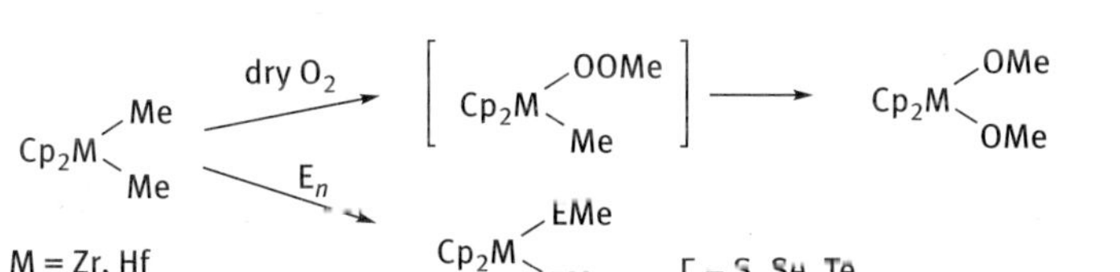

2.11.4.4 Lewis 산에 의한 분열

탄소 양이온 CR_3^+뿐만 아니라 BX_3 같은 Lewis 산성 화합물은 알킬 음이온 떼기 조건하에서 금속 알킬과 반응한다. 이 반응은 전자 결핍 양이온성 금속 착물의 발생에 가장 널리 적용되었으며, 이 착물은 1-알켄의 중합에서 촉매로 이용된다(3.7.2.1절). 세 가지 형태의 생성물이 있으며, 이들은 (i) 알킬 리간드가 완전히 제거되고 이온쌍이 형성, (ii) Lewis 산이 알킬 다리 형성, (iii) 쯔비터 이온성 착물에서 π-리간드로 작용할 수 있는 벤질 리간드 떨어짐이다.

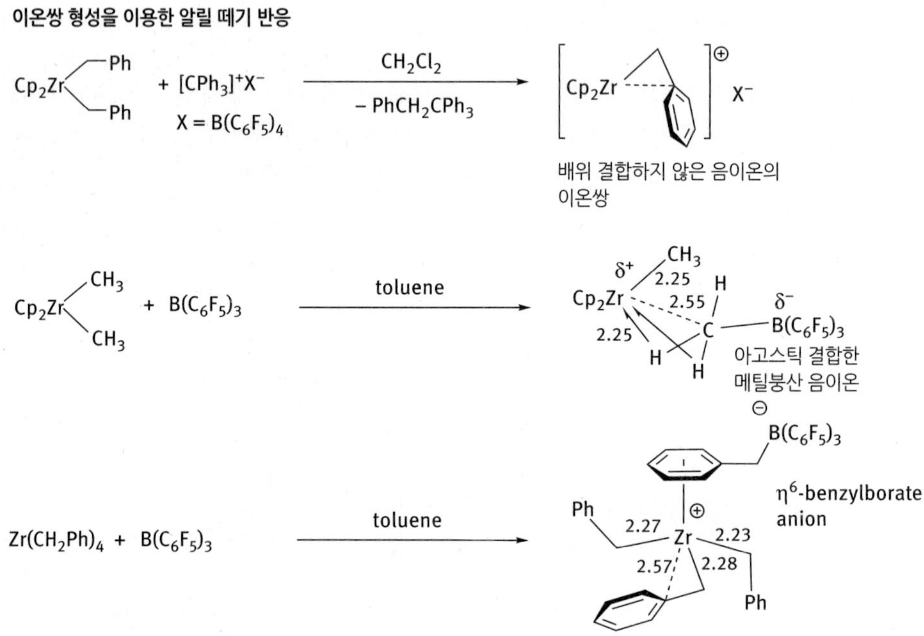

금속-탄소 σ-결합 또한 Hg^{2+}와 같은 친전자성 금속 이온에 의한 공격에 민감하다. $CpFe(CO)_2R$과 같은 18 VE 착물을 이용하면 Hg에 알킬이 이동되거나 또는 할로젠화 알킬과 Fe-Hg 결합의 형성되는 두 가지 경로가 관찰되었다. 양성자성 용매에서 그리고 R이 일차 알킬이면 Hg^{2+}에 대한 금속 교환 반응이 선호된다. 비양성자성 용매와 이차 또는 삼차 알킬에서는 아마도 해당하는 탄소 양이온을 통하여 할로젠화 알킬이 형성된다.

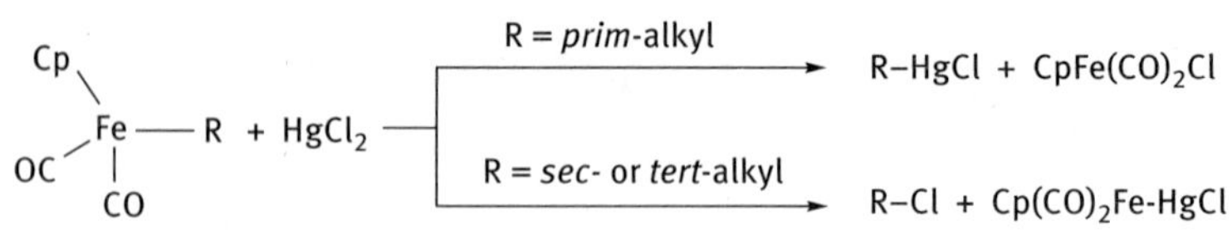

2.11.4.5 산화에 의한 분열

M-C 결합의 선택적 분열 역시 $[Cp'_2Fe]^+$ ($Cp' = Cp, C_5H_4Me$)에 의한 금속 알킬의 1-전자 산화에 의하여 가능하다. R-R로 이합체화하는 알킬 라디칼 $R^{\bullet}$이 형성된다.

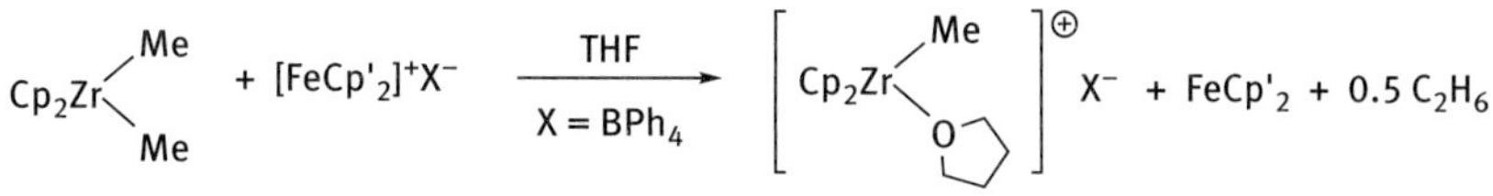

2.11.4.6 M−C 결합의 가수소 분해

금속 알킬과 H_2 사이의 반응은 M-C 결합 분열과 금속 수소화물의 형성을 이끈다. 앞전이 금속과 란타넘족은 H_2와 σ-결합 상호 교환 반응 메커니즘으로 반응한다. 이 반응은 Ti 또는 Zr 촉매를 이용하여 생산한 폴리에틸렌의 분자량을 제한하는 데 이용한다. $[Cp_2ZrR(L)]^+$와 같은 전자적으로 불포화된 양이온성 금속 알킬은 일반적인 조건에서 가수소 분해가 빠르게 일어나는 반면, 중성의 알킬 Cp_2ZrR_2는 항상 H_2 압력을 필요로 한다. 이것은 금속 수소화물에 이르는 깨끗한 방법이다. 뒷전이 금속 착물은 H_2와 산화성 첨가-환원성 제거 경로로 반응하며, 그러한 금속 착물에 의한 수소 첨가 반응과 수소 폼일 첨가 반응에서 가장 중요한 단계이다.

수소 폼일 첨가 반응에 대해서는 3.4.1절 참조

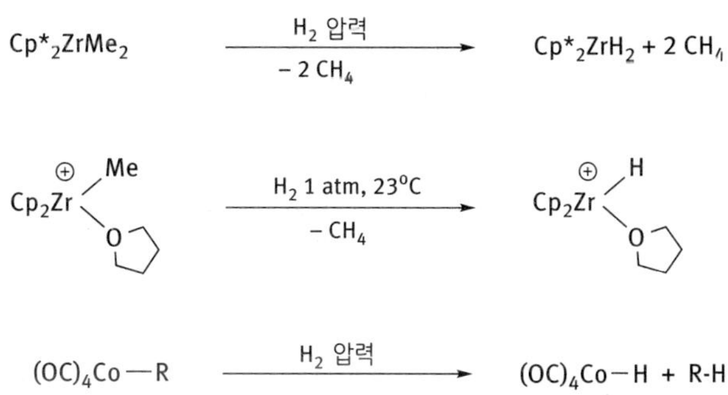

2.11.4.7 친전자성 헤테로큐뮬렌의 삽입

CO_2는 M−C 결합에 삽입하는 가장 간단한 헤테로큐뮬렌 X=Y=Z의 대표이다. 배위 자리의 이용 가능성에 따라 한자리 또는 두자리 결합 형식이 나타난다. COS와 CS_2도 비슷하게 반응하여 각각 모노- 또는 다이싸이오카복실산 착물을 만든다.

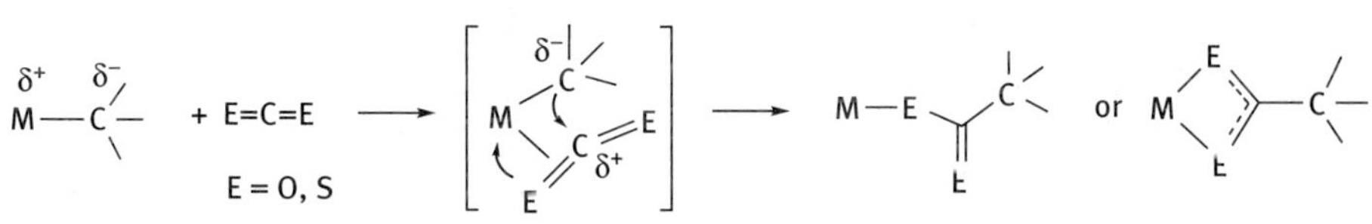

카보다이이미드(carbodiimide) R−N=C=N−R가 M−알킬 결합에 삽입하여 아미디네이토(amidinato) 착물이 만들어지는 것은 흔하지 않다. 아미디네이토 리간드 $[R'C(NR)_2]^-$는 일반적으로 카보다이이미드를 리튬 또는 마그네슘 알킬과 반응하여 얻으나, 또한 수많은 삽입 반응이 전이 금속, 란타넘족, 악티늄족 금속 결합에 대하여 관찰되었다. 예를 들면 다음과 같다.

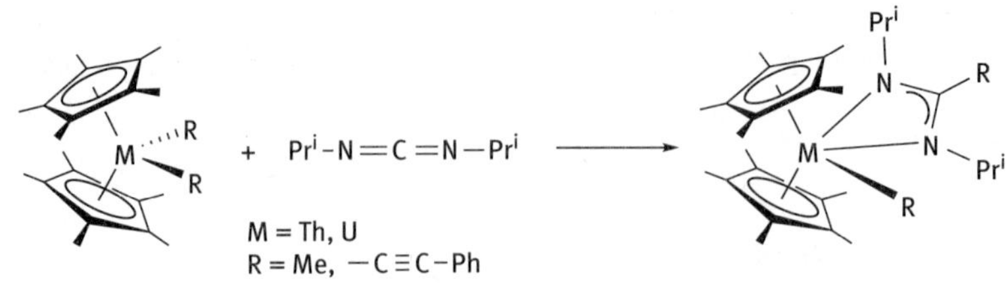

SO_2는 비슷하게 삽입하여 S-결합된 금속 착물을 만든다. S 원자는 사면체이다.

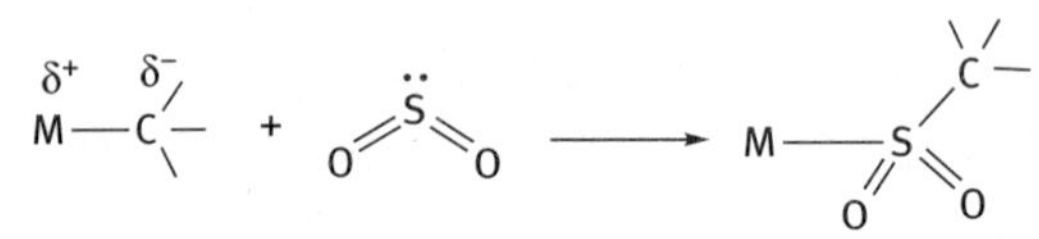

자료 2.11.4.7 합성에서 CO_2 활용

CO_2는 버리는 생성물이고 값이 싼 초기 물질이므로 CO_2 활용에 대한 수많은 시스템이 개발되었다. 이들 중 많은 것이 촉매 반응이고 M-C 결합에 대한 CO_2의 삽입이 관여한다. 예를 들면

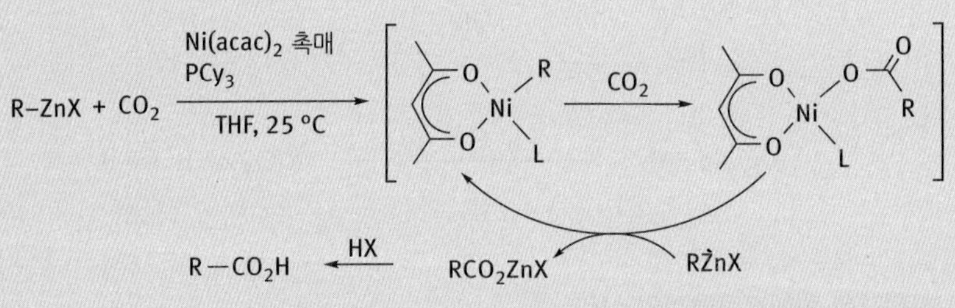

카복실산이 만들어지는 주족 알킬 또는 아릴 화합물의 유사한 CO_2 삽입 반응은 로듐, 팔라듐 또는 구리 촉매를 이용한다. 예를 들어 $Cs[R-BF(OR')_2]$는 촉매량의 CuI/리간드 혼합물과 반응하여 Cu(I) 알킬과 알켄일 Cu-R을 만들며, Cu-R은 CO_2를 삽입하여 Cu(OC(O)R) 화학종을 만든다. 붕산 음이온에 대한 알킬 교환에 이어 산을 처리하면 RCO_2H가 발생한다. 전이 금속-탄소 결합에 대한 삽입은 속도론적으로 주족 화합물과 CO_2 간의 직접 반응을 능가한다.

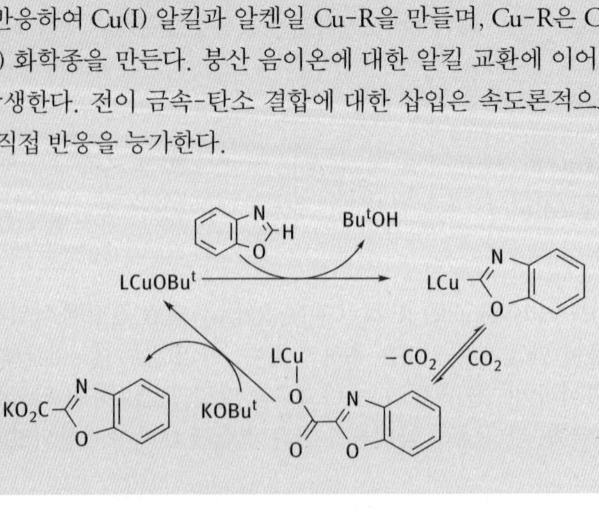

산성의 C–H 방향족 기질은 충분히 염기성인 금속 착물에 의하여 활성화될 수 있어 M–아릴 중간체를 만들며, 이는 CO_2를 삽입하여 아렌을 카복실산으로 변환한다. 센 전자 주개인 N–헤테로 고리 카벤 리간드에 의하여 안정화된 금속 t–뷰톡시화물과 금 수산화물은 활성화된 C–H 결합과 산/염기에서 반응할 수 있으며 해당하는 금속 아릴을 만들며, 이는 CO_2를 삽입한다.

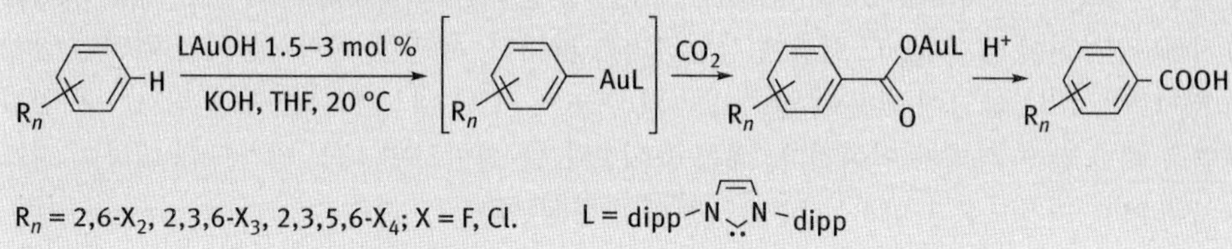

2.11.4.8 NO 삽입

일산화 일질소는 라디칼이다. 이는 반자기성 금속 알킬과 일반적으로 이중 삽입에 의하여 반응하는 반면, 짝짓지 않은 전자를 가지고 있는 착물은 빈자기성 단일 삽입된 생성물을 만든다. 이들 화합물은 더욱 반응하여 나이트렌(N–R) 단위가 적절한 받개 기질에 이동하여 아지리딘(aziridine)을 만든다.

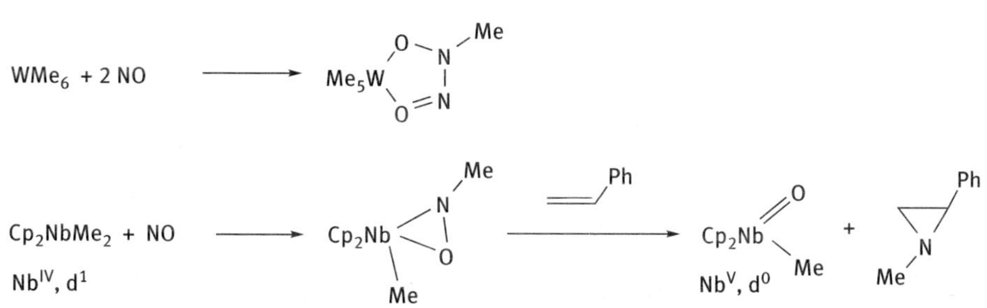

2.11.4.9 CO 삽입

M–알킬 결합에 대한 CO 삽입은 아실 착물 M–C(O)–R을 만든다. 이 반응은 가장 널리 응용되고 산업적으로 중요한 금속 알킬 반응이며, 촉매를 이용한 알켄의 수소 폼일 첨가 반응과 카보닐화 반응의 기반이 된다.

CO 삽입을 포함하는 산업 공정에 대해서는 3.4장 참조

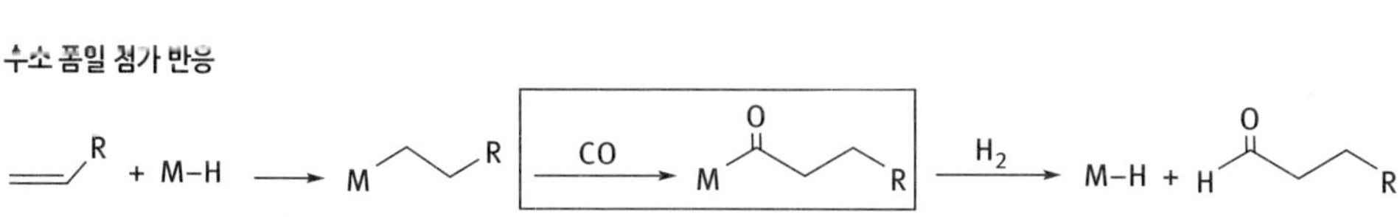

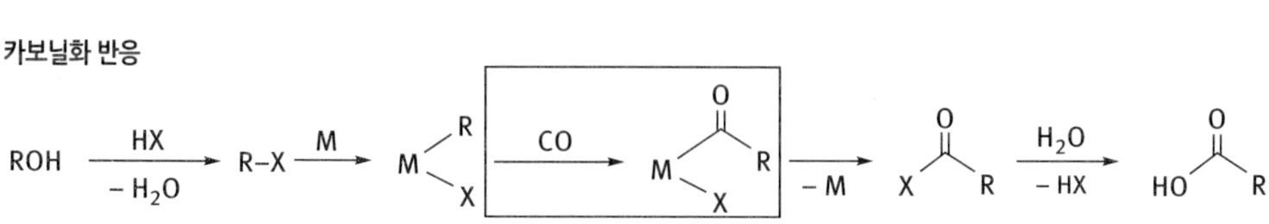

메커니즘적 원리. 이들 CO 반응의 메커니즘은 많은 연구의 대상이었다. 망가니즈(I) 카보닐 착물은 안정한 팔면체 착물 (d^6 착물에서)을 형성하고 입체 화학적으로 경직된 구조를 갖고 있으므로 연구하기에 편리하다. Me-Mn$(CO)_5$를 CO 압력하에서 처리하면 MeC(O)-Mn$(CO)_5$가 만들어진다. 이 결과는 메틸 리간드가 시스 위치에 있는 배위되어 있는 CO로 이동하거나 또는 Mn-Me 결합에 외부의 CO가 직접 삽입하여 만들어질 수 있다. ^{13}C-표지된 CO를 이용하여 반응하면 카보닐화는 배위된 CO에 대한 이동하는 메틸에 의한 친핵성 공격임을 보여 주었다. 들어오는 ^{13}CO는 이동한 알킬 리간드에 의하여 비게 된 배위 자리를 차지하나, 자신이 직접 M-C 결합에 삽입하지는 않는다. 동일한 메커니즘적인 원리는 알켄의 M-C와 M-H 삽입에 대하여 앞에서 논의하였다. ^{13}CO 대신에 다른 주개 리간드를 첨가하였을 때도 같은 결과가 얻어졌다. 예를 들어 PPh_3를 첨가하면 아실 리간드에 대하여 시스 위치에 PPh_3 리간드를 포함하는 아실 생성물이 형성된다.

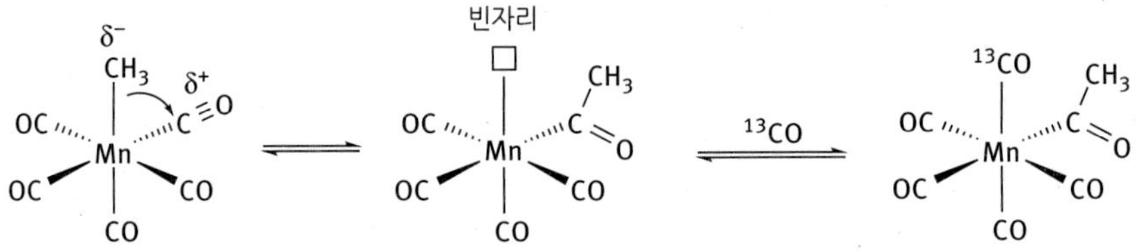

만약에 알킬 리간드가 카이랄성이면, 이동 단계는 배열이 보존되면서 진행된다.

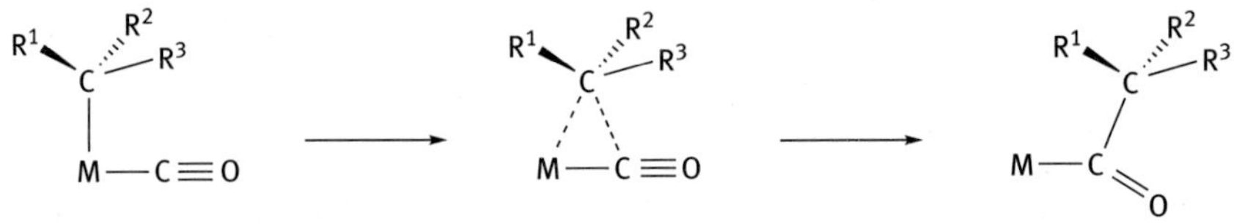

반응은 가역적이다. MeC(O)Mn$(CO)_5$를 진공하에서 가열하면, CO 리간드는—또 다시 아실기에 대하여 시스 위치에 있는—해리되고 메틸 리간드는 금속으로 이동하여 되돌아간다.

이 과정은 일반적이다. 불포화된 기질의 M-C σ-결합에 대한 '삽입'은 친전자성 리간드에 대한 **분자내 친핵성 공격**으로 구성되어 있다. 그러나 알켄과 알카인 삽입은 CO 삽입의 경우와 같은 가역성이 없다.

CO 삽입의 촉진. CO 삽입은 **Lewis 산**(BF_3, $AlCl_3$)이 존재하면 크게 촉진된다. Lewis 산은 CO 리간드의 O-말단에 배위할 수 있어 CO의 극성을 증가시키며, 아실-산소를 갖는 훨씬 더 안정한 첨가물을 형성하여 아실 생성물을 안정화시킬 수 있다. 중간체 또한 금속 할로젠화물 Lewis 산이 이동한 알킬 리간드에 의하여 만들어진 빈자리에 배위하면 안정화될 수 있다.

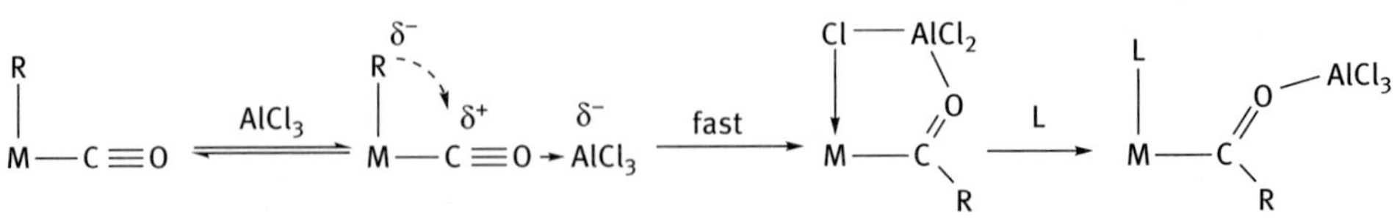

속도론적으로 안정한 팔면체 d^6 착물의 삽입 반응(탈-삽입도 마찬가지)은 어떠한 기하 구조의 변화도 리간드장 안정화 에너지 감소의 대가를 치루게 된다는 점으로 인하여 비교적 느리게 진행된다. 그러나 삽입 반응 속도는 본질적으로 **전자 이동 촉매화(electron transfer catalysis)**에 의하여 촉진될 수 있다. 예를 들어 d^6 이온을 d^5로 산화하면 이 같은 속도론적 장벽이 제거되고 삽입이 쉽게 일어날 수 있다. 이 단계는 1-전자 이동이 뒤따라 본래의 d^6 전자 배치를 회복하고 안정한 생성물을 만든다. 미량의 산화제(또는 환원제)의 첨가 또는 전기화학적 산화는 리간드 교환 반응을 증가하는 데 이용된다.

예를 들어 d-전자 배치 변화의 영향은 $CpFe(CO)_2Me$에 대한 CO 삽입에서 볼 수 있다. Cp 리간드가 세 개 배위 자리를 차지하면 실질적으로 팔면체 d^6 착물이다. 아세토나이트릴 속에서는 평형을 이룬다.

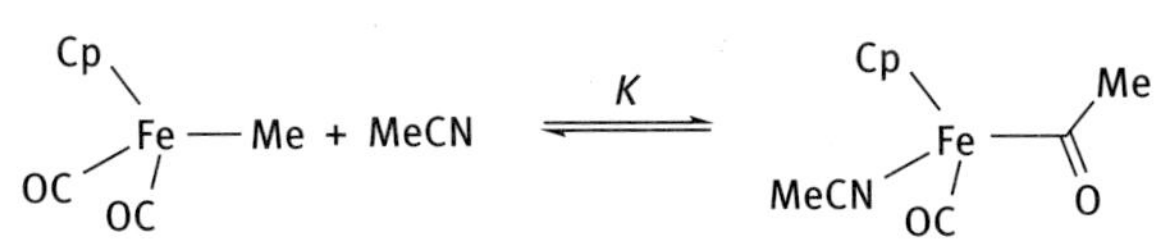

1-전자 산화하면 이 평형(따라서 평형 상수 값 K)의 정반응 속도는 10^{11}만큼 증가한다. 전자 이동 과정은 다음과 같다.

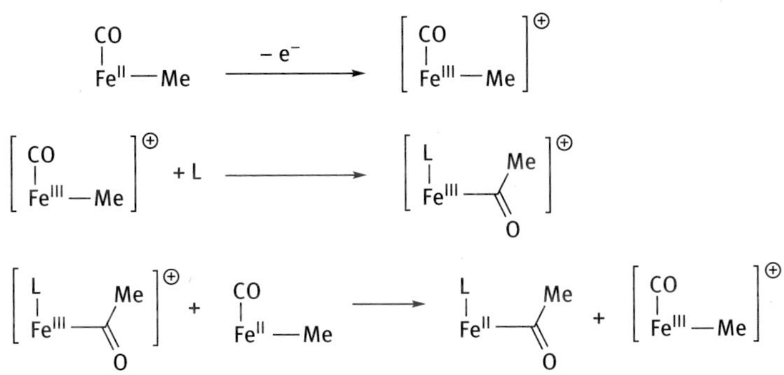

CO-없는 금속 알킬 착물에서의 CO 삽입. CO-없는 사각 평면형 d^8 금속 알킬 착물 $L_2M(R)(X)$ (M = Ni, Pd, Pt)에 대한 CO 삽입은 몇 가지 경로를 따를 수 있다. (i) CO에 의한 하나의 포스핀 리간드 치환; (ii) 5-배위 착물을 만들기 위한 CO 첨가, (iii) X^- 음이온의 치환이 그것이다. 후자의 두 가지 경로는 킬레이트 포스핀 L^L을 가진 착물처럼 L의 치환이 불리할 때 이용할 수 있다. 음이온의 해리는 음이온이 약하게 배위할 때 유리하다. 극성 용매는 이온성 중간체를 통하여 진행되는 경로에 유리할 수 있다.

알킬 R에 대하여 시스 위치인 L의 치환을 통한 반응 경로는 가장 쉽다. 사각 평면 트랜스-착물은 일반적으로 X/L 이성질화가 요구되므로, R에 트랜스인 L은 M-C 결합을 치환성으로 만들어 결국 CO로의 이동을 촉진한다. 이들 경쟁 경로 중 어느 것을 따를 것인가는 금속과 관여하는 리간드에 크게 의존한다. Pt(II) 착물 $L_2Pt(R)Cl$이 해리 경로를 따르는 반면, Rh(I) 알킬 $R\text{-}Rh(CO)(PPh_3)_2$에 대한 CO 삽입은 18 VE 중간체 $R\text{-}Rh(CO)_2(PPh_3)_2$를 통한 CO의 회합에 의하여 진행된다.

L 치환에 의한 CO 삽입:

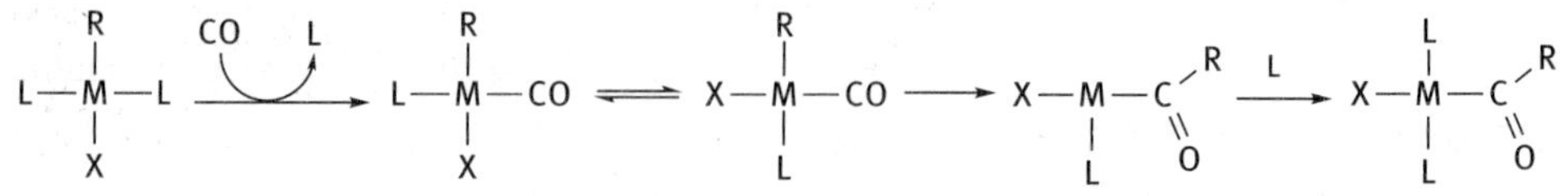

L 치환 없이 CO 삽입:

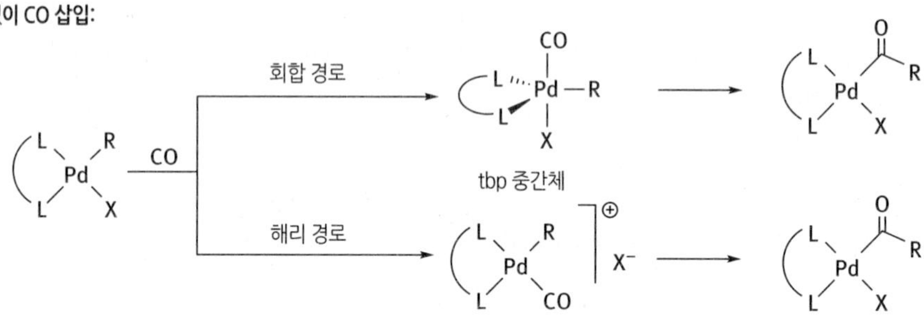

16 VE 메탈로센 다이알킬 착물과 CO의 반응은 CO가 배위할 수 있는 에너지상 접근 가능한 LUMO의 존재를 잘 활용한다. $CpZrPh_2$가 CO와 반응하는 경우, 처음에는 'O-바깥' 이성질체가 형성되고 이는 결국 열역학적으로 안정한 'O-안쪽' 구조로 이성질화하며, 이는 산소 고립쌍이 LUMO에 배위함으로써 가능하게 되었다.

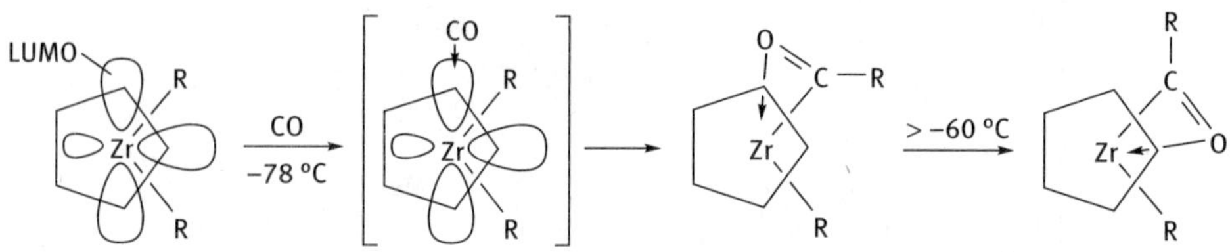

이중 카보닐화. 원리상, 한 개 CO가 M-알킬 결합에 삽입하고 연이어 다른 CO가 삽입하여 α-케토-아실 착물 L_nM-C(O)-C(O)-R을 만들 수 있으며, 이는 아마도 α, β-다이케톤 및 α-케토산과 같은 원하는 생성물에 이르는 길일 것이다. 그러나 이 과정은 열역학적으로 불리하다. α-케토-아실 착물은 다른 방법, 즉 MeC(O)C(O)Cl을 $[Mn(CO)_5]^-$와 반응하여 만들 수 있다. 이들은 열에 불안정하나 쉽게 CO를 잃고 아실 착물을 만든다.

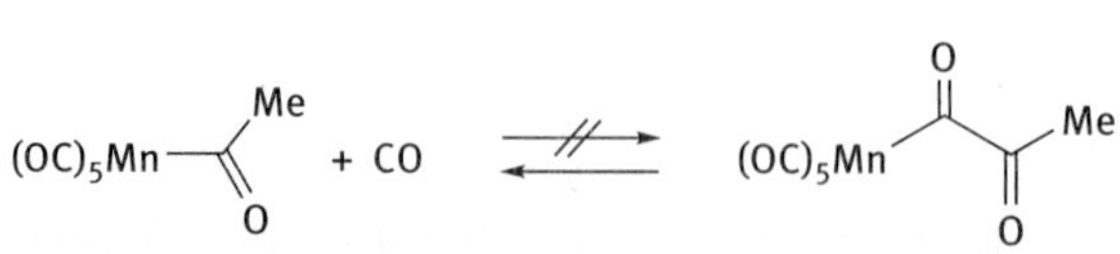

정반응
$\Delta G \geq +17.5$ kJ mol^{-1}
$\Delta G^{\ddagger} \geq +130$ kJ mol^{-1}

그럼에도 불구하고 이중 카보닐화에 상당하는 생성물이 팔라듐-촉매를 이용한 α-케토벤조산 아마이드의 형성에서 볼 수 있듯이 알려져 있다.

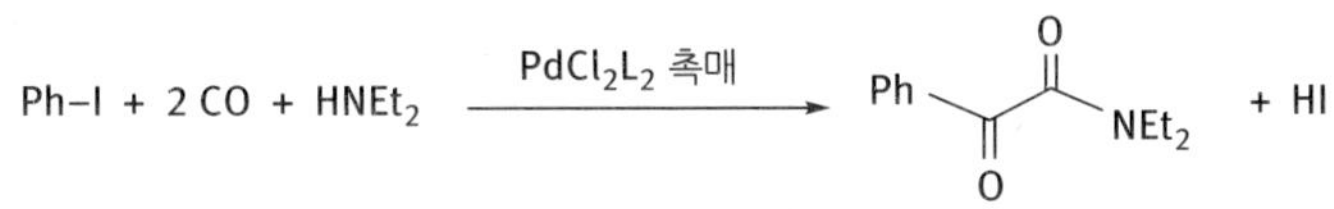

그러나 이 형태의 생성물은 두 개의 다른 CO 삽입 생성물인 -C(O)Ph와 -C(O)NEt_2의 환원성 짝지음의 결과라는 것을 보여 주고 있다. 처음 것은 Pd-Ph 결합에 CO가 삽입되어 형성되고 두 번째는 양이온성 착물에서 배위되어 있는 CO에 $HNEt_2$에 의한 친핵성 공격에 의하여 형성된다.

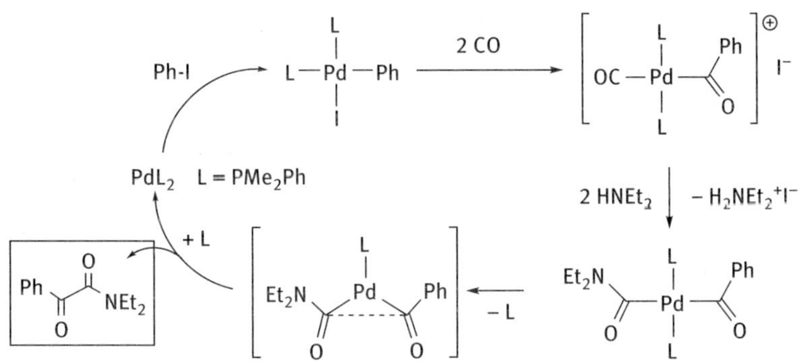

지르코늄이나 토륨과 같은 친산소성 금속의 다이알킬에 대한 이중 카보닐화 반응은 C-C 짝지음을 유도하는 것이 알려져 있다. 그런 환원성 CO 짝지음 반응은 Fischer-Tropsch 공정에서 CO/H_2 혼합물(합성 가스)로부터 탄화수소의 발생에 관여하는 듯하다.

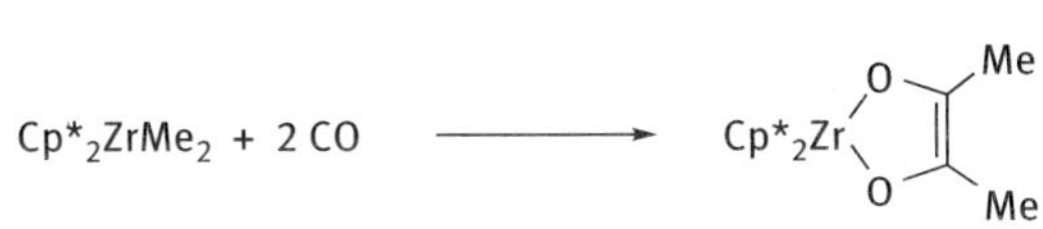

2.11.4.10 아이소사이아나이드의 삽입

아이소사이아나이드 R-N≡C의 삽입은 메커니즘적으로 CO의 삽입과 거의 같다(2.4.8절을 보라). 그러나 아이소사이아나이드는 CO와 비교하여 센 σ-주개이고 약한 π-받개이며, CO와는 대조적으로 다중 삽입이 에너지상 불리하다. 센 주개 성질과 같은 맥락에서 삽입 생성물의 η^2-배위는 아실에 대해서보다는 이미노아실에서 더욱 흔히 발견된다.

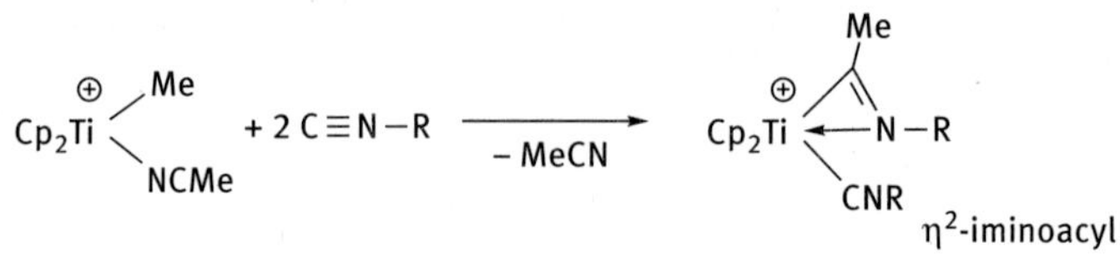

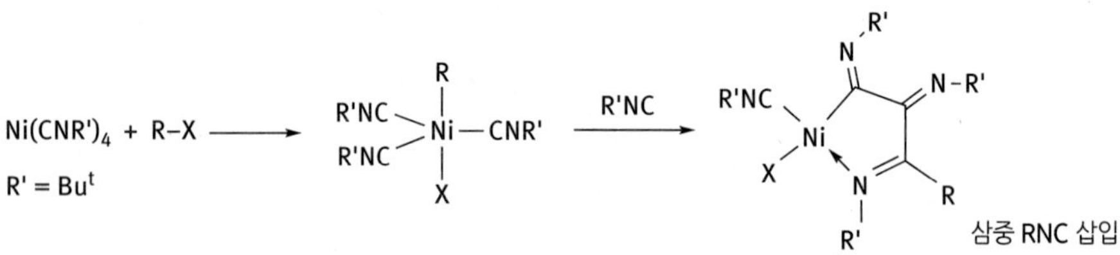

CO와 RNC 삽입이 경쟁하게 되면 이미노아실의 형성이 우세하다.

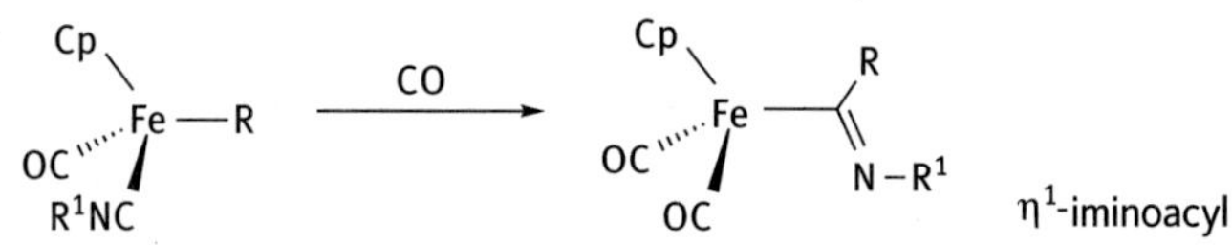

2.11.4.11 알켄의 삽입

M–C σ-결합에 대한 알켄의 삽입은 M–H 결합에 알켄을 삽입하는 것보다 쉽지 않고, C=C 이중 결합을 두 개의 C–C 단일 결합으로 변환하는 것이 **약 20 kcal mol^{-1} 발열성**임에도 불구하고 상대적으로 적은 수의 분명한 알켄 삽입 생성물 예가 알려져 있다. 이에 대한 주된 이유는 M–H 삽입에 비하여 M–C 삽입에서의 훨씬 높은 속도론적 장벽 때문이다.

또한 M–R 결합(R = Me, Et 등)에 대한 삽입 속도에서 상당한 차이가 있다. 에틸렌의 올리고머화 반응계 Cp_2TiRCl/AlR_2Cl (R = Me, Et, Pr^n)에 대하여 Ti–Me 결합에 대한 에틸렌 삽입 속도는 Ti–Et와 Ti–Pr^n 결합에 대한 에틸렌 삽입 속도에 비하여 100배만큼 더 느리다.

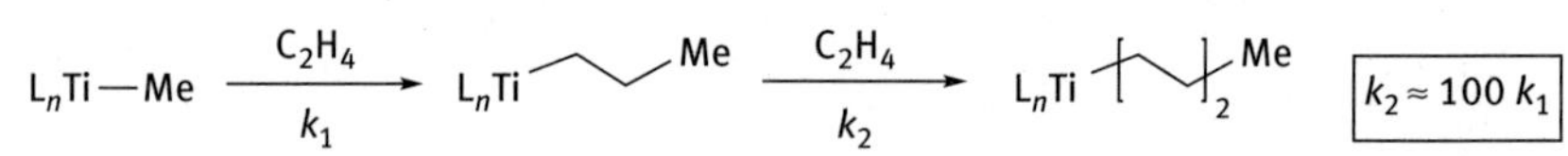

알켄 중합 공정은 3.7장을 보라.

이 차이의 결과는 대부분의 이런 반응계에서 활성화된 착물에 있는 Ti–Me의 작은 분율이 이용 가능한 모든 알켄 단량체를 소모할 것이며, 반면에 대부분의 초기 메틸 착물은 반응하지 않고 남을 것이다. 이것은 확실한 알켄 모노-삽입 생성물의 분리를 어렵게 한다. 알켄 삽입 합성에서의 효용성에 영향을 주는 또 다른 인자는 삽입 생성물이 얼마나 쉽게 β–H 제거 반응이 일어나는가이다. 두 개 삽입 중의 하나가 일어나 후에 알켄 생성물은 열역학적으로 유리한 금속 수소화물을 형성하면서 밀려나가므로, 삽입은 종종 단순히 올레핀 이합체화에 이르게 한다.

물론 M−C 결합에 대한 알켄 삽입은 올레핀 중합 공정과 전 세계 산업의 근본이다. 전자적, 입체적 조건이 맞으면 다중 알켄 삽입은 매우 빨리 일어날 수 있다. 중합 촉매에서 β-H 제거는 전자 또는 입체 효과에 의하여 억제된다.

알켄 '삽입'의 메커니즘적 원리는 M−C 결합에 대한 CO 삽입과 닮아 있다. 이는 시스 위치에 배위된 친전자성 불포화 기질을 향한 친핵성 리간드 이동 반응의 또 다른 예이다. 이 과정은 배위함에 따라 C=C 결합에 유도된 대칭성과 극성에 의하여 도움을 받는다. 에틸렌은 쌍극자 모멘트가 없고 친핵체와 친전자체에 대하여 반응성이 없는 반면, 배위하면 부분 양의 전하가 β-C 원자에 쌓이고, 이는 **이동 삽입**(migratory insertion)을 용이하게 한다.

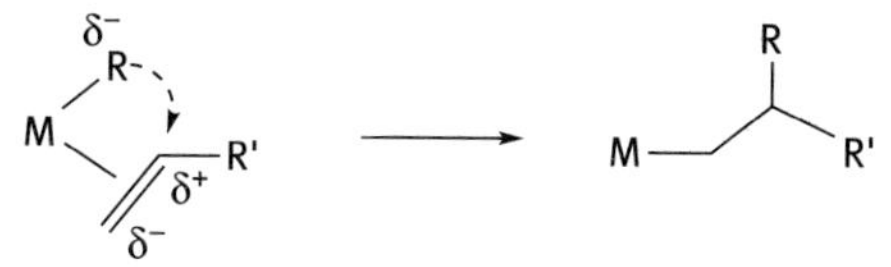

치환된 알켄의 삽입은 원리상 위치 이성질체를 만들 수 있다. **가지 달린** 알킬(2,1-**삽입**(2,1-**insertion**); Markovnikov 생성물) 또는 **일차** 알킬(1,2-**삽입**(1,2-**insertion**), anti-Markovnikov 생성물)이 그것이다. 대부분의 경우(R′ = 알킬 치환체) anti-Markovnikov 생성물이 형성되어, 선형 일차 알킬을 만든다. 반면에 전자 끄는 치환체 R′ (R′ = Ph)은 음이온성 탄소 원자의 음전하를 안정화시키고 가지 달린 알킬의 형성을 선호한다.

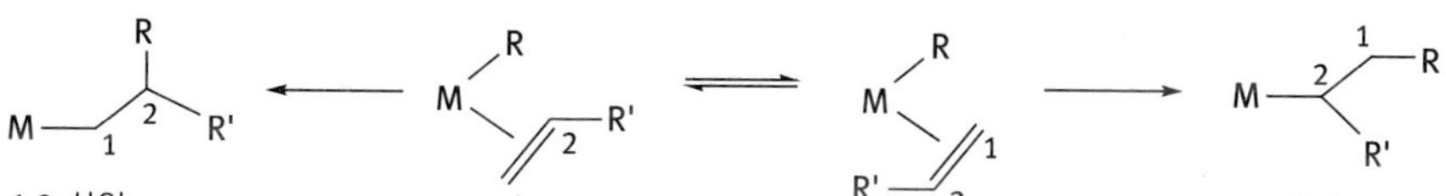

확실한 알켄 삽입 생성물은 예를 들어 일부 10족 착물뿐만 아니라 3족에 대해서도 얻어졌다. d^0 전자 배치를 갖는 금속에 대하여 알켄 결합 에너지는 약 12~13 kcal mol^{-1}로 낮다.

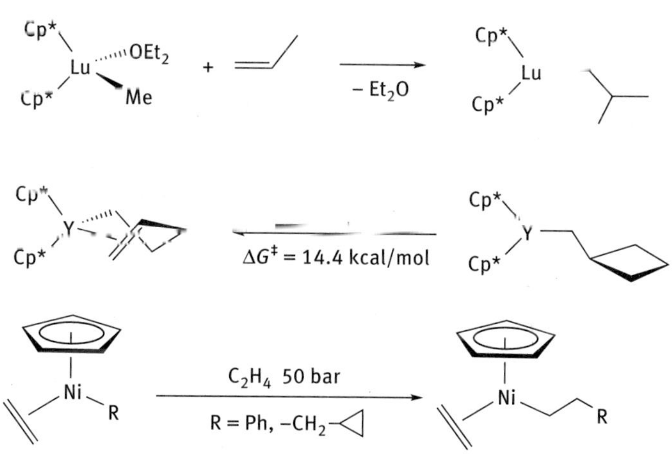

Heck 아릴화는 3.6.4절 참조

금속-아릴 결합에 대한 알켄 삽입은 팔라듐-촉매를 이용한 Heck **반응**(Heck reaction)으로 알려진 Heck **아릴 할로젠화물의 바이닐화**이다.

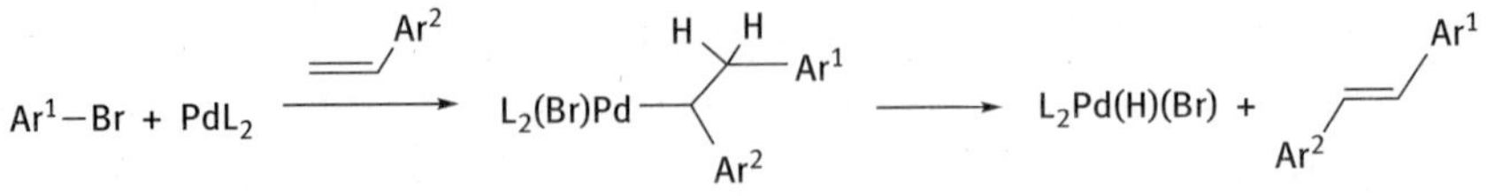

M-아실 결합에 대한 알켄 삽입. M-C(O)R 결합에 대한 알켄의 삽입은 1-알켄과 CO의 공중합과 관련이 있다. 이 반응은 팔라듐계 촉매에 의하여 이루어진다. 낮은 온도와 킬레이트 리간드(페난트롤린 또는 킬레이팅 다이포스핀)와 함께 이 반응은 NMR 분광법으로 관찰할 수 있다. 삽입 활성화 장벽 $\Delta G^{\ddagger}$ 값은 15 kcal mol^{-1} 밖에 안 된다고 알려졌다. 메틸아크릴레이트 같은 활성화된 올레핀 역시 삽입하여 분리 가능한 생성물을 만든다. 아실 리간드 C=O의 작용은 킬레이트를 형성함으로써 삽입 생성물을 안정화하는 것이다.

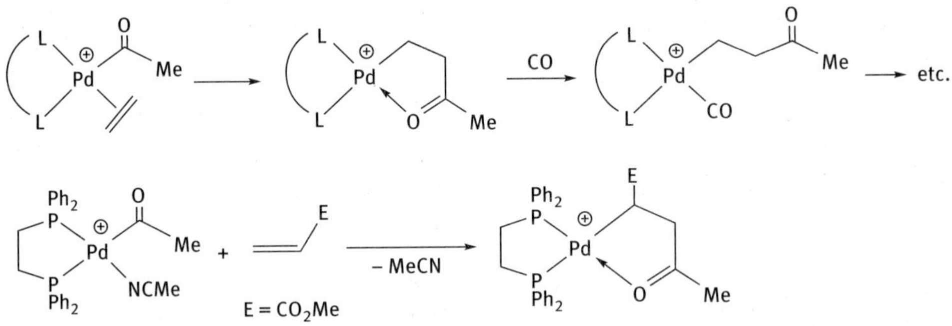

2.11.4.12 알카인의 삽입

탄소-탄소 삼중 결합은 반응성이 매우 크고 결합 차수가 이중 결합 또는 단일 결합으로 감소하는 것은 열역학적으로 유리하다. 결과적으로 알카인은 여러 번 단일 또는 다중 삽입 반응을 한다. 이 반응은 알카인의 탄소 금속화를 유도한다. 일부 경우에서는 연이은 이성질화가 일어나서(아마도 쯔비터 이온성 카벤 중간체를 통한) 트랜스 기하 구조를 갖는 금속 바이닐을 만들기기도 하지만, 삽입 생성물은 시스 입체 화학을 보인다(속도론적 생성물).

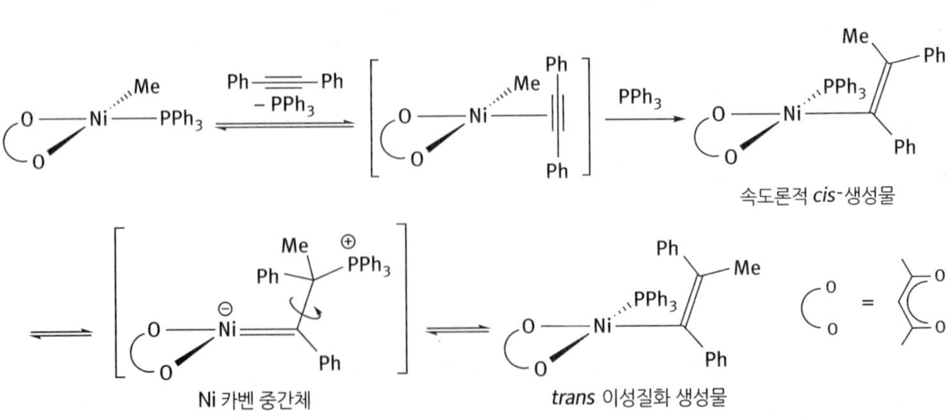

다중 알카인 삽입 또한 관찰되었다. 만들어지는 다이엔일 리간드는 금속 중심의 전자 요구에 따라 1-, 3- 또는 5-전자 주개로 작용할 수 있다.

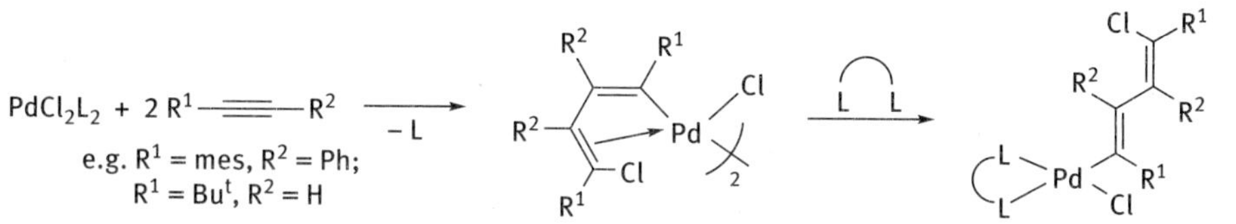

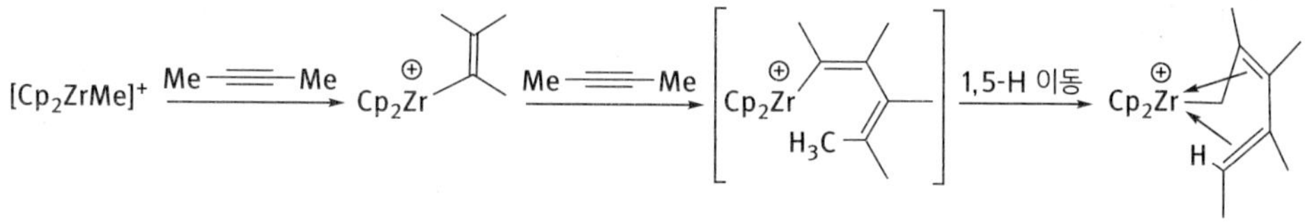

Zr–C 결합에 대한 알카인 삽입은 Negishi-형 알카인 탄소알루민화 반응에서 중요한 메커니즘 단계이다.

금속-촉매 반응을 통한 C–C 짝지음 반응에 대한 2010년 노벨상:
R. F. Heck,
E. Negishi,
A. Suzuki

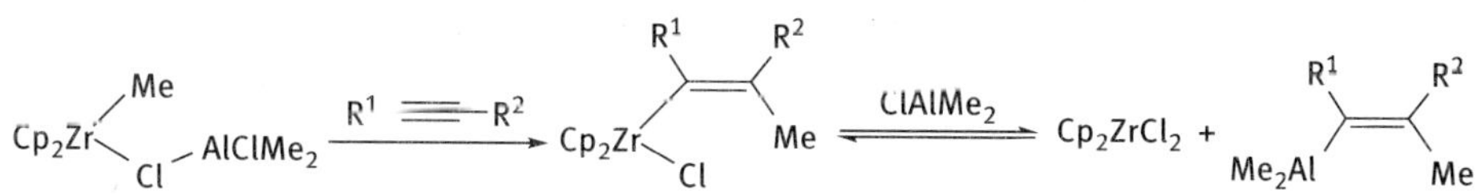

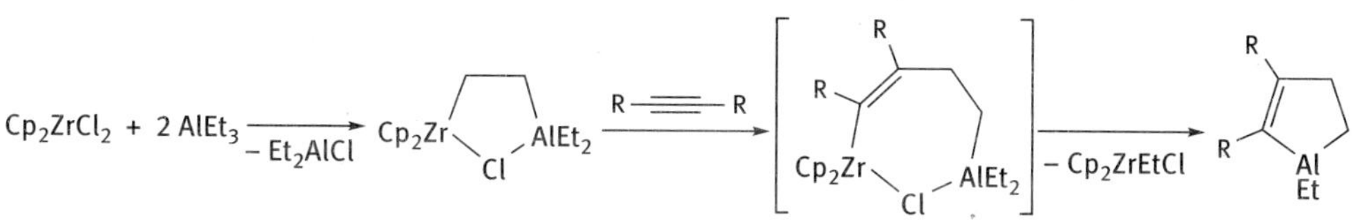

2.11.4.13 정직하지 않은 리간드를 갖는 금속 알킬의 반응

앞 절에서 개략적으로 살펴본 반응은 M–C 결합의 변화에 관심이 있었다. 그러나 착물 내에서 금속-알킬 결합이 가장 반응성이 큰 부분이 아닌 경우도 있으며, 이런 경우 다른 리간드가 반응성을 보이는 반면 M–C σ 결합은 변하지 않고 남아 있다. 이런 경우는 높은 산화 상태의 금속 알킬 산화물과 질화물에서 주로 그러하다. 예를 들어 M=O와 M≡N 결합의 극성은 헤테로 원자가 양성자 첨가에 우선시되는 자리인 것으로 알 수 있다. 이런 내용은 몰리브데넘과 레늄의 알킬 착물에 대한 아래 그림에서 보여 주고 있다. 말단 옥소 착물과 유기 아이소사이아네이트 R–N=C=O의 반응은 특히 금속 이미도 착물로 들어가는 입구로서 흥미롭다.

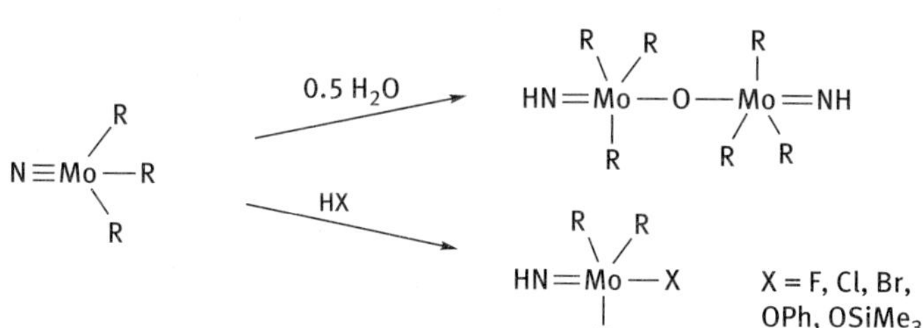

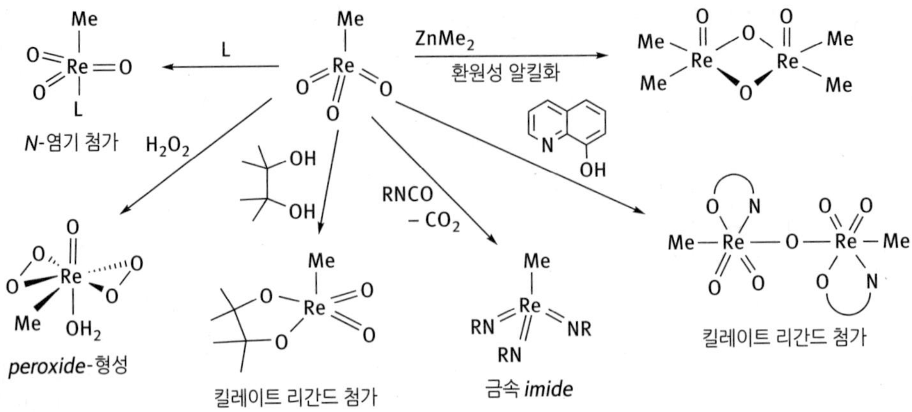

자료 2.11.4.12 체내에서의 전이 금속 알킬 착물

철과 같이 잘 알려져 있으며 양이 많은 전이 금속-알킬 결합은 일반적으로 너무 반응성이 커 수용액 환경이나 생체계에서 살아남을 수 없다. 그러나 눈에 띄는 예외가 있는데 이는 자연이 M-C 결합의 반응성을 특이한 반응이나 생명에 필수불가결한 반응에 활용하는 경우이다. Co(III) (d^6)는 속도론적으로 난치환성이고 안정한 팔면체를 형성한다. 따라서 Co(III)의 알킬 착물은 생리적인 조건하에서 살아남는다. 생명은 거대고리인 테트라파이롤레이토(**고린**(*corrin*)이라 부름) 고리계에 결합된 코발트 착물을 이용하고 금속-알킬 결합을 가지고 있다. 이것이 **코발라민**(cobalamine)으로 알려진 바이타민 B_{12}이다. 알킬 리간드는 아데노실 또는 메틸이다. 코발라민의 아데노실 유도체는 1,2-알킬 이동 교환 반응에 촉매로 작용하고 엽산 형성에 관여한다.

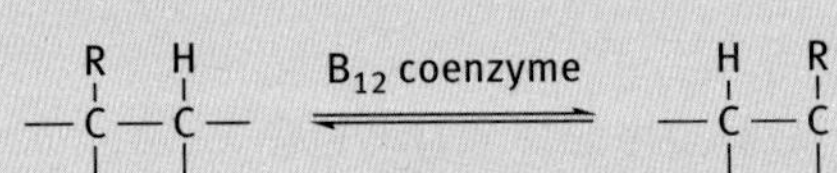

바이타민 B_{12} 결핍은 악성 빈혈과 거대미성숙불량적혈구 생성을 초래한다.

아데노실 B_{12}

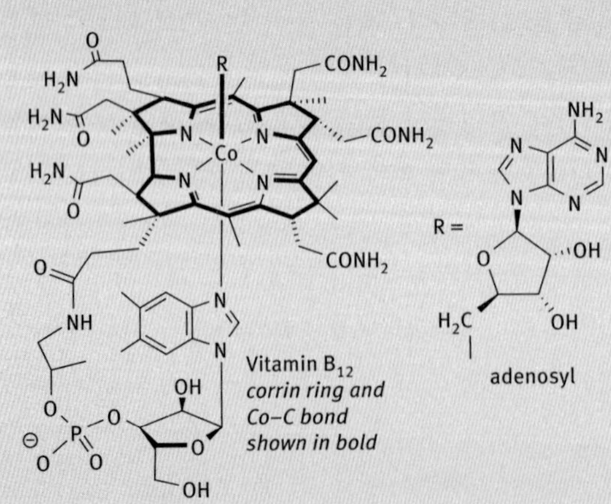

바이타민 B_{12}의 화학적 특성은 화학적 및 산화-환원 성질이 유사한 Co(III) 글라이옥시메이토(glyoximato) 착물을 이용하여 모방할 수 있다.

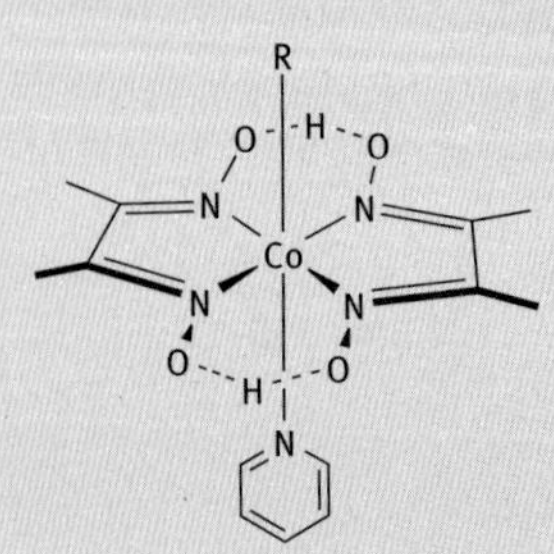

$Co\text{-}CH_3$ 형태인 메틸코발라민은 분자 사이의 메틸기 교환 반응에 촉매로 작용한다. 친전자성 금속 이온은 메틸 이동에 의하여 메틸코발라민과 반응할 수 있다. 이 메커니즘으로 토양 박테리아는 $MeHg^+$ 이온을 만들 수 있으며, 이런 방식으로 수은이 먹이 사슬에 유입될 수 있다.

코발라민의 Co–C 결합은 친전자체, 친핵체에 의하여 또는 빛에 의한 결합의 균형 분해에 의하여 분열될 수 있다. 불포화된 거대 고리는 많은 산화 상태를 안정화하고, 계는 일련의 단계를 거쳐 환원될 수 있다.

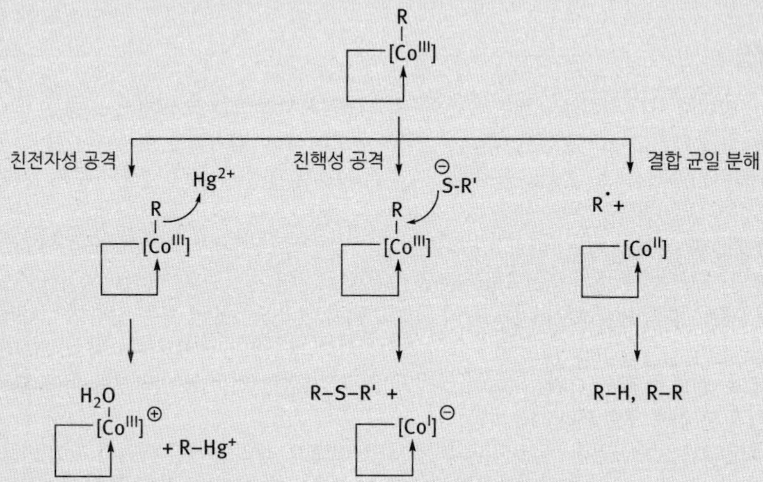

하이드록시코발라민(R = OH, B_{12b})과 메틸코발라민은 수소에 의하여 환원되어 Co(II) 착물 B_{12r}을 만든다. 더 환원하면 청록색의 매우 공기에 민감한 B_{12s}가 만들어지며, 이는 Co(I)을 포함하고 있으며 금속 수소화물로서, 그리고 매우 센 친핵체로서 반응한다($SnMe_3^-$보다 더 센, 초-친핵체).

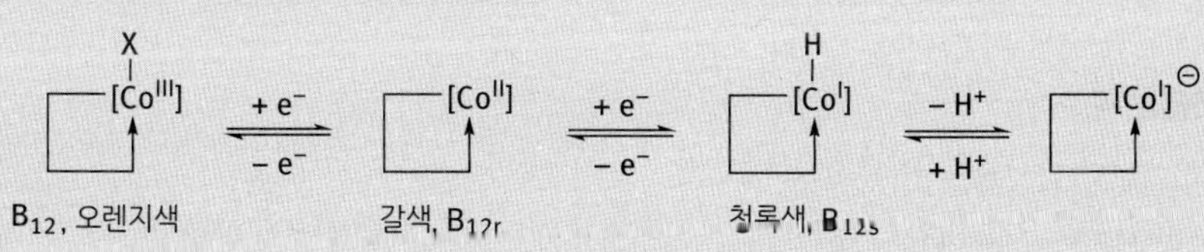

B_{12s} 형태는 알킬 할로겐화물과 쉽게 산화성 첨가를 하고, 또한 불포화된 기질을 Co–H 결합에 삽입하여 다양한 작용기화된 Co 알킬, 바이닐 및 알카인일 유도체를 만든다.

금속-알킬 결합의 존재는 비록 불안정할지라도 또 다른 금속 함유 효소계인 메틸-보조 M 환원 효소(MCR)에서 존재가 알려져 있다. 이 효소는 무산소성 고세균류 박테리아에서 발견된다. 이 효소는 메테인 발생의 마지막 단계를 촉매 작용한다. 이 과정에서 보조 효소 B(CoBSH)는 2-전자 주개로 작용하여 메틸 보조 효소 M(메틸-SCoM)을 환원시켜 메테인과 헤테로다이설파이드 CoBS-SCoM가 형성되도록 한다. MCR의 활성 자리는 산화-환원 보조 인자인 **보조 효소**(coenzyme) F_{430}을 포함하고 있으며, 이는 Ni(I) 중심(MCR_{red1})을 갖는 노란색의 환원된 테트라파이롤레이트(tetrapyrrolate) 거대 고리이다. 메커니즘에 대한 분광학적 연구에 의하면 **메틸**-Ni(III)(methyl-Ni(III))과 중간체로서 유기 라디칼이 관여하고 있음을 알 수 있다.

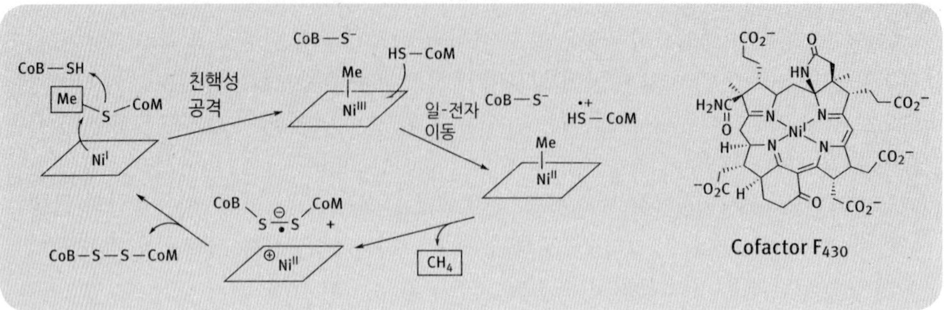

핵심

M–C σ–결합을 가진 착물은 대부분의 금속–촉매 반응에서 중요한 요소이다.

M–C 결합 세기는 sp^x–혼성된 C의 s–성격의 정도에 따라 증가하고 순서는 알킬 < 바이닐 < 아릴 < 알카인일과 같다. 안정도 또한 첫 주기 금속 < 둘째 주기 금속 < 셋째 주기 금속으로 증가한다.

β–H 원자를 포함한 알킬 리간드의 착물은 열역학적으로 안정하나 반응 속도론적으로 치환성이다. β–H 제거는 센 주개 리간드로 억제할 수 있다.

금속 알킬은 주족 알킬로부터 알킬화에 의하여 만들거나 삽입 반응 또는 산화성 첨가에 의하여 만든다.

M–C σ–결합은 친전자체에 의하여 분해되며, 가장 흔한 것은 H^+ (양성자 첨가 분해)와 H_2 (수소 첨가 분해)에 의한 분해이다.

불포화된 기질(CO, 알켄, 알카인)에 의한 M–C 결합의 삽입 반응은 합성과 촉매 반응에서 특히 중요하다. 이들 반응은 큰 규모 산업 공정의 기반이 된다. 메커니즘적 원리는 알킬 리간드에 대하여 시스 위치에 배위된 불포화 리간드에 대한 분자내 친핵성 공격이고 이동 삽입으로 설명하는 것이 최상이다.

전자적으로 불포화된 착물에서, 알킬 리간드는 α–, β– 또는 γ–아고스틱 결합과 같은 흔치 않은 결합 형식을 취할 수 있다.

연습문제

1. 가장 알맞은 합성법을 고안하시오.
   (i) $Zr(CH_2Ph)_4$; (ii) $TiBr_3(CH_2Ph)$; (iii) $Cp_2TiMeCl$; (iv) $(Me_3P)_2ClNi–C(O)Me$
2. $TiPr^i_4$와 $Ti(1–norbornyl)_4$는 둘 다 알킬 리간드당 여섯 개의 β–H 원자를 가지고 있고 동일한 전자수를 가지고 있다. 이런 유사함에도 불구하고 $TiPr^i_4$는 매우 불안정한 반면 $Ti(1–norbornyl)_4$는 분리 가능한 화합물이다. 이유를 설명하시오.
3. 모노–알킬 $TiEtCl_3$는 불안정하나 다이포스핀 1,2–$C_2H_4(PMe_2)_2$ (dmpe)를 첨가하면 분리 가능한 착물이 얻어진다. 이 화합물에서 알킬 결합을 설명하시오.
4. 선택적으로 다음 화합물에 이르게 하는 합성법을 제시하시오.
   (i) $Cp(CO)(^{13}CO)Fe–C(O)CH_3$와 (ii) $Cp(CO)_2Fe–^{13}C(O)CH_3$와 (iii) $Cp(CO)_2Fe–C(O)^{13}CH_3$
5. 2–페닐피리딘을 $PdCl_2$와 반응시켰을 때 예상되는 생성물을 예측하고 반응 메커니즘을 보이시오.
6. $[Cp_2YCl]_2$와 $NaAlMe_4$가 반응하면 탄화수소에 녹는 화합물 **A**가 만들어진다. **A**를 피리딘으로 처리하면 **B**가 된다. 벤젠에서 어는점 내림을 측정하면 **B**의 분자량은 450±40이고 원소 분석에 의하면 이 화합물은 질소 원자가 없다. **B**에 약간의 THF를 가하면 **C**가 된다. **A, B, C**를 확인하고, 화학 반응식을 보인 후 생성물의 구조를 설명하시오.

2.12 알킬리덴 착물

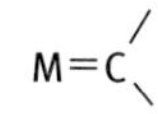

카벤 :CR_2는 CO나 포스핀 같은 2-전자 주개이다. 그와 같은 리간드와는 달리 대부분의 카벤은 매우 반응성이 큰 불안정한 화학종이고 따라서 이들을 리간드로 사용하는 것은 다른 2-전자 주개 리간드와는 완전히 다른 합성 전략이 요구된다. 카벤의 결합 특성, 특히 안정하고 분리 가능한 N-헤테로 고리 카벤은 2.4.3절에서 다루었다.

M-C σ-결합을 갖는 착물이 유기 금속 화학의 시작이 된 것이 20세기 초까지 거슬러 올라가고 M=O와 M=N 이중 결합이 무기화학에서 잘 알려진 반면, 말단 M=C 이중 결합을 가진 착물의 최초 합성은 1964년(E. O. Fischer)이 되어서야 가능하였다. 이들 카벤 착물은 낮은 금속 산화 상태를 기초로 하고, 카벤은 적어도 한 개의 O나 N 같은 헤테로 원자로 안정화되어 있다. 착물에서 카벤-C 원자는 친전자성이고 친핵체를 첨가할 수 있다. 이들 카벤 착물은 'Fischer **카벤**(Fischer carbenes)'으로 알려져 있다.

십여 년 후 다른 형태의 카벤이 발견되었는데, 여기서 금속은 전형적으로 높은 산화 상태의 앞전이 금속이다(R. R. Schrock). 이들 카벤은 $[CR_2]^{2-}$ 이가음이온으로 나타낼 수 있고, 카벤은 σ-주개일 뿐만 아니라 π-주개로 간주할 수 있다. 이들 리간드는 종종 **알킬리덴(alkylidenes)** 또는 'Schrock **카벤**(Schrock carbenes)'이라고 한다. 이런 형태의 알킬리덴 리간드는 고립쌍 (R, R′ = H, 알킬 또는 실릴)을 갖고 있는 헤테로 원자가 없다.

현재는 체계적인 용어 '알킬리덴'이 모든 형태의 카벤에 적용되고 있다.

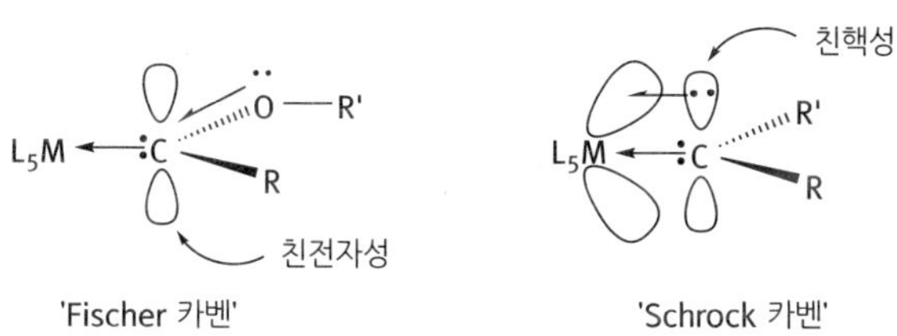

Fischer 카벤은 전자쌍 주개로서 헤테로 원자의 역할을 보여 주는 여러 형태의 공명 구조로 표현할 수 있으며, 이 경우 부분 양전하가 카벤-C 원자에 위치하게 된다. 이는 친핵체에 의한 카벤 착물의 반응성을 설명해 주며, LiR을 처리하여 R^-를 첨가하는 반응이 그 예이다.

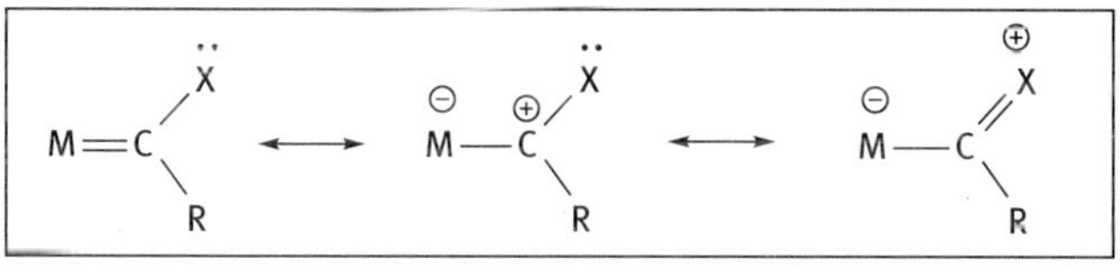

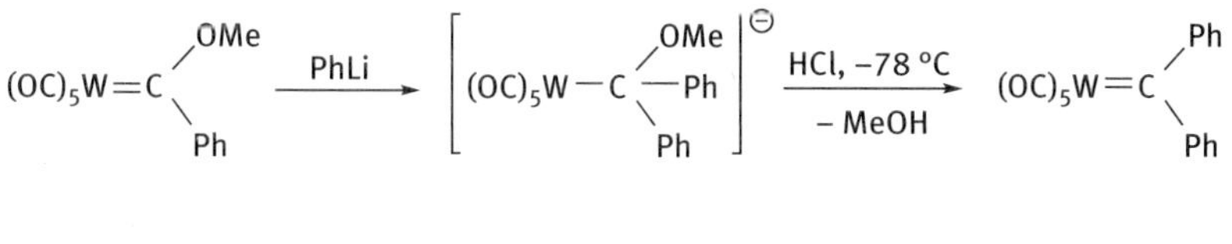

이는 염기로 작용하고 Lewis 산과 첨가 생성물을 형성하는 d^0 금속 알킬리덴의 극성과는 대조적이다.

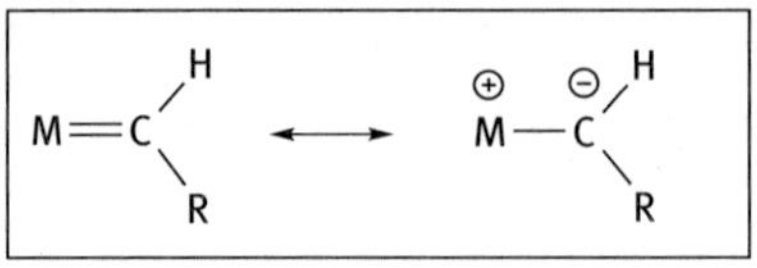

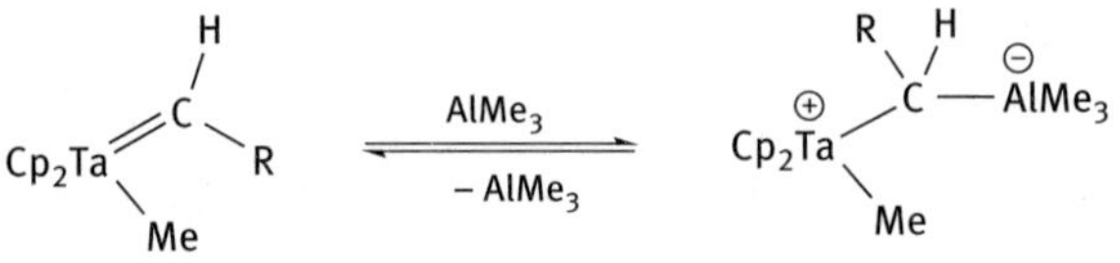

M–C 다중 결합의 형성은 M–E와 M–M 다중 결합을 형성하는 것이 알려진 금속에 대하여 두드러지게 나타나며, 대표적인 금속은 Nb, Ta, Cr, Mo, W, Re이다. Ru의 알킬리덴 착물은 합성에 널리 이용된다. 카벤 착물은 올레핀 상호 교환 반응, 고리-닫음 상호 교환 반응(RCM), 고리-열림 상호 교환 중합 반응(ROMP) 뿐만 아니라 정밀 화학 합성에서 중요한 역할을 한다.

덧붙여, C=C 단위를 확장하면 바이닐리덴과 큐뮬레닐리덴 착물이 만들어진다. C=C 이중 결합의 이웃하는 π-계는 서로 수직임을 유의하라.

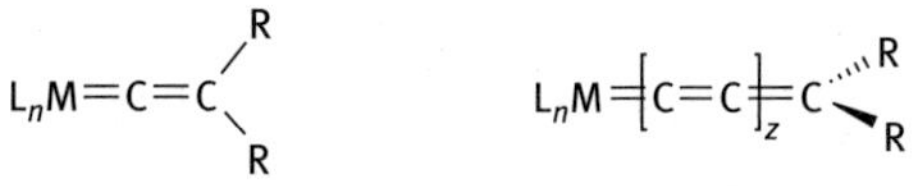

vinylidene 착물　　cumulenylidene

자료 2.12 금속 카벤의 NMR 분광법

카벤-C의 성격이 친전자성인지 또는 친핵성인지에는 상관없이 Fischer 형과 Schrock 형 카벤의 ^{13}C NMR 공명은 낮은 장, 즉 O-치환된 Fischer 카벤에 대하여 δ 290~365 ppm 그리고 Schrock 카벤에 대하여 δ 240~330 ppm에서 관찰된다($SiMe_4$에 대하여). *N*-주개 치환체는 높은 장으로 이동시킨다. 알킬리덴 M=CHR의 ^{1}H NMR 공명은 낮은 장인 δ 10~20 ppm에서 발견되고, H 원자가 α-아고스틱 상호 작용을 할지라도 이동은 3 ppm 보다 크지 않다.

2.12.1 알킬리덴 착물의 합성

2.12.1.1 낮은 산화 상태에서 알킬리덴 착물의 합성: Fischer 카벤

금속 카보닐로부터. 이런 형태의 최초 카벤 착물은 $W(CO)_6$와 리튬 알킬의 반응에 의하여 얻었다.

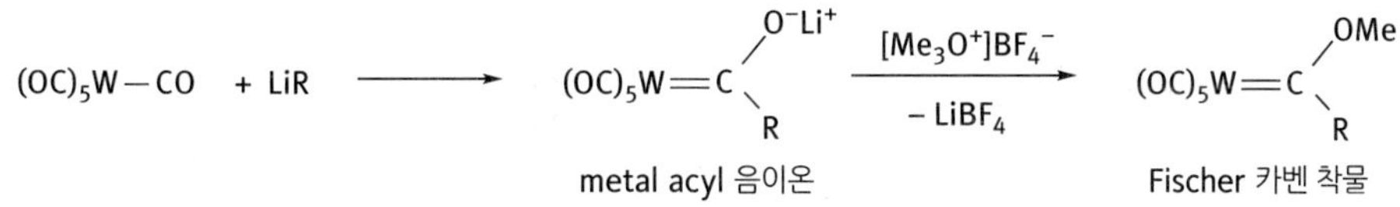

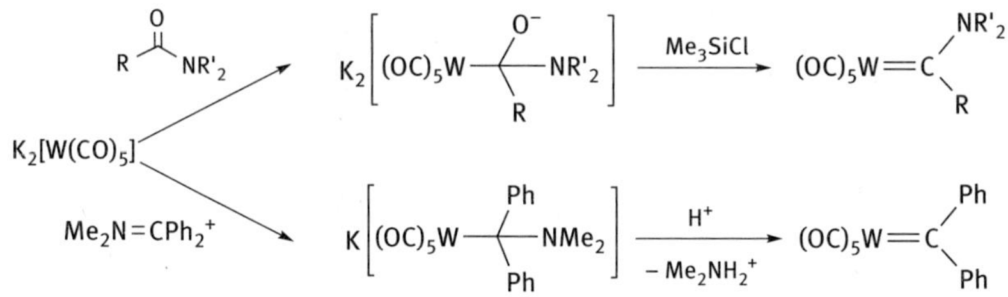

LiR의 역할은 지르코노센 벤자인 중간체와 같은 반응성 화학종에 의하여 달성할 수 있으며, 금속 카보닐에 의하여 붙잡혀 이핵 카벤을 만든다.

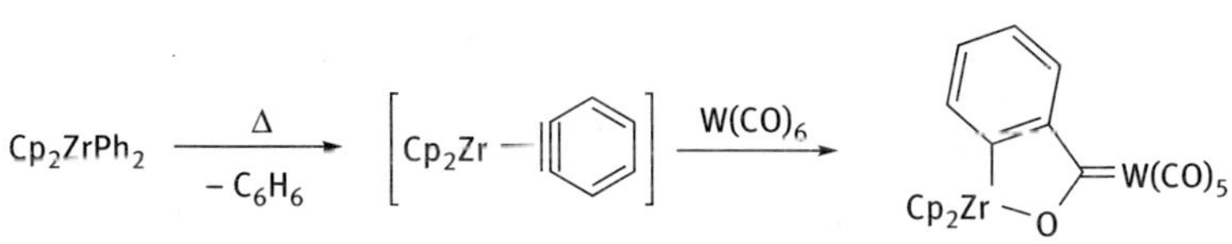

다이아조알케인으로부터:

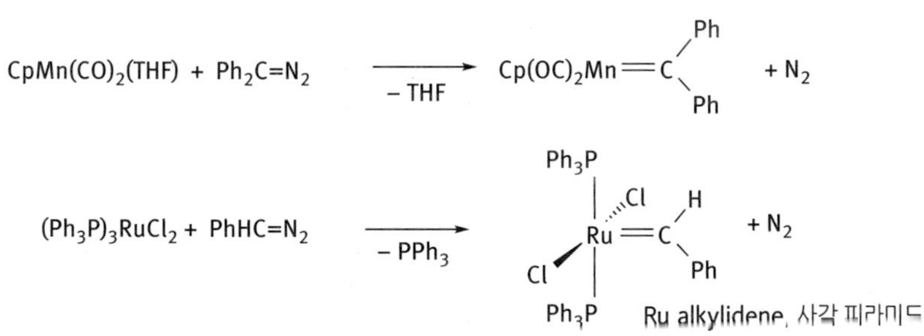

아이소사이아나이드로부터: 아민은 아이소사이아나이드에 첨가되어 열린-N 안정화된 카벤(비고리 다이아미노카벤, ADCs)을 만든다.

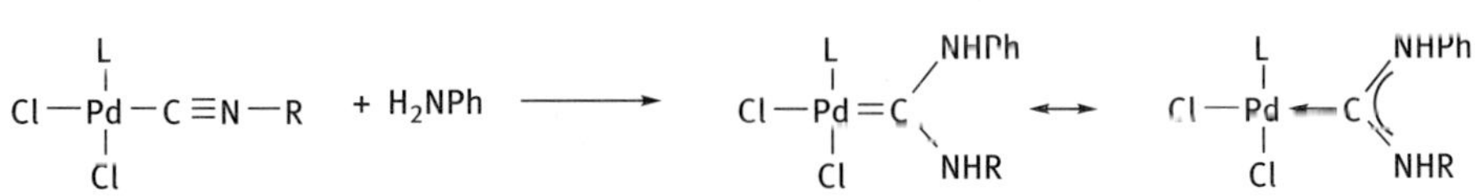

이미다졸리움 염으로부터: NHC 착물은 전-합성된 N-헤테로 고리 카벤으로부터 만들거나 또는 염기 존재하에서(여기서는 OAc^-) 금속 할로젠화물과 이미다졸리움 염으로부터 만들 수 있다. 치환성인 은 NHC 착물은 특히 카벤이 이합체화하는 경향이 있을 때(R = Me) 카벤 이동제와 카벤의 저장 형태로 자주 이용된다.

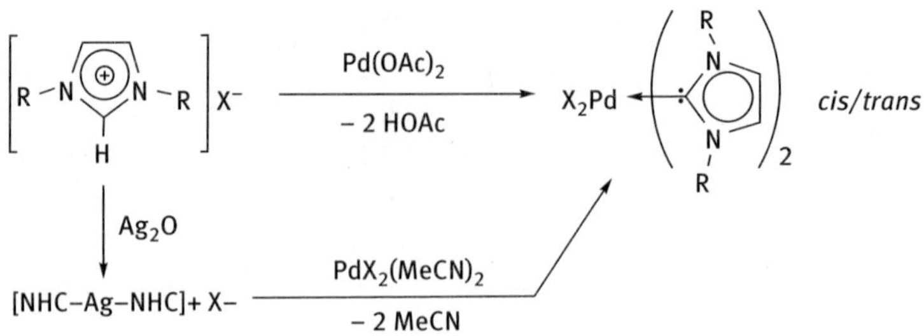

입체적으로 유리한 조건에서 NHC-형 카벤 착물의 형성은 헤테로 고리 알케인 전구체의 이중 C-H 활성화에 의하여 관찰되었다. 아래 그림에 보여 주고 있는 집게 리간드의 경직성이 이 반응을 쉽게 하는 데 도움을 준다.

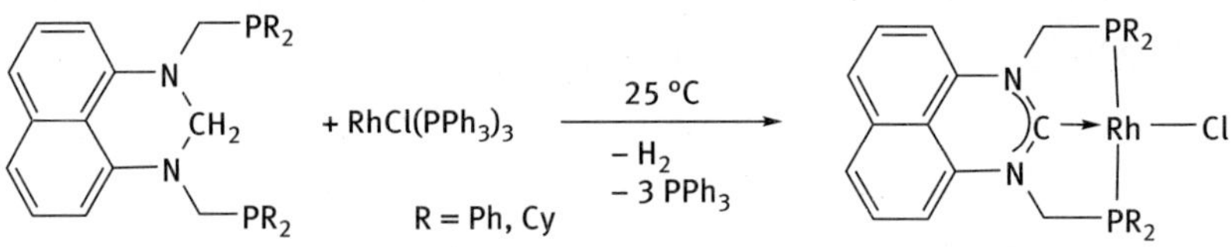

활성화된 올레핀으로부터:

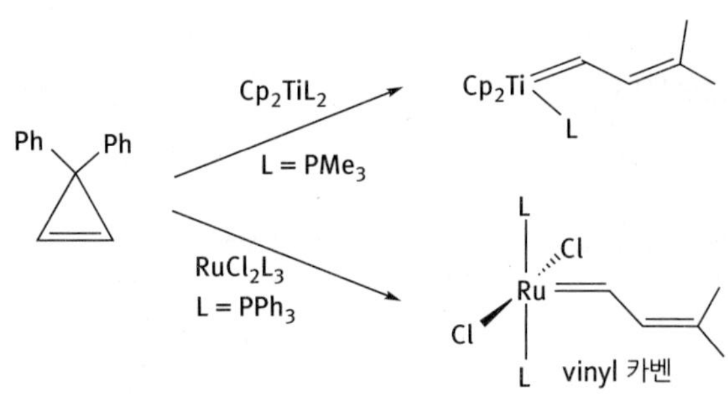

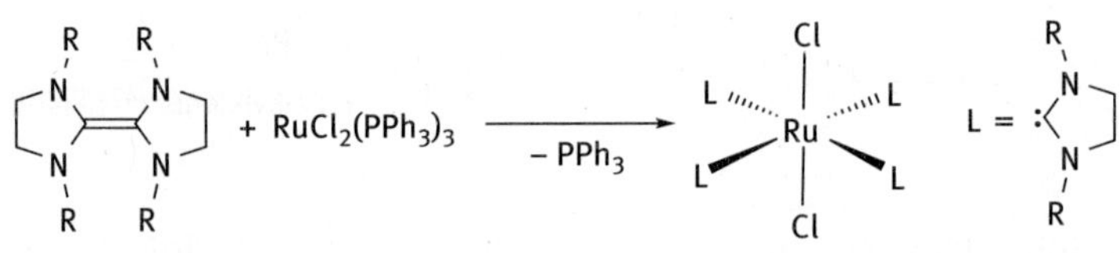

헤테로 원자-치환된 알킬 착물로부터:

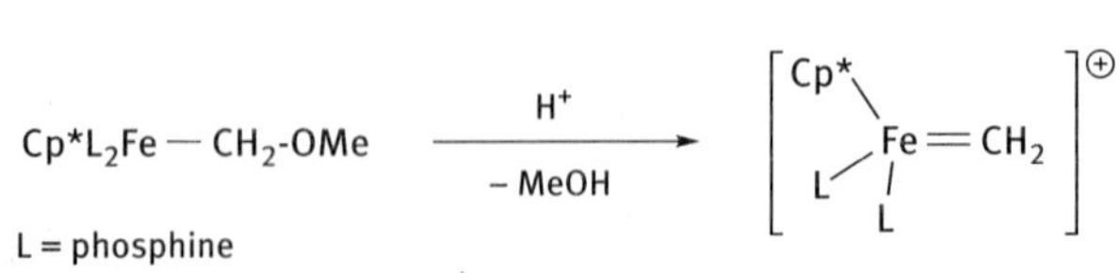

다이할로카벤. 카벤 CX_2 (X = F, Cl, Br, I)는 매우 반응성이 큰 화학종이나 금속의 배위구에서 안정화할 수 있다. $L_nM{=}CX_2$ 착물은 할로젠 치환에 의하여 수많은 다른 카벤 착물을 만든다.

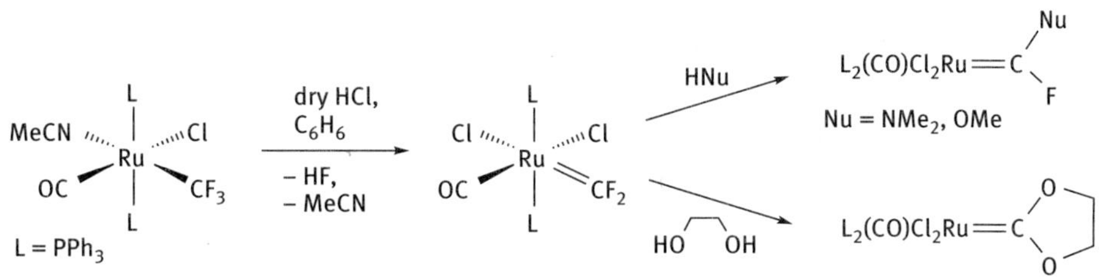

2.12.1.2 높은 산화 상태 (d^0)에서 알킬리덴 착물의 합성

4족 착물은 알킬리덴 착물을 잘 만들지 않는다. 그러나 Cp_2TiCl_2는 $AlMe_3$와 반응하면 Ti-CH_2 착물이 형성되며, Me_2AlCl와 착물을 형성하여 안정화된다. 이 화합물은 합성 응용에서 중요하고 **Tebbe 시약**(Tebbe reagent)으로 알려져 있다. 이 화합물은 카보닐 R_2C=O와 반응하여 O/CH_2 교환에 의하여 올레핀을 만든다.

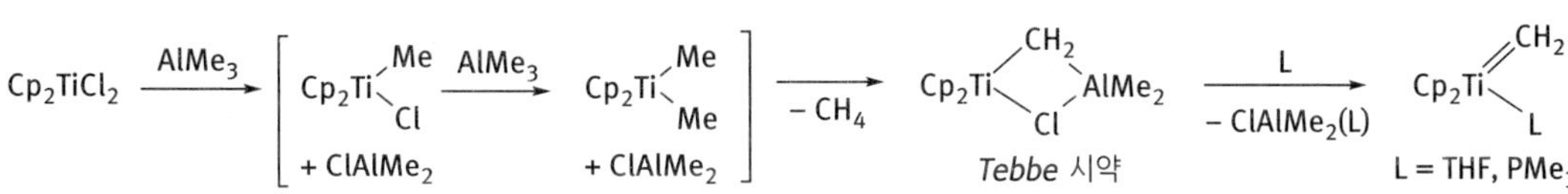

단단하게 고정된 부피가 큰 Ti 알킬리덴은 잘 만들어진다고 알려져 있다. 예를 들면 다음과 같다.

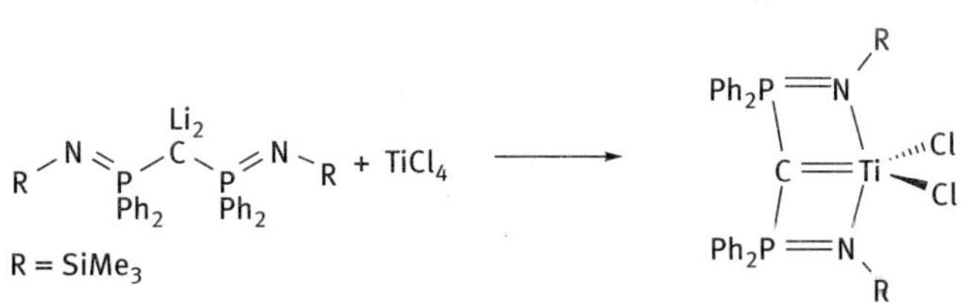

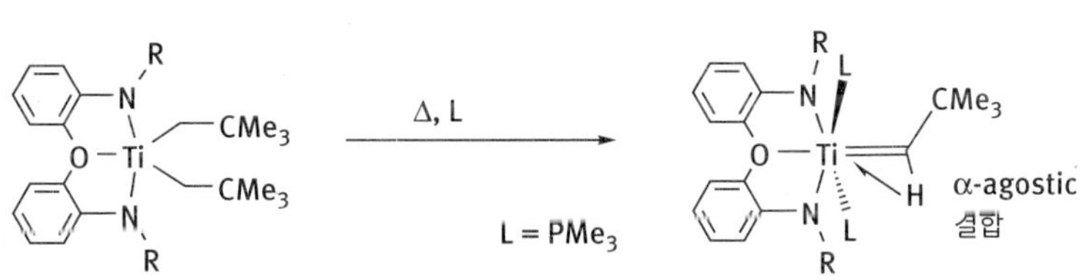

알킬리덴 착물은 5족과 6족에서 훨씬 더 흔하다. $TaCl_5$를 MeLi로 알킬화하면 $TaMe_5$가 만들어지는 반면, 입체 장애가 커지면 다섯 개 알킬 리간드를 수용하는 것이 불가능하다. 전자가 풍부한 귀족 금속 착물은 입체적으로 밀집된 조건하에서 γ-C-H 활성화를 통하여 금속 함유 고리를 형성하는 경향이 있는 반면, 앞전이 금속은 α-H 떼기가 일어나 M=CHR 화학종을 만든다.

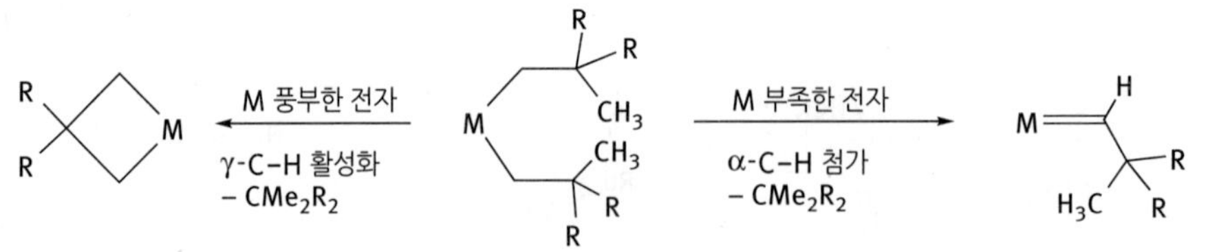

입체 장애가 큰 알킬로부터. 5족 알킬리덴에 이르는 전형적인 반응은 네오펜틸 리튬과 같이 부피가 큰 알킬을 이용한 탄탈럼 알킬 할로젠화물의 알킬화이다.

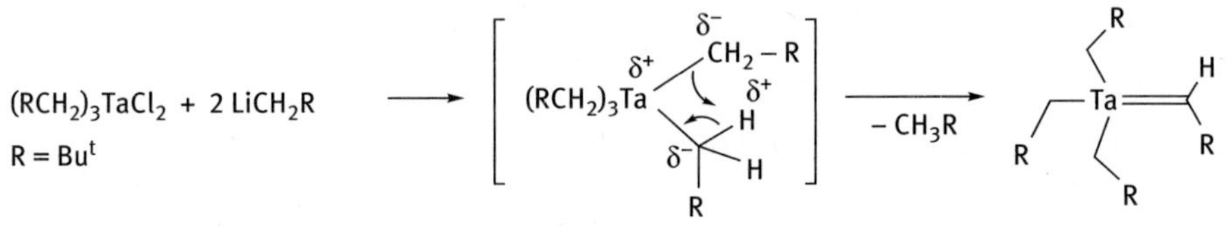

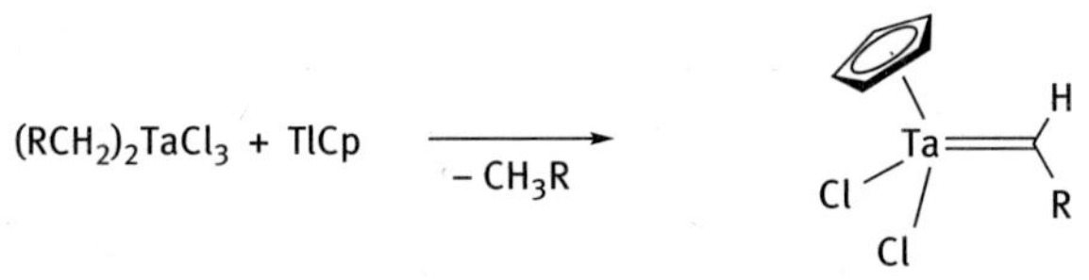

부피가 큰 이미도 리간드로 안정화된 몰리브데넘 알킬리덴 착물은 특히 올레핀 상호 교환 반응의 촉매로 중요하다. 반응 원리는 동일하다. 리간드 환경에서 입체 장애가 있으면 α-H가 제거되어 알킬 중간체를 통하여 알킬리덴이 만들어지는 것이 유리하다.

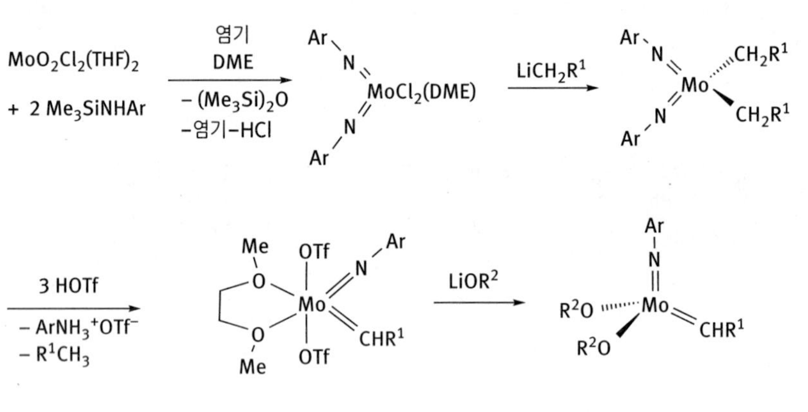

한 개 이상의 알킬리덴 리간드를 갖는 착물도 비슷한 방법으로 만든다.

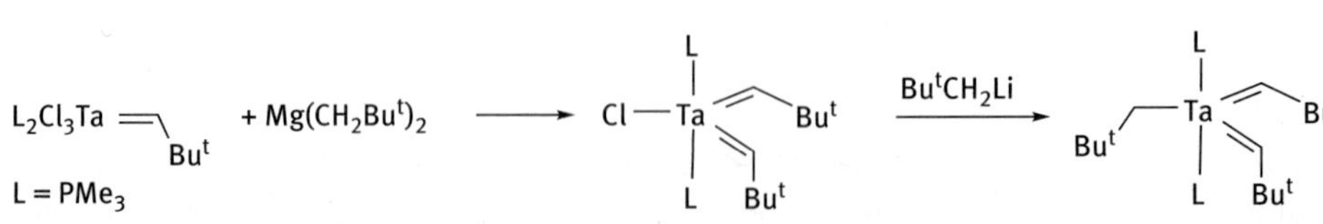

다른 방법들은 **탈양성자화**, C-H **이성질화** 및 **메틸렌 이동**을 포함하고 있으며, 모두 $M{=}CH_2$ 착물을 만드는 것이 알려졌다.

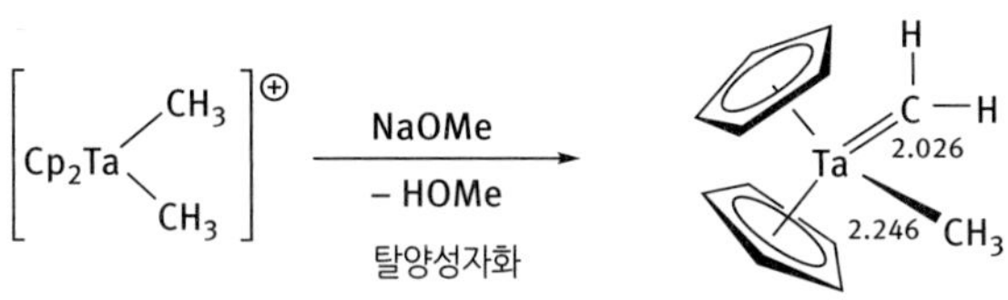

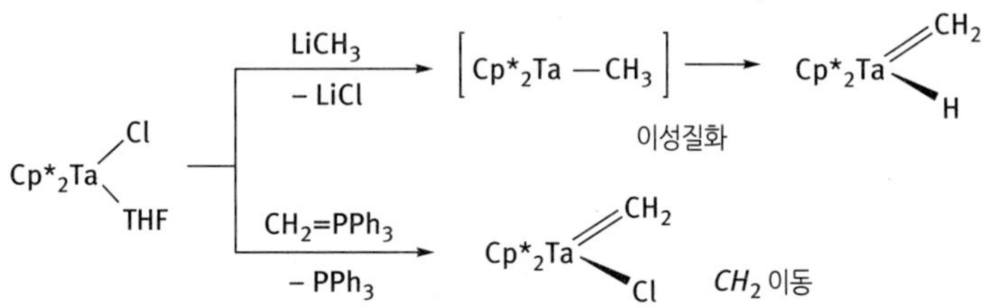

2.12.1.3 바이닐리덴 착물

바이닐리덴(vinylidene) 착물과 더 큰 큐뮤레닐리덴(cumulenylidenes)은 둘 이상의 서로 수직인 π-계를 가지고 있다. 이들은 알카인 및 알카인일 착물과 밀접한 관련이 있으며, 이들 착물의 유형은 종종 상호 전환하는 것이 발견된다.

알카인 착물로부터:

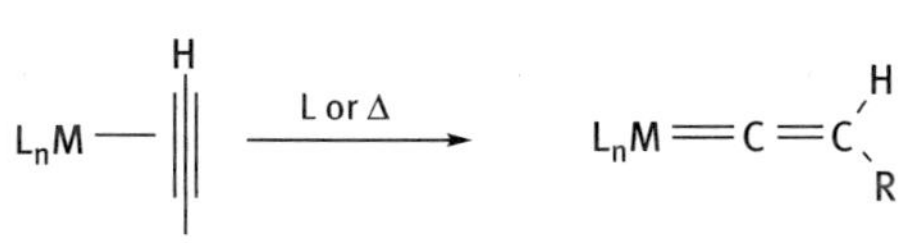

L_nM = $CpMo(CO)_2$, $(P^\wedge P)_2Re$, L_2RhCl, $[CpRu(CO)_2]^+$, etc.

알카인일 착물로부터:

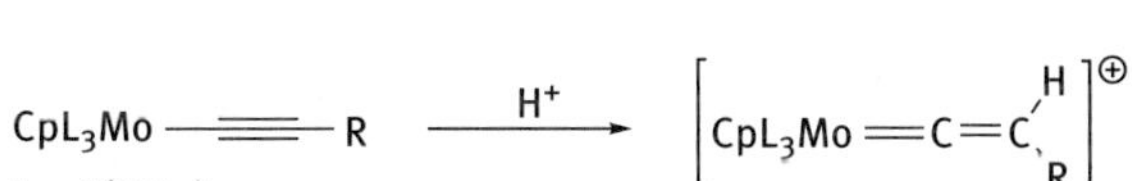

L = $P(OMe)_3$

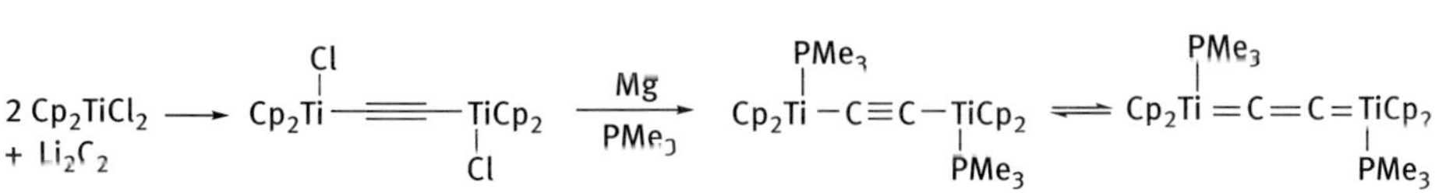

C-H 활성화에 의하여: 특히 탄탈럼의 경우에 금속-탄소 이중 결합의 형성이 에너지론적으로 유리하며, 이는 특히 저원자가 착물을 높은 산화 상태로 바꾸어 줄 수 있기 때문이다. 다음 그림에 보여 주는 반응은 C-H 결합의 산화성 첨가에 해당하며, Ta(III) 전구체는 Ta(V) 화학종으로 변환되거나 또는 이들 두 상태 사이에서 평형이 수립된다. 다음 그림에

있는 프로페닐리덴은 알릴로부터 β-H 제거에 의하여 형성되며, 반면에 바이닐 착물의 재배열에서 α-H 제거는 β-H 떼기에 비하여 유리하다.

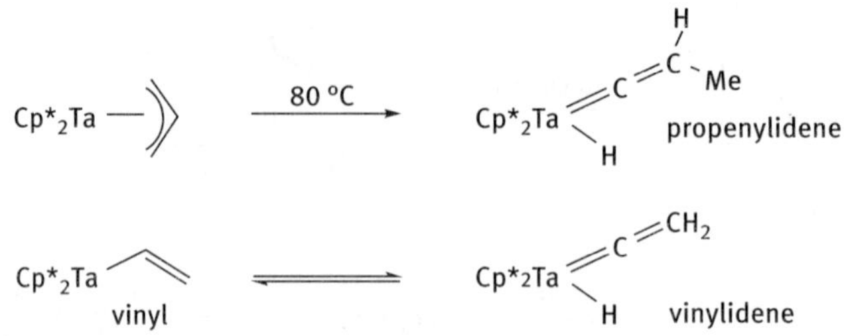

자료 2.12.1.2 알카인일–알레닐리덴 재배열

알카인일 착물은 알맞은 치환체에서 친전자성 공격에 의하여 **알레닐리덴**(allenylidene)으로 변환될 수 있다. 아래 그림에 있는 예는 C(sp^2)-N 결합 주위의 회전 장벽 측정을 가능하게 하는 NR_2 치환체를 포함하고 있다. 그 결과는 양이온성 알레닐리덴 착물에서 알카인일-임모늄 공명 형태인 **B**가 결합에 상당히 기여함을 제시한다. 이리듐(III) 알레닐리덴 착물은 UV에 의하여 들뜸으로 인광을 보이고, 또 다른 한 부류의 이리듐-기반 광방출 물질의 한 구성 물질이다.

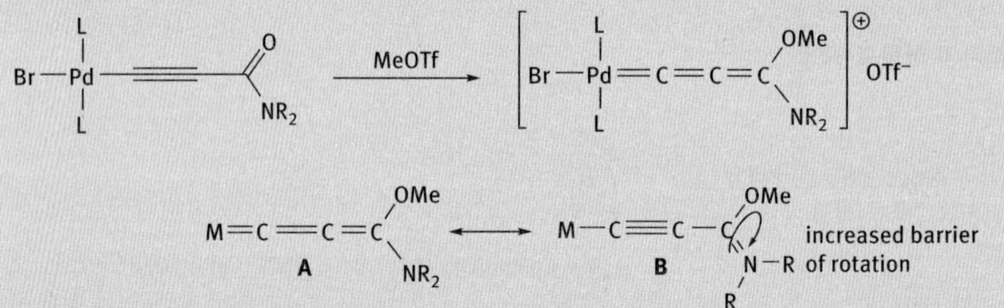

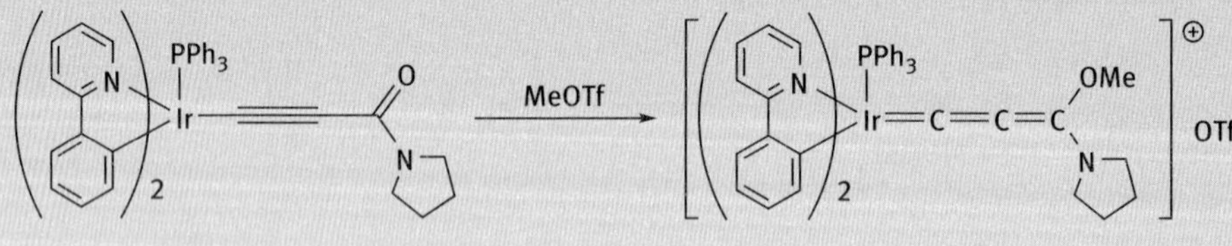

2.12.2 알킬리덴 착물의 반응성

2.12.2.1 Fischer 카벤의 반응

Fischer 형의 친핵성 카벤은 주로 두 종류의 반응을 보인다. 그것은 카벤-C에서 **친핵성 치환**(nucleophilic substitution)과 **카벤 이동**(carbene transfer)이다.

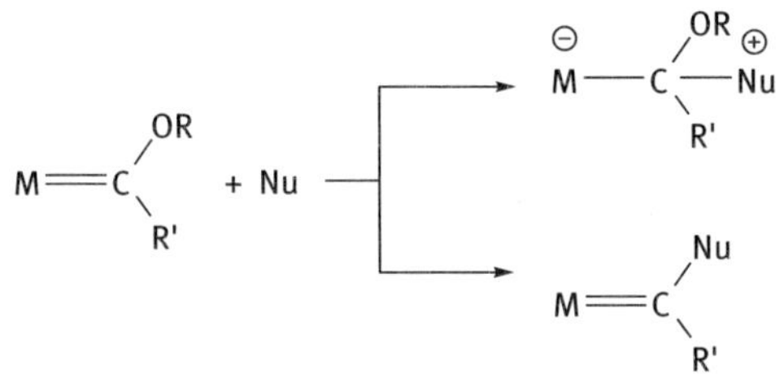

리튬 알킬은 메틸-치환된 카벤에서 탈양성자를 통하여 친핵성 금속 카보닐 에놀레이트(enolate) 음이온을 만든다.

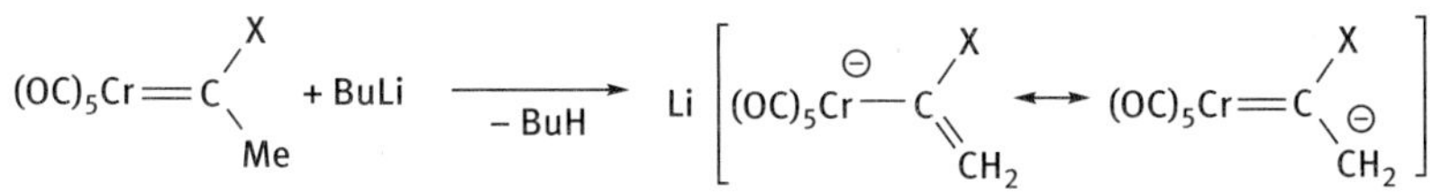

예를 들어 에놀레이트는 콘쥬게이트된 엔온(enone)에 1,4-형식으로 첨가된다.

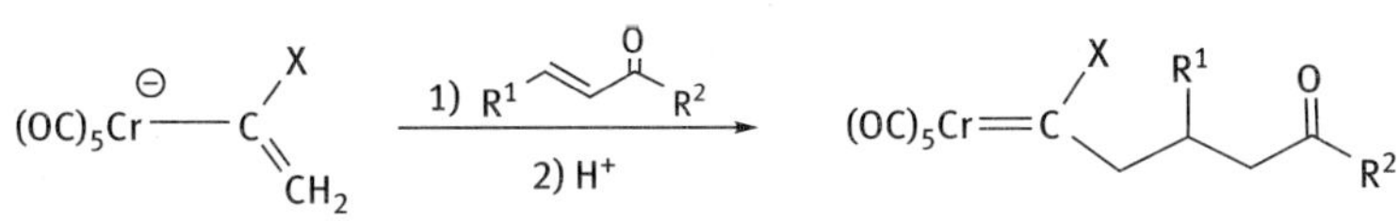

올레핀의 **사이클로프로페인화**(cyclopropanation)는 메탈라사이클로뷰테인 중간체를 통한 CO 리간드 잃음에 의하여 일어나거나, 또는 바이닐 에터와 같은 전자가 풍부한 알켄에 의한 카벤-C 공격에 의하여 일어날 수 있다. 사이클로프로페인화는 고전적인 Fischer-카벤에서는 느린 경향이 있으나, 헤테로 원자 치환체가 없는 $[CpL_2Fe{=}CHR]^+$와 같은 양이온성 철 카벤에서는 빠르다. 양전하는 이 같은 착물이 더욱 친핵성 공격하기 쉽게 만든다.

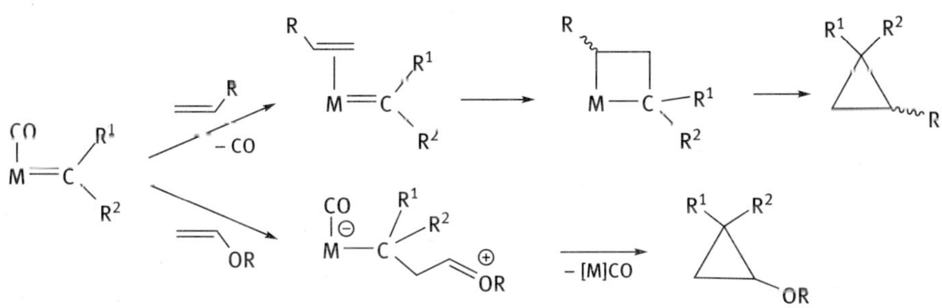

2.12.2.2 d^0 알킬리덴 착물의 반응

앞전이 금속(d^0)의 알킬리덴 착물은 Wittig 시약처럼 작용할 수 있고 C=O를 올레핀으로 변환시킬 수 있다. 다른 헤테로알켄과 헤테로알카인(나이트릴과 같은)도 M=C 결합이 M-헤테로 원자 결합으로 바뀐 생성물을 만든다.

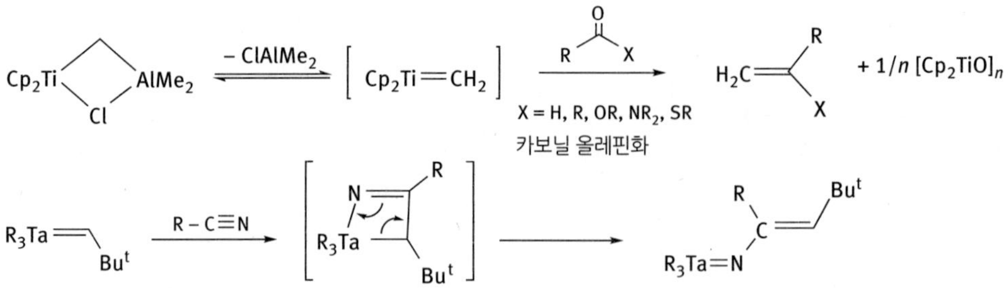

상호 교환 반응은 'μεταθεση' 위치를 바꾼다라는 그리스어에서 유래

그러나 더욱 중요한 것은 [2+2] 고리화 첨가 반응에 의하여 메탈라사이클로뷰테인을 만드는 것이다. 이것이 올레핀 상호 교환 반응의 근본이다. 일찍이 알려진 이 같은 형태 반응성의 예는 Tebbe 시약이었다.

자료 2.12.2.1 Dötz 반응

아릴-치환된 Fischer 카벤은 이치환된 알카인 및 CO와 조합하여 화학량론적 반응으로 OH-와 OR-치환된 5-원자 및 6-원자 금속 함유 고리계를 만든다. 반응 원리는 카벤에 대하여 시스에 있는 알카인 리간드의 공격이다.

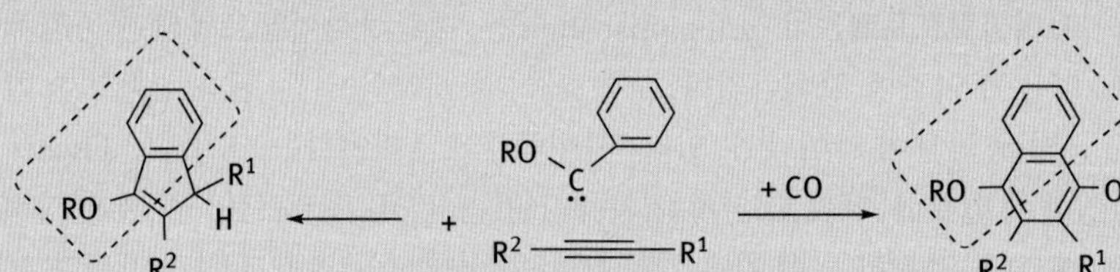

치환체 R^1, R^2의 배열은 입체 효과에 의하여 조절된다. 반응은 아마도 바이닐카벤(5원자 금속 함유 고리에 대하여) 및 바이닐케텐 중간체(CO 삽입 후, 6-원자 금속 함유 고리에 대하여)를 통하여 진행되는 듯하다. Dötz 반응은 1,4-하이드로퀴논과 퀴논을 발생시키고 천연물, 스테로이드 및 항생제 합성에 이용하였다.

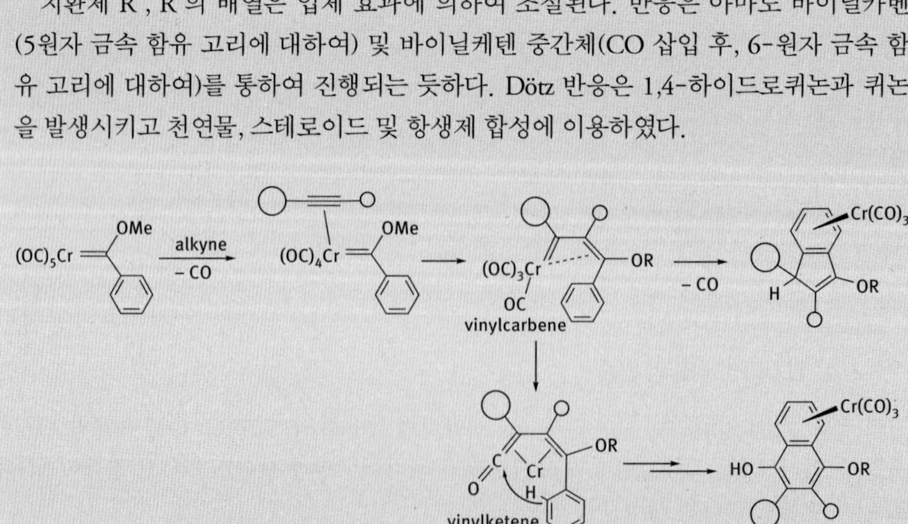

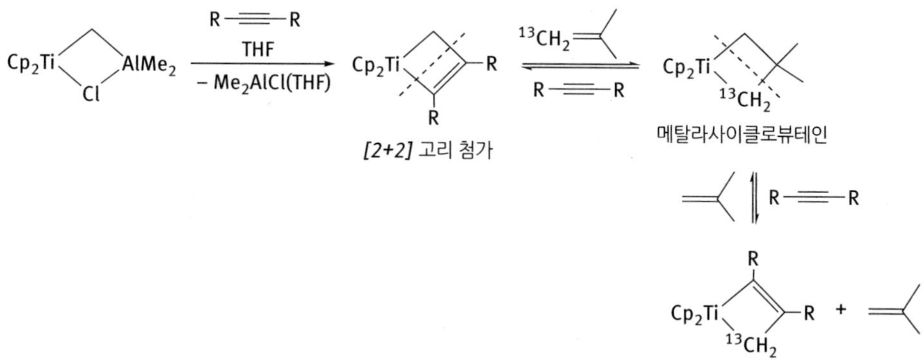

[2+2] 고리 첨가 반응을 통한 메탈라사이클로뷰테인의 형성은 Ru(II) 알킬리덴(Grubbs 촉매, 2.12.2.2절) 뿐만 아니라 d^0 Mo 및 W 이미도 알킬리덴 착물(Schrock 상호 교환 촉매)의 가장 중요한 반응 형식이다. 후자는 유기 합성에서의 수요가 특히 많은데 그 이유는 공기, 습도 및 대부분의 작용기에 대하여 안정하기 때문이다. 원리는 알켄의 반을 교환하는 것이다.

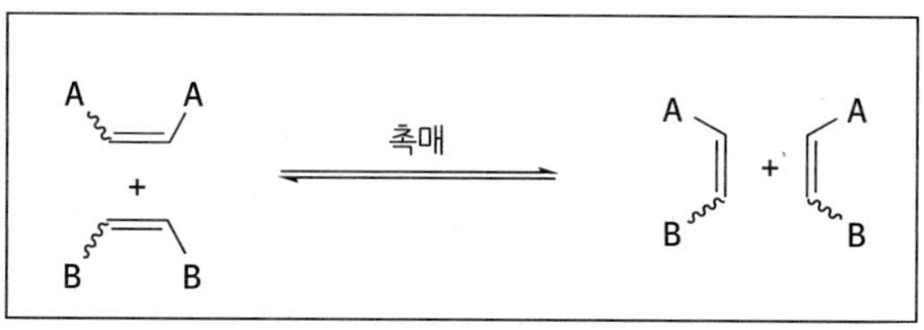

이 반응은 다른 불포화된 분자를 합치고, 분자를 쪼개고, 고리와 중합체를 형성하는 것이다. 주된 반응 형태는 다음과 같다.

교차-상호 교환:

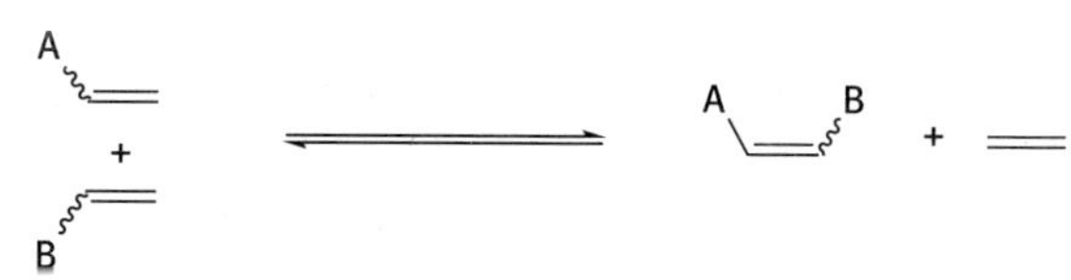

고리-닫음 상호 교환, RCM

고리-열림 상호 교환 고분자화, ROMP

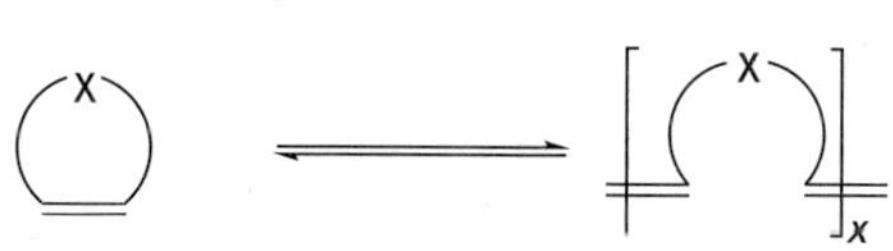

acyclic diene 상호 교환 고분자화, ADMET

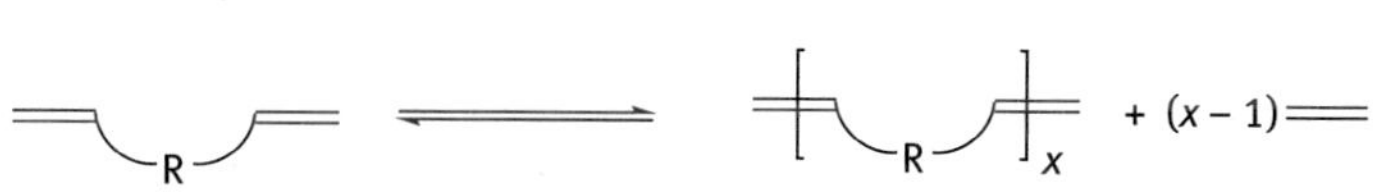

예를 들어 분자량이 큰 내부 알켄을 에틸렌 압력을 가하여 쪼개기 위하여 교차-상호 교환이 이용된다. 고리-닫음 상호 교환 반응은 휘발성의 에틸렌 부산물을 제거하여 완결시킬 수 있으며, 반면에 ROMP는 전형적으로 고리 장력이 완화되면서 진행된다.

반응 중간체는 금속 알킬리덴과 메탈라사이클로뷰테인 구조 사이에서 교대가 되며, 둘 중 어느 것이나 촉매 휴식 상태일 수 있다(Chauvin **메커니즘**). 분명한 종결 단계 경로는 없으며(불순물이 존재하지 않는 한), 따라서 분명한 금속 알킬리덴 촉매를 이용한 중합 반응은 살아 있다 (즉 일단 올레핀 기질이 소모되고 기질을 더욱 첨가 시 착물이 다시 활성화된다면 휴식 상태를 가정한다). 종결 단계는 M=C를 M=O 결합으로 변환할 수 있는 알데하이드 같은 친전자체 X=Y를 첨가하여 도달될 수 있다. 따라서 일반적인 올레핀 상호 교환 반응에 대한 촉매 반응 회로는 다음과 같다.

올레핀 상호 교환 반응에 대한 공로로 Y. Chauvin, R. R. Schrock, R. H. Grubbs에게 2005년 노벨상이 수여됨

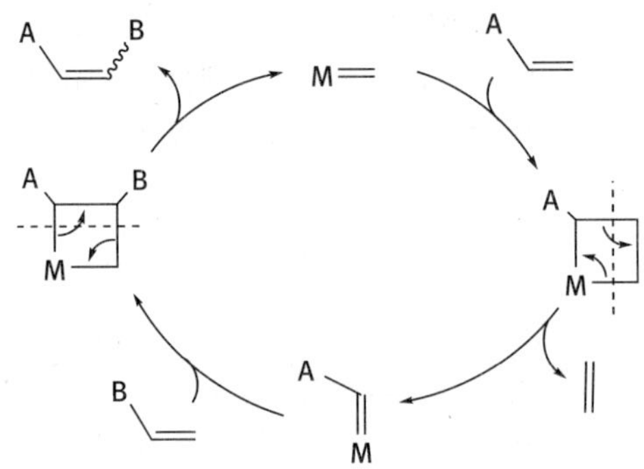

이같은 촉매 반응 회로에서 다양한 구성 요소가 분리되었다. 간략히 보여 준 메커니즘 단계는 가역적이다. 반응 과정은 1,3-위치에 치환체를 가진 금속 함유 고리를 형성하는 부반응을 수반하며, 이 부반응은 올레핀 상호 교환 반응에 생산적이지 않다.

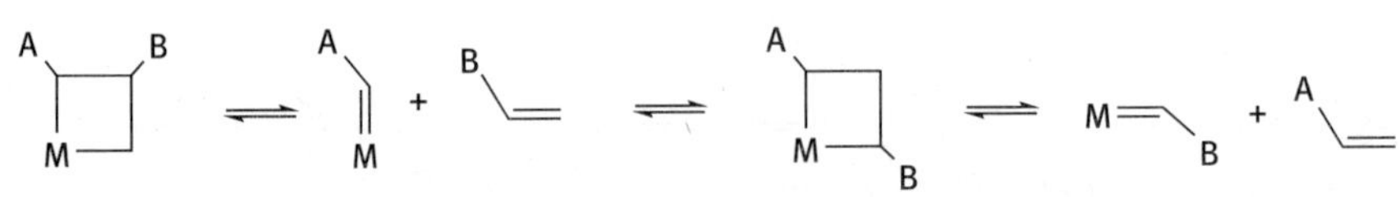

SHOP 공정: 3.7.3절을 보라.

올레핀 상호 교환은 1950년대에 발견되었고 다양한 촉매가 이 반응의 실제 메커니즘이 분명해지기 이전부터 오랫동안 이용되었다. 이들은 $WCl_6/SnMe_4$ 혼합물과 같은 혼합-성분 촉매이다. SHOP(Shell Higher Olefin Process) 공정에서는 용해된 니켈 촉매에 의하여 세제 알코올(C_{10}-C_{18}) 생산에 적당한 중간-영역 말단 알켄의 생산을 목적으로 에틸렌이 올리고머화된다. 원하지 않는 가벼운 그리고 무거운 올리고머 부분은 불균일 MoO_3/Al_2O_2 상호 교환 촉매를 이용하여 원하는 생성물로 변환한다.

$$C_4\text{–}C_8 \text{ alkenes} + C_{20+} \text{ alkenes} \xrightleftharpoons{MoO_3/Al_2O_3} C_{10}\text{–}C_{18} \text{ alkenes}$$

첫 번째 단일 성분 상호 교환 반응 촉매는 Cp_2Ti 메탈라사이클로뷰테인이었다. 잘 알려진 Mo와 W 착물은 노보넨(norbornene)과 같은 고리 알켄을 리빙 중합(living polymerization)하

는 데 촉매로 작용한다. 리빙 중합은 모든 중합체 사슬의 길이가 같다는 특성이 있다(즉 다분산도 $\overline{M}_w/\overline{M}_n$은 1에 근접).

이 과정은 노보넨의 고리-열림 상호 교환 중합 (ROMP) 반응이 좋은 예이다.

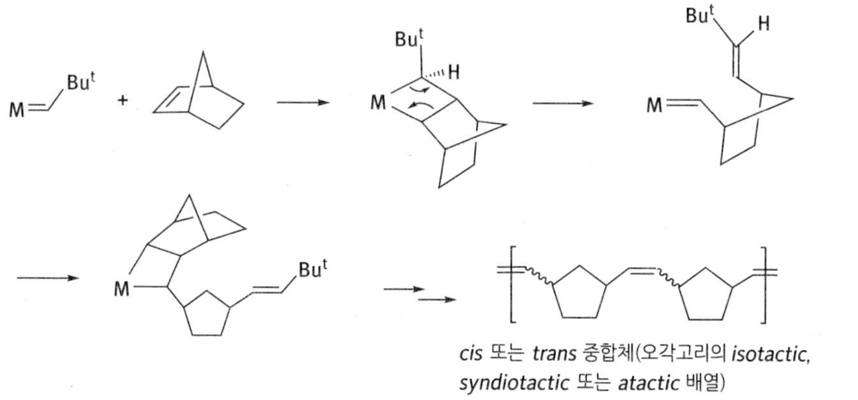

부피가 큰 알콕사이드 리간드뿐만 아니라 이미도-N의 부피가 큰 치환체는 촉매를 설계하는 데 중요하다. 이들의 반응성은 알콕사이드 리간드의 전자 끄는 성질에 따라 증가하는 것이 알려졌다. 일부 텅스텐 착물(예 **B**)은 에스터 기를 허용한다. Mo 착물은 반응성이 높기 때문에 유리하다. 알킬리덴 리간드는 두 가지 배향을 취할 수 있다. 주된 것이 *syn*-이성질체로 Bu^t 기가 이미드를 향해 있으며, 소량이 *anti*-이성질체이다. 촉매 반응에서 자주 일어나듯이 에너지가 높은 이성질체가 반응성이 더 크다(ROMP 반응에서 10^4배만큼).

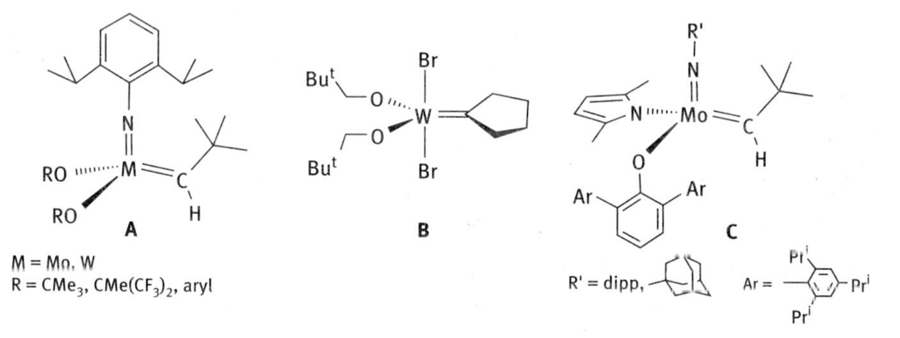

알킬리덴 치환체의 배향과 알켄 첨가 후 메탈라사이클로뷰테인에서 치환체의 배향은 반응 과정의 입체 조절에 영향을 미치고 만들어지는 ROMP 중합체의 미세 구조를 결정한다. *E*-(트랜스)알켄 형성이 열역학적으로 유리한 반면, 앞 그림 **C**에서 보여 주고 있듯이 이미도 리간드 위의 작은 치환체와 매우 큰 아릴옥사이드는 *Z*-(시스) 올레핀 생성을 선호한다.

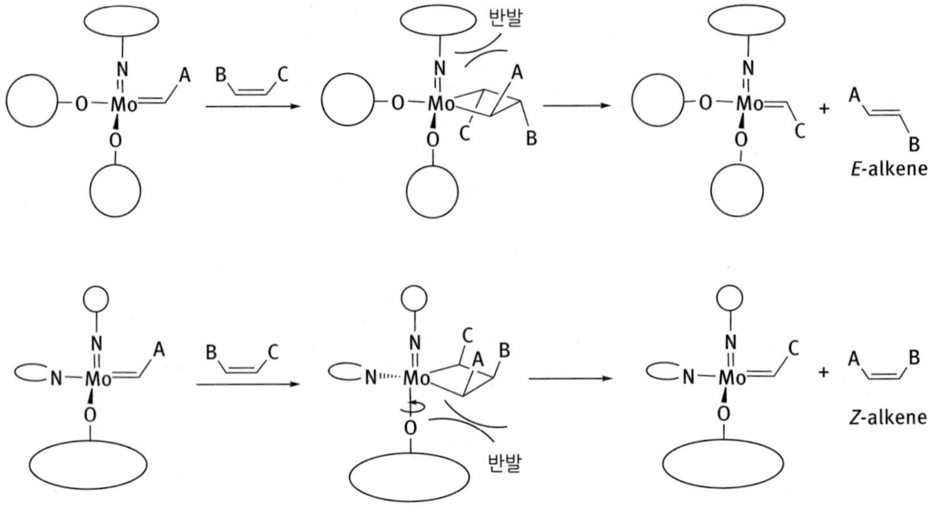

2.12.2.3 루테늄 카벤 착물

루테늄 착물 $L_2Cl_2Ru = CHR$ (L = 주개 리간드)은 큰 알켄 상호 교환 착물 군을 형성하며, 이들은 습도에 안정하고 작용기에 대한 허용성 때문에 유기 합성 응용에서 널리 사용된다. 여러 가지 형태가 개발되었다. PPh_3 유도체가 보통의 활성도를 보이는 반면, L = PCy_3를 가진 화합물은 더 큰 반응성을 보인다. 이들 착물은 사각뿔 구조이고, 높은 활성도를 위하여 한 개 리간드가 해리되어야 한다. 이는 PCy_3와 같은 센 주개의 트랜스-영향에 의하여 용이하게 된다. 남아 있는 L은 안정화 작용을 한다. 보다 더 활성인 계는 포스핀을 N-헤테로 고리 카벤과 같은 더 센 주개로 치환하여 얻는다. 1세대와 2세대 Grubbs 촉매가 여기에 해당한다. 2세대 Grubbs 촉매는 노보넨에 대한 ROMP 활성도가 아주 높으나, 중합체 분자량과 분자량 분포 조절이 좋지 않다. 이러한 문제들은 좁은 다분산도를 가지는 리빙 중합체를 합성할 수 있는 3세대 Grubbs 촉매를 사용함으로써 해결하였는데, 3세대 Grubbs 촉매는 치환성의 브로모피리딘 리간드와 센 NHC 주개 조합으로 구성된 특징을 가진다.

다른 형태의 촉매는 오쏘-에터 치환체를 갖는 벤질리덴 리간드에 기반한다(Hoveyda와 Blechert에 의하여 독립적으로 보고됨). 이들 착물은 OR 치환체가 반치환성(hemilabile) 리간드로 작용하는 안정한 착물이다. 촉매는 상호 교환 반응 마지막에 재생성되어 촉매 반응 회로가 가능해진다.

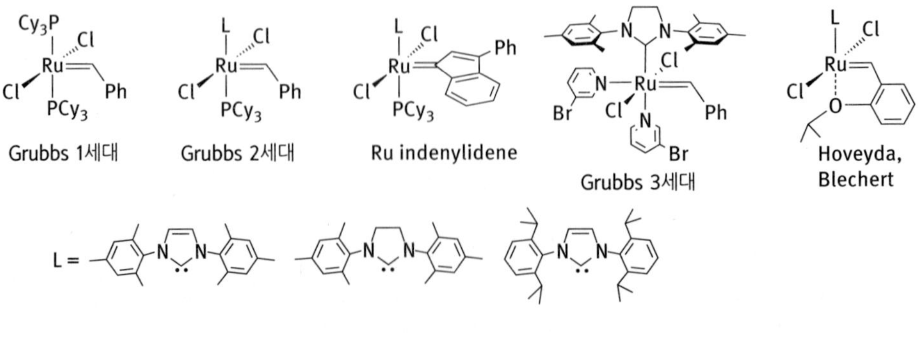

올레핀과의 반응은 d^0에 대하여 2.12.2.2절에서 보여 준 [2+2] 고리 첨가 경로를 따른다. 이 단계는 삼각 쌍뿔 구조를 통하여 진행되는 듯하다(삼각 쌍뿔과 사각뿔 이성질체는 에너지가 비슷함). 중간체와 전이 상태의 정확한 입체 화학은 리간드와 반응 매질에 의하여 영향을 받는다.

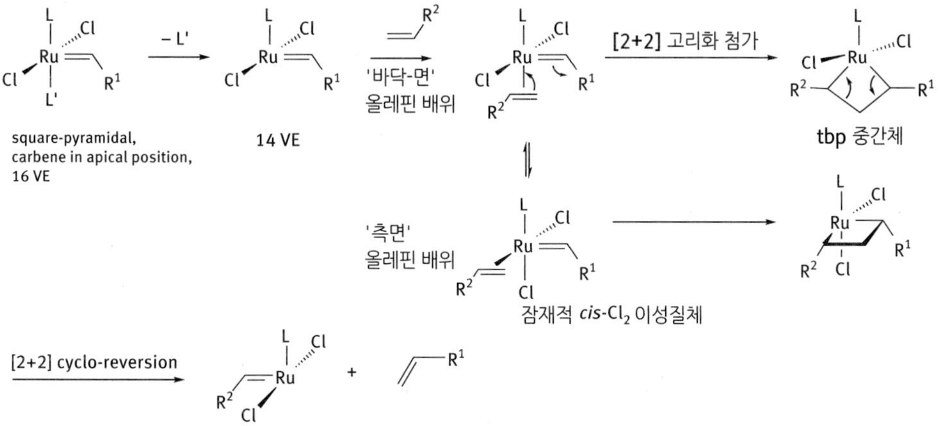

촉매와 올레핀 기질의 반응성은 입체적 영향을 크게 받는다. 노보넨에 대한 고리-열림 중합에서 반응성은 다음 순서로 감소한다.

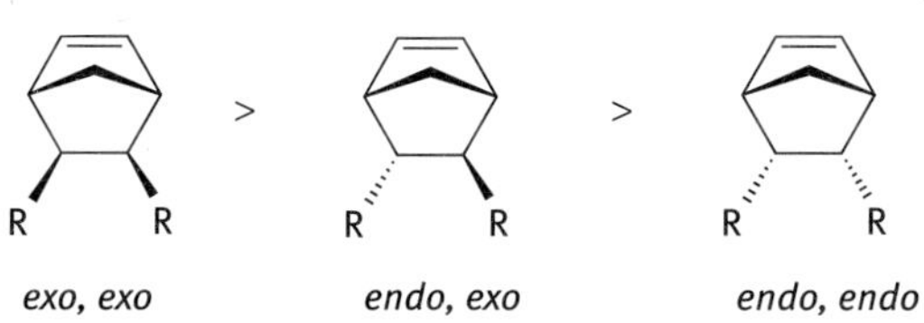

올레핀 상호 교환 반응의 응용

올레핀 상호 교환 반응은 합성과 중합체 화학에서 많은 응용성을 갖고 있다. 몇 가지 예를 다음 그림에서 보여 주고 있다.

고리-닫음 상호 교환 반응(ring-closing metathesis, RCM). 말단 알켄으로부터 에틸렌을 제거하면서 오-원사 고리를 형성하는 것을 선호한다. 사-치환된 알켄은 합성하기 어려우나, 알맞게 조절한 촉매 구조에 따라 C=C 상호 교환 짝지음 단계에 의하여 만들 수 있다.

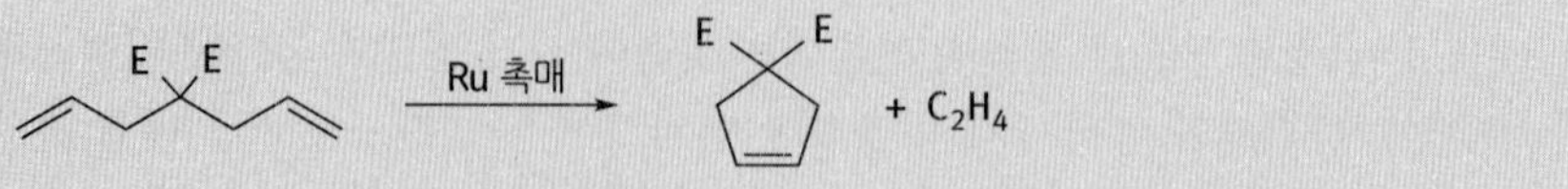

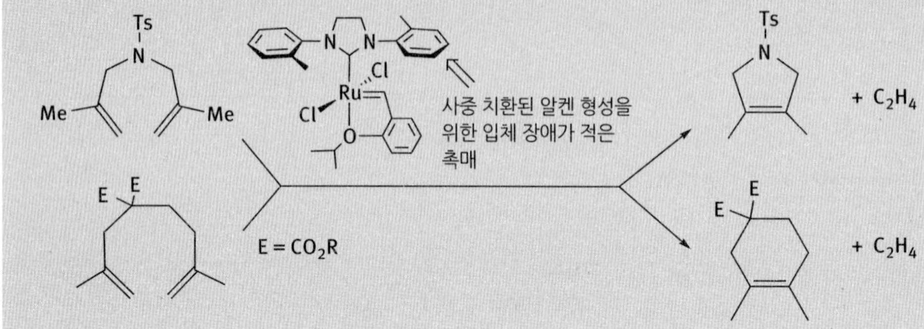

카이랄 촉매를 이용하여 거울상 이성질 선택성을 달성할 수 있다. 다시 말해서 두 거울상 이성질체 중 오직 하나만 반응한다. 여기서 보여 주고 있는 RCM 예는 이 원리를 나타내고 있으며, *(S)* 거울상 이성질체는 *(R)* 거울상 이성질체에 비하여 58배 더 빠르게 반응한다(반응은 말단 C=C 결합의 짝지음을 통한 40% 이합체 형성을 수반한다).

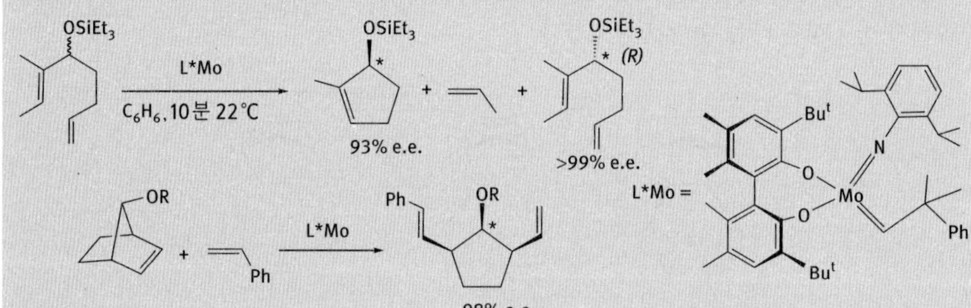

교차-상호 교환 반응(cross-metathesis, CM)은 나이트릴, 알코올 및 에스터를 포함한 작용기화된 내부 알켄을 선택적으로 발생하는 방법이다. 예는 다음과 같다.

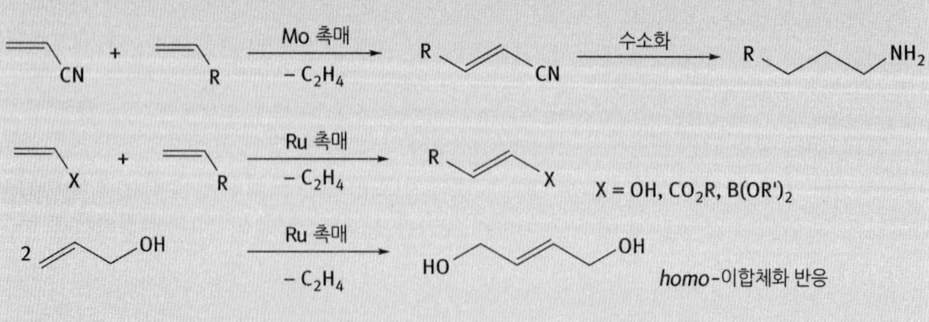

트랜스(*E*)-알켄이 열역학적으로 안정한 반면, 많은 합성에서는 시스(*Z*)-알켄이 요구된다. 이런 경우 촉매는 속도론적 생성물을 생산해야 하고 ΔH에 의하여 진행되는 후속 이성질화를 막아야 한다. 이 또한 촉매의 리간드 구조를 잘 다듬어 해결하였다.

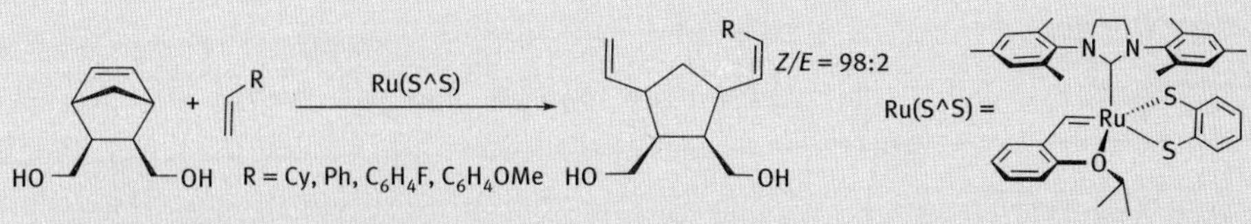

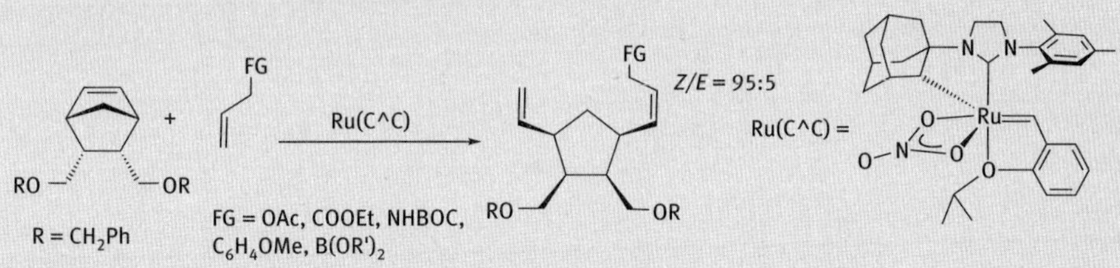

선택된 촉매에 의한 **고리-열림 상호 교환 중합 반응**(ring-opening metathesis polymerization, ROMP)은 다양한 미세 구조, 결과적으로 다른 물성을 가진 중합체를 만든다. R은 아미노산과 펩타이드 잔기를 포함하여 다양하게 변화시킬 수 있다.

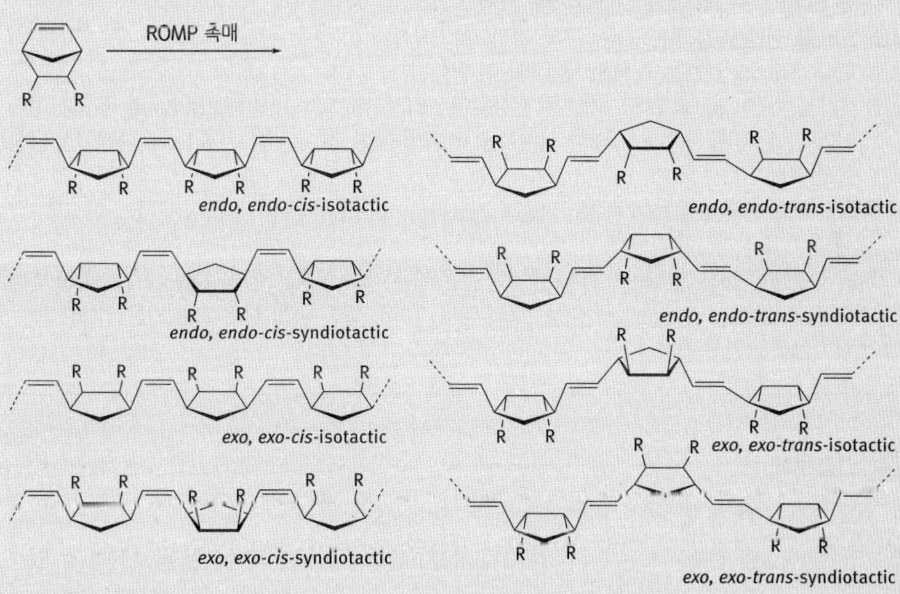

엔아인 상호 교환 반응(enyne metathesis). 루테늄 카벤 착물은 삽입 조건하에서 알카인과 반응하여 다이에닐리덴(dienylidene) 유도체를 만든다. 이 반응은 알켄과 알카인을 조합하여 콘쥬게이션된 다이엔을 만드는 데 이용할 수 있다.

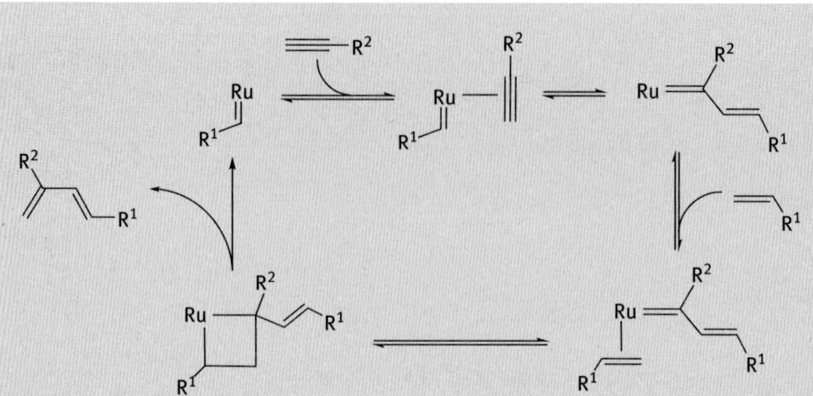

핵심

카벤 착물은 세 가지 형태를 형성한다.

(1) Fischer 카벤은 카벤이 저원자가 금속에 배위되어 있고 C는 친핵성이다. 대부분의 경우 카벤은 전자-주는 헤테로 원자 치환체를 가지고 있다.

(2) Schrock 카벤(알킬리덴)의 금속은 전기적으로 양성을 띠며 높은 산화 상태이다. C는 친전자성이다. Schrock 카벤은 α-H 떼기에 의하여 형성된다.

(3) 루테늄 카벤(Grubbs 촉매). 카벤은 전자-주는 리간드에 의하여 안정화된 Ru(II) 중심에 배위되어 있다. 이들 착물은 다양한 작용기를 건드리지 않는다. 반응성은 Schrock 카벤의 반응성을 반영한다.

올레핀 상호 교환 반응은 후속 M-카벤과 메탈라사이클로뷰테인 중간체를 통한 [2+2] 고리 첨가 반응과 이의 역과정을 따른다.

카벤 착물은 알켄 및 알카인과 Dötz 반응과 같은 많은 첨가 반응을 한다. Schrock과 Grubbs 촉매는 *E* 또는 *Z*-알켄의 입체 선택적 형성, 고리 닫음, 고리-열림 중합 상호 교환 반응에 대한 매우 효과적인 상호 교환 촉매이다.

다이사이클로펜타다이엔

=

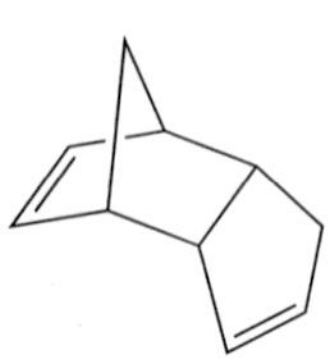

연습문제

1. $(OC)_5Mo=CPh_2$를 합성하는 두 가지 방법을 고안하시오.
2. 다음 화합물의 친핵성 또는 친전자성을 나타내기 위하여 어떠한 화학 반응을 이용할 수 있는가?

   (i) $(OC)_5Cr=CPh(OMe)$와 (ii) $Cp_2TaMe(CH_2)$
3. $R^1CH=CHR^2$와 $R^3CH=CHR^4$의 혼합물이 올레핀 상호 교환 반응을 하면 몇 가지 생성물이 형성되는가?
4. 고리형 올레핀의 고리-열림 중합 반응은 처음에는 분자량 분포가 아주 좁은 리빙 중합체를 만든다. 그러나 시간이 지남에 따라 다분산성의 폭이 넓어짐이 관찰된다. 이 관찰되는 현상을 설명하시오.
5. 다이사이클로펜타다이엔의 ROMP에서는 어떠한 중합체가 얻어지는가?
6. 1-옥텐-7-아인(1-octen-7-yne)의 엔아인 상호 교환 반응의 생성물은 무엇인가?

2.13 M≡C 삼중 결합을 갖는 착물: 카바인

M≡C 삼중 결합을 포함한 착물 $L_nM≡C-R$은 카바인(carbyne) 또는 알킬리다인(alkylidyne) 착물이라고 한다. CR 토막은 삼가음이온 $[CR]^{3-}$으로 생각할 수 있고, 알킬리덴과 유사하며, 양이온 $[CR]^+$으로서는 선형 나이트로실 리간드와 유사하다. 양이온성 형식은 전자-받개 능력을 유지하고 친핵성 공격에 민감하다. M≡C 결합은 한 개의 σ-와 두 개의 π-결합으로 이루어져 있다. 결합 거리는 매우 짧고 높은 결합 차수를 유지한다. 카바인-C의 ^{13}C NMR 공명은 $SiMe_4$의 낮은 장인 200~350 ppm 범위에서 발견된다. 카바인 착물은 5~7족 금속에서 대부분 발견된다. M≡C −

2.13.1 카바인 착물의 합성

카벤 착물로부터. 이것은 할로젠-치환된 카벤 착물을 생성시키는 시도를 하다가 M≡C 삼중 결합된 화합물을 처음으로 발견한 합성법이다.

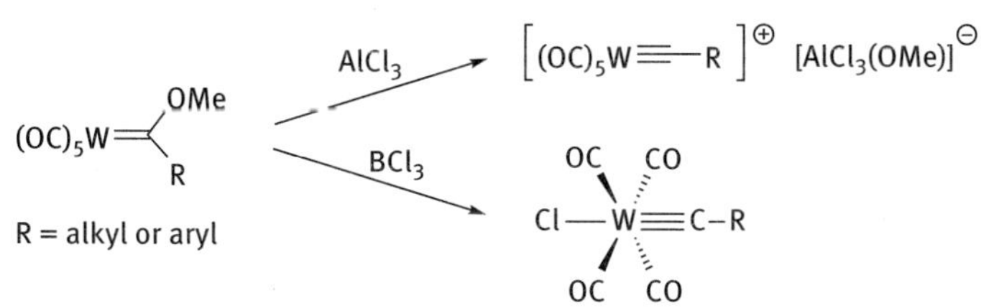

금속 아실 음이온으로부터. 여기서는 산 염화물을 친전자체로 이용할 수 있다.

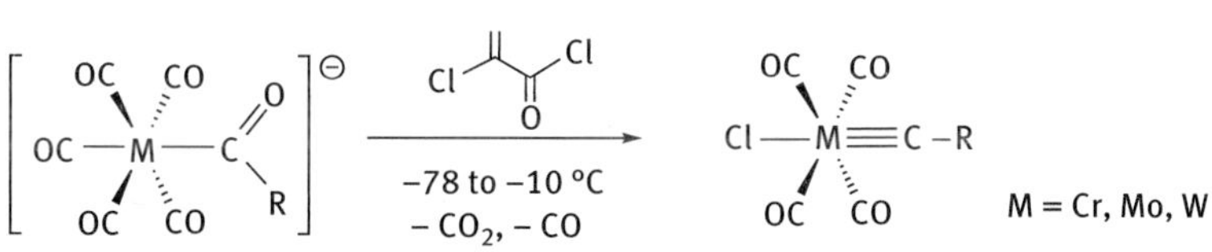

α-H 떼기에 의한 금속 알킬로부터. 알킬화 반응이 진행되어 다중 C-H 떼기로부터 유래한 생성물을 만드는 수 많은 예가 있다.

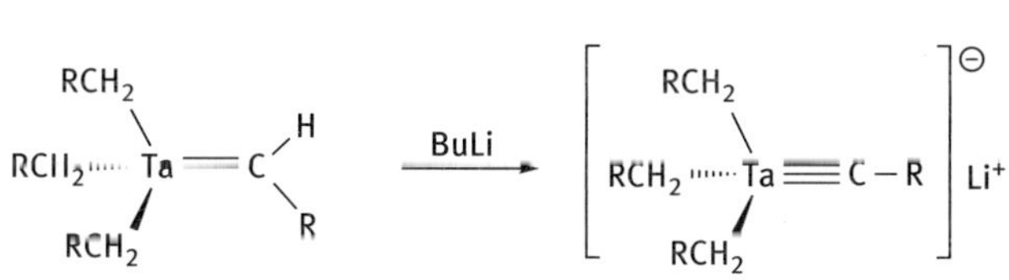

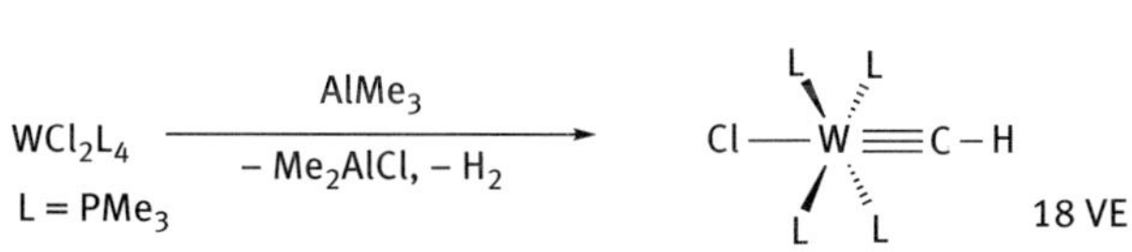

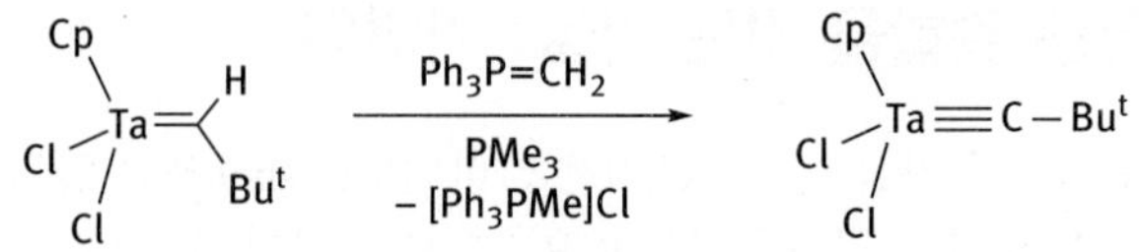

알킬기에 따라 반응은 다리 놓은 카바인 착물 $[RCH_2]_nM(\mu\text{-}CR)]_2$ ($n = 2$, M = Nb, Ta, Re; $n = 3$, M = Mo, W; R = Bu^t, $SiMe_3$)을 유도할 수 있다. 카바인 다리는 주개 리간드에 의하여 깰 수 있다. 아래 그림에 보여 주고 있는 단핵 텅스텐 카바인은 세 가지 모든 M–C 연결 형태를 가지고 있다.

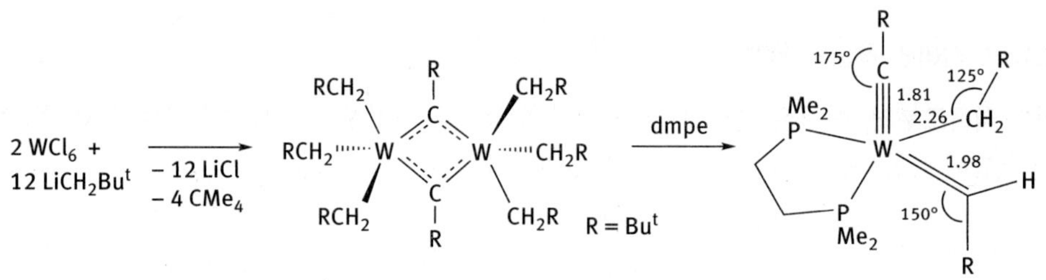

바이닐리덴으로부터:

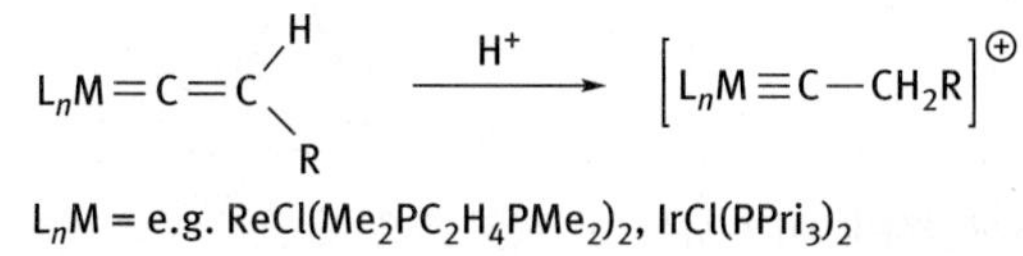

다이할로카벤으로부터:

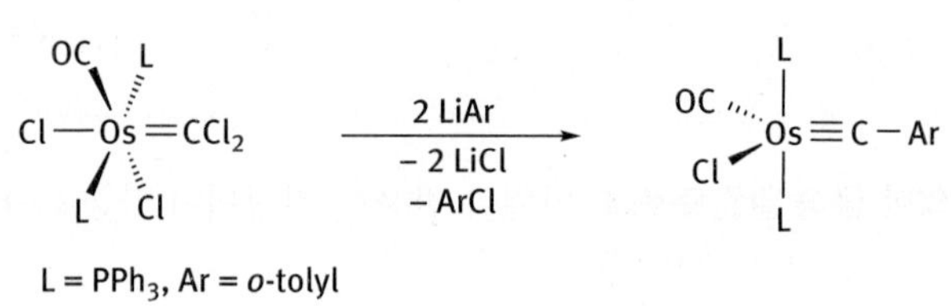

M–M 결합 분해로부터. M≡M 삼중 결합을 가진 전자 결핍성의 6족 착물은 알카인과 상호 교환성 반응을 하여 금속 카바인을 만든다.

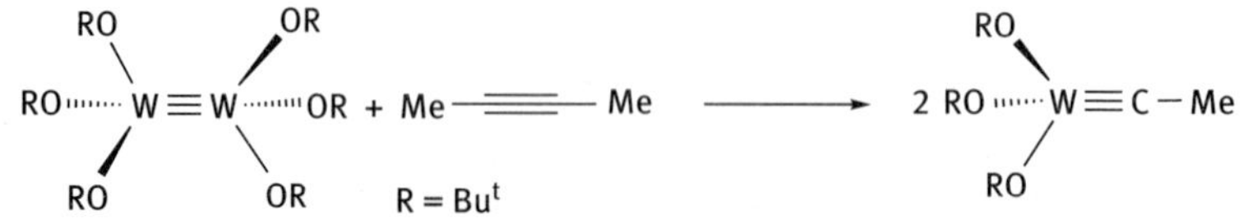

2.13.2 카바인 착물의 반응

친전자체와 함께. 금속 알킬과 유사하게 카바인은 친전자성 공격에 민감할 것으로 예상할 수 있다. 실제로 카바인은 양성자 첨가되어 카벤이 되고 CO_2와 SO_2 같은 친전자체와 첨가 반응한다.

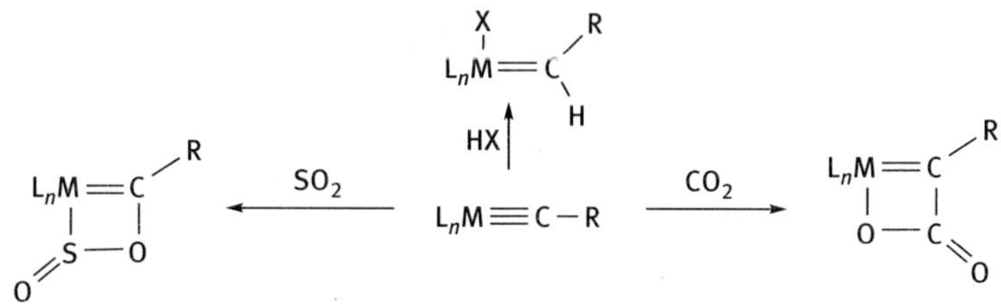

친핵체와 함께. 18 VE 카바인 착물은 카바인-C 원자에서 반응하며, 이때 전자 풍부함이 덜한 금속에서 우선적으로 반응한다.

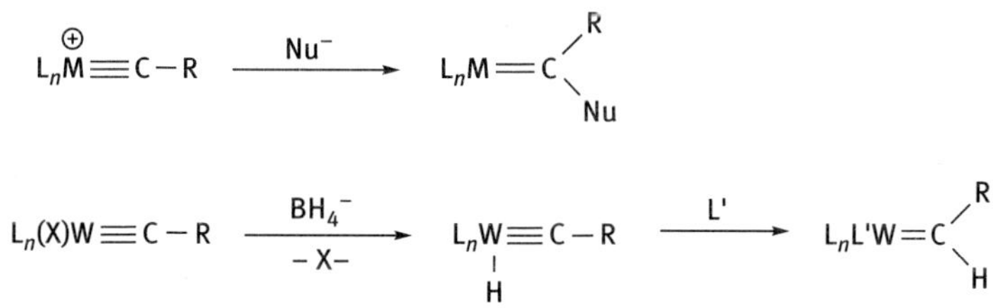

알카인 상호 교환 반응. 카바인(알킬리다인) 착물의 가장 중요한 반응은 알카인의 상호 교환 반응이다. 반응은 MC_3 4-원자 고리 중간체를 통하여 알켄 상호 교환과 유사하게 진행된다.

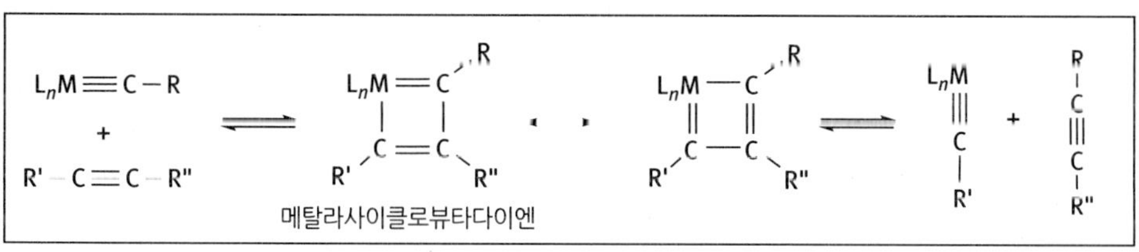

메탈라사이클로뷰타다이엔 중간체는 어떤 경우에는 분리 가능하여 구조가 밝혀졌다. C-C 결합 길이는 벤젠에서의 C-C 결합과 유사하다[예를 들면 $Et_3C_3W(OR)_3$ (R = $CH(CF_3)_2$)에서 1.43과 1.44 Å].

여기서 보여 준 생산적인 순서는 별도로 하고, 메탈로사이클로뷰타다이엔은 사이클로프로펜일 착물 형성 같이 촉매의 비활성화와 연관된 부반응을 일으키는 것으로 알려져 있다. 말단 아세틸렌을 사용하면 탈양성자화되어 분리 가능한 **탈수소메탈라사이클로뷰타다이엔 (dehydrometallacyclobutadiene)** 고리를 가진 MC_3R_2 착물을 만든다. 이 생성물의 형성은 말단 알카인에 대한 상호 교환 반응의 어려움을 설명하고 있다.

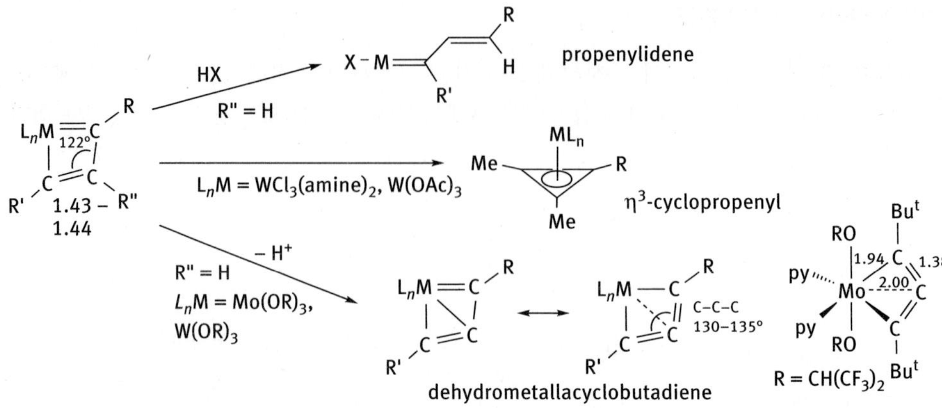

알카인 상호 교환 반응은 고리를 닫는 유용한 방법이다. C≡C 삼중 결합에 대한 H_2 공급은 후속 수소 첨가 반응 단계에서 *syn* 첨가 반응으로 진행하여 시스-알켄을 형성하는 것과 동등한 순서로 진행된다. 이 원리는 향료 성분인 시베톤(civetone) 합성에서 적용되었다.

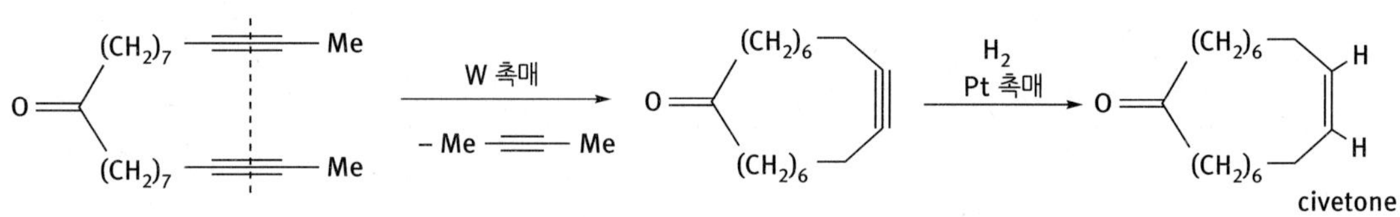

2.13.3 다리 놓인 카벤과 카바인 착물

카벤과 카바인 리간드는 둘 이상의 금속 중심을 다리 놓을 수 있다. 이런 종류의 착물은 주로 **Fischer-Tropsch** 반응의 중간체와 반응 형식을 이해하는 것과 연관하여 연구되었다. 그런 화합물에서 다리 놓은 알킬, 카벤, 카바인은 연이은 H^+와 H^- 첨가에 의하여 상호 변환됨이 입증되었다. 불균일 루테늄 촉매는 FT 과정에서 이용되었으며, 유기 금속 Ru 착물은 알케인 형성 경로에서 반응 단계를 설명해 준다.

Fischer–Tropsch 공정: 2.5.2절을 보라.

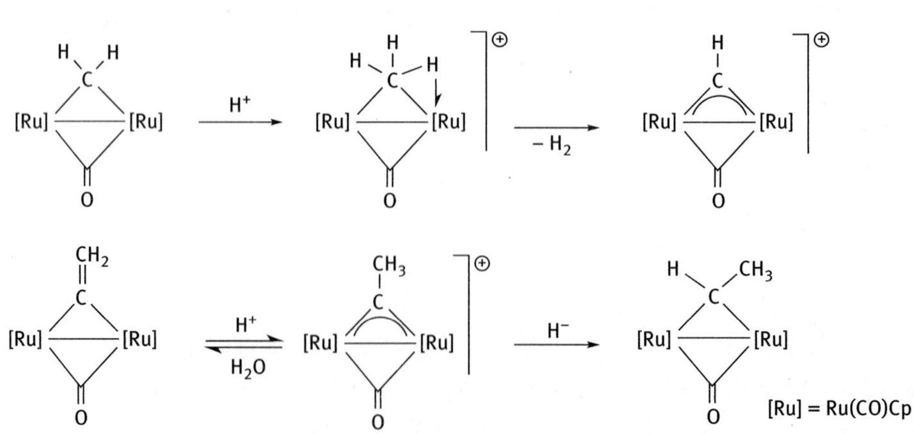

삼중-다리 놓인 리간드를 갖는 코발트 카보닐 뭉치 화합물은 아세틸렌으로부터 만들 수 있다. 이들은 뭉치 화합물 화학과 불균일 촉매의 표면 사이의 유사함이 분명히 있는 수많은 금속 카보닐 뭉치 화합물을 나타낸다.

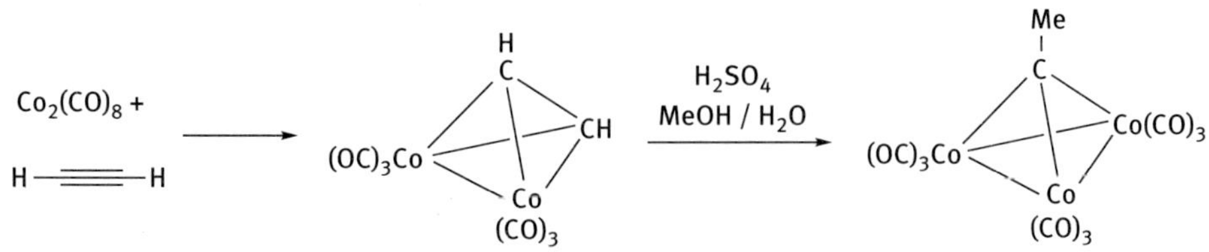

다리 놓은 카바인은 알킬 화학종으로부터 만들거나 또는 M≡CR 착물에 배위상 불포화된 금속 중심을 첨가함으로써 만들 수 있다. 이런 관점에서 $L_nM{\equiv}CR$ 분자는 알카인처럼 배위한다.

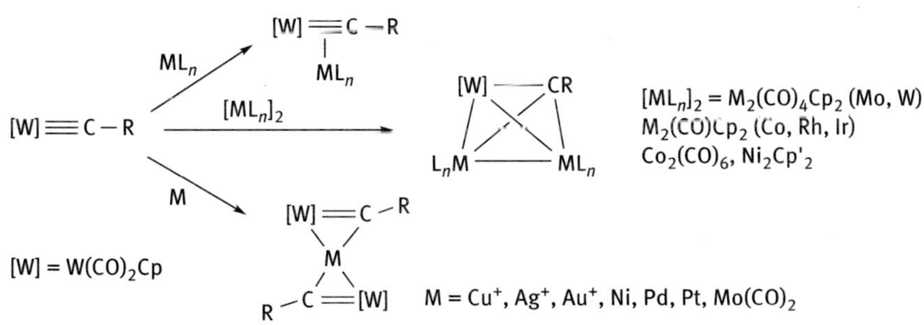

핵심

$L_nM{\equiv}CR$ 착물은 카바인 또는 알킬리다인 착물이라고 한다.

CR 토막은 삼가음이온 $[CR]^{3-}$ 또는 양이온 $[CR]^{+}$로 생각할 수 있다. 양이온성 형식은 전자-받개 능력을 유지하고 친핵성 공격에 민감하다.

카바인과 카벤 착물은 원리상 상호 변환한다.

카바인 착물은 5~7족 금속에서 주로 발견된다.

몇몇 Mo, W 카바인 착물은 알카인과 상호 교환 반응을 한다. 이 반응은 고리 다음에 이용하여 고리 일카인을 반드는 데 이용된다.

연습문제

1. $PhC{\equiv}Cr(CO)_4Br$의 합성법을 표현하시오.
2. 다음의 알카인 상호 교환 반응의 생성물은 무엇인가?
   (i) 사이클로옥타인(cyclooctyne)
   (ii) 2, 10-도데카다이아인(2, 10-dodecadiyne)

3부 유기 금속 전이 금속 착물을 이용한 균일 촉매 작용

촉매 작용은 활성화 에너지 장벽($\Delta G^{\ddagger}$)을 낮춰서 화학 반응을 촉진시키는 것이다. 따라서 촉매 작용은 **열역학적 관점이 아닌 반응 속도론 측면에서 전이 상태**(transition state, TS)의 에너지 및 구조와 관련되어 있다. 반응 경로상의 미시적 가역성이란 반응물과 생성물이 원칙적으로 평형 상태에 있음을 의미한다. 이것은 비록 평형이 생성물이 만들어지는 쪽으로 치우쳐 있더라도 성립한다. 활성화 에너지 장벽을 낮춰 주게 되면 평형을 이뤄 생성물을 얻을 수 있는 반응 속도를 빠르게 만들 수 있다. 하지만 어떠한 경우에도 촉매는 평형의 위치를 이동하거나 전체 반응 에너지양(ΔG)을 바꾸지 못한다. 간략하게 촉매를 사용한 반응과 촉매를 사용하지 않은 반응에서의 에너지 윤곽을 도식화하면 아래와 같다.

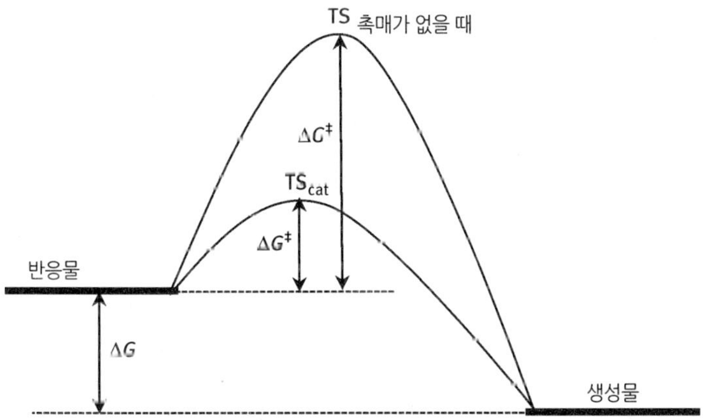

아래 식은 반응 속도(여기서는 촉매 반응 k_{cat}에 해당)와 활성화 에너지 $\Delta G^{\ddagger}_{cat}$에 대한 Eyring 식이다.

$$k_{cat} = \left(k_B T / h\right) \exp(-\Delta G^{\ddagger}_{cat} / RT)$$

단, T는 절대 온도, k_B는 Boltzmann 상수, h는 Planck 상수, R은 기체 상수이다.

촉매는 반응에서 생성되지도 소모되지도 않는다. 보통 촉매 과정 회로(catalytic cycle)는 촉매와 기질의 상호 작용으로부터 시작되는데, 촉매 과정 회로의 시작점에 있는 화학종은 촉매 과정 회로를 한 바퀴 돌고난 후의 화학종과 동일(거의 동등)하다. 이러한 점에서 촉매는 첫 단계에서만 기질과 반응하고 반응 시에 소모되어 반응에 더 이상 참여하지 못하는 개시제와는 확연히 다르다.

촉매 작용은 생성물의 선택도를 높일 수 있고, 원자 효율을 개선하여 폐부산물 생성을 최소화할 수 있으며, 생성물 합성에 필요한 반응 단계를 획기적으로 단축할 수 있다. 따라서 촉매 반응은 경제적 측면에서 매우 중요하고, 반응 에너지와 원료 소비를 크게 줄일 수 있다.

촉매 작용은 다양한 방법과 많은 시약을 통해 이루어진다. 촉매 작용의 가장 간단한 예로는, 양성자나 $AlCl_3$와 같은 간단한 Lewis 산이 촉매로 사용되는 에스터화 반응이 있다. 또한 금속 촉매가 사용되는 C-C 결합 혹은 C-X 결합이 생성되거나 끊어지는 유기 금속 반응도 매우 중요한 영역이다. 효율적인 촉매를 개발하기 위해서는 반응 메커니즘과 전환 속도에 대한 통제 요인을 정확하게 이해하는 것이 중요한데, 이를 통해 촉매 활성이 획기적으로 향상된 결과들이 나타나곤 한다. 이 책에서 우리는 주로 균일 유기 금속 촉매 반응의 메커니즘 원리에 대해 다루고자 한다. 균일 촉매 반응이란 촉매와 기질이 모두 용액과 같은 동일한 상의 형태로 존재하는 것이다. 불균일 촉매가 유사한 반응계에 적용될 수 있지만, 상당히 난해한 고체/액체, 고체/기체 계면에서의 중간체 및 이에 대한 메커니즘에 대한 내용은 이 책의 범위를 벗어나기에 다루지 않는다. 대규모 기상 반응에 적용되고 있는 불균일 촉매들은 생성물로부터 손쉽게 분리되고, 촉매의 수명이 길다는 장점을 가지고 있다. 이에 비해 균일 촉매는 반응 조건이 가혹하지 않고 온화하며, 생성물의 선택성이 높다는 특징을 가지고 있다.

3.1 일반적인 고려 사항

촉매 과정 회로는 기질과 결합할 수 있는 촉매종의 형성, 생성물을 만드는 일련의 연속 과정들, 촉매종의 재생성과 같은 여러 단계로 구성된다.

우선 '촉매'에 대한 정의부터 시작하자. 촉매 과정 회로에서 연속된 단계들이 있다는 것은 촉매 반응에 많은 종이 관여한다는 것을 의미한다. 물론 여러 종 중에 하나가 최초의 촉매를 뜻하는 것은 아니다. 종종 촉매라는 용어는 반응에 첨가되는 착물의 변형된 형태로 사용된다. 보다 엄격하게는 촉매란 일련의 활성화 단계를 거쳐 활성화되는 전촉매(precatalyst)를 말한다. 이러한 활성화 단계는 리간드의 해리 과정을 거쳐 배위 불포화 종을 만들고, 만들어진 배위 불포화 종은 기질과 회합 평형을 이룬다. 기질은 여러 번의 회합 및 해리 과정을 거친 후에야 비로소 반응이 시작되기도 한다. 촉매 과정 회로를 간단하게 표현하면 아래 그림과 같다.

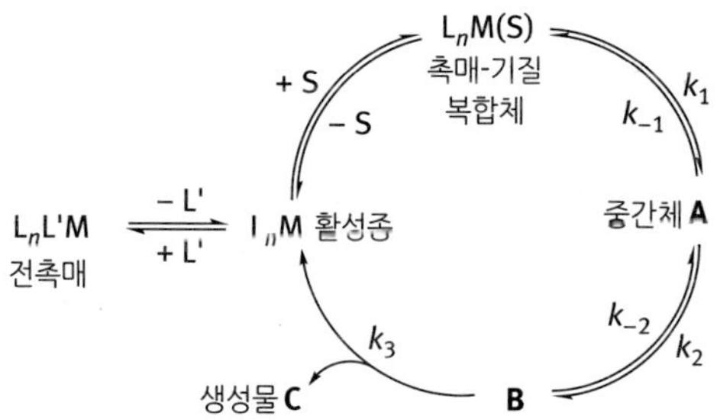

반응 속도 상수 k_1, k_2, k_3 중에 하나가 속도 결정 단계라고 할 때, 전환 빈도는 가장 낮은 속도 상수 k 값을 가지는 속도 결정 단계에 의해 결정된다. 이것은 반응 동역학에 의해 측정되는 속도이다.

속도 상수는 영어 소문자 k를 사용하고, 대문자는 평형 상수 ($K_1=k_1/k_{-1}$)에 사용된다.

생성물 C는 전체 반응에서 가장 낮은 에너지를 가지는 구조가 아닐 수도 있다. 이 경우에는 이성질화와 같은 두 번째 촉매 반응을 거쳐 생성물 D가 만들어지기도 한다. 이때 생성물 C는 각각 반응 **속도론적 생성물(kinetic product)**, D는 더 안정한 **열역학적 생성물(thermodynamic product)**이라고 부르며 C/D의 비율은 둘 사이의 에너지 차이에 해당한다. (평형에서 어느 것도 제거되지 않는다면) 낮은 용해도를 가지거나 휘발성인 생성물은 반응 중에 제거가 가능하기 때문에 공성은 비가역적이 된다.

앞에서 언급한 것 같이, 촉매 공정의 성공 여부는 전이 상태의 구조에 의해 결정되고, 바닥 상태의 전구체 구조에 의존하지 않는다. **전이 상태의 농도는** 0이며, 이들은 실험적으로 직접적으로 검출할 수 없다. 문제는 어떻게 메커니즘을 규명하는가라는 것이다. 보통 고체 상태인 전촉매의 바다 상태 구조를 결정하거나 촉매 과정과 관련된 입체 장애 및 구조적 특징을 논할 때 우리가 빈번하게 사용하는 노력은 메커니즘 규명에 전혀 도움이 되지 않는다. 그러나 많은 경우 전이 상태와 구조적으로 밀접하게 관련된 **정지 상태(resting state)**가 관찰되곤 한다. 이러한 정지 상태는 촉매 중간체 (A 혹은 B)이거나 A 혹은 B와 평형 상태에 있는 A′ 혹은 B′ 일 수 있다. 이럴 경우 촉매 과정 회로는 다음과 같이 표현된다.

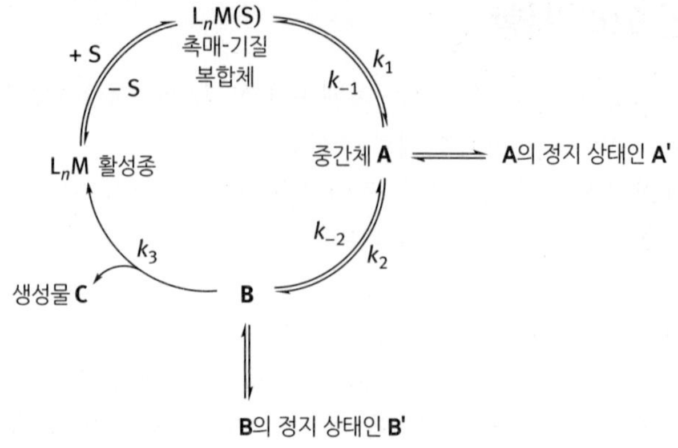

A′ 혹은 B′은 원칙적으로 분광학을 사용하여 관찰할 수 있고, 각각 **A** 혹은 **B**와 유사한 구조를 가진다고 말할 수 있다.

중간체와 정지 상태의 분광학적 확인과는 별도로 촉매 반응의 메커니즘은 반응 속도론적 분석을 통해서도 가능하다. 촉매 반응의 **속도 법칙**(rate law)은 촉매(C)와 기질(S)에 대해 각각 **일차**(first order) 반응이다(단, k는 이차 반응 속도 상수이다).

$$-\mathrm{d}(\mathrm{S})/\mathrm{d}t = k[\mathrm{C}][\mathrm{S}]$$

[S]가 충분히 커서 반응 과정 중에 변화가 없다면, 그 과정은 유사 일차 반응이 된다. 이때 반응 속도는 [C]에 의해 결정된다.

$$-\mathrm{d}(\mathrm{S})/\mathrm{d}t = k_{\mathrm{obs}}[\mathrm{C}]$$

[C]와 [S]의 반응 차수의 결정은 반응 속도 실험에 의해 결정된다. 또한 기질에 대한 이차 반응이나 $[\mathrm{C}]^a[\mathrm{S}]^b (a \neq b \neq 1)$과 같은 경우도 문헌에 알려져 있다. 이런 경우들은 보통 우리가 인지하지 못하는 평형과 관련이 있다. 이에 대한 상세한 촉매 반응 속도론은 이 책의 범위를 벗어나기에 다루지 않는다.

어떤 경우에는 촉매 과정 회로의 정지 상태가 기질 첨가 생성물인 $\mathrm{L}_n\mathrm{M(S)}$ 자체일 수도 있다. 그런 경우에 $\mathrm{L}_n\mathrm{M(S)}$의 농도 $[\mathrm{L}_n\mathrm{M(S)}]$는 일정하고 반응은 기질의 농도 [S]와 무관한 **영차**(zero order) **반응**이 된다.

반응 속도론에 기초하여 반응 메커니즘을 결정할 때 유념해야 할 점은 반응 속도론이 전이 상태의 조성(composition of transition state)에 대한 정보를 제공하지만, 이러한 조성을 만드는 방법에 대한 정보를 주는 것이 아니라는 것이다. 이것은 반응 속도론적으로 구별할 수 없지만, 전이 상태에 도달할 수 있는 여러 개의 대체 경로가 존재한다는 것을 의미한다.

해리 및 회합 메커니즘. 촉매 변환이 포함된 화학 공정은 해리 경로 혹은 회합 경로로 표현된다. 이때 용매의 역할은 무시되곤 한다. 기체 상 공정에서는 해리 경로가 중요하지만 실제로 용액 상 촉매 작용에서는 비어 있는 배위 자리가 생성되지 않고, 또한 리간드도 간단하게 해리되지 않는다. 리간드 '해리'는 리간드가 용매 분자로 교체되는 공정이기 때문에 엄밀하게는 회합 공정이다. 균일 촉매 작용에서 용매는 전이 상태와 중간체를 안정화시키는데 중요한 역할을 수행하며, 더불어 전하를 띠거나 편극화된 전이 상태의 구조를 안정화시키거나 불안정화시키는 방법으로 반응 과정에 영향을 준다.

이 책에서 다루게 될 공정들은 약간의 희토류 화합물과 전이 금속 촉매들을 포함할 것이다. 이러한 원소들은 촉매 작용에 손쉬운 반응 속도론적 경로를 적용할 수 있는 대칭적 성질을 지니는 d-오비탈을 포함하고 있기 때문이다. Lewis 산 촉매 작용에서는 주족 화합물들이 흔히 사용되곤 하지만 s-오비탈과 p-오비탈이 대부분의 촉매 변환에서 최선의 선택은 아니다.

여러 촉매 반응이 앞 절에서 언급되었다. 앞으로 여러 주요한 촉매 반응, 일반적인 메커니즘 관점과 응용에 대해 소개할 것이다.

3.2 균일 촉매 작용에서 중요한 반응 단계들

유기 금속 촉매가 포함된 균일 촉매 반응에 대한 촉매 과정 회로는 논리적이며 오류가 없어야 하는데, 이를 구성하는 기본 반응은 아래와 같다.

(1) 촉매 활성화(catalyst activation)
(2) 기질 배위(substrate coordination)
(3) 산화성 첨가(oxidative addition)
(4) 환원성 제거(reductive elimination)
(5) 기질에 대한 친핵성 공격(nucleophilic attack on substrate)
(6) 생성물 해리/치환(product dissociation/substitution)

3.2.1 촉매 활성화

촉매 활성화는 배위 포화 상태이면서 저장 가능한 촉매 전구체가 배위 불포화 상태의 종으로 바뀌는 것을 말하는데, 다음과 같은 리간드 L의 해리, Lewis 산, 환원성 제거 및 수소 첨가 반응 경로를 통해 촉매 활성화가 이루어진다.

L 해리

리간드 L의 해리. 리간드 해리가 촉매 활성화의 가장 간단한 방법일 것이다. PPh_3와 같은 입체 장애를 가지면서 적당하게 강한 결합 능력을 가진 리간드는 리간드 해리를 통해 종종 해리된다.

$$MX_mL_n \rightleftharpoons MX_mL_{n-1} + L$$

배위 불포화 종이 만들어지는 쪽으로 평형을 이동시키기 위해서는 리간드 L을 포획할 수 있는 물질을 넣어주면 된다.

$$MX_mL_n + M' \rightleftharpoons MX_mL_{n-1} + M'\text{–}L$$

예를 들어 Rh의 PPh_3 착물에 $Ni(COD)_2$를 넣어 주게 되면 $Ni(COD)_2$가 $Ni(COD)(PPh_3)_2$나 $Ni(PPh_3)_{3,4}$와 COD로 변하기 때문에 PPh_3 제거에 $Ni(COD)_2$를 사용한다.

X 떼기

Lewis 산. 강한 Lewis 산(LA)를 넣어줄 때에도 아래와 같은 리간드 X의 떼기 반응이 진행된다(리간드 L의 떼기 반응이 아니다).

$$MX_mL_n + LA \rightleftharpoons [MX_{m-1}L_n]^+ [X\text{–}LA]^-$$

몇몇 경우에는 촉매 활성화 경로가 하나 이상의 반응을 포함한다. 예를 들어, 촉매 작용이 일어나기 위해서 (1) 안정한 금속 할로젠 착물 MX_mL_n이 금속-알킬 결합을 가진 화합물로 변환된 후, (2) 배위 불포화 종으로 바뀌어야 한다. 어떤 경우에는 이렇게 생성된 배위 불포화 종은 분리 가능하거나 혹은 분광학적으로 증명 가능한 정지 상태이다. 이러한 정지 상태는 (3) 활성종과 평형 상태로 존재하곤 한다. 이러한 해리 평형은 촉매 과정 회로에 들어가기 위해 용매 혹은 결합된 음이온을 치환하는 기질(결합 교환 I_A 메커니즘)에 도움을 받을 수 있다.

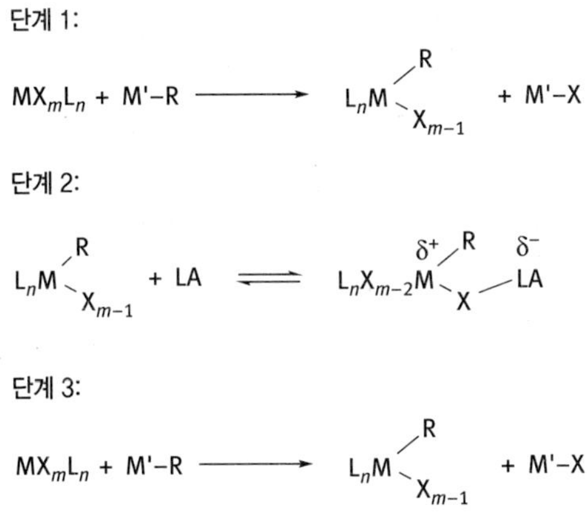

환원성 제거. 알킬화제(alkylating agent)를 사용하여 알킬기 혹은 아릴기가 두 개 존재하는 금속 화합물을 합성할 수 있다. 이러한 금속 화합물은 환원성 제거가 쉽게 일어나기 때문에 산화수가 2만큼 줄어든 배위 불포화 종이 만들어진다. 이러한 종류의 촉매 활성화는 팔라듐에서 흔하게 일어난다.

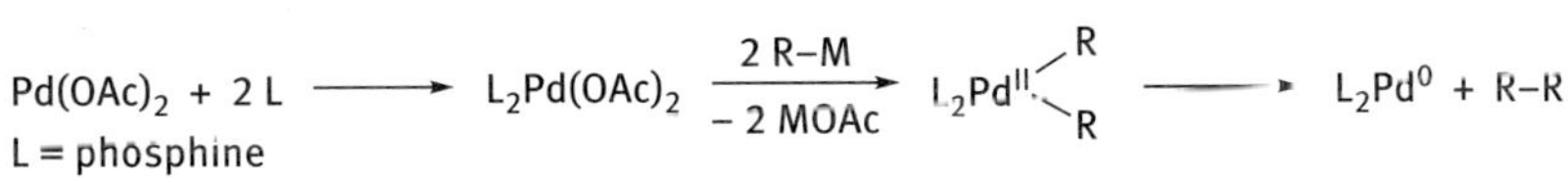

수소 첨가 반응. 수소 첨가 반응에 대한 촉매 작용의 특별한 예로 1,5-사이클로옥타다이엔(1,5-cyclooctadiene) 올레핀 착물이 자주 언급된다. 배위 자리를 차지하고 있던 1,5-사이클로옥타다이엔은 수소 첨가를 통해 금속에서 떨어져 나가고, 용매에 의해 안정화된 중간체가 생성된다.

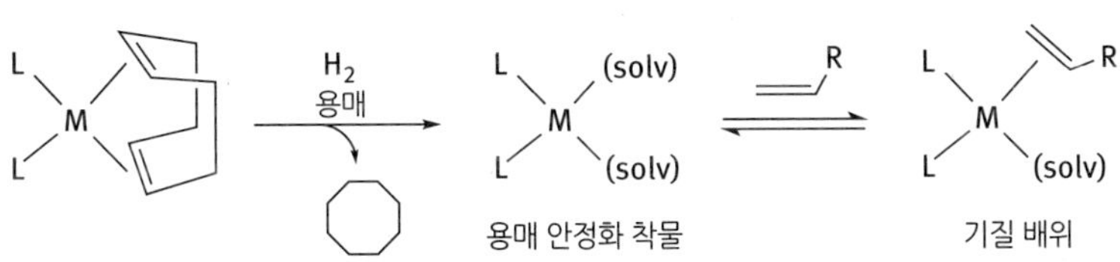

기질 배위

많은 경우에 기질은 알켄 혹은 알카인이지만, 포화 탄화수소, 에터, 혹은 에스터가 될 수 있다. 이러한 기질들은 배위 자리를 차지하게 되는데, 기질이 용매 분자를 대신하여 금속에 결합된다. 따라서 기질의 회합은 리간드 치환 반응이다. 하지만 용매의 농도가 1로 정의되기 때문에 반응 속도론 측면에서는 리간드 치환 반응이라는 해석이 명백하지는 않다.

3.2.2 산화성 첨가

촉매 과정 회로 동안에 금속의 산화수 변화가 관찰되는데, 충분한 전자 받기 능력을 가진 반응물 A–B는 특정 반응 조건하에서 결합이 끊어질 정도의 약한 결합을 가지고 있다. 이때 금속의 산화수는 +2만큼 증가하게 되는데, 이는 금속보다 전기 음성도가 큰 리간드 A와 B가 음의 형식 전하를 가지기 때문이다. 따라서 전이 금속의 d 전자는 원래보다 2개 줄어들게 된다.

산화성 첨가에서 두 리간드 A와 B는 서로 **시스 위치**(*cis* **position**)에 놓이게 된다.

물론, 계속된 리간드 자리 옮김 반응을 통해 열역학적으로 보다 안정한 이성질체가 생성되기도 한다.

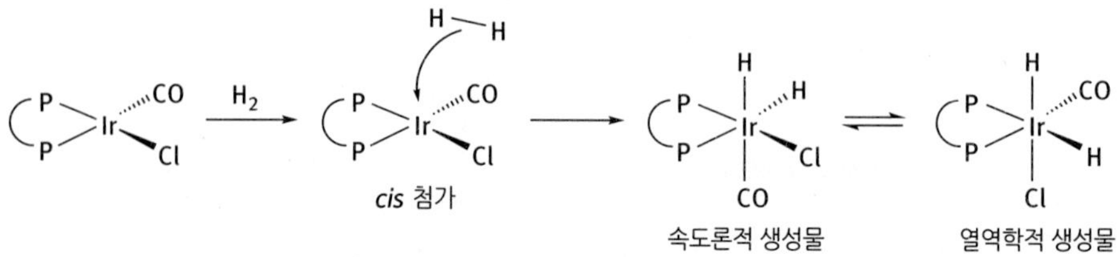

산화성 첨가에 의해 촉매 과정 회로에 많이 나오는 시약은 수소 첨가 반응과 수소 폼일 첨가 반응에 사용되는 수소(H_2)이다. 보다 보편적으로는 H-X라고 표시되는데, HX = $HSiR_3$일 경우에는 수소규소 첨가 반응, HX = HCN일 때에는 수소사이안 첨가 반응이라고 부른다. 산화성 첨가에 사용될 수 있는 시약에는 R-X 형태의 알킬 할로젠화물(예를 들어, 메탄올 속의 MeI는 아세트산의 카보닐화 반응에 사용된다. 3.4.2.1절 참조)과 R′-X 형태의 벤질 할로젠화물, 바이닐 할로젠화물, 아릴 할로젠화물(C-C 결합 교차 짝지음 반응에 이용, 3.6장 참조)이 있다.

산화성 첨가에서 사용되는 시약의 결합은 항상 완전히 끊어지는 것은 아니다. 예를 들어, 이중 결합을 가진 O_2가 Pt(0)에 산화성 첨가가 일어날 때에는 O-O의 결합 차수가 단일 결합으로 줄어든 Pt-O_2 착물이 생성된다.

산화성 첨가는 다음과 같은 특징을 가진다.

- 산화성 첨가가 일어나기 위해서 ML_n은 배위 불포화 중심 금속을 가져야 한다. 만약 중심 금속이 높은 에너지의 채워진 d 오비탈을 가지거나 리간드 L이 강한 주개 리간드일 경우에 반응은 빨리 진행된다.
- 중심 금속에 배위수를 낮춰줄 수 있는 입체 장애 효과가 큰 리간드를 가질 때 산화성 첨가가 유리하다. 입체 장애 효과가 큰 리간드는 결국 금속의 배위 불포화 상태를 만들어 주게 되고, H_2와 HX와 같은 작은 분자와의 반응성을 향상시키게 된다. 하지만 전자를 주는 능력과 입체 효과의 정도가 산화성 첨가의 생성물을 열역학적으로 매우 안정한 상태로 만들어서는 안 된다. 이러한 경우 반응은 멈추며, 촉매 과정 회로는 순환하지 못하게 된다.
- **16개의 원자가 전자를 가지는 사각 평면 착물**(**16 VE square-planar complexes**)에서 산화성 첨가 반응이 쉽게 일어난다. 이러한 착물의 중심 금속의 d 전자는 8개 혹은 10개이며, ML_3(M = Ni,Pd,Pt)과 XML_3[M = Rh, IR, Vaska 착물인 IrCl(Co)$(PPh_3)_3$]이 대표적인 예이다.
- 산화성 첨가는 착물의 산화 안정성 여부에 큰 영향을 받는다. 예를 들어, Pt(II) 착물은 산화성 첨가에 의해 Pt(IV) 착물로 될 수 있지만 Ni(II) 착물은 대부분의 산화성 첨가 조건에서 Ni(IV) 착물로 될 수 없다.

- 산화성 첨가는 주기율표의 동일한 d-전자수를 갖는 한 벌 세 원소끼리 비교할 때, 금속의 원자량이 커질수록 잘 일어난다. **[첫 주기 전이 금속 < 둘째 주기 전이 금속 < 셋째 주기 전이 금속]** 이것은 높은 산화수를 가지는 중심 금속의 산화 안정성과 같은 경향이다.

H_2와 $[Co(CN)_5]^{3-}$의 반응은 수소 첨가 반응 촉매인 수용성의 $[HCo(CN)_5]^{3-}$을 생성시키는데, 이러한 산화성 첨가는 하나 이상의 중심 금속을 만든다.

$$2\,[Co^{II}(CN)_5]^{3-} + H_2 \longrightarrow [Co \cdots H_2 \cdots Co] \longrightarrow 2\,[HCo^{III}(CN)_5]^{3-}$$

산화성 첨가의 존재는 반응의 정확한 메커니즘에 적은 정보만 제공한다. 대부분의 촉매 반응에서 생성물은 협동 작용(concerted process)에 의해 주로 생성되지만, S_N2 및 일전자 이동(라디칼) 경로를 통해서도 얻어진다. 극성 용매는 극성 전이 상태를 안정화시켜 S_N2반응을 일으키기 때문이다.

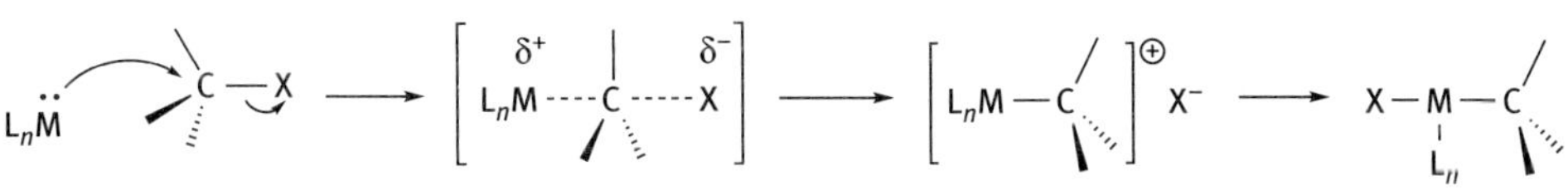

3.2.3 환원성 제거

산화성 첨가의 역반응이 환원성 제거이다. 환원성 제거가 일어나면 금속의 산화수가 2만큼 낮아지게 되며, 환원성 제거는 촉매 과정 회로의 마지막 반응에 많이 나타난다.

환원성 제거가 잘 일어나는 경향성은 산화성 첨가가 잘 일어나지 않는 조건에 해당한다. 환원성 제거는 다음과 같은 특징을 가진다.

- 환원성 제거는 첫 주기 전이 금속에서 가장 잘 일어난다. 첫 주기 전이 금속은 가장 약한 M-C 결합 착물을 만들고, 크기가 가장 작기 때문에 입체 장애 효과에 가장 민감하다.
- 환원성 제거가 일어나기 위해서는 두 리간드 R^1과 R^2가 시스 위치에 존재해야 한다.
- 입체 장애가 클수록, 배위수가 높을수록 환원성 제거가 잘 일어난다. 그러므로 반응이 새로운 리간드 L을 넣어 주었을 때 촉진될 수 있다.
- 환원성 제거는 전자가 풍부한 착물보다는 전자가 부족하여 쉽게 환원이 될 수 있는 착물에서 더 빨리 진행한다.
- 환원성 제거는 리간드 중에 하나가 H인 경우에 쉽게 일어난다.
- 환원성 제거는 활발히 쉽게 접근할 수 있는 상태인 낮은 산화수를 가지는 금속 착물에서 잘 일어난다. d 전자셈이 많은 뒷전이 금속인 경우에서 환원성 제거가 쉽게 일어나지만, 앞전이 금속인 경우에는 d 오비탈의 에너지 준위가 높고, 산화 상태가 높으며, 전자 배치가 d^0인 경우에 환원성 제거가 일어난다.

- 배위수가 홀수(3- 또는 5-배위)인 착물에서 배위수가 짝수(4- 또는 6-배위)인 착물에서보다 환원성 제거가 더 빨리 일어난다.

C-C 혹은 C-X 결합을 만들 수 있는 리간드는 서로 시스 위치에 존재해야 하므로 트랜스 착물은 이성질화 과정을 거쳐야 한다.

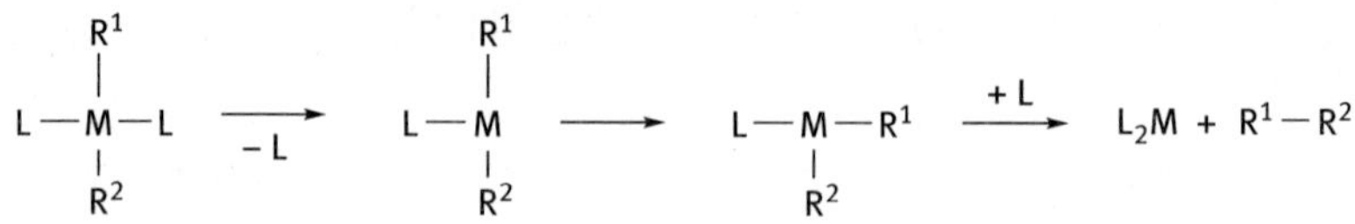

이러한 해리 과정과 이성질화 과정과는 별도로 전자를 주는 리간드를 첨가하면 환원성 제거가 촉진될 수 있다. 이때 배위수가 홀수인 중간체가 생성됨에 유의하자.

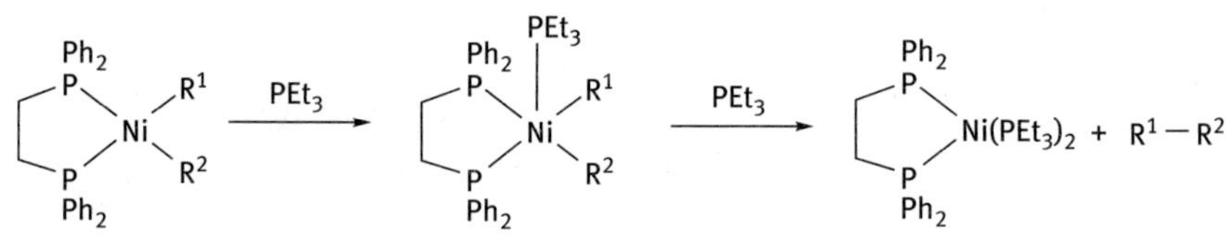

킬레이트 리간드를 가지는 착물의 환원성 제거는 킬레이트 고리의 크기와 안정성에 영향을 받는다. 예를 들어, 니켈 촉매의 C-C 짝지음 반응에서 5원자 고리 화합물은 너무 안정한 반면 7원자 이상의 고리 화합물은 너무나 유연하다.

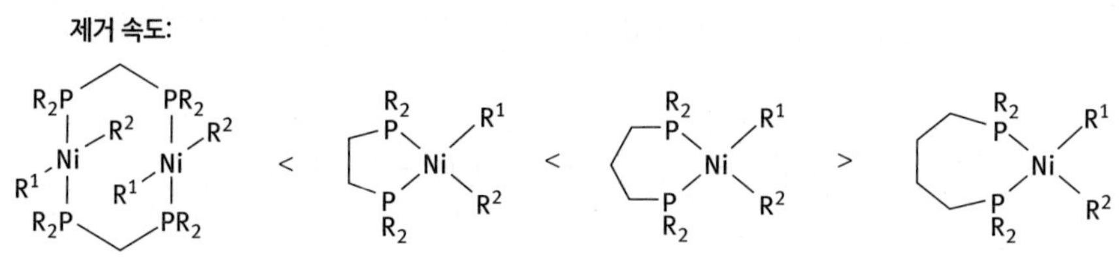

L_nMH_2로부터 배위 불포화 금속 착물인 L_nM의 생성과 같은 광조사(light irradiation)에 의해 환원성 제거가 유발되는 예들이 다소 알려져 있지만, 광분해 자체를 촉매계에 적용하지는 않는다.

금속 알킬 수소화물로부터 R-H를 만드는 환원성 제거는 특별히 손쉽게 일어나며, 수소 첨가 반응과 수소 폼일 첨가 반응의 최종 단계에 해당한다. β-H 원자를 가진 알킬기의 환원성 제거는 **β-H 제거 반응**(β-H elimination)으로 진행하기 때문에 포화 탄화수소와 불포화 탄화수소가 1:1의 비율로 생성된다.

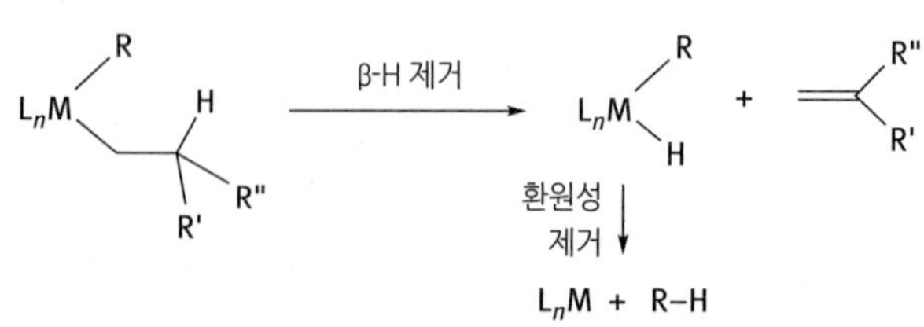

3.2.4 배위된 기질에 대한 친핵성 공격

친핵성 음이온 리간드 X뿐만 아니라 중성의 불포화 기질을 결합시킴으로써, 촉매 활성 착물에 대한 다음 생산 단계는 X를 중성 기질로 이동시키는 것이다. 이것은 새로운 C-X 결합을 생성시킨다. 촉매 반응에서 사용되는 가장 중요한 중성의 불포화 물질로는 CO나 알켄이 있다. 즉, 수소 첨가 반응, 올레핀 중합, HX 첨가 반응과 카보닐화 반응과 같이 CO나 알켄에 대한 분자내의 친핵성 공격 형태를 보인다. 극성을 갖지 않는 불포화 물질들은 금속 배위를 통해 유도되는 극성의 존재 유무에 따라 친핵성 공격의 성공 여부가 결정된다.

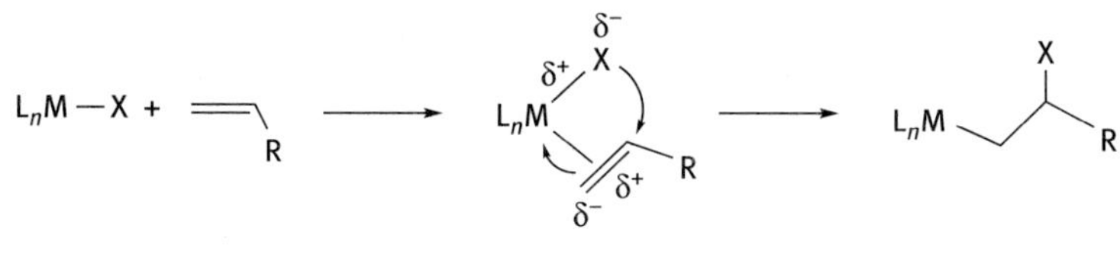

불포화 물질인 알카인과 다이엔(diene)은 각각 금속 바이닐 착물과 금속 알릴 착물을 생성한다. X는 H, 알킬, 아릴, 아마이드, OH, OR이 될 수 있다. 산화성 첨가와 환원성 제거 모두에서 두 리간드는 반드시 시스 배위 자리에 위치해야 한다.

배위된 CO에 대한 친핵성 공격('CO 삽입 반응')은 2.5.3.3절과 2.11.4.9절에서 이미 다루었다.

다음 장에서는 중요한 균일 촉매 반응 중에서 산업적 중요성이 높은 것들을 위주로 다룰 예정이다. 촉매 과정 회로는 중요한 반응 단계들로 설명된다. 제시된 반응 메커니즘은 모순이 없을 것이고, 앞에서 설명한 메커니즘 원칙들을 잘 적용하였음에도 불구하고, 그럴듯하게 대체 가능한 새로운 반응 경로와 촉매 과정 회로를 제시할 수 있을 것이다. 그런 경우에는 상세한 메커니즘 조사를 통해 메커니즘을 규명할 수 있다.

핵심

촉매 작용은 기질이 중간체로 바뀌는 일련의 반응을 촉진시켜 촉매 재생과 생성물 형성을 이끄는 과정이다. 이러한 과정 중에서 가장 느린 단계가 전환 빈도를 결정하게 되며, 촉매는 소모되지 않는다.

촉매는 활성화 에너지 장벽을 낮추지만 바닥 상태의 에너지나 평형의 위치를 바꾸지는 못한다.

반응 속도론은 전이 상태(TS)에서의 조성에 대한 정보를 주지만, TS는 직접 관찰할 수 없고, 농도는 0이라고 본다.

반응 속도론은 TS에 이르는 반응 경로에 대한 정보는 제공하지 않는다.

균일 촉매 과정 회로는 (i) 기질 배위, (ii) 산화성 첨가, (iii) 기질에 대한 친핵성 공격, (iv) 환원성 제거와 같은 몇 개의 중요한 반응 단계로 구성된다.

촉매는 보통 안정하며 저장 가능한 형태인 전촉매로 사용된다. 촉매 활성화 과정을 통해 배위 및 선사 불포화 종을 만들 수 있다.

연습문제

1. 촉매를 사용하는 화학 반응이 촉매를 사용하지 않았을 때보다 1000배 빨리 진행하였다. 이 두 경우의 에너지 장벽의 차이는 얼마인가?

2. 많은 촉매 반응은 촉매 농도가 증가하는 동안에는 개시 기간을 가지며, 이 기간 동안 반응은 비정류 상태로 진행된다. 촉매 C의 존재하에 기질 S에서 생성물 P가 만들어질 때의 반응 속도는 다음과 같다.

$$d[P]\ \ dt = k_p[S][C] + \ k_i - k_p)[S][C]\exp(-k_i[S]t)$$

세 종류의 기질에 대해 전환율과 시간에 대해 얻어진 그래프가 아래와 같다. 촉매의 반응 속도론적 거동에 대해 이 그래프가 의미하는 바는 무엇인가? 각 경우에서 반응의 초기와 정지 상태의 기울기를 결정하고, 이러한 기울기가 주는 정보에 대해 기술하시오.

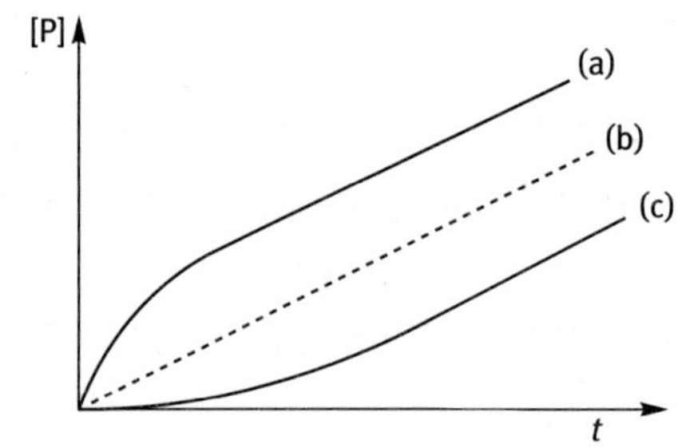

3.3 H–H와 H–X 첨가 반응

3.3.1 수소 첨가 반응

3.3.1.1 일반적 수소 첨가 촉매 작용

불포화 유기 기질에 대한 수소 첨가 촉매 반응은 광범위하게 적용되고 있는 반응이다. 이 반응 중에서 가장 중요한 것은 알켄의 수소 첨가 반응이다. 수소 첨가 반응은 구조에 민감하지 않는 반응으로 균일 촉매뿐만 아니라 불균일 촉매를 사용해도 된다. 어떤 경우에는 나노 입자를 촉매로 사용하기도 한다. 초기에 사용된 수소 첨가 반응은 불균일 니켈 촉매 존재하에서 이중 불포화 식물성 유지로부터 마가린을 생산하기 위한 버터와 유사한 포화 혹은 단일 불포화 유도체를 만드는 것이었다.

수소 첨가 반응 단계 동안에 H_2는 불포화 기질과 같은 π-면으로 들어가게 된다(***syn* 첨가**, ***syn* addition**). C≡C 삼중 결합의 수소 첨가 반응의 주생성물은 시스-알켄이다.

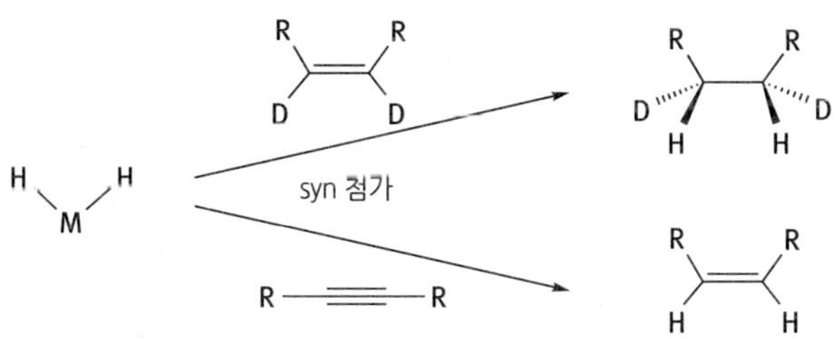

이러한 입체 선택성은 협동 수소 이동 메커니즘에 기인한다. 수소 첨가 반응의 트랜스 생성물이 만들어지는 예들도 알려져 있는데, 이 경우에는 라디칼 메커니즘을 따르거나 좀 더 안정한 트랜스 생성물로 이성질화 반응이 수반되었기 때문이다.

알켄의 수소 첨가 반응에 대한 반응성은 C=C 결합에 치환기가 도입될수록 감소하는 경향을 보인다.

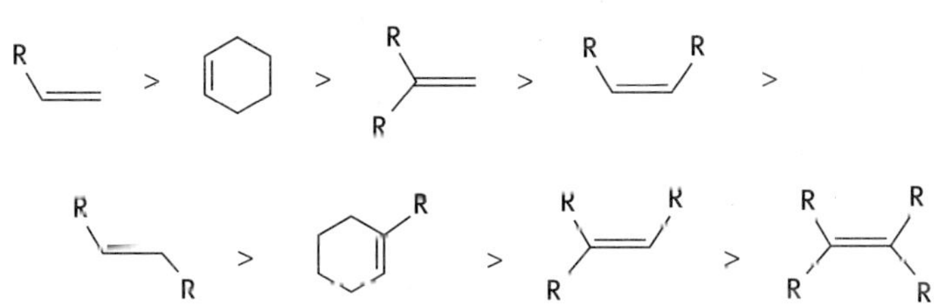

최초의 균일 수소 첨가 반응 촉매는 첫 주기 전이 금속 착물인 $HCo(CO)_4$나 니켈 시이안화 착물이었는데, 이들은 불안정하고 수소 첨가를 위한 높은 압력이 필요하였다. 둘째 주기와 셋째 주기 전이 금속 착물은 첫 주기 전이 금속 착물에 비해 상대적으로 다루기가 편하며 또한 높은 활성과 안정성을 보인다. 가장 광범위하게 사용되는 균일 수소 첨가 반응 촉매는 귀금속 포스핀 착물들인데, 특히 이들은 공기, 물, 작용기에 대한 내성이 뛰어난 특징을 보인다. **Wilkinson 촉매(Wilkinson's catalyst)**라고 불리는 $RhCl(PPh_3)_3$는 가장 유명한 수소 첨가 반응 촉매이다. 이 촉매는 말단에 이중 결합을 가진 알켄, 즉 분자에서 입체 장애가 가장 적은 이중 결합에 대한 높은 선택도를 보인다. $Ru(H)Cl(PPh_3)_3$도 말단 C=C 결합을

표 3.3.1 헥센의 수소 첨가 반응에 대한 균일계 촉매의 상대적 활성 비교

전촉매	온도(°C)	상대 속도
$RhCl(PPh_3)_3$	0	1
$RhCl(PPh_3)_3$	25	11
$Ru(H)Cl(PPh_3)_3$	25	150
$[Rh(COD)(PR_3)_2]^+$	0	70
$[Ir(COD)(py)(PCy_3)]^+$	0	110

환원시키며 높은 활성을 보인다. 양이온 착물인 $[M(COD)L_2]^+$ (M=Rh, Ir; L=포스핀)도 높은 활성을 보이는데, COD 리간드에 수소 첨가 반응이 일어나서 새로운 기질이 결합할 수 있는 두 개의 배위 자리가 생성되는 것이 이 촉매 반응의 첫 단계이다 (표 3.3.1). 알켄에 네 개의 치환기가 도입된 테트라메틸에틸렌(tetramethylethylene)은 중성의 로듐 포스핀 착물과 루테늄 포스핀 착물로는 수소 첨가 반응이 불가능하지만 $[Ir(COD)(py)(PCy_3)]^+$를 촉매로 사용할 때에는 가능하다.

다른 종류의 촉매로는 수용성 사이안화 착물인 $[HCo(CN)_5]^{3-}$이 있다. 이 촉매는 **콘쥬게이션된 다이엔의 수소 첨가 반응(hydrogenation of conjugated dienes)**에 대해 선택성을 보이며 또한, 콘쥬게이션된 엔온(enone)에 대한 수소 첨가 반응이 가능하다.

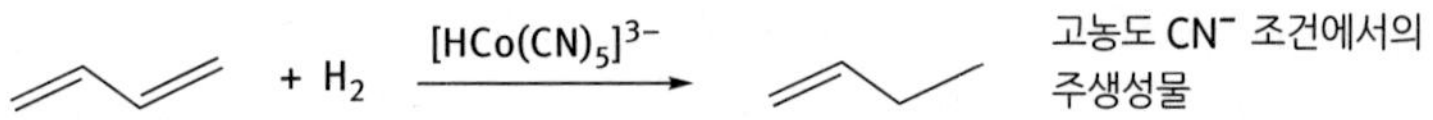

촉매 수소 첨가 반응에 대한 메커니즘은 여러 주요한 반응 단계를 사용하여 촉매 과정 회로로 표현될 수 있다. 수소의 산화성 첨가와 알켄의 배위라는 두 가지의 반응 단계 중에서 어느 것이 먼저 일어나느냐에 따른 차이가 있을 수 있다. 이미 두 개의 배위 자리를 가지고 있는 양이온 형태의 $[L_2Rh(solvent)_2]^+$ 촉매가 수소 첨가 반응에 사용될 경우에는 치환기를 가진 알켄의 배위가 수소의 산화성 첨가보다 먼저 일어나는 경향이 있다.

이러한 촉매는 과량의 포스핀의 첨가에 의해 반응이 느려진다. $RhCl(PPh_3)_3$에서 포스핀이 해리되면 14개의 원자가 전자를 가지면서 T-자 구조를 가지는 중간체가 생성된다. 이 3배위 중간체는 용매에 의해 안정화되며, H_2와의 산화성 첨가 속도는 4배위 $RhCl(PPh_3)_3$보다 10^4배 빠르다. 그러므로 $RhCl(PPh_3)_3$에서 포스핀의 해리가 촉매 과정 회로의 첫 단계가 된다. 이 과정에서 로듐의 산화수는 Rh(Ⅰ) (d^8, 사각 평면 구조)와 Rh(Ⅲ) (d^6, 팔면체 구조) 사이에서 왕복하게 된다.

'이중수소 음이온' 과정 회로

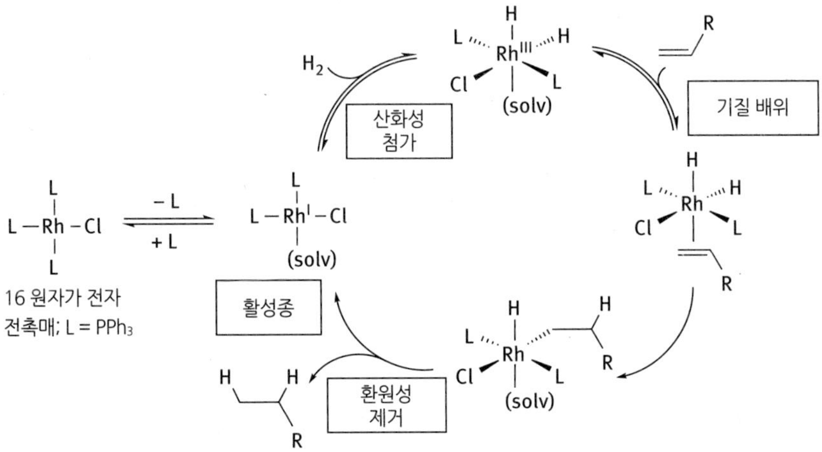

위에 도시된 그림은 **이중수소 음이온**(dihydride) 착물인 L_nMH_2에 대한 촉매 과정 회로이다. 이미 하나의 수소 음이온을 가지고 있는 $Ru(H)Cl(PPh_3)_3$ 촉매의 경우에는 '**단일수소 음이온**(monohydride)' 과정 회로를 적용해야 한다. 단일수소 음이온 순환 과정에서의 생성물은 M−C 결합의 가수소 분해 과정을 거쳐 만들어지는데, Rh^{I}의 경우에는 산화성 첨가가, RH^{II}의 경우에는 시그마 결합 상호 교환 과정을 포함한다. H_2의 산도는 배위에 의해 크게 증가(2.10.1절 참조)하기 때문에 H^+ 이온의 알킬 리간드로의 이동은 알케인을 생성시키게 된다.

'단일수소 음이온' 과정 회로

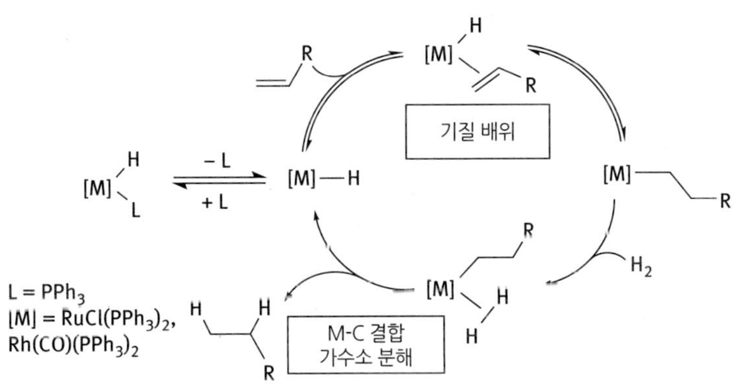

다른 형태의 수소 첨가 반응 촉매로는 두 개의 Cp기를 가진 란타넘족 착물이 있다. 이 때에는 알킬기가 결합된 단핵 전촉매인 $Cp^*_2MCH(SiMe_3)_2$가 주로 사용되는데, $Cp^*_2MCH(SiMe_3)_2$는 H_2와의 인-시투(in situ) 반응에 의해 Cp^*_2MH(M=La, Nd)로 변환하여 사용한다. 이 화합물은 1-알켄의 수소 첨가 반응에 매우 좋은 활성을 보이지만, 작용기에 민감하고, 공기와 습기에 매우 취약하다는 단점을 가지고 있다. 메커니즘은 앞에서 언급한 Rh과는 다소 다른데, 이것은 란타넘족의 산화수가 +3이며, 산화성 첨가에서 H_2와 반응하지 않기 때문이다. 따라서 시그마 결합 상호 교환 과정을 통해 생성물이 만들어진다.

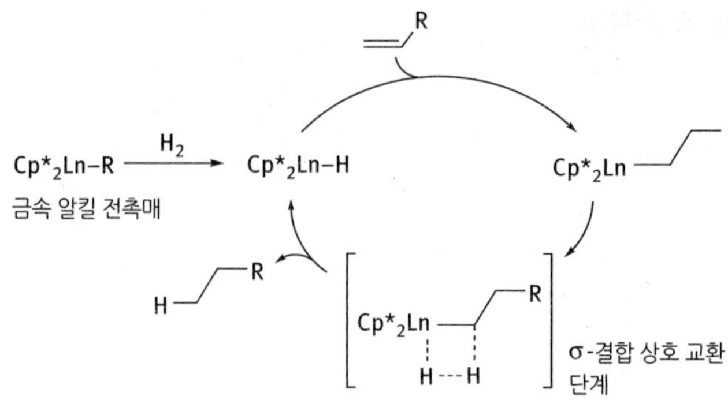

3.3.1.2 아렌의 수소 첨가 반응

아렌의 수소 첨가 반응은 알켄과 알카인의 수소 첨가 반응에 비해 상당히 어렵다. 아렌의 수소 첨가 반응은 석탄으로부터 액체 연료의 생산과 같은 분야와 관련이 있어서 매우 흥미롭다. 불균일 담지 촉매가 효과적인 촉매로 알려져 있다. 균일 촉매의 경우에는 나이오븀과 탄탈럼에서부터 루테늄과 로듐에 이르기까지 많은 금속 촉매들이 활성을 보인다. 중요한 점은 수소 분자가 아렌에 존재하는 한쪽 π-면에만 들어가는 입체 선택성을 보여서 아래 그림과 같은 선택적 중수소화 반응을 거쳐 하나의 이성질체만 만든다는 것이다.

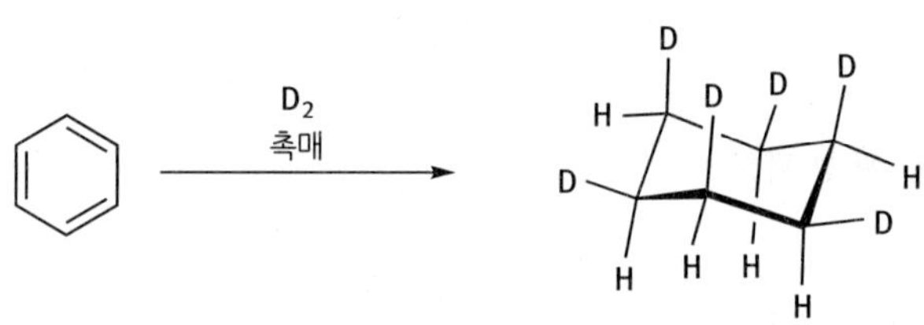

온화한 조건에서 아렌의 수소 첨가 반응이 가능한 전촉매는 $(\eta^3\text{-allyl})Co[P(OR)_3]_3$, $[L_2Rh(\mu\text{-}H)]_2$ $\{L=P(OPr^i)_3\}$, $Ru(C_6Me_6)_2$가 있다. 이 중에서 $Ru(C_6Me_6)_2$은 두 개의 C_6Me_6 리간드가 각각 η^6와 η^4 결합을 가지는 유동성 분자(2.9.1.1절 참조)이며 이 촉매를 사용하여 아렌의 수소 첨가 반응을 실시하면 사이클로헥세인과 사이클로헥센의 혼합물을 얻을 수 있다.

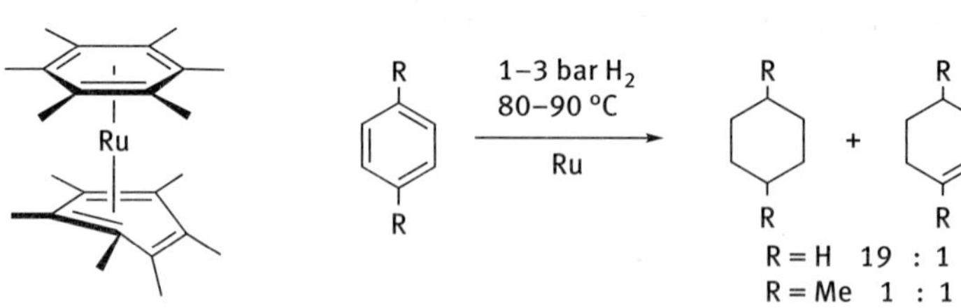

3.3.1.3 비대칭 수소 첨가 반응

치환기를 가진 올레핀은 선구 카이랄성을 갖기 때문에 H_2가 올레핀의 어느 쪽 π-면으로 첨가되는가에 따라 거울상 이성질 선택성을 보인다.

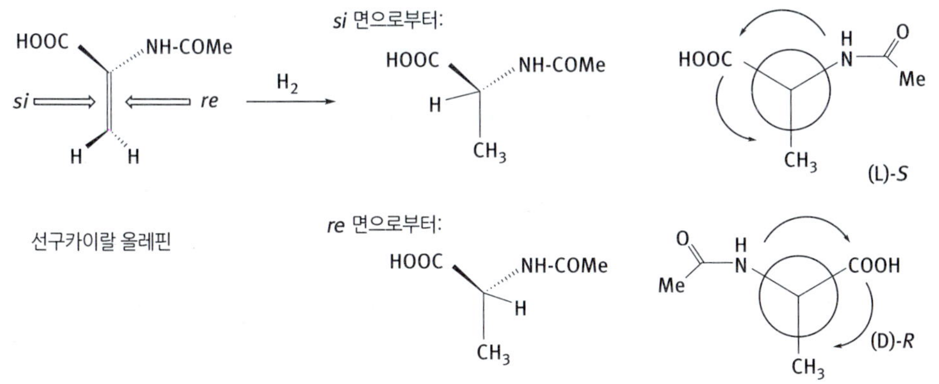

비대칭 수소 첨가 반응은 두 개의 거울상 이성질체 중에서 약물 효능을 보이는 하나의 카이랄 화합물을 만드는 데 매우 유용하다. 지금까지 알려진 대표적인 예로는 파킨슨병 치료에 필요한 아미노산인 L-DOPA(L-dihydroxyphenylalanine)의 합성이 있다. L-DOPA 합성에 필요한 전구체는 아실 보호기를 가진 NH_2기를 갖는 신남산(cinnamic acid) 유도체이다.

비대칭 수소 첨가 반응: W. S. Knowles와 R. Noyori에게 2001년 노벨상이 수여됨

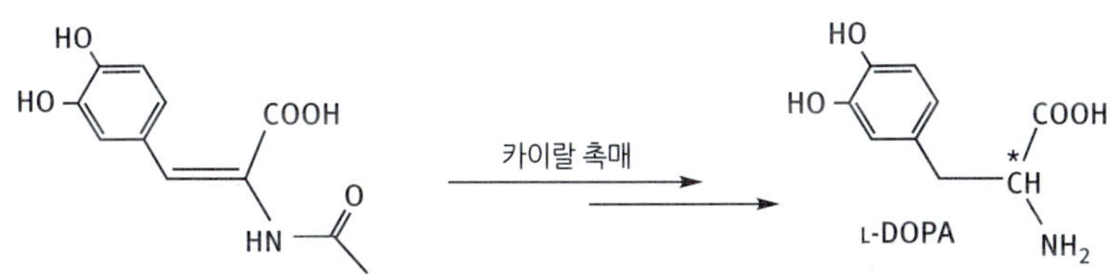

L-DOPA 합성을 위한 최초의 비대칭 촉매는 P 원자가 카이랄 중심으로 존재하는 포스핀 물질이다. 하지만 이러한 카이랄 촉매의 합성 과정은 손이 많이 간다. 곧이어 선호되는 특정 리간드 회전 배열이 C_2 대칭 골격을 만드는 경우에만 리간드의 카이랄 정보가 촉매 활성 자리로 옮겨진다는 사실이 알려졌다. 특히, 카이랄 포스핀이 배위된 양이온 Rh 착물은 아실 보호기를 가진 신남산 기질의 거울상체 분리에 효과적이다. 신남산 기질의 C=C와 C=O 결합이 동시에 Rh 금속에 킬레이트 방식으로 결합할 때, C=C의 π 전자가 형성하는 아랫면과 윗면은 에너지 측면에서 구별이 되는 2개의 부분 입체 이성질체를 생성하게 만든다. 현재는 하나의 부분 입체 이성질체를 90%가 넘는 거울상 초과량으로 분리하는 것이 가능하다.

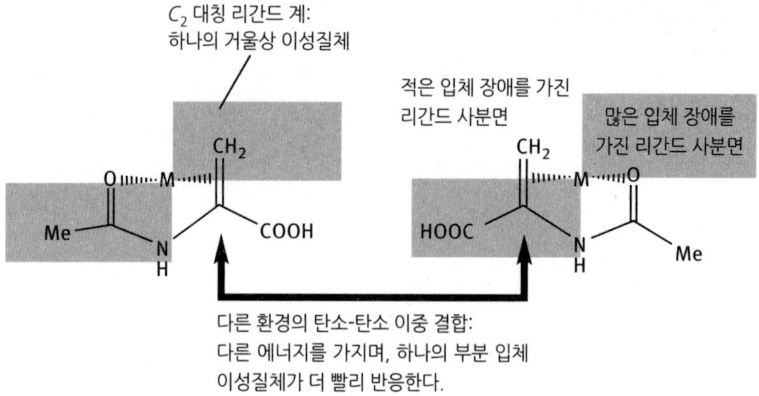

그러므로 높은 거울상 이성질 선택도를 얻기 위한 중요한 열쇠는 거울상체 분리에 필요한 리간드의 구조이다. 현재까지 많은 종류의 리간드들이 합성되었다. W. S. Knowles의 DIPAMP 리간드는 몬산토(Monsanto)의 L-DOPA 합성용으로 개발되었는데, DIPAMP 리간드는 두 개의 카이랄 P 원자가 $-CH_2CH_2-$ 기로 다리 놓인 형태이다. 이에 비해 H. Kagan이 개발한 DIOP는 P 원자를 카이랄 다리에 의해 다리 놓인 형태를 갖는데, 이러한 카이랄 기에 의해 다리 놓인 리간드가 카이랄 P 원자가 $-CH_2CH_2-$ 기로 다리 놓인 형태보다 훨씬 일반적이다.

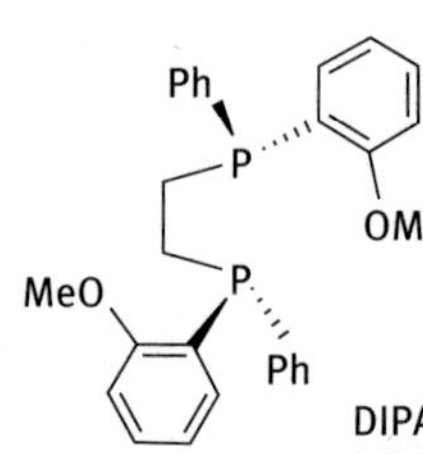

DIPAMP
L-DOPA 합성시 95% e.e.

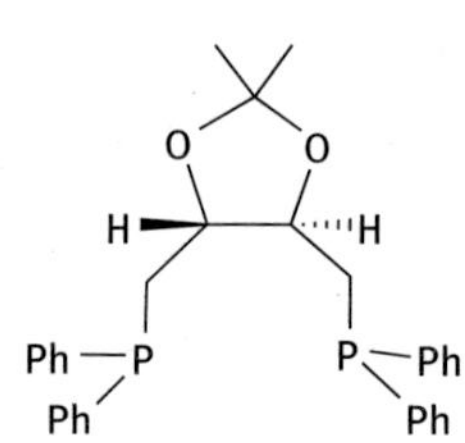

(*R, R*)-DIOP

카이랄 다리에 의해 다리 놓인 리간드에서 카이랄 정보는 배위 면의 입체 장애 정도를 제공하는 P-아릴 치환기의 회전 배열에 의해 결정되어 C_2 대칭이 된다.

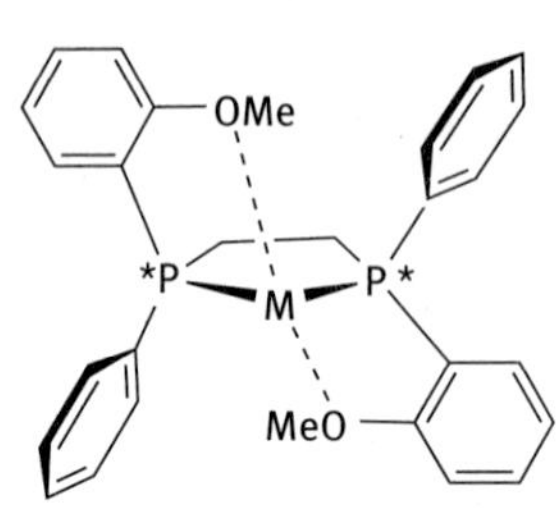

금속에 직접 붙어있는 카이랄 중심
가능한 아릴의 회전 배열 영향

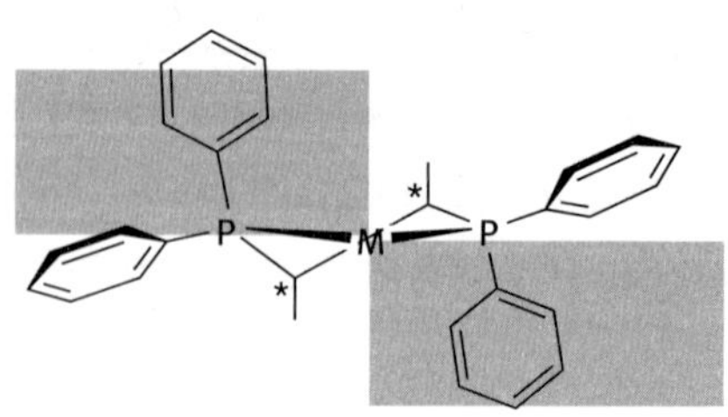

카이랄 다리:
하나의 회전 배열로 고정
금속(M) 주위의 C_2 대칭 기하 구조로 해석
음영 부분은 입체 장애가 큰 영역을 표시

아미도신나메이트(amidocinnamate) 유도체의 비대칭 수소 첨가 반응은 '올레핀 우선' 킬레이트화 이수소(dihydrogen) 메커니즘으로 진행된다. 이때 두 개의 상호 변환이 가능한 촉매-기질 부분 입체 이성질체가 생성되는데, 초기에 생성된 부수(minor) 부분 입체 이성질체가 주생성물 이성질체를 생성시킨다는 점이 놀랍다. 이것은 다음 단계에서 일어나는 수소(H_2)의 산화성 첨가가 에너지 측면에서 보다 불안정한 부수 이성질체(minor isomer)가 안정한 주요 이성질체(major isomer)보다 낮은 활성화 장벽을 갖기 때문이다. 두 개의 부분 입체 이성질체는 수소 첨가를 통해 서로 다른 전이 상태로 변하게 되는데 이러한 촉매 기작이 반응 속도론적 현상으로 설명된다. 즉, 생성물의 거울상 이성질체 선택성은 분광학적으로 검출 가능한 전구 복합체 사이의 에너지 차이에 의해 결정되는 것이 아니라, 생성되는 전이 상태들 사이의 에너지 차이에 의해 결정된다.

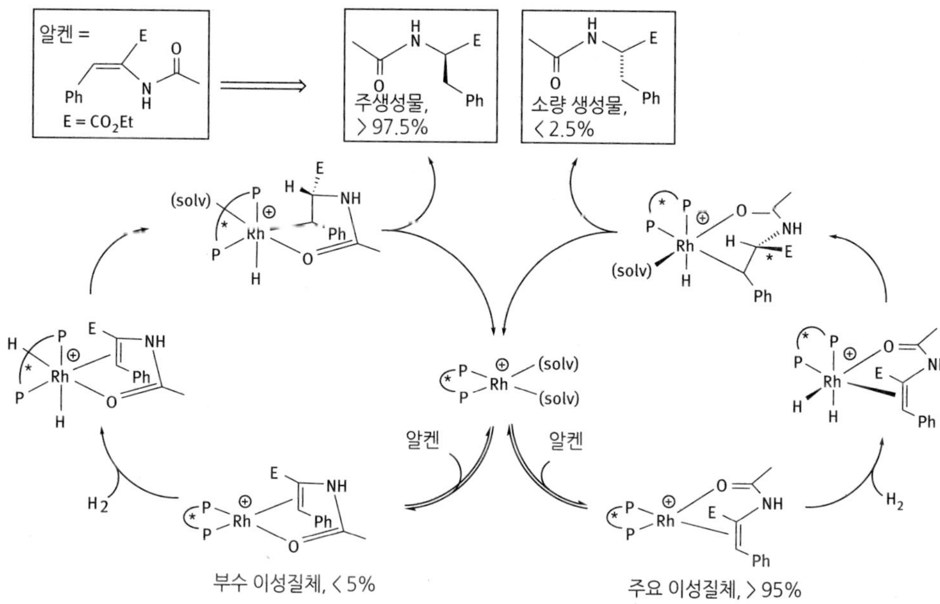

이러한 상황의 에너지 윤곽은 다음과 같이 설명할 수 있다. 두 개의 부분 입체 이성질체 관계에 있는 촉매-기질 첨가 생성물 **A**(주생성물)와 **B**(소량 생성물) 사이에는 빠른 평형이 존재하며, 이어서는 수소의 산화성 첨가는 덜 안정한 첨가 생성물인 **B**에서 더 잘 일어나게 된다.

두 가지 '이형태체 **A**와 **B**가 이들로부터 각각 생성되는 P_A와 P_B보다 더 빠른 속도로 교환될 경우의 P_A/P_B 비는 **두 전이 상태의 에너지 차** $\Delta\Delta G^{\ddagger}(A,B)=\Delta G^{\ddagger}(TS_A)-\Delta G^{\ddagger}(TS_B)$**에 의해 결정**되며, 활성화 에너지 차 $\Delta G^{\ddagger}(A)-\Delta G^{\ddagger}(B)$에 의해 결정되는 것은 아니다'라는 사실은 일반적인 촉매 기작의 원칙이다. 이것을 **Curtin–Hammett 원칙**(Curtin–Hammett principle)이라고 부른다.

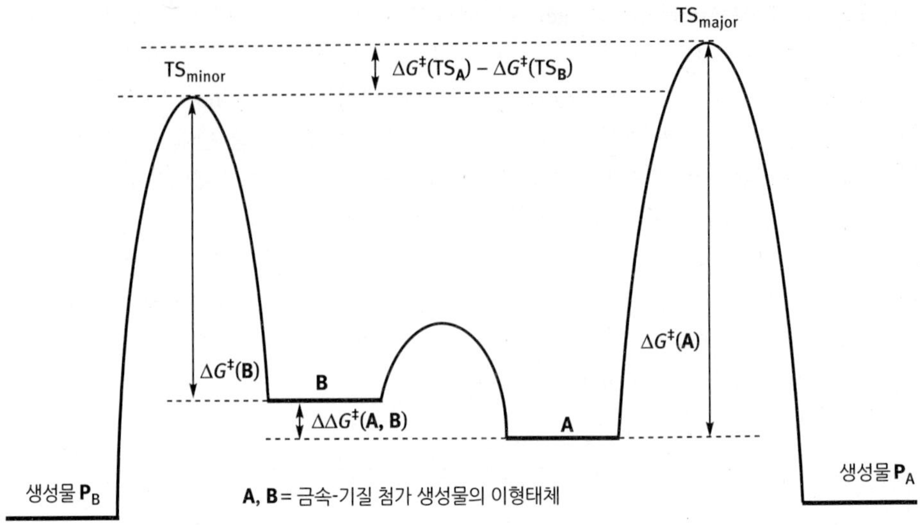

어렵다고 알려진 비관능화된 알켄의 비대칭 수소 첨가 반응과 같은 기질의 범위를 넓히는 연구에서부터 높은 거울상 이성질체 순도를 얻기 위한 노력에 이르기까지 많은 수의 리간드 시스템에 대한 연구가 진행되었다. 몇 가지 예들은 아래와 같다.

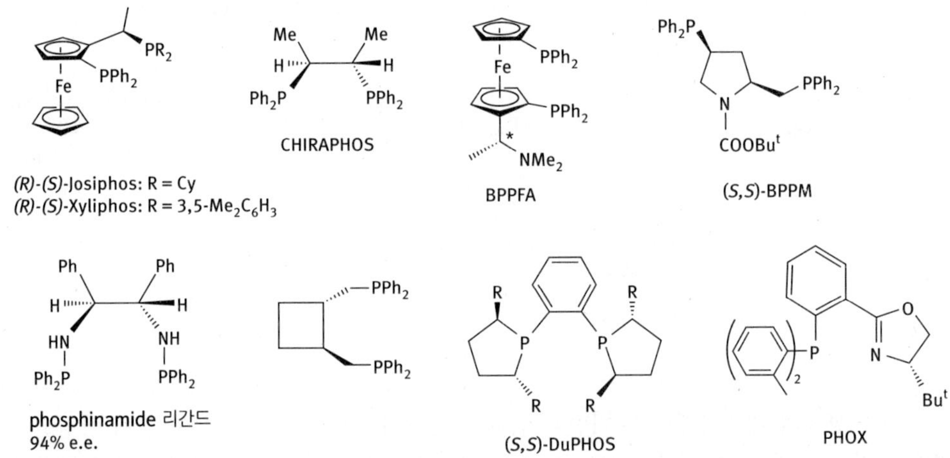

특별히 성공적인 리간드는 R. Noyori에 의해 개발된 BINAP 리간드이다. BINAP 리간드에 존재하는 2개의 나프틸(naphthyl)기는 입체 장애로 인해 이들과 연결된 C–C 결합에 대해 회전에 의한 상호 변환이 불가능하다는 특징을 가진다. 따라서 이러한 특징은 BINAP으로 하여금 거울상체 선별에 특이성을 가진 축 방향 카이랄 킬레이트 포스핀 리간드로서 작용하게 만들어 준다.

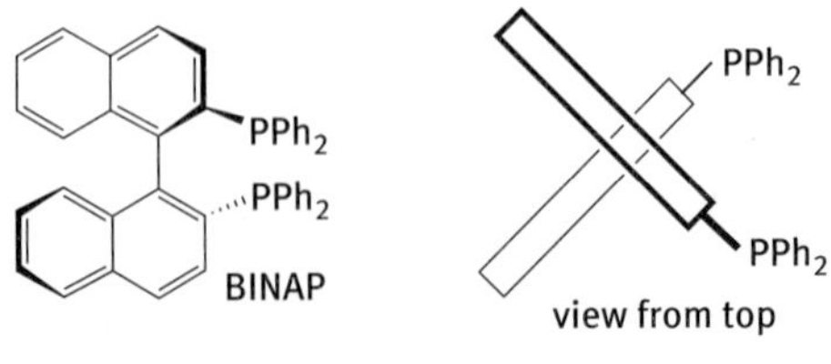

자료 3.3.1.3 비대칭 수소 첨가 반응의 응용

Rh 및 Ru BINAP 착물은 아크릴산 및 알릴 알코올의 환원 등의 거울상 선택성 촉매 반응에 광범위하게 적용되어 왔다. 비대칭 수소 첨가 반응의 구체적 응용 예로는 향수 성분인 시트로넬롤(citronellol)의 합성과 항염증제인 나프록센(Naproxen)의 합성이 있다.

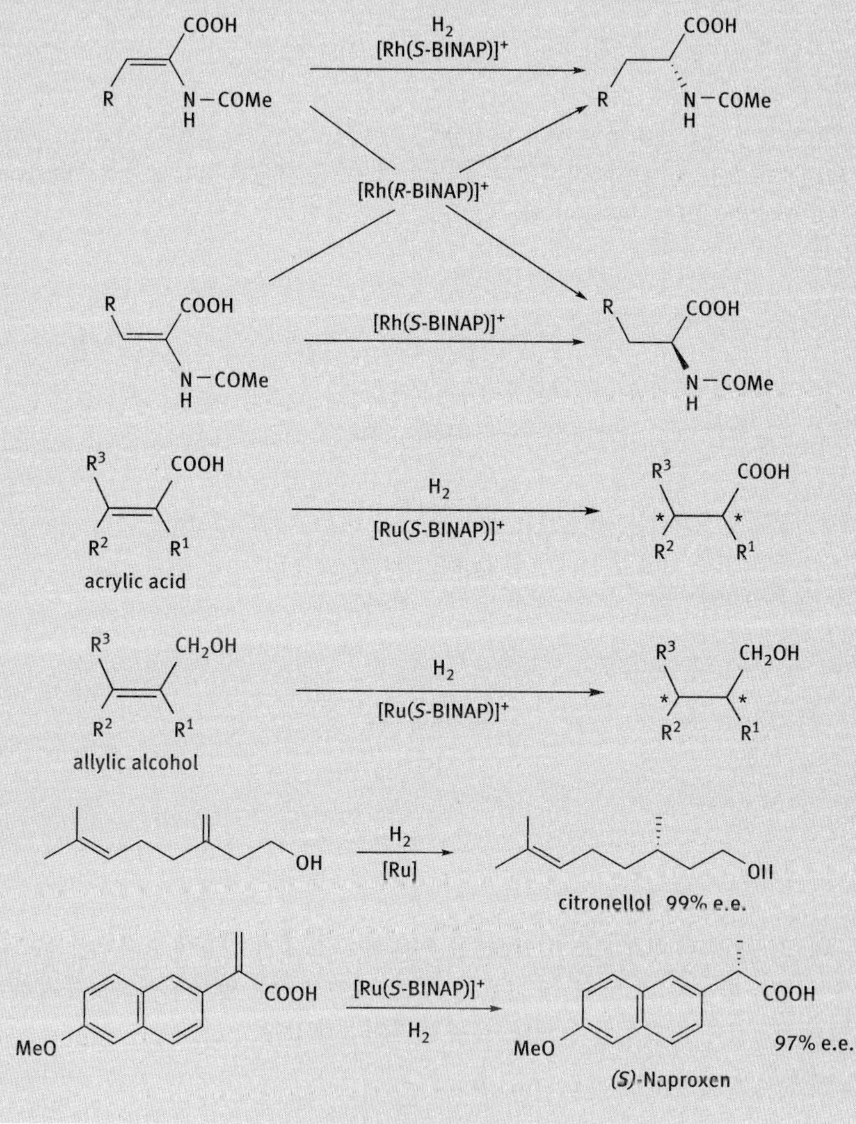

또 다른 중요한 응용으로는 제초제로 폭넓게 사용되고 있는 메토라클러(metolachlor) 합성에서의 비대칭 이민 수소 첨가 반응이 있다.

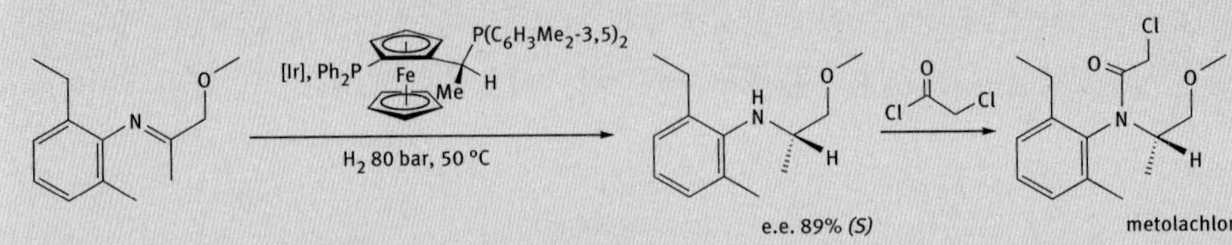

방향 지향성 작용기를 전혀 갖고 있지 않는 알켄의 비대칭 수소 첨가 반응은 어렵지만, 예를 들어 PHOX 형태의 옥사졸린-포스핀 리간드를 사용하게 되면 높은 거울상 이성질 선택성을 보인다는 것이 알려져 있다.

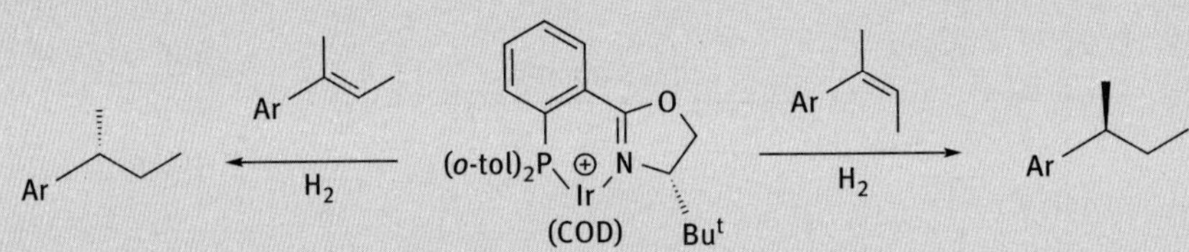

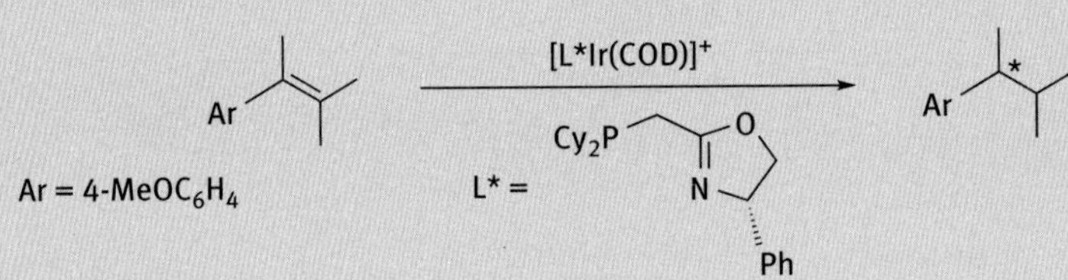

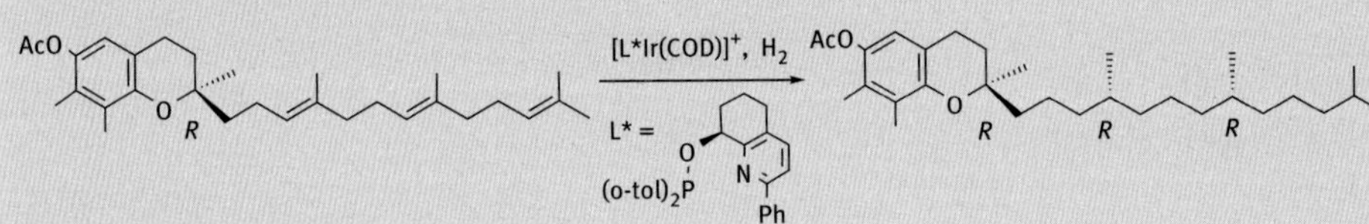

최근에 카이랄성 한자리 포스핀 리간드도 비대칭 수소 첨가 반응에 효과적인 것으로 밝혀졌다. 이들은 합성이 쉽기 때문에 어떤 경우에는 매력적이다. 입체 선택성은 두자리 리간드의 입체 선택성과 잘 일치할 수 있다. 예를 들면 다음과 같다.

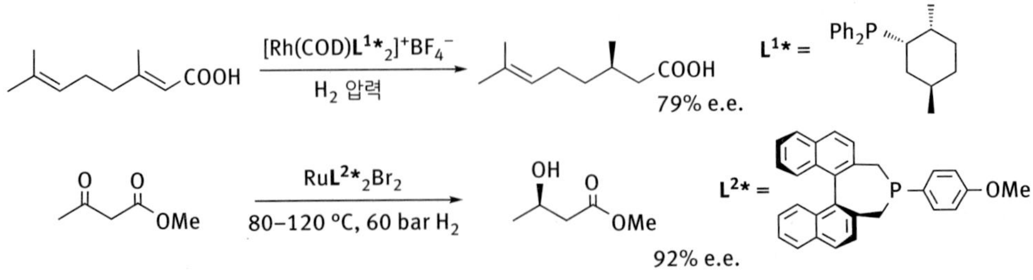

3.3.1.4 이동 수소 첨가 반응

대부분의 수소 첨가 반응은 높은 압력의 수소 기체를 필요로 한다. 다른 대안은 알코올 용매를 H_2 공급원으로 사용하는 이동 수소 첨가 반응이다. 이동 수소 첨가 반응은 고압의 위험한 수소 기체를 사용하지 않기 때문에 실험실 규모의 반응에 유용하게 사용된다. 과량의 용매로서 알코올을 H-공급원으로 사용하기 때문에 수소 첨가 반응의 평형을 오른쪽으로 이동시킬 수 있다.

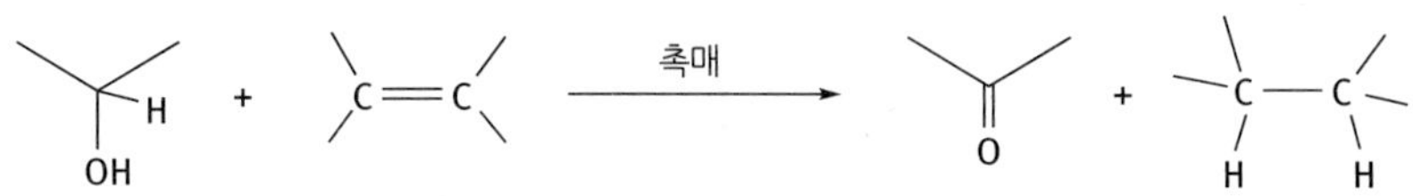

아이소프로판올은 쉽게 탈수소화가 진행되어 아세톤이 된다. H_2의 또 다른 저장 형태는 폼산(HCOOH)인데, 폼산은 $H_2 + CO_2$로 쉽게 전환될 수 있다. 이동 수소 첨가 반응은 Ru과 Rh 촉매에 의해 진행되며, 이러한 촉매들은 적합한 리간드와 함께 사용될 때 높은 거울상 초과량을 보인다.

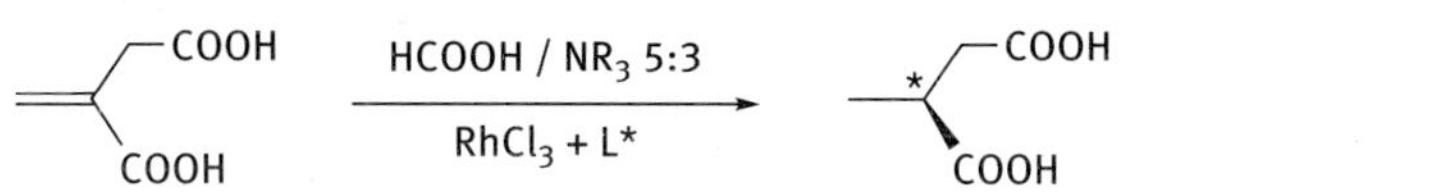

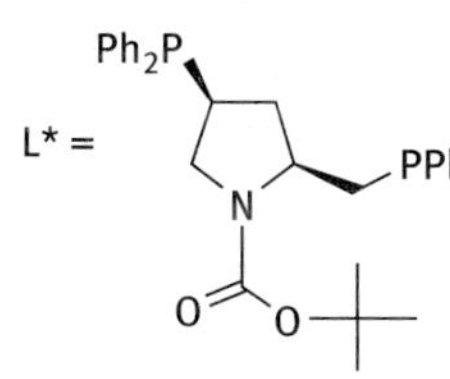

NR_3	e.e. %
NEt_3	82
(*R*)-Ph(Me)$CHNH_2$	80
(*S*)-Ph(Me)$CHNH_2$	99.5 !

Ru, Rh 및 Ir의 카이랄 킬레이트 아미도 착물은 케톤 및 이민의 카이랄 알코올 및 아민으로의 비대칭 이동 수소 첨가 반응의 촉매로 사용된다.

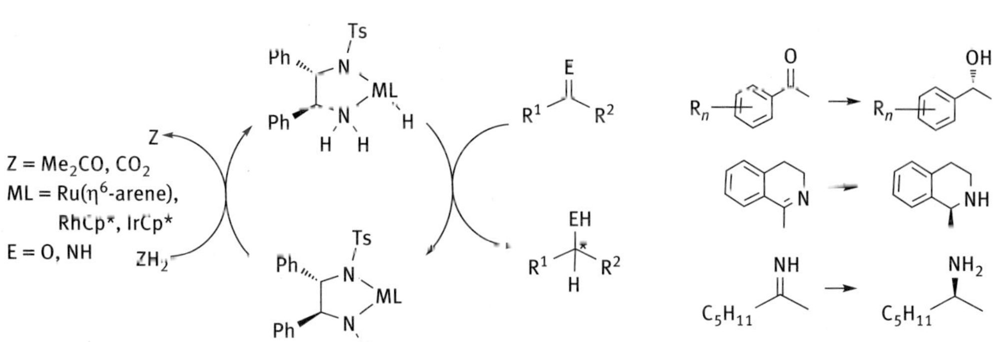

자료 3.3.1.4 수소 저장 분자와 H_2 방출

폼산과 같은 기질이 CO_2와 H_2로 분해될 수 있다는 것은 폼산이 연료 전지에서 에너지 생성을 위한 H_2 저장 매체로 사용될 수 있다는 것을 의미한다. 즉, 다양한 촉매들 가운데 킬레이트제 포스핀에 의해 지지된 Ru 및 Fe 착물은 온화한 조건에서 폼산으로부터 H_2를 방출시키는 데 효과적이라는 것이 알려졌다.

$$HCO_2H \xrightarrow[20\text{–}80\ ^\circ C]{\text{촉매}} CO_2 + H_2$$

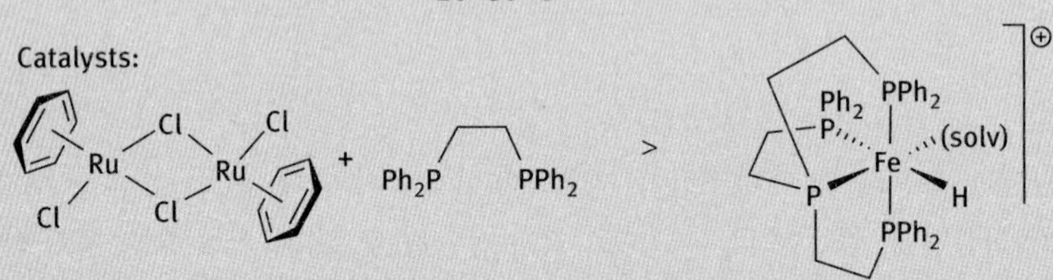

CO_2의 수소 첨가 반응으로부터 폼산이 만들어지는 역반응은 30–70 bar 조건에서 여러 자리 리간드가 배위된 $[P(o\text{-}C_6H_4PPh_2)_3FeH(H_2)]^+$ 촉매를 사용하여 진행된다.

킬레이트제 포스핀이 배위된 Ru 촉매는 에탄올에서 에틸 아세테이트를 만드는 탈수소 짝지음 반응에 효율적이다. 이 반응에서는 NaOEt가 매우 적은 양이지만 조촉매로 함께 사용되어야 한다.

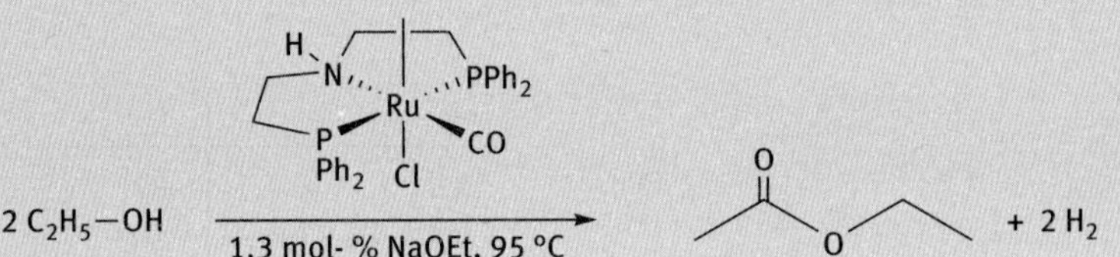

3.3.1.5 케톤의 외부권 수소 첨가 반응

카이랄 1차 아민이 배위된 Ru 촉매가 케톤과 같은 극성 기질의 수소 첨가 반응에 효과가 좋다는 것은 다소 놀라운 사실이다. 케톤은 수소 결합을 통해 아민과 결합될 것으로 생각되며, 금속 촉매에서 통상적으로 일어나는 산화성 첨가/삽입/환원성 제거와 같은 과정 없이 환원 반응이 일어난다. 염기를 첨가해 주면 Ru 수소화물의 재생 반응에서 H_2의 이종 분해를 돕는 것으로 알려져 있다.

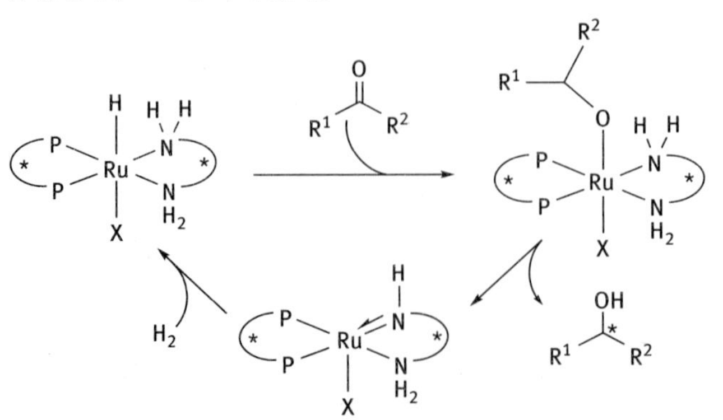

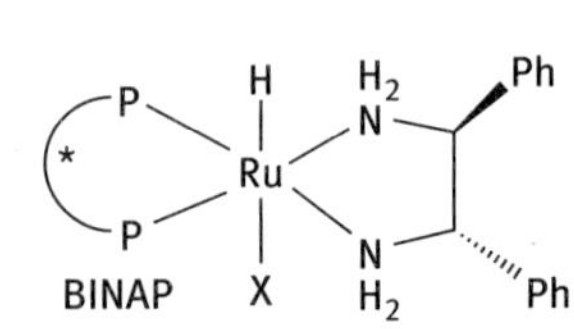

X = H, Cl

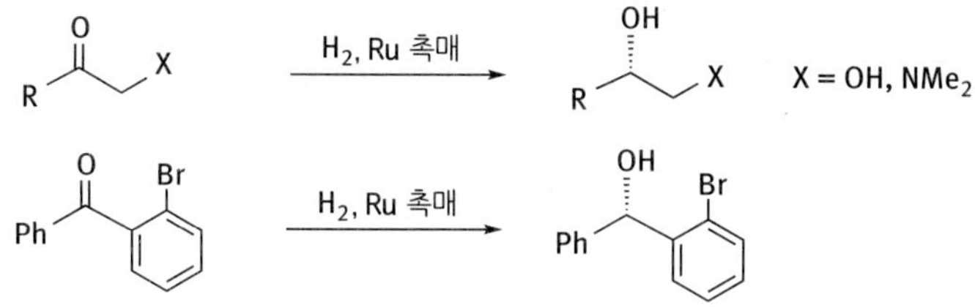

3.3.2 수소규소 첨가 반응

불포화 기질의 수소규소 첨가 반응은 정밀화학 합성에서부터 가교 결합 및 표면 처리를 통한 중합체 피복 합성에 이르는 다양한 분야에 적용되어 왔다. 케톤의 비대칭 수소규소 첨가 반응은 카이랄 알코올을 만들 수 있는 비대칭 수소 첨가 반응의 대안이다. C=C에 Si-H를 첨가하는 수소규소 첨가 반응의 메커니즘은 Markovnikov 혹은 anti-Markovnikov 위치 선택성 반응 화학으로 두 가지 생성물을 얻을 수 있다는 것을 제외하고는 수소 첨가 반응과 원칙적으로 동일하다.

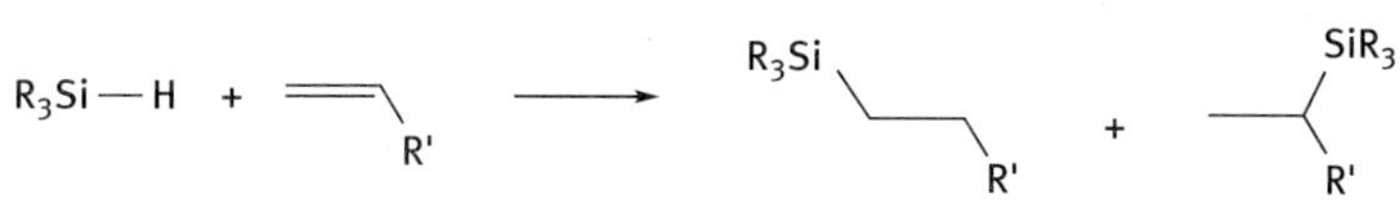

백금 촉매는 매우 효과적이며 종종 고온에서 매우 높은 전환수를 보인다. Speier 촉매로 알려진 $H_2Pt^{IV}Cl_6 \cdot xH_2O$과 Karstedt 촉매라고 불리는 바이닐 실록세인(vinyl siloxane)의 Pt(0) 첨가 생성물이 산업적으로 사용되어 왔다. 수소규소 첨가 반응의 환원 조건에서 활성종은 Pt(0)이다. Ni, Pd 및 $RhH(CO)(PPh_3)_3$와 같은 Rh 착물은 C=C 혹은 C=O 결합의 수소규소 첨가 반응의 촉매로서 활성을 보인다.

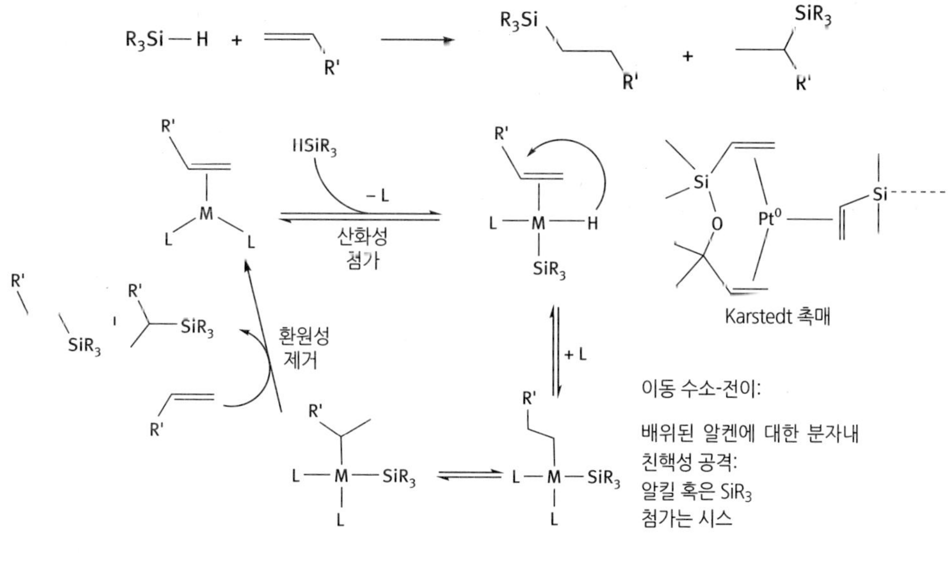

케톤의 비대칭 수소규소 첨가 반응은 수소 첨가 반응에 설명된 경로를 따라 유사하게 진행된다. 적절한 거울상 선택성을 갖는 리간드는 DIOP와 같은 다이포스핀 킬레이트 리간드이다.

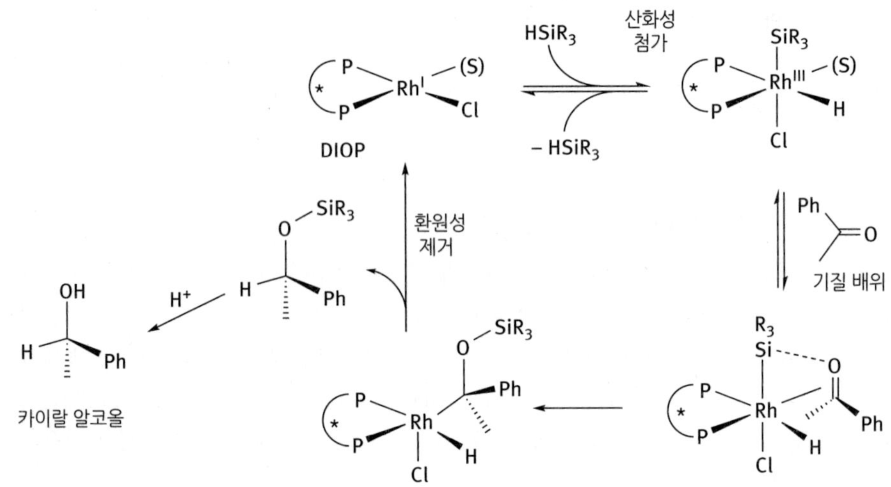

최근에 철(0) 촉매도 알켄의 anti-Markovnikov 수소규소 첨가 반응에 매우 좋은 활성을 보인다는 것이 알려졌다.

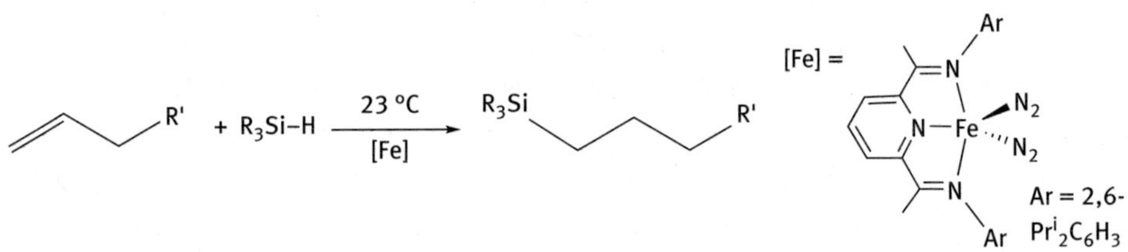

3.3.3 이성질화 반응

C=C의 수소 첨가 반응의 촉매로 사용되는 금속 수소화물은 C=C의 이성질화 반응에도 사용될 수 있다. 이 경우에는 두 번째 수소의 전이 과정 대신에 β–H 제거 반응이 일어나게 된다. 따라서 말단의 C=C이 반응성이 적은 내부의 C=C으로 변하게 된다. 하지만 말단 알켄이 금속 착물을 형성하거나 후속 반응에 의해 포획될 경우에는 거꾸로 내부에 C=C를 가진 알켄이 이성질화되어 말단 작용기를 가진 생성물로 변할 수 있다.

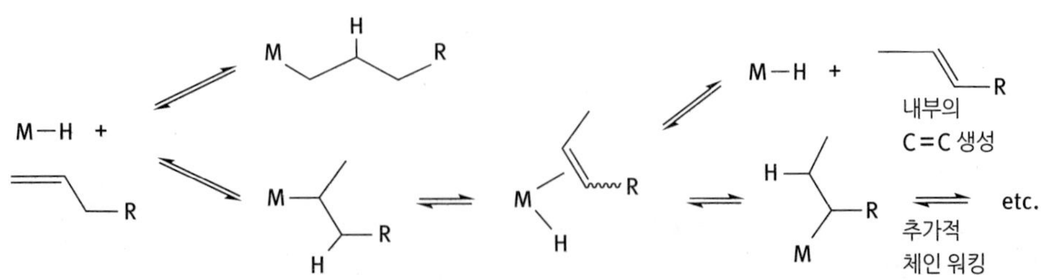

Pd(0) 착물과 같이 수소 음이온 리간드를 가지지 않은 금속은 π-알릴 중간체를 거쳐 올레핀의 이성질화를 진행시킨다.

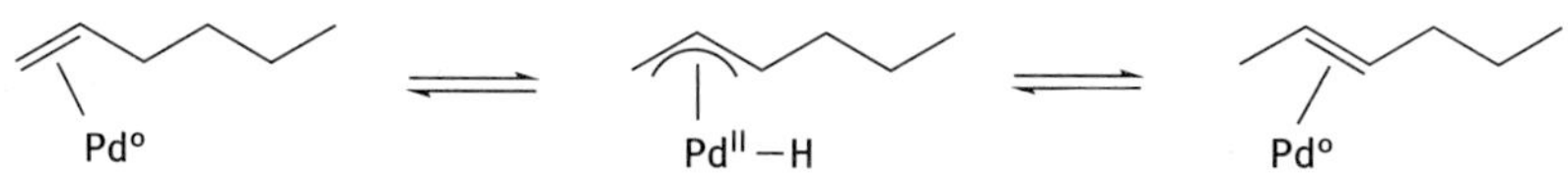

이러한 일련의 반응은 일부 금속 착물로 하여금 하나의 탄소 원자에서 다른 탄소 원자로 이동하는 것을 가능하게 만드는데, 이런 과정을 '**체인 워킹**(chain walking)'이라고 한다.

수소 첨가 반응 측면에서, 반응성이 낮은 내부 올레핀의 생성은 원하지 않는 부산물 생성과 함께 반응 수율이 떨어진다는 것을 의미하지만, 거꾸로 이성질화 반응 측면에서는 바람직한 공정임에 틀림없다. 예를 들어, 내부 알켄 및 Schwartz 시약이라 불리는 Cp_2ZrHCl로부터 1차 알킬 형성이 2.8.2.3 절의 메탈로센 수소화물에서 언급되었다. 유채기름 유도체는 폴리에스터에 적용할 수 있는 긴 사슬을 갖는 다이올로의 전환이 가능한데, 유채기름 유도체의 팔라듐 촉매를 이용한 카보닐화 반응은 C=C의 이성질화 반응과 후속 반응에 의한 가장 큰 반응성을 갖는 이성질화 생성물로의 포획 반응에 대한 또 다른 예가 될 수 있다.

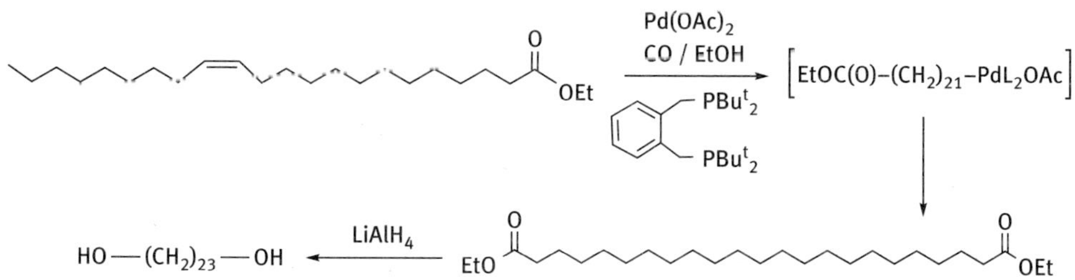

$HCo(CO)_4$ 화합물은 Markovnikov 위치 선택성 첨가 반응을 통해 알릴 알코올이 아세트알데하이드로의 이성질화 촉매로 사용된다.

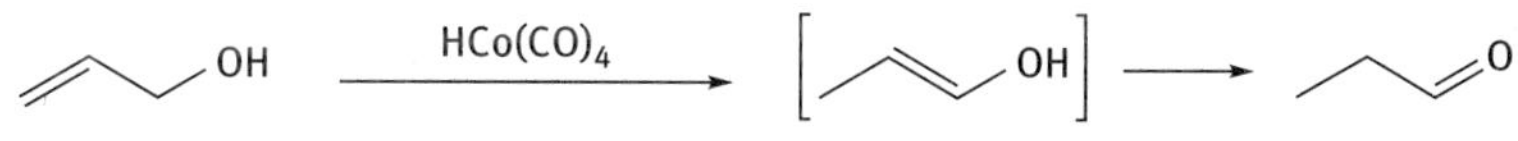

내부 알카인의 이성질화 반응도 알려져 있는데, 유용한 알렌 화합물의 합성에 적용된다.

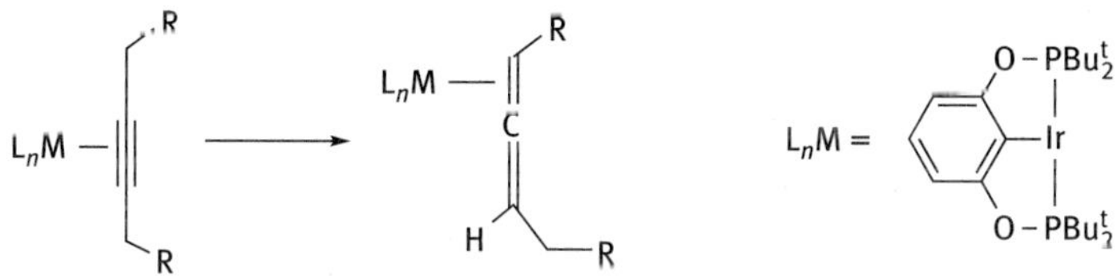

3.3.4 수소사이안 첨가 반응

탄소-탄소 이중 결합 및 삼중 결합에 대한 수소사이안 첨가 반응은 새로운 탄소-탄소 결합을 생성하며, 동시에 -CN, -C=NR, -CHO, $-C(O)NH_2$, -COOH, $-CH_2NH_2$와 같은 작용기를 생성물에 도입시킬 수 있다. 니켈 촉매계가 수소사이안 첨가 반응에 가장 효율적임이 알려져 있다. 수소사이안 첨가 반응에 대한 대량 합성의 대표적 예로는 뷰타다이엔의

1,4-아디포나이트릴(1,4-adiponitrile) 전환 반응이다. 1,4-아디포나이트릴을 환원시키면 1,6-다이아미노헥세인('헥사메틸렌다이아민')이 만들어지고, 1,6-다이아미노헥세인은 나일론-6,6의 전구체로 사용된다. 실험실 규모의 실험에서는 HCN의 독성으로 인해 HCN에 대한 사용이 적었지만, 아세톤 사이아노하이드린, $Me_2C(CN)OH$이 HCN의 공급원으로 사용되기도 하였다.

다른 종류의 C=C에 대한 HX 첨가 반응과 동일하게 수소사이안 첨가 반응에서도 Markovnikov와 anti-Markovnikov 위치 선택성 반응 화학으로 생성물이 만들어진다.

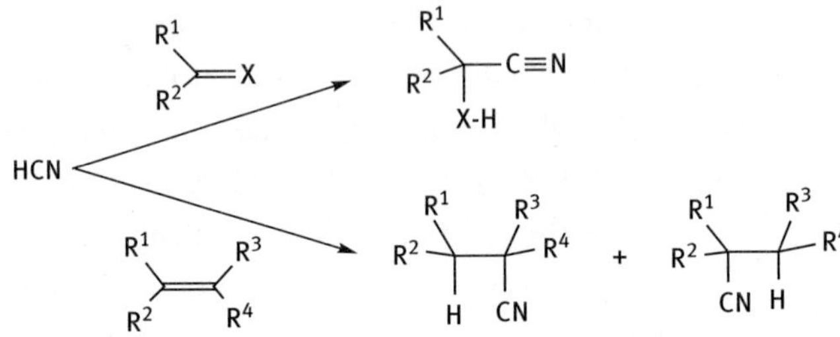

촉매 설계 측면에서 고려해야 할 주요점은 HCN이 산성이며 CN^-가 매우 강한 장 리간드라는 사실이다. HCN의 촉매에 대한 산화성 첨가는 금속 주변에 전자를 주는 능력이 뛰어난 리간드가 배위되어 있을 때 더 잘 일어나는데, 이를 통해 생성되는 안정한 난용성 사이안화 금속염은 촉매를 비활성화시킨다. 따라서 가용성 촉매를 만들기 위해서는 부피가 크며(배위수를 낮추기 위해서), 전자 끌기 특성을 지닌(촉매의 비활성화를 막기 위해) 리간드가 필요하다. 포스파이트 $P(OR)_3$ 리간드가 이러한 요건을 충족시키며, 더불어 Lewis 산 조촉매도 함께 필요하다.

에틸렌의 수소사이안 첨가 반응의 메커니즘은 상세히 연구되었는데, 주요 단계는 아래와 같다.

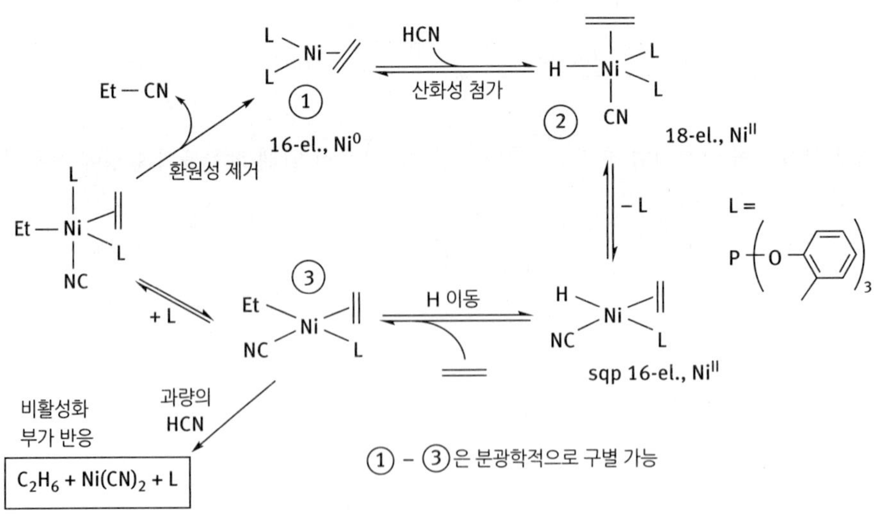

스타이렌과 다른 아릴-치환기를 가진 알켄의 수소사이안 첨가 반응은 쉽게 일어난다. 이들은 가지 사슬을 갖는 알켄 화합물이기 때문에 카이랄 수소사이안 첨가 반응 생성물이 만들어질 가능성이 있다.

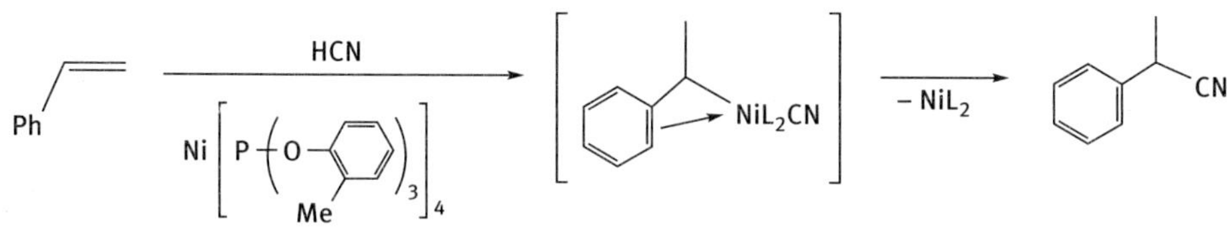

다이엔 수소사이안 첨가 반응. 전 세계에서 생산되는 아디포나이트릴[$NC(CH_2)_4CN$]의 대다수는 뷰타다이엔의 수소사이안 첨가 반응을 통해 얻어진다. 반응은 다음과 같은 단계로 진행된다.

(1) 니켈 포스파이트 촉매는 1, 3-뷰타다이엔의 HCN 첨가 반응을 통해 탄소수 5개인 혼합물을 만든다.

(2) 니켈/Lewis 산 촉매는 탄소수 5개인 나이트릴의 이성질화 반응을 통해 선형의 4-펜텐 나이트릴을 만든다.

(3) 니켈/Lewis 산 촉매에 의해 두 번째 HCN 첨가 반응이 일어난다.

Lewis 산(LA)은 CN과 결합하여, Ni–CN 결합을 약하게 만들고 $[LA\text{–}CN]^-$ 형태의 음이온을 생성시킨다. 전형적인 Lewis 산으로는 $ZnCl_2$가 있으며, BPh_3를 Lewis 산으로 사용할 경우에는 아디포나이트릴(ADN)의 선택도를 90% 이상으로 증가시킬 수 있다.

단계 1: HCN과 상대적으로 전자가 부족한 Ni(0) 포스파이트 착물의 산화성 첨가는 니켈의 수소화물을 만들고, 수소 음이온과 뷰타다이엔의 첨가 반응을 통해 η^3-알릴 중간체가 생성된다. 생성된 π-알릴 화합물은 C-1 혹은 C-3 위치로 CN^-의 분자내 친핵성 공격을 받아 선형 혹은 가지 사슬을 갖는 형태의 펜텐 나이트릴로 변한다. 아디포나이트릴 합성을 위해서는 선형의 펜텐 나이트릴이 필요하다.

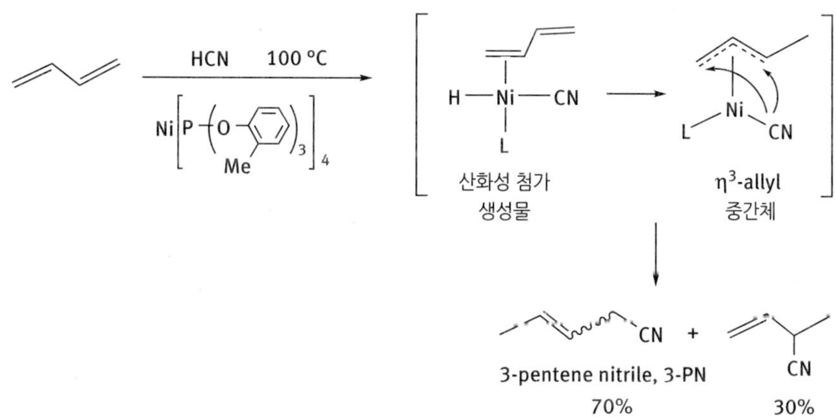

단계 2: 가지 사슬을 갖는 나이트릴에서 선형의 나이트릴로의 이성질화 반응과 3-펜텐 나이트릴(3-PN)에서 4-펜텐 나이트릴(4-PN)으로의 이중 결합 이동 반응은 양이온 니켈 수소화물을 촉매로 사용하여 행해진다. 4-PN은 두 번째 HCN 첨가 반응을 통해 만들어진다.

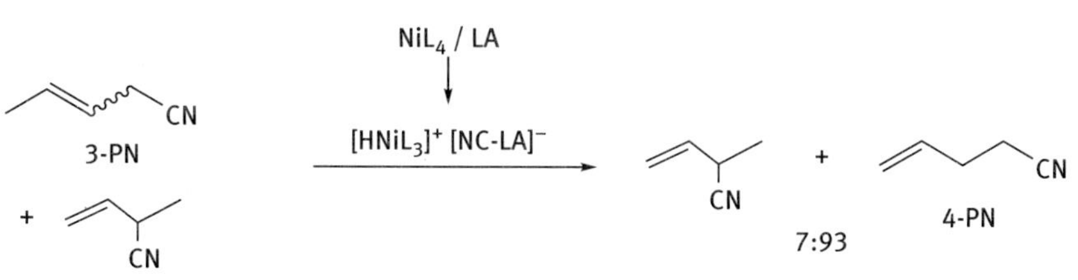

단계 3: 보다 산성인 니켈 수소화물 양이온과 약한 배위 능력을 가진 Lewis 짝음이온으로 이루어진 촉매계에 4-PN이 삽입되면 CN기를 알킬기의 말단에 가진 니켈 착물이 만들어진다. 금속에 배위된 알킬기와 CN의 환원성 제거는 최종 산물인 ADN을 생성시키고 촉매 과정 회로가 끝나게 된다.

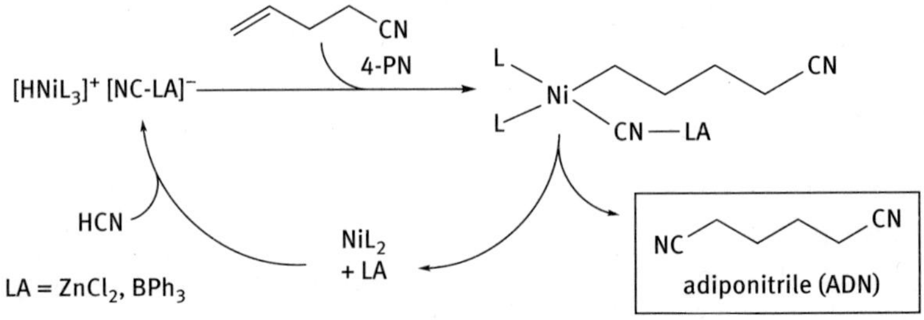

자료 3.3.4 비대칭 수소사이안 첨가 반응의 응용

노보넨(norbornene)에 HCN이 입체 선택적으로 삽입되고, 카이랄 리간드를 함께 사용할 때에는 거울상 이성질 선택성도 보인다.

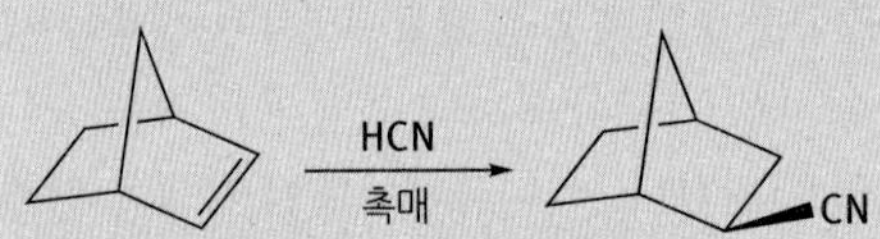

촉매	수득률
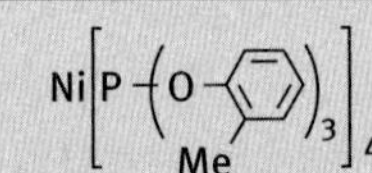	77%
$Pd[P(OPh)_3]_4$	83%
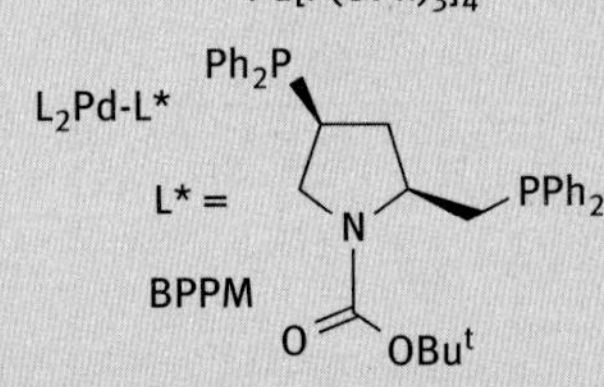	68% 20% e.e.

비대칭 수소사이안 첨가 반응은 진통제인 나프록센(Naproxen)에 대한 대안 합성 경로를 제공한다(3.3.1.3절 참조). 이 반응은 카이랄 리간드(이 경우에는 설탕 포스피나이트(phosphinite) 유도체)의 입체 효과 및 전자적 특성과 용매에 대해 매우 민감하다. 가장 높은 거울상 초과량(e.e.) 값은 헥세인에서 얻어진다.

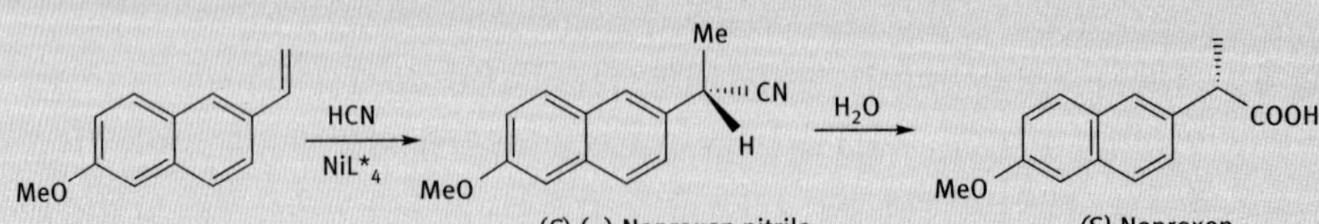

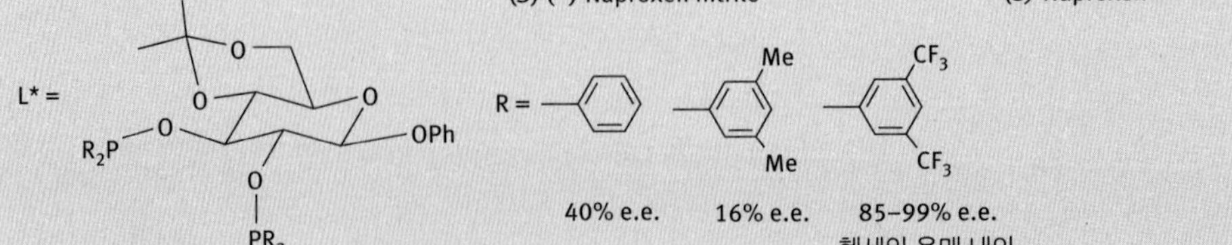

알데하이드 및 케톤의 수소사이안 첨가 반응.
알데하이드 및 케톤의 수소사이안 첨가 반응은 다른 형태의 촉매를 필요로 한다. 즉, Lewis 산 금속 촉매가 알데하이드 및 케톤의 수소사이안 첨가 반응 촉매로 사용된다. 또한, 카이랄 Lewis 산은 거울상 이성질 선택성을 보이는데, 그들은 $Ti(OPr^i)_4$와 같은 금속 알콕사이드를 카이랄 다이올과 직접 반응시킴으로써 만들 수 있다.

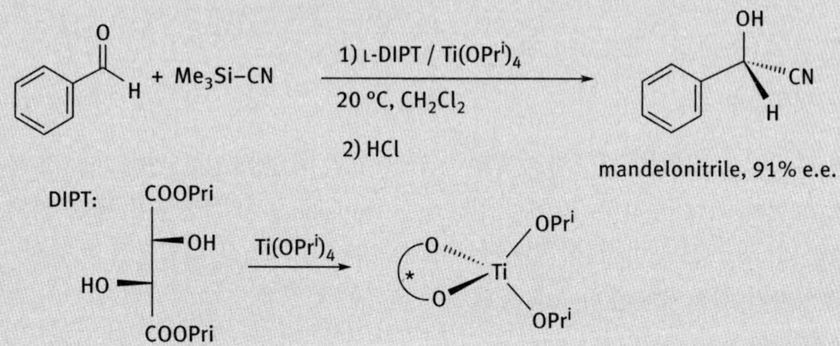

다른 카이랄 킬레이트:

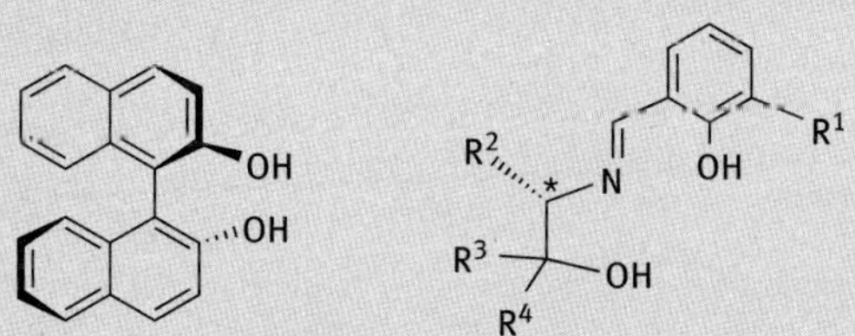

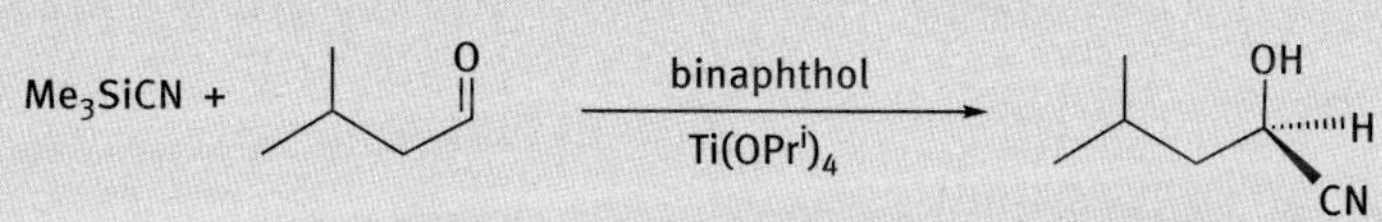

3.3.5 수소아민 첨가 반응

탄소-탄소 이중 결합 및 삼중 결합에 H–N 결합을 추가하는 것을 수소아민 첨가 반응(hydroamination)이라고 한다. 다수의 Lewis 산 금속 촉매를 사용하여, 분자내 수소아민 첨가 반응으로 고리형 아민을, 분자간 수소아민 첨가 반응으로 -NHR 작용기를 도입할 수 있다. 알켄과 알카인의 분자간 수소아민 첨가 반응을 위한 일반적인 촉매 과정 회로는 다음 도표에 나와 있다. 중요한 단계는 금속 알킬 또는 금속 바이닐 중간체에 대한 친핵성 공격이다.

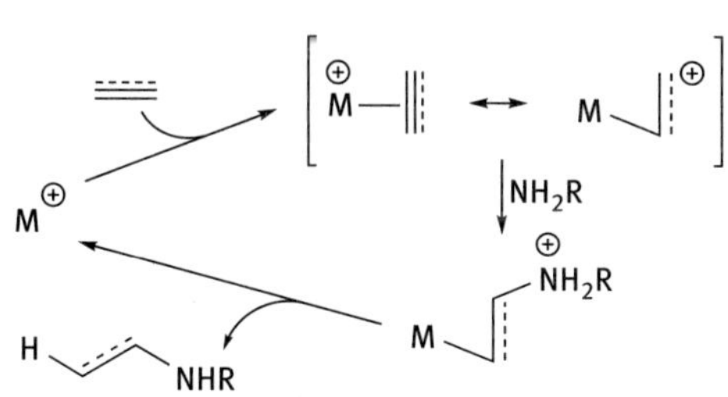

많은 금속 착물이 사용될 수 있다. 두 개의 Cp기를 갖고 있는 란타넘족 촉매들은 매우 좋은 활성을 보이지만, Pd, Pt, Rh과 양이온 금(I) 착물에 비해 작용기에 대한 내성은 좋지 않다. 또한 칼슘 아마이드 착물도 효과적인 촉매인 것으로 밝혀졌다.

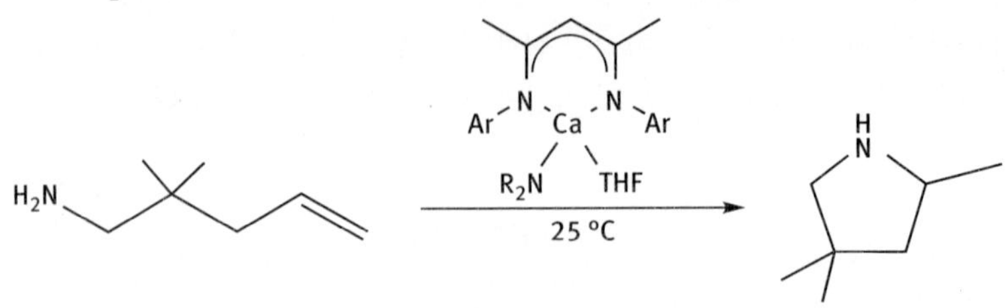

응용 분야로는 의약품 전구체로 흔한 오각형 고리 아민 합성을 위한 비대칭 분자내 고리화 아민화 반응이 가능하다. 카이랄 란타노신(lanthanocene) 화합물은 좋은 입체 선택성을 제공하는데, 비스(트라이메틸실릴)아마이드를 가진 란타노신 화합물은 기질의 $-NH_2$기에 의해 양성자가 이전되어 탄화수소 용매에 용해되는 전구체를 생성시킨다.

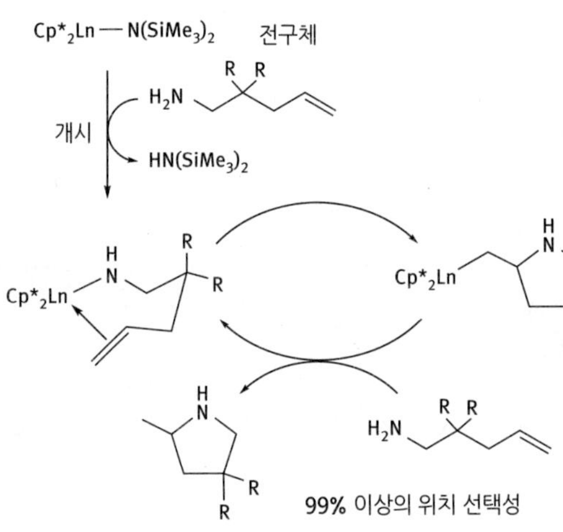

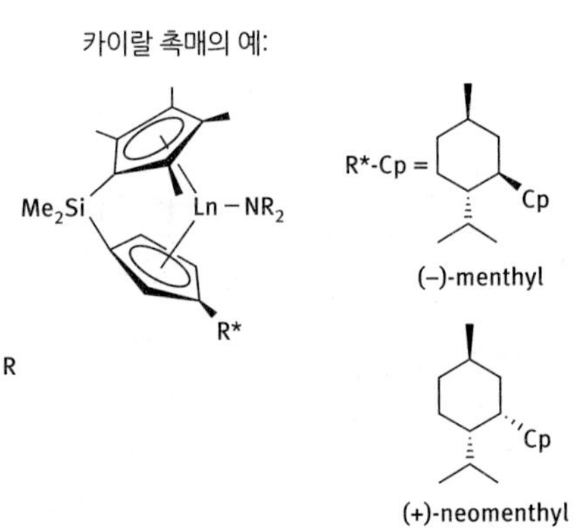

핵심

수소 첨가 반응은 촉매 작용을 통해 불포화 기질에 H_2가 삽입되는 것을 말한다. H_2는 보통 *syn* 방식으로 들어간다.

수소 첨가 반응에 사용되는 촉매는 전자가 풍부하거나 부족한 많은 종류의 금속을 중심 원자로 가진다. 이중에서 Ru, Rh, Pd이 가장 흔하게 사용되고 있다. 반응은 이중수소 음이온 혹은 단일수소 음이온 메커니즘을 따르며, 비산화성 란타넘족 촉매는 시그마 결합 상호 교환 단계를 포함한다.

대칭 리간드에 의해 진행되는 비대칭 수소 첨가 반응은 특별히 중요하다. 대부분의 카이랄 킬레이트 포스핀 리간드의 카이랄 정보는 P 원자에 붙어 있는 치환기의 회전 배열에 의해 결정된다.

HX(X = SiR_3, CN, NR_2)의 첨가는 각각 수소규소 첨가 반응, 수소사이안 첨가 반응, 수소아민 첨가 반응을 유도한다.

C = C에 HX의 첨가는 Markovnikov 혹은 anti-Markovnikov 위치 선택성 반응 화학으로 일어난다.

뷰타다이엔에서 아디포나이트릴을 만드는 수소사이안 첨가 반응은 공업적으로 가장 중요한 HCN 반응이다.

Lewis 산 촉매는 케톤의 수소사이안 첨가 반응과 알켄 및 알카인의 수소아민 첨가 반응에 효과적이다.

연습문제

1. Z-아세트아미도 신남산 에스터의 어느 쪽 π-면(*re* 또는 *si*)으로 수소 첨가 반응이 일어나야 L-DOPA 화합물이 생성되는가?
2. T = 298 K에서 (i) 90%와 (ii) 99%의 거울상 초과량에 해당하는 D- 및 L-DOPA 생성 시의 에너지 차이를 계산하시오.
3. Ni 촉매를 이용한 스타이렌의 수소사이안 첨가 반응의 촉매 과정 회로를 그리시오. 왜 이 반응이 Markovnikov 방식의 첨가 생성물을 선호하는가?

3.4 카보닐화 촉매 반응

3.4.1 수소 폼일 첨가 반응

‘**옥소 반응**(oxo reaction)’으로도 알려진 **수소 폼일 첨가 반응**(hydroformylation)은 합성 가스로 알려진 CO와 H_2의 혼합물과 말단 알켄과의 반응을 통해 탄소 사슬의 길이를 하나 늘린 알데하이드 화합물을 만드는 과정을 말한다. 수소 폼일 첨가 반응은 프로펜에서 *n*-뷰탄알을 만드는 대규모 상업 공정에 사용되고 있는데, 알데하이드 화합물은 알코올, 다이올 및 카복실산과 같은 수많은 화학 필수 물질을 만들기 위해 필요한 전구 물질이다. 긴 사슬을 가진 알켄의 수소 폼일 첨가 반응은 세제용 기초 알코올 물질을 만들기 위해 많이 사용된다. 또한 수소 폼일 첨가 반응의 다른 주요한 용도로 PVC용 가소제인 다이옥틸 프탈레이트 (1,2-$C_6H_4(CO_2C_8H_{17})_2$))의 생산이 있다.

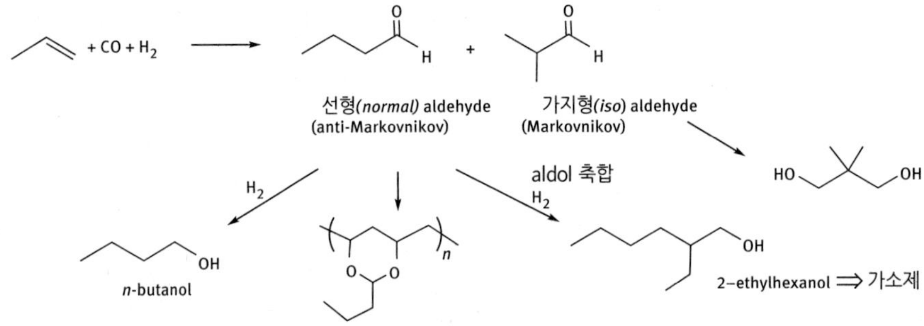

최초의 수소 폼일 첨가 반응 촉매는 코발트를 중심 금속으로 갖는 $HCo(CO)_4$이며 이 촉매는 현재까지 널리 사용되고 있다. 코발트 촉매는 수소 폼일 첨가 반응의 주요 단계를 매우 잘 보여 준다. 각 주요 단계는 가역 반응이며, 높은 압력의 CO는 코발트 주위의 배위 자리를 차지하기 위해 알켄과 경쟁하기 때문에 코발트에 다른 기질이 결합하는 것을 어느 정도 방해하지만 동시에 높은 CO 농도는 정반응을 촉진시키며, 더불어 촉매 활성이 전무한 $Co_2(CO)_8$의 생성($2HCo(CO)_4 \rightarrow Co_2(CO)_8 + H_2$)을 막는다. 또한 CO 압력을 증가시키게 되면 생성물의 선형 : 가지 사슬을 갖는 형태 (*n* : *iso*) 비율도 증가한다(90 bar에서 약 4 : 4 : 1로)

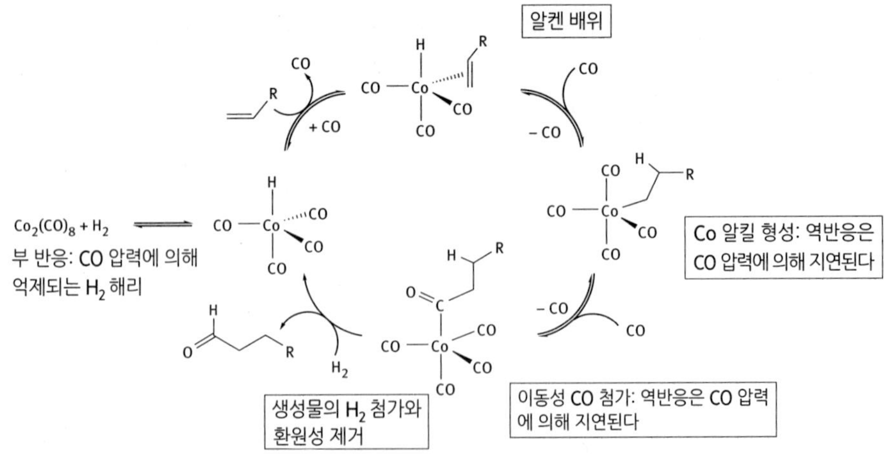

반응 속도는 알켄 농도에 비례하고 CO 농도에 반비례한다. 즉, 활성종을 활성화시키기 위해서는 CO의 해리가 필요한데, CO 농도의 증가는 반응을 지연시킨다. 산업적으로 의미

있는 반응 속도를 얻기 위해서는 110~180 ℃와 같은 높은 온도에서 반응을 진행해야 한다. 이러한 온도에서 코발트 카보닐은 분해되는데, 이를 막기 위해서는 충분히 높은 압력의 CO를 공급해야 한다. 따라서 코발트 촉매를 수소 폼일 첨가 반응에 사용하기 위해서는 높은 온도와 높은 압력(H_2와 CO를 합쳐서 약 200~300 bar)이 필요하다. 또한 코발트 촉매는 가격 측면에서 저렴하지만 높은 압력하에서 대량 합성 반응을 위한 고가의 반응기가 필요하다.

반응 시 트라이알킬포스핀을 첨가해 주면 촉매가 안정화되어 분해가 잘 되지 않기 때문에 기존보다 낮은 CO의 압력인 50~100 bar로 떨어뜨릴 수 있으며 동시에 활성 증대를 위해 온도를 높일 수 있다. 그러나 트라이알킬포스핀 리간드는 $HCo(CO)_3(PR_3)$의 수소 음이온의 음이온 성질을 더 크게 증가시키기 때문에 코발트 촉매를 훨씬 강력한 수소화 반응 촉매로 만들어 알데하이드를 환원시켜 알코올로 만들어 버린다. 또한 알켄의 수소 첨가 반응이 일어날 수도 있기 때문에 이를 통해 원하지 않는 알케인 부산물이 생성될 수 있다. 전체적으로 포스핀을 포함하는 코발트 촉매를 이용하여 수소 폼일 첨가 반응은 $HCo(CO)_4$를 사용할 때보다 훨씬 느리게 일어나지만 더 높은 *n*/*iso* 비를 보인다. PBu^n_3을 포함하는 코발트 촉매는 알데하이드와 알코올이 반반 섞여 있는 혼합물을 만드는데 이들 중 약 90%가 선형의 생성물이다.

코발트 촉매에 가혹한 반응 조건이 요구되지만, **로듐 착물**(**rhodium complexes**)인 경우에는 상온, 상압에서 촉매 반응을 일으킨다. 적절한 촉매로는 $Rh(CO)_2(acac)$)와 $HRh(CO)(PPh_3)_3$가 있다. Wilkinson 화합물인 $HRh(CO)(PPh_3)_3$에서 PPh_3 리간드의 해리가 쉽게 일어나는데, 이를 통해 생성되는 16 VE $HRh(CO)(PPh_3)_2$에 올레핀이 배위하게 된다. 수소화나 C=C의 이성질화 부산물의 생성 없이 25 ℃, 1 bar에서 선형의 알데하이드는 *n*/*iso* 비가 약 20:1의 높은 선택도로 얻어진다. 이러한 이유로 로듐 촉매가 상업 공정에서 많이 이용되어져 왔다.

선택성이 떨어지는 $HRh(CO)_{3-x}(PPh_3)_x$ ($x = 0, 1$)의 생성을 막기 위해서 과량의 PPh_3가 상업 공정에서 사용된다. Rh 촉매를 이용한 수소 폼일 첨가 반응의 촉매 과정 회로는 코발트 촉매를 사용할 때와 매우 유사하다. 삼각 쌍뿔 구조의 18 VE 코발트 중간체와는 달리 로듐 순환 과정에서는 평면사각형 구조의 16 VE과 삼각 쌍뿔 구조의 18 VE Rh(I) 중간체가 모두 포함되어 있는 것으로 생각된다.

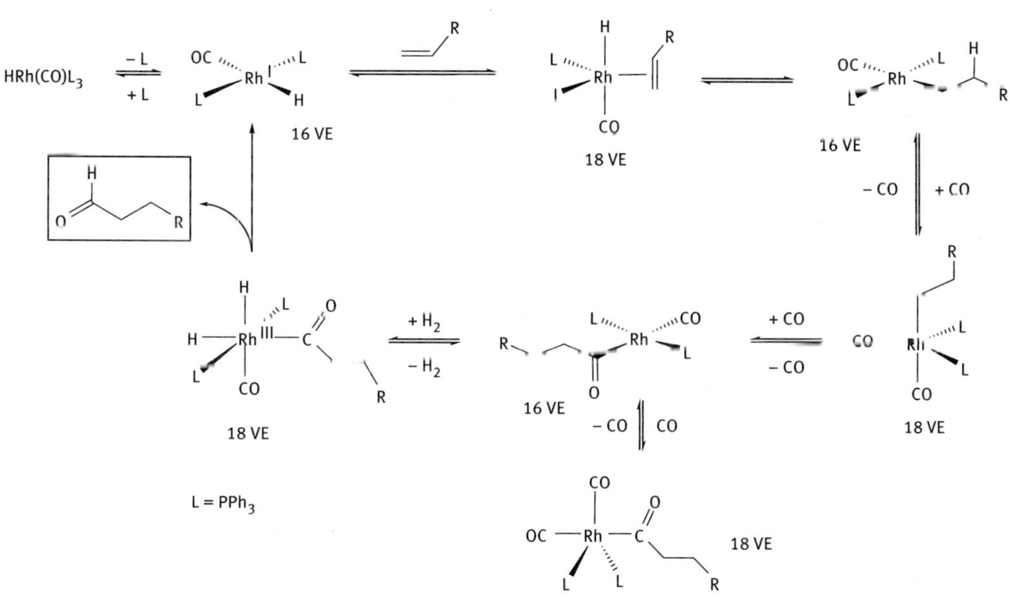

보다 높은 *n/iso* 비를 보이거나 활성이 뛰어난 비스-포스핀 리간드계가 문헌에 많이 보고되었다. 수소 폼일 첨가 반응이 물을 용매로 사용할 때에도 가능한데, 이 때에는 설폰화된 PPh_3와 같은 수용성 포스핀의 로듐 착물을 사용하였다. 이것들도 역시 산업적으로 사용되고 있다.

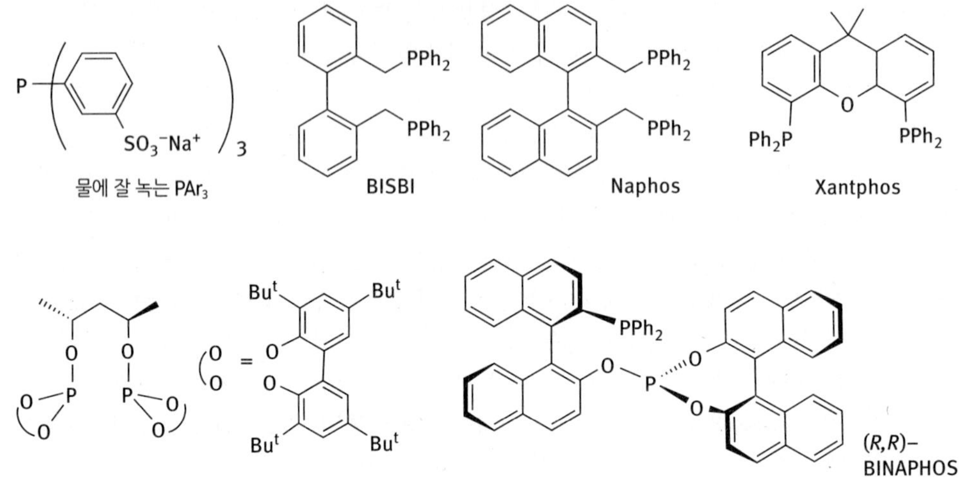

카이랄 포스파이트 리간드는 바이닐 아렌의 비대칭 수소 폼일 첨가 반응을 위해 개발되었다. 예를 들어, 거울상 선택성의 수소 폼일 첨가 반응과 뒤를 이은 산화 반응은 진통제인 이부프로펜(Ibuprofen)과 나프록센(Naproxen) 합성을 위한 대체 경로이다.

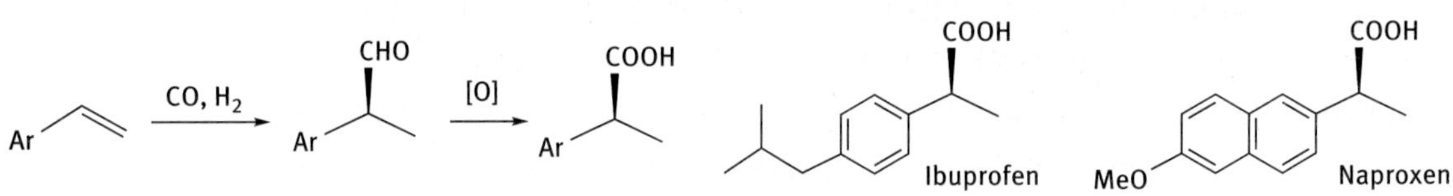

3.4.2 카보닐화 반응

카보닐화 반응은 CO를 C-X 결합 사이에 삽입하는 것이다. 카보닐화 반응 촉매는 뒷전이 금속, 주로 둘째 줄 전이 원소를 중심 금속으로 가지고 있다. 카보닐화 반응은 카복실산과 에스터를 합성하기 위한 일반적이고 원자 효율적인 경로이다. 보통 알코올, 알켄 및 알카인이 출발 물질로 사용된다.

3.4.2.1 알코올 카보닐화 반응

알코올의 카보닐화 반응을 통해 카복실산을 만들 수 있다.

$$R-OH + CO \xrightarrow{\text{촉매}} R-C(=O)-OH$$

산업에 이용되는 공정은 **메탄올으로부터 아세트산**(methanol to acetic acid)을 만드는 것이다. 이 반응의 공급 원료는 CO와 H_2가 전부이기 때문에 탄소 공급원으로 석탄, 석유와 천연가스에 똑같이 의존한다. 수소 폼일 첨가 반응과 마찬가지로 코발트 촉매가 이 공정에 처음으로 사용되었다. 그러나 로듐 촉매는 코발트 촉매보다 활성이 약 10^4배 더 크며, 훨씬 낮은

CO 압력(Rh : 30~40 bar, Co : 500~700 bar)과 낮은 온도(Rh: 180 °C, Co: 230 °C)에서 사용된다. 로듐 촉매는 **몬산토 아세트산 공정**(**Monsanto acetic acid process**)에 사용된다.

이 과정은 (i) 메탄올에서 아이오도메테인으로의 전환과 (ii) 카보닐화 순환 과정의 두 개의 반응으로 이루어져 있다.

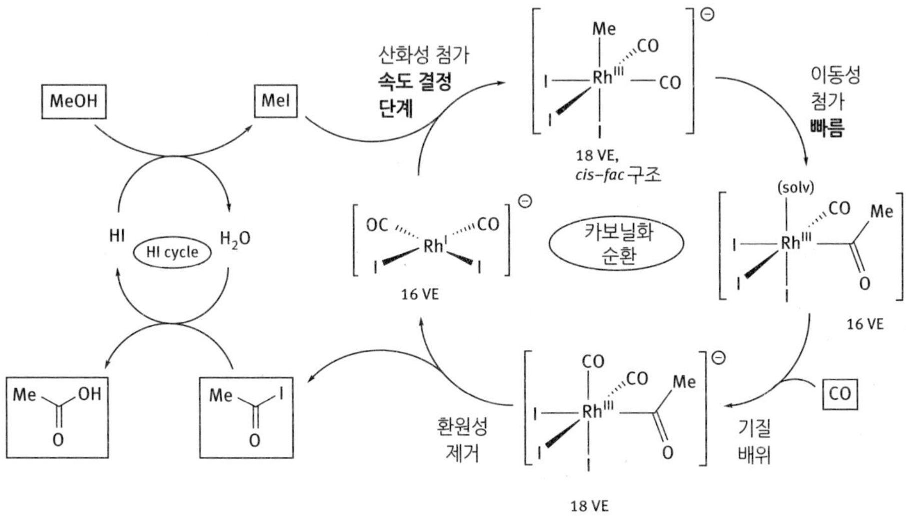

이 과정에는 금속과 아이오딘화물이 필요하다. HI는 메탄올을 MeI로 전환시킨다. 시스-$[RhI_2(CO)_2]^-$에 대한 MeI의 산화적 첨가가 반응 속도 제한 단계이다. 따라서 반응은 CO 농도에 무관하다. 산화성 첨가를 통해 만들어진 Me-Rh(III) 착물은 이동 삽입 과정에 의해 아세틸-Rh(III) 착물로 바뀌고, 뒤이은 환원성 제거에 의해 MeC(=O)I가 생성된다. 독립적인 촉매 과정 회로에서 MeC(=O)I는 가수 분해에 의해 아세트산과 HI로 바뀐다.

초기 Rh 촉매 공정은 RhI_3 침전과 $[RhI_4(CO)_2]^-$ 생성에 의해 손실된 촉매를 재활성화시키기 위해 높은 농도의 물이 필요했다. 하지만 과량의 물은 로듐에 의해 수성 가스 전환(WGS: $CO + H_2O \rightarrow CO_2 + H_2$)이라고 불리는 부반응을 일으킨다. 높은 농도의 물은 반응기를 부식시킬 가능성이 큰 고농도의 HI를 의미한다. 이 문제를 해결하기 위해 LiI 혹은 I^-를 함유한 다른 첨가제를 넣어주어야 한다. 이것은 반응의 전체 속도는 유지하면서 수분의 농도를 낮춰 주는데 이를 *Celanese Acid Optimization Technology*라고 한다.

로듐 촉매를 대체하기 위해 BP에 의해 상업화된 공정인 **Cativa 공정**(Cativa Process)은 **이리듐 촉매를 이용한 메탄올의 카보닐화 반응**이다. ZnI_2와 같은 간단한 형태의 아이오딘화염도 효율적인 촉매이지만, 루테늄계 촉매가 가장 좋은 활성을 보인다. Cativa 공정의 장점은 5% w/w의 낮은 물 농도에서 작동할 수 있다는 것이다. 이에 비해 로듐의 경우에는 8~10% w/w의 물 농도가 필요하다. 이리듐 촉매는 보다 안정하며, 로듐과 달리 IrI_3 형태의 침전이 생기지 않으며 WGS 반응 가능성이 낮다. 일반적으로 둘째 줄 전이 금속 촉매가 셋째 줄 전이 금속 촉매보다 좋은 활성을 보이는 특징이 있지만, Cativa 공정에서 사용되는 이리듐 촉매는 일반적인 현상에서 벗어나는 매우 드문 예에 속한다.

이리듐계 반응에 대한 촉매 과정 회로는 더욱 복잡하다. 낮은 아이오딘화 이온과 물 농도에서 중성인 $Ir(CO)_3I$은 평형 상태에 있다. 로듐의 경우와 마찬가지로 MeI의 산화성 첨가가 반응 속도 결정 단계이다. 이에 비해 높은 아이오딘화 이온 농도에서는 음이온 종이 우세하기 때문에 $[MeIr(CO)_2I_3]^-$의 카보닐 삽입 반응과 아이오딘화 이온의 해리에 의해 아실 착물이 생성되는 반응이 속도 결정 단계이다. 중성 순환 과정(다음 그림 왼쪽)과 달리 음이온 순환 과정(오른쪽)의 $[Ir(CO)_2I_2]^-$에 MeI의 산화성 첨가는 $[Rh(CO)_2I_2]^-$에 비해 약 100배 빠르게 진행된다. 착물에 존재하는 음전하가 MeI의 첨가를 돕는다.

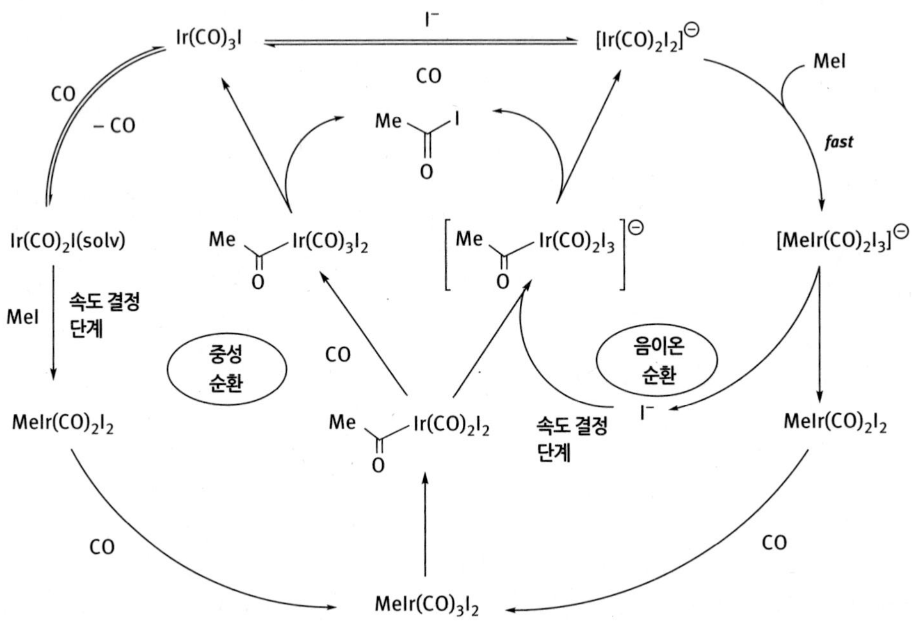

이러한 대규모 산업 공정 이외에도 팔라듐 촉매를 사용한 정밀 화학물질 합성에 카보닐화 반응이 많이 응용된다. 이부프로펜(Ibuprofen)과 나프록센(Naproxen)의 합성 대체 경로로서 카보닐화 반응이 대표적인 예이다. 유사한 카보닐화 반응에는 산성 조건에서 Pd 촉매를 사용하여 바이닐아렌을 출발 물질로 사용할 때에도 가능하다.

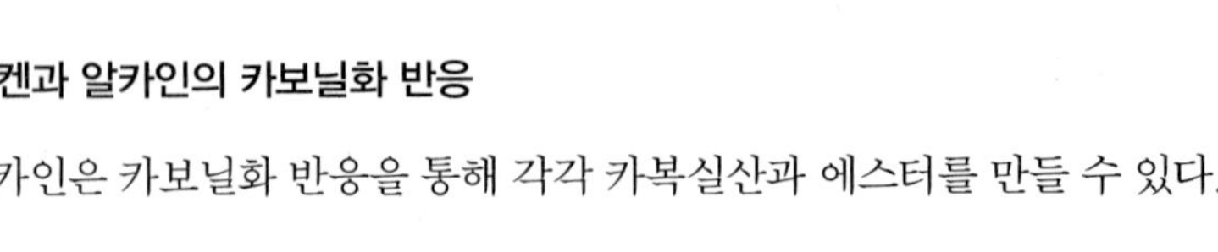

3.4.2.2 알켄과 알카인의 카보닐화 반응

알켄과 알카인은 카보닐화 반응을 통해 각각 카복실산과 에스터를 만들 수 있다.

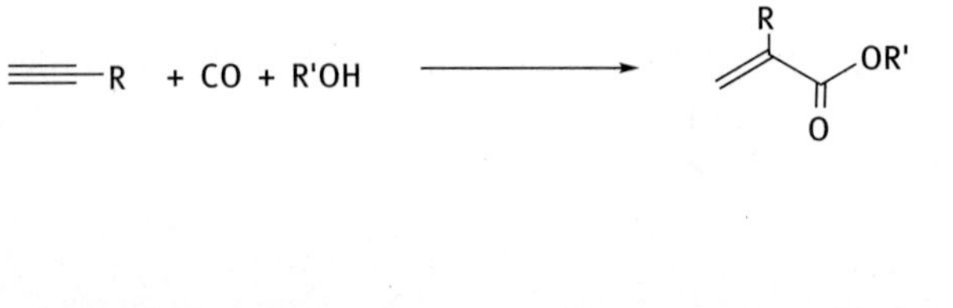

Pd 촉매가 이 반응에 가장 흔하게 사용되는데, 이때 가장 중요한 반응 단계는 Pd-C 결합이 생성될 때이다. 알켄과 알카인이 산성 조건일 때 일어나는데, 이는 팔라듐에 산화성 첨가를 할 수 있는 할로젠화 아릴의 카보닐화 반응과 매우 유사하다. 이 반응은 CO와 알코올을 사용하여 에스터를 만들 때 사용하는 **수소에스터화 반응**(hydroesterification)에서 가장 빈번하게 사용된다.

C=C의 카보닐화 반응과 수소에스터화 반응을 설명할 수 있는 여러 가지의 메커니즘이 있다. 가장 바람직하다고 생각되는 메커니즘은 L = PPh_3를 포함하는 경우에 관련된 중간체가 분광학적으로 검출된 경우이다. 즉, **수소화 이온 메커니즘**(hydride mechanism)은 산성 조건에서 Pd의 양성자 첨가 반응에 의해 불포화 기질에 삽입될 수 있는 수소화 이온의 생성으로 설명된다. 이 반응의 반응 속도 제한 단계는 Pd-아실 중간체의 가알코올 분해 반응(alcoholysis)이다.

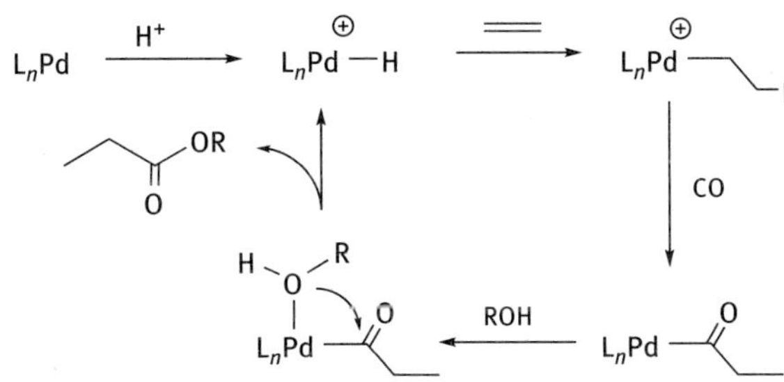

알카인의 유사한 카보닐화 반응은 Pd-vinyl 종을 포함하며, 바람직하게는 α-위치에 치환기 R을 포함하는 경우이다. 생성물은 α-위치에 치환기를 가진 아크릴레이트 에스터(acrylate ester) 화합물이다.

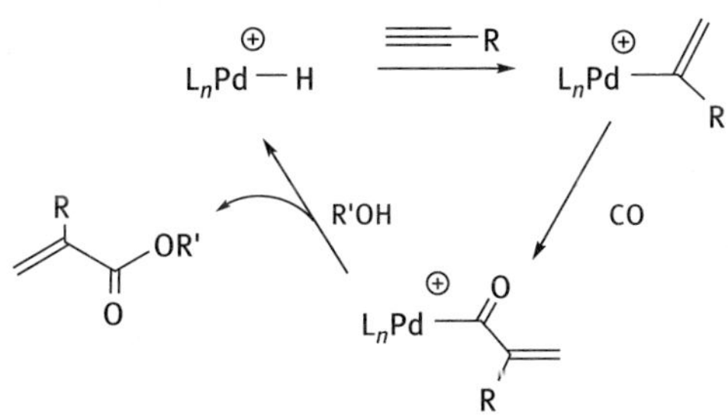

알카인의 첫 번째 수소에스터화 반응은 1940년대에 BASF의 W. Reppe에 의해 개발되었는데, $Ni(CO)_4$ 촉매를 사용하여 메틸메타아크릴레이트(methyl methacrylate)를 합성하였다. 니켈 촉매 대신에 $Pd(OAc)_2$/2-pyridyl-PPh_2 촉매계를 사용하였더니 활성이 크게 증가함이 알려졌다.

내부에 이중 결합을 가진 알켄의 경우에는 종종 C-C 결합의 이성질화 반응이 먼저 일어나서 말단 에스터 화합물이 생성된다.

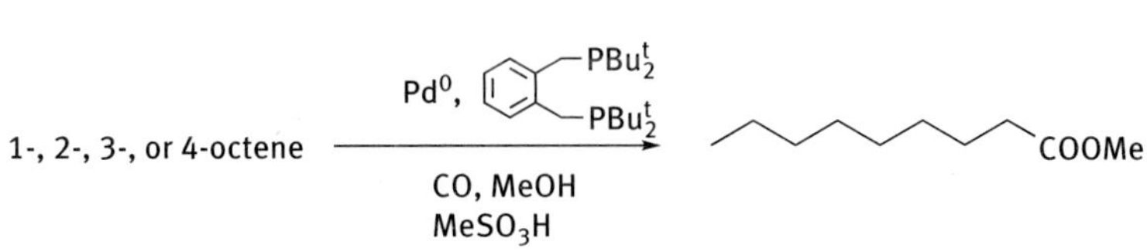

바이닐아렌의 수소에스터화 반응은 매우 높은 위치 선택성을 가지면서 가지 사슬을 가진 생성물을 만든다. 카이랄 포스핀 리간드를 사용할 경우에는 카보닐화 반응을 통해 카이랄 생성물을 만들 수 있지만, 비대칭 수소화 반응과 비교했을 때보다는 낮은 거울상 선택도를 보인다.

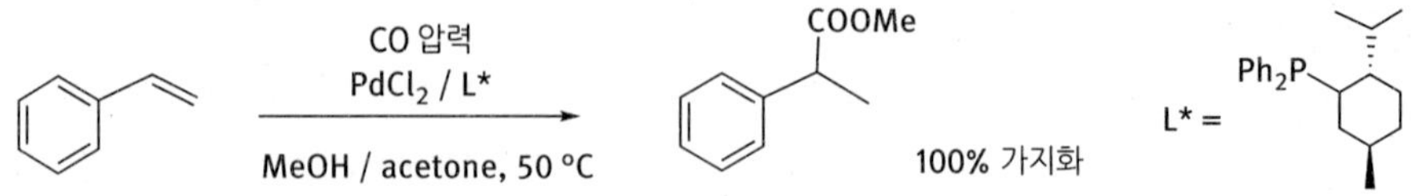

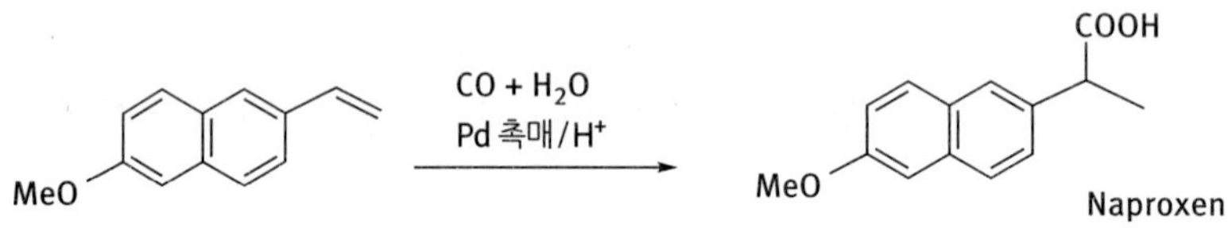

유기 할로젠화물의 카보닐화 반응. 활성화된 유기 할로젠화물의 카보닐화 반응은 대부분 팔라듐 촉매를 사용하여 일어난다. 산화성 첨가가 보통 반응 속도 결정 단계이기 때문에 탄소와 할로젠 사이의 결합 강도가 증가할수록 카보닐화 반응의 반응성은 감소한다. 이러한 이유 때문에 치환기의 부피가 크면서 강한 전자 주개 리간드인 트라이알킬포스핀으로 활성화된 팔라듐 촉매를 사용하여 반응성은 떨어지지만 가격이 싼 염화 아릴 화합물에 대한 카보닐화 반응을 진행하는 것이 일반적이다. 이 방법이 카복실산 에스터(carboxylic ester)와 카복실산 아마이드(carboxylic amide) 합성을 위한 일반적 경로이다.

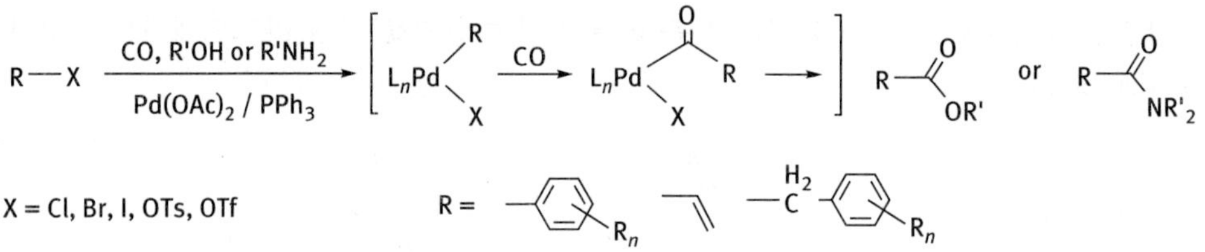

CO/알켄 공중합. CO와 알켄의 교대 공중합을 통해 폴리케톤이 만들어진다.

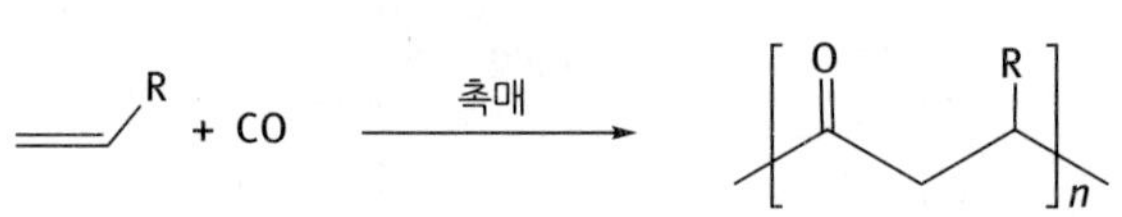

CO와 에틸렌의 공중합은 금속 촉매를 이용한 에틸렌 중합보다도 이전인 1940년대에 $Ni(CN)_2$ 촉매를 사용하여 처음으로 발견되었으며, 팔라듐 촉매를 사용할 때 훨씬 더 좋은 활성을 보인다. 폴리케톤은 엔지니어링 응용 분야에서 나일론과 비슷한 물성을 보이기 때문에 수년 동안 상업적 생산이 이루어졌다. 두자리 포스핀 리간드나 페난스롤린(phenanthroline) 리간드가 배위된 팔라듐 촉매가 CO/알켄 교대 공중합체 합성에 이용된다. Pd-아실 결합 사이에 CO가 삽입되는 반응은 열역학적으로 바람직하지 않기 때문에, 공중합 반응에서의 화학 선택성은 Pd-알킬 결합 사이에 CO 혹은 C_2H_4 둘 중의 보다 높은 삽입 속도에 의해 결정된다. 메커니즘은 알켄의 카보닐화 반응 및 수소에스터화 반응과 밀접한 관련이 있으며, 낮은 CO 농도에서는 평형이 역반응으로 치우친 정지 상태이기 때문에 5-원자 금속-아실 고리를 만든다.

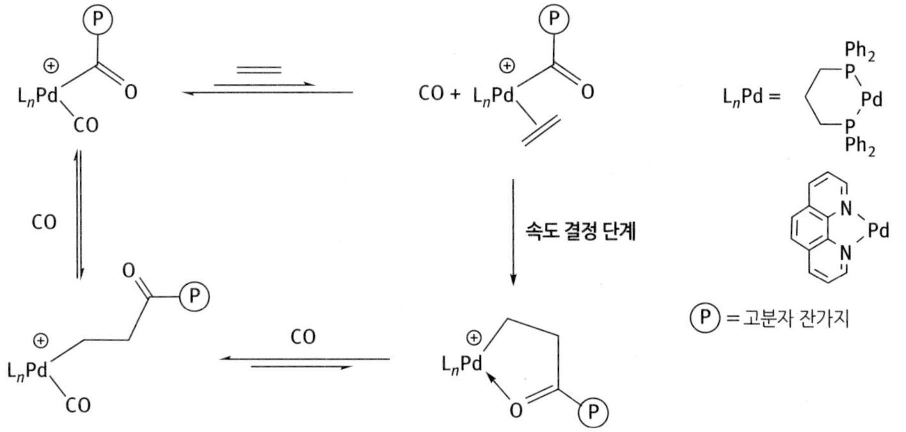

종결:

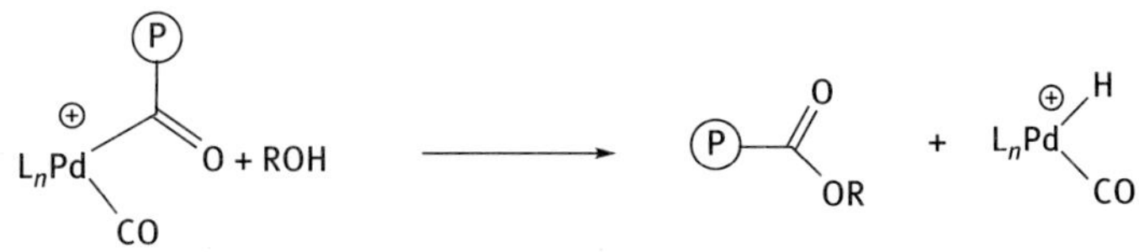

Ar_2P-*o*-$C_6H_4SO_3^-$를 사용할 경우에는 CO 삽입 후에 하나 이상의 에틸렌이 삽입된 형태의 비교대 에틸렌/CO 공중합체가 얻어진다. 아래 그림과 같은 음이온 설폰화 포스핀 리간드가 팔라듐에 배위된 촉매계는 극성 작용기를 함유한 알켄, 즉 CH_2=CHX (X = COOMe, COOH, OAc, CN, F, $CONR_2$)와 CO의 교대 공중합 촉매로 사용된다.

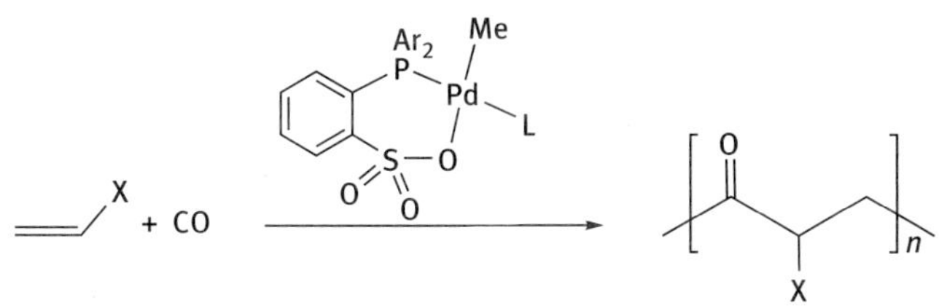

핵심

수소 폼일 첨가 반응은 CO와 H_2가 알켄에 첨가되어 알데하이드가 만들어지는 반응이다. 유기 금속촉매를 사용하는 가장 큰 산업 공정이 올레핀 중합이며, 수소 폼일 첨가 반응은 두 번째로 큰 산업 공정이다.

코발트 촉매는 높은 압력과 높은 온도를 필요로 한다.

로듐 촉매는 온화한 조건에서 반응을 진행시키며, 선형의 알데하이드 합성에 높은 선택성을 보인다.

알코올의 카보닐화 반응은 카복실산을 만드는 데 사용하는 공정이다. 메탄올의 카보닐화 반응을 통해 아세트산을 만드는 방법에는 Monsanto 공정과 BP Cativa 공정이 있다. Monsanto에서는 로듐 촉매를 BP에서는 이리듐 촉매를 사용한다. 이 반응은 카보닐화 순환 과정과 물/HI 순환 과정이 결합된 형태이다.

수소에스터화 반응은 알켄 혹은 알카인에 CO와 알코올이 삽입되어 carboxylic ester가 만들어지는 것인데, 팔라듐이 가장 흔히 사용된다.

적절한 리간드가 배위된 팔라듐 촉매는 CO와 올레핀의 교대 공중합을 통해 폴리케톤을 합성하는 촉매로 사용될 수 있다.

연습문제

1. 코발트 촉매에 의해 일어나는 수소 폼일 첨가 반응에서 PBu^n_3의 역할은 무엇인가? 왜 이 리간드를 로듐 촉매에서는 사용하지 않는가?
2. 로듐 촉매에 의해 일어나는 수소 폼일 첨가 반응에서 고농도의 PPh_3를 사용하게 되면 어떤 결과가 예측되는가? 효과를 설명하시오.
3. 3-헥센에서 1-헵탄알을 만들 때의 주요한 반응 경로를 보이시오.
4. 로듐 촉매와 이리듐 촉매를 사용하여 메탄올의 카보닐화 반응을 진행할 때 반응 속도 제한 과정의 차이점을 설명하시오. 특히, 아이오도 음이온인 $[MI_2(CO)_2]^-$ (M = Rh, Ir)의 반응성이 차이가 나는 이유는 무엇인가?
5. 팔라듐 촉매를 사용하였을 때 (i) 스타이렌과 (ii) 아이오도벤젠의 카보닐화 반응의 촉매 과정 회로를 그리시오. 이 과정에서 염기를 첨가했을 때 카보닐화 반응이 촉진되는 이유는 무엇인가?

3.5 알켄 산화

1-알켄의 산화는 알데하이드, 케톤뿐만 아니라 바이닐 아세테이트 및 알릴 아세테이트와 에터를 합성하는 경로이다. 아세트알데하이드를 합성하기 위한 에틸렌의 산화(Wacker **공정**)는 산업적 공정이며 이렇게 생성된 아세트알데하이드의 대부분은 아세트산까지 산화된다. Wacker 공정은 메탄올의 카보닐화 반응에 대한 합성 대안 경로이다. 알켄 산화 공정은 HCl 수용액에서 $PdCl_2/CuCl_2$ 혼합 촉매계를 사용한다. 이 공정은 다음과 같은 일련의 반응으로 이루어져 있다.

$$C_2H_4 + PdCl_2 + H_2O \longrightarrow CH_3CHO + Pd(0) + 2\,HCl$$

$$Pd(0) + 2\,CuCl_2 \longrightarrow PdCl_2 + 2\,CuCl$$

$$2\,CuCl + 1/2\,O_2 + 2\,HCl \longrightarrow 2\,CuCl_2 + H_2O$$

전체 반응: $C_2H_4 + {}^1/_2\,O_2 \longrightarrow CH_3CHO$

깊이 있는 반응 메커니즘에 대한 연구를 통해 상세 단계들이 반응 조건에 따라 달라진다는 것이 밝혀졌다. 이들은 공동석으로 배위된 에틸렌 리간드를 OH^-가 분자내 혹은 분자간 친핵성 공격을 함으로써 Pd-CH_2CH_2-OH가 생성된다고 설명하고 있다. 이 중간체는 β-H 제거 반응을 통해 바이닐 알코올을 만들게 되게, 바이닐 알코올은 이성질화 반응으로 인해 아세트알데하이드로 쉽게 바뀐다.

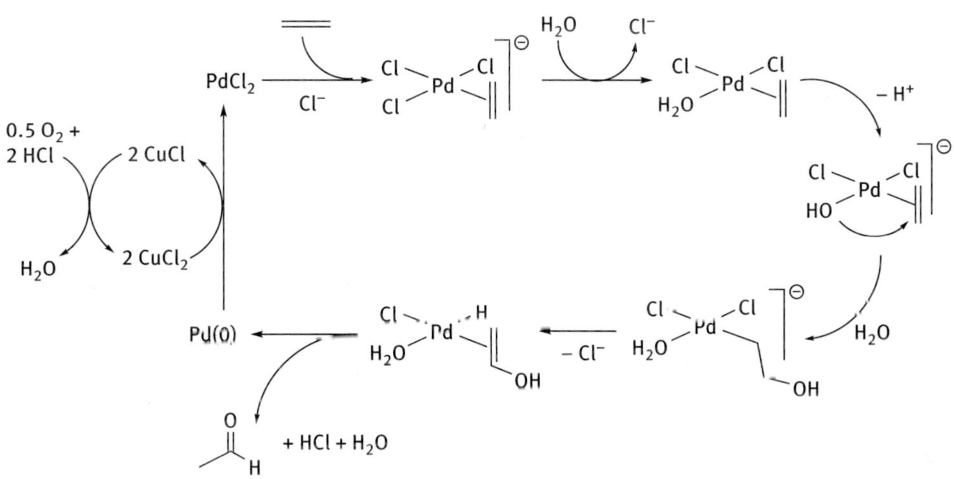

아세트산이 존재할 때 에틸렌 산화는 바이닐 아세테이트를 생성시키지만, 프로펜의 산화는 알릴 알코올을 만든다.

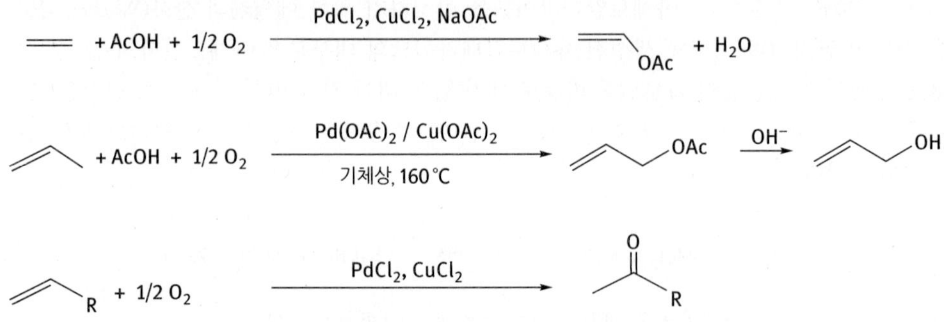

핵심

Pd(Ⅱ)/Cu(Ⅱ) 촉매를 이용한 에틸렌 산화를 Wacker 공정이라고 부르는데, 아세트산으로 산화되는 아세트알데하이드를 만드는 과정이다.

Pd/Cu 촉매는 알켄을 알데하이드로 산화시키는데, 카복실산이 존재할 때에는 바이닐 아세테이트가 만들어진다.

알킬 치환기를 갖는 알켄 $CH_2=CHR$은 산화 반응을 통해 케톤이 만들어진다. 카복실산이 존재할 때에는 알켄이 산화되어 알릴 에스터가 생성된다.

3.6 짝지음 반응

C-C 및 C-N의 짝지음 반응은 유기 합성에서 매우 중요한 반응이다. 대부분의 경우 짝지음 반응은 팔라듐 촉매를 사용하는데, 이는 팔라듐 금속이 수분과 작용기에 대해 민감하지 않는 특성이 있기 때문이다. 이 반응의 대부분은 아렌 유도체에서 C-C 결합 생성을 유도하며 사용되는 짝지음 시약에 따라 다른 이름이 붙여지지만, 대부분 매우 유사한 촉매 메커니즘을 따른다. 촉매 작용의 핵심은 적절한 반응성을 가진 Pd(0) 종에 Ar-X (X= halide, tosylate, H)의 산화성 첨가이다. 이 단계의 성공 여부는 팔라듐에 배위된 리간드의 유형에 크게 좌우된다. PPh_3와 같이 약한 염기성의 포스핀의 사용은 좋은 결과를 얻지 못하지만 입체 장애 효과가 큰 다이-, 트라이- 알킬 포스핀은 반응성이 매우 떨어지는 염화 아릴의 짝지음 반응이 가능하다. 일반적인 촉매 과정 회로는 산화성 첨가, 친핵성 공격 및 환원성 제거와 같은 익숙한 핵심 단계를 거친다.

촉매 C–C 짝지음 방법론에 대해 R. F. Heck, A. Suzuki, E. Negishi에게 2010년에 노벨상이 수여됨

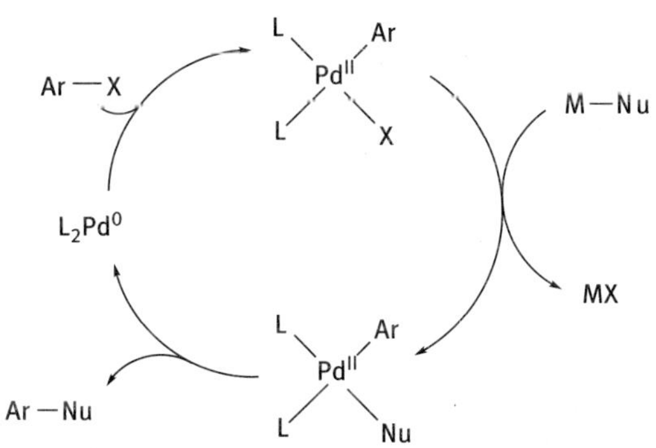

M–Nu	짝지음 반응
R–B(OH)$_2$	*Suzuki–Miyaura*
R–SnR'$_3$	*Stille*
R–ZnX	*Negishi*
R–MgX	*Kumada*
R–C≡CH / CuI	*Sonogashira*
R–SiR'$_3$	*Hiyama*
HNR'$_2$	*Buchwald–Hartwig*
Zn(CN)$_2$, K$_4$[Fe(CN)$_6$]	*Cyanation*

짝지음 반응의 촉매는 $Pd(OAc)_2$ 혹은 $Pd_2(dba)_3$를 적절한 리간드와 섞어 인-시투(in situ)로 만들어 사용한다. 물론 많은 경우 시약으로 구매가 가능하며, 합성 과정을 거쳐 미리 팔라듐에 리간드가 배위된 형태인 PdL_2가 인-시투(in situ)로 합성한 촉매계보다 짝지음 반응에서 더 좋은 활성을 보이기도 한다. 입체 장애가 크고, 전자를 주는 능력이 강한 한자리 혹은 두자리 포스핀 리간드와 N-헤테로 고리 카벤도 널리 사용된다.

$Pd_2(dba)_3$은 2.6.1.1절 참조

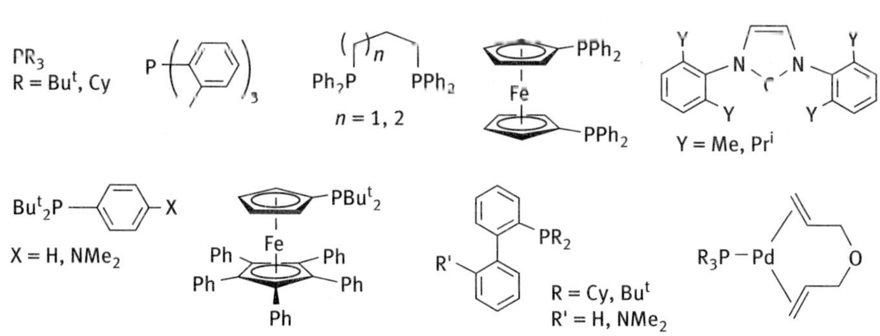

Pd(0) 혹은 Pd(II) 착물 중 금속 포함 고리 화합물은 열적으로 안정한 전촉매로 유용한 촉매종이지만, 활성종을 생성시키기 위해서는 환원성 제거 단계가 필요하다.

3.6.1 탄소–탄소 교차 짝지음 반응

전이 금속과 친핵체의 조합에는 궁합이 존재한다. 예를 들어 니켈 촉매는 Grignard 시약과 잘 맞고, 팔라듐 촉매는 염기성이 약하고 공유 결합 성질이 강한 주족 원소와 잘 어울린다. 붕소산 $ArB(OH)_2$은 대부분의 작용기와 수분에 민감하게 반응하지 않기 때문에 짝지음 반응에서 보편적으로 사용된다. 붕소산을 이용한 짝지음 반응에서는 보통 염기뿐만 아니라 물을 약간 첨가해야 하는데, 염기의 OH^-는 X^-의 치환과 환원성 제거 과정에 도움을 준다. 바이닐 붕소산을 포함한 다양한 종류의 붕소산은 시약으로 구매가 가능하다.

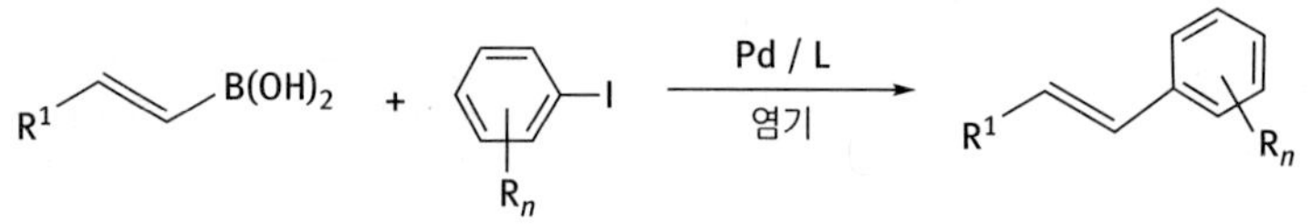

어떠한 포스핀을 사용하는지에 따라 화학 선택성이 결정된다.

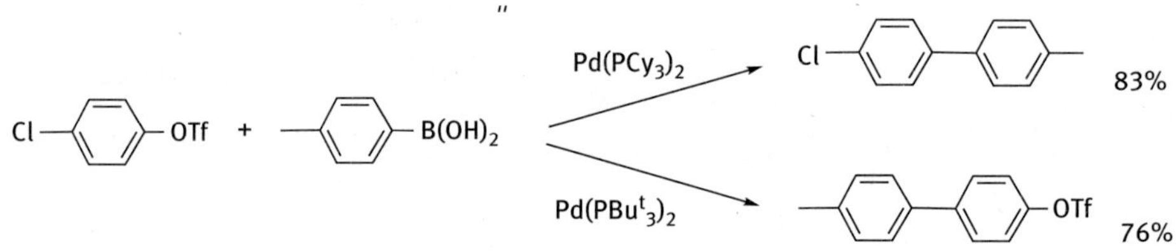

Stille 짝지음 반응은 물과 작용기에 내성이 있지만 독성이 있는 주석 시약을 사용한다. 독성 문제를 해결하기 위해 아연 시약을 사용하는데, 아연 시약은 Grignard 시약과 무수 $ZnCl_2$를 무수 Et_2O에서 금속 교환 반응을 시켜 쉽게 합성할 수 있다.

카이랄 리간드가 존재할 때, 탄소-탄소 짝지음 반응은 거울상 선택도를 보여 준다. 아래와 같은 chiral binaphthyl을 사용한 경우가 대표적이다.

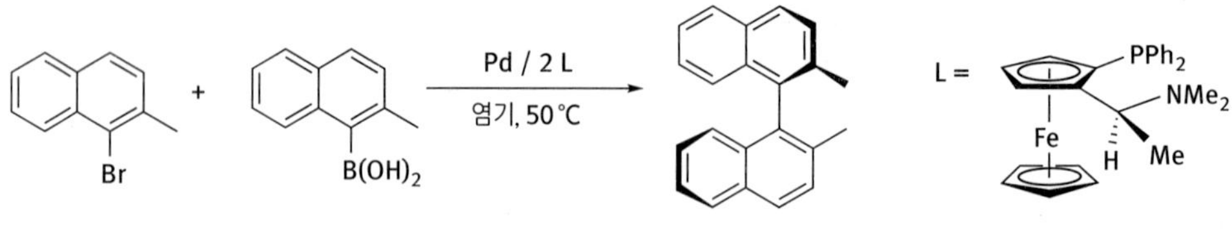

C-H 짝지음 반응. 전자가 풍부한 아렌에서 C-H 결합의 산화성 활성화에 의한 직접 C-C 짝지음 반응이 마이크로파 가열을 통해 가능하다고 알려졌다. 이 경우 유기 금속 친핵체는 필요가 없다.

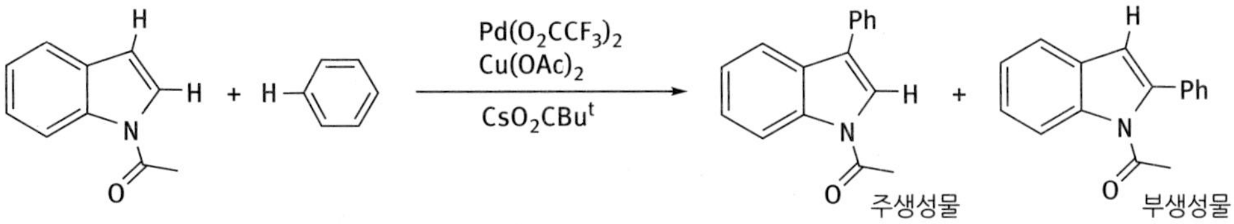

아세틸렌에 아릴의 짝지음 반응은 촉매량의 CuI와 NEt_3나 피페리딘과 같은 염기를 넣어 줌으로써 구리 아세틸라이드(copper acetylide)를 인-시투(in situ)로 합성할 수 있다. 하지만 다음과 같은 구리나 아민 첨가제가 없는 변형된 형태도 알려졌다.

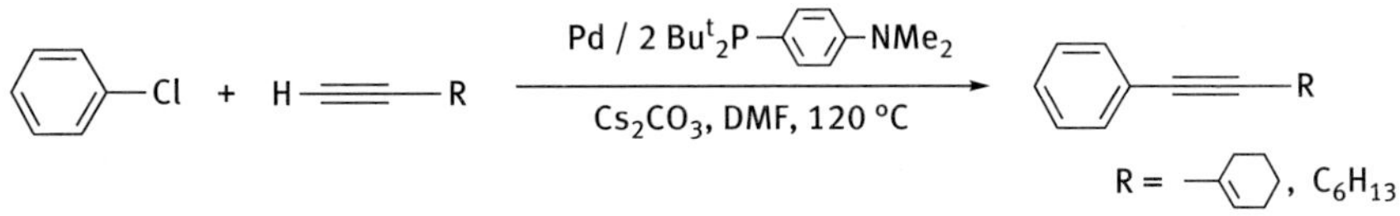

3.6.2 C–N 교차 짝지음 반응

아민의 아릴화 반응은 치환기의 부피가 크면서 전자가 풍부한 포스핀이나 dppf, BINAP, Xantphos와 같은 킬레이트 PPh_2 유도체를 함유한 Pd 착물을 사용한다(**Buchwald–Hartwig amination**). 반응은 할로젠화 아릴의 산화성 첨가가 먼저 일어나고, 뒤이어 아민 친핵체에 의한 할로젠 리간드의 치환과 환원성 제거가 순서대로 일어나서 생성물이 만들어진다.

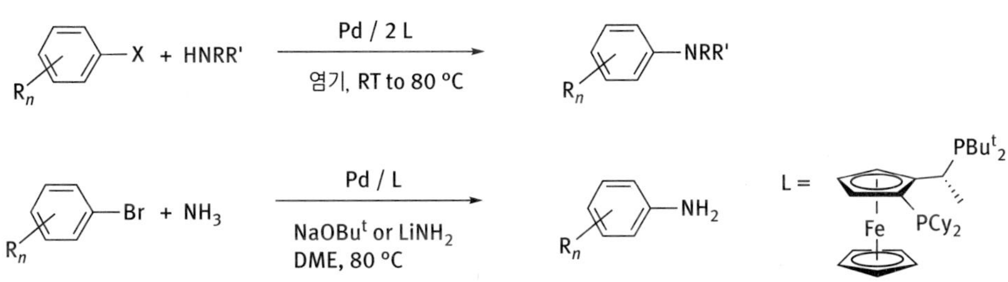

3.6.3 카보닐화 반응과 함께 일어나는 짝지음 반응

할로젠화 아릴 혹은 할로젠화 바이닐의 산화성 첨가를 통해 Pd–C 결합이 만들어진 후 생성물이 떨어져 나가기 전에 CO 삽입 반응이 일어날 수 있다. 이러한 조건에서 케톤이 만들어진다.

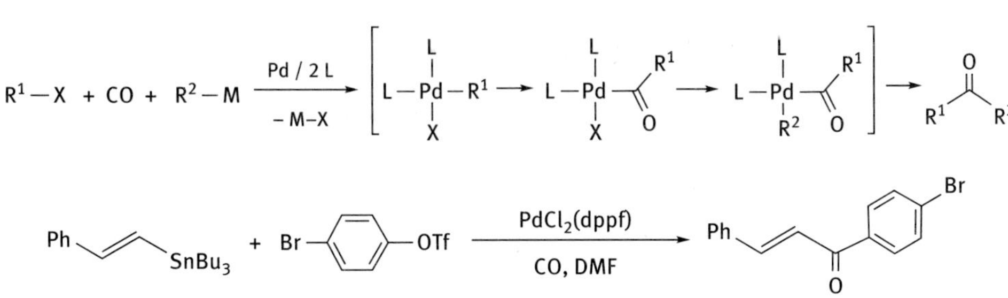

3.6.4 Heck 아릴화 반응

올레핀을 Pd-아릴 결합 사이에 삽입하면 알켄의 아릴화가 일어난다. 이러한 C-C 짝지음 방법을 **Heck 반응**(Heck reaction)이라고 한다. 이것은 할로젠화 아릴이나 할로젠화 바이닐과 스타이렌 혹은 아크릴레이트와 같은 활성화된 올레핀의 짝지음 반응에 많이 사용하는 방법이다.

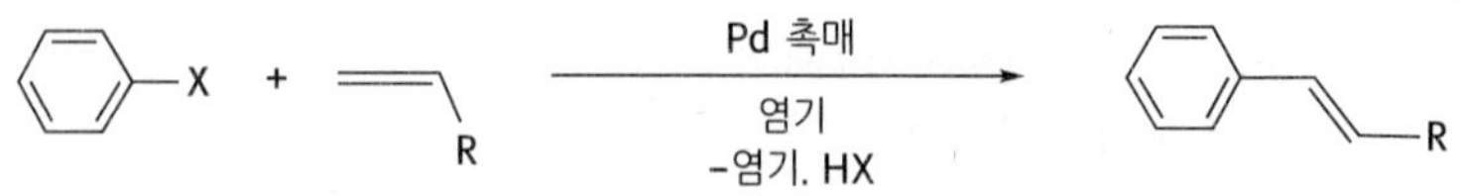

이들 알켄은 전자 끌기 치환기를 갖기 때문에 치환기가 가지 사슬 구조를 가지는 팔라듐-알킬 종을 안정화시킨다. 따라서 삽입 반응은 2,1-위치 선택성을 선호하기 때문에 최종적으로 1,2-위치에 치환기를 가진 올레핀이 만들어진다.

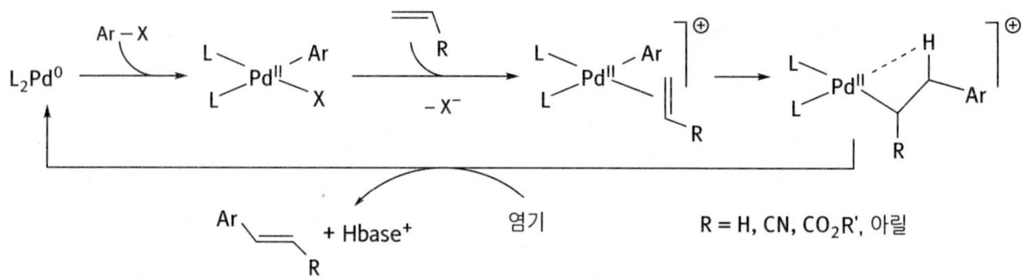

아크릴산과 브로민화 아릴의 짝지음 반응은 신남산 유도체 합성을 위한 경로이다. 이 반응은 배위된 리간드가 없는 팔라듐을 사용하여 진행된다.

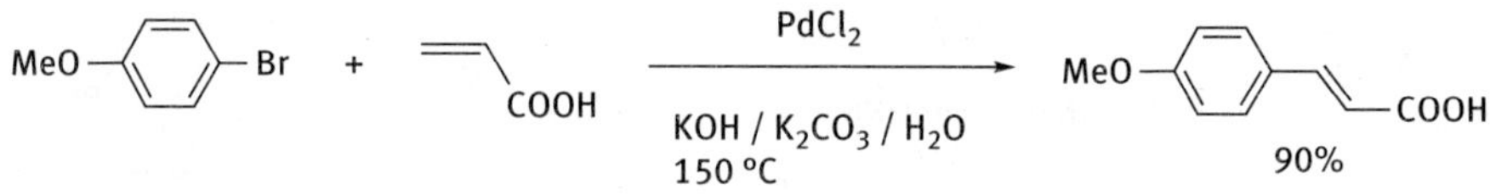

자료 3.6.4 Heck 반응의 메커니즘 측면

PhI + Pd(0)L_2의 산화성 첨가가 일어나면 L_2Pd(Ph)I (L = PPh_3)가 생성되어 분리된다. 하지만 PhI 대신에 스타이렌을 사용할 때에는 반응이 진행하지 않는다. 반면 $Pd(OAc)_2$ + $2PPh_3$ + PhI 혼합물에 스타이렌을 넣어주면 반응이 쉽게 일어난다.

그 이유는 이러한 조건에서 PPh_3가 환원제로 작용하고, 킬레이트 리간드로서 아세테이트기가 음이온의 Pd(0) 종을 만들기 때문이다. 생성된 음이온 Pd(0) 종은 PhI와의 산화성 첨가 반응을 통해 Ph-Pd(II)가 생성된다. 아이오딘화 이온은 κ^1-아세테이트로 치환되고, 뒤이어 아세테이트기가 스타이렌으로 치환되면서 양이온을 형성한다. 양이온 팔라듐-알켄 화합물은 열역학적으로 안정한 물질이 아니지만, 양이온 착물이 생성되면 최종적으로 스타이렌에 페닐기가 입체 화학적으로 빠르게 삽입된다.

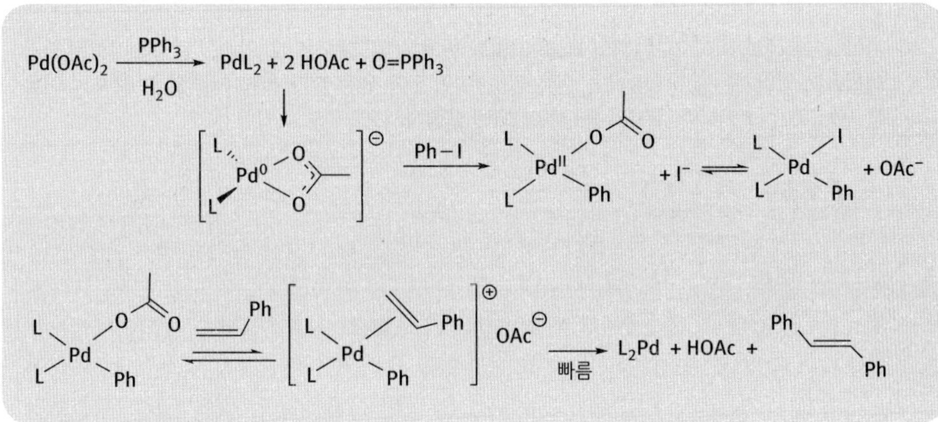

핵심

금속 촉매가 존재할 때 두 개의 다른 분자로부터 새로운 C−C 결합이 만들어지는 것을 C−C 교차 짝지음 반응이라고 한다. 이 반응은 주로 니켈과 팔라듐 촉매를 사용한다.

할로젠화 아릴, 할로젠화 바이닐, 할로젠화 벤질이 유기 금속 시약인 M–R(M = Mg, Al, Zn, Si, Hg, 혹은 B)와 짝지음될 수 있다.

붕소산 $RB(OH)_2$을 사용하는 Suzuki−Miyaura 짝지음 반응은 합성 측면에서 매우 유용한 반응이다.

짝지음 반응은 첫 단계에서 R−X의 산화성 첨가가 일어나서 금속−탄소 사이의 결합이 생성된다.

Heck 짝지음 반응은 Pd−아릴 결합에 알켄이 삽입되어 트랜스−알켄이 만들어진다.

Pd−아릴 중간체와 1차 아민 혹은 2차 아민의 Buchwald−Hartwig 아민화 반응을 통해 아릴 아민을 만들 수 있다.

연습문제

1. 아래 짝지음 반응에서 리간드 L을 바꿨을 때 수율이 0%(L = PPh_3), 0%(L = dppf), 75%(L = PCy_3), 86%(L = PBu^t_3)의 차이를 보이는 이유를 설명하시오.

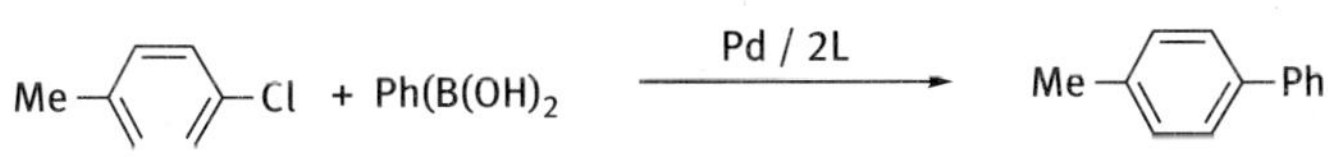

2. A가 B로 바뀌는 반응의 메커니즘을 제안하시오. A에는 두 개의 C=C 결합이 존재하지만 생성물 B는 선택적으로 생성되었다. 이유를 제시하시오.

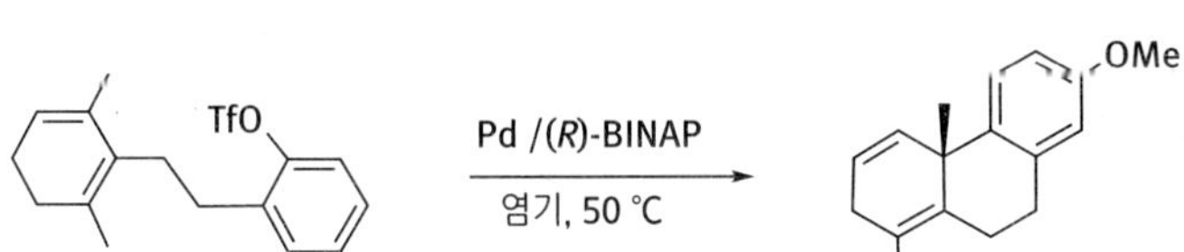

A B

3. 사이클로헥센과 아이오도벤젠의 Heck 아릴화 반응은 열역학적으로 안정한 콘쥬게이션된 D가 생성물로 얻어지는 것이 아니라, 콘쥬게이션되어 있지 않는 C가 최종 산물로 얻어진다. 이유를 제시하고, 메커니즘 측면의 중간체에 대해 설명하시오.

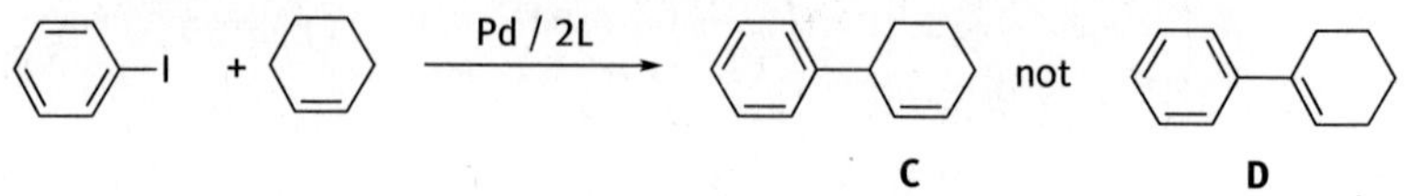

3.7 알켄 중합

이 장에서는 1-알켄의 중합에 대해 다룰 것이다. 콘쥬게이션 다이엔의 올리고머화 및 중합은 2.7.1.3절에서 이미 논의하였다.

에틸렌의 중합을 통해 하나의 이중 결합 C=C이 두 개의 단일 결합 C-C으로 바뀐다. 이것은 $\Delta G \approx -20$ kcal/mol의 **발열 과정**이다. 중합이 열역학적 측면에서 유리한 반응이기는 하지만 반응 속도론적 측면에서 반응 경로의 부재로 인해 중합 반응은 자발적으로 진행하지 않는다. 라디칼 개시제로서 미량의 산소가 존재하는 1000~3000 기압과 150~230 °C의 극단적 조건에서 에틸렌은 **저밀도폴리에틸렌**(LDPE, **low-density polyethylene**)이라고 불리는 연질의 많은 가지 사슬을 가진 중합체를 만든다. LDPE는 가볍고, 절연성이 우수하여 전기 절연 용도에 적합하며 전 세계 폴리에틸렌 생산량의 약 20%를 차지한다.

보다 온화한 조건에서 1-알켄의 중합을 위해서는 촉매와 금속 알킬 활성제가 필요하다. 금속 촉매가 알켄 중합용 촉매로 사용되기 위해서는 아래와 같은 조건을 만족해야 한다.

(1) 2.6.1.2절에 설명된 바와 같이, 알켄이 금속에 배위될 수 있어야 하고, 이 배위는 C=C의 극성을 유발해야 한다.

(2) 중요한 π-역결합이 없어야 한다. 즉, 금속은 높은 에너지의 전자가 채워진 d-오비탈이 없어야 한다.

(3) 촉매는 알켄과 함께 일시적인 부가 생성물을 만들 수 있을 정도로 충분히 산성을 띠어야 한다.

(4) 촉매는 시스-위치로 존재하는 두 개의 접근 가능한 배위 자리를 가져야 한다.

(5) 촉매는 금속-알킬 결합을 가지고 있어야 한다.

(6) 알킬 리간드의 β-H 제거 반응(또는 단량체로의 β-H 전환) 속도가 M-C 사이의 σ 결합으로의 알켄 삽입 반응 속도보다 충분히 느려야 한다.

폴리에틸렌과 폴리프로필렌의 생산은 세계에서 가장 규모가 큰 유기 금속 화학 응용 분야이며, 2012년 기준 연간 1억 톤에서 1억 5천만 톤이 전 세계적으로 생산되었다. 포장재료, 튜브 및 파이프, 가방, 병, 가정용품, 장난감, 카펫, 로프와 같은 일상 생활용품에서부터 자동차 범퍼, 연료탱크 및 방탄 조끼에 이르기까지 수많은 제품에서 응용되고 있다. 지난 20~30년 동안 촉매 개발은 폴리올레핀에 기초한 물질의 응용 범위를 크게 넓혀 왔다.

3.7.1 Ziegler 촉매

3.7.1.1 촉매 조성

에틸렌 중합에 효과적으로 사용된 최초의 촉매는 **Ziegler 촉매**(**Ziegler catalyst**)라고 불리는 $TiCl_4$와 $AlEt_3$의 혼합물이다. Ziegler 촉매를 사용하면 LDPE보다는 가지 사슬이 적은 선형의 결정화도가 매우 큰 **고밀도 폴리에틸렌**(HDPE, **high-density polyethylene**)이 만들어진다. 같은 촉매를 프로펜의 중합에 사용하게 되면 입체 선택도를 가진 **동일 배열 폴리프로필렌**(i-PP, **isotactic polypropylene**)이 얻어진다.

에틸렌과 입체 선택적 프로펜 중합 촉매의 발견에 대해 K. Ziegler, G. Natta에게 1963년에 노벨상이 수여됨

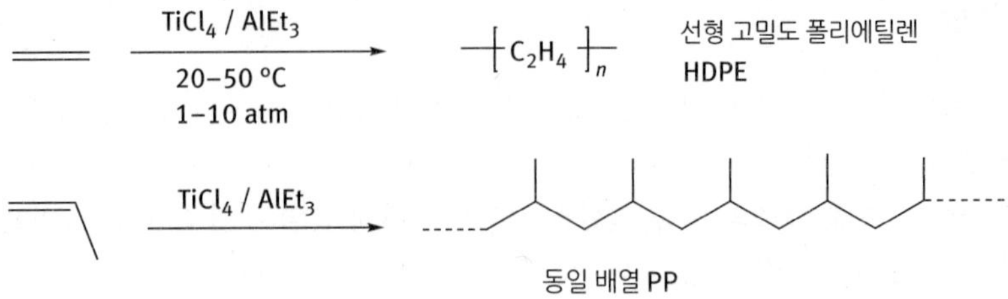

이 조건에서 단핵 $TiCl_4$ 화합물은 중합체 형태의 $[TiCl_3]_x$ 불균일계로 환원되어지지만, 반응 메커니즘은 다음 절에서 논의되는 균일계 유기 금속 반응 원리를 따른다고 알려져 있다. 따라서 $TiCl_3$와 $MgCl_2$를 볼밀(ball-milling)하여 촉매 활성이 우수한 불균일계 Ziegler 촉매가 개발되었다. 이러한 두 금속 염화물은 층상 구조를 가지는데, 층간 삽입되어 결함 자리가 많은 물질을 만든다. 이러한 배위 불포화 상태인 결함 자리에서 촉매 반응이 일어난다. 이러한 촉매는 다양한 유기 첨가제를 넣어줌으로써 활성이 보다 더 향상되었는데, 자세한 내용은 이 책의 범위를 벗어나므로 다루지 않는다.

타이타늄계 Ziegler 촉매와는 별개로, 실리카에 담지된 크로뮴 염도 또 다른 종류의 중요한 에틸렌 중합 촉매이다. 이러한 **Phillips 촉매(Phillips catalyst)**는 매우 적은 수의 메틸 곁가지를 가지는 고분자량의 선형 폴리에틸렌을 만든다. 결과적으로 Phillips 촉매로 만들어진 폴리에틸렌은 수도관과 같은 구조물에 주로 사용되는 경질 중합체이다. 크로뮴 촉매는 타이타늄 촉매보다는 메커니즘 연구가 덜 되어 있다.

자료 3.7.1

중합체와 중합체 구조

대부분의 촉매 반응은 구조와 물성에서 잘 정의된 작은 크기의 분자를 타깃으로 한다. 그러나 중합 촉매의 경우에는 에틸렌과 프로필렌과 같은 간단한 출발 물질에서 시작하지만 매우 다른 물성을 가지는 많은 수의 생성물을 만들어 낸다. 이러한 특징은 만들어진 중합체들의 응용성을 다양하게 만든다는 장점도 있다. 따라서 엔지니어들과 중합체 가공업자들은 특정한 물성을 보이는 중합체만을 만들어 낼 수 있는 촉매를 만들어 달라는 요구를 촉매 합성 화학자에게 하고 있다. 중합체와 관련된 주요한 파라미터들은 다음과 같다.

(1) **중합체 분자량**. 예를 들어 낮은 분자량의 폴리에틸렌(분자량 = 10^4~10^5 g/mol)은 낮은 인장 강도를 가지면서 잘 부서지는 필름을 만든다. 분자량이 더욱 낮아지면 왁스가 된다. 반면, 매우 큰 인장 강도를 가지는 분자량이 10^6 g/mol 이상인 폴리에틸렌을 **UHMWPE**, 즉 초고분자량 폴리에틸렌이라고 하며 UHMWPE는 산악용 로프나 방탄 의류용 섬유에 사용된다. 그러므로 중합체의 용도와 상업적 성공은 분자량과 매우 밀접하게 연관되어 있다.

(2) **분자량 분포**. 대부분의 중합체 물질은 분자량이 다른 여러 종류의 사슬들의 집합체라고 할 수 있다. 다분산도(polydispersity)라고도 불리는 분자량 분포의 폭은 중합체의 가공성에 영향을 준다. 폴리올레핀은 열가소성 플라스틱이며 열을 가하면 물성은 유지한 채로 용융된다. 용융 압출에서 짧은 사슬 중합체는 윤활제 역할을 하고, 긴 사슬 중합체는 중합체의 기계적 강도를 결정한다. 다분산도($\overline{M}_w/\overline{M}_n$)는 수평균 분자량($\overline{M}_n$)과 무게 평균 분자량($\overline{M}_w$)을 사용하여 표현될 수 있다. 무게 평균 분자량이 수평균 분자량보다 긴 사슬 중합체의 물리적 성질 결정에 더 큰 영향을 주며, $\overline{M}_w/\overline{M}_n$ 비는 분자량 분포 또는 다분산도, 중합체의 특징을 간략하게 설명하는 지표로 사용된다. 불균일계 Ziegler 촉매에는 활성 자리가 무수히 많이 존재하기 때문에 $\overline{M}_w/\overline{M}_n$ 값이 약 5이다. 이에 비해 단일자리 촉매라고 불리는 용해도가 좋은 메탈로센 촉매의 다분산도는 약 2이다. '리빙' 중합은 사슬 종결 반응이 일어나지 않고 모든 활성 자리가 같은 길이의 중합체 사슬을 만들기 때문에 $\overline{M}_w/\overline{M}_n$ 값은 거의 1의 값을 가진다.

(3) **사슬 가지화**. 폴리에틸렌은 사슬 가지를 가지지 않거나('폴리메틸렌': 선형, 매우 높은 결정화도, 경질 특성), 긴 사슬과 주로 메틸인 짧은 사슬 가지를 가질 수 있다. 사슬 가지화는 사슬 사이의 van der Waals 상호 작용을 줄여서 비정형의 연질 중합체를 만들어 준다. 긴 사슬 가지는 용융 시에 강도가 증대되기 때문에 포장 용도의 필름으로의 압출 성형에 유용하다. 사슬 가지화가 일어났다는 정보는 IR과 NMR의 분광학이나 중합체 유변학을 통해 알아낼 수 있다. 1-헥센이나 1-옥텐과 같은 공단량체를 에틸렌과 함께 중합하면, 사슬 가지가 조절된 폴리에틸렌인 선형 저밀도 폴리에틸렌 (linear low-density PE, **LLDPE**)가 만들어지는데, LLDPE는 균일계 메탈로센 촉매의 장점을 잘 살린 분야이다.

폴리프로필렌

중합체 사슬의 구조는 사슬 성장 과정과 각각의 에러(error)에 대한 정보가 기록된 비디오테이프와 같다. 특히 폴리프로필렌에 대해서는 명확하다.

프로필렌 중합에 의해 만들어지는 폴리프로필렌은 주 사슬을 따라 메틸 치환기가 서로 다른 배열을 가질 수 있기 때문에 에틸렌 중합보다 더 복잡하게 진행한다. 폴리프로필렌 중에서 가장 중요한 이성질체는 높은 인장 강도를 가지며 입체 규칙성이 증가할수록 녹는점이 최대 165 °C까지 높아지는 특징을 보이는 동일 배열 폴리프로필렌(**isotactic** polypropylene, **i-PP**)이다. 연신된 동일 배열 폴리프로필렌으로 만든 로프는 같은 중량의 강철로 된 로프보다 더 높은 인장 강도를 보인다. 하지만 주 사슬에 메틸 치환기가 불규칙하게 존재하는 혼성 배열 폴리프로필렌(atactic polypropylene, **a-PP**)은 쓸모가 별로 없다. 따라서 폴리프로필렌은 여러 가지 형태를 띠며, 각각의 폴리프로필렌들은 인장 강도, 인성, 내충격성, 녹는점, 탄성력과 같은 고유한 성질들의 조합을 가질 수 있다. 이러한 중합체들은 1,2-위치 선택성에 의한 단량체 삽입에 의해 만들어진다. 물론 입체 선택성 에러(stereo-error)의 가능성뿐만 아니라 단량체가 잘못된 방향을 바라보고 들어가는 2,1-삽입 반응에 의한 위치 선택성 에러(regio-error)도 있을 수 있다.

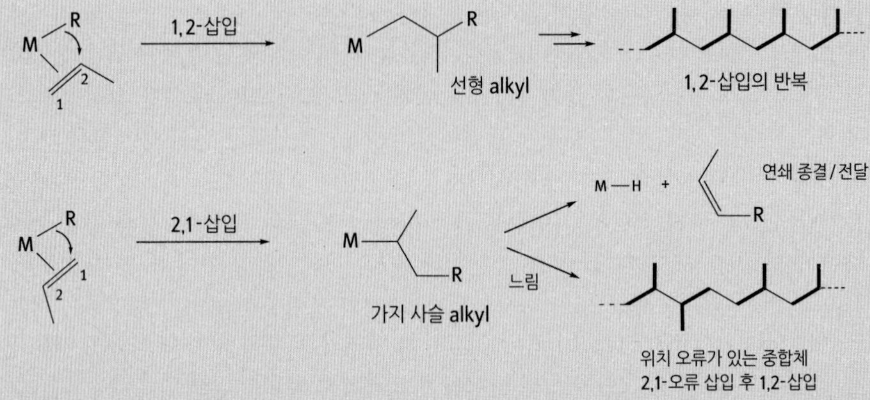

이것은 조성이 똑같은 중합체의 성질에 큰 차이점을 부여할 수 있기 때문에 폴리프로필렌으로부터 매우 강한 섬유와 고무 같은 탄성체 및 왁스 등을 만들 수 있다.

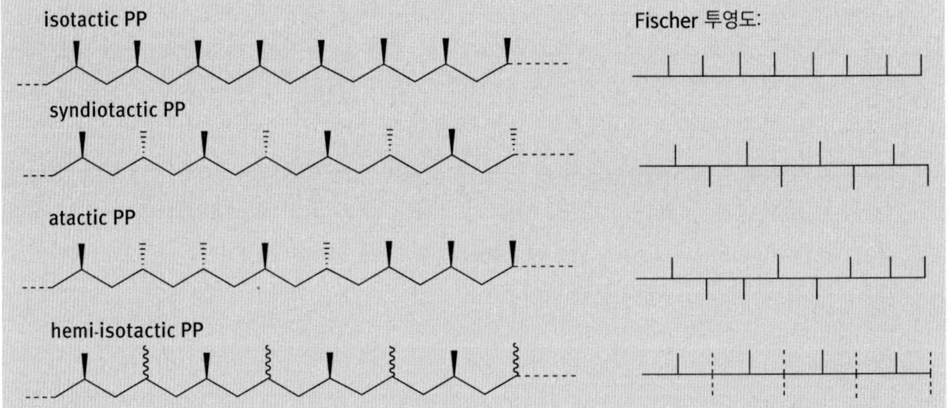

또한 특성이 서로 다른 중합체들의 구역으로 이루어진 중합체 사슬을 만들 수도 있다. 예를 들어 중합 시에 일어나는 위치 선택성 에러(regio-error)는 결정성 영역이 많아 높은 녹는점을 보이는 고강도 중합체를 무정형 탄성체로 바뀌게 한다.

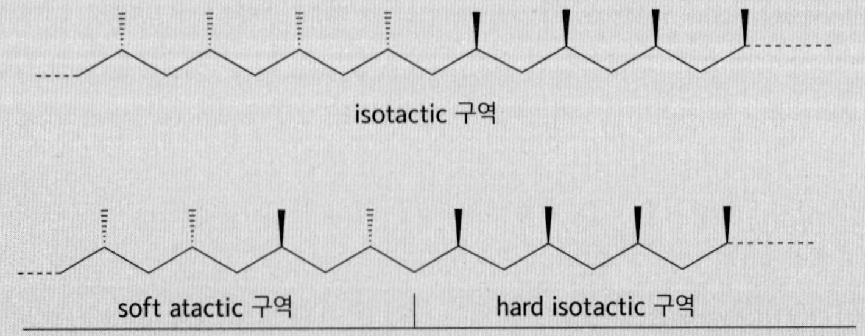

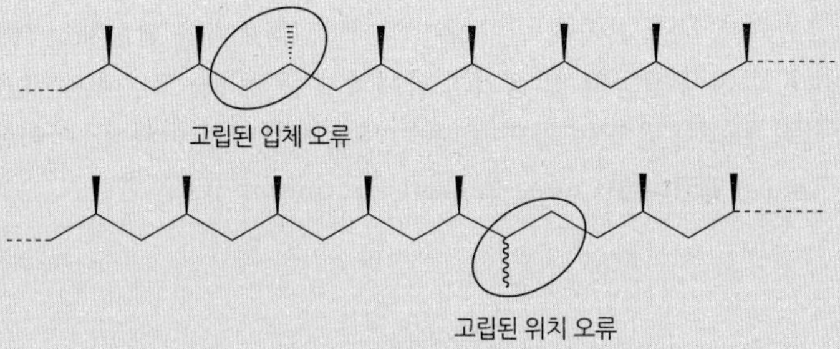

폴리프로필렌의 미세구조. 폴리프로필렌 구조에 대한 자세한 정보는 ^{13}C NMR 스펙트럼으로부터 얻을 수 있다. 메틸 곁사슬의 화학적 이동은 이웃한 메틸 곁사슬들의 배향에 가장 큰 영향을 받는데, 관찰하고자 하는 메틸 치환기를 가운데에 두고 양 옆으로 가장 가깝게 존재하는 두 개의 다른 메틸기의 영향을 고분해능 NMR 기기로 측정할 수 있다. 연속된 5개 메틸기의 분절 구조를 '펜타드(pentad)'라고 한다. 운이 좋은 경우에는 7개(heptad) 혹은 9개(nonad) 메틸 분절 구조가 해석될 수도 있다. 폴리프로필렌에서 주사슬의 모든 두 번째 탄소는 카이랄이다. 즉, 메틸 치환기가 붙어 있는 탄소가 카이랄한데, 카이랄 중심 탄소에 붙어 있는 메틸기들은 서로에 대해 *meso*(*m*) 혹은 *rac*(*racemo*, *r*) 관계를 가진다(*racemus*(라틴어) = 포도송이. *rac*와 *meso* 이성질체가 처음 확인된 포도산을 의미함). 그러므로 폴리프로필렌의 구조는 *m* 혹은 *r* 2개(diad) 메틸 분절 구조로 표현될 수 있다. 이들을 조합하여 펜타드 구조를 표현할 수 있는데, 예를 들어 5개의 메틸 치환기가 동일 배열을 가지는 펜타드는 *mmmm*이 된다. *mmmm* 펜타드 세기가 90% 이상인 동일 배열 폴리프로필렌은 10% 이하가 *mmmm* 펜타드 이외의 펜타드 구조를 가진다는 것을 의미한다.

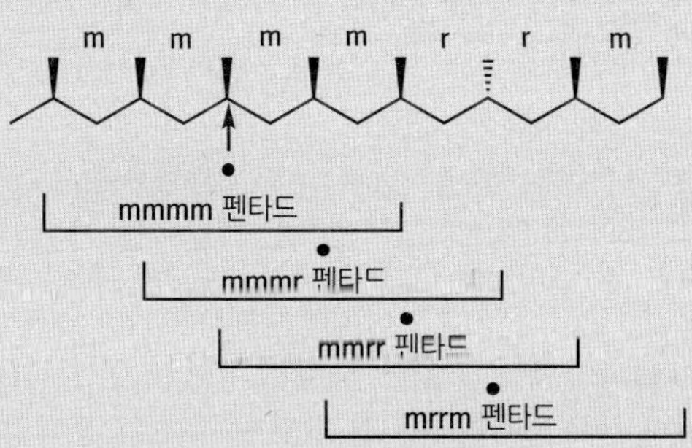

펜타드 분포는 어떤 촉매의 입체 선택성과 위치 선택성을 측정한 것이다.

3.7.1.2 Ziegler 촉매의 메커니즘

메커니즘 이해의 관점에서 중합 촉매 작용의 핵심은 $[TICl_3]_x$ 결정의 가장자리와 모서리에서 $AlEt_3$에 의한 배위 불포화 Ti-Cl 위치의 에틸화를 통해 타이타늄-에틸 결합이 만들어지는 것이다. 뒤이어 에틸렌 단량체가 타이타늄에 배위되고 타이타늄에 결합된 에틸 리간드가 에틸렌에 분자내 친핵성 공격으로 삽입된다. 에틸렌으로의 에틸 리간드가 이동하게 되면 새롭게 생성된 알킬기의 시스 위치에 빈자리가 생기고, 다시 다음 단량체인 에틸렌에 의해 빈자리가 채워진다. 따라서 자동차 앞 유리의 와이퍼가 움직이는 모양과 같이 두 개의 배위 자리 사이를 중합체 사슬이 움직여 가면서 사슬 성장 중합이 일어난다. 이러한 사슬 성장 모델을 Cossée-Arlman **메커니즘**(Cossée-Arlman mechanism)이라고 한다.

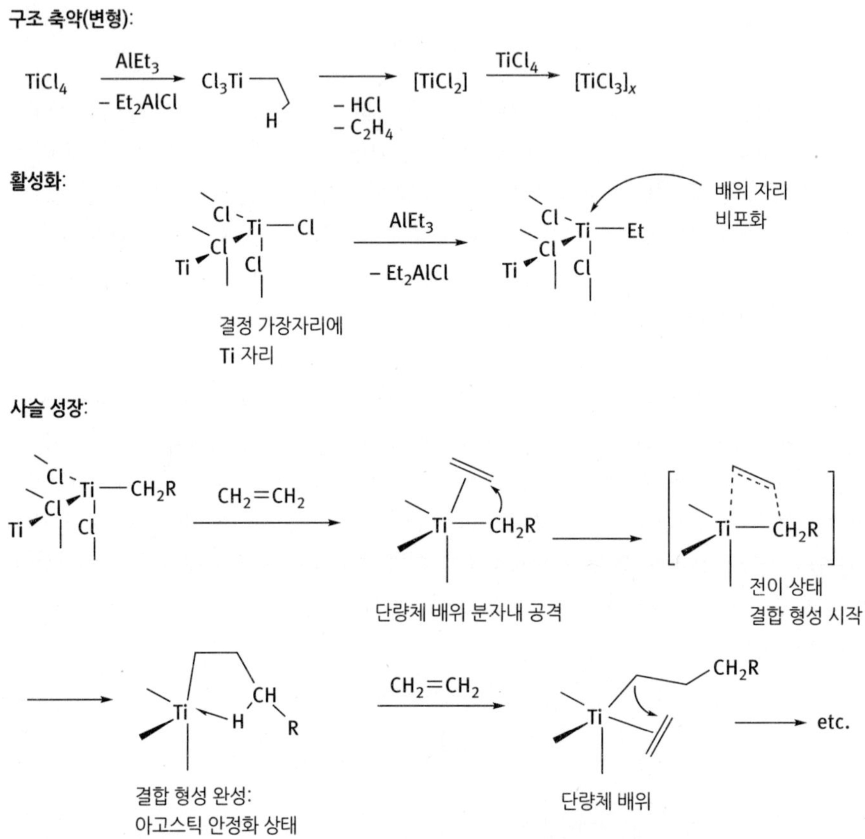

다행스럽게도 초기 Ziegler 촉매는 우수한 입체 규칙성을 가진 교대 배열 폴리프로필렌을 만든다는 것이 증명되었다. 이러한 결과는 결정 표면 구조의 경직성과 염화물 리간드에 의해 제공되는 입체 장애 효과로 설명될 수 있다. 성장하는 중합체 사슬은 결정 표면에 대해 특정 배향으로만 위치하게 된다. 이는 선구 카이랄성을 가진 알켄인 프로펜의 배위는 중합체 사슬과 프로펜의 메틸 치환기 사이의 입체 장애를 최소화하는 방법으로 진행되기 때문이다. 아래의 도표에 제시된 사슬의 배향을 사용하여 설명해보면, 프로펜의 *si* 면으로 타이타늄에 배위할 때 입체 장애가 최소화되지만, 반대 면인 프로펜의 *re* 면으로 배위되면 중합체 사슬의 β-Me와 프로펜의 메틸기 사이에 입체 장애가 생기게 된다. 비록 입체 장애로 인한 반발 작용의 힘은 약하지만 연속적으로 프로펜 분자가 항상 동일한 π-면을 통해 결합하게 만들기 때문에 동일 배열 폴리프로필렌이 만들어진다.

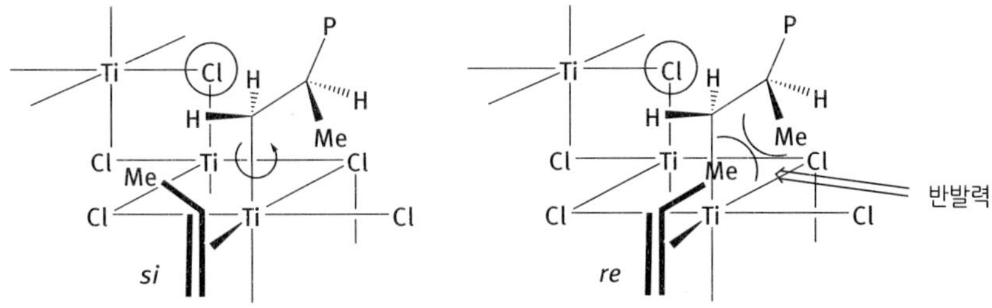

우호적인 형태 비우호적인 형태

3.7.2 중합 촉매로서의 금속 착물

불균일 중합 촉매에 대한 자세한 메커니즘 정보는 얻기가 힘들지만, 가용성 촉매는 그런 단점이 전혀 없다. 이들은 배위 착물이기 때문에 그들의 리간드 환경은 활성, 분자량, 공단량체 함량, 입체 선택성 측면에서 성능을 최적화하도록 조정될 수 있다. 균일계 중합 촉매로부터 얻어진 중합체의 분자량 분포 $\overline{M}_w/\overline{M}_n$는 약 2~3으로 불균일계 촉매에서 얻어지는 것보다 훨씬 좁다. 이것은 균일계 촉매의 모든 활성 자리가 동일하기 때문이다.

전촉매로서의 4족 메탈로센 화합물 Cp_2MCl_2에 대한 초기 연구는 중심 금속(M)을 Ti과 Zr로 초점을 맞추었다. $AlEt_3$ 또는 Et_2AlCl를 사용하여 4족 메탈로센 화합물을 활성화시키려는 시도가 처음에 있었지만, 낮은 활성으로 인해 Ziegler 촉매와의 경쟁에서 많이 뒤처지는 형편이었다. $AlMe_3$의 가수 분해 생성물인 **메틸알루미녹세인**(**MAO, methylaluminoxane**, 1.5.2.3절 참조)이 Cp_2ZrCl_2를 활성화시켜 만들어진 촉매계가 뛰어난 에틸렌 중합 활성을 보임이 밝혀졌다. 비정형이면서 톨루엔에 용해되는 유리상 물질인 MAO의 구조는 아직까지 추측 단계이다. 하지만 용매가 없는 기상 중합을 위한 실리카 담지 촉매와 액상 중합용 메탈로센 촉매를 활성화시키기 위해 MAO는 여전히 공장에서 선호되는 활성제로 남아 있다. 몇 가지 예외적인 상황을 제외하고, 촉매는 안정한 할로젠화 금속 전촉매와 알루미늄 알킬 활성제를 인-시투(in situ) 반응시켜 만든다. 에틸렌 중합을 위한 대표적인 전촉매는 다음과 같다.

4족 메탈로센 착물의 합성에 대해서는 2.8.2.1절 참조

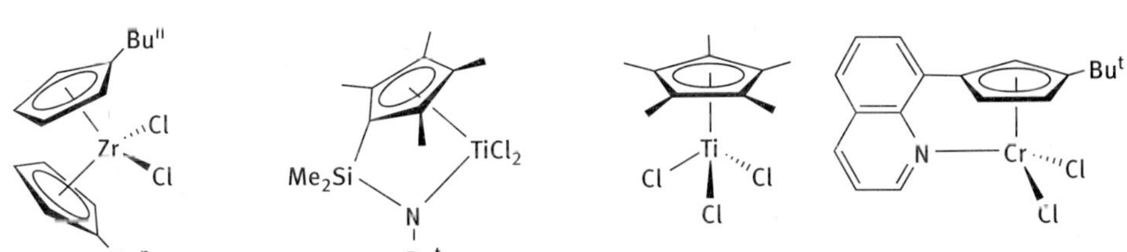

Zirconocen 촉매, 높은 PE 활성도, PE에 표준

'내부 결합각이 부자연스러운' 촉매(CGC). 더 열린 구조일수록 높은 활성도와 높은 공단량체 합침이 일어남

Ti 반쪽 샌드위치 착물, syndiotactic 스타이렌 중합체에 가장 좋음

Cr 촉매, UHMWPE를 생산하는 기능

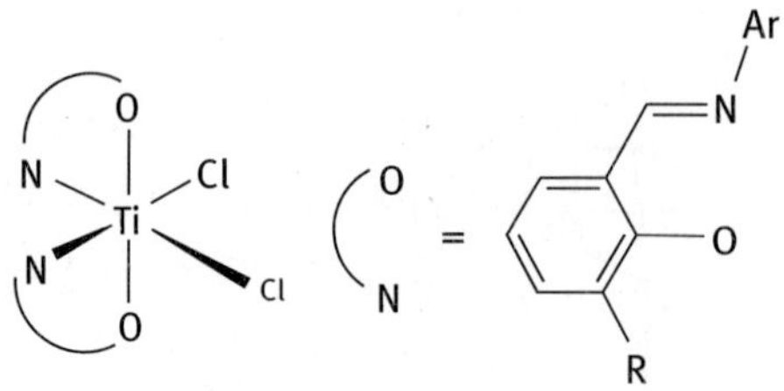

'후 메탈로센' Ti 촉매, 다양한 N^O 킬레이트에 거대한 Ar과 R이 치환된 것은 에틸렌의 균일, 공중합에 사용

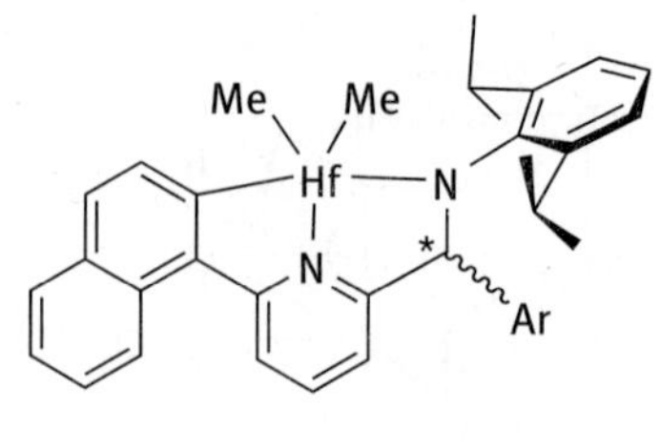

에틸렌/1-알켄 공중합 Hf 촉매의 높은 온도 액체상 과정(Dow). 이러한 촉매의 예가 높은 처리량을 가진 기술에 의해 발견되었다.

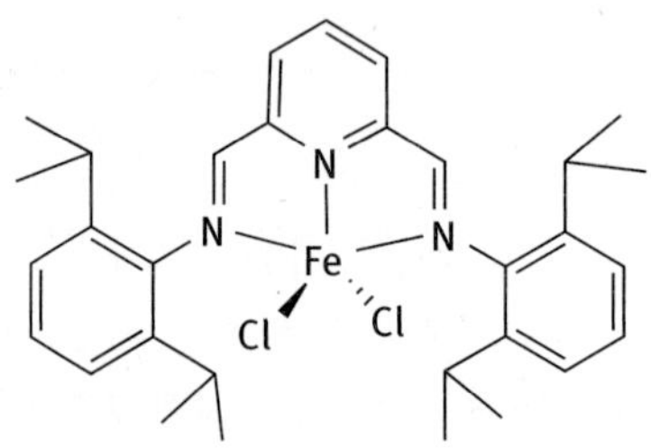

철 촉매, 에틸렌 고분자화에 고활성도를 가진다. 입체적 장애 N-아릴 치환체는 연쇄 전달을 방지한다.

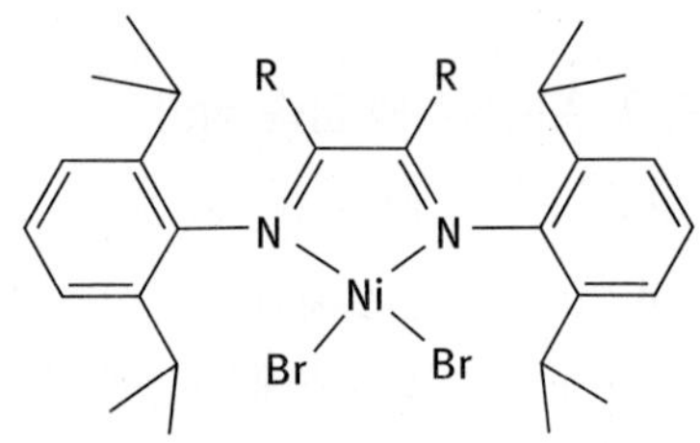

니켈 촉매, '체인 워킹'에 의해 곁사슬이 많은 연질 PE를 생성

여기에 제시된 촉매는 모두 높은 에틸렌 중합 활성을 보여 준다. 킬레이트화된 Cp-아미도 리간드를 포함한 일명 CGC 촉매(constrained geometry catalyst)는 에틸렌에 1-알켄(헥센, 옥텐)을 혼입시켜 가지 달린 사슬이 균일한 분포를 가지도록 조절된 공중합체 제조에 특히 효과적이다. 이것은 균일계 촉매의 큰 장점이다. 불균일계 촉매인 Ziegler 촉매를 사용하여 에틸렌과 1-알켄 공중합을 실시하면 공단량체 함량이 낮은 고분자량 사슬과 공단량체 함량이 높은 저분자량 사슬의 혼합물이 얻어진다. 반면에 메탈로센 촉매는 균질한 공단량체 함량이 높은 고분자량의 공중합체를 생성시킨다.

3.7.2.1 촉매 활성화와 활성종

할로젠화 금속 전촉매의 활성화는 두 단계로 진행된다.

(i) **알킬화**(alkylation): 적어도 하나의 할로젠 리간드와 알킬 리간드의 치환 반응

(ii) **빈 배위 자리**(vacant coordination site)의 생성: Lewis 산성 활성제에 의한 음이온 리간드의 떼기(포스핀 리간드의 제거에 의해 중성 촉매 활성종의 생성은 드문 경우임)

가장 중요한 부류의 가용성 촉매는 4족 메탈로센 화합물이다. 여기서 활성종은 양이온의 14-전자종인 $[Cp_2M-R]^+$이다. 다른 종류의 할로젠화 금속 전촉매도 유사하다.

2.8.2.2절에서 볼 수 있듯이 14-전자 메탈로센 양이온인 $[Cp_2M-R]^+$는 올레핀의 π-오비탈로부터 전자를 받아들일 수 있는 비어 있는 d-오비탈인 d_σ를 가지고 있다. 또한 C=C의 π^* 오비탈과 겹칠 수 있는 대칭성을 가진 d_π 오비탈이 존재한다.

하지만 중심 금속 M이 d^0인 Ti, Zr, 또는 Hf의 경우에는 d 전자가 없어서 역결합을 할 수 없다. 금속에서 올레핀으로의 역결합은 리간드와의 강한 결합을 만들어 삽입 반응과 같은

후속 반응들을 방해한다. 중성인 란타넘족 착물인 Cp_2LnR의 경우에도 d 전자가 없어서 역결합을 할 수 없다. 하지만 $Cp_2NbEt(\eta^2\text{-}C_2H_4)$와 같은 4족 메탈로센 화합물과 동일한 구조를 가지는 d^2 착물인 경우에는 강한 역결합이 가능하고, 알켄의 삽입 반응을 방해한다.

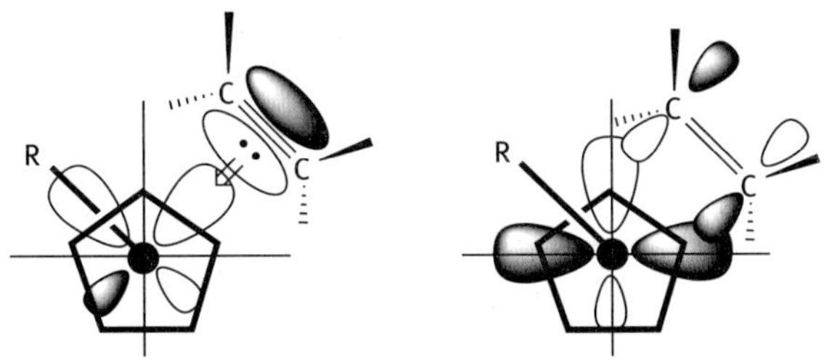

알켄 결합을 위한 d_σ 받개 오비탈

d_π 대칭성 오비탈. d^0는 역결합이 없다.

첫 번째 단계인 알킬화는 MAO의 구성 성분인 $AlMe_3$ 또는 $AlBu^i_3$와 같은 알루미늄 알킬을 사용하여 주로 이루어진다. 혹은 미리 합성된 금속 알킬 착물이 바로 사용될 수도 있다. 두 번째 단계인 빈 배위 자리의 생성은 강한 Lewis(혹은 Brønsted) 산과 상대적으로 약한 친핵성을 갖는 음이온의 쌍으로 이루어진 물질을 사용하는데, 이 음이온들은 금속에 배위하지 않고, 올레핀과 배위 자리를 놓고 경쟁하지 않아야 한다. 흔히 많이 사용되는 '비배위 음이온'이라고 불리는 BF_4^-, PF_6^-, BPh_4^-, $CF_3SO_3^-$은 4족 금속에 강하게 결합하는 성질이 있어서 올레핀 중합 촉매가 좋은 활성을 보이지 못한다. 반면 perfluoroarylborate $[B(C_6F_5)_4]^-$는 매우 좋은 활성을 보이는 촉매들에 많이 사용되는 음이온인데, 촉매의 활성화는 $B(C_6F_5)_3$, $CPh_3^+[B(C_6F_5)_4]^-$, $HNMe_2Ph^+[B(C_6F_5)_4]^-$ 등과 같은 Lewis 산을 사용하여 이루어진다. 이 과정은 금속 메틸 착물을 사용하여 상세하게 연구되었다.

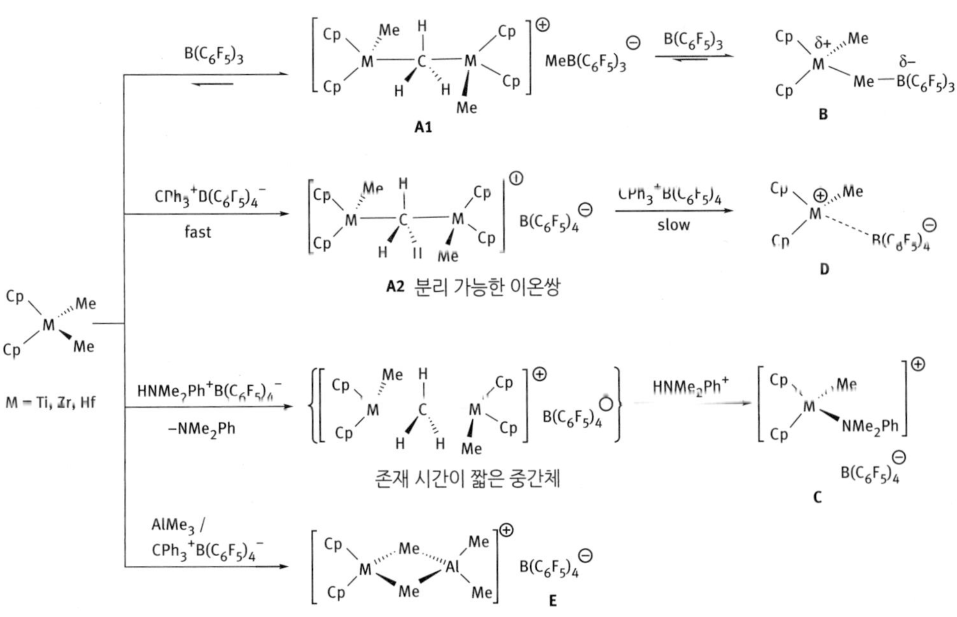

이 과정들은 분광학을 이용하여 관찰되어졌다. 14전자 양이온 종은 검출되지 않았으나, 다음과 같은 여러 방법으로 14전자 양이온 종이 안정화되었다는 것이 알려졌다.

(i) 중성 분자인 Cp_2MMe_2와 반응시켰더니 **A1**과 **A2** 구조를 가지는 동종-이핵 외부권 이온쌍(OSIPs)의 생성
(ii) 배위 능력이 향상된 음이온인 $[MeB(C_6F_5)_3]^-$을 사용하였더니 **B** 구조를 가지는 내부권 이온쌍(ISIPs)의 생성
(iii) 아닐린이 부산물이라면 **C** 구조의 아닐린 첨가 생성물이 발생
(iv) 이온쌍 **D**의 생성
(v) $AlMe_3$와의 첨가 생성물로 이종-이핵 이온쌍 **E**의 생성

중요한 점은 알켄 단량체가 존재할 때에는 앞에서 언급한 이온쌍들이 중합 전파 단계의 종들과 평형 상태에 있다는 것이다.

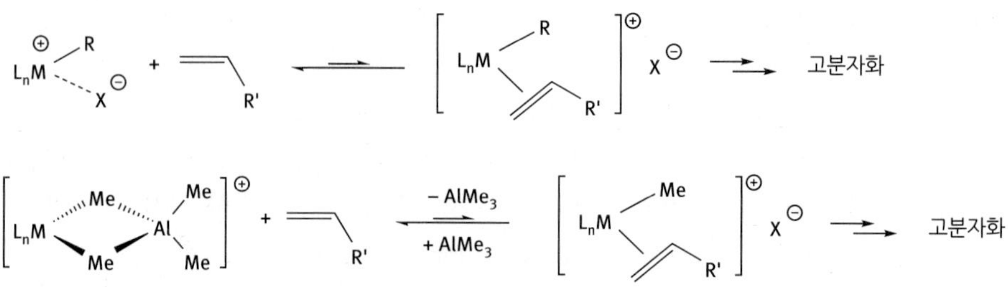

2개의 할로젠기를 가진 4족 금속 착물인 L_nMCl_2와 $AlBu^i_3/CPh_3^+[B(C_6F_5)_4]^-$ 혼합물을 활성제로 사용하여 매우 높은 알켄 중합 활성을 보이는 촉매계를 얻을 수 있다.

음이온은 촉매 활성 부위에 배위할 가능성이 있기 때문에, 중합 활성의 감소를 막기 위해서는 음이온의 음전하를 가능한 한 큰 공간으로 분산시킬 필요가 있다. 음이온의 크기를 증가시킬 수 있는 방법 중에 하나는 두 개의 붕산염을 CN이나 NH_2로 다리 놓는 것이다. 따라서 $[L_nM{-}R]^+X^-$ 형태의 촉매 이온쌍의 촉매 활성은 아래 순서와 같이 증가한다.

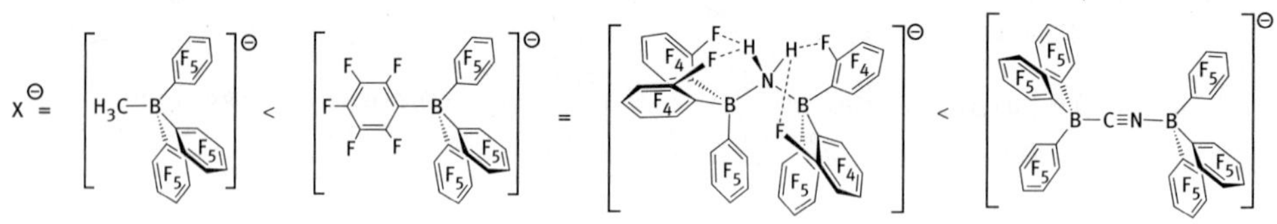

MAO를 이용한 촉매의 활성화. MAO는 알킬화제로 사용되면서 동시에 상대 음이온의 역할도 동시에 수행한다. MAO는 올리고머 종인 $[MeAlO]_n$가 결합된 $AlMe_3$ 및 반응하지 않고 남아 있는 $AlMe_3$와 함께 존재하는 혼합물로 평균 조성은 $[Me_{1.4-1.5}AlO_{0.80-0.75}]_n$ 라고 알려져 있다. 최근 연구에 의하면 MAO의 평균 분자량은 약 1800 g mol^{-1}이고, MAO 한 분자에는 약 30개의 Al 원자를 포함하고 있으며, 주요한 구성 요소는 $(MeAlO)_n(AlMe_3)_m$ ($n \approx 23$, $m \approx 7$)라고 한다. MAO는 여러 종들이 섞여 있는 불완전하게 정의된 혼합물이며, 사용되는 전체 양의 매우 적은 비율만이 촉매를 활성화시킬 수 있기 때문에 실제 중합에서 활성을 높이기 위해서는 알루미늄/금속의 비율을 1000–3000 : 1 정도로 과량 사용해야 한다.

메탈로센 다이클로라이드 형태의 전촉매는 MAO와의 반응을 통해 알킬화가 단계적으로 진행되어 Cl 기가 다리 놓인 양이온 이합체가 만들어진다. 생성된 양이온 착물의 알킬화 반응은 중성인 단핵 메탈로센 착물의 알킬화 반응보다 더 빨리 일어난다. 충분히 높은 비율의 Al/M에서의 중합은 이종이핵 $AlMe_3$ 부가 생성물과 구조 분석이 불완전하게 된 이온쌍 $[Cp_2MMe^+ \cdots\cdots ME\text{-}MAO^-]$의 생성에서부터 시작된다. MAO가 반응성이 매우 큰 Lewis 산인 $AlMe_2^+$ 양이온의 원료로 사용된다는 것도 또한 그럴듯해 보인다.

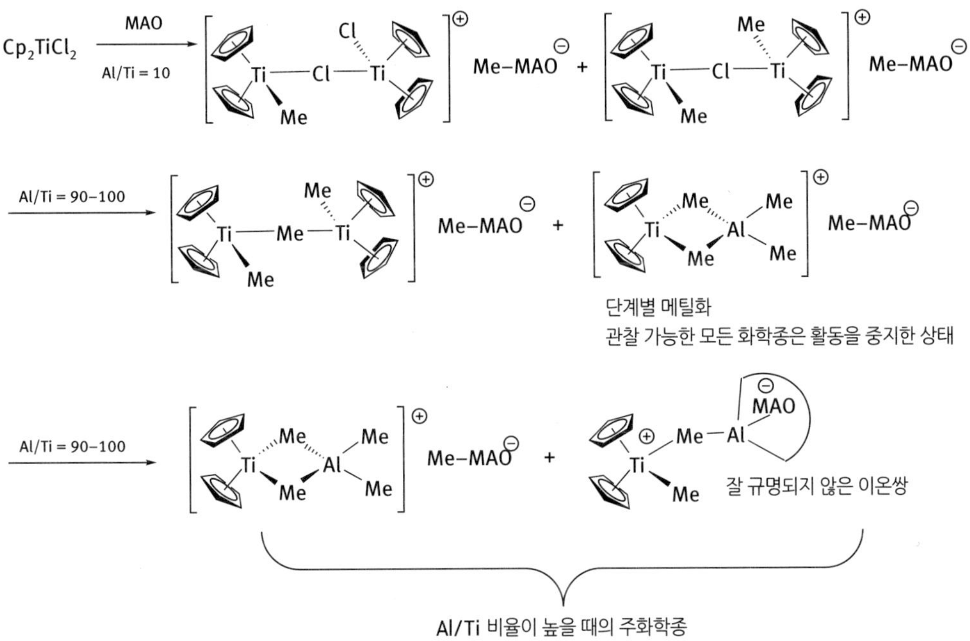

3.7.2.2 알켄 중합 반응

일반적 중합 과정 회로. 알켄 중합은 배위된 단량체에 성장하는 중합체 사슬이 분자내 친핵 공격을 통해 진행된다. 프로펜에 대한 다음 도표에서 볼 수 있는 것과 같이 분자내 친핵 공격은 1,2-삽입 반응이다. 일반적으로 리빙 중합이 아닌 메탈로센 촉매는 금속-수소 상호작용으로 안정화된 이온쌍과 2,1-오인 삽입 과정과 같은 여러 개의 정지 상태를 가진다. 특히 2,1-오인 삽입 과정은 알킬 가지 사슬의 입체 장애로 인해 추가 단량체 삽입이 방해받아 반응이 느려지게 된다. 이러한 정지 상태의 존재는 대부분의 중합 촉매에서 전체 금속 종의 10-20%만이 사슬 성장 기간 동안에 적극적으로 관여한다는 것을 의미한다. 휴면종과 활성종은 평형 상태에 있기 때문에 모든 금속은 중합체 사슬 내에 존재한다.

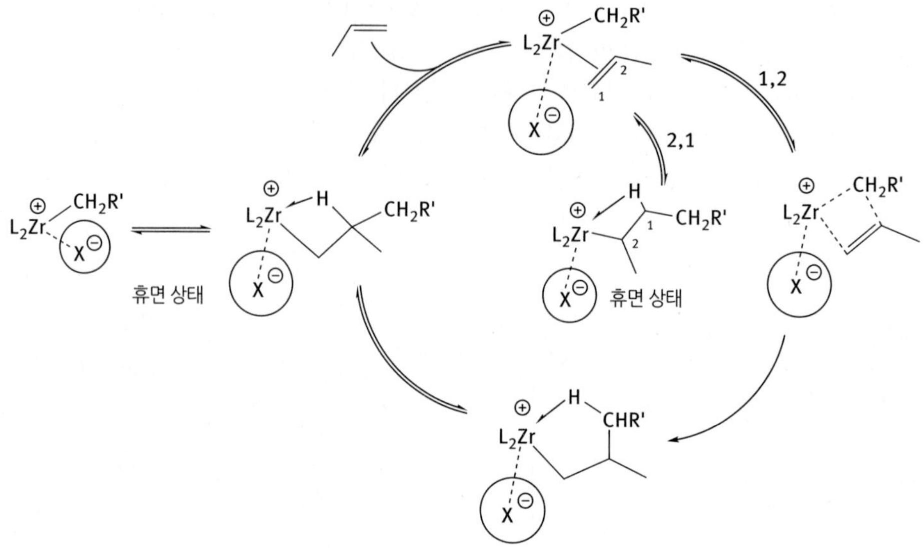

알켄 중합 반응의 반응 속도식은 $d[M]/dt=k_p[C][M]$ (M = 단량체, C = 촉매, k_p = 중합 전파 단계 속도 상수)와 같다. 때때로 [M]에 대한 의존도가 매우 큰 경우가 많은데, 이것은 불완전한 중합 개시와 같은 평형이 존재한다는 것을 의미한다. 중합도는 전파 단계와 사슬 종결 단결의 속도 상수의 비인 k_p/k_t로 표시할 수 있다. 많은 경우에 속도 상수 값은 입체 장애 요인과 밀접하게 관련되어 있다.

활성이 좋은 메탈로센 촉매를 이용한 프로펜 중합은 높은 위치 선택성과 입체 선택성을 가지면서 10^8g PP $mol_{(catalyst)}^{-1}$ h^{-1} bar^{-1}의 활성을 보이는데, 이것은 초당 10^4~10^5개의 단량체가 삽입되는 것을 의미한다.

사슬 전달. 사슬 전달 속도는 전파 단계 속도보다 2~3배 느리다. 1-알켄 중합에서 사슬 전달에는 (i) 금속으로의 β-H 전달 과정, (ii) 대부분의 경우에 에너지적으로 선호되는 경로인 단량체로의 β-H 전달 과정, (iii) $AlMe_3$가 존재할 때에는 알루미늄으로의 사슬 전달과 같은 세 가지 주요한 경로가 존재한다. 첫 번째와 두 번째 사슬 전달 과정은 말단에 이중 결합을 가진 중합체를 생성시키지만, 알루미늄으로의 사슬 전달 경로는 물로 반응을 마무리하게 될 때 포화 탄소로 이루어진 중합체만이 얻어진다. 이러한 알루미늄으로의 사슬 전달 경로는 MAO를 조촉매로 사용하여 진행하는 중합에서 관찰되는 일반적인 현상이다. 따라서 MAO를 사용하는 촉매계에서의 촉매 활성과 중합체의 분자량은 MAO 내에 존재하는 반응하지 않고 남아 있는 $AlMe_3$의 양에 매우 큰 영향을 받는다.

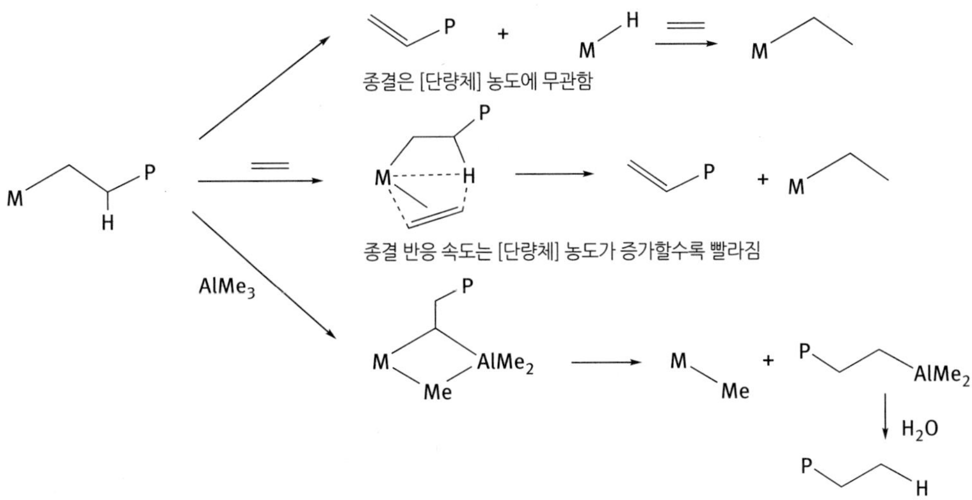

체인 워킹(chain walking). 다이아자다이엔(diazadiene) 리간드가 배위된 니켈 촉매는 Pr^i와 같은 입체 장애가 큰 치환체로 활성 자리 부근을 둘러쌈으로써 사슬 전이 속도를 감소시킬 수 있다. 이때 β-H 제거 반응이 단량체 삽입 반응과 경쟁하게 되는데, 사슬 성장은 주로 β-H 제거 반응/단량체 재삽입 반응에 의해 빈번히 일시 정지되고, 이는 금속의 중합체 주사슬을 따라 '체인 워킹'이 일어나게 해서 많은 측쇄를 가지게 한다. 따라서 니켈 촉매는 라디칼 중합에 의해 생성되는 LDPE와 매우 유사한 중합체를 만든다.

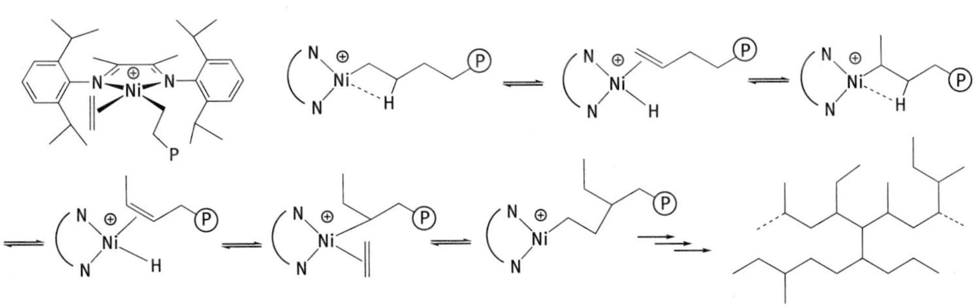

고리 중합. 1,5-헥사다이엔(1,5-hexadiene)과 같은 비콘쥬게이션된 다이엔 중 첫 번째 C=C은 1,2-삽입 방식으로 반응이 진행된다. 첫 번째 삽입 반응 후에 남아 있는 두 번째 C=C에의 삽입 반응은 새로운 1,5-헥사다이엔 단량체의 삽입 반응보다 더 빨리 진행하기 때문에 최종적으로 고리 화합물이 만들어진다. 각각의 오각형 고리는 잠재적으로 두 개의 카이랄 탄소 원자를 가지며, 주사슬에 존재하는 고리들은 서로 간에 시스 혹은 트랜스뿐만 아니라 동일 배열 혹은 교대 배열의 특징을 가질 수 있다. 따라서 합성되는 고리 화합물은 많은 상이한 입체 이성질체로 존재한다.

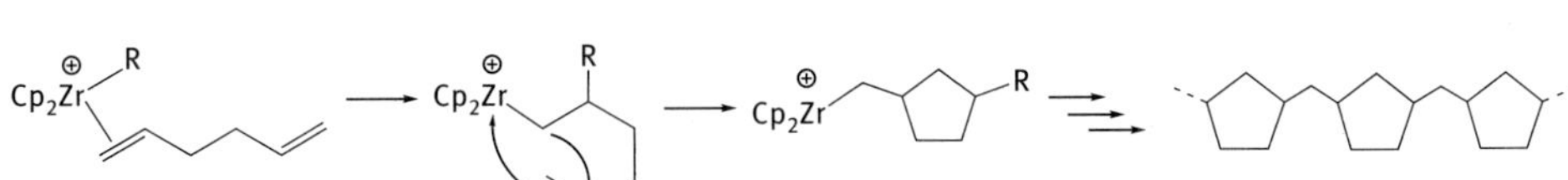

스타이렌은 또한 음이온, 양이온 및 라디칼 메커니즘에 의해 중합된다. 이들은 훨씬 더 가용성인 혼성 배열 중합체를 만든다.

스타이렌 중합. 하나의 Cp만 가진 타이타늄 촉매를 사용하는 스타이렌 중합은 대부분의 다른 알켄 삽입 반응과 달리 사슬 전파 과정이 2,1-삽입 반응으로 진행한다. 스타이렌의 알파-페닐 치환기는 금속에 결합된 탄소 원자에 존재하는 음으로 하전된 전하를 비편재화시켜, 금속과의 π-상호 작용이 존재하게 만든다. 따라서 하나의 Cp만 가진 타이타늄 촉매로 스타이렌 중합을 실시하면 교대 배열 폴리스타이렌(syndiotactic polystyrene, **s-PS**)이 만들어진다.

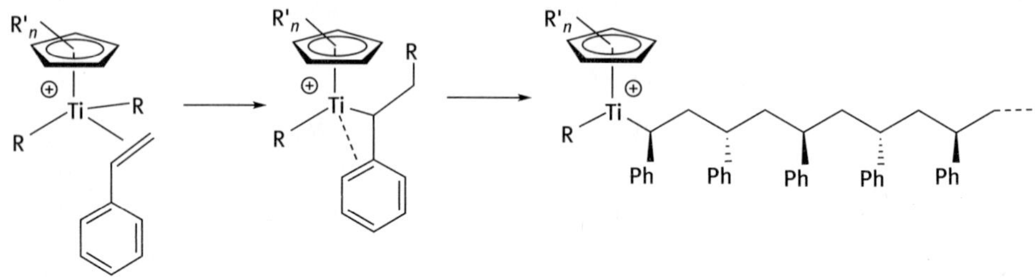

3.7.2.3 입체 선택성 중합

프로펜과 같은 1-알켄은 선구 카이랄성을 가진다. 만약 연속 중합 과정에서 중심 금속에 알켄이 항상 같은 π-면으로만 배위된다면 동일 배열 중합체가 만들어진다.

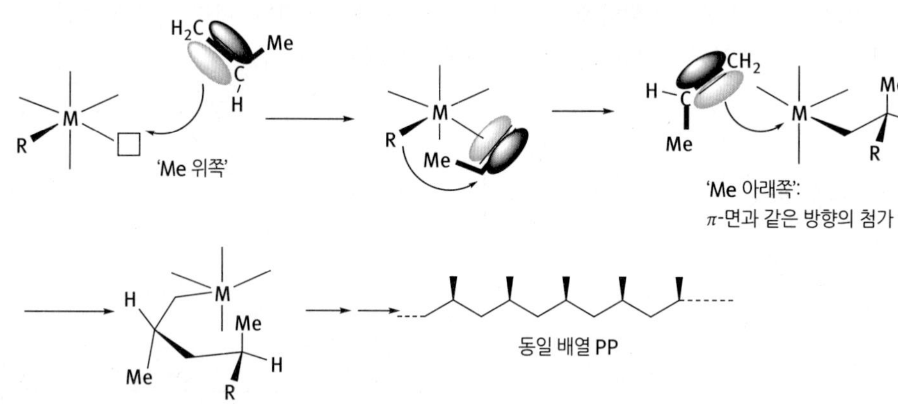

거꾸로, 모든 단량체가 순서대로 바로 이전에 삽입 반응에 참여한 단량체와 반대 π-면으로만 배위된다면 교대 배열 중합체가 만들어진다.

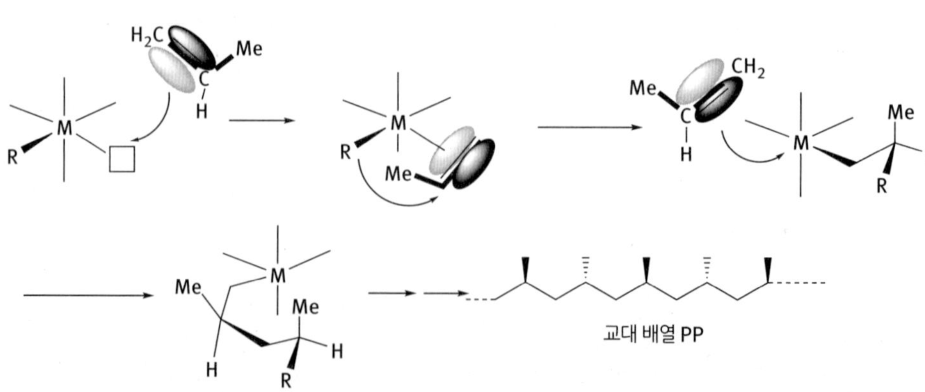

이러한 상황 조절은 촉매에 배위된 리간드의 대칭성을 적절하게 조정함으로써 가능하다. 즉, C_2 대칭성을 주는 리간드는 동일 배열 중합체를 유도하고, C_s 대칭성을 주는 리간드는 교대 배열 중합체를 만든다. 예를 들어, 메탈로센에서 두 개의 Cp 리간드가 다리 놓인 원자단으로 연결되면 Cp 리간드의 회전이 불가능하여 C_2 혹은 C_s 대칭성이 부여된다. 특히 개략 그림에서 명확하게 보이듯이, C_2 대칭성을 주는 리간드는 착물의 배위 영역에서 대각선 방향으로 덜 복잡하거나 혹은 더 복잡한 사분면을 만든다. 이에 비해 C_s 대칭성을 주는 촉매는 거울 대칭면을 가지며 배위된 리간드의 '위쪽' 면에 덜 복잡한 사분면을 제공한다. 이러한 리간드의 기하학적 구조는 성장하는 중합체 사슬의 회전 배열을 조절하며, 이러한 회전 배열은 선구 카이랄성을 가진 올레핀이 어느 π-면을 선호할 것인지를 차례대로 결정해 준다.

$Z(1\text{-}Ind)_2MCl_2$ 형태의 *ansa*-메탈로센의 합성은 2가지 유형의 생성물을 유도할 수 있다. 다음 도표에서 도시된 C_2 대칭성을 가진 착물은 *rac*과 *meso*라는 두 개의 거울상 이성질체의 라셈 혼합물로 존재한다. *meso* 이성질체는 *rac* 이성질체에 비해 낮은 활성을 보이며 또한 입체 선택성을 보이지 않는다.

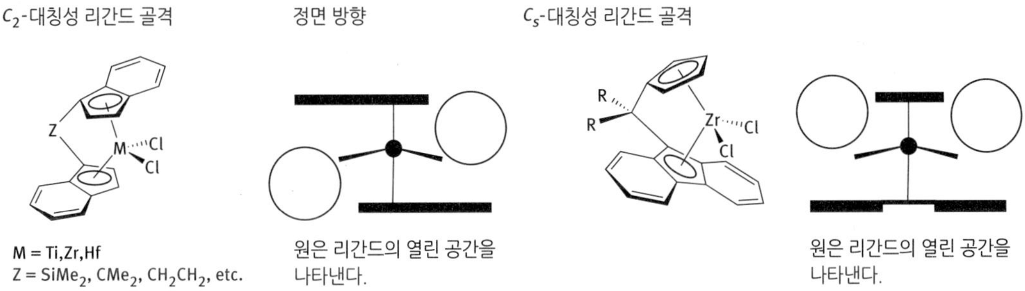

C_2 대칭성의 *ansa*-메탈로센에서 프로펜의 메틸 치환기는 입체 장애가 적은 하나의 사분면을 차지하고, 성장하는 중합체 사슬은 입체 장애가 적은 다른 쪽 사분면에 위치한다. 사슬 성장 중합은 중합체 사슬이 배위된 프로펜으로의 이동을 포함한다. 다음 단량체가 차지하게 될 빈 배위 자리가 생성되고, 프로펜의 메틸 치환기는 다시 입체 장애가 적은 하나의 사분면을 차지하게 된다. 이와 같은 방식으로 동일 배열 폴리프로필렌이 생성된다. 중합이 수행되는 탄화수소 용매에서 이들 화합물들은 촘촘한 이온쌍으로 존재하는데 상대 음이온은 입체 제어 공정에 영향을 미치지는 않지만, 바로 근처에 있어야 한다.

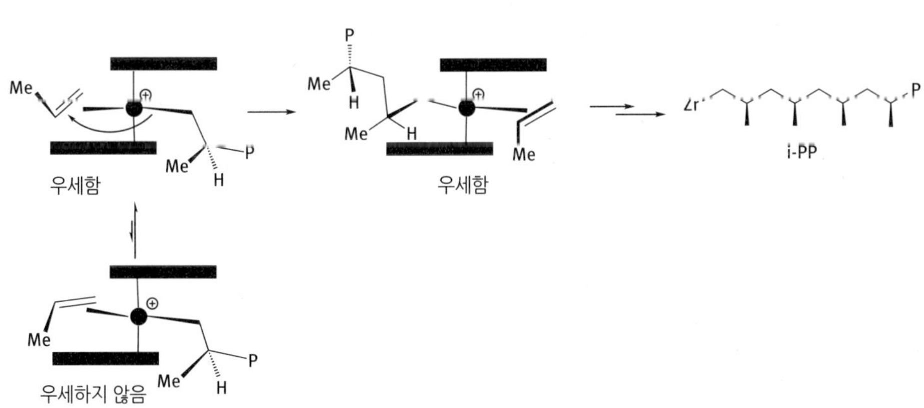

유사한 결과가 C_s 대칭성의 Cp-플루오렌일(fluorenyl) 촉매로 표현될 수 있다. 여기에서 중합체 사슬은 항상 비어 있는 사분면을 차지한다. 프로펜의 메틸 치환기는 플루오렌일 리간드의 홈에 정확하게 딱 들어맞기 때문에 입체 조절이 보장되는 것이다.

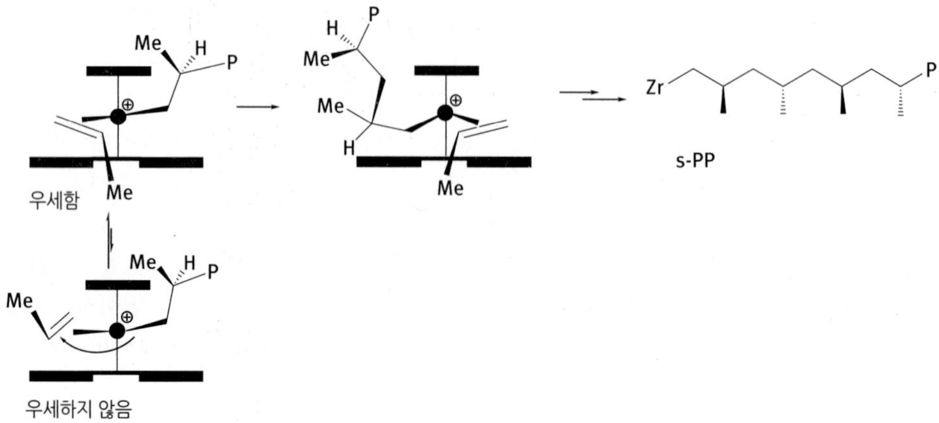

리간드 개발은 입체 규칙성, 2,1-오인 삽입, 사슬 종결을 조절할 수 있게 한다. 예를 들어, 인데닐 리간드의 5-원자 고리상의 2-위치 탄소에 알킬 치환기를 도입하게 되면 프로필렌의 분자량을 증가시킬 수 있고, 인데닐 리간드의 4-위치 탄소에 부피가 큰 치환기를 도입하게 되면 사슬 길이와 입체 규칙성을 향상시킬 수 있다(표 3.7.2.3). 이러한 리간드의 변경은 흥미로운 실험실 관찰을 상업적으로 실행 가능한 제품으로 바꾸어 준다.

표 3.7.2.3 iso-특성 프로펜 중합 촉매에서 구조-성질 관계

착물	2-R	4-R′	$\overline{M}_w$	PPmp	*mmmm*%
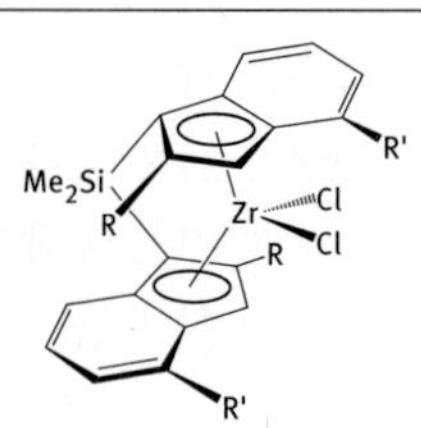	H	H	36,000	138 °C	81.7%
	Me	Ph	729,000	157 °C	95.2%
	Me	1-naphthyl	875,000	161 °C	99.1%
	Et	Ph	930,000	162 °C	>99%

유사한 개발을 통해 교대 배열성이 매우 높은 촉매가 만들어졌다. 교대 배열 폴리프로필렌(**s-PP**)은 작고, 균일한 결정체로 인해 우수한 광학 투명성을 가지며, γ-방사선에 대한 내성이 크며, 매우 높은 내 충격성을 가진다.

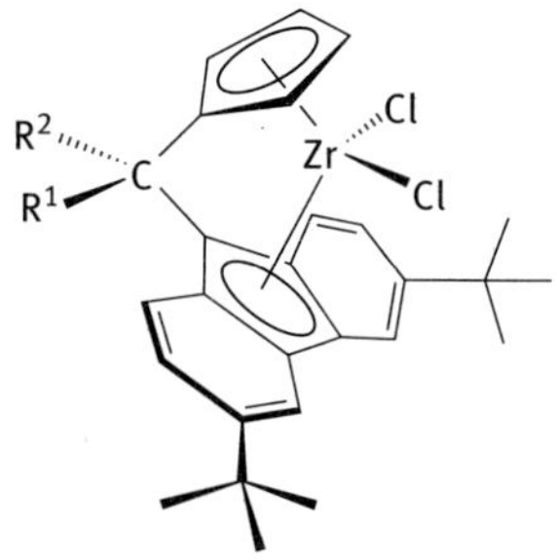

높은 온도에서 입체 선택성이 증가

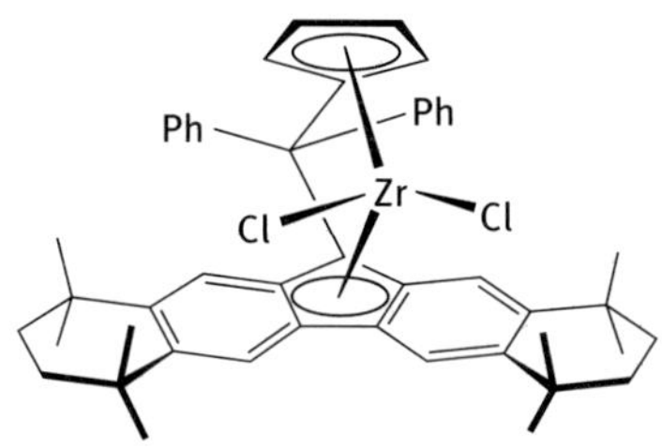

가장 높은 입체 규칙성을 s-PP에서 보고되었음(rrrr > 99%)

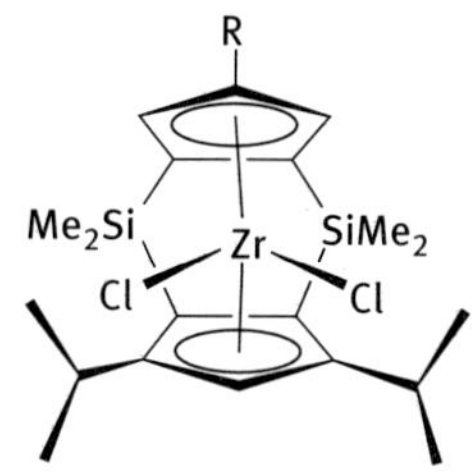

입체 선택성
$R = H < Pr^i > SiMe_3$

반면 C_1 대칭성을 가지는 촉매의 리간드 구조는 사슬 전파 과정에서 입체 선택성 자리와 비입체 선택성 자리라는 두 개의 매우 다른 특성의 배위 자리를 가진다. 중합체 사슬이 한쪽 배위 자리에서 다른 쪽 배위 자리로 왔다 갔다 하는 것이 단량체 삽입 속도보다 빠를 때, 단량체 삽입 없이 이러한 중합체 사슬의 이동은 혼성 배열이나 약간의 입체 규칙을 가지는 구역을 만들 수 있다. 이러한 촉매는 폴리프로필렌에서 이례적인 고무와 같은 탄성을 가지는 입체 결함이 많은 중합체를 만들기 때문에 매우 흥미롭다. 여기에 나타낸 Hf 착물은 고분자량의 탄성 폴리프로필렌 중합체를 만드는 C_1 대칭성을 가지는 메탈로센 화합물의 예이다.

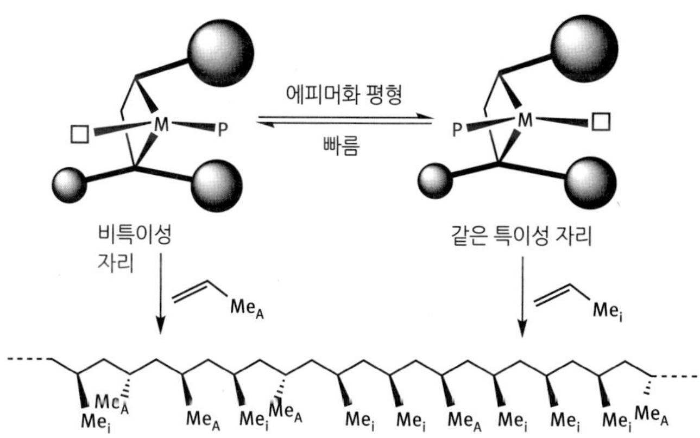

PP 구역 구조

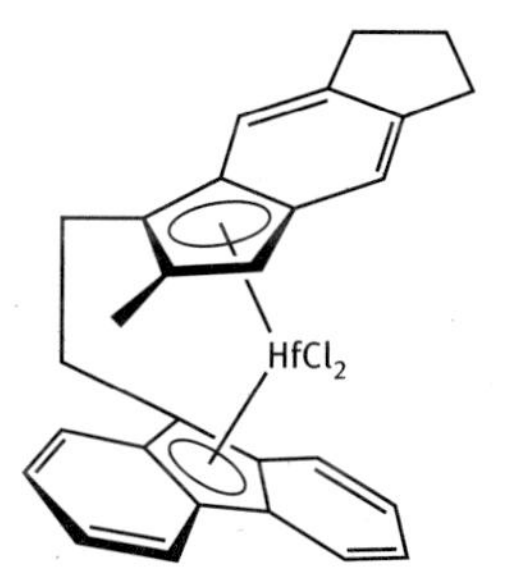

자료 3.7.2.3

사슬 왕복 중합

보통, 성장하는 중합체 사슬의 촉매 활성 자리로부터 주족 금속으로의 이동은 느리고 일반적이지 않다. 그러나 이러한 공정은 매우 다른 중합 특성을 갖는 두 개의 상이한 촉매 사이에서 중합체 사슬을 왕복시킴으로써 다른 방법으로는 만들 수 없는 독특한 중합체 구조를 만드는 데 유용하다.

에틸렌/1-옥텐 공중합에 Hf 피리딘 착물 A을 사용하면 연질 에틸렌/1-옥텐 공중합체가 얻어지지만, Zr-이미노페놀레이트(iminophenolate) 착물 B를 사용할 때에는 1-옥텐의 혼입이 일어나지 않고 경질, 고결정성 선형 폴리에틸렌만 얻어진다. 사슬 왕복제로 $ZnEt_2$를 넣어주면 중합체 사슬이 두 촉매 사이에서 충분히 느린 속도로 교환되어 경질-연질-경질의 블록 구조를 가진 중합체가 얻어진다. 이 물질은 경질 중합체와 연질 중합체의 기계적 혼합으로는 얻을 수 없는 특성을 가지고 있다. 이 중합체에서 경질 도메인과 연질 도메인은 상분리가 일어나는데, 이러한 도메인이 빛의 파장에 비례할 만큼 충분히 크게 되면, 나비의 날개 비늘처럼 빛을 굴절시킬 수 있고 붉은색이나 녹색의 폴리에틸렌이 만들어진다['광특성 폴리에틸렌(photonic polyethylene)'].

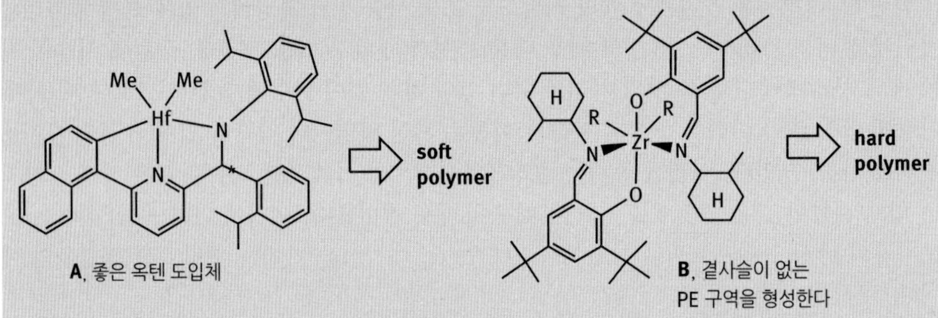

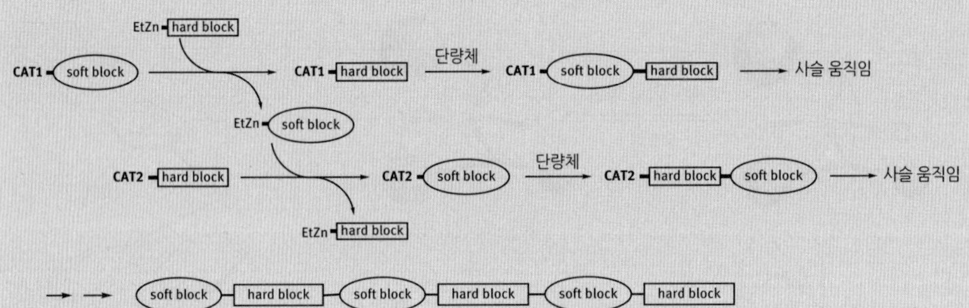

3.7.3 알켄 올리고머화 반응

에틸렌의 올리고머화 반응은 α-올레핀을 얻을 수 있는 값싼 합성법이다. 1-헥센 및 1-옥텐과 같은 α-올레핀은 포장용 신축성 필름용 선형저밀도 폴리에틸렌(**LLDPE**), 가소제(C_6-C_{10}), 계면 활성제 알코올 전구체(C_{12}-C_{20}) 생산을 위한 공단량체로 유용하다.

에틸렌 올리고머화 촉매 반응은 다음 두 메커니즘으로 진행된다. (i) 금속 함유 고리 화합물을 통한 선택적 삼량체화 또는 사량체화와 (ii) 삽입 메커니즘을 통한 1-알켄의 통계적 Schulz-Flory 분포 제공을 위한 올리고머화가 그것이다. 반응은 리간드의 선택에 따라 크게 좌우된다.

벤질 치환기를 함유한 Cp 리간드를 한 개 갖고 있는 타이타늄 착물은 우수한 선택성으로 에틸렌을 1-헥센으로 삼량화한다. 비슷하게 P-N-P 리간드인 $RN(PAr_2)_2$의 크로뮴 착물은 높은 활성과 선택성을 보이지만, 탄소 다리 놓인 다이포스핀 $CH_2(PAr_2)_2$의 크로뮴 착물은 낮은 활성과 비선택성을 보인다. 타이타늄과 크로뮴 착물 모두는 M^{II}/M^{IV}종이 포함된 금속 함유 고리 화합물 메커니즘을 따른다.

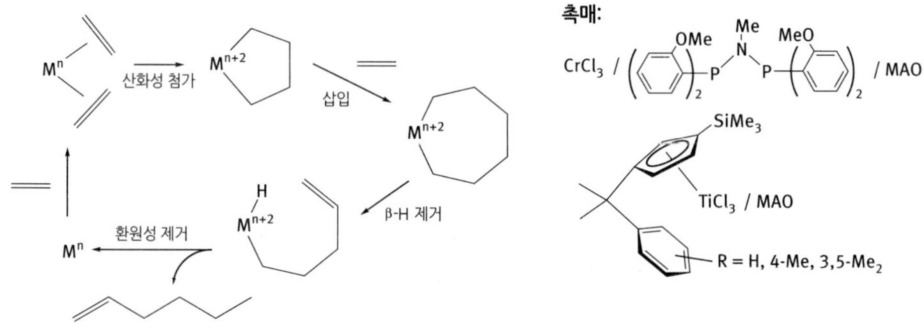

철 착물은 입체적 요인에 따라 에틸렌 중합 촉매나 올리고머화 반응의 촉매로 사용되어 질 수 있다. 부피가 큰 2,6-$Pr^i_2C_6H_3$를 N-아릴 치환기로 가진 철 착물은 높은 분자량의 폴리에틸렌을 제공하는 에틸렌 중합 촉매로 사용되지만, 2-MeC_6H_4와 같이 오쏘-위치에 크기가 작은 하나의 치환기만 가진 N-아릴 치환기로 가진 철 착물은 사슬 종결 반응이 빨리 일어나서 에틸렌의 올리고머화 반응 촉매로 사용된다. 철 촉매를 사용하는 공정은 삽입 메커니즘(Cossée-Arlman 메커니즘)을 따른다.

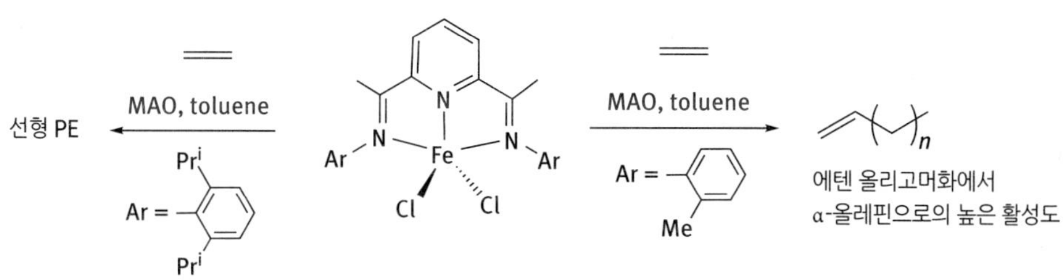

가장 오래된 상용 에틸렌 올리고머화 반응은 포스핀이 킬레이트된 니켈 착물을 촉매로 사용한 **Shell Higher Olefin Process(SHOP)**이다. 다양한 올리고머가 삽입 반응/β-H 제거 반응에 의해 생산된다. 탄소수 18개 이상인 올리고머는 내부 알켄으로 이성질화되고 이어서 불균일계 MoO_3/Al_2O_3 촉매에 의해 짧은 길이의 알켄을 이용하여 중간 길이의 α-올레핀으로 올레핀 상호 교환된다.

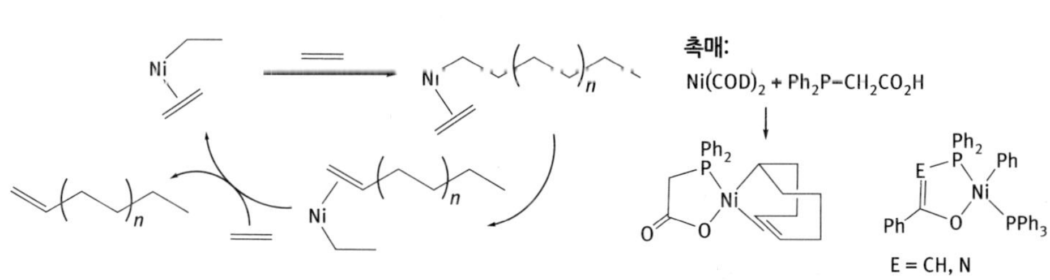

핵심

1−알켄의 중합은 역결합이 전혀 없거나 역결합이 매우 제한적인 Lewis 산 금속 중심에서 일어난다. 알킬 알루미늄에 의해 활성화된 $TiCl_3$ 계 촉매(Ziegler 촉매)는 고밀도 폴리에틸렌(HDPE)과 동일 배열 폴리프로필렌(i−PP)의 상업적 생산을 위해 사용되었다. 실리카에 담지된 크로뮴 촉매인 Phillips 촉매는 선형 폴리에틸렌의 상업적 생산에 이용되었다.

4족 메탈로센 화합물, 반쪽−샌드위치 화합물, N−O 킬레이트 착물은 좋은 활성의 가용성 균일계 촉매이다.

활성화 공정은 금속−알킬 결합과 빈 배위 자리의 생성으로 이루어져 있다. 중합은 삽입 메커니즘(Cossée−Arlman 메커니즘)을 따른다.

에틸렌과 1−알켄의 공중합을 통해 선형 저밀도 폴리에틸렌(LLDPE)이 만들어진다.

Cr, Fe, Co, Ni 촉매도 활성을 보인다. 니켈 촉매는 '체인 워킹' 과정을 거쳐 가지 달린 중합체를 만든다.

리간드의 선택은 활성, 입체 선택도, 분자량, 공단량체 함량을 조절할 수 있다.

활성 자리의 입체 장애 효과의 도입은 고분자량의 중합체를 얻을 수 있게 하며, 입체 장애가 적은 Ti과 Ni 착물은 에틸렌 올리고머화 반응(SHOP 공정)에 이용된다.

연습문제

1. *rac*−$Me_2Si(Ind)_2ZrCl_2$와 $AlBu^i_3/CPh_3[B(C_6F_5)_4]$의 활성화에서의 가능성 있는 메커니즘 단계를 보이시오.
2. *meso*−$Me_2Si(Ind)_2ZrCl_2$의 구조를 보이시오. 이 촉매는 프로펜 중합에서 입체 선택성을 보이지 않는 이유를 제시하시오.
3. *ansa*−메탈로센 **A**−**D** 중에서 프로펜 중합 시에 가장 높은 입체 선택도를 보일 것 같은 촉매와 가장 큰 분자량의 중합체를 만들 것 같은 촉매를 고르고, 그 이유를 제시하시오.

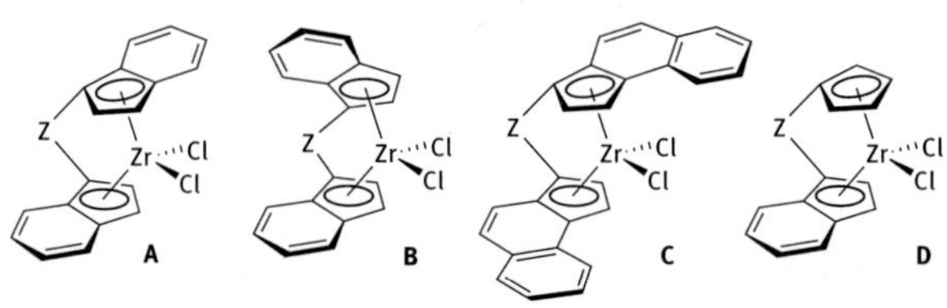

4. *mmmm*, *mrrm*, *rrrr*, *mrmm*의 폴리프로필렌의 펜타드 구조의 피셔 투영식(Fischer projection)을 그리시오. *mrrm*과 *mrmm* 펜타드에서 얻을 수 있는 메커니즘 정보는 무엇인가? 왜 이 두 펜타드가 같은 중합체에서 관찰되지 않는가?
5. 사이클로펜텐을 지르코노센(zirconocene) 촉매를 사용하여 중합시키면 처음에는 중합체 **I**이 얻어질 것이라고 생각되었다. 그러나 실제로는 중합체가 1,3−연결을 가진 중합체 **II**가 얻어졌다. 중합체 **II**가 생성되는 메커니즘을 제시하시오.

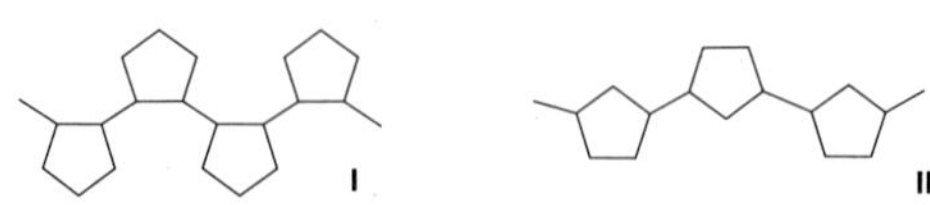

6. 어떤 메탈로센 촉매는 폴리에틸렌의 분자량을 조절하기 위해 H_2를 첨가한다. H_2 대신에 $PhSiH_3$을 넣었을 때 생성되는 중합체는 무엇인가?

부록 1

일반적으로 사용되는 용매와 그 성질

Name	Formula	Dielectric constant, ε	Properties, uses
Acetone	$Me_2C{=}O$ 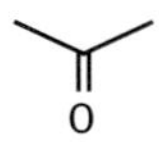	20.7	Highly polar solvent, good solvent for both lipophilic and ionic compounds, miscible with water in any ratio. Attacked by bases and acids, reacts rapidly with many M–C bonds. Dried with anhydrous K_2CO_3; bp 56 °C, mp −95 °C.
Acetonitrile	$CH_3C{\equiv}N$	37.5	Highly polar, non-protic solvent, misc. water, attacked by bases. Coordinates to Lewis acidic metal centres, often forms isolable complexes. Capable of inserting into M–C bonds. Good solvent for ionic and polar compounds; bp 82 °C, mp −45 °C.
Acetic acid	CH_3COOH	6.20	Acid, pK_a 4.76; bp 118 °C, mp +16 °C.
Benzene	C_6H_6	2.28	Non-polar, higher dissolving power than alkanes, high mp, so not for low-temp. reactions. Long-term exposure to vapours is accumulative and may cause leukaemia; bp 80 °C, mp +5.5 °C.
Chlorobenzene	C_6H_5Cl	5.69	More polar aromatic solvent, higher boiling; bp 131.7 °C, mp −45.2 °C.
Chloroform	$CHCl_3$	4.81	Moderately polar non-protic solvent, excellent for dissolving non-polar and polar substances, may produce Cl radicals under some conditions, cancer suspect solvent; component of some cough mixtures, vapour may cause drowsiness; bp 61.2 °C, mp −63.5 °C.

Name	Formula	Dielectric constant, ε	Properties, uses
Cyclohexane	C_6H_{12}	2.02	Non-polar solvent, high mp; bp 80.7 °C, mp +6.5 °C.
Cyclopentane	C_5H_{10}	1.97	Non-polar low boiling solvent, bp 49 °C, mp −94 °C.
1,5-Cyclooctadiene, COD	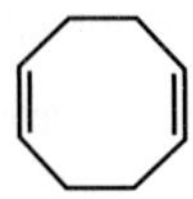		Commonly used as ligand or reagent; bp 150 °C, mp −69 °C.
Diethyl ether	Et_2O 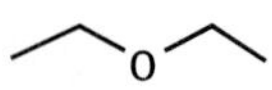	4.27	Moderately polar non-protic solvent, coordinates to Lewis acidic metal ions, good solvent for polar organometallic reagents, can take up water and needs drying with Na metal under N_2, highly flammable; bp 34.6 °C, mp −116.3 °C.
1,2-Dichlorobenzene (*o*-dichlorobenzene)	$C_6H_4Cl_2$ 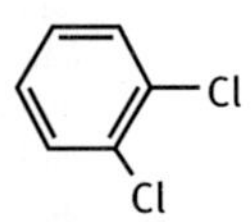	10.12	High boiling, polar aromatic solvent, used for liquid chromatography, dissolves polyethylene at high temperatures; bp 180 °C, mp −16.7 °C.
Dichloromethane (methylene chloride)	CH_2Cl_2	8.93	Polar non-protic solvent, excellent for dissolving non-polar and some ionic compounds, also used as paint stripper and dry cleaning fluid; bp 40 °C, mp −95.1 °C.
Diglyme	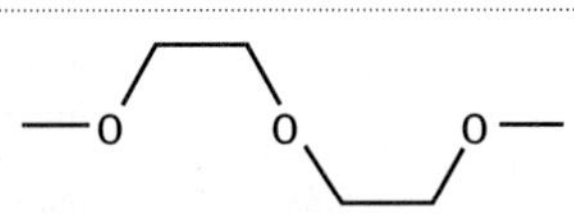	7.23	High boiling potentially chelating ether, good for coordination to alkali ions; bp 162 °C, mp −64 °C.
Dimethoxyethane	$MeOC_2H_4OMe$ 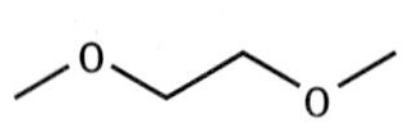	7.30	High boiling alternative to Et_2O, less prone to polymerization than THF, can form chelate complexes; bp 85 °C, mp −58 °C.
Dimethylformamide, DMF	Me_2NCHO 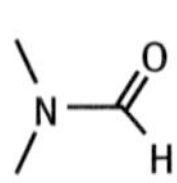	36.7	Polar solvent, dissolves ionic compounds, misc. with water, may act as formylating reagent; bp 153 °C, mp −61 °C.

Name	Formula	Dielectric constant, ε	Properties, uses
Dimethyl sulfoxide, DMSO	Me_2SO 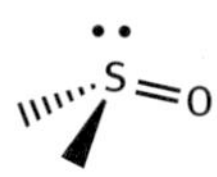	4.7	Moderately polar aprotic solvent, miscible with water, dissolves polar and non-polar compounds, penetrates skin; bp 189 °C, mp +19 °C.
1,4-Dioxane		2.21	High boiling ether, forms insoluble coordination polymers with Mg halides, miscible with water; bp 101.1 °C, mp +11.8 °C
Ethanol	CH_3CH_2OH	24.30	Polar protic solvent, less polar than methanol or water, dissolves ionic compounds; bp 78.2 °C, mp −114.1 °C.
Ethyl acetate	CH_3CO_2Et	6.08	Polar non-protic solvent; bp 77.1 °C, mp −83.8 °C.
Fluorobenzene	C_6H_5F	5.47	Polar, non-coordinating aromatic solvent; bp 84.7 °C, mp −42.2 °C.
n-Heptane	C_7H_{16}	1.92	Non-polar saturated hydrocarbon, used when higher boiling than hexane is needed; bp 98.5 °C, mp −91 °C.
n-Hexane	C_6H_{14}	1.89	Non-polar saturated hydrocarbon, dissolves substances with no or very low dipole moment, good for separation from salt by-products; bp 68.7 °C, mp −94 °C.
Light petroleum	C_nH_{2n+2}, $n \approx 6$	ca. 1.9	Saturated hydrocarbons, mainly mixture of C6 isomers, bp range 40–60 °C, non-polar, non-protic, dissolves compounds with no or only small dipole moments, does not dissolve salt by-products.
Isopropanol	Me_2CHOH 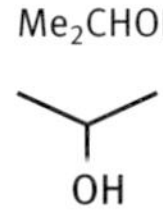	18.3	Polar protic solvent, less polar than MeOH, misc water, used for base baths for cleaning flasks and low temperature mixtures; bp 82.5 °C, mp −89 °C
Methanol	CH_3OH	32.63	Polar protic solvent, misc. water, dissolves ionic compounds, reacts with M–C bonds; bp 65 °C, mp −98 °C.

Name	Formula	Dielectric constant, ε	Properties, uses
Methylcyclohexane		2.02	Non-polar solvent with very wide liquid range, suitable for low temperature reactions; bp 101 °C, mp −126.3 °C.
N-Methylpyrrolidone, NMP	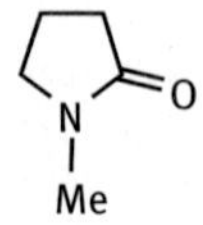	32.0	Polar aprotic solvent, miscible with water, dissolves polar and non-polar compounds; bp 202 °C, mp −24 °C.
n-Pentane	C_5H_{12}	1.84	Non-polar, low boiling solvent, suitable for low temperature reactions; bp 36 °C, mp −130 °C.
Pyridine	C_5H_5N	13.26	Strongly coordinating aromatic solvent, basic, hygroscopic, miscible with water, forms stable complexes with metal ions; bp 115 °C, mp −41.7 °C
Tetrahydrofuran (THF)	C_4H_8O, 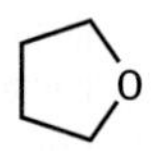	7.52	Polar non-protic solvent, coordinates very well to Lewis acidic metal centres and often forms isolable complexes, excellent solvent for ionic compounds, miscible with water in any ratio. Dry with Na metal or Na/benzophenone under N2; bp 66 °C, mp −108.4 °C.
Toluene	$C_6H_5CH_3$	2.38	Aromatic non-polar solvent, with higher dissolving power for non-polar substances than alkanes; bp 110.6 °C, mp −94.9 °C.

부록 2

금속 카보닐 착물의 적외선 활성 진동의 수와 대칭

Complex	Symmetry	Number of IR bands (mode)	Complex	Symmetry	Number of IR bands (mode)
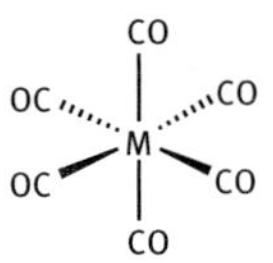	O_h	1 (T_{1u})	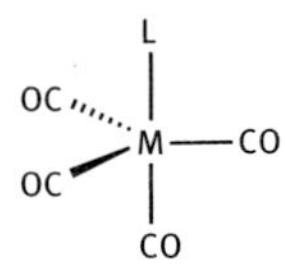	C_{3v}	3 ($2A_1 + E$)
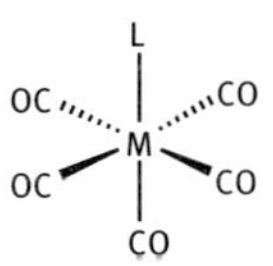	C_{4v}	3 ($2A_1 + E$)	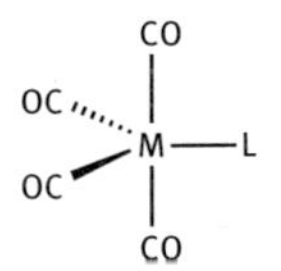	C_{2v}	4 ($2A_1 + B_1 + B_2$)
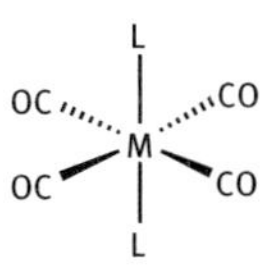	D_{4h}	1 (E_u)	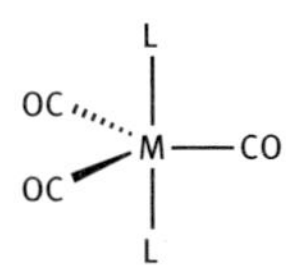	D_{3h}	1 (E')
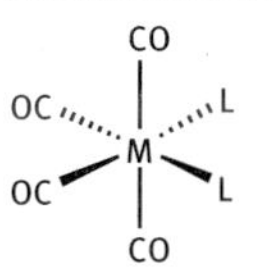	C_{2v}	4 ($2A_1 + B_1 + B_2$)	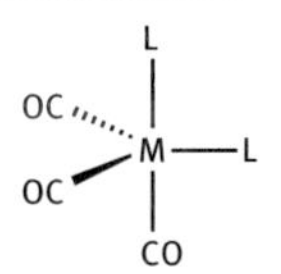	C_s	3 ($2A' + A''$)
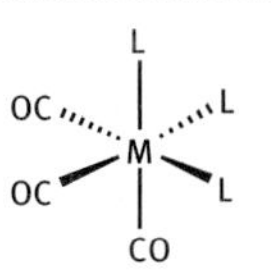	*fac*-$L_3M(CO)_3$ C_{3v}	2 ($A_1 + E$)	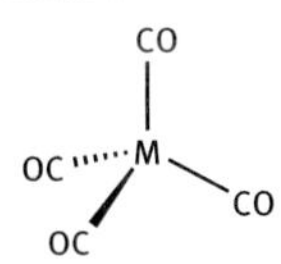	T_d	1 (T_2)
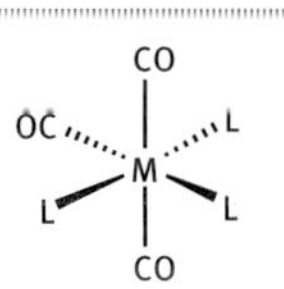	*mer*-$L_3M(CO)_3$ C_{2v}	3 ($2A_1 + B_2$)	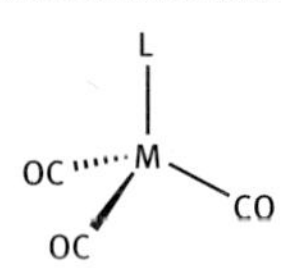	C_{3v}	2 ($A_1 + E$)
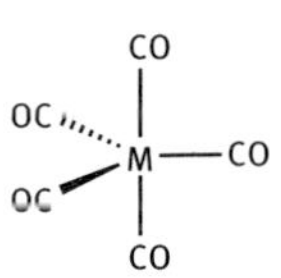	D_{3h}	2 ($A_2'' + E$)	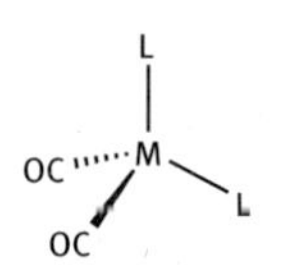	C_{2v}	2 ($A_1 + B_1$)

부록 3

연습문제 답

Chapter 1.1

1. Order according to increasing polarity of the M–C bonds: $ZnMe_2$, LiMe, $MgMe_2$, BMe_3, $SiMe_4$.

   Use EN scale p. 6: $BMe_3 < SiMe_4 < ZnMe_2 < MgMe_2 <$ LiMe.

2. Draw the structures of the compounds shown in question 1 and determine the electron counts of the metal centres. Which of them achieve an electron octet?

   BMe_3 trigonal-planar, 6 electrons in valence shell; $SiMe_4$ tetrahedral, 8 el.; $ZnMe_2$ linear, sp hybrid, $d^{10}(sp)^4$; $MgMe_2$ 2e3c bonded polymer, 4 el.; LiMe cube with triply-bridging Me, 2e4c bonding, 2 el. per Li. Only $SiMe_4$ has an electron octet.

3. Why are $C_5H_5^-$ (Cp^-) and benzene said to be isoelectronic?

   Both contain 6 π-electrons (Hückel 4n+2 rule).

Chapter 1.2

1. Show how lithium reagents can be made from lithium metal. Which solvent should be used? Give the chemical equations.

   R–X + 2 Li → LiR + LiX. Li reagents are usually generated in hydrocarbons, except LiMe which is not soluble.

2. Does BuLi react with iodobenzene, and if so, how? Give the chemical equation and show the mechanism in detail.

   BuLi undergoes alkyl–aryl exchange via an intermediate with 2e3c-type bridging aryl and alkyl ligands.

   Ph–I + BuLi → LiPh + BuI. Ligand exchange is possible because of vacant orbitals on Li^+.

3. Butyllithium is a hexamer $[RLi]_6$ in hexane but a dimer when tetramethylethylene diamine ($Me_2N–C_2H_4–NMe_2$, TMEDA) is added. What is the structure of the product? Does the lithium ion achieve an octet electron configuration?

   TMEDA is capable of delivering two electron pairs to each Li^+. Therefore the electron-deficient cluster structure of $(BuLi)_6$ is broken down to give a butyl-bridged dimer with 1 TMEDA per Li. The last Bu^- anion is not displaced because of strong electrostatic attraction to Li^+ cation. Each Li is tetrahedrally coordinated, 6 el.

4. Show how sodium hydride reacts with cyclopentadiene. Show structures and equations. Does the product contain ionic or covalent metal-carbon bonds? Which solvent should be used, and why? Give your reasons.

   $NaH + C_5H_6 \rightarrow Na^+C_5H_5^- + H_2$. Ionic product, stabilized by non-protic solvents that coordinate well to Na^+, such as THF.

Chapter 1.3

1. Show how $PhCH_2Cl$ reacts to give a Grignard reagent. Which solvent should be used, and why?

   R–Cl reacts with a magnesium atom on the surface of an Mg crystal. The process goes via a polar transition state and is stabilized by polar ether solvents, as is the product. Benzyl chloride contains an activated C–Cl bond in benzylic position which is particularly susceptible to nucleophilic attack, here by Mg:

   $PhCH_2Cl + Mg + 2\ Et_2O \rightarrow PhCH_2MgCl(OEt_2)_2$

2. What are the oxidation states of Mg before and after formation of the Grignard reagent? What type of reaction is this?

   0 and +II, so this is an oxidative addition.

3. Draw the mechanistic steps involved in the Schlenk equilibrium.

   See p. 21–22.

4. How can the Schlenk equilibrium be used for the preparation of magnesium dialkyls?

   Adding 1,4-dioxane gives insoluble $MgX_2(dioxane)_n$ which precipitates and thereby removes itself from the reaction equilibrium. The halide-free magnesium dialkyl stays in solution and can be separated.

5. What type of bonding is present in $[MgPh_2]_n$?

   2e3c like Li and Al aryls. Infinite chain, each $MgPh_2$ link perpendicular to its neighbour.

6. Which structure would you expect for CpMgBr and why?

   In Et_2O, a dimer with η^5-bound Cp and bridging Br. With more strongly coordinating solvents the bridge may be cleaved.

Chapter 1.4

1. Show synthetic routes to $ZnMe_2$ and $[ZnMe_4]^-$ and give balanced chemical equations.

   $3\ Zn(OAc)_2 + Al_2Me_6 \rightarrow 3\ ZnMe_2 + 2\ Al(OAc)_3$

   $ZnMe_2 + 2\ LiMe \rightarrow Li_2[ZnMe_4]$ (linear to tetrahedral).

2. Why is $ZnEt_2$ a monomer but EtZnCl a polymer?

   Each alkyl ligand has a strong positive inductive (+I) effect and makes the metal centre more electron rich. This pushes up the energy levels of acceptor orbitals and reduces Lewis acidity in Et_2Zn. The metal centre in EtZnCl on the other hand is a much stronger Lewis acid, and each Zn will bind to three Cl^- anions to give a tetrahedral coordination geometry.

3. Draw the mechanism and intermediates for the mercuration of benzene with mercury(II) acetate.

   See p. 34 for details.

4. What is the structure of $Zn(C_5Me_5)_2$, and why does the ^1H NMR spectrum at room temperature show only one signal?

   In the solid, one Cp* is pentahapto, one monohapto. Both ligands undergo rapid 1,2-metallotropic shifts, which generates a time-averaged signal for 10 equivalent Me substituents.

5. What is a 'Reformatsky reagent'?

   Bromomethylcarboxylic esters oxidatively add to zinc metal to give zinc alkyls carrying a functional group, to give a product known as the Reformatsky reagent. It adds to organic carbonyl compounds in the fashion of a Grignard reagent.

6. How can mercury compounds be useful for the preparation of di-Grignard reagents?

   Electron-rich arenes can be attacked twice by electrophilic mercury compounds such as $Hg(O_2CCF_3)_2$, to give dimercurated products. Transmetallation of these with $MgBr_2$ is a selective route to aromatic di-Grignard reagents (cf. Section 1.4.3).

$$H{-}R{-}H + HgX_2 \longrightarrow XHg{-}R{-}HgX + 2\ HX$$

$$XHg{-}R{-}HgX + MgBr_2 \longrightarrow BrMg{-}R{-}MgBr + 2\ HgXBr$$

7. What is 'solvomercuration'? Give the reaction scheme and intermediates.

   Electron rich alkenes can react with electrophilic mercury salts HgX_2 in a reactive solvent HY to add HgX and Y across the C=C double bond, via a cyclic cationic intermediate. This addition of both mercury and a nucleophile Y to a double bond has become known as solvomercuration.

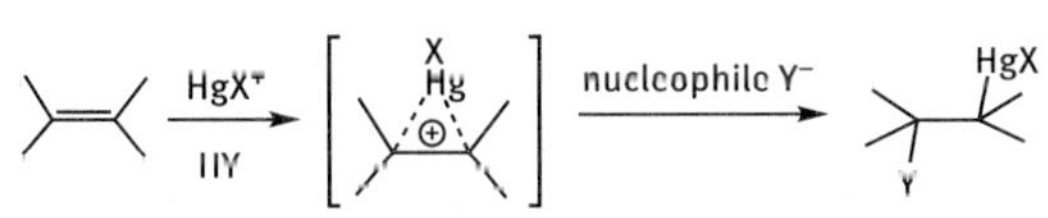

Chapter 1.5

1. Discuss the structures of (a) Al_2Me_6 and (b) $Al_2Cl_2Me_4$, and show which orbitals interact to form the bridges. What is the electron configuration of Al in each case?

   See details in Chapter 1.1, p. 5. 2e3c bonding in Al_2Me_6, and octet configuration in $[Me_2AlCl]_2$, with each Cl contributing three electrons.

2. Show the mechanism and reaction product of the hydroboration of 1-hexene with 9-BBN.

   9-BBN is a monoborane $[R_2BH]_2$, see p. 40. Cleavage in ether into monomeric $R_2BH(OEt_2)$ is necessary for reactivity. It adds to the C=C bond of 1-hexene in anti-Markovnikov sense, to give R_2B-1-hexyl.

3. How does $AlMe_3$ react with $B(C_6F_5)_3$, showing the structures of the intermediates and the end product.

   Ligand exchange via 2e3c-intermediates. Since one component of the equilibrium, BMe_3, is very volatile and easy to remove, the equilibrium is shifted to the product $Al(C_6F_5)_3$.

4. Show all reaction steps of the reaction of $GaMe_3$ with AsH_3, comment on the intermediates and the end product.

   Stepwise thermal protolysis, eliminates methane:

   $GaMe_3 + AsH_3 \rightarrow Me_2GaAsH_2 + CH_4$

   $Me_2GaAsH_2 \rightarrow MeGaAsH + CH_4$

   $MeGaAsH \rightarrow GaAs + CH_4$

   The intermediates Me_2GaAsH_2 and MeGaAsH oligomerize, which can give rise to side reactions in the gas phase. The reaction kinetics must be controlled for the reaction to happen on the target surface.

5. What is meant by the 'Aufbau' reaction and how does it work?

   Successive insertion of ethylene into Al–H and Al–C bonds, to give Al with long alkyl chains, $Al\{(C_2H_4)_nH\}_3$ where $n =$ about 4–10. First step in the synthesis of surfactant alcohols. Initial reaction step is the formation of an ethylene adduct of AlH_3, followed by H-transfer ('ethylene insertion').

6. Why does $Ph(Cl)B\text{–}NMe_2$ show two methyl signals in the ^1H NMR spectrum at room temperature?

   The B–N bond shows strong double bond character due to π-donation of electron pair on N into vacant p-orbital on B, see p. 42.

Chapter 1.6

1. Show two routes for the synthesis of Me_3SiCl.

   Rochow process: Si + 3 MeCl, oxidative addition, gives product mixture that needs to be separated

   Also cleavage of Si_2Me_6 by halogens.

   The alkylation with Grignard reagents is not successful since it does not proceed cleanly and separation from ether is difficult.

2. The ^1H NMR spectrum of Me_3SiCp at −10 °C shows four signals in the ratio 1:2:2:9. On warming to 130 °C the spectrum is simplified and shows only two signals in the ratio 5:9. Explain this observation.

   At low temperature 1,2-metallotropic shift of $SiMe_3$ to all Cp carbons is slow on the NMR time scale but fast on heating.

3. Ph_3SnBr reacts with sodium metal in a 1:1 molar ratio to give **A**. Product **A** reacts with two further equivalents of Na to give **B**. Show the chemical equations and products.

   $2\ Ph_3SnBr + 2\ Na \rightarrow Ph_3Sn\text{–}SnPh_3$ (**A**) + 2 NaBr

   $Ph_3Sn\text{–}SnPh_3 + 2\ Na \rightarrow 2\ Na^+SnPh_3^-$ (**B**) pyramidal, Sn(II).

4. Al_2Me_6 reacts readily with water and oxygen but $SiMe_4$ and $SnMe_4$ do not. Explain this observation.

   Lack of low-lying vacant orbitals on Si and Sn, and low polarity of the Si–C and Sn–C bonds, even though the Sn–C bond is much weaker than the Al–C bond. The lack of a low energy reaction pathway means the Group 14 compounds are kinetically stabilized against oxidation and hydrolysis.

5. Show why and how stannylenes R_2Sn can act as both Lewis acid and Lewis base.

   R_2Sn has a lone pair but only an electron sextet. It also has a vacant orbital which can bind 2-el. donors.

6. What is a polysiloxane? What are its structure and properties, and what are its applications?

   Hydrolysis product of Me_2SiCl_2, $[-Me_2Si-O-]_x$ polymers, flexible, elastomers with low conformation barriers. Thermally very stable, low flashpoint, chemically inert. Depending on molecular weight and degree of cross-linking, used as silicone oils, rubbers, sealants, gaskets, medical implants.

7. An industrial method for the synthesis of $PbEt_4$ is the alkylation of $PbCl_2$ with $LiAlEt_4$. Only three of the four Et ligands of the aluminate are exchanged, and one of the products is $LiAlEtCl_3$. Give the balanced equation for this process.

   Since Pb(II) is the starting material, the Pb(IV) product must arise by disproportionation of Pb(II) into Pb(IV) and Pb(0). Since each $PbCl_2$ requires two ethyl ligands but each Al delivers three, $PbCl_2$ reacts with $LiAlEt_4$ in a 3:2 molar ratio. The rest is an exercise in balancing equations:

   $6\ PbCl_2 + 4\ LiAlEt_4 \rightarrow 3\ PbEt_4 + 3\ Pb + 4\ LiAlEtCl_3$.

Chapter 2.3

1. Give examples of (i) a metallocene complex, (ii) a half-sandwich complex; (iii) an arene complex.
   (i) Metallocene complexes contain two η^5-bonded Cp ligands, Cp_2M or Cp_2ML_2, as in Cp_2Fe, Cp_2TiCl_2 or $Cp_2Ti(CO)_2$.
   (ii) half-sandwich complexes contain one Cp or one η^6-arene ligand, as in $CpTiCl_3$, $CpMn(CO)_3$, or (benzene) $Cr(CO)_3$.
   (iii) examples are $(\eta^6\text{-}C_6H_6)_2Cr$, $(\eta^6\text{-arene})Cr(CO)_3$, $[(\eta^6\text{-arene})FeCp]^+$.

2. Assign the number of electrons donated to metal centres by the following ligands: (i) hydride; (ii) bridging chloride; (iii) CO; (iv) a phosphine PR_3; (v) ethylene; (vi) 1,3-butadiene; (vii) cycloheptatriene; (viii) cyclopentadienyl.

   (i) 1, (ii) 3, (iii) 2, (iv) 2, (v) 2, (vi) 4, (vii) 7, (viii) 5.

3. What is the electron count of the metal centre in the following complexes: (i) Cp_2Co; (ii) $[Cp_2Co]^+$; (iii) Cp_2Ni; (iv) $CpMn(CO)_3$; (v) Fe(CO)(1,3-butadiene)$_2$; (vi) $Co(NO)(CO)_3$; (vii) $CpNi(\eta^3\text{-allyl})$; (viii) $Ni(C_2H_4)_2(PPh_3)$.

   (i) 19, (ii) 18, (iii) 20, (iv) 18, (v) 18, (vi) 18, (vii) 18, (viii) 16.

4. What are the formal metal oxidation states in the complexes in question 3?

   (i) II, (ii) III, (iii) II, (iv) I, (v) 0, (vi) 0, (vii) II, (viii) 0.

Chapter 2.4

1. Order in sequence of increasing π-acceptor strength: NO^+, $P(OMe)_3$, N≡CR, PBu^t_3, PCl_3, PPh_3, CO, NH_3.

   NH_3 < N≡CR < PBu^t_3 < PPh_3, < $P(OMe)_3$ < PCl_3 < CO < NO^+.

2. Why are Tolman cone angles calculated using $Ni-PR_3$ complexes and not just for the free phosphines PR_3?

   The C–P–C angles vary little between different phosphines and do not take into account how bulky substituents, such as those in *ortho* position, shield the metal centre.

3. Why can both alkynes and imido ligands be said to act as 4-electron donors? Describe the structural indicators that justify this description.

   Alkynes form many complexes where a 16 or 18 electron count can only be achieved assuming a 4-electron contribution from the alkyne. This leads to a reduction of the R–C–C angle to values as low as 140° and an elongation of the C–C bond, as well as characteristic shifts in the ^{13}C NMR signals.

   Imido ligands NR have 4 electrons on N available, including a lone pair which can act as π-donor towards a metal-based acceptor orbital. The result is a shortening of the M–N distance and a linear M–N–R arrangement. For the same reason, metal alkoxides and aryloxides of electron-deficient metal centres are typically close to linear.

4. Explain why the stretching frequency of CO coordinated to strongly electrophilic metal cations is often higher than that of free CO.

   The C-centred lone pair in CO is weakly C–O antibonding. Binding to an electrophile (in the simplest case to H^+) removes this antibonding interaction. Metal cations without other donor ligands are very strong electrophiles and form complexes where the CO ligands act purely as σ-donors. Any occupied d-orbitals are energetically too low to be available for effective back-bonding.

Sections 2.5.1–2.5.2

1. Account for the absence of a Co–Co bond in solid $Co_2(CO)_8 = [(OC)_3Co(\mu\text{-}CO)]_2$. Does this compound obey the 30/34 VE rule?

   One can envisage $Co_2(CO)_8$ to consist of two $(OC)_3Co$ moieties that form ketone-like σ-bonds to a bridging CO, giving an electron count of 16 per Co. The lone pair of the second bridging CO can then form an 2-el-3-centre bond. Alternatively, each $Co(CO)_3$ fragment can be considered as a 34 VE binuclear cluster where the two CO ligands form a delocalized 4-electron bridging unit.

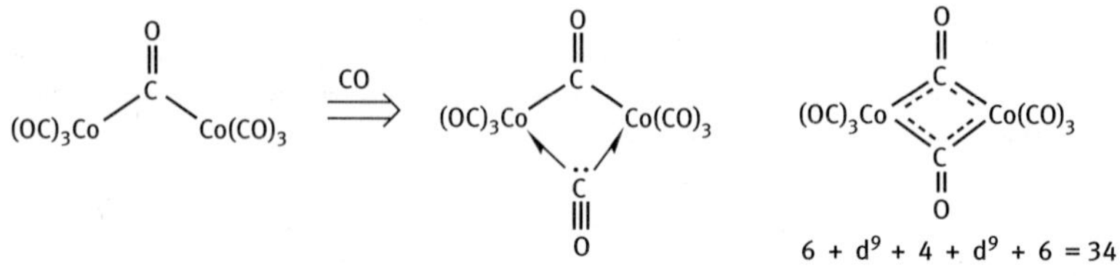

2. Describe the bonding in $[CpFe(CO)]_2(\mu\text{-}CO)(\mu\text{-}CH_2)$.

   Here, too, CO acts as a delocalized bridge:

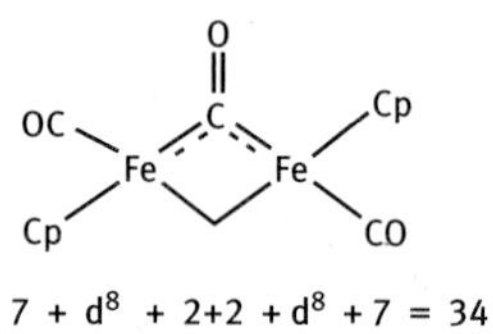

3. Discuss the electron count and bonding in $(Cp^*Re)_2(\mu\text{-}CO)_3$.

   The structure is shown in Section 2.5.3.2. The complex belongs to the 30 VE triple-decker class with delocalized $Re_2(\mu\text{-}CO)_3$ core.

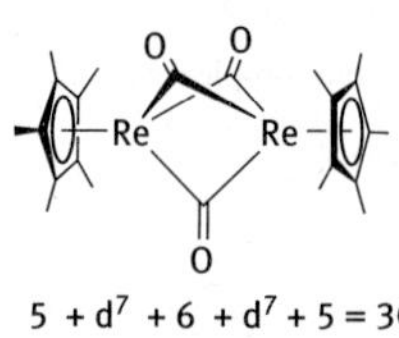

4. How many electrons are contributed to cluster bonding by the following fragments: $Fe(CO)_3$, $Mn(CO)_3$, μ-CO, μ-C_4H_4BR, μ-C_6H_6, μ-CR, μ-CH_2.

   $Fe(CO)_3$: 8 + 6 – 12 = 2; $Mn(CO)_3$: 1; μ-CO: 2; μ-C_4H_4BR: 4; μ-C_6H_6: 6; μ-CR: 3; μ-CH_2: 2.

Sections 2.5.3–2.5.8

1. Metal carbonyl alkyls $R\text{–}M(CO)_x$ insert CO to give the corresponding acyl complexes. By contrast, treating metal carbonyl hydrides $HM(CO)_x$ with CO fails to give the formyl complex, $(CO)_xM\text{–}CHO$. Rationalize this observation.

   M–H bonds are stronger than M–C bonds. The formation of M–CHO is endothermic, while CO insertion into metal-alkyl bonds is exothermic: the M–C bond to an electron-withdrawing acyl ligand is stronger than the M–C bond in an electron donating metal alkyl. However, metal formyl complexes can be made by intermolecular hydride attack on a coordinated CO ligand.

2. Irradiating $ClRe(CO)_5$ under an atmosphere of ^{13}CO gives a ^{13}C-containing product. Show the stereochemistry of this reaction.

   CO dissociation takes place *cis* to the Cl ligand, so that ^{13}CO is incorporated in *cis* and not *trans* position.

3. Identify the products and write the chemical equations for the following reactions of $Mn_2(CO)_{10}$:

(i) treatment with an excess of pyridine to give product **A**;

(ii) reaction with 1 Br_2 to give **B**;

(iii) reaction with sodium amalgam to give **C**.

(iv) Treatment of product **C** with MeI gives **D** and an inorganic salt. Exposure of **D** to CO gives product **E** which shows C–O stretching modes in the IR spectrum at 2115, 2011, 2003 and 1664 cm^{-1}. Identify products **A–E** and draw the reaction pathways.

These reactions exemplify (a) disproportionation of Mn(0) into Mn(II) and Mn(–I), driven by effective complexation of Mn^{2+} by pyridine, the cleavage of a metal-metal bond with electrophiles (Br_2) as well as electrons (supplied by Na), followed by oxidative addition to a metal centre with formal oxidation state –I.

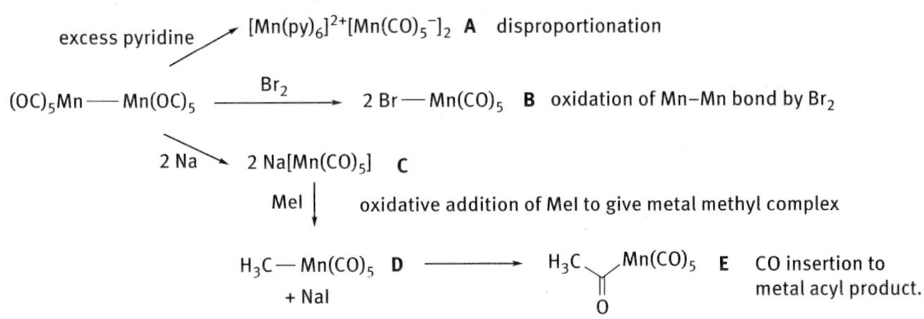

4. $PtCl_2(CO)_2$, a carbonyl of a third row M^{II} metal, shows $\nu_{CO} = 2175\ cm^{-1}$. $Cp_2W(CO)_2$, another third row M^{II} carbonyl, shows $\nu_{CO} = 1872$ and $1955\ cm^{-1}$. What do these differences indicate in terms of M–CO bonding?

The Pt(II) halides are electron-poor, i.e. do not have diffuse high-lying d-orbitals for back-bonding. The Pt(II) CO complex falls into the category of non-classical CO bonding.

$Cp_2W(CO)_2$ is only apparently a 20 VE compound—it is in fact fluxional with one η^5- and one η^3-bonded Cp. Since W is an early transition metal with high-lying d-orbitals and the complex is electron rich, back-bonding to CO is extensive, lowering the C–O stretching frequency.

5. Why is the rate of CO substitution of $Co_2(CO)_8$ much faster than that of $Ni(CO)_4$, even though the latter has fewer ligands?

$Co_2(CO)_8$ can dissociate into the 17 VE radical $Co(CO)_4$. Substitution reactions in odd-electron complexes are much faster than in even-electron complexes. $NiCO)_4$, although only 4-coordinate, is an 18 VE species; ligand substitution must involve CO dissociation and therefore has a higher barrier.

6. What is the water-gas shift reaction and how is it catalysed?

The WGS reaction generates H_2 from CO and water: $CO + H_2O \rightarrow CO_2 + H_2$. It is an equilibrium but the forward reaction is thermodynamically favourable. It is catalysed by many metals, most prominently Fe and Ru, by nucleophilic attack by OH^- on coordinated CO to give surface-bound M–COOH species. These decompose to M–H and CO_2. The M–H species reacts with H^+ to generate H_2.

Chapter 2.6

1. Explain why the addition of catalytic amounts of $SnCl_2$ facilitates the synthesis of Zeise's salt $K[PtCl_3(C_2H_4)]$ from $K_2[PtCl_4]$ and ethylene.

This is an application of the *trans* effect. $SnCl_2$ inserts into the Pt–Cl bond forming Pt–$SnCl_3$ which labilizes the Pt–Cl bond in *trans* position to facilitate its substitution by C_2H_4. The $SnCl_2$ insertion is reversible

2. Order the following compounds according to increasing rotational barriers of the alkene or alkyne ligands:

(i) $(Ph_3P)_2Ni(C_2H_4)$, (ii) $Fe(C_2H_4)(CO)_4$, (iii) $[PtCl_3(C_2H_4)]^-$, (iv) $Cp_2Zr(C_2H_4)(PMe_3)$, (v) $Ni(1,5\text{-}COD)_2$, (vi) $(Ph_3P)_2Ni(C_2Ph_2)$. Provide reasons for this ordering.

The barrier of rotation is a measure of back-bonding which increases from right to left of the Periodic Table with decreasing oxidation state, strength of donor ligands, π-acceptor capacity of alkene/alkyne ligands: $[PtCl_3(C_2H_4)]^- < Ni(1,5\text{-}COD)_2 < (Ph_3P)_2Ni(C_2H_4), < (Ph_3P)_2Ni(C_2Ph_2) < Fe(C_2H_4)(CO)_4, Cp_2Zr(C_2H_4)(PMe_3)$.

3. Show the reaction sequence and intermediates in the transformation

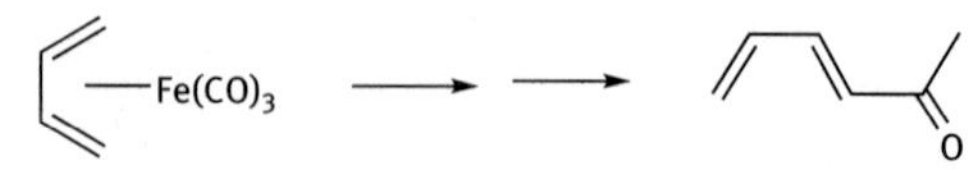

Acylation of (butadiene)$Fe(CO)_3$ with MeC(O)Cl / $AlCl_3$, followed by oxidative removal of the $Fe(CO)_3$ fragment.

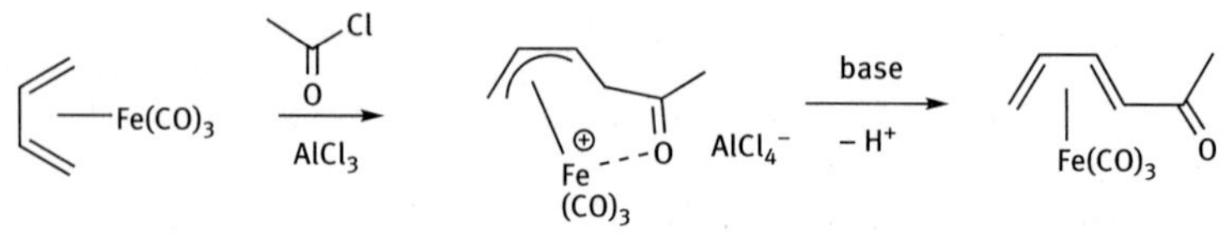

4. Discuss the bonding in $Pt(C_2Ph_2)_2$. Which electron count best describes the complex, and why is it not planar?

   Pt(0), d^{10}, can assume a trigonal-planar 16 VE geometry with three 2-el. donor ligands, or a tetrahedral 18 VE structure. Alkynes are able to act as 4-el. donors, so that a tetrahedral structure is favoured, which minimizes steric repulsion.

5. Draw the reaction steps and intermediates in the Co(I) catalysed formation of pyridines from internal alkynes and nitriles.

   The reaction is catalysed by $CpCo(C_2H_4)_2$ and proceeds by C–C coupling of alkynes and nitrile via metallacycles:

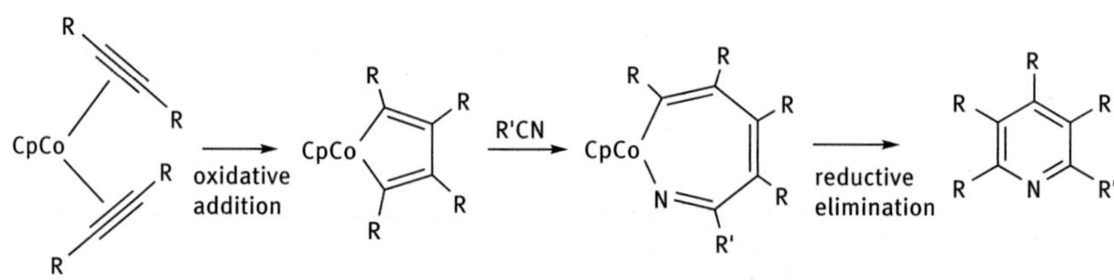

Chapter 2.7

1. What is the product of the reaction of $[(\eta^2\text{-}C_3H_6)PdCl_2]_2$ with a base?

   Base deprotonates the propene ligand to eliminate HCl and form $[(\eta^3\text{-allyl})Pd(\mu\text{-}Cl)]_2$.

2. Nickel(0) complexes catalyse the dimerization of 1,3-butadiene to 4-vinylcyclohexene (VCH), which can be oxidized to produce styrene. Draw all intermediates of VCH formation and describe each reaction step.

   The reaction sequence is shown in Box 2.7.1. VCH formation is favoured by the presence of L = phosphite. The dimerization of butadiene coordinated to Ni(0) amounts to an oxidative addition to give an η^1,η^3-bis(allyl) complex. The reductive elimination step to VCH is facilitated by coordination of L.

3. Draw the reaction steps and intermediates in the following transformation, mediated by $PdCl_2$ in the presence of a nucleophile HNu:

   $PdCl_2$ coordination to the C=C bond is followed by loss of HCl and formation of an (η^3-allyl)Pd intermediate. This is attacked by Nu^- in 3-position to give the product, Pd(0) and Cl^-.

Section 2.8.1

1. Calculate the oxidation state, valence electron count and magnetism of Cp_2V, Cp^*_2TiH, $Cp_2Zr(CO)_2$, Cp_2NbCl_2, $[Cp_2WH_3]^+$, $(C_5H_4Me)_2Mn$, Cp_2Ru, $[Cp_2Ni]^+$, Cp_2Co. Which of these obey the 18-electron rule?

   Cp_2V: V(II), 15 VE, high-spin d^3, paramagnetic;
   Cp^*_2TiH: Ti(III), 15 VE, d^1, paramagnetic;
   $Cp_2Zr(CO)_2$: Zr(II), 18 VE, d^2, diamagnetic;
   Cp_2NbCl_2: Nb(IV), 17 VE, d^1, paramagnetic;
   $[Cp_2WH_3]^+$: W(VI), 18 VE, d^0, diamagnetic
   $(C_5H_4Me)_2Mn$: Mn(II), 17 VE, d^5, paramagnetic;
   Cp_2Ru: Ru(II), 18 VE, diamagnetic;
   Cp_2Co: Co(II), 19 VE, d^7, paramagnetic.
   $[Cp_2Ni]^+$: Ni(III), 19 VE, d^7, paramagnetic;

2. Describe the reaction of Cp_2TiCl_2 with $AlMe_3$ and explain the formation of the Tebbe reagent, $Cp_2Ti(\mu\text{-}CH_2)(\mu\text{-}Cl)AlMe_2$. How does this reagent react with ketones $R_2C{=}O$?

   The reaction proceeds first with mono-alkylation, followed by C–H activation.

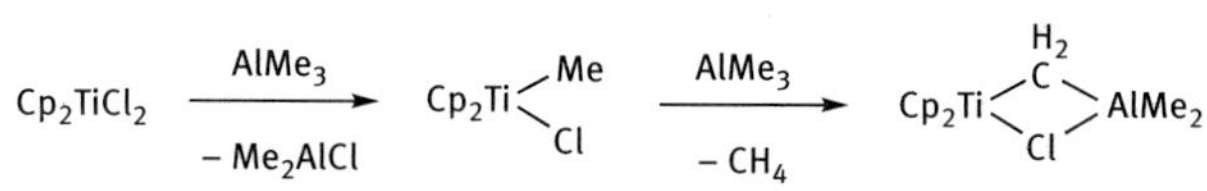

3. Give chemical equations for the following reactions, show the structures of the products and explain these reasons for this reactivity:

   (i) $Cp_2TiCl_2 + 2\ CpMgBr$; (ii) $Cp^*_2ZrH_2$ HCl; (iii) $Cp_2WH_2 + HBF_4(OEt_2)$; (iv) $(C_5H_4SiMe_3)_2ZrH_2 + CPh_3^+$; (v) $Cp_2HfCl_2 + 2\ LiEt$; (vi) $Cp_2ZrCl_2 + 2\ EtMgBr$ + 1-hexene; (vii) $[Cp_2ZrMe(THF)]^+$ + 1) H_2 and 2) 1-hexene.

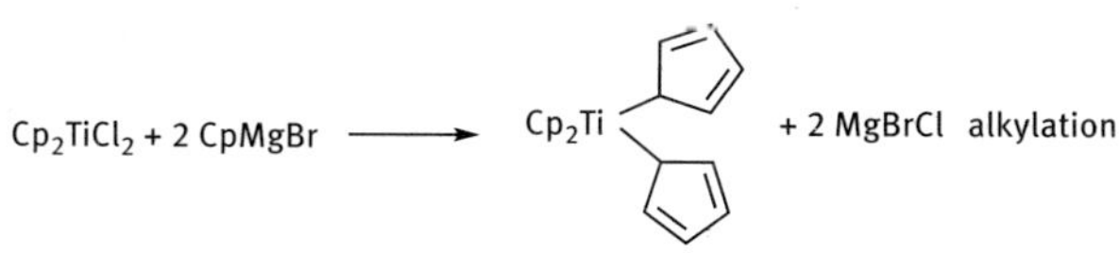

$Cp^*_2ZrH_2 + HCl \longrightarrow Cp^*_2ZrHCl + H_2$ protonation of hydridic Zr-H releases H_2

$Cp_2WH_2 + HBF_4(OEt_2) \longrightarrow [Cp_2WH_3]^+BF_4^-$ W is d^2 and acts as base. Electron pair is protonated.

$(C_5H_4SiMe_3)_2ZrH_2 + CPh_3^+ \longrightarrow [\{(C_5H_4SiMe_3)_2Zr\}_2H_3]^+ + HCPh_3$ Example of H^- abstraction by CPh_3^+. The cationic hydride adds neutral Cp'_2ZrH_2 to give dinuclear hydride-bridged cation.

$Cp_2HfCl_2 + 2\ LiEt \longrightarrow Cp_2HfEt_2 + 2\ LiCl$ alkylation. Hf alkyls are relatively stable against β-H elimination and can be isolated.

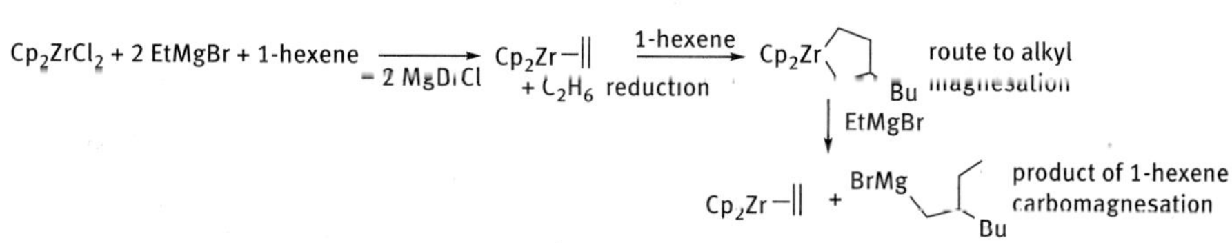

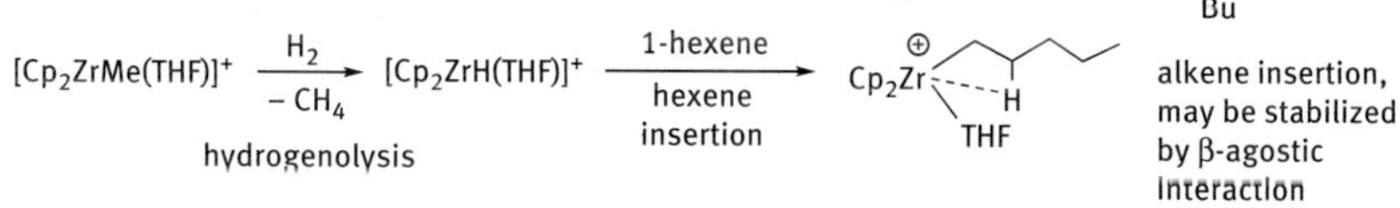

4. Explain the fluxional processes observed in the product of reaction 3(i).

   See Section 2.8.1.

5. What is an *ansa*-metallocene and what are the characteristics and applications of this type of compound?

   Ansa-metallocenes are metallocene compounds where the two Cp ligands are connected by a linker. This prevents rotation and changes the tilt angle of the Cp ligands, which in turn influences the frontier orbital energy levels. Ansa-metallocenes are widely applied as polymerization catalysts for 1-alkenes.

Section 2.8.2

1. Give synthetic routes and equations for the synthesis of mono-Cp complexes starting from (i) $TiCl_4$; (ii) $Mo(CO)_6$; (iii) $Fe(CO)_5$; (iv) $[RhCl(C_2H_4)_2]_2$.

   (i) $TiCl_4 + CpSiMe_3 \longrightarrow CpTiCl_3 + Me_3SiCl$ Silyl-Cp as Cp^- equivalent

   (ii) $Mo(CO)_6 + NaCp \longrightarrow Na^+[CpMo(CO)_3]^- + 3\ CO$ CO substitution by Cp^- anion

   (iii) $Fe(CO)_5 + CpH \longrightarrow [CpFe(CO)(\mu\text{-}CO)]_2 + H_2$ CO substitution by Cp; formation of CO-bridged dimer.
   For structure, see Section 2.5.2.

   (iv) $RhCl(C_2H_4)_2]_2 + NaCp \longrightarrow CpRh(C_2H_4)_2]_2 + NaCl$ halide metathesis

2. Devise synthetic routes to and discuss the structure and bonding of (i) $[CpNi(CO)]_2$; (ii) $CpNi(NO)$; (iii) $[CpNi(PPh_2)]_2$; (iv) $[CpNi(PPh_3)_2]BF_4$; (v) $[CpNi(PEt_3)]_2$.

   (i) $Ni(CO)_4 + Cp_2Ni \longrightarrow [CpNi(\mu\text{-}CO)]_2 + 2\ CO$ Comproportionation of Ni(II) + Ni(0) to 34 VE binuclear Ni(I) compound.

   For discussion of the structure, see Section 2.5.2.

   (ii) $Cp_2Ni + NO \longrightarrow CpNi(NO) + 0.5\ (Cp)_2$ Ni nitrosyl compound, NO as 3-el. donor, 18 VE "pogo stick" structure

   (iii) $[CpNi(\mu\text{-}CO)]_2 + Ph_2P\text{–}PPh_2 \xrightarrow{-\ CO}$ 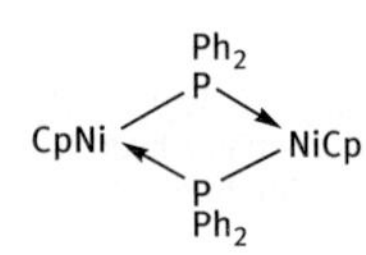 oxidative addition of P_2Ph_4; 18 VE complex

   (iv) $Cp_2Ni + NiCl_2(PPh_3)_2 \longrightarrow 2\ CpNiCl(PPh_3) \xrightarrow[-\ 2\ AgCl]{2\ AgBF_4,\ 2\ PPh_3} 2\ [CpNi(PPh_3)_2]{+}BF_4$ cationic 18 VE complex

   (v) $2\ CpNiCl(PEt_3) + 2\ Na \longrightarrow$ 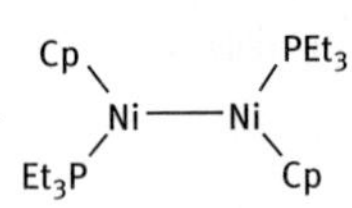

   Reduction of Ni(II) chloride with Na
   There are 2 structural possibilities: a Ni(I) dimer with unbridged
   Ni–Ni bond, or formation of Cp bridges.
   In this case a compound with unsupported Ni–Ni bond is formed.

3. Explain why the substitution of ethylene ligands by CO in (η^5-indenyl)$Rh(C_2H_4)_2$ is orders of magnitudes faster than in (η^5-C_5H_5)$Rh(C_2H_4)_2$.

   This is an example of the kinetic effect of $\eta^5 \rightarrow \eta^3$ indenyl slippage: the 16 VE intermediate is accessible only for indenyl.

Chapter 2.9

1. Draw the structures and determine the oxidation states and electron count for (i) $[Cr(C_6H_6)_2]^+$; (ii) $Cr(C_6H_3Me_3)_2$; (iii) $Cr_2(C_6H_3Me_3)_3$; (iv) $(C_7H_7)Mo(CO)_2Br$; (v) $U(C_8H_8)_2$.

   The structures are given in the main text. (i) $[Cr(C_6H_6)_2]^+$: Cr(I), 17 VE. (ii) $Cr(C_6H_3Me_3)_2$: Cr(0), 18 VE. (iii) $Cr_2(C_6H_3Me_3)_3$: Cr(0), 15 VE per Cr, avoiding double-counting of bridging arene. In total a 30 VE binuclear structure. (iv) $(C_7H_7)Mo(CO)_2Br$: could be Mo(0) assuming $C_7H_7^+$, or Mo(IV) assuming $C_7H_7^{3-}$, in either case 18 VE. (v) $U(C_8H_8)_2$: U $s^2d^1f^3 + 2 \times 8 = 22$ VE.

2. Using (arene)$Cr(CO)_3$ synthesis strategies, devise a route for the synthesis of 2-benzylanisole, $MeOC_6H_4$-2-CH_2Ph, from chlorobenzene.

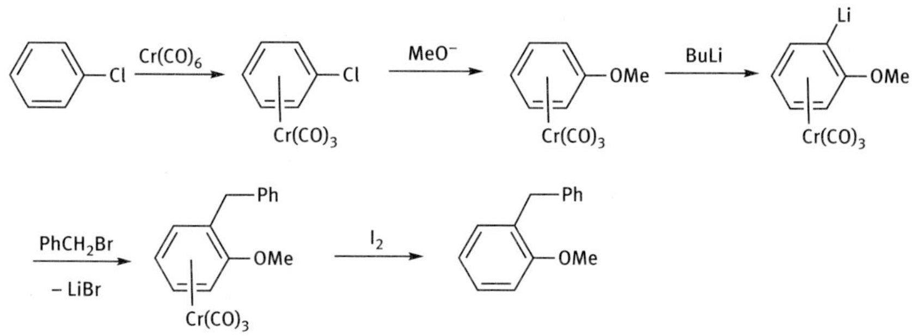

3. Why is the COT ligand planar in CpTi(COT) but non-planar in CpCo(COT)?

   CpTi(COT) contains Ti(III) bound to the aromatic COT^{2-} anion, giving an electron count of 16. In the Co complex coordination to two of the 4 C=C bonds is required to achieve 18 VE, Co(I).

Chapter 2.11

1. Devise the most appropriate synthetic routes to

   (i) $Zr(CH_2Ph)_4$; (ii) $TiBr_3(CH_2Ph)$; (iii) $Cp_2TiMeCl$; (iv) $(Me_3P)_2ClNi–C(O)Me$.

   (i) $Zr(CH_2Ph)_4$ is prepared by alkylation of $ZrCl_4$ with benzyl Grignard reagent: $ZrCl_4 + 4\ RMgCl \rightarrow ZrR_4 + 4\ MgCl_2$. (ii) Mixed-ligand alkyls like $TiBr_3(CH_2Ph)$ are best prepared by comproportionation: $TiR_4 + 3\ TiBr_4 \rightarrow 4\ RTiBr_3$. (iii) Whereas LiMe gives complete alkylation, $AlMe_3$ is more selective: $Cp_2TiCl_2 + AlMe_3 \rightarrow Cp_2TiMeCl + Me_2AlCl$. (iv) Oxidative addition of MeC(O)Cl to NiL_4 or treatment of $NiMeClL_2$ with one equivalent of CO gives $(Me_3P)_2ClNi–C(O)Me$.

2. Both $TiPr^i_4$ and Ti(1-norbornyl)$_4$ contain six β-H atoms per alkyl ligand and have the same electron count. Explain why, in spite of this similarity, $TiPr^i_4$ is very unstable whereas Ti(1-norbornyl)$_4$ is an isolable compound.

   Ti(1-norbornyl)$_4$ is a bridgehead alkyl. Although there are 6 β-H atoms, β-H elimination would result in a highly strained bridgehead alkene which makes this decomposition pathway inaccessible. There are no such constraints for $TiPr^i_4$, and β-H elimination is facile.

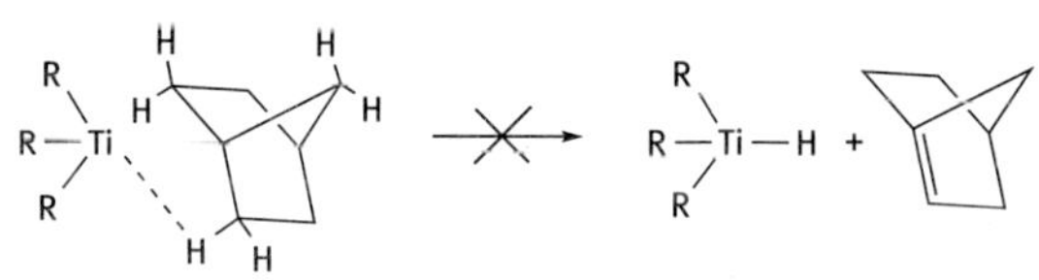

3. The mono-alkyl $TiEtCl_3$ is unstable but an isolable complex is obtained on adding the diphosphine 1,2-$C_2H_4(PMe_2)_2$ (dmpe). Discuss the alkyl bonding in this compound.

   The phosphine addition stabilizes the Ti-alkyl by forming a 6-coordinate complex. However, the metal centre is still electronically unsaturated (12 VE), and there is one C–H bond on the β-carbon of the ethyl ligand agostically bonded to the metal. This bonding is fluxional, i.e. there is exchange between all three methyl H atoms even at −90 °C. This is one of the classical examples of this type of bonding.

4. Suggest appropriate synthetic routes that lead selectively to
   (i) $Cp(CO)(^{13}CO)Fe{-}C(O)CH_3$ and (ii) $Cp(CO)_2Fe{-}^{13}C(O)CH_3$ and (iii) $Cp(CO)_2Fe{-}C(O)^{13}CH_3$.

   This question exemplifies (a) the migratory insertion process, (b) oxidative addition and (c) nucleophilic intermolecular attack on a coordinated ligand.

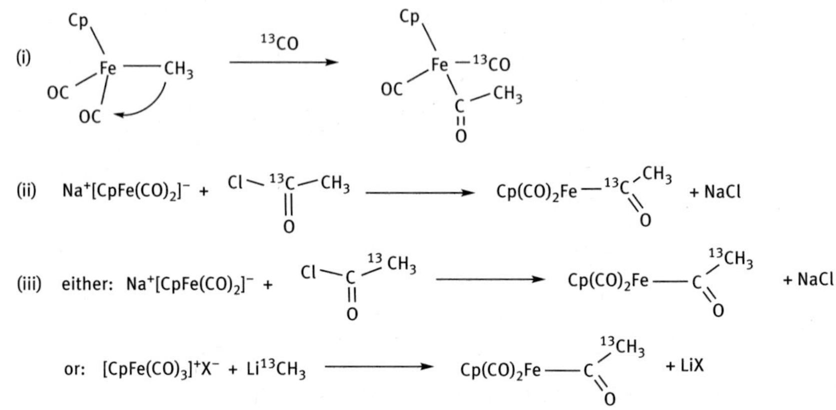

5. Suggest the expected product of the reaction of 2-phenylpyridine with $PdCl_2$ and show the reaction mechanism.

   This is a typical example of *ortho*-metallation, where the pyridine N atom directs the position of electrophilic attack by the Pd^{2+} ion. Chloride acts as base to abstract H^+ from the carbocationic intermediate.

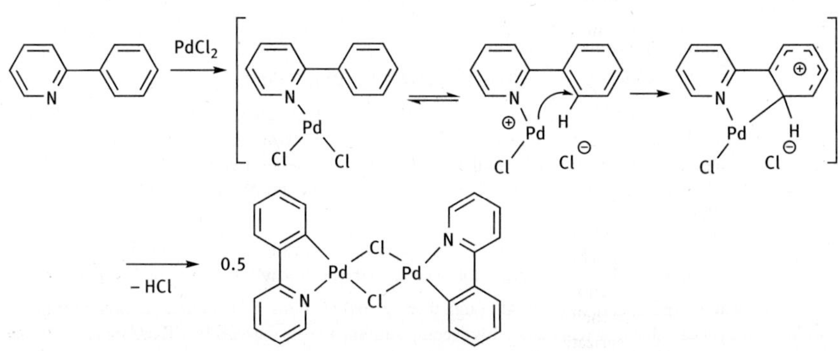

6. The reaction of $[Cp_2YCl]_2$ with $NaAlMe_4$ gives a hydrocarbon-soluble compound **A**. Treatment of **A** with pyridine gives **B**. Measurements by freezing point depression in benzene give the molecular weight of **B** as 450 ± 40, and the elemental analysis shows that it contains no nitrogen. Adding a little THF to **B** gives **C**. Identify **A**, **B**, and **C**, give the chemical equations and explain the structures of the products.

   Alkylation of Cp_2YCl (and other related lanthanide complexes) with $[AlMe_4]^-$ gives a heterobinuclear complex $Cp_2Y(\mu\text{-}Me)AlMe_2$ (**A**). Treatment with pyridine abstracts $AlMe_3$ as the $AlMe_3(py)$ complex, leaving binuclear $[Cp_2Y(\mu\text{-}CH_3)]_2$ (**B**). The methyl bridges in both **A** and **B** give 2e3c bonds, akin to Al_2Me_6. The molecular weight determination shows that **B** is a dimer. THF cleaves the dimer, giving $Cp_2YMe(THF)$ (**C**).

Chapter 2.12

1. Devise two different synthetic routes to $(OC)_5Mo{=}CPh_2$.

Possible routes:

(i) from carbene precursors:

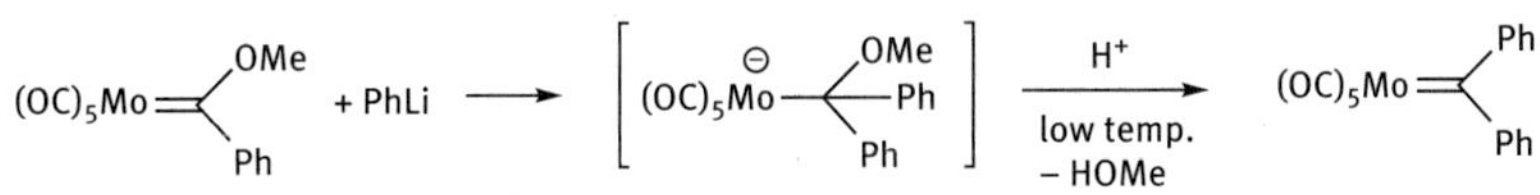

(ii) from $PhCHN_2$:

(iii) from imine:

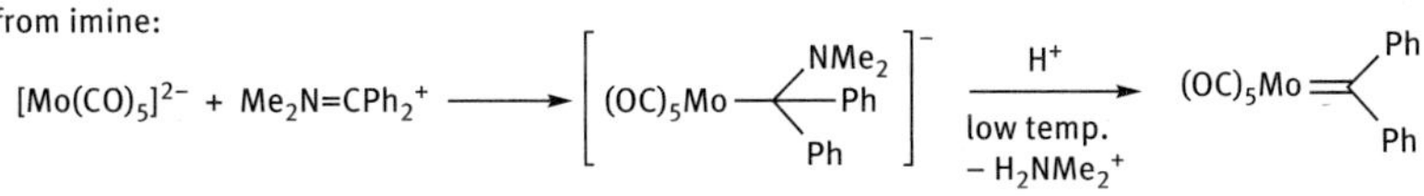

2. Which chemical reactions could be used to indicate the nucleophilic or electrophilic character of (i) $(OC)_5Cr{=}CPh(OMe)$ and (ii) $Cp_2TaMe(CH_2)$?

For Fischer type carbenes, the exchange of the carbene substituents is possible by nucleophilic attack, e.g. with lithium alkyls or aryls. By contrast, $Cp_2TaMe(CH_2)$ is made by deprotonation of $[Cp_2TaMe_2]^+$; this reaction is reversible. Similarly, the Ta carbene adds $AlMe_3$ to the carbon, whereas Fischer carbenes $(OC)_5Cr{=}C(OMe)R$ would bind $AlMe_3$ via OMe, not C.

3. How many products can be formed if a mixture of $R^1CH{=}CHR^2$ and $R^3CH{=}CHR^4$ is subjected to olefin metathesis?

In a metathesis reaction, each terminus $R^nCH{=}$ can be combined with every other terminus ($n = 1.....4$).

1 + 1, 2, 3, 4

2 + 2, 3, 4

3 + 3, 4

4 + 4

There are therefore ten possible olefin combinations. Each may be formed as the *cis* and *trans* isomers.

4. A ring-opening polymerization of a cyclic olefin gives initially a living polymer with narrow molecular weight distribution. However, over time a broadening of the polydispersity is observed. Account for this observation.

The polymer of a ROMP reaction contains C=C bonds. Over time the catalyst may 'back-bite' and react with a C=C bond of the polymer chain, extruding a cyclic olefin and starting a new polymer chain. This may occur towards the end of a polymerization reaction, when the monomer is depleted, or with olefins that are not very strained, so that the reactivity of the cyclic monomer differs little from that of the C=C bond of the linear polymer.

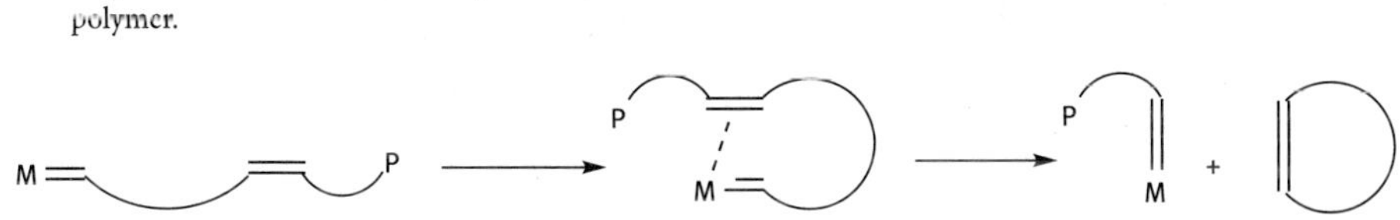

Of course, it is also possible for a M–CHR catalyst terminus to react with a C=C bond of a neighbouring polymer chain. This, too, would result in cleavage of that chain and a degradation of the polymer molecular weight. However, back-biting is kinetically preferred.

5. Which polymers are obtained in the ROMP of dicyclopentadiene?

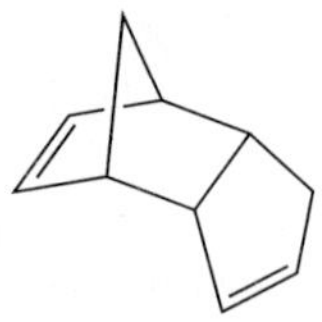

The C=C bond in the bicyclic ring is more strained and more reactive than the second C=C bond and will be opened in the ROMP process. If the catalyst is sufficiently active, and when all more reactive C=C bonds are consumed, the C=C bond in the bicyclic linker may also react:

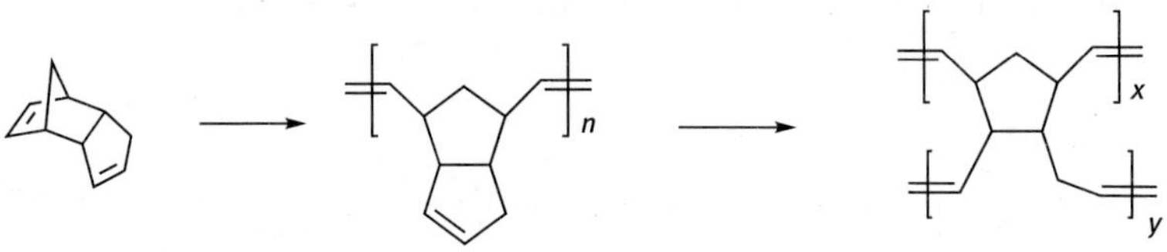

6. What is the product of the enyne metathesis of 1-octen-7-yne?

The enyne metathesis of CH_2=CH–$(CH_2)_4$–C≡CH leads to ring closure:

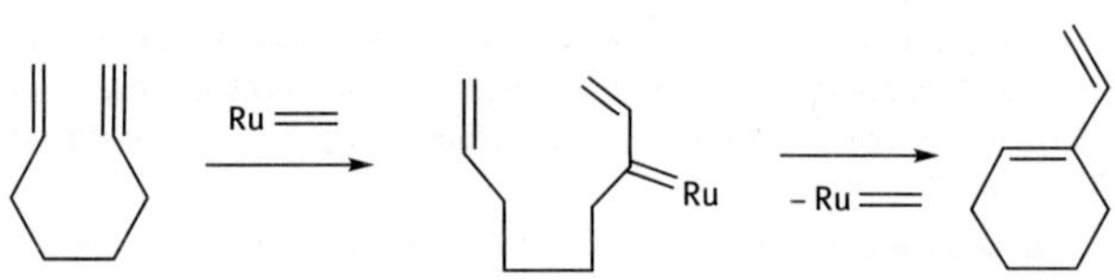

Chapter 2.13

1. Describe a synthetic route to PhC≡Cr$(CO)_4$Br.

The synthesis proceeds via the Cr carbene complex by the Fischer protocol:

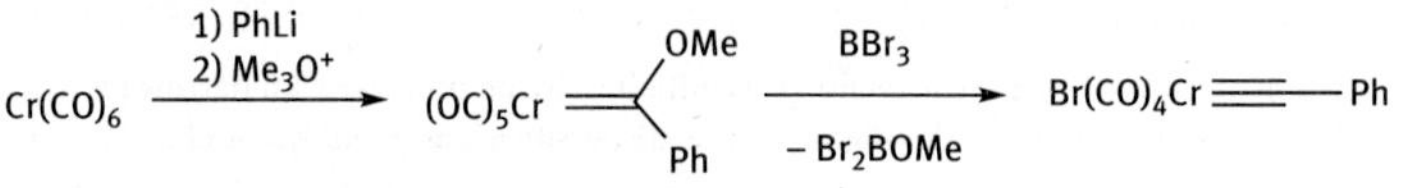

2. What are the products of alkyne metathesis of (i) cyclooctyne; (ii) 2,10-dodecadiyne.

The first is a case of ring-opening metathesis alkyne polymerization. The second is an acyclic alkyne metathesis. Both lead to the same product:

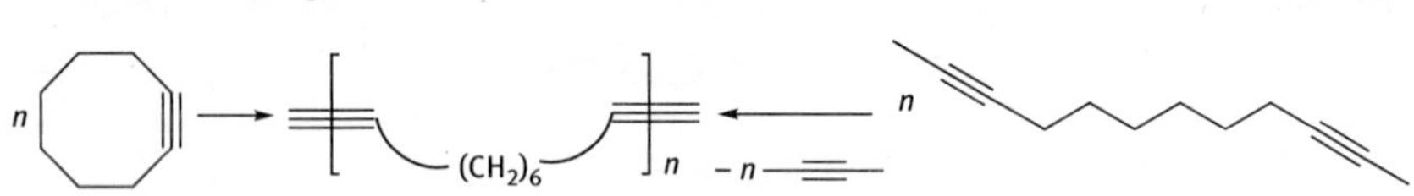

Chapter 3.2

1. A chemical reaction in the presence of a catalyst is 1000 times faster than the uncatalysed reaction. What is the difference in energy barriers in these two cases?

According to the Eyring equation, the difference in activation energies of the two reactions is given by $\Delta\Delta G^{\ddagger} = \Delta G^{\ddagger}{}_{uncat} - \Delta G^{\ddagger}{}_{cat} = RT\ln(k_{cat}/k_{uncat})$. With k_{cat}/k_{uncat} = 1000:1, it follows that $\Delta\Delta G^{\ddagger}$ = 17.1 kJ/mol (or 4.0 kcal/mol). This is comparable to the rotational barrier in ethane (11.5 kJ/mol). It demonstrates that even very small energy differences lead to drastic increases in reaction rates.

2. Many catalytic reactions have an initiation period, during which the catalyst concentration increases. This reaction phase therefore operates under non-steady-state conditions. It can be shown that in such cases the formation of a product P from a substrate S in the presence of catalyst C follows the rate law:

$$d[P] / dt = k_p [S] [C] + (k_i - k_p) [S] [C] \exp(-k_i [S] t)$$

Three different substrates give the following three conversion *vs.* time curves (a), (b), and (c). What do these curves tell us concerning the kinetic behaviour of the catalyst? In each case, determine the initial and steady-state slopes of the reactions and comment what information these slopes provide.

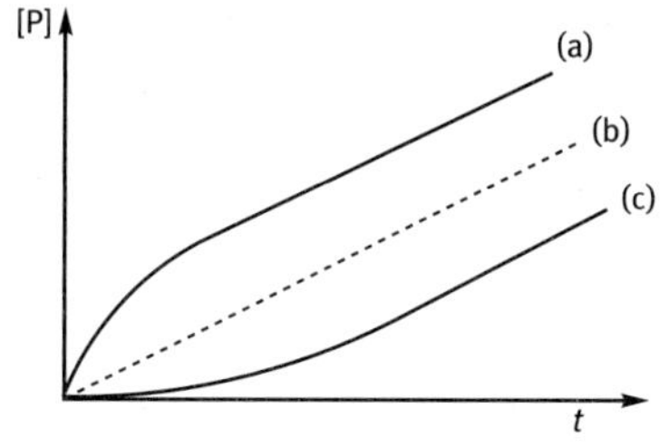

Curves (a) and (c) show the behaviour of a catalyst with an induction or initiation period, characterized by rate constant k_i. In curve (a) the rate of initiation k_i is faster than the rate of propagation k_p (a rare situation), and in (c) $k_i < k_p$, which is the more usual case. In curve (b) $k_i = k_p$, i.e. there is no initiation phase. For the initial phases of curves (a) and (c) one can draw tangents with the slope k_i[S][C]. Under steady-state conditions ($k_i = k_p$) all three curves show a slope k_p[S][C]. Curves (a) and (c) therefore allow both k_i and k_p to be determined.

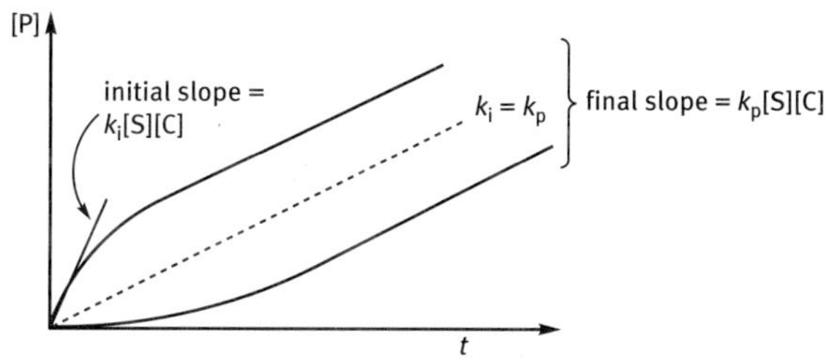

Chapter 3.3

1. Which π-face of *Z*-acetamido cinnamic esters (*re* or *si*) leads to the desired L-DOPA on hydrogenation?

The assignment of *re* or *si* prochirality follows the usual substituent priority rules:

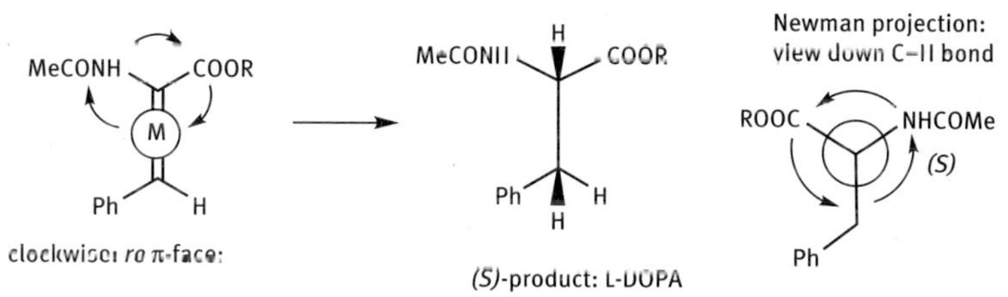

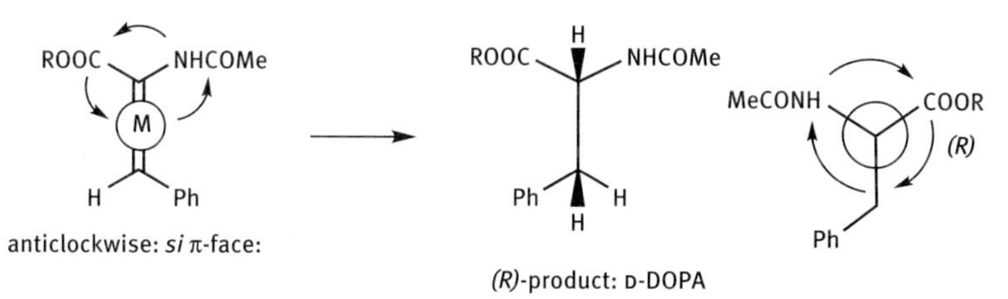

2. Calculate the energy difference in the formation of D- and L-DOPA (at $T = 298$ K) that would correspond to an enantiomeric excess of (i) 90% and (ii) 99%.

   It follows from the Eyring equation that $\Delta\Delta G^{\ddagger}_{L/D} = -RT\ln(r_D/r_L)$. (i) An enantiomeric excess of 90% corresponds to a rate ratio of 95:5. With $T = 298$K and $R = 8.31441$ J/(mol K) it follows: $\Delta\Delta G^{\ddagger}_{L/D} = 7.3$ kJ/mol. (ii) The same calculation gives $\Delta\Delta G^{\ddagger}_{L/D} = 13.1$ kJ/mol.

   As pointed out in Exercise 1 of Chapter 3.2, these energy differences are similar to the rotational barrier of ethane. This means that very small energy differences lead to very high enantiomeric excesses.

3. Draw a catalytic cycle for the hydrocyanation of styrene with Ni catalysts. Why does this preferentially lead to a Markovnikov addition product?

   The entry in the catalytic cycle is again the oxidative addition of HCN to a Ni(0) phosphite complex. This can occur in a Markovnikov and anti-Markovnikov sense. The reaction is reversible. The Markovnikov product is stabilized by π-bonding to the phenyl ring, and this electron delocalization stabilizes this alkyl intermediate, so that the reaction is predominantly channelled towards the branched reductive elimination product.

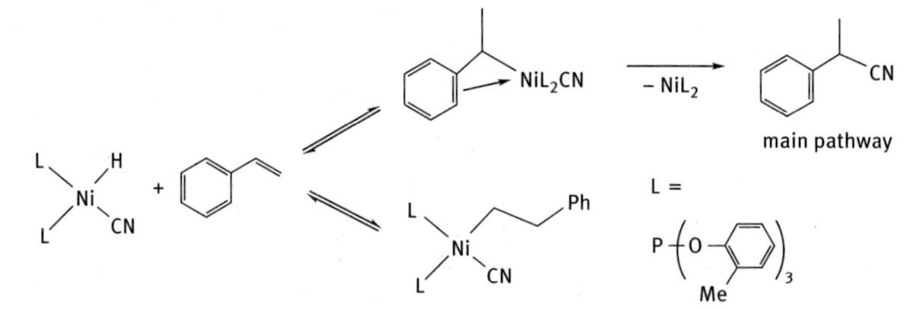

Chapter 3.4

1. Explain the role of PBu^n_3 in Co catalysed hydroformylation. Why is this ligand not used in the Rh-catalysed process?

   The metal centre in $HCo(CO)_4$ is comparatively electron-poor due to four electron-withdrawing CO ligands, and the Co–H bond is labile, so that decomposition with H_2 elimination is facile. PBu^n_3 coordinates more strongly than CO and allows the CO pressure to be lowered without catalyst decomposition. However, since PBu^n_3 is a strong electron donor, the hydride in L_nCoH becomes more hydridic and more strongly reducing, so that aldehyde is reduced to the alcohol.

   None of these effects are required in Rh catalysts, where PPh_3 gives a better balance of coordinative stabilization, ligand dissociation and control of M–H acidity.

2. What is the consequence of high PPh_3 concentrations in the Rh-catalysed hydroformylation reactions? Explain the effect.

   The insertion of an alkene into the Rh–H bond can give linear and branched alkyl complexes. In the presence of high $[PPh_3]$, sterically crowded species prevail in the equilibrium. Branched alkyls are more crowded than linear alkyls. To reduce steric repulsion, the equilibrium is shifted towards the linear Rh alkyl, which leads to a higher selectivity for linear aldehyde.

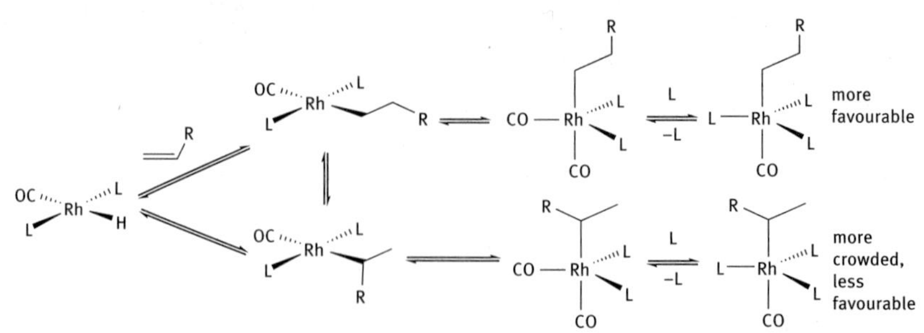

3. Show the main reaction steps for the conversion of 3-hexene into 1-heptanal.

    3-Hexene contains an internal C=C bond. The hydroformylation must therefore be preceded by several isomerization steps. Since hydroformylation catalysts contain Rh–H bonds and are therefore capable of double bond isomerization, the thermodynamically favoured Rh-n-hexyl intermediate is formed prior to CO insertion.

4. Explain the differences in rate-limiting steps in the Rh and the Ir catalysed carbonylation of methanol. In particular, what are the reasons for the different reactivities of the iodo anions $[MI_2(CO)_2]^-$ (M = Rh, Ir)?

    In the Rh system, oxidative addition of MeI to $[RhI_2(CO)_2]^-$ is rate limiting. Since for third row metals the higher oxidation states are more stable, Ir prefers oxidation state +III. $[IrI_2(CO)_2]^-$ is a stronger nucleophile than $[RhI_2(CO)_2]^-$, and therefore the reaction with MeI is more facile. For the Ir system, the rate-limiting step is therefore elsewhere in the catalytic cycle.

5. Draw catalytic cycles for the Pd-catalysed carbonylation of (i) styrene; (ii) iodobenzene. Why is the addition of base beneficial in this case?

    Styrene carbonylation: assumed to involve Pd(II)–H species:

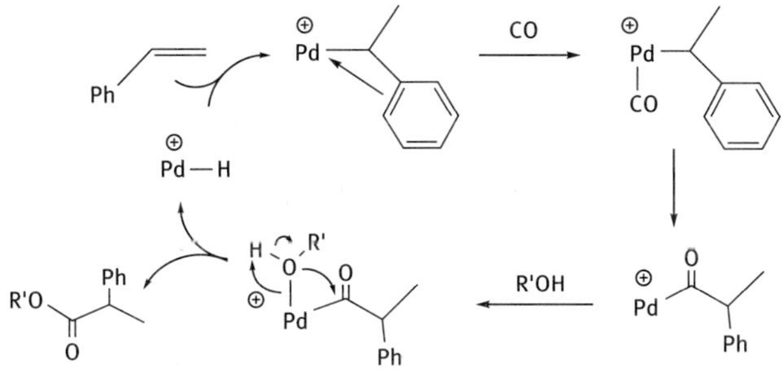

    The iodobenzene reaction starts with oxidative addition to Pd(0). The reaction produces HI, which needs to be neutralized by base.

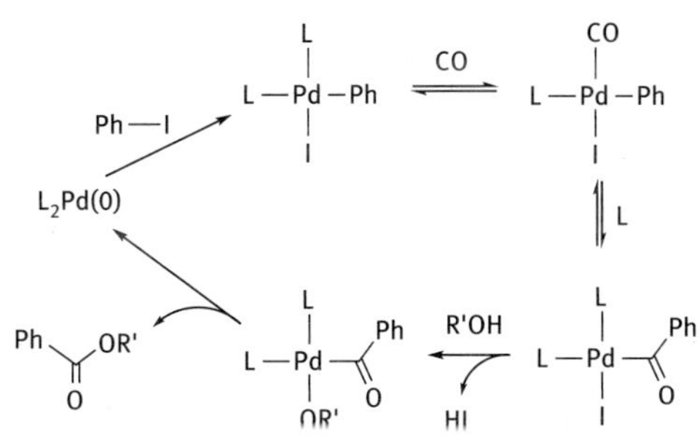

Chapter 3.6

1. Explain why in the reaction

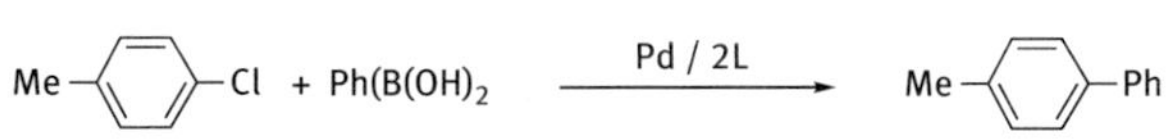

    different ligands L give the coupling product in the following yields (%): L = PPh_3 (0); dppf (0); PCy_3 (75); PBu^t_3 (86).

    The aryl halide is a chlorobenzene derivative which is very unreactive and will undergo oxidative additions only with very electron-rich Pd(0) centres. This is the rate-limiting step. Only trialkylphosphines generate sufficiently reactive metal centres, in the order $PCy_3 < PBu^t_3$.

2. Show the mechanistic steps for the transformation of **A** into **B**. Although **A** contains two C=C bonds, product **B** is formed selectively. Give your reasons.

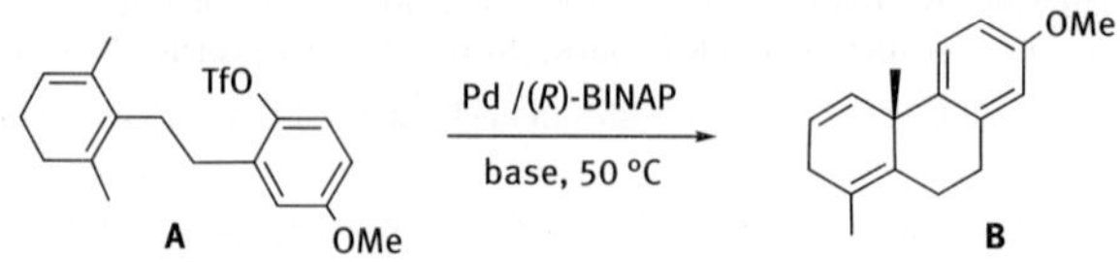

The tosylate oxidatively adds to Pd to give a Pd aryl. Insertion of one or the other of the C=C bonds leads to either 5- or 6-membered rings. Since each C=C bond has two π-faces, there are in principle four possibilities for insertion. Six-ring formation is most favourable:

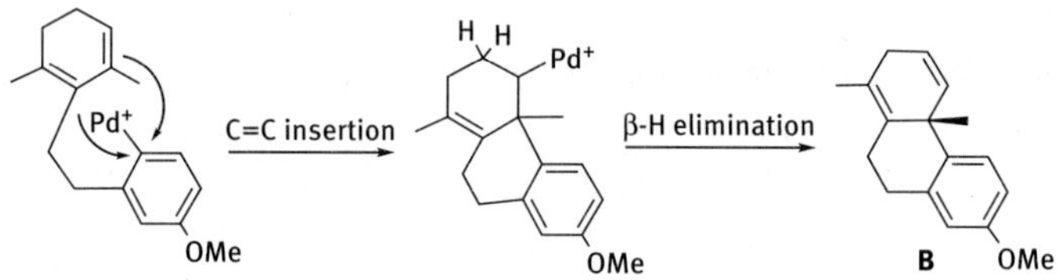

3. The Heck arylation of cyclohexene by iodobenzene gives the non-conjugated product **C** and not the thermodynamically expected conjugated alkene **D**. Give your reasons and discuss the mechanistic intermediates.

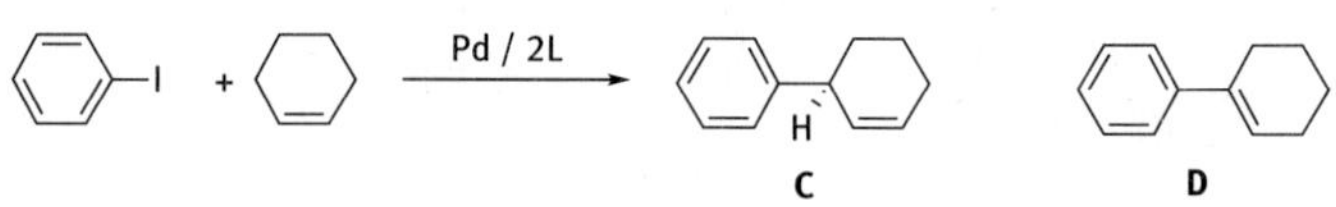

Insertion of cyclohexene into the Ph–Pd bond gives a Pd alkyl as expected. H–H elimination can take place only from periplanar C–H bonds, i.e. C–H bonds that are in the same plane as the Pd–C bond. This precludes elimination of the H atom in α-position to the phenyl ring, so that a conjugated product cannot be formed in this step. It could however be generated by subsequent C=C bond isomerization.

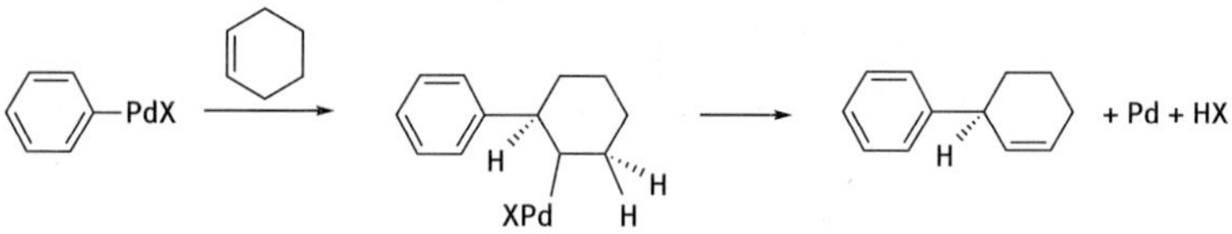

Chapter 3.7

1. Show the likely mechanistic steps in the activation of *rac*-$Me_2Si(Ind)_2ZrCl_2$ with $AlBu^i_3$ / $CPh_3[B(C_6F_5)_4]$.

The activation involves (a) alkylation and (b) alkyl abstraction. With alkyls carrying β-H atoms, the trityl cation usually reacts by abstraction of the kinetically accessible β-H, with alkene elimination, rather than alkyl abstraction. The result is the formation of an ion pair of a 14 VE metallocene alkyl cation.

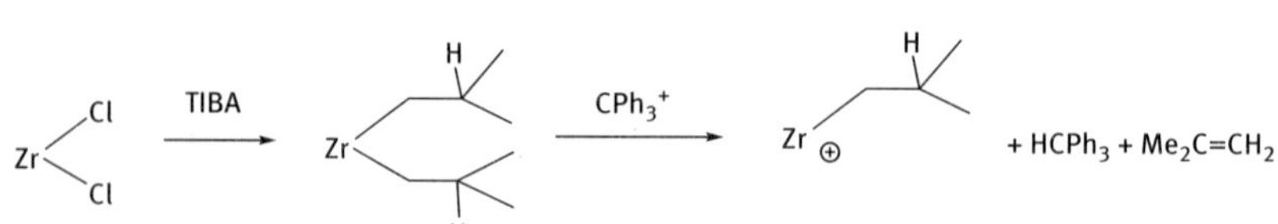

TIBA = $AlBu^i_3$

2. Show the structure of *meso*-$Me_2Si(Ind)_2ZrCl_2$ and explain why propene polymerization with this complex is not stereoselective.

   In the meso isomer both indenyl ligand parts point in the same direction. Therefore neither offers stereoselectivity. Approach of the monomer from the indenyl side is hindered, so that monomer binds less readily, with no possibility for preferential orientation of the methyl substituent of propene. The result is a low yield of an atactic polymer.

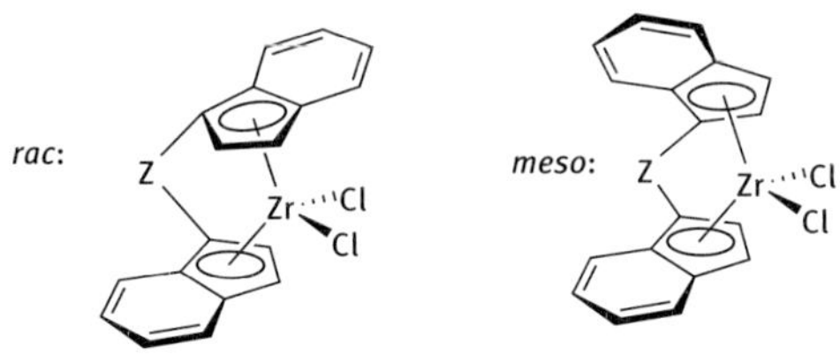

3. Which of the following *ansa*-metallocenes **A–D** is likely to show (a) the highest stereoselectivity in propene polymerizations and (b) the highest polymer molecular weight? State your reasons.

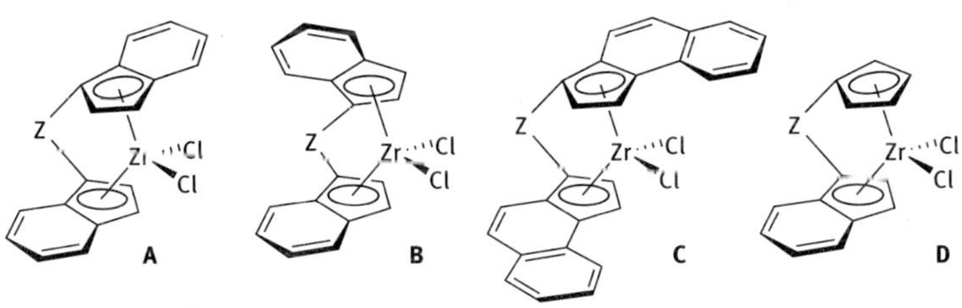

   Structure **B** is the *meso* isomer of **A** and has no stereoselectivity. **D** is C_1-symmetric and offers stereo control at only one coordination site. **C** has the most stereoregulating ligand framework. The sequence is therefore **B** < **D** < **A** < **C**, both for stereoregularity and polymer molecular weight.

4. Show the Fischer projections for the following polypropylene pentad structures: *mmmm*, *mrrm*, *rrrr*, *mrmm*. What mechanistic information can be obtained from the observation of mrrm and mrmm pentads, and why are these not observed in the same polymer?

   The Fischer projections are:

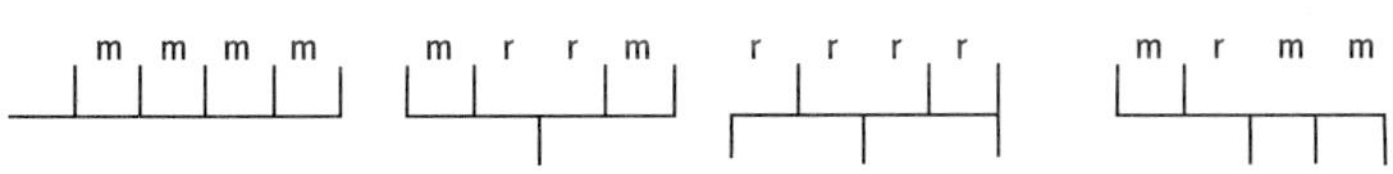

   mmmm and *rrrr* correspond to isotactic and syndiotactic PP, respectively. The *mrrm* and *mrmm* pentads are indicative of stereo-errors. The *mrrm* pentad indicates a stereo-error that has been corrected in the next insertion step, as would happen with a stereoselective catalyst, such as a racemic C_2-symmetric *ansa*-metallocene (enantiomorphic site control). The *mrmm* indicates a stereo-error that has not been corrected: the error is propagated. This indicates a catalyst where the stereoselectivity derives from the chirality of the β-C atom of the polymer chain, not the ligand framework (chain end control). Once a misinsertion has occurred, there is no ligand framework to enforce its reversal.

5. The polymerization of cyclopentene with a zirconocene catalyst was originally thought to produce a polymer of type **I**. However, it was subsequently discovered that in fact the polymer has 1,3-connectivity (**II**). Give the mechanism of the formation of this polymer.

Polymer **I** would follow the normal 1,2-insertion process. A polymer with 1,3-connectivity can only arise if each insertion is followed by an isomerization step, i.e. β-H elimination followed by re-insertion.

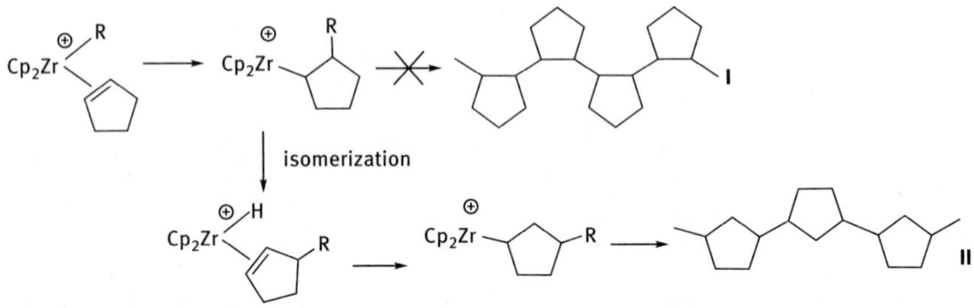

6. With some metallocene catalysts some H_2 is added to control the molecular weight of polyethylene. What type of polymer would result if $PhSiH_3$ was added instead of H_2?

Hydrogen terminates a polymer chain by σ-bond metathesis, i.e. a hydrogenolysis step. This limits the molecular weight and a saturated polymer results. $PhSiH_3$ reacts in principle in a similar way; however, since there are three H functions per Si, three polymer chains can be transferred from the catalyst to the Si atom. The result would be a star-polymer, with a PhSi unit as the bridge: $PhSiR^1R^2R^3$ ($R^{1,2,3}$ = polymer chains).

부록 4

추가 읽기

General Major Reference Works

COMC I: G. Wilkinson, F. G. A. Stone, E. W. Abel (Eds.): *Comprehensive Organometallic Chemistry*. Pergamon, Oxford, 1982.

COMC II: E. W. Abel, F. G. A. Stone, G. Wilkinson (Eds.): *Comprehensive Organometallic Chemistry II*. Elsevier, Oxford, 1995.

COMC III: D. M. P. Mingos, R. H. Crabtree (Eds.): *Comprehensive Organometallic Chemistry III*. Elsevier, Oxford, 2007.

C. H. Elschenbroich: *Organometallics, A Concise Introduction*. 3rd ed. VCH, Weinheim, 2005.

C. Cornils, W. A. Herrmann: *Applied Homogeneous Catalysis with Organometallic Compounds*. Volumes 1 and 2. VCH, Weinheim, 1996.

J. Hartwig: *From Bonding to Catalysis*. University Science Books, Sausalito, 2010.

Part 1 Organometallic Compounds of Main Group Elements

Chapter 1.1

COMC I: M. E. O'Neill, K. Wade: Structural and Bonding Relationships Among Main Group Organometallic Compounds. Vol. 1, p. 1.

Chapter 1.2

COMC I: J. L. Wardell: Alkali Metals. Vol. 1, p. 43.

COMC II: D. S. Wright, M. A. Beswick: Alkali Metals. Vol. 1, p. 1.

COMC III: K. Ruhland-Senge, K. W. Henderson, P. C. Andrews: Alkali Metal Organometallics—Structure and Bonding. Vol. 2, p. 1.

R. E. Mulvey: Avant-garde metalating agents: structural basis of alkali-metal-mediated metalation. *Acc. Chem. Res.* **2009**, *42*, 743.

H. J. Reich: Role of organolithium aggregates and mixed aggregates in organolithium mechanisms. *Chem. Rev.* **2013**, *113*, 7130.

Chapter 1.3

COMC I: W. E. Lindsell: Magnesium, Calcium, Strontium, and Barium. Vol. 1, p. 155

COMC II: W. E. Lindsell: Magnesium, Calcium, Strontium, and Barium. Vol. 1, p. 57.

COMC III: T. P. Hanusa: Alkaline Earth Organometallics. Vol. 2, p. 67.

H. Ila, O. Baron, A. J. Wagner, P. Knochel: Functionalized magnesium organometallics as versatile intermediates for the synthesis of polyfunctional heterocycles. *Chem. Commun.* **2006**, 583.

T. Satoh: Recent advances in the chemistry of magnesium carbenoids. *Chem. Soc. Rev.* **2007**, *36*, 1561.

P. Knochel, C. Diène: Preparation of functionalized Zn and Mg organometallics. Application to the performance of diastereoselective cross-couplings. *Comptes Rendus Chimie* **2011**, *14*, 842.

Chapter 1.4

COMC I: (a) J. Boersma: Zinc and Cadmium. Vol. 2, p. 823. (b) J. L. Wardell: Mercury. Vol. 2, p. 863. (c) P. J. Craig: Environmental Aspects of Organometallic Chemistry. Vol. 2, p. 979.

COMC II: (a) P. O'Brien: Cadmium and Zinc. Vol. 3, p. 175. (b) A. G. Davies, J. L. Wardell: Mercury. Vol. 3, p. 135.

COMC III: (a) L. Stahl, I. P. Smoliakova: Zinc Organometallics. Vol. 2, p. 309. (b) F. P. Gabbai, C. N. Burress, M. A. Melaimi, T. J. Taylor: Mercury and Cadmium Organometallics. Vol. 2, p. 419.

Chapter 1.5

COMC I: (a) J. D. Odom: Non-Cyclic Three-and Four-Coordinated Boron Compounds. Vol. 1, p. 253. (b) J. J. Eisch: Aluminium. Vol. 1, p. 555. (c) D. G. Tuck: Gallium and Indium. Vol. 1, p. 683. (d) H. Kurosawa: Thallium. Vol. 1, p. 725.

COMC II: (a) C. E. Housecroft: Compounds With Three- and Four Coordinate Boron, Emphasizing Cyclic Systems. Vol. 1, p. 129. (b) J. J. Eisch: Aluminium. Vol. 1, p. 431. (c) M. A. Paver, C. A. Russell, D. S. Wright: Gallium, Indium, and Thallium. Vol. 1, p. 503.

COMC III: (a) A. Mitra, D. A. Atwood: Aluminium Organometallics. Vol. 3, p. 265. (b) S. Schulz: Aluminium, Indium, Gallium, and Thallium. Vol. 3, p. 287.

E. Vedejs et al.: Cationic tricoordinate boron intermediates: Borenium chemistry from the organic perspective. *Chem. Rev.* **2012**, *112*, 4246.

D. W. Stephan, G. Erker: Frustrated Lewis pair chemistry of carbon, nitrogen and sulfur oxides. *Chem Sci.* **2014**, *5*, 2625.

A. Schnepf, H. Schnöckel: Metalloid aluminum and gallium clusters: Element modifications on the molecular scale? *Angew. Chem. Int. Ed.* **2002**, *41*, 3532.

R. A. Fischer et al.: Cyclopentadiene based low-valent Group 13 metal compounds: Ligands in coordination chemistry and link between metal rich molecules and intermetallic materials. *Chem. Rev.* **2012**, *112*, 3136.

J. A. J. Pardoe, A. J. Downs: Development of the chemistry of indium in formal oxidation states lower than +3. *Chem. Rev.* **2007**, *107*, 2.

Z.-L. Shen et al.: Organoindium reagents: The preparation and application in organic synthesis. *Chem. Rev.* **2013**, *113*, 271.

Chapter 1.6

COMC I: (a) D. A. Armitage: Organosilanes. Vol. 2, p. 1. (b) R. West: Organopolysilanes. Vol. 2, p. 365. (c) A. G. Davies: Tin. Vol. 2, p. 519. (d) P. G. Harrison: Lead. Vol. 2, p. 629.

COMC II: (a) D. A. Armitage: Organosilanes. Vol. 2, p. 1. (b) R. West: Organopolysilanes. Vol. 2, p. 77. (c) S. S. Brown, T. C. Kendrick, J. McVie, D. R. Thomas: Silicones. Vol. 2, p. 111. (d) A. G. Davies: Tin. Vol. 2, p. 217. (d) P. G. Harrison: Lead. Vol. 2, p. 305.

COMC III: (a) J. Beckmann: Organopolysilanes. Vol. 3, p. 549. (b) M. H. Mazurek: Silicones. Vol. 3, p. 651. (c) C. S. Weinert: Germanium Organometallics. Vol. 3, p. 699. (d) A. G. Davies: Tin Organometallics. Vol. 3, p. 809. (e) M. Weidenbruch: Lead Organometallics. Vol. 3, p. 885.

S. Nagendran, H. W. Roesky: The chemistry of aluminum(I), silicon(II), and germanium(II). *Organometallics* **2008**, *27*, 457.

T. Müller: Cations of group 14 organometallics. *Adv. Organomet. Chem.* **2005**, *53*, 155.

T. Müller et al.: Synthesis of silylium and germylium ions by a substituent exchange reaction. *Organometallics* **2013**, *32*, 4713.

M. Oestreich et al.: Activation of the Si–B interelement bond: Mechanism, catalysis, and synthesis. *Chem. Rev.* **2013**, *113*, 402.

V. Y. Lee, A. Sekiguchi: Cyclic polyenes of heavy group 14 elements: New generation ligands for transition-metal complexes. *Chem. Soc. Rev.* **2008**, *37*, 1652.

Part 2: Transition Metals

Chapter 2.1

COMC I: D. M. P. Mingos: Bonding of Unsaturated Organic Molecules to Transition Metals. Vol. 3, ch. 19, p. 1.

J. A. M. Simões, J. L. Beauchamp: Transition metal–hydrogen and metal–carbon bond strengths: The keys to catalysis. *Chem. Rev.* **1990**. *90*, 629.

J. C. Green, M. L. H. Green, G. Parkin: The occurrence and representation of three-centre 2-electron bonds in covalent inorganic compounds. *Chem. Commun.* **2012**, *48*, 11481.

E. D. Jemmis, A. R. Pinhas, R. Hoffmann: $Cp_2M_2(CO)_4$—quadruply bridging, doubly bridging, semibridging, or non-bridging? *J. Am. Chem. Soc.* **1980**, *102*, 2576.

Chapter 2.4

Phosphines

C. A. Tolman: Steric effects of phosphorus ligands in organometallic chemistry and homogeneous catalysis. *Chem. Rev.* **1977**, *77*, 313.

A. K. Brisdon, C. J. Herbert: Fluoroalkyl-containing phosphines. *Coord. Chem. Rev.* **2013**, *257*, 880.

M. P. Carroll, P. J. Guiry: P, N ligands in asymmetric catalysis. *Chem. Soc. Rev.* **2014**, *43*, 819.

M. M. Pereira et al.: Synthesis of binaphthyl based phosphine and phosphite ligands. *Chem. Soc. Rev.* **2013**, *42*, 6990.

Carbenes

H. Clavier, S. P. Nolan: Percent buried volume for phosphine and N-heterocyclic carbene ligands: Steric properties in organometallic chemistry. *Chem. Commun.* **2010**, *46*, 841.

A. Collado et al.: Steric and electronic parameters of a bulky yet flexible N-heterocyclic carbene: 1,3-Bis(2,6-bis(1-ethylpropyl)phenyl)imidazol-2-ylidene (IPent). *Organometallics* **2013**, *32*, 3249.

C. Ganter et al.: Determining the π-acceptor properties of N-heterocyclic carbenes by measuring the ^{77}Se NMR chemical shifts of their selenium adducts. *Organometallics* **2013**, *32*, 5269.

M. Albrecht et al.: Piano-stool iron(II) complexes as probes for the bonding of N-heterocyclic carbenes: Indications for π-acceptor ability. *Organometallics* **2006**, *25*, 5648.

R. H. Crabtree et al.: Rhodium and iridium complexes of N-heterocyclic carbenes via transmetalation: Structure and dynamics. *Organometallics* **2003**, *22*, 1663.

F. E. Hahn, M. C. Jahnke: Heterocyclic carbenes: Synthesis and coordination chemistry. *Angew. Chem. Int. Ed.* **2008**, *47*, 3122.

H. DiazVelazquez, F. Verpoort: N-heterocyclic carbene transition metal complexes for catalysis in aqueous media. *Chem. Soc. Rev.* **2012**, *41*, 7032.

O. Kühl: The chemistry of functionalized N-heterocyclic carbenes. *Chem. Soc. Rev.* **2007**, *36*, 592.

H. G. Raubenheimer, S. Cronje: Carbene complexes of gold: preparation, medical application and bonding. *Chem. Soc. Rev.* **2008**, *37*, 1998.

W. Liu, R. Gust: Metal N-heterocyclic carbene complexes as potential antitumor metallodrugs. *Chem. Soc. Rev.* **2013**, *42*, 755.

Pincer ligands

D. Gelman, S. Musa: Coordination versatility of sp^3-hybridized pincer ligands towards ligand–metal cooperative catalysis. *ACS Catal.* **2012**, *2*, 2456.

H. Nishiyama: Synthesis and use of bisoxazolinyl-phenyl pincers. *Chem. Soc. Rev.* **2007**, *36*, 1133.

G. van Koten: Pincer ligands as powerful tools for catalysis in organic synthesis. *J. Organomet. Chem.* **2013**, *730*, 156.

Chapter 2.5

G. Granozzi: Gas phase UV photoelectron spectra and DV-Xα calculations of bridged organometallic dimers. *J. Mol. Struct.* **1988**, *173*, 313.

J. C. Green, M. L. H. Green, G. Parkin: The occurrence and representation of three-centre 2-electron bonds in covalent inorganic compounds. *Chem. Commun.* **2012**, *48*, 11481.

H. Willner, F. Aubke: σ-Bonded metal carbonyl cations and their derivatives: Synthesis and structural, spectroscopic, and bonding principles. *Organometallics* **2003**, *22*, 3612.

B. E. Mann: CO-releasing molecules. *Organometallics* **2012**, *31*, 5728.

J. A. Wright, P. J. Turrell, C. J. Pickett: The third hydrogenase: more natural organometallics. *Organometallics* **2010**, *29*, 6146.

[FeFe] hydrogenase: R. Cammack: *Nature* **1999**, *397*, 214; M. W. W. Adams, E. I. Stiefel: *Science* **1998**, *282*, 1842.

Chapter 2.6

Y. Yamamoto: Transition-metal-catalyzed cycloisomerizations of α,ω-dienes. *Chem. Rev.* **2012**, *112*, 4736.

H. Kurosawa et al.: Redox-induced reversible metal assembly through translocation and reversible ligand coupling in tetranuclear metal sandwich frameworks. *Nat. Chem.* **2012**, *4*, 52.

H. Tobita et al.: Iridium and platinum complexes of $Li^+@C_{60}$. *Organometallics* **2014**, *33*, 608.

T. Takahashi et al.: Reaction of zirconacyclopentadienes. *J. Am. Chem. Soc.* **1999**, *121*, 1094 and *J. Am. Chem. Soc.* **2002**, *124*, 1144.

U. Rosenthal et al.: Five-membered titana- and zirconacyclocumulenes: stable 1-metallacyclopenta-2,3,4-trienes. *Organometallics* **2005**, *24*, 456.

U. Rosenthal et al.: Five-membered metallacycles of titanium and zirconium—attractive compounds for organometallic chemistry and catalysis. *Chem. Soc. Rev.* **2007**, *36*, 719.

N. Savjani et al.: Gold(III) olefin complexes. *Angew. Chem. Int. Ed.* **2013**, *52,* 874.

S. I. Lee, N. Chatani: Catalytic skeletal reorganization of enynes through electrophilic activation of alkynes: Double cleavage of C–C double and triple bonds. *Chem. Commun.* **2009**, 371.

A. Fürstner, P. W. Davies: Catalytic carbophilic activation: Catalysis by platinum and gold π-acids. *Angew. Chem. Int. Ed.* **2007**, *46*, 3410.

A. Fürstner: Gold and platinum catalysis—a convenient tool for generating molecular complexity. *Chem. Soc. Rev.* **2009**, *38*, 3208.

I. Braun et al.: Gold catalysis 2.0. *ACS Catalysis* **2013**, *3*, 1902.

B. Heller, M. Hapke: The fascinating construction of pyridine ring systems by transition metal catalysed [2 + 2 + 2] cycloaddition reactions. *Chem. Soc. Rev.* **2007**, *36*, 1085.

A. S. K. Hashmi, M. Rudolph: Gold catalysis in total synthesis. *Chem. Soc. Rev.* **2008**, *37*, 1766.

N. Marion, S. P. Nolan: N-heterocyclic carbenes in gold catalysis. *Chem. Soc. Rev.* **2008**, *37*, 1776.

S. M. Abu Sohel, R.-S. Liu: Carbocyclisation of alkynes with external nucleophiles catalysed by gold, platinum, and other electrophilic metals. *Chem. Soc. Rev.* **2009**, *38*, 2269.

T. J. Brown, R. A. Widenhoefer: Synthesis and equilibrium binding studies of cationic, two-coordinate gold(I) pi-alkyne complexes. *J. Organomet. Chem.* **2011**, *696*, 1216.

A. Corma et al.: Gold-catalyzed carbon–heteroatom bond-forming reactions. *Chem. Rev.* **2011**, *111*, 1657.

X. Fu et al.: Highly efficient synthesis of *cis*-[3]-cumulenic diols via zirconocene-mediated coupling of 1,3-butadiynes with aldehydes. *Organometallics* **2012**, *31*, 531.

R. A. Widenhoefer et al.: Mechanistic analysis of gold(I)-catalyzed intramolecular allene hydroalkoxylation reveals an off-cycle bis(gold) vinyl species and reversible C-O bond formation. *J. Am. Chem. Soc.* **2012**, *134*, 9134.

Y. Yamamoto: Theoretical study on ruthenium-catalyzed hydrocarboxylative dimerization of phenylacetylene with acetic acid. *Organometallics* **2013**, *32*, 5201.

F. Schüth et al.: Catalytic reactions of acetylene: A feedstock for the chemical industry revisited. *Chem. Rev.* **2014**, *114*, 1761.

R. Chinchilla, C. Nájera: Chemicals from alkynes with palladium catalysts. *Chem. Rev.* **2014**, *114*, 1783.

Chapter 2.7

J.-E. Bäckvall et al.: Central versus terminal attack in nucleophilic addition to (π-allyl)palladium complexes. Ligand effects and mechanism. *Organometallics* **1997**, *16*, 1058.

S. Tobisch: Structure–reactivity relationships in the cyclo-oligomerization of 1,3-butadiene catalyzed by zero-valent nickel complexes. *Adv. Organomet. Chem.* **2003**, *49*, 167.

M. Ogasawara et al.: Synthesis, structure, and reactivity of (1,2,3-η^3-butadien-3-yl)palladium complexes. *Organometallics* **2007**, *26*, 5025.

S. Tobisch, R. Taube: Mechanistic insight into the polymerization of butadiene by 'ligand-free' polybutadienyl-nickel(II) complexes: Computational assignment of the true structure of the resting state. *Organometallics* **2008**, *27*, 2159.

P. W. N. M. van Leeuwen et al.: New processes for the selective production of 1-octene. *Coord. Chem. Rev.* **2011**, *255*, 1499.

C. Bruneau et al.: Transition metal catalysed nucleophilic allylic substitution: Activation of allylic alcohols *via* π-allylic species. *Chem. Soc. Rev.* **2012**, *41*, 4467.

S. Schörshusen, J. Heck: Metal-mediated transformations of cyclooctatetraene to novel methylene-bridged, bicyclic compounds. *Organometallics* **2007**, *26*, 5386.

S. E. Lewis et al.: Valuable new cyclohexadiene building blocks from cationic η^5-iron-carbonyl complexes derived from a microbial arene oxidation product. *Chem. Eur. J.* **2012**, *18*, 13480.

Section 2.8.1

Ferrocene: COMC I: A. J. Deeming: Mononuclear iron compounds with η^2-η^6 hydrocarbon ligands. Vol. 4, ch. 31.3.

Cp ligands: P. C. Möhring, N. J. Coville: Group 4 metallocene polymerization catalysts: Quantification of ring substituent steric effects. *Coord. Chem. Rev.* **2006**, *250*, 18.

K. Mach et al.: Synthesis and crystal structures of thermally stable titanocenes. *J. Organomet. Chem.* **2002**, *663*, 134.

R. Layfield: Manganese(II): the black sheep of the organometallic family. *Chem. Soc. Rev.* **2008**, *37*, 1098.

Organic chemistry of MCp^2 and half-sandwich complexes

COMC I: W. E. Watts: The Organic Chemistry of Metal-coordinated Cyclopentadienyl and Arene Ligands. Vol. 8, ch. 59.

S. S. Braga, A. M. S. Silva: A new age for iron: Antitumoral ferrocenes. *Organometallics* **2013**, *32*, 5626.

D. Schaarschmidt, H. Lang: Selective synthesis of planar-chiral ferrocenes. *Organometallics* **2013**, *32*, 5668.

P. Molina et al.: Ferrocene-based small molecules for multichannel molecular recognition of cations and anions. *Eur. J. Inorg. Chem.* **2008**, 3401.

C. Bresner et al.: Selective electrochemical detection of hydrogen fluoride by ambiphilic ferrocene derivatives. *Angew. Chem. Int. Ed.* **2005**, *44*, 3606.

T.D. James et al.: Colorimetric enantioselective recognition of chiral secondary alcohols via hydrogen bonding to a chiral metallocene containing chemosensor. *Chem. Commun.* **2013**, *49*, 8314.

Section 2.8.2

P. Chirik et al.: Dinitrogen complexes of bis(cyclopentadienyl) titanium derivatives: Structural diversity arising from substituent manipulation. *Organometallics* **2009**, *28*, 4079.

K. Strohfeldt, M. Tacke: Bioorganometallic fulvene-derived titanocene anti-cancer drugs. *Chem. Soc. Rev.* **2008**, *37*, 1174.

G. Erker: Using bent metallocenes for stabilizing unusual coordination geometries at carbon. *Chem. Soc. Rev.* **1999**, *28*, 307.

C. E. Zachmanoglou et al.: The electronic influence of ring substituents and *ansa* bridges in zirconocene complexes as probed by infrared spectroscopy, electrochemical, and computational studies. *J. Am. Chem. Soc.* **2002**, *124*, 9525.

E. Negishi: Magical power of transition metals: Past, present, and future (Nobel lecture). *Angew. Chem. Int. Ed.* **2011**, *50*, 6738.

P. Wipt, H. Jahn: Synthetic applications of organochlorozirconocene complexes. *Tetrahedron* **1996**, *52*, 12853.

M. Ephritikhine: Recent advances in organoactinide chemistry as exemplified by cyclopentadienyl compounds. *Organometallics* **2013**, *32*, 2464.

T. Li, S. Kaercher, P. W. Roesky: Synthesis, structure, and reactivity of rare-earth metal complexes containing anionic phosphorus ligands. *Chem. Soc. Rev.* **2014**, *43*, 42.

Single-molecule magnets

R. A. Layfield et al.: A high anisotropic barrier in a sulfur-bridged organodysprosium single-molecule magnet. *Angew. Chem. Int. Ed.* **2012**, *51*, 6976.

S. Gao et al.: Series of lanthanide organometallic single-ion magnets. *Inorg. Chem.* **2012**, *51*, 3079.

Section 2.8.3

R. O. Duthaler, A. Hafner: Chiral titanium complexes for the enantioselective addition of nucleophiles to carbonyl groups. *Chem. Rev.* **1992**, *92*, 807.

W. E. Geiger: 1-Electron electrochemistry of parent piano-stool complexes. *Coord. Chem. Rev.* **2013**, *257*, 1459.

Y. Nibayashi et al.: Design and preparation of molybdenum–dinitrogen complexes. *Chem. Eur. J.* **2013**, *19*, 11874.

G. X. Jin et al.: Stepwise formation of organometallic macrocycles, prisms, and boxes from Ir, Rh, and Ru-based half-sandwich units. *Chem. Soc. Rev.* **2009**, *38*, 3419.

R. Beck, S. A. Johnson: Dinuclear Ni(I)–Ni(I) complexes with syn-facial bridging ligands from Ni(I) precursors of Ni(II)/Ni(0) comproportionation. *Organometallics* **2013**, *32*, 2944.

D. W. Stephan: Olefin polymerization and deactivation pathways of titanium phosphinimide catalysts. *Macromol. Symp.* **2001**, *173*, 105.

B. Ye, N. Cramer: Chiral cyclopentadienyl ligands as stereocontrolling elements in asymmetric C–H functionalization. *Science* **2012**, *338*, 504.

I. N. Michaelides, D. J. Dixon: Catalytic stereoselective semihydrogenation of alkynes to *E*-alkenes. *Angew. Chem. Int. Ed.* **2013**, *52*, 806.

E. B. Bauer: Chiral-at-metal complexes and their catalytic applications in organic synthesis. *Chem. Soc. Rev.* **2012**, *41*, 3153.

R. M. Bullock et al.: An iron complex with pendent amines as a molecular electrocatalyst for oxidation of hydrogen. *Nat. Mater.* **2013**, *5*, 228.

Chapter 2.9

COMC III: D. Zargarian: Nickel–Carbon π-Bonded Complexes. Vol. 8, chapter 3.

A. M. Echavarren et al.: Metal–arene interactions in dialkylbiarylphosphane complexes of copper, silver, and gold. *Chem. Eur. J.* **2010**, *16*, 5324.

C. C. Hartinger, N. Metzler-Nolte, P. J. Dyson: Challenges and opportunities in the development of organometallic anticancer drugs. *Organometallics* **2012**, *31*, 5677.

J. Pérez-Castells et al.: Chromium arene complexes in organic synthesis. *Chem. Soc. Rev.* **2007**, *36*, 1589.

P. Kumar et al.: Half-sandwich arene ruthenium complexes: Synthetic strategies and relevance in catalysis. *Chem. Soc. Rev.* **2014**, *43*, 707.

A. Glöckner, M. Tamm: The organometallic chemistry of cycloheptatrienyl zirconium complexes. *Chem. Soc. Rev.* **2013**, *42*, 128.

U. Richter et al.: Electronic structure of the electron-poor dinuclear organometallic compounds [(CpM)(CpM′)]μ-COT (M, M′ = V, Cr, Fe, Co). *Inorg. Chem.* **1999**, *38*, 77.

M. Murugesu et al.: An organometallic building block approach to produce a multidecker 4f single-molecule magnet. *J. Am. Chem. Soc.* **2013**, *135*, 3502.

M. Ephritikhine et al.: Revisiting the chemistry of the actinocenes $[(\eta^8\text{-}C_8H_8)_2An]$ (An = U, Th) with neutral Lewis bases. *J. Am. Chem. Soc.* **2013**, *135*, 10003.

T. Murahashi et al.: Square tetrapalladium sheet sandwich complexes: Cyclononatetraenyl as a versatile face-capping ligand. *J. Am. Chem. Soc.* **2009**, *131*, 9888.

Chapter 2.10

G. J. Kubas: Fundamentals of H_2 binding and reactivity on transition metals underlying hydrogenase function and H_2 production and storage. *Chem. Rev.* **2007**, *107*, 4152.

G. J. Kubas: *Metal Dihydrogen and Sigma-Bond Complexes: Structure, Theory, and Reactivity*. Kluwer Academic, New York, 2001.

R. Waterman: σ-Bond metathesis: A 30-year retrospective. *Organometallics* **2013**, *32*, 7249.

A. J. Cowan, M. W. George: Formation and reactivity of organometallic alkane complexes. *Coord. Chem. Rev.* **2008**, *252*, 2504.

W. H. Bernskoetter et al.: Characterization of a rhodium(I) σ-methane complex in solution. *Science* **2009**, *326*, 553.

A. S. Weller et al.: Synthesis and characterization of a rhodium(I) σ-alkane complex in the solid state. *Science* **2012**, *337*, 1648.

J. Takaya, N. Iwasawa: Reaction of bis(*o*-phosphinophenyl)silane with $M(PPh_3)_4$ (M = Ni, Pd, Pt). *Dalton Trans.* **2011**, *40*, 881.

A. S. Goldman et al.: Dehydrogenation and related reactions catalyzed by iridium pincer complexes. *Chem. Rev.* **2011**, *111*, 1761.

C. Gunanathan, D. Milstein: Transformations in chemical synthesis: Applications of acceptorless dehydrogenation and related transformations in chemical synthesis. *Science* **2013**, *341*, 249.

M. Etienne, A. S. Weller: Intramolecular C–C agostic complexes: C–C sigma interactions by another name. *Chem. Soc. Rev.* **2014**, *43*, 242.

Chapter 2.11

Alkyls and aryls

G. S. Girolami et al.: Are d^0 ML_6 complexes always octahedral? The X-ray structure of trigonal-prismatic $[Li(tmed)]_2[ZrMe_6]$. *J. Am. Chem. Soc.* **1989**, *111*, 4114.

V. Pfennig, K. Seppelt: Crystal and molecular structure of hexamethyltungsten and hexamethylrhenium. *Science* **1996**, *271*, 626.

P. Alemany et al.: Theoretical evidence of persistent chirality in D_3 homoleptic hexacoordinate complexes with monodentate ligands. *Chem. Eur. J.* **2003**, *9*, 1952.

Philip P. Power: Stable two-coordinate, open-shell (d^1–d^9) transition metal complexes. *Chem. Rev.* **2012**, *112*, 3482.

M. Lersch, M. Tilset: Mechanistic aspects of C–H activation by Pt complexes. *Chem. Rev.* **2005**, *105*, 2471.

M. Albrecht: Cyclometalation using d-block transition metals: Fundamental aspects and recent trends. *Chem. Rev.* **2010**, *110*, 576.

K. R. D. Johnson, P. G. Hayes: Cyclometalative C–H bond activation in rare earth and actinide metal complexes. *Chem. Soc. Rev.* **2013**, *42*, 1947.

L. M. Xu et al.: Organopalladium(IV) chemistry. *Chem. Soc. Rev.* **2010**, *39*, 712.

D. Gryko et al.: Vitamin B_{12}: Chemical modifications. *Chem. Soc. Rev.* **2013**, *42*, 6605.

S. W. Ragsdale: Nickel-based enzyme systems. *J. Biol. Chem.* **2009**, *284*, 18571.

W. J. Evans et al.: Insertion of carbodiimides and organic azides into actinide–carbon bonds. *Organometallics* **2009**, *28*, 3350.

L.-P. Liu, G. B. Hammond: Recent advances in the isolation and reactivity of organogold complexes. *Chem. Soc. Rev.* **2012**, *41*, 3129.

P. H. Dixneuf et al.: Ruthenium(II)-catalyzed C–H bond activation and functionalization. *Chem. Rev.* **2012**, *112*, 5879.

L. Ackermann: Carboxylate-assisted transition-metal-catalyzed C–H bond functionalizations: Mechanism and scope. *Chem. Rev.* **2011**, *111*, 1315.

D. V. Partyka: Transmetalation of unsaturated carbon nucleophiles from boron-containing species to the mid to late d-block metals of relevance to catalytic C–X coupling reactions (X = C, F, N, O, Pb, S, Se, Te). *Chem. Rev.* **2011**, *111*, 1529.

Alkynyls

Z. N. Chen et al.: Structures and phosphorescence properties of triphosphine-supported Au_2Ag_2 and Au_8Ag_4 alkynyl cluster complexes. *Organometallics* **2013**, *32*, 5402.

C. Lapinte et al.: Straightforward access to tetrametallic complexes with a square array by oxidative dimerization of organometallic wires. *Organometallics* **2013**, *32*, 5015.

P. Pale et al.: The organic chemistry of silver acetylides. *Chem. Soc. Rev.* **2007**, *36*, 759.

P. J. Low: Twists and turns: Studies of the complexes and properties of bimetallic complexes featuring phenylene ethynylene and related bridging ligands. *Coord. Chem. Rev.* **2013**, *257*, 1507.

C–C bond formation

COMC I: P. M. Maitlis, P. Espinet, M. J. H. Russell: Compounds with Palladium–Carbon σ-Bonds. Vol. 6, chapter 38.4.

COMC III: C. J. Elsevier, M. R. Eberhard: Palladium–Carbon σ-Bonded Complexes. Chapter 8.05.

D. Alberico et al.: Aryl–aryl bond formation by transition-metal-catalyzed direct arylation. *Chem. Rev.* **2007**, *107*, 174.

CO_2 insertion

S. N. Riduan, Y. Zhang: Recent developments in carbon dioxide utilization under mild conditions. *Dalton Trans.* **2010**, *39*, 3347.

A. M. Appel et al.: Frontiers, opportunities, and challenges in biochemical and chemical catalysis of CO_2 fixation. *Chem. Rev.* **2013**, *113*, 6621.

S. W. Ragsdale et al.: Metal centers in the anaerobic microbial metabolism of CO and CO_2. *Metallomics* **2011**, *3*, 797.

Cyclometallated complexes for fluorescence and sensors

J. A. G. Williams: The coordination chemistry of dipyridylbenzene: N-deficient terpyridine or panacea for brightly luminescent metal complexes? *Chem. Soc. Rev.* **2009**, *38*, 1783.

Q. Zhao, F. Li, C. Huang: Phosphorescent chemosensors based on heavy metal complexes. *Chem. Soc. Rev.* **2010**, *39*, 3007.

Y. Chi, P.-T. Chou: Transition-metal phosphors with cyclometalating ligands: Fundamentals and applications. *Chem. Soc. Rev.* **2010**, *39*, 638.

V. W.-W. Yam, K. M.-C. Wong: Luminescent metal complexes of d^6, d^8 and d^{10} transition metal centres. *Chem. Commun.* **2011**, *47*, 11579.

Y. You, W. Nam: Photofunctional triplet excited states of cyclometalated Ir(III) complexes: Beyond electroluminescence. *Chem. Soc. Rev.* **2012**, *41*, 7061.

J. J. Chruma et al.: Near-infrared phosphorescence: Materials and applications. *Chem. Soc. Rev.* **2013**, *42*, 6128.

F. Li et al.: A non-emissive iridium(III) complex that specifically lights-up the nuclei of living cells. *J. Am. Chem. Soc.* **2011**, *133*, 11231–11239.

M. R. Bryce et al.: Dinuclear iridium(III) complexes of cyclometallated fluorenylpyridine ligands as phosphorescent dopants for efficient solution-processed OLEDs. *J. Mater. Chem.* **2012**, *22*, 13529.

W.-Y. Wong, C.-L. Ho: Functional metallophors for effective charge carrier injection/transport: New robust OLED materials with emerging applications. *J. Mater. Chem.* **2009**, *19*, 4457.

Chapter 2.12

COMC II: A. F. Hill: Mononuclear Complexes of Ruthenium and Osmium Containing η^1-Carbon Ligands. Vol. 7, Section 6.2.

R. R. Schrock: Multiple metal–carbon bonds for catalytic metathesis reactions (Nobel lecture). *Angew. Chem. Int. Ed.* **2006**, *45*, 3748.

R. H. Grubbs: Olefin-metathesis catalysts for the preparation of molecules and materials (Nobel lecture). *Angew. Chem. Int. Ed.* **2006**, *45*, 3760.

R. H. Grubbs (ed.): *The Handbook of Metathesis*. Wiley-VCH, Weinheim, 2003.

R. R. Schrock: High oxidation state multiple metal–carbon bonds. *Chem. Rev.* **2002**, *102*, 145.

G. C. Vougioukalakis, R. H. Grubbs: Ruthenium-based heterocyclic carbene-coordinated olefin metathesis catalysts. *Chem. Rev.* **2010**, *110*, 1746.

S. Sutthasupa et al.: Recent advances in ring-opening metathesis polymerization, and application to the synthesis of functional materials. *Polymer J.* **2010**, *42*, 905.

H. Fischer et al.: Bis(allenylidene) complexes of palladium and platinum. *Organometallics* **2010**, *29*, 5154.

H. Fischer et al.: A simple approach to room temperature phosphorescent allenylidene complexes. *Angew. Chem. Int. Ed.* **2012**, *51*, 8030.

J. Heppekausen, A. Fürstner: Rendering Schrock-type molybdenum alkylidene complexes air stable: User-friendly pre-catalysts for alkene metathesis. *Angew. Chem. Int. Ed.* **2011**, *50*, 7829.

A. H. Hoveyda et al.: Readily accessible and easily modifiable Ru-based catalysts for efficient and *Z*-selective ring-opening metathesis polymerization and ring-opening/cross-metathesis. *J. Am. Chem. Soc.* **2013**, *135*, 10258.

S. J. Meek et al.: Catalytic *Z*-selective olefin cross-metathesis for natural product synthesis. *Nature* 2011 *471*, 461.

R. R. Schrock et al.: Synthesis and ROMP chemistry of decafluoroterphenoxide molybdenum imido alkylidene and ethylene complexes. *Organometallics* **2013**, *32*, 2983.

C. Bolm et al.: Ring closing enyne metathesis: A powerful tool for the synthesis of heterocycles. *Chem. Soc. Rev.* **2007**, *36*, 55.

S. Kotha et al.: Advanced approach to polycyclics by a synergistic combination of enyne metathesis and Diels–Alder reaction. *Chem. Soc. Rev.* **2009**, *38*, 2065.

S. Monsaert et al.: Latent olefin metathesis catalysts. *Chem. Soc. Rev.* **2009**, *38*, 3360.

S. Kress, S. Blechert: Asymmetric catalysts for stereocontrolled olefin metathesis reactions. *Chem. Soc. Rev.* **2012**, *41*, 4389.

D. Gillingham, N. Fei: Catalytic X–H insertion reactions based on carbenoids. *Chem. Soc. Rev.* **2013**, *42*, 4918.

Chapter 3.1

B. Cornils, W. A. Herrmann: *Applied Homogeneous Catalysis with Organometallic Compounds. Volume 1: Applications.* VCH, Weinheim, 1996.

C. Bolm et al.: Trace metal impurities in catalysis. *Chem. Soc. Rev.* **2012**, *41*, 979.

M. Gómez-Gallego, M. A. Sierra: Kinetic isotope effects in the study of organometallic reaction mechanisms. *Chem. Rev.* **2011**, *111*, 4857.

Y. Kuninobu, K. Takai: Organic reactions catalyzed by rhenium carbonyl complexes. *Chem. Rev.* **2011**, *111*, 1938.

N. Selander, K. J. Szabó: Catalysis by palladium pincer complexes. *Chem. Rev.* **2011**, *111*, 2048.

P. W. N. M. van Leeuwen et al.: Phosphite-containing ligands for asymmetric catalysis. *Chem. Rev.* **2011**, *111*, 2077.

A. Vidal-Ferran et al.: Phosphine–phosphinite and phosphine–phosphite ligands: Preparation and applications in asymmetric catalysis. *Chem. Rev.* **2011**, *111*, 2119.

F. E. Kühn et al.: Synthesis and application of water-soluble NHC transition-metal complexes. *Angew. Chem. Int. Ed.* **2013**, *52*, 270.

Section 3.3.1

R. H. Morris: Asymmetric hydrogenation, transfer hydrogenation and hydrosilylation of ketones catalysed by iron complexes. *Chem. Soc. Rev.* **2009**, *38*, 2282.

M. Beller et al.: Well-defined iron catalyst for improved hydrogenation of carbon dioxide and bicarbonate. *J. Am. Chem. Soc.* **2012**, *134*, 20701.

A. M. Smith, R. Whyman: Review of methods for the catalytic hydrogenation of carboxamides. *Chem. Rev.* **2014**, *114*, 5477.

Section 3.3.1.3

W. S. Knowles: Asymmetric hydrogenations (Nobel lecture). *Angew. Chem. Int. Ed.* **2002**, *41*, 1998.

R. Noyori: Asymmetric catalysis: Science and opportunities (Nobel lecture). *Angew. Chem. Int. Ed.* **2002**, *41*, 2008.

R. Noyori: Facts are the enemy of truth—reflections on serendipitous discovery and unforeseen developments in asymmetric catalysis. *Angew. Chem. Int. Ed.* **2013**, *52*, 79.

X. Cui, K. Burgess: Catalytic homogeneous asymmetric hydrogenations of largely unfunctionalized alkenes. *Chem. Rev.* **2005**, *105*, 3272.

Y. Zhu, K. Burgess: Filling gaps in asymmetric hydrogenation methods for acyclic stereocontrol: Application to chirons for polyketide-derived natural products. *Acc. Chem. Res.* **2012**, *45*, 1623.

A. Pfaltz et al.: Iridium-catalysed asymmetric hydrogenation of unfunctionalized tetrasubstituted olefins. *Angew. Chem. Int. Ed.* **2007**, *46*, 8274.

A. Pfaltz et al.: Asymmetric hydrogenation of unfunctionalized, purely alkyl substituted olefins. *Science* **2006**, *311*, 642.

G. Erre et al.: Synthesis and application of chiral monodentate phosphines in asymmetric hydrogenation. *Coord. Chem. Rev.* **2008**, *252*, 471.

M. M. Pereira et al.: Synthesis of binaphthyl based phosphine and phosphite ligands. *Chem. Soc. Rev.* **2013**, *42*, 6990.

Y.-G. Zhou et al.: Homogeneous palladium-catalysed asymmetric hydrogenation. *Chem. Soc. Rev.* **2013**, *42*, 497.

P. Etayo, A. Vidal-Ferran: Rhodium-catalysed asymmetric hydrogenation as a valuable synthetic tool for the preparation of chiral drugs. *Chem. Soc. Rev.* **2013**, *42*, 728.

D. J. Ager et al.: Asymmetric homogeneous hydrogenations at scale. *Chem. Soc. Rev.* **2012**, *41*, 3340.

J. J. Verendel et al.: Asymmetric hydrogenation of olefins using chiral Crabtree-type catalysts: Scope and limitations. *Chem. Rev.* **2014**, *114*, 2130.

Section 3.3.1.4

A. Boddien et al.: Efficient dehydrogenation of formic acid using an iron catalyst. *Science* **2011**, *333*, 1733.

M. Beller et al.: Towards a green process for bulk-scale synthesis of ethyl acetate: Efficient acceptorless dehydrogenation of ethanol. *Angew. Chem. Int. Ed.* **2012**, *51*, 5711.

Section 3.3.2

P. J. Chirik et al.: Iron catalysts for selective anti-Markovnikov alkene hydrosilylation using tertiary silanes. *Science* **2012**, *335*, 567.

M. Wills et al.: Hydrogen generation from formic acid and alcohols using homogeneous catalysts. *Chem. Soc. Rev.* **2010**, *39*, 81.

Section 3.3.3

D. Quinzler, S. Mecking: Linear semicrystalline polyesters from fatty acids by complete feedstock molecule utilization. *Angew. Chem. Int. Ed.* **2010**, *49*, 4306.

N. Phadke, M. Findlater: Formation of iridium(III) allene complexes via isomerization of internal alkynes. *Organometallics* **2014**, *33*, 16.

M. Beller et al.: Synthesis of heterocycles via palladium-catalyzed carbonylations. *Chem. Rev.* **2013**, *113*, 1.

Section 3.3.5

R. Severin, S. Doye: The catalytic hydroamination of alkynes. *Chem. Soc. Rev.* **2007**, *36*, 1407.

Chapter 3.4

B. Cornils, W. A. Herrmann: *Applied Homogeneous Catalysis with Organometallic Compounds. Volume 1: Applications.* VCH, Weinheim, **1996**, ch. 2, p. 27ff.

H.-W. Bohnen, B. Cornils: Hydroformylation of alkenes: An industrial view of the status and importance. *Adv. Catal.* **2002**, *47*, 1.

M. L. Clarke: Branched selective hydroformylation: A useful tool for organic synthesis. *Curr. Org. Chem.* **2005**, *9*, 701.

R. Franke et al.: Applied hydroformylation. *Chem. Rev.* **2012**, *112*, 5675.

A. Haynes: Catalytic methanol carbonylation. *Adv. Catal.* **2010**, *53*, 1.

R. V. Chaudhari: Homogeneous catalytic carbonylation and hydroformylation for synthesis of industrial chemicals. *Top. Catal.* **2012**, *55*, 439.

A. Nakamura et al.: *o*-Phosphinobenzenesulfonate: A superb ligand for palladium-catalyzed coordination-insertion copolymerization of polar vinyl monomers. *Acc. Chem. Res.* **2013**, *46*, 1438.

Chapter 3.5

S. S. Stahl et al.: Palladium(II)-catalyzed alkene functionalization via nucleopalladation: Stereochemical pathways and enantioselective catalytic applications. *Chem. Rev.* **2011**, *111*, 2981.

Chapter 3.6

A. Suzuki: Cross-coupling reactions of organoboranes: An easy way to construct C–C bonds (Nobel lecture). *Angew. Chem. Int. Ed.* **2011**, *50*, 6722.

E. Negishi: Magical power of transition metals: Past, present, and future (Nobel lecture). *Angew. Chem. Int. Ed.* **2011**, *50*, 6738.

T. J. Colacot et al.: Palladium-catalyzed cross-coupling: A historical contextual perspective to the 2010 Nobel Prize. *Angew. Chem. Int. Ed.* **2012**, *51*, 5062.

T. J. Colacot et al.: Development of preformed Pd catalysts for cross-coupling reactions, beyond the 2010 Nobel Prize. *ACS Catal.* **2012**, *2*, 1147.

D. R. Stuart, K. Fagnou: The catalytic cross-coupling of unactivated arenes. *Science* **2007**, *316*, 1172.

A. Molnár: Efficient, selective, and recyclable palladium catalysts in carbon–carbon coupling reactions. *Chem. Rev.* **2011**, *111*, 2251.

P. W. N. M. van Leeuwen et al.: Bite angle effects of diphosphines in C–C and C–X bond forming cross-coupling reactions. *Chem. Soc. Rev.* **2009**, *38*, 1099.

C. A. Fleckenstein, H. Plenio: Sterically demanding trialkylphosphines for palladium-catalysed cross-coupling reactions—alternatives to PBu^t_3. *Chem. Soc. Rev.* **2010**, *39*, 694.

A. J. J. Lennox, G. C. Lloyd-Jones: Selection of boron reagents for Suzuki–Miyaura coupling. *Chem. Soc. Rev.* **2014**, *43*, 412.

V. B. Phapale, D. J. Cárdenas: Nickel-catalysed Negishi cross-coupling reactions: Scope and mechanisms. *Chem. Soc. Rev.* **2009**, *38*, 1598.

B. M. Rosen et al.: Nickel-catalyzed cross-couplings involving carbon–oxygen bonds. *Chem. Rev.* **2011**, *111*, 1346.

C. Amatore et al.: The triple role of fluoride ions in palladium-catalyzed Suzuki–Miyaura reactions. *Angew. Chem. Int. Ed.* **2012**, *51*, 1379.

L.-C. Campeau, K Fagnou: Applications of and alternatives to π-electron-deficient azine organometallics in metal catalyzed cross-coupling reactions. *Chem. Soc. Rev.* **2007**, *36*, 1058.

A. Minatti, K. Muñiz: Intramolecular aminopalladation of alkenes as a key step to pyrrolidines and related heterocycles. *Chem. Soc. Rev.* **2007**, *36*, 1142.

C. Bruneau et al.: Activation and functionalization of benzylic derivatives by palladium catalysts. *Chem. Soc. Rev.* **2008**, *37*, 290.

M. Carril et al.: Palladium and copper-catalysed arylation reactions in the presence of water, with a focus on carbon–heteroatom bond formation. *Chem. Soc. Rev.* **2008**, *37*, 639.

G. P. McGlacken, L. M. Bateman: Recent advances in aryl–aryl bond formation by direct arylation. *Chem. Soc. Rev.* **2009**, *38*, 2447.

J. A. Ashenhurst: Intermolecular oxidative cross-coupling of arenes. *Chem. Soc. Rev.* **2010**, *39*, 540.

R. Jana et al.: Advances in transition metal (Pd,Ni,Fe)-catalyzed cross-coupling reactions using alkyl-organometallics as reaction partners. *Chem. Rev.* **2011**, *111*, 1417.

Y. Yamamoto: Synthesis of heterocycles *via* transition-metal-catalysed hydroarylation of alkynes. *Chem. Soc. Rev.* **2014**, *43*, 1575.

Y. Luo et al.: Double carbometallation of alkynes: An efficient strategy for the construction of polycycles. *Chem. Soc. Rev.* **2014**, *43*, 834.

M.-L. Louillat, F. W. Patureau: Oxidative C–H amination reactions. *Chem. Soc. Rev.* **2014**, *43*, 901.

F.-S. Han: Transition-metal-catalysed Suzuki–Miyaura cross-coupling reactions: A remarkable advance from palladium to nickel catalysts. *Chem. Soc. Rev.* **2013**, *42*, 5270.

X. Shang, Z.-Q. Liu: Transition metal-catalysed C_{vinyl}–C_{vinyl} bond formation *via* double C_{vinyl}–H bond activation. *Chem. Soc. Rev.* **2013**, *42*, 3253.

D. R. Spring et al.: Palladium-catalysed cross-coupling of organosilicon reagents. *Chem. Soc. Rev.* **2012**, *41*, 1845.

G. Song et al.: C–C, C–O and C–N bond formation *via* rhodium(III)-catalysed oxidative C–H activation. *Chem. Soc. Rev.* **2012**, *41*, 3651.

B. Li, P. H. Dixneuf: sp^2 C–H bond activation in water and catalytic cross-coupling reactions. *Chem. Soc. Rev.* **2013**, *42*, 5744.

J. Magano, J. R. Dunetz: Large-scale applications of transition metal-catalyzed couplings for the synthesis of pharmaceuticals. *Chem. Rev.* **2011**, *111*, 2177.

Section 3.6.4

J. Le Bras, J. Muzart: Intermolecular dehydrogenative Heck reactions. *Chem. Rev.* **2011**, *111*, 1170.

C. S. Yeung, V. M. Dong: Catalytic dehydrogenative cross-coupling: Forming carbon–carbon bonds by oxidizing two carbon–hydrogen bonds. *Chem. Rev.* **2011**, *111*, 1215.

Section 3.7.1

COMC I: P. D. Gavens et al.: Ziegler–Natta Catalysis. Vol. 3, ch. 22.5, p. 476.

Section 3.7.2

COMC III: L. Resconi, J. C. Chadwick, L. Cavallo: Olefin Polymerizations with Group IV Metal Catalysts. Vol. 4, ch. 4.09, p. 1006.

COMC III: T. Fujita, H. Makio: Polymerization of Alkenes. Vol. 11, ch. 11.20, p. 692.

M. Bochmann: The chemistry of catalyst activation: The case of Group 4 polymerization catalysts. *Organometallics* **2010**, *29*, 4711.

F. Ghiotto et al.: Probing the structure of methylalumoxane (MAO) by a combined chemical, spectroscopic, neutron scattering and computational approach. *Organometallics* **2013**, *32*, 3354.

H. Makio et al.: FI catalysts for olefin polymerization—a comprehensive treatment. *Chem. Rev.* **2011**, *111*, 2363.

K. Bryliakov, E. P. Talsi: Frontiers of mechanistic studies of coordination polymerization and oligomerization of alpha-olefins. *Coord. Chem. Rev.* **2012**, *256*, 2994.

J. R. Severn et al.: 'Bound but not gagged' —immobilizing single-site α-olefin polymerization catalysts. *Chem. Rev.* **2005**, *105*, 4073.

F. Ghiotto et al.: Rapid evaluation of catalysts and MAO activators by kinetics: What controls polymer molecular weight and activity in metallocene / MAO catalysts? *Dalton Trans.* **2013**, *42*, 9040.

D. H. Camacho, Z. Guan: Designing late-transition metal catalysts for olefin insertion polymerization and copolymerization. *Chem. Commun.* **2010**, *46*, 7879.

T. Matsugi, T. Fujita: High-performance olefin polymerization catalysts discovered on the basis of a new catalyst design concept. *Chem. Soc. Rev.* **2008**, *37*, 1264.

M. Delferro, T. J. Marks: Multinuclear olefin polymerization catalysts. *Chem. Rev.* **2011**, *111*, 2450.

C. Redshaw, Y. Tang: Tridentate ligands and beyond in group IV metal α-olefin homo-/co-polymerization catalysis. *Chem. Soc. Rev.* **2012**, *41*, 4484.

K. Nomura, S. Zhang: Design of vanadium complex catalysts for precise olefin polymerization. *Chem. Rev.* **2011**, *111*, 2342.

A. Valente et al.: Coordinative chain transfer polymerization. *Chem. Rev.* **2013**, *113*, 3836.

Section 3.7.3

S. Tobisch, T. Ziegler: Catalytic linear oligomerization of ethylene to higher α-olefins: Insight into the origin of the selective generation of 1-hexene promoted by a cationic cyclopentadienyl-arene titanium active catalyst. *Organometallics* **2003**, *22*, 5392.

T. Agapie: Selective ethylene oligomerization: Recent advances in chromium catalysis and mechanistic investigations. *Coord. Chem. Rev.* **2011**, *255*, 861.

D. S. McGuinness: Olefin oligomerization via metallacycles: Dimerization, trimerization, tetramerization, and beyond. *Chem. Rev.* **2011**, *111*, 2321.

찾아보기

ㅇ

ㅈ

| 역자 소개 |

김영조 충북대학교 자연과학대학 화학과 교수
김주창 부경대학교 자연과학대학 화학과 교수
최문근 연세대학교 이과대학 화학과 교수

유기금속과 촉매반응

|저 자 Manfred Bochmann
|역 자 김영조 · 김주창 · 최문근
|발 행 인 주정희
|발 행 처 자유아카데미
|주 소 경기도 파주시 회동길 37-42
파주출판도시
|전 화 031-955-1321
|팩 스 031-955-1322
|전자우편 main@freeaca.com(대표)
editor@freeaca.com(편집)
crm@freeaca.com(영업)
|홈페이지 www.freeaca.com
|등 록 제406-2003-017호, 1980. 7. 12
|제1판1쇄 2018년 2월 28일 발행
|정 가 32,000원

역자와의
협의하에
인지생략

Printed in Korea
ISBN 979-11-5808-167-6 93430

ORGANOMETALLICS AND CATALYSIS: An Introduction was originally published in English in 2015. This translation is published by arrangement with Oxford University Press. Freedom Academy Publishing Company is solely responsible for this translation from the original work and Oxford University Press shall have no liability for any errors, omissions or inaccuracies or ambiguities in such translation or for any losses caused by reliance thereon.

■ 이 책은 "자유아카데미"가 Oxford University Press와의 한국어판에 대한 출판, 판매, 독점 계약에 의해 발행한 것이므로 내용, 사진, 그림 등의 전부나 일부의 무단 복제 및 무단 전사를 일절 금합니다.
© 2017
■ 잘못 만들어진 책은 바꾸어 드립니다.